Springer-Lehrbuch

Weitere spezielle Funktionen:

Signumfunktion:

$$\operatorname{sgn}(x) := \begin{cases} 1 & \text{für } x > 0 \\ 0 & \text{für } x = 0 \\ -1 & \text{für } x < 0 \end{cases}$$

Positivteil:

$$x^+ := \begin{cases} 1 & \text{für } x \geq 0 \\ 0 & \text{für } x < 0 \end{cases}$$

Floor- bzw. Entier-Funktion:

$$\lfloor \cdot \rfloor : \mathbb{R} \to \mathbb{R} : x \to \lfloor x \rfloor$$

(größte ganze Zahl $\leq x, x \in \mathbb{R}$)

Differentialrechnung

Ableitungsbegriff:

$$f'(x_0) := \lim_{h \to 0, h \neq 0} \frac{f(x_0 + h) - f(x_0)}{h}$$

Ableitungsregeln:

$$(\lambda f)' = \lambda f'$$
$$(f + g)' = f' + g'$$
$$(f \cdot g)' = f' \cdot g + f \cdot g'$$
$$f(g(x))' = f'(g(x)) \cdot g'(x)$$
$$\left(\frac{f}{g}\right)' = \frac{f'g - fg'}{g^2}$$

Näherungsformel:

$$f(x) \approx f(x_0) + f'(x_0)(x - x_0)$$

formales Differential:

$$\mathrm{d}f = f'(x)\mathrm{d}x$$

Taylorreihe:

$$f(x) = \sum_{k=0}^{\infty} \frac{1}{k!} f^k(x_0)(x - x_0)^k$$

Elastizität

Berechnung:

$$\epsilon_f(x) = \frac{x f'(x)}{f(x)}, \quad (x \neq 0, \ f(x) \neq 0)$$

(!!! Ungewohnte Regeln !!!)

Integralrechnung

Grundintegrale:

$f(x) = \ldots$	$\int f(x)dx = \ldots$
x^p	$\frac{1}{p+1} x^{p+1} + c$
x^{-1}	$\ln|x| + c$
e^x	$e^x + c$
$\sin x$	$-\cos x + c$
$\cos x$	$\sin x + c$
e^{ax}	$\frac{1}{a} e^{ax} + c$

Partielle Integration:

$$\int u'v = uv - \int uv'.$$

Substitution:

$$\int f(u) \ du\big|_{u=u(x)} = \int f(u(x)) u'(x) \ dx$$

Etwas Ökonomie

Kosten und "Verwandschaft":

Gesamtkosten: $K = K_v + K_F$

mit Fixkosten $K_F := K(0)$ und variablen Kosten $K_v := K - K_F$

Stückkosten: $k = k_v + k_F$

mit $k(x) := \frac{K(x)}{x}$, $x > 0$ und, falls Grenzwert existent: $k(0) := k(0+)$

Grenzkosten: $K' = K_v'$

Grenzstückkosten: $k' = k_v' + k_F'$

Betriebsoptimum und *-minimum:*

$$BO := k_{BO} := \min k$$
$$BM := k_{BM} := \min k_v$$

Erlös und Gewinn:

"Erlös = Preis × Menge"
$$E(x) \ = \ p(x) \ \cdot \ x$$

"Gewinn = Erlös − Kosten"
$$G(x) \ = \ E(x) \ - \ K(x)$$

Angebot bei erfolgter Investition:

$$x_{AN} \in \arg\max G$$

(Output mit maximalem Gewinn)

Hans M. Dietz

Mathematik für Wirtschaftswissenschaftler

Das  Math-Handbuch

2. Auflage

Springer Gabler

Hans M. Dietz
Institut für Mathematik
Universität Paderborn
Paderborn, Deutschland

Die erste Auflage erschien als zweibändiges Werk unter dem Titel ECOMath1. Mathematik für Wirtschaftswissenschaftler, ISBN 978-3-540-89051-5, Springer-Verlag Berlin Heidelberg 2009 und ECOMath 2. Mathematik für Wirtschaftswissenschaftler, ISBN 978-3-642-04463-2, Springer-Verlag Berlin Heidelberg 2010.

ISSN 0937-7433
ISBN 978-3-642-29984-1   ISBN 978-3-642-29985-8 (eBook)
DOI 10.1007/978-3-642-29985-8

Die Deutsche Nationalbibliothek verzeichnet diese Publikation in der Deutschen Nationalbibliografie; detaillierte bibliografische Daten sind im Internet über http://dnb.d-nb.de abrufbar.

Mathematics Subject Classification : 00A06, 91-01, 91B02

Springer Gabler
© Springer-Verlag Berlin Heidelberg 2010, 2012

Springer Gabler ist eine Marke von Springer DE.
Springer DE ist Teil der Fachverlagsgruppe Springer Science+Business Media.
www.springer-gabler.de

Vorwort

Die modernen Wirtschaftswissenschaften bedienen sich in bisher nicht gekanntem Maße mathematischer Methoden – und dies mit steigender Tendenz. Entsprechend wachsen die Ansprüche an die mathematischen Kenntnisse und Fertigkeiten der Studierenden. Das *EO* Math-Handbuch richtet sich an Studierende der Wirtschaftswissenschaften und verwandter Studiengänge und will Ihnen eine verläßliche Hilfe bieten, diesen wachsenden Ansprüchen gerecht zu werden. Es vermittelt mathematische Kenntnisse, die für ein erfolgreiches Bachelor- und Masterstudium unerlässlich sind.

Thematisch umfasst das Buch den Stoff der Vorlesungen "Mathematik für Wirtschaftswissenschaftler I und II", die ich bereits seit mehreren Jahren an der Universität Paderborn anbiete. Es kann somit unmittelbar als Begleitlektüre zu diesen Kursen dienen, eignet sich jedoch ebenso als Referenz- und Nachschlagewerk für das gesamte Studium. Inhaltlich werden vor allem Methoden der eindimensionalen reellen Analysis sowie der linearen Algebra mit ökonomischen Anwendungen abgedeckt. Reelle Funktionen, Differential- und Integralrechnung, Extremwertprobleme, Matrizen und Vektoren, lineare Gleichungssysteme sowie Grundlagen der linearen Optimierung werden ausführlich, verständlich und mit vielen Abbildungen, Beispielen und Übungsaufgaben erläutert. Für das Verständnis werden lediglich die grundlegendsten mathematischen Vorkenntnisse vorausgesetzt; alles darüber hinaus Nötige wird im Text selbst eingeführt.

Für Studierende angewandter Disziplinen ist es oft eine besondere Herausforderung, die Sprache und Symbolik der Mathematik zu verstehen. Deswegen wurde das *EO* Math-Handbuch als bearbeitete und zusammenfassende Neuauflage der beiden Vorgängerbände *EO* Math 1 und *EO* Math 2 erstmals um eine systematische Einführung in das Thema "Mathematik lesen" erweitert, der ein eigenes Grundlagenkapitel gewidmet wird. Damit verbindet sich die Hoffnung, dass Aufbau, Sprache und Symbolik mathematikhaltiger Texte dem Leser bald so gut vertraut sein werden, dass die Lektüre des Buches ihm wirklich Freude bereitet.

Soweit diese Hoffnung sich erfüllen wird, ist das nicht zuletzt der Unterstützung durch meine Mitarbeiterinnen und Studierenden Janna Rohde, Nadja
Maraun, Irina Miller und Kerstin Aulbert zu verdanken, deren kritische Auseinandersetzung mit dem Manuskript während der Arbeit an diesem Handbuch wesentlich zu vielfältigen Verbesserungen beitrug. Äußerst wertvoll war
gleichfalls der Beitrag von Nadja Maraun zur der Manuskriptgestaltung mittels LATEX. Ihnen allen danke ich an dieser Stelle sehr herzlich. Gern bekräftige ich zudem meinen herzlichen Dank an Kristin und Ellen Borgmeier, Susanne Kunz, Claudia Lemke, Mariam Majidi, Nadja Maraun, Irina Miller,
Eva Münkhoff, Anna Peters, Sabrina Rösner, Tanja Sauermann, Christoph
Schwetka und Trân Vân Nuong, deren wertvolle Beiträge zum Gelingen der
Bände *EO* Math 1 und 2 auch in das vorliegende Handbuch eingingen. Mein
Dank gilt ebenfalls Herrn Clemens Heine für die reibungslose Zusammenarbeit mit dem Springer-Verlag.

Paderborn, im Juli 2012   Hans M. Dietz

Inhaltsverzeichnis

III   Lineare Algebra   513

15 Matrizen   515

16 Modellierungs- und Problembeispiele   593

17 Vektoren   633

18 Lineare Räume   681

TEIL I

Vorkenntnisse und Grundlagen

0

Grundlagen

0.1 "Das Notwendigste zuerst"

0.1.1 Vorkenntnisse

Im vorliegenden Text versuchen wir, mit einem Minimum an vorausgesetzten Schulkenntnissen auszukommen. Dazu zählen:

- *Zahlbegriffe*
  Wir setzen voraus, dass die LeserIn weiß, was eine natürliche, ganze, rationale bzw. reelle Zahl ist.

- *elementare Arithmetik*
  Hierzu gehören die Grundrechenarten, Termumformungen sowie die Bruchrechnung.

- *etwas Geometrie*
  Die LeserIn sollte schon einmal etwas über den Strahlensatz sowie über den Satz des Pythagoras gehört haben.

- *Zahlengerade und Intervalle*
  Reelle Zahlen lassen sich als Punkte einer Zahlengeraden auffassen (siehe Skizze).

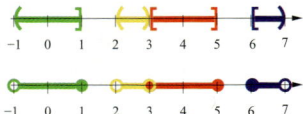

Strecken- oder strahlförmige Teilstücke, wie die farblich hervorgehobenen, nennt man Intervalle . Wir sehen zwei gleichwertige Arten der zeichnerischen Darstellung: Bei der ersten wird die Zugehörigkeit bzw. Nichtzugehörigkeit eines Endpunktes zu dem betreffenden Intervall durch eine eckige bzw. runde Klammer dargestellt, bei der zweiten entsprechend durch einen Vollpunkt bzw. Hohlpunkt.

- *Ungleichungen*
  Die Bedeutung der Ungleichung "$a < b$" zwischen reellen Zahlen a und b wird als bekannt vorausgesetzt. Wir erinnern daran, dass die Ungleichung "$a \le b$" besagt, dass gilt $a = b$ **oder** $a < b$.

Alles, was über dieses hinausgehend benötigt wird, werden wir im Folgenden selbst – zumindest im Sinne einer Erinnerung – bereitstellen.

Bezeichnungsweisen im Text

Damit innerhalb des Textes leicht Bezüge hergestellt werden können, werden wichtige Textpassagen nach dem Muster

Satz 12.11. *Es sei …*

fortlaufend numeriert, wobei die Numerierung nicht zwischen "Definition", "Satz", "Hilfssatz", "Bemerkung" und "Aufgabe" unterscheidet. Weiterhin werden wichtige Formeln nach dem Muster

$$(x + y)^2 = x^2 + 2xy + y^2 \tag{12.37}$$

numeriert. Bei späteren Bezügen zielt die Formulierung "Nach Satz 12.11 gilt …" auf den *Satz*, die Formulierung "Nach (12.37) gilt …" auf die *Formel*. Die Angabe

Satz 12.12. ($\nearrow$ S.482)*Es sei …*

besagt, dass auf S.482 die Begründung des Satzes 12.12 zu finden ist.

Beispiel 12.13. ($\nearrow$Ü*, $\nearrow$L, $\nearrow$F 12.10) *Es seien …*

ist so zu lesen: Das Beispiel 12.13 ist eine Fortsetzung ($\nearrow$F) von Beispiel 12.10; es soll überprüft, begründet oder zu Ende geführt werden – und zwar als Übungsaufgabe ($\nearrow$Ü). Dazu findet sich im Lösungsteil eine teilweise oder vollständige Lösung ($\nearrow$L). Das Sternchen (*) verweist auf eine Aufgabe höheren Schwierigkeitsgrades, die – zumindest beim ersten Lesen – übersprungen werden kann.

"M.a.W.", "g.d.w." und "o.B.d.A." sind gängige Abkürzunge für *"mit anderen Worten"*, *"genau dann, wenn"* und *"ohne Beschränkung der Allgemeinheit"*.

0.2 Grundlagen logischen Schließens

0.2.1 Motivation

"Wenn Isabell Geld hat, kauft sie Schuhe" ist so ein Satz, der verstehen lässt, warum der Handel boomt. Folgt aber daraus, dass, wenn Isabell Schuhe kauft, sie notwendigerweise Geld hat? Oder ist es nicht vielmehr so, dass sie notwendigerweise Schuhe kauft, wenn sie Geld hat? Wer die Antwort sofort weiß, mag dieses Kapitel getrost überschlagen. Wer sich nicht ganz sicher ist, sollte es lieber lesen. Wir werden in diesem Kapitel mit Hilfe der Mathematik

der logischen Struktur umgangs- oder fachsprachlicher Texte nachspüren und
dem Leser damit helfen, diese Texte besser verstehen und auch verfertigen zu
können.

0.2.2   Aussagen und Verknüpfungen zwischen Aussagen

Logische Aussagen: Begriff und Beispiele

*Unter einer Aussage (im Sinne der mathematischen Logik) versteht man einen
in einer natürlichen oder künstlichen Sprache formulierten Satz, dem sich genau eines der beiden Attribute "wahr" oder "falsch" zuordnen lässt.*

Jeder kennt Beispiele für Aussagen aus unserer Umgangssprache wie diese:

   A: `"Erwin hat Geld."`

   B: `"Erwin trinkt Bier."`

   C: `"Erwin wiegt mindestens 95 kg."`

   D: `"Erwin isst in der Mensa."`

(Die Vorliebe für "Erwin" wird später nachlassen.) All diesen Sätzen ist gemeinsam, dass man das durch sie Gesagte für wahr oder falsch ansehen kann.
Dagegen wird kaum jemand auf die Idee kommen, über einen "Wahrheitsgehalt" der folgenden Formulierungen zu sprechen:

   E: `"Ach je!"`

   F: `"Es lebe die Regierung!"`

Solche Formulierungen betrachten wir *nicht* als Aussagen im Sinne der mathematischen Logik. Ausgenommen hiervon sind Situationen, in denen diese
Formulierungen gar nicht wörtlich gemeint sind, sondern z.B. verschlüsselte
Botschaften darstellen. Dann ist plausibel, dass auch ihnen ein Wahrheitswert
zukommen kann – unabhängig davon, ob wir diesen zu beurteilen imstande
sind. Dasselbe gilt für folgenden Satz, wie er für die Computersprache typisch
ist:

`type(x,integer); true`

Wir halten fest: Wenn wir über Aussagen im Sinne der mathematischen Logik
sprechen, haben wir nicht primär den *Inhalt* der Aussagen im Blick, sondern
lediglich die Eigenschaft, dass diesen jeweils genau einer der beiden Wahrheitswerte "wahr" oder "falsch" zugeordnet werden kann.

Wenn es nun nicht primär um den Inhalt einzelner Aussagen geht (dies wäre Gegenstand der *Semantik*), worum geht es dann? Betrachten wir folgende
Formulierung:

   G: `"Dafür, dass Erwin Bier trinkt, wenn er in der Mensa isst,`
       `ist notwendig, dass er kein Geld hat oder unter 95 kg`
       `wiegt."`

Dieser Satz wurde aus den Aussagen A bis D sozusagen "zusammengebaut" (man spricht dann von einer Aussage*verbindung*). Angenommen, wir wüssten nun von jeder der Aussagen A bis D, ob sie wahr oder falsch ist. Wie können wir dann erkennen, ob die zusammengesetzte Aussage G wahr ist? Mit Fragen dieser Art beschäftigt sich die Aussagenlogik. Es geht dabei um die Beherrschung von Regeln, mit denen der Wahrheitswert von Aussageverbindungen bestimmt werden kann, wenn der Wahrheitswert der Teilaussagen bekannt ist.

Symbolik

In der mathematischen Logik - wie überall in der Mathematik - herrscht das Bestreben nach Kürze und Genauigkeit. Daher ist es üblich, auch logische Aussagen mit abkürzenden Symbolen zu bezeichnen. Den Wahrheitswert einer Aussage - soweit bekannt - bezeichnet man mit "W" oder "1" für "wahr", mit "F" oder "0" für "falsch".

Sind zwei Aussagen A und B gegeben, schreiben wir A $\Leftrightarrow$ B oder kürzer A = B, wenn beide stets gleichzeitig wahr bzw. falsch sind. Beide Zeichen beziehen sich also nur auf den Wahrheitswert, jedoch nicht auf die Aussage*form*. So gilt etwa

```
Es regnet.    ⇔    Es ist nicht wahr, dass es nicht regnet.
```

Aussageverbindungen

Wir erinnern an unsere ersten beiden Aussagen

A: `Erwin hat Geld`   und   B: `Erwin trinkt Bier`

und betrachten nun einige daraus abgeleitete Aussageverbindungen - in umgangssprachlicher Langform und in mathematischer Kurzform.

"Negation:"

Erwin hat	kein	Geld.
	¬A	

"Konjunktion:"

Erwin hat Geld,	und	er (Erwin) trinkt Bier.
A	∧	B

"Disjunktion:"

Erwin hat Geld,	oder	er (Erwin) trinkt Bier.
A	∨	B

"Implikation:"

Wenn
Erwin Geld hat,	(dann)	trinkt er (Erwin) Bier.
A	→	B

"Äquivalenz:"

Genau wenn
Erwin Geld hat,	(dann)	trinkt er (Erwin) Bier.
A	↔	B

Jedem sind Aussageverbindungen dieser Art umgangssprachlich geläufig. Es handelt sich sozusagen um die Grundbausteine logischer Aussageverknüpfungen. Wir wollen diese einfachen Beispiele auf ihren intuitiven Wahrheitsgehalt untersuchen und davon ausgehend eine präzise mathematische Formulierung für Aussageverbindungen ermöglichen, die von den stilistischen Variationen oder allgemein der Unschärfe der natürlichen Sprache unbeeinflusst bleibt.

Die oben genannten Aussageverbindungen sind ihrerseits wiederum ("neue") Aussagen und können somit wahr oder falsch sein, in Abhängigkeit davon, ob die in sie eingehenden Aussagen A bzw. B wahr oder falsch sind. Beginnen wir mit der Frage, wann wir die neuen Aussagen sprachlogisch für wahr halten würden.

- Bei der **Negation** ist dies intuitiv klar: Die Aussage

  ¬A: Erwin hat kein Geld

  wird dann und nur dann für *wahr* gehalten, wenn die Aussage

  A: Erwin hat Geld.

  für *falsch* gehalten wird. Diesen Umstand können wir durch eine *Wahrheitstafel* nach folgendem Muster ausdrücken (mit $\overline{A} := \neg A$):

A	$\overline{A}$
0	1
1	0

- Auch bei der **Konjunktion** liegen die Dinge klar: Die Aussage

  A $\wedge$ B: `Erwin hat Geld, und er (Erwin) trinkt Bier.`

  wird dann und nur dann für wahr zu halten sein, wenn sowohl die Aussage A: `Erwin hat Geld` als auch die Aussage B: `Erwin trinkt Bier` zutrifft (wahr ist). Die Wahrheitstafel nimmt hier folgende Form an:

A	B	A $\wedge$ B
0	0	0
0	1	0
1	0	0
1	1	1

- Bei der **Disjunktion** (dem logischen "oder") begegnet uns erstmalig das Problem, dass Umgangssprache oft unterschiedlich interpretiert wird. Klar ist, dass die Aussage

  A $\vee$ B: `Erwin hat Geld, oder er (Erwin) trinkt Bier` ...

  falsch sein wird, wenn Erwin weder Geld hat noch Bier trinkt,
  wahr sein wird, wenn Erwin (zwar) Geld hat, jedoch kein Bier trinkt, und ebenfalls
  wahr sein wird, wenn Erwin kein Geld hat, jedoch (immerhin) Bier trinkt.

  Was aber ist, wenn Erwin sowohl Geld hat als auch Bier trinkt?
  Als Hilfestellung verweisen wir darauf, dass unsere Aussage *nicht* lautet

  H: `Entweder hat Erwin Geld, oder er trinkt Bier.`

  Daher vereinbaren wir als sinnvolle Konvention, dass A$\vee$B auch in diesem letztgenannten Fall wahr ist (es handelt sich also um das sogenannte "nicht-ausschließende Oder"). Missverständnisse sind am besten mittels der Wahrheitstafel zu vermeiden:

A	B	A $\vee$ B
0	0	0
0	1	1
1	0	1
1	1	1

- Noch mehr Anlass zum Nachdenken gibt die **Implikation**

  A $\rightarrow$ B: `Wenn Erwin Geld hat, (dann) trinkt er (Erwin) Bier.`

  Jeder, der sich davon überzeugen kann, dass Erwin Geld hat (also A wahr ist), wird die Aussage A → B für wahr halten, wenn Erwin tatsächlich Bier trinkt (also B wahr ist), und umgekehrt für falsch, wenn er eben kein Bier trinkt (mithin B falsch ist).

Wie aber ist die Aussage A → B zu bewerten, wenn Erwin kein Geld hat (also A falsch ist)? Wir müssen uns darüber klar werden, dass die Aussage A → B über diesen Fall überhaupt nichts aussagt. Besser verständlich wird dies, wenn wir die Aussage A → B auf folgende "Langform" bringen:

Wenn Erwin Geld hat, dann trinkt er Bier; wenn er dagegen kein Geld hat, macht er, was er will (trinkt Bier oder auch nicht).

Jeder, der sieht, dass Erwin kein Geld hat, wird dieser Aussage sofort zustimmen - egal, ob Erwin Bier trinkt oder nicht. Insgesamt kann die Aussage A → B somit nur in einem einzigen Fall als falsch gelten – nämlich wenn Erwin zwar Geld hat, jedoch kein Bier trinkt.

Das Ergebnis fassen wir in einer Tabelle zusammen:

A	B	A → B
0	0	1
0	1	1
1	0	0
1	1	1

- Bei der **Äquivalenz** liegen die Dinge wieder einfacher: Die Aussage ist immer dann wahr, wenn A und B *beide* wahr oder *beide* falsch sind. Tabellarisch:

A	B	A ↔ B
0	0	1
0	1	0
1	0	0
1	1	1

Wir haben nun für einige umgangssprachliche Aussageverbindungen eine mit dem Alltagsdenken verträgliche logische Bewertung vorgenommen. Nun erheben wir diese in den Rang einer mathematischen Definition, damit die dabei vollzogenen Operationen unabhängig von sprachlichen Unschärfen präzise fassbar sind.

Definition 0.1. *Gegeben seien zwei Aussagen A und B. Dann besitzen die Aussagen ¬A, A∧B, A∨B, A→B und A↔B Wahrheitswerte gemäß folgender Tabelle:*

A	B	¬A	A ∧ B	A ∨ B	A → B	A ↔ B
0	0	1	0	0	1	1
0	1	1	0	1	1	0
1	0	0	0	1	0	0
1	1	0	1	1	1	1

Einige Hinweise zur "Übersetzung" in die Umgangssprache

Es ist nicht immer einfach, aus umgangssprachlichen Formulierungen ihren logischen Gehalt herauszudestillieren. Das liegt daran, dass die logischen Operationen nicht selten in stilistischer Verkleidung einherkommen. Das trifft besonders auf die logische Konjunktion zu. Wir betrachten einige Beispiele für Formulierungen:

(1a) Erwin hat zwar kein Geld, trinkt aber Bier.

(1b) Obwohl Erwin kein Geld hat, trinkt er Bier.

(1c) Erwin hat kein Geld, trotzdem trinkt er Bier.

All diese Formulierungen sind stilistische Spielarten derselben logischen Aussage, die in der etwas trockenen Standardversion lautet:

(1) Erwin hat kein Geld **und** *(er) trinkt Bier.*

Diese *logische Konjunktion* lässt sich durch eine Vielzahl weiterer *lexikalischer Konjunktionen* umschreiben. So kann das Wort "und" außer durch "aber" oder "trotzdem" z.B. auch durch "doch", "jedoch", "dennoch", "immerhin" oder ein bloßes Komma ersetzt werden. Es ist sogar möglich, das Wörtchen "wenn" einzusetzen:

(1d) Wenn Erwin auch kein Geld hat, so trinkt er doch Bier.

Dass es sich um keine Implikation handelt, ist am ehesten am Fehlen des Wörtchens "dann" erkennbar.

Neben der Konjunktion ist es die Implikation, die außer durch "wenn ... dann" in relativ vielen stilistischen Spielarten vorkommt. Diese hatten wir bereits unter dem Stichwort "notwendig - hinreichend" umrissen.
Bei der Äquivalenz kann die Floskel "genau dann" ersetzt werden durch "dann und nur dann" oder "beziehungsweise (bzw.)".
Die Negation dagegen ist fast immer leicht an den Formulierungen "nicht" oder "kein" ablesbar.

Ein anderes "Übersetzungsproblem" offenbart sich in folgendem Satz:

$$\underbrace{\text{Erwin hat Geld}}_{A} \underbrace{\text{und}}_{\wedge} \underbrace{\text{trinkt Bier}}_{B} \underbrace{\text{oder}}_{\vee} \underbrace{\text{sonnt sich.}}_{C} \qquad (1)$$

Dass dieser Satz sprachlich unverständlich ist, kann nicht wundern – denn seine Übersetzung in logische Symbolik ist es ja erst recht; der Ausdruck (1) ist nämlich ohne Klammern nicht korrekt interpretierbar. Symbolische Klammern müssen daher nötigenfalls auch in der natürlichen Sprache erkennbar sein, was nicht immer ganz einfach ist. Im vorliegenden Fall besteht die Möglichkeit, die Klammersetzung durch Kommata auszudrücken:

$$\underbrace{\textit{Erwin hat Geld}}_{A} \; , \; \underbrace{\textit{und}}_{\wedge} \; \underbrace{\textit{trinkt Bier}}_{(\; B} \; \underbrace{\textit{oder}}_{\vee} \; \underbrace{\textit{sonnt sich.}}_{C \;)} \tag{2}$$

$$\underbrace{\textit{Erwin hat Geld}}_{(\; A} \; \underbrace{\textit{und}}_{\wedge} \; \underbrace{\textit{trinkt Bier}}_{B \;)} \; , \; \underbrace{\textit{oder (er)}}_{\vee} \; \underbrace{\textit{sonnt sich.}}_{C} \tag{3}$$

Bei komplizierteren Konstruktionen oder Schachtelsätzen kann es dann schon schwieriger werden.

Einfachste Rechenregeln

Die bisher betrachteten Aussageverknüpfungen sind – je nach Anzahl der beteiligten Partner – einstellig (Negation) und zweistellig (alle anderen). Das Ergebnis jeder Verknüpfung lässt sich wiederum mit einer weiteren Aussage verknüpfen. Auf diese Weise entstehen Verbindungen mit bis zu drei beteiligten Aussagen. Für deren Berechnung stellen wir hier die einfachsten Regeln zuammen:

	Konjunktion			**Disjunktion**		
(L1)	$A \wedge B$	$=$	$B \wedge A$	$A \vee B$	$=$	$B \vee A$
(L2)	$A \wedge (B \wedge C)$	$=$	$(A \wedge B) \wedge C$	$A \vee (B \vee C)$	$=$	$(A \vee B) \vee C$
(L3)	$A \wedge 1$	$=$	A	$A \vee 0$	$=$	A
(L4)	$A \wedge (B \vee C)$	$=$	$(A \wedge B) \vee (A \wedge C)$	$A \vee (B \wedge C)$	$=$	$(A \vee B) \wedge (A \vee C)$

Wir heben hervor, dass es sich hierbei um nicht wirklich viele Regeln handelt, denn die Regeln zur Disjunktion sind denen zur Konjunktion äußerst ähnlich: Man braucht lediglich gleichzeitig folgende Zeichen auszutauschen: $\wedge \leftrightarrow \vee$ und $0 \Leftrightarrow 1$. Auf diese Weise brauchen wir uns nur die 4 Regeln z.B. aus der linken Spalte einzuprägen.

Die ersten drei Regeln (L1) bis (L3) werden als *Kommutativgesetz*, *Assoziativgesetz* und Gesetz vom *neutralen Element* bezeichnet; sie entsprechen den gleichnamigen Regeln für das Rechnen mit Zahlen, wenn man die Operationszeichen wie folgt liest:

$$\wedge \text{ lies: } \cdot \qquad \text{und} \qquad \vee \text{ lies: } +$$

Insofern dürfte es kein Problem sein, sich diese Regeln einzuprägen und sie richtig anzuwenden; ihre Bedeutung ist grundlegend.

Ähnliches gilt für die sogenannten *Distributivgesetze* (L4), die benötigt werden, wenn wir die zwei verschiedenen Operationen $\wedge$ und $\vee$ gleichzeitig betrachten.
Die linke der beiden Formeln (und nur diese!!!) lässt sich auf Zahlenrechnungen übertragen:

$$A \wedge (B \vee C) \Longleftrightarrow a \cdot (b + c)$$

Es gibt zwei weitere Regeln, die intuitiv so einleuchtend sind, dass wir sie unkommentiert nennen können:

(L5)	$A \wedge A$	$=$	A	$A \vee A$	$=$	A	"Idempotenz"
(L6)	$A \wedge 0$	$=$	0	$A \vee 1$	$=$	1	"Absorption"

Wegen ihrer Einfachheit ist es nicht einmal erforderlich, sich diese Regeln besonders einzuprägen.

Alle hier genannten Regeln bedürfen streng genommen eines Beweises. Wir demonstrieren hier exemplarisch, wie sich (L4) für die Konjunktion nachweisen ließe. Die linke Seite des Ausdruckes ist $L := A \wedge \overline{A}$, die rechte Seite 0.
Das Gleichheitszeichen behauptet, dass beide Seiten stets denselben Wahrheitswert (also 0) besitzen. Den Nachweis kann man anhand folgender Tabelle führen:

A	$\overline{A}$	$L = A \wedge \overline{A}$	$R = 0$
0	1	0	0
1	0	0	0

Hierbei bezeichnen die blauen Einträge die möglichen Belegungen der Variablen A mit Wahrheitswerten, die grünen die resultierenden Belegungen der linken Seite L und die roten die Belegungen der rechten Seite. Wir sehen, dass die grünen und roten Einträge in allen Zeilen (also stets) übereinstimmen, was zu zeigen war.

Alle anderen Regeln lassen sich ähnlich nachweisen, worauf wir hier aus Gründen der Einfachheit verzichten wollen.

Einbeziehung der Negation

Interessanter wird es, wenn Konjunktion (bzw. Disjunktion) auf die Negation treffen. Hier gelten die sogenannten DeMorganschen Regeln:

(L7)	$\overline{A \wedge B}$	$=$	$\overline{A} \vee \overline{B}$
(L8)	$\overline{A \vee B}$	$=$	$\overline{A} \wedge \overline{B}$

deren Wahrheitstafeln wir in den Übungsaufgaben behandeln. Ihre Bedeutung zur Vereinfachung logischer Ausdrücke kann kaum überschätzt werden. Als Beispiel betrachten wir folgende Aussage:

$$\text{Es ist nicht wahr, dass Erwin Geld hat und Bier trinkt.} \tag{4}$$

$$\neg \qquad (\qquad A \qquad \wedge \qquad B \qquad) \tag{5}$$

Der rote Satzteil zeigt an, dass es sich um die Negation der Aussage A∧B handelt. Mit Hilfe der De Morganschen Regeln können wir nun zunächst die Formel (5) umstellen und das Ergebnis dann "zurückübersetzen" in die Umgangssprache:

$$\overline{A} \qquad \vee \qquad \overline{B} \tag{6}$$

$$(\neg \qquad) \quad \vee \qquad (\neg \qquad) $$

$$\text{Erwin hat kein Geld oder trinkt kein Bier.} \tag{7}$$

Diese Aussage klingt weitaus verständlicher als die ursprüngliche, obwohl beide Aussagen (4) und (7) logisch gleichwertig sind. Hier haben wir also ein Beispiel dafür, wie aussagenlogische Formelmanipulation helfen kann, umgangssprachliche Formulierungen besser verständlich zu machen.

Sofort plausibel sind die beiden folgenden Regeln, die auch als "Satz vom ausgeschlossenen Dritten" bekannt sind:

$$\text{(L9)} \qquad A \wedge \overline{A} = 0 \qquad A \vee \overline{A} = 1$$

Sie drücken aus, dass stets nur eine Aussage oder ihre Negation wahr sein kann, eine dritte Möglichkeit hingegen nicht existiert.

Auswertung längerer Ausdrücke

Durch die logische Verknüpfung mehrerer Aussagen können recht komplexe Ausdrücke entstehen. Damit die Reihenfolge der auszuführenden Operationen unmissverständlich festgelegt ist, bedarf es normalerweise einer *Klammersetzung*.

Wir illustrieren das an folgendem Beispiel mit drei "Beteiligten":

$$A \wedge B \vee C \tag{8}$$

Die auftretenden Operationen sind jedoch jeweils nur zweistellig – also für zwei "Partner" – erklärt. Daher ließe sich (8) auf mindestens zwei Arten verstehen:

$$(A \wedge B) \vee C \qquad \text{vs.} \qquad A \wedge (B \vee C)$$

Beide Seiten sind nicht gleich, denn die Wahrheitswerte können durchaus verschieden sein. So haben wir z.B. im konkreten Fall A=0, B=C=1

$$1 = (0 \land 1) \lor 1 \quad \text{vs.} \quad 0 \land (1 \lor 1) = 0.$$

Wir sehen: Der Ausdruck (8) ist ohne nähere Angabe zur Auswertungsreihenfolge sinnlos.

Leider können sich Situationen einstellen, wo sich die benötigten Klammern schnell häufen, etwa hier:

$$(\neg A) \to (((\neg B) \lor C) \land (\neg(D \lor E))) \tag{9}$$

Hätten wir es mit Zahlen zu tun, die zu addieren bzw. zu multiplizieren wären, könnte das Prinzip "Punktrechnung geht vor Strichrechnung" Entlastung schaffen. Eine ganz analoge Entlastung schaffen hier die folgenden

Vorrangregeln:	zuerst	(I)	$\neg$
	dann	(II)	$\land, \lor$
	zuletzt	(III)	$\to, \leftrightarrow$

d.h., stets werden zunächst die vorhandenen Negationen ausgeführt, dann folgen gleichrangig die Konjunktionen und Disjunktion, schließlich ebenfalls gleichrangig Implikation und Äquivalenz. Auf diese Weise kann man (9) kürzer so schreiben

$$\neg A \to (\neg B \lor C) \land \neg (D \lor E)$$

und dabei 8 Klammern einsparen. Die verbleibenden Klammern sind notwendig, weil $\land$ und $\lor$ untereinander gleichrangig sind.

In der Literatur werden die Vorrangregeln mitunter noch stärker differenziert, z.B. indem gefordert wird

(IIa) $\land$ und   (IIb) $\lor$.

Wir werden davon hier jedoch keinen Gebrauch machen – einerseits, weil wir versuchen werden, mit möglichst wenig Merk-Stoff auszukommen, zweitens, weil es ohnehin sicherer ist, in Zweifelsfällen Klammern zu setzen, und drittens, weil durch (IIa) vs. (IIb) die Symmetrie zwischen $\land$ und $\lor$ aufgehoben wird.

Mehr zur Implikation

In diesem Abschnitt beschäftigen wir uns etwas ausführlicher mit der Implikation. Dies hat zwei Gründe: Einerseits besitzt die Implikation besonders viele logische und sprachliche "Verkleidungen", andererseits spielt sie in mathematischen Argumentationen eine fundamentale Rolle.

Betrachten wir beispielsweise folgende drei Formulierungen:

(F1) Wenn   Erwin Geld hat,   (dann)   trinkt er Bier.

                         A   →   B

(F2)   Erwin hat kein Geld,   oder   er trinkt Bier.

                     ¬ A   ∨   B

(F3) Wenn   Erwin kein Bier trinkt,   (dann)   hat er (auch) kein Geld.

                  ¬ B   →   ¬ A

Wir behaupten, dass diese drei Aussagen äquivalent (d.h., wertverlaufsgleich) sind. Obwohl wir also vollkommen verschieden wirkenden Formulierungen vor uns haben, drücken diese – hinsichtlich ihres logischen Gehaltes – dasselbe aus. Wir erlangen dadurch zunächst mehr sprachliche Variabilität, gelangen darüber dann aber auch zu neuen Einsichten. – Wir formulieren unsere Behauptung etwas "mathematischer" und erhalten folgenden

Satz 0.2. $A \rightarrow B \quad \Leftrightarrow \quad \neg A \vee B \quad \Leftrightarrow \quad \neg B \rightarrow \neg A$

Ein mathematischer Satz ist seiner Natur nach selbst eine Aussage, die allerdings den Anspruch erhebt, wahr zu sein. Dieser Anspruch bedarf selbstverständlich eines Beweises. Hier kann dieser Beweis wieder in Gestalt einer Wahrheitstafel für alle drei Aussagen geführt werden. Diese könnte z.B. so aufgebaut werden:

Beweis

(1)	(2)	(3)	(4)	(5)	(6)	(7)
A	B	¬A	¬B	¬A ∨ B	A → B	¬B → ¬A
0	0	1	.1.	1	1	.?.
0	1	1	.0.	1	1	.1.
1	0	0	.1.	0	0	.0.
1	1	0	.0.	1	1	.1.

also   (F2) ⇔ (F1)

                                                          q.e.d.

Wir erläutern kurz, wie die sichtbaren Einträge zustande kommen, und überlassen es dem Leser, die fehlenden Einträge zu ergänzen. In den Spalten (1) und (2) werden zunächst die möglichen Belegungen der logischen Variablen A und B aufgelistet. Die Spalten (3) (Negation von A) und (6) (Implikation) können aus unserer Definitionstabelle (0.1) abgeschrieben werden. Neu nachzudenken ist also lediglich bei der Auffüllung der Spalte (5). Dazu werden lediglich die Einträge der Spalten (2) und (3) (hellblau) durch ein logisches "oder" verbunden. Wir sehen nun, dass die Einträge in den Spalten (6) und (7) zeilenweise übereinstimmen und wir schließen daraus: (F1) ⇔ (F2).

Es ist nicht das Anliegen dieses Textes, den Leser mit Beweisen zu traktieren. Allerdings ist es sicher sinnvoll, wenigstens exemplarisch damit umgehen zu können und in wichtigen Fällen zumindest die Grundidee einer Beweisführung zu verstehen. Wir nennen diese "Begründungen".

Negation der Implikation

Nun zu den angekündigten neuen Erkenntnissen. *Erstens* fragen wir: Wie lautet die Negation von (F1)? Die nächstliegende Antwort

$(\overline{F1})$:   Es ist nicht wahr, dass wenn Erwin Geld hat,

er Bier trinkt.   (10)

ist zwar eine korrekte Negation, aber wenig aufschlussreich. Negieren wir dagegen die zu (F1) äquivalente Formulierung (F2), können wir zunächst ganz formal schreiben

$$
\begin{aligned}
(\overline{F2}) \quad &= \quad \overline{(\overline{A} \vee B)} \\
&= \quad \overline{(\overline{A})} \wedge \overline{B} \quad &\text{(de Morgansche Regel)} \\
&= \quad A \wedge \overline{B} \quad &\text{(doppelte Negation)}
\end{aligned}
$$

und das Ergebnis

$$
\overline{(A \rightarrow B)} = A \wedge \overline{B} \tag{11}
$$

in Umgangssprache übersetzen:

$(\overline{F2})$ Erwin hat Geld und   trinkt kein Bier.
                              ∧   ¬

Im Gegensatz zu anderen Möglichkeiten ist diese Formulierung kurz, bündig und verständlich. Wir sehen also, dass es auf dem Wege über eine formale Manipulation gelingen kann, schwerfällige umgangssprachliche Formulierungen zu vereinfachen.

Ein gängiger Irrtum

Der Satz

  U: "Wenn Erwin Geld hat, dann trinkt er Bier."

wird nicht selten so "verneint":

  V: "Wenn Erwin kein Geld hat, dann trinkt er kein Bier."

Wir betrachten einfach eine Wahrheitstafel:

A	B	U	¬A	¬B	V	¬U
0	0	1	1	1	1	0
0	1	1	1	0	0	0
1	0	0	0	1	1	1
1	1	1	0	0	1	0

In den Zeilen mit roten Einträgen sind die Wahrheitswerte von U und V verschieden, in den anderen Zeilen nicht. Anders formuliert: Wenn U wahr ist, kann V ebenfalls wahr, ebenso aber auch falsch sein – und umgekehrt. In diesem Sinne haben die beiden Aussagen U und V "nichts miteinander zu tun". Anhand der blauen Spalte sehen wir, dass V ebensowenig mit der Verneinung $\overline{U}$ von U zu tun hat.

Notwendig - hinreichend

Im mathematischen Sprachgebrauch werden auch die Wörter "notwendig" und "hinreichend" zur Beschreibung von Implikationen benutzt. So sind folgende Formulierungen gleichbedeutend:

I: Wenn `Erwin Geld hat,` dann `trinkt er Bier.`

$$A \quad\rightarrow\quad B$$

X: Dass `Erwin Geld hat,` ist hinreichend dafür,

dass `er Bier trinkt.`

Y: Dafür, dass `Erwin Geld hat,` ist notwendig,

dass `er Bier trinkt.`

Statt "hinreichend" sagt man auch "hinlänglich". Als Merkregel zur Verwendung dieser Formulierungen kann man sich einprägen:

Die Voraussetzung ist hinreichend für die Folge.
Für die Voraussetzung ist die Folge notwendig.

kürzer: *Die Voraussetzung ist hinreichend, die Folge notwendig.*

Die dritte Formulierung Y mag etwas überraschen – ist es nicht vielmehr so, dass Erwin zum Biertrinken Geld benötigt? Die Antwort lautet: Wir wissen es nicht! (Wir erinnern an die Langform unserer Implikation: Wenn Erwin Geld hat, trinkt er Bier, wenn er dagegen kein Geld hat, kann er machen, was er will ... (Vielleicht lässt er sich ja ein Bier spendieren.) Die Aussage

Dafür, dass `Erwin Bier trinkt,` ist notwendig, dass `er Geld hat.`

$$B \quad\rightarrow\quad A$$

ist also nicht gleichbedeutend mit I! (Sie ist es vielmehr mit $\overline{A} \rightarrow \overline{B}$ und gehört damit zum Thema "gängiger Irrtum".)

Ein Wort zur Äquivalenz

Nach allem Bisherigen wird die folgende Aussage sofort einleuchten:

Satz 0.3. $A \leftrightarrow B \quad \Leftrightarrow \quad (A \to B) \wedge (B \to A) \quad \Leftrightarrow \quad \overline{A} \leftrightarrow \overline{B}$

Der Nutzen dieser Aussage ist folgender: Eine Äquivalenz kann nachgewiesen werden, indem man Implikationen in beiden Richtungen nachweist. Ebenso kann man statt der Äquivalenz von A und B die Äquivalenz von $\overline{A}$ und $\overline{B}$ nachweisen – je nachdem, was leichter ist.

0.2.3   Prädikate

Was sind Prädikate?

Eine typische Aussage i.S. der Aussagenlogik könnte lauten "Cäsar ist ein Mops."
Hierbei wird das Prädikat "ist ein Mops" auf das Individuum Cäsar bezogen. Dasselbe Prädikat lässt sich auch auf andere Individuen anwenden, wobei jedesmal eine neue logische Aussage entsteht.

Die logische Analyse von auf diese Weise entstandenen Aussagen ist Gegenstand der sogenannten *Prädikatenlogik*.

Ein Prädikat kann dabei als eine Funktion P aufgefasst werden, die jedem Individuum x die Aussage P(x) zuordnet (hier z.B. $P(x) \stackrel{\triangle}{=}$ " x ist ein Mops"). Die Aussage P(x) kann wahr oder falsch sein; ob sie wahr oder falsch ist, kann überdies von x abhängen. Werden verschiedene Prädikate P,P', ... auf x angewandt, lassen sich die Aussagen P(x), P'(x), ... wiederum aussagenlogisch miteinander verknüpfen – durch Konjunktion, Disjunktion usw.

Existenzaussagen und Generalisierungen

Nunmehr ist ein neuer Typ von Aussagen möglich: Aussagen darüber, für welche Individuen aus einer bestimmten Gesamtheit bestimmte Prädikate wahr sind. Von besonderem Interesse sind *Existenzaussagen* und *Generalisierungen*.

Eine typische *Existenzaussage* ist "Es gibt einen Mops". Die mathematische Interpretation lautet "Es gibt *mindestens* einen Mops" (andernfalls würde man sagen "Es gibt *genau* einen Mops"). Für die Phrase "es gibt (mindestens)" hat sich das mathematische Zeichen $\exists$ eingebürgert. Damit können wir unsere Existenzaussage kurz so notieren

E: $\exists$ x: P(x)

sozusagen als wörtliche Übersetzung von

"Es gibt ein Individuum, welches ein Mops ist."

Eine typische *Generalisierung* ist die Aussage "Jeder hat Geld". Ausführlicher und umständlicher ist gemeint:
"Für alle Individuen gilt: Das (jeweilige) Individuum hat Geld."
Kürzen wir die Phrase "für alle" durch das mathematische Zeichen $\forall$ ab, können wir die gesamte Aussage so notieren:

G: $\forall$ x: Q(x)

wobei Q(x) bedeutet: x hat Geld.

Wir bemerken, dass die Formulierungen E und G wiederum neue Aussagen darstellen, die wahr oder falsch sein können (auch wenn der Leser eventuell dahin tendiert, die Aussage G für falsch zu halten). Sie können – wie im Abschnitt über Aussagenlogik beschrieben – miteinander verknüpft werden.

Wir bemerken weiterhin, dass die Individuen, auf die sich die Prädikate in E oder G beziehen, stillschweigend gewissen Einschränkungen unterliegen: So ist im Fall E normalerweise von Hunden, im Fall G normalerweise von Menschen die Rede. Wenn sich solche Einschränkungen nicht in natürlicher Weise aus dem Kontext ergeben, müssen sie mit angegeben werden. So könnten wir mit H die Gesamtheit aller Hunde, mit M die Gesamtheit aller Menschen bezeichnen und abkürzend schreiben "$x \in H$" für "x ist ein Hund". Unsere beiden Aussagen E und G können dann ausführlicher so geschrieben werden:

E: $\exists$ x $\in H$: P(x)

G: $\forall$ x $\in M$: Q(x)

Verbundene Prädikate

Mitunter trifft man auf Aussagen wie diese:

S: Zu jedem linken Schuh existiert ein rechter.

Hier ist schon ein wenig mehr Sorgfalt bei der Formalisierung nötig. Wir könnten z.B. mit L die Gesamtheit aller linken Schuhe auf der Welt bezeichnen und dann schreiben:

S: $\forall x \in$ L: A(x)

mit der Interpretation

A(x):   es gibt einen zu x passenden rechten Schuh.

Hierbei fällt auf, dass rechte und linke Schuhe recht unsymmetrisch behandelt werden. Also verfeinern wir die Aussage A(x), indem wir auch die Gesamtheit R aller rechten Schuhe auf dieser Welt betrachten und schreiben

A(x): $\exists y \in$ R: B(x, y)

mit der Interpretation

B(x, y): y passt zu x.

Wir erhalten

S: $\forall x \in \mathrm{L} \; \exists y \in \mathrm{R} \colon \mathrm{B}(x,y)$

Bei $\mathrm{B}(x,y)$ haben wir es mit einem sogenannten *verbundenen Prädikat* zu tun.

Rechenregeln

Wie schon bemerkt, stellen korrekt aufgebaute prädikatenlogische Ausdrücke als Ganzes selbst Aussagen dar, die wiederum logisch miteinander verknüpft werden können. Dafür bedarf es im Grunde keiner neuen Regeln. Eine gewisse Sorgfalt ist allerdings bei der Negation von Existenzaussagen und Generalisierungen angebracht.

Wir betrachten z.B. folgende Aussage:

M: Jeder Paderborner besitzt einen Lodenmantel.
    $\forall$ x $\mathrm{L}(x)$

Wie lautet die Negation? (Gemeint ist eine verständliche Version der korrekten, aber verklausulierten Formulierung

$\overline{\mathrm{M}}$: Es ist nicht wahr, dass jeder Paderborner einen Lodenmantel besitzt.)
        $\neg$ $\forall$ x $\mathrm{L}(x)$

Bei Umfragen im Hörsaal lautete die erste Antwort stets

Kein Paderborner besitzt einen Lodenmantel.
$\neg\exists$ x $\mathrm{L}(x)$.

Falsch – wieder das Ergebnis eines beliebten Missverständnisses! Wie aber lautet die korrekte Negation?

Bevor wir diese Frage konkret beantworten, halten wir folgende allgemeine Beobachtung fest: Unsere neuen Aussageformen *Generalisierung* und *Existenzaussage* können wir als Sonderform von Konjunktion und Disjunktion auffassen – nämlich solche mit beliebig vielen Partnern. Wenn z.B. aus dem Kontext klar ist, dass die folgenden Aussagen sich nur auf drei konkrete Individuen u, v, w beziehen können, dann kann man schreiben

$$\forall x \colon \; \mathrm{P}(x) \quad \Longleftrightarrow \quad \mathrm{P}(u) \wedge \mathrm{P}(v) \wedge \mathrm{P}(w)$$
$$\exists x \colon \; \mathrm{Q}(x) \quad \Longleftrightarrow \quad \mathrm{Q}(u) \vee \mathrm{Q}(v) \vee \mathrm{Q}(w).$$

Mit Hilfe dieser Sichtweise wird schnell klar, welche der weiter oben für "$\wedge$" und "$\vee$" angeführten Rechenregeln sich unmittelbar auf $\forall$ und $\exists$ übertragen lassen. So haben wir z.B als Verallgemeinerung von (L2) das Assoziativgesetz

$$
\begin{aligned}
(\forall x \colon \mathrm{P}(x)) \wedge (\forall x \colon \mathrm{P}'(x)) &= \forall x \colon (\mathrm{P}(x) \wedge \mathrm{P}'(x)) \\
(\exists x \colon \mathrm{Q}(x)) \vee (\exists x \colon \mathrm{Q}'(x)) &= \exists x \colon (\mathrm{Q}(x) \vee \mathrm{Q}'(x)).
\end{aligned}
\tag{12}
$$

Ebenso leuchtet ein, dass z.B. hier aufzupassen ist:

$$(\exists x : Q(x)) \;\wedge\; (\exists x : Q'(x)) \quad\neq\quad \exists x : (Q(x) \,\wedge\, Q'(x)).$$

Und last but not least wird klar, dass bei der Negation derartiger Ausdrücke wiederum die De Morganschen Regeln gelten:

Satz 0.4.

$$\neg \,(\exists \, x : P(x)) \;=\; \forall \, x : \neg \, P(x)$$
$$\neg \,(\forall \, x : P(x)) \;=\; \exists \, x : \neg \, P(x)$$

Damit finden wir nun die korrekte Negation der Aussage M:

$\overline{\text{M}}$: Es gibt (mindestens) einen Paderborner,

$$\exists \qquad x:$$

der keinen Lodenmantel besitzt.

$$\neg \qquad L(x).$$

Beispiele 0.5.

(i) Aussage: Jeder Student hat Geld.
Negation: Es gibt (mindestens) einen Studenten, der kein Geld hat.

(ii) Aussage: Es gibt Studenten, die gern in der Mensa essen.
Negation: Alle Studenten essen ungern in der Mensa.
(Kein Student isst gern in der Mensa.)

(iii) Aussage: Zu jedem linken Schuh existiert ein rechter. Wir sehen uns hier die formale Negation näher an:

$$\begin{aligned} S &= \forall x \in L \quad \exists y \in R : B(x,y) \\ &= \forall x \in L \qquad A(x) \end{aligned}$$

Die Negation liefert formal

$$\overline{S} = \exists x \in L: \quad \overline{A(x)} \quad \text{mit } \overline{A(x)} = \forall y \in R : \overline{B(x,y)}$$

also

$$\overline{S} = \exists x \in L: \quad \forall y \in R : \overline{B(x,y)}$$

Wörtlich übersetzt gibt dies:
Es gibt einen linken Schuh, zu dem jeder rechte Schuh nicht passt.
Stilistisch schöner klingt vielleicht:
Es gibt einen linken Schuh ohne rechten. $\triangle$

0.2.4 Allgemeingültige Aussagen

Aussagen, die stets wahr sind – unabhängig davon, welche Wahrheitswerte eventuell darin enthaltene Variablen annehmen –, nennt man *allgemeingültig* oder auch *Tautologien*. Einfachste, allerdings auch nicht sehr interessante Beispiele dieser Art sind z.B.

```
Es regnet oder es regnet nicht.
Jeder Schimmel ist weiß.
```

oder

```
Es gibt Objekte, die mit sich selbst identisch sind.
```

Interessanter wird es dann, wenn die Allgemeingültigkeit nicht ganz so offensichtlich ist. Ein Beispiel: Die Aussage

$$A \wedge B \quad \longrightarrow \quad A \vee B \tag{13}$$

ist stets wahr, wie anhand einer Wahrheitstabelle sofort zu sehen ist. Der Satz in Blau verkörpert übrigens selbst eine Aussage, die von (13) zu unterscheiden ist. Es handelt sich vielmehr um eine Aussage über die Aussage (13). Sie kann auch so formuliert werden:

```
Die Aussage   A ∧ B   ⟶   A ∨ B   ist allgemeingültig   (14)
```

und füllt nun schon fast eine ganze Zeile. Deswegen haben sich verschiedene Abkürzungen hierfür eingebürgert. Zwei der bekanntesten sind Gegenstand der folgenden

Vereinbarung 0.6. *Als Abkürzung für (14) schreiben wir*

$$ag(\ A \wedge B \quad \longrightarrow \quad A \vee B\ )$$

bzw. noch kürzer

$$A \wedge B \implies A \vee B. \tag{15}$$

Im Interesse einer möglichst bequemen Notation wollen wir den Doppelpfeil auch im Zusammenhang mit Prädikaten verwenden. Dazu treffen wir eine weitere

Vereinbarung 0.7. *Wir schreiben*

$$P(x) \implies Q(x),$$

wenn gilt $ag(\forall x : P(x) \longrightarrow Q(x))$.

Der Nutzen allgemeingültiger Aussagen

wird besser sichtbar, wenn wir uns z.B. folgende Aussage über reelle Zahlen a, b ansehen:

Satz 0.8. $a > 0 \;\wedge\; b > 0 \;\implies\; ab > 0.$

Der Inhalt des Satzes ist uns vertraut: Das `Produkt positiver Zahlen ergibt eine positive Zahl`. Dies ist eine Regel, die sehr nützlich ist, weil wir sie *immer* anwenden können. Logisch handelt es sich um eine allgemeingültige Aussage, und genau das ist auch das Wesen eines mathematischen Satzes. Mit anderen Worten: Aufgabe der Mathematik ist es, allgemeingültige Aussagen zu gewinnen.

Die Sprache mathematischer Sätze

Mathematische Aussagen haben oft die Form einer Implikation:

Satz 0.9.

$$\textit{Wenn} \cdots \textit{(eine Voraussetzung erfüllt ist),}$$
$$\textit{dann} \cdots \textit{(tritt eine Folge ein).} \tag{16}$$

Eine Implikation kann selbstverständlich auch mit anderen Formulierungen ausgedrückt werden, z.B. unter Verwendung der Begriffe "notwendig" und "hinreichend", des Implikationspfeiles $\implies$ etc. Dieses Muster sehen wir beispielsweise auch bei Satz 0.8 oben:

Satz 0.8
lies:

$$\underbrace{a > 0 \;\wedge\; b > 0}_{V} \;\implies\; \underbrace{ab > 0}_{F}.$$

Ein zweites, ebenso sehr typisches Formulierungsmuster ist das der Äquivalenz:

Satz 0.10.
lies:

$$\underbrace{a > 0 \;\wedge\; b > 0}_{B1} \;\Longleftrightarrow\; \underbrace{a > 0 \wedge ab > 0}_{B2}.$$

Die sprachliche Umschreibung lautet:

Genau (dann), wenn die Aussage B1 wahr ist, ist auch die Aussage B2 wahr.

Nun wissen wir aus Satz 0.3, dass die Äquivalenz als beiderseitige Implikation, d.h. eine UND-Verknüpfung zweier einzelner Implikationen aufgefasst werden kann. Wir könnten diesen Satz also auch als "Doppelsatz" schreiben:

Satz 0.11. *Es gilt*

(i) $\qquad a > 0 \;\wedge\; b > 0 \;\Longrightarrow\; a > 0 \;\wedge\; ab > 0$

$\quad$ *und*

(ii) $\qquad a > 0 \;\wedge\; ab > 0 \;\Longrightarrow\; a > 0 \;\wedge\; b > 0.$

Auf diese Weise lassen sich Äquivalenzen auf Implikationen zurückführen. Der Vorteil hiervon ist es, dass man Äquivalenzen beweisen kann, indem man Implikationen beweist.

Beweisschema allgemeingültiger Implikationen

Der Schlüssel zum Beweis sämtlicher Sätze, die nach den obigen Mustern formuliert sind, besteht in der Fähigkeit, eine Implikation der Form

$$V \Longrightarrow F,$$
$$\text{lies}\quad ag(V \to F)$$

zu beweisen. Man hat also zu zeigen, dass die Implikation $V \to F$ *stets* wahr ist. Wir erinnern dazu an die Wahrheitstabelle für die Implikation:

Zeile	V	F	$V \to F$
1	0	0	1
2	0	1	1
3	1	0	0
4	1	1	1

Bei einem sogenannten *direkten* Beweis macht man sich zunutze, dass eine Implikation $V \to F$ ja überhaupt nur dann falsch sein kann, wenn man sich in Zeile 3 befindet, d.h., wenn die "Voraussetzung" V wahr ist, die "Folgeaussage" F aber falsch. Man zeigt nun einfach, dass dieser Fall nicht eintreten kann. Dazu nimmt man an, V sei wahr – wir befinden uns also in Zeile 3 oder 4 der Tabelle – und weist nach, dass unter dieser Annahme auch F wahr ist. Damit befinden wir uns in Zeile 4, Zeile 3 dagegen ist nicht möglich! Die Zeilen 1 und 2 dagegen brauchen nicht betrachtet zu werden, weil $V \to F$ dort ohnehin stets wahr ist. Insgesamt hat $V \to F$ stets den Wahrheitswert 1.

Bei einem *indirekten* Beweis nutzt man dagegen aus, dass die Implikation $V \to F$ zu der Implikation $\neg F \to \neg V$ äquivalent ist und beweist im Grunde genommen diese. Praktisch bedeutet das: Man nimmt an, die Folgeaussage F sei *unwahr*, und weist nach, dass unter dieser Annahme auch die Voraussetzung V *nicht wahr* sein kann. Anders formuliert:

$$\textit{Wenn} \cdots \textit{(die Folge nicht eintritt)},$$
$$\textit{dann} \cdots \textit{(kann auch die Vorraussetzung nicht erfüllt sein)}. \tag{17}$$

Der Vorteil indirekter Beweise besteht darin, dass die Voraussetzung eines Satzes mitunter auf sehr viele Arten erfüllt sein kann, was es schwer macht, ihn direkt zu beweisen. Wenn gleichzeitig die Folge nur auf wenige Arten nicht eintreten kann, wird man bevorzugen, den Satz indirekt zu beweisen. Überzeugende Beispiele dieser Art werden wir mehrfach finden.

Versteckte Implikationen

Das Schema eines direkten Beweises hilft uns, Implikationen auch dann zu sehen, wenn sie sozusagen "verkleidet" daherkommen. Betrachten wir ein Beispiel:

"Satz 1234567": *Jede Bimme ist eine Womme.* $\tag{18}$

Der Leser wundere sich bitte nicht darüber, was eine "Bimme" und was eine "Womme" sei – der Autor weiß es ja selbst nicht. Das Beispiel ist nämlich frei erfunden, weil uns lediglich die logische Struktur interessiert. Schreiben wir $\mathcal{B}$ bzw. $\mathcal{W}$ für die Mengen aller Bimmen bzw. Wommen sowie $\mathcal{B}(x)$ sowie $\mathcal{W}(x)$ für "x ist Bimme" bzw. "x ist Womme", so haben wir auf den ersten Blick eine generalisierende Aussage der Prädikatenlogik vor uns:

$$\textit{Jede Bimme ist eine Womme.}$$
$$\forall \quad x \in \mathcal{B}: \quad \mathcal{W}(x) \tag{19}$$

Wollten wir sie beweisen, könnten wir so vorgehen:

(1) Wir wählen eine *beliebige* Bimme aus und behalten sie für die weitere Argumentation bei; am besten geben wir ihr einen Namen – z.B. x. Damit nehmen wir an, dass die Aussage "x ist Bimme" *wahr* ist.

(2) Anschließend (= unter dieser Annahme) weisen wir nach, dass x auch eine Womme bzw. gleichbedeutend, dass die Aussage "x ist Womme" *wahr* ist.

Der Fall, dass x keine Womme sein könnte, wird damit ausgeschlossen.

Da x beliebig gewählt werden konnte und es für die Argumentation also keine Rolle spielte, welches x wir betrachteten, ist der Beweis komplett. Interessant ist nun folgende Beobachtung anhand der Textteile in Türkis: Für jedes feste x haben wir gezeigt, dass die Implikation

$$x \text{ ist Bimme} \rightarrow x \text{ ist Womme}$$

wahr ist! Da x beliebig wählbar war, haben wir insgesamt bewiesen:

$$\forall x : x \in \mathcal{B} \longrightarrow x \in \mathcal{W} \tag{20}$$

kurz:

$$x \in \mathcal{B} \Longrightarrow x \in \mathcal{W}, \tag{21}$$

etwas leger formuliert:

Wenn ··· *<etwas> eine Bimme ist,*

dann ··· *ist <dasselbe> auch eine Womme.* $\qquad (22)$

Wir sehen damit: (18), (19), (20), (21) und (22) sind lediglich "Verkleidungen" ein- und derselben Aussage.

"Schlussketten "

Wir verweisen noch einmal auf den Unterschied der Schreibweisen

$$A \longrightarrow B \text{ und } A \Longrightarrow B$$

in der Aussagenlogik: Während die linke Implikation wahr oder falsch sein kann, ist die rechte gemäß Vereinbarung 0.6 allgemeingültig, also stets wahr. Immer wenn A wahr ist, ist damit auch B wahr; man könnte also auch sagen: *Aus A folgt B.* Deswegen nennt man $\Longrightarrow$ auch den "Folgepfeil". Korrekte Schlussfolgerungen bzw. genauer: Regeln dafür aufzustellen, ist ein wesentliches Anliegen der Logik. Sehr häufig müssen korrekte Schlüsse aneinandergereiht werden. Hier eine nützliche Aussage darüber, die wir in Gestalt einer Übungsaufgabe verpacken:

Aufgabe 0.12. Es seien A, B und C Aussagen. Dann gilt:

$$(A \Longrightarrow B) \wedge (B \Longrightarrow C) \;\Longrightarrow\; (A \Longrightarrow C). \tag{23}$$

Dass es sich um eine Implikationskette handelt, ließe sich z.B. so visualisieren:

$$A \Longrightarrow B \Longrightarrow C.$$

0.2.5 Ergänzende Anmerkungen

Die in diesem Abschnitt vorgestellte Aussagenlogik hat wesentlich mehr Bezüge zur Ökonomie, als sich auf den ersten Blick erkennen lässt. Man kann mit ihr sogar richtig Geld verdienen: Bekanntlich beruht ein großer Teil der modernen Wirtschaft auf dem Einsatz von Computern und moderner Kommunikationstechnologien; und all diese Technologien beruhen ihrerseits auf der Aussagenlogik zur Formulierung und Übertragung von Informationen. Nullen und Einsen als Ziffern, aber auch als Wahrheitswerte, werden in Form unterschiedlicher Spannungen oder als Lichtimpulse physikalisch über Leitungsnetze verbreitet und in Computern verarbeitet. Vor diesem Hintergrund gewinnt eine weitere logische Operation an Bedeutung: Das *ausschließende* "oder" (engl. *exclusive* **or**, in der Schaltungstechnik XOR). Zur Erinnerung: Wir hatten das logische "oder" als eine Ausssageverbindung im *nichtausschließenden* Sinne eingeführt, und so ist es auch zum Standard in der (mathematischen) Aussagenlogik geworden:

Erwin hat Geld,   oder   er (Erwin) trinkt Bier.
            A   ∨   B

Das ausschließende "oder" liest sich dagegen so:

Entweder   hat Erwin Geld,   oder   er (Erwin) trinkt Bier.
               A   ⊗   B

Der Unterschied wird durch einen Vergleich der Wahrheitstabellen sichtbar

A	B	A ∨ B	A ⊗ B
0	0	0	0
0	1	1	1
1	0	1	1
1	1	1	0

0.2.6   Aufgaben

Aufgabe 0.13 (↗L). Untersuchen Sie anhand von Wahrheitstafeln, welche der folgenden Gleichungen gelten:

a) $(A \wedge B) \vee C = A \wedge (B \vee C)$

b) $(A \wedge B) \rightarrow C = A \wedge (B \rightarrow C)$

c) $\overline{A \wedge B \wedge C} = \overline{A} \vee \overline{B} \vee \overline{C}$.

Überlegen Sie, ob Ihr Ergebnis einfacher durch Verwendung umgangssprachlicher Formulierungen erzielbar wäre.
(Interpretationsvorschlag:
A :≙ Das Mensaessen schmeckt.
B :≙ Die Studenten haben genug Geld.
C :≙ Die Mensa ist überfüllt.)

Aufgabe 0.14 (↗L). Wir betrachten folgende Aussagen:

- N: Es ist Nacht.
- S: Die Studenten haben Durst.
- B: Das Bier ist knapp.
- P: Die Studenten besuchen die Schnüffelparty.

(i) Drücken Sie die folgenden Aussagen durch N, S, B und/ oder P aus (in Gestalt aussagenlogischer Ausdrücke):

- U: Es ist Nacht, und die Studenten haben Durst.
- V: Es ist Nacht, und die Studenten haben keinen Durst.
- W: Es ist Nacht, und die Studenten besuchen die Schnüffelparty oder haben Durst.
- X: Wenn es Nacht und das Bier knapp ist, besuchen die Studenten die Schnüffelparty.

- Y: Dafür, dass die Studenten zur Schnüffelparty gehen, ist notwendig, dass das Bier nicht knapp ist.
- Z: Hinreichend dafür, dass das Bier knapp ist, ist, dass die Studenten Durst haben und die Schnüffelparty besuchen.

(ii) Interpretieren Sie

   a) $(B \wedge P) \longrightarrow S$.

   b) $\neg(S \longrightarrow B)$.

   c) $\neg((\neg B \wedge \neg S) \vee \neg N)$.

(iii) Negieren Sie die Ausdrücke unter (i).

(iv) Interpretieren Sie die Ergebnisse von (iii) umgangssprachlich.

Aufgabe 0.15 (↗L). Geben Sie alternative Formulierungen an unter Verwendung von "notwendig" und "hinreichend":

(i) Wenn es Nudeln gibt, isst der Student P. Asta in der Mensa.

(ii) Genau dann, wenn die Studenten durstig sind, besuchen die Studenten die Schnüffel-Party-Nachlese-Party.

(iii) Es sei n eine beliebige natürliche Zahl. Wenn n durch 2 und 3 teilbar ist, so ist n auch durch 6 teilbar.

Aufgabe 0.16 (↗L, *Gemischtes aus Paderborn*). Wir betrachten die folgenden Aussagen über Essgewohnheiten in der Mensa und über die Paderborner Bekleidungsordnung:

  A: Jeder Student wählt ein Hauptgericht und ein Dessert.

  B: Kein Student, der sich für eine Vorsuppe entscheidet, wählt auch ein Dessert.

  C: Wenn jeder Student ein Hauptgericht wählt, so gibt es auch einen, der sich für ein Dessert entscheidet.

  D: Wenn es einen Paderborner gibt, der keinen Lodenmantel besitzt, dann haben alle Paderborner mehrere Lodenhüte.

Verneinen Sie diese Aussagen umgangssprachlich. Versuchen Sie, dabei mehrere logisch gleichwertige Formulierungen zu finden. Überzeugen Sie sich von der Richtigkeit Ihrer Ergebnisse, indem Sie die ursprünglichen Aussagen und ihre Verneinungen durch logische Ausdrücke beschreiben.

0.3   Mengen und Mengenoperationen

0.3.1   Begriffe

Die moderne Mathematik und die meisten ihrer Anwendungen sind darauf angewiesen, Sachverhalte präzise und logisch korrekt formulieren zu können. Zugleich besteht der Wunsch nach möglichst kurzen Formulierungen. Die von Georg Cantor[1] begründete Mengenlehre bedient diese Anforderungen in idealer Weise und hat sich daher zu einem zentralen Hilfsmittel der Mathematik entwickelt. Bereits wenige Begriffe und Schreibweisen aus der Mengenlehre genügen, um die Lesbarkeit mathematikhaltiger Texte signifikant zu erhöhen. Deswegen gehen wir auf die wichtigsten kurz ein. Der grundlegendste Begriff ist der Begriff einer Menge, den Georg Cantor seinerzeit so formulierte:

Definition 0.17. (Mengenbegriff nach Georg Cantor.) *Eine* Menge *ist eine Zusammenfassung bestimmter wohlunterschiedener Objekte unserer Anschauung oder unseres Denkens, welche* Elemente *dieser Menge genannt werden, zu einem Ganzen.*

Hervorzuheben ist hierbei zweierlei: *Erstens:* Die Elemente einer Menge sind wohlunterschieden. *Zweitens:* Es gibt ein gemeinsames Merkmal, welches sie als Elemente dieser Menge qualifiziert. Betrachten wir beispielsweise die Menge aller römischen Kaiser, so unterscheidet sich z.B. Cäsar von Augustus. Das ihnen gemeinsame Merkmal ist, römischer Kaiser (gewesen) zu sein.

Element-Beziehung

Die Tatsache, dass ein Objekt x Element einer Menge M ist, wird durch die symbolische Schreibweise "$x \in M$", lies: "x ist Element von M", ausgedrückt. Man formuliert: "x gehört zu M", "x gehört der Menge M an" o.ä. Das *Elementzeichen* "$\in$" erlaubt, die Element-von-Beziehung kurz und präzise auszudrücken. Wenn z.B. M die Menge aller römischen Kaiser bezeichnet, kann man schreiben: Caesar $\in$ M, Augustus $\in$ M, . . .

Beschreibung von Mengen

Um genau zu beschreiben, von welcher Menge die Rede sein soll, gibt es mehrere Möglichkeiten; wir nennen hier drei davon:

(1) *Verbale Beschreibung:*

Wir könnten z.B. schreiben: *Es bezeichne...*

---

[1] Georg Cantor, 3.3.1845 -6.1.1918

S   die Menge aller Studenten der Paderborner Universität
P   die Menge alle Paderborner
A   die Menge aller im Pub gehandelten Biersorten
$\mathbb{P}$ die Menge aller Primzahlen zwischen 10 und 20.

Der kritische Leser mag anmerken, dass diese Beschreibungen nicht präzise genug sind. Was ist z.B. ein "Paderborner"? Jemand, der dort geboren wurde? Oder jemand, der sich gerade dort aufhält? Oder gar ein Trockengebäck, ähnlich dem Paderborner "Berliner" (der übrigens in Berlin unbekannt ist)? Deswegen wollen wir hier von verbalen Formulierungen nur sparsam Gebrauch machen.

(2) *Aufzählung:*

Wenn eine Menge nur endlich viele Elemente enthält, kann man sie durch deren Aufzählung beschreiben. Üblicherweise setzt man die Aufzählung in geschweifte Klammern, um die aufgezählten Objekte von der sie umfassenden Menge zu unterscheiden. Auf diese Weise hätten wir die Menge $\mathbb{P}$ aller Primzahlen zwischen 10 und 20 statt durch eine verbale Formulierung wie oben auch folgendermaßen definieren können:
Es bezeichne $\mathbb{P}$ die Menge

$$\{11, 13, 17, 19\}.$$

Die entscheidende Information darüber, dass es sich hierbei um eine *Menge* handelt, steckt in dem *"Mengenkonstrukt"* $\{\dots\}$. Als paarweise auftretenden Bestandteilen des Mengenkonstrukts kommt den beiden geschweiften Klammern eine reservierte Bedeutung als "Mengenklammern" zu, die heute weltweit Standard ist. Die allgemeine Form dieser Mengenschreibweise ist somit

$$\{< \text{Aufzählung der Elemente} >\}.$$

Bei aller Symbolik kann man z.B. den Ausdruck

$$\{\ 11, 13, 17, 19\ \}$$

flüssig "vor"lesen als

(die) Menge mit den Elementen 11, 13, 17 und 19 $<$ Punkt $>$.

Man beachte: Die Reihenfolge, in der die Elemente einer Menge hierbei genannt werden, ist *unerheblich*; wir hätten also z.B. auch schreiben können: *es bezeichne $\mathbb{P}$ die Menge* $\{19, 11, 13, 17\}$.

Bemerkung 0.18. Die Formulierung "Es bezeichne $\mathbb{P}$ die Menge..." lässt sich übrigens weiter abkürzen. Man schreibt dafür

$$\mathbb{P} := \{\ 11, 13, 17, 19\ \}. \tag{24}$$

Die hierbei als eine Einheit auftretende Zeichenkombination ":= " ist ein *definierendes Gleichheitszeichen*, welches auch in der spiegelbildlichen Form "=:"

gebraucht werden kann. Der Doppelpunkt weist jeweils auf diejenige Seite, auf der das neue Objekt ge- bzw. benannt wird; das Gleichheitszeichen ist auf die jeweils andere Seite gerichtet, die dann erklärt, worum es sich handeln soll. Damit lässt sich die Zeile (24) wie folgt "vorlesen":

$\mathbb{P}$	:=		Menge aller Paderborner
< Das neue Objekt> $\mathbb{P}$	"ist definiert als"		Menge aller Paderborner

Abbrechende Aufzählungen

So weit, so gut. Ein kleines Problem entsteht leider bei unendlichen Mengen, denn es ist selbstverständlich nicht möglich, all ihre Elemente aufzuzählen. Deswegen ist es nicht unüblich, eine *abbrechende* Aufzählung anzugeben, etwa nach diesem Muster:

$$\mathbb{N} := \{1, 2, 3, 4, 5, 6, \ldots\}.$$

Jeder glaubt, zu verstehen, was hiermit gemeint ist. Dennoch muss man anerkennen, dass sich hinter den nicht näher erklärten Pünktchen mögliche Missverständnisse verbergen können. Nachfolgend nennen wir eine Möglichkeit, diese zu vermeiden:

(3) *Angabe einer logischen Zugehörigkeitsbedingung:*

Hierbei wird die Zugehörigkeit von Objekten zu einer Menge nicht durch Aufzählung, sondern durch Angabe einer logischen Bedingung gekennzeichnet. Betrachten wir zunächst ein Beispiel:

$$H := \{ \quad u \quad | \quad u \quad \text{ist ein Hund} \quad \} \tag{25}$$

Dieser Ausdruck ist wie folgt zu interpretieren: H wird definiert als eine Menge, wobei ein beliebiges, stellvertretend mit u bezeichnetes Objekt *genau dann* Element dieser Menge ist, wenn das Prädikat u ist ein Hund wahr ist. Auf diese Weise enthält die Menge H *alle Hunde* und *sonst nichts*; mit anderen Worten: H wird definiert als die *Menge aller Hunde*.

Die Tatsache, dass es sich um eine Menge handelt, ist auch hier an dem Mengenkonstrukt {...} erkennbar, das diesmal in der erweiterten Form {...|...} verwendet wird. Die drei Zeichen {...|...} lassen sich so "vorlesen":

$$\{ \quad \ldots \quad | \quad \ldots \quad \}$$
Menge aller ... *mit der Eigenschaft* ... < *Punkt* >.

Es lohnt sich, noch ein wenig mehr zu dieser Schreibweise zu sagen. Setzen wir P(u) : u ist ein Hund, können wir die Menge H auch kürzer schreiben:

$$\{ \quad u \quad | \quad P(u) \quad \}.$$

Wir bemerken, dass u hierbei nicht lediglich für *einen* und auch nicht für einen *bestimmten* Hund steht, sondern stellvertretend für jeden beliebigen. Somit spielt u nur die Rolle eines Platzhalters, der benötigt wird, damit sich das Prädikat darauf beziehen kann. Zudem spielt u diese Platzhalterrolle nur innerhalb der Klammern von {... | ...}; außerhalb der Klammern hat u entweder überhaupt keine Bedeutung oder auch eine andere – je nachdem, was im Kontext vereinbart wurde. Weiterhin muss der Platzhalter nicht unbedingt u heißen, sondern kann auch beliebig anders bezeichnet werden. Die allgemeine Form dieser Mengenschreibweise ist diese:

$$\{< \text{Platzhalter} > \,|\, < \text{Prädikat}(\textit{Platzhalter}) > \}.$$

Gelegentlich erweist es sich als sinnvoll, vor dem Trennstrich noch die Angabe einer Grundmenge hinzuzufügen. dann entsteht dieses Konstrukt:

$$\{< \text{Platzhalter} > \in < \text{Grundmenge} > \,|\, < \text{Prädikat}(\textit{Platzhalter}) > \}.$$

Beispiel 0.19. Den Nutzen einer solchen zusätzlichen Angabe sehen wir hier recht gut: Die Menge

$$U := \{x \in \mathbb{N} \,|\, x \text{ ist nicht gerade}\} \tag{26}$$

enthält genau diejenigen Elemente x der Grundmenge $\mathbb{N}$ der natürlichen Zahlen, für die das Zugehörigkeitsprädikat "x ist nicht gerade" *wahr* ist. Mit anderen Worten: U ist die Menge der ungeraden natürlichen Zahlen.

Bezeichnet weiterhin W die Menge aller Wände eines bestimmten Hauses, so handelt es sich bei

$$S := \{x \in W \,|\, x \text{ ist nicht gerade}\}. \tag{27}$$

um die Menge all seiner schiefen Wände! (Wer weiß, wie viele das sind...) Beide Mengenangaben hatten dieselbe Grundform

$$\{x \in ... \,|\, x \text{ ist nicht gerade}\},$$

aber eine erheblich verschiedene Bedeutung. △

Beispiel 0.20. Wir betrachten einmal folgende Mengenbeschreibung:

$$\{x \,|\, x \text{ ist durch 2 teilbar}\}.$$

Ohne die Angabe einer Grundmenge stellt sich beim Leser Unsicherheit darüber ein, auf welche Objekte x sich das Prädikat "ist durch 2 teilbar" beziehen soll: Nur auf natürliche Zahlen oder auch auf die Null und negative ganze Zahlen? Diese Unsicherheit entfällt dagegen hier vollends:

$$G := \{x \in \mathbb{N} \,|\, x \text{ ist durch 2 teilbar}\}. \tag{28}$$

Wir erinnern: Eine ganze Zahl heißt *gerade*, wenn sie durch zwei teilbar (genauer: ohne Rest durch zwei teilbar) ist. Mit anderen Worten: *G ist die Menge der geraden natürlichen Zahlen.* △

Element vs. Menge

Folgender Hinweis ist besonders wichtig: Zwischen einer Menge und den in ihr enthaltenen Elementen ist gedanklich zu unterscheiden! Das ergibt sich aus der Cantorschen Definition, die die Menge als ein *Ganzes* charakterisiert, welches durch "Zusammenfassung bestimmter, wohlunterschiedener ... Objekte ..." entsteht.

So ist die Menge {5}, die nur die Zahl 5 enthält, etwas anderes als die Zahl 5 selbst. Die Menge { Meier, Müller } enthält die beiden Elemente Meier und Müller, ist aber *ein* neues Objekt und nicht dasselbe wie "Meier und Müller"! Mitunter wird schwer verstanden, warum diese Unterscheidung vorgenommen wird. Dabei handelt es sich um einen gedanklichen Vorgang, der uns aus dem Alltag vertraut ist. Stellen wir uns z.B. eine Porzellanschale mit Erdbeeren vor: Diese wollen wir gern als Ganzes aus dem Kühlschrank nehmen und servieren. Dazu sehen wir Erdbeeren samt Schale nicht nur gedanklich als *ein* Objekt an, sondern hantieren sogar damit. Dieses Gesamt-Objekt unterscheidet sich selbstverständlich von den Erdbeeren allein. Und selbst wenn die Schale nur noch eine einzige Erdbeere enthält, unterscheidet sich "Schale samt Erdbeere" als Ganzes von der einzelnen Erdbeere allein. Übersetzen wir dieses Bild in die Sprache der Mengen, sehen wir das Ganze "Schale samt Erdbeeren" als eine Menge an, die Erdbeeren allein als deren Elemente und die Schale als Klammerpaar des Mengenkonstrukts.

Wem der Gedanke an die Erdbeeren zusagt, der möge sich vorstellen, im selben Kühlschrank befänden sich auch noch eine Schale mit Johannisbeeren und eine Schale mit Himbeeren (und sonst der Einfachheit halber weiter nichts – drei Schalen Obst sind genug). Jetzt können wir den Kühlschrank samt den drei Schalen als ein Ganzes ansehen. Dieses Bild hilft, zu verstehen, dass Mengen ihrerseits auch Elemente sein können – selbstverständlich anderer Mengen.

Weitere Beispiele

(1) *Die leere Menge*

In allen bisherigen Beispielen enthielten die betrachteten Mengen Elemente. Aus systematischen Gründen lässt man zu, dass eine Menge auch keinerlei Elemente enthalten kann und nennt das Ergebnis $\emptyset := \{\}$ die *leere Menge*. Jede von der leeren Menge verschieden Menge heißt dann *nichtleer*.
Zur Beachtung: Während die leere Menge $\emptyset$ keinerlei Element enthält, kann sie selbst wiederum als Element in einer anderen Menge enthalten sein, z.B. in dieser hier: $\{\emptyset\}$ – diese Menge ist dann nichtleer!

(2) *Intervalle*

Für beliebige reelle Zahlen a und b heißt

$$M := \{\, y \in \mathbb{R} \mid a \leq y \leq b \,\}$$

das *abgeschlossene Intervall mit den Grenzen a und b*, symbolisch
$M =: [\,a,\, b\,]$.

Diese Schreibweise mag dem Leser vertraut vorkommen; zu beachten ist jedoch, dass kraft unserer Definition ein abgeschlossenes Intervall eventuell nur einen einzigen oder auch gar keinen Punkt enthalten kann, wie die beiden Beispiele $[\,5,\, 5\,] = \{5\}$ und $[\,5,\, 4\,] = \emptyset$ zeigen. Intervalle werden in diesem Buch häufig verwendet; mehr darüber ab Seite 165.

(3) *"Nicht-Element-Beziehung"*

Ist die Elementbeziehung nicht erfüllt, kann man das durch das Zeichen $\notin$ ausdrücken. Die Tatsache, dass eine beliebige Menge M nicht in sich selbst enthalten sein kann, schreibt man dann so:

$$M \notin M.$$

(4) *Mengen als Elemente?*

Wie schon erwähnt, können Mengen ihrerseits Elemente anderer Mengen sein. Hier einige Beispiele bzw. "Nicht-Beispiele" dieser Art:

$$\{1\} \notin \{1, 2\}$$
$$\{1\} \in \{\, \{1\}, \{2, 3\} \,\}$$
$$\{1\} \notin \{\, \{\, \{1\}, \{2, 3\} \,\}, \{4\} \,\}.$$

(5) *Mehrfache Nennung ist unschädlich*

Eine Feinheit der Mengendefinition besteht darin, dass bei der Aufzählung ihrer Elemente Mehrfachnennungen erlaubt sind; auf diese Weise bezeichnen z.B. $\{1, 2, 3, 1, 2, 3\}$ und $\{1, 2, 3\}$ dieselbe Menge.

0.3.2 Visualisierung

Zur Visualisierung von Mengen benutzt man gern sogenannte Venn-Diagramme. Das folgende Venn-Diagramm zeigt zwei beliebige Mengen A und B in abstrakter Form:

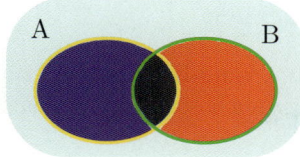

Auf den ersten Blick könnte man glauben, zwei bestimmte Teilmengen einer Ebene zu sehen. Die Skizze ist jedoch nur *symbolisch* zu interpretieren: Die Umrandungen symbolisieren die Mengenklammern {}, während die Innenflächen als *Symbol* für die Gesamtheit aller Elemente von A bzw. B stehen, unabhängig davon, wieviele Elemente im konkreten Fall tatsächlich in den Mengen A bzw. B enthalten sind. (Insbesondere kann jede der beiden Mengen endlich oder auch leer sein. Ob die Innenflächen gefärbt, schraffiert oder anderweitig hervorgehoben werden, ist unerheblich.)

Unsere Skizze zeigt die beiden Mengen A und B sozusagen in *allgemeiner* Lage, d.h., keine der folgenden vier Möglichkeiten wird ausgeschlossen: Es könnte Elemente geben, die

(a) sowohl der Menge A als auch der Menge B angehören

(b) der Menge A, aber nicht der Menge B angehören

(c) der Menge B, aber nicht der Menge A angehören

(d) keiner der beiden Mengen angehören.

(Erst bei konkreter Benennung der Mengen A und B wird sichtbar, ob tatsächlich alle vier Möglichkeiten bestehen.)

Beispiel 0.21. Zur Illustration tauchen wir in die Welt der Biertrinker ein: Es mögen A und Q die Mengen der Biersorten bezeichnen, die in den beiden Lokalen "Armer Hans" und "Quelle" angeboten werden; wir haben dann

A := {**P**aderborner Silberpilsener, **K**rombacher, **B**rinkhoffs}
Q := {**R**adeberger, **K**rombacher, **F**elsenkeller, **H**aseröder, **W**icküler, **U**r-Krostitzer}

Natürlich gibt es auch Biersorten, die in beiden Lokalen nicht zu haben sind, wie z.B. Sternburg, Köstritzer, Veltins u.a.

Unsere Skizze könnte dann konkretisiert werden (die Punkte bezeichnen einzelne Biermarken, gekennzeichnet durch ihren Anfangsbuchstaben):

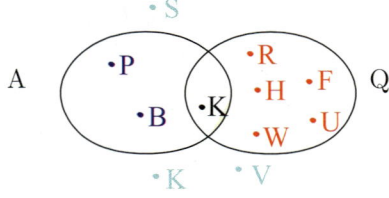

(Die Aufzählung der nicht in A oder B enthaltenen Biersorten muss leider unvollständig bleiben.)   △

0.3.3 Inklusionen, Gleichheit

Wir kehren zu abstrakten Venn-Diagrammen zurück und merken an, dass neben der allgemeinen Lage auch speziellere Situationen visualisiert werden können, z.B. diese:

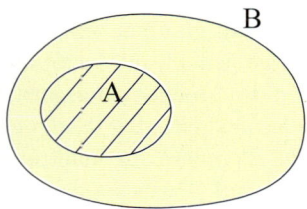

Auf diese bezieht sich die folgende

Definition 0.22. *Es seien* A *und* B *Mengen. Die Menge* A *heißt* Teilmenge *der Menge* B *(symbolisch* A $\subseteq$ B, *lies A "ist Teilmenge von B"), wenn jedes Element von* A *zugleich ein Element von* B *ist.*

Man sagt auch, die "Menge A sei in der Menge B enthalten" bzw. "B ist eine Obermenge von A". Eine formale Art, die Definition auszudrücken, ist

$$A \subseteq B \quad :\Longleftrightarrow \quad (x \in A \Longrightarrow x \in B). \tag{29}$$

Die Enthaltenseinsbeziehung $\subseteq$ wird auch als *(Mengen-) Inklusion* bezeichnet.

Beispiel 0.23. Es gilt $\{1\} \subseteq \{1, 2\}$. Das scheint mit Blick auf das Venn-Diagramm oben offensichtlich. Wir überzeugen uns hier einmal davon, dass auch die formalen Bedingungen der Definition erfüllt sind. Dazu machen wir uns klar, dass die allgemeine Rolle der Menge A und B in der Beziehung (29) hier konkret von den Mengen $\{1\}$ bzw. $\{1, 2\}$ übernommen wird. Damit müssen wir die allgemeine Bedingung

$$x \in A \Longrightarrow x \in B$$

hier in der konkreten Form

$$x \in \{1\} \Longrightarrow x \in \{1, 2\} \tag{30}$$

überprüfen (d.h., als wahr nachweisen). Nun gilt ja

$$x \in \{1\} \Longrightarrow x = 1,$$

denn die linke Menge enthält nur ein Element; ebenso offensichtlich gilt

$$x = 1 \Longrightarrow x \in \{1, 2\}.$$

denn die Menge rechts enthält $x = 1$ als Element. Die beiden letzten Aussagen zusammmen ergeben als Schlusskette dann (30):

$$(x \in \{1\} \Longrightarrow x = 1) \wedge (x = 1 \Longrightarrow x \in \{1, 2\}) \quad \Longrightarrow \quad (x \in \{1\} \Longrightarrow x \in \{1, 2\}).$$

$\triangle$

Wir können auch etwas weniger formal argumentieren:

Beispiel 0.24. Es gilt $\mathbb{P} \subseteq \mathbb{N}$.
Denn: Jede Primzahl ist zugleich auch eine natürliche Zahl.   △

Gelegentlich lässt sich die Inklusionsbeziehung auch sehr intuitiv geometrisch visualisieren.

Beispiel 0.25. Es sei $M := [0, 1]$. Dann gilt $M \subseteq \mathbb{R}$.

Denn: Jede reelle Zahl, die dem Intervall M angehört, ist ja auch eine reelle Zahl "schlechthin".   △

Die passende Illustration zu diesem Beispiel könnte so aussehen:

Im Gegensatz zu einem Venn-Diagramm sind hierbei sowohl die gesamte reelle Achse $\mathbb{R}$ (schwarz) als auch das Intervall M (rot) als *geometrische Punktmengen* zu interpretieren. D.h. ein Punkt gehört einer Menge an, wenn er dort "hineingezeichnet" ist, sonst nicht. Eine Skizze muss insbesondere bei den Intervallendpunkten genau erkennen lassen, ob sie zu dem Intervall gehören sollen oder nicht.

Beispiel 0.26. Es gilt $\emptyset \subseteq M$ für jede beliebige Menge M.   △

Man beachte: Gilt $A \subseteq B$, so braucht die Menge nicht wirklich "mehr" Elemente zu enthalten als die Menge A. So gilt beispielsweise auch $\{1\} \subseteq \{1\}$ bzw. $\mathbb{P} \subseteq \mathbb{P}$. Wir sehen zwei Mengen dann und nur dann als gleich an, wenn sie dieselben Elemente haben. Das lässt sich mit Hilfe der Inklusion auch so ausdrücken:

Definition 0.27. *Zwei Mengen* A *und* B *heißen* gleich *(symbolisch* A=B*), wenn gilt* $A \subseteq B$ *und* $B \subseteq A$.

Anders formuliert: Zwei Mengen A und B sind genau dann gleich, wenn jedes Element von A zugleich ein Element von B ist und umgekehrt; formal:

$$x \in A \Longleftrightarrow x \in B.$$

Die logische Negation der Beziehung A = B wird durch $A \neq B$ ausgedrückt. Damit haben wir ein Ausdrucksmittel für den Fall, dass B "echt mehr Elemente entält als A:

$$A \subsetneq B :\Longleftrightarrow A \subseteq B \wedge A \neq B. \tag{31}$$

Wir lesen die Schreibweise $A \subsetneq B$ als "A ist *echte Teilmenge* von B."

Zu den Bezeichnungen:

Das in der Formel (31) auftretende, als eine Einheit zu verstehende Zeichen ":$\Longleftrightarrow$", welches auch in der spiegelbildlichen Form "$\Longleftrightarrow$:" verwendet werden kann, ist ein *definierendes Äquivalenzzeichen*. Der Doppelpunkt weist jeweils auf diejenige Seite, auf der ein Ausdruck steht, den der Leser wegen eines darin enthaltenen neuen Symbols (noch) nicht verstehen kann. Deswegen wird auf der dem Doppelpunkt abgewandten Seite eine Erklärung angegeben, und zwar in Form einer logischen Aussage, die der Leser aus dem Kontext heraus verstehen kann. Beide Seiten sind dann per definitionem äquivalent.

Anmerkung:
Statt "$A \subseteq B$" werden wir auch die verbreitete noch einfachere Schreibweise "$A \subset B$" verwenden. In anderen Quellen wird diese aber u.U. stellvertretend für $A \subsetneqq B$ verwendet.

Ein "syntaktischer" Hinweis: Bei allen neu eingeführten Bezeichnungen ist nicht nur auf die "reine Definitions*formel*" zu achten, sondern auch auf den Definitions*kontext*. Bei dem Symbol "$\subsetneqq$" etwa haben wir als

Definitions*formel*: $A \subsetneqq B :\Longleftrightarrow A \subseteq B \wedge A \neq B$ (31)
Definitions*kontext*:   Zwei Mengen A und B ...

Die Definitionsformel erklärt die gewünschte Bedeutung, jedoch ausschließlich (!) vor dem Hintergrund des Kontextes. In unserem Beispiel legt dieser fest, dass A und B Mengen sind. Daraus ergibt sich die folgende "Syntax" des Zeichens "$\subsetneqq$":

> $A \subsetneqq B$ *ist dann und nur dann*
>
> - *ein syntaktisch korrekter Ausdruck der Mengenlehre und zugleich*
> - *eine logische Aussage,*
>
> *wenn A und B vom Typ Menge sind.*

Die Tatsache, eine logische Aussage zu sein, hat zur Konsequenz, dass ihr – je nach Situation – genau einer der beiden Wahrheitswerte "wahr" oder "falsch" zugeordnet werden kann. So ist z.B.

$$\{ \text{Meier} \} \subsetneqq \{ \text{Meier},\ \text{Müller} \}$$

eine wahre Aussage,

$$\{ \text{Meier},\ \text{Müller} \} \subsetneqq \{ \text{Meier},\ \text{Müller} \}$$

eine falsche Aussage. Ein Ausdruck, der keine logische Aussage ergibt, ist dagegen logisch unentscheidbar. Hier ein Beispiel:

Angenommen, ein Student notiert in einer Klausur in Blau:

$$1 \subsetneq \{1\} \qquad (32)$$

Bei der Korrektur wird daneben in Rot vermerkt: "f" – mit einem Punktabzug als Folge. Bedeutet das nun, dass (32) im logischen Sinne falsch ist? Wir sehen: Links von "$\subsetneq$" steht die Zahl 1 und damit *keine* Menge, deswegen ist (32) *kein* syntaktisch korrekter Ausdruck der Mengenlehre, und das wird durch das "f" moniert. (32) ist jedoch nicht im logischen Sinne falsch, sondern unentscheidbar.

Sinngemäße Bemerkungen gelten auch hinsichtlich der Syntax anderer Symbole, wie z.B. "$\subseteq$" oder "$\in$". Steht das Elementzeichen in einem Ausdruck der Form

$$a \in B,$$

so ist dieser syntaktisch korrekt, wenn B vom Typ *Menge* ist, sonst nicht.

0.3.4   Operationen mit Mengen

Wir betrachten nun einige Standardoperationen, mit denen aus zwei gegebenen Mengen "neue" Mengen erzeugt werden können.

Definition 0.28. *Es seien* A *und* B *beliebige Mengen. Die durch*

$$
\begin{aligned}
A \cap B &:= (x \,|\, x \in A \wedge x \in B)\,, \\
A \cup B &:= (x \,|\, x \in A \vee x \in B) \; bzw. \\
A \setminus B &:= (x \,|\, x \in A \wedge x \notin B)
\end{aligned}
$$

definierten Mengen heißen Durchschnitt, Vereinigung *bzw.* Differenz *von* A *und* B*. Die durch*

$$A \,\triangle\, B := (A \setminus B) \cup (B \setminus A)$$

definierte Menge heißt symmetrische Differenz *von* A *und* B.

"Vorzulesen" wären $A \cap B$, $A \cup B$, $A \setminus B$ und $A \triangle B$ als A *geschnitten* B, A *vereinigt* B, A *minus* B bzw. A *Dreieck* B. Der Sinn dieser Operationen wird am schnellsten anhand von Venn-Diagrammen sichtbar:

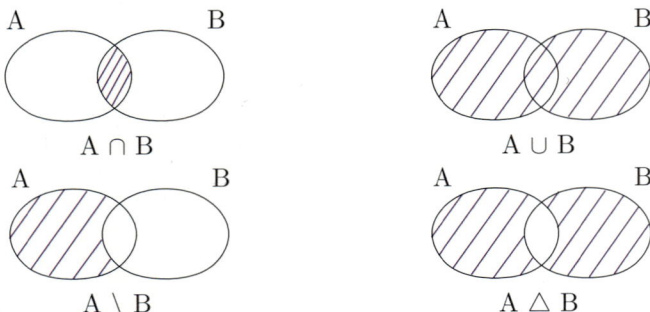

Verbal kann man diese Operationen so beschreiben: Sind A und B gegeben, so enthält

- A ∩ B alle Elemente, die *sowohl* in A *als auch* in B

- A ∪ B alle Elemente, die in A *oder* in B

- A \ B alle Elemente, die *zwar* in A, *nicht aber* in B

- A △ B alle Elemente, die *entweder* in A *oder* in B

enthalten sind.

Beispiel 0.29 (↗F 0.21)**.** Entsprechend haben wir hier

- A ∩ B = {**K**rombacher}
- A ∪ B = {Paderborner Silberpilsener, Krombacher, Brinkhoffs,
  Radeberger, Felsenkeller, Hasseröder, Wicküler,
  Ur-Krostitzer }
- A \ B = {Paderborner Silberpilsener, Brinkhoffs}
- A △ B = {Paderborner Silberpilsener, Brinkhoffs, Radeberger,
  Paulaner, Hasseröder, Wicküler, Ur-Krostitzer } △

Wir sehen, dass unsere Mengenoperationen eine bequeme Möglichkeit bieten, kurz und präzise zu sagen, wovon die Rede ist.

Definition 0.30. *Zwei Mengen* A, B *heißen* disjunkt, *wenn gilt* A ∩ B = ∅.

Beispiel 0.31 (↗F 0.29)**.** Hier sind die Mengen A und B nicht disjunkt (denn A ∩ B enthält das Element Krombacher), wohl aber die Mengen B und A \ B. △

Eine weitere, sogenannte "einstellige" Mengenoperation ist hier zu nennen, die gern verwendet wird, wenn alle betrachteten Mengen als Teilmengen ein- und derselben Grundmenge – nennen wir sie Ω – aufgefasst werden können. Für jede beliebige Menge A ⊆ Ω nennt man die Menge $\overline{A} := \Omega \setminus A$ das (mengentheoretische) *Komplement* von A.

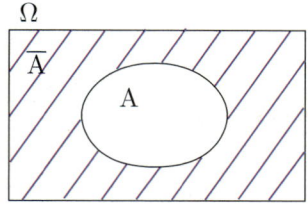

Beispiel 0.32 ($\nearrow$F 0.31). Wenn Ω die Menge aller Biersorten dieser Welt bezeichnet, so gilt

$\overline{\text{A}}$ = {**Radeberger**, **Hasseröder**, **Wicküler**, Sternburg, Köstritzer, Veltins, ... }

Diese Menge enthält alle Biersorten der Welt außer denen, die in A sind.

$\triangle$

0.3.5   Beziehungen zur Logik

Es besteht eine sehr enge Beziehung zwischen Logik und Mengenlehre. Dass ein Element x einer Menge A angehöre, ist eine Aussage über x (also ein Prädikat $Z(x)$), welches in Abhängigkeit vom gewählten x wahr oder falsch sein kann. Die Menge A enthält damit genau diejenigen x, für die $Z(x)$ wahr ist. Somit ist die Sprache der Mengenlehre zugleich als Sprache von Aussagen- und Prädikatenlogik interpretierbar.

Diese Analogien werden sogar formal sichtbar, wenn wir uns zweistellige Mengenoperationen ansehen: Definitionsgemäß war z.B.

$$
\begin{aligned}
\text{A} \cap \text{B} &:= \{x \mid x \in \text{A} \wedge x \in \text{B}\}, \\
\text{A} \cup \text{B} &:= \{x \mid x \in \text{A} \vee x \in \text{B}\}.
\end{aligned}
$$

Der Übergang von Logik zu Mengenlehre vollzieht sich hier sozusagen durch Abrundung der Winkel $\wedge$ bzw. $\vee$ zu $\cap$ bzw. $\cup$. Auch die einstellige Mengenoperation "Komplement" hat ihr logisches Abbild, nämlich in Gestalt der Negation: Unter der Voraussetzung $x \in \Omega$ für alle x gilt

$$
x \in \overline{\text{A}} \iff x \notin \text{A}.
$$

0.3.6   Rechenregeln und ihre Anwendungen

Naturgemäß können auch für das Arbeiten mit den Mengenoperationen $\cup, \cap, \triangle$ usw. Rechenregeln aufgestellt werden. Diese sind aufgrund der engen Beziehung zwischen Logik und Mengenlehre sehr naheliegend und können aus dem Abschnitt "Einfachste Rechenregeln" auf Seite 11 im Grunde einfach abgeschrieben werden (wobei lediglich Winkel in Bögen zu verwandeln sind). Wir nehmen an, dass A und B beliebige Mengen sind sowie Ω eine gemeinsame Obermenge beider Mengen ist. Damit erhalten wir in Analogie zu (L1) bis (L4) sofort folgendes Regelwerk:

	Durchschnitt			Vereinigung		
(S1)	$A \cap B$	$=$	$B \cap A$	$A \cup B$	$=$	$B \cup A$
(S2)	$A \cap (B \cap C)$	$=$	$(A \cap B) \cap C$	$A \cup (B \cup C)$	$=$	$(A \cup B) \cup C$
(S3)	$A \cap \Omega$	$=$	A	$A \cup \emptyset$	$=$	A
(S4)	$A \cap (B \cup C)$	$=$	$(A \cap B) \cup (A \cap C)$	$A \cup (B \cap C)$	$=$	$(A \cup B) \cap (A \cup C)$

Es handelt sich bei (S1), (S2) und (S4) wiederum um Kommutativ-, Assoziativ-bzw. Distributivgesetze. Die folgenden beiden Gesetze betreffen die "Idempotenz" (Unwirksamkeit der Wiederholung) und die "Absorption":

$$
\begin{array}{llll}
(S5) & A \cap A = A & A \cup A = A \\
(S6) & A \cap \emptyset = \emptyset & A \cup \Omega = \Omega
\end{array}
$$

So besagt die linke Gleichung in (S6), dass der Durchschnitt jeder beliebigen Menge A mit der leeren Menge leer ist (denn es gibt in $\emptyset$ keine Elemente und daher erst recht keine, die gleichzeitig zu A gehören könnten). Auf diese Weise wird die Menge A von der leeren Menge $\emptyset$ "absorbiert".

Besonders wichtig sind die "**DeMorganschen Regeln**":

$$
(S7) \quad \overline{A \cap B} = \overline{A} \cup \overline{B} \qquad \overline{A \cup B} = \overline{A} \cap \overline{B}
$$

Das Gegenstück zum "Satz vom ausgeschlossenen Dritten" lautet hier

$$
(S8) \quad A \cap \overline{A} = \emptyset \qquad A \cup \overline{A} = \Omega
$$

Weitere sinnvolle Regeln lassen sich unmittelbar aus den Venn-Diagrammen der Abschnitte 0.3.2 und 0.3.4 ablesen. Wir beschränken uns auf die folgenden, die oft nützlich sind:

$$
\begin{array}{llll}
(S9) & A \backslash B & = & A \cap \overline{B} \\
(S10) & A \subseteq B & \Rightarrow & A \cap B = A \\
(S11) & A \subseteq B & \Rightarrow & A \cup B = B
\end{array}
$$

Wenn kompliziertere Ausdrücke notiert werden, ist es erforderlich, die Ausführungsreihenfolge durch Klammersetzung eindeutig festzulegen. So geben z.B. die Ausdrücke

$$
(A \backslash B) \cup C \quad \text{und} \quad A \backslash (B \cup C)
$$

zwei zumeist verschiedene Mengen wieder. (Wir verzichten in diesem Text bewusst darauf, Klammern mit Hilfe von Vorrangregeln einsparen zu wollen, weil uns das nicht sehr oft wirklich helfen würde.)

Wie geht man mit all diesen Rechenregeln sinnvoll um? Dazu einige einfache Beispiele:

Beispiel 0.33. *Für beliebige Mengen A,B,C gilt*

(i) $A \backslash B = A \backslash (A \cap B)$

(ii) $A \cup B = (A \backslash B) \cup B$

(iii) $A \bigtriangleup B = (A \cup B) \setminus (A \cap B)$

Denn: Im Fall (i) können wir (ausführlichst) schreiben

$$
\begin{aligned}
A \backslash (A \cap B) &= & A & \cap & \overline{(A \cap B)} & \text{(nach (S9))} \\
&= & A & \cap & (\overline{A} \cup \overline{B}) & \text{(DeMorgan)} \\
&= & (A \cap \overline{A}) & \cup & (A \cap \overline{B}) & \text{(Distributivgesetz (S4))} \\
&= & \emptyset & \cup & (A \cap \overline{B}) & \text{(``ausgeschlossenes Drittes'' (S8))} \\
&= & A & \cap & \overline{B} & \text{(``neutrales Element'' (S3))} \\
&= & A \backslash B & & & \text{((S9))}
\end{aligned}
$$

Analog erhalten wir im Fall (ii)

$$
\begin{aligned}
(A \backslash B) \cup B &= & (A \cap \overline{B}) & \cup & B & \text{((S9))} \\
&= & (A \cup B) & \cap & (\overline{B} \cup B) & \text{(Distributivgesetz)} \\
&= & (A \cup B) & \cap & \Omega & \text{(``ausgeschlossenes Drittes'')} \\
&= & A & \cup & B & \text{(neutrales Element)}
\end{aligned}
$$

Im Fall (iii) haben wir

$$
\begin{aligned}
A \bigtriangleup B &= & (A \backslash B) & \cup & (B \backslash A) & \text{(Definition)} \\
&= & (A \cap \overline{B}) & \cup & (B \cap \overline{A}) & \text{((S9))} \\
&= & (A \cup B) \cap (A \cup \overline{A}) & \cap & (\overline{B} \cup B) \cap (\overline{B}\,\overline{A}) & \text{(Distributivgesetz)} \\
&= & (A \cup B) \cap \Omega & \cap & \Omega \cap (\overline{B} \cup \overline{A}) & \text{((S8))} \\
&= & (A \cup B) & \cap & (\overline{B} \cup \overline{A}) & \text{((S3))} \\
&= & (A \cup B) & \cap & \overline{(B \cap A)} & \text{(De Morgan)} \\
&= & (A \cup B) & \backslash & (A \cap B) & \text{((S9))}
\end{aligned}
$$

$$\bigtriangleup$$

Vorsicht: *Die oben angegebenen Rechenregeln für den Durchschnitt $\cap$ und die Vereinigung $\cup$ lassen sich nicht ohne weiteres auf die Differenz $\setminus$ und symmetrische Differenz $\bigtriangleup$ übertragen.*

0.3.7   Das kartesische Produkt von Mengen

Definition 0.34. *Gegeben seien zwei Mengen A und B. Dann heißt $A \times B := \{(x,y) \mid x \in A, \, y \in B\}$ das* kartesische Produkt *von A und B.*

Die Schreibweise (x,y) symbolisiert hierbei ein geordnetes Paar; "geordnet" heißt dabei, dass es auf die Reihenfolge, in der x und y genannt werden, ankommt. Das kartesische Produkt $A \times B$, lies "A *kreuz* B", enthält also genau alle geordneten Paare (x,y), wobei x der Menge A, y der Menge B entstammt.

Bereits auf den ersten Blick wird somit klar, dass der Begriff "Produkt" hier in einer völlig neuen Bedeutung gebraucht wird. Auch das Zeichen "×", welches auf Taschenrechnern für die Multiplikation von Zahlen steht, hat eine völlig neue Bedeutung erlangt.

Beispiel 0.35. Zu den attraktivsten Gründen für Städtereisen zählt zweifellos die absolut unverwechselbare Ausstattung größerer Städte mit Verbrauchermärkten. Während es in einer Stadt z.B. jeweils einen -,real-Markt, einen Media-Markt und einen Praktiker-Markt gibt, gibt es in einer anderen Stadt zur Abwechslung etwa je einen -,real-Markt, einen Media-Markt und einen Praktiker-Markt. Setzen wir einmal

A:= {-,real, Media-Markt, Praktiker} und

B:= {Hannover, Braunschweig}, sehen wir mit etwas Schreibarbeit

A × B := {(-,real; Hannover), (-,real; Braunschweig),
    (Media-Markt; Hannover), (Media-Markt; Braunschweig),
    (Praktiker; Hannover), (Praktiker; Braunschweig)}.

Was ist damit gewonnen? Jedes Element liefert die genaue Angabe eines Marktes, in dem z.B. ein bestimmter (ebenfalls unverwechselbarer) Artikel gekauft worden sein könnte.   △

Bemerkung 0.36. Es ist leicht einzusehen, dass im letzten Beispiel die Mengen $A \times B$ und $B \times A$ "vollkommen verschieden" sind, denn es gilt z.B. (-,real; Hannover) ∈ A×B, aber (-,real; Hannover) ∉ B×A. Wir haben also

$$A \times B \neq B \times A,$$

was bedeutet, dass das kartesische Produkt im Unterschied zum Produkt reeller Zahlen *nicht kommutativ* ist! Auch hieran wird der große Unterschied deutlich, den beide Operationen trotz des gleichen Namensbestandteils "Produkt" aufweisen.

Wir gehen kurz auf die Frage ein, warum bei kartesischen Produkten *geordnete* Paare (x, y) eine Rolle spielen. In unserem Beispiel ist bei jedem Paar (x, y) x stets als Name eines Verbrauchermarktes, y stets als Name einer Stadt zu interpretieren. Hätten wir entsprechende Werte zugelassen, so würde das Paar (Hamm, Hamm) nur ein- und dasselbe Wort, aber in zwei verschiedenen Bedeutungen enthalten: einmal den Verbrauchermarkt namens Hamm, zum anderen die Stadt Hamm. Welche Interpretation die Richtige ist, kann nur daran erkannt werden, an welcher Stelle des Paares (Hamm, Hamm) das Wort Hamm abgelesen wurde.

Beispiel 0.37. Ein idealer Würfel werde zweimal geworfen. Sie gewinnen, wenn der zweite Wurf eine höhere Augenzahl zeigt als der erste; bei gleicher Augenzahl endet das Spiel unentschieden. Setzen wir A:=B:={1, 2, 3, 4, 5, 6}, so können wir A × B := {(1, 1), ..., (1, 6), (2, 1), ..., (6, 6)} als die Menge aller möglichen Wurfergebnisse interpretieren: An der ersten Stelle z.B. des Paares

(3,5) steht das Ergebnis des ersten Wurfes (eine Drei), an der zweiten Stelle das des zweiten Wurfes (eine Fünf). Hier haben Sie gewonnen. Das Paar (3,5) sollte nicht mit dem Paar (5,3) verwechselt werden: In diesem Fall hätten Sie nämlich verloren.   △

In einem geordneten Paar (x, y) nennt man x und y auch "Koordinaten". Wichtige Beispiele für kartesische Produkte sind also Koordinatensysteme, auf die im Punkt 0.4.5 eingegangen wird. Wir greifen hier schon einmal vor und visualisieren unser letztes Beispiel mit einer Skizze.

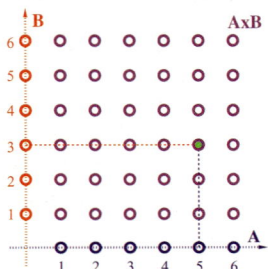

Die Mengen A und B werden als Teil der waagerechten bzw. senkrechten Koordinatenachse interpretiert. Die Koordinaten des hervorgehobenen Punktes x = (5,3) werden der Reihe nach auf der ersten und der zweiten Achse abgelesen. Auf diese Weise kann x als Element von A×B interpretiert werden, und die gesamte Menge A×B ergibt sich als die Gesamtheit der lilafarbenen Punkte in der Ebene.

0.3.7.1   Produkte mit mehreren Faktoren

Bisher wurde das kartesische Produkt A × B aus zwei Mengen A und B betrachtet. In verschiedenen Anwendungen sind auch Produkte aus mehreren Faktoren von Interesse.

Definition 0.38. *Es seien $n \geq 2$ eine natürliche Zahl und $A_1, ..., A_n$ beliebige Mengen. Dann heißt die durch*

$$A_1 \times ... \times A_n := \{(x_1, ..., x_n) \mid x_1 \in A_1, ..., x_n \in A_n\}$$

definierte Menge das kartesische Produkt der Mengen $A_1, ..., A_n$.

Man nennt Ausdrücke der Form $(x_1, ..., x_n)$ (geordnete) *n-Tupel* und $x_1, ..., x_n$ dessen Koordinaten; wichtig ist hierbei wiederum die Reihenfolge der Nennung. Ein wichtiger Spezialfall ist derjenige, bei dem sämtliche Faktoren identisch sind, also $A_1 = A_2 = ... = A_n =: A$ gilt. In diesem Fall schreiben wir auch A^n statt $A \times ... \times A$ und nennen dies die *n-te kartesische Potenz von* A. Im Fall $A = \mathbb{R}$ haben wir es mit der Menge $A^n = \mathbb{R}^n$ zu tun, die aus der Schule bekannt sein sollte – mehr dazu im Abschnitt 0.4.5.

0.3.8 Anmerkungen und Erweiterungen

Zu mehrfachen Produkten

Im Bereich der reellen Zahlen wird das dreifache Produkt $a \cdot b \cdot c$ nicht direkt definiert, sondern als Ergebnis zweier aufeinanderfolgender Multiplikationen je zweier Faktoren; z.B. so: $a \cdot b \cdot c := (a \cdot b) \cdot c$ (aber auch diese Definition wäre möglich: $a \cdot b \cdot c := a \cdot (b \cdot c)$). Das *Assoziativgesetz* der Multiplikation stellt sicher, dass das Ergebnis nicht von der Wahl einer von mehreren möglichen Definitionsmöglichkeiten abhängt. Betrachten wir die zweifache Multiplikation von Mengen A, B, C so finden wir strenggenommen

$$(A \times B) \times C = \{((x,y),z) \mid x \in A, y \in B, z \in C\} \text{ und}$$
$$A \times (B \times C) = \{(x,(y,z)) \mid x \in A, y \in B, z \in C\}.$$

Da sich beide Seiten nur durch die rot hervorgehobenen, nicht informativen Klammern unterscheiden, wollen wir diese weglassen und infolgedessen als gleich ansehen.

Mengenoperationen mit unendlich vielen Operanden

Wir hatten Operationen wie die mengentheoretische Vereinigung $A \cup B$ und den mengentheoretischen Durchschnitt $A \cap B$ zweier Mengen A und B betrachtet. Durch mehrfache Hintereinanderausführung kann man Vereinigungen (bzw. Durchschnitte) beliebig endlich vieler Mengen bilden, so z.B. die folgende Menge:

$$\{1\} \cup \{2\} \cup \{3\} \cup ... \cup \{n\} = \{1,2,3,...,n\}$$

(es handelt sich um einen sogenannten Abschnitt der Menge natürlicher Zahlen). Naheliegenderweise ist

$$\{1\} \cup \{2\} \cup \{3\} \cup ... \cup \{n\} \cup ... = \{1,2,3,...,n,...\} = \mathbb{N} \qquad (33)$$

die "gesamte" Menge natürlicher Zahlen; man erhält sie, indem unendlich viele der links stehenden Mengen vereinigt werden. Was hierbei genau gemeint ist, zeigt folgende

Definition 0.39. *Es sei I eine beliebige nichtleere Menge. Jedem $i \in I$ sei eine Menge A_i zugeordnet. Dann ist durch*

$$\bigcup_{i \in I} A_i := \{x \mid x \text{ gehört mindestens einer der Mengen } A_i, i \in I, \text{ an}\}$$
$$\bigcap_{i \in I} A_i := \{x \mid x \text{ gehört allen Mengen } A_i, i \in I, \text{ an}\}$$

die mengentheoretische Vereinigung bzw. der mengentheoretische Durchschnitt der Mengen $A_i, i \in I$, definiert.

Beispiel 0.40. Wir wählen $I := N$ und $A_i := \{2i\}$ sowie $B_i := (\frac{-1}{n}, 1 + \frac{1}{n})$ für $i \in I$. Dann wird $\bigcup_{i \in I} A_i = \{2,4,6,...\}$ (also die Menge der geraden Zahlen); $\bigcap_{i \in I} B_i = [0,1]$. $\triangle$

0.3.9   Aufgaben

Aufgabe 0.41. Es bezeichne Ω die Menge aller Einwohner von Teutonien und darunter

M: die Menge aller Personen männlichen Geschlechts

N: die Menge aller nichtrauchenden Personen

V: die Menge aller vermögenden Personen.

Beschreiben Sie die folgenden Mengen verbal:

- $\overline{M} \cup N$
- $(V \cap N) \cup M$
- $V \bigtriangleup (\overline{M} \bigtriangleup N)$
- $(V \cap M) \cup (V \cap \overline{M}) \cup (\overline{V} \cap M)$
- $\overline{M \cup N \cup V}$

Aufgabe 0.42 (↗L). Wir bezeichnen mit P die Menge aller Paderborner und mit A, B und C die Menge derjenigen Paderborner, die (A) genau einen Lodenmantel, (B) mindestens einen Lodenmantel bzw. (C) mehrere Lodenhüte besitzen. Geben Sie Formeln an, die folgenden Mengen der A, B, C ausdrücken:

D: die Menge aller Paderborner, die mehrere Lodenmäntel besitzen

E: die Menge aller Paderborner, die entweder mehrere Lodenmäntel oder mehrere Lodenhüte besitzen

F: die Menge aller Paderborner, die höchstens einen Lodenmantel oder -hut besitzen

G: die Menge derjenigen Paderborner, die, wenn sie überhaupt einen Lodenmantel haben, dann auch gleich mehrere davon, aber höchstens einen Lodenhut besitzen.

Aufgabe 0.43 (↗L). Man vereinfache:

(i) $A \cap (B \cup [A \cap (B \cup [A \cap B])])$

(ii) $(A \cap B) \cup (A \cap \bar{B}) \cup (\bar{A} \cap B)$

(Hinweis: Verwenden Sie die "DeMorganschen Regeln" (S7) und (S8) auf Seite 42.)

Aufgabe 0.44 (↗L). Welche Identitäten sind korrekt, welche nicht?

(i) $A \bigtriangleup (B \bigtriangleup C) = (A \bigtriangleup B) \bigtriangleup C$ ✓

(ii) $A \backslash (B \backslash C) = (A \backslash B) \backslash C$ ✓

(iii) $A \backslash (B \cap C) = (A \backslash B) \cap C$

(Die korrekte(n) Identität(en) sind formelmäßig zu begründen, die falschen durch Gegenbeispiele – z.B. in Form von Venn-Diagrammen – zu widerlegen.)

Aufgabe 0.45. Gegeben seien folgende mengentheoretische Ausdrücke. Zeichnen Sie die dazugehörigen Venn-Diagramme.

    a) $(M \cup N) \setminus P$

    b) $(M \setminus N) \cup P$

    c) $N \cup (M \cap P)$

    d) $(M \cap P) \setminus N$

    e) $M \cap N \cap P$

    f) $(M \cap P) \cup (N \setminus (M \cup P))$

Aufgabe 0.46 (↗L)**.** Gegeben seien folgende Venn-Diagramme. Man beschreibe die schraffierten Mengen durch mengentheoretische Ausdrücke!

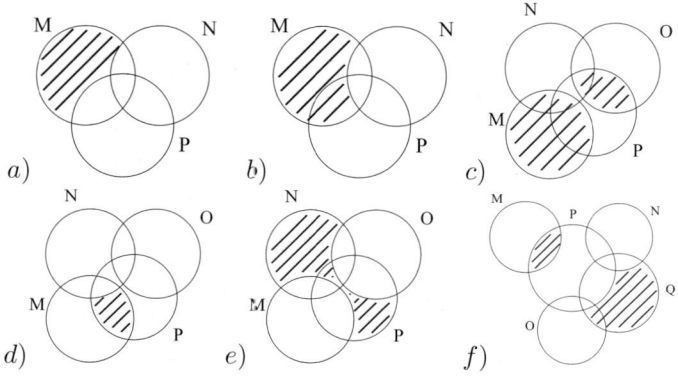

Aufgabe 0.47 (↗L)**.** Es seien folgende kartesischen Produkte gegeben:

- $A := (1,5) \times (1,3)$.

- $B := (2,8] \times (2,4]$.

- $C := [4,6] \times [0,7]$.

Skizzieren Sie A, B, C und folgende Mengen:

    a) $(B \cup C) \setminus A$.

    b) $(A \cap B) \cup (B \cap C)$.

    c) $(A \triangle B) \triangle C$.

0.4 Zahlensysteme

In diesem Abschnitt stellen wir wiederholend zusammen, was wir in diesem Text an Wissen und Bezeichnungen über Zahlensysteme voraussetzen (die Bezeichnungen dürften mittlerweile in allen Schulbüchern Standard sein).

0.4.1 $\mathbb{N}$

Mit $\mathbb{N}$ bezeichnen wir die Menge der *natürlichen* Zahlen:

$$\mathbb{N} := \{1, 2, 3, 4, 5, 6, \cdots\}.$$

Obwohl unsere Aufzählung zwangsläufig nach wenigen Schritten abbrechen muss, können wir annehmen, dass sie von jedermann richtig interpretiert wird.

Bemerkung 0.48. Null ist definitionsgemäß *keine* natürliche Zahl. Will man sie zu den natürlichen Zahlen hinzunehmen, entsteht die neue Menge $\mathbb{N}_0 := \mathbb{N} \cup \{0\}$.

0.4.2 $\mathbb{Z}$

Nimmt man weiterhin negative Werte natürlicher Zahlen hinzu, entsteht die Menge

$$\mathbb{Z} := \mathbb{N}_0 \cup \{-n \quad | n \in \mathbb{N}\}$$

der *ganzen Zahlen*. Unter Verwendung einer zweiseitigen Aufzählung könnten wir auch schreiben $\mathbb{Z} = \{..., -3, -2, -1, 0, 1, 2, 3, ...\}$.

0.4.3 $\mathbb{Q}$

Brüche mit ganzzahligem Zähler und Nenner ergeben Werte, die selbst nicht mehr notwendig ganzzahlig sind. Man fasst sie in der Menge $\mathbb{Q}$ zusammen:

$$\mathbb{Q} := \left\{ \frac{p}{q} \quad | p, q \in \mathbb{Z}, q \neq 0 \right\}. \tag{34}$$

Man nennt sie Menge der *rationalen* Zahlen (ausgehend von dem lateinischen und englischen Wort ratio für Bruch).
In (34) steht der Ausdruck $\frac{p}{q}$ für einen beliebigen Bruch der angegebenen Art. Bekanntlich lassen sich Brüche kürzen oder erweitern, ohne dass ihr Zahlenwert sich ändert. Auf diese Weise kann jede rationale Zahl auf vielfache Weise in der Form $\frac{p}{q}$ geschrieben werden, wobei der Zähler p und der Nenner q ganzzahlig sind. So handelt es sich bei

$$\frac{3}{2}, \quad \frac{-1032}{-688}, \quad \frac{15}{10}$$

zwar um verschiedene Brüche, diese stellen aber sämtlich ein- und dieselbe Zahl (mit der Dezimaldarstellung $Z = 1,5$) dar.

0.4.4 $\mathbb{R}$

Relativ einfache Überlegungen zeigen, dass es Zahlen gibt, die *nicht* rational sind. So ist die Seitenlänge x eines Quadrats mit dem Flächeninhalt 2 eine

Lösung der Gleichung $x^2 = 2$, die keinesfalls rational sein kann. DEDEKIND
zeigte überdies, dass zwischen je zwei verschiedenen rationalen Zahlen mindestens eine Zahl liegen muss, die nicht rational ist (und umgekehrt). Man
nennt derartige Zahlen *irrational*. Obwohl sie keine Darstellung als Bruch mit
ganzzahligem Zähler oder Nenner besitzen, lassen sie sich jedoch beliebig genau durch solche Brüche annähern. Vervollständigen wir die Menge $\mathbb{Q}$ um
alle derartigen fehlenden irrationalen Zahlen, gelangen wir zu der Menge $\mathbb{R}$
der sogenannten *reellen* Zahlen. Sie können als Punkte auf einer (unendlich
langen) Zahlengeraden visualisiert werden:

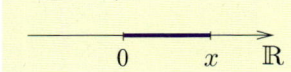

Was ist z.B. an dem visualisierten Punkt x reell? Er kann nicht nur als Punkt,
sondern zugleich als Länge der hervorgehobenen Strecke interpretiert werden;
es entspricht ihm also (zumindest in unserer Vorstellung) ein reales Objekt.

Die Angabe dieser Länge könnte z.B. in Form einer Dezimalzahl erfolgen. Wir
bemerken, dass jede Dezimalzahl mit nur endlich vielen (von Null verschiedenen) Nachkommastellen eine *rationale* Zahl ist, während jede irrationale
Zahl notwendigerweise eine Dezimaldarstellung mit unendlich vielen von Null
verschiedenen Nachkommastellen besitzt. Also können wir – einfach durch
Hinschreiben genügend vieler Kommastellen – jede beliebige reelle Zahl durch
rationale Zahlen approximieren.

Beispiel 0.49. Die Darstellung

$$x = 0.7251$$

bedeutet nichts anderes als

$$x = \frac{7251}{10000},$$

also ist x *rational*. Die Dezimaldarstellung können wir übrigens so interpretieren:

$$
\begin{aligned}
x &= \frac{(7000 + 200 + 50 + 1)}{10000} \\
&= \frac{7}{10} \quad + \quad \frac{2}{100} \quad + \quad \frac{5}{1000} \quad + \quad \frac{1}{10000} \\
&= 7 \cdot 10^{-1} \quad + \quad 2 \cdot 10^{-2} \quad + \quad 5 \cdot 10^{-3} \quad + \quad 1 \cdot 10^{-4}
\end{aligned}
$$

in allgemeiner Form

$$x = q_1 \cdot 10^{-1} + q_2 \cdot 10^{-2} + q_3 \cdot 10^{-3} + q_4 \cdot 10^{-4},$$

worin $q_1, \ldots, q_4$ die vier von Null verschiedenen Dezimalziffern von x bezeichnen. $\triangle$

Beispiel 0.50. Wir betrachten nun eine beliebige irrationale Zahl, deren Dezimaldarstellung so beginnt:

$$x = 0.141592654....$$

Wenn wir nur die ersten drei Dezimalstellen ansehen, finden wir

$$0.141 \leq x \leq 0.142.$$

Die beiden äußeren Zahlen lassen sich als Bruch schreiben, sind also rational:

$$\frac{141}{1000} \leq x \leq \frac{142}{1000}$$

symbolisch

$$L \leq x \leq R.$$

Der "Abstand" von L und R ist $R - L = \frac{1}{1000}$, wir können also sowohl L als auch R als eine Näherung der irrationalen Zahl x durch eine rational Zahl ansehen, die auf $\frac{1}{1000}$ genau ist.

Verwenden wir nun statt 3 sogar 6 Dezimalen, finden wir entsprechend

$$L' := \frac{141592}{1000000} \leq x \leq \frac{141593}{1000000} =: R',$$

wobei sich der Abstand von R' zu L' auf $\frac{1}{1000000}$ vermindert hat. Die Näherung von x durch L' (oder R') ist also schon auf $\frac{1}{1000000}$ genau. $\triangle$

Eine abstrakte Notation der Zahl x aus dem letzten Beispiel ist

$$x = 0.q_1 q_2 q_3 q_4 \ldots q_N \ldots.$$

Bei Näherung durch Zahlen mit nur endlich vielen Nachkommastellen schreibt man auch

$$x = \lim_{n \to \infty} (q_1 10^{-1} + q_2 10^{-2} + \ldots + q_n 10^{-n}).$$

Im Kapitel 5 (Folgen und Reihen) geben wir dieser Schreibweise einen präzisen Sinn.

0.4.5 $\mathbb{R}^n$, Koordinatensysteme, Visualisierung

Es sei n eine beliebige natürliche Zahl. Das n-fache kartesische Produkt von $\mathbb{R}$ mit sich selbst wird mit dem Symbol $\mathbb{R}^n$ bezeichnet. Jedes Element x dieser Menge hat die Form $x = (x_1, \ldots, x_n)$, wobei $x_1, \ldots, x_n$ reelle Zahlen sind und als *Koordinaten* von x bezeichnet werden. Sie bieten eine Möglichkeit zur Visualisierung der Menge $\mathbb{R}^n$ mit Hilfe eines kartesischen Koordinatensystems. Im Fall $n = 1$ handelt es sich um den oben abgebildeten Zahlenstrahl, im Fall $n = 2$ hingegen um die kartesische Koordinatenebene:

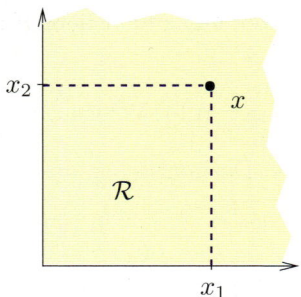

Ein beliebiger Punkt $x = (x_1, x_2) \in \mathbb{R}^2$ wird eingezeichnet, indem der Wert x_1 auf der waagerechten und der Wert x_2 auf der senkrechten Koordinatenachse abgetragen wird; anschließend werden, ausgehend von den markierten Punkten, lotrechte Geraden (blau) eingezeichnet. Genau in deren Schnittpunkt liegt der Punkt x.

Sinngemäß kann man auch im Fall $n = 3$ vorgehen; auf Einzelheiten gehen wir im Kapitel 17.1 ein.

0.4.6   Etwas Neues: Die Menge $\mathbb{C}$

So, wie die Menge der natürlichen Zahlen nicht genügt, um z.B. Minuten als Bruchteile einer Stunde auszudrücken oder wie die Menge der rationalen Zahlen nicht genügt, um z.B. den Flächeninhalt eines Kreises korrekt anzugeben, erweist sich auch bei der Menge $\mathbb{R}$ reeller Zahlen, dass sie zur Lösung bestimmter Aufgaben nicht genügt. Insbesondere können wir dort keine Lösung der einfachen algebraischen Gleichung

$$x^2 + 1 = 0 \tag{35}$$

finden, denn für jede reelle Zahl x gilt $x^2 \geq 0$ und somit $x^2 + 1 > 0$.

Rein formal hat (35) die Lösungen $-\sqrt{-1}$ und $\sqrt{-1}$. Diese formalen Lösungen haben z.B. in der Technik durchaus eine sinnvolle Interpretation. Sie bieten ferner große Vorteile auf dem Weg zu einer einheitlichen Theorie algebraischer Gleichungen, wie sie auch in der Wirtschaftsmathematik benötigt wird. Deswegen bietet es sich an, die Menge $\mathbb{R}$ um diese Lösungen, ihre Vielfachen und Potenzen zu erweitern. Auf diese Weise gelangen wir zur nächstgrößeren Zahlenmenge $\mathbb{C}$ - der Menge der komplexen Zahlen. Auf Einzelheiten gehen wir im Punkt 0.7.4 "Polynome und komplexe Zahlen" ein.

0.4.7   Nützliche Ergänzungen

Naturgemäß wollen wir hier auch die Kenntnis der in den bekannten Zahlensystemen herrschenden Rechengesetze voraussetzen. Diese werden allerdings oft unbewusst gebraucht, wodurch sich Fehler einschleichen können.

Deswegen gehen wir hier kurz auf ausgewählte Rechenregeln, ihren Nutzen und typische Fehlerquellen ein.

Das Kommutativgesetz

der Addition lautet

$$\forall a, b \in M : \quad a + b = b + a,$$

wobei für M wahlweise jedes der erwähnten Zahlensysteme ($\mathbb{N}, \mathbb{Z}, \mathbb{Q}, \mathbb{R}, \mathbb{R}^n, \mathbb{C}$) eingesetzt werden kann. *Ohne* dieses Gesetz hätten wir zwischen Additionsergebnissen $a + b$ und $b + a$ zu unterscheiden! Glücklicherweise ist dies nicht der Fall. (Im Kapitel 15.5 werden wir jedoch eine Rechenoperation kennenlernen, für die das Kommutativgesetz *nicht* gilt.)

Das Assoziativgesetz

der Addition lautet

$$\forall a, b, c \in M : \quad (a + b) + c = a + (b + c),$$

(M wie zuvor) und erlaubt uns, mehrfache Additionen bequemstens durchzuführen. Wir erinnern: Die Addition ist ursprünglich nur als Operation zwischen *zwei* gegebenen Zahlen a und b definiert, wobei dem Paar (a, b) das Ergebnis $a + b$ zugeordnet wird. Ein Ausdruck der Form

$$a + b + c$$

kann *praktisch* immer nur in *zwei* Schritten berechnet werden – egal, ob im Kopf oder mit einem Computer: Zunächst werden zwei der drei Zahlen addiert, dann wird zu dem entstandenen Additionsergebnis die noch fehlende dritte Zahl addiert. Um klarzumachen, in welcher Reihenfolge vorgegangen wird, sind Klammern zu setzen. *Ohne* Kommutativ- und Assoziativgesetz wären folgende zwölf Berechnungsergebnisse zu unterscheiden:

$$
\begin{array}{llll}
(a + b) + c & (b + a) + c & c + (a + b) & c + (b + a) \\
(a + c) + b & (c + a) + b & b + (a + c) & b + (c + a) \\
(b + c) + a & (c + b) + a & a + (b + c) & a + (c + b)
\end{array}
$$

(Dabei bedeutet z.B. $c + (a + b)$: Man berechne zunächst $d := a + b$ und anschließend $c + d$ (unter Beachtung der Reihenfolge der Summanden)).
Dank Kommutativgesetz können die Terme in Grau vernachlässigt werden, da sie lediglich durch Umordnung der Summanden in den schwarzen Termen entstehen. Bleiben immer noch drei denkbare Berechnungsergebnisse (schwarz). Das Assoziativgesetz sorgt dafür, dass auch diese sich nicht unterscheiden. Also: Erst dank beider Gesetze können wir die vorangehenden 12 Formeln zu dem kurzen Ausdruck

$$a + b + c$$

zusammenfassen.

Mehrfache Additionen und das Summenzeichen

Aufgrund der vorangehenden Überlegungen können nun auch Summen mit mehr als zwei Summanden "klammerfrei" notiert werden. Weil die Anzahl n der Summanden groß werden kann, ist es hier nun sinnvoller, die Summanden zu numerieren, statt sie einfach mit $a, b, c, \ldots$ usw. zu benennen:

$$a_1 + a_2 + \ldots + a_n. \tag{36}$$

Die laufende Nummer – z.B. 2 – eines Summanden wird hierbei als *Index* bezeichnet und typischerweise tiefgestellt: a_2. Unter Verwendung des Summenzeichens Σ kann die Summe (36) kürzer so notiert werden:

$$\sum_{k=1}^{n} a_k \quad := \quad a_1 + \ldots + a_n \tag{37}$$

Hierbei nennt man 1 und n die untere bzw. obere *Summationsgrenze* und k den *Summationsindex*. (Dieser spielt nur innerhalb der Summenformel eine Rolle und kann völlig beliebig bezeichnet werden; es gilt also z.B.

$$\sum_{k=1}^{n} a_k \quad = \quad \sum_{\xi=1}^{n} a_\xi$$

– hier wurde also lediglich k in ξ umbenannt.) Ein Beispiel zur Interpretation von (37): Es gilt

$$\sum_{s=5}^{8} \frac{1}{s^2} \quad = \quad \frac{1}{5^2} + \frac{1}{6^2} + \frac{1}{7^2} + \frac{1}{8^2};$$

hierbei ist $\frac{1}{s^2}$ als a_s zu lesen, sukzessive für $s = 5, 6, 7, 8$ zu berechnen und anschließend zu summieren.

Zur Multiplikation

Auch für die Multiplikation gilt ein Kommutativ- und ein Assoziativgesetz. Beide sind nahezu wortgleich mit denen der Addition; man erhält erstere, indem in letzteren einfach das Pluszeichen "+" durch das Multiplikationszeichen "." (bzw. ein Leerzeichen) ersetzt wird.

Auf diese Weise können auch mehrfache Produkte "klammerfrei" notiert werden, und zur Vereinfachung lässt sich das Produktzeichen "$\prod$" verwenden:

$$\prod_{k=1}^{n} a_k \quad := \quad a_1 \cdot \ldots \cdot a_n$$

"Gemischte Operationen" und beliebte Fehler

Treffen in einem Ausdruck Multiplikation und Addition aufeinander, so ist das *Distributivgesetz* hilfreich; es lautet:

$$\forall a, b, c \in M : \quad a(b + c) = ab + ac. \tag{38}$$

Fehlerquelle: *Überaus beliebt ist es, auf der linken Seite von (38) die Klammern zu vergessen. Man erhält eine "Gleichung", die nicht allgemein gilt:*

$$a(b + c) \quad \neq \quad ab + c. \tag{39}$$

(Wer sich unsicher ist, sollte im Zweifelsfall anhand einiger weniger Zahlenbeispiele überprüfen, ob eine vermutete "Gleichung" tatsächlich gelten kann. So haben wir z.B.

$$3(5 + 7) = 36 \quad \neq \quad 22 = 3 \cdot 5 + 7$$

womit klar ist, dass in (39) kein Gleichheitszeichen stehen kann.)

Fehlerquelle: *Bei "gemischten" Operationen gilt* kein *Assoziativgesetz:*

$$(a + b) \cdot c \quad \neq \quad (a \cdot b) + c. \tag{40}$$

Deswegen ist hier (im Gegensatz zur "reinen" Addition oder Multiplikation) *größter Wert auf die Klammersetzung* zu legen.

(Aufgrund der gängigen Konvention "Punktrechnung geht vor Strichrechnung" können auf der rechten Seite von (40) die Klammern eingespart werden. Es gilt daher vereinbarungsgemäß

$$(a \cdot b) + c \quad = \quad a \cdot b + c.$$

Wir sehen daran: Wer in (38) die Klammern vergisst, wendet ein nicht geltendes "Rechengesetz" an – und darf die Prüfung wiederholen ...)

Die Symbole "∞" und "$-\infty$"

können oft nützlich sein, um Sachverhalte kurz und präzise zu beschreiben. Wir halten jedoch fest: Es handelt sich nicht um reelle Zahlen, sondern um abstrakte Symbole, um die die Menge $\mathbb{R}$ bei Bedarf erweitert werden kann. Wir schreiben

$$\overline{\mathbb{R}} := \quad \{-\infty\} \cup \mathbb{R} \cup \{\infty\}$$

und lassen folgende Ungleichungen *per definitionem* für alle $a \in \mathbb{R}$ gelten:

$$-\infty \quad < \quad a \quad < \quad \infty \tag{41}$$

Wir können dann in $\overline{\mathbb{R}}$ sogar **fast** ganz so wie in $\mathbb{R}$ rechnen. Genauer: Die aus $\mathbb{R}$ bekannte Addition und Multiplikation "$a + b$" bzw. "$a \cdot b$" lassen sich so erweitern, dass für a oder b die Symbole ∞ bzw. $-\infty$ eingesetzt werden können, wobei allerdings folgende Einschränkung zu beachten ist:

Die Ausdrücke

$$0 \cdot \infty \quad , \quad \infty - \infty \quad , \quad \frac{\infty}{\infty} \qquad \textit{sowie deren "Verwandte"}$$

sind nicht definiert!

Die Bezeichnung "Verwandte" bezieht sich auf Ausdrücke, die aus den zuvor genannten durch einfachste Änderungen – wie der Reihenfolge oder des Vorzeichens – hervorgehen. Auf diese Weise können wir z.B. ganz beruhigt rechnen

$$5 + \infty = \infty \quad , \quad -3 - \infty = -\infty \quad , \quad \infty + \infty = \infty$$

oder

$$5 \cdot \infty = \infty \quad , \quad (-3) \cdot (-\infty) = \infty \quad , \quad \infty \cdot \infty = \infty,$$

aber **Achtung:**

$$-\infty + \infty \quad \text{\Lightning} \quad , \quad \frac{-\infty}{-\infty} \quad \text{\Lightning} \quad , \quad (-\infty) \cdot 0 \quad \text{\Lightning}.$$

0.4.8   Aufgaben

Aufgabe 0.51 (↗L). Jede rationale Zahl $q \neq 0$ lässt sich in eindeutiger Weise als Bruch

$$q = \frac{z}{n}$$

schreiben, wobei z und n teilerfremde ganze Zahlen sind und n positiv ist. Geben Sie eine solche Darstellung an für

$$q = \frac{18}{27}, \quad q = -\frac{5}{125}, \quad q = -0,66, \quad q = \frac{420}{2475}, \quad q = \frac{7}{8 + \frac{1}{6}}, \quad q = 0,\bar{3}.$$

Aufgabe 0.52 (↗L). Stellen Sie fest, welche der folgenden Ausdrücke sich unter Verwendung der oben eingeführten Konventionen sinnvoll auswerten lassen und berechnen Sie sie:

$$\text{a)} \quad \frac{1 - \infty}{1 + \infty} \qquad \text{b)} \quad \infty^2 \qquad \text{c)} \quad (1 + \infty)(1 - \infty)$$

(Kann der Term c) durch Ausmultiplizieren ermittelt werden?)

Aufgabe 0.53. Weisen Sie durch direktes Nachrechnen nach, dass für $a, b \in \mathbb{R}$ die folgende binomische Formel gilt:

$$(a+b)^2 \quad = \quad a^2 + 2ab + b^2$$

Welche Rechengesetze werden für Ihre Rechnung benötigt?

0.5 Ungleichungen und Beträge

0.5.1 Ungleichungen

Zum Gebrauch von Ungleichungszeichen

Ungleichungen zählen aus irgendeinem Grunde zu den Mysterien der Schulausbildung – vielleicht deswegen, weil ihr Nutzen (im Gegensatz zu dem von Gleichungen) oft nicht so recht plausibel wurde. Können wir hier unterstellen, dass aus der Schule zumindest *bekannt* ist, was die Zeichen

$$<, \quad \leq, \quad \geq, \quad >$$

bedeuten, wenn sie zwischen zwei reelle Zahlen gesetzt werden?

Beispiel 0.54. In einer Übungsaufgabe sollte (durch Ankreuzen) festgestellt werden, welche der folgenden Ungleichungen gelten:

$$\bigcirc \; 7 < 5 \quad \bigcirc \; 5 \leq 5 \quad \bigcirc \; 7 \geq 5 \quad \bigcirc \; 7 > 5.$$

Zahlreiche Antworten sahen so aus:

$$\bigcirc \; 7 < 5 \quad \bigcirc \; 5 \leq 5 \quad \bigcirc \; 7 \geq 5 \quad \otimes \; 7 > 5.$$

Diese sind falsch! Richtig hätte es heißen müssen:

$$\bigcirc \; 7 < 5 \quad \otimes \; 5 \leq 5 \quad \otimes \; 7 \geq 5 \quad \otimes \; 7 > 5.$$

$$\triangle$$

Wir sehen hier bereits *zwei* beliebte Fehlerquellen; Unsicherheit besteht erstens dahingehend, ob denn gilt "$5 \leq 5$", und zweitens, ob gilt "$7 \geq 5$". Gern wird gesagt:

        ``Es gilt doch $5 = 5$, also gilt nicht $5 \leq 5$.''

bzw.

        ``Es gilt doch $7 > 5$, also gilt nicht $7 \geq 5$.''

Falsch! Wir stellen klar: Jede Ungleichung kann als eine logische Aussage aufgefasst werden. Diese kann wahr oder falsch sein. So ist die Aussage "$7 < 5$" bekanntermaßen falsch. Die Aussage "$7 > 5$" hingegen ist wahr. Die Aussage "$7 \geq 5$" ist aber ebenfalls wahr, denn sie bedeutet ausführlich:

$$\text{Es gilt} \quad ``7 > 5'' \quad \text{oder} \quad ``7 = 5''.$$

Als logische Disjunktion ist diese Aussage wahr, sobald eine der beiden Teilaussagen wahr ist; hier ist die erste Teilaussage wahr, also auch die Gesamtaussage "$7 \geq 5$". Ähnlich überzeugt man sich davon, dass auch die Aussage "$5 \leq 5$" wahr ist.

Fazit: *Es darf jedes "Ungleichungs-"Zeichen hingeschrieben werden, welches zu einer wahren Aussage führt, aber* kein anderes.

Fehler wie in unserem Beispiel oben haben ihre Ursache meistens darin, dass *Wahrheits-* und *Information*sgehalt einer Ungleichung verwechselt werden.

Immerhin wird dabei noch bemerkt, dass zwischen "$>$" und "$\geq$" ein Unterschied besteht. Leider ist das nicht der Fall, wenn – wie leider viel zu oft – die Formel

$$x \geq 0$$

so übersetzt wird:

"x ist positiv."

Wieder falsch! x könnte ja auch gleich Null sein. Diese Möglichkeit wird infolge falscher Übersetzung übersehen – oft mit fatalen Folgen. Um dies zu vermeiden, hier noch einmal die korrekten Übersetzungen:

$$x \text{ ist positiv} \quad \Longleftrightarrow \quad x > 0$$
$$x \text{ ist nichtnegativ} \quad \Longleftrightarrow \quad x \geq 0$$

"Eine Ungleichung genügt"

Wir betrachten einmal die Ungleichung "$\leq$" etwas näher. Ihre charakteristischen Eigenschaften sind folgende:

Satz 0.55. *Für beliebige reelle Zahlen a, b, c gilt*

(U1) $a \leq a$ *"Reflexivität"*

(U2) $a \leq b \land b \leq a \Rightarrow a = b$ *"Antisymmetrie"*

(U3) $a \leq b \land b \leq c \Rightarrow a \leq c$ *"Transitivität"*

Die erste Bedingung erlaubt, die Pfeilrichtung in der zweiten umzukehren:

$$a \leq b \quad \land \quad b \leq a \quad \Longleftrightarrow \quad a = b$$

auf diese Weise kann die *Gleichheit* mit Hilfe *zweier Ungleichungen* geschrieben werden.

Auch alle anderen bisher aufgetretenen Ungleichungszeichen lassen sich auf das eine Zeichen "$\leq$" zurückführen. Es gilt nämlich für beliebige reelle Zahlen a und b

- $a \geq b \quad \Longleftrightarrow \quad b \leq a$

- $a < b \iff a \le b \wedge \neg(a = b)$
- $a > b \iff b < a.$

Weiterhin führen wir noch die negierten Ungleichungszeichen

$$\not<, \quad \not\le, \quad \ne, \quad \not\ge, \quad \not>;$$

ein, die geschrieben werden können, wenn die entsprechende Ungleichung *nicht* gilt. (So sind auch "$7 \not< 5$", "$7 \ne 5$" etc. wahre Aussagen.)

Auch diese Zeichen lassen sich letztlich auf das Zeichen "$\le$" zurückführen. Z.B. gilt

$$a \not> b \iff \neg(a > b).$$

Wegen dieser engen Zusammenhänge ist es nicht erforderlich, an dieser Stelle alle nur denkbaren Eigenschaften jedes einzelnen Ungleichungstyps aufzulisten. Wichtig ist jedoch folgende Feststellung: Alle genannten "Un"gleichungen mit Ausnahme von $\ne$ sind *transitiv*, es gilt also für beliebige reelle Zahlen a, b und c

$$a \,\square\, b \;\wedge\; b \,\square\, c \implies a \,\square\, c \tag{42}$$

wobei für $\square$ ein beliebiges der Zeichen

$$<, \quad \le, \quad =, \quad \ge, \quad >$$

gewählt und an allen drei Stellen *gleichzeitig* eingesetzt werden kann.

Ungleichungen mit Variablen

Wir haben nun geklärt, welche Ungleichungszeichen zwischen zwei beliebige reelle Zahlen gesetzt werden dürfen. Interessanter sind natürlich solche Ungleichungen, die Variablen enthalten. Ihrer Natur nach handelt es sich um logische Aussagen in Gestalt eines Prädikates. Beispiel: Die Ungleichung

$$a > 7$$

ist ein Prädikat über a; wir könnten auch schreiben "$P(a)$". Es besagt von der ansonsten nicht näher bezeichneten reellen Zahl a, dass sie größer als 7 sei. Aussagen dieser Art werden oft benötigt, um Mengen zu beschreiben. So könnte man etwa ein Intervall so definieren:

$$(7, \infty) := \{a \in \mathbb{R} \mid a > 7\}.$$

Hierbei ist natürlich sehr leicht zu sehen, wie die beschriebene Menge "aussieht". Etwas schwieriger wirken schon Formulierungen wie diese:

Aufgabe 0.56. Bestimmen Sie die Lösung(smenge) L der Ungleichung $2x - 4 > 12 - 5x$!

Was ist wirklich gemeint? Immerhin ist ja offensichtlich, was als Lösungsmenge anzusehen ist:

$$L := \{x \in \mathbb{R} \mid 2x - 4 > 12 - 5x\}.$$

In Wirklichkeit wird hier danach gefragt, ob sich dieselbe Menge nicht auch noch *einfacher* beschreiben ließe, z.B. in Form eines Intervalls o.ä. (In diesem Beispiel lautet die Antwort JA, wie wir gleich sehen werden.) Wir halten jedoch fest: Auch hier geht es um die Beschreibung von Mengen.

Äquivalenzumformungen von Ungleichungen

Zur Lösung der Aufgabe 0.56 müssen wir die Ungleichung $2x - 4 > 12 - 5x$ ein wenig umformen. Wir betrachten das Problem etwas allgemeiner und fragen nach den Regeln, nach denen eine beliebig gegebene Ungleichung umgeformt werden kann. Diese **U**mformungs-**R**egeln für **U**ngleichungen kann man sich nach folgendem Schema einprägen:

> (URU 1)   *Addition einer Konstanten* erhält
>
> (URU 2)   *Multiplikation mit einem positiven Faktor* erhält
>
> (URU 3)   *Multiplikation mit einem negativen Faktor* kehrt um,

wobei sich "erhält" und "kehrt um" auf die Richtung des Ungleichungszeichens beziehen (und "Addition" auch die Subtraktion sowie "Multiplikation" auch die Division umfasst). Die präzise Aussage hierzu lautet:

Satz 0.57 (Umformungsregeln für Ungleichungen).

(URU 1) Für beliebige reelle Zahlen a, b, c gilt

$$a \,\square\, b \quad \Leftrightarrow \quad a + c \,\square\, b + c$$

für $\square \in \{<, \not<, \leq, \not\leq, =, \neq, \geq, \not\geq, >, \not>\}$.

(URU 2) Für beliebige reelle Zahlen a, b und beliebige $\lambda > 0$ gilt

$$a \,\square\, b \quad \Leftrightarrow \quad \lambda a \,\square\, \lambda b$$

für $\square \in \{<, \not<, \leq, \not\leq, =, \neq, \geq, \not\geq, >, \not>\}$.

(URU 3) Für beliebige reelle Zahlen a, b und beliebige $\lambda < 0$ gilt

$$a \,\square\, b \quad \Leftrightarrow \quad \lambda a \,\star\, \lambda b$$

wobei $\square$ für ein beliebiges Zeichen der ersten Zeile und $\star$ für das zugehörige Zeichen der zweiten Zeile folgender Tabelle steht:

$\square$	$<$,	$\not<$,	$\leq$,	$\not\leq$,	$=$,	$\neq$	$\geq$,	$\not\geq$,	$>$,	$\not>$
$\star$	$>$	$\not>$	$\geq$	$\not\geq$	$=$	$\neq$	$\leq$	$\not\leq$	$<$	$\not<$.

Die Schreibweise der Aussagen macht deutlich, dass es sich hierbei um *Äquivalenzumformungen* handelt: Die Ausgangsungleichung (links) ist genau dann erfüllt (wahr), wenn die Zielungleichung (rechts) erfüllt – also wahr – ist. Damit können wir alle Umformungen in beiden Richtungen vornehmen: In (URU 1) ist also gleichermaßen von der Addition wie von der Subtraktion die Rede; in (URU 2) und (URU 3) geht es nicht allein um die Multiplikation, sondern zugleich um die Division.

Beispiel 0.58. Die folgenden vier Ungleichungen sind äquivalent:

$$
\begin{array}{rcll}
2x - 4 & < & 12 - 5x & \| \text{ Addiere die Konstante } 4: \\
2x & < & 16 - 5x & \| \text{ Addiere die Konstante } 5x: \\
7x & < & 16 & \| \text{ Multipliziere mit } \frac{1}{7}: \\
x & < & \frac{16}{7} & \| \text{ Fertig!}
\end{array}
$$

Die gesuchte Lösung(smenge) L der Ungleichung $2x - 4 > 12 - 5x$ ist also gegeben durch

$$
L = \left\{ x \in \mathbb{R} \quad | \, x < \frac{16}{7} \right\}
$$

bzw. einfacher

$$
L = \left(-\infty, \frac{16}{7} \right).
$$

$\triangle$

Wir sehen: Eine Umformung einer gegebenen Ungleichung ist genau dann eine Äquivalenzumformung, wenn sie die Lösungsmenge der Ungleichung erhält.

Nun zu etwas schwierigeren Anwendungen der Rechenregeln.

Beispiel 0.59. Man bestimme die Lösungsmenge L der Ungleichung $xY \leq 5$, worin Y eine gegebene Konstante bezeichnet.

Lösung: Die Idee ist hier sehr simpel: Wir würden gern die gegebene Ungleichung durch Y dividieren und wären fertig. Das Problem dabei: Über Y wissen wir nichts. Drei Fälle sind möglich:

(1) $Y > 0$: Wir können hier durch Y dividieren, wobei die Ungleichungsrichtung erhalten bleibt (URU 2):

$$
xY \leq 5 \Leftrightarrow x \leq \frac{5}{Y}; \text{ es folgt } L = \left(-\infty, \frac{5}{Y} \right].
$$

(2) $Y = 0$: Die gegebene Ungleichung lautet nun in Wirklichkeit $x \cdot 0 < 5$, also $0 < 5$: Diese Ungleichung gilt immer, unabhängig davon, welchen Wert x annimmt. Sie ist also für jede reelle Zahl x erfüllt. Es folgt $L = \mathbb{R}$.

(3) $Y < 0$: Nun können wir wiederum dividieren, jedoch kehrt sich diesmal das Ungleichungszeichen um, weil Y *negativ* ist (URU 3):

$$
xY \leq 5 \Leftrightarrow x \geq \frac{5}{Y}; \text{ es folgt } L = \left[\frac{5}{Y}, \infty \right).
$$

Wir fassen zusammen:

$$L = \begin{cases} \left(-\infty, \frac{5}{Y}\right] & \text{für } Y > 0 \\ \mathbb{R} & \text{für } Y = 0 \\ \left[\frac{5}{Y}, \infty\right) & \text{für } Y < 0 \end{cases}$$

$\triangle$

In diesem Beispiel spielte Y die Rolle eines exogenen Parameters - also einer von außen vorgegebenen Konstanten, deren konkreter Wert uns nicht bekannt ist. In Abhängigkeit davon kann die Lösungsmenge variieren; dazu dient die Fallunterscheidung. Fallunterscheidungen können aber auch innerhalb einer Lösungsmenge sinnvoll sein:

Beispiel 0.60. Gesucht ist die Lösungsmenge L der Ungleichung

$$\frac{4x + 3}{8 - 2x} > 7. \tag{43}$$

Lösung: Wir bemerken zunächst, dass der linke Term überhaupt nur dann hingeschrieben werden kann, wenn der Nenner ungleich Null ist. Es gilt

$$8 - 2x \neq 0 \quad \text{bzw.} \quad x \neq 4. \tag{44}$$

Um den störenden Bruch zu eliminieren, würden wir gern beide Seiten von (43) mit dem Nenner $8 - 2x$ multiplizieren. Dabei ist das Vorzeichen von $8 - 2x$ zu beachten, welches grundsätzlich ja noch von x abhängen kann. Es gibt also zwei Fälle, in denen wir jeweils ein bestimmtes Vorzeichen voraussetzen. Diese Fall-Voraussetzung darf im weiteren Lösungsablauf nicht vergessen werden!

- *Fall 1:* $8 - 2x > 0$ bzw. $x < 4$:
  In diesem Fall ist der Nenner in (43) positiv, wir können nach (URU 1) bei Erhalt der Ungleichungsrichtung multiplizieren:

$$\begin{array}{rcl l} 4x + 3 & > & 7(8 - 2x) & || \text{ rechte Seite ausmultiplizieren:} \\ 4x + 3 & > & 56 - 14x & || \, 14x \text{ addieren, 3 subtrahieren:} \\ 18x & > & 53 & || \text{ durch 18 dividieren:} \\ x & > & \frac{53}{18} & \end{array}$$

Dieses Ergebnis ist zusammen mit der Fall-Voraussetzung $x < 4 = \frac{72}{18}$ zu betrachten; das Gesamtergebnis im Fall 1 lautet also:

$$\frac{53}{18} < x < \frac{72}{18}.$$

(Anders formuliert: Für Fall 1 haben wir die Lösungsteilmenge $L_1 := \left(\frac{53}{18}, \frac{72}{18}\right)$ gefunden.)

- *Fall 2:* $8 - 2x < 0$ bzw. $4 < x$:
  Da wir (43) diesmal mit einem *negativen* Nenner multiplizieren, kehrt sich die Ungleichungsrichtung um (URU 3); es folgt

$$
\begin{array}{rcll}
4x + 3 & < & 7(8 - 2x) & \|\text{ rechte Seite ausmultiplizieren:} \\
4x + 3 & < & 56 - 14x & \|\text{ } 14x \text{ addieren, 3 subtrahieren:} \\
18x & < & 53 & \|\text{ durch 18 dividieren:} \\
x & < & \frac{53}{18} &
\end{array}
$$

Dieses Ergebnis steht aber im Widerspruch zur Fall-Voraussetzung $\frac{72}{18} = 4 < x$. Demzufolge steuert Fall 2 nur die leere Menge als Lösungsteilmenge bei:

$$L_2 = \emptyset.$$

Als Gesamt-Lösungsmenge L erhalten wir die Vereinigung der Lösungsmengen für die beiden sich ausschließenden Fälle:

$$L = L_1 \cup L_2 = \left(\frac{53}{18}, \frac{72}{18}\right) \cup \emptyset = \left(\frac{53}{18}, \frac{72}{18}\right).$$

$\triangle$

Nicht-Äquivalenz-Umformungen

Es gibt zahlreiche mathematische Fragestellungen, bei denen man z.B. zeigen möchte, dass eine Größe x höchstens (oder mindestens) so groß ist wie eine gegebene Konstante K. Dann sind oft auch schon solche Umformungen hilfreich, die der Äquivalenzforderung *nicht notwendig* genügen. Wir verweisen hier hauptsächlich auf die folgenden beiden, teils schon aus (42) bekannten "Merkregeln":

(4) *Ungleichungen sind transitiv.*

(5) *Gleichsinnige Ungleichungen lassen sich addieren.*

Zur Illustration zunächst zwei Beispiele:

Beispiel 0.61. Man will zeigen, dass gilt $x > 0$. Bekannt sei schon, dass gilt $x > z$ und $z > 0$. Man folgert nun nach (42):

$$x > z \wedge z > 0 \quad \Rightarrow \quad x > 0.$$

Hierbei handelt es sich *nicht* um eine Äquivalenzumformung, weil sich aus $x > 0$ nicht folgern lässt, dass auch $x > z \wedge z \geq 0$ gilt. Trotzdem ist das Ziel erreicht. $\triangle$

Das logisch Wesentliche: Aus zwei gegebenen Ungleichungen wurde auf eine dritte als eine *notwendige* Folge geschlossen.

Wir betrachten ein Beispiel zur Additivität gleichsinniger Ungleichungen:

Beispiel 0.62. Ein Unternehmen bringt zwei Güter X und Y in den Mengen x und y aus. Aus technischen Gründen unterliegen die Ausbringungsmengen folgenden Beschränkungen:

$$6x - 4y < 8 \qquad (1)$$
$$4x + 4y < 28 \qquad (2)$$

Die Unternehmensleitung interessiert sich für die Antwort auf die folgende

Frage: Kann die Ausbringungsmenge x unter diesen Beschränkungen beliebig groß gewählt werden?

Ein Student im Praktikum versucht die Antwort zu finden, und bildet einfach die Summe (3) beider Ungleichungen:

$$6x - 4y < 8 \qquad (1)$$
$$4x + 4y < 28 \qquad (2)$$
$$\dots\dots\dots\dots\dots$$
$$10x \qquad < 36 \qquad (3)$$

Er schließt daraus auf die

Antwort: Nein. In jedem Fall muss gelten $x < \frac{18}{5}$. $\qquad \triangle$

Wir bemerken, dass auch hier keine Äquivalenzumformung vorgenommen wurde, denn aus (3) lässt sich nicht auf die beiden Ungleichungen (1) und (2) zurückschließen. Bei durch logisches "und" verbundenen Ungleichungen spricht man auch von einem *Ungleichungssystem*. Solche Systeme werden im Kapitel 22.3 eingehend betrachtet. – Eine mathematisch genaue Aussage zur Additivität ist diese:

Satz 0.63.

(i) *Für beliebige reelle Zahlen a, b, c, d gilt*

$$a \,\square\, b \,\wedge\, c \,\square\, d \quad \Rightarrow \quad a + c \,\square\, b + d$$

mit $\square \in \{ <, \leq, =, \geq, >, \}$.

(ii) *Für beliebige reelle Zahlen a, b, c, d gilt*

$$a \,\square\, b \,\wedge\, c = d \quad \Rightarrow \quad a + c \,\square\, b + d$$

mit $\square \in \{ <, \not<, \leq, \not\leq, =, \neq, \geq, \not\geq, >, \not> \}$.

(iii) *Für beliebige reelle Zahlen a, b, c, d gilt*

$$a < b \,\wedge\, c \leq d \quad \Rightarrow \quad a + c \,<\, b + d.$$

Durch die zahlreichen Auswahlmöglichkeiten für das Symbol $\square$ ergeben sich hieraus zahlreiche Einzelaussagen. So folgt aus (i) bei Verwendung von $\leq$ anstelle von $\square$ die Aussage

$$a \leq b \,\wedge\, c \leq d \quad \Rightarrow \quad a + c \leq b + d,$$

ebenso wie bei Verwendung von $<$ statt $\square$ folgt

$$a < b \ \wedge \ c < d \quad \Rightarrow \quad a + c < b + d.$$

Wir sehen nun, dass die letzte Aussage durch Punkt (iii) verschärft wird, denn dieselbe Folge tritt unter einer *schwächeren* Voraussetzung ein.

Es gibt auch Umformungen, die ganz ähnlich aussehen, aber mit Vorsicht zu genießen sind:

Achtung:

(i) *Ungleichungen sind nicht multiplikativ:*

$$a \square b \ \wedge \ c \square d \ \ /\!\!\!/ \quad \Rightarrow \quad a \cdot c \ \square \ b \cdot d$$

(ii) *Vorsicht vor "reziproken Ungleichungen":*

$$a < b \ /\!\!\!/ \quad \Rightarrow \quad \frac{1}{a} > \frac{1}{b}$$

Warum Achtung? Betrachten wir ein Beispiel zum Fall (i):

$$3 < 7 \ \ \wedge \ \ 4 < 8 \quad \Rightarrow \quad 3 \cdot 4 < 7 \cdot 8$$

Dieser Schluss ist korrekt. Wir können daraus jedoch leider nicht schließen, dass er *immer* korrekt ist! Dasselbe gilt für (ii). M.a.W.: *Der Blitz* $/\!\!\!/$ *besagt, dass die Schlussweisen nicht allgemeingültig sind*, d.h., es gibt

Gegenbeispiele 0.64.

(i) Es gilt $4 < 7$ und $-11 < -10$, aber nicht $4 \cdot (-11) < 7 \cdot (-10)$.

(ii) Es gilt $-2 < 2$, aber nicht $\frac{1}{(-2)} > \frac{1}{2}$. $\triangle$

0.5.2   Der Absolutbetrag

Zum Begriff

Für den Absolutbetrag gilt das für Ungleichungen Gesagte sozusagen "in Potenz": Obwohl als Schulstoff vorausgesetzt, bereitet der Umgang damit vielen Studierenden ernsthafte Schwierigkeiten. Wir beginnen mit dem A und O für den sicheren Umgang mit Absolutbeträgen – der

Definition 0.65. *Für eine beliebige reelle Zahl x heißt*

$$|x| = \begin{cases} x & \text{falls } x \geq 0 \text{ gilt} \\ -x & \text{falls } x < 0 \text{ gilt} \end{cases}$$

der Absolutbetrag *(kurz:* Betrag*) von x. (Für $|x|$ schreiben wir auch* abs*(x)).*

Die ganze Kunst beim Umgang mit Beträgen besteht nun darin, sich einfach auf diese Definition zu besinnen. Sie gibt uns nämlich den Schlüssel dafür in die Hand, Beträge auch *ohne* Betragsstriche auszudrücken. Wenn also eine Zahl x gegeben ist, müssen wir lediglich entscheiden: Ist $x \geq 0$? Falls JA (oberer Fall) ist $|x|$ dasselbe wie x; falls NEIN (unterer Fall der Definition) ist $|x|$ dasselbe wie $-x$.

Fast banal mag die Feststellung wirken , dass für alle reellen x gilt

$$|x| \geq 0 \tag{45}$$

$$|x| = |-x|. \tag{46}$$

Erste Beispiele

Beispiel 0.66. Es gilt

- $|7| = 7$ (oberer Fall)
- $|-33| = 33$ (unterer Fall)
- $|0| = 0$ (oberer Fall).

Weiterhin gilt für beliebige $w \geq 0$ und $x, z \in \mathbb{R}$

- $||x|| = |x|$ (lies $|y| = y$ für $y := |x|$, wegen (45) liegt der obere Fall vor)
- $|z^2| = z^2$ (oberer Fall)
- $|\sqrt{w}| = \sqrt{w}$ (oberer Fall). $\triangle$

Beispiel 0.67. Es sollen alle reellen Zahlen x bestimmt werden, für die gilt

$$2x + |x| = 4. \tag{47}$$

Lösung: Da jede der gesuchten Zahlen x zunächst unbekannt ist, müssen wir zwei Fälle unterscheiden:

(1) "oberer Fall" $x \geq 0$:
   Wir können die Betragsstriche nun einfach weglassen, (47) geht über in $2x + x = 4$ mit der eindeutigen Lösung $x = \frac{4}{3}$.

(2) "unterer Fall" $x < 0$:
   Nun gilt $|x| = -x$, und (47) geht über in $2x - x = 4$ mit der eindeutigen Lösung $x = 4$. Leider widerspricht diese Lösung der Fallvoraussetzung $x < 0$ und entfällt.

Ergebnis: (47) hat genau eine Lösung, nämlich $x = \frac{4}{3}$. $\triangle$

Beispiel 0.68. Für eine beliebige positive Zahl K sollen alle reellen Zahlen x mit

$$|x| \leq K \tag{48}$$

bestimmt werden.

Lösung: Wir gehen genauso vor wie im vorherigen Beispiel:

(1) "oberer Fall" $x \geq 0$:

Wegen $|x| = x$ geht (48) über in $x \leq K$. Zusammen mit der "Fallvoraussetzung" $x \geq 0$ folgt $x \in [0, K] =: L_1$.

(2) "unterer Fall" $x < 0$:

Wegen $|x| = -x$ geht (48) über in $-x \leq K$. Das störende Minuszeichen links eliminieren wir durch Multiplikation dieser Ungleichung mit dem Faktor -1; dabei kehrt sich die Ungleichungsrichtung um: $x \geq -K$. Zusammen mit der "Fallvoraussetzung" $x < 0$ folgt $x \in [-K, 0) =: L_2$.

Wir setzen nun die beiden disjunkten Lösungsteilmengen L_1 und L_2 zusammen und finden die Gesamtlösungsmenge: $L = [-K, K]$.   △

Sinngemäß wäre vorzugehen, wenn in (48) eine strikte Ungleichung vorläge. Die Ergebnisse werden uns oft sehr helfen, deswegen fassen wir sie hier zusammen:

$$
\begin{aligned}
|x| \leq K &\iff x \in [-K, K] \\
|x| < K &\iff x \in (-K, K)
\end{aligned}
\tag{49}
$$

Eine einfache Folgerung überlassen wir dem Leser als Übung: Für beliebige Konstanten $K > 0$ und $x_0 \in \mathbb{R}$ gilt:

$$
\begin{aligned}
|x - x_0| \leq K &\iff x \in [x_0 - K, x_0 + K] \\
|x - x_0| < K &\iff x \in (x_0 - K, x_0 + K).
\end{aligned}
\tag{50}
$$

(*Hinweis:* Man ersetze einfach in (49) das x durch $x - x_0$.) Es empfiehlt sich, sich die Formeln (49) und (50) einzuprägen, denn Ungleichungen, wie sie hier auf der linken Seite stehen, kommen relativ häufig vor. Nunmehr ist es eine Sache von Sekunden, die Betragsstriche "loszuwerden".

Beispiel 0.69. Gesucht sind alle reellen Zahlen x, die der Ungleichung

$$
||x - 2| - 1| < 5
\tag{51}
$$

genügen.

Lösung: Bei dieser Ungleichung werden Beträge geschachtelt. Es bietet sich also an, Fallunterscheidungen für die äußeren und die inneren Beträge zu kombinieren. Wir versuchen es z.B. erst einmal "innen" mit der Fallunterscheidung bezüglich $|x - 2|$:

Fall 1: $x - 2 \geq 0$ (gleichbedeutend mit: $x \geq 2$):

Hier geht (51) über in $|x - 2 - 1| < 5$, also

$$
|x - 3| < 5.
\tag{52}
$$

Dank der Erkenntnisse aus (50) bleibt uns eine erneute Fallunterscheidung erspart; wir finden als allgemeine Lösung von (52): $x \in (3 - 5, 3 + 5) = (-2, 8)$.

Wir müssen allerdings die Fallvoraussetzung $x \geq 2$ beachten und erhalten so als Lösungsmenge für den ersten Fall "nur" $L_1 = [2, 8)$.

Fall 2: $x - 2 < 0$ (gleichbedeutend mit: $x < 2$):
Diesmal geht (51) über in $|-(x-2)-1| < 5$, d.h., $|1-x| < 5$ bzw. gleichbedeutend $|x-1| < 5$ mit der allgemeinen Lösung $x \in (1-5, 1+5) = (-4, 6)$. Unter Beachtung der Fallvoraussetzung $x < 2$ bleibt hiervon als Teillösungsmenge $L_2 := (-4, 2)$ übrig.

Die Gesamtlösungsmenge ist die Vereinigung beider Teillösungen:

$$L = (-4, 2) \cup [2, 8) = (-4, 8). \qquad \triangle$$

Alternativlösung zum Beispiel 0.69: Wir wollen zeigen, dass viele Wege nach Rom führen. Ebenso wie "von innen" hätten wir auch "von außen" beginnen können: Wir setzen $Y := |x-2|$ und beachten dabei, dass aufgrund dieser Definition gilt

$$Y \geq 0 \qquad (53)$$

Die zu lösende Ungleichung lautet nun

$$|Y - 1| < 5$$

mit der allgemeinen Lösung $Y \in (1-5, 1+5) = (-4, 6)$. Unter Beachtung von (53) verengt sich diese Lösungsmenge bezüglich Y auf das Intervall $H := [0, 6)$.

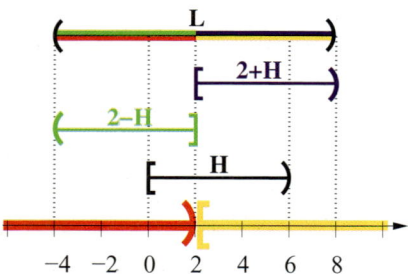

Wir berücksichtigen nun noch, dass $Y = |x-2|$ gesetzt wurde und versuchen, diese Gleichung nach x aufzulösen. Wir haben zwei Fälle:

(a) $Y = x - 2$ bzw. $x = 2 + Y$, falls $x - 2 \geq 0$ gilt.

Es folgt $x \in (2 + H) \cap [2, \infty) = (2 + [0, 6)) \cap [2, \infty) = [2, 8)$.

(b) $Y = 2 - x$ bzw. $x = 2 - Y$, falls $x - 2 < 0$ gilt.

Es folgt $x \in (2 - H) \cap (-\infty, 2) = (2 + (-6, 0]) \cap (-\infty, 2)$
$= (-4, 2] \cap (-\infty, 2) = (-4, 2)$.

Durch Vereinigung der beiden Teillösungen ergibt sich auch hier die Gesamtlösung $L = (-4, 8)$. *Anmerkung:* Man beachte, dass in der Zeile zu (b) die grüne Menge durch die rote Fallbedingung noch verkleinert wurde. $\triangle$

Wir halten fest, dass für die Auflösung von (Un-)Gleichungen mit Beträgen hauptsächlich zwei Dinge benötigt werden:

- Kenntnis der Definition
- Sorgfalt beim Arbeiten.

Beispiel 0.70. Gesucht sind alle reellen Zahlen x, die der Ungleichung

$$x^2 + x \geq 6 \qquad (54)$$

genügen.

Lösung: Es handelt sich hierbei um eine sogenannte *quadratische Ungleichung*. Sie lässt sich auf die Form

$$x^2 + x - 6 \geq 0 \qquad (55)$$

bringen. Der quadratische Ausdruck links beschreibt eine Funktion von x, deren Graph eine Parabel ist; somit könnten wir versuchen, die Ungleichung sozusagen grafisch – anhand unserer Kenntnisse über Parabeln – zu lösen. Wir wollen jedoch zukünftigen Kapiteln nicht vorgreifen, sondern "elementar" vorgehen. Nun sehen wir, dass auf der linken Seite von (55) nichts anderes als das Binom $(x+3)(x-2)$ steht. Wir haben also die Ungleichung $(x+3)(x-2) \geq 0$ zu lösen. Dazu unterscheiden wir die beiden Fälle

(1) (x+3)(x-2) > 0
(2) (x+3)(x-2) = 0.

Nun gilt bekanntlich für ein beliebiges Produkt ab zweier Faktoren a und b:

$$ab > 0 \quad \Leftrightarrow \quad (a > 0 \wedge b > 0) \quad \vee \quad (a < 0 \wedge b < 0).$$

Also lässt sich (1) so bearbeiten:

$$
\begin{aligned}
(x+3)(x-2) > 0 \quad &\Leftrightarrow (x+3 > 0 \wedge x-2 > 0) \quad \vee \quad (x+3 < 0 \wedge x-2 < 0) \\
&\Leftrightarrow (x > -3 \wedge x > 2) \qquad\qquad \vee \quad (x < -3 \wedge x < 2) \\
&\Leftrightarrow (x > 2) \qquad\qquad\qquad\quad \vee \quad (x < -3).
\end{aligned}
$$

Die Lösungsteilmenge zu (1) lautet daher $L_1 = (-\infty, -3) \cup (2, \infty)$.

Leichter geht noch (2): Allgemein gilt ja

$$ab = 0 \quad \Leftrightarrow \quad a = 0 \vee b = 0,$$

m.a.W.: Ein Produkt ist genau dann Null, wenn mindestens ein Faktor Null wird. Es folgt:

$$(x+3)(x-2) = 0 \quad \Leftrightarrow \quad x+3 = 0 \vee x-2 = 0 \quad \Leftrightarrow \quad x = -3 \vee x = 2.$$

Die Lösungsteilmenge zu (2) lautet $L_2 = \{-3, 2\}$.

Die Gesamtlösungsmenge ist die Vereinigung der beiden Teilmengen, also $L = (-\infty, -3] \cup [2, \infty)$. $\triangle$

Ein allgemeinerer Blick auf den Absolutbetrag

Für jede reelle Zahl x lässt sich $|x|$ als *Abstand* dieser Zahl vom Nullpunkt interpretieren. Welche Erkenntnisse ergeben sich daraus?

Satz 0.71. *Für alle* $x, y, \lambda \in \mathbb{R}$ *gilt*
(N1) $|x| \geq 0$ *und* $|x| = 0 \Leftrightarrow x = 0$.
(N2) $|\lambda x| = |\lambda|\, |x|$.
(N3) $|x + y| \leq |x| + |y|$.

Einige Kommentare:
- (N1) besagt Selbstverständliches: Jeder Abstand vom Nullpunkt ist stets größer oder gleich Null, und zwar Null genau dann, wenn x selbst der Nullpunkt ist.
- (N2) betrifft die Vervielfachung von x um einen Faktor λ (der auch negativ sein könnte): Klar ist, dass sich dann der Abstand von x zu 0 um den Betrag des Faktors λ vervielfacht.
- (N3) ist die berühmte *Dreiecksungleichung*.

Die folgende Skizze erklärt den Sachverhalt: Je nach Lage der drei Zahlen x, y, und z auf der Zahlengeraden kann in (N3) Gleichheit (oben) oder strikte Ungleichheit (unten) gelten. (Die formale Begründung überlassen wir dem interessierten Leser als Übung.)

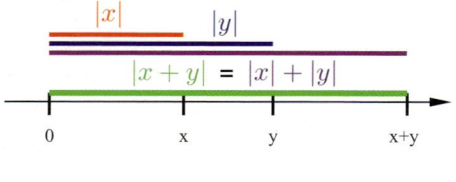

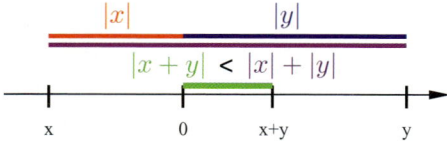

Anmerkung: Ihren Namen verdankt die Dreiecksungleichung folgender Überlegung: Angenommen, jemand will von der Stadt A in die Stadt C reisen. Dann ist der kürzeste Weg dahin der direkte, während die Route über eine Zwischenstation B einen Umweg bedeuten kann.

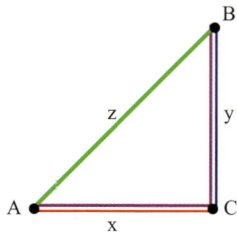

0.5.3   Aufgaben

Aufgabe 0.72 (↗L)**.** Bestimmen Sie alle reellen Zahlen x, für die gilt

a) $\frac{x}{2x-3} > 7$

b) $|x-1| > 2$ <u>und</u> $|x-5| \geq 1$

c) $x + \frac{3}{x} < 4$

Aufgabe 0.73. Es seien a, b, c und d positive reelle Zahlen mit $a < b$ und $c < d$. Kann man daraus schließen $\frac{a}{c} < \frac{b}{d}$?

Aufgabe 0.74. Welche der folgenden Aussagen über reelle Zahlen u, v, x, y, z sind richtig, welche falsch?

1) $x \leq y \wedge y < z \quad \Longleftrightarrow \quad x < z$

2) $x \leq y \wedge u \leq v \quad \Longrightarrow \quad x + u \leq y + v$

3) $xy \leq xz \quad \Longrightarrow \quad y \leq z$

4) $x^2 < 12x - 35 \quad \Longrightarrow \quad x \in (6, 7)$

5) $x \leq y \quad \Longrightarrow \quad x^2 \leq y^2$

6) $|x| > |x-1| \quad \Longrightarrow \quad x > \frac{1}{2}$

<u>Hinweis:</u> *Begründen Sie Ihre Entscheidung durch eine geeignete Argumentation (bzw. Nebenrechnung). Falsche (also nicht allgemeingültige Aussagen) können am besten mit Hilfe eines Gegenbeispieles widerlegt werden.*

Aufgabe 0.75 (↗L)**.** Bestimmen Sie die Menge M aller derjenigen reellen Zahlen x, für die gilt

$$||x-1| - |x-2|| < \frac{1}{2}.$$

0.6   Potenzen und Potenzgesetze

0.6.1   Vorbemerkung

Hinter dieser harmlosen Überschrift verbirgt sich das wohl diffizilste Kapitel schulischen Vorwissens. Einschlägige Erfahrungen besagen, dass ca. 50% aller Versagensfälle in wirtschaftsmathematischen Klausuren auf mangelnde Kenntnisse der Potenzgesetze zurückzuführen sind. Aber auch viele bestandene Klausuren verlieren durch geschickten Missbrauch von Potenzgesetzen an Glanz. Die interessantesten ökonomischen Themen werden zur Tortur, wenn die Potenzgesetze nicht sicher beherrscht werden. Last but not least: Ausreichende Freizügigkeit vorausgesetzt, lässt sich mit Hilfe der Potenzgesetze sogar *Unmögliches beweisen!* Eine Kostprobe gefällig?

"Satz": $1 \;=\; -1$

Beweis: Bekanntlich gilt
$$2 \;=\; \frac{6}{3}$$
also folgt
$$(-1)^2 \;=\; (-1)^{6/3}$$
und somit
$$1 \;=\; (-1)^{6/3}.$$
Wir ziehen nun die Quadratwurzel und finden
$$1 \;=\; (-1)^{3/3}$$
bzw., weil $\frac{3}{3}$ unstrittig Eins ist,
$$1 \;=\; -1$$

q.e.d.

Wo steckt der Fehler? Wer ihn nicht sofort findet, sei getröstet: Die Unsicherheiten setzen meist schon ein, wenn es zu entscheiden gilt, welche der folgenden, ihrer Art nach beliebigen Aussagen zutreffen:

$$\sqrt[3]{-1} \;=\; -1 \qquad\qquad \sqrt{x^2} \;=\; x$$

$$\sqrt{4} \;=\; \pm 2 \qquad\qquad \sqrt{x}^2 \;=\; x$$

(Wer hier ganz sicher ist, richtig entschieden zu haben, möge dieses Kapitel überspringen.)

Dabei ist das Thema "Potenzgesetze" an sich nicht so schwierig. Aus diesem Grunde werden wir hier in Form eines kurzen Streifzuges alles Notwendige selbst herleiten und bereitstellen. Dabei setzen wir keinerlei Schulwissen über Potenzen und ihre Gesetze voraus, für den Leser mag es vielmehr hilfreich sein, zunächst alles vermeintlich darüber zuvor in der Schule Gelernte zu vergessen.

Wir beginnen zunächst mit dem Potenzbegriff und den Potenzgesetzen. Später werden wir das Thema erweitern auf Exponentialausdrücke und Logarithmen, die zugehörigen Funktionen und alles Wissenswerte darüber.
Eine kleine historische Anmerkung: Sowohl der Potenzbegriff als auch die Potenzgesetze wurden im Ergebnis eines langen Entwicklungsprozesses, der etwa zu Euklids Zeiten vor über 2300 Jahren begann und bis in die Renaissance hinein andauerte, geschaffen bzw. entdeckt. Wir werden sehen, dass sich diese Entwicklung – ausgehend von unserem heutigen Kenntnisstand – in kürzester Zeit nachvollziehen lässt. Das Beste dabei: Jede Leserin und jeder Leser kann dies selbst tun!

0.6.2 Ausgangspunkt

Ausgangspunkt für die Entstehung des mathematischen Begriffs der Potenz war der Wunsch, mehrfache Produkte einer Zahl mit sich selbst möglichst bequem zu notieren. Sei x eine beliebige reelle und n eine beliebige natürliche Zahl, so setzt man

$$x^n \; := \; \underbrace{x \cdot x \cdot \ldots \cdot x}_{n \, \text{Faktoren}} \tag{56}$$

und bezeichnet dies als die "n-te Potenz von x". In diesem Zusammenhang nennt man x die *Basis* und n den *Exponenten*. Offensichtlich gelten für das Rechnen mit Potenzen folgende Rechengesetze:

$$
\begin{array}{llcl}
\text{(P1)} & x^m \cdot x^n & = & x^{m+n} \\
\text{(P2)} & x^n \cdot y^n & = & (xy)^n \\
\text{(P3)} & (x^n)^m & = & x^{m \cdot n}
\end{array}
$$

$(x, y \in \mathbb{R}; m, n \in \mathbb{N})$. So einfach diese Gesetze sind, so fundamental ist ihre Bedeutung für alles Weitere. Weil das so ist, empfehlen wir dem Leser, sich auf zweierlei Weise auf die nächsten Kapitel vorzubereiten:

- erstens durch Auswendiglernen der Gesetze,
- zweitens durch Erwerb einer "Reparaturstrategie" für den Vergessensfall.

Als Hilfestellung zu "erstens" merken wir an, dass die Potenzgesetze ähnlich wichtig sind wie der Geburtstag der Freundin oder des Freundes, die PIN-Nummer des Handys oder (fortgeschrittenenfalls) die eigene Kontonummer: Wer sich davon nichts merken kann, hat eh keine Chance.
Natürlich kann man ja auch einmal etwas vergessen. (Der Autor weiß das genau.) Daher also zur Frage "zweitens": Wie kann man vergessene Potenzgesetze reparieren? Die Antwort lautet: Mit einer Prise gesunden Menschenverstandes selbst herleiten! Und das geht so:

Herleitung von P1:

0. Ausgangspunkt: $\qquad x^m \cdot x^n \quad = \; \ldots$

1. ausführlich: $\qquad\qquad = \underbrace{x \cdots x}_{m \, \text{Fakt.}} \cdot \underbrace{x \cdots x}_{n \, \text{Fakt.}}$

2. also: $\qquad\qquad\qquad = \underbrace{x \cdots\cdots\cdots x}_{m + n \, \text{Fakt.}}$

3. kurz: $\qquad\qquad\qquad = x^{m+n}$

Herleitung von P2:

0. Ausgangspunkt:
$$x^n \cdot y^n \quad = \dots$$

1. ausführlich:
$$= \underbrace{x \cdot x \cdots \cdots x}_{n \text{ Fakt.}} \cdot \underbrace{y \cdot y \cdots \cdots y}_{n \text{ Fakt.}}$$

2. sortieren:
$$= \underbrace{(xy) \cdot (xy) \cdots \cdots \cdots (xy)}_{n \text{ Fakt.} (xy)}$$

3. kurz:
$$= (xy)^n$$

Herleitung von P3:

0. Ausgangspunkt:
$$(x^m)^n \quad = \dots$$

1. ausführlich:
- "äußere Potenz"
$$= \underbrace{(x^m) \cdot (x^m) \cdots \cdots \cdots (x^m)}_{n \text{ Fakt.}}$$

- "innere Potenz"
$$= \underbrace{\underbrace{(x \cdots x)}_{m \text{ Fakt.}} \cdot \underbrace{(x \cdots x)}_{m \text{ Fakt.}} \cdots \underbrace{(x \cdots x)}_{m \text{ Fakt.}}}_{n \text{ mal}}$$

2. also:
$$= \underbrace{x \cdots \cdots \cdots \cdots \cdots \cdots x}_{m \cdot n \text{ Fakt.}}$$

3. kurz:
$$= (x)^{m \cdot n}$$

Fertig!   □

0.6.3 "Mehr Exponenten"

Nachdem wir Potenzausdrücke der Form x^p definiert haben, wollen wir auf einen Umstand besonders hinweisen: Während die Basis x völlig beliebig gewählt werden kann, muss der Exponent p eine natürliche Zahl sein (denn nur dafür hat unsere Vereinbarung (56) einen Sinn). Es stellt sich die Frage, ob Potenzausdrücke nicht schrittweise auch für "mehr Exponenten" sinnvoll definierbar sind (zu denken wäre an die Null, positive und negative rationale Zahlen oder gar beliebige reelle Zahlen). Wir wollen dieser Frage zunächst aus reiner Neugier nachgehen und später sehen, welchen Nutzen wir daraus ziehen können. Nun ist damit zu rechnen, dass als "Preis für mehr Exponenten" eventuell "weniger Basen" zulässig sein könnten. Deswegen werden wir nach jedem Erweiterungsschritt eine kurze Zwischenbilanz des bisher Erreichten ziehen. In diesem Sinne fixieren wir nochmals unseren

Ausgangspunkt: *Ausdrücke der Form x^p sind bisher definiert für beliebige Paare (x, p) in der Menge*

$$\mathbb{R} \times \mathbb{N}.$$

Es handelt sich hierbei um eine Teilmenge des $\mathbb{R}^2$, die in unserer Skizze rechts als blaues Linienmuster dargestellt ist. Wir nehmen nun ausdrücklich einen naiven Standpunkt ein und stellen uns vor, Zahlenwerte von Ausdrücken der Form x^p mit anderen als den soeben zugelassenen Werten seien uns "völlig unbekannt". Bei unserem Bestreben, diese Werte für neue Exponenten sinnvoll zu definieren, müssen wir uns zunächst klarmachen, was "sinnvoll" ist.

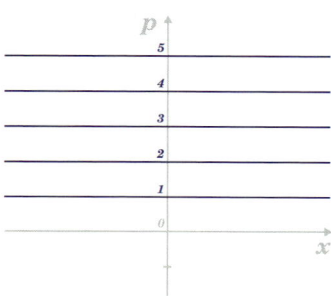

Um zu erkennen, wo das Problem liegt, fragen wir uns, welchen Zahlenwert z.B. der Ausdruck x^0 für eine gegebene Basis x haben könnte. Weil uns dieser Zahlenwert unbekannt ist, greifen wir eine beliebige Zahl willkürlich vom Himmel – etwa die 5 – und nehmen einmal an, dies sei die richtige, d.h., es gelte $x^0 = 5$. Aus dem Potenzgesetz (P1)

$$x^m x^n = x^{m+n}$$

folgte nun speziell für $m = n = 0$

$$x^0 x^0 = x^{0+0} (= x^0),$$

in unserem Fall also

$$\text{"} 5 \cdot 5 = 5 \text{"},$$

was unmöglich ist. Die Wahl $x^0 = 5$ würde also – gleichgültig, welchen Wert x hat – das Potenzgesetz (P1) außer Kraft setzen, mit der Folge, dass selbst einfachste Rechnungen nur noch mit größter Vorsicht ausführbar wären.

Fazit: Es ist *nicht sinnvoll*, einen neuen Potenzausdruck – wie hier x^0 – sozusagen *"gegen die Potenzgesetze"* zu definieren. *Sinnvoll* kann nur sein, dies vielmehr *im Einklang mit dem Potenzgesetzen* zu tun. Wir zeigen dies zunächst anhand des Exponenten Null.

0.6.4   Der Exponent Null

Wir nehmen nun an, der Ausdruck x^0 sei für eine geeignete Basis x wohldefiniert; lediglich sein Zahlenwert sei uns unbekannt. Unter der Annahme, dass das Potenzgesetz (P1)

$$x^m x^n = x^{m+n}$$

weiterhin gültig ist und insbesondere als "neue" Exponenten $m = 0$ oder $n = 0$ zulässig sind, wollen wir den Zahlenwert von x^0 identifizieren.

Dazu setzen wir $n = 0$ in (P1) ein, und es folgt

$$x^m x^0 = x^{m+0} = x^m \tag{57}$$

für jede Zahl $x \in \mathbb{R}$, für die wir "x^0" definieren können, und jedes $m \in \mathbb{N}_0$. Im einfachsten Fall $m = 0$ nimmt (57) die Form

$$x^0 x^0 \;=\; x^0 \tag{58}$$

an. Die "Unbekannte" in dieser Gleichung ist $u := x^0$; und die Gleichung ist quadratisch:

$$u \cdot u \;=\; u \tag{59}$$

Es ist offensichtlich, dass genau *zwei* Lösungen existieren, nämlich $u_1 = 0$ und $u_2 = 1$.

Wir können bis hier also feststellen: Wenn x^0 im Einklang mit den Potenzgesetzen definiert ist, muss *notwendigerweise* gelten $x^0 = 0$ oder $x^0 = 1$, und zwar unabhängig davon, welchen reellen Wert x hat.

Um zu erkennen, welcher von den beiden Werten 0 oder 1 der richtige ist, verwenden wir wiederum die Gleichung (57), diesmal jedoch für den "zweiteinfachsten" Wert $m = 1$. Dann erhalten wir nämlich eine weitere notwendige Bedingung an x^0:

$$x \, x^0 = x \tag{60}$$

Auch in dieser Gleichung betrachten wir x als "gegeben" und x^0 als "unbekannt". Sie ist *eindeutig* nach x^0 auflösbar, *wenn* $x \neq 0$ gilt und man deshalb beide Seiten durch x dividieren kann; man findet dann

$$x^0 = \frac{x}{x} = 1$$

als einzig sinnvollen Kandidaten für x^0. Wir fixieren unser erstes Ergebnis[2]:

---

[2]Die Festsetzung $x^0 = 1$ wird Michael Stiefel, Rechenmeister und Mathematikgelehrter in Wittenberg und Jena, in seinem Werk "Arithmetica integra" (1544) zugeschrieben.

Definition 0.76. *Für $x \in \mathbb{R} \setminus \{0\}$ ist $x^0 := 1$.*

Es bleibt die Frage, ob auch dem Ausdruck 0^0 ein sinnvoller Wert zugeordnet werden kann. In diesem Fall liefert die Gleichung (60) leider keine neue Erkenntnis, denn wegen $x = 0$ kann man sie *nicht* eindeutig nach x^0 auflösen. Vielmehr ist jeder beliebige Zahlenwert für x^0 zulässig. Daher bleibt es dabei, dass wir *zwei* Kandidaten – 0 und 1 – für 0^0 haben. Ohne auf Details einzugehen, merken wir an, dass auch die bisher noch nicht ausgenutzten Potenzgesetze (P2) und (P3) nichts Neues bringen. Mit anderen Worten: Wir könnten in vollem Übereinklang mit den Potenzgesetzen definieren $0^0 = 1$, aber ebenso $0^0 = 0$!

Diese Mehrdeutigkeit ist ein wesentlicher Grund dafür, dass in vielen (älteren) Texten über Mathematik 0^0 als "nicht definiert" bezeichnet wird. Weil keine der beiden Möglichkeiten den Potenzgesetzen widerspricht, ist es eine Frage der mathematischen Zweckmäßigkeit, ob und wie 0^0 definiert wird. Wir treffen hier die folgende

Konvention 0.77. $0^0 := 1$.

Der Vorteil: Wir haben eine *einheitliche* Definition von x^0 für alle $x \in \mathbb{R}$, und im Einklang mit den Potenzgesetzen lassen sich zahlreiche mathematische Formeln und Aussagen *systematisch vereinfachen*.

Zwischenbilanz: *Der Ausdruck x^p ist wohldefiniert für beliebige (x, p) in der Menge*

$$\mathbb{R} \times \mathbb{N} \quad \cup \quad \mathbb{R} \times \{0\}.$$

Das neu hinzugekommene Definitionsgebiet ist in unserer Skizze als rote Linie dargestellt.

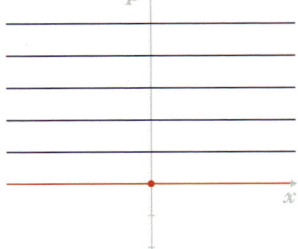

0.6.5 Positive rationale Exponenten

Im nächsten Schritt fragen wir uns, wie Ausdrücke der Form x^r sinnvoll definierbar wären, bei denen der Exponent r positiv, aber nicht notwendig ganzzahlig vorausgesetzt wird. Wir nehmen zunächst an, dass er zumindest rational sei, d.h., von der Form $r = z/n$ mit $z, n \in \mathbb{N}$. Unter der Bedingung, dass das dritte Potenzgesetz (P3) weiterhin gilt, können wir schreiben

$$x^r = x^{(z/n)} = (x^{(1/n)})^z = u^z,$$

wobei wir $u := x^{1/n}$ gesetzt haben. Der Potenzausdruck u^z hat einen natürlichen Exponenten und kann daher für jeden Wert von u problemlos gemäß (56) berechnet werden, sobald nur u bekannt ist. Auf diese Weise kann der noch unbekannte Zahlenwert von x^r auf den (ebenfalls noch unbekannten) Zahlenwert von $u = x^{(1/n)}$ zurückgeführt werden. Wir können uns also darauf beschränken, den Wert von Ausdrücken der Form

$$u := x^{1/n}$$

für jedes geeignete x zu identifizieren. Setzen wir beide Seiten dieser Gleichung in die n-te Potenz, so folgt aus (P3) *notwendigerweise*

$$u^n = (x^{(1/n)})^n = x. \tag{61}$$

In dieser Gleichung sind x als gegeben und u als unbekannt anzusehen. Ob und welche Lösungen existieren, hängt allerdings von n ab. Betrachten wir zunächst die beiden Spezialfälle (a) $n = 2$ und (b) $n = 3$:

(a) Hier lautet die Gleichung (61)

$$u^2 = x,$$

sie ist dann und *nur* dann lösbar, wenn gilt $x \geq 0$. Bei $x = 0$ lautet die Lösung $u = 0$, während bei $x > 0$ *zwei* verschiedene Lösungen existieren, die sich nur im Vorzeichen unterscheiden.

(b) Im Fall $n = 3$ haben wir es mit der kubischen Gleichung

$$u^3 = x,$$

zu tun, die stets lösbar ist, und zwar eindeutig. Die Lösung ist genau dann nichtnegativ, wenn x selbst nichtnegativ ist.

Es leuchtet unmittelbar ein, dass auch bei beliebigem $n \in \mathbb{N}$ stets genau eine dieser beiden Situationen vorliegt, nämlich (a), wenn n gerade ist, ansonsten (b). Wir sehen daraus, dass genau die *nichtnegativen* Basen x die Eigenschaft haben, dass die Gleichung

$$u^n = x \tag{62}$$

für *jedes* $n \in \mathbb{N}$ lösbar ist. Dabei existiert in jedem Fall eine nichtnegative Lösung, während bei geradzahligen Werten von n (und nur bei diesen) auch negative Lösungen möglich sind. Aus Gründen der Einheitlichkeit entscheiden wir uns für die stets eindeutig bestimmte nichtnegative Lösung von Gleichung (62), für die der Begriff der n-ten *Wurzel* geschaffen wurde:

Definition 0.78. *Für $x \geq 0$ und beliebiges $n \in \mathbb{N}$ bezeichnet man die eindeutig bestimmte nichtnegative Lösung der Gleichung $u^n = x$ als n-te* Wurzel *aus x; symbolisch: $x^{1/n}$ oder auch $\sqrt[n]{x}$.*

Hierbei wird die Zahl x – allgemeiner: alles, was unter dem Wurzelzeichen steht – als *Radikand* bezeichnet. Wurzelausdrücke bilden leider eine kräftig sprudelnde Fehlerquelle, deshalb

Achtung:

- *Radikanden müssen immer nichtnegativ sein!*
- *Wurzeln liefern immer nichtnegative Ergebnisse!*

Zur Erinnerung: "nichtnegativ" bedeutet "$\geq$", also nicht dasselbe wie "positiv" ("> 0"). Wir kommen zum Ergebnis:

Definition 0.79. *Für beliebiges $x \geq 0$ und $z \in \mathbb{N}_0$ setzen wir*

$$x^{z/n} := \left(x^{1/n}\right)^z.$$

Zwischenbilanz: *Der Ausdruck x^p ist wohldefiniert für alle (x,p) in der Menge*

$$\mathbb{R} \times \mathbb{N} \quad \cup \quad \mathbb{R} \times \{0\} \quad \cup \quad [0,\infty) \times \mathbb{Q}_+.$$

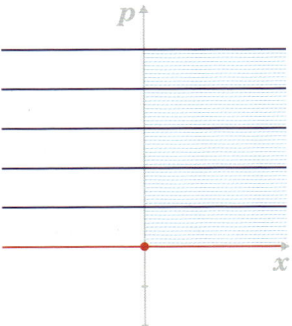

Der Zuwachs unseres Definitionsbereiches ist in unserer Skizze als ein hellblaues Linienmuster angedeutet – "angedeutet" deshalb, weil diese Linien "unendlich dicht" liegen.

0.6.6 Negative Exponenten

Im vorletzten Schritt wenden wir uns Ausdrücken der Form x^p zu, bei denen der Exponent p negative Werte annehmen dürfen soll. Wir schreiben zur Verdeutlichung $p = -r$, wobei r eine positive rationale Zahl sei. Wiederum betrachten wir den Zahlenwert von $x^p = x^{-r}$ als wohldefiniert, jedoch völlig unbekannt. Dabei nehmen wir an, dass x^r bereits definiert und bekannt ist und das Potenzgesetz (P1) Anwendung findet.

Aus (P1) folgt nun direkt $x^r x^{-r} = x^{r-r} = x^0 = 1$, worin der rote Term unbekannt, der blaue bekannt ist. Dividieren wir durch x^r (wofür $x \neq 0$ vorauszusetzen ist), so folgt sofort

$$x^{-r} = \frac{1}{x^r} \tag{63}$$

d.h., einziger Kandidat für x^{-r} ist *notwendigerweise* der Reziprokwert von x^r.

Klar ist, dass dieser nur existieren kann, wenn $x \neq 0$ gilt. Davon abgesehen, können wir

(i) beliebige $x(\neq 0)$ zulassen, wenn r ganzzahlig (also eine natürliche Zahl) ist,

(ii) nur $x > 0$ zulassen, wenn r nichtganzzahlig ist (weil hier Wurzeln auftreten).

Zwischenbilanz: *Der Ausdruck x^p ist wohldefiniert für alle (x, p) in der Menge*

$$\mathbb{R} \times \mathbb{N} \quad \cup \quad \mathbb{R} \times \{0\} \qquad \cup \quad [0, \infty) \times \mathbb{Q}_+$$
$$\cup \quad \mathbb{R} \setminus \{0\} \times (-\mathbb{N}) \quad \cup \quad (0, \infty) \times (\mathbb{Q}_- \setminus \mathbb{Z})$$

Neu hinzugekommen sind die beiden letztgenannten Teilmengen, die als dunkelblaues bzw. türkisfarbenes Linienmuster in der unteren Bildhälfte zu sehen sind.

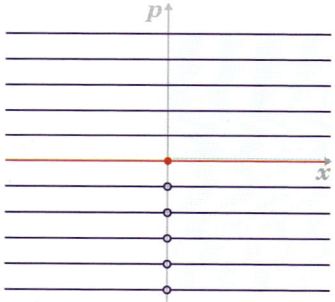

0.6.7 Beliebige reelle Exponenten

Im letzten Schritt wollen wir Potenzen x^p für beliebige reellwertige Exponenten definieren. Es fehlt dazu lediglich eine Vereinbarung für den Fall, dass p eine irrationale Zahl ist. Wir können dazu ausnutzen, dass sich p beliebig genau durch rationale Zahlen p_N approximieren lässt und die Ausdrücke x^{p_N} bereits vollständig definiert sind. Unter x^p verstehen wir dann einfach den Grenzwert der Potenzausdrücke x^{p_N} für $N \to \infty$. (Eine genaue Behandlung des Grenzwertbegriffes bleibt allerdings dem Kapitel 4 "Folgen und Reihen" vorbehalten.)

Anschaulich können wir den Vorgang so interpretieren, dass in unserer Skizze das unendlich dichte Linienmuster zu einer Vollfläche aufgefüllt wird:

Schlussbilanz: *Der Ausdruck x^p ist wohldefiniert für alle (x,p) in der Menge*

$$\mathbb{R} \times \mathbb{N} \quad \cup \quad \mathbb{R} \times \{0\} \qquad \cup \quad [0,\infty) \times [0,\infty)$$
$$\cup \quad \mathbb{R}\backslash\{0\} \times (-\mathbb{N}) \quad \cup \quad (0,\infty) \times (-\infty, 0).$$

Unsere Skizze zeigt, dass die Menge aller Paare (x,p), für die x^p sinnvoll definiert wurde, eine vergleichsweise komplizierte Teilmenge von $\mathbb{R} \times \mathbb{R}$ bildet. Gleichzeitig haben wir bei allen Definitionsschritten von x^p lediglich aus *einzelnen* Potenzgesetzen Bedingungen abgeleitet; deswegen folgt allein aus der Definition noch *nicht*, dass *alle* Potenzgesetze weiterhin gelten. Dies bleibt im nächsten Schritt zu überprüfen.

0.6.8   Zur Gültigkeit der Potenzgesetze

Wir erinnern nochmals an die drei Potenzgesetze, jetzt lediglich weniger suggestiv notiert:

$$
\begin{array}{llll}
\text{(P1)} & x^p x^q & = & x^{p+q} \\
\text{(P2)} & x^p y^p & = & (xy)^p \\
\text{(P3)} & (x^p)^q & = & x^{pq}
\end{array}
$$

Ausgangspunkt war folgende Erkenntnis:

> *(P1) bis (P3) gelten ohne Einschränkung,*
> *solange die Exponenten p und q natürlich sind.* $\qquad$ (64)

"Ohne Einschränkung" heißt hier: die Basen x und y können beliebig reellwertig gewählt werden; dann sind alle in (P1) bis (P3) auftretenden Potenzausdrücke wohldefiniert, und die behaupteten Gleichungen gelten.

Wir wollen nun möglichst einfache Bedingungen dafür angeben, dass diese drei Gesetze auch gelten, wenn "neue" Exponenten auftreten. Die einfachste Bedingung dafür lautet:

> *(P1) bis (P3) gelten ohne Einschränkung,*
> *solange die Basen x und y positiv sind.* $\qquad$ (65)

"Ohne Einschränkung" heißt hier: Die *Exponenten* p und q können beliebig gewählt werden. Merke also:

Bei positiven Basen kann man nach Herzenslust rechnen!

Unsere Skizze verdeutlicht das: Sind nämlich die Basen x, y positiv, bewegen wir uns während der gesamten Rechnung immer nur in der hervorgehobenen Menge, d.h., es entstehen stets wohldefinierte Ausdrücke mit positiver Basis, und es gelten die behaupteten Gleichungen.

Wenn keiner der beiden Fälle (64) oder (65) vorliegt, können wir immerhin sagen:

$$\text{(P1) und (P2) gelten, sobald alle darin} \atop \text{enthaltenen Potenzausdrücke wohldefiniert sind.} \qquad (66)$$

Ausführlicher: (P1) enthält die drei Ausdrücke x^p, x^q und x^{p+q}. Sind diese drei wohldefiniert, so gilt auch die von (P1) behauptete Gleichung. – Analog enthält (P2) die drei Ausdrücke x^p, y^p und $(xy)^p$. Sind diese einzeln wohldefiniert, so gilt wiederum die behauptete Gleichheit.

Vorsicht: *ist jedoch bei* (P3) *geboten: Dieses "Gesetz" braucht selbst dann nicht zu gelten, wenn alle vorkommenden Ausdrücke einzeln sinnvoll sind.* Hier ein Beispiel:

$$\text{``}((-1)^2)^{\frac{1}{2}} = (-1)^1\text{''}$$

Dies ist natürlich keine Gleichung, sondern Unfug. Jedoch: Alle "Einzelteile" sind es nicht. Der links stehende Ausdruck $(-1)^2$ ist sinnvoll und liefert den Zahlenwert 1. Rechnen wir damit auf der linken Seite weiter, so steht dort $(1)^{\frac{1}{2}}$ – auch dieser Ausdruck ist sinnvoll; er hat den Zahlenwert 1. Aber auch die rechte Seite $(-1)^1 = -1$ ist sinnvoll – nur stimmt dieser Zahlenwert leider nicht mit dem auf der linken Seite überein.

Bemerkung 0.80. Zur Ursache dieses Problems: Gern hätten wir ein Gesetz der Form

$$(x^p)^q = x^{pq}$$

Nun ist die Multiplikation bekanntlich kommutativ: $pq = qp$. Also müsste unser Gesetz konsequenterweise lauten

(P3') $$(x^p)^q \;=\; x^{pq} \;=\; x^{qp} \;=\; (x^q)^p.$$

Nun haben wir den Übeltäter: In unserem Beispiel bedeutet die Gleichung (P3') ausführlich

$$((-1)^2)^{\frac{1}{2}} = (-1)^1 = \left((-1)^{\frac{1}{2}}\right)^2.$$

Man sieht auf einen Blick, dass der orangefarbene Ausdruck keinen Sinn hat. Also kann (P3') und folglich auch (P3) in diesem Fall nicht gelten.

Dem aufmerksamen Leser wird nicht entgangen sein, dass es ein Fehlschluss vom genau gleichen Typ ist, mit dessen Hilfe sich die "Gleichung $1 = -1$ beweisen" ließ.

Immerhin vermuten wir nach diesen Betrachtungen:

$$(P3') \text{ gilt, sobald alle darin enthaltenen}$$
$$\text{Potenzausdrücke wohldefiniert sind:} \qquad (67)$$
$$(x^p)^q = x^{pq} = x^{qp} = (x^q)^p$$

Es bleibt nachzuweisen, dass unsere Aussagen (64) bis (67) tatsächlich wahr sind. Interessanterweise ist dies weniger mathematisch schwierig als vielmehr – wegen der vielen Fallunterscheidungen – schreibaufwendig, so dass wir es dem Leser überlassen wollen, sich in ausgewählten (oder fleißigenfalls allen) Fällen davon zu überzeugen.

0.6.9 Das Rechnen mit Potenzen

Das Ziel unseres Exkurses war es, die Fähigkeit zum sicheren Umgang mit der "Potenzrechnung" im weitesten Sinne zu vermitteln. Nachdem nun der Potenzbegriff an sich geklärt ist, behaupten wir: Für alles Weitere genügt es, sich die Potenzgesetze (P1) bis (P3) (und eventuell noch die Konvention $x^0 = 1$) einzuprägen.

In der eigentlichen Potenz"rechnung" geht es meist darum, kompliziert wirkende potenzhaltige Ausdrücke zu vereinfachen; manchmal aber auch darum, einfache Ausdrücke geschickt zu verkomplizieren. Im ersten Schritt sollte man sich klarmachen, dass die Potenzgesetze (P1) bis (P3) mitunter in verkleideter Form auftreten – z.B. durch Verwendung von Brüchen oder von Wurzelzeichen (dadurch entstehen die sogenannten "Wurzelgesetze", die überhaupt nichts Neues bieten). Einige Beispiele zur Illustration:

"Neue Form"		Standardform (mit $x^{-n} = (x^{-1})^n$)		Typ
$\dfrac{x^m}{x^n}$ $=$ x^{m-n}		$x^m x^{-n}$ $=$ x^{m-n}		(P1)
$\dfrac{x^p}{y^p}$ $=$ $\left(\dfrac{x}{y}\right)^p$		$x^p(y^{-1})^p$ $=$ $(xy^{-1})^p$		(P2)
$\sqrt[n]{x}\,\sqrt[n]{y}$ $=$ $\sqrt[n]{xy}$		$x^{\frac{1}{n}} y^{\frac{1}{n}}$ $=$ $(xy)^{\frac{1}{n}}$		(P2)
$\sqrt[m]{\sqrt[n]{x}}$ $=$ $\sqrt[m \cdot n]{x}$		$(x^{\frac{1}{n}})^{\frac{1}{m}}$ $=$ $x^{\frac{1}{mn}}$		(P3)
$\sqrt[n]{\dfrac{x}{y}}$ $=$ $\dfrac{\sqrt[n]{x}}{\sqrt[n]{y}}$		$(xy^{-1})^{\frac{1}{n}}$ $=$ $x^{\frac{1}{n}} y^{-\frac{1}{n}}$		(P2)

Die Vereinfachung potenzhaltiger Ausdrücke ist auf unterschiedlichste Weise möglich. Es empfiehlt sich jedoch, stets schrittweise vorzugehen und den Überblick darüber zu behalten, welche Gesetze angewandt werden. Wir illustrieren das an einigen einfachen Beispielen.

Beispiel 0.81. Der Term $(24^4 \cdot 2^6 \cdot 3^2)^{\frac{4}{3}}$ soll vereinfacht werden. Dazu versuchen wir zunächst, die hier auftretenden Basen 2, 3 und 24 zu vereinheitlichen. Es gilt $24 = 8 \cdot 3 = 2^3 \cdot 3$, somit können wir schreiben

$$
\begin{aligned}
(24^4 \cdot 2^6 \cdot 3^2)^{\frac{4}{3}}
&= ((2^3 \cdot 3)^4 \cdot 2^6 \cdot 3^2)^{\frac{4}{3}} && \|\quad \text{wende (P2) an:} \\
&= ((2^3)^4 \cdot 3^4 \cdot 2^6 \cdot 3^2)^{\frac{4}{3}} && \|\quad \text{wende (P3) an:} \\
&= ((2^{3 \cdot 4} \cdot 3^4 \cdot 2^6 \cdot 3^2)^{\frac{4}{3}} && \|\quad \text{Rechnung, Faktortausch} \\
&= ((2^{12} \cdot 2^6) \cdot (3^4 \cdot 3^2))^{\frac{4}{3}} && \|\quad \text{wende (P1) 2x an:} \\
&= ((2^{18}) \cdot (3^6))^{\frac{4}{3}} && \|\quad \text{wende (P2) an:} \\
&= (2^{18})^{\frac{4}{3}} \cdot (3^6)^{\frac{4}{3}} && \|\quad \text{wende (P3) 2x an:} \\
&= 2^{18 \cdot \frac{4}{3}} \cdot 3^{6 \cdot \frac{4}{3}} && \|\quad \text{ausrechnen:} \\
&= 2^{24} \cdot 3^8.
\end{aligned}
$$

$\triangle$

Diese Rechnung mag länglich anmuten, jedoch zeigt sie sehr genau, an welcher Stelle welches Gesetz verwendet wird. Mit etwas Übung kann man natürlich diese vielen Schritte zu wenigen zusammenfassen.

Beispiel 0.82. Wir vereinfachen den Bruch

$$
q := \frac{(24^4 \cdot 2^6 \cdot 3)^{\frac{4}{3}}}{(2^8 \cdot \sqrt[3]{9})^{\frac{3}{2}} \cdot 5}.
$$

Da wir den Zähler schon soeben vereinfacht haben, wenden wir uns dem Nenner zu, eliminieren zunächst das Wurzelzeichen und vereinfachen dann wie im vorigen Beispiel:

$$
\begin{aligned}
(2^8 \cdot \sqrt[3]{9})^{\frac{3}{2}} \cdot 5
&= (2^8 \cdot (3^2)^{\frac{1}{3}})^{\frac{3}{2}} \cdot 5 \\
&= (2^8 \cdot 3^{\frac{2}{3}})^{\frac{3}{2}} \cdot 5 \\
&= (2^8)^{\frac{3}{2}} \cdot (3^{\frac{2}{3}})^{\frac{3}{2}} \cdot 5 \\
&= 2^{12} \cdot 3 \cdot 5
\end{aligned}
$$

Für den Quotienten insgesamt heißt das:

$$
q = \frac{2^{24} \cdot 3^8}{2^{12} \cdot 3 \cdot 5} = \frac{2^{12} \cdot 3^7}{5}.
$$

Das Ergebnis kann auch in der Form

$$
2^{12} \cdot 3^7 \cdot 5^{-1}
$$

notiert werden. Welcher der beiden Schreibweisen auf der rechten Seite der Vorzug gegeben wird, ist natürlich Geschmackssache. $\triangle$

Beispiel 0.83. Der Ausdruck

$$A := \sqrt[3]{a^{2x}\, b^{9x} \sqrt[6]{a^{24x}}}$$

(a, b positive Konstanten) soll vereinfacht werden. Beim inneren Wurzelausdruck ist das mittels (P3) möglich:

$$w := \quad \sqrt[6]{a^{24x}} \quad = \quad (a^{24x})^{\frac{1}{6}} \quad = \quad a^{24x \cdot \frac{1}{6}} \quad = \quad a^{4x};$$

es folgt

$$
\begin{aligned}
A \quad &= \quad \sqrt[3]{a^{2x} \cdot b^{9x} \cdot a^{4x}} \\
&= \quad (a^{2x} \cdot b^{9x} \cdot a^{4x})^{\frac{1}{3}} \quad \| \quad \text{umschreiben} \\
&= \quad (a^{2x} \cdot a^{4x} \cdot b^{9x})^{\frac{1}{3}} \quad \| \quad \text{umordnen} \\
&= \quad (a^{6x} \cdot b^{9x})^{\frac{1}{3}} \quad\quad \| \quad \text{Potenzen zusammenfassen nach (P1)} \\
&= \quad (a^{6x})^{\frac{1}{3}} \cdot (b^{9x})^{\frac{1}{3}} \quad \| \quad \text{(P2)} \\
&= \quad a^{6x \cdot \frac{1}{3}} \cdot b^{9x \cdot \frac{1}{3}} \quad\quad \| \quad \text{(P3)} \\
&= \quad a^{2x} \cdot b^{3x}.
\end{aligned}
$$

$\triangle$

Mitunter will man Ausdrücke nicht vereinfachen, sondern gegebenenfalls sogar verkomplizieren.

Beispiel 0.84 (↗Ü). Der Ausdruck

$$x^{\alpha} y^{\beta}$$

(x, $y \geq 0$, α, $\beta > 0$) soll auf die Form

$$(x^{\gamma} y^{1-\gamma})^{r}$$

mit $\gamma \in (0, 1)$ und passendem $r > 0$ (und zwar welchem?) gebracht werden.

(Zum Zweck dieser Umformung: Es geht um eine einheitliche Darstellung von Produktionsfunktionen.) $\triangle$

0.6.10   Logarithmen

Die sogenannte "Logarithmenrechnung" ist, gemessen an ihrem Potential zur realen Furchteinflößung, so etwas wie eine potenzierte Potenzrechnung: Oft wird schon der leiseste Versuch einer Anwendung aus barer (Ehr-) Furcht unterlassen – völlig zu Unrecht, wie wir gleich sehen werden. Die "Logarithmenrechnung" ist nämlich auch nur Potenzrechnung, lediglich anders notiert.

Der Logarithmusbegriff

Bisher war unsere Blickrichtung folgende: Gegeben eine Basis a und ein Exponent p, wurde der Wert des Potenzausdruckes $a^p =: x$ gesucht. Nun stellen wir die Frage umgekehrt: Wenn der Wert der Potenz x und die Basis a bekannt sind, soll der dazu passende Exponent bestimmt werden. Man schreibt dann

$$p =: \log_a x :\Longleftrightarrow a^p = x \quad (a > 0, x > 0)$$

und nennt p den *Logarithmus* zur Basis a von x.

Beispiele 0.85.

$$
\begin{array}{rcl rcl}
2^5 & = & 32 & \Longleftrightarrow & 5 & = & \log_2 32 \\
10^3 & = & 1000 & \Longleftrightarrow & 3 & = & \log_{10} 1000 \\
(\tfrac{1}{2})^7 & = & \tfrac{1}{128} & \Longleftrightarrow & 7 & = & \log_{1/2} \tfrac{1}{128} \\
2^{-7} & = & \tfrac{1}{128} & \Longleftrightarrow & -7 & = & \log_2 \tfrac{1}{128} \\
\sqrt{64} & = & 8 & \Longleftrightarrow & \tfrac{1}{2} & = & \log_{64} 8
\end{array}
$$

$\triangle$

Wir heben hervor, dass aus Vereinfachungsgründen von vornherein nur *positive* Basen (und deswegen auch nur positive *Potenzen* – d.h., Werte des Argumentes x –) zugelassen werden. Aufgrund der Definition gelten die folgenden beiden wichtigen Identitäten:

$$a^{\log_a x} = x \quad \text{und} \quad \log_a a^p = p \tag{68}$$

Wir halten fest: Logarithmen sind ihrer Natur nach *Exponenten*! (Spräche man durchweg von Exponenten, wäre die Logarithmenrechnung eine "Exponentenrechnung" und als solche eventuell besser akzeptiert worden – aber die Tradition hat sich halt anders entschieden.)

Es gibt einige Zahlen, die sich als Basen besonderer Beliebtheit erfreuen – zu nennen wären die 2, die 10 und die Eulersche Konstante $e = 2,71\ldots$ Zur Vereinfachung schreibt man dafür

$$
\begin{array}{rcl}
\log_2 y & =: & \mathrm{ld}\, y \\
\log_{10} y & =: & \mathrm{lg}\, y \\
\log_e y & =: & \ln y
\end{array}
$$

und nennt dieses den *dyadischen, dekadischen* bzw. *natürlichen* Logarithmus von y. Die Identitäten (68) nehmen hier die spezielle Form

$$
\begin{array}{lll}
2^{\mathrm{ld}\, x} = x & \text{und} & \mathrm{ld}\, 2^p = p \\
10^{\mathrm{lg}\, x} = x & \text{und} & \mathrm{lg}\, 10^p = p \\
e^{\ln x} = x & \text{und} & \ln e^p = p
\end{array}
$$

an. Der Leser möge sich von der Bezeichnungsvielfalt ($\log_a$, ld, lg, ln) nicht abschrecken lassen – es ist nämlich leicht möglich, Logarithmen verschiedener Basen ineinander umzurechnen, so dass jedermann im Prinzip nur seinen "Lieblingslogarithmus" kennen muss – diesen allerdings leidlich gut. Im Rahmen dieses Textes werden wir uns hauptsächlich auf den natürlichen Logarithmus (auch *logarithmus naturalis* genannt) beziehen.

Logarithmengesetze

Jeder, der ein handelsübliches mathematisches Tabellenwerk aufschlägt, wird darin "Logarithmengesetze" finden, deren Anzahl erheblich variieren kann. Da wir in diesem Text mit möglichst wenig Formeln auskommen wollen, sei hier zunächst hervorgehoben, dass es sich bei den "Logarithmengesetzen" eigentlich auch nur um Potenzgesetze handelt, die lediglich logarithmisch – also mit Blick auf die Exponenten – interpretiert werden. Also sind es nach wie vor die Potenzgesetze, auf die es ankommt. Wir werden in unserem gesamten Text mit zwei bis drei ihrer logarithmischen Interpretationen auskommen. Natürlich kann es nicht schaden, wenn man sich diese auswendig einprägt:

$$(L1) \qquad \log_a xy = \log_a x + \log_a y$$

$$(L2) \qquad \log_a x^p = p \log_a x$$

$$(L3) \qquad \log_a x = \frac{\log_b x}{\log_b a}$$

$(x, y, a, b > 0,\ p \in \mathbb{R})$.

Sehen wir uns z.B. das erste dieser Gesetze einmal näher an. In seiner ursprünglichsten Formulierung lautet es als Potenzgesetz $x^m x^n = x^{(m+n)}$. Wir richten den Blick diesmal auf die Exponenten: Der Exponent $m + n$ auf der rechten Seite ist nichts anderes als die Summe der beiden Exponenten m und n auf der linken Seite. Die ganze Kunst besteht nun darin, diese Exponenten nicht Exponenten, sondern Logarithmen zu nennen, wobei jeweils dazuzusagen ist, (a) *wovon* und (b) *bezüglich welcher Basis* der Logarithmus gebildet wird. Diesen Vorgang zeigen wir in der nebenstehenden Übersicht oben.

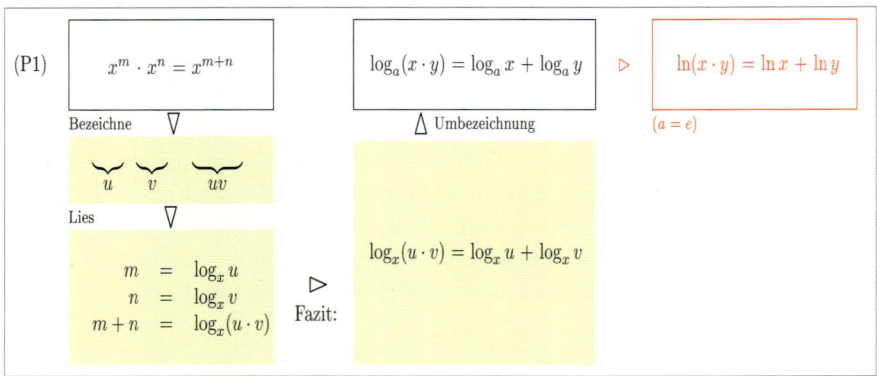

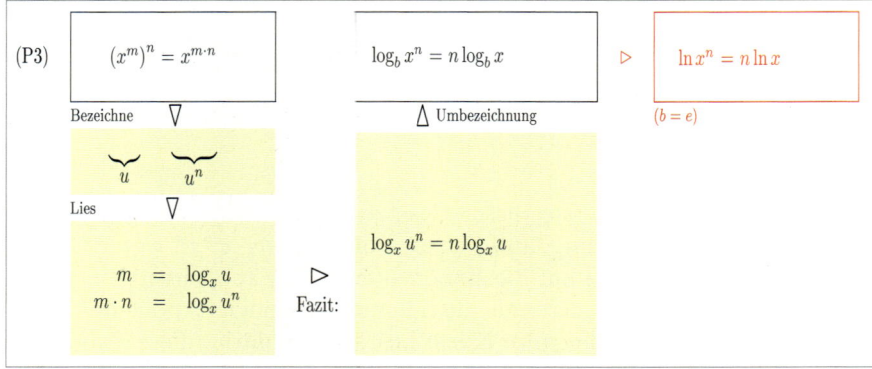

(Zur Erläuterung: Wenn wir die beiden Faktoren auf der linken Seite der Gleichung $x^m x^n = x^{(m+n)}$ einmal mit u und v bezeichnen (gelbes Feld links oben) und beachten, dass die Basis aller drei Ausdrücke jeweils x ist, können wir die logarithmische Schreibweise der drei Exponenten m, n und $m + n$ ablesen (gelbes Feld links unten). Die Gleichung $m + n = m + n$ liest sich jetzt so:

$$\log_x(u) + \log_x(v) = \log_x(uv)$$

(gelbes Feld rechts unten). Wechseln wir zu neuen Bezeichnungen: $x \leftrightarrow a, u \leftrightarrow x, v \leftrightarrow y$, erhalten wir Formel $(L1)$.)

In ganz ähnlicher Weise können wir auch $(L2)$ und $(L3)$ erhalten, wie den weiteren Übersichten zu entnehmen ist.

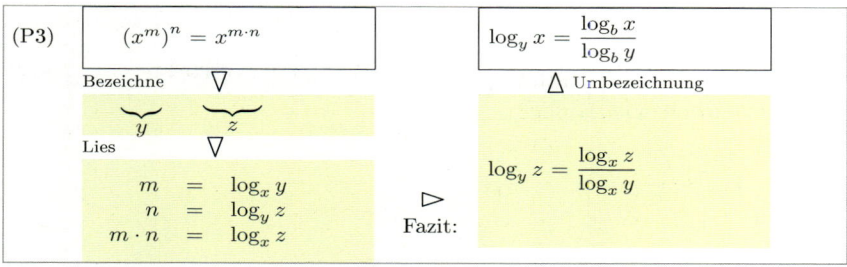

Wir bemerken, dass die Anzahl vermeintlich "neuer" Gesetze schnell erhöht werden kann, wenn man statt Produkten Quotienten notiert oder z.B. das Wurzelzeichen verwendet, z.B. so:

$$\log_a\left(\tfrac{x}{y}\right) = \log_a x - \log_a y$$

$$\log_a \sqrt[p]{x} = \frac{\log_a x}{p}$$

Schreiben wir hingegen durchweg Quotienten und Wurzeln als Potenzausdrücke (also xy^{-1} statt $\frac{x}{y}$ und $x^{\frac{1}{p}}$ statt $\sqrt[p]{x}$), brauchen wir uns am wenigsten einzuprägen.

0.6.11 Aufgaben

Aufgabe 0.86. Berechnen bzw. vereinfachen Sie die folgenden Ausdrücke soweit wie möglich (ohne Verwendung des Taschenrechners) unter Angabe der jeweils benutzten Potenzgesetze:

(a) $(2^2)^3 + 3^3 \cdot 2^3$

(b) $(a^2 b^3)^2 - 5 \cdot 0^1$

(c) $\sqrt[4]{81} + \sqrt[5]{64} : \sqrt[5]{2} - 5^1$

(d) $(x^2)^{-3} - x^0$

(e) $(-3x^3)^2 + 4^0$

(f) $\sqrt[2]{\sqrt[5]{1024}}$

(g) $\sqrt[4]{a^{-3}}$

Aufgabe 0.87 ($\nearrow$L). Vereinfachen Sie die folgenden Gleichungen und Ungleichungen soweit wie möglich:

(a) $\sqrt{x+11} - \sqrt{x} = 1$

(b) $x^2 + 4x + 5 \geq 0$

(c) $\sqrt[x]{500} = 40$

(d) $5^x = 100$

(e) $\lg(3x) = 2 + \lg(x-1)$

(f) $\frac{5x-20}{x} < 3$

Aufgabe 0.88 ($\nearrow$L). Bringen Sie die nachfolgenden Berechnungsvorschriften auf die Form

$$f(x) = ax^b.$$

Geben Sie die dabei verwendeten Werte a und b an.

(i) $f(x) = \sqrt[4]{(7^2 x)^3}$

(ii) $f(x) = 5e^{2(\ln(3x))}$

(iii) $f(x) = 8\ln(e^{4x^2})^2$

(iv) $f(x) = 5(e^{-3\ln(2x)})^2$

Aufgabe 0.89 ($\nearrow$L). Bringen Sie die nachfolgenden Berechnungsvorschriften auf die Form

$$f(x) = ae^{bx}.$$

(i) $f(x) = 64 \cdot 8^{-x}$

(ii) $f(x) = 2\ln(e^{e^{-x}})$

Aufgabe 0.90. Zeigen Sie: Für beliebige $a, b, x, y > 0$ gilt

$$(\log_a x) = (\log_b y) \quad \Rightarrow \quad (\log_a x) = (\log_b y) = \log_{ab} xy$$

0.7   Polynome

0.7.1   Vorbemerkung

In diesem Abschnitt erinnern wir kurz an einige Vorkenntnisse aus der Schule, die sich auf Polynome beziehen.

Begriffliches

Definition 0.91. *Es seien $n \in \mathbb{N}_0$ und $a_0, a_1, ..., a_n \in \mathbb{R}$ beliebige Konstanten. Ein Ausdruck der Form*

$$P(x) = a_n x^n + a_{n-1} x^{n-1} + ... + a_1 x^1 + a_0 \tag{69}$$

heißt Polynom *(in der Unbestimmten x); die Konstanten $a_0, ..., a_n$ heißen seine Koeffizienten. Die Menge aller Polynome in der Unbestimmten x werde mit $\mathcal{P}[x]$ bezeichnet.*

(Systematischer könnte man statt (69) auch schreiben $P(x) = \ldots a_0 x^0$, was meist aus Bequemlichkeit unterbleibt.)

Beispiel 0.92. Im Fall $n = 3$ könnten Polynome sein

a)	$7x^3$	-	$\frac{1}{2}x^2$	$+$	$\pi \cdot x^1$	$+$	215
b)	$2x^3$	$+$	$0 \cdot x^2$	$+$	$0 \cdot x^1$	$+$	0
c)	$0 \cdot x^3$	$+$	$1\, x^2$	$+$	$0 \cdot x^1$	$+$	0
d)	$0 \cdot x^3$	$+$	$0 \cdot x^2$	$+$	$3 \cdot x^1$	$+$	3
e)	$0 \cdot x^3$	$+$	$0 \cdot x^2$	$+$	$0 \cdot x^1$	$+$	7

Wir sehen (schwarz hervorgehoben), dass auch Ausdrücke, die auf den ersten Blick von (69) verschieden sind, auf die Form (69) gebracht werden können, wenn gegebenenfalls scheinbar fehlende Bestandteile passend hinzugeschrieben werden (cyanfarben). Natürlich geschieht dies hier nur, um die Natur als Polynom hervorzuheben; denn Summanden, die gleich Null sind, werden üblicherweise aus Bequemlichkeit nicht geschrieben. Wir sehen auch, dass einzelne – beim Nullpolynom sogar alle – Koeffizienten eines Polynoms verschwinden[3] können. △

Die in (69) auftretenden Summanden nennt man auch Glieder eines Polynoms. Charakteristisch für Polynome ist, dass es sich um *endliche* Summen handelt, deren Glieder stets nur Vielfache geeigneter *nichtnegativ-ganzzahliger Potenzen* der Unbestimmten x sind. *Keine Polynome* sind auf diese Weise z.B. die Ausdrücke

---

[3]d.h., den Wert Null annehmen

$3x^{\frac{1}{2}} + 2$ (der Exponent $\frac{1}{2}$ ist zwar nichtnegativ, aber nicht ganzzahlig),

$24x^{-4} + x^3 + x^2 + x + 1$ (der Exponent -4 ist negativ),

sin x (dies ist keine Potenz von x),

$$\frac{x^2 + x}{x^{17} - 4}$$ (dies ist ein unkürzbarer Bruch, der sich nicht als Summe einfacher Potenzen schreiben lässt).

Der Grad eines Polynoms

Existiert eine größte ganze Zahl k mit $a_k \neq 0$, so nennt man diese den *Grad* des Polynoms. Auf diese Weise handelt es sich in den Beispielen a) und b) um Polynome dritten Grades, die Beispiele c) bis e) geben je ein Polynom vom Grade 2, 1 und 0 an. Hervorzuheben ist, dass also auch "gewöhnliche" reelle Zahlen Polynome sind. Diese haben, soweit von Null verschieden, den Grad 0. Die Zahl 0 kann als "Nullpolynom" aufgefasst werden und ist von Polynomen vom Grad 0 zu unterscheiden. Dem Nullpolynom weisen wir aus Gründen, die erst später einzusehen sind, den Grad $-\infty$ zu. Polynome vom Grad 3, 2 bzw. 1 nennt man auch *kubisch*, *quadratisch* bzw. *linear*. Die Menge aller Polynome vom Grad k werde mit $\mathcal{P}_k[x]$ bezeichnet ($k = 0, 1, 2, ...$). Ist ein beliebiges Polynom $P(x)$ gegeben, schreiben wir auch *grad* $P(x)$ für seinen Grad.

Auswertung eines Polynoms

Die Unbestimmte x dient gewissermaßen als Platzhalter für einen beliebigen (reellen) Zahlenwert. Ersetzt man x durch einen konkreten Zahlenwert c und führt die durch (69) beschriebene Berechnung (bestehend aus Potenzierung von c, Multiplikation mit den Koeffizienten und Summation) aus, erhält man den *Wert* des Polynoms $P(x)$ an der Stelle $x = c$, kurz $P(c)$. Betrachten wir z.B. das Polynom $3x^2 - 6x + 12 =: P(x)$, finden wir leicht z.B. $P(0) = 12$, $P(1) = 9$, $P(10) = 252$ etc.

0.7.2   Das Rechnen mit Polynomen

Es mag unmittelbar einleuchten, dass die **Summe** zweier Polynome wiederum ein Polynom ist, ebenso ist jedes **Vielfache** eines Polynoms wiederum ein Polynom.[4] Dies beruht darauf, dass mit Polynomen ebenso wie mit beliebigen anderen Termen gerechnet werden kann, wobei lediglich die üblichen Rechenregeln für Termumformungen zu beachten sind. Einfache Beispiele können das leicht illustrieren:

---

[4]Dabei unterstellen wir, dass sämtliche auftretenden Polynome sich auf ein- und dieselbe Unbestimmte beziehen.

$$\begin{array}{rrrrrr}
P(x) := 18x^4 & & -\frac{1}{10}x^2 & + x & + & 13 \\
+ \; Q(x) := & 100x^3 & +\frac{3}{5}x^2 & & - & 101 \\
\hline
S(x) := 18x^4 & + 100x^3 & +\frac{1}{2}x^2 & + x & - & 88
\end{array}$$

Bei der Summation zweier Polynome (hier $P(x)$ und $Q(x)$)braucht man also lediglich die Koeffizienten der korrespondierenden Glieder aufzusummieren, um die Koeffizienten des Summenpolynoms (hier $S(x)$ genannt) zu erhalten. Noch einfacher liegen die Dinge bei einer Vervielfachung. So gilt z.B.

$$\begin{array}{rl}
3P(x) = 3\;(& 18x^4 \; -\frac{1}{10}x^2 \;+\; x + 13 \;) \\
=:\; M(x) = & 54x^4 \;-\frac{3}{10}x^2 \;+ 3x + 39
\end{array}$$

D.h., die Koeffizienten des vervielfachten Polynoms (hier: $M(x)$) entstehen einfach durch entsprechende Vervielfachung der Koeffizienten des Ausgangspolynoms (hier: $P(x)$).

Wir bemerken, dass diese Manipulationen selbstverständlich auch durch allgemeine Formeln beschrieben werden können. Wir nehmen dazu einmal an, dass sich die beteiligten Partner mit einem passenden $n \in \mathbb{N}$ und geeigneten Koeffizienten in der allgemeinen Form wie folgt notieren lassen:

$$\begin{array}{rlllll}
P(x) & = & p_n x^n & + \cdots + & p_1 x^1 & + & p_0 \\
Q(x) & = & q_n x^n & + \cdots + & q_1 x^1 & + & q_0
\end{array}$$

(Diese Darstellung ist stets möglich, wenn n mindestens so groß gewählt wird wie das Maximum aus $grad\, P(x)$ und $grad\, Q(x)$, wobei "überflüssige" Koeffizienten den Wert Null annehmen.) Es folgt dann sofort

$$P(x) + Q(x) = (p_n + q_n)x^n + \cdots + (p_1 + q_1)x^1 + (p_0 + q_0)$$

und für jede beliebige Konstante $\lambda \in \mathbb{R}$

$$\lambda P(x) = (\lambda p_n)x^n + \cdots + (\lambda p_1)x^1 + (\lambda p_0).$$

Multiplikation von Polynomen

Es überrascht nicht, dass auch die Multiplikation zweier Polynome wiederum ein Polynom ergibt. Wie schon zuvor werden die beiden "Beteiligten" als Terme aufgefasst, die diesmal – unter Beachtung der üblichen Rechenregeln – auszu*multiplizieren* sind. Allerdings ist hierbei schon etwas mehr Sorgfalt vonnöten als bei der (einfachen positionsgerechten) Addition und Vervielfachung.

Beispiel 0.93. Es seien $P(x) := 3x + 4$ und $Q(x) := 2x - 7$. Durch Ausmultiplizieren erhalten wir das Polynom $R(x) := 6x^2 - 13x - 28$. Die Rechnung, die zwar im Kopf erfolgen kann, wird in jedem Fall einem gedanklichen Schema folgen, welches z.B. so aussehen könnte:

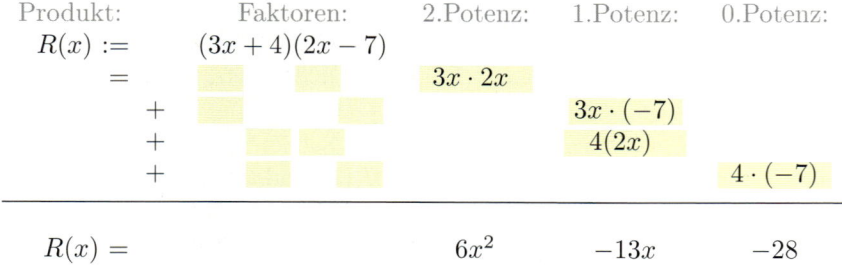

Produkt:	Faktoren:	2.Potenz:	1.Potenz:	0.Potenz:
$R(x) :=$	$(3x+4)(2x-7)$			
$=$		$3x \cdot 2x$		
$+$			$3x \cdot (-7)$	
$+$			$4(2x)$	
$+$				$4 \cdot (-7)$

$$R(x) = \qquad\qquad 6x^2 \qquad -13x \qquad -28$$

$\triangle$

Beispiel 0.94. Den Nutzen unseres Schemas kann man anhand eines "größeren" Beispiels besser erkennen. Wir wollen diesmal die beiden Polynome $A(x) := 3x^4 + 2x^3 + x^2 - 1$ und $B(x) := 20x^3 - 12x^2 - \frac{1}{2}x + 1$ miteinander multiplizieren. Es ist offensichtlich, dass dabei u.a. der Summand $3x^4$ aus $A(x)$ mit dem Summanden $20x^3$ aus $B(x)$ zu multiplizieren sein wird. Das entsprechende Teilergebnis lautet $60x^7$; also erhalten wir als Ergebnispolynom ein Polynom vom Grade $4 + 3 = 7$. Es ist plausibel, dass dies stets gilt:

*Der Grad eines Produktpolynoms ist gleich
der Summe der Grade der Faktorpolynome.*

Bei der Rechnung folgen wir wieder unserem bekannten Schema (siehe folgende Seite).

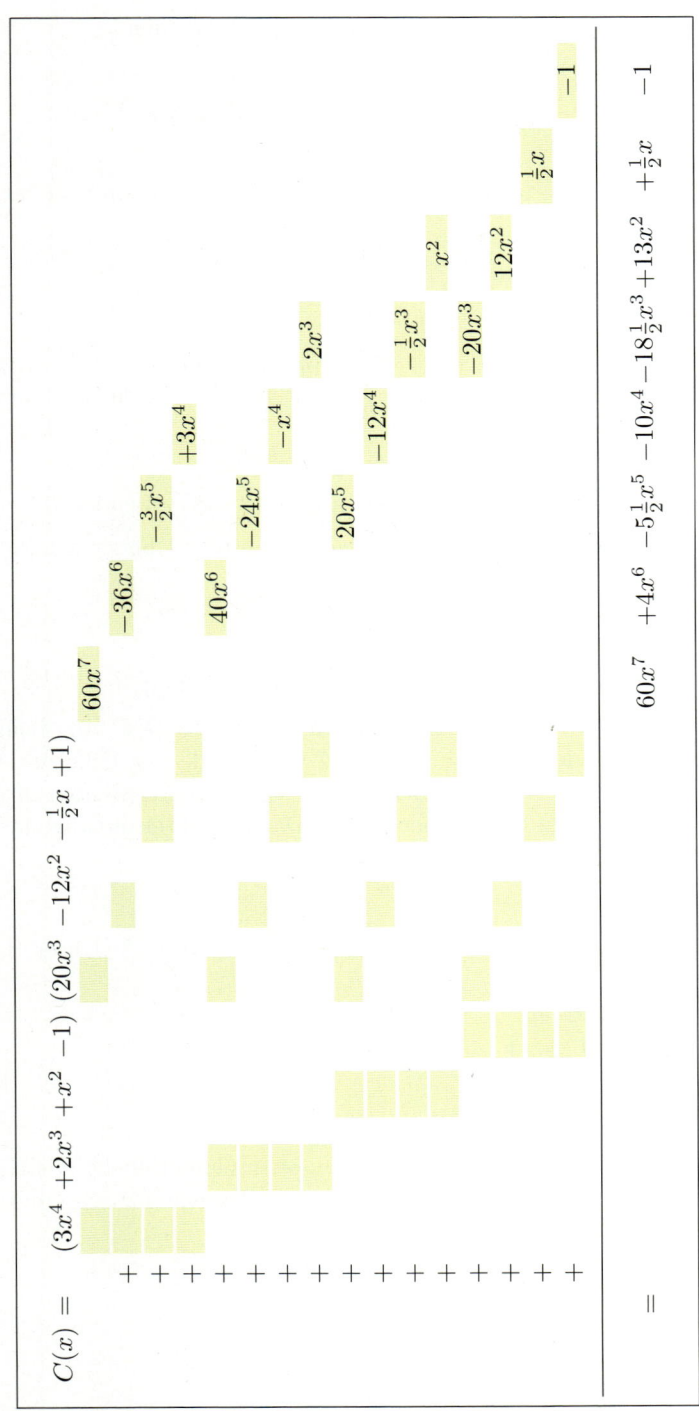

$$C(x) = (3x^4 + 2x^3 + x^2 - 1)(20x^3 - 12x^2 - \tfrac{1}{2}x + 1)$$

$$= 60x^7 + 4x^6 - 5\tfrac{1}{2}x^5 - 10x^4 - 18\tfrac{1}{2}x^3 + 13x^2 + \tfrac{1}{2}x - 1$$

$\triangle$

Als Verallgemeinerung unserer Beispiele erhalten wir folgenden

Satz 0.95. *Gegeben seien zwei Polynome*

$$P(x) = p_m x^m + \cdots + p_1 x^1 + p_0$$
$$Q(x) = q_n x^n + \cdots + q_1 x^1 + q_0.$$

Dann ist das Produkt $R(x) := P(x)Q(x)$ wiederum ein Polynom und besitzt eine Darstellung der Form

$$R(x) = r_{m+n} x^{m+n} + \cdots + r_1 x + r_0,$$

wobei die Koeffizienten nach der Vorschrift

$$r_k = p_k q_0 + p_{k-1} q_1 + \cdots + p_1 q_{k-1} + p_0 q_k$$

zu bilden sind ($k = 0, \cdots, m + n$). Weiterhin gilt

$$grad\,R(x) = gradP(x) + gradQ(x).$$

Dieser Satz mag abstrakt klingen, lässt sich aber sehr gut anwenden.

Beispiel 0.96. Wir beziehen uns auf das Beispiel unserer Übersicht mit

$$A(x) = 3x^4 + 2x^3 + x^2 + 0x - 1 \quad \text{und} \quad B(x) = 20x^3 - 12x^2 - \frac{1}{2}x + 1$$

lies:

$$P(x) = p_4 x^4 + \ldots + p_0 \quad Q(x) = q_3 x^3 + \ldots + q_0.$$

Hier gilt $m = 4$ und $n = 3$. Das Produkt $R(x) := P(x)Q(x)$ aus beiden Polynomen ist vom Grade $m + n = 4 + 3 = 7$ und wurde mit Hilfe unserer Übersicht bereits berechnet. Wir versuchen nun, das Produktpolynom *direkt* aus den Angaben des Satzes 0.95 zu berechnen. Danach lautet die allgemeine Form von $R(x) = C(x)$

$$R(x) = r_7 x^7 + \ldots + r_3 x^3 + \ldots + r_1 x^1 + r_0.$$

Wir berechnen nun beispielsweise den Koeffizienten r_3 von x^3. Unser Satz besagt dann

$$
\begin{aligned}
r_3 &= p_3\,q_0 &+& p_2\,q_1 &+& p_1\,q_2 &+& p_0\,q_3 \\
&= 2\ 1 && 1\,(-\tfrac{1}{2}) && 0\,(-12) && (-1)\,20 \\
&= -18\tfrac{1}{2}
\end{aligned}
$$

- wie schon in der Übersicht ermittelt. △

An dieser Stelle wollen wir anmerken, dass alles oben Geschriebene mit Hilfe des Summenzeichens kürzer notiert werden kann. So können wir schreiben

$$P(x) = \sum_{l=0}^{n} p_l x^l, \quad Q(x) = \sum_{l=0}^{n} q_l x^l \quad \text{und} \quad R(x) \sum_{l=0}^{m+n} r_l x^l;$$

die Koeffizienten ergeben sich aus

$$r_k = \sum_{l=0}^{k} p_l q_{k-l}, \quad k = 0, \ldots, m+n.$$

Polynomdivision

Fassen wir zwei gegebene Polynome $Z(x)$ und $N(x)$ als Terme auf, so können wir diese nicht nur miteinander multiplizieren, sondern ebenfalls durcheinander dividieren, solange der jeweilige Nenner nicht das Nullpolynom ist. Dabei entsteht, ähnlich wie bei der Division ganzer Zahlen, die Frage nach der *Teilbarkeit*.

Wir erinnern: Dividiert man zwei ganze Zahlen Z und N (mit $N > 0$) durcheinander, so braucht der Quotient $\frac{Z}{N}$ bekanntlich *nicht mehr ganzzahlig* zu sein.

- Er ist dann und nur dann ganzzahlig, wenn Z durch N teilbar ist. Wir können in diesem Fall schreiben $\frac{Z}{N} = Q$ oder gleichbedeutend $Z = QN + 0$ (z.B. $12 = 3 \cdot 4 + 0$.)

- Wenn Z *nicht* durch N teilbar ist, tritt in der letzten Gleichung ein Divisionsrest R auf: $Z = QN + R$, für diesen gilt $0 < R < N$; und Q ist lediglich der ganzzahlige Anteil des Quotienten. (Ein Beispiel: $13 = 3 \cdot 4 + 1$ mit $0 < 1 < 4$.)

Die Verhältnisse bei der Polynomdivision sind nun ganz ähnlich; es müssen im wesentlichen nur "ganzzahlig" bzw. "ganze Zahl" durch "Polynom" ersetzt werden. Bilden wir den Quotienten

$$Q(x) := \frac{Z(x)}{N(x)}$$

zweier Polynome $Z(x)$ und $N(x) \neq 0$, braucht dieser im Allgemeinen *kein Polynom* zu sein; ist er es doch, so sagt man, $Z(x)$ sei durch $N(x)$ *teilbar*.

- Genau wenn $Z(x)$ durch $N(x)$ teilbar ist, können wir schreiben

$$\frac{Z(x)}{N(x)} = Q(x)$$

oder gleichbedeutend $Z(x) = Q(x)N(x) + 0$, wobei $Q(x)$ wiederum ein Polynom ist.

- Wenn $Z(x)$ dagegen nicht durch $N(x)$ teilbar ist, tritt wiederum ein Divisionsrest $R(x)$ auf:

$$Z(x) = Q(x)N(x) + R(x);$$

dieser ist selbst wiederum ein Polynom und genügt der Bedingung $-\infty < grad\, R(x) < grad\, N(x)$. (Es handelt sich also um ein von Null verschiedenes Polynom, welches einen geringeren Grad hat als das Nennerpolynom $N(x)$.)

Beispiel 0.97. Bekanntlich gilt

$$x^2 - 1 = (x+1)(x-1);$$

dies können wir so lesen:

$$Z(x) = Q(x)N(x) + 0$$

und Z(x) kann "polynomwertig" durch $N(x)$ geteilt werden:

$$\frac{Z(x)}{N(x)} = \frac{x^2-1}{x-1} = x+1 = Q(x). \qquad \triangle$$

Beispiel 0.98. Addieren wir im Zähler des vorangehenden Beispiels die Zahl 3, ohne den Nenner zu verändern, kann die Division nicht mehr aufgehen – vielmehr muss die Zahl 3 als Divisionsrest übrigbleiben. In der Tat gilt

$$x^2 + 2 \;\; = \;\; (x^2 - 1) + 3 \;\; = \;\; (x+1)(x-1) + 3$$

lies (mit dem neuen Zähler)

$$Z(x) \;\; = \;\; \cdots \;\; = \;\; Q(x)N(x) + R(x).$$

(Man beachte: Hier ist $R(x) = 3$ nicht als Zahl, sondern als Polynom zu sehen. Es ist vom Grad Null, hat also einen geringeren Grad als der Nenner $N(x) = x - 1$.) $\qquad \triangle$

Wir bemerken, dass in diesen beiden Beispielen die "Divison" so einfach ablief, weil das Ergebnis im Grunde vorher bereits bekannt war. Interessanter ist die Frage, wie eine Polynomdivison ausgeführt werden kann, wenn das Ergebnis nicht zuvor bekannt ist und eventuell noch nicht einmal etwas über die Teilbarkeit gesagt werden kann. Die Antwort ähnelt der bei der schrittweisen manuellen Division ganzer Zahlen mit mehreren Dezimalstellen; im Ergebnis erhält man die Zahl Q zusammen mit einem eventuellen Divisionsrest R. Hier wenden wir ein ähnliches Verfahren auf $Z(x)$ und $N(x)$ an und erhalten $Q(x)$ und $R(x)$.

Wir verdeutlichen das Wesentliche anhand eines Beispiels, in dem wir einmal die Lösungsabläufe für eine gewöhnliche Division von Dezimalzahlen und für eine Polynomdivision vergleichend nebeneinander notieren. Die Aufgaben lauten "$(x^2 - 1) : (x - 1)$" (links) bzw. "$144 : 12$" (rechts) .

	Polynomdivision	gewöhnliche Division
1.	$(x^2 - 1) : (x - 1) = x + 1$	$144 : 12 = 12$
2.	$\underline{x^2 - x}$	$\underline{12}$
3.	$x - 1$	24
4.	$\underline{x - 1}$	$\underline{24}$
5.	0	0

Obwohl die Analogien offensichtlich sind, fügen wir einige Erläuterungen zur *Polynomdivision* an, die sich auf die numerierten Zeilen beziehen:

1. Es wird die Aufgabe notiert (schwarz) und zunächst der blaue Teil der Lösung ermittelt: Man teilt dabei *nicht* $(x^2 - 1)$ durch $(x - 1)$, sondern lediglich x^2 durch x mit dem Ergebnis x. (Es werden also nur die *Leitterme*[5] durcheinander dividiert.)

2. Man notiert das x-fache des Divisors $(x - 1)$, also $x^2 - x$, unterhalb des Dividenden $x^2 - 1$, anschließend wird eine Subtraktion ausgeführt.

3. Hier wird das Subtraktionsergebnis $x - 1$ notiert (es handelt sich zugleich um den neuen Dividenden). Man fährt nun fort wie unter 1., d.h., man teilt die *Leitterme* von Dividend und Divisor durcheinander, hier: $x : x = 1$. Diese Zahl wird zum Ergebnis addiert.

4. Nun wird Schritt 2 wiederholt: Wir notieren das 1-fache des Divisors $(x - 1)$, also $x - 1$, unterhalb des aktuellen Dividenden $x - 1$, anschließend führen wir eine Subtraktion aus.

5. Das Ergebnis (0) ist von geringerem Grad als der Divisor, somit "Divisionsrest". Dies zeigt das Ende der Rechnung an. Man unterscheidet noch: *Ist der Rest Null (wie hier), ist der Dividend durch den Divisor teilbar, andernfalls* nicht.

Die folgenden Beispiele erklären sich nun von selbst.

Beispiel 0.99.

$$
\begin{array}{l}
(x^2 +\ \ x - 42) : (x - 6) = x + 7 \\
\underline{x^2 - 6x} \\
\qquad\quad 7x - 42 \\
\qquad\quad \underline{7x - 42} \\
\qquad\qquad\quad 0
\end{array}
$$

Unter dem Strich steht wiederum der Divisions"rest" Null, also ist das Zählerpolynom durch das Nennerpolynom teilbar, und der Quotient ist das Polynom $Q(x) = x + 7$.   △

Beispiel 0.100. Eine leichte Änderung bewirkt Erhebliches:

$$
\begin{array}{l}
(x^3 \qquad +\ \ x - 43) : (x - 6) = x^2 + 6x + 37 \qquad \text{Rest: } 179 \\
\underline{x^3 - 6x^2} \\
\quad\ 6x^2 +\ \ x - 43 \\
\quad\ \underline{6x^2 - 36x} \\
\qquad\quad 37x - 43 \\
\qquad\quad \underline{37x - 222} \\
\qquad\qquad\quad 179
\end{array}
$$

An dem Divisionsrest 179 (aufzufassen als Polynom vom Grade Null) sehen wir, dass diesmal das Zählerpolynom nicht durch das Nennerpolynom teilbar

---

[5]d.h., die Glieder höchsten Grades

ist. Der "polynomwertige Anteil" des Quotienten ist hier $Q(x) = x^2 + 6x + 37$. Das Divisionsergebnis kann auch so notiert werden:

$$\frac{x^3 + x - 43}{x - 6} = x^2 + 6x + 37 + \frac{179}{x - 6}$$

Unsere Beispiele zeigen, dass sich bei der Polynomdivison bestimmte typische Abläufe wiederholen. Dabei ist vor jedem neuen Durchlauf zu prüfen, ob eventuell schon das Ende der Rechnung erreicht ist; wenn ja, ist das Ergebnis abzulesen. Eine formale Beschreibung solcher Abläufe wird *Algorithmus* genannt. (Der Leser möge sich von diesem der Informatik entlehnten Namen nicht beeindrucken lassen – jedes Kochrezept ist auch ein Algorithmus.) Für Interessenten an einer allgemeinen, nicht allein auf Beispiele bezogenen Beschreibung fügen wir den Algorithmus der Polynomdivision an. Er ist in den gelben Feldern der nebenstehenden Übersicht enthalten. Zur besseren Verständlichkeit werden alle Schritte nochmals ausführlich auf das Beispiel $(x^2 - 1) : (x - 1)$ bezogen (graue Felder).

ABLAUF POLYNOMDIVISION

BEISPIEL

0. Anfangswert:
   $Q := 0$
   ▽

   $Q := 0$
   ▽

1. Aufgabe:
   $Z : N$
   ▽

   $(x^2 - 1) : (x - 1)$
   ▽

   1'. $(x - 1) : (x - 1)$
   ▽

   1''. $0 : (x - 1)$
   ▽

2. Prüfe:
   $?\ Grad(Z) \geq Grad(N)\ ?$
   JA / NEIN ▷

   | STOP |
   | Q Ergebnis |
   | Z Rest |

   ▽

   2. $?\ 2 \geq 1\ ?$
   JA √
   ▽

   2'. $?\ 1 \geq 1\ ?$
   JA √
   ▽

   2''. $?\ {-\infty} \geq 1\ ?$
   NEIN ▷ STOP
   Ergebnis $x + 1$
   Rest 0

3. Berechne:
   $\dfrac{\text{Leitterm } Z}{\text{Leitterm } N} =: R$
   ▽

   3. $\dfrac{x^2}{x} = x$
   ▽

   3'. $\dfrac{x}{x} = 1$
   ▽

4. Berechne:
   $Q^*_{neu} := Q + R$
   ▽

   4. $Q_{neu} := 0 + x$
   ▽

   4'. $Q_{neu} := x + 1$
   ▽

5. Berechne:
   $Z^*_{neu} := Z - (R \cdot N)$

   5.
   $$\begin{array}{r} x^2 - 1 \\ \div\ x^2 - x \\ \hline x - 1 \end{array}$$
   ↪ Weiter bei 1'

   5'.
   $$\begin{array}{r} x - 1 \\ \div\ x - 1 \\ \hline 0 \end{array}$$
   ↪ Weiter bei 1''

"neu" weglassen,
↪ weiter mit Schritt 1

0.7.3   Nullstellen und Polynomzerlegung

Nullstellen und Linearfaktoren

Definition 0.101. *Gegeben sei ein beliebiges Polynom $P(x)$. Jede reelle Zahl z mit $P(z) = 0$ heißt eine Nullstelle von $P(x)$.*

Nullstellen von Polynomen sind nicht nur von großem Interesse in praktischen Anwendungen, sondern auch in der Theorie – sie erlauben nämlich, Polynome "verständlicher" darzustellen.

Satz 0.102 (↗S.1043). *Es sei $P(x)$ ein beliebiges Polynom und z eine (reelle) Nullstelle von $P(x)$. Dann existiert ein Polynom $Q(x)$ derart, dass gilt*

$$P(x) = Q(x)(x - z). \tag{70}$$

Mit anderen Worten: Es ist möglich, das Polynom $P(x)$ ohne Rest durch $(x - z)$ zu dividieren; als Quotient ergibt sich das eindeutig bestimmte Polynom $Q(x)$. Der als Faktor bei $Q(x)$ stehende Term $(x - z)$ ist ein lineares Polynom und wird als *Linearfaktor* bezeichnet; eine Darstellung der Art (70) wird daher auch *Abspaltung eines Linearfaktors* genannt.

Linearfaktoren sind deswegen beliebt, weil sie die einfachsten nicht-konstanten Polynome sind und zugleich gestatten, ihre einzige Nullstelle – nämlich z – direkt abzulesen. Aber auch das Quotientenpolynom $Q(x)$ ist "einfacher" als $P(x)$, weil es einen *geringeren* Grad[6] hat als $P(x)$.

Beispiel 0.103. Es sei $P(x) = x^4 - 2x^3 + 2x^2 - 2x + 1$. Durch Probieren ist leicht zu sehen: $P(1) = 0$. Weil also $z = 1$ eine Nullstelle von $P(x)$ ist, können wir $P(x)$ ohne Rest durch den Term $(x - z) = (x - 1)$ dividieren:

$$
\begin{array}{l}
(x^4 - 2x^3 + 2x^2 - 2x + 1) : (x - 1) = x^3 - x^2 + x - 1 \\
\underline{x^4 - x^3} \\
\quad -x^3 + 2x^2 - 2x + 1 \\
\quad \underline{-x^3 + x^2} \\
\qquad x^2 - 2x + 1 \\
\qquad \underline{x^2 - x} \\
\qquad\quad -x + 1 \\
\qquad\quad \underline{-x + 1} \\
\qquad\qquad 0
\end{array}
$$

Die Formel (70) lautet hier konkret

$$x^4 - 2x^3 + 2x^2 - 2x + 1 = P(x) = Q(x)(x - z) = (x^3 - x^2 + x - 1)(x - 1).$$

---

[6]Dies gilt streng genommen nur bis auf den ohnehin trivialen Fall $P(x) = 0$.

Wir heben hervor, dass auf beiden Seiten faktisch dasselbe Polynom steht, lediglich die Darstellungen sind verschieden. Während die linke in gewissem Sinne systematischer ist, gibt die rechte mehr direkten Einblick in das Verhalten von $P(x)$: Eine Nullstelle ($z = 1$) wird explizit verraten. $\triangle$

Naturgemäß stellt sich angesichts der Darstellung (70) die Frage, ob sich das Quotientenpolynom $Q(x)$ seinerseits weiter vereinfachen ließe.

Beispiel 0.104 ($\nearrow$F 0.103). Durch Hinsehen oder Probieren stellen wir fest, dass für das Polynom $Q(x) = x^3 - x^2 + x - 1$ ebenfalls gilt $Q(1) = 0$, also können wir es ohne Rest durch $(x - 1)$ dividieren:

$$
\begin{array}{l}
(x^3 \ -x^2 \ +x \ -1) : (x - 1) = x^2 + 1 \\
\underline{x^3 \ -x^2} \\
\qquad\qquad x \ -1 \\
\qquad\qquad \underline{x \ -1} \\
\qquad\qquad\qquad 0
\end{array}
$$

Somit gilt $Q(x) = (x^2 + 1)(x - 1)$. Wir bemerken, dass wir das Ausgangspolynom nun schon *zweimal* durch den Linearfaktor $(x - 1)$ dividieren konnten; es gilt also

$$
P(x) = \underbrace{(x^2 + 1)}_{N(x)} \cdot \underbrace{(x - 1) \cdot (x - 1)}_{L(x)} = (x^2 + 1) \cdot (x - 1)^2 \tag{71}
$$

und wir bezeichnen $z = 1$ als *zweifache* Nullstelle von $P(x)$.

Leider lässt sich das nun verbleibende Quotientenpolynom $N(x) = x^2 + 1$ *nicht* in gleicher Weise vereinfachen. Jeder nur denkbare abzuspaltende Linearfaktor müsste nämlich eine (reelle) Nullstelle dieses Polynoms enthalten – was unmöglich ist, denn für jedes reelle x gilt $N(x) = x^2 + 1 \geq 1 > 0$!
Wir haben also mit (71) eine Darstellung von $P(x)$ gefunden, die sich nicht weiter vereinfachen lässt. Der Linearfaktoranteil $L(x)$ fasst alle in $P(x)$ enthaltenen (reellen) Nullstellen zusammen und gibt somit eine komplette Übersicht über die Nullstellen von $P(x)$, während der Faktor $N(x)$ keinerlei reelle Nullstellen besitzt. $\triangle$

Die Darstellung (71) enthält die beiden Polynome $N(x)$ und $L(x)$. $L(x)$ besteht *vollständig* aus Linearfaktoren, $N(x)$ enthält *keinerlei* Linearfaktoren. Auf diese Weise gelangen wir zu der Vermutung, dass sich jedes beliebige Polynom $P(x)$ in der Form (71) schreiben lässt, wobei einer der Teile $N(x)$ oder $L(x)$ fehlen kann. Diese Vermutung lässt sich tatsächlich allgemein beweisen und ist Gegenstand des sogenannten Fundamentalsatzes der Algebra, den wir weiter unten angeben werden. Dazu benötigen wir noch einige kleine Vorbereitungen.

Quadratische Gleichungen

Zum Ersten stellen wir fest, dass das Produkt zweier beliebiger Linearfaktoren ein quadratisches Polynom ergibt:

$$Z(x) = (x - z_1)(x - z_2) = x^2 - (z_1 + z_2)x + z_1 z_2. \tag{72}$$

Wir können dieses konventionell schreiben als

$$Z(x) = x^2 + px + q. \tag{73}$$

Also gibt es quadratische Polynome, die sich in Linearfaktoren zerlegen lassen, andererseits gibt es auch solche, bei denen das nicht möglich ist. Die Unterscheidung ist seit Vietas Zeiten anhand der Kenntnis von p und q möglich.

Satz 0.105. *Ein quadratisches Polynom*

$$Z(x) = x^2 + px + q$$

besitzt genau dann eine Linearfaktorzerlegung (72) mit reellen Nullstellen z_1 und z_2, wenn gilt

$$D := \frac{p^2}{4} - q \geq 0.$$

In diesem Fall gilt die "p-q-Formel":

$$z_{1/2} = -\frac{p}{2} \overset{+}{} \sqrt{D},$$

wobei z_1 und z_2 dann und nur dann identisch sind, wenn gilt $D = 0$.

(Die hier auftretende Größe D wird auch als *Diskriminante* bezeichnet.)

Mehrfache Nullstellen

Zum Zweiten kehren wir zu der Beobachtung aus Beispiel 0.104 zurück, dass sich ein Polynom u.U. mehrfach durch ein- und denselben Linearfaktor teilen lässt. Dies ist Anlass für folgende

Definition 0.106. *Es seien $P(x)$ ein beliebiges Polynom und z eine beliebige Nullstelle von $P(x)$. Die größte natürliche Zahl k derart, dass $P(x)$ durch $(x - z)^k$ teilbar ist, heißt (algebraische) Vielfachheit der Nullstelle z.*

Schließlich betrachten wir noch einige einfache Beispiele.

Beispiel 0.107. Wir versuchen das Polynom $U(x) = x^3 - 9x^2 + 26x - 24$ zu vereinfachen. Probieren wir die "einfachsten" Zahlen $0, 1, 2, \ldots$ was legitim ist, finden wir als erste Nullstelle: $z_1 = 2$. Nach Division von $U(x)$ durch $(x - 2)$ bleibt als Quotient $V(x) := x^2 - 7x + 12$. Mit Hilfe der p-q-Formel finden wir die beiden weiteren Nullstellen $z_2 = 3$ und $z_3 = 4$. Insgesamt folgt

$$U(x) = (x - 2)(x - 3)(x - 4).$$

Hier liegt der "günstigste" Fall vor - dieses Polynom zerfällt vollständig in Linearfaktoren.

$\triangle$

Beispiel 0.108. Das Polynom $W(x) = (x^2 + x + 1)^2$ besitzt keine reellen Nullstellen. Die Ursache: Bereits $x^2 + x + 1$ hat keine solchen (neben der p-q-Formel zeigt dies auch folgender Einzeiler: $x^2 + x + 1 = (x + 1/2)^2 + 3/4 \geq 3/4 > 0$.)

$\triangle$

Beispiel 0.109. Multiplizieren wir die Polynome $P(x)$, $U(x)$ und $W(x)$ aus den Beispielen 0.103, 0.107 und 0.108 miteinander und anschließend mit dem Faktor 7, erhalten wir das Polynom

$$T(x) := 7(x^4 - 2x^3 + 2x^2 - 2x + 1)\,(x^3 - 9x^2 + 26x - 24)\,(x^2 + x + 1)^2. \quad (74)$$

Statt diesen Ausdruck auszumultiplizieren, schreiben wir vielmehr sofort seine Zerlegung hin, die ja bereits durch die bekannten Zerlegungen der Faktoren gegeben ist; zunächst in der (74) entsprechenden Reihenfolge:

$$T(x) = 7(x^2 + 1)(x - 1)^2\,(x - 2)(x - 3)(x - 4)\,(x^2 + x + 1)^2.$$

Wir können die Faktoren "sortieren" und einzeln aufführen:

$$T(x) = 7(x-1)(x-1)(x-2)(x-3)(x-4)(x^2+1)(x^2+x+1)(x^2+x+1) \quad (75)$$

oder aber entsprechend ihren Vielfachheiten zusammenfassen:

$$T(x) = \underbrace{7}_{a_{11}} \cdot \underbrace{(x-1)^2(x-2)(x-3)(x-4)}_{L(x)} \cdot \underbrace{(x^2+1)(x^2+x+1)^2}_{N'(x)} \quad (76)$$

Obwohl $T(x)$ als Polynom 11. Grades an sich ein kompliziertes Objekt ist, sehen wir hieran sofort: $T(x)$ hat die Nullstellen 1 (mit der Vielfachheit 2) sowie 2, 3 und 4 (jeweils mit Vielfachheit 1); weitere Nullstellen existieren nicht. Der Teil $L(x)$ zerfällt vollständig in insgesamt fünf Linearfaktoren, der Teil $N'(x)$ hingegen ist das Produkt von insgesamt drei quadratischen Faktoren, die keine reellen Nullstellen haben. $\triangle$

Der Fundamentalsatz der Algebra

Satz 0.110. *[Fundamentalsatz der Algebra über $\mathbb{R}$]*

(I) Jedes beliebige Polynom n-ten Grades ($n \in \mathbb{N}$)

$$P(x) = \sum_{k=0}^{n} a_k x^k$$

mit reellen Koeffizienten $a_0, ..., a_n$ besitzt höchstens n mit ihren Vielfachheiten berücksichtigte reelle Nullstellen.

(II) Dabei existiert eine Darstellung der Gestalt

$$P(x) = a_n L(x) N(x), \tag{77}$$

wobei das Polynom $L(x)$ eine den reellen Nullstellen von $P(x)$ entsprechende Linearfaktorzerlegung und das Polynom $N(x)$ keinerlei reelle Nullstellen besitzt; Details folgen.

(III) Werden die Gesamtzahl aller Nullstellen mit ν und die Nullstellen selbst – soweit vorhanden – mit $z_1, ..., z_\nu$ bezeichnet, so hat $L(x)$ im Fall $\nu > 0$ die Form

$$L(x) = (x - z_1)....(x - z_\nu)(x - z_\nu) \tag{78}$$

andernfalls gilt $L(x) = 1$.

(IV) Das Polynom $N(x)$ lässt sich im Fall $\nu < n$ als das Produkt von quadratischen Polynomen[7] der Form $(x^2 + \alpha_i x + \beta_i)$, die sämtlich keine reellen Nullstellen besitzen, darstellen; im Fall $\nu = n$ gilt $N(x) = 1$.

Neu an diesem Satz ist insbesondere der Teil (IV), den wir hier ohne nähere Begründung zitieren. Wir werden von der Möglichkeit, ein Polynom ohne reelle Nullstellen als das Produkt von quadratischen Polynomen darzustellen, in diesem Text keinen Gebrauch machen. Nichtsdestoweniger ist darin eine interessante Erkenntnis verborgen, die wir kurz beleuchten:

Man könnte sich wünschen, dass jedes Polynom n-ten Grades mit reellen Koeffizienten eine vollständige Linarfaktorzerlegung besitzt. Leider ist, wie wir sahen, dies nicht durchweg möglich, weil es Polynome ohne reelle Nullstellen gibt. Der Fundamentalsatz besagt nun, dass die entscheidende Ursache dafür in den darin enthaltenen quadratischen Polynomen besteht, die keine reellen Nullstellen besitzen. Könnte man also erreichen, dass alle quadratischen Gleichungen lösbar werden, wäre dieses Problem behoben.

Wie könnte das funktionieren? Das einfachste quadratische Polynom ohne reelle Nullstellen ist wohl

$$x^2 + 1.$$

Nullstellen – sofern existent – müssten die Gleichung

$$x^2 = -1$$

lösen. Rein formal ist

$$i := \sqrt{-1}$$

eine Lösung, allerdings kann eine solche Zahl nicht in $\mathbb{R}$ gefunden werden. Nennt man i jedoch "imaginäre Einheit" und nimmt i unter Beachtung gewisser Rechenregeln zu $\mathbb{R}$ hinzu, erhält man die Menge $\mathbb{C}$ komplexer Zahlen (siehe Punkt 0.7.4). Es stellt sich dann heraus, dass jedes Polynom mit reellen (oder sogar komplexen) Koeffizienten über $\mathbb{C}$ *vollständig* in Linearfaktoren zerfällt.

---

[7]deren Anzahl ist $(n - \nu)/2$

Nutzanwendungen

Abschließend gehen wir auf einen interessanten Nutzaspekt unserer Sätze ein, nämlich den der Nullstellen*bestimmung*. Diese wird uns in den folgenden Kapiteln, z.B. über ökonomische Funktionen, mehrfach begegnen.

Wir erinnern dazu an unser erstes Beispiel: Ausgangspunkt war ein Polynom $P(x)$ "hohen" (= vierten) Grades. Angenommen, die Aufgabe hätte gelautet, *alle Nullstellen* von $P(x)$ zu ermitteln. Uns hat sehr geholfen, dass wir eine erste Nullstelle (nämlich $z = 1$) erraten konnten. Damit konnten wir das Problem vereinfachen, indem wir $P(x)$ durch $(x - z)$ dividierten. Falls nämlich $P(x)$ nun noch weitere Nullstellen besitzen sollte, müsste es sich dabei zugleich um Nullstellen des Divisionsergebnisses $Q(x)$ handeln. Wir gelangten so zu der neuen, aber einfacheren Aufgabenstellung, alle Nullstellen von $Q(x)$ zu ermitteln – dieses Polynom hatte aber nur noch den Grad 3! (Der Rest ist dem Leser bekannt.)

Auf analoge Weise lassen sich beliebige Polynome *rekursiv* auf Nullstellen untersuchen – wobei nach jedem Schritt ein einfacheres Polynom zur weiteren Untersuchung übrigbleibt.

Übrigens: Wie kann man Nullstellen von Polynomen leicht "erraten"? Natürlich sind nur in speziellen Fällen Tipps zu geben. Wir nehmen also ein Polynom

$$P(x) = \sum_{k=0}^{n} a_k x^k$$

n-ten Grades. Dann folgt aus dem Fundamentalsatz

> Jede Nullstelle von $P(x)$ - soweit vorhanden - ist ein Teiler von a_0.

Diese Beobachtung ist hauptsächlich in zwei Fällen von Nutzen:

(1) Wenn a_0 ganzzahlig ist und überdies angenommen werden kann, dass auch mindestens eine Nullstelle von $P(x)$ – etwa z_1 – ganzzahlig ist (dies trifft öfters für ökonomische Aufgaben zu), brauchen wir uns nur noch die Teiler von a_0 anzusehen – denn nur diese sind potentielle "Kandidaten" für z_1.

(2) Wenn gilt $a_0 = 0$, ist $z_1 = 0$ eine Nullstelle.

Beispiel 0.111. In einem Lehrbuch wird die Aufgabe gestellt, alle Nullstellen des Polynoms $K(x) = x^3 - 11x^2 - 705x - 693$ zu bestimmen. Die Studenten glauben, dass der Dozent selbst keine Lust auf komplizierte Rechnungen hatte und vermuten daher, dass es eine ganzzahlige Lösung geben müsse. Als Kandidaten dafür sehen sie nur die ganzzahligen Teiler von $a_0 = 693$ an. Um diese zu ermitteln, zerlegen sie a_0 schrittweise in Primfaktoren:

$$-693 = -3 \cdot 231 = -3 \cdot 3 \cdot 77 = -3 \cdot 3 \cdot 7 \cdot 11$$

Streng genommen heißt das

$$-693 = -1 \cdot 3 \cdot 3 \cdot 7 \cdot 11. \tag{79}$$

Teiler von $a_0 = 693$ sind also nicht nur -1 und die Primfaktoren selbst, sondern auch sämtliche in (79) enthaltenen Teilprodukte sowie – notabene – dazu jeweils auch die negativen Werte. Daher beschließt man, folgende Kandidaten daraufhin zu untersuchen, ob es sich um Nullstellen handelt: $-1, +1, +3, -3, +7, -7$ usw.

Es klappt jedoch schon beim ersten Kandidaten: $K(-1) = 0$! – Die weiteren Nullstellen werden nach Division von $K(x)$ durch den Linearfaktor $x - (-1)$ mit Hilfe der p-q-Formel gefunden; es sind -21 und 33 (beide ebenfalls Teiler von $a_0 = -693$!).   △

0.7.4   Ausblick: Polynome und komplexe Zahlen

Wir kehren zu der quadratischen Gleichung

$$x^2 + 1 = 0$$

zurück, die keine reelle Lösung besitzt. Nullstellen – sofern existent – müssten die Gleichung

$$x^2 = -1 \tag{80}$$

lösen. Rein formal ist

$$i := \sqrt{-1}$$

eine Lösung, die allerdings nur in unserer Vorstellung existiert und deswegen als *imaginäre Einheit* bezeichnet wird. Wir nehmen diese nun zu den reellen Zahlen hinzu und rechnen damit genauso, wie mit jeder anderen Unbestimmten x, wobei die Gleichung (80) zur Vereinfachung genutzt wird.

Definition 0.112. *Jede Auswertung eines Polynoms $P(x)$ mit reellen Koeffizienten an der Stelle $x = i$ unter Beachtung der Regel $i^2 = -1$ heißt eine* komplexe Zahl. *Die Menge aller komplexen Zahlen wird mit $\mathbb{C}$ bezeichnet; formal:*

$$\mathbb{C} := \{ \, P(x) \ \mid P \in \mathscr{P}[x], \quad x = i \ \textit{mit} \ i^2 = -1 \}$$

Beispiel 0.113. Die reelle Zahl 5 kann als Polynom P nullten Grades interpretiert werden: $P(x) := a_0 := 5$. Die Auswertung an der Stelle $x = i$ liefert $P(x) = P(i) = 5$. Also ist 5 zugleich eine komplexe Zahl. Da das für die Zahl 5 Gesagte sinngemäß auf jede beliebige reelle Zahl zutrifft, haben wir folgende Regel gefunden: *Jede reelle Zahl ist zugleich eine komplexe Zahl*; formal: $\mathbb{R} \subseteq \mathbb{C}$.   △

Beispiel 0.114. Wir betrachten das Polynom $Q(x) := 3x + 4$ und werten es an der Stelle $x = i$ aus. Das Ergebnis ist $z := 3i + 4$ – eine komplexe, aber keine reelle Zahl. Wir folgern: $\mathbb{C} \setminus \mathbb{R} \neq \emptyset$, d.h. es gibt komplexe Zahlen, die keine reellen Zahlen sind.   △

Beispiel 0.115. Das Polynom $R(x) := 10x^2 + 4x + 2$ ergibt bei Auswertung an der Stelle $x = i$ zunächst

$$w := R(i) = 10i^2 + 4i + 2.$$

Die Regel $i^2 = -1$ liefert dann die komplexe Zahl

$$w = 10(-1) + 4i + 2 = 4i - 38.$$

$\triangle$

Beispiel 0.116. Wir betrachten das Polynom $S(x) := x^3 - x^2 + x - 1$. Hier folgt

$$
\begin{aligned}
v := S(i) \quad &= i^3 + 2i^2 + 3i + 5 \\
&= i(i^2) + 2i^2 + 3i + 5 \\
&= i(-1) + 2(-1) + 3i + 5 \\
&= 2i + 3.
\end{aligned}
$$

$\triangle$

Die Regel $i^2 = -1$ führt offensichtlich dazu, dass Potenzen der Form i^n stets einen der vier Werte $i, -i, 1, -1$ liefern. Folglich gilt

Satz 0.117. $\mathbb{C} = \{a + ib \mid a, b \in \mathbb{R}\}.$

Mit anderen Worten: Jede komplexe Zahl ist von der Form $a + ib$ mit gewissen reellen Konstanten a und b. Noch anders gesagt: Sie ist von der Form $x_1 + ix_2$ mit gewissen $x_1, x_2 \in \mathbb{R}$. Deswegen können wir komplexe Zahlen in der "komplexen Zahlenebene" visualisieren:

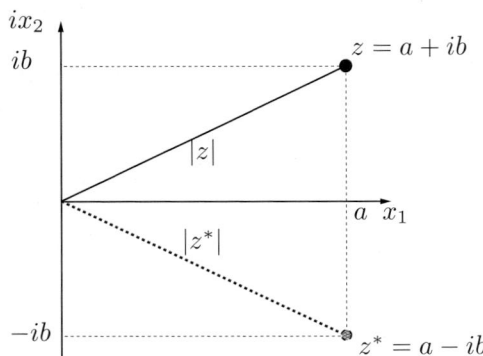

Nachdem nun das Prinzip verstanden ist, geben wir einige weitere Rechenbeispiele:

Beispiel 0.118. Es seien $u := 5 + 3i$ und $v := 3 - 2i$ gegeben.

- Addition:
$$u + v = (5 + 3i) + (3 - 2i) = 8 + i.$$

- Multiplikation:

$$
\begin{aligned}
u \cdot v &= (5+3i) \cdot (3-2i) \\
&= 15 - 10i + 9i - 6i^2 \\
&= 15 - 10i + 9i - 6(-1) \\
&= 21 - i.
\end{aligned}
$$

- Division:

$$
\begin{aligned}
\frac{u}{v} &= \frac{5+3i}{3-2i} = \frac{(5+3i)(3+2i)}{(3-2i)(3+2i)} = \frac{15 + 10i + 9i + 6i^2}{9 + 6i - 6i - 4i^2} \\
&= \frac{9 + 19i}{13} = \frac{9}{13} + \frac{19}{13}i.
\end{aligned}
$$

$\triangle$

Nach diesem Schema kann in der Menge $\mathbb{C}$ nach Herzenslust gerechnet werden.

Bei der Division hatte sich folgender kleine Kniff als hilfreich erwiesen: Der Bruch mit dem Nenner $v = 3 + (-2i)$ wurde durch die Zahl $v^* := 3 - (-2i)$ erweitert. Dadurch wurde der Nenner reellwertig. Ganz allgemein nennt man für eine komplexe Zahl $z = a + ib$, die beliebig vorgegeben werden kann, $z^* := a - ib$ die zu z *konjugiert-komplexe* Zahl. Das Produkt zz^* ist stets reellwertig, und in unserer Skizze gibt $|z| := \sqrt{zz^*}$ den Abstand von z zum Koordinatenursprung an.

Wir sehen, dass die Konstruktion der Menge $\mathbb{C}$ sicherlich gewöhnungsbedürftig, jedoch nicht wirklich schwierig ist. Der praktische Nutzen dagegen ist gar nicht hoch genug einzuschätzen. Fast alle bedeutenden technischen Errungenschaften der letzten 100 Jahre sind damit "errechnet" worden. Die Ursache: Komplexe Zahlen lösen *jede* algebraische Gleichung.

Satz 0.119 (Fundamentalsatz der Algebra über $\mathbb{C}$). *Jedes beliebige Polynom n-ten Grades ($n \in \mathbb{N}$)*

$$
P(x) = \sum_{k=0}^{n} = 0^n a_k x^k
$$

mit komplexen Koeffizienten $a_0, \ldots, a_n$ besitzt genau n mit ihren Vielfachheiten berücksichtigte komplexe *Nullstellen und lässt sich in der Form*

$$
P(x) = a_n (x - z_1) \ldots (x - z_n) \tag{81}
$$

darstellen, wobei $z_1, \ldots, z_n$ die mit ihren Vielfachheiten berücksichtigten Nullstellen von P sind.

0.7.5   Aufgaben

Aufgabe 0.120 ($\nearrow$L). Bestimmen Sie sämtliche Nullstellen und die Polynomzerlegung für folgende Polynome:

(i) $x^3 - x^2 - 8x + 12$

(ii) $x^6 - x^2$

(iii) $x^3 - x^2 - 4x - 6$

Hinweis: Sämtliche Nullstellen – soweit vorhanden – sind ganzzahlig.

Aufgabe 0.121 ($\nearrow$L). Ermitteln Sie, ob folgende Polynome durcheinander teilbar sind:

(i) $x^4 - 1$ durch $x - 1$

(ii) $x^3 + 1$ durch $x - 1$

(iii) $x^{n+1} - 1$ durch $x^n - 1 (n \in \mathbb{N})$

(iv) $2x^9 - x^7 - 2x^6 + x^5 + 11x^4 - x^3 + x^2 - 11x + 10$ durch $x^4 - x + 1$.

Ermitteln Sie im Falle der Teilbarkeit den Quotienten und in den übrigen Fällen auch den Divisionsrest.

Aufgabe 0.122 ($\nearrow$L). Gegeben seien die komplexen Zahlen $a := 1 + i$, $b := 1 - i$, $c := 5 - 2i$ und $d := 10i$. Berechnen Sie

(i) $a + b$ und $3c - 4d$

(ii) ab und ba

(iii) $(ab)d$ und $a(bd)$

(iv) a^*, b^*, $(ab)^*$ und $(ba)^*$

(v) a/b und c/d.

Hinweis: $\dfrac{a}{b} = \dfrac{ab^*}{bb^*}$

1

Mathematik "lesen"

1.1 Motivation

Wir wollen uns in diesem Kapitel nun ein wenig intensiver mit dem Lesen "von Mathematik" beschäftigen. Betrachten wir als Beispiel diese Passage:

Gegeben sei eine beliebige Menge M. Wir setzen

$$H := \{\, A \mid A \subseteq M \,\}.$$

Haben Sie das Gefühl, alles sofort vollständig verstanden zu haben? Wenn die Antwort "ja" lautet, können Sie das Kapitel getrost überspringen, wenn sie dagegen "nein" oder "ich weiß nicht so recht" lautet, sei Ihnen dieses Kapitel zur Lektüre empfohlen.

Generell gibt es mehrere gute Gründe, sich mit dem Lesen mathematikhaltiger Texte zu beschäftigen. Nicht jeder kann einen solchen Text so leicht lesen wie einen Roman, und das ist durchaus nachvollziehbar, denn mathematikhaltige Texte zeichnen sich durch einige Besonderheiten aus. Dazu zählen der strenge innere *Aufbau*, eine bestimmte *Rollenverteilung* zwischen verschiedenen Textelementen, hohe *Informationsdichte* und Präzision, die mathematische *Symbolik* sowie ein teilweise *neuartiger Gebrauch* von bekannten Wörtern aus der Umgangssprache. In diesem Kapitel wollen wir auf diese Besonderheiten näher eingehen, damit sich der Leser den Text dieses Buches möglichst leicht "er-lesen" und ihn verstehen kann.

Wir schlagen eine Lesemethodik vor, die sich durch eine ultimative Lesegenauigkeit auszeichnet und sich dadurch auch vom teils nur überfliegenden Alltagslesen unterscheidet. Sie soll helfen, das Gelesene so gut zu verstehen, dass am Ende ein prüfungsreifes grundlegendes Konzeptverständnis erreicht wird. Fairerweise muss gesagt werden, dass dazu ein hohes Maß an Konsequenz, Selbstdisziplin und auch kritischer Selbsteinschätzung erforderlich ist.

1.2   Besonderheiten mathematischer Texte

1.2.1   Ein "Vorlesungs"beispiel

Nachfolgend stellen wir als Beispiel die Mitschrift einer "Mini-Vorlesung" vor, die wir uns gemeinsam "er"lesen wollen. Das darin behandelte Thema ist als sinnvolle Ergänzung zu Kapitel 0.2 gedacht.

VORLESUNG Nr. 3, Thema: "Potenzmengen"

0. Motivation: Wir wollen eine mathematische Operation einführen, für die es zahlreiche Anwendungsmöglichkeiten gibt.

1. Definition: *Gegeben sei eine beliebige Menge M. Die Menge H, definiert durch*

$$H := \{\, A \mid A \subseteq M \,\}, \tag{1.1}$$

heißt Potenzmenge von M, *symbolisch*

$$H =: \mathcal{P}(M). \tag{1.2}$$

2. Beispiel: Für $M := \{\, Meier, Müller \,\}$ gilt

$$\mathcal{P}(M) = \{\, \emptyset, \{Meier\}, \{Müller\}, \{Meier, Müller\}\}.$$

3. Bemerkung: Die Menge $\mathcal{P}(M)$ kann nicht leer sein.

4. Satz: *Für beliebige Mengen M und N gilt:*

$$M \subseteq N \;\Rightarrow\; \mathcal{P}(M) \subseteq \mathcal{P}(N).$$

Beweis: < ... >

5. Aufgabe: Welche der folgenden Beziehungen gelten:
(i) $\mathcal{P}(M) \subseteq \mathcal{P}(\mathcal{P}(M))$
(ii) $\mathcal{P}(M) \in \mathcal{P}(\mathcal{P}(M))$?

Wir wollen uns zuerst einige typische Merkmale des Vorlesungstextes näher ansehen. Vorab eine generelle Anmerkung: Wenn wir nachfolgend den Begriff *Text* gebrauchen, meinen wir damit einfach eine beliebig lange oder kurze *Zeichenkette*, d.h. eine Aneinanderreihung von Buchstaben bzw. Wörtern, Satzzeichen und Symbolen. Ein *Dokument* oder auch *Werk* ist ein Text, den wir als in sich geschlossen und zusammenhängend aufgebaut ansehen können, wie z.B. ein Buch, einen Artikel, oder auch die Tafelbilder einer Vorlesungsreihe. Besonders kurze Textstücke nennen wir auch *Passage* bzw. *Phrase*.

Innerer Aufbau:

Mathematische Texte zeichnen sich durch einen besonders strengen inneren Aufbau aus. Die nachfolgenden Teile können nur verstanden werden, wenn die vorangehenden verstanden wurden. Dieses Prinzip gilt nicht allein z.B. für Kapitel oder Teilkapitel eines Buches, sondern oft sogar schon Zeile für Zeile oder Wort für Wort, und äußert sich in häufigen und konsequenten Rückbezügen. In unserer Mini-Vorlesung wird beispielsweise in der Gleichung (1.2) das Symbol "$\mathcal{P}(.)$" eingeführt. Wer diese kurze Zeile nicht gelesen und verstanden hat, kann den gesamten Rest dieser Vorlesung nicht verstehen, von den darauffolgenden Vorlesungen gar nicht zu sprechen. Fazit: Eine sinnvolle Lesestrategie muss den inneren Aufbau eines Textes nachvollziehen!

1.2.2   Funktionelle Bausteine mathematischer Texte

Bereits anhand ihrer Überschriften können wir verschiedene Textkategorien unterscheiden, die innerhalb von Werken eine unterschiedliche Rolle spielen:

Definitionen
haben die Aufgabe, die Bedeutung neuer oder mit neuer Bedeutung gebrauchter Begriffe, Bezeichnungen oder Symbole bei deren erstmaliger Nennung präzise und unmissverständlich festzulegen, damit eine sichere Verwendung im weiteren Text möglich ist.

Mitunter ist es auch hilfreich, scheinbar schon bekannte Begriffe zu re-definieren, damit Missverständnisse ausgeschlossen werden. Zum Allgemeingut gehörende Begriffe und Symbole dagegen können als bekannt vorausgesetzt werden, solange Missverständnisse ausgeschlossen sind. Definitionen sollen mit sparsamsten Mitteln höchste Präzision erreichen; sie nennen daher nur solche Eigenschaften des definierten Objektes, die für die Definition absolut unverzichtbar sind. Sollen weitere Eigenschaften, die sich aus den definierenden Eigenschaften logisch folgern lassen, benannt werden, so erfolgt das außerhalb der Definition in anderen Teilen des Textes wie Sätzen, Bemerkungen etc. Damit der Leser Definitionen als solche erkennen kann, hier einige ihrer Erkennungsmerkmale:

- die Ankündigung bzw. Überschrift *"Definition"*

- das definierende Gleichheitszeichen $:=$ bzw. $=:$

- das definierende Äquivalenzzeichen $:\Leftrightarrow$ bzw. $\Leftrightarrow:$

- Formulierungen wie: etwas *"heißt"* (statt *"ist"*), *"wir nennen"*, *"wir setzen"*, *"wir bezeichnen"*, *"definitionsgemäß"*, *"per definitionem"* etc.

Unsere Mini-Vorlesung enthält insgesamt zwei Definitionen: Die erste mit der Überschrift "Definition 1"; darin werden der neue Begriff "Potenzmenge" und das zugehörige Symbol "$\mathcal{P}(.)$" definiert. Die zweite, erkennbar am definierenden Gleichheitszeichen, ist im Beispiel 2 enthalten: definiert wird die Menge $M := \{\, Meier, M\ddot{u}ller \,\}$.

Sätze
sind ihrem Wesen nach allgemeingültige Aussagen über zuvor definierte Objekte.

Die Arbeitsteilung zwischen Definitionen und Sätzen lässt sich so beschreiben: Definitionen beschreiben die grundlegenden Objekte bzw. Eigenschaften, Sätze bauen das Beziehungsgeflecht zwischen diesen auf und schlagen die Brücken zu den Anwendungen. Hierbei beziehen wir uns natürlich auf mathematische Sätze und ihren logischen Aussagewert, im Unterschied zu "Sätzen" im Sprachgebrauch der Grammatik. In diesem Sinne könnte im Grunde jede allgemeingültige Aussage als ein mathematischer "Satz" bezeichnet werden. Neben der Bezeichnung "Satz[1]" werden oft auch die Bezeichnungen "Behauptung[2]", "Aussage", "Hilfssatz[3]" oder "Folgerung[4]" verwendet; diese sind logisch gleichbedeutend, können aber helfen, die Stellung einer Aussage innerhalb eines gesamten Textes zu kennzeichnen. Die allgemeine Struktur eines Satzes ist diese:

Satz:

> < Aussage ... >

Alles, was im schwarzen Kasten enthalten ist, stellt für sich genommen eine "Über-Aussage" dar. Diese könnte auch so übersetzt werden:

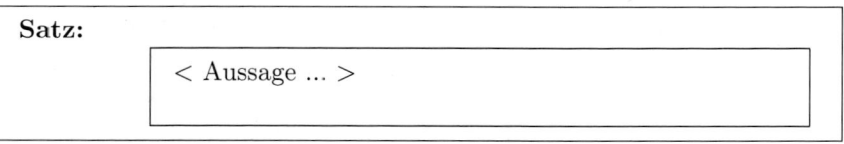

Die folgende Aussage ist allgemeingültig:

> < Aussage ... >

Die Tatsache, dass die Aussage des Satzes allgemeingültig ist, wird durch die Überschrift "Satz" im logischen Sinne zunächst nur behauptet und bedarf somit grundsätzlich eines Beweises – mehr dazu weiter unten. Wie schon im Kapitel 0 dieses Buches ausgeführt, können Aussagen in sich strukturiert sein, verschiedene sprachliche und logische Formen annehmen und insbesondere auch die Gestalt von Formeln, Gleichungen, Ungleichungen etc. haben.

---

[1] engl. theorem
[2] engl. proposition
[3] engl. lemma
[4] engl. corollary

In unserer Mini-Vorlesung lautet die innerhalb des blauen Kastens enthaltene Aussage so: *Für beliebige Mengen M und N gilt:* $M \subseteq N \Rightarrow \mathcal{P}(M) \subseteq \mathcal{P}(N)$.

Es mag interessant sein, sich die reichhaltige innere Struktur dieser Aussage vor Augen zu führen:

$$\underbrace{\textit{Für beliebige Mengen M und N gilt}}_{(Quantorenklausel:) \quad \forall M \forall N:} \quad \underbrace{M \subseteq N \ \Rightarrow \ \mathcal{P}(M) \subseteq \mathcal{P}(N)}_{P(M,N) \quad (Prädikat)}.$$

Wir haben es mit einem verbundenen Prädikat $P(M, N)$ zu tun; es lautet $M \subseteq N \Rightarrow \mathcal{P}(M) \subseteq \mathcal{P}(N)$, ist selbst also wiederum eine Aussage (über M und N), und zwar in Form einer Implikation; auf ihren beiden Seiten stehen wiederum Aussagen, nämlich $M \subseteq N$ und $\mathcal{P}(M) \subseteq \mathcal{P}(N)$, und diese Aussagen sind symbolisch formuliert.

Beweise

haben die Aufgabe, die durch die Überschrift "Satz" behauptete Allgemeingültigkeit einer Aussage tatsächlich nachzuweisen.

Mit den Beweisen steht und fällt die Gültigkeit mathematischer Theorien. Deswegen muss zu jedem Satz, der in einem Werk angegeben wird, ein korrekter Beweis zumindest *existieren*. Auf die Darstellung des Beweises kann verzichtet werden, wenn stattdessen eine Quelle benannt wird oder allgemein bekannt ist, in der der korrekte Beweis zu finden ist.

In diesem Buch streben wir an, von wichtigen Sätzen zumindest die zentralen Beweisideen zu vermitteln, ohne unbedingt die Formalisierung sehr weit zu treiben. Wir werden dann eher von einer "Begründung" statt von einem (formalen) Beweis sprechen. In unserem Mini-Vorlesungsbeispiel dagegen soll durch die Formulierung *Beweis: < ... >* angedeutet werden, dass der Beweis von Satz 4 zwar in der Mini-Vorlesungsmitschrift enthalten ist, jedoch lediglich deswegen hier nicht wiedergegeben wird, weil unser Fokus ein anderer ist. Für Interessenten ist er dem Anhang auf Seite 1043 beigefügt.

Bemerkungen

sind oft wichtiger, als die Bezeichnung vermuten lässt. Sie sollen helfen, Dargelegtes durch Ergänzungen, Abgrenzungen etc. besser zu verstehen, stellen aber sehr oft für sich genommen nützliche Aussagen dar. Im Grunde handelt es sich dann um "kleine" Sätze, deren Beweis dem Verfasser zwar bekannt ist, aber von ihm weggelassen wurde – und zwar nicht im Interesse der Bequemlichkeit des Lesers, sondern vielmehr als Auftrag, die in der Bemerkung enthaltene Aussage zu analysieren und nachzuweisen. In unserer Beispielvorlesung heißt es unter Punkt 3. Bemerkung:

> Die Menge $\mathcal{P}(M)$ kann nicht leer sein.

Für den aufmerksamen Leser ergeben sich sofort mehrere Fragen:

- Stimmt das überhaupt?
  (Auch wenn ich dem Autor vertraue, will ich es selbst verstehen.)

- Wenn ja: Kann ich genau sagen, wann und warum dieser Fall eintritt?

- Warum fügt der Autor diese Bemerkung hier an?

Beispiele

sind das Salz in der Suppe jeglicher Begriffe und Aussagen. Es handelt sich um Konkretisierungen des zuvor Behandelten, welche dank ihrer höheren Konkretheit meist leichter verstanden werden als mitunter etwas abstrakte Definitionen oder Sätze. Zu beachten ist, dass die Angabe eines Beispiels "für etwas" selbst wiederum den Charakter einer Aussage hat. Wenn der Beweis dazu mitgeliefert wurde, ist er durch den Leser zu überprüfen, wenn nicht, ist er durch den Leser zu entwickeln. Sehen wir uns das Beispiel aus der Mini-Vorlesung an. Dort heißt es:

$$\mathcal{P}(M) \ = \ \{\ \emptyset, \{Meier\}, \{M\ddot{u}ller\}, \{Meier, M\ddot{u}ller\}\}.$$

Das ist eine Aussage, die innerhalb des Beispiels jedoch einfach nur in den Raum gestellt wird. Aufgabe des Lesers ist es nun, diese Behauptung zu überprüfen. Wie das geschehen kann, zeigen wir weiter unten anhand eines Lesebeispiels.

Weitere Textelemente

Unsere Aufzählung ist nicht vollständig, enthält aber bei weitem das Wichtigste. Neben den erwähnten Textelementen gibt es ggf. noch Motivationen, Anwendungsbeispiele oder Illustrationen und ebenso "gewöhnlichen" Text, der eine einführende, erläuternde oder verbindende Funktion hat. Das meiste hiervon kann auch innerhalb von Aufgaben auftreten, die vielen Lehrbüchern beigefügt sind.

1.2.3   Die mathematische Symbolik

Bezeichnungen

Objekte, von denen die Rede sein soll, erhalten oft mehr oder weniger kurze Bezeichnungen. Als Bezeichnungen kommen Buchstaben diverser Alphabete, Sonderzeichen, Symbole aller Art sowie deren Kombinationen in Betracht, insbesondere auch Wörter aus allen möglichen natürlichen oder auch künstlichen Sprachen. Neue Bezeichnungen sind selbstverständlich beim ersten Auftreten zu definieren. Es gibt eine Reihe von Bezeichnungen, deren Bedeutung mittlerweile weltweit einheitlich akzeptiert ist, wie z.B. die Eigennamen π und e

für die Kreis- bzw. die Eulersche Zahl, das Additionssymbol "+" und etliche
weitere. Es empfiehlt sich, solche Bezeichnungen bzw. Symbole dann möglichst nicht mit anderweitigen Bedeutungen zu belegen. Ansonsten herrscht
weitgehende Freiheit der Bezeichnung!

Das liebe x

Der letzte Satz hat durchaus wichtige Konsequenzen, denn er bricht mit einigen wohl aus der Schule eingeschliffenen Gewohnheiten. Die wichtigste: x ist
eine *Bezeichnung wie jede andere* auch und bedeutet nicht unbedingt, dass
x "unbekannt" sei oder gar "ausgerechnet werden soll". Ebensowenig ist x als
"unabhängige" Variable oder zur Beschriftung der waagerechten Achse eines
Koordinatensystems vorgeschrieben!

Welche Bedeutung x innerhalb eines Textes hat bzw. welche Rolle es übernimmt, wird vielmehr oft erst durch den Kontext klar. Nehmen wir beispielsweise an, in einem Text sei von einer Menge M von Zahlen die Rede und wir
fänden im Folgenden irgendwo die Zeichenkette

$$x \in M \, ,$$

lies: x ist Element von M. Wie ist diese Aussage zu interpretieren? Können
wir sagen, dass x ein Element der Menge M ist? Und hat es einen genau
bestimmten Zahlenwert oder nicht? Fragen dieser Art lassen sich anhand des
grauen Feldes allein nicht beantworten. Wir müssen dazu den Kontext heranziehen. Nachfolgend geben wir vier Kontext-Beispiele an, die die wichtigsten
Interpretationsmöglichkeiten aufzeigen.

Erstens eine feste Wertzuweisung:

> Sei $M := \{1, 2, 3\}$ und $x := 2$. Wir betrachten die Aussage $x \in M$.
> < Offenbar ... >

Hier wird x durch den Kontext ein fester Wert – nämlich 2 – zugewiesen. Da
auch M schon zuvor genau definiert wurde, wird "$x \in M$" zu einer vollständig
und konkret bestimmten Aussage. Damit steht auch ihr Wahrheitswert fest,
und zwar *objektiv*, d.h. unabhängig davon, ob wir ihn kennen oder nicht.
Zu beachten ist, dass dem Leser bis zum Ereichen des Folgetextes < ... >
nicht ausdrücklich mitgeteilt wird, ob "$x \in M$" wahr ist oder nicht; er verfügt
jedoch über genau diejenigen Informationen, die er benötigt, um das selbst zu
überprüfen – und das ist hier sein Auftrag. – Eine leichte Variation derselben
Situation sehen wir hier:

> **Satz:** Sei $M := \{1, 2, 3\}$ und $x := 2$. Dann gilt $\boxed{x \in M.}$
>
> $<$ *Beweis: ...* $>$

Wir erhalten dieselben Informationen wie zuvor, jedoch wird zusätzlich in Gestalt eines Satzes behauptet, dass $x \in M$ wahr sei. Der Leser kann im Weiteren also davon ausgehen – am besten, nachdem er sich von der Korrektheit des hier ausgelassenen Beweises überzeugt hat. – Was nun x betrifft, so hat es innerhalb der Folgepassagen $<$ Offenbar ... $>$ bzw. $<$ *Beweis...* $>$ jeweils den Wert 2, danach kann es neu belegt werden.

Zweitens die voraussetzende Aussage:

> Sei $M := [0, 1]$ und $\boxed{x \in M.}$ $<$ Dann ... $>$

An dem Wörtchen "Sei" erkennen wir, dass der gesamte Passus als eine *Voraussetzung* für den nachfolgenden Text unter $<$ *Dann ...* $>$ gedacht ist.
"Sei ... $x \in M$" bedeutet ausführlicher: "Es werde $x \in M$ beliebig gewählt, *aber weiterhin festgehalten*". In Übereinstimmung mit dieser Wahl von x ist "$x \in M$" wahr, und alle Ausführungen unter $<$ *Dann ...* $>$ beziehen sich auf dieses feste x. Später kann die Bezeichnung x beibehalten oder neu vergeben werden.

Drittens ein "Auftrag":

> **Aufgabe:** Es sei $M := \{1, 2, 3\} \triangle \{2, 3, 4\}$.
>
> Bestimmen Sie, falls möglich, mindestens ein x so, dass gilt $\boxed{x \in M.}$
>
> $<$ *Lösung: ...* $>$

Hier wird erst im Verlaufe eines Lösungsversuches klar, ob "falls möglich" zu bejahen ist, d.h., ob die Aussage $x \in M$ überhaupt wahr sein kann. In diesem Beispiel trifft das zu, denn es gilt $M = \{1, 4\}$. Somit wäre das "Ergebnis: $x = 1$" ebenso korrekt wie das "Ergebnis: $x = 4$" – hierbei erhält x jeweils einen konkreten Zahlenwert. Ebenfalls korrekt und noch informativer ist das "Ergebnis: $x = 1$ *oder* $x = 4$" bzw. "$x \in \{1, 4\}$", welches statt eines konkreten Zahlenwertes eine Menge liefert (nach der im Grunde auch gefragt wurde).

Viertens: x als Platzhalter. Auf Seite 32 dieses Buches hieß es mit $M := \mathbb{N}$:

> $G := \{ \boxed{x \in M} \mid x \text{ ist durch 2 teilbar } \}$

Die Menge M besteht, wie schon ausgeführt, aus allen geraden natürlichen Zahlen, und x steht hier vor dem Trennstrich "$\mid$" stellvertretend nicht etwa für eine bestimmte davon, sondern für *jede* von ihnen, für die die Aussage nach dem Trennstrich zutrifft. Anders formuliert: Das Symbol x spielt die *Rolle* eines Platzhalters, der vor dem Trennstrich "|" eingefügt wird, damit sich das dem Trennstrich folgende Prädikat "... ist durch 2 teilbar" darauf beziehen kann. Da wir auch in der Wahl des Platzhalter-Symbols völlig frei sind, hätten wir z.B. ebensogut schreiben können

$$ G \; := \; \{ \;\; y \in M \quad | \; y \text{ ist durch 2 teilbar } \} $$

– diesmal heißt der Platzhalter also y statt x bei unverändertem Ergebnis. Ganz analog sehen wir hier drei unterschiedliche Schreibweisen für ein und dieselbe Menge:

$$ \{ \, x \mid x \in M \} = \{ \, y \mid y \in M \} = \{ \, \Xi \mid \Xi \in M \} = \dots . $$

Die Reichweite von Bezeichnungen

Die Platzhalterrolle, die x in unserem letzten Beispiel spielt, wird zudem ausdrücklich nur *innerhalb* des Mengenkonstruktes $\{...\}$ benötigt. Wir können also von der *Reichweite* bzw. vom *Geltungsbereich* der Bezeichnung x sprechen, und dieser beginnt mit der öffnenden Klammer "$\{$" und endet mit der schließenden Klammer "$\}$" des Mengenkonstruktes, füllt also nicht einmal eine ganze Textzeile. Auch in den vorangehenden Beispielen hatten wir schon auf die begrenzte Reichweite von x hingewiesen – dort erstreckte sie sich auf die Folgepassagen $<$ Offenbar ... $>$, $<$ *Beweis:* ... $>$ etc. Außerhalb dieser Folgepassagen ist x im Grunde unbestimmt. Ob es dann neu belegt oder auch ausdrücklich beibehalten wird, ergibt sich wiederum aus dem dann weiterhin folgenden Text.

Dass innerhalb größerer Texte Bezeichnungen mit unterschiedlicher Reichweite benutzt werden, ist nicht ungewöhnlich und liegt meist daran, dass der gängige Vorrat an schönen Klein- und Großbuchstaben des lateinischen und griechischen Alphabets schnell aufgebraucht ist. Bezeichnungen, deren Geltungsbereich sich über das gesamte Werk erstreckt, nennen wir *global*, alle anderen *lokal*. Dass Bezeichnungen global sind, erkennt man z.B. an der Überschrift "Definition" bzw. daran, dass sie im Symbol- bzw. Stichwortverzeichnis auftreten, weiterhin aber auch an den meist zahlreichen Rückbezügen im gesamten Werk. Lokale Bezeichner werden wie in unseren vorangehenden Beispielen zumeist für einen bestimmten Textabschnitt wie z.B. auch ein Kapitel, ein Tafelbild, eine Übungsaufgabe etc. eingeführt. Ihr Geltungsbereich wird spätestes dort beendet bzw. unterbrochen, wo ihnen offensichtlich eine erneuerte Bedeutung zugewiesen wird. In unserer Mini-Vorlesung hat das Symbol "$\mathcal{P}$" eine globale Bedeutung; das Mengensymbol M dagegen wird mehrfach verwendet und hat somit eine *lokale* Bedeutung. Der Leser ist gut beraten, sich stets zu vergewissern, dass er die aktuelle Bedeutung eines Symbols kennt. Bei gut geschriebenen Texten dürfte das kein Problem sein.

Achtung: Fehlinterpretation!

In diesem Abschnitt wenden wir uns einer beliebten Fehlerquelle zu: Variable, Begriffe oder Eigenschaften dürfen selbstverständlich nicht nur mit Symbolen, sondern auch mit Wörtern bezeichnet werden. Wenn diese auch in unserer Natursprache eine oder mehrere Bedeutungen haben, könnte es zu Verwechslungen kommen. Ein Beispiel: Bekanntlich heißt eine natürliche Zahl *gerade*, wenn sie ohne Rest durch 2 teilbar ist. Diese Definition gibt dem Wort "gerade" eine genau definierte mathematische Bedeutung. Es hat jedoch neben der mathematischen noch mehrere Bedeutungen in unserer natürlichen Sprache, wie etwa "soeben", "nicht schief", "ehrlich", "besonders". In den beiden folgenden Formulierungen sehen wir den Unterschied:

> Die Zahl Y ist gerade.

> Die Zahl Y ist gerade nicht diejenige, die wir suchen, weil ...

Nun ist hier das Verwechslungsrisiko nicht sehr hoch, denn "gerade" ist gerade sehr bekannt. Anders sieht es dagegen in unserer nächsten, diesmal frei erfundenen Mini-Vorlesung aus:

> **VORLESUNG Nr.4, Thema: "Große und kleine Zahlen"**
>
> **1. Vorbemerkung:** Wir sind gewohnt, natürliche Zahlen in ihrer Dezimaldarstellung zu schreiben, wie z.B. 1, 74, 433, 5017, 20000, 8417205; Nachkommastellen werden nicht benötigt. Die führende Ziffer (in unseren Beispielen rot) ist niemals Null. Bei den folgenden Ausführungen beziehen wir uns auf die Dezimaldarstellung.
>
> **1. Definition:** *Eine natürliche Zahl heißt* klein, *wenn ihre führende Ziffer gleich Eins ist.*
>
> **2. Definition:** *Eine natürliche Zahl heißt* groß, *wenn ihre führende Ziffer gleich Neun ist.*
>
> **3. Beispiele:** Die Zahl 11 ist klein, die Zahl 91 ist groß.
>
> **4. Bemerkung:** Es gibt natürliche Zahlen, die weder groß noch klein sind.

Uppps, wie das? Es kommt noch schlimmer:

> **5. Bemerkung:** Es gibt große natürliche Zahlen, die durch Verdoppelung klein werden.

"Was ist hier los? Ergibt das einen Sinn?" wird sich manch Leser fragen. Die Antwort lautet: JA, selbstverständlich ergibt das einen Sinn – man muss nur richtig lesen. Die Wörter "groß" und "klein" werden hier nämlich nicht in ihrer üblichen umgangssprachlichen Bedeutung gebraucht, sondern als genau definierte mathematische Begriffe. Sie verlieren dadurch nicht allein ihre bisherigen Bedeutungen und erhalten statt dessen – jedes Wort für sich – eine neue, sondern sie treten auch in eine neue Beziehung untereinander. "(Mathematisch) groß" und "(mathematisch) klein" bedeuten *keine* Anordnung und bilden *keinen* Gegensatz! Angenommen, statt dieser wären z.B. die Bezeichnungen "hupfbar" und "tupfsam" verwendet worden, dann läse sich die letzte Bemerkung so:

> **5. Bemerkung:** Es gibt hupfbare natürliche Zahlen, die durch Verdoppelung tupfsam werden.

Wer die Wörter "hupfbar" und "tupfsam" nicht kennt, wird sofort merken, dass er nichts verstehen und auch nichts missverstehen kann, sondern nachschlagen muss. Er wird dann genau eine – und zwar mathematische – Bedeutung dafür finden und keinerlei Irrtümern erliegen. Warum sind denn dann nicht alle mathematischen Eigenschaften mit Kunstwörtern wie diesen benannt worden? Die Antwort lautet: Womöglich in der guten Absicht, wenigstens eine Art Eselsbrücke zu geben. Aber Esel sind bekanntlich störrisch ...

1.3 Der rote Faden

Wie lassen sich nun die verschiedenen Textbausteine zu bedeutungstragenden Strängen zusammenführen? Erinnern wir als Beispiel an unsere Definition 0.12 der Mengeninklusion und die nachfolgenden Ausführungen. Dort wurde das Symbol $\subseteq$ eingeführt. Sehen wir uns die Definition und ihr Umfeld mit Blick auf die Funktion einzelner Bestandteile nochmals etwas näher an:

	Originaltext	Funktion
1	**Definition 0.12.**	unmittelbarer Definitionskontext; Hinweis auf Texttyp "Definition"
2	*Es seien A und B Mengen.*	unmittelbarer Definitionskontext; Voraussetzung
3	*Die Menge A heißt*	nochmals Hinweis auf Typ "Definition"
4	Teilmenge der Menge B	neuer Begriff
5	*(symbolisch $A \subseteq B$),*	neues Symbol, Stichwort
6	*lies: "A ist Teilmenge von B",*	"lies"-Anweisung dazu
7	*wenn gilt:*	
8	$x \in A \Rightarrow x \in B$	Definitions-Klausel

Hier haben wir drei wesentliche lexikalische Bausteine, die uns nicht nur bei diesem, sondern auch bei vielen anderen Begriffen und Symbolen immer wieder begegnen werden und zu deren sicherem Gebrauch unverzichtbar sind, in Blau hervorgehoben: dies sind erstens das "Stichwort", zweitens die "lies-Anweisung" und drittens[5] die Definitions-Klausel. Als gemeinsames Bezugs- und Verständigungssystem für alle Leser müssen diese lexikalischen Angaben sicher beherrscht werden. Es empfiehlt sich, die genannten Angaben beim Durcharbeiten eines mathematischen Textes in eine Art "Vokabelliste" des mathematischen Vokabulars zu übernehmen, damit sie sich sicher in das Langzeitgedächtnis einprägen und von dort jederzeit schnell und verlässlich abrufbar sind.

Aufbauend auf diesem allgemeinen lexikalischen Bezugssystem steht jeder Leser vor der Aufgabe, ein valides mentales *"Konzept"* von dem neuen Begriff bzw. Symbol zu entwickeln. Das kann man sich vorstellen als eine *Gesamtheit miteinander verknüpfter Informationen, in deren Zentrum die lexikalischen Grundlagen zusammen mit vielfältigen dazu konformen Erweiterungen stehen.* Letztere sollten in jedem Fall folgende Aspekte umfassen: Beispiele und ggf. Nicht-Beispiele; wenn möglich Visualisierungen; wichtige Aussagen sowie eventuell wichtige Anwendungen. Ein Grundgerüst davon lässt sich als "Konzeptbasis" zu Papier bringen. Lassen wir das Thema Mengeninklusion unter diesem Aspekt noch einmal Revue passieren, könnte das etwa so aussehen:

Konzeptbasis:

Vokabelliste:	
Stichwort:	$\subseteq$
Funktion:	Mengen-Inklusionszeichen
lies:	"ist Teilmenge von"
Definition:	$A \subseteq B :\Leftrightarrow (x \in A \Rightarrow x \in B)$

Erweiterungen:	
Beispiele:	$\{1\} \subseteq \{1,2,3\}$, $(0,1) \subseteq [0,1]$, $\mathbb{N} \subseteq \mathbb{R}$, ...
Nicht-Beispiele:	$\{1,2\} \not\subseteq \{1,3\}$, $\{1,2\} \not\supseteq \{1,3\}$, ...
Visualisierung	
wichtige Ausagen:	(a) $A \subseteq B \wedge B \subseteq C \Rightarrow A \subseteq C$
	(b) $A = B \Leftrightarrow A \subseteq B \wedge B \subseteq A$
	...
Anwendungen:	(folgen noch)

---

[5]Gelegentlich gibt es zudem Angaben zur Funktion eines Stichwortes; hier könnte diese z.B. lauten "Mengen-Inklusionssymbol".

1.4   Eine Strategie des mathematischen Lesens

1.4.1   Übersicht

Wir nehmen an, es sei ein mathematisches Textstück gegeben, welches wir verstehend lesen wollen. Die Grundidee unserer Strategie besteht darin, in einer ersten Phase zunächst die Bedeutung bzw. Rolle sämtlicher "atomaren Bestandteile" – d.h. der kleinsten, unteilbaren lexikalischen Einheiten – des Textes zu klären, um daraus dann in einer zweiten Phase die Gesamtbedeutung abzuleiten, wobei der Kontext einzubeziehen ist. Dazu sieht die Strategie folgende Schritte vor:

$$S_1 : \text{"Buchstabieren"} \quad S_2 : \text{"Vorlesen"} \quad S_3 : \text{"Beleben"}$$
$$S_4 : \text{"Visualisieren"} \quad S_5 : \text{"Vortragen"}$$

1.4.2 S_1: "Buchstabieren"

Als "atomare Bestandteile" bzw. kurz "Atome" sehen wir dabei Wörter, Buchstaben, Interpunktions- und Sonderzeichen an, die als unteilbare lexikalische Einheit auftreten. Betrachten wir als Beispiel diese Phrase aus unserer Mini-Vorlesung zum Thema "Potenzmenge":

$$H := \{\, A \mid A \subseteq M \,\}. \tag{1.1}$$

Unterstreichen wir die Atome dieser Phrase, ergibt sich folgendes Bild:

$$\underline{H} \quad \underline{:=} \quad \underline{\{} \quad \underline{A} \quad \underline{\mid} \quad \underline{A} \quad \underline{\subseteq} \quad \underline{M} \quad \underline{\}}.$$

Wir haben hier die Zeichenkombination ":=" als unteilbare lexikalische Einheit betrachtet, denn als solche kommt sie im Symbolverzeichnis vor. Entsprechend ihrer Position in der Kette werden wir diese Atome symbolisch mit $z_1, \ldots, z_9$ bezeichnen, damit wir uns später darauf beziehen können:

$$\begin{array}{ccccccccc} H & := & \{ & A & \mid & A & \subseteq & M & \} \\ z_1 & z_2 & z_3 & z_4 & z_5 & z_6 & z_7 & z_8 & z_9 \end{array}$$

So stimmt das Atom mit der symbolischen Bezeichnung z_7 mit dem Zeichen "$\subseteq$" überein; wir schreiben dafür auch kurz $z_7 = $ "$\subseteq$", wobei wir die Anführungszeichen mitunter auch einsparen werden.

Wir nehmen nun an, es sei ganz allgemein irgendeine Phrase der Form

$$z_1 \quad z_2 \quad z_3 \quad z_4 \quad \cdots \quad z_n$$

gegeben, wobei die z_i wie schon zuvor als symbolische Bezeichnungen für die Atome stehen. (Die Atome selber können natürlich anders aussehen.) Der erste

Leseschritt besteht darin, diese Phrase sozusagen zu "buchstabieren" und sich absolute Gewissheit über die Bedeutung[6] bzw. Rolle* jedes einzelnen Atoms zu verschaffen, und zwar in folgenden Teilschritten:

I1 *Für jedes einzelne Atom:*

  ○ *alle möglichen* Bedeutungen in der Datenbasis* suchen und diese dem Atom zuordnen*

  ○ *? zuordnen, wenn keine Bedeutung gefunden wird.*

Da für jedes Atom jeweils auch mehrere Bedeutungsmöglichkeiten gefunden werden könnten, könnte das Ergebnis des Schrittes I1 so aussehen:

z_1	z_2	z_3	z_4	$\cdots$	z_n
?	?	?	?		?
ODER	ODER	ODER	ODER	$\cdots$	ODER
BEDEU-TUNG (EN)	BEDEU-TUNG (EN)	BEDEU-TUNG (EN)	BEDEU-TUNG (EN)		BEDEU-TUNG (EN)

Für jede einzelne Box bestehen somit zwei Möglichkeiten: Entweder sie enthält einen oder mehrere Verweise auf die möglichen Bedeutungen, oder aber sie enthält lediglich ein Fragezeichen. Die Tatsache, dass in unserer Darstellung jede Box mit derselben Bezeichnung "BEDEUTUNG(EN)" versehen wurde, dient lediglich der besseren Lesbarkeit; sie bedeutet jedoch *nicht*, dass diese Bedeutungen in allen Boxen dieselben wären. Vielmehr können sowohl die Anzahlen der Einträge als auch deren Inhalte von Box zu Box variieren.

I2 *Nachdem alle Atome gelesen wurden:*

  ○ *eventuelle ?-Zeichen entfernen**

  ○ *eventuelle Mehrdeutigkeiten entfernen.**

Wie das geschehen kann, zeigen wir an einem Lesebeispiel weiter unten. Das angestrebte Ergebnis sieht so aus:

z_1	z_2	z_3	z_4	$\cdots$	z_n
BEDEU-TUNG$_1$	BEDEU-TUNG$_2$	BEDEU-TUNG$_3$	BEDEU-TUNG$_4$	$\cdots$	BEDEU-TUNG$_n$

---

[6] Alle mit einem * gekennzeichneten Stellen werden auf Seite 127 näher erklärt.

Damit enthält jede Box nun eine eindeutig fixierte Bedeutung. Dennoch bleibt noch etwas Wichtiges zu tun, wenn während des Leseprozesses nicht ausschließlich schriftliche Quellen verwendet wurden, sondern auch auf Inhalte unseres Gedächtnisses zurückgegriffen worden ist:

I3 *Jede einzelne Box ist dahingehend zu checken, ob die angegebene Bedeutung bzw. Rolle vollständig verstanden* wird.*

Dieser Leseschritt ist außerordentlich wichtig! *Wenn auch nur die leisesten Zweifel dahingehend bestehen, ob die Bedeutung oder Rolle eines Atoms vollständig verstanden ist, ist der Leseprozess zu unterbrechen und zunächst die Bedeutung bzw. Rolle des Atoms vollständig zu klären!* Das mag radikal klingen, ist es aber nicht wirklich – Bedeutungsunklarheiten müssen an der Quelle behoben werden, sonst ziehen sie sich laufmaschenähnlich durch den gesamten folgenden Text und bewirken ein explosionsartig anwachsendes Unverständnis.

Positivenfalls ist das Ergebnis dieses:

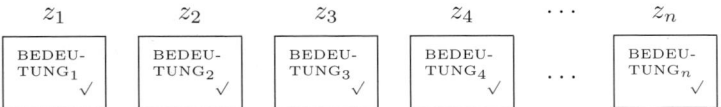

I4 *Sind alle Boxen positiv gecheckt, gehe zum nächsten Schritt S_2 "vorlesen".*

Einige mit einem * gekennzeichnete Details der skizzierten Vorgehensweise verdienen weitere Erläuterungen. Wir geben hier zunächst eine Übersicht und klären die Einzelheiten anschließend an Beispielen.

- *Zur "Rolle" von Atomen:* Manche Atome – wie beispielsweise Satzzeichen – sollen den Leseprozess unterstützen, ohne zwingend eine eigenständige Bedeutung zu haben. Dann sprechen wir eher von ihrer *Rolle* als von ihrer Bedeutung. Das trifft z.B. auf lokale Platzhalter zu.

- *Vernachlässigbare Bedeutungen:* Offensichtlich themenfremde mögliche Bedeutungen von Atomen brauchen natürlich nicht berücksichtigt zu werden.

- *Die "Datenbasis":* Eine ganz zentrale Frage beim Lesen ist es, welchen Quellen die gewünschten Bedeutungen zu entnehmen sind und was dabei zu beachten ist. Auf diese Frage gehen wir auf Seite 131 weiter unten ein.

- *Entfernung verbliebener ?-Zeichen:* Wenn nach dem ersten Lesedurchgang noch Fragezeichen verbleiben, dann liegt das daran, dass für die betreffenden Atome keine vorab festgelegte "a priori"-Bedeutung festgestellt werden konnte. Diese Atome übernehmen dann entweder eine Rolle oder erhalten ihre Bedeutung erst durch die zu lesende Phrase selbst, z.B. bei einer Definition. Ein sehr wirksames Mittel zum Verständnis solcher Atome besteht darin, den Inhalt "ihrer" Box mit den Inhalten anderer Boxen abzugleichen– siehe hierzu das Lesebeispiel unter Punkt 1.5.

- *Entfernung verbliebener Mehrdeutigkeiten:* Ganz ähnlich können wir vorgehen, falls bei einem oder mehreren Atomen mehrere mögliche Bedeutungen festgestellt werden. Wenn es eine vernünftige Gesamtbedeutung der Phrase gibt – die wir derzeit noch nicht kennen –, dann fügen sich die Bedeutungen der Atome als Teilbedeutungen sinnvoll in die Gesamtbedeutung ein. In diesem Sinne passen die Bedeutungen verschiedener Atome zueinander. Diese Passung überprüfen wir durch den Abgleich der jeweils betroffenen mit den anderen Boxen.

- *Vollständig verstanden???* ist die Gretchenfrage des Lesens! Sie ist deshalb so schwierig, als sie durch den Leser für sich selbst beantwortet werden muss. Wir empfehlen, den strengsten aller möglichen Maßstäbe anzulegen – siehe auch weiter unten unter S_5:

> *Eine Bedeutung bzw. ein Sachverhalt ist erst dann vollständig verstanden, wenn darüber ein Vortrag gehalten werden kann!*

1.4.3 S_2: "Vorlesen"

Im Ergebnis des ersten Schrittes sind wir uns über die Bedeutung bzw. Rolle aller einzelnen Atome klar geworden. Im zweiten Schritt versuchen wir, die zugehörigen Angaben in eine flüssig lesbare Form zu bringen – so, als hätten wir vor, die Phrase jemandem am Telefon vorzulesen. Dazu ersetzen wir alle eventuell noch etwas sperrigen Angaben zu den Atomen durch eine passende "lies"-Anweisung. Der Sinn dieses Schrittes ist ein zweifacher:

- Erstens hilft eine flüssige Formulierung ungemein dabei, sich die zu lesende Phrase möglichst auswendig einzuprägen. Dies ist für das weitere Nachdenken über ihren Inhalt extrem wichtig.

- Zweitens benötigen wir unsere Sprache beim Denken – und flüssige Formulierungen helfen beim flüssigen Denken.

1.4.4 S_3: "Beleben"

Im dritten Schritt wollen wir das Gelesene durch Angabe von Beispielen und ggf. auch von "Nicht-Beispielen" zum Leben erwecken. Dabei stellen sich zwei Fragen; erstens: *wofür* eigentlich Beispiele gesucht werden und zweitens: woher diese Beispiele kommen sollen.

Die erste Frage ist dabei in Abhängigkeit vom jeweils Gelesenen zu beantworten. Nehmen wir z.B. an, wir hätten soeben in unserer Mini-Vorlesung Nr. 4 gelesen

> **2. Definition:** *Eine natürliche Zahl heißt* groß, *wenn ihre führende Ziffer gleich Neun ist.*

Dann würden wir nun gern Beispiele natürlicher Zahlen sehen, die im Sinne dieser Definition "groß" sind; ebenso aber würden wir gern Beispiele natürlicher Zahlen sehen, die nicht "groß" im Sinne dieser Definition sind – letzteres wären dann "Nicht-Beispiele". Diese Wunschkonstellation ist typisch für Situationen, in denen eine neue Klasse von Objekten definiert wird. Wird dagegen eine einzige neue Menge definiert wie hier:

$$H := \{ A \mid A \subseteq \{1,2\} \},$$

so würden wir gern Beispiele für die Elemente dieser neuen Menge H sehen. Finden wir allgemeiner eine Angabe der Form

$$H := \{ A \mid A \subseteq M \}, \tag{1.1}$$

wobei M frei wählbar ist und somit die Rolle eines "Parameters" spielt, so wählen wir verschiedene Beispiele für den "Parameter" M und suchen für jeden einzelnen von diesen nach Beispielen für Elemente der Menge H, die hier ja von M abhängt.

Die Antwort auf die zweite Frage, woher die Beispiele kommen sollen, lautet: Wir wollen *erstens* auf "vorgefertigte" Beispiele zurückgreifen, die meist schon in der Umgebung des Gelesenen angegeben werden, und *zweitens* weitere, eigene Beispiele selbst entwickeln. *"Erstens"* und *"zweitens"* dienen hierbei nur der Aufzählung; sie geben jedoch nicht unbedingt eine feste Reihenfolge vor.

Beim Import vorgefertigter Beispiele besteht die Aufgabe darin, diese Beispiele als solche aufzufinden – was leicht durch "scrollen" des benachbarten Textes des Buches, des Vorlesungsskriptes etc. geschehen kann – und so sorgsam zu analysieren, dass sie als vollständig verstanden gelten können. Insbesondere ist zu klären, *warum* es sich um Beispiele handelt, und *wofür*. So würde es also nicht genügen, etwa das Beispiel aus unserer Mini-Vorlesung Nr. 3 nur zu zitieren wie hier:

$$\mathcal{P}(\{Meier, M\ddot{u}ller\}) = \{ \emptyset, \{Meier\}, \{M\ddot{u}ller\}, \{Meier, M\ddot{u}ller\}\}.$$

Vielmehr muss die Begründung dafür angegeben werden können, warum die Gleichung gilt. Wir gehen im nächsten Abschnitt darauf ein.

Für die Entwicklung eigener Beispiele bedarf es keines zusätzlichen Rezeptes, denn die "Bauanleitung" für die Beispiele ist jeweils direkt in dem gelesenen Text enthalten. Es erfordert lediglich ein wenig Übung, diese zu befolgen. Allerdings bestehen sehr oft viele Freiheitsgrade bei der Auswahl der Beispiele, so dass wir dafür folgende Leit-Empfehlungen geben:

(L0) *Zunächst genau klären*, wofür *Beispiele gesucht werden.*

(L1) *Einfachstmöglich beginnen!*

(L2) *Dann variieren.*

(L3) *Genügend Beispiele erzeugen.*

Welche Anzahl von Beispielen erforderlich ist, um sagen zu können, dass diese "genügt", lässt sich schlecht aus allgemeinen Regeln herleiten, sondern ist ausdrücklich dem subjektiven Urteil des Lesers anheimgestellt. Entscheidend hierfür ist, dass sich beim Leser das sichere Gefühl dafür einstellt, dass das Wesentliche bei dem neuen Begriff bzw. Symbol verstanden worden ist. Erfahrungsgemäß kann es dafür sehr hilfreich sein, sich eine vergleichende Gesamtschau über die vorhandenen Beispiele zu verschaffen. Allein dadurch lassen sich oft interessante Erkenntnisse gewinnen.

1.4.5 S_4: "Visualisieren"

Der nächste Schritt in der Erarbeitung einer eigenen Konzeptbasis für einen neuen Begriff besteht darin, nach Möglichkeit eine Visualisierung dafür zu entwickeln. Hierbei gehen wir grundsätzlich ähnlich vor wie im letzten Schritt: Erstens suchen wir nach "vorgefertigten" Skizzen, Diagrammen u.ä., zweitens versuchen wir, uns selbst passende visuelle Darstellungen zu erzeugen. Allerdings muss man sagen, dass sich nicht alle Begriffe und Sachverhalte für eine Visualisierung eignen. Wenn eine Visualisierung gelingt, ist diese außerordentlich wertvoll für künftige Anwendungen und einen langfristigen Zugriff auf das Gelernte.

1.4.6 S_5: "Vortragen"

Zum Abschluss sei allen Lesern empfohlen, nach Möglichkeit einen kleinen Vortrag über das Gelesene zu halten – sei es in der Realität oder in einer gedanklichen Simulation. Inhaltlich sollte darin eine Konzeptbasis vorgestellt werden, zumindest sind die Schritte S_1 bis S_4 nachzuvollziehen. Dies muss natürlich außerhalb dieses Buches geschehen, so dass hier nicht ausführlich darauf einzugehen ist. Immerhin können wir im Grunde versprechen, dass diese Technik fast immer dabei hilft, neue, noch unbedachte Aspekte zu entdecken und zu durchdenken.

1.5 Ein Lesebeispiel

Wir wollen nun anhand unseres Eingangs-Beispiels zeigen, wie unsere Lesestrategie arbeitet. Unser Ziel war es ja, uns die Mini-Vorlesung Nr. 3 zu erarbeiten. Mathematisch beginnt diese mit folgender Definition:

> **1. Definition:** *Gegeben sei eine beliebige Menge M. Die Menge H, definiert durch*
> $$H := \{\, A \mid A \subseteq M \,\}, \tag{1.1}$$
> *heißt* Potenzmenge von M, *symbolisch* $H =: \mathcal{P}(M)$.

Als zentrale Phrase dieser Definiton sehen wir diese an:

$$H := \{\, A \mid A \subseteq M \,\}. \tag{1.1}$$

Wir werden uns zunächst diese Phrase "er-lesen". Nach demselben Prinzip können wir dann die gesamte Vorlesung lesen und verstehen.

1.5.1 S_1 "Buchstabieren"

Über die Aufteilung dieser Phrase in Atome hatten wir bereits gesprochen. Zweckmäßigerweise halten wir gedanklich schon einmal für jedes Atom einen Container bereit, in den dann eine entsprechende Eintragung erfolgt; etwa nach diesem Vorstellungsmuster:

H	$:=$	$\{$	A	$\mid$	A	$\subseteq$	M	$\}$
z_1	z_2	z_3	z_4	z_5	z_6	z_7	z_8	z_9
...	...	...	...	...	...	...	...	...

Nun fragen wir für jedes einzelne Atom, ob dafür bereits vor dem planmäßig erstmaligen Lesen des Ausdrucks (1.1) eine Bedeutung festgelegt wurde – und wenn ja, welche und wo. Wir wollen hierbei zunächst idealisierend unterstellen, dass stets in den schriftlichen Quellen nachgesehen wird. Damit umfasst unsere "Datenbasis" zwei Komponenten:

(D1) primär den gesamten schriftlichen _Kontext innerhalb_ des Werkes, wobei wir als *Werk* dieses Buch ansehen und unter *Kontext* den Text dieses Buches von Seite 1 bis hin zur Definition auf Seite 114 verstehen;

(D2) sekundär die gesamte _Literatur außerhalb_ des Werkes.

Wir beginnen nun mit dem eigentlichen Leseprozess bei $z_1 = H$. Im Kontext findet sich keine nicht-lokale Bedeutungszuweisung für H, also können wir vorerst nur ein Fragezeichen in die Box setzen:

$$H \quad := \quad \{ \quad A \quad | \quad A \quad \subseteq \quad M \quad \}$$

$$z_1 \quad z_2 \quad z_3 \quad z_4 \quad z_5 \quad z_6 \quad z_7 \quad z_8 \quad z_9$$

$$\boxed{?}$$

Als nächstes lesen wir das Atom z_2, konkret also das Zeichen " := ". Dieses Zeichen wurde auf Seite 30 als *definierendes Gleichheitszeichen* eingeführt, auf dessen linker Seite das zu definierende Objekt zu finden ist, während rechtsseits dieses Zeichens die eigentliche Definition zu finden ist. Wir können also schreiben

$$H \qquad := \qquad \{ \quad A \quad | \quad A \quad \subseteq \quad M \quad \}$$

$$z_1 \qquad z_2 \qquad z_3 \quad z_4 \quad z_5 \quad z_6 \quad z_7 \quad z_8 \quad z_9$$

Da die zweite Box auf die links von ihr stehende erste Box verweist, wird nun schon auch die Rolle des Zeichens $z_1 = H$ aus der ersten Box geklärt: Es handelt sich um einen symbolischen Namen für ein neues Objekt. Deswegen können wir den Schritt (I2) teilweise vorziehen und schon einmal das Fragezeichen in der ersten Box löschen. Es handelt sich hierbei um ein Beispiel für den erfolgreichen Abgleich des Inhaltes zweier Boxen. Hier das Ergebnis:

$$H \qquad := \qquad \{ \quad A \quad | \quad A \quad \subseteq \quad M \quad \}$$

$$z_1 \qquad z_2 \qquad z_3 \quad z_4 \quad z_5 \quad z_6 \quad z_7 \quad z_8 \quad z_9$$

H \<neues Objekt\>	definierende Gleichung

Wir lesen weiter mit $z_3 = $ "{ ". Dieses Zeichen ist uns in unserem Buch bereits zweifach begegnet: Erstens haben wir es auf Seite 30 als linke "Mengenklammer" definiert, die Teil eines Mengenkonstruktes ist; dieser folgt stets eine rechte Mengenklammer und ggf. zuvor noch ein senkrechter Trennstrich. Mit anderen Worten: "{ " ist uns als Teil jedes der beiden Mengenkonstrukte "{...}" bzw. "{...|...}" bekannt. Zweitens wurde es auf Seite 65 zur Anzeige einer Fallunterscheidung eingeführt, wobei hier keine rechte Klammer folgt. Da wir, wenn wir wirklich nur auf das Zeichen z_3 sehen, noch nicht wissen, mit welcher dieser Bedeutungen wir es zu tun haben werden, müssen wir in der zu "{ " gehörenden Box auf beide verweisen:

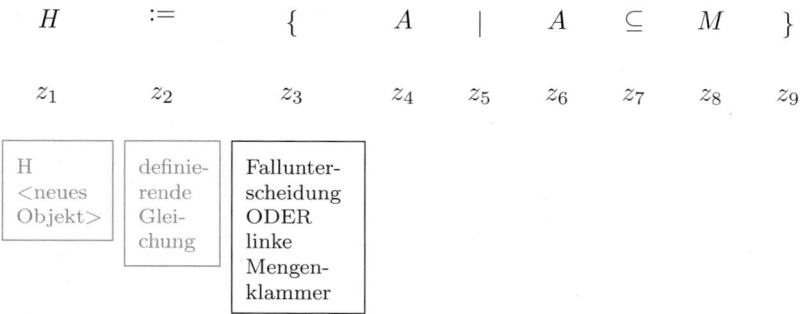

Damit haben wir die erste Box mit einer Mehrfachbedeutung, die sich im Augenblick noch nicht beheben lässt. Daher lesen wir weiter mit $z_4 = $ "A". Leider können wir hierzu keine verbindliche Bedeutungsfestlegung im Kontext feststellen, so dass wir in die vierte Box zunächst ein ?-Zeichen setzen müssen:

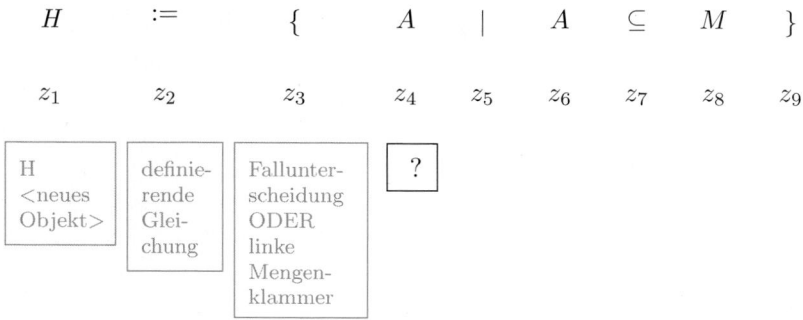

Das fünfte Zeichen $z_5 = $ "|" wird in diesem Buch bis hier ausschließlich als mittlerer Trennstrich, kurz MT, des Mengenkonstruktes "{...|...}" verwendet. Wenn wir zunächst nur diesen in die zugehörige Box aufnehmen, ergibt sich folgendes Bild:

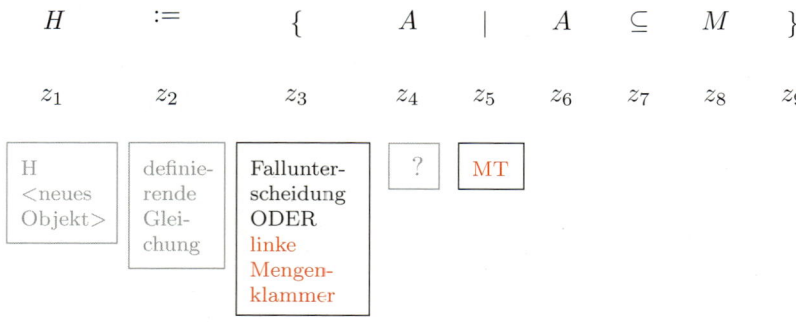

Wir haben hier in Rot hervorgehoben, worauf es zu achten gilt: Der Trenn-strich tritt niemals allein auf, sondern stets in Begleitung einer linken und einer rechten Mengenklammer. Diese beiden Mengenklammern müssen sich demzufolge in anderen Boxen finden als der Trennstrich selbst; insbesondere muss in einer linkerhand der fünften Box gelegenen Box die zugehörige linke Mengenklammer zu finden sein. Eine solche linke Mengenklammer findet sich aber ausschließlich in der Box von z_3; also muss es sich hierbei um die zu z_5 passende linke Klammer handeln. Durch den Abgleich der beiden Boxen von z_3 und z_5 können wir im Sinne des Schrittes (I2) die mögliche Bedeutung von z_3 als "Fallunterscheidung" ausschließen. Mit der Abkürzung LMK für linke Mengenklammer erreichen wir folgenden Zwischenstand:

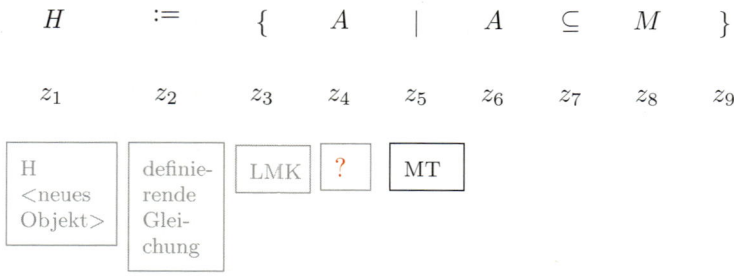

Das nächste Zeichen $z_6 = $ "A" ist uns schon einmal begegnet – auch diesmal können wir nur ein ?-Zeichen in die Box setzen:

$$H \quad := \quad \{ \quad A \quad | \quad A \quad \subseteq \quad M \quad \}$$

$$z_1 \qquad z_2 \qquad z_3 \quad z_4 \quad z_5 \quad z_6 \quad z_7 \quad z_8 \quad z_9$$

H \<neues Objekt\>	definierende Gleichung	LMK	?	MT	?

Das folgende Zeichen $z_7 =$ "$\subseteq$" ist uns bereits bekannt; es handelt sich um das Mengen-Inklusionszeichen von Seite 36:

$$H \quad := \quad \{ \quad A \quad | \quad A \quad \subseteq \quad M \quad \}$$

$$z_1 \qquad z_2 \qquad z_3 \quad z_4 \quad z_5 \quad z_6 \quad z_7 \quad z_8 \quad z_9$$

H \<neues Objekt\>	definierende Gleichung	LMK	?	MT	?	Inklusion

Auch das Zeichen $z_8 = M$ ist uns bekannt; laut unmittelbarem Kontext innerhalb der Definition handelt es sich um eine beliebig vorgebbare Menge. Da sie als "Parameter" für die Definition fungiert, lassen wir das Zeichen M einfach so stehen:

$$H \quad := \quad \{ \quad A \quad | \quad A \quad \subseteq \quad M \quad \}$$

$$z_1 \qquad z_2 \qquad z_3 \quad z_4 \quad z_5 \quad z_6 \quad z_7 \quad z_8 \quad z_9$$

H \<neues Objekt\>	definierende Gleichung	LMK	?	MT	?	Inklusion	M

Das letzte Zeichen schließlich, $z_9 =$ "}", ist uns als schließende rechte Mengenklammer des Mengenkonstruktes {...|...} bekannt; wir kürzen sie ab als RMK:

Nachdem alle Boxen in einem ersten Durchlauf inspiziert wurden, können wir strukturell auf folgendes Ergebnis verweisen:

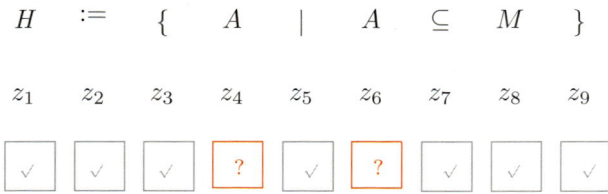

Die Häkchen in den meisten Boxen verweisen darauf, dass wir darin nun eine eindeutig bestimmte Bedeutung vermerkt haben, die wir zudem als vollständig verstanden ansehen. Maßstab hierfür ist, dass für die jeweilige Bedeutung bereits in einem früheren Leseprozess eine Konzeptbasis entwickelt wurde, auf die wir nun vollen Zugriff haben. Allerdings finden sich in den beiden Boxen von z_4 und z_6 noch Fragezeichen. Diese lassen sich durch einen Abgleich der drei Boxen von z_4, z_5 und z_6 wie folgt entfernen: Die Box von z_5 verweist auf den Trennstrich "|" des Mengenkonstruktes; die Boxen von $z_4 = A$ und $z_6 = A$ liegen *davor* bzw. *dahinter*. Das macht deutlich, dass der Inhalt dieser Boxen nur benötigt wird, damit sich die Phrase *nach* dem Trennstrich auf die *vor* dem Trennstrich beziehen kann. Also spielt das Zeichen A die Rolle eines *lokalen Bezeichners*, der nur innerhalb der Mengenklammern Gültigkeit hat und auch gar nicht unbedingt A heißen muss (aber darf).

Das Gesamtergebnis des "Buchstabierschrittes" S_1 lautet somit:

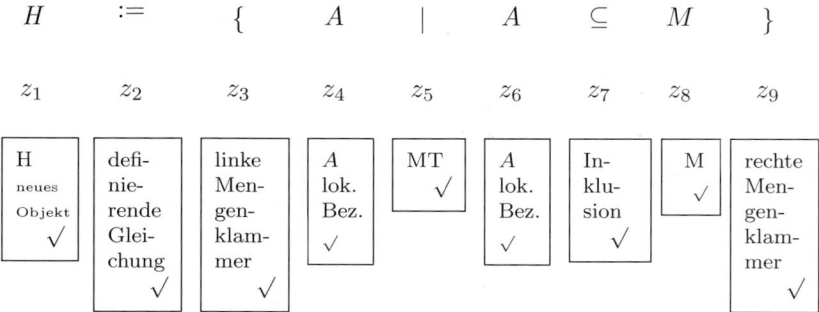

Auch hier kennzeichnen die Häkchen in den Boxen, dass wir den Inhalt wie zuvor beschrieben "vollständig beherrschen".

1.5.2 S_2: "Vorlesen"

Die letzte Darstellung mag zwar korrekt sein; sie hat jedoch den Nachteil, dass sie nicht eben flüssig lesbar ist. Aus diesem Grunde empfiehlt es sich, den Inhalt der Boxen besser lesbar zu machen, indem man in alle Boxen statt der Definition bzw. Rollenbeschreibung die zugehörige "lies"-Anweisung aus der Vokabelliste einsetzt. Wir finden so die folgende Formulierung:

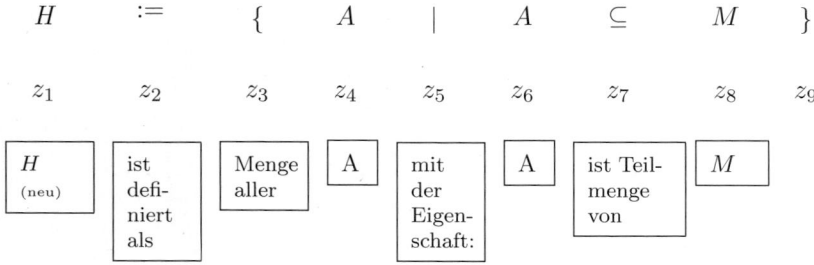

Allein die Formulierung hilft uns schon, eine Vorstellung davon zu bekommen, worum es hier geht. Insbesondere sehen wir, dass das neue Objekt H wiederum vom Typ "Menge" ist. Diese ist aus der gegebenen Ausgangsmenge M zu bilden, wobei die Einträge in den Boxen eine Anweisung dafür enthalten, wie man diese neue Menge zu bilden hat.

1.5.3 S_3: "Beleben"

Im nächsten Schritt beleben wir den neuen Begriff durch Beispiele, und zwar (a) durch solche, die im Anschluss an die Definition gleich mitgeliefert werden, sowie (b) durch die selbständige Erarbeitung "eigener" Beispiele. Da es in beiden Fällen darum geht, die Entstehung eines Beispiels zu verstehen, wagen wir uns sogleich an die Variante (b). Dabei nehmen wir Bezug auf unsere allgemeinen Leitlinien und konkretisieren diese:

(L0) Zunächst klären, wofür Beispiele gesucht werden.

Zur Erinnerung: Die Definition lautet

1. Definition: *Gegeben sei eine beliebige Menge M. Die Menge H, definiert durch*

$$H := \{\, A \mid A \subseteq M \,\}, \tag{1.1}$$

heißt Potenzmenge *von M, symbolisch $H =: \mathcal{P}(M)$.*

Wir haben hier zweierlei farbig hervorgehoben: "Vor" der eigentlichen Definition ist zunächst eine Menge M beliebig zu wählen. Ist dies geschehen, so wird das neue Objekt H definiert. Nach dem "Vorlesen" wissen wir, dass es eindeutig bestimmt und vom Typ *Menge* ist. Wollen wir verstehen, was für eine Menge das ist, so benötigen wir eine Vorstellung von ihren Elementen, also Elementbeispiele. Fazit: Wir suchen

- mehrere Beispiele für die Menge M und

- für jedes davon: mehrere Elementbeispiele für die Menge $H =: \mathcal{P}(M)$.

(L1) Einfachstmöglich beginnen!

"Einfachstmögliche" Vorgaben für die Ausgangsmenge M könnten sich z.B. messen an der Anzahl ihrer Elemente. So gesehen enthalten die einfachstmöglichen Kandidatenmengen für M null, ein oder zwei Elemente. Da der Fall von null Elementen auf die leere Menge führt, an der man mangels enthaltener Elemente eventuell noch nicht viel sehen kann, konzentrieren wir uns zuerst auf Mengen mit ein oder zwei Elementen, wobei im Grunde keine Rolle spielt, von welcher Art die Elemente sind – sie müssen lediglich unterscheidbar sein. Stellvertretend für all diese Mengen setzen wir somit zunächst folgende Ausgangsmengen auf den Plan:

$$\text{(i) } M = \{1\}, \text{ (ii) } M = \{1, 2\}.$$

Die eigentliche Beispielgeneration verläuft so, dass wir uns einfach das Ergebnis des letzten "Vorlies"-Schrittes nehmen und es im Hinblick auf die Vorgabe von M konkretisieren.

Beispiel (i)

Setzen wir unsere Ausgangsmenge $M = \{1\}$ in unser "Vorlies" ein, gelangen wir zu folgendem Bild:

$$\mathcal{P}(M) \quad := \quad \{ \quad A \quad | \quad A \quad \subseteq \quad \{\,1\,\} \quad \}$$

$$z_1 \qquad z_2 \qquad z_3 \qquad z_4 \qquad z_5 \qquad z_6 \qquad z_7 \qquad z_8 \qquad z_9$$

| $\mathcal{P}(M)$ (neu) | ist definiert als | Menge aller | A | mit der Eigenschaft: | A | ist Teilmenge von | $\{\,1\,\}$ |

Wir haben nun *alle* möglichen Teilmengen von $\{\,1\,\}$ zu betrachten – davon gibt es zwei, nämlich je eine mit null Elementen und einem Element. Die Formulierung "Menge aller A..." reduziert sich somit auf die "Menge mit den beiden Element $A = \emptyset$ und $A = \{\,1\,\}$". Das Ergebnis lautet:

$$\text{Für} \quad M = \{\,1\,\} \quad \text{gilt} \quad \mathcal{P}(M) = \{\,\emptyset\,,\{\,1\,\}\,\}.$$

Wir beobachten bereits bei diesem ersten Beispiel, dass die Kernfrage unserer Beispielgeneration offenbar genau die Frage danach ist, welche Teilmengen die Ausgangsmenge besitzt. Alle Teilmengen zusammengefasst bilden dann die Elemente der Potenzmenge. Damit haben wir eigentlich schon mit unserem ersten Beispiel das Wesentliche verstanden. Das zweite Beispiel sehen wir uns lediglich noch an, um das Verständnis zu festigen:

Beispiel (ii)

Gehen wir ganz analog vor, so müssen wir diesmal *alle* möglichen Teilmengen von $\{\,1,2\,\}$ ermitteln. Es ist klar, dass wir diese nach der Anzahl ihrer Elemente sortieren können: null Elemente hat die Teilmenge $A = \emptyset$, je ein Element haben die beiden Teilmengen $A = \{\,1\,\}$ und $A = \{\,2\,\}$, zwei Elemente hat $A = M = \{\,1,2\,\}$ selbst. Unser Platzhalter A steht diesmal stellvertretend für jede dieser vier Mengen. Das Ergebnis lautet hier:

$$\text{Für} \quad M = \{\,1,2\,\} \quad \text{gilt} \quad \mathcal{P}(M) = \{\,\emptyset\,,\{\,1\,\}\,,\{\,2\,\}\,,\{\,1,2\,\}\,\}.$$

Wir bemerken, dass wir hier nicht allein Beispiele für die Elemente von M angegeben haben, sondern sogar *alle* Elemente aufzählen konnten.

(L2) Dann variieren.

Wir haben uns bisher auf Beispiele von Mengen mit einer (a) kleinen, aber (b) positiven Anzahl von Elementen beschränkt. Bei einer Variation der Beispiele sollten wir diese Einschränkungen überwinden.

Betrachten wir zunächst den Fall (a) näher: Wir sollten uns mindestens ein Beispiel einer Menge M mit einer "großen" Anzahl von Elementen verschaffen. "Groß" ist hierbei nicht als die Steigerung der Elementeanzahl von 2 auf beispielsweise 72 zu verstehen - der Austausch einer kleinen endlichen Anzahl von Elementen durch eine größere endliche Anzahl von Elementen würde qualitativ nichts Neues bringen. Es geht vielmehr darum, nun auch einfache Beispiele *unendlicher* Mengen hinzuzufügen. Das könnten z.B. sein $\mathbb{N}$ oder das Intervall $[0,1]$. Wählen wir nun beispielsweise $M = \mathbb{N}$, so können wir wie oben auch schon sagen: Die Menge $\mathcal{P}(\mathbb{N})$ enthält jede mögliche Teilmenge der Ausgangsmenge $\mathbb{N}$! Die Anzahl solcher Teilmengen ist natürlich riesig, und sie ist in gewisser Weise noch größer als die ohnehin schon unendliche Anzahl der Elemente von $\mathbb{N}$ selbst. Leider können wir die Elemente von $\mathcal{P}(\mathbb{N})$ nicht aufzählen, und eine grafische Darstellung gelingt erst recht nicht. Deswegen ist die Schreibweise

$$\mathcal{P}(\mathbb{N}) = \{\, A \mid A \subseteq \mathbb{N} \,\}$$

unverzichtbar, um genau zu sagen, wovon die Rede ist. Haben Sie nun eine Vorstellung davon, wie riesig groß diese Menge ist?

Unsere zweite Variation betrifft die Abweichung von einer "positiven Anzahl" von Elementen. Hierbei lautet die Alternative: Die Anzahl der Elemente von M ist Null! Die einzige Menge dieser Art ist nun die leere Menge $M = \emptyset$. Wir wiederholen unsere Schlusskette für diesen Fall:

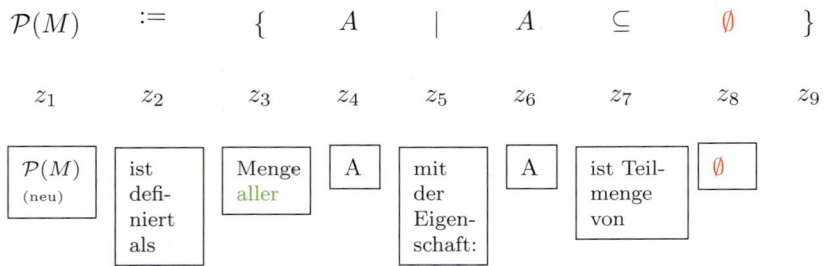

Es gibt aber nur eine einzige Teilmenge von $\emptyset$ – nämlich diese Menge selbst. Die Formulierung "Menge aller A..." reduziert sich somit auf die "Menge mit dem einen Element $A = \emptyset$"; wir schreiben somit das Ergebnis:

$$\textit{Für} \quad M = \emptyset \quad \textit{gilt} \quad \mathcal{P}(M) = \{\, \emptyset \,\}.$$

Es mag interessant sein, zu beobachten, dass die Menge $M = \emptyset$ links leer ist und keinerlei Element enthält, während ihre Potenzmenge nicht leer ist – sie enthält genau ein Element, und das ist die leere Menge. Zum besseren Verständnis heben wir noch einmal hervor, woher die Mengenklammern um die leere Menge stammen: Aus

$$\{\, A \mid A \subseteq \emptyset \,\} \tag{1.3}$$

wurde

$$\{ \emptyset \}, \tag{1.4}$$

weil es nur eine einzige Menge A der geforderten Art gibt, nämlich $A = \emptyset$. Der Trennstrich des Mengenkonstruktes $\{...|...\}$ kann nun entfallen, weil wir in der Lage sind, *alle* Elemente dieser Menge aufzuzählen - es handelt sich dabei ja nur um eins - und das Zugehörigkeitsprädikat nach dem Trennstrich nicht mehr benötigen.

(L3) Genügend Beispiele erzeugen.

Der Auftrag lautete, so viele Beispiele zu erzeugen, bis sich das Gefühl dafür einstellt, dass das Wesentliche bei dem neuen Begriff bzw. Symbol verstanden worden ist. Wir konnten diesen Eindruck nun bereits beim ersten Beispiel gewinnen – insofern könnten wir diesen Punkt abschließen. Dennoch kann es nicht schaden, rückblickend einen Überblick über die betrachteten Beispiele zu gewinnen. Wir listen dazu unsere bisherigen Beispiele auf:

Menge M	Anzahl der Elemente	Potenzmenge $\mathcal{P}(M)$	Anzahl der Elemente
$\emptyset$	0	$\{ \emptyset \}$	$1 = 2^0$
$\{1\}$	1	$\{ \emptyset, \{1\}\}$	$2 = 2^1$
$\{1,2\}$	2	$\{ \emptyset, \{1\},\{2\},\{1,2\}\}$	$4 = 2^2$
...	...	...	...
$\{1,2,...,n\}$	n	$\{ \emptyset, \{1\},...,\{1,2,...,n\}\}$	$?\ 2^n\ ?$
...	...	...	...
$\mathbb{N}$	∞	(nicht aufzählbar)	$?\ 2^\infty\ ?$

Beobachtung 1: (Zahl der Elemente.) Aufgrund der Tabelle gelangen wir zu folgender Vermutung:

> *Für jede endliche Menge M mit $n \in \mathbb{N}_0$ Elementen enthält die zugehörige Potenzmenge $\mathcal{P}(M)$ 2^n Elemente.*

Als Vermutung handelt es sich um eine Aussage, die logisch gesehen wahr oder falsch sein kann. Ohne in die Details zu gehen, sei erwähnt, dass diese Vermutung relativ leicht streng bewiesen werden kann – und somit sogar zu einem Satz wird.

Beobachtung 2: *Potenzmengen können nicht leer sein.*

Da die Zahl 2^n für beliebige $n \in \mathbb{N}_0$ stets größer als Null ist, folgern wir als "Nebenprodukt", dass eine Potenzmenge niemals leer sein kann – wie es die

Bemerkung 3 unserer Mini-Vorlesung Nr.3 behauptet. Damit haben wir nun zugleich diese Bemerkung verstanden – und sogar mehr als das.

Beobachtung 3: (Vom Wert neuer Namen.) Unser Ergebnis aus Beispiel (ii) oben lautete

$$Für \quad M = \{\ 1,2\ \} \quad gilt$$
$$\mathcal{P}(M) \ = \ \{\ \emptyset\ ,\{\ 1\ \}\ ,\{\ 2\ \}\ ,\{\ 1,2\ \}\ \}.$$

Angenommen, wir gäben den Elementen von M spannendere Namen und würden z.B. das Element 1 umbenennen in "Meier", das Element 2 in "Müller". Dann läse sich unser Ergebnis so:

$$Für \quad M = \{\ Meier, Müller\ \} \quad gilt$$
$$\mathcal{P}(M) \ = \ \{\ \emptyset\ ,\{\ Meier\ \}\ ,\{\ Müller\ \}\ ,\{\ Meier, Müller\ \}\ \}$$

– wie im Beispiel 2 unserer Mini-Vorlesung angegeben.

1.5.4 S_4: "Visualisieren" und S_5: "Vortragen"

Der nächste Schritt in der Erarbeitung einer eigenen Konzeptbasis für einen neuen Begriff besteht darin, sich diesen Begriff zu visualisieren, wenn er dafür geeignet ist. Der Begriff der Potenzmenge ist leider nicht gut zu skizzieren, deswegen werden wir diese Technik im Zusammenhang mit anderen Begriffen anwenden. Unsere abschließende Empfehlung an alle Leser lautet, nach Möglichkeit einen kleinen Vortrag über den Begriff der Potenzmenge zu halten. Wie schon gesagt: Dies muss natürlich außerhalb dieses Buches geschehen, so dass hier nicht ausführlich darauf einzugehen ist.

1.6 Eine Bilanz

Unser Ziel war es, uns die Mini-Vorlesung zu erarbeiten. Zunächst demonstrierten wir die Schritte S_1 und S_2 der rein lexikalisch-phonetischen Lesetechnik anhand der Phrase $H := \{A | A \subseteq M\}$ und bezogen dann beim Schritt S_3 die gesamte Definition 1 ein – und gewannen schon dadurch so viele Erkenntnisse, dass damit fast die gesamte Mini-Vorlesung als verstanden gelten kann. Noch nicht bearbeitet wurden der Beweis von Satz 4 und die beiden Übungsaufgaben am Ende. Den Beweis haben wir für Interessenten dem Anhang auf Seite 1043 beigefügt; er kann mit derselben Technik gelesen und verstanden werden wie hier. Wie es sich für Übungsaufgaben gehört, wollen wir deren Lösung dem Leser überlassen – nicht ohne die Lösung dem Anhang beizufügen und nicht ohne den Hinweis, dass diese nicht schwierig sind, sondern lediglich erst einmal richtig gelesen werden müssen :-).

1.7 Anwendungen

Unsere Mini-Vorlesung beließ es lediglich in einem Punkt bei einer Andeutung: Wofür wird der Begriff der Potenzmenge benötigt? Stellvertretend für eine große Vielfalt von Anwendungen betrachten wir nur folgendes

Beispiel: Angenommen, jemand will einen idealen Würfel in einem Spiel einmal werfen. Danach wird er auf der Oberseite eine der möglichen Augenzahlen 1, 2, ..., 6 sehen. Wir können sie in der Grundmenge $M := \{1, 2, 3, 4, 5, 6\}$ zusammenfassen. Würfelt er eine gerade Zahl, tritt das "Ereignis" $G := \{2, 4, 6\}$ ein, würfelt er dagegen mehr als 4 Augen, entspricht das dem Ereignis $\{5, 6\}$. Wir sehen hier, dass sich jedes mögliche Ereignis als eine Teilmenge von M darstellen lässt. Die Potenzmenge $\mathcal{P}(M)$ ist somit als *Menge aller möglichen Ereignisse* zu interpretieren. Ordnen wir jedem Ereignis $E \in \mathcal{P}(M)$ die Zahl

$$P(E) := \frac{Anzahl\ der\ Elemente\ von\ E}{Anzahl\ der\ Elemente\ von\ M}$$

zu – sie bildet das Verhältnis aus der Anzahl der für E günstigen Fälle und der Anzahl möglicher Fälle – haben wir die *klassische Definition der Wahrscheinlichkeit* mit vielen Anwendungen in Wahrscheinlichkeitstheorie und Statistik vor uns!

1.8 Ein Plädoyer für das Gedächtnis

Unsere Methode ermöglicht bei korrekter Anwendung mit hoher Sicherheit ein fehlerfreies mathematisches Lesen. "Korrekte Anwendung" heißt hier insbesondere, dass im Prozess des Buchstabierens eines Textes seinen Atomen alle relevanten Bedeutungen exakt zugeschrieben werden können. Das ist der Fall, wenn wir auf eine lückenlos und korrekt geführte schriftliche Vokabelliste samt Konzeptbasis zurückgreifen. Umgekehrt zeigen alle Erfahrungen, dass der Leseprozess scheitert, wenn keine verlässliche Datenbasis zur Verfügung steht.

Nun mag es zweifellos unbequem erscheinen, wenn beim Lesen fortwährend in irgendwelchen schriftlichen Unterlagen nachgesehen werden muss – so wollen wir ja auch beim Lesen fremdsprachlicher Texte nach Möglichkeit nicht jedes Wort nachschlagen müssen. Der Ausweg lautet: Lesen "aus dem Gedächtnis". Dies gelingt aber nur dann, wenn aus dem Gedächtnis *absolut zuverlässige Informationen* abgerufen werden können. Wenn das nicht der Fall ist, besteht das Risiko gravierender Lesefehler und Fehlinterpretationen. *Keinesfalls* darf versucht werden, fehlende Informationen aus dem Zusammenhang zu *erraten* oder sich mit einer "ungefähren Vorstellung" von einer Bedeutung zu begnügen. Damit steht der Leser vor der Schlüsselfrage: Habe ich alle erforderlichen Informationen vollständig und korrekt im Kopf? Und wie kann ich das überprüfen?

Die Beantwortung dieser Frage würde leider den Rahmen dieses Buches sprengen. Wir können an dieser Stelle nur sehr nachdrücklich dafür plädieren, dem menschlichen Gedächtnis wieder seinen berechtigten Stellenwert zu geben und wichtige Inhalte nach Möglichkeit "*auswendig*" zu wissen. Je besser das gelingt, umso schneller, flüssiger und erfreulicher gelingt auch das mathematische Lesen. Und sobald sich auch nur die leisesten Zweifel an Richtigkeit oder Vollständigkeit der Erinnerung regen: *Unbedingt nachschlagen!*

2

Relationen

2.1 Motivation

Die Beziehungen (oder umgangssprachlich "Relationen") zwischen ökonomischen Objekten und Größen können sehr vielfältig sein. *Herstellungsbeziehungen* drücken aus, ob ein bestimmtes Produkt von einer bestimmten Firma hergestellt wurde oder nicht. *Ordnungsbeziehungen* bestehen z.B. zwischen den Preisen, die von verschiedenen Herstellern für dasselbe Produkt gefordert werden. *Funktionelle Beziehungen* bestehen beispielsweise zwischen dem Ernteertrag auf einem Feld und der eingesetzten Düngemittelmenge. Wenn ein Haushalt den Kauf eines neuen Fernsehers dem einer neuen Waschmaschine vorzieht ("präferiert"), stehen Fernseher und Waschmaschine in einer *Präferenzbeziehung*.

Alle diese und noch weitere Beziehungen lassen sich unter Verwendung mathematischer Begriffe und Symbolik kurz und präzise ausdrücken. Wir geben hierzu eine Einführung.

2.2 Begriffe

Relationen

Definition 2.1. *Es seien A und B nichtleere Mengen. Eine (nichtleere) Teilmenge $\mathscr{R}$ des kartesischen Produktes $A \times B$ heißt* Relation *(in $A \times B$)*[1].

Wenn ein Paar $(x, y) \in A \times B$ der Relation $\mathscr{R}$ angehört, sagt man auch, "x und y stehen in Relation $\mathscr{R}$ zueinander".
Wir werden meist kurz "$x \mathscr{R} y$" anstelle von "$(x, y) \in \mathscr{R}$" schreiben. Wenn klar ist, welche Art von Beziehung mit $\mathscr{R}$ gemeint ist, ist die Interpretation wie folgt: Gehört das Paar (x, y) zu $\mathscr{R}$, besteht zwischen x und y die betreffende Beziehung, andernfalls nicht. Oft verwendet man zur kürzeren und prägnanteren Darstellung statt des Namens R ein Symbol, z.B. "$\lhd$", und schreibt

---

[1]Gilt $A = B$, sagt man auch, $\mathscr{R}$ sei eine Relation "in A".

dann "$x \lhd y$" statt "$x \mathscr{R} y$". Das Nichtbestehen dieser Beziehung wird einfach durch das Durchstreichen des Relationssymbols gekennzeichnet: z.B. bedeutet "$x \not\lhd y$" ausführlich "$(x, y) \notin \mathscr{R}$".

Beispiel 2.2. In den Mengen A:={Cafete, Mensa, Pizzeria, Pub} und B: ={Krombacher, Veltins, Warsteiner} mögen die gastronomischen Einrichtungen auf einem Uni-Campus und die dort insgesamt gehandelten Biersorten zusammengefasst werden. Wer nun etwas genauer wissen will, welche Biersorte wo zu haben ist, der sehe sich die folgende Relation $\mathscr{S}$ wie "Sortiment" an:

$$\mathscr{S} = \{ \text{(Cafete, Krombacher),} \quad \text{(Cafete, Veltins),} \quad \text{(Cafete, Warsteiner),}$$
$$\text{(Mensa, Krombacher),} \quad \text{(Mensa, Veltins),} \quad \text{(Mensa, Warsteiner),}$$
$$\text{(Pizzeria, Krombacher),} \quad \text{(Pizzeria, Veltins),} \quad \text{(Pizzeria, Warsteiner),}$$
$$\text{(Pub, Krombacher),} \quad \text{(Pub, Veltins),} \quad \text{(Pub, Warsteiner)} \quad \}$$

Diejenigen Paare, die zwar zu A × B gehören, nicht aber zu $\mathscr{S}$, sind hier der besseren Übersicht halber in Blaßgrau mit aufgeführt. Betrachten wir die beiden Paare (Cafete, Veltins) und (Cafete, Warsteiner) etwas näher. Das erste von beiden ist blau-rot und gehört zu $\mathscr{S}$, was bedeutet: In der Cafete wird Veltins ausgeschenkt. Das zweite Paar ist blaßgrau und gehört *nicht* zu $\mathscr{S}$; diesmal schließen wir: In der Cafete gibt es *kein* Warsteiner Bier!   △

Beispiel 2.3. In der Menge $\mathbb{R}^2 = \mathbb{R} \times \mathbb{R}$ wird durch $(x, y) \in \mathscr{I} :\Leftrightarrow x = y$ eine Relation definiert - es handelt sich einfach um die Identität (Gleichheit) von x und y. Wir können diese Relation – aufgefasst als Teilmenge von $\mathbb{R}^2$ – wie folgt visualisieren. (Es handelt sich um die rote Diagonale in der Skizze.)

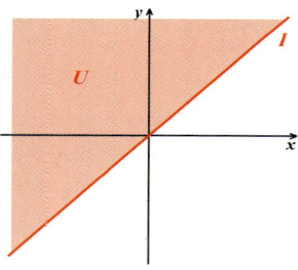

△

Beispiel 2.4. In derselben Menge $\mathbb{R}^2 = \mathbb{R} \times \mathbb{R}$ wird durch $(x, y) \in \mathscr{U} :\Leftrightarrow x \leq y$ eine weitere Relation definiert – es handelt sich um die uns aus dem Abschnitt 0.5 wohlbekannte Ungleichung. In der Skizze erkennen wir $\mathscr{U}$ als blassrote Teilmenge von $\mathbb{R}^2$ (einschließlich der dunkelroten Grenzlinie, denn Gleichheit ist zugelassen).   △

Beispiel 2.5. Wir betrachten die Menge $\mathbb{N}_0 \times \mathbb{N}_0$ und darin die Relation "$\equiv$", die so definiert wird: $x \equiv y :\Leftrightarrow x$ *und* y *haben bei Division durch 3 denselben*

Rest. In diesem Fall nennt man x und y auch *kongruent* (modulo 3).

Beispielsweise sind die Zahlen 0, 3 und 63 untereinander kongruent (modulo 3), denn alle drei Zahlen sind durch 3 teilbar und haben daher ein- und denselben Divisionsrest 0. Dagegen gilt $5 \not\equiv 22$, denn 5 hat bei Division durch 3 den Rest 2, während 22 den Divisionsrest 1 hat.

Kongruenzen spielen in der Ökonomie eine große Rolle, wenn es z.B. darum geht, den Zugang zu großen Bankkonten durch Verschlüsselung zu sichern. $\triangle$

Umkehrrelationen

Dem Leser mag eine gewisse Willkür in der Verteilung der Rollen zwischen den Mengen A (als erster Faktor) und B (als zweiter Faktor des Produktes $A \times B$) sehen. In der Tat hätte man z.B. die in Beispiel 2.3 angegebene Menge $\mathscr{S}$ spiegelbildlich notieren und auf diese Weise eine Relation $\mathscr{R}'$ in der Menge $B \times A$ erhalten können. Es besteht folgender Zusammenhang:

$$(x,y) \in \mathscr{R} \subseteq A \times B \Longleftrightarrow (y,x) \in \mathscr{R}' \subseteq B \times A$$

Insofern lediglich die Notationsreihenfolge "umgekehrt" wurde, spricht man auch von $\mathscr{R}'$ als der *Umkehrrelation* zu $\mathscr{R}$. Allgemein wird dieser Begriff wie folgt definiert:

Definition 2.6. *Es sei $\mathscr{R}$ eine Relation in einem nichtleeren kartesischen Produkt $A \times B$. Dann heißt die durch*

$$(x,y) \in \mathscr{R}' :\Longleftrightarrow (y,x) \in \mathscr{R}$$

definierte Relation $\mathscr{R}'$ die zu $\mathscr{R}$ konverse Relation oder auch Umkehrrelation *zu $\mathscr{R}$, symbolisch: $\mathscr{R}' =: \mathscr{R}^{-1}$.*

Beispiel 2.7. Wir betrachten die Relation $\mathscr{M}$, die im folgenden Bild links als gelbliche Teilfläche des Rechtecks $[-3,3] \times [0,9]$ einschließlich des rot hervorgehobenen Randes grafisch dargestellt wird. Hier gilt $A = [-3,3]$, $B = [0,9]$, und eine formale Beschreibung der Zugehörigkeit zu $\mathscr{M}$ ist durch

$$(x,y) \in \mathscr{M} :\Longleftrightarrow y \geqslant x^2 \qquad \text{für } (x,y) \in A \times B$$

gegeben. (Dabei gilt genau für die Punkte im gelben Feld die strikte Ungleichung $y > x^2$; die Punkte auf der roten Linie dagegen genügen der Gleichung $y = x^2$.) Die Umkehrrelation $\mathscr{M}^{-1}$ ist im rechten Bild dargestellt.

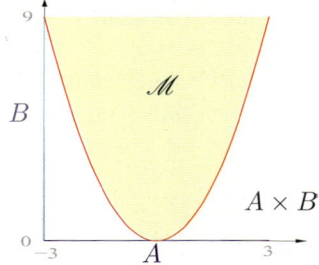
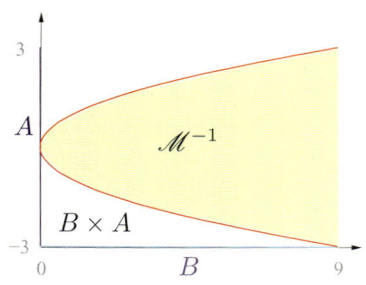

$\triangle$

2.3   Spezielle Relationen

Die Vielfalt aller möglichen Relationen lässt sich strukturieren, indem wichtige Eigenschaften von Relationen betrachtet werden. Hier ist eine erste Auswahl davon:

Definition 2.8. *Es sei A eine nichtleere Menge. Eine Relation $\mathscr{R} \subseteq A \times A$ heißt*

- reflexiv, *wenn gilt* (R) $x\mathscr{R}x$ für alle $x \in A$
- symmetrisch, *wenn gilt* (S) $x\mathscr{R}y \Rightarrow y\mathscr{R}x$
- antisymmetrisch, *wenn gilt* (A) $y\mathscr{R}x \wedge x\mathscr{R}y \Rightarrow x = y$
- transitiv, *wenn gilt* (T) $x\mathscr{R}y \wedge y\mathscr{R}z \Rightarrow x\mathscr{R}z$
- vollständig, *wenn gilt* (V) für alle $x, y \in A : x\mathscr{R}y \vee y\mathscr{R}x$.

Die Eigenschaften (R), (A) und (T) sind uns bereits bei der Ungleichung "$\leq$" begegnet, die dazu dient, reelle Zahlen zu *ordnen* (Abschnitt 0.5 "Ungleichungen und Beträge"). Deswegen werden wir für Relationen dieser Art den Begriff "Ordnungsrelation" vergeben. Je nach Vorhandensein anderer Kombinationen dieser Eigenschaften unterscheiden wir weitere Typen von Relationen.

Definition 2.9. *Es sei A eine nichtleere Menge. Eine Relation $\mathscr{R} \subseteq A \times A$ mit den Eigenschaften*

- *(R), (S) und (T) heißt* Äquivalenzrelation,
- *(R), (A) und (T) heißt* Ordnungsrelation,
- *(R), (T) und (V) heißt* Präferenz.

Alle drei Typen von Relationen spielen eine große Rolle in der Ökonomie. Wir sehen uns zunächst ein weiteres Beispiel für eine Ordnungsrelation an:

Beispiel 2.10. Auf einer Lebensmittelmesse kann man Preise gewinnen. Ein "Preis" besteht allgemein aus k Kilogramm Allgäuer Käse und w Flaschen Dornfelder Spätburgunder Jahrgang 2006. Gewinner können zwischen verschiedenen Preisen wählen. Der Besucher N. Immersatt freut sich auf einen möglichen Gewinn und fragt sich, nach welcher Regel er sich zwischen verschiedenen Preisen entscheiden würde. Eins ist ihm jedoch sofort klar: Bestünde die Alternative "4 kg Käse mit 5 Flaschen Wein" gegen "3 kg Käse mit 4 Flaschen Wein", wäre ihm der erste Gewinn selbstverständlich lieber. Und selbst ein beliebiger Gewinn "x kg Käse mit y Flaschen Wein" ist höchstens so gut wie der erste, solange gilt $x \leq 4$ und $y \leq 5$.   △

Alle hier erwähnten "Gewinne" sind ökonomisch gesprochen "Güterbündel", mathematisch gesehen einfach Zahlenpaare. Das erlaubt uns, das hier angewandte Ordnungsprinzip in eine mathematische Form zu bringen.

Definition 2.11. *Für beliebige* $\underline{x} = (x, y)$ *und* $\underline{x}' = (x', y') \in \mathbb{R}^2$ *sei*

$$\underline{x} \leq \underline{x}' : \iff \quad x \leq x' \ \wedge \ y \leq y'$$

(Sprechweise: "$\underline{x}$ ist kleiner (oder) gleich $\underline{x}'$").

Wichtig: Das Zeichen "$\leq$" sieht nur so aus wie das aus dem R^1 bekannte gewöhnliche "$\leq$"-Zeichen, hat jedoch eine andere Bedeutung, ist also etwas Neues! Mittels "$\leq$" werden Zahlenpaare *koordinatenweise* verglichen. Dabei darf das "$\leq$"-Zeichen genau dann zwischen zwei Zahlenpaare $\underline{x}$ und $\underline{x}'$ gesetzt werden, wenn zwischen *allen* Koordinaten von $\underline{x}$ und $\underline{x}'$ gleichzeitig "$\leq$" geschrieben werden kann. Beispielsweise gilt

$$(1, 2) \ \leq \ (1, 2) \ \leq \ (1, 3) \ \leq \ (2, 4).$$

Warum? Nehmen wir die mittlere Ungleichung:

$$\text{lies:} \quad \underbrace{(\ 1, 2 \ ) \ \underset{\leq}{\leq} \ (\ 1 \ , 3 \ )}_{\leq} \qquad \underline{\text{und}}$$

Achtung. Es gibt Zahlenpaare $\underline{x}$ und $\underline{x}'$ die sich *nicht* mittels "$\leq$" vergleichen lassen, so z.B. $x = (3, 2)$ und $x' = (1, 6)$

$$\underbrace{(3 \ , 2 \ ) \ \underset{\leq}{\leq} \ (\ 1 \ , 6 \ )}_{\nleq}$$

Definition 2.12. *Zwei Zahlenpaare* $\underline{x} = (x, y)$ *und* $\underline{x}' = (x', y') \in \mathbb{R}^2$ *heißen unvergleichbar (bezüglich* $\leq$, *symbolisch* $\underline{x} \curlywedge \underline{x}'$*), wenn weder* $\underline{x} \leq \underline{x}'$ *noch* $\underline{x}' \leq \underline{x}$ *gilt.*

Nach dem Bisherigen ist folgende Aussage plausibel:

Satz 2.13. "$\leq$" *ist eine Ordnungsrelation in* $\mathbb{R}^2$, *jedoch* nicht *vollständig.*

Um Ordnungsrelationen wie "$\leq$" im $\mathbb{R}^1$ von "$\leq$" im $\mathbb{R}^2$ zu unterscheiden, nennt man erstere auch "vollständige Ordnung", letztere auch "Halbordnung".

Unsere Relation "$\leq$" wird auch "gewöhnliche Halbordnung im $\mathbb{R}^2$" genannt. Zahlenpaare, die sich damit nicht vergleichen lassen, sind übrigens ökonomisch keineswegs lästig, sondern eher interessant. Um auch sie vergleichen zu können, zieht man Präferenzen heran.

Beispiel 2.14 ($\nearrow$F 2.10). Herr N. Immersatts Freund G. Nügsam wendet ein, dass eine Auswahl sicher nur zwischen solchen Lotteriegewinnen möglich sein wird, bei denen "mehr Käse" durch "weniger Wein" ersetzt wird oder umgekehrt. Er müsse sich also fragen, nach welcher Regel er sich z.B. zwischen dem Gewinn $(3,2) \hat{=}$ "3 kg Käse mit 2 Flaschen Wein" einerseits und dem Gewinn $(1,6) \hat{=}$ "1 kg Käse mit 6 Flaschen Wein" entscheiden würde. Weil diese Gewinne mittels $\leq$ unvergleichbar sind, überlegt sich N. Immersatt, jedem Preis eine Punktzahl zuzuordnen: Besteht der Preis aus k kg Käse und w Flaschen Wein, ordnet er ihm $2k + w$ Punkte zu.

Fassen wir die Preise als Paare der Form $(k,w) \in \mathbb{N} \times \mathbb{N}$ auf, haben wir auf diese Weise eine Relation in $\mathbb{N}^2$ definiert: Wir sagen, der Preis (k',w') ist *mindestens so gut* wie der Preis (k,w), symbolisch $(k,w) \preceq (k',w')$, wenn gilt

$$2k + w \leq 2k' + w'.$$

Dem Leser überlassen wir, sich zu überlegen, dass die Relation $\preceq$ tatsächlich die Eigenschaften (R), (T) und (V) besitzt, also eine *Präferenzrelation* ist. $\triangle$

Beispiel 2.15. Im letzten Beispiel ist "Präferenz" nicht strikt gemeint; d.h., es gibt Preise, die zwar verschieden, jedoch trotzdem im Sinne dieser Präferenz gleichwertig sind. Beispielsweise unterscheiden sich die Preise $(3,3)$ und $(2,5)$ sehr wohl, jeder von beiden ist jedoch *mindestens so gut* wie der andere: $(3,3) \preceq (2,5) \preceq (3,3)$, denn beide Preise haben denselben Punktwert 9. In Situationen wie dieser würde man umgangssprachlich sagen, dass beide Preise gleichwertig – also äquivalent – sind. In der Tat ist es das Anliegen von Äquivalenzrelationen, Gleichwertigkeit auszudrücken. $\triangle$

Beispiel 2.16 ($\nearrow$F 2.15). Wir nennen zwei Preise (k,w) und (k',w') *gleichwertig* (symbolisch $(k,w) \simeq (k',w')$), wenn gilt $(k,w) \preceq (k',w') \preceq (k,w)$. Man überlegt sich leicht, dass "$\simeq$" eine Äquivalenzrelation in $\mathbb{N}^2$ ist. $\triangle$

Zur Übung zwei weitere Beispiele:

Beispiel 2.17 ($\nearrow$F 2.3). Die Gleichheit "$=$" ist eine Äquivalenzrelation, denn sie ist offensichtlich

- reflexiv $(x = x)$
- symmetrisch $(x = y \;\Rightarrow\; y = x)$ und
- transitiv $(x = y \wedge y = z \;\Rightarrow\; x = z)$.

(Es handelt sich bei exakter Gleichheit sozusagen um die "stärkste Form" von Äquivalenz. Die Relation "$=$" ist übrigens *nicht* vollständig, denn für ein beliebiges Paar (x,y) braucht weder $x = y$ noch $y = x$ zu gelten). $\triangle$

Beispiel 2.18 ($\nearrow$F 2.5). Die Kongruenz "$\equiv$" ist ebenfalls eine Äquivalenzrelation, denn sie ist

- reflexiv $\qquad\qquad$ $(x \equiv x)$
- symmetrisch $\qquad$ $(x \equiv y \quad \Rightarrow \quad y \equiv x)$ und
- transitiv $\qquad\quad$ $(x \equiv y \land y \equiv z \quad \Rightarrow \quad x \equiv z)$.

Wir können diese Äquivalenz als eine etwas schwächere Form von Gleichwertigkeit interpretieren: Zwischen Zahlen wird nicht unterschieden, wenn sie bei Division durch 3 denselben Rest haben. (Diese Unterscheidung wäre z.B. im Hinblick auf das Knacken eines Safes auch unerheblich, wenn alle kongruenten Zahlen dazu gleich gut geeignet wären.) $\hfill \triangle$

Unser Beispiel 2.16 zeigt eine *spezielle* Präferenzrelation. Der Vergleich zweier Preise beruhte darauf, dass jedem Güterbündel eine Maßzahl des Nutzens – ein *Nutzenindex* – zugeordnet und anschließend diese Maßzahlen verglichen wurden. Im konkreten Fall handelt es sich bei diesem Index um einen abstrakten Punktwert, ebenso hätte man aber den Marktpreis des Bündels verwenden können. Die Idee, beliebige Objekte anhand von Maßzahlen zu vergleichen, lässt sich jedoch ganz universell einsetzen:

Satz 2.19. *Es seien A eine beliebige nichtleere Menge und $p : A \to \mathbb{R}$ eine beliebige reelle Funktion. Dann wird durch*

$$a \leq_p b \quad :\Longleftrightarrow \quad p(a) \leq p(b)$$

eine Präferenzrelation "$\leq_p$" $\in A \times A$ definiert. Weiterhin definiert

$$a \sim_p b \quad :\Leftrightarrow \quad a \leq_p b \ \land \ b \leq_p a$$

eine Äquivalenzrelation in $A \times A$.

2.4   Aufgaben

Aufgabe 2.20 ($\nearrow$L). In $A \times B$ mit $A := B := [0, \infty)^2$ betrachten wir die Relation "$\trianglelefteq$", definiert durch

$$\underline{x} \trianglelefteq \underline{y} \quad :\Longleftrightarrow \quad 3x_1 + 4x_2 \le 3y_1 + 4y_2$$

(i) Skizzieren Sie in der Menge $D = [0, \infty)^2$ alle Punkte $\underline{y} = (y_1, y_2)$ mit

$$(2, 1) \quad \trianglelefteq \quad (y_1, y_2).$$

(ii) Begründen Sie, warum es sich bei "$\trianglelefteq$" um eine Präferenzrelation handelt.

(iii) Wir interpretieren "$\underline{x} \trianglelefteq \underline{y}$" als *"das Güterbündel $\underline{x}$ ist nicht besser als das Güterbündel $\underline{y}$"*. Welche Güterbündel sind dann *"genauso gut"* wie $\underline{x} = (2, 1)$?

Aufgabe 2.21. Begründen Sie Satz 2.19.

Aufgabe 2.22 ($\nearrow$L). Überlegen Sie sich, dass für beliebige $\underline{x}$, $\underline{x}'$ aus $[0, \infty)^2$ gilt

$$\underline{x} \le \underline{x}' \quad \Longrightarrow \quad \underline{x} \trianglelefteq \underline{x}' \tag{2.1}$$

worin $\trianglelefteq$ die Präferenzrelation aus Aufgabe 2.20 bezeichnet. Was bedeutet das ökonomisch?

Aufgabe 2.23 ($\nearrow$L). In der Menge $\mathbb{N} \times \mathbb{N}$ betrachten wir die Relationen

(i) "$<$" (die übliche "kleiner als"-Relation)

(ii) "$\,|\,$" mit $a \,|\, b \quad :\Longleftrightarrow \quad b$ ist durch a teilbar

(iii) "$\bowtie$" mit $a \bowtie b \quad :\Longleftrightarrow \quad a \,|\, b \;\wedge\; b \,|\, a$

Stellen Sie für jede dieser drei Relationen fest, über welche der Eigenschaften (R), (A), (S), (T) und (V) nach Definition 2.8 sie verfügt.

3

Abbildungen

3.1 Begriffe

Definition 3.1. *Es seien D und W nichtleere Mengen. Eine Relation $f \subseteq D \times W$ heißt* Abbildung *oder auch* Funktion *von D nach W, wenn zu jedem $x \in D$ genau ein $y \in W$ existiert mit $(x, y) \in f$.*

Wir bezeichnen die Menge D als *Definitionsbereich* und die Menge W als *Wertebereich* (oder auch *Wertevorrat*) von f. Die Besonderheit einer *Abbildung* als spezieller Relation besteht darin, dass jedem Element x des Definitionsbereiches *genau ein* Element y des Wertebereiches zugeordnet wird.

In diesem Zusammenhang sind folgende Bezeichnungen und Schreibweisen üblich:

- x wird "*Argumentwert von f*", "*Stelle*" oder "*Punkt*" genannt;

- y heißt "*Funktionswert von f an der Stelle x*", "*Wert der Abbildung f an der Stelle x*" oder "*Bildpunkt von x unter der Abbildung f*";

- für y schreibt man auch $f(x)$.

(Die blassen Textteile werden oft weggelassen.)

Statt zu sagen "f ist eine Abbildung von D nach W" schreibt man kürzer "$f : D \to W$" oder auch "$D \xrightarrow{f} W$". Dass einem Argument x der Funktionswert y bzw. $f(x)$ zugeordnet wird, wird so symbolisiert: $x \to y$ bzw. $x \to f(x)$. Die Menge $\{(x, f(x)) \mid x \in D\} \subseteq D \times W$ kann man oft grafisch darstellen. Jede solche grafische Darstellung heißt *Graph* von f (symbolisch: $\operatorname{graph}(f)$)

Beispiel 3.2. Es seien $D := \mathbb{R}$ und $W := \mathbb{R}$. Die Relation q werde durch $(x, y) \in q \Leftrightarrow y = x^2$ für $x, y \in \mathbb{R}$ definiert.

Weil zu jedem $x \in D$ genau ein $y = x^2 \in W$ gehört, handelt es sich um eine Abbildung (Funktion) im Sinne von Definition 3.1. Das Bild rechts zeigt $D \times W = \mathbb{R} \times \mathbb{R}$, als cremefarbende Fläche und die rote Kurve all diejenige Punkte davon, die der Relation q angehören.

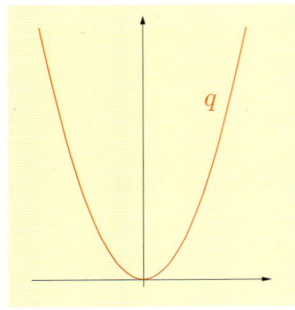

△

Beispiel 3.3. An einem bestimmten Tag wurden an drei verschiedenen Standorten von Theaterkassen folgende Anzahlen von Theaterkarten verkauft:

Kaiserin-Auguste-Allee	Prinzregentenstr.	Luitpoldallee	
222	311	507	(3.1)

Wir können diese Tabelle als "Abbildung" oder "Funktion" interpretieren, wenn wir den Definitionsbereich D durch $D := \{$Kaiserin-Auguste-Allee, Prinzregentenstraße, Luitpoldallee$\}$, und den Wertevorrat W z.B. durch $W := \{270, 311, 222, 18, 507\}$ definieren. Dann wird durch die gegebene Tabelle die Relation

$$f := \{(\text{Kaiserin-Auguste-Allee}, 222), (\text{Prinzregentenstraße}, 311),$$
$$(\text{Luitpoldallee}, 507)\}$$

beschrieben.

Weil jedem Standort $x \in D$ genau eine Anzahl $y \in W$ verkaufter Karten zugeordnet wird, handelt es sich bei f in der Tat um eine Abbildung. (In diesem Zusammenhang wird (3.1) als *Wertetabelle* von f bezeichnet.)

Keine Abbildung ist hingegen die Relation

$$g := \{(\text{Kaiserin-Auguste-Allee}, 222), (\text{Prinzregentenstraße}, 311),$$
$$(\text{Luitpoldallee}, 507), (\text{Luitpoldallee}, 222)\},$$

denn dem Element Luitpoldallee aus den Definitionsbereich D werden unzulässigerweise *zwei* Elemente des Wertevorrates W zugeordnet. △

Es kann mitunter sinnvoll sein, den Definitionsbereich einer gegebenen Abbildung $f : D \to W$ zu verkleinern, den Wertevorrat und die Zuordnungsvorschrift jedoch beizubehalten:

Definition 3.4. *Gegeben seien eine Abbildung $f : D \to W$ und eine Teilmenge $E \cup D$. Die auf der Menge E durch die Festsetzung $h(x) := f(x)$, $x \in E$, definierte Abbildung $h : E \to W$ heißt* Einschränkung von f auf E, *symbolisch: $h =: f\big|_E$.*

Beispiel 3.5 (↗F 3.2). Durch Einschränkung der Abbildung q auf die Teilmenge $E := [0, \infty)$ ihres ursprünglichen Definitionsbereiches werden jetzt nur noch Argumente $x \geq 0$ zugelassen, negative Argumente hingegen werden ausgeschlossen. Das ist z.B. dann sinnvoll, wenn x ökonomisch als Menge eines bstimmten Gutes, als Preis o.ä. zu interpretieren ist. Der Graph der Einschränkung $q\big|_E$ umfasst nunmehr sozusagen nur noch die "rechte Hälfte" der obigen Skizze. △

Beispiel 3.6 (↗F 3.3). Angenommen, ein Bereichsleiter ist für die Verkaufsstellen in der Prinzregentenstraße und in Luitpoldallee zuständig. Er könnte dann z.B. nur die folgende Teil-Tabelle liefern:

Prinzregentenstr.	Luitpoldallee
311	507

(3.2)

Mathematisch entspricht diese der Einschränkung $f\big|_E$ von f auf die Menge $E := \{$Prinzregentenstraße, Luitpoldallee$\}$. △

3.2 Komposition von Abbildungen

Definition 3.7. *Gegeben seien nichtleere Mengen D, E, W und V mit $W \subseteq E$ sowie zwei Abbildungen $f : D \to W$ und $g : W \to V$. Die durch die Festlegung $h(x) := g(f(x))$, $x \in D$, definierte Abbildung $h : D \to V$ heißt die* Zusammensetzung *(oder* Komposition*) von f und g; symbolisch: $h =: g \circ f$.*

Der Sachverhalt kann anschaulich so illustriert werden: Gegeben sind die Abbildungen

$$f : D \to W , \quad g : E \to V$$

durch Hintereinanderausführung der beiden wird hieraus

$$h : D \longrightarrow V.$$

Die zusammengesetzte Funktion wird somit auch durch einen zusammengesetzten Pfeil dargestellt.

Beispiel 3.8. Wir wählen $D := E := W := V := [0, \infty)$ und $f(x) := x^2$, $g(y) := \frac{1}{1+y}$, $x, y \in D$. Es wird dann $g \circ f(x) = g(f(x)) = \frac{1}{1+x^2}$ für $x \in D$. △

Weitere Beispiele folgen im Abschnitt 6.4 "Mittelbare Funktionen".

3.3 Bild und Urbild

Gegeben sei eine Abbildung $f : D \to W$. Für jedes Element $x \in D$ hatten wir $f(x)$ als Bild von x (unter f) bezeichnet. Wir betrachten nun nicht mehr einzelne Argumentwerte allein, sondern ganze Teilmengen von D.

Definition 3.9.

- *Für jede Teilmenge $S \subseteq D$ bezeichnen wir die Menge $f(S) := \{f(x) \mid x \in D\}$ als das* Bild *von S unter f.*

- *Umgekehrt bezeichnen wir für jede Teilmenge $V \subseteq W$ des Wertevorrates die Menge $f^{-1}(V) := \{f \in V\} := \{x \in D \mid f(x) \in V\}$ als das* Urbild *von V unter f.*

Bei dem Bild $f(S)$ von S handelt es sich um die Menge aller möglichen Bildpunkte $f(x)$, für die gilt $x \in S$. Das folgende Bild zeigt den Zusammenhang ganz allgemein mit Hilfe von Venn-Diagrammen: Der Blick startet bei *jedem* Punkt x in der Menge S (links) und läuft dann entlang dem dargestellten Pfeil zu dem zugehörigen Bildpunkt $f(x)$ (rechts); die Zusammenfassung aller so gefundenen Bildpunkte ergibt dann die Menge $f(S)$ (rechts im Bild).

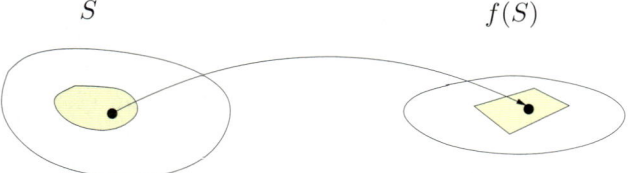

Bild 3.1: Bild $V = f(S)$ einer Menge S

Umgekehrt beschreibt das Urbild $U := f^{-1}(V) = \{f \in V\}$ die Menge aller möglichen Argumentwerte x, die mittels f in die Teilmenge V von W abgebildet werden. Der Blick läuft diesmal sozusagen rückwärts (nächstes Bild): Ausgehend von einem beliebigen Punkt $y \in V$ (rechts) werden alle Pfeile, die auf y zulaufen, rückwärts durchlaufen, und die an ihren Ursprüngen liegenden x-Werte (links) werden in der Menge U zusammengefasst.

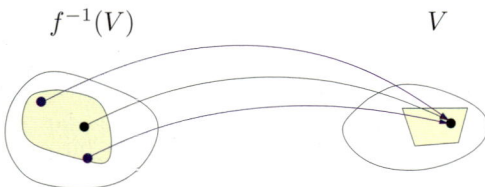

Bild 3.2: Urbild $f^{-1}(V)$ einer Menge V

In unseren Venn-Diagrammen werden Mengen stets zwar *logisch* korrekt, aber nicht unbedingt *geometrisch* korrekt abgebildet. Wenn es sich bei D und W z.B. um Teilmengen der reellen Achse $\mathbb{R}$ handelt, können diese statt in einem Venn-Diagramm auch in einem Koordinatensystem abgebildet werden.

Beispiel 3.10. Wir betrachten nochmals die Abbildung $f : D \to W$ mit $D := W := \mathbb{R}$ und $f(x) := x^2$, $x \in \mathbb{R}$. In unseren beiden Skizzen ist D als waagerechte und W als senkrechte Koordinatenachse dargestellt.

a) Es gilt $f(1) = f(-1) = 1$, d.h. mehrere (genauer: je zwei) Argumente können dasselbe Bild haben.

b) Daher ist $f^{-1}(\{1\}) = \{-1,1\}$ (d.h., hier ist das Urbild einer einelementigen Menge zweielementig; Bild rechts)

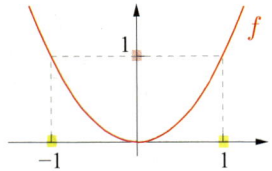

Bild 3.3: B1

c) Allgemeiner hat man $f([0,1]) = f([-1,0]) = [0,1]$ und weiterhin $f([a,1]) = [0,1]$ für jedes $a \in [-1,0]$, d.h., es gibt unendlich viele Teilmengen S von $D = \mathbb{R}$, die ein und dasselbe Bild haben (Bild rechts).

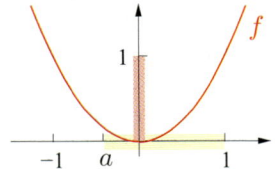

Bild 3.4: B2

d) Das Urbild dieses Bildes ist die größtmögliche derartige Menge und enthält alle übrigen: $f^{-1}([0,1]) = [-1,1]$.

e) Das Bild des gesamten Definitionsbereiches ist nicht der ganze Wertevorrat: $f(\mathbb{R}) = [0,\infty) \subset \mathbb{R}$, d.h. nicht jeder Wert im Wertevorrat wird tatsächlich als Funktionswert angenommen. (So gibt es z.B. kein $x \in D$ mit $f(x) = x^2 = -1$.)

f) Das Urbild des gesamten Wertevorrates dagegen ist der gesamte Definitionsbereich: $f^{-1}(\mathbb{R}) = \mathbb{R}$.

$\triangle$

Beispiel 3.11. Etwas anders verhält sich hingegen die Abbildung $g : E \to X$ mit $E := X := \mathbb{R}$ und $g(x) := x^3$ für $x \in \mathbb{R}$. Hier gilt z.B.

$$g^{-1}(\{y\}) = \left\{ y^{\frac{1}{3}} \right\} \text{ für jedes } y \geqslant 0$$

$$g^{-1}(\{y\}) = \left\{ -|y|^{\frac{1}{3}} \right\} \text{ für jedes } y < 0 \,.$$

Jeder Wert im Wertevorrat ist tatsächlich auch Funktionswert - und zwar für genau ein zugehöriges Argument. Je zwei verschiedene Mengen $S \neq S'$ von Argumenten haben auch verschiedene Bilder: $g(S) \neq g(S')$. Ebenso haben je zwei verschiedene Teilmengen $V \neq V'$ des Wertevorrates unterschiedliche Urbilder: $g^{-1}(V) \neq g^{-1}(V')$. Schließlich gilt $g(E) = W$. $\triangle$

3.4   Eineindeutigkeit und Umkehrabbildung

In diesem Abschnitt wollen wir weitere Eigenschaften von Abbildungen diskutieren, die ganz allgemein formuliert werden können.

Definition 3.12. *Eine Abbildung $f : D \to W$ heißt*

- injektiv, *wenn für alle $x, x' \in D$ gilt $f(x) = f(x') \Rightarrow x = x'$*
- surjektiv, *wenn zu jedem $y \in W$ ein $x \in D$ existiert mit $f(x) = y$*
- bijektiv, *wenn f sowohl injektiv als auch surjektiv ist.*

Statt "injektiv" sagt man auch "eineindeutig" (kurz "1-1"), und statt "surjektiv" sagt man auch "Abbildung von D auf W".

Die verbale Interpretation dieser drei Eigenschaften ist folgende: Ist eine Abbildung

- *injektiv*, so wird jeder mögliche Funktionswert aus W *höchstens* einmal angenommen;
- *surjektiv*, so wird jeder mögliche Funktionswert aus W *mindestens* einmal angenommen;
- *bijektiv*, so wird jeder mögliche Funktionswert *genau* einmal angenommen.

Man kann auch sagen: Ist eine Abbildung

- *nicht* injektiv, so wird mindestens ein Funktionswert mehrfach vergeben
- *nicht* surjektiv, so gibt es mindestens ein Element $y \in W$, welches nicht als Funktionswert vergeben wird.

Liegt einer dieser beiden Fälle vor, ist f nicht bijektiv. In der Sprache von Bild und Urbild haben wir folgenden

Satz 3.13. *Eine Abbildung $f : D \to W$ ist genau dann*

- *injektiv, wenn das Urbild $\{f \in V\}$ jeder einelementigen Menge $V = \{y\}$, $y \in W$, höchstens ein Element enthält*
- *surjektiv, wenn gilt $f(D) = W$.*

Es lassen sich - je nachdem, ob die Eigenschaften injektiv bzw. surjektiv vorliegen oder nicht - vier Typen von Abbildungen unterscheiden. Die folgenden Bilder zeigen Beispiele dafür.

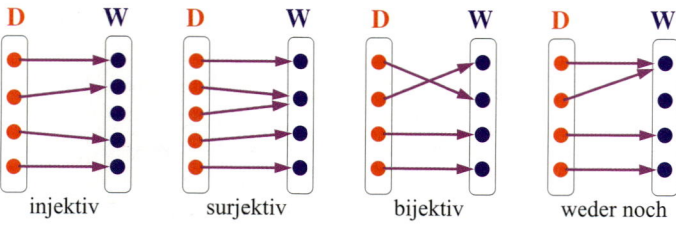

Bemerkung 3.14. Diese vielleicht etwas abstrakt klingenden Begriffe werden etwas besser fassbar, wenn wir einmal den Begriff einer Gleichung ins Spiel bringen. Wir betrachten dazu bei beliebig gegebenem $y \in W$ die Gleichung

$$f(x) = y \tag{3.3}$$

Dann ist f genau dann

- injektiv, wenn die Gleichung (3.3) – sofern überhaupt lösbar – *eindeutig* lösbar ist;

- surjektiv, wenn die Gleichung (3.3) *stets* lösbar ist (aber dabei nicht unbedingt eindeutig);

- bijektiv, wenn (3.3) *stets* lösbar ist, und zwar *eindeutig.*

"Eindeutig lösbar" heißt dabei stets, dass es *genau eine* Lösung gibt.

Beispiel 3.15. Die Identität $\mathrm{id}_A : A \to A$ ist "die einfachste" bijektive Abbildung.   △

Beispiel 3.16. Wir betrachten die vier Abbildungen

$$
\begin{array}{llll}
q : & \mathbb{R} \to \mathbb{R} : & x \to x^2 \\
r : & [0, \infty) \to \mathbb{R} : & x \to x^2 \\
s : & \mathbb{R} \to [0, \infty) : & x \to x^2 \\
t : & [0, \infty) \to [0, \infty) : & x \to x^2.
\end{array}
$$

Obwohl hier stets ein- und dieselbe Zuordnungsvorschrift verwendet wird, handelt es sich allein dadurch, dass sich Definitions- oder Wertebereiche unterscheiden, begrifflich um *verschiedene* Abbildungen.

Um zu beurteilen, ob diese injektiv bzw. surjektiv sind, untersuchen wir die Lösbarkeit der Gleichungen $q(x) = y, \dots, t(x) = y$. Algebraisch nehmen all diese Gleichungen dieselbe Form an:

$$x^2 = y. \tag{3.4}$$

Hier gibt es folgende Fälle:

- Die algebraische Gleichung (3.4) ist *in $\mathbb{R}$ unlösbar,* sobald y negativ ist. Da in den Wertebereichen von q und r negative Werte y zugelassen sind, können diese nicht als Funktionswerte angenommen werden, daher sind q und r *nicht surjektiv.*

- Umgekehrt ist die Gleichung (3.4) *in $\mathbb{R}$ lösbar,* sobald $y \geq 0$ gilt (dies trifft bei den Abbildungen s und t für *alle* y im Wertevorrat zu). Lösungen *in $\mathbb{R}$* sind $x = -\sqrt{y}$ und $x = \sqrt{y}$. Zumindest die nichtnegative Lösung $\sqrt{}(y)$ gehört sowohl zu D_s als auch zu D_t. Wir schließen hieraus: s und t sind surjektiv.

- Wenn (3.4) wegen $y > 0$ lösbar ist, gehört die negative Lösung $x = -\sqrt{y}$ ebenso wie die positive Lösung $\sqrt{y}$ zum Definitionsbereich der Funktionen q und s. Also sind die Gleichungen $q(x) = y$ und $s(x) = y$ mehrdeutig lösbar und daher q und s nicht injektiv. Im Falle von r und t hingegen wird die negative Lösung als nicht zum Definitionsbereich gehörig ausgeschlossen. Daher sind $r(x) = y$ bzw. $t(x) = y$ eindeutig lösbar, also r und t injektiv.

Wir fassen das Ergebnis in einer Tabelle zusammen:

	injektiv	surjektiv	$D \times W$
q	-	-	weiß, lila, grün, gelb
r	$\checkmark$	-	grün, gelb
s	-	$\checkmark$	lila, grün,
t	$\checkmark$	$\checkmark$	grün,

Die nachfolgende Skizze zeigt die vier Funktionen im Vergleich. Die zugehörigen Mengen $D \times W$ sind wie in der Tabelle angegeben eingefärbt. Die Skizze suggeriert, dass bei einer

- nicht injektiven Funktion der Definitionsbereich "zu groß"
- nicht surjektiven Funktion der Wertevorrat "zu groß"

ist. Durch Verkleinerung der "zu großen" Mengen lässt sich eine bijektive Abbildung erreichen (so ist die Abbildung t gänzlich innerhalb des grünen Feldes darstellbar).

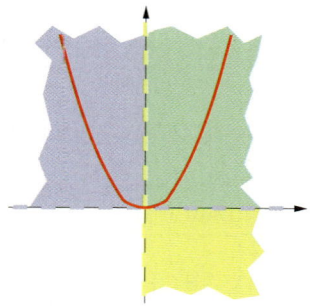

Bild 3.5:

3.4.1 Umkehrabbildungen

Der praktische Nutzen bijektiver Abbildungen besteht darin, dass sie – aufgefasst als Relation – eine Umkehrrelation besitzen, die ebenfalls wieder eine Abbildung ist. Dies ist auch in ökonomischen Zusammenhängen bedeutsam. Wir werden darauf in den Kapiteln 5 (reelle Funktionen) und 14 (reelle Funktionen in der Ökonomie) ausführlicher eingehen. An dieser Stelle geben wir die wichtigsten Begriffe an.

Definition 3.17. *Es sei $f : D \to W$ eine bijektive Abbildung. Dann heißt die durch $h(y) = x :\Longleftrightarrow f(x) = y$ ($x \in D$, $y \in W$) definierte Abbildung $h : W \to D$ die* Umkehrabbildung *von f, symbolisch: $h = f^{-1}$ (sprich "f oben minus Eins").*

f^{-1} wird auch als Umkehr*funktion* von f bezeichnet.

Achtung: *Jede Funktion hat – aufgefasst als Relation – eine Umkehrrelation (diese ist aber nicht notwendig eine Abbildung).*

Satz 3.18. *Es sei $f : D \to W$ eine bijektive Abbildung mit Umkehrabbildung f^{-1}. Dann gilt für alle $x \in D$ und alle $y \in W$*

$$f^{-1}(f(x)) = x \quad \text{und} \quad f(f^{-1}(y)) = y. \tag{3.5}$$

Denn: Setzen wir in (3.5) die rechte Gleichung in die linke ein und umgekehrt, erhalten wir die behaupteten beiden Gleichungen.

Die Gleichung (3.5) können wir in Kurzform so schreiben:

$$f^{-1} \circ f = id_D, f \circ f^{-1} = id_W,$$

3.5   Aufgaben

Aufgabe 3.19. Wir betrachten die Abbildung $q : D \to W$ mit $D := W := \mathbb{R}$ und $q(x) := x^2, x \in \mathbb{R}$.

(i) Bestimmen Sie die Bilder der Mengen $\{-2, -1, 0, 1, 2\}$, $(-\infty, -1)$ und $[-3, 2]$ unter q.

(ii) Bestimmen Sie die Urbilder derselben Mengen bezüglich q.

Aufgabe 3.20 ($\nearrow$L). Gegeben sei die Menge

(i) $M := \{1, 2, 3, 4, 5\}$

(ii) $M := \mathbb{N}$.

Stellen Sie in beiden Fällen fest, ob man eine Abbildung $A : M \to M$ finden kann, die injektiv, aber nicht surjektiv ist. Woraus erklären Sie sich den Unterschied in den Ergebnissen von (i) und (ii)?

TEIL II

Analysis im $\mathbb{R}^1$

Wissenswertes über die Menge $\mathbb{R}^1$ reeller Zahlen

4.1   Intervalle

An dieser Stelle stellen wir einige der in diesem Text benutzten Schreibweisen zusammen und präzisieren Bezeichnungen, die wir im Abschnitt 0.1 "Das Notwendigste zuerst" eher intuitiv eingeführt hatten. Als *Intervall* bezeichnen wir jede Teilmenge M von $\mathbb{R}$, die mit geeigneten Konstanten $a, b \in \mathbb{R}$ auf eine der folgenden 9 Arten dargestellt werden kann:

$$
\begin{aligned}
[a,b] &:= \{x \in \mathbb{R} \mid a \le x \le b\} & [a,\infty) &:= \{x \in \mathbb{R} \mid x \ge a\} \\
[a,b) &:= \{x \in \mathbb{R} \mid a \le x < b\} & (-\infty,b] &:= \{x \in \mathbb{R} \mid x \le b\} \\
(a,b] &:= \{x \in \mathbb{R} \mid a < x \le b\} & (a,\infty) &:= \{x \in \mathbb{R} \mid x > a\} \\
(a,b) &:= \{x \in \mathbb{R} \mid a < x < b\} & (-\infty,b) &:= \{x \in \mathbb{R} \mid x < b\} \\
& & (-\infty,\infty) &:= \mathbb{R}
\end{aligned}
$$

Dabei bezeichnen wir

- $[a,b]$, $[a,\infty)$, $(-\infty,b]$ als *abgeschlossene* Intervalle
- (a,b), (a,∞), $(-\infty,b)$, $(-\infty,\infty)$ als *offene* Intervalle
- $[a,b)$, $(a,b]$ als *halboffene* Intervalle.

Die Zahlen a, b und gegebenenfalls $-\infty$ bzw. ∞ nennt man *Intervallgrenzen*. Eine eckige Klammer (oder ein Vollpunkt) neben einer Intervallgrenze symbolisiert, dass die betreffende Grenze zum Intervall dazugehört, eine runde Klammer (oder ein Hohlpunkt) symbolisiert, dass die betreffende Grenze *nicht* dazugehört[1]. Die folgende Skizze zeigt einige Beispiele:

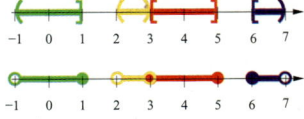

Obwohl scheinbar eine Feinheit, ist es oft wichtig, auf die Zugehörigkeit oder Nichtzugehörigkeit der Intervallgrenzen zum Intervall zu achten.

---

[1]Statt einer einwärts gerichteten runden Klammer kann man auch eine auswärts gerichtete eckige Klammer verwenden: $[a,b) = [a,b[$ usw.

Wir heben hervor, dass wir aus Gründen der Bequemlichkeit den Zahlen $a, b \in \mathbb{R}$ keinerlei Beschränkung auferlegen, insbesondere wollen wir die Fälle $a > b$ und $a = b$ zulassen. Unsere Definitionen bleiben dann sinnvoll, müssen lediglich korrekt interpretiert werden: Im Fall $a > b$ sind mangels Erfüllbarkeit der geforderten Ungleichungen alle vier "Intervalle" $[a, b], [a, b), (a, b]$ und (a, b) leer. Im Fall $a = b$ trifft das auf die Intervalle $[a, b), (a, b]$ und (a, b) zu, während das "Intervall" $[a, b]$ lediglich den Punkt $a \, (= b)$ enthält. Intervalle wie diese – also höchstens einen Punkt enthaltend – nennen wir *ausgeartet*; alle übrigen *nichtausgeartet* , *echt* oder *Intervall positiver Länge* .

4.2 Schranken und Grenzen

4.2.1 Motivation

In der Ökonomie ist eine Aussage wie

> "Die Kosten dieses Investitionsvorhabens betragen mindestens
> zwei und höchstens drei Millionen Euro."

von hohem Nutzen. Oft wird die Entscheidung über Investitionen anhand ähnlicher Aussagen getroffen, weil die genauen Kosten zum gegebenen Zeitpunkt nur grob abgeschätzt werden und sich womöglich noch ändern können. Immerhin hat man so eine untere und eine obere "Schranke" erhalten, zwischen denen sich die tatsächlichen Kosten bewegen können.

Wir gehen daran, diese Begriffe mathematisch exakt zu fassen.

4.2.2 Schranken

Definition 4.1. *Eine Teilmenge $M \subseteq \mathbb{R}$ heißt* $\left\{ \begin{array}{c} \text{nach unten} \\ \text{nach oben} \end{array} \right\}$ *beschränkt, wenn es eine Zahl* $\left\{ \begin{array}{c} U \\ O \end{array} \right\}$ *in $\mathbb{R}$ gibt mit* $\left\{ \begin{array}{c} U \leqslant x \\ x \leqslant O \end{array} \right\}$ *für alle $x \in M$. (In diesem Fall nennt man* $\left\{ \begin{array}{c} U \\ O \end{array} \right\}$ *eine* $\left\{ \begin{array}{c} \text{untere} \\ \text{obere} \end{array} \right\}$ *Schranke von M.) M heißt (schlechthin) beschränkt, wenn M sowohl nach unten als auch nach oben beschränkt ist, andernfalls heißt M unbeschränkt.*

Wir merken an, dass eine unbeschränkte Menge definitionsgemäß durchaus nach oben beschränkt oder nach unten beschränkt sein kann, nur eben nicht beides gleichzeitig. Eine visuelle Vorstellung des Sachverhaltes könnte so aussehen:

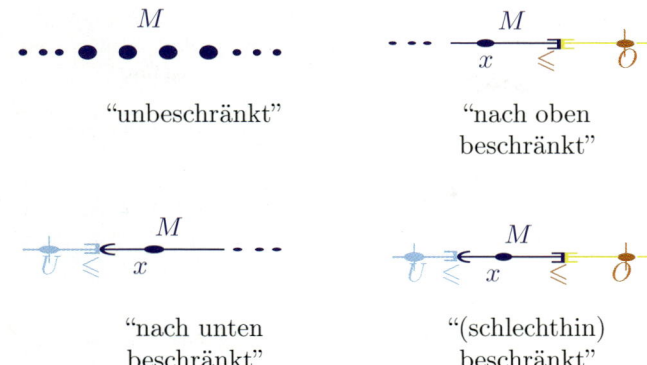

"unbeschränkt" "nach oben beschränkt"

"nach unten beschränkt" "(schlechthin) beschränkt"

Bemerkungen 4.2 (↗S.1044).

(1) Eine Menge $M \subseteq \mathbb{R}$ ist genau dann beschränkt, wenn eine Konstante K existiert mit

$$|x| \leqslant K \text{ für alle } x \in M. \tag{4.1}$$

(2) Die leere Menge $\emptyset$ ist (mangels darin enthaltener Elemente, denen Bedingungen aufzuerlegen wären) definitionsgemäß beschränkt.

(3) Eine nach unten (oben) beschränkte Menge M hat unendlich viele untere (obere) Schranken; eine *nicht* nach unten (oben) beschränkte Menge M hat *keine* untere (obere) Schranke.

Im nachfolgendem Bild sehen wir als Beispiel für eine Menge M ein halboffenes Intervall der Form $[x^*, x_*)$.

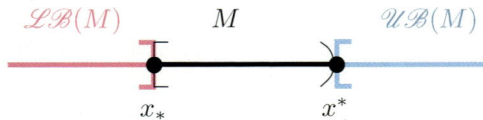

Bild 4.1:

Alle möglichen unteren Schranken der Menge M sind hellrot eingezeichnet. Wir sehen, dass es unendlich viele derartige Schranken gibt, die sich zu einer Menge $\mathscr{LB}(M)$ zusammenfassen lassen. Analog sind alle möglichen oberen Schranken von M hellblau eingezeichnet und bilden eine Menge $\mathscr{UB}(M)$[2]. Formal können wir definieren

$$\mathscr{LB}(M) := \{\, y \in \mathbb{R} \mid y \leqslant x \text{ für alle } x \in M \,\}$$
$$\mathscr{UB}(M) := \{\, y \in \mathbb{R} \mid x \leqslant y \text{ für alle } x \in M \}.$$

Direkt aus der Skizze lesen wir ab, dass es sich um Intervalle handelt:

$$\mathscr{LB}(M) = (-\infty, x_*], \quad \mathscr{UB}(M) = [x^*, \infty).$$

---

[2]Die Bezeichnungen $\mathscr{LB}$ und $\mathscr{UB}$ lehnen sich an die englischen Begriffe "lower bound" und "upper bound" an.

4.2.3 Minimum und Maximum

Der Punkt x_* in Skizze 4.1 spielt eine Sonderrolle:

- x_* ist eine untere Schranke von M

- x_* gehört selbst zu M (im Unterschied zu allen anderen unteren Schranken von M).

Punkte wie diesen wollen wir als "minimales Element von M" bezeichnen:

Definition 4.3. *Es sei $M \subseteq \mathbb{R}$ nichtleer. Ein Element $\left\{ \begin{array}{l} x_\circ \\ x^\circ \end{array} \right\}$ in M heißt $\left\{ \begin{array}{l} \text{minimales} \\ \text{maximales} \end{array} \right\}$ Element von M, wenn es kein $x \in M$ gibt mit $\left\{ \begin{array}{l} x < x_\circ \\ x^\circ < x \end{array} \right\}$. In diesem Fall schreibt man $\left\{ \begin{array}{l} x_\circ =: \min M \\ x^\circ =: \max M \end{array} \right\}$.*

(Statt "minimales Element von M" bzw. "maximales Element von M" sind auch die kürzeren Bezeichnungen "Minimum von M" bzw. "Maximum von M" üblich.) Die folgende alternative Charakterisierung überlassen wir dem Leser zur Nachprüfung:

Satz 4.4. *Ein Element $\left\{ \begin{array}{l} x_\circ \\ x^\circ \end{array} \right\}$ in M ist genau dann $\left\{ \begin{array}{l} \text{minimales} \\ \text{maximales} \end{array} \right\}$ Element von M, wenn gilt $\left\{ \begin{array}{l} x_\circ \leqslant x \\ x \leqslant x^\circ \end{array} \right\}$ für alle $x \in M$.*

Anmerkungen:

(0) Man beachte: Ein Punkt $x_\circ$ (x°) kann definitionsgemäß nur dann das Minimum (Maximum) einer Menge M sein, wenn er dieser Menge angehört.

(1) Eine Menge M braucht weder ein Minimum noch ein Maximum zu besitzen, und zwar selbst dann nicht, wenn sie nach unten bzw. oben beschränkt ist. (In Bild 4.1 ist der Punkt x^* *nicht* Maximum von M - obwohl er eine obere Schranke von M ist -, weil er dieser Menge *nicht* angehört.)

4.2.4 Grenzen

Im Bild 4.1 fällt weiterhin auf, dass der Punkt x_* die *größte aller unteren Schranken* von M und der Punkt x^* die *kleinste aller oberen Schranken* von M ist. Für derartige Schranken wollen wir den Begriff "Grenzen" verwenden.

Um zu einer exakten Definition zu gelangen, beobachten wir zunächst, dass die beiden Punkte x_* und x^* von allen unteren (bzw. oberen) Schranken der Menge M "am nächsten" liegen und in diesem Sinne die Menge M von der Menge ihrer unteren (bzw. oberen) Schranken "trennen".

Nun ist jeder Punkt $x \in M$ zugleich obere Schranke von $\mathscr{LB}(M)$ und untere Schranke von $\mathscr{UB}(M)$. Die Menge *aller* oberen Schranken von $\mathscr{LB}(M)$ ist in Bild 4.2 als dunkelrotes Intervall I dargestellt, die Menge *aller* unteren Schranken von $\mathscr{UB}(M)$ als dunkelblaues Intervall J.[3]

Wir können nun x_* (bzw. x^*) so charakterisieren: Es ist der einzige Punkt, der beiden roten (bzw. blauen) Intervallen gleichzeitig angehört (und sie dadurch "trennt").

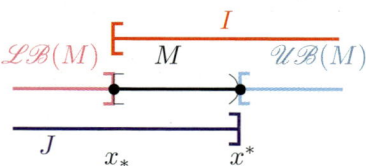

Bild 4.2:

Formal kann diese Beobachtung so ausgedrückt werden:

Hilfssatz 4.5. *Es sei $M \subseteq \mathbb{R}$ nach $\left\{ \begin{array}{c} unten \\ oben \end{array} \right\}$ beschränkt. Dann existieren Punkte x_* und $x^* \in \mathbb{R}$ mit $\left\{ \begin{array}{l} \mathscr{UB}(\mathscr{LB}(M)) \cap \mathscr{LB}(M) = \{x_*\} \\ \mathscr{LB}(\mathscr{UB}(M)) \cap \mathscr{UB}(M) = \{x^*\} \end{array} \right\}$.*

Definition 4.6. *In der Situation von Hilfssatz 4.5 heißt*

$\left\{ \begin{array}{l} x_* \text{ untere Grenze oder das Infimum} \\ x^* \text{ obere Grenze oder das Supremum} \end{array} \right\}$ *von M, symbolisch* $\left\{ \begin{array}{l} x_* =: \inf M \\ x^* =: \sup M \end{array} \right\}$.

Wir bemerken, dass das Infimum (Supremum) einer nach unten (oben) beschränkten Menge jeweils eindeutig bestimmte reelle Zahlen sind. Beide können gleich sein (wenn nämlich M nur einen Punkt enthält). Nicht überraschend ist folgende Erkenntnis, die wir z.B. aus Bild 4.1 direkt ablesen können.

Hilfssatz 4.7. *Besitzt die Menge M ein Minimum $x_\circ$ bzw. ein Maximimum x°, so stimmt dieses mit dem Infimum bzw. Supremum von M überein:*

$$\min M = \inf M \quad bzw. \quad \max M = \sup M.$$

Aus Bequemlichkeitsgründen vereinbaren wir nun noch ergänzend:

Definition 4.8. *Für jede nicht nach $\left\{ \begin{array}{c} unten \\ oben \end{array} \right\}$ beschränkte Teilmenge $M \subseteq \mathbb{R}$*

sei $\left\{ \begin{array}{l} \inf M := -\infty \\ \sup M := \infty \end{array} \right\}$.

Nachfolgend wird noch einmal eine visuelle Übersicht über den Zusammenhang von Infimum und Supremum einerseits und Minimum und Maximum andererseits gegeben:

---

[3]Es gilt dabei also $I = \mathscr{UB}(\mathscr{LB}(M))$ und $J = \mathscr{LB}(\mathscr{UB}(M))$.

$$M = \;\longleftarrow\!\!\!\!\longrightarrow\quad \longleftarrow\!\!\!\!\longrightarrow\!\!\rceil\quad \lceil\!\!\longleftarrow\!\!\!\!\longrightarrow\quad \lceil\!\!\longleftarrow\!\!\!\!\longrightarrow\!\!\rceil$$

	(a,b)	$(a,b]$	$[a,b)$	$[a,b]$
$\inf M =$	a	a	a	a
$\min M =$	$-$	$-$	a	a
$\sup M =$	b	b	b	b
$\max M =$	$-$	b	$-$	b

Wir können das Infimum (Supremum) einer nach unten (oben) beschränkten Menge aber auch so charakterisieren:

Hilfssatz 4.9. *Es sei $M \subseteq \mathbb{R}$ eine nach $\left\{\begin{array}{c} unten \\ oben \end{array}\right\}$ beschränkte Menge. Dann gilt:*

$$\left\{\begin{array}{l} \inf M = \max \mathscr{LB}(M) \\ \sup M = \min \mathscr{UB}(M) \end{array}\right\} .$$

4.3 $\mathbb{R}$ als metrischer Raum

Betrachten wir zwei beliebige reelle Zahlen a und b, so ist es üblich, die Zahl $d(a,b) := |b-a|$ als ihren *Abstand* aufzufassen. Wir können also sagen, dass es sich bei $\mathbb{R}$ um eine Menge handelt, in der eine Abstandsmessung möglich ist. Diese so selbstverständlich erscheinende Tatsache ist in Wirklichkeit eine der wichtigsten Grundlagen der Analysis. Vertraute Begriffe wie "offenes Intervall", "Randpunkt" usw. sind eng damit verbunden. Daher wollen wir hier einige Eigenschaften und Konsequenzen dieses in der Menge $\mathbb{R}$ üblichen "Abstandes" d zusammenstellen, um später auch in anderen Mengen sinnvolle Abstandsbegriffe – sogenannte "*Metriken*" – verwenden zu können. Wir zeigen dann, wie sich die "vertrauten" und auch neue Begriffe daraus ergeben.

Zunächst ist unser Abstand stets nichtnegativ und genau dann Null, wenn a und b identisch sind:

$$\text{(D1)} \qquad |b-a| \;\geq\; 0 \quad \text{und} \quad |b-a| = 0 \;\Longleftrightarrow\; a = b$$

Der Abstand von b zu a ist genauso groß wie der von a zu b:

$$\text{(D2)} \qquad\qquad |b-a| \;=\; |a-b|.$$

Weiterhin gilt für beliebige Zahlen $a, b, c \in \mathbb{R}$ folgende "Dreiecksungleichung":

$$\text{(D3)} \qquad |c-a| \;\leq\; |b-a| + |c-b| \qquad\qquad (4.2)$$

Diese drei Eigenschaften leiten sich direkt aus den Eigenschaften (N1) - (N3) des Absolutbetrages gemäß Satz 0.71 ab und sollten für jedweden Abstand in irgendeiner Menge M gelten.

Definition 4.10. *Gegeben sei eine nichtleere Menge M. Eine Abbildung d : $M \times M \to \mathbb{R}$ heißt* Metrik, *wenn sie folgende Eigenschaften besitzt:*

(D1) $d(a,b) \geq 0$ *und* $d(a,b) = 0 \Longleftrightarrow a = b$ *"Nichtnegativität"*

(D2) $d(a,b) = d(b,a)$ *"Symmetrie"*

(D3) $d(a,c) \leq d(a,b) + d(b,c)$ *"Dreiecksungleichung"*

für alle $a, b, c \in M$.

Wird eine Menge M mit einer Metrik d versehen, nennt man das Paar (M,d) einen *metrischen Raum*.

Das Konzept der Metrik erlaubt nicht allein, Punkten einer Geraden, einer Ebene oder des dreidimensionalen Raumes in gewohnter Weise einen Abstand zuzuweisen, sondern auch vergleichsweise abstrakteren Objekten wie Funktionen oder Matrizen. Auf diese Weise können wir mit einer großen Vielfalt von Objekten so umgehen, als wären es Punkte im $\mathbb{R}^1$ oder $\mathbb{R}^2$.

Wir wollen nun auf zentrale Konzepte wie "offene Menge", "Umgebung" oder "Randpunkt" eingehen. Dabei verwenden wir als Metrik den "gewöhnlichen" Abstand zweier Punkte $x = (x_1, x_2)$ und $y = (y_1, y_2)$ des $\mathbb{R}^2$: Im Sinne des Satzes von Pythagoras setzen wir

$$d(x,y) := \sqrt{(x_1 - y_1)^2 + (x_2 - y_2)^2}$$

(siehe Skizze).

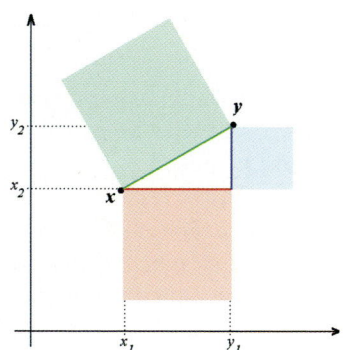

Ausgangspunkt ist der Begriff der Umgebung:

Definition 4.11. *Es seien (M,d) ein metrischer Raum sowie $x \in M$ und $\varepsilon > 0$ beliebig gegeben. Die Menge $U_\varepsilon(x) := \{y \in M \mid d(y,x) < \varepsilon\}$ heißt ε-Umgebung von x.*

Im $\mathbb{R}^1$ handelt es sich einfach um ein offenes Intervall der Länge 2ε um den Punkt x, im $\mathbb{R}^2$ um einen randlosen Vollkreis mit dem Radius ε und x als Mittelpunkt.

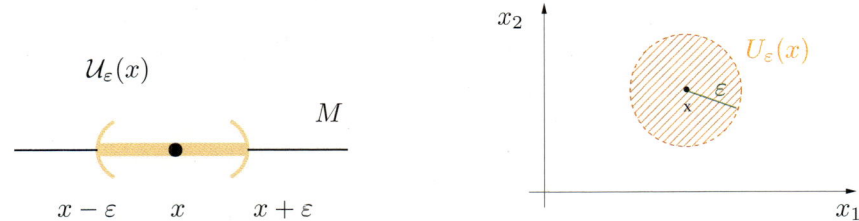

Typischerweise stellt man sich vor, die Zahl ε sei "klein". Dann enthält $U_\varepsilon(x)$ all diejenigen Punkte, die "nahe bei x" liegen, was den Begriff "Umgebung" erklärt. Wir können nun die Punkte einer Menge klassifizieren:

Definition 4.12. *Es sei A eine beliebige Teilmenge von M. Ein Punkt $x \in M$ heißt* innerer *Punkt von A, wenn es eine ε-Umgebung $U_\varepsilon(x)$ von x gibt, die ganz in A liegt. Die Menge aller inneren Punkte von A heißt* Inneres von A, *symbolisch A°.*

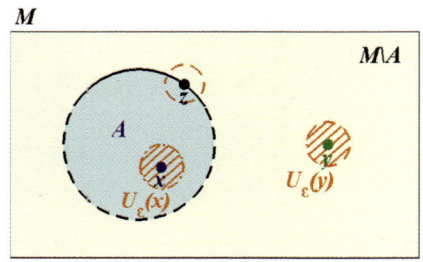

In dieser Skizze ist x ein innerer Punkt von A, y und z sind dagegen keine inneren Punkte. Betrachten wir statt der Menge A ihr Komplement $M \backslash A$, so ist y immerhin davon ein innerer Punkt:

Definition 4.13. *Es sei A eine beliebige Teilmenge von M. Ein Punkt $y \in M$ heißt* äußerer *Punkt von A, wenn es eine ε-Umgebung $U_\varepsilon(y)$ von y gibt, die ganz in $M \backslash A$ liegt. Die Menge aller äußeren Punkte von A heißt* Äußeres von A, *symbolisch $A^{)(}$.*

Für den Punkt z in unserer Skizze trifft Folgendes zu:

Definition 4.14. *Es sei A eine beliebige Teilmenge von M. Ein Punkt $z \in M$ heißt* Randpunkt *von A, wenn er weder innerer noch äußerer Punkt ist. Die Menge aller Randpunkte von A heißt* Rand von A, *symbolisch ∂A.*

Die folgende Skizze zeigt, wie wir auf diese Weise alle Punkte von M bezüglich ihrer Lage zu A klassifiziert haben:

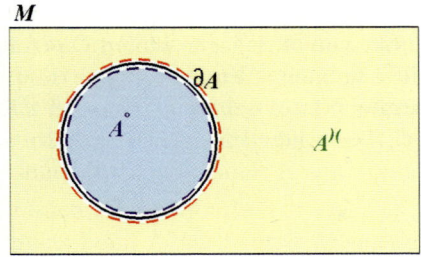

Die Unterscheidung zwischen inneren Punkten und Randpunkten von A wird uns im Zusammenhang mit Extremwertuntersuchungen (Kapitel 11) sehr nützen. – Je nachdem, ob der Rand ∂A zu A gehört oder nicht, können wir weiterhin folgende Unterscheidungen treffen:

Definition 4.15. *Die Menge A heißt* offen, *wenn gilt $A = A^\circ$. Die Menge A heißt* abgeschlossen, *wenn gilt $M \backslash A = A^{)(}$.*

Hilfssatz 4.16. *Die Menge A ist genau dann offen, wenn sie keinen ihrer Randpunkte enthält (es gilt $A = A \backslash \partial A$), und genau dann abgeschlossen, wenn sie sämtliche ihrer Randpunkte enthält $(A = A \cup \partial A)$.*

Falls A nicht ohnehin schon abgeschlossen ist, kann man einfach die Randpunkte dazunehmen. Man nennt allgemein $A^c := A \cup \partial A$ den *Abschluss* (oder die *abgeschlossene Hülle*) von A.

Schließlich nennen wir noch einige Zusammenhänge zwischen unseren Begriffen, die leicht einzusehen sind:

Hilfssatz 4.17. *Es seien A und B beliebige Teilmengen eines metrischen Raumes M. Dann gilt*

(i) A ist offen $\Longleftrightarrow M \backslash A$ ist abgeschlossen

(ii) $\partial A = A^c \backslash A^\circ$

(iii) $(A^\circ)^\circ = A^\circ, (A^c)^c = A^c$

(iv) $A \subset B \Longrightarrow A^\circ \subset B^\circ, A^c \subset B^c, \partial A \subset \partial B$.

In den folgenden Kapiteln werden wir Punkte auch dahingehend zu unterscheiden haben, ob sie "beliebig nahe liegende Nachbarpunkte" in einer gegebenen Menge haben oder nicht. Diesem Zweck dienen die Begriffe "Häufungspunkt" und "isolierter Punkt". Die mathematisch exakte Formulierung ist diese:

Definition 4.18. *Es sei A eine beliebige Teilmenge von M. Ein Punkt $h \in M$ heißt* Häufungspunkt *von A, wenn in jeder ε-Umgebung $U_\varepsilon(h)$ von h ein von h verschiedener Punkt p aus M liegt. Ein Punkt i in A, der kein Häufungspunkt von A ist, heißt* isolierter Punkt *von A.*

Zu beachten ist, dass ein Häufungspunkt von A nicht unbedingt zu A gehören muss, ein isolierter Punkt von A dagegen schon. Das folgende Bild links illustriert den Sachverhalt allgemein: Wir sehen zwei Häufungspunkte h und h' der Menge A (blau), wobei h zu A gehört, h' dagegen nicht. Die Punkte i_1 bis i_5 sind sämtlich isoliert. Das Bild rechts erklärt den Namen "Häufungspunkt" von h: Die Nachbarpunkte aus A "häufen sich" dort an.

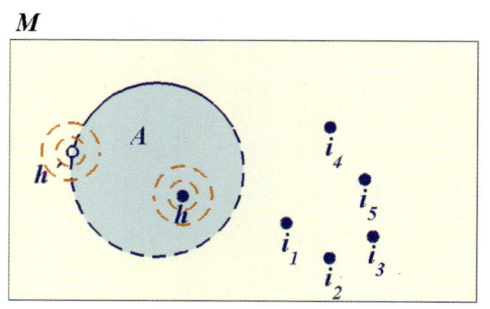
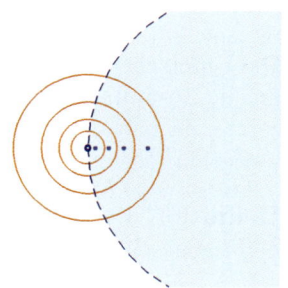

Die bisherigen Illustrationen unserer neuen Begriffe haben sich meist auf den $\mathbb{R}^2$ bezogen. Wir wollen diese Begriffe nun nochmals speziell für den $\mathbb{R}^1$ vergleichend veranschaulichen.

Beispiel 4.19. Wir wählen $M = \mathbb{R}^1$ und

$$A \quad := \quad [-1,0) \cup (0,1) \cup \{2\} \cup [3,\infty)$$

Dann haben wir:

Inneres:	A° $=$	$(-1,0) \cup (0,1) \cup (3,\infty)$
Rand:	∂A $=$	$\{-1,0,1,2,3\}$
Abschluss:	A^c $=$	$[-1,1] \cup \{2\} \cup [3,\infty)$
Äußeres:	$A^{)(}$ $=$	$(-\infty,-1) \cup (1,2) \cup (2,3)$
Menge aller HP:		$[-1,1] \cup [3,\infty)$
Menge aller iP:		$\{2\}$

$\triangle$

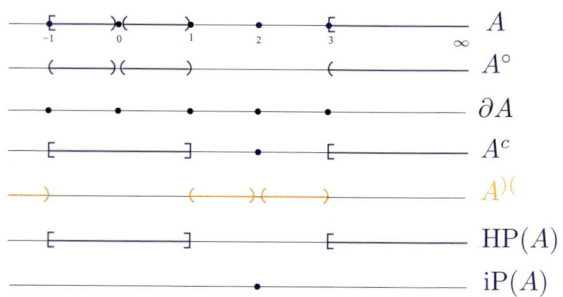

Wir folgen der Suggestion unseres Bildes und treffen folgende

Vereinbarung 4.20. *Gilt für eine beliebige nichtleere Menge $A \subseteq \mathbb{R}$*

$$\sup A = +\infty \quad (bzw.\ \inf A = -\infty),$$

so nennen wir $+\infty$ (bzw. $-\infty$) einen (uneigentlichen) Rand- und Häufungspunkt von A.

Abschließend erinnern wir daran, dass wir im $\mathbb{R}^1$ auch über den Begriff der Beschränktheit verfügen. Wir nennen eine Teilmenge $A \subseteq \mathbb{R}^1$ *kompakt*, wenn sie beschränkt und abgeschlossen ist. Die wichtigsten Beispiele für kompakte Mengen sind

- abgeschlossene Intervalle $[a, b]$
- Vereinigungen endlich vieler abgeschlossener Intervalle
- endliche Mengen.

4.4 Aufgaben

Aufgabe 4.21 (↗L)**.** Man zeige:

(i) Wenn eine Menge M ein Minimum (Maximum) besitzt, ist dieses eindeutig bestimmt.

(ii) Wenn eine Menge M ein Minimum (Maximum) besitzt, ist diese notwendig nach unten (oben) beschränkt.

Aufgabe 4.22 (↗L)**.** Es sei

   a) $M := (0, 1] \cap \mathbb{Q}$

   b) $M := \mathbb{N}$

   c) $M := \{ \frac{1}{n} \mid n \in \mathbb{N} \}$

Bestimmen Sie, soweit existent, das Minimum, Maximum, Infimum und Supremum von M.

Aufgabe 4.23 (↗L)**.** Gegeben seien die folgenden Teilmengen von $\mathbb{R}$:
$A := \{1\}$, $B := [0, 1]$, $C := (0, 1)$, $D = (-4, 11] \cup [12, 20]$, $E = \mathbb{N}$, $F = \mathbb{Q}$ und $G = \mathbb{R}$. Bestimmen Sie für jede dieser Mengen

   - das Innere (also A°, B°, ...)
   - den Rand (also ∂A, ∂B, ...)
   - den Abschluss (also A^c, B^c, ...).

Aufgabe 4.24. Begründen Sie die Aussagen des Hilfssatzes 4.17.

5

Folgen, Reihen, Konvergenz

5.1 Folgen

5.1.1 Motivation und Definition

In diesem Kapitel werden wir uns mit den in gewissem Sinne einfachsten reellen Funktionen beschäftigen, die der Abbildung aufeinander*folgender* Größen dienen und für die sich deshalb auch die spezielle Bezeichnung *Folgen* eingebürgert hat. Sie spielen nicht nur innerhalb der Mathematik, sondern auch in der Ökonomie eine große Rolle. Ein typisches Beispiel für ihr Auftreten in der Ökonomie ist dieses:

Beispiel 5.1. Angenommen, jemand legt einen festen Geldbetrag C auf einem Sparkonto mit einer Verzinsung von 2.5% p.a. an und will wissen, über welchen Geldbetrag er am Ende des ersten, zweiten, dritten usw. Jahres verfügen kann. Es leuchtet ein, dass dies genau das 1.025–fache, das $1.025 \cdot 1.025$–fache, das 1.025^3–fache usw. des ursprünglichen Betrages sein wird. Am Ende des n-ten Jahres wird sich dann ein Gesamtkapital von $a(n) := 1.025^n \cdot C$ Geldeinheiten ergeben. $\triangle$

Wir können den Wert $a(n)$ als Funktionswert einer Funktion a auffassen, die auf $D = \mathbb{N}$ oder auch auf $D = \mathbb{N}_0$ definiert ist (im letzteren Fall interpretieren wir $a(0)$ als das Ausgangskapital).

Definition 5.2. *Eine Abbildung $a : D \to \mathbb{R}$ heißt (unendliche) Folge, wenn ihr Definitionsbereich von der Form $D = \mathbb{N}_k := \{n \in \mathbb{Z} | n \geq k\}$ ist.*

Zu den Bezeichnungen

- Die Werte $a(k), a(k+1), a(k+2), \ldots$ heißen *Glieder der Folge a*.
- Die Formel zur Berechnung von $a(n)$ mit beliebigem $n \in D$ wird auch *allgemeines Glied der Folge a* genannt.
- Die in der Definition auftretende Zahl k ist die Nummer des ersten Folgengliedes und wird nur gelegentlich einmal von 1 oder 0 verschieden sein. *Solange nicht ausdrücklich anders gesagt, setzen wir daher generell $D = \mathbb{N}$ oder $D = \mathbb{N}_0$ voraus.*

- Die Argumente der Folge a werden zwecks Einsparung von Klammern gern als Indizes geschrieben, d.h., man schreibt $a_1, a_2, a_3, \ldots$ statt $a(1)$, $a(2)$, $a(3)$, ... und für die gesamte Folge schreibt man kurz $a = (a_n)_{n \in D}$ oder noch kürzer $a = (a_n)$, solange keine Missverständnisse möglich sind.

Wesentlich an dieser Definition ist, dass der Definitionsbereich nicht von vornherein nach oben beschränkt wird, sondern im Gegenteil alle hinreichend großen natürlichen Zahlen enthält; ökonomisch bedeutet dieses, dass der sukzessive Verzinsungsprozess zumindest gedanklich bis in alle Ewigkeit weiterlaufen kann.

5.1.2 Beschreibung von Folgen

Um eine bestimmte Folge (a_n) genau zu beschreiben, benötigt man eine Bildungsvorschrift für das allgemeine Glied a_n. Es bestehen mehrere Möglichkeiten, diese anzugeben, die wichtigsten sind die *geschlossene (nicht-rekursive)* und die *rekursive* Darstellung.

Geschlossene Darstellung

Hierbei genügt es (zumindest im Prinzip), die Zahl n zu kennen, um den Wert a_n direkt berechnen zu können.

Beispiel 5.3 ($\nearrow$F 5.1).

Bildungs-vorschrift:	erste 4 Folgeglieder	Anmerkungen
(1) $c_n := A^n$	$A, A^2, A^3, A^4, \ldots$	(Beispiel (5.1.) mit C=1, $A := 1,025$)
(2) $b_n := n$	$1, 2, 3, 4, \ldots$	(die natürlichen Zahlen)
(3) $g_n := 2n$	$2, 4, 6, 8, \ldots$	(die geraden natürlichen Zahlen)
(4) $u_n := 2n - 1$	$1, 3, 5, 7, \ldots$	(die ungeraden natürlichen Zahlen)
(5) $p_n := 2^n$	$2, 4, 8, 16, \ldots$	(die natürlichen Potenzen der Zahl 2)
(6) $r_n := 2^{-n}$	$\frac{1}{2}, \frac{1}{4}, \frac{1}{8}, \frac{1}{16}, \ldots$	(die natürlichen Potenzen der Zahl $\frac{1}{2}$)
(7) $q_n := n^2$	$1, 4, 9, 16, \ldots$	(die Quadrate der natürlichen Zahlen)

Der Vorteil einer solchen geschlossenen Darstellung ist es, dass allein die Angabe des Index genügt, um den Wert des Folgengliedes in einem Schritt zu berechnen und dass auch die Abhängigkeit der Folgenglieder vom Index direkt sichtbar wird. $\triangle$

Rekursive Darstellungen

werden oft verwendet, um Folgenglieder auf Computern zu berechnen und dabei Rechenaufwand einzusparen. Bei der Berechnung des jeweils nächsten Folgengliedes wird auf die bereits zuvor berechneten Glieder zurückgegriffen. Im einfachsten Fall wird jedes Folgenglied direkt aus dem Vorgänger – soweit vorhanden – ermittelt. Die dazu verwendete Formel heißt *Rekursionsformel*.

Weil das erste Folgenglied kein Vorgängerglied besitzt, muss dessen Wert als sogenannter *Anfangswert* der Folge direkt angegeben werden.

Beispiel 5.4 (↗F 5.3). Wir sehen uns die Folgen des vorherigen Beispiels nochmals an – diesmal in rekursiver Notierung. Bei einer Folge mit dem allgemeinen Glied a_n müssen wir dazu

- erstens a_n durch a_{n-1} (statt durch n) ausdrücken und
- zweitens einen Anfangswert a_1 (bzw. a_0) angeben.

Bei unserer ersten Folge (c_n) gilt die Bildungsvorschrift $c_n = A^n$; es folgt nun $c_n = A \cdot A^{n-1} = A \cdot c_{n-1}$, wodurch die gesuchte Rekursion gegeben ist. Als Anfangswert hatten wir $c_1 = A$ benannt.

Behandeln wir auch die übrigen Folgen nach demselben Muster, erhalten wir folgende vergleichende Übersicht:

	geschlossene Formel:	Rekursions- formel:		Anfangswert
(1)	$c_n := A^n$	$c_n := c_{n-1} \cdot A$	$(n \geq 2)$;	$c_1 := 1.025$
(2)	$b_n := n$	$b_n := b_{n-1} + 1$	$(n \geq 2)$;	$b_1 := 1$
(3)	$g_n := 2n$	$g_n := g_{n-1} + 2$	$(n \geq 2)$;	$g_1 := 2$
(4)	$u_n := 2n - 1$	$u_n := u_{n-1} + 2$	$(n \geq 2)$;	$u_1 := 1$
(5)	$p_n := 2^n$	$p_n := p_{n-1} \cdot 2$	$(n \geq 2)$;	$p_1 := 2$
(6)	$r_n := 2^{(-n)}$	$r_n := r_{n-1} \cdot (\frac{1}{2})$	$(n \geq 2)$;	$r_1 := \frac{1}{2}$
(7)	$q_n := n^2$	$q_n := q_{n-1}^2 + 2q_{n-1} + 1$		$q_1 := 1$

Zwei Anmerkungen hierzu:

- Die Beispiele (3) und (4) zeigen, dass ein- und dieselbe Rekursions*formel* – je nach gewähltem Anfangswert – ganz unterschiedliche Folgen erzeugen kann.
- Das Beispiel (7) erfordert etwas Überlegung; das Ergebnis findet man mit Hilfe der binomischen Formel $n^2 = (n-1)^2 + 2(n-1) + 1$.   △

5.1.3   Nullfolgen

Einführung

Von besonderem Interesse sind Folgen, deren Glieder sich einem bestimmten Wert immer mehr annähern. Als "bestimmten Wert" wählen wir zunächst der Einfachheit halber die Null.

Beispiel 5.5. Betrachten wir die Folge mit dem allgemeinen Glied $\alpha_n := \frac{1}{n}$, so sehen wir bereits nach der Notation der ersten Glieder

$$1, \frac{1}{2}, \frac{1}{3}, \frac{1}{4}, \frac{1}{5}, \frac{1}{6}, \dots$$

dass die Folgenglieder immer näher an den Wert Null heranrücken:

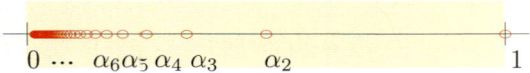

$$0 \;\cdots\; \alpha_6 \alpha_5 \; \alpha_4 \; \alpha_3 \qquad \alpha_2 \qquad\qquad\qquad 1$$

△

Beispiel 5.6. Dasselbe lässt sich über die Folge (β_n) mit dem allgemeinen Glied $\beta_n := (-1)^n \frac{2}{n}$, deren erste Glieder

$$-2, 1, -\frac{2}{3}, \frac{1}{2}, -\frac{2}{5}, \frac{1}{3}, \ldots$$

lauten, sagen. Die Entwicklung der Folgenglieder kann man sehr schön in einem Koordinatensystem darstellen:

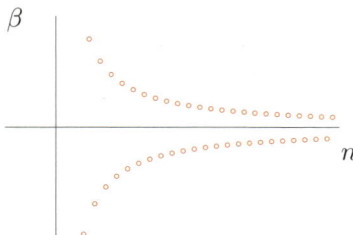

Jeder der eingezeichneten Punkte hat Koordinaten der Form (n, β_n) und repräsentiert somit ein Folgenglied. Den "Ablauf" der Folge mit zunehmendem n kann man verfolgen, indem man die aus den Punkten gebildete Kette von links nach rechts betrachtet.   △

Beispiel 5.7. Es sei (γ_n) die Folge mit dem allgemeinen Glied $\gamma_n := 0$. (Die Glieder dieser Folge hängen nicht wirklich von n ab, sondern sind vielmehr konstant. Eine solche Folge nennt man *stationär*.) Hier haben sich die Folgenglieder sozusagen "perfekt" an die Null angenähert.   △

Begriffsbildung

Es bietet sich an, Folgen wie diese als *Nullfolgen* und die Zahl Null als ihren *Grenzwert* zu bezeichnen. Damit "Nullfolge" zu einem mathematischen Begriff werden kann, benötigen wir allerdings eine Formulierung, die sich gegebenenfalls rechnerisch nachprüfen lässt. Dazu beobachten wir folgende Eigenschaft aller drei Folgen: Gleichgültig, wie klein man eine positive Konstante (nennen wir sie ε) auch wählen mag, gibt es in jedem Fall nur *endlich* viele Folgenglieder, deren Abstand zur Null *größer oder gleich* ε ist.

Definition 5.8. *Eine Folge* (a_n) *heißt* Nullfolge, *wenn es zu jedem* $\varepsilon > 0$ *ein* $n_0 = n_0(\varepsilon) \in D$ *derart gibt, dass gilt*

$$|a_n| < \varepsilon \tag{5.1}$$

für alle $n \geq n_0$.

In diesem Fall sagt man auch, die Folge konvergiere gegen Null und schreibt symbolisch

$$\lim_{n \to \infty} a_n = 0 \quad bzw. \quad a_n \to 0 \ (n \to \infty).$$

Das Wesentliche an dieser Definition ist, dass die Zahl ε beliebig klein gewählt werden kann. Welche Zahl als n_0 gewählt werden kann, wird meist von ε abhängen.

Beispiel 5.9 ($\nearrow$F 5.5). Wir betrachten wiederum die Folge $(\alpha_n) = (\frac{1}{n})$. Wählen wir z.B. $\varepsilon = \frac{1}{10}$, so ist die Bedingung

$$|\alpha_n| < \varepsilon \tag{5.2}$$

erfüllt, sobald wir $n \geq 11$ wählen. Bei einem viel kleineren Wert für ε, z.B. $\varepsilon = \frac{1}{100000}$, ist (5.2) erst für viel größere Werte von n erfüllt, genauer: für alle $n \geq 100001$. Wir können also $n_0(\frac{1}{10}) = 11$ und $n_0(\frac{1}{100000}) = 100001$ wählen.
$\triangle$

Beispiel 5.10 ($\nearrow$F 5.7). Im Fall der Folge (γ_n) mit $\gamma_n = 0$ für alle $n \in \mathbb{N}$ gilt für jedes $\varepsilon > 0$ und jedes $n \in \mathbb{N}$ $0 = |\gamma_n| < \varepsilon$. Wir können also (unabhängig von der Wahl von $\varepsilon > 0$) $n_0 = 1$ wählen.
$\triangle$

Die folgende Skizze visualisiert den Begriff der Nullfolge:

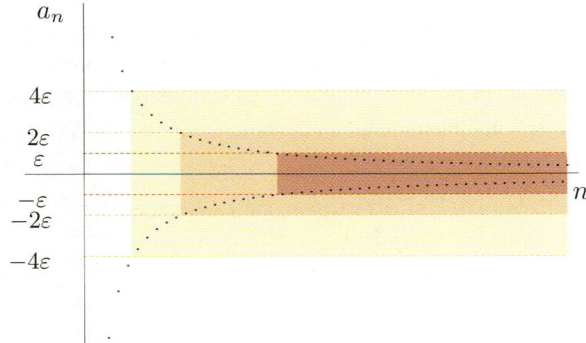

Gibt man sich nacheinander immer kleinere Genauigkeitsschranken ε vor (z.B. $\varepsilon = 0.4$, $\varepsilon = 0.2$, $\varepsilon = 0.1$), so verbleiben in jedem Fall **fast alle** Folgenglieder in den zugehörigen, immer engeren "ε-Schläuchen" (hier: gelb, orange, rot).

(*"Fast alle"* steht hier für *"alle bis auf endlich viele"*. Allgemein wird die sperrige Formulierung

> *Es gibt ein $n_0 = n_0(\varepsilon)$ derart, dass für alle $n \geq n_0$ gilt ...*

gern durch die gängige Abkürzung

> *Für fast alle n gilt ...*

ersetzt.)

Schnell-Erkennung von Nullfolgen

Nun wollen wir der Frage nachgehen, wie man einer gegebenen Folge (a_n) möglichst schnell ansieht, ob sie eine Nullfolge ist.

Die Idee dazu: Wir stellen uns einen Mini-Katalog "bekannter Nullfolgen" zusammen. Wenn dann eine beliebige Folge gegeben ist, fragen wir, ob sie eventuell schon in diesem Katalog enthalten ist und wenn nicht, ob sie auf einfache Art auf den Katalog zurückgeführt werden kann.

Vorab bemerken wir, dass das Vorzeichen der Folgenglieder für die Eigenschaft "Nullfolge" unerheblich ist:

Satz 5.11. (a_n) *ist eine Nullfolge* $\Longleftrightarrow$ $(|a_n|)$ *ist eine Nullfolge.*

Bei unserer Überprüfung können wir uns daher auf die Folge der Absolutbeträge beschränken; anders gesagt, wir können annehmen, dass eine Folge (a_n) gegeben ist, für die gilt $a_n \geq 0$, $n \in \mathbb{N}$.

Um zu überprüfen, ob es sich um eine Nullfolge handelt, sehen wir zuerst in folgendem "Mini-Katalog" nach:

Beispiel 5.12 (**"Nullfolgen-Katalog"**, $\nearrow$Ü). Die Folgen (a_n) mit
  (i) $a_n = n^{-p}$ $(p > 0)$
  (ii) $a_n = b^{-n}$ $(b > 1)$; insbesondere $a_n = e^{-n}$
sind Nullfolgen. $\triangle$

Kommt die gegebene Folge (α_n) darin nicht vor, fragen wir uns, ob sie eventuell auf "bekannte" Nullfolgen zurückgeführt werden kann. Die Basis dafür liefert folgender

Satz 5.13 (**"Nullfolgen-Erhaltungssatz"**). *Es seien* (a_n) *und* (b_n) *Nullfolgen. Dann sind ebenfalls Nullfolgen*
  (i) $(\alpha_n) := (\lambda \cdot a_n)$ $(\lambda \in \mathbb{R})$
  (ii) $(\beta_n) := (a_n + b_n)$
  (iii) $(\gamma_n) := (a_n \cdot b_n)$
  (iv) $(\delta_n) := (|a_n|^p)$ $(p > 0)$

Wenn keine dieser Möglichkeiten zutrifft, könnten wir versuchen, unsere Folge (a_n) zwischen Null und einer bekannten Nullfolge (ρ_n) "einzuklemmen". Folgende Skizze zeigt die Idee:

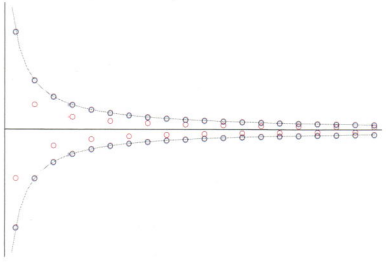

Und so können wir diese Idee nachrechnen:

Satz 5.14. *Ist (ρ_n) eine Nullfolge, so ist auch jede Folge (a_n) mit*

$$|a_n| \leq |\rho_n|$$

für alle hinreichend großen n eine Nullfolge.

Nützlich ist weiterhin folgender

Satz 5.15. *Ändert man endlich viele Glieder einer Nullfolge in beliebiger Weise ab, ist die veränderte Folge wiederum eine Nullfolge.*

Ebenso kann man den Anfangsindex (bisher zumeist $n = 0$ oder $n = 1$) ändern und sogar die gesamte Folge "verschieben", ohne dass die Nullfolgeneigenschaft verlorengeht:

Satz 5.16. $(a_n)_{n \in \mathbb{N}}$ *ist Nullfolge* $\Longleftrightarrow$ $(a_{n+1})_{n \in \mathbb{N}}$ *ist Nullfolge.*

Wir demonstrieren nun die Anwendung unserer "Erkennungsstrategie":

Beispiel 5.17. Welche dieser Folgen sind Nullfolgen?

(a) $\left(\dfrac{1}{\sqrt{n}} \right)$ (b) $(-1)^n \left(\dfrac{1}{\sqrt{n}} \right)$ (c) $\left(\dfrac{1}{\sqrt{n}} \right) + (-1)^n \left(\dfrac{1}{\sqrt{n}} \right)$

(d) $233\, e^{-n} - 1521\, n^{-\sqrt{5}}$ (e) $\dfrac{1}{2 + \sin n \cdot \frac{\pi}{2}}$ (f) $\dfrac{400000}{\sqrt{n + \sin n}}$

(g) $(e^{-n} \cdot \sin n)$

Lösung:

(a) Wir können schreiben $(\frac{1}{\sqrt{n}}) = (n^{-\frac{1}{2}})$ – dieses ist eine Nullfolge aus unserem "Minikatalog".

(b) Nehmen wir statt der Folgenglieder ihre Absolutbeträge, erhalten wir die Folge aus (a), die eine Nullfolge ist – also ist auch die Folge aus (b) eine Nullfolge.

(c) Als Summe der beiden vorangehenden Nullfolgen konvergiert diese Folge ebenfalls gegen Null.

(d) Diese Folge ist Summe von Vielfachen der Folgen (e^{-n}) und $(n^{-\sqrt{5}})$, die unserem Nullfolgen-Katalog angehören und als solche ebenfalls Nullfolge.

(e) Hier können wir keine der bisherigen Regeln einsetzen. (Dennoch könnte eine Nullfolge vorliegen!) Wir überzeugen uns, dass tatsächlich keine Nullfolge vorliegt: Es gilt nämlich

$$\sin n \cdot \frac{\pi}{2} = \begin{cases} 0 & \text{wenn } n \text{ gerade ist} \\ 1 & \text{für } n = 1, 5, 9, 13, \ldots \\ -1 & \text{für } n = 3, 7, 11, \ldots \end{cases}$$

und folglich

$$\frac{1}{2 + \sin n \cdot \frac{\pi}{2}} = \begin{cases} \frac{1}{2} & \text{für gerades } n \\ \frac{1}{3} & \text{für } n = 1, 5, 9, 13, \ldots \\ 1 & \text{für } n = 3, 7, 11, \ldots \end{cases}$$

(f) Es genügt, die Folge $\left(\frac{1}{\sqrt{n+\sin n}}\right)$ zu betrachten (denn das 400000-fache davon ist dann genausoviel bzw. genausowenig eine Nullfolge). Es gilt stets $\sin n \geq -1$, also $n + \sin n \geq n - 1$. Wir ziehen die Wurzel und finden $\sqrt{n + \sin n} \geq \sqrt{n - 1}$ und damit $0 \leq \frac{1}{\sqrt{n+\sin n}} \leq \frac{1}{\sqrt{n-1}}$.
Die Glieder auf der rechten Seite konvergieren gegen Null, also nach Satz 5.14 auch unsere Ausgangsfolge.

(g) Da der Sinus nur Werte zwischen -1 und +1 annimmt, können wir schreiben,

$$|e^{-n} \cdot \sin n| \leq e^{-n},$$

wobei rechts die Glieder einer Katalog-Nullfolge stehen. Mithin ist auch $(e^{-n} \cdot \sin n)$ eine Nullfolge. △

5.1.4   Beliebige konvergente Folgen

Bisher hatten wir Folgen betrachtet, deren Glieder sich der Null annähern. Nun wollen wir Folgen betrachten, die sich irgendeinem Wert a – der auch von Null verschieden sein kann – annähern. Wir können solche Folgen leicht auf Nullfolgen zurückführen:

Definition 5.18. *Eine beliebige Folge* (a_n) *heißt konvergent, wenn es eine Konstante* a *derart gibt, dass die Folge* (b_n) *mit dem allgemeinen Glied* $b_n :=$ $a_n - a$ *eine Nullfolge ist. In diesem Fall sagt man, die Folge* (a_n) *konvergiere gegen* a *und nennt die Konstante* a *den Grenzwert*[1] *der Folge* (a_n); *symbolisch*

$$a = \lim_{n \to \infty} a_n \quad oder \quad a_n \to a \ (n \to \infty).$$

Eine Folge, die nicht konvergent ist, heißt divergent.

Jede Nullfolge ist also eine spezielle konvergente Folge und zwar mit dem Grenzwert Null.

Beispiel 5.19. Jede stationäre Folge (s_n) ist konvergent. (In diesem Fall existiert eine Konstante s mit $s_n = \text{const} = s$ für alle $n \in D$. Es ist offensichtlich, dass die Folge $(s_n - s)$ eine Nullfolge ist. Also konvergiert (s_n) gegen s.   △

---

[1]Der kritische Leser mag fragen, warum *von dem* Grenzwert die Rede ist oder ob nicht vielmehr auch mehrere Grenzwerte existieren könnten. Man kann jedoch zeigen, dass der letztere Fall nicht möglich ist.

Beispiel 5.20. Wir sahen, dass die Folgen (α_n) und (β_n) aus Beispiel 5.5 und 5.6 Nullfolgen sind, und betrachten die Folgen (f_n) und (g_n) mit

$$f_n := \frac{1}{n} + 5 \quad \text{sowie} \quad g_n := 2 + 2^{-n}.$$

Es gilt also

$$f_n = \alpha_n + 5 \quad \text{sowie} \quad g_n = \beta_n + 2, \quad n \in \mathbb{N}$$

Folglich sind die Folgen (f_n) und (g_n) konvergent, und es gilt

$$\lim_{n \to \infty} f_n = 5 \quad \text{sowie} \quad \lim_{n \to \infty} g_n = 2 \qquad \triangle$$

Das folgende Beispiel zeigt nun eine Folge, die nicht konvergiert:

Beispiel 5.21 ($\nearrow$Ü, $\nearrow$L)**.** Die ersten Glieder der Folge (m_n), $n \in \mathbb{N}$, mit dem allgemeinen Glied $m_n := (-1)^n$ lauten $-1, 1, -1, 1, -1, 1, -1, 1, \ldots$ Wenn diese Folge einen (endlichen) Grenzwert hätte, so hätte zumindest jedes zweite Folgenglied einen festen, von n unabhängigen Mindestabstand dazu. Daher schließen wir, dass diese Folge *divergiert*. (Den *formalen* Nachweis überlassen wir dem Leser als Übung.) $\qquad \triangle$

Beispiel 5.22. Die einfache Folge (ξ_n) mit $\xi_n := n$ durchläuft alle natürlichen Zahlen; es findet offensichtlich keine Annäherung an irgendeinen (endlichen) Grenzwert statt. Die Folge ist also ebenfalls divergent. $\qquad \triangle$

Wir fassen vorläufig zusammen: Jede beliebige Folge ist entweder konvergent oder divergent. Wird eine beliebig vorgegebene Folge betrachtet, ist leider nicht immer offensichtlich, ob diese Folge konvergiert und wenn ja, gegen welchen Grenzwert. Unser nächstes Ziel ist daher, einige wenige möglichst einfache Bedingungen anzugeben, die erkennen lassen, ob eine Folge konvergiert. Wir betrachten dazu zunächst einige weitere Eigenschaften von Folgen.

5.1.5 Beschränkte Folgen

Definition 5.23. *Eine Folge* $a = (a_n)_{n \in D}$ *heißt* $\left\{ \begin{array}{c} nach\ unten \\ nach\ oben \end{array} \right\}$ *beschränkt,*

wenn es eine Konstante $\left\{ \begin{array}{c} U \\ O \end{array} \right\}$ *gibt mit* $\left\{ \begin{array}{c} U \le a_n \\ a_n \le O \end{array} \right\}$ *für alle* $n \in D$. *(In diesem*

Fall nennt man $\left\{ \begin{array}{c} U \\ O \end{array} \right\}$ *eine* $\left\{ \begin{array}{c} untere \\ obere \end{array} \right\}$ *Schranke der Folge). Die Folge* $(a_n)_{n \in D}$

heißt (schlechthin) beschränkt, wenn sie sowohl nach unten als auch nach oben beschränkt ist, andernfalls unbeschränkt.

Die Glieder einer nach $\left\{ \begin{array}{c} \text{unten} \\ \text{oben} \end{array} \right\}$ beschränkten Folge können den Wert $\left\{ \begin{array}{c} U \\ O \end{array} \right\}$

nicht $\left\{ \begin{array}{c} \text{unterschreiten} \\ \text{überschreiten} \end{array} \right\}$. Eine Folge ist daher genau dann beschränkt, wenn sämtliche Folgenglieder zwischen U und O liegen, sozusagen "eingeklemmt" sind. In diesem Fall sind auch die Absolutbeträge sämtlicher Folgenglieder beschränkt, und zwar nach unten durch 0 und nach oben durch den größeren der beiden Werte $|U|, |O|$. Wir können also formulieren:

Satz 5.24. *Eine Folge* $(a_n)_{n \in D}$ *ist genau dann beschränkt, wenn es eine Konstante K gibt mit*

$$|a_n| \leq K \quad \text{für alle } n \in D. \tag{5.3}$$

Wir erinnern daran, dass $|a_n| \leq K$ gleichbedeutend ist mit $-K \leq a_n \leq K$. Wenn eine solche Konstante K existiert, ist $-K$ eine untere und $+K$ eine obere Schranke für die Folge (a_n). Die Zahl K wird daher (schlechthin) als "Schranke" für die Folge $(a_n)_{n \in D}$ bezeichnet. Man beachte, dass gemäß unserer Definition eine Folge, die zwar nach unten oder nach oben beschränkt ist, jedoch nicht beides *gleichzeitig*, *unbeschränkt* heißt.

Beispiel 5.25. Für die Folge $(\frac{1}{n})_{n \in \mathbb{N}}$ gilt $|\frac{1}{n}| \leq 1$; erst recht aber z.B. $|\frac{1}{n}| \leq 200$ für alle $\{n \in \mathbb{N}\}$. Man kann also z.B. $K = 1$ oder erst recht $K = 200$ wählen und sieht, dass die Bedingung aus Satz 5.24 erfüllt ist. Daher ist diese Folge beschränkt. $\triangle$

Beispiel 5.26. Für die Folge $(r_n)_{n \in D}$ mit $r_n = (\frac{1}{2})^n$, $n \in \mathbb{N}$, aus Beispiel 5.4 gilt $|r_n| \leq \frac{1}{2}$ für alle $\{n \in \mathbb{N}\}$. Also ist diese Folge ebenfalls beschränkt. $\triangle$

Beispiel 5.27. Die Folge $(t_n)_{n \in D}$ mit $t_n = 3^n$, $n \in \mathbb{N}$, ist nach unten, aber nicht nach oben beschränkt. (Formal kann man z.B. so argumentieren: Es sei $K > 0$ eine beliebige Konstante. Dann folgt für alle diejenigen $n \in \mathbb{N}$, für die $n > \log_3 K$ gilt, $t_n = 3^n > 3^{\log_3 K} = K$. Also kann K keine obere Schranke für die Folge (t_n) sein. Weil $K > 0$ hierbei beliebig gewählt wurde, kann keine obere Schranke für (t_n) existieren.) $\triangle$

Beispiel 5.28 ($\nearrow$Ü). Die Folge $(\delta_n) = ((-1)^n n^3)$ ist weder nach oben noch nach unten beschränkt. $\triangle$

Beispiel 5.29 ($\nearrow$Ü). Das Thema "beschränkte Folgen" hat mit dem Bezug zu "Schranken" auch einen Bezug zu "Grenzen" (vgl. Kapitel 4.2). Es gilt nämlich:

Eine Folge (a_n) *ist genau dann beschränkt, wenn gilt* $\sup\{|a_n| \mid n \in D\} < \infty$. $\triangle$

5.1.6 Monotone Folgen

Definition 5.30. *Eine Folge* $(a_n)_{n \in D}$ *heißt monoton* $\left\{ \begin{array}{c} \text{wachsend} \\ \text{fallend} \end{array} \right\}$*, wenn für alle $m, n \in D$ gilt*

$$m < n \Longleftrightarrow a_m \left\{ \begin{array}{c} \leq \\ \geq \end{array} \right\} a_n,$$

und streng monoton $\left\{ \begin{array}{c} \text{wachsend} \\ \text{fallend} \end{array} \right\}$, *wenn für alle* $m, n \in D$ *gilt*

$$m < n \Longrightarrow a_m \left\{ \begin{array}{c} < \\ > \end{array} \right\} a_n.$$

Unter einer monotonen *Folge verstehen wir eine Folge, die monoton wachsend oder monoton fallend ist.*

Beispiel 5.31. (mit $D = \mathbb{N}$)

(1) Die Folgen $(\frac{1}{n}), ((\frac{1}{2})^n), (\frac{1}{1+n^2}), (-n), (-2^n)$ sind streng monoton fallend.

(2) Die Folgen $(n), (2^n), (2n+1), (1 - \frac{1}{n})$ sind streng monoton wachsend.

(3) Die Folgen $(\alpha_n) = (1.025^n), (\beta_n) = (\sqrt{n}), (\gamma_n) = (n^2 + n)$ sind sämtlich streng monoton wachsend.

(4) Die Folge $(1, 1, 2, 2, 3, 3, 4, 4, 5, 5, ...)$ ist wachsend, aber nicht streng.

(5) Die (konstante) Folge $(1, 1, 1, ...)$ ist sowohl monoton wachsend als auch monoton fallend, aber beides nicht streng.

(6) Die alternierende Folge $(1 + (-1)^n) = (0, 2, 0, 2, 0, 2, ...)$ ist weder monoton wachsend noch monoton fallend, kurz: nicht monoton. $\triangle$

Die Beispiele (4) und (5) verdeutlichen, dass "monoton wachsend" vom Begriff her nicht gleichbedeutend ist mit "echtem" Wachstum. Bei einer monotonen Folge ist zugelassen, dass aufeinanderfolgende Glieder gleich sind. Lediglich bei einer streng monotonen müssen je zwei Folgenglieder verschieden sein. Aus diesem Grunde werden wir statt "monoton wachsend (fallend)" auch sagen "monoton nichtfallend (nichtwachsend)".

Aufgabe 5.32. Welche dieser Folgen $(a_n)_{n \in \mathbb{N}}$ sind monoton wachsend bzw. fallend, welche beschränkt (und wodurch)?

(a) $a_n = 5 - (\frac{1}{3})^n$ (b) $a_n = 5 + (-\frac{1}{3})^n$ (c) $a_n = (\frac{n}{10})(\frac{n}{10-1})$

5.1.7   Konvergenzuntersuchungen

Das zentrale Problem bei der Betrachtung einer beliebigen Folge ist es, festzustellen, ob sie konvergent ist und falls ja, den Grenzwert zu ermitteln. In den ersten Beispielen hatten wir es nur mit einfachsten arithmetischen Ausdrücken zu tun, so dass es leicht war, über Konvergenz und Grenzwert zu entscheiden. Immerhin ist auf diese Weise ein kleiner Fundus von konvergenten und divergenten Folgen entstanden.
Wir wollen hier nun einige weitere Hilfsmittel für Konvergenzuntersuchungen zusammenstellen. Diese beruhen auf der

(A) Beschränktheit

(B) Monotonie

(C) Zurückführung komplizierter Folgen auf einfache.

Konvergenz und Beschränktheit

Satz 5.33. *Jede konvergente Folge ist beschränkt.*

Nach oben unbeschränkt kann eine Folge (a_n) ja nur dadurch sein, dass mit wachsendem n hinreichend viele Folgenglieder über alle Grenzen wachsen, was bei einer konvergenten Folge unmöglich ist. Ebensowenig kann eine konvergente Folge nach unten unbeschränkt sein.

Die Aussage des Satzes lässt sich für praktische Anwendungen auch so formulieren:

Eine unbeschränkte Folge ist nicht konvergent.

Unsere wenigen Beispiele lassen erkennen, dass die Untersuchung auf Beschränktheit oft einfacher ist als die auf Konvergenz.

Beispiel 5.34. Die Folgen $(\alpha_n) = (1.025^n)$, $(\beta_n) = (\sqrt{n})$, $(\gamma_n) = (n^2 + n)$, $(\delta_n) = ((-1)^n n^3)$ und $(t_n) = (3^n)$ sind nicht konvergent, weil unbeschränkt (siehe Beispiele 5.27 und 5.31). $\triangle$

Mithin ist die Beschränktheit eine *notwendige* Konvergenzbedingung. Sie ist jedoch leider *nicht hinreichend*:

Beispiel 5.35. Die alternierende Folge $(u_n) := ((-1)^n)$ ist zwar beschränkt (es gilt $|u_n| \leq 1$ für alle n), aber offensichtlich nicht konvergent. $\triangle$

Konvergenz und Monotonie

Satz 5.36. *Eine monotone Folge ist genau dann konvergent, wenn sie beschränkt ist.*

Statt anhand einer formalen Begründung betrachten wir ein instruktives

Beispiel 5.37. Wir betrachten die Folgen $(\alpha_n) = (\sqrt{n})$ und $(\beta_n) = (1 - \frac{1}{n})$. Beide sind offensichtlich streng wachsend.

- Die erstere ist unbeschränkt, also divergent.
- Die zweite Folge hingegen ist beschränkt; es gilt ja

$$0 \leq \beta_n = 1 - \frac{1}{n} \leq 1.$$

Während hier die Folgenglieder einerseits immer größer werden, werden sie andererseits von oben "eingeklemmt" durch die obere Schranke 1. Dieser nähern sie sich immer mehr an; es gilt

$$\lim_{n \to \infty} \beta_n = 1.$$

Allgemein können wir sagen: *Jede beschränkte wachsende Folge (β_n) ist konvergent, und es gilt*

$$\lim_{n \to \infty} \beta_n = \sup\{\beta_n | n \in D\}. \qquad \triangle$$

"Konvergenzerhaltung"

Steht man vor der Aufgabe, eine "unbekannte" und womöglich komplizierte Folge zu analysieren, kann man sich die Arbeit erleichtern, indem man diese Folge möglichst auf eine oder mehrere bereits bekannte, zumindest aber einfachere Folgen zurückführt. Sie also z.B. als Summe, Vielfaches o.ä. von solchen darstellt. Dabei hilft der folgende

Satz 5.38 (Konvergenzerhaltungssatz). *Es seien $(a_n)_{n \in \mathbb{N}}$ und $(b_n)_{n \in \mathbb{N}}$ zwei konvergente Folgen mit den Grenzwerten a bzw. b, und $\lambda \in \mathbb{R}$ sowie $\beta > 0$ beliebige Konstanten. Dann gilt:*

(i) $\lambda a_n \quad \to \lambda a$
(ii) $a_n + b_n \to a + b$
(iii) $a_n \cdot b_n \quad \to a \cdot b$
(iv) $\frac{a_n}{b_n} \quad \to \frac{a}{b}$, *falls $b_n \neq 0$ für alle $n \in \mathbb{N}$ und $b \neq 0$*
(v) $(a_n)^k \quad \to a^k$ *für jedes zulässige[1] k*
(vi) $\beta^{a_n} \quad \to \beta^a$ *(insbesondere $e^{a_n} \to e^a$)*
(vii) $\ln a_n \quad \to \ln a$, *sofern $a_n > 0$ für alle n und $a > 0$*
(viii) $\sin a_n \to \sin a$ *und* $\cos a_n \to \cos a$.

Beispiel 5.39. Gesucht sind die Grenzwerte (soweit existent) der Folgen mit den nachfolgenden allgemeinen Gliedern und $D = \mathbb{N}$:

(1) $-\dfrac{3}{n}$ (2) $5 - \dfrac{3}{n}$ (3) $\dfrac{1}{n^2}$ (4) $\dfrac{5 - \frac{3}{n}}{20 + \frac{1}{n^2}}$

(5) $\sqrt{\dfrac{5 - \frac{3}{n}}{5 + \frac{1}{n^2}}}$ (6) $\sin(e^{5-(3/n)})$ (7) $\dfrac{5n^3 - 3n^2}{20n^3 + n}$

Lösung: (Wir schreiben kurz "KE" für "Konvergenzerhaltungssatz".)

(1) Wir können schreiben $-\frac{3}{n} = \lambda a_n$ mit $\lambda = -3$, $a_n = \frac{1}{n}$. Aus (5.5) wissen wir, dass gilt $a_n \to 0$, also folgt mittels KE (i) nun $-\frac{3}{n} \to 0$.

(2) Wir interpretieren 5 als allgemeines Glied einer stationären Folge (die natürlich gegen 5 konvergiert), weiterhin sahen wir soeben $-\frac{3}{n} \to 0$. Aus

---

[1] so dass a_n^k und a^k sämtlich wohldefiniert sind

KE (ii) folgt somit

$$5 - \frac{3}{n} \to 5 + 0 = 5.$$

(3) Diesmal verwenden wir die "Produktregel" KE (iii): Aus $\frac{1}{n} \to 0$ folgt damit

$$\frac{1}{n^2} = \frac{1}{n} \cdot \frac{1}{n} \to 0 \cdot 0 = 0.$$

(4) In diesem Beispiel haben wir es mit einem Quotienten zu tun. Den Grenzwert seines Zählers haben wir unter (2) berechnet. Ganz analog folgt für den Nenner $20 + \frac{1}{n^2} \to 20$. Da Zähler und Nenner beide konvergieren und der Nenner nicht verschwindet, kommt die "Quotientenregel" KE (iv) zum Einsatz:

$$\frac{5 - \frac{3}{n}}{20 + \frac{1}{n^2}} \to \frac{5}{20} = \frac{1}{4}.$$

(5) Diese Folge entsteht aus der vorigen, indem aus allen Gliedern die Quadratwurzel gezogen wird (was möglich ist, weil diese Glieder sämtlich positiv sind). Wir schreiben die Quadratwurzel als Potenz mit dem Exponenten $\frac{1}{2}$ und finden mittels KE (v)

$$\sqrt{\frac{5 - \frac{3}{n}}{5 + \frac{1}{n^2}}} = \left(\frac{5 - \frac{3}{n}}{5 + \frac{1}{n^2}}\right)^{\frac{1}{2}} \to \left(\frac{1}{1}\right)^{\frac{1}{2}} = 1.$$

(6) Wir gehen in zwei Schritten vor und betrachten zunächst die "innere" Folge (i_n) mit $i_n := e^{5 - \frac{3}{n}}$. Aus (2) wissen wir $5 - \frac{3}{n} \to 0$, aus KE (vi) folgt daher $i_n = e^{5 - \frac{3}{n}} \to e^5$. Im zweiten Schritt betrachten wir nun die Gesamtfolge: Dafür folgt mit KE (vi)

$$\sin\left(e^{5 - \frac{3}{n}}\right) = \sin(i_n) \to \sin(e^5).$$

(7) Wiederum haben wir es mit einem Quotienten zu tun, der diesmal allerdings zunächst Schwierigkeiten bereitet, denn Zähler $Z_n := 5n^3 - 3n^2$ und Nenner $N_n := 20n^3 + n$ wachsen jeweils – als Polynome dritten Grades mit positivem Leitkoeffizienten – über alle Grenzen. Wir helfen uns mit einem Kniff, indem wir Zähler und Nenner jeweils durch n^3 teilen (den Bruch also mit $\frac{1}{n^3}$ erweitern); dann folgt

$$\frac{5n^3 - 3n^2}{20n^3 + n} = \frac{\frac{5n^3 - 3n^2}{n^3}}{\frac{20n^3 + n}{n^3}} = \frac{5 - \frac{3}{n}}{20 + \frac{1}{n^2}}.$$

Für den neuen Bruch auf der rechten Seite ist der Grenzwert aus (4) bekannt; es folgt

$$\frac{5n^3 - 3n^2}{20n^3 + n} \to \frac{1}{4}. \qquad \triangle$$

5.1.8   Bestimmt divergente Folgen

Weiter oben betrachteten wir die einfache Folge $(\xi_n) = (n)$. Diese Folge divergiert, dennoch würde man gern verallgemeinernd "unendlich (∞)" als Grenzwert dieser Folge ansehen. Ökonomisch haben solche Folgen durchaus ihren Sinn: Für einen Investor wäre eine Folge von Return-Zahlungen (c_n), die gegen Unendlich strebt, das höchste Glück. Auch hier steht zunächst die Frage, wie diese Eigenschaft rechnerisch überprüft werden könnte. Bei der Folge (ξ_n) beobachten wir, dass – gleichgültig, wie groß man eine Konstante M auch wählen mag – fast alle Folgenglieder größer sind als M.

Definition 5.40. *Es sei (a_n) eine beliebige Folge. Wir schreiben*

$$\lim_{n\to\infty} a_n = \infty \quad (bzw. \lim_{n\to\infty} a_n = -\infty),$$

wenn für jedes $M > 0$ ein $n_0 = n_0\,(M)$ existiert, so dass für alle $n \geq n_0$ gilt

$$a_n > M \quad (bzw.\ a_n < -M).$$

In diesen Fällen sagen wir, die Folge (a_n) divergiere bestimmt.

Gilt $\lim_{n\to\infty} a_n = \infty$, so sagt man auch, die Folgenglieder a_n *wachsen über alle Grenzen.*

Nicht alle divergenten Folgen divergieren bestimmt, wie man am Beispiel der alternierenden Folge $((-1)^n) = (-1, 1, -1, 1, -1, 1, ...)$ sieht, deswegen ist folgende Unterscheidung sinnvoll.

Definition 5.41. *Eine divergente, jedoch nicht bestimmt divergente Folge heißt* unbestimmt divergent.

Unbestimmt divergente Folgen werden von uns kaum benötigt; wir lassen es deswegen mit ihrer Erwähnung bewenden. Bestimmt divergente Folgen als Folgen mit dem "Grenzwert $\pm\,\infty$" lassen sich dagegen mathematisch ähnlich systematisch behandeln wie konvergente Folgen.

Direkt aus der Definition folgt z.B., dass jede bestimmt divergente Folge *unbeschränkt* ist. Hier ist ein Minikatalog solcher Folgen:

Beispiel 5.42 ($\nearrow$Ü)**.** Die Folgen (a_n) mit

 (i) $a_n = n^p$ $(p > 0)$
 (ii) $a_n = b^n$ $(b > 1)$; insbesondere $a_n = e^n$
 (iii) $a_n = \ln n$

divergieren bestimmt; es gilt $\lim_{n\to\infty} a_n = \infty$. $\triangle$

Neben den hier aufgeführten finden wir schnell weitere bestimmt divergente Folgen, wenn wir erstere vervielfachen, summieren usw.

Wir wollen nun, da wir über den Begriff "bestimmte Divergenz" verfügen, zwei Aussagen aus Satz 5.36 über monotone Folgen wie folgt verfeinern:

Satz 5.43.

(i) Jede monotone Folge ist entweder konvergent oder bestimmt divergent.

(ii) Eine monotone Folge konvergiert genau dann, wenn sie beschränkt ist.

5.2   Reihen

5.2.1   Begriffe und Beispiele

Gegeben sei eine beliebige Folge $(a_n)_{n \in D}$. (Soweit nicht ausdrücklich anders gesagt, werden wir in diesem Abschnitt voraussetzen $D = \mathbb{N}_0$.) Wir setzen nun $s_0 := a_0, s_1 := a_0 + a_1, ..., s_n := a_0 + ... + a_n, ...$ Summen dieser Art nennt man auch *Partialsummen* der zugrundeliegenden Folge. Unter Verwendung des Summenzeichens Σ lassen sie sich kürzer so notieren:

$$\sum_{k=0}^{n} a_k \quad := \quad a_0 + ... + a_n.$$

Definition 5.44. *Die Folge (s_n) von Partialsummen einer gegebenen Folge (a_n) wird als Reihe bezeichnet; symbolisch:*

$$(s_n) = (\Sigma a_n).$$

Reihen spielen eine erhebliche Rolle in der Ökonomie. Wir erinnern an unser erstes Beispiel, dort hieß es

Beispiel 5.45 ($\nearrow$F 5.4). "Angenommen, jemand legt einen festen Geldbetrag C auf einem Sparkonto mit einer Verzinsung von 2.5% p.a. an und will wissen, über welchen Geldbetrag er am Ende des ersten, zweiten, dritten usw. Jahres verfügen kann ....." Wir setzen $i := 0.025$ und betrachten, obwohl wir die Antwort schon kennen, diesmal die Zahlungsverläufe etwas detaillierter.

Zeit-punkt n	Zahlung	Saldo s_n	Art der Zahlung
0	$a_0 = C$	$s_0 = C$	anfängliche Einzahlung
1	$a_1 = iC$	$s_1 = (1+i)C$	a_1: Zinsen für das 1. Jahr
2	$a_2 = i(1+i)C$	$s_2 = (1+i)^2 C$	a_2: Zinsen für das 2. Jahr
3	$a_3 = i(1+i)^2 C$	$s_3 = (1+i)^3 C$	a_3: Zinsen für das 3. Jahr
...	...	...	...
n	$i \cdot (1+i)^{n-1} C$	$(1+i)^n C$	a_n: Zinsen für das n-te Jahr

Hier haben wir es also mit einer Folge $(a_n)_{n \in N_0}$ von jährlichen Gutschriften zu tun. Die zugehörige Partialsummenfolge $(s_n)_{n \in N_0}$ gibt dann die Salden des Kontos nach $n = 0, 1, 2, ...$ Jahren an (wobei keinerlei Entnahmen unterstellt werden). Es gilt $s_n \to \infty$ – ganz im Sinne des Investors. $\triangle$

Betrachten wir nun einmal nur die Folge der Zinszahlungen am Ende des ersten bis n-ten Jahres. Um besser "sehen" zu können, verwenden wir folgende

Bezeichnungen: $z_n := a_{n+1}$ für $n \in \mathbb{N}_0$ und $\beta := 1+i$. Es folgt dann $z_n = iC\beta^n$ für $n \in \mathbb{N}_0$. Die (kumulative) Gesamtsumme aller aufgelaufenen Zinsen nach $n = 1, 2, \ldots$ wird dann durch die Reihe $(\Sigma z_n) = (iC\Sigma\beta^n)$ beschrieben. $\triangle$

Dieses kleine Beispiel lässt erahnen, dass gerade in der Finanzmathematik zahlreiche Anwendungen des Themas Folgen und Reihen gegeben sind. Diesem Bereich haben wir ein eigenes Kapitel gewidmet (Abschnitt 14). An dieser Stelle wollen wir lediglich auf die wichtigsten mathematischen Grundlagen eingehen.

Reihen von dem Typ, wie er hier in Rot hervorgehoben wurde, spielen dabei eine besondere Rolle.

5.2.2   Zur Berechnung endlicher Summen

Da eine Reihe nichts anderes ist als Folgen von Partialsummen einer gegebenen Folge, hat man diese "sofort im Griff", wenn man die Partialsummen in expliziter Form kennt. Ihrer Natur nach handelt es sich um endliche Summen, womit hier Summen aus endlich vielen Summanden gemeint sind. Wir zeigen anhand einiger Beispiele, wie sich diese in günstigen Fällen durch Formeln ausdrücken lassen, die das Summenzeichen nicht enthalten.

Beispiel 5.46. Gesucht wird eine geschlossene Formel für die endliche Summe

$$ s_n := \sum_{k=1}^{n} k $$

($n \in \mathbb{N}$). Für die ersten drei Werte von n, also $n = 1, 2, 3$ ergibt sich als Summe $s_n = 1, 3, 6$. Mit etwas Probieren sehen wir, dass in allen drei Fällen gilt

$$ s_n = \frac{n(n+1)}{2} \tag{5.4} $$

Die Frage lautet: Gilt diese Formel außer für $n = 1, 2, 3$ auch für alle anderen $n \in \mathbb{N}$? Wir überzeugen uns davon, indem wir Folgendes festhalten bzw. noch nachweisen:

(i) (5.4) gilt für das kleinstmögliche n ($= 1$).

(ii) Wenn (5.4) für irgendein $n \in \mathbb{N}$ gilt, dann auch für $n + 1$.

Wenn diese beiden Aussagen wahr sind, so wenden wir

- zunächst (ii) auf $n = 1$ an und folgern, dass (5.4) auch für $n = 2$ gilt,
- danach   (ii) auf $n = 2$ an und folgern, dass (5.4) auch für $n = 3$ gilt,
- danach   (ii) auf $n = 3$ an und folgern, dass (5.4) auch für $n = 4$ gilt,

usw.

Auf diese Weise erreichen wir schließlich jede natürliche Zahl und wissen: (5.4) gilt für alle $n \in \mathbb{N}$.

Da (i) bereits durch Probieren erledigt war, verbleibt uns nur noch (ii) nachzuweisen: Dazu nehmen wir an, (5.4) gelte für irgendein $n \in \mathbb{N}$. Wir haben zu zeigen, dass (5.4) auch für $n+1$ gilt, d.h., dass gilt

$$s_{n+1} \;=\; \frac{(n+1)(n+1+1)}{2} \;=\; \frac{(n+1)(n+2)}{2}. \tag{5.5}$$

Nun können wir unsere endliche Summe links zunächst umschreiben:

$$s_{n+1} \;=\; \sum_{k=1}^{n+1} k$$
$$=\; \sum_{k=1}^{n} k + n + 1.$$

Aufgrund der Annahme, (5.4) gelte für n, folgt hieraus mit etwas Bruchrechnung

$$s_{n+1} \;=\; \frac{n(n+1)}{2} + n + 1$$
$$=\; \frac{n(n+1)}{2} + \frac{2n+2}{2}$$
$$=\; \frac{n^2+n+2n+2}{2}$$
$$=\; \frac{(n+1)(n+2)}{2},$$

wie in (5.5) gefordert. Auf diese Weise ist (5.4) für alle $n \in \mathbb{N}$ bewiesen. Das Fazit lautet: *Für alle $n \in \mathbb{N}$ gilt*

$$\sum_{k=1}^{n} k \;=\; \frac{n(n+1)}{2} \tag{5.6}$$

$\triangle$

Anmerkung: Das hier verwendete Beweisprinzip nennt man *vollständige Induktion*. Damit lassen sich Aussagen vom Typ

Für alle $n \in \mathbb{N}$ gilt $A(n)$

beweisen. Allgemein formuliert, besteht die vollständige Induktion aus dem Nachweis von

(i) $A(1)$

(ii) $A(n) \implies A(n+1)$

Dabei bezeichnet man den Nachweis von (i) auch als *Induktionsanfang*, den von (ii) als *Induktionsschluss* und $A(n)$ als *Induktionsannahme*.

Wir leiten zur Illustration eine weitere nützliche Formel her:

Beispiel 5.47. Für alle $n \in \mathbb{N}$ gilt

$$\sum_{k=1}^{n} k^2 = \frac{n(n + \frac{1}{2})(n + 1)}{3} \tag{5.7}$$

Induktionsanfang:
Für $n = 1$ ist (5.7) korrekt, denn beide Seiten ergeben den Wert 1.
Induktionsannahme:
Wir nehmen an, (5.7) gelte für ein beliebiges, aber festes $n \in \mathbb{N}$.
Induktionsschluss:
Nun wollen wir zeigen, dass (5.7) auch für $n + 1$ gilt, konkret:

$$\sum_{k=1}^{n+1} k^2 = \frac{(n + 1)(n + \frac{3}{2})(n + 2)}{3}. \tag{5.8}$$

Wir beginnen damit, dass wir die Summe auf der linken Seite aufsplitten:

$$\sum_{k=1}^{n+1} k^2 = \sum_{k=1}^{n} k^2 + (n + 1)^2$$

Indem wir für die Summe auf der rechten Seite unsere Induktionsannahme (5.7) einsetzen, folgt mit etwas Bruchrechnung und dem binomischen Satz

$$\sum_{k=1}^{n+1} k^2 = \frac{n(n + \frac{1}{2})(n+1)}{3} + (n + 1)^2$$

$$= \frac{(n+1)}{3} \left(n(n + \tfrac{1}{2}) + 3(n + 1) \right)$$

$$= \frac{(n+1)}{3} \left(n^2 + \tfrac{7}{2}n + 3 \right)$$

$$= \frac{(n+1)}{3} \left((n + \tfrac{3}{2})(n + 2) \right)$$

$$= (n + 1)(n + \tfrac{3}{2})\frac{(n+2)}{3}$$

wie gefordert.   △

Beiden bisherigen Beispielen ist gemeinsam, dass eine zunächst lediglich *vermutete* Formel als für alle n gültig nachzuweisen war. Dies war mit Hilfe der vollständigen Induktion relativ leicht zu bewerkstelligen. Eine andere Frage ist es, wie man zu "möglichst gut vermuteten" Formeln kommt. Hierauf gibt es leider keine universelle Antwort. Für den besonders interessanten Spezialfall der Summe

$$\sum_{k=0}^{n} \beta^k \tag{5.9}$$

beantworten wir die Frage im folgenden Abschnitt.

5.2.3 Die geometrische Reihe

Definition 5.48. *Eine Reihe der Form $(\Sigma\beta^k)$, wobei $\beta \in \mathbb{R}$ eine gegebene Konstante bezeichnet, heißt* geometrische Reihe.

Ihre Partialsummen bezeichnen wir mit

$$s_n := \beta^0 + \cdots + \beta^{n-1} + \beta^n. \tag{5.10}$$

Diese Formel erlaubt, s_n zu berechnen. Im Fall $\beta = 1$ gilt $\beta^k = 1$ für alle k und somit $s_n = n + 1$. Wir suchen nun nach einer ähnlich kurzen Formel für s_n im Fall $\beta \neq 1$.

Multiplizieren wir beide Seiten von (5.10) mit β, folgt sofort

$$
\begin{aligned}
\beta s_n &= && \beta^1 &+& \cdots &+& \beta^n &+& \beta^{n+1} & \\
&= & \beta^0 +& \beta^1 &+& \cdots &+& \beta^n &+& \beta^{n+1} &- 1 \\
\beta s_n &= & & \underbrace{\qquad\qquad s_n \qquad\qquad} & & & &+& \beta^{n+1} &- 1.
\end{aligned}
$$

Zusammenfassung der s_n enthaltenden Summanden ergibt

$$(\beta - 1)s_n = \beta^{n+1} - 1.$$

Diese Gleichung können wir nach s_n auflösen, weil $\beta \neq 1$ vorausgesetzt wurde, und finden folgende

Partialsummenformel:

$$s_n = \begin{cases} \sum_{k=0}^n \beta^k = \frac{1-\beta^{n+1}}{1-\beta} & (\beta \neq 1) \\ n + 1 & (\beta = 1) \end{cases}. \tag{5.11}$$

Diese Formel, die jeden nur denkbaren Wert von β erfasst, ist von vielfachem Nutzen: Erstens können wir, wo nötig, leicht Zahlenergebnisse berechnen oder "zahlenhaltige" Formeln herleiten. Mindestens ebenso wichtig ist jedoch folgende, nahezu kostenlose Erkenntnis:

Satz 5.49. *Es sei (s_n) die Partialsummenfolge der geometrischen Reihe $(\Sigma\,\beta^n)$.*

(i) Im Fall $|\beta| < 1$ gilt $s_n \to \frac{1}{1-\beta}$.

(ii) Im Fall $\beta \geq 1$ gilt $s_n \to \infty$.

(iii) In allen übrigen Folgen divergiert die Folge (s_n) unbestimmt.

Wir gehen kurz auf den ersten, weil wichtigsten Fall ein. Wenn nämlich $|\beta| < 1$ gilt, ist (β^n) eine Nullfolge (siehe Satz 5.11 und Beispiel 5.12(ii)), und es folgt

$$\lim_{n\to\infty} s_n = \lim \frac{1 - \beta^n}{1 - \beta} = \frac{1 - \lim \beta^n}{1 - \beta} = \frac{1}{1 - \beta},$$

wie behauptet. Die beiden anderen Teilaussagen (*ii*) und (*iii*) sind ebenfalls leicht einzusehen (siehe Aufgabe 5.65).

In den Fällen (i) und (ii) des Satzes schreibt man

$$\lim_{n \to \infty} s_n =: \sum_{k=0}^{\infty} \beta^k$$

und bezeichnet auch den rechts stehenden (endlichen oder unendlichen) Grenzwert als unendliche Reihe. Es gilt also insbesondere im Konvergenzfall

$$\sum_{k=0}^{\infty} \beta^k = \tfrac{1}{1-\beta} \quad (|\beta| < 1).$$

5.2.4   Weitere konvergente Reihen

Wenn auch die geometrische Reihe in diesem Text die mit Abstand größte Rolle spielt, werden wir es gelegentlich auch mit anderen Reihen zu tun haben. Dabei wird – ähnlich wie bei Folgen – die zentrale Frage die nach der Konvergenz und gegebenenfalls nach dem Grenzwert sein. Da wir Reihen als Folgen von Partialsummen begreifen, stehen uns alle Begriffe und Aussagen aus dem Abschnitt über Folgen zur Verfügung und bedürfen keiner besonderen Wiederholung. Hinzuweisen ist lediglich auf die folgenden *Sprechweisen*: Ist eine beliebige Folge (a_n) gegeben, sagt man, *die Reihe* $(\sum a_n)$ *konvergiert* (divergiert bestimmt/divergiert unbestimmt), wenn dies für die Folge (s_n) ihrer Partialsummen zutrifft.
In den beiden erstgenannten Fällen schreibt man auch

$$\lim_{n \to \infty} s_n =: \sum_{k=0}^{\infty} a_k$$

und nennt den rechts stehenden Ausdruck "unendliche Reihe".

Wir sahen relativ leicht, dass die geometrische Reihe $(\sum \beta^n)$ genau dann konvergiert, wenn gilt $|\beta| < 1$. Der Grund: Wir konnten eine explizite Formel für die Partialsummen angeben. Bei anderen praktisch interessanten Reihen gelingt das nicht immer so einfach, so dass der Konvergenznachweis auf anderem Wege geführt wird. Die folgenden Hilfestellungen dürften sofort einleuchten:

Satz 5.50. *Es seien* $(\sum a_n)$ *und* $(\sum b_n)$ *konvergente Reihen. Dann*

(i)   *sind* (a_n) *und* (b_n) *Nullfolgen ("notwendige Konvergenzbedingung"),*

(ii) *konvergiert auch die Reihe* $(\sum (a_n + b_n))$, *und es gilt*

$$\sum_{k=0}^{\infty} (a_k + b_k) = \sum_{k=0}^{\infty} a_k + \sum_{k=0}^{\infty} b_k \, ,$$

(iii) konvergiert für jedes $\lambda \in \mathbb{R}$ auch die Reihe $(\sum \lambda a_n)$, wobei gilt

$$\sum_{k=0}^{\infty} \lambda a_k = \lambda \sum_{k=0}^{\infty} a_k\,,$$

(iv) konvergiert auch jede Reihe $(\sum c_n)$ mit $|c_n| \le |a_n|$ für alle hinreichend großen n ("Majorantenkriterium"),

(v) konvergiert auch jede Reihe $(\sum d_n)$, die aus $(\sum a_n)$ durch Abänderung endlich vieler Glieder der Folge (a_n) hervorgeht,

(vi) konvergiert auch jede Reihe, die aus $(\sum a_n)$ durch eine Indexverschiebung hervorgeht, d.h., jede Reihe $(\sum b_n)$, für die mit einem festen $\delta \in \mathbb{Z}$ und alle hinreichend großen n gilt $a_n = b_{n+\delta}$.

Beispiel 5.51. Konvergiert die Reihe $\left(\sum e^{-\frac{1}{n}}\right)$? Wir sehen uns zunächst die allgemeinen Glieder an: Es gilt $e^{-\frac{1}{n}} \to e^0 = 1$; also ist $\left(e^{-\frac{1}{n}}\right)$ keine Nullfolge. Daher kann die Reihe nicht konvergieren. △

Beispiel 5.52. Die Reihe $(\sum(2^{-n} + 3^{-n}))$ konvergiert nach (ii); es gilt

$$\sum_{k=0}^{\infty}(2^{-k} + 3^{-k}) = \sum_{k=0}^{\infty} 2^{-k} + \sum_{k=0}^{\infty} 3^{-k} = \frac{1}{1 - \frac{1}{2}} + \frac{1}{1 - \frac{1}{3}} = \frac{7}{2}.$$ △

Vorsicht: *Eine "Summenreihe" kann konvergieren, obwohl die Summandenreihen dies nicht tun. Beispielsweise konvergiert die Reihe $(\sum 0)$ mit dem allgemeinen Glied $a_n = 0$. Nun können wir schreiben $a_n = b_n + c_n$ mit $b_n := (-1)^n$ und $c_n := (-1)^{n+1}$, aber die Summandenreihen $(\sum b_n)$ und $(\sum c_n)$ divergieren.*

Beispiel 5.53. Die Reihe $(\sum a_n) := \left(\sum(\frac{1}{5})^{n+10}\right)$ konvergiert. Warum? Ihre Glieder sind identisch mit dem 10., 11., 12., ... usw. Glied der geometrischen Reihe $(\sum b_n) := \left(\sum(\frac{1}{5})^n\right)$; wir haben es also mit einer "verschobenen" geometrischen Reihe zu tun, wobei formal gilt $b_{n+10} = a_n$ für alle n. In diesem Fall könnten wir aber auch anders argumentieren: Wir haben

$$\sum_{k=0}^{\infty}\left(\frac{1}{5}\right)^{k+10} = \left(\frac{1}{5}\right)^{10} \sum_{k=0}^{\infty}\left(\frac{1}{5}\right)^{k} = \left(\frac{1}{5}\right)^{10} \frac{5}{4}.$$ △

Beispiel 5.54. Konvergiert die Reihe $\left(\sum 3^{-n^2}\right)$? Offenbar gilt für alle n: $n^2 \ge n$, somit $-n^2 \le -n$ und daher $0 \le 3^{-n^2} \le 3^{-n}$. Anders formuliert gilt $|3^{-n^2}| \le |3^{-n}|$. Nach dem Majorantenkriterium konvergiert $\left(\sum 3^{-n^2}\right)$, denn die geometrische Reihe $(\sum 3^{-n})$ liefert eine konvergente Majorante. (Wir bemerken, dass der Satz in diesem Fall zwar eine Konvergenzaussage, nicht aber auch den zugehörigen Grenzwert liefert.) △

Wenn wir mit diesen einfachen Mitteln nicht weiterkommen, hilft oft folgender

Satz 5.55 (Konvergenzkriterium von d'Alembert).

(i) *Gibt es eine Zahl $q < 1$ derart, dass für fast alle Glieder der Reihe $(\sum a_n)$ gilt $|\frac{a_{n+1}}{a_n}| \le q$, so ist diese Reihe konvergent.*

(ii) *Gibt es eine Zahl $Q > 1$ derart, dass für fast alle Glieder der Reihe $(\sum a_n)$ gilt $|\frac{a_{n+1}}{a_n}| \ge Q$, so ist diese Reihe divergent.*

Bei der geometrischen Reihe $(\sum \beta^n)$ ist der Quotient aufeinanderfolgender Glieder $|\frac{a_{n+1}}{a_n}|$ konstant, und zwar gleich $|\beta|$. Die Reihe konvergiert für $|\beta| < 1$ und divergiert für $|\beta| > 1$. Die Idee von d'Alembert ist also einfach: Wenn die Glieder einer Reihe schneller betragsmäßig klein werden als die einer konvergenten geometrischen Vergleichsreihe, dann sollte sie konvergieren; wenn sie dagegen schneller betragsmäßig groß werden als die einer divergenten geometrischen Vergleichsreihe, dann sollte sie divergieren.

Beispiel 5.56. Die Reihe $\left(\sum \frac{\lambda^n}{n!}\right)$, wobei λ eine gegebene Konstante bezeichnet, wird sich später als wichtig erweisen. Wir behaupten: Diese Reihe ist bei jeder Wahl von $\lambda \in \mathbb{R}$ konvergent.
Hier gilt nämlich $a_n = \frac{\lambda^n}{n!}$, und folglich ist

$$\left|\frac{a_{n+1}}{a_n}\right| = \left|\frac{\left(\frac{\lambda^{n+1}}{(n+1)!}\right)}{\frac{\lambda^n}{n!}}\right| = \frac{|\lambda|}{n+1}. \tag{5.12}$$

Diese Zahlen durchlaufen eine Nullfolge, gleichgültig, wie groß die Konstante λ gewählt wird, und nehmen daher für hinreichend große n nur noch Werte an, die kleiner sind als z.B. $q = \frac{1}{2}$. Nach d'Alembert konvergiert unsere Reihe.
$\triangle$

Unbeschadet der Bezeichnung "Kriterium" erlauben es die Bedingungen von d'Alembert nicht in allen Fällen, über die Konvergenz einer Reihe abschließend zu urteilen. Für die Zwecke unsereres Textes genügen sie allerdings vollkommen. Zur Illustration des Gesagten geben wir jedoch ein

Nichtbeispiel 5.57. Für die harmonische Reihe $\left(\sum \frac{1}{n}\right)$ gilt $a_n = \frac{1}{n}$ und somit $\frac{a_{n+1}}{a_n} = \frac{n}{n+1} < 1$ für alle n. Wegen $\frac{n}{n+1} \to 1$ können wir jedoch keine Zahl $q < 1$ finden, mit der sogar gelten würde $\frac{a_{n+1}}{a_n} = \frac{n}{n+1} \le q < 1$. Die Bedingung (i) des Kriteriums von d'Alembert ist also für kein $q < 1$ erfüllt, und der Satz hilft nicht weiter.
$\triangle$

5.2.5 Bestimmt divergente Reihen

Satz 5.58 (↗S.1044). *Für die harmonische Reihe gilt $\sum_{k=1}^{\infty} \frac{1}{k} = \infty$.*

Durch den Vergleich mit der harmonischen Reihe lassen sich auch viele andere Reihen der Divergenz überführen:

Satz 5.59. *Sei* $(\sum a_n)$ *eine bestimmt divergente Reihe mit* $\sum_{k=0}^{\infty} a_n = \infty$. *Dann divergiert auch jede Reihe* $((\sum c_n))$ *bestimmt gegen* ∞, *für die gilt* $|c_n| \geq |a_n|$ *für fast alle* n.

Beispiel 5.60. Es gilt $\sum_{k=0}^{\infty} \frac{1}{\sqrt{k}} = \infty$, denn die harmonische Reihe ist eine divergente "Minorante": Wir haben $\frac{1}{\sqrt{k}} \geq \frac{1}{k}$ für alle k und somit $\sum_{k=0}^{\infty} \frac{1}{\sqrt{k}} \geq \sum_{k=0}^{\infty} \frac{1}{\sqrt{k}} = \infty$. $\triangle$

Ähnlich wie bei konvergenten Reihen lassen sich (mit etwas Vorsicht) aus gegebenen bestimmt divergenten Reihen durch Summation, Vervielfachung, Verschiebung etc. "neue" Reihen erzeugen, die ebenfalls bestimmt divergieren. Auf Einzelheiten braucht hier nicht eingegangen zu werden.

5.3   Aufgaben

Aufgabe 5.61. Geben Sie jeweils die ersten 10 Glieder der Folge $a = (a_n)_{n \in \mathbb{N}}$ zahlenmäßig an, wenn für das allgemeine Glied a_n gilt

 a) $a_n = (-1)^n$

 b) $a_n = (-1)^n \cdot \frac{1}{n}$

 c) $a_n = 2^n$

 d) $a_n = (-\frac{1}{10})^n$

Aufgabe 5.62. Geben Sie jeweils die ersten 8 Glieder der Folge $a = (a_n)_{n \in \mathbb{N}}$ zahlenmäßig an, wenn gilt

 a) $a_{n+1} = \frac{a_n}{2}$, $n \in \mathbb{N}$, und $a_1 = 4096$

 b) $a_{n+1} = 1,05 a_n$, $n \in \mathbb{N}$, und $a_1 = 1$

 c) $a_{n+1} = (a_n)^2 - a_n$, $n \in \mathbb{N}$, und $a_1 = 3$.

Aufgabe 5.63. Geben Sie für die Folgen aus Aufgabe 5.61 rekursive Bildungsvorschriften an.

Aufgabe 5.64. Geben Sie für die Folgen aus den Aufgaben 5.62 a) und 5.62 b) das allgemeine Glied an.

Aufgabe 5.65 (↗L). Begründen Sie die Aussagen (ii) und (iii) von Satz 5.49.

Aufgabe 5.66. Zeigen Sie (↗Satz 5.58): Für die harmonische Reihe gilt $\sum_{k=1}^{\infty} \frac{1}{k} = \infty$.

Aufgabe 5.67 ($\nearrow$L)**.** Bestimmen Sie die eigentlichen oder uneigentlichen Grenzwerte der Folgen, deren allgemeine Glieder folgende Gestalt haben:

a) $\frac{1}{1+n^2}$

b) $(1+n^2)(4-\frac{1}{n^3})$

c) $\frac{1+\sqrt{n}}{1+n}$

d) $\frac{1+\sin^2 n}{1+2n}$

e) $(\frac{1}{n^2}-\frac{1}{n})(10n+\sqrt{n})$

Aufgabe 5.68.

(1) Man überlege sich, dass eine konvergente Folge nur einen Grenzwert besitzen kann.

(2) Man überlege sich, dass folgende Aussagen gelten:

(i) Für jede monoton wachsende Folge (a_n) gilt $\lim a_n = \sup\{a_n \mid n \in D\}$

(ii) Für jede monoton fallende Folge (a_n) gilt $\lim a_n = \inf\{a_n \mid n \in D\}$.

Aufgabe 5.69 ($\nearrow$L)**.** Zeigen Sie, dass folgende Reihen konvergieren. (Es ist nicht erforderlich, den Grenzwert zu ermitteln.)

a) $\Sigma_n\, e^{-n}$

b) $\Sigma_n\, \frac{1}{\alpha^n(1+e^{-n})}$ mit dem Parameter $\alpha \in (0,1)$

c) $\Sigma_n\, e^{-n^2}$

6

Reelle Funktionen einer Variablen - Grundlagen

6.1 Motivation und Grundlagen

6.1.1 Motivation

Ökonomische Zusammenhänge werden oft dergestalt untersucht, dass eine bestimmte ökonomische Größe – etwa ein erzielter Gewinn – in einen funktionellen Zusammenhang mit einer anderen Größe – z.B. dem Absatz eines bestimmten Gutes – gestellt wird. Das mathematische Abbild eines solchen Zusammenhang stellt eine reellwertige Funktion einer reellen Veränderlichen – kurz "reelle Funktion"– dar. Kennt man ihre mathematischen Eigenschaften, so lassen sich diese direkt ökonomisch interpretieren und führen so zu neuen Einsichten.

Damit ist der weitere Plan dieses Textes bereits umrissen: In den Abschnitten 6 bis 13 werden zunächst die mathematischen Eigenschaften reeller Funktionen untersucht, um dann in den Abschnitten 13 und 14 beispielhaft auf ausgewählte ökonomische Fragestellungen angewandt zu werden.

6.1.2 Mathematische Vorgehensweise

Bei den im "mathematischen" Teil dieses Textes betrachteten Funktionen sind Argumente wie Funktionswerte reelle Zahlen. Es handelt sich dabei um Abbildungen im Sinne von Kapitel 2, und alles dort über Injektivität, Umkehrabbildung etc. Gesagte findet hier Anwendung. Hier sollen nun darüber hinaus eine Reihe spezieller Eigenschaften reeller Funktionen, wie z.B. Monotonie oder Konvexität, die für ökonomische Anwendungen von Belang sind, betrachtet werden.

Ein zentrales Anliegen ist es dabei, qualitative Erkenntnisse auf *möglichst einfachem* Wege – im Idealfall schon durch "Hinsehen" – zu erzielen und exzessive Zahlenrechnerei zu vermeiden. Zu diesem Zweck werden wir

- erstens: den Umgang mit Graphen reeller Funktionen trainieren,
- zweitens: durchgängig ein- und dasselbe *Baukastenprinzip* einsetzen.

Dieses Baukastenprinzip durchzieht fast alle nachfolgenden Kapitel wie ein roter Faden: Angenommen, wir wollen wissen, ob eine gegebene reelle Funktion eine bestimmte Eigenschaft $\mathscr{E}$ besitzt (z.B. ob sie differenzierbar ist). Zur Überprüfung stehen folgende Bausteine zur Verfügung:

(1.) die *Definition* von $\mathscr{E}$
(als präzise und nachprüfbare Beschreibung)

(2.) ein *Katalog* von Grundfunktionen
(der angibt, ob diese die Eigenschaft $\mathscr{E}$ besitzen)

(3.) *"Erhaltungssätze"*
(mit denen $\mathscr{E}$ von *bekannten* auf *neue* Funktionen übertragen wird)

(4.) *rechenbare Kriterien*
(z.B. Überprüfung des Vorzeichens einer Ableitung)

(5.) *"Abschlusssätze"*
(mit denen vom Inneren auf den Rand des Definitionsbereiches geschlossen werden kann, was Untersuchungen oft erleichtert).

6.1.3   Was sind "ökonomische Funktionen"?

Wir wollen nun die zuvor gewonnenen mathematischen Erkenntnisse beispielhaft auf "ökonomische Funktionen" anwenden. Es handelt hierbei um reelle Funktionen im üblichen mathematischen Sinne, die insofern zu "ökonomischen Funktionen" werden, als sie als Modelle für ökonomische Zusammenhänge dienen. Ihre Argumente und Funktionswerte werden dabei als wohlbestimmte ökonomische Größen interpretiert, wobei ersteren meist die Rolle einer Ursache oder eines "Inputs" zukommt und letzteren die Rolle einer Wirkung oder eines "Outputs" zugeschrieben wird. Die Zuordnungsvorschriften (Berechnungsformeln) der Funktionen hängen oft wesentlich von den für Input- und Outputgrößen gewählten *Maßeinheiten* ab.

Einige der wichtigsten Klassen ökonomischer Funktionen sollen hier stichwortartig aufgeführt werden. Als Definitionsbereich D sehen wir durchweg die nichtnegative reelle Halbachse $[0, \infty)$ oder ein sinnvolles Teilintervall davon an.

(1) Eine *Produktionsfunktion* $x \to p(x)$ beschreibt den mengenmäßigen Zusammenhang zwischen Faktoreinsatz x und Produktionsergebnis $p(x)$ bei der Produktion eines einzelnen Gutes Y, wobei nur ein einziger Produktionsfaktor X als variabel angesehen wird. Dabei nennt man die Größe $\frac{p(x)}{x} =: p_\emptyset(x)(x \neq 0)$ *Durchschnittsproduktivität* (an der Stelle x). In der Tat gibt dieser Wert den durchschnittlichen Produktionsausstoß je eingesetzter Einheit des Produktionsfaktors X an unter der Voraussetzung, dass insgesamt x Einheiten des Faktors X eingesetzt werden.

(2) Eine *(Gesamt-) Kostenfunktion* $x \to K(x)$ erfasst die gesamten Kosten (in GE), die bei der Herstellung von x Mengeneinheiten eines Gutes X entstehen.

Weiterhin bezeichnet man bei gegebenem $x > 0$ die Größe $k(x) := \frac{K(x)}{x}$ als *Stückkosten* (an der Stelle x). Sie können als unternehmensinterner Herstellungspreis jeder Einheit des erzeugten Gutes X angesehen werden, der bei einer Losgröße von insgesamt x Mengeneinheiten entsteht. Entsprechend wird durch die Zuordnung $x \to k(x)$, $x > 0$, die *Stückkosten(funktion)* definiert.

(3) Eine *Erlös-* oder auch *Umsatzfunktion* $x \to E(x)$ drückt den Erlös $E(x)$ eines Unternehmens beim Absatz von x Mengeneinheiten eines produzierten Gutes X aus.

(4) Eine *Gewinnfunktion* $x \to G(x)$ gibt den Gewinn $G(x)$ eines Unternehmens beim Absatz von x Mengeneinheiten eines Gutes X an. Dieser ensteht als Differenz von Erlös und Kosten; es gilt also $G = E - K$.

(5) Eine *Nachfragefunktion* $p \to N(p)$ drückt die auf einem Markt nachgefragte Menge eines Gutes X als Funktion des Preises p von X aus.

(6) Eine *Angebotsfunktion* $p \to A(p)$ gibt das auf einem Markt bestehende (oder erwartete) Angebot an einem Gut X als Funktion seines Preises an.

(7) Eine *Nutzenfunktion* $x \to u(x)$ drückt mittels $u(x)$ den Nutzen aus, den ein ökonomisches Subjekt (ein Individuum, ein Haushalt, eine Gesellschaft) dem Besitz einer Menge von x Einheiten eines Gutes X subjektiv beimisst.

Weitere Beispiele werden in den nachfolgenden Abschnitten betrachtet. Wir merken jedoch an, dass wir die Anzahl unserer Funktionen wie in den Beispielen (1) und (2) sofort verdoppeln können, indem wir zu jeder der betrachteten Funktionen f eine *Durchschnittsfunktion* $f_\emptyset$ assoziieren, wobei die Outputdurch die Inputgröße dividiert wird: $f_\emptyset(x) := \frac{f(x)}{x}(x \neq 0)$.

Ein Wort zu unseren symbolischen Bezeichnungen: Die hier verwendeten sind "Vorzugsbezeichnungen", die ihrer Einprägsamkeit wegen gewählt wurden. Sie werden in den folgenden Abschnitten zwar häufig wiederkehren, ebenso aber auch variiert werden[1].

Auf den folgenden Umstand ist besonders hinzuweisen: Die Rolle von Input- und Outputgrößen wechselt in der ökonomischen Literatur häufig. Dies trifft besonders auf den Zusammenhang zwischen dem Preis p und der angebotenen (bzw. nachgefragten) Menge x eines Gutes zu. Während es aus der Sicht des Konsumenten vernünftig ist, die nachgefragte Menge x als Funktion des Preises p zu sehen ("$x = x(p)$"), findet sich aus der Perspektive der Anbieter gern die umgekehrte Darstellung "$p = p(x)$". Diesem Perspektivenwechsel entspricht mathematisch der Übergang von einer Funktion zu ihrer Umkehrfunktion.

---

[1]Grundsätzlich gilt auch hier: Die Wahl der Bezeichnungen ist völlig beliebig, und in der Literatur überdies nicht einheitlich.

Eine weitere Besonderheit ist diese: Das Angebot x kann bereits erlöschen ($=0$ sein), sobald der Preis einen gewissen Mindestwert $p_{min} > 0$ unterschreitet. Also gibt es zu der Menge x viele Preise (nämlich alle Preise zwischen 0 und p_{min}). Von einer "Funktion" kann in diesem Fall nicht die Rede sein; vielmehr handelt es sich um eine Relation im Sinne von Kapitel 1. Wir werden daher von der *Preis-Angebots-Relation* sprechen.

6.1.4 Konventionen und Bezeichnungsweisen

Beschreibung reeller Funktionen

Reelle Funktionen im weitesten Sinne sind Abbildungen[2]

$$f : D \to W$$

mit $D, W \subseteq \mathbb{R}$. Zu ihrer Beschreibung benötigt man streng genommen drei Angaben:

- die des Definitionsbereiches D
- die des Wertevorrates W
- die der Zuordnungsvorschrift $x \to f(x)$.

Beispielsweise liefert die Schreibweise

$$q : [0, 1] \to \mathbb{R} : x \to x^2, \qquad (6.1)$$

zu lesen als

$$< Name > : D \to W : x \to f(x),$$

alle notwendigen Angaben. Gleichbedeutend zu (6.1) verwenden wir die folgenden Schreibweisen:

- ... die Funktion q mit $q(x) := x^2$, $x \in [0, 1]$
- $q : x \to x^2$, $x \in [0, 1]$.

Dabei vereinbaren wir aus Vereinfachungsgründen, dass $W = \mathbb{R}$ gilt, wenn – wie hier – keine ausdrückliche Angabe des Wertevorrates W erfolgt. Die exakte Angabe des Definitionsbereiches ist jedoch *immer* erforderlich. Dies hat gute Gründe, wie wir später vielfach sehen werden.

Namensgebung

Wie üblich, kann der Name einer Funktion frei vereinbart werden und unterliegt dem Geschmack des Nutzers. Oft wird man den Namen so wählen, dass er einen Bezug zum betrachteten Problem wiedergibt.

---

[2](Bei einer etwas engeren Interpretation verwendet man die Bezeichnung "reelle Funktion" nur dann, wenn der Definitionsbereich D ein echtes Intervall ist oder zumindest enthält (im Gegensatz zu Folgen, bei denen dies nicht der Fall ist). Diese Unterscheidung ist jedoch für uns nicht wesentlich.)

Nur folgende Namen, die weiter unten erklärt werden, gelten in diesem Text als reserviert:

$$\textbf{abs, cos, e, id, ln, ld, lg, sgn, sin.}$$

Zu beachten ist, dass der Funktions*name* (wie beispielsweise q) sozusagen "die gesamte Funktion" umfasst und *nicht zu verwechseln* ist mit der Angabe $q(x)$ eines einzelnen Funktions*wertes*.

Zur Rolle des Definitionsbereiches

Der Funktionsname umfasst die "gesamte" Funktion, also neben der Zuordnungsvorschrift auch ihren Definitionsbereich und Wertevorrat. Auf diese Weise handelt es sich bei a und b mit

$$a : [0, 1] \to \mathbb{R} : x \to 3x + 4$$
$$b : [0, 2] \to \mathbb{R} : x \to 3x + 4$$

um *verschiedene* Funktionen, obwohl sie dieselbe Zuordnungsvorschrift

$$a(x) = b(x) = 3x + 4$$

verwenden, und zwar allein deswegen, weil sie verschiedene Definitionsbereiche haben.

Die Genauigkeit, mit der wir auf die Angabe des Definitionsbereiches achten wollen, hat sowohl mathematische als auch ökonomische Gründe.

- *Mathematisch* ist von Belang, dass bestimmte Eigenschaften von Funktionen auch vom Definitionsbereich abhängen. (So kann die Funktion a höchstens den Funktionswert 7 annehmen, bei b dagegen ist dies 10.)
- *Ökonomisch* gibt der Definitionsbereich typischerweise den Handlungsspielraum eines Unternehmens - allgemeiner: eines ökonomischen Agenten - an.

Es kann vorkommen, dass wir – bei im Übrigen unveränderten Bedingungen – den Definitionsbereich einer Funktion verkleinern wollen. Für diesen Fall haben wir den Begriff der *Einschränkung* besprochen (Abschnitt 3.1). So gilt z.B. $a = b\big|_{[0,1]}$.

Funktion $\neq$ Ausdruck

Es klang schon an, dass Formulierungen wie diese, die man leider öfters lesen kann:

$$\text{``Gegeben sei die Funktion } f(x) := \frac{1}{1+x}.\text{''} \tag{6.2}$$

sozusagen "schlechtes Mathematisch" sind, denn hier wird lediglich eine Zuordnungsvorschrift angegeben, nicht aber klar gesagt, auf welchen Definitionsbereich sie sich erstrecken soll.

Immerhin können wir (6.1) entnehmen, wie groß der Definitionsbereich von f *höchstens* sein kann. Auf der rechten Seite von (6.2) steht ein *Ausdruck*, nämlich

$$\frac{1}{1+x}.$$

Dieser Ausdruck ist sinnvoll, sobald es sich bei x um eine reelle Zahl $x \neq -1$ handelt. So gesehen ist $\mathbb{R} \setminus \{-1\}$ die größte Teilmenge von $\mathbb{R}$, auf der mit ausschließlicher Anwendung dieses Ausdruckes Funktionswerte berechnet werden können. Wir sprechen hierbei vom *natürlichen Definitonsbereich* dieses Ausdruckes bzw. vom *größtmöglichen (bzw. maximalen) Definitionsbereich* der durch diesen Ausdruck definierten Funktion.

Derartige implizite Angaben von Definitionsbereichen sind zwar möglich, verleiten praktisch jedoch häufig zu Fehlern und sind überdies oft *ökonomisch unsinnig*. Wenn wir z.B. $f(x)$ als diejenige Menge eines Gutes X interpretieren wollen, die bei dem Preis x auf einem Markt nachgefragt wird, werden wir sinnvollerweise annehmen, dass der Preis x nichtnegativ ist. Also werden wir z.B. $D := [0, \infty)$ (statt der größtmöglichen Menge $\mathbb{R} \setminus \{-1\}$) als ökonomisch sinnvollen Definitionsbereich vereinbaren.

Bestimmung natürlicher Definitionsbereiche

Bei praktischen Berechnungen stehen wir sehr oft vor der Aufgabe, den natürlichen Definitionsbereich eines Ausdrucks zu überprüfen – und plötzlich tut sich ein immenser Reichtum an Fehlerquellen auf, meist in Verbindung mit Brüchen, Wurzeln und Logarithmen. Wir geben hier einige sehr praktische Merkregeln an in Gestalt dieser

Achtungszeichen:

> !   **Alles Hingeschriebene muss wohldefiniert sein! Speziell:**
>
> ! $\frac{1}{etwas}$ verlangt $etwas \neq 0$
>
> ! $\sqrt{etwas}$ verlangt $etwas \geq 0$
>
> ! $\ln\{etwas\}$ verlangt $etwas > 0$.

Beispiel 6.1. Für welche reellen Zahlen x ist der Ausdruck

$$\sqrt{x^2 - 4} \tag{6.3}$$

sinnvoll?

Lösung: Wir haben aufgrund des dritten Achtungszeichens lediglich zu prüfen, für welche reellen x gilt $x^2 - 4 \geq 0$. Äquivalent hierzu ist $x^2 \geq 4$ bzw. $|x| \geq 2$.

Ergebnis: Der Ausdruck (6.3) ist sinnvoll für alle rellen x mit $|x| \geq 2$; diese bilden die Menge $(-\infty, -2] \cup [2, \infty)$. △

Beispiel 6.2. Durch den Ausdruck

$$f(x) := \frac{1}{\ln\left(\sqrt{x-4} - 1\right)} \tag{6.4}$$

soll eine Funktion $f : D \to \mathbb{R}$ auf der Menge D aller reellen x, für die (6.4) sinnvoll ist, definiert werden. Man bestimme D.

Ergebnis: $D = (5, \infty) \setminus \{8\}$.

Lösungsweg: Gemäß unserer Achtungszeichen entstehen drei Bedingungen:

(1) $\ln \ldots$ verlangt $\{\sqrt{x-4} - 1\} > 0$

(2) $\frac{1}{\ln(\ldots)}$ verlangt $\ln(\ldots) \neq 0$, also $\sqrt{x-4} - 1 \neq 1$

(3) $\sqrt{x-4}$ verlangt $x - 4 \geq 0$.

Durch offensichtliche Vereinfachung der rechten Seiten lauten diese kürzer:

(1) $\sqrt{x-4} > 1$

(2) $\sqrt{x-4} \neq 2$

(3) $x \geq 4$.

Vorausgesetzt, (3) ist erfüllt, ist das Quadrieren für (1) und (2) eine Äquivalenzumformung. Unsere drei gleichzeitigen Bedingungen lassen sich daher so schreiben:

(1) $x - 4 > 1$ bzw. $x > 5$

(2) $x - 4 \neq 4$ bzw. $x \neq 8$

(3) $x \geq 4$.

Die dritte Bedingung folgt aus der ersten, daher das o.a. Ergebnis. △

Stückweise Definition von Funktionen

Gelegentlich lassen sich Funktionen auf ihrem Definitionsbereich nicht durch einen einzigen arithmetischen Ausdruck beschreiben.

Beispiel 6.3. Auf der Menge $D := [0, \infty)$ definieren wir eine Funktion K durch

$$K(x) := \begin{cases} 2x & x \in [0, 1] \\ x + 1 & x \in (1, 5] \\ 2x + 4 & \text{sonst} \end{cases}$$

Durch eine "Weiche" getrennt, werden die drei verschiedenen Ausdrücke $2x$, $x+1$ bzw. $2x+4$ angesteuert, je nachdem, welche Fallvoraussetzung für einen gegebenen Wert $x \in D$ erfüllt ist. Beispielsweise ist für $x = 3$ die Bedingung $x \in (1,5]$ erfüllt, also folgt $K(3) = 3 + 1 = 4$.

Die Fallvoraussetzungen beziehen sich sämtlich auf den Definitionsbereich D (und nicht etwa auf ganz $\mathbb{R}$) und zerlegen diesen in disjunkte Teilmengen (hier im Beipiel sind das drei). Die Bedingung "sonst" bedeutet daher hier $x \in (5, \infty)$ (und nicht etwa $x \in \mathbb{R} \setminus [0,5]$). $\triangle$

Bemerkung 6.4. Funktionen wie die unseres Beispiels kommen in der Ökonomie häufig vor. Wir können $K(x)$ z.B. als die (idealisierten) Gesamtkosten interpretieren, die einem Unternehmen entstehen, um eine Gesamtmenge x eines bestimmten Gutes zu erzeugen. Die drei Teildefinitionen entsprechen dabei geometrisch den drei Geradenstücken in nachfolgender Skizze und ökonomisch den folgenden drei Phasen: Bei Produktionsaufnahme (I) steigen die Gesamtkosten zunächst relativ schnell an, der Anstieg verlangsamt sich dann in einer Konsolidierungsphase (II). Eine weitere extensive Produktionserhöhung (III) erhöht dann die Kosten je produzierter Einheit wieder, z.B. durch den Übergang zu einem teureren Mehrschichtsystem.

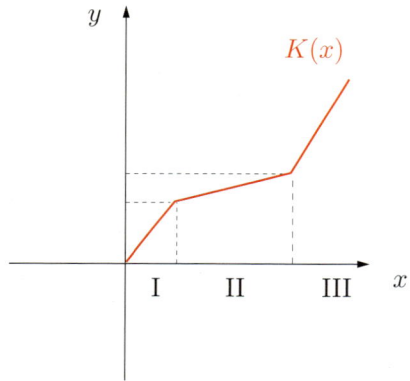

Beispiel 6.5. In ökonomischen Texten finden sich gern Formulierungen wie diese:

"Zwischen dem Preis p für ein Gut (in T€/t) und der bei diesem Preis nachgefragten Menge x (in t) bestehe die Beziehung

$$x = 64 - p^2 \qquad (6.5)$$

   ..."

Es ist klar, dass die Beziehung (6.5) nur *innerhalb sinnvoller Grenzen* bestehen kann (ansonsten würde sich z.B. bei einem Preis von 10 T€/t eine Nachfrage von minus 36 t ergeben, was offensichtlich ökonomisch unsinnig ist). Bei weitestgehender Auslegung "sinnvoller Grenzen" sollten zumindest sowohl der Preis p als auch die Nachfrage x *nichtnegativ* sein. Dies gilt exakt für Preise zwischen 0 und 8 T $\in$/t. Gemäß (6.5) könnten wir also eine Nachfragefunktion N so ansetzen: $N : [0, \infty) \to [0, \infty)$:

$$N(p) = \begin{cases} 64 - p^2 & p \in [0, 8] \\ 0 & \text{sonst .} \end{cases} \tag{6.6}$$

$\triangle$

Rolle von Maßeinheiten

Bisher hatten wir Funktionen sozusagen "rein mathematisch" betrachtet. In ökonomischen Zusammenhängen sind zusätzlich immer noch die verwendeten Maßeinheiten im Auge zu behalten. Im letzten Beispiel hatten wir das durch in Grau eingefügte mögliche Maßeinheiten angedeutet. Allgemein üblich sind die Kürzel GE für "Geldeinheit(en)" und ME für "Mengeneinheit(en)".

Achtung: *Ein Wechsel von Maßeinheiten kann zur Folge haben, dass derselbe Sachverhalt durch eine "völlig andere" Funktion beschrieben wird.*

Beispiel 6.6 (↗F 6.5)**.** Wir wollen dasselbe Nachfrageverhalten jetzt bei veränderten Maßeinheiten betrachten:

(a) Die Menge soll nunmehr in kg gemessen werden.

(b) Der Preis soll in $\in$/kg gemessen werden.

Wir bemerken, dass sich durch (b) Zahlenangaben für den Preis nicht ändern: Mussten zuvor z.B. 4 Tausend $\in$ je t Gut bezahlt werden, sind dies exakt 4 $\in$ je kg. Allerdings ändern sich durch (a) alle Mengenangaben auf das 1000-fache, denn z.B. beim Preis 0 werden nunmehr 64000 kg statt bisher 64 t nachgefragt.

Wir haben es daher mit der "neuen" Nachfragefunktion $N^\circ : [0, \infty) \to \mathbb{R}$ mit

$$N^\circ(p) := \begin{cases} 1000(64 - p^2) & \text{für } p \in [0, 8] \\ 0 & \text{sonst} \end{cases}$$

zu tun. $\triangle$

Wir bemerken, dass der Wechsel von Maßeinheiten nicht nur Auswirkungen auf Berechnungsvorschriften haben kann (wie hier im Beispiel), sondern ggf. auch auf den Definitionsbereich und den Wertevorrat.

6.2   Der Katalog von Grundfunktionen

6.2.1   Affine und lineare Funktionen

Definition 6.7. *Eine Funktion $f : \mathbb{R} \to \mathbb{R}$ heißt* affin, *wenn ihre Zuordnungsvorschrift von der Form $f(x) = ax + b, x \in \mathbb{R}$, ist, wobei a und b beliebige reelle Konstanten bezeichnen. Im Spezialfall $b = 0$ heißt f* linear.

Graphische Darstellung

Die nachfolgende Skizze zeigt in Rot den Graphen einer affinen Funktion. Wir bemerken, dass die Konstante b direkt als *Achsenabschnitt* auf der Ordinatenachse ablesbar ist (das folgt aus der Gleichung $f(0) = 0 \cdot x + b = b$), während die Konstante a als *Anstieg* von f bezeichnet wird. Sie kann als das vorzeichenbehaftete Verhältnis

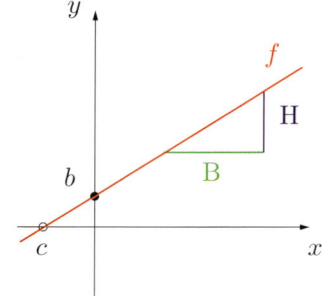

$$a = \text{``Anstieg''} = \frac{\text{``Höhe''}}{\text{``Breite''}} = \frac{\text{H}}{\text{B}}$$

eines beliebigen Steigungsdreiecks ermittelt werden, wie z.B. im Bild rechts.

Typischerweise stehen wir vor der Aufgabe, den Graphen von f erst einmal zu zeichnen – ein ablesbares Steigungsdreieck ist also zunächst nicht vorhanden. Hier bieten sich zwei Auswege an:

- Im Fall $a \neq 0$ können wir die Gleichung $f(x) = ax + b = 0$ nach x auflösen und erhalten den *Achsenabschnitt* $c = \frac{-b}{a}$ auf der Abszissenachse. Wenn dieser nicht ebenfalls gleich Null ist, zeichnen wir eine Gerade durch die Punkte $(0, b)$ und $(c, 0)$ - fertig!
- *Stets* können wir ein Steigungsdreieck wie im folgenden Bild verwenden: als Grundseite dient eine Strecke der Länge 1, als Höhe eine Strecke mit der Länge $|a|$, die rechts an die Grundseite angesetzt wird (und zwar nach oben, falls $a \geq 0$ gilt, und nach unten, falls $a < 0$ gilt; falls $a = 0$ gilt, ist unser Steigungs"dreieck" in Wirklichkeit eine Strecke).

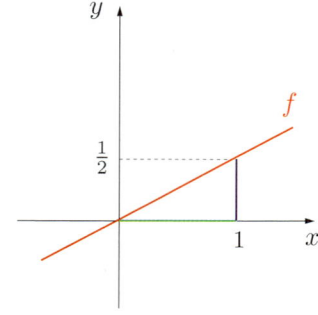

Mit der zweitgenannten Methode können wir insbesondere den Graphen jeder *linearen* Funktion skizzieren, wie hier im Bild den der Funktion $x \to \frac{x}{2}$, $x \in \mathbb{R}$. Wir können erkennen: Bei den linearen Funktionen handelt es sich um affine Funktionen, deren Graph durch den Koordinatenursprung verläuft.

Zu den Bezeichnungen

Im allgemeinen Sprachgebrauch hat es sich eingebürgert, nicht immer zwischen den Begriffen "affin" und "linear" zu unterscheiden. Wir werden das hier jedoch tun. Es gilt: Jede lineare Funktion ist auch affin, nicht jede affine Funktion ist auch linear.

Beispiel 6.8. Die Abbildung ...

- $x \to 0$ (mit $a = b = 0$) ist affin und linear
- $x \to 1$ (mit $a = 0, b = 1$) ist affin, aber nicht linear
- $x \to x$ (mit $a = 1, b = 0$) ist affin und linear
- $x \to 5x - 2$ (mit $a = 5, b = -2$) ist affin, aber nicht linear

$\triangle$

Die einfachsten linearen Funktionen sind – nicht sehr überraschend – die "Nullabbildung" $x \to 0$ und die *Identität*:

$$id : \mathbb{R} \to \mathbb{R} : x \to x.$$

Die Eigenschaft der Linearität lässt sich so charakterisieren:

Satz 6.9. *Eine Funktion $f : \mathbb{R} \to \mathbb{R}$ ist dann und nur dann linear, wenn für beliebige $x, y, \lambda \in \mathbb{R}$ gilt*

$$f(x + y) = f(x) + f(y) \qquad \text{"Additivität" und} \qquad (6.7)$$

$$f(\lambda x) = \lambda f(x) \qquad \text{"Homogenität".} \qquad (6.8)$$

Die beiden hier aufgeführten Eigenschaften *Additivität* und *Homogenität* von f sind für sich genommen interessant, sowohl mathematisch als auch ökonomisch.

Mathematisch besagt (6.7), dass sich Addition und Funktionswertbildung vertauschen lassen (was für Berechnungen von großem Vorteil ist) und (6.8), dass Argumente x und Funktionswerte $f(x)$ zueinander proportional sind (wodurch sich die geradlinige Form des Graphen von f erklärt).

Eine *ökonomische* Interpretation könnte so lauten: Wir nehmen einmal an, die Funktion f sei eine Produktionsfunktion und beschreibe den Zusammenhang zwischen der täglich eingesetzten Menge x eines Produktionsfaktors (z.B. Arbeit) und der dabei erzielten Menge $f(x)$ des Outputs (z.B. Treibstoff). Die Additivität (6.7) drückt aus, dass sich die Produktion eines Arbeitstages verlustfrei auf zwei Arbeitstage aufteilen lässt, indem die eingesetzte Arbeit entsprechend aufgeteilt wird. Noch einleuchtender ist die Eigenschaft (6.8): Sie besagt, dass Faktoreinsatz und Produktionsergebnis zueinander proportional sind.

6.2.2 Potenzfunktionen

Im Abschnitt 0.6 hatten wir uns ausführlich mit Potenz*ausdrücken* der Form x^p und ihrem Definitionsbereich beschäftigt. An dieser Stelle gehen wir daran, mit Hilfe dieser Ausdrücke *Funktionen* zu definieren. Dabei fixieren wir jeweils den Exponenten als Parameter, während x die Rolle des Funktionsargumentes übernimmt. Bei gegebenem Parameter p wählen wir den Definitionsbereich jeweils größtmöglich:

Definition 6.10. *Es seien* $p \in \mathbb{R}$ *beliebig und*

$$D := \begin{cases} \mathbb{R} & \text{falls } p \in \mathbb{N} \\ \mathbb{R}\backslash\{0\} & \text{falls } p \in \mathbb{Z}\backslash\mathbb{N} \\ [0,\infty) & \text{falls } p \in (0,\infty)\backslash\mathbb{N} \\ (0,\infty) & \text{sonst.} \end{cases}$$

Eine Funktion $f : D \to \mathbb{R}$ *heißt Potenzfunktion, wenn sie eine Zuordnungsvorschrift der Form*

$$f(x) = x^p, \quad x \in D,$$

besitzt.

Zu beachten ist also, dass die Definitionsbereiche der Potenzfunktionen vom gewählten Exponenten abhängen.

In vielen nachfolgenden Anwendungen werden wir diese uneinheitlichen Definitionsbereiche aus Vereinfachungsgründen einschränken. Wenn wir Potenzfunktionen für sämtliche reellen Exponenten vergleichend betrachten wollen wie in nachfolgender Skizze, wählen wir den einheitlichen Definitionsbereich $(0,\infty)$.

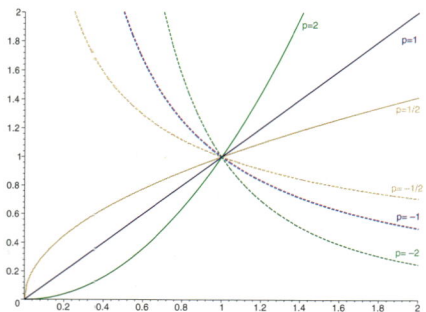

Diese Skizze kann man sich unter dem Stichwort "Potenzzwiebel" gut einprägen. Bei Potenzfunktionen mit ganzzahligen Exponenten ist der natürliche Definitionsbereich viel größer, nämlich $\mathbb{R}$ bzw. $\mathbb{R} \setminus \{0\}$. Dort haben die Graphen folgendes Aussehen:

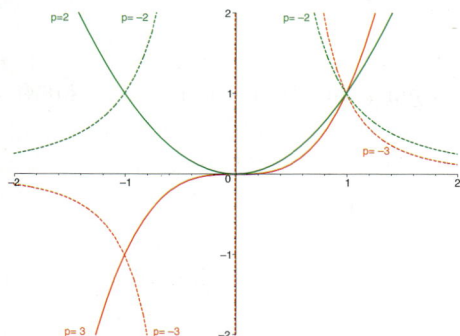

Wir weisen noch darauf hin, dass die Klasse der Potenzfunktionen selbstverständlich auch die sogenannten "Wurzelfunktionen" enthält:

$$[0, \infty) \to \mathbb{R} : x \to \sqrt[n]{x}$$

denn diese lassen sich als Potenzfunktionen der Form $x \to x^{1/n} (n \in \mathbb{N})$ darstellen.

6.2.3 Exponentialfunktionen

Definition 6.11. *Eine Funktion $f : \mathbb{R} \to \mathbb{R}$ heißt* Exponentialfunktion (zur Basis b), *wenn ihre Zuordnungsvorschrift von der Form $f(x) = b^x$, $x \in \mathbb{R}$, ist, wobei b eine beliebige positive Konstante bezeichnet. (Im speziellen Fall $b = e$ nennt man f die e-Funktion und schreibt statt f einfach e oder* exp.*)*

Eine Übersicht über die Graphen verschiedener Exponentialfunktionen ist folgender Skizze zu entnehmen:

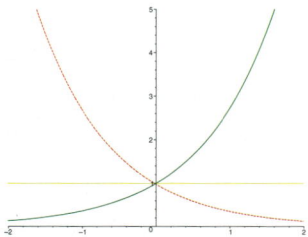

Wir bemerken, dass die Bildungsvorschrift b^x dieser Funktion wiederum ein *Potenz*ausdruck ist. Im Vergleich zu Potenzfunktionen werden hier jedoch die Rollen von Basis und Exponent vertauscht: Diesmal fungiert die Basis b als Parameter, und der *Exponent x* fungiert als Argument – daher der Name Exponentialfunktion. Wir setzen die Basis b als *positiv* voraus, um einen größtmöglichen Definitionsbereich zu erzielen (denn dann ist der Ausdruck b^x für alle $x \in \mathbb{R}$ wohldefiniert).

Für die e-Funktion gilt – als direkte Folge der Potenzgesetze –

$$e^0 = 1, \quad e^1 = e, \quad e^x e^y = e^{x+y} \quad (x, y \in \mathbb{R}).$$

Auch alle anderen Exponentialfunktionen können mit der Basis e (statt b) notiert werden, denn es gilt (mit der Vereinbarung $\alpha := \ln b$)

$$b^x = e^{\alpha x}.$$

Infolgedessen lässt sich jede Exponentialfunktion als Potenz der e-Funktion auffassen:

$$b^x = e^{\alpha x} = (e^x)^\alpha$$

nach Potenzgesetz (P3).

6.2.4   Logarithmusfunktionen

Definition 6.12. *Eine Funktion* $f : (0, \infty) \to \mathbb{R}$ *heißt Logarithmusfunktion (zur Basis a), wenn ihre Zuordnungsvorschrift von der Form* $f(x) = \log_a(x), x \in (0, \infty)$, *ist, wobei a eine beliebige positive Konstante bezeichnet. (In den speziellen Fällen $a = e$, $a = 10$ und $a = 2$ nennt man*

$f =: \ln$ *("natürlicher Logarithmus"),*
$f =: \lg$ *("dekadischer Logarithmus") bzw.*
$f =: \operatorname{ld}$ *("dyadischer Logarithmus").*

In allen Fällen besteht somit die Beziehung

$$a^{f(x)} = x,$$

$x \in (0, \infty)$, was plausibel macht, dass die Basis a der Logarithmusfunktion als *positiv* vorausgesetzt wird.

In diesem Text werden wir weitgehend mit der natürlichen Logarithmusfunktion ln auskommen, dennoch sind zum Vergleich die Graphen verschiedener Logarithmusfunktionen in folgender Skizze dargestellt:

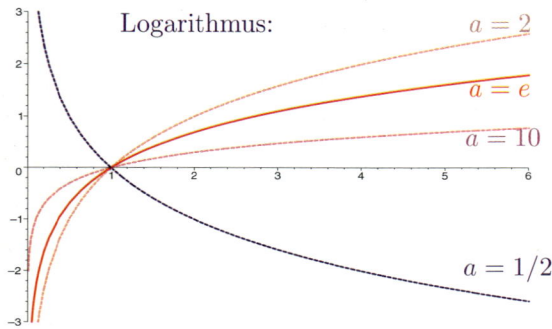

"Die" Logarithmusfunktion ln ist rot und etwas kräftiger hervorgehoben. Ihre Sonderrolle verdankt sie der Tatsache, dass jede andere Logarithmusfunktion ganz einfach durch sie ausgedrückt werden kann: Es gilt nämlich gemäß Logarithmengesetz (L3) (vgl. S.87)

$$\log_a x = \frac{\ln x}{\ln a}$$

für alle $a, x > 0$.

Wir erinnern weiterhin daran, dass für Logarithmen die Beziehungen

$$b^{\log_b(x)} = x \quad bzw. \quad \log_b(b^y) = y \tag{6.9}$$

charakteristisch sind. Insbesondere gilt für "die" Exponentialfunktion und "die" Logarithmusfunktion für alle $x > 0$

$$e^{\ln x} = x \quad bzw. \quad \ln e^x = x$$

Die Bedeutung dieser einfachen Identitäten kann gar nicht überschätzt werden.

6.2.5 Die Winkelfunktionen Sinus und Cosinus

In der Ökonomie erweisen sich auch die Funktionen sin und cos : $\mathbb{R} \to \mathbb{R}$ als nützlich, z.B. zur Beschreibung saisonaler Schwankungen. Ihre Graphen sind nachfolgender Skizze zu entnehmen

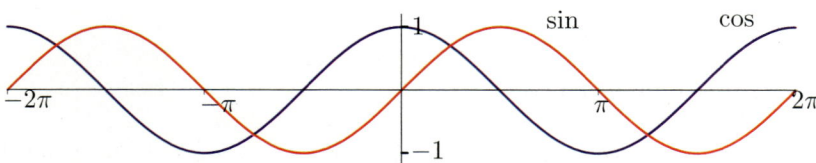

Wir erinnern hier kurz an die Definition der Werte $\sin x$ und $\cos x$: Gegeben seien ein Kreis vom Radius r und ein darin enthaltener Sektor vom Innenwinkel x. Dann lässt sich in diesen Sektor ein rechtwinkliges Dreieck einfügen wie in der Skizze ersichtlich:

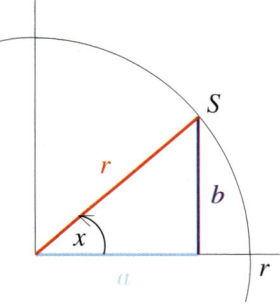

Die Größen

$$\sin x := \frac{a}{r} \quad \text{und} \quad \cos x := \frac{b}{r}$$

heißen dann "Sinus" bzw. "Cosinus" des Winkels x.

Der Winkel x kann dabei in zweierlei Skalen angegeben werden - im *Gradmaß* (0° bis 360°) oder im reellwertigen *Bogenmaß*. Wir verwenden hier durchweg das Bogenmaß. Nehmen wir einmal an, es gelte $r = 1$ (unser Kreis ist also der *Einheitskreis*): Dann gibt das Bogenmaß x nichts anderes an als die *vorzeichenbehaftete* Länge des Weges, den die Spitze des roten Zeigers bei seiner Drehung aus der (waagerechten) Ausgangslage entlang des Kreisbogens durchlaufen hat. Warum *vorzeichenbehaftet*? Ein *positives* Vorzeichen weist darauf hin, dass der rote "Zeiger" sich in *Pfeilrichtung* – also entgegen dem Uhrzeigersinn – dreht; *negative* Werte beziehen sich auf die umgekehrte Drehrichtung.)

Auf diese Weise entspricht eine volle Umdrehung des Zeigers im positiven Sinn einem Bogenmaß von 2π (dies ist genau der Umfang des Einheitskreises). Da der Zeiger nach jeder vollen Umdrehung an derselben Stelle steht, werden für die Winkelangabe beliebig große Werte und auch beliebige negative Werte zugelassen. Der oben abgebildete Kreissektor entspricht dann außer dem Winkel x selbst auch noch allen Winkeln der Form $x + 2k\pi$, wobei k eine beliebige ganze Zahl ist und die Anzahl von Weiterdrehungen in positiver oder negativer Richtung angibt. – Dementsprechend ergeben sich für all diese Winkel dieselben Werte der Sinus- und Cosinusfunktion, m.a.W., diese Funktionen sind *periodisch* mit einer Periodenlänge von 2π. Formal kann man schreiben:

$$\forall x \in \mathbb{R} \, \forall k \in \mathbb{Z}: \quad \sin x = \sin(x + 2k\pi) \quad \wedge \quad \cos x = \cos(x + 2k\pi).$$

6.3   Weitere nützliche Funktionen

Es gibt einige weitere Funktionen und Funktionenklassen, die in der Praxis anzutreffen sind, die wir aber nicht zu den Grundfunktionen zählen wollen – sei es, weil sie nur sehr speziellen Zwecken dienen oder sich in einfacher Weise aus Grundfunktionen ergeben.

Die Betragsfunktion und ihre Verwandtschaft

Hier stellen wir einige Funktionen zusammen, die uns gelegentlich helfen, komplizierte Ausdrücke kompakt zu notieren.

Definition 6.13. *Die durch* $\mathrm{abs}(x) := |x|$, $x \in \mathbb{R}$, *definierte Funktion* abs*: $\mathbb{R} \to \mathbb{R}$ heißt (Absolut-) Betragsfunktion. (Statt* abs *schreibt man auch* $|\cdot|$.)

Definition 6.14. *Die durch*

$$\operatorname{sgn}(x) := \begin{cases} 1 & \text{für } x > 0 \\ 0 & \text{für } x = 0 \\ -1 & \text{sonst} \end{cases}$$

$x \in \mathbb{R}$, *definierte Funktion* sgn: $\mathbb{R} \to \mathbb{R}$ *heißt Signumfunktion.*

Die Graphen dieser beiden Funktionen sind der folgenden Skizze zu entnehmen (zum Vergleich die Identität *id*):

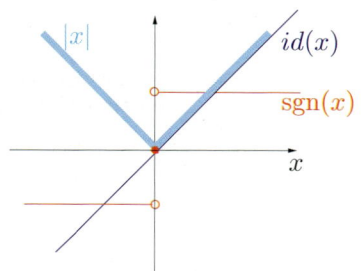

Beispiel 6.15. Für jedes reelle x ist die Gleichung $y^3 = x$ eindeutig nach y auflösbar. Zur Darstellung der Lösung bietet sich an, das Zeichen $\sqrt[3]{\cdot}$ einzusetzen, was aber nur zulässig ist, wenn gilt $x \geq 0$; eine Fallunterscheidung ist erforderlich:

$$y = \begin{cases} \sqrt[3]{x} & \text{falls } x \geq 0 \text{ gilt} \\ -\sqrt[3]{-x} & \text{sonst} \end{cases}$$

Doch es geht auch einfacher, nämlich: $y = \operatorname{sgn}(x) \sqrt[3]{|x|}$ $\hfill \triangle$

Definition 6.16. *Für jede beliebige Zahl* $x \in \mathbb{R}$ *heißt*

$$x^+ := \left.\begin{cases} x & \text{für } x \geq 0 \\ 0 & \text{sonst} \end{cases}\right\} \quad \text{Positivteil}$$

und

$$x^- := \left.\begin{cases} 0 & \text{für } x \geq 0 \\ -x & \text{sonst} \end{cases}\right\} \quad \text{Negativteil von } x.$$

Die durch $x \mapsto x^+$ *bzw.* $x \mapsto x^-$ *auf ganz* $\mathbb{R}$ *definierten Funktionen erhalten dieselben Bezeichnungen.*

Die Graphen beider Funktionen sind nachfolgend skizziert.

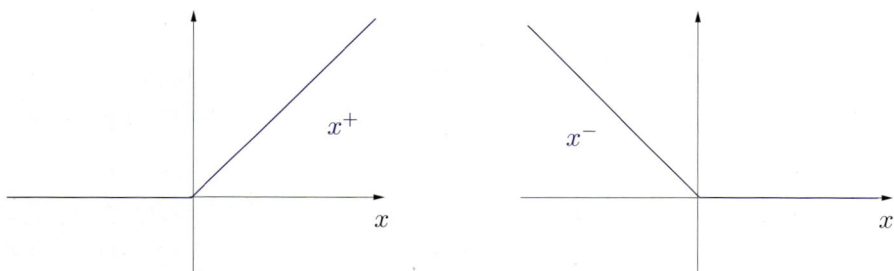

Direkt aus der Skizze kann abgelesen werden, dass für alle reellen x gilt:

$$x = id(x) = x^+ - x^- \quad \text{und} \quad |x| = x^+ + x^-.$$

Unter Verwendung dieser beiden neuen Funktionen können oft Bezeichnungen vereinfacht und Weichen eingespart werden.

Beispiel 6.17 (↗F 6.15). Hier können wir auch schreiben

$$y = \sqrt[3]{x^+} - \sqrt[3]{x^-} \qquad\qquad \triangle$$

Beispiel 6.18 (↗F 6.6). Die Nachfragefunktion $N : [0, \infty) \to [0, \infty)$:

$$N(p) = \begin{cases} 64 - p^2 & p \in [0, 8] \\ 0 & \text{sonst} \end{cases} \qquad (6.10)$$

kann mit Hilfe des Positivteils bequemer so geschrieben werden:

$$N(p) = (64 - p^2)^+, \quad p \geq 0.$$

$$\triangle$$

Zum Schluss noch ein besonders einfacher Funktionentyp:

Definition 6.19. *Es seien D und A beliebige Mengen mit $A \subseteq D$. Die durch*

$$\mathbb{1}_A(x) := \begin{cases} 1 & \text{für } x \in A \\ 0 & \text{sonst} \end{cases} \qquad (6.11)$$

$x \in D$, definierte Funktion $\mathbb{1}_A : D \to \mathbb{R}$ heißt Indikatorfunktion *der Menge A.*

Wie der Name schon andeutet, zeigt der Funktionswert einfach nur an, ob ein gewählter Argumentwert x in der Menge A liegt. Auch damit lassen sich Weichen einsparen. Es gilt z.B. für $x \in \mathbb{R}$

$$\text{sgn}(x) = \mathbb{1}_{(0, \infty)}(x) - \mathbb{1}_{(-\infty, 0)}(x).$$

Ganzzahligkeitsfunktionen

Im Handel ist es oft üblich, einen gegebenen Geldbetrag x auf ganze Einheiten (Euro, \$ oder Cent) abzurunden. Mathematisch können wir das Ergebnis mit dieser Funktion beschreiben:

Definition 6.20. *Für jede beliebige reelle Zahl x bezeichne $\lfloor x \rfloor$ die größte ganze Zahl k mit der Eigenschaft $k \leq x$. Die durch $\lfloor \cdot \rfloor : \mathbb{R} \to \mathbb{R} : x \to \lfloor x \rfloor$ definierte Funktion heißt* floor-, entire- oder entier-Funktion.

Man nennt $\lfloor x \rfloor$ auch den ganzzahligen Anteil von x. Zu beachten ist, dass dieser auch negativ sein kann. Formal kann man schreiben

$$\lfloor x \rfloor = \max\{k \in \mathbb{Z} \quad | k \leq x\}$$

Statt $\lfloor x \rfloor$ ist auch die etwas ältere Schreibweise $[x]$ gebräuchlich.

Beispiel 6.21.

(1) $\left[\frac{7}{8}\right] = 0$ (2) $\left[\frac{8}{8}\right] = [1] = 1$ (3) $\left[\frac{9}{8}\right] = 1$

(4) $[\pi] = 3$ (5) $\left[-\frac{7}{8}\right] = -1$ (6) $\left[-\frac{8}{8}\right] = [-1] - 1$

$\triangle$

Für Interessenten sei einmal der Graph von $[\cdot]$ skizziert. Eine derartige Funktion wird naheliegenderweise als "Treppenfunktion" bezeichnet. Bei der Skizze ist auf Genauigkeit zu achten, soweit es die "Enden" der Stufen betrifft.

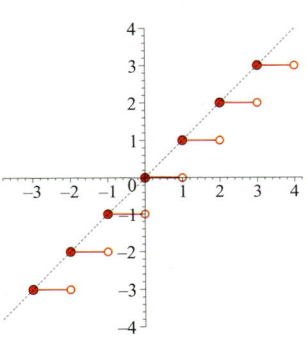

Für das Gegenstück der Abrundung – die Aufrundung – steht ebenfalls eine Funktion zur Verfügung:

Definition 6.22. *Für jede beliebige reelle Zahl x bezeichne $\lceil x \rceil$ die kleinste ganze Zahl k mit der Eigenschaft $k \geq x$. Die durch $\lceil \cdot \rceil : \mathbb{R} \to \mathbb{R} : x \to \lceil x \rceil$ definierte Funktion heißt* ceiling-Funktion.

Moderne Mathematikprogramme wie Mathematica, Maple oder MuPad und eventuell schon komfortablere Taschenrechner stellen diese alle hier genannten Funktionen zur Verfügung.

Rationale Funktionen

Definition 6.23. *Eine Funktion $f : \mathbb{R} \to \mathbb{R}$ heißt* ganz-rational *oder* Polynom(funktion)*, wenn ihre Zuordnungsvorschrift von der Form*

$$f(x) = \sum_{k=0}^{n} = a_k x^k = a_0 + a_1 x + \ldots + a_n x^n,$$

$x \in \mathbb{R}$, ist, wobei $n \in \mathbb{N}$ und $a_0, \ldots, a_n \in \mathbb{R}$ beliebige Konstanten sind.

Offensichtlich lassen sich Polynomfunktionen durch Vervielfachung und anschließende Summation aus Grundfunktionen gewinnen, so dass wir es hier mit ihrer Erwähnung bewenden lassen. Etwas komplizierter sind die folgenden Funktionen:

Definition 6.24. *Eine Funktion* $f : D \to \mathbb{R}$ *heißt* gebrochen-rational, *wenn ihre Zuordnungsvorschrift von der Form*

$$f(x) = \frac{P(x)}{Q(x)}$$

$x \in D$, *ist, wobei* P *und* Q *Polynome sind.*

Solange nichts anderes gesagt wird, werden wir den Definitionsbereich D als größtmöglich annehmen. Dieser Definitionsbereich hängt explizit vom Nennerpolynom Q – genauer: von dessen Nullstellen – ab und ensteht dadurch, dass aus $\mathbb{R}$ die Nullstellen von Q entfernt werden.

Eine ausführliche Diskussion der Graphen derartiger Funktionen ist nicht Gegenstand dieses Textes. Wir betrachten daher nur die folgenden beiden Beispiele:

Beispiel 6.25. $f : x \to \frac{1}{(x+1)(x-1)}$ auf $D_f = \mathbb{R} \backslash \{-1, 1\}$ △

Beispiel 6.26. $g : x \to \frac{1}{(x+1) \cdot x \cdot (x-1)}$ auf $D_f = \mathbb{R} \backslash \{-1, 0, 1\}$ △

Die Graphen beider Funktionen sind in nebenstehender Skizze zu sehen. Diese Beispiele sind dahingehend instruktiv, als sie das Verhalten der Graphen in der Nähe der Nullstellen des Nennerpolynoms zum Ausdruck bringen.

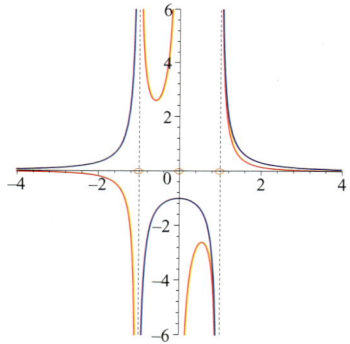

6.4   Mittelbare Funktionen

Das im Punkt 3.2 über die Komposition *beliebiger* zwei Abbildungen

$$f : D \to W , \quad g : E \to V$$

zu einer neuen Abbildung

$$g \circ f : D \xrightarrow{\hspace{3cm}} V$$

Gesagte beziehen wir nun auf den Spezialfall reeller Funktionen. Die reelle Funktion $g \circ f$, deren Bildungsvorschrift

$$g \circ f(x) := g(f(x)), \quad x \in D, \tag{6.12}$$

als Hintereinanderausführung von f und g interpretiert werden kann, wird auch als *zusammengesetzte* oder *mittelbare* Funktion bezeichnet. Entsprechend ihrer Stellung in der Berechnungsformel (6.12) bezeichnen wir g als äußere und f als innere Funktion.

Bemerkung 6.27. Die Bezeichnung "mittelbare Funktion" lässt sich gut an einem ökonomischen Beispiel verdeutlichen.

Wir nehmen an, ein Landwirt verkauft die von ihm angebauten Kartoffeln auf dem Markt zu einem Preis von p [GE/ME]. Je höher sein Ernteertrag e ausfiel, umso geringer wird er den Preis p ansetzen, wenn er die gesamte Ernte veräußern will. Wir können daher den Kartoffelpreis p als Funktion $p = P(e)$ des Ertrages e schreiben. Der Ertrag e wiederum hängt zum Beispiel vom Düngemitteleinsatz d ab: Es gibt eine Funktion E, so dass gilt $e = E(d)$. Auf diese Weise hängt der Kartoffelpreis (zunächst mittelbar) vom Düngemitteleinsatz ab.

Die zusammengesetzte Funktion $P \circ E$ macht diesen zunächst mittelbaren Zusammenhang unmittelbar sichtbar; sie gibt *direkt* an, wie der Kartoffelpreis vom Düngemitteleinsatz abhängt: $p = P \circ E(d) = P(E(d))$.

Die Komposition reeller Funktionen lässt sich gut veranschaulichen.

Wir betrachten zum Beispiel die Funktionen $f : [0, \infty) \to (0, \infty) : x \to x^2 + 1$ und $g : (0, \infty) \to \mathbb{R}; y \to \ln y$ sowie deren Komposition $h := g \circ f$. Rechnerisch folgt sofort

$$h(x) = g \circ f(x) = \ln(x^2 + 1)$$

für $x \in [0, \infty)$.

Wie steht es um die Visualisierung? Die Graphen von f und g für sich genommen sind schnell skizziert – siehe die drei Bilder.

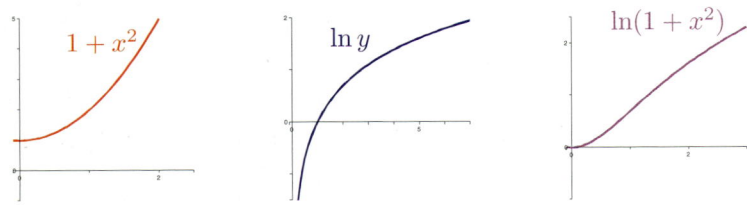

(Wir schreiben dabei $y := f(x)$, $z := g(y)$.) Für die Skizze des Graphen von $h = g \circ f$ greifen wir einmal auf die Hilfe eines Computers zurück (Bild rechts). Es ist anhand dieser drei Skizzen leider nicht so recht plausibel, wie der rechte Graph aus den beiden linken hervorgeht.

Das ändert sich, wenn wir einmal die drei hier abgebildeten Koordinatensysteme zusammenbringen, in dem wir sie als Teil eines dreidimensionalen Raumes – sozusagen als drei Wände eines Zimmers, in das wir schauen – darstellen.

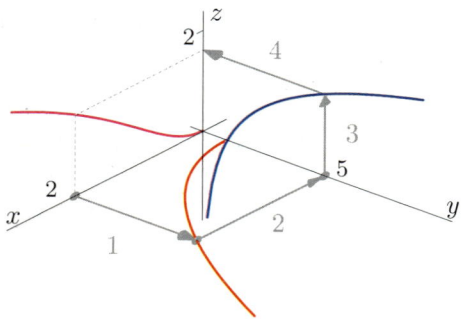

Dieses Bild zeigt den Graphen von f (rot) in dem liegenden (x, y)-Koordinaten-system, den Graphen von g (blau) in dem senkrechten (y, z)-Koordinaten-system rechts und den Graphen von $h = g \circ f$ (lila) in dem senkrechten (x, z)-Koordinatensystem links. Und so ensteht der Graph von h aus denen von f und g: Wir wählen zunächst einen beliebigen Punkt x der x-Achse aus, gelangen entlang der beiden Pfeile 1 und 2 zu dem zugehörigen Funktionswert $y := f(x)$ und von dort entlang der Pfeile 3 und 4 zum Funktionswert $z := g(y) = g(f(x)) = h(x)$. Nun können wir den Punkt (x, z) des Graphen von h als Schnittpunkt der beiden gestrichelten Linien in das (x, z)-Koordinatensystem einzeichnen.

6.5   Umkehrfunktionen

Bereits im Kapitel 3.4.1 hatten wir den Begriff der Umkehrfunktion ein-geführt. Wir erinnern: Eine reelle Funktion $f : D \to W$ hat genau dann eine Umkehrfunktion $u := f^{-1}$, wenn sie bijektiv ist. In diesem Fall gilt

$$u \circ f = id_D \quad \text{und} \quad f \circ u = id_W,$$

woran der Zusammenhang zu mittelbaren Funktionen erkennbar wird.

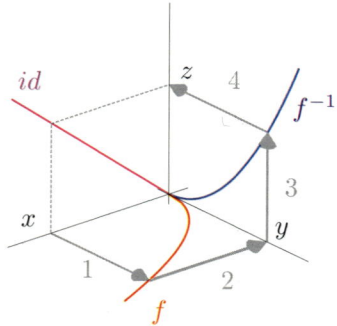

Die Frage, ob eine gegebene Funktion f eine Umkehrfunktion besitzt – und wenn ja, wie deren Berechnungsvorschrift lautet – stellt sich in der Ökonomie besonders häufig. Deshalb wollen wir hier kurz darauf eingehen, wie man möglichst schnell zu einer Antwort gelangt. Der Schlüssel dazu liegt in der Gleichung

$$f(x) = y. \tag{6.13}$$

Aufgrund von Bemerkung 3.14 ist die Funktion f genau dann

- *surjektiv*, wenn (6.13) für jedes $y \in W$ mindestens eine Lösung $x \in D$
- *injektiv*, wenn (6.13) für jedes $y \in W$ höchstens eine Lösung $x \in D$

besitzt.

Sie ist *bijektiv*, wenn beides gleichzeitig zutrifft.

> **Praktische Vorgehensweise:**
> - *Wir untersuchen, ob die Gleichung $f(x) = y$ für jedes $y \in W$ genau eine Lösung $x \in D$ besitzt.*
> - *Falls ja, existiert die Umkehrfunktion $u = f^{-1} : W \to D$ und hat die Berechnungsvorschrift $u(y) = x$.*

Besondere Betonung liegt hierbei auf "$y \in W$" und "$x \in D$".

Beispiel 6.28. Es soll festgestellt werden, ob die Funktion $f : \mathbb{R} \to \mathbb{R} :$ $x \to x^3$ eine Umkehrfunktion besitzt und wenn ja, welche.

Lösung: In diesem Beispiel haben wir $D = W = \mathbb{R}$, deswegen untersuchen wir, ob die Gleichung (6.13), die hier die konkrete Form

$$x^3 = y \tag{6.14}$$

besitzt, für $y \in \mathbb{R}$ genau eine Lösung $x \in \mathbb{R}$ hat. Das ist der Fall: Schon im Beispiel 6.17 hatten wir gesehen: Für jedes $y \in \mathbb{R}$ ist die eindeutig bestimmte Lösung von 6.14 gegeben durch

$$x = \mathrm{sgn}(y) \; \sqrt[3]{|y|}.$$

Also ist f bijektiv, und die Umkehrfunktion $u := f^{-1}$ ist gegeben durch $u : \mathbb{R} \to \mathbb{R}$ mit

$$u(y) = \mathrm{sgn}(y) \; \sqrt[3]{|y|}, \quad x \in \mathbb{R}.$$

$\triangle$

Bei der Anwendung dieser Methode darf man sich nicht dadurch irritieren lassen, dass in der Praxis oft völlig andere Bezeichnungen angewandt werden.

Beispiel 6.29. Eine sogenannte "Nachfragefunktion" $N : D \to W$ sei durch die Angaben $D := [0, 64]$, $W := [0, 16]$ und

$$N(p) = 2\sqrt{64 - p} \quad [\mathrm{ME}] \tag{6.15}$$

für $p \in D$ [GE/ME] gegeben. (Hierbei wird p als der Preis eines Gutes in [GE/ME] und $N(p)$ als die bei diesem Preis auf einem Markt nachgefragte Menge dieses Gutes [in ME] interpretiert.) Es soll festgestellt werden, ob N eine Umkehrfunktion besitzt; wenn ja, ist die Berechnungsvorschrift zu ermitteln.

Dazu schreiben wir die Gleichung (6.13) in der Form

$$n = N(p)$$

und untersuchen ihre Lösbarkeit bei gegebenem $n \in W = [0, 16]$; konkret:

$$n = 2\sqrt{64 - p} \qquad (6.16)$$

lässt sich quadrieren zu

$$n^2 = 4(64 - p) \qquad (6.17)$$

und nach p auflösen:

$$p = 64 - \frac{n^2}{4}. \qquad (6.18)$$

Dieses ist tatsächlich eine *reellwertige* Lösung von (6.16), und zwar die einzige. Es bleibt zu überprüfen, ob sie in $D = [0, 8]$ liegt. Wir überlegen:

$$n \in W \quad \Longrightarrow \quad n \geq 0 \quad \Longrightarrow \quad \frac{n^2}{4} \geq 0 \quad \Longrightarrow \quad p \leq 64 - 0 = 64$$

$$n \in W \quad \Longrightarrow \quad n \leq 16 \quad \Longrightarrow \quad \frac{n^2}{4} \leq \frac{256}{4} \quad \Longrightarrow \quad p \geq 64 - 64 = 0$$

Es folgt: $p \in D$. Damit besitzt (6.13) für jedes $n \in W$ genau eine Lösung $p \in D$, die Funktion N ist bijektiv, und die Umkehrfunktion N^{-1} ist gegeben durch

$$N^{-1} : [0, 8] \ \to \ [0, 64] : n \ \to \ 64 - \frac{n^2}{4}. \qquad (6.19)$$

$$\triangle$$

Bemerkungen 6.30.

(1) Während in (6.15) die nachgefragte Menge n als "Ergebnis" des Preises interpretiert wird, scheint (6.18) den Preis p als "Ergebnis" der Menge darzustellen, was paradox erscheinen mag (schließlich trifft jeder Kunde seine Kaufentscheidung erst dann, wenn er den Preis kennt). Das ist es aber nur auf den ersten Blick, denn die auf einem Markt geforderten Preise sind ihrerseits eine Reaktion auf das Käuferverhalten. Bei dieser etwas komplexeren Sichtweise hängen also Marktgrößen oft wechselseitig zusammen, daher sind Funktion und Umkehrfunktion sozusagen "gleichberechtigt".

(2) Der Übergang von Funktion zu Umkehrfunktion bzw. umgekehrt wird oft vereinfacht so notiert:

$$n = n(p) \quad \Longleftrightarrow \quad p = p(n).$$

Auch wenn auf den ersten Blick klar zu sein scheint, was gemeint ist: Bei dieser Schreibweise werden *dieselben* Namen für *verschiedene* Objekte verwendet – einmal für Variable (also Zahlen), ein andermal für Funktionen –, was bei weiteren Rechnungen zu Irrtümern führen kann.

6.6   Manipulationen des Graphen

In diesem Abschnitt beschäftigen wir uns mit einfachen Manipulationen des Graphen einer gegebenen Funktion $f : D \to W$, durch die sich verschiedene "neue" Funktionen erzeugen lassen. Als einfaches Beispiel mag die Funktion $f = \sqrt{\cdot}$ mit $D := [0, \infty)$ und $W := \mathbb{R}$ dienen, aus der dann verschiedene weitere Funktionen erzeugt werden.

6.6.1   Vertikale Verschiebungen (Shifts)

Gegeben sei eine beliebige reelle Konstante a. Durch die Festsetzung

$$g := f + a : D \to \mathbb{R} : x \mapsto f(x) + a$$

wird eine neue Funktion g definiert, deren Graph einfach durch eine vertikale Verschiebung des Graphen von f um den Wert a entsteht. Es handelt sich um eine Verschiebung nach oben, wenn $a > 0$ gilt, andernfalls um eine Verschiebung nach unten.

Die Skizze zeigt die Graphen der Funktionen $\sqrt{\cdot} - 2$, $\sqrt{\cdot} - 1$, $\sqrt{\cdot}$, $\sqrt{\cdot} + 1$ und $\sqrt{\cdot} + 2$.

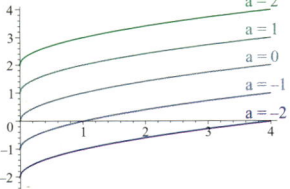

6.6.2   Horizontale Verschiebungen

Will man die gegebene Funktion – genauer: ihren Graphen – nach rechts oder links verschieben, muss man diesmal *erforderlichenfalls den Definitionsbereich verschieben* und dann lediglich das *Argument um den Verschiebungsbetrag korrigieren*.

Beispiel 6.31. "Linksverschiebung der Wurzelfunktion um den Wert 3": Man setzt $D_g := [-3, \infty)$ und $g(x) := \sqrt{x + 3}$. Das Resultat ist in nebenstehender Skizze zu besichtigen. Man beachte: Die *Links*verschiebung wurde durch Addition des *positiven* Wertes 3 im Argument erreicht. $\triangle$

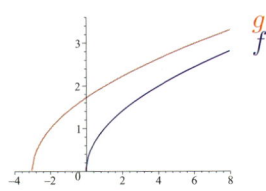

Beispiel 6.32.

Eine ganze Familie verschobener Graphen präsentiert die nächste Skizze:

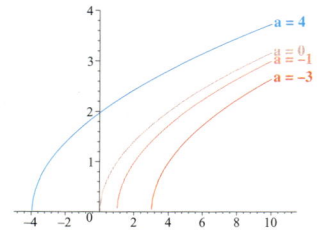

$\triangle$

6.6.3 Vertikale Stauchung/Streckung

Will man den Graphen der gegebenen Funktion vertikal stauchen bzw.
strecken, wird einfach der Funktionswert $f(x)$ an jeder Stelle $x \in D$ mit ein-
und demselben Stauchungs- bzw. Streckungsfaktor $\alpha > 0$ multipliziert; dabei
handelt es sich im Falle $0 < \alpha < 1$ um eine echte Stauchung, im Fall $\alpha > 1$
um eine echte Streckung.

Beispiel 6.33. Wir betrachten die
auf $D = [0, \infty)$ wie folgt definierten Funktionen mit Werten in $\mathbb{R}$:
$h(x) := \frac{1}{10} \cdot f(x)$
$j(x) := \frac{1}{2} \cdot f(x)$
$k(x) := 2 \cdot f(x)$

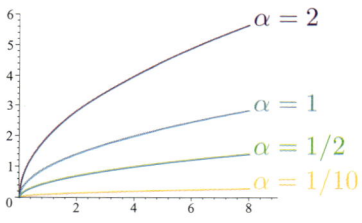

$\triangle$

6.6.4 Horizontale Stauchung/Streckung

Eine horizontale Stauchung oder Streckung des Graphen der gegebenen
Funktion lässt sich erreichen, wenn nicht der Funktions*wert* $f(x)$, sondern
das Funktions*argument* x mit einem Stauchungs- bzw. Streckungsfaktor $\beta > 0$
multipliziert wird. Anders formuliert, definiert man auf $D = [0, \infty)$ eine neue
Funktion l durch $l(x) := f(\beta x)$, $x \in D$. Achtung: Diesmal liegen die Dinge
umgekehrt; ein Faktor $\beta < 1$ führt nicht zu einer Stauchung, sondern zu einer
Streckung; eine Stauchung wird durch einen Faktor $\beta > 1$ erzielt.

Die Skizze zeigt die Wirkung solcher
Manipulationen für die Faktoren $\beta =
\frac{1}{16}$, $\beta = \frac{1}{4}$ und $\beta = 4$.

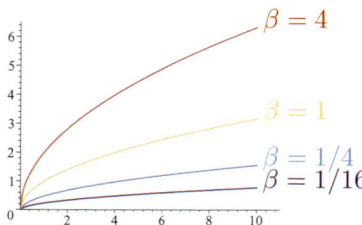

6.6.5 Ökonomische Interpretation von Stauchungen/Streckungen

Stauchungen und Streckungen sind für Ökonomen immer dann auf der Tagesordnung, wenn es darum geht, die benutzten Maßeinheiten zu verändern. Folgendes Beispiel mag dies illustrieren: Wir nehmen an, eine Firma stelle einen speziellen Mantelstoff als Rollenware mit fester Breite her. Vor der Entscheidung, welche Menge davon (in laufenden Kilometern) im laufenden Jahr produziert werden soll, wird zunächst ermittelt, zu welchem Preis der Stoff absetzbar sein wird. Beträgt der Preis $36\,€/\mathrm{m}$, wird die Firma in diesem Jahr 6 laufende Kilometer der Ware herstellen ("anbieten"), und allgemein werde bei einem Preis von $p\,€/\mathrm{m}$ eine Menge von $\sqrt{p}$ laufenden Kilometern angeboten.

Die nebenstehende Skizze zeigt die uns wohlvertraute Wurzelfunktion $f = \sqrt{\cdot}$, ergänzt um die verwendeten Maßeinheiten, wodurch sich f zu einer sogenannten "Angebotsfunktion" qualifiziert:

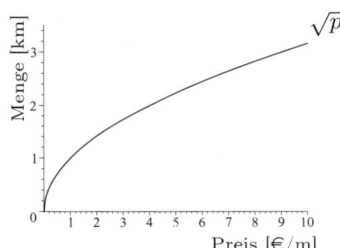

Modifikation 1:

Wir nehmen nun an, dieselbe Überlegung wäre nicht für den deutschen, sondern für den amerikanischen Markt anzustellen. Natürlich würde die Firma zunächst den Absatzpreis auf Dollarbasis ermitteln. Welche Menge $h(q)$ an Stoff (in km) wird die Firma bei einem Marktpreis von $q\,[\$/\mathrm{m}\,]$ anbieten? Nehmen wir als Währungsparität an $1\,€ = 1.2\,\$$, so folgt für den Dollarpreis q des laufenden Meters Stoff $q = 1.2\,p$. Da die Angebote zu den sich entsprechenden Preisen natürlich gleich sind, muss gelten:

$$f(p) = f\left(\frac{q}{1.2}\right) = h(q) \qquad \text{bzw.}$$

$$\sqrt{p} = \sqrt{\frac{q}{1.2}} = h(q),$$

d.h., bei Verwendung von Dollar-Preisen hätte die Angebotsfunktion h die Form

$$h(q) = \sqrt{\frac{q}{1.2}},\ q \geqslant 0,$$

haben müssen. Deren Graph ist gegenüber dem der ursprünglichen Angebotsfunktion um den Faktor 1.2 horizontal gestreckt. Man beachte:

Die *Stauchung* der ursprünglichen Währungseinheit 1 € auf den Wert 1 $ = $\frac{1}{1.2}$€[3] wird durch eine *Streckung* des Angebotsgraphen beantwortet; dieselbe Angebotshöhe wird diesmal nämlich erst bei einem höheren zahlenmäßigen Meter-Preis erreicht.

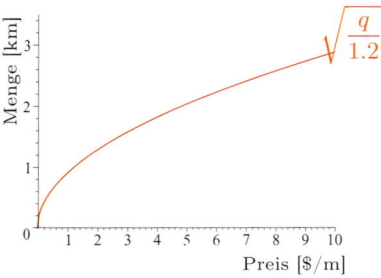

Modifikation 2:

Kritiker werden einwenden, dass sich der Absatzpreis auf einem amerikanischen Markt natürlich auch auf ein dort übliches Längenmaß – sagen wir, auf jeweils 1 ft = 30.48 cm – beziehen müsste. Nennen wir den in Dollar ausgedrückten Preis für 1ft Stoff u, so gilt offenbar $u = 0.3048q = 0.3048 \cdot 1.2p$, also $u = 0.36576p$; die entsprechende Angebotsfunktion werde mit k bezeichnet und berechnet sich zu

$$k(u) = \sqrt{\frac{u}{0.36576}}, \; u \geqslant 0.$$

Der Graph von k ist gegenüber dem der ursprünglichen €-Angebotsfunktion f um den Faktor $1/0.36576$ und gegenüber der \$-Angebotsfunktion um den Faktor $1/0.3048$ horizontal *gestreckt*, und zwar als Antwort auf eine *Stauchung* der Preiseinheit 1\$/m auf 1\$/ft. Bei einem Preis von u \$/ft werden nunmehr $k(u)$ laufende Kilometer Stoff produziert.

Modifikation 3:

Wenn der für den amerikanischen Markt produzierte Stoff nicht in Europa, sondern im amerikanischen Zweigwerk der Firma produziert wird, wird die Gesamtlänge des produzierten Stoffes wohl nicht in Kilometern, sondern eher in amerikanischen Meilen (mit der Umrechnung 1.60934 km= 1 statute mile) ausgedrückt. Diesmal müssen nicht die Argumente der Angebotsfunktion, sondern ihre Funktionswerte korrigiert werden. $k(u)$ produzierte Kilometer sind dann $k(u)/1.60934$ laufende Meilen. Die Angebotsfunktion lautet nunmehr

$$l(u) := k(u)/1.60934 = \frac{1}{1.60934}\sqrt{\frac{u}{0.36576}}, \; u \geqslant 0;$$

sie gibt an, dass bei einem Preis von u \$ je Fuß Stoff $l(u)$ laufende Meilen des Stoffes hergestellt werden. Hier sind die Wirkungen ebenfalls gegenläufig: Die Streckung der Maßeinheit von km auf mile bewirkt eine entsprechende Stauchung des Funktionswertes.

---

[3]und damit der Preiseinheit 1€/m auf den Wert 1\$/m= $\frac{1}{1.2}$€/m

Zusammenfassung:

Beim Wechsel verwendeter Maßeinheiten ist damit zu rechnen, dass ein- und derselbe faktische Zusammenhang durch verschiedene mathematische Formeln bzw. Funktionen beschrieben wird.

Wie sehr sich diese unterscheiden können, wird durch einen vergleichenden Blick auf alle vier verwendeten Funktionen deutlich:

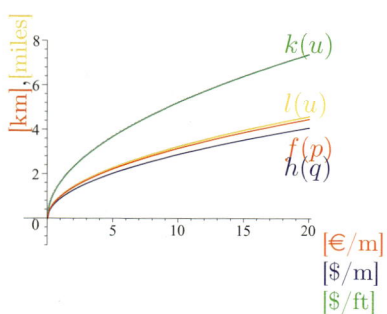

6.6.6   Berücksichtigung von Definitions- und Wertebereich

Bei den meisten bisher besprochenen Modifikationen blieben Definitions- und Wertebereich der Funktionen erhalten. Dies lag allerdings in der Natur des speziellen Beispiels; im Allgemeinen wird man bei Verschiebungen, Streckungen bzw. Stauchungen darauf zu achten haben, dass gegebenenfalls auch der Definitionsbereich und/oder der Wertebereich mit zu verschieben, zu stauchen bzw. zu strecken sind. Betrachten wir zur Illustration die Funktion

$$F : D \to W : \ x \to \sqrt{x} \quad \text{mit } D := [0,4] \text{ und } W := [0,2].$$

Diesmal ist bei einer

- Vertikalverschiebung der Wertebereich mit zu verschieben;
  Beispiel: Vertikale Verschiebung um den Wert $+3$;
  aus F wird $G : [0,4] \to [3,5] : \ x \to G(x) = \sqrt{x} + 3$
- Horizontalverschiebung der Definitionsbereich mit zu verschieben
  Beispiel: Linksverschiebung um den Wert $+3$;
  aus F wird $H : [-3,1] \to [0,2] : \ x \to H(x) := \sqrt{x+3}$
- vertikalen Stauchung oder Streckung wiederum der Wertebereich mit zu ändern
  Beispiel: Vertikale Streckung um den Faktor 5;
  aus F wird $K : [0,4] \to [0,10] : \ x \to K(x) := 5\sqrt{x}$
- horizontalen Streckung oder Stauchung der Definitionsbereich zu ändern
  Beispiel: Horizontale Streckung um den Faktor 2;
  aus F wird $L : [0,8] \to [0,2] : \ x \to L(x) := \sqrt{\frac{x}{2}}$.

Allgemein erhält man nach erfolgter Verschiebung, Streckung oder Stauchung eine Funktion G mit "neuem" Definitionsbereich D_G und Wertebereich W_G. Wird D um a verschoben/gestreckt, erhält man $D_G = a\,D := \{a + x | x \in D\}$ bzw. $D_G = a \cdot D := \{a \cdot x | x \in D\}$; Entsprechendes gilt für den Wertebereich W.

6.6.7 Spiegelungen

Spiegelungen an der Abszissenachse (Vertikale Spiegelung)

Bei einer Spiegelung des Graphen von f an der Abszissenachse geht – bei gleichbleibendem Definitionsbereich D – jeder Funktionswert $f(x)$ über in den Wert $-f(x)$, $(x \in D)$; es handelt sich also um eine einfache Vorzeichenumkehr. Dabei ist der *Werte*bereich mit zu spiegeln und geht über in $-W := \{y \in \mathbb{R} \mid -y \in W\}$.

Der gespiegelte Graph gehört dann zu der durch $g : D \to -W : x \to -f(x)$ definierten Funktion g. Eine solche Spiegelung kann auch als eine vertikale Streckung interpretiert werden – nämlich um den Faktor -1.

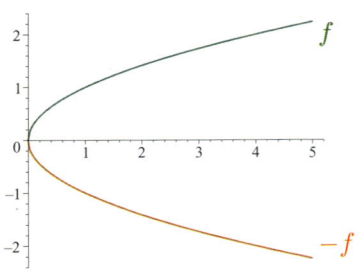

Spiegelungen an der Ordinatenachse (Horizontale Spiegelung)

Im Gegensatz zur vertikalen Spiegelung wirkt sich eine horizontale Spiegelung an der Ordinatenachse diesmal nicht auf den Wertebereich, sondern auf den Definitionsbereich aus, der ebenfalls zu spiegeln ist.

Damit geht der ursprüngliche Definitionsbereich D über in den gespiegelten Bereich

$$-D := \{x \in \mathbb{R} \mid -x \in D\}.$$

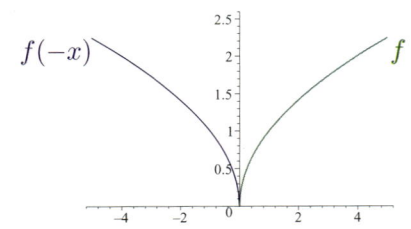

Der gespiegelte Graph gehört dann zu der durch $h : -D \to W : x \to h(x)$ mit $h(x) := f(-x)$ definierten Funktion h.

Wir erwähnen diese (und die folgende) Art von Spiegelungen eher aus systematischen Gründen; ökonomische Anwendungen davon dürften Ausnahmecharakter haben.

Spiegelungen am Ursprung (Punktspiegelungen)

Bei einer derartigen Spiegelung wird - zunächst rein geometrisch betrachtet - jedem Punkt $(x, f(x))$ aus der (x, y)-Ebene sein Spiegelbild bezüglich des Ursprungs zugeordnet; dies ist der Punkt $(-x, -f(x))$.

Stellt man sich jeden Punkt des Graphen von f auf diese Weise gespiegelt vor, entsteht eine neue Kurve. Im Falle $f : [0, \infty) \to \mathbb{R} : x \to \sqrt{x}$ kann man sich die resultierende Kurve leicht vorstellen:

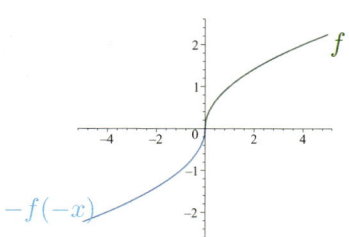

Es ist leicht zu sehen, dass eine solche Spiegelung nichts anderes ist als die *Hintereinanderausführung* einer *horizontalen* und einer *vertikalen* Spiegelung (wobei die Reihenfolge beliebig ist). Der gespiegelte Graph ist der der Funktion $k : -D \to -W : x \to -f(-x)$.

Die aufmerksame LeserIn wird bemerken, dass in unserer Skizze bei der Darstellung der horizontalen und der vertikalen Achse verschiedene "Längenmaßstäbe" angewendet wurden. Diese Darstellungsweise ist legitim und mitunter die einzige Möglichkeit, um in einer Skizze überhaupt etwas sehen zu können.

Spiegelungen an der Winkelhalbierenden (Umkehrfunktionen)

Nun kommen wir zu einer Spiegelung, die eine gewisse Sorgfalt erfordert. Die Winkelhalbierende, um die es gehen soll, ist die des 1. und 3. Quadranten, m.a.W: Der Graph der Funktion id : $\mathbb{R} \to \mathbb{R}$. .

Wird ein Punkt (x, y) vorgegeben, so fällt man von diesem aus das Lot auf diese Winkelhalbierende, und verlängert es – durch die Winkelhalbierende hindurch – auf die doppelte Länge. Der Punkt, an dem die so gebildete Strecke endet, ist der Bildpunkt von (x, y); nennen wir ihn (x', y').

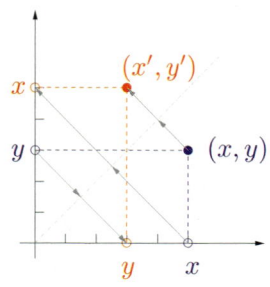

Die Skizze zeigt, dass (x, y) und (x', y') durch die folgende einfache Beziehung verbunden sind:

$$(x', y') = (y, x);$$

mit anderen Worten: bei dieser Art von Spiegelung werden die *Koordinaten* eines gegebenen Punktes einfach vertauscht. Das kann man daran ablesen, dass mit dem Punkt (x, y) selbst auch die beiden Hilfspunkte $(x, 0)$ und $(0, y)$, die beim Ablesen der Koordinaten von (x, y) auf den Achsen von Interesse sind, gespiegelt werden und nach der Spiegelung gerade diejenigen Hilfspunkte (rot) ergeben, an denen die Koordinaten des Punktes (x', y') abzulesen sind.

Auf diese Weise lassen sich problemlos – sozusagen Punkt für Punkt – ganze Kurven spiegeln. Das Resultat sieht im Falle des Wurzelgraphen folgendermaßen aus:

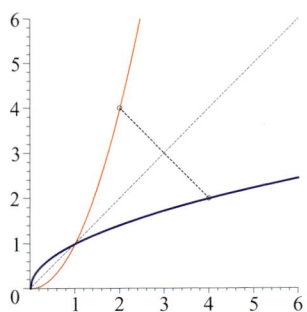

Die Graphik suggeriert, dass die gespiegelte Kurve (rot) in unserem Beispiel wiederum Graph einer "neuen" Funktion sein könnte. Das folgende Beispiel rät hingegen zur Vorsicht:

Dieser Graph kann *kein* Funktionsgraph sein, denn zu jedem Abszissenwert gehören mehrere – genauer: sogar unendlich viele – Ordinatenwerte. Der Unterschied zwischen den beiden Graphiken besteht darin, dass die Wurzelfunktion injektiv ist, während die Sinusfunktion nicht injektiv ist.

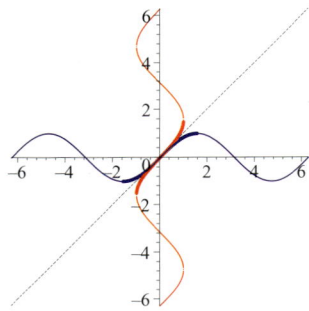

Anders formuliert: Zu jeder als Funktionswert auftretenden Zahl $f(x)$ existiert im Fall $f = \sqrt{\cdot}$ genau ein $x \in D$, im Fall $f = \sin$ existieren unendlich viele $x \in D$.

Satz 6.34.

 (i) Der gespiegelte Graph einer reellen Funktion f ist dann und nur dann wieder ein Funktionsgraph – etwa einer Funktion g –, wenn f injektiv ist. In diesem Fall ist der Definitionsbereich D_g identisch mit der Menge $f(D)$ der von f angenommenen Funktionswerte, während $W_g = D_f$ gilt.

 (ii) Wenn in diesem Fall f nicht nur injektiv, sondern sogar surjektiv ist, d.h., wenn zudem gilt $f(D) = W$, ist die so erhaltene Funktion g genau die Umkehrfunktion von f: $g = f^{-1}$.

Wir visualisieren die Umkehrbeziehung einmal grafisch für den Fall $f : D := [0, 4] \to W := [0, 2]: x \to \sqrt{x}$. Wir wollen uns überzeugen, dass folgendes gilt:

 (1) $g \circ f(x) = id_D(x) = x$ für alle $x \in D$; und
 (2) $f \circ g(y) = id_W(y) = y$ für alle $y \in W$.

Die Beziehung (1) lässt sich aus folgender Skizze ablesen:

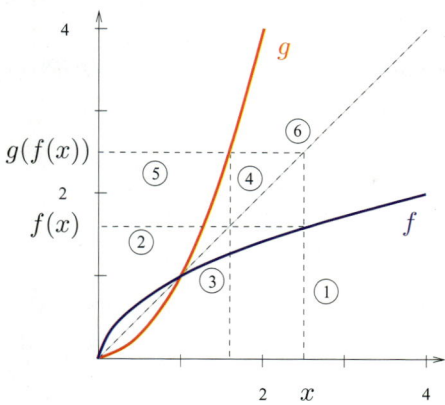

Man wählt sich zunächst einen beliebigen Wert x auf der Abszissenachse und durchläuft dann gedanklich die Schritte (1) bis (6) : (1) Über den Graphen von f findet man (2) zum Funktionswert $y = f(x)$ auf der Ordinatenachse; um diesen als Argument von g zu verwenden, überträgt man ihn durch Spiegelung (3) auf die Abszissenachse, setzt ihn dann (4) in die Funktion g ein und liest (5) den Funktionswert $g(y) = g(f(x))$ ab. Durch abermalige Spiegelung (6) erkennt man: $g(f(x)) = x$.
Die Beziehung (2) kann an derselben Skizze abgelesen werden, wenn man sich zunächst den Wert $y \in W_f = D_g$ beliebig gewählt denkt und anschließend nacheinander gedanklich die Schritte (4) – (5) – (6) – (1) – (2) – (3) durchläuft.

6.7   Einfache Operationen mit reellen Funktionen

Auch in diesem Abschnitt gehen wir der Frage nach, wie aus gegebenen Funktionen "neue" Funktionen entstehen. Wir werden sehen, dass man mit Funktionen im Grunde fast genauso rechnen kann wie mit Zahlen.

Gegeben sei eine nichtleere Menge $D \subseteq \mathbb{R}$ als Definitionsbereich aller im folgenden auftretenden Funktionen. Aus Vereinfachungsgründen wählen wir als Wertebereich durchgängig $W := \mathbb{R}$. Weiterhin sei eine Funktion $f : D \to \mathbb{R}$ gegeben.
Zunächst betrachten wir einige Funktionen, die sich aus f allein "herstellen" lassen.

Definition 6.35. *Es sei c eine beliebige reelle Konstante. Die durch die nachfolgende Festlegung auf D definierte Funktion $h : D \to W$:*

$$\left.\begin{array}{l} h(x) := c \cdot f(x) \\ h(x) := |f(x)| \\ h(x) := (f(x))^+ \\ h(x) := (f(x))^- \end{array}\right\}, \ x \in D, \ \text{heißt} \ \left.\begin{array}{l} c\text{-}Faches \\ (Absolut\text{-})Betrag \\ Positivteil \\ Negativteil \end{array}\right\} \ von \ f,$$

$$\text{symbolisch: } h := \left\{\begin{array}{l} c \cdot f \\ |f| \\ f^+ \\ f^- \end{array}\right\}.$$

Statt "c -Faches" sagt man auch einfach "Vielfaches". Vielfache sind bereits aus dem vorangehenden Abschnitt bekannt, als vertikale Streckung, Stauchung und Spiegelung an der Abszissenachse besprochen wurden.

Die Wirkung des Übergangs von f zu $c \cdot f$, $|f|$, f^+ bzw. f^- lässt sich sehr einleuchtend an folgendem einfachen Beispiel betrachten: Es seien $D := \mathbb{R}$, $c := 2$ und f durch $f(x) := (x - 1)x(x + 1)$ definiert. Die Funktionen f (blau, durchgezogene Linie), $2f$ (blau, gestrichelte Linie) und f^+ (gelb) sind in Bild 6.1 zu sehen; das Bild 6.2 zeigt neben der Funktion f (blau) ihren Betrag $|f|$ (gelb).

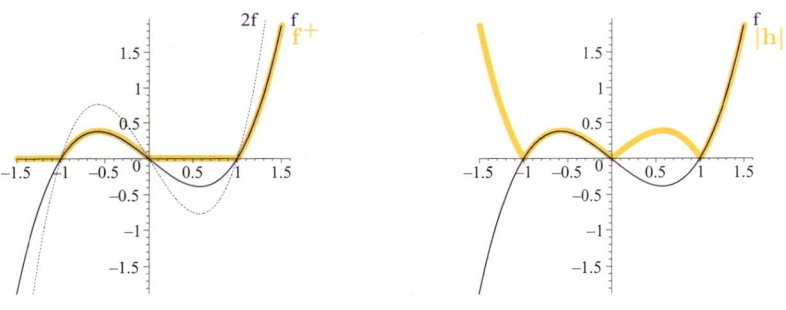

Bild 6.1:   Bild 6.2:

Wir setzen nun voraus, dass noch eine zweite Funktion $g : D \to \mathbb{R}$ gegeben sei, und betrachten Funktionen, die aus f in Verbindung mit g entstehen:

Definition 6.36. *Die durch die nachfolgende Festlegung auf D definierte Funktion $h : D \to W$:*

$$\left.\begin{array}{l} h(x) := f(x) + g(x) \\ h(x) := f(x) \cdot g(x) \\ h(x) := f(x) \vee g(x) \\ h(x) := f(x) \wedge g(x) \end{array}\right\}, \ x \in D, \ \text{heißt} \ \left.\begin{array}{l} Summe \\ Produkt \\ Maximum \\ Minimum \end{array}\right\} \ von \ f \ und \ g,$$

$$\text{symbolisch: } h := \left\{\begin{array}{l} f + g \\ f \cdot g \\ f \vee g \\ f \wedge g \end{array}\right\}.$$

Die in dieser Aufzählung nur scheinbar fehlende *Differenz von f und g* erhalten wir durch die Festsetzung

$$f - g := f + (-1) \cdot g.$$

Ebenso nennen wir

$$h := \frac{f}{g} \quad \text{mit} \quad h(x) := \frac{f(x)}{g(x)}, x \in D,$$

den *Quotienten* von f und g; damit diese Definition sinnvoll sein kann, muss allerdings gelten $g(x)$ ungleich 0 für alle $x \in D$. Sinngemäßes gilt für die Schreibweise $\frac{1}{g}$ bzw. g^{-1} (aufzufassen als (-1)-te Potenz von g).

Wir wollen nun die Wirkung dieser Operationen auf gegebene Funktionen anhand nachfolgender Diagramme illustrieren und beginnen mit der Addition.

Beispiel 6.37. Wir betrachten die Funktionen

$$f : [0, \infty) \to \mathbb{R} : x \to \tfrac{1}{4}x(x - 4) + 2 \qquad \text{(blau) und}$$
$$g : [0, \infty) \to \mathbb{R} : x \to \tfrac{1}{20}x(x - 3)(x - 6) + \tfrac{x}{4} \quad \text{(rot)}$$

im nachfolgenden Bild links. Der Graph der resultierenden Summenfunktion $h := f + g$ ist grün eingezeichnet.

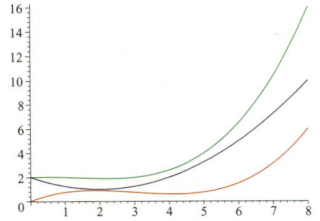 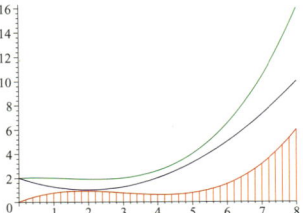

Wie kann man leicht erkennen, dass es sich tatsächlich um die Summe von f und g handelt? Anders formuliert: Wie könnte man f und g auf grafischem Wege addieren? Der Funktionswert $g(x)$ an jeder Stelle x wird durch die Länge der Verbindungsstrecke zwischen dem Abszissenpunkt $(x, 0)$ und dem Graphenpunkt $(x, g(x))$ repräsentiert. Im Bild oben rechts sind für einige x-Werte solche Verbindungsstrecken rot eingezeichnet. Jetzt stelle man sich vor, jede dieser Verbindungsstrecken werde soweit senkrecht nach oben verschoben, dass sie genau auf dem Graphen der Funktion f "steht" (Bild).

Nun liegen die oberen Endpunkte aller rot eingezeichneten Strecken auf dem Graphen von $h = f + g$.

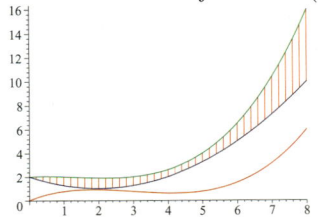

$\triangle$

Beispiel 6.38. Ebenso einfach ist es nun, auch die Differenz zweier gegebener Funktionen auf grafischem Wege zu ermitteln. Wir zeigen das an folgendem ökonomischen Beispiel:

Ein Zementwerk bringt Portlandzement auf den Markt. Die Herstellungskosten belaufen sich bei einer Ausbringungsmenge von x Mengeneinheiten [ME] Zement auf insgesamt $K(x) = 4x^2 + 2x + 36$ Geldeinheiten [GE]. Das Unternehmen ist "Preisnehmer" (price taker) auf einem polypolistischen Markt, erzielt bei einem Preis von 7 [GE/ME] und einem Absatz von x [ME] des Zementes also einen Erlös von $E(x) = px = 42x$ Geldeinheiten.
Es ist leicht, die Graphen der Kostenfunktion K (rot) und der Erlösfunktion E (blau) in einem Koordinatensystem darzustellen (siehe Bild).

Von Interesse ist nun bei gegebener Ausbringungsmenge x die Differenz von Erlös $E(x)$ und Kosten $K(x)$, die – sofern größer als Null – den Unternehmensgewinn, andernfalls einen Verlust darstellt. Wir setzen also $G(x) := E(x) - K(x)$ und bezeichnen die so definierte Funktion $G : [0, \infty) \to \mathbb{R}$ als "Gewinnfunktion" (im Bild grün).

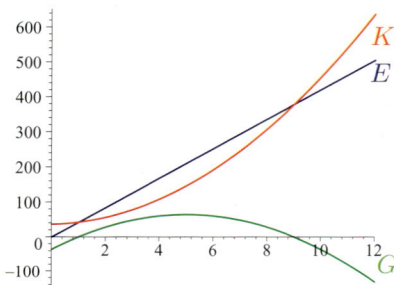

Das folgende Bild zeigt, wie die Funktion G auf grafischem Wege ermittelt werden kann: Die zwischen den Graphen der beiden Funktionen E und K skizzierten senkrechten Verbindungslinien stellen die Differenz zwischen $E(x)$ und $K(x)$ bei jeweils gegebenem x-Wert dar.

Die Länge jeder Linie repräsentiert den absoluten Wert dieser Differenz, die Farbe das Vorzeichen: graue Linien stehen für eine positive Differenz ($E(x) > K(x)$), rote für eine negative Differenz ($E(x) < K(x)$).

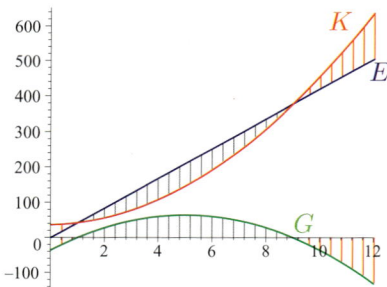

Jede der senkrechten Linien wird nun senkrecht verschoben, und zwar

- mit dem unteren Ende bis auf die x-Achse im Fall grauer Linien,
- mit dem oberen Ende bis auf die x-Achse im Fall roter Linien.

Die Verbindungslinie der nicht auf der x-Achse liegenden Endpunkte[4] dieser verschobenen Linien ergibt dann den Graphen der Gewinnfunktion G.   △

---

[4]soweit vorhanden

6.8   Aufgaben

Aufgabe 6.39. Bestimmen Sie die Definitionsbereiche der folgenden Ausdrücke:

(a) $\ln(e^{\sqrt{x+4}} - 1)$

(b) $\dfrac{\sqrt{x^2 - 6x + 8}}{x}$

(c) $\dfrac{x^2 + 2x + 1}{2x^2 - 5x + 4}$

Aufgabe 6.40. Skizzieren Sie die Graphen folgenden Funktionen auf möglichst einfacher Weise:

(a) $f(x) = 2\sin(x + 1)$

(b) $g(x) = e^{-2x}$

(c) $h(x) = \sqrt{x + 3}$

(d) $k(x) = \frac{1}{x+4}$

(Beschriften Sie jeweils 2 Punkte auf dem Graphen.)

Aufgabe 6.41. Durch die Ausdrücke

$$f(x) := 1 + \sqrt{9 - 3x}, \quad g(x) := -2\ln(5 - x), \quad h(x) := 1 - \frac{1}{e^x} \cdot \frac{1}{e^x}$$

sollen 3 Funktionen f, g, h definiert werden.

(i) Bestimmen Sie die größtmöglichen Definitionsbereiche der Funktionen f, g und h.

(ii) Skizzieren Sie die Graphen der 3 Funktionen.

7

Beschränkte Funktionen

7.1 Motivation und Begriffe

Oft ist von Interesse, ob die Funktionswerte einer gegebenen Funktion beliebig groß bzw. klein werden können. Einen ersten Anhaltspunkt gibt uns die Beschränktheit:

Definition 7.1. *Eine Funktion $f : D \to \mathbb{R}$ heißt nach* $\begin{pmatrix} unten \\ oben \end{pmatrix}$ *beschränkt,*

wenn es eine Konstante $\begin{pmatrix} U \\ O \end{pmatrix}$ *gibt mit* $\begin{pmatrix} U \le f(x) \\ O \ge f(x) \end{pmatrix}$ *für alle $x \in D$. (In*

diesem Fall nennt man $\begin{pmatrix} U \\ O \end{pmatrix}$ *eine* $\begin{pmatrix} untere \\ obere\ Schranke \end{pmatrix}$ *von f.)Die Funktion*

f *heißt* (schlechthin) beschränkt, *wenn sie sowohl nach unten als auch nach oben beschränkt ist, andernfalls* unbeschränkt.

Die Funktion*werte* einer nach $\begin{pmatrix} unten \\ oben \end{pmatrix}$ beschränkten Funktion können den

Wert $\begin{pmatrix} U \\ O \end{pmatrix}$ nicht $\begin{pmatrix} unterschreiten \\ überschreiten \end{pmatrix}$. Eine Funktion ist daher genau dann beschränkt, wenn sämtliche Funktionswerte zwischen U und O liegen, sozusagen "eingeklemmt" sind (siehe Skizze).

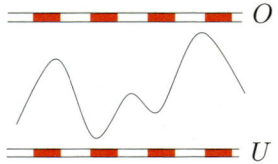

In diesem Fall sind auch die Absolutbeträge sämtlicher Funktionswerte beschränkt, und zwar nach unten durch 0 und nach oben durch den größeren der beiden Werte $|U|, |O|$. Wir können also formulieren:

Satz 7.2. *Eine Funktion $f : D \to \mathbb{R}$ ist genau dann beschränkt, wenn es eine Konstante K gibt mit*

$$|f(x)| \leq K \quad \text{für alle } x \in D. \tag{7.1}$$

Existiert eine solche Konstante K, kann kein Funktionswert vom Betrage her größer sein als diese. Sie wird daher (schlechthin) als "Schranke" für die Funktion f bezeichnet.

Achtung: *Gemäß unserer Definition heißt eine Funktion, die zwar nach unten oder nach oben beschränkt ist, jedoch nicht beides gleichzeitig,* unbeschränkt.

Wir gehen kurz auf den Zusammenhang zwischen beschränkten *Mengen* (i.S. von Definition 4.1) und beschränkten *Funktionen* ein. Gegeben sei eine Funktion $f : D \to \mathbb{R}$. Wir betrachten dann ihr Bild $f(D)$ – also die Menge aller Funktionswerte – und setzen

$$\sup f := \sup f(D) \quad \text{und} \quad \inf f := \inf f(D).$$

Satz 7.3. *Eine Funktion $f : D \to \mathbb{R}$ ist genau dann beschränkt, wenn ihr Bild $f(D)$ eine beschränkte Menge ist, d.h., wenn gilt*

$$-\infty < \inf f(D) \quad \text{und} \quad \sup f(D) < \infty.$$

7.2 Beispiele

Beispiel 7.4. Die Funktion

(i) $\sin : \mathbb{R} \to \mathbb{R}$ ist beschränkt (denn es gilt $-1 \leq \sin x \leq 1$ für alle $x \in \mathbb{R}$; siehe Skizze links)

(ii) $f : \mathbb{R} \to \mathbb{R} : x \to x^2$ ist nach unten, aber nicht nach oben beschränkt, also unbeschränkt; (schwarze Kurve in der Skizze rechts)

(iii) $g : [-1, 1] \to \mathbb{R} : x \to x^2$ ist beschränkt (es gilt nämlich $0 \leq g(x) \leq 1$ für alle $x \in [-1, 1]$) (blaue Kurve in der Skizze rechts).

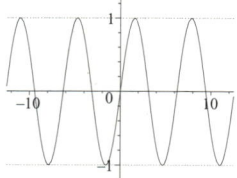
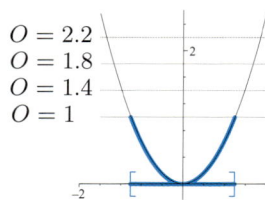

$\triangle$

Die Beispiele (ii) und (iii) zeigen, dass die Eigenschaft, beschränkt zu sein, nicht nur von der Berechnungsvorschrift, sondern auch vom zugrundeliegenden Definitionsbereich abhängt. Übrigens: Wir können die Funktion g als Einschränkung der Funktion f auf den verkleinerten Definitionsbereich $[-1, 1]$

auffassen und sagen daher, die Funktion f *sei auf dem Intervall* $[-1,1]$ *beschränkt.*

Achtung: *Eine beschränkte Funktion kann – wie schon bemerkt – durchaus einen unbeschränkten Definitionsbereich besitzen und umgekehrt:*

- *die Funktion* $\sin : \mathbb{R} \to \mathbb{R}$ *ist beschränkt, ihr Definitionsbereich* $D_{\sin} = \mathbb{R}$ *ist es nicht;*
- *die Funktion* $h : (0,1) \to \mathbb{R} : x \to \ln x$ *ist (n.u.) unbeschränkt, aber ihr Definitionsbereich* $(0,1)$ *ist beschränkt.*

Beispiel 7.5 (Katalogfunktionen)**.** Mit Ausnahme der Winkelfunktionen sind alle anderen Grundfunktionen unbeschränkt.

Im einzelnen heißt das: *Unbeschränkt* sind auf ihrem größtmöglichen Definitionsbereich

(i) affine Funktionen $x \to ax + b$ (außer im Sonderfall $a = 0$)

(ii) Potenzfunktionen $x \to x^p$ (außer im Sonderfall $p = 0$)

(iii) Exponentialfunktionen $x \to e^{ax}$ (außer im Sonderfall $a = 0$)

(iv) Logarithmusfunktionen $x \to \log_a x$ (mit $a > 0$);

beschränkt sind dagegen die Funktionen $x \to \sin x$ und $x \to \cos x$.   △

Beispiel 7.6 (eingeschränkte Katalogfunktionen)**.** Aufgrund unserer guten Kenntnis dieser Katalogfunktionen können wir direkt ablesen, dass auch die unbeschränkten Funktionen zumindest auf "großen" Teilen ihres Definitionsbereiches beschränkt sind. So sind z.B. die

- Potenzfunktionen $x \to x^p$ mit $p < 0$ beschränkt auf jedem Intervall der Form $[c, \infty)$ mit $c > 0$ (Skizze links);
- Exponentialfunktionen $x \to e^{ax}$ mit $a > 0$ beschränkt auf jedem Intervall der Form $[c, \infty)$, $c \in \mathbb{R}$ (Skizze rechts);
- Exponentialfunktionen $x \to e^{ax}$ mit $a < 0$ beschränkt auf jedem Intervall der Form $(-\infty, c]$, $c \in \mathbb{R}$ (Skizze rechts).

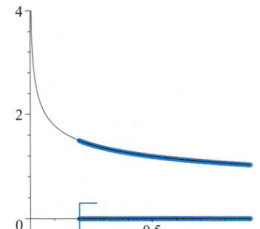
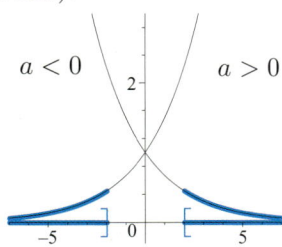

Weitere Beispiele dieser Art kann der Leser leicht beibringen.   △

Aus gegebenen beschränkten Funktionen lassen sich leicht weitere beschränkte Funktionen gewinnen, denn es gilt folgendes **Erhaltungsprinzip:**

Summe, Vielfache, Komposition, Minima und Maxima sowie Beträge beschränkter Funktionen sind beschränkt.

Dies ist die genaue Formulierung:

Satz 7.7. *Es seien $f, g : D \to \mathbb{R}$ auf einem Intervall $D \subseteq \mathbb{R}$ definierte beschränkte Funktionen. Dann sind ebenfalls beschränkt die Funktionen*

(i) λf ($\lambda \in \mathbb{R}$)

(ii) $f + g$

(iii) $f \circ h$ *für jede beliebige Funktion* $h : \mathbb{R} \supseteq E \to D$

(iv) $\min(f, g)$ *und* $\max(f, g)$

(v) $|f|$.

Beispiel 7.8. Die Potenzfunktionen $f : x \to x^2$ und $g : x \to x^{1/2}$ sind auf $D := (0, 1]$ beschränkt. Mit ihnen ist auch die Funktion $h : x \to 417x^2 - \frac{1}{2}x^{1/2}$ beschränkt – als "Summe" von Vielfachen von f und g. $\triangle$

Achtung: *Der Quotient zweier beschränkter Funktionen kann durchaus unbeschränkt sein!*

Beispiel 7.9 ($\nearrow$F 7.8). Die Funktion $\frac{g}{f} : x \to x^{-3/2}$ ist auf $(0, 1]$ unbeschränkt! $\triangle$

Zwischenbilanz

Die Frage, ob eine gegebene Funktion beschränkt ist, können wir bislang in folgenden Fällen leicht entscheiden:

- wenn die definitionsgemäße Antwort offensichtlich ist
- wenn die Funktion unserem Katalog angehört
- wenn sie sich durch "Erhaltung" auf beschränkte Funktionen zurückführen lässt.

Weitere Untersuchungsmethoden beruhen auf der Suche nach Extremwerten, die wir in Kapitel 11 besprechen.

7.3   Aufgaben

Aufgabe 7.10 ($\nearrow$L)**.** Für jede der nachfolgend angegebenen Funktionen untersuche man:

- Ist f_i beschränkt?
- Ist der Definitionsbereich D_i von f_i beschränkt?
- Bestimmen Sie in allen Fällen $\inf D$, $\sup D$, $\inf f$ und $\sup f$.

Die zu untersuchenden Funktionen sind:

1. $f_0 : [0, \infty) \to \mathbb{R} : f_0(x) = 7x - 2$
2. $f_1 : [0, 10) \to \mathbb{R} : f_1(x) = x^3 - 12x^2 + 60x + 15$
3. $f_2 : [0, \infty) \to \mathbb{R} : f_2(x) = 1 - e^{-x}$
4. $f_3 : (0, \infty) \to \mathbb{R} : f_3(x) = \frac{1}{x} e^x$

Aufgabe 7.11. Untersuchen Sie die nachfolgend beschriebenen Funktionen $f_1,...,f_4$ auf Beschränktheit

$$
\begin{array}{lll}
f_1(x)= & 8x^2 - 32x + 104 & \text{für } x \in D_1 = [0, \infty) \\
f_2(x)= & \sqrt{x} & \text{für } x \in D_2 = [0, \infty) \\
f_3(x)= & \ln x & \text{für } x \in D_3 = (0, \infty) \\
f_4(x)= & e^{-x^2} & \text{für } x \in D_4 = [0, \infty)
\end{array}
$$

Aufgabe 7.12 ($\nearrow$L)**.** Auf dem Definitionsbereich $D := [0, \infty)$ werden zwei Funktionen $f : D \to \mathbb{R}$, $f(x) := e^{ax}$, und $g : D \to \mathbb{R}$, $g(x) := ax^2 + x$ betrachtet.

(i) Geben Sie Bedingungen an die darin enthaltene Konstante a an, die notwendig und hinreichend dafür sind, dass f beschränkt ist.

(ii) Geben Sie Bedingungen an die darin enthaltene Konstante a an, die notwendig und hinreichend dafür sind, dass g nach oben beschränkt ist.

Aufgabe 7.13. Man begründe die Aussagen von Satz 7.7!

8

Stetige Funktionen

8.1 Motivation und Begriffe

Die folgende Skizze zeigt die Graphen zweier Funktionen s und u:

Während die in blau dargestellte Kurve von s kontinuierlich verläuft, weist der rot dargestellte Graph von u Sprünge auf. Entsprechend nennt man im englischen Sprachgebrauch die Funktion s *continuous* und die Funktion u *discontinuous*. Im Deutschen haben sich dagegen die Begriffe "stetig" bzw. "unstetig" durchgesetzt.

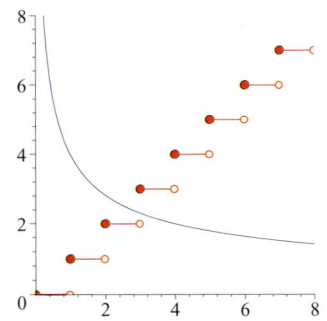

Beide Funktionenklassen haben ihren festen Platz in der Ökonomie. Stetige Funktionen werden zur Beschreibung *kontinuierlicher* Vorgänge herangezogen, unstetige zur Beschreibung *diskontinuierlicher*. Viele Produktionsvorgänge liefern einen Output $p(x)$, der kontinuierlich vom Input x abhängt. Die tarifliche Einkommensteuer $s(x)$ bei einem zu versteuernden Einkommen x hingegen verläuft diskontinuierlich, weil bei kontinuierlichem Verlauf eine Tabellierung der Einkommensteuer nicht möglich wäre.

Obwohl es also für beide Funktionentypen ökonomische Anwendungen gibt, erfreuen sich die stetigen Funktionen besonderer Beliebtheit. Die Ursachen liegen in ihrer einfachen Handhabbarkeit, in eleganten Resultaten, die für diese Funktionen erhältlich sind, und nicht zuletzt in – mathematischer Bequemlichkeit.

Wir kommen nun zu einer präziseren Bestimmung des Begriffes "Stetigkeit". Als Vorstufe könnte folgende griffige Formulierung dienen:

"Eine Funktion f ist stetig, wenn man ihren Graph zeichnen kann, ohne mit dem Stift abzusetzen."

Diese Formulierung genügt, um den Sinn vieler Aussagen über stetige Funktionen zumindest intuitiv richtig zu erfassen, und wir werden in weiten Teilen dieses Textes damit auskommen. Mit Blick auf die intensiven Anwendungen der Mathematik in der Ökonomie mag es jedoch für interessierte Leser sinnvoll sein, neben dem "Stift" auch über ein mathematisches Argument zu verfügen. Wir gehen im folgenden Absatz kurz darauf ein (weniger interessierte Leser mögen ihn überspringen).

Formale Definition

Wir wollen zunächst mathematisch fassen, was es bedeutet, wenn eine Funktion f an einer Stelle x stetig ist. Die Abbildung links macht deutlich, worum es geht: Es sei (x_n) eine beliebige Folge von Argumenten, die gegen x konvergiert. Markieren wir die zugehörigen Punkte des Graphen von f durch kleine Kreise, so sehen wir, dass diese bei einer "stetigen" Funktion auf den Punkt $(x, f(x))$ zulaufen. Insbesondere gilt auch $f(x_n) \to f(x)$.

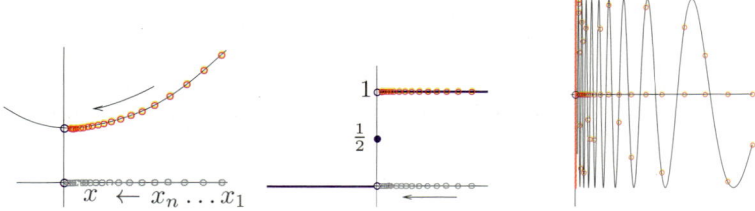

Bei einer an der Stelle x "unstetigen" Funktion trifft dies nicht zu, weil der Graph von f an der Stelle x "springt" oder gar ein chaotisches Verhalten zeigt (Bilder Mitte und rechts). Genauer: Im mittleren Bild gilt $f(x_n) = 1$ für alle n, jedoch $f(x) = f(0) = \frac{1}{2}$. Es folgt daher $\lim_{n \to \infty} f(x_n) \neq f(x)$. (Beim Grenzübergang $n \to \infty$ "springt" der Funktionswert sozusagen vom Wert 1 auf den Wert $\frac{1}{2}$; man spricht daher auch von einer *Sprungstelle*.) Im rechten Bild besitzt die chaotisch verlaufende Folge $(f(x_n))$ nicht einmal einen Grenzwert; es kann also erst recht nicht gelten $\lim_{n \to \infty} f(x_n) = f(x)$.

Definition 8.1. *Es sei $D \subseteq \mathbb{R}$ nichtleer. Eine Funktion $f : D \to \mathbb{R}$ heißt stetig an der Stelle $x \in D$, wenn für jede Folge (x_n) von Punkten aus D mit $x_n \to x$ gilt $f(x_n) \to f(x)$. Die Funktion f heißt stetig (schlechthin), wenn sie an jeder Stelle $x \in D$ stetig ist.*

Ist die Funktion f stetig an der Stelle x, schreibt man auch

$$\lim_{y \to x} f(y) = f(x).$$

Ist die Funktion f dagegen an einer Stelle x nicht stetig, so nennt man sie (an dieser Stelle) *unstetig*, und die Stelle x nennt man *Unstetigkeitsstelle* (siehe die Bilder Mitte und rechts).

Der Nachteil unserer Definition ist, dass es darin heißt "*jede* Folge ..." – denn davon gibt es schrecklich viele. Wollen wir nun anhand der Definition nachweisen, dass eine bestimmte Funktion an einer Stelle x stetig ist, können wir diese Folgen selbstverständlich nicht einzeln, sondern nur summarisch betrachten. Die folgende Abbildung macht deutlich, wie wir uns behelfen können:

Geben wir uns eine beliebige Genauigkeitsschranke ε vor, so werden bei einer stetigen Funktion die Funktionswerte $f(x_n)$ mit höherer Genauigkeit als ε bei $f(x)$ liegen, sobald nur die Argumente x_n hinreichend nahe bei x liegen (sagen wir, mit höherer Genauigkeit als ein passendes δ).

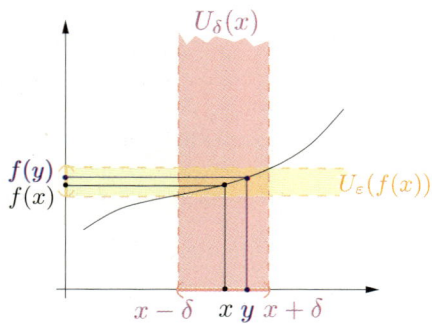

Satz 8.2. *Es seien D ein (nichtausgeartetes) Intervall und $f : D \to \mathbb{R}$ eine Funktion. Die Funktion f ist genau dann stetig an der Stelle $x \in D$, wenn zu jedem $\varepsilon > 0$ ein $\delta > 0$ derart existiert, dass gilt:*

$$|y - x| < \delta \Longrightarrow |f(y) - f(x)| < \varepsilon. \tag{8.1}$$

Einfache Anwendungsbeispiele

Diese Aussage klingt zunächst etwas abstrakt, ist aber bestens geeignet, beliebige Funktionen auf Stetigkeit zu untersuchen. Dies ist allerdings generell nicht das Anliegen dieses Textes. Wir beschränken uns daher darauf, die Wirkungsweise an zwei einfachen Beispielen zu demonstrieren. Der weniger interessierte Leser mag diese Beispiele überspringen.

Beispiel 8.3. Die identische Funktion $id : \mathbb{R} \to \mathbb{R} : x \to x$ ist stetig. (In der Tat: geben wir $\varepsilon > 0$ vor und setzen wir $\delta := \varepsilon$, so folgt aus $|y - x| < \delta$ sofort $|id(y) - id(x)| = |y - x| < \varepsilon$.) $\triangle$

Beispiel 8.4. Die Funktion $q : [-1, 1] \to \mathbb{R} : x \to x^2$ ist stetig. Sei $x \in [-1, 1]$ beliebig gewählt. Wir wollen mittels (8.1) zeigen, dass f dort stetig ist. Dazu nehmen wir an, $\varepsilon > 0$ sei gegeben, und müssen nun ein passendes δ bestimmen, so dass (8.1) gilt. Dazu überlegen wir:

Es gilt stets $f(y) - f(x) = y^2 - x^2 = (x + y)(x - y)$ und daher

$$
\begin{aligned}
|f(y) - f(x)| = |y^2 - x^2| = |(x + y)(x - y)| &= |x + y||x - y| \\
&\leq |x + y|\,\delta = |(x + x) + (y - x)|\delta \\
&\leq (|x + x| + |y - x|)\delta \\
&\leq (|x| + |x| + |(y - x)|)\delta \\
&\leq (|x| + |x| + \delta)\delta \\
&\leq (2 + \delta)\delta.
\end{aligned}
$$

Wir suchen zunächst nach einem $\delta > 0$, für welches der Ausdruck rechts gleich ϵ wird:

$$
(2 + \delta)\delta = \varepsilon.
$$

Dies ist gerade die positive Nullstelle der Gleichung

$$
\delta^2 + 2\delta - \varepsilon = 0,
$$

also $\delta = -1 + \sqrt{1 + \varepsilon}$. Sobald also gilt $|y - x| < -1 + \sqrt{1 + \varepsilon}$ folgt

$$
|q(y) - q(x)| < \varepsilon. \qquad\qquad \triangle
$$

8.2   Das Reservoir stetiger Funktionen

Wesentlich wichtiger als die beiden vorangehenden Beispiele an sich ist für uns die Feststellung, dass sich auf ähnliche Weise Folgendes zeigen lässt:

Satz 8.5. *Alle Katalogfunktionen sind stetig. (Im Einzelnen sind also auf ihrem größtmöglichen Definitionsbereich stetig:*

  (i) affine Funktionen $x \to ax + b$

 (ii) Potenzfunktionen $x \to x^p$

(iii) Exponentialfunktionen $x \to e^{ax}$

(iv) Logarithmusfunktionen $x \to \log_a x$ (mit $a > 0$);

 (v) die Winkelfunktionen $x \to \sin x$ und $x \to \cos x$

(vi) die Funktionen $x \to |x|, x \to x^+, x \to x^-$).

Stetig sind ferner die Einschränkungen der Katalogfunktionen auf beliebige nichtausgeartete Intervalle.

Darüber hinaus gilt auch im Falle der Stetigkeit das schon beim Thema "Beschränktheit" verwendete Erhaltungsprinzip:

Summe, Vielfache, Komposition, Minima und Maxima sowie Beträge stetiger Funktionen sind stetig.

Dies ist die genaue Formulierung:

Satz 8.6. *Es seien $f, g : D \to \mathbb{R}$ auf einem Intervall $D \subseteq \mathbb{R}$ definierte stetige Funktionen. Dann sind ebenfalls stetig die Funktionen*

(i) λf $(\lambda \in \mathbb{R})$

(ii) $f + g$

(iii) $f \circ h$ *für jede stetige Funktion* $h : \mathbb{R} \subseteq E \to D$

(iv) $\min(f, g)$ *und* $\max(f, g)$

(v) $|f|$.

Beispiel 8.7.

(a) Die Funktion $x \to 3\sin x - \cos x + 217, x \in \mathbb{R}$, ist eine Summe von Vielfachen der stetigen Funktionen $\sin, \cos$ und $1 = x^0$, und nach *(i)* und *(ii)* also stetig.

(b) $l(x) := \sin(e^{(-33x^{11})}), x \in \mathbb{R}$, kann gelesen werden als $f(h(l(x)))$ mit $l(x) = -33x^{11}, h(y) = e^y$ und mit $f(z) = \sin z$. Alle drei Funktionen sind stetig, damit zunächst auch die Komposition $h \circ l : x \to e^{-33x^{11}}$ und daher auch die "Gesamtfunktion" als Komposition $f \circ (h \circ l)$. (Hier wenden wir die Aussage *(iii)* des Satzes sozusagen zweifach an.)

(c) Die Funktion $z(x) = \max(\sin x, \cos x), x \in \mathbb{R}$, ist das Maximum stetiger Funktionen und somit nach Punkt *(iv)* stetig. (Hier eine kleine Skizze:)

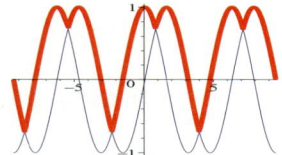

(d) Jedes Polynom $x \to P(x) = a_n x^n + a_{n-1} x^{n-1} + \ldots + a_1 x^1 + a_0$, aufgefasst als eine auf $\mathbb{R}$ oder einem geeigneten Intervall definierte Funktion, ist stetig. (Denn die Summanden sind Vielfache der stetigen Potenzfunktionen.) $\triangle$

Achtung: *Die folgenden Funktionen sind unstetig:*

(i) *die signum-Funktion* $x \to \operatorname{sgn}(x), x \in \mathbb{R}$ *(Unstetigkeitsstelle: $x = 0$),*

(ii) *die floor-Funktion* $x \to \lfloor x \rfloor, x \in \mathbb{R}$ *(Unstetigkeitsstellen: $x = n \in \mathbb{Z}$),*

(iii) *die ceiling-Funktion* $x \to \lceil x \rceil, x \in \mathbb{R}$ *(Unstetigkeitsstellen: wie (ii)).*

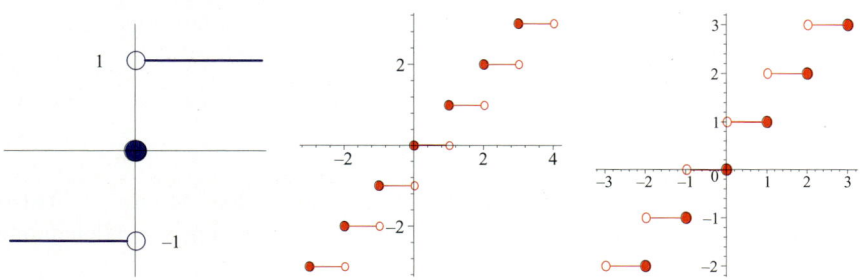

Unstetig *können* demzufolge auch sein: Summen, Vielfache, Kompositionen etc., die diese Funktionen enthalten.

Wir fassen zusammen: Unter Verwendung des Erhaltungsprinzipes erhalten wir eine riesige Zahl von stetigen Funktionen, mit denen wir arbeiten können. Unstetigkeiten treten typischerweise nur in Verbindung mit den wenigen vorgenannten Sonderfunktionen auf. Der Leser kann also darauf vertrauen, es in fast allen folgenden Abschnitten mit stetigen Funktionen zu tun zu haben; die wenigen Ausnahmen werden leicht erkennbar oder besonders gekennzeichnet sein.

8.3   Einige Anwendungen

Die Bedeutung des Begriffes "Stetigkeit" in der Mathematik kann gar nicht überschätzt werden. Wir wollen hier beispielhaft einige nahezu selbstverständliche Konsequenzen aufzeigen. Die erste ist der sogenannte "Zwischenwertsatz":

Satz 8.8. *Es seien $f : D \to \mathbb{R}$ eine stetige Funktion und $a < b \in D$. Dann wird jede zwischen $f(a)$ und $f(b)$ liegende Zahl als Funktionswert angenommen.*

(Die Skizze illustriert, worum es geht.) Wo liegt der Nutzen?

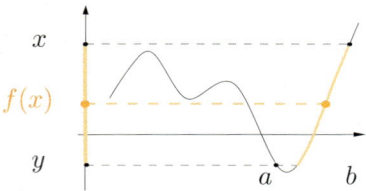

Beispiel 8.9. Von einer Funktion $f : [0, \infty) \to \mathbb{R}$ sei bekannt:

(a) $f(0) > 0$

(b) f ist stetig

(c) $f(x) \neq 0$ für alle x.

Kann f negative Werte annehmen? Die Antwort lautet: Nein! (Wenn dies nämlich doch der Fall wäre – etwa an einer Stelle $b > 0$, so hätten wir einerseits $f(b) < 0$, andererseits (mit $a := 0$) $f(a) > 0$. Als Zwischenwert der wird auch der Wert Null an einer passenden Stelle x als Funktionswert der stetigen Funktion f angenommen – im Widerspruch zu (c).)   △

Anwendungen dieser Schlussweise finden sich z.B. bei der Kurvendiskussion, bei Extremwertaufgaben etc.

Eine weitere wichtige Anwendung findet sich unter dem Stichwort **"Intervallhalbierungsmethode"** bei der zahlenmäßigen Lösung von Gleichungen der Form $f(x) = y$.

Beispiel 8.10. Gesucht ist – sofern existent – eine Lösung $x^* \geq 0$ der Gleichung

$$f(x) := x^2 + \sqrt{x} = 50,$$

diese soll näherungsweise mit einem Fehler von höchstens 0.1 angegeben werden.

Wir überlegen kurz, ob eine solche Lösung überhaupt existieren muss. Dies ist der Fall, denn wegen $f(1) = 2 < 50$ und z.B. $f(9) = 84 > 50$ muss die stetige Funktion f an mindestens einer Stelle x^* des Intervalls $(a,b) := (1,9)$ den Wert 50 annehmen.

Wir wählen nun den Mittelpunkt des Intervalls

$$c := \frac{a+b}{2} = \frac{1+9}{2} = 5$$

als Näherungswert für x^*. Da x^* ebenfalls im Intervall (a,b) liegt, ist der absolute Näherungsfehler $|x^* - c|$ kleiner als die halbe Intervallbreite

$$\Delta := \frac{b-a}{2} = \frac{9-1}{2} = 4.$$

Da die Genauigkeit der Näherung bei Weitem noch nicht ausreicht, stellen wir fest, ob x^* in der linken oder in der rechten Intervallhälfte liegt. Dazu bestimmen wir den Funktionswert an der Stelle c:

$$f(c) = 5^2 + \sqrt{5} < 5^2 + 5 < 50.$$

Wir schließen: Die gesuchte Lösung x^* befindet sich in der rechten Hälfte $(c,b) = (5,9)$ des Ausgangsintervalls $(a,b) = (1,9)$. Nun setzen wir $a := c$ und wiederholen dieselbe Überlegung mit dem neuen Intervall $(a,b) = (5,9)$ – so lange, bis die gewünschte Genauigkeit erreicht ist.

Die Rechnungen können tabellarisch so dargestellt werden:

Schritt:	$a =$	$b =$	$c =$	Δ	$f(a)$	$f(b)$	$f(c) \approx$
1	1	9	5	4	-50	84	27, 23
2	5	9	7	2	—	—	51,65
3	5	7	6	1	—	—	38,44
4	6	7	6,5	0,5	—	—	44,80
5	6,5	7	6,75	0,25	—	—	48,16
6	6,75	7	6,875	0,125	—	—	49,88
7	6,875	7	6,9375	0,0625	—	—	***

Ergebnis: 6,9375 ist ein Näherungswert für die gesuchte Lösung x^* und weicht davon absolut weniger als 0,0625 ab.   △

Wir bemerken, dass sich infolge der Intervallhalbierung mit jedem Schritt unseres Verfahrens die Näherungsgenauigkeit verdoppelt. Es gibt jedoch auch Näherungsverfahren, die noch weitaus schneller zum Ziel führen. So werden wir im Kapitel 8 das sogenannte *Newton-Verfahren* kennenlernen.

Schließlich erwähnen wir noch folgende wichtige Erkenntnis:

Satz 8.11 (Maximumprinzip). *Es seien $D \subseteq \mathbb{R}$ eine nichtleere kompakte (d.h., beschränkte und abgeschlossene) Menge und $f : D \to \mathbb{R}$ eine stetige Funktion. Dann existiert eine Stelle $x^\circ \in D$ mit $f(x) \le f(x^\circ)$ für alle $x \in D$.*

Die für uns interessantesten kompakten Mengen sind die abgeschlossenen Intervalle der Form $[a, b]$. Dann besagt der Satz mit anderen Worten: Eine auf einem Intervall $[a, b]$ definierte stetige Funktion besitzt einen größtmöglichen Funktionswert (nämlich $f(x^\circ)$). Insbesondere ist f nach oben beschränkt. Unser Maximumprinzip ist implizit auch ein Minimumprinzip: Denn weil mit f auch die Funktion $-f$ stetig ist, besitzt diese (etwa an der Stelle $x_\circ$) einen größtmöglichen Funktionswert $-f(x^{\circ\circ}$; dann aber ist $f(x_\circ)$ der kleinstmögliche Funktionswert von f. Insbesondere ist f nach unten beschränkt. Als Nebenprodukt haben wir also gewonnen:

Folgerung 8.12. *Jede auf einer kompakten Menge definierte stetige Funktion ist beschränkt.*

8.4   Ergänzungen: Grenzwerte und Asymptoten

Die folgenden Begriffe erweisen sich bei der Untersuchung reeller Funktionen als nützlich:

Definition 8.13. *Es seien $D \subseteq \mathbb{R}$, $f : D \to \mathbb{R}$ eine Funktion und $x \in \overline{\mathbb{R}}$ ein Häufungspunkt von D. Wir sagen, f besitze an der Stelle x den* rechtsseitigen *(bzw.* linksseitigen*) Grenzwert $a \in \overline{\mathbb{R}}$, falls gilt*

$$a = \lim_{n \to \infty} f(x_n)$$

für jede gegen x konvergierende Folge $(x_n) \subseteq D$ mit $x_n > x$ (bzw. $x_n < x$) für alle $n \in \mathbb{N}$, vorausgesetzt, eine derartige Folge existiert. In diesem Fall schreiben wir

$$a =: \lim_{y \downarrow x} f(y) =: f(x+) \quad \text{bzw.} \quad a =: \lim_{y \uparrow x} f(y) =: f(x-).$$

Wenn die in der Definition genannten Voraussetzungen nicht erfüllt sind, sagen wir, $f(x+)$ (bzw. $f(x-)$) *existiere nicht*. Zu beachten ist weiterhin, dass sowohl für x als auch für a die *uneigentlichen* Werte $-\infty$ und $+\infty$ zugelassen sind.

Beispiel 8.14. Es seien $D := (0, \infty)$ und $f : D \to \mathbb{R}$ durch $f(x) := \frac{1}{x}$, $x \in D$, gegeben. Es gilt bekanntlich

$$\lim_{x \to 0} f(x) = \lim_{x \to 0} \frac{1}{x} = \infty$$

und

$$\lim_{x \to \infty} f(x) = \lim_{x \to \infty} \frac{1}{x} = 0.$$

Das schreiben wir jetzt kürzer:

$$f(0+) = \infty \quad \text{und} \quad f(\infty-) = 0.$$

Jedoch: $f(0-)$ existiert nicht (es gibt keine Folge in D mit $x_n \uparrow x$). $\triangle$

Als erste Nutzanwendung können wir über die Stetigkeit einer Funktion f nun auch so urteilen:

Satz 8.15. *Eine auf einer Menge $D \subseteq \mathbb{R}$ definierte Funktion $f : D \to \mathbb{R}$ ist genau dann an einem inneren Punkt $x \in D$ stetig, wenn die Grenzwerte $f(x+)$ und $f(x-)$ existieren und gilt $f(x-) = f(x) = f(x+)$.*

Als zweite Nutzanwendung können wir vieles kurz und bündig sagen, so z.B. das asymptotische Verhalten einer gegebenen Funktion f betreffend:

- Existieren reelle Konstanten a und b derart, dass für die auf D durch

$$g(x) := f(x) - (ax + b)$$

  definierte Funktion g gilt $g(\infty-) = 0$ (bzw. $g(\infty+) = 0$), so sagen wir, f besitze für $x \to \infty$ (bzw. für $x \to -\infty$) die *Asymptote* $ax + b$.
- Wir nennen eine Stelle $x \in \mathbb{R}$ *Polstelle* von f, wenn mindestens einer der Grenzwerte $f(x+)$ oder $f(x-)$ existiert und *nicht* endlich ist.

Weitere Nutzanwendungen werden uns im Kapitel über Extremwertprobleme begegnen.

8.5   Aufgaben

Aufgabe 8.16 (↗L). Welche der nachfolgenden Funktionen sind stetig, welche unstetig? (Begründen Sie Ihre Entscheidungen und geben Sie im Falle unstetiger Funktionen die Unstetigkeitsstellen an!)

(a) $\sqrt{x} + x^{13}$, $x \geq 0$

(b) $\sin(x^2 + 1)$, $x \in \mathbb{R}$

(c) $\frac{1}{x^2+1}$, $x \in \mathbb{R}$

(d) 1^{x^2-1}, $x \in \mathbb{R}\backslash\{-1, 1\}$

(e) $|\cos x|$, $x \in \mathbb{R}$

(f) $f(x) = 1_{\mathbb{Q}}(x)$, $x \in \mathbb{R}$

(g) $2^{\lfloor x \rfloor}$, $x \in \mathbb{R}$

(h) $\min(\frac{1}{2}, \max(-\frac{1}{2}, \lfloor x \rfloor))$, $x \in \mathbb{R}$

Aufgabe 8.17. (⋆) Begründen Sie mit Hilfe der $\varepsilon - \delta$–Relation, warum die Summe zweier stetiger Funktionen stetig ist.

Aufgabe 8.18. Welche der folgenden Aussagen sind richtig (allgemeingültig), welche falsch?

(a) Die Komposition $f \circ g$ einer stetigen Funktion f mit einer beschränkten Funktion g ist beschränkt.

(b) Die Komposition $f \circ g$ einer stetigen Funktion f mit einer stetigen Funktion $g : [a, b] \to \mathbb{R}$ ist beschränkt.

(c) Es gilt: f ist genau dann stetig, wenn $|f|$ stetig ist.

(d) Wenn eine stetige Funktion f den Wert 0 annimmt, aber die Werte -5 und $+5$ nicht, so ist sie beschränkt.

9

Differenzierbare Funktionen

9.1 Der Ableitungsbegriff

9.1.1 Motivation

Der Ableitungsbegriff ist zweifellos einer der wichtigsten im Thema "reelle Funktionen". Aus der Schulmathematik wird damit zunächst immer der Anstieg einer Tangente an den Graphen einer Funktion assoziiert. Wir werden sehen, dass die Bedeutung der Ableitung weit über diese Interpretation hinausgeht. Das gilt insbesondere mit Blick auf die Ökonomie, in der oft gefragt wird, wie sich kleinste Änderungen von Inputgrößen auf den Output auswirken.

Bevor wir zu derartigen Anwendungen kommen, benötigen wir zunächst präzise Begriffe.

9.1.2 Begriffe und Sprechweisen

Definition 9.1. *Es seien* $D \subseteq \mathbb{R}$, $f : D \to \mathbb{R}$ *und* x_0 *ein innerer Punkt von* D. *Existiert der endliche Grenzwert*

$$\lim_{h \to 0, h \neq 0} \frac{f(x_0 + h) - f(x_0)}{h} =: f'(x_0)$$

so heißt f *differenzierbar an der Stelle* x_0 *und* $f'(x_0)$ *heißt* Ableitung *der Funktion* f *an der Stelle* x_0.

Zur Interpretation der Ableitung

Wir nehmen an, es seien f, x_0 und eine Konstante h gegeben (bequemlichkeitshalber betrachten wir den Fall $h > 0$). Den hinter dem Limeszeichen stehenden Ausdruck

$$\frac{f(x_0 + h) - f(x_0)}{h} =: \frac{Z}{N} =: \mathsf{D}f(x_0, x_0 + h)$$

bezeichnet man als *Differenzenquotienten*. Seine *geometrische* Bedeutung lässt sich gut anhand folgender Skizze des Graphen von f erläutern.

Auf der Abszissenachse sind die Punkte x_0 und $x_0 + h$, auf der Ordinatenachse die zugehörigen Funktionswerte $f(x_0)$ und $f(x_0 + h)$ hervorgehoben.

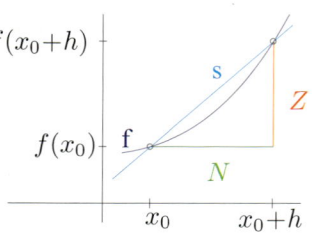

Ihnen entsprechen die beiden Punkte $(x_0, f(x_0))$ und $(x_0 + h, f(x_0 + h))$ auf dem Graphen von f. Durch diese verläuft eine eindeutig bestimmte Gerade s (türkis, auch als "Sekante" bezeichnet). Der Anstieg dieser Sekante kann an einem beliebigen Steigungsdreieck als das (vorzeichenbehaftete) Verhältnis Höhe : Grundseite abgelesen werden. Das in der Skizze eingetragene Steigungsdreieck hat die Höhe Z und die Grundseite N, mithin gibt der Differenzenquotient genau die *Steigung der Sekante s* an.

Lässt man nun die Konstante h gegen 0 gehen, wandert der rechte der beiden hervorgehobenen Punkte des Graphen – d.h. $(x_0 + h, f(x_0 + h))$ – auf den linken zu.

Dabei dreht sich die Sekante s – langsam ihre Farbe von türkis auf rot verändernd – um den Punkt $(x_0, f(x_0))$ im Uhrzeigersinn nach unten und geht in die in Grenzlage befindliche Tangente t über.

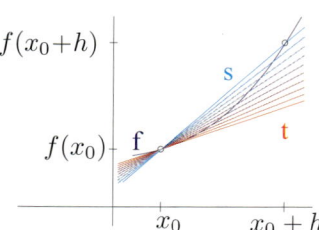

Gleichzeitig geht die Sekantensteigung $\mathsf{D}f(x_0, x_0 + h)$ in den Wert $f'(x_0)$ über. Also gibt $f'(x_0)$ die *Steigung der Tangente t* an den Graphen von f im Punkt $(x_0, f(x_0))$ wieder.

Differenzen- und Differentialquotient besitzen auch eine *quantitative* Interpretation: Setzen wir

$$\Delta x := \quad h$$
$$\Delta f := \quad f(x_0 + h) - f(x_0)$$

so kann ein Differenzenquotient gelesen werden als

$$\frac{\Delta f}{\Delta x} = \frac{f(x_0 + \Delta x) - f(x_0)}{\Delta x} = \frac{(absoluter)\ Funktionswertzuwachs}{(absoluter)\ Argumentzuwachs}.$$

Er drückt so die Wachstumsrate der Funktion beim Übergang vom Punkt x_0 zum Punkt $x_0 + h$ aus. Die Ableitung als Grenzwert dieser Wachstumsraten ist daher als "infinitesimale" oder auch "lokale" Wachstumsrate zu deuten. Auf Anwendungen gehen wir weiter unten ein.

Weitere Bezeichnungen

Da die Ableitung $f'(x_0)$ nichts anderes ist als ein Grenzwert von Differenzenquotienten, wird sie auch als *Differentialquotient* bezeichnet. Man schreibt ebenso

$$f'(x_0) =: \mathsf{D}f(x_0) =: \frac{df}{dx}\Big|_{x=x_0} =: \frac{d}{dx}f\Big|_{x=x_0}.$$

Die Quotientenschreibweise geht auf Leibniz zurück. Die dabei auftretenden Größen df und dx werden als das *Differential* von f bzw. von x bezeichnet. Sie sind rein formaler Natur und verstehen sich als "unendlich kleine" Größen, haben also keinen Zahlenwert. Deswegen ist der Quotient auf der rechten Seite rein symbolisch und kein "richtiger" Quotient. – Die Bezeichnung x_0 soll unterstreichen, dass es sich dabei sozusagen um einen "Ausgangspunkt" handelt; er kann selbstverständlich beliebig benannt werden.

Berechnungsbeispiele

Beispiel 9.2 (manuelle Berechnung der Ableitung für $x \to x^2$). Wir betrachten die auf ganz $\mathbb{R}$ definierte Funktion $f : x \to x^2$ und untersuchen anhand der Definition, ob sie an einer (beliebigen) Stelle x_0 differenzierbar ist. Dazu bilden wir den Differenzenquotienten:

$$\begin{aligned}
\mathsf{D}f(x_0, x_0 + h) &= \frac{f(x_0 + h) - f(x_0)}{h} = \frac{(x_0 + h)^2 - x_0^2}{h} \\
&= \frac{x_0^2 + 2x_0 h + h^2 - x_0^2}{h} = 2x_0 + h.
\end{aligned}$$

Offensichtlich gilt

$$\lim_{h \to 0, h \neq 0} \mathsf{D}f(x_0, x_0 + h) = \lim_{h \to 0, h \neq 0} (2x_0 + h) = 2x_0,$$

also ist diese Funktion an der Stelle x_0 differenzierbar mit der Ableitung $f'(x_0) = 2x_0$. (Man beachte: x_0 wurde völlig beliebig gewählt, daher ist f an *jeder* Stelle x_0 in D_f differenzierbar.) $\triangle$

Beispiel 9.3. Diesmal betrachten wir die auf ganz $\mathbb{R}$ definierte Betragsfunktion abs mit $\mathrm{abs}(x) := |x|$, $x \in \mathbb{R}$ und argumentieren zunächst *intuitiv*: Da der Graph dieser Funktion aus zwei aufeinander senkrecht stehenden Halbgeraden mit den Steigungen -1 bzw. +1 gebildet wird, deren jede zugleich Tangente an sich selbst ist, wird man erwarten, dass die Ableitung an jeder von Null verschiedenen Stelle x existiert und dabei gilt

$$\mathrm{abs}'(x) = \begin{cases} 1 & x > 0 \\ -1 & x < 0 \end{cases} \tag{9.1}$$

während an der Stelle $x = 0$ der Graph von abs einen "Knick" hat und somit dort eine Tangente – mithin auch eine Ableitung – nicht existieren kann.

Rechnerisch können wir die Ergebnisse unter (9.1) wie im vorangehenden Beispiel bestätigen, indem wir Differenzenquotienten und deren Grenzwerte betrachten. An der Stelle $x = 0$ hingegen sehen wir, dass zwar die beiden *einseitigen* Grenzwerte der Differenzenquotienten

$$\lim_{h \to 0, h > 0} \frac{|0 + h| - |0|}{h} = \lim_{h \to 0, h > 0} \frac{h}{h} = 1,$$

$$\lim_{h \to 0, h < 0} \frac{|0 + h| - |0|}{h} = \lim_{h \to 0, h < 0} \frac{-h}{h} = -1$$

existieren, jedoch *verschieden* sind; der "Gesamt-" Grenzwert

$$\lim_{h \to 0, h \neq 0} \frac{|0 + h| - |0|}{h}$$

kann also nicht existieren.   △

Erweiterung: Einseitige Ableitungen

Bei unserer Definition der Ableitung an einer Stelle x_0 wurde bisher vorausgesetzt, dass x_0 ein *innerer* Punkt des Definitionsbereiches sei. Damit soll sichergestellt werden, dass die für die Differenzenquotienten benötigten Funktionswerte $f(x_0 + h)$ zumindest für alle hinreichend kleinen h überhaupt definiert sind. Es kommt jedoch oft vor, dass f z.B. auf einem Intervall der Form $[a, b]$ definiert ist. Dann würde man gern auch an den Intervallenden so etwas wie einen Ableitungsbegriff haben. Abhilfe schafft hier der Begriff der rechts- oder linksseitigen Ableitung, der auch durch das letzte Beispiel motiviert ist:

Definition 9.4. *Es seien $D \subseteq \mathbb{R}$, $f : D \to \mathbb{R}$ und x_0 ein Punkt aus D mit der Eigenschaft, dass ein Intervall der Form $[x_0, x_0 + \varepsilon)$ bzw. der Form $(x_0 - \varepsilon, x_0]$ mit einem passenden $\varepsilon > 0$ ganz in D liegt. Existiert der endliche Grenzwert*

$$\lim_{h \to 0, h > 0} \frac{f(x_0 + h) - f(x_0)}{h} =: \mathsf{D}^+ f(x_0),$$

$$\lim_{h \to 0, h < 0} \frac{f(x_0 + h) - f(x_0)}{h} =: \mathsf{D}^- f(x_0)$$

so heißt f rechtsseitig bzw. linksseitig differenzierbar an der Stelle x_0. $\mathsf{D}^+ f(x_0)$ und $\mathsf{D}^- f(x_0)$ heißen rechtsseitige bzw. linksseitige Ableitung der Funktion f an der Stelle x_0.

Einseitige Ableitungen sind hauptsächlich an solchen Stellen interessant, an denen eine "gewöhnliche" Ableitung nicht existiert oder die am Rande des Definitionsbereiches liegen.

Beispiel 9.5 (↗F 9.3). Für die auf ganz $\mathbb{R}$ definierte Betragsfunktion abs hatten wir gefunden $\mathsf{D}^-\mathrm{abs}(0) = -1$, $\mathsf{D}^+\mathrm{abs}(0) = 1$.   △

Natürlich lassen sich auch (etwas kompliziertere) Beispiele angeben, in denen nicht einmal einseitige Ableitungen existieren. Wir weisen noch darauf hin, dass die Schreibweise D^+ *nicht* bedeutet, dass diese einseitige Ableitung stets positiv sein müsste; ebensowenig ist D^- stets negativ! So gilt z.B. für die negative Betragsfunktion $-\text{abs}$ $D^+(-\text{abs})(0) = -1$.

Die folgende Aussage liegt auf der Hand:

Satz 9.6. *Es seien $D \subseteq \mathbb{R}$, $f : D \to \mathbb{R}$ und x_0 ein* innerer *Punkt von D. Die Funktion f ist genau dann differenzierbar an der Stelle x_0, wenn sie sowohl rechts- als auch linksseitig differenzierbar ist und beide einseitigen Ableitungen übereinstimmen. In diesem Fall gilt*

$$\mathsf{D}^+ f(x_0) = \mathsf{D}^- f(x_0) = \mathsf{D}f(x_0) = f'(x_0).$$

Vereinbarung 9.7. *Es seien $D \subseteq \mathbb{R}$ ein echtes Intervall und $f : D \to \mathbb{R}$ eine Funktion. Besitzt f in einem zu D gehörenden Randpunkt a eine einseitige Ableitung,* nennen wir diese vereinfachend kurz *Ableitung von f an der Stelle a und schreiben dafür symbolisch ebenfalls $f'(a)$.*

Differenzierbare Funktionen

Die beiden vorangehenden Beispiele 9.2 und 9.5 geben weiterhin Anlass zu folgender

Definition 9.8. *Es sei $D \subseteq \mathbb{R}$ ein echtes Intervall. Die Funktion $f : D \to \mathbb{R}$ heißt* differenzierbar, *wenn sie an* jedem *Punkt $x \in D$ eine (endliche) Ableitung $f'(x)$ besitzt. (Hierbei wird für jeden in D enthaltenen Randpunkt x unter "Ableitung" die entsprechende einseitige Ableitung verstanden.)*

Merke also: "differenzierbar" heißt

- erstens "*überall* differenzierbar"
- an den Intervallrändern *einseitig* differenzierbar.

(Es handelt sich also um einen Begriff, der aus reiner Bequemlichkeit geschaffen wurde.)

Beispiel 9.9. Die Betragsfunktion $\text{abs} : \mathbb{R} \to \mathbb{R} : x \to |x|$ ist *nicht differenzierbar*, denn sie besitzt an der Stelle $x = 0$ keine Ableitung.   △

Mitunter will man nicht den ganzen Definitionsbereich, sondern nur einen Teil davon in den Blick nehmen. Dazu dient die folgende

Definition 9.10. *Die Funktion $f : D \to \mathbb{R}$ heißt differenzierbar auf einem Teilintervall $J \subseteq D$, wenn die Einschränkung $f|_J$ differenzierbar ist.*

Beispiel 9.11 (↗F 9.9)**.** Die Betragsfunktion ist auf jedem der beiden Intervalle $(-\infty, 0]$ und $[0, \infty)$ differenzierbar, wenn diese jeweils für sich allein genommen werden, denn dann genügt uns am Intervallende 0 vereinbarungsgemäß ja schon die jeweilige einseitige Ableitung.   △

Die Ableitung als Funktion

Bisher wurden unter dem Begriff Ableitung stets einzelne Zahlenwerte verstanden. Die Zuordnung

$$x \to f'(x)$$

definiert eine Funktion f' auf der Menge M aller Punkte $x \in D$, in denen eine endliche Ableitung $f'(x)$ existiert (ggf. als einseitige Ableitung, sofern x Randpunkt ist). Wir bezeichnen diese als *Ableitungsfunktion* oder einfach kurz als *Ableitung von* f. Für den Definitionsbereich schreiben wir, wie üblich, $M = D_{f'}$.

Bei einer differenzierbaren Funktion gilt $D_{f'} = D_f$, d.h., Ausgangsfunktion f und Ableitungsfunktion f' haben denselben Definitionsbereich. Im Allgemeinen gilt jedoch $D_{f'} \subseteq D_f$, es gilt also

> *Die Ableitung einer Funktion ist höchstens dort definiert, wo die Funktion selbst definiert ist.*

Beispiel 9.12 ($\nearrow$Ü, $\nearrow$L)**.** Man stelle fest, an welchen Punkten x ihres Definitionsbereiches $\mathbb{R}$ die Funktion

 (a) $f(x) = \text{sgn}(x), x \in \mathbb{R}$,
 (b) $g(x) = \frac{1}{x}, x > 0$,

eine Ableitung besitzt und bestimme diese. $\triangle$

9.1.2.1 Ableitungen ökonomischer Funktionen

Ökonomische Sprechweisen

Bei der Verwendung des Ableitungsbegriffes in der Ökonomie gibt es einige Besonderheiten zu beachten, auf die wir im Vorgriff auf das Kapitel 13 schon an dieser Stelle hinweisen:

In der Ökonomie hat es sich eingebürgert, sich statt des Begriffes "Ableitung" des Vorsatzes "Grenz-" oder des Attributes "marginal" zu bedienen. Wenn also eine Funktion K als "Kostenfunktion" interpretiert wird, so nennt man deren Ableitung K' gern "Grenzkosten" (ausführlicher: "Grenzkostenfunktion") oder auch "marginale Kosten". Wir stellen eine kleine Liste solcher Bezeichnungen zusammen:

Ausgangsfunktion	Ableitung	(englisch)
A: Angebotsfunktion	A': Grenzangebot	(marginal supply)
E: Erlösfunktion	E': Grenzerlös, marginaler Erlös	
G: Gewinnfunktion	G': Grenzgewinn, marginaler Gewinn	(marginal profit)
N: Nachfragefunktion	N': Grenznachfrage	(marginal demand)
p: Produktionsfunktion	p': Grenzproduktivität, marginale Produktivität	
U: Nutzenfunktion	U': Grenznutzen	(marginal utility) usw.

Merke also: *"Grenz-" bzw. "marginal" bedeutet "Ableitung" !!*

Maßeinheiten der Ableitung

Wie mehrfach betont, spielen Maßeinheiten in ökonomischen Anwendungen eine wichtige Rolle und sind daher auch bei der Ableitung zu beachten.

Beispiel 9.13. Wenn K eine "Kostenfunktion" ist, interpretiert man $K(x)$ als die in Geldeinheiten [GE] ausgedrückten Gesamtkosten bei der Herstellung von x Mengeneinheiten [ME] eines bestimmten Gutes X. Die Grenzkostenfunktion ist (soweit existent) durch den Grenzwert

$$K'(x) = \lim_{h \to 0, h \neq 0} \frac{K(x+h) - K(x)}{h} \quad \frac{[GE]}{[ME]}$$

definiert. Der Zähler des Bruches rechts drückt eine Kostendifferenz aus, wird also in Geldeinheiten [GE] erfasst, während der Nenner einen "Zuwachs" der Ausbringungsmenge x von X beschreibt und somit in Mengeneinheiten des Gutes X [ME] gemessen wird. Der gesamte Bruch hat also die Maßeinheit [GE/ME] – dies ist aber die Maßeinheit des Preises!   △

Ganz allgemein kann man sagen: Ist f eine ökonomische Funktion und bezeichnen E_y bzw. E_x die Maßeinheiten der Funktionswerte $y = f(x)$ bzw. von x selbst, so besitzt die Ableitung f' von f (soweit existent) die Maßeinheit

$$\left[\frac{E_y}{E_x} \right].$$

Deswegen folgender Hinweis:

Achtung: *Bei einer Änderung der Maßeinheiten kann sich nicht nur die Berechnungsvorschrift der Funktion f, sondern auch die ihrer Ableitung f' ändern!*

Grenz- und Durchschnittsgrößen

In der Ökonomie werden neben den Grenzgrößen auch gern sogenannte "Durchschnittsgrößen" betrachtet. Wir erinnern an Kapitel 6.1.3: Ist K z.B. eine Kostenfunktion, so bezeichnet man die Größe

$$k(x) := \frac{K(x)}{x}, \qquad (x > 0)$$

als "Stückkosten". Als alternative Bezeichnung ist auch "Durchschnittskosten" üblich. Diese Größe besitzt die Maßeinheit [GE/ME] – wie auch die Grenzkosten. Diese Besonderheit ist allgemein: Die Durchschnittsgrößen besitzen dieselbe Maßeinheit wie die Grenzgrößen. Aufgrund dieser Tatsache werden sie gern durcheinandergebracht, wovor hier zu warnen ist:

Achtung: *Grenzgrößen und Durchschnittsgrößen nicht verwechseln!!!*

9.1.3   Eine alternative Charakterisierung der Ableitung

Satz 9.14. *Es seien $D \subseteq \mathbb{R}$, $f : D \to \mathbb{R}$ und x_0 ein innerer Punkt von D. f ist genau dann differenzierbar an der Stelle x_0, wenn eine Konstante a derart existiert, dass für alle betragsmäßig hinreichend kleinen $h \in \mathbb{R}$ gilt*

$$f(x_0 + h) = f(x_0) + a \cdot h + R(x_0, x_0 + h) \tag{9.2}$$

mit

$$\lim_{h \to 0, h \neq 0} \frac{R(x_0, x_0 + h)}{h} = 0. \tag{9.3}$$

In diesem Fall gilt $a = f'(x_0)$.

Diese Aussage mag kompliziert wirken, sie ist es aber nicht wirklich. Sehen wir uns die Formel (9.2) etwas näher an. Man kann sie so lesen:

$$f(x_0 + h) \quad = \quad f(x_0) \quad + \quad a \cdot h \quad + \quad R(x_0, x_0 + h)$$

Funktionswert am Nachbarpunkt	=	Funktionswert am Ausgangspunkt	+	Linearterm +	Restglied

$$\text{Funktionszuwachs } \Delta f$$

Den Funktionswert an einem Nachbarpunkt erhalten wir dadurch, dass wir zum Funktionswert am Ausgangspunkt einfach den Funktionszuwachs Δf addieren. Den Funktionszuwachs Δf können wir nun aufspalten in einen Linearterm, der zum Abstand h von Ausgangs- und Nachbarpunkt proportional ist, und ein Restglied.

Ohne Berücksichtigung des Restgliedes erhalten wir im Allgemeinen nur noch eine Näherungsgleichung:

$$f(x_0 + h) \approx f(x_0) + a \cdot h. \tag{9.4}$$

Der Fehler, der bei dieser Näherung begangen wird, ist exakt das Restglied

$$R(x_0, x_0 + h) = f(x_0 + h) - f(x_0) - ah. \tag{9.5}$$

Wir bemerken, dass eine Darstellung wie (9.4) *immer* hingeschrieben werden kann. Die Besonderheit des Satzes 9.14 besteht vielmehr in der Aussage (9.3): Sie besagt, dass bei einer *differenzierbaren* Funktion genau eine solche Darstellung gefunden werden kann, bei der das Restglied (9.4) "wesentlich schneller" gegen Null geht als h. Gleichzeitig wird die Konstante a in dieser Darstellung auf den Wert $f'(x_0)$ fixiert.

Was heißt nun "wesentlich schneller" als h gegen Null zu gehen? (9.3) besagt, dass gilt

$$\lim_{h \to 0, h \neq 0} \frac{R(...)}{h} = 0.$$

Der *Nenner* h des Quotienten geht aber ebenfalls gegen Null. Der gesamte Bruch kann also nur deshalb gegen Null gehen, weil der Zähler sogar relativ zum Nenner gegen Null geht. Wir sagen auch: *R geht "von höherer Ordnung gegen Null als h"*.

Beispiel 9.15 (↗F 9.2)**.** Wir versuchen nun, die Differenzierbarkeit derselben Funktion an derselben Stelle anhand der alternativen Charakterisierung durch Satz 9.14 zu überprüfen. Dazu suchen wir nach einer Darstellung der Art (9.2). Wir beginnen, indem wir einfach einmal die linke Seite hinschreiben und ausrechnen:

$$f(x_0 + h) = (x_0 + h)^2 = x_0^2 + 2x_0 h + h^2.$$

Nun versuchen wir, die auf der rechten Seite stehenden Terme im Sinne der Formel (9.2) zu interpretieren. Wir finden sofort

$$f(x_0 + h) = x_0^2 \qquad + 2x_0 h \qquad + h^2 \tag{9.6}$$
$$= f(x_0) \qquad + a \cdot h \qquad + R(x_0, x_0 + h). \tag{9.7}$$

D.h., die Darstellung (9.7) ist schon eine[1] Interpretation von (9.2) in der Form (9.2). Zu überprüfen bleibt, ob das Restglied (grün) schnell genug mit $h \to 0$ gegen Null konvergiert. Wir haben

$$\lim_{h \to 0, h \neq 0} \frac{R(x_0, x_0 + h)}{h} = \lim_{h \to 0, h \neq 0} \frac{h^2}{h} = 0,$$

---

[1]Eine von vielen möglichen; strukturell die nächstliegende.

also ist auch (9.3) erfüllt. Wir lesen aus (9.6) und (9.7) ab: Die Ableitung von f an der Stelle x_0 ist

$$f'(x_0) = a = 2x_0.$$

Dies ist nichts Neues, zeigt jedoch, dass Satz 9.14 durchaus brauchbar ist. $\triangle$

Die Tangentialfunktion

Um die Näherungsgleichung (9.4) interpretieren zu können, setzen wir einmal $x := x_0 + h$; dann gilt $h = x - x_0$, und (9.4) liest sich so:

$$f(x) \approx T(x) := f(x_0) + a(x - x_0); \tag{9.8}$$

kurz

$$f(x) \approx T(x),$$

noch kürzer:

$$f \approx T. \tag{9.9}$$

Die durch (9.8) definierte Funktion T ist affin. Also besagt (9.9), dass die "komplizierte" Funktion f sich durch die einfachere Funktion T annähern lässt. Diese Approximation wird im Allgemeinen nur in einer kleinen Umgebung von x_0 gut sein; sie ist tendenziell umso besser, je näher x bei x_0 liegt. Wir sprechen daher von einer *lokalen Approximation* der Funktion f durch die *Tangentialfunktion T*. Da diese von der Wahl des Ausgangspunktes x_0 abhängt, werden wir – wenn nötig – diesen als Index an den Namen von T anhängen und schreiben $T_{x_0}(x)$ statt $T(x)$.

Die nebenstehende Skizze verdeutlicht den Sachverhalt für unser Beispiel 9.15 mit $f(x) = x^2$. Wählen wir als Ausgangspunkt $x_0 = 1$, finden wir die Darstellung

$$f(x) \approx T_1(x) = f(1) + f'(1)(x - 1)$$

für alle $x \in \mathbb{R}$.

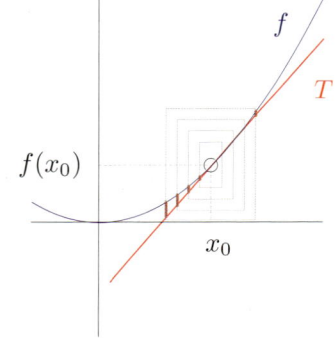

Es ist offensichtlich, dass die Tangentialgerade nur in einer kleinen Umgebung des Berührungspunktes als gute Näherung für den Graphen der Quadratfunktion dienen kann. Je größer die Genauigkeitsforderung, umso kleiner wird diese Umgebung ausfallen (angedeutet durch immer kleinere Rechtecke um diesen Berührungspunkt).

Näherungszuwächse

Wir interessieren uns nun einmal für die Zuwächse der Funktion f und wollen diese vereinfacht berechnen. Dabei betrachten wir x_0 als einen Ausgangspunkt und $x = x_0 + h$ als einen Nachbarpunkt; die Differenz $\Delta x(x, x_0) := x - x_0 = h$ nennen wir *Argumentzuwachs*. Die Differenz der zugehörigen Funktionswerte $\Delta f(x, x_0) := f(x) - f(x_0)$ von Nachbar- und Ausgangspunkt nennen wir *Funktionszuwachs* von f.

Aus (9.8) folgt dann

$$f(x) - f(x_0) \;\approx\; T(x) - T(x_0) \;=\; a(x - x_0), \qquad (9.10)$$

d.h.

$$\Delta f(x, x_0) \;\approx\; \Delta T(x, x_0) \;= f'(x_0)(x - x_0). \qquad (9.11)$$

Wenn keine Missverständnisse möglich sind, kann man ohne konkreten Bezug auf x_0 und x noch kürzer schreiben

$$\Delta f \approx \Delta T.$$

Dies bedeutet, dass Zuwächse der (eventuell komplizierten) Funktion f näherungsweise durch Zuwächse der einfacheren Funktion T berechnet werden können.

Dieser Sachverhalt wird in nebenstehender Skizze verdeutlicht. Der Leser wird sich fragen, wo denn im Zeitalter hochleistungsfähiger Computer der Vorteil einer solchen Näherung liegen möge.

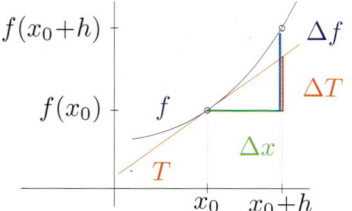

Wir merken an, dass zur Berechnung von

$$\Delta T = f'(x_0)(x - x_0)$$

die Kenntnis von $f'(x_0)$, (also nur eines einzigen Funktionswertes von f'), sowie von x und x_0 genügt. Vorteile ergeben sich also insbesondere dort, wo die Funktionswerte von f bzw. f' nicht anhand einer Formel berechnet werden können, sondern z.B. aus empirischen Untersuchungen ermittelt werden müssen. Daneben ist das Interesse an dieser Näherung natürlich traditionell bedingt.

Das Differential

Wir kommen noch einmal auf die Näherungsformel (9.11) zurück. Es ist klar, dass diese Näherung umso besser ist, je näher x bei x_0 liegt (und sie wird sogar von höherer Ordnung besser als der Abstand von x und x_0 klein wird). Man könnte grob formulieren, dass (9.11) asymptotisch exakt ist, d.h., dass die "Ungefähr–" Beziehung beim Grenzübergang $x \to x_0$ in eine exakte Beziehung übergeht. Für diese (fiktive) exakte Beziehung hat sich folgende Schreibweise eingebürgert: Man schreibt

$$df = f'(x_0)dx \qquad (9.12)$$

und nennt df das Differential von f, sowie dx das Differential von x (an der Stelle x_0). Infolge des Grenzüberganges sind diese Größen unendlich klein und in einem strengen mathematischen Sinne bedeutet (9.12) einfach "$0 = 0$". Wir betrachten daher (9.12) als puren Formalismus, der uns nichtsdestoweniger hilft, den Charakter der Näherung zu verstehen.

Wenn die Funktion f in konkreter Gestalt bekannt ist – z.B. durch die Gleichung $f(x) = x^2$ – wird das Differential konkretisiert:

$$df = 2x_0 dx$$

ist nunmehr das Differential unserer konkreten Funktion f an der Stelle x_0. Durch zusätzliche Angabe eines Zahlenwertes für x_0 – z.B. $x_0 = 11$ – lässt sich das Differential weiter konkretisieren:

$$df = 22dx \tag{9.13}$$

ist dann das Differential unserer Quadratfunktion an der Stelle $x_0 = 11$.
Was können wir damit anfangen?

Angenommen, uns interessiert der Funktionswert an der Stelle $x = 11.1$, die um 0.1 von der Ausgangsstelle abweicht. Wir lesen (9.13) nun makroskopisch:

$$\Delta f \approx 22\Delta x = 22 \cdot 0,1 = 2,2.$$

Der neue Funktionswert an der Stelle $x = 11.1$ wird als näherungsweise um 2.2 größer sein als der an der Ausgangsstelle (in Höhe von 121), mithin also etwa 123.2 betragen. (Exakt wäre $123, 21$ – die Näherung ist also nicht übel!)

Ökonomische Sprechweisen

Auch an dieser Stelle weisen wir auf die besonderen Formulierungen hin, die in der Ökonomie üblich sind. Wir betrachten dazu die letzten Zahlenbeispiele sozusagen "ökonomisch" und nehmen an, gegeben sei die Kostenfunktion K mit $K(x) := x^2$, $x \geq 0$. (Hierbei werden x in [ME] und $K(x)$ in [GE] gemessen.) Die momentane Ausbringungsmenge betrage $x_0 = 11$ Mengeneinheiten. Von Interesse ist der Kostenzuwachs ΔK, wenn die Ausbringung auf 11.1 Mengeneinheiten erhöht wird.

- Die exakte Antwort lautet

$$\Delta K = K(11.1) - K(11) = (11.1)^2 - 11^2 = 2.21.$$

Wir können sagen:

Erhöht man - ausgehend von der momentanen Ausbringungsmenge 11 - die Ausbringung um 0.1 ME, so erhöhen sich die Kosten exakt um 2.21 GE.

- Eine Näherungsantwort sieht so aus:

$$\Delta K \sim K'(11)\Delta x = K'(11)(11.1 - 11) = 22 \cdot 0.1 = 2.2.$$

Eine korrekte Sprechweise wäre nun:

> *Erhöht man - ausgehend von der momentanen Ausbringungsmenge 11 - die Ausbringung um 0.1 ME, so erhöhen sich die Kosten ungefähr um 2.2 GE.*

Wir beobachten, dass die Kostenzuwächse in beiden Fällen (exakt oder ungefähr) beim 22-Fachen des Ausbringungszuwachses liegen.

Auch das Differential erfährt seine eigene Umschreibung. Hierbei gibt es mehrere Konkretheitsstufen: Das Differential

- ganz allgemein:

$$dK = K'dx$$

(Art der Funktion K und Ausgangspunkt x_0 sind beliebig)

- allgemein für die konkrete Funktion

$$dK = 2xdx$$

(Ausgangspunkt x_0 beliebig)

- konkret:

$$dK = 22dx \qquad (9.14)$$

Eine verbale Formulierung von (9.14) könnte so lauten:

> *Erhöht man - ausgehend von der momentanen Ausbringungsmenge 11 - die Ausbringung um eine marginale Einheit, erhöhen sich sich die Kosten um 22 marginale Einheiten.*

9.2 Technik der Ableitung

9.2.1 Vorbemerkung

Nachdem wir uns nun eingehend mit dem Ableitungsbegriff und einigen Konsequenzen daraus beschäftigt haben, bleibt hauptsächlich folgende "kleine" Frage offen: Wie kann man bei einer beliebig vorgegebenen Funktion *möglichst schnell* feststellen, ob diese differenzierbar ist und wenn ja, welche Ableitung sie hat? (Immerhin haben unsere einfachen Beispiele gezeigt, dass der direkte Weg über die Definition zwar gangbar ist, doch auch langwierig werden kann.)

In den folgenden beiden Abschnitten werden wir diese Frage beantworten. Unsere Strategie wird haupsächlich aus folgenden beiden Schritten bestehen:

(1) Für die differenzierbaren Grundfunktionen unseres Kataloges werden wir die Ableitungen in einer Tabelle von *Grundableitungen* katalogisieren.

(2) Wir werden herausstellen, dass Funktionen, die sich auf einfache Art aus Grundfunktionen zusammensetzen, wiederum differenzierbar sind. (Es gilt also ein Erhaltungsprinzip, ähnlich wie bei beschränkten und stetigen Funktionen.) Damit können wir die Ableitungen zusammengesetzter Funktionen mittels einfacher *Rechenregeln* auf die Grundableitungen zurückführen.

Die so entwickelte Strategie wird es erlauben, mit etwas Übung in so gut wie allen Anwendungsfällen die benötigte Ableitung schnell und sicher zu ermitteln.

9.2.2 Grundableitungen

Satz 9.16 (Grundableitungen). *Affine, Exponentialfunktionen, Logarithmus sowie die Winkelfunktionen* sin *und* cos *sind auf ihrem größtmöglichen Definitionsbereich differenzierbar. Potenzfunktionen* $x \to x^p$, *sind im Inneren ihres von* $p \in \mathbb{R}$ *abhängenden größtmöglichen Definitionsbereichs differenzierbar; im Fall* $p \geq 1$ *auch an dessen Rand (soweit vorhanden). Die Ableitungen werden gemäß folgender Tabelle gebildet:*

Funktionentyp	Bildungsvorschriften $f(x) = ...$	$f'(x) = ...$	Parameter	$D_{f'}$
affine Fkt.	$ax + b$	a	$a, b \in \mathbb{R}$	$D_f(= \mathbb{R})$
Potenzfkt.	x^p	px^{p-1}	$p \in \mathbb{R}$	*! abh. von p !*
Exponentialfkt.	e^x	e^x		$D_f(= \mathbb{R})$
Logarithmusfkt.	$\ln x$	x^{-1}		$D_f(= (0, \infty))$
Winkelfkt.	$\sin x$	$\cos x$		$D_f(= \mathbb{R})$
	$\cos x$	$-\sin x$		$D_f(= \mathbb{R})$
Exponentialfkt.	e^{ax}	ae^{ax}	$a \in \mathbb{R}$	$D_f(= \mathbb{R})$
Logarithmusfkt.	$\log_a x$	$(x \ln a)^{-1}$	$a > 0$	$D_f(= (0, \infty))$

Auf eine ausführliche Begründung dieses Satzes wollen wir an dieser Stelle verzichten, da sie (zumindest sinngemäß) in derselben Weise erfolgen kann wie in den Beispielen 9.5 und 9.15. Allerdings dürften einige ergänzende Hinweise hilfreich sein:

(1) Die angegebenen Regeln zur Bildung der Ableitung sprechen zwar für sich, dennoch sei dem Leser – besonders im Fall von Potenzfunktionen – empfohlen, ihre Anwendung kräftigst zu *üben*!

(2) Besondere Sorgfalt ist bei Potenzfunktionen weiterhin deshalb geboten, weil sich dort die Definitionsbereiche beim Ableiten verkleinern können - siehe der rot gedruckte Hinweis in der Tabelle (Beispiele 9.18 und 9.19).

(3) In allen anderen Fällen stimmen die Definitionsbereiche von Ausgangsfunktion f und Ableitungsfunktion f' überein. (Ist doch kein Problem – oder? Wer es genauer wissen will, siehe Beispiele 9.20 und 9.21).

(4) Eigentlich *nicht* in die Tabelle gehören die Ableitungen der Funktionen $x \to e^{ax}$, $(a \neq 1)$ bzw. $x \to \log_a x$, $(a \neq e)$, denn sie lassen sich über einfache Regeln aus den tabellierten Grundableitungen berechnen (daher in der Tabelle etwas blasser).

Hinsichtlich des Punktes (2) haben wir folgenden

Satz 9.17. *Es sei* $f : D_f \to \mathbb{R}$ *durch* $f(x) = x^p$ *(mit einer Konstanten* $p \in \mathbb{R}$*) definiert. Dann gilt*

$$D_{f'} = \{x \in D_f \mid x^{p-1} \text{ ist wohldefiniert}\}.$$

Praktisch heißt dies: Man bildet die Ableitung von $f(x) = x^p$ zunächst formal als $f'(x) = px^{p-1}$ und ermittelt dann deren Definitionsbereich $D_{f'}$. Dieser enthält alle diejenigen x, für die

- erstens $f(x)$ definiert ist (d.h., die dem Definitionsbereich D_f von f angehören)

- zweitens der Ausdruck x^{p-1} wohldefiniert ist (vgl. Kapitel 0.6).

Beispiel 9.18. Es sei $f(x) = \sqrt{x}$ (mit $D_f = [0, \infty)$). Die Ableitung bestimmt sich gemäß Tabelle formal als

$$f'(x) = (x^{\frac{1}{2}})' = \frac{1}{2} x^{-\frac{1}{2}}.$$

Diese Formel ergibt für $x = 0$ keinen Sinn; unserem Satz zufolge ist also die Ableitung $f'(x)$ an der Stelle $x = 0$ nicht definiert. (Wir können uns im Übrigen leicht selbst davon überzeugen: Die Differenzenquotienten

$$\frac{f(0 + h) - f(0)}{h} = \frac{\sqrt{h}}{h}$$

wachsen nämlich für $h \downarrow 0$ über jede Grenze und können folglich nicht konvergieren.) Also folgt $D_{f'} = (0, \infty)$.   △

Beispiel 9.19. Diesmal betrachten wir $g(x) = x^{\frac{3}{2}}$ auf $D_g = [0, \infty)$. Aus der Tabelle folgt

$$g'(x) = \frac{3}{2} x^{\frac{1}{2}}.$$

Dieser Ausdruck ist auch an der Stelle $x = 0$, die den (linken) Rand des Definitionsbereiches der Funktion g bildet, sinnvoll. Unser Satz 9.17 besagt nun, dass insbesondere gilt

$$g'(0) = \frac{3}{2} 0^{\frac{1}{2}} = 0.$$

Also haben wir $D_{g'} = [0, \infty)$. (Auch hier wäre ein direkter Nachweis möglich: Es gilt $\frac{g(0+h)-g(0)}{h} = \frac{h^{\frac{3}{2}}}{h} = h^{\frac{1}{2}} \to 0$ für $h \downarrow 0$.) $\triangle$

Nun greifen wir den Punkt (3) wieder auf:

Beispiel 9.20. Für die auf $(0, \infty)$ definierte Funktion $\ln x$ gilt nach Tabelle $\ln'(x) = \frac{1}{x}$; dieser Ausdruck ist als solcher sinnvoll für alle $x \in \mathbb{R} \backslash \{0\}$. Als Definitionsbereich von $\ln'$ finden wir jedoch $D_{\ln'} = (0, \infty)$ (und *nicht* etwa $(-\infty, 0) \cup (0, \infty)$, denn zum Definitionsbereich der Ableitung $\ln'$ können *höchstens* diejenigen $x \in \mathbb{R}$ gehören, die auch im Definitionsbereich $D_{\ln}$ der Ausgangsfunktion liegen). $\triangle$

Beispiel 9.21. Für die auf $D_k := [2, 3]$ definierte Funktion k mit $k(x) = \frac{1}{\sqrt{x}}$ finden wir nach Tabelle

$$k'(x) = (x^{-\frac{1}{2}})' = -\frac{1}{2} x^{-\frac{3}{2}}; \tag{9.15}$$

dieser Ausdruck ist, für sich selbst betrachtet, für alle $x > 0$ sinnvoll. Als Definitionsbereich von k' finden wir dennoch $D'_k = [2, 3]$ als Menge aller derjenigen $x \in \mathbb{R}$, für die die Formel (9.15) sinnvoll ist *und* die dem ursprünglichem Definitionsbereich D_k angehören. $\triangle$

9.2.3   Erhaltungseigenschaften und Ableitungsregeln

Wir geben zunächst eine verbale Formulierung unseres Erhaltungsprinzips:

> *Summe, Vielfache, Produkte sowie Komposition differenzierbarer Funktionen sind differenzierbar.*

Die genaue Formulierung lautet so:

Satz 9.22. *Es seien $f, g : D \to \mathbb{R}$ auf einem Intervall $D \subseteq \mathbb{R}$ definierte differenzierbare Funktionen. Dann sind die folgenden Funktionen ebenfalls differenzierbar:*

(i) λf $(\lambda \in \mathbb{R})$

(ii) $f + g$

(iii) $f \cdot g$

(iv) $f \circ h$ für jede auf einem Intervall $E \subseteq \mathbb{R}$ definierte differenzierbare Funktion $h : E \to D$

Ihre Ableitungen werden wie folgt gebildet:

$$
\begin{array}{llll}
\textit{(i)} & (\lambda f)' & = \lambda f' & (\textit{"Homogenität"}) \left.\right\} \\
\textit{(ii)} & (f + g)' & = f' + g' & (\textit{"Additivität"}) \quad (\textit{"Linearität"}) \\
\textit{(iii)} & (f \cdot g)' & = f' \cdot g + f \cdot g' & (\textit{"Produktregel"}) \\
\textit{(iv)} & (f \circ g)' & = (f' \circ g) \cdot g' & (\textit{"Kettenregel", ausführlich:}) \\
& f(g(x))' & = f'(g(x)) g'(x), & x \in E
\end{array}
$$

Homogenität und Additivität sind auch als "Faktorregel" bzw. "Summenregel" bekannt. Auch bei diesem Satz werden wir auf eine ausführliche Begründung verzichten, vielmehr fügen wir einige Bemerkungen zu ihrem Gebrauch an.

Wir beginnen mit der Feststellung, dass dies eigentlich schon sämtliche Ableitungsregeln sind, die für alles Weitere benötigt werden. Die ersten beiden Regeln (über die Linearität der Ableitung) werden auf Schritt und Tritt eingesetzt, sind aber so einfach, dass dies sozusagen selbstverständlich geschieht. Etwas ernster zu nehmen sind die folgenden beiden Regeln – also die Produktregel und die Kettenregel. Diese Regeln sind außerordentlich nützlich und deswegen wichtig, jedoch nur durch ausreichendes Üben sicher zu beherrschen. Als Hilfestellung werden wir nachfolgend einige Beispiele betrachten. Dem Leser seien auch die angefügten Übungsaufgaben wärmstens empfohlen.

Beispiele zu den Linearitätsregeln

Beispiel 9.23. Wir betrachten die Funktion $g(x) := ax + b, x \in \mathbb{R}$, wobei a und b beliebig wählbare reelle Parameter sind. Es handelt sich um eine affine Funktion, deren Ableitung als Grundableitung tabelliert ist:

$$g'(x) = a, x \in \mathbb{R}.$$

Wir können aber auch lesen

$$g(x) = ah(x) + bk(x), x \in \mathbb{R},$$

mit der Vereinbarung $h(x) := x$ und $k(x) := 1 (= x^0)$, $x \in \mathbb{R}$. Dabei sind h und k Potenzfunktionen mit den Ableitungen

$$h'(x) = 1 \quad \text{und} \quad k'(x) = 0, x \in \mathbb{R}.$$

Also folgt

$$\begin{aligned} g'(x) &= ah'(x) + bk'(x) \\ &= a \cdot 1 + b \cdot 0 = a, \end{aligned}$$

wie eigentlich schon bekannt. (Fazit: Wir hätten also darauf verzichten können, affine Funktionen in die Tabelle der Grundableitungen aufzunehmen.)   △

Beispiel 9.24. Diesmal sei eine Funktion K auf $(0, \infty)$ definiert durch

$$K(x) = 3x^{711} - \frac{1}{17} \sin x + \frac{32}{\sqrt{x}} + 35e^x, x > 0.$$

Es handelt sich um eine Summe von Vielfachen von Grundfunktionen, deswegen ist diese Funktion differenzierbar und besitzt die Ableitung

$$\begin{aligned} K'(x) &= 3(x^{711})' + (-\frac{1}{17})(\sin x)' + 32(x^{-\frac{1}{2}})' + 35(e^x)' \\ &= 3 \cdot 711 x^{710} + (-\frac{1}{17}) \cos x + 32(-\frac{1}{2})x^{-\frac{3}{2}} + 35e^x \end{aligned}$$

also

$$K'(x) = 2133x^{710} - \frac{1}{17}\cos x - 16x^{-\frac{3}{2}} + 35e^x, x > 0. \qquad \triangle$$

Einige Beispiele zur Produktregel

Beispiel 9.25. Wir betrachten die wohlbekannte Quadratfunktion $q : x \to x^2$ auf ganz $\mathbb{R}$. Ihre Ableitung ist uns aus einer direkten Rechnung längst bekannt, kann aber auch der Tabelle von Grundableitungen entnommen werden: $q'(x) = 2x$, $x \in \mathbb{R}$. Wir können diese Ableitung nun noch auf eine dritte Art berechnen: Wir schreiben

$$q(x) = u(x)v(x) \quad \text{mit} \quad u(x) := v(x) := x^1, x \in \mathbb{R}.$$

Die "Potenz"funktionen u und v besitzen die konstante Ableitung $u'(x) = 1 = v'(x)$, also folgt aus der Produktregel

$$\begin{aligned} q'(x) &= u'(x)v(x) + u(x)v'(x) \\ &= 1x + x1 \\ &= 2x. \end{aligned} \qquad \triangle$$

Beispiel 9.26. Es sei $h(x) := xe^x$, $x \in \mathbb{R}$. Wir interpretieren diesen Ausdruck so:

$$h(x) = xe^x = u(x)v(x)$$

und finden anhand der Produktregel

$$\begin{aligned} h'(x) &= u'(x)v(x) + u(x)v'(x) \\ &= 1e^x + xe^x \end{aligned}$$

also

$$h'(x) = (1+x)e^x. \qquad \triangle$$

Beispiel 9.27. Es sei $z(x) := xe^x \sin x$ für $x \in \mathbb{R}$. Diesmal lesen wir

$$z(x) = (xe^x)\sin x$$

und finden mit Hilfe des vorherigen Beispiels

$$\begin{aligned} z'(x) &= (xe^x)'\sin x + (xe^x)(\sin' x) \\ &= (1+x)e^x \sin x + xe^x \cos x \\ &= ((1+x)\sin x + x \cos x)e^x. \end{aligned}$$

Zusammenfassungen sind immer Geschmackssache; wir können ebenso gut schreiben

$$z'(x) = 1e^x \sin x + xe^x \sin x + xe^x \cos x$$

und erkennen hieraus die Struktur des Ergebnisses viel besser:

$$\begin{aligned} z(x) &= xe^x \sin x \Longrightarrow \\ z'(x) &= (x)'e^x \sin x + x(e^x)'\sin x + xe^x(\sin x)' \qquad \triangle \end{aligned}$$

Das letzte Beispiel zeigt:

> *Das Produkt mehrerer differenzierbarer Funktionen ist differen-*
> *zierbar und die Ableitung des Produktes ist die Summe von Pro-*
> *dukten, durch die die Ableitung "hindurchwandert".*

Wir können dieses Ergebnis auch als Formel schreiben: Sind $f_1, f_2, \ldots$ auf ein- und demselben Intervall gegebene differenzierbare Funktionen, so ist ihr Produkt differenzierbar, und es gilt

$$(f_1 \cdot f_2 \cdot f_3)' = f_1' \cdot f_2 \cdot f_3 + f_1 \cdot f_2' \cdot f_3 + f_1 \cdot f_2 \cdot f_3'$$

$$(f_1 \cdot f_2 \cdot f_3 \cdot f_4)' = f_1' \cdot f_2 \cdot f_3 \cdot f_4 + f_1 \cdot f_2' \cdot f_3 \cdot f_4 + f_1 \cdot f_2 \cdot f_3' \cdot f_4 + f_1 \cdot f_2 \cdot f_3 \cdot f_4'$$

usw.

Einige Beispiele zur Kettenregel

Beispiel 9.28. Es seien $a \in \mathbb{R}$ beliebig und $\alpha(x) = e^{ax}, x \in \mathbb{R}$. Diese Funkti- on lässt sich interpretieren als $\alpha(x) = f(g(x))$ mit $f(y) := e^y$ und $g(x) = ax$. Beide Funktionen sind auf ganz $\mathbb{R}$ definiert und differenzierbar, dabei gilt $f'(y) = e^y$ und $g'(x) = a$. Daher ist auch α differenzierbar und aus der Ket- tenregel folgt

$$\alpha'(x) = f'(g(x))g'(x) = (e^{g(x)})g'(x) = e^{ax} \cdot a,$$

also

$$(e^{ax})' = ae^{ax}.$$

(Dies ist der Grund, warum wir diese Funktion nur etwas blasser in die Grund- ableitungstabelle genommen haben.)   △

Beispiel 9.29. Wir betrachten die auf ganz $\mathbb{R}$ definierte Funktion β mit $\beta(x) := e^{x^2}$. Wir schreiben $\beta(x) = f(g(x))$ mit $f(y) = e^y$ und $g(x) = x^2$, $x, y \in \mathbb{R}$. Wiederum sind beide Funktionen differenzierbar und in der Grund- ableitungstabelle enthalten, mithin ist auch die Funktion β differenzierbar. Es folgt wegen $g'(x) = (x^2)' = 2x$

$$\beta'(x) = f'(g(x))g'(x) = (e^{g(x)})g'(x) = (2x)e^{x^2}, x \in \mathbb{R}.$$

△

Beispiel 9.30. Ebenfalls auf ganz $\mathbb{R}$ definiert ist die Funktion μ mit $\mu(x) := \sin e^x$. Diese Berechnungsformel interpretieren wir als $\mu(x) = f(g(x))$ mit $f(y) := \sin y$, $g(x) = e^x$ (beide Funktionen sind auf ganz $\mathbb{R}$ definiert und differenzierbar laut Katalog). Es folgt: μ ist differenzierbar mit

$$\mu'(x) = f'(g(x))g'(x) = (\cos e^x)e^x, x \in \mathbb{R}.$$

△

Kleine Formeln

Beispiel 9.31. Es sei nun f eine beliebige auf ganz $\mathbb{R}$ definierte differenzierbare Funktion und $t(x) := f(ax + b), x \in \mathbb{R}$, wobei a und b beliebige reelle Konstanten sind. Ist diese Funktion differenzierbar, und wenn, wie lautet die Ableitung? Wir lesen $t(x) = f(g(x))$ mit $g(x) = ax + b$ und $g'(x) = a$. Als Komposition differenzierbarer Funktionen ist die Funktion t differenzierbar, und es gilt

$$t'(x) = f'(g(x))g'(x)$$
$$= f'(ax + b)a.$$

Auf diese Weise haben wir folgende einfache Ableitungsregel gefunden:

$$(f(ax + b))' = af'(ax + b).$$

△

Beispiel 9.32. Es sei n eine auf einem Intervall I definierte differenzierbare Funktion, die nirgends verschwindet (d.h., für die gilt $n(x) \neq 0$ für alle $x \in I$). Wir berechnen die Ableitung der "Reziprokfunktion" r mit $r(x) := \frac{1}{n(x)}$. Nach Kettenregel können wir schreiben

$$r(x) = n(x)^{-1} = f(n(x))$$

mit $f(y) := y^{-1}$. Diese Funktion ist auf ganz $\mathbb{R}\backslash\{0\}$ definiert und dort differenzierbar mit der Grundableitung $f'(y) = (-1)y^{-2}$. Also ist auch die Funktion r als Komposition von f und n differenzierbar. Es folgt

$$r'(x) = f'(n(x))n'(x) = (-1)(n(x))^{-2}n'(x),$$

was auch gern in der Form

$$\left(\frac{1}{n(x)}\right)' = -\frac{n'(x)}{n(x)^2}$$

geschrieben wird.

△

Beispiel 9.33. Es seien nun z und n zwei auf ein- und demselben Intervall I definierte differenzierbare Funktionen, wobei für alle $x \in I$ gelte $n(x) \neq 0$. Wir berechnen die Ableitung des Quotienten

$$q(x) := \frac{z(x)}{n(x)}.$$

Hierzu schreiben wir $q(x) = z(x)r(x)$ (mit r wie im vorigen Beispiel) und benutzen die Produktregel:

$$q'(x) = z'(x)r(x) + z(x)r'(x).$$

Die Ableitung von r kennen wir bereits, also folgt

$$q'(x) = z'(x)n(x)^{-1} + z(x)\left(-\frac{n'(x)}{n(x)^2}\right).$$

Wir schreiben die gesamte Summe als Bruch, wozu wir den linken Summanden erweitern:

$$q'(x) = z'(x)\frac{n(x)}{n(x)^2} - z(x)\frac{n'(x)}{n(x)^2}.$$

Das Ergebnis ist die bekannte **Quotientenregel**:

$$\left(\frac{z(x)}{n(x)}\right)' = \frac{z'(x)n(x) - z(x)n'(x)}{n(x)^2}$$

$\triangle$

9.2.3.1 Mehrfache Verkettungen

Mit Hilfe der Kettenregel können auch mehrfach verschachtelte Funktionen sicher abgeleitet werden.

Beispiel 9.34. Eine Funktion γ werde auf ganz $\mathbb{R}$ durch $\gamma(x) := e^{e^{x^2}}$ definiert. Besitzt diese eine Ableitung und wenn ja, welche? Der Berechnungsausdruck wirkt auf den ersten Blick kompliziert. Wir wollen uns angewöhnen, auch komplizierte Ausdrücke nicht gleich in allen Einzelheiten, sondern zunächst in einer klaren Struktur zu sehen. In diesem Beispiel könnten wir zunächst vereinfachend lesen $\gamma(x) = f(etwas)$, wobei f die Exponentialfunktion bezeichnet und uns "etwas" zunächst nicht näher interessiert. Die Kettenregel besagt nun:

$$\gamma'(x) = f'(etwas) \cdot etwas',$$

wenn sowohl f als auch das "Etwas" differenzierbar sind. Da die Funktion f als wohlbekannte Katalogfunktion die Ableitung $f'(y) = e^y = f(y)$ besitzt, können wir schreiben

$$\gamma'(x) = e^{etwas} \cdot etwas'.$$

Wir sind nun schon einen Schritt weiter und brauchen uns erst jetzt mit der Ableitung von "etwas" zu beschäftigen (soweit diese existiert). Im vorliegenden Fall gilt "$etwas(x)$"$= e^{x^2}$. Diese Funktion ist zum Glück in Beispiel 9.29 schon betrachtet worden; wir hatten gesetzt $\beta(x) := e^{x^2}$ und gefunden $\beta'(x) = (2x)e^{x^2}$. Das Gesamtergebnis lautet also

$$\gamma'(x) = e^{e^{x^2}}e^{x^2}2x.$$

$\triangle$

Bemerkung 9.35. Wir wollen uns das Ergebnis des letzten Beispiels etwas näher ansehen. In der Tat könnten wir von Anfang an schreiben

$$\gamma(x) = e^{e^{x^2}} = h(f(g(x))),$$

wobei die Bezeichnungen durch die farblichen Hervorhebungen klar sein sollten. Die Ableitung lautet nun

$$\gamma'(x) = e^{e^{x^2}} e^{x^2}(2x),$$

dies bedeutet aber nichts anderes als

$$\gamma'(x) = h'(f(g(x)))f'(g(x))g'(x).$$

Auf diese Weise vermuten wir folgende "Mehrfachkettenregel"

$$(h(f(g(x))))' = h'(f(g(x)))f'(g(x))g'(x)$$

kürzer auch

$$(h \circ f \circ g)' = (h' \circ f \circ g)(f' \circ g)g'.$$

Beispiel 9.36. Die Funktion $\delta : \mathbb{R} \to \mathbb{R}$ sei durch $\delta(x) := e^{\sin(1+x^2)}$, $x \in \mathbb{R}$, definiert. Nach dem Muster der letzten Bemerkung lesen wir hier

$$\delta(x) = e^{\sin(1+x^2)},$$

und finden folglich

$$\delta'(x) = e^{\sin(1+x^2)}(\cos(1+x^2))2x, x \in \mathbb{R}.$$

$\triangle$

Beispiel 9.37. Die Funktion $\lambda : \mathbb{R} \to \mathbb{R}$ sei durch $\lambda(x) := e^{\sin(1+\cos^2 x)}$, $x \in \mathbb{R}$, definiert. Wir erkennen eine Verschachtelung von vier Funktionen:

$$\lambda(x) = e^{\sin(1+(\cos x)^2)}$$

und finden folglich

$$\lambda'(x) = e^{\sin(1+(\cos x)^2)}(\cos(1+(\cos x)^2))(2(\cos x))(-\sin x), \quad x \in \mathbb{R}.$$

$\triangle$

Beispiel 9.38. Für jede natürliche Zahl n sei $\phi_n(x) := x^n e^x$, $x \in \mathbb{R}$. Aus der Produktregel folgt nun

$$\phi'_n(x) = (x^n)' \cdot e^x + x^n \cdot (e^x)' = nx^{n-1}e^x + x^n e^x,$$

also

$$\phi'_n(x) = (n+x)x^{n-1}e^x, x \in \mathbb{R}.$$

(Wir können dies übrigens auch lesen als $\phi'_n(x) = (n+x)\phi_{n-1}(x)$.)

$\triangle$

Ableitung von Umkehrfunktionen

Mit Hilfe der Kettenregel können auch Umkehrfunktionen bequem abgeleitet werden:

Satz 9.39. *Es seien I ein Intervall und $f : I \to J \subseteq \mathbb{R}$ eine bijektive Funktion mit der Umkehrfunktion $f^{-1} : J \to I$.*

(i) *Wenn die Funktion f differenzierbar ist und ihre Ableitung nirgends verschwindet, so ist auch ihre Umkehrfunktion f^{-1} differenzierbar und ihre Ableitung verschwindet nirgends.*

(ii) *In diesem Fall gelten die Formeln*

$$(f^{-1})'(y) = \frac{1}{f'(f^{-1}(y))} \quad \text{für alle } y \in J \tag{9.16}$$

bzw.

$$(f^{-1})'(f(x)) = \frac{1}{f'(x)} \quad \text{für alle } x \in I. \tag{9.17}$$

Wir verzichten hier auf einen Nachweis von (i) und konzentrieren uns stattdessen auf die Formeln (9.16) bzw. (9.17). Sie sind deswegen sehr nützlich, weil sie erlauben, die Ableitung der Umkehrfunktion selbst dann zu verwenden, wenn die Berechnungsvorschrift der Umkehrfunktion selbst nicht explizit bekannt ist. (In der Tat kommt die rechte Seite der zweiten Formel ohne diese aus.) Die Formeln werden deswegen in ökonomischen Berechnungen sehr häufig verwendet.

Wir überzeugen uns von ihrer Richtigkeit und schreiben dabei aus Bequemlichkeit $g := f^{-1}$. Weil g Umkehrfunktion von f ist, gilt für jedes $x \in I$

$$g(f(x)) = x.$$

Wir differenzieren beide Seiten (dabei die linke mittels Kettenregel) und finden

$$g'(f(x))f'(x) = 1.$$

Weil f' nirgends den Wert Null annimmt, können wir diese Gleichung nach $g'(\ldots)$ auflösen:

$$g'(f(x)) = \frac{1}{f'(x)}.$$

Damit ist die *zweite* Formel gezeigt. Ersetzen wir nun noch $f(x)$ durch y, so wird $x = g(y) = f^{-1}(y)$, und es folgt

$$g'(y) = f^{-1}(y) = \frac{1}{f'(f^{-1}(y))}.$$

Also gilt auch die *erste* Formel (und zwar genaugenommen für alle $y \in J$, die sich als $y = f(x)$ mit einem $x \in I$ schreiben lassen – dies aber sind alle $y \in J$, denn f ist bijektiv).

Beispiel 9.40. Wir wenden das zuvor Gesagte auf die durch $f(x) := x^3$, $x > 0$, definierte Funktion $f : (0, \infty) \to (0, \infty)$ an, die den geforderten Voraussetzungen genügt: f ist bijektiv (siehe Beispiel 6.28), und es gilt $f'(x) = 3x^2 > 0$ für alle $x \in I := (0, \infty)$. Wir interpretieren unsere beiden Formeln wie folgt:

$$(f^{-1})'(y) = \frac{1}{f'(f^{-1}(y))} \quad \text{lies hier:} \quad (f^{-1})'(y) = \frac{1}{3(f^{-1}(y))^2} \qquad (9.18)$$

$$(f^{-1})'(f(x)) = \frac{1}{f'(x)} \quad \text{lies hier:} \quad (f^{-1})'(x^3) = \frac{1}{(3x^2)}. \qquad (9.19)$$

Wir ziehen nun zum Vergleich die explizite Formel von f^{-1} heran: $f^{-1}(y) = y^{\frac{1}{3}}, y > 0$. Explizites Ableiten (laut Katalog) ergibt $(f^{-1})'(y) = \frac{1}{3}y^{-\frac{2}{3}}$. Andererseits folgt aus (9.18) $(f^{-1})'(y) = \frac{1}{(3(y^{\frac{1}{3}})^2)} = \frac{1}{3}y^{-\frac{2}{3}}$ – beide Ergebnisse sind identisch. $\triangle$

Beliebte Fehler

Wie so oft, schleichen sich durch Nichtbeachtung kleiner, aber wichtiger Voraussetzungen gern Fehler ein.

Beispiel 9.41. Wir modifizieren unser vorheriges Beispiel ein klein wenig und betrachten diesmal die durch $g(x) := x^3, x \in \mathbb{R}$, definierte Funktion $g : \mathbb{R} \to \mathbb{R}$. Auch diese Funktion ist bijektiv (Beispiel 6.28) und differenzierbar mit der Ableitung $g'(x) = 3x^2, x \in \mathbb{R}$. Allerdings ist die Voraussetzung, dass "ihre Ableitung nirgends verschwindet" nicht erfüllt: Es gilt nämlich $g'(0) = 0$. Also können wir zumindest nicht aus Satz 9.39 schließen, dass die Umkehrfunktion g^{-1} (auf ihrem gesamten Definitionsbereich $\mathbb{R}$) differenzierbar sei.

In der Tat hatten wir in Beispiel 6.15 gefunden $g^{-1}(y) = \text{sgn}(y)|y|^{\frac{1}{3}}, y \in \mathbb{R}$. Unsere Skizze macht deutlich, dass der Graph dieser Funktion an der Stelle Null eine "senkrechte Tangente" besitzt, dort also keine endliche Ableitung existieren kann. Die Ursache: Der Graph der Ausgangsfunktion hat dort eine waagerechte Tangente!

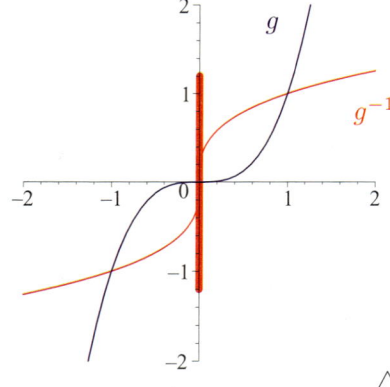

$\triangle$

Beispiel 9.42. In einer Klausur, die in zwei Versionen ausgegebenen wurde, lautete eine bestimmte Aufgabe

in der Version A: in der Version B

Untersuchen Sie, ob die folgende Funktion differenzierbar ist:

$$u : \mathbb{R} \to \mathbb{R} : x \to \sqrt{2 + x^2}$$

(Falls ja: Geben Sie die Ableitung an! Falls nein: Begründen Sie Ihre Antwort!)

Untersuchen Sie, ob die folgende Funktion differenzierbar ist:

$$v : \mathbb{R} \to \mathbb{R} : x \to \sqrt{2 \cdot x^2}$$

(Falls ja: Geben Sie die Ableitung an! Falls nein: Begründen Sie Ihre Antwort!)

Ein Student (der 74.-beste seines Jahrganges) löste die Aufgabe der A-Version wie folgt und erhält die volle Punktzahl:

Ich schreibe $u(x) = f(g(x))$ mit $g : \mathbb{R} \to (0, \infty) : x \to 2 + x^2$ und $f : (0, \infty) \to (0, \infty) : y \to \sqrt{y}$. Beide Funktionen sind differenzierbar und besitzen die Ableitungen

$$g'(x) = 2x, \ x \in \mathbb{R},$$

$$f'(y) = \frac{1}{2\sqrt{y}}, \ y > 0.$$

Also ist auch ihre Komposition u differenzierbar. Mittels Kettenregel:

$$u'(x) = \frac{1}{2\sqrt{2 + x^2}} \, 2x = \frac{x}{\sqrt{2 + x^2}}.$$

Sein nicht 100%-ig sehscharfer Nachbar S.E.H. Behelf brütet über der B-Version und schreibt am Ende sehr Ähnliches:

Ich schreibe $v(x) = f(g(x))$ mit $g : \mathbb{R} \to (0, \infty) : x \to 2 \cdot x^2$ und $f : [0, \infty) \to [0, \infty) : y \to \sqrt{y}$. Beide Funktionen sind differenzierbar und besitzen die Ableitungen

$$g'(x) = 4x, \ x \in \mathbb{R},$$

$$f'(y) = \frac{1}{2\sqrt{y}}, \ y > 0.$$

Also ist auch ihre Komposition v differenzierbar. Mittels Kettenregel:

$$v'(x) = \frac{1}{2\sqrt{2 \cdot x^2}} \, 4x = \frac{2x}{\sqrt{2 \cdot x^2}}.$$

Die Klausur muss er allerdings wiederholen. Wieso?

- *Fehler 1:* Der Wertevorrat der Funktion g (und damit Definitionsbereich der Funktion f) wurde mit $(0, \infty)$ zu klein angesetzt (wegen $g(0) = 0$ muss 0 darin enthalten sein). Richtig wäre "$g : \mathbb{R} \to [0, \infty) : x \to 2 \cdot x^2$"

- *Fehler 2:* Auf dem (korrekten) Definitionsbereich $[0, \infty)$ ist die Funktion $f = \sqrt{\cdot}$ nicht (überall) differenzierbar! Die Ableitung existiert nur auf dem Intervall $(0, \infty)$, aber nicht an der Stelle Null.

- *Fehler 3:* Infolge dessen wird die Kettenregel falsch angewandt. (In der Tat ist die Funktion v an der Stelle $x = 0$ nicht differenzierbar. Man kann das schnell sehen, wenn man schreibt $v(x) = \sqrt{2x^2} = \sqrt{2}|x|$!!!)

Aber nicht diese Fehler, sondern vielmehr S.E.H. Behelfs Lösungs-"*Methode des scharfen Abschreibens*" bewogen den Korrektor, ihn zu einem weiteren Klausurtermin einzuladen.   △

9.3   Höhere Ableitungen

Gegeben sei auf einem Intervall D eine Funktion $f : D \to \mathbb{R}$. Existiert in einer Umgebung eines Punktes $x_0 \in D$ die Ableitung f' und ist diese an der Stelle $x_0 \in D$ ebenfalls differenzierbar, so lautet ihre Ableitung dort entspechend unseren bisherigen Gepflogenheiten

$$(f')'(x_0) = \mathsf{D}f'(x_0) = \frac{d}{dx}f'(x)_{|x=x_0}. \tag{9.20}$$

Man nennt diesen Wert die *zweite Ableitung der Funktion f an der Stelle x_0* und schreibt statt (9.20) bezugnehmend auf die Ausgangsfunktion f

$$f''(x_0) = \mathsf{D}^2 f(x_0) = \frac{d^2}{dx^2}f(x)_{|x=x_0}.$$

Inhaltlich handelt es sich wie bisher um einen Grenzwert (der ggf. einseitig aufzufassen ist); es gilt also

$$f''(x_0) = \lim_{h \to 0, h \neq 0} \frac{f'(x_0 + h) - f'(x_0)}{h}.$$

Analog wie schon im Fall der ersten Ableitung gelangen wir zum Begriff der (Zweite-)Ableitungsfunktion f'', für deren Definitionsbereich gilt $D_{f''} \subseteq D_{f'} \subseteq D_f$. Alles in den Abschnitten 9.1 und 9.2 über Ableitungen Gesagte findet hier sinngemäße Anwendung – lediglich mit Bezug auf die "Ausgangsfunktion" f'.

Wenden wir unsere Überlegungen nunmehr auf f'' statt f' an, gelangen wir zur dritten Ableitung von f, davon ausgehend zur vierten usw. Allgemein bezeichnet man die n-te Ableitung von f an der Stelle x_0, falls sie existiert, mit

$$f^{(n)}(x_0) = \mathsf{D}^n f(x_0) = \frac{d^n}{dx^n} f(x)\bigg|_{x=x_0},$$

$n \in \mathbb{N}$; weiterhin schreiben wir zwecks systematischer Vervollständigung $f^{(0)} := f$.

Beispiel 9.43. Es sei $f(x) = x^6$, $x \in \mathbb{R}$. Wir finden für $x \in \mathbb{R}$

$$
\begin{aligned}
f'(x) &= 6 \cdot x^5, \\
f''(x) &= 6 \cdot 5 \cdot x^4, \\
f'''(x) &= 6 \cdot 5 \cdot 4 \cdot x^3 \\
f^{(4)}(x) &= 6 \cdot 5 \cdot 4 \cdot 3 \cdot x^2 \\
f^{(5)}(x) &= 6 \cdot 5 \cdot 4 \cdot 3 \cdot 2 \cdot x \\
f^{(6)}(x) &= 6 \cdot 5 \cdot 4 \cdot 3 \cdot 2 \cdot 1 \cdot 1 \\
f^{(n)}(x) &= 0 \text{ für alle } n \geq 7.
\end{aligned}
$$

$\triangle$

Beispiel 9.44. Wir verallgemeinern das vorherige Beispiel: Es sei $f(x) = x^n$, $x \in \mathbb{R}$, mit einem gegebenen Exponenten $n \in \mathbb{N}$. Nun folgt für $x \in \mathbb{R}$

$$
\begin{aligned}
f'(x) &= n \cdot x^{n-1}, \\
f''(x) &= n \cdot (n-1) \cdot x^{n-2}, \\
f'''(x) &= n \cdot (n-1) \cdot (n-2) \cdot x^{n-3}
\end{aligned}
$$

usw. bis

$$
\begin{aligned}
f^{(n-1)}(x) &= n \cdot (n-1) \cdot \ldots \cdot 2 \cdot x \\
f^{(n)}(x) &= n \cdot (n-1) \cdot \ldots \cdot 2 \cdot 1 \\
f^{(m)}(x) &= 0 \text{ für alle } m \geq n+1.
\end{aligned}
$$

$\triangle$

Als Folgerung des letzten Beispiels können wir sagen: Bei jedem Polynom $P(x)$ verschwinden alle Ableitungen hinreichend hoher Ordnung. – Achtung ist geboten bei negativen und nicht-ganzen Exponenten:

Beispiel 9.45. Es sei $f(x) = x^{-1}, x > 0$. Wir finden für $x > 0$

$$
\begin{aligned}
f'(x) &= (-1) \cdot x^{-2}, \\
f''(x) &= (-1)(-2) \cdot x^{-3}, \\
f'''(x) &= (-1)(-2)(-3) \cdot x^{-4}
\end{aligned}
$$

usw., allgemein für $n \in \mathbb{N}$ also

$$f^{(n)}(x) = (-1)^n n! x^{-(n+1)}.$$

$\triangle$

Bemerkung 9.46. Im vorigen Beispiel wird durch $f^{(n)}$ zugleich die $(n+1)$-te Ableitung der Logarithmusfunktion beschrieben.

Beispiel 9.47. Es sei $(x) = x^{\frac{1}{2}}, x > 0$. Wir finden für $x > 0$

$$
\begin{aligned}
f'(x) &= \tfrac{1}{2} \cdot x^{-\frac{1}{2}}, \\
f''(x) &= (\tfrac{1}{2})(-\tfrac{1}{2}) \cdot x^{-\frac{3}{2}}, \\
f'''(x) &= (\tfrac{1}{2})(-\tfrac{1}{2})(-\tfrac{3}{2})x^{-\frac{5}{2}} \\
f''''(x) &= (\tfrac{1}{2})(-\tfrac{1}{2})(-\tfrac{3}{2})(-\tfrac{5}{2})x^{-\frac{7}{2}}
\end{aligned}
$$

usw.   △

Relativ einfach sind jedoch Exponential- und trigonometrische Funktionen:

Beispiel 9.48. Es gilt für $\eta(x) := e^x, x \in \mathbb{R}$, $\eta'(x) = \eta(x) = e^x, x \in \mathbb{R}$. Deswegen gilt allgemein $\eta^{(n)}(x) = \eta(x) = e^x$.   △

Beispiel 9.49. Bei der Sinusfunktion sehen wir ein periodisches Verhalten:

$$
\begin{aligned}
\sin' x &= \cos x \\
\sin'' x &= -\sin x \\
\sin''' x &= -\cos x \\
\sin^{(4)} x &= \sin x
\end{aligned}
$$

usw. wie von vorn.   △

9.4 Einige nützliche Aussagen

In diesem Abschnitt werden einige Aussagen bereitgestellt, deren Nutzen sich an vielen Stellen der nachfolgenden Abschnitte erweisen wird. Ausgewählte mathematische Begründungen werden für interessierte Leser im Anhang beigefügt.

Stetigkeitssätze

Satz 9.50. *Ist eine Funktion $f : D \to \mathbb{R}$ an einem inneren Punkt x ihres Definitionsbereiches differenzierbar, so ist sie dort auch stetig.*

Eine sinngemäße Aussage gilt bezüglich der einseitigen Differenzierbar- bzw. Stetigkeit. Man gelangt unmittelbar zu der

Folgerung 9.51. *Eine differenzierbare Funktion ist stetig.*

Wir bemerken, dass die Umkehrung nicht gilt - eine stetige Funktion braucht also nicht differenzierbar zu sein. (Ein Beispiel dieser Art ist die Betragsfunktion abs: $\mathbb{R} \to \mathbb{R}$, die stetig ist, aber an der Stelle 0 keine Ableitung besitzt; vgl. die Skizze auf Seite 219 und das Berechnungsbeispiel 9.3 auf Seite 259.)

Wir bemerken weiterhin, dass die *Ableitung* einer differenzierbaren (und also stetigen) Funktion - soweit überhaupt überall definiert - dagegen nicht stetig zu sein braucht. Hat hingegen eine differenzierbare Funktion f eine überall stetige Ableitung, so nennt man f *stetig differenzierbar*. Die Menge aller auf D definierten stetig differenzierbaren Funktionen bezeichnen wir mit $C^{(1)}(D)$.

Mittelwertsätze

In den folgenden beiden Aussagen seien a und b beliebige reelle Zahlen mit $a < b$.

Satz 9.52 ($\nearrow$S.1044, "Satz von Rolle"). *Die Funktion $f : [a,b] \to \mathbb{R}$ sei stetig und auf (a,b) differenzierbar. Gilt dann $f(a) = f(b)$, so existiert eine Stelle $\xi \in (a,b)$ mit $f'(\xi) = 0$.*

Satz 9.53 ($\nearrow$S.1046, "Mittelwertsatz"). *Die Funktion $f : [a,b] \to \mathbb{R}$ sei stetig und auf (a,b) differenzierbar. Dann existiert eine Stelle $\xi \in (a,b)$ mit*

$$f'(\xi) = \frac{f(b) - f(a)}{b - a}.$$

Den Inhalt dieser beiden Sätze lässt sich sehr schön an folgenden beiden Bildern ablesen;

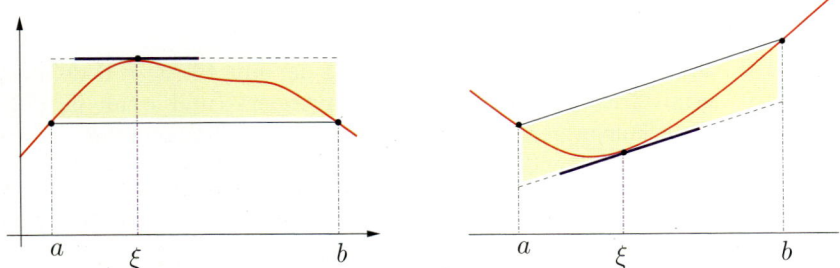

wir erkennen darüber hinaus, dass der Satz von Rolle (linkes Bild) nur ein Spezialfall des Mittelwertsatzes (rechtes Bild) ist. Ein vergröberndes Kürzel für den Mittelwertsatz könnte lauten:

" Sekantensteigung   =   Tangentensteigung "

besagend, dass die Steigung einer gegebenen Sekante (schwarz im Bild) dieselbe ist, wie die einer Tangente an einer passenden Stelle (blau).

Obwohl es auf den ersten Blick nicht offensichtlich erscheinen mag, existieren zahlreiche interessante Anwendungen dieser Sätze. Einige davon finden sich im nächsten Abschnitt über den Taylorschen Satz bzw. die Taylorsche Formel. Weitere Anwendungen ergeben sich im Zusammenhang mit monotonen oder konvexen Funktionen mit Fehlerabschätzungen sowie bei Extremwertproblemen.

Differenzierbarkeitsabschluss

Die folgende Aussage ist mitunter nützlich, wenn Funktionen durch uneinheitliche oder komplizierte Ausdrücke beschrieben werden:

Satz 9.54. *Die Funktion* $f : [a,b] \to \mathbb{R}$ *sei stetig und im Intervall* (a,b) *differenzierbar. Existiert der endliche Grenzwert*

$$\lim_{x \downarrow a} f'(a),$$

so ist f *auch an der Stelle* a *(rechtsseitig) differenzierbar, und es gilt*

$$D^+ f(a) = \lim_{x \downarrow a} f'(a).$$

(Eine sinngemäße Aussage gilt bezüglich der linksseitigen Differenzierbarkeit von f am rechten Randpunkt b.)

Anwendungen finden sich u.a. im Kapitel 13 über ökonomische Funktionen.

Die Regeln von Bernoulli - L'Hospital

Bei der Untersuchung von Folgen und Funktionen treten oft sogenannte "unbestimmte Ausdrücke" auf.

Beispiel 9.55. Es soll untersucht werden, ob der nur für $x \neq 0$ definierte Bruch $\frac{e^x - 1}{x}$ beim Grenzübergang $x \to 0$ konvergiert (und wenn ja, gegen welche Zahl). Nun konvergieren Zähler wie Nenner für sich genommen gegen Null, man könnte also folgende "Gleichung" aufschreiben:

$$\lim_{x \to 0} \frac{e^x - 1}{x} = \text{``} \frac{0}{0} \text{''}$$

die selbstverständlich in strengem Sinne verboten ist.

Es könnte nun sein, dass der Zähler während des Grenzüberganges stets in einem festen Verhältnis zum Nenner steht und somit der Quotient trotzdem einen sinnvollen Grenzwert besitzt. Anders gesagt, müssen hierfür die Änderungsraten von Zähler und Nenner in einem festen Verhältnis stehen. Die Änderungsraten werden aber durch die Ableitungen gegeben. Daher die **Idee:**

Man untersuche nicht den Bruch aus Zähler und Nenner, sondern denjenigen aus deren Ableitungen!   (9.21)

Im **Beispiel** führt das auf folgende *vermutete* Gleichung

$$\lim_{x \to 0} \frac{(e^x - 1)}{x} = \lim_{x \to 0} \frac{(e^x - 1)'}{x'} = \lim_{x \to 0} \frac{e^x}{1} = 1$$

Voilà!   △

Unbestimmte Ausdrücke können nicht nur in der Form "$\frac{0}{0}$" auftreten, sondern z.B. auch in der Form "$\frac{\infty}{\infty}$". Wir erinnern daran (siehe Seite 56), dass dieser

"Quotient" nicht definiert ist. Die Ursache: Die – auf den ersten Blick naheliegende – Annahme, es gelte "$\frac{\infty}{\infty}$" $= 1$, führt zu Widersprüchen, deswegen:

Achtung: "$\frac{\infty}{\infty} \neq 1$"

Beispiel 9.56. Zwei Funktionen $g, h : \mathbb{R} \to \mathbb{R}$ seien durch $g(x) := e^x$ und $h(x) := e^{2x}$, $x \in \mathbb{R}$, definiert. Es gilt dann

$$\lim_{x \to \infty} f(x) \quad = \quad \lim_{x \to \infty} g(x) \quad = \quad \infty.$$

Können wir daraus folgern

$$\lim_{x \to \infty} \frac{g(x)}{h(x)} \quad = \quad \frac{\lim_{x \to \infty} g(x)}{\lim_{x \to \infty} h(x)} \quad = \quad "\frac{\infty}{\infty} = 1"?$$

Die Antwort lautet: Nein! Direktes Nachrechnen ergibt nämlich

$$\lim_{x \to \infty} \frac{g(x)}{h(x)} \quad = \quad \lim_{x \to \infty} \frac{e^x}{e^{2x}} \quad = \quad \lim_{x \to \infty} \frac{1}{e^x} \quad = \quad 0. \qquad (9.22)$$

Übrigens gilt außerdem

$$\lim_{x \to \infty} \frac{h(x)}{g(x)} = \lim_{x \to \infty} \frac{e^{2x}}{e^x} = \lim_{x \to \infty} e^x = \infty. \qquad (9.23)$$

Wir sehen also, dass das Kürzel "$\frac{\infty}{\infty}$" für ganz unterschiedliche Ergebnisse steht. $\triangle$

Zum Sortiment unbestimmter Ausdrücke gehören weiterhin auch Ausdrücke der Form "$0 \cdot \infty$", "$\infty - \infty$" sowie "1^∞", die sich allerdings mit etwas Geschick auf die Quotientenform zurückführen lassen. Natürlich müssen sowohl die Idee (9.21) als auch das Resultat von Beispiel 9.56 noch streng begründet werden. Wir haben dazu folgenden Satz:

Satz 9.57. *Die Funktionen Z und N seien auf einer Menge $D \subseteq \mathbb{R}$ definiert und dort differenzierbar. Für einen (eventuell uneigentlichen) Häufungspunkt $a \in \overline{\mathbb{R}}$ von D sei $\lim_{x \to a} \frac{Z(x)}{N(x)}$ ein unbestimmter Ausdruck, d.h. es gelte*

$$\lim_{x \to a} |Z(x)| = \lim_{x \to a} |N(x)| = U \quad mit \quad U = 0 \quad oder \quad U = \infty.$$

Wenn jedoch die Grenzwerte

$$\lim_{x \to a} Z'(x) = \zeta \in \overline{\mathbb{R}} \quad und \quad \lim_{x \to a} N'(x) = \nu \in \mathbb{R} \setminus \{0\}$$

existieren, so gilt

$$\lim_{x \to a} \frac{Z(x)}{N(x)} = \lim_{x \to a} \frac{Z'(x)}{N'(x)} = \frac{\zeta}{\nu}.$$

Wir bemerken, dass hierbei sowohl für a als auch für ζ die uneigentlichen Werte $+\infty$ und $-\infty$ zugelassen sind.

Bevor wir zu Anwendungsbeispielen kommen, sei erwähnt, dass unbestimmte Ausdrücke nicht nur in der Form "$\frac{0}{0}$" bzw. "$\frac{\infty}{\infty}$" auftreten können. Zum Sortiment gehören weiterhin auch Ausdrücke der Form "$0 \cdot \infty$", "$\infty - \infty$" sowie "1^{∞}", die sich allerdings mit etwas Geschick auf die Quotientenform zurückführen lassen.

Beispiel 9.58. Wir betrachten $Z(x) := 3x$ und $N(x) := x$ jeweils nur für $x > 0$. Obwohl wir Zähler und Nenner kürzen könnten, behalten wir einmal die Schreibweise $\frac{Z(x)}{N(x)} = \frac{3x}{x}$ bei. Es folgt formal

$$\lim_{x \to 0} \frac{Z(x)}{N(x)} = \text{``}\frac{0}{0}\text{''} \qquad , \text{ also}$$

$$\lim_{x \to 0} \frac{Z(x)}{N(x)} = \lim_{x \to 0} \frac{Z'(x)}{N'(x)} = \lim_{x \to 0} \frac{3}{1} = 3$$

(hier gilt also $\zeta = 3$ und $\nu = 1$.)   △

Das Beispiel ist natürlich extrem einfach, aber es macht deutlich, warum es auf die Ableitungen von Zähler und Nenner ankommt. Um einem Missverständnis vorzubeugen: Wenn in diesem Beispiel die Konstante a aus "$x \to a$" denselben Wert Null annimmt wie Zähler und Nenner des unbestimmten Ausdrucks, so hat das keinerlei systematische Bedeutung; a kann grundsätzlich völlig beliebig gewählt werden.

Beispiel 9.59. Diesmal untersuchen wir den Grenzwert

$$\lim_{x \to 1} \frac{x^2 - 1}{x - 1}.$$

Dieser hat die Form "$\frac{0}{0}$", denn Zähler und Nenner konvergieren beide einzeln gegen Null, wenn x gegen $a = 1$ konvergiert. Wir schreiben nun nach L'Hospital

$$\lim_{x \to 1} \frac{x^2 - 1}{x - 1} = \lim_{x \to 1} \frac{(x^2 - 1)'}{(x - 1)'} = \lim_{x \to 1} \frac{2x}{1} = 2. \qquad △$$

Beispiel 9.60. Auch der folgende Grenzwert ist von unbestimmter Form:

$$\lim_{x \to 0} \frac{(1 - \cos x)}{\sin x} = \text{``}\frac{0}{0}\text{''}.$$

Wir finden diesmal

$$\lim_{x \to 0} \frac{(1 - \cos x)}{\sin x} = \lim_{x \to 0} \frac{(1 - \cos x)'}{(\sin x)'} = \lim_{x \to 0} \frac{\sin x}{\cos x} = \frac{0}{1} = 0.$$

△

Beispiel 9.61. Ähnlicher Fall mit anderem Ausgang: Formal gilt

$$\lim_{x\to 0} \frac{(e^x - e^{-x})}{x^2} = \text{``} \boxed{\frac{0}{0}} \text{''} ;$$

es folgt

$$\lim_{x\to 0} \frac{e^x - e^{-x}}{x^2} = \lim_{x\to 0} \frac{(e^x - e^{-x})'}{(x^2)'}$$

$$= \lim_{x\to 0} \frac{e^x + e^{-x}}{2x} = \text{``} \boxed{\frac{2}{0}} \text{''} = \infty$$

△

Beispiel 9.62. Diesmal treten uneigentliche Grenzwerte auf:

$$\lim_{x\to\infty} \frac{e^x}{\ln x} = \text{``} \boxed{\frac{\infty}{\infty}} \text{''} .$$

Nach Bernoulli-LHospital betrachten wir stattdessen

$$\lim_{x\to\infty} \frac{(e^x)'}{(\ln x)'} = \lim_{x\to\infty} \frac{e^x}{\frac{1}{x}} = \lim_{x\to\infty} x e^x = \infty.$$

△

Bemerkung 9.63. Betrachten wir den Grenzwert desselben Quotienten für $x \to 0$ statt für $x \to \infty$, so finden wir

$$\lim_{x\to 0} \frac{e^x}{\ln x} = \text{``} \boxed{\frac{1}{-\infty}} \text{''} = 0;$$

weil hierbei der Zähler von Null und ∞ verschieden ist, handelt es sich *nicht* um einen unbestimmten Ausdruck im engeren Sinne.

Beispiel 9.64. Gesucht ist $\lim_{x\downarrow 0} x \ln x$, soweit existent. Weil gilt $x \to 0$ und $\ln x \to -\infty$, haben wir hier - bis auf das Vorzeichen - einen unbestimmten Ausdruck der Form "$0\cdot\infty$" vor uns. Können wir unseren Satz darauf anwenden? Folgender Trick hilft: Wir schreiben

$$\lim_{x\downarrow 0} x \ln x = \lim_{x\downarrow 0} \frac{\ln x}{\frac{1}{x}} = \text{``} \boxed{\frac{-\infty}{\infty}} \text{''}$$

und finden

$$\lim_{x\downarrow 0} x \ln x = \lim_{x\downarrow 0} \frac{(\ln x)'}{\left(\frac{1}{x}\right)'} = \lim_{x\downarrow 0} \frac{\frac{1}{x}}{\frac{-1}{x^2}} = \lim_{x\downarrow 0} -x = 0.$$

△

Die Idee hinter unserer Umformung lässt sich formal so schreiben:

$$\text{``}0 \cdot \infty\text{''} \quad = \quad \frac{\text{``}\infty\text{''}}{\frac{1}{0}} \quad = \quad \frac{\text{``}\infty\text{''}}{\infty}.$$

Wir kommen nun zu einem Beispiel, in dem die unbestimmte Form

$$\text{``}1^{\infty}\text{''}$$

auftritt.

Beispiel 9.65. Unser Problem ist diesmal etwas schwieriger, dafür erhalten wir aber ein wirklich nützliches Ergebnis. Gesucht ist (falls existent)

$$\lim_{x \to \infty} \left(1 + \frac{\lambda}{x}\right)^{x} =: X,$$

wobei λ eine beliebige reelle Konstante bezeichnet. Offenbar gilt für $x \to \infty$ $\frac{\lambda}{x} \to 0$, also $1 + \frac{\lambda}{x} \to 1$, und der gesuchte Grenzwert hat die unbestimmte Form "1^{∞}". Wie weiter?

Wir beobachten zunächst, dass gilt

$$\left(1 + \frac{\lambda}{x}\right)^{x} = e^{x \ln\left(1 + \frac{\lambda}{x}\right)}$$

und (auch im Sinne uneigentlicher Grenzwerte)

$$\lim_{x \to \infty} e^{x \ln\left(1 + \frac{\lambda}{x}\right)} = e^{\lim\limits_{x \to \infty}\left(x \ln\left(1 + \frac{\lambda}{x}\right)\right)}.$$

Also genügt es, im Falle der Existenz

$$\lim_{x \to \infty} \left(x\left(\ln\left(1 + \frac{\lambda}{x}\right)\right)\right) =: Y$$

zu bestimmen, denn es gilt dann $X = e^{Y}$. Bei Y haben wir die unbestimmte Form "$\infty \cdot 0$" vor uns und schreiben daher

$$\lim_{x \to \infty} \left(x\left(\ln\left(1 + \frac{\lambda}{x}\right)\right)\right) = \lim_{x \to \infty} \frac{\ln\left(1 + \frac{\lambda}{x}\right)}{\left(\frac{1}{x}\right)} = \lim_{x \to \infty} \frac{\left(\ln\left(1 + \frac{\lambda}{x}\right)\right)'}{\left(\frac{1}{x}\right)'}$$

$$= \lim_{x \to \infty} \frac{1}{\left(1 + \frac{\lambda}{x}\right)} \cdot \frac{-\frac{\lambda}{x^2}}{-\frac{1}{x^2}} = \lim_{x \to \infty} \frac{\lambda}{\left(1 + \frac{\lambda}{x}\right)} = \lambda.$$

Es folgt: $X = e^{\lambda}$. △

Nun noch ein Blick auf die unbestimmte Form

$$\lim_{x \to a} f(x) \;\; = \;\; \text{``}\infty - \infty\text{''}.$$

Der Kniff: Wir setzen diese in die e-Funktion ein. Wir finden rein formal

$$\lim_{x \to a} e^{f(x)} \;\; = \;\; \text{``}e^{\infty - \infty}\text{''} \;\; = \;\; \frac{\text{``}e^{\infty}\text{''}}{e^{\infty}} \;\; = \;\; \frac{\text{``}\infty\text{''}}{\infty}.$$

Also untersuchen wir anstelle von $f(x)$ die Funktion $e^{f(x)}$. Finden wir einen Grenzwert

$$\lim_{x \to a} e^{f(x)} \;\; =: \;\; L \in [0, \infty],$$

so folgt sofort aus der Stetigkeit der e-Funktion

$$\lim_{x \to a} f(x) \;\; = \;\; \ln L \in [-\infty, \infty).$$

Beispiel 9.66. Gesucht ist – soweit existent – der Grenzwert

$$\lim_{x \to \infty} f(x) \;\; = \;\; \lim_{x \to \infty} (x - \ln x) \;\; = \;\; \text{``}\infty - \infty\text{''}.$$

Wir untersuchen stattdessen den Grenzwert

$$\lim_{x \to \infty} e^{f(x)} \;\; = \;\; \lim_{x \to \infty} e^{(x - \ln x)} \;\; = \;\; \lim_{x \to \infty} \frac{e^x}{x} \;\; = \;\; \frac{\text{``}\infty\text{''}}{\infty},$$

und finden

$$\lim_{x \to \infty} \frac{e^x}{x} \;\; = \;\; \lim_{x \to \infty} \frac{(e^x)'}{x'} \;\; = \;\; \lim_{x \to \infty} \frac{e^x}{1} \;\; = \;\; \infty.$$

Daraus schließen wir für das Ausgangsproblem

$$\lim_{x \to \infty} f(x) \;\; = \;\; \infty. \qquad\qquad \triangle$$

Das Newton-Verfahren

Zu den häufigsten Problemen der Praxis gehört die Lösung von Gleichungen der Form

$$f(x^\circ) = 0,$$

wobei die Funktion f gegeben ist und das Argument x° gesucht wird. Selbst wenn eine Lösung x° existiert – wovon man sich wie im Abschnitt 8.3 ausgeführt überzeugen kann –, gelingt es dennoch oft nicht, sie in Gestalt einer exakten Formel anzugeben. In einem solchen Fall ist dann eine hinreichend gute zahlenmäßige Näherung für x° gefragt. Das Newton-Verfahren ist ein sehr wirksames Hilfsmittel, um gegebene Näherungslösungen mit beliebiger Genauigkeit sukzessiv zu verbessern.

Die Idee des Verfahrens wird schnell anhand einer Skizze deutlich. Sie zeigt den Graphen einer differenzierbaren Funktion f (rot) in einer Umgebung der gesuchten Nullstelle x°:

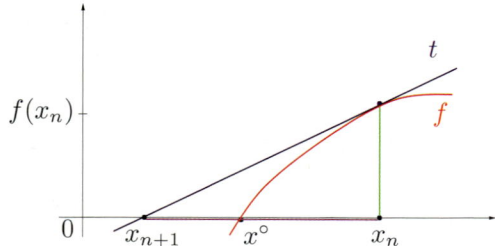

Es sei – z.B. durch Probieren – bereits eine Näherungslösung x_n für x° bekannt. Nun wird ein *Verbesserungsschritt* durchgeführt: Dazu wird im Punkt $(x_n, f(x_n))$ die Tangente t an den Graphen von f angelegt (blau) und deren Schnittpunkt x_{n+1} mit der x-Achse ermittelt. In unserer Skizze liegt x_{n+1} dann schon wesentlich näher bei x° als x_n. Mit anderen Worten: Wir haben in x_{n+1} eine bessere Näherungslösung gefunden. Man darf vermuten, dass dies "oft" so sein wird.

In der Praxis muss x_{n+1} natürlich nicht zeichnerisch, sondern rechnerisch ermittelt werden. Das kann mit Hilfe folgender kleinen Überlegung geschehen: Der Anstieg der eingezeichneten Tangente ist einerseits gleich $f'(x_n)$, andererseits kann er als das Verhältnis Höhe : Breite eines geeigneten Steigungsdreiecks ermittelt werden. Wählen wir das Dreieck wie in der Skizze, folgt

$$f'(x_n) = \frac{f(x_n) - f(x_{n+1})}{x_n - x_{n+1}}.$$

Unter Berücksichtigung der Identität $f(x_{n+1}) = 0$ folgt hieraus die Formel

$$x_{n+1} = x_n - \frac{f(x_n)}{f'(x_n)}$$

Wenn die Genauigkeit der so gefundenen Näherungslösung noch nicht ausreicht, wird man einen weiteren Verbesserungsschritt ausführen – diesmal ausgehend von x_{n+1} statt von x_n. Ausgehend von einer ersten Näherung x_1 lässt sich so sukzessive eine Folge (x_n) von Näherungslösungen gewinnen.

Beispiel 9.67. Gesucht wird die Lösung x° der Gleichung $xe^x = 5$ bzw. gleichbedeutend von $f(x) := x \cdot e^x - 5 = 0$. Wir probieren zunächst ein wenig und finden

$$0 \cdot e^0 - 5 < 0, \qquad 1 \cdot e^1 - 5 = e - 5 \ \ < 0, \qquad 2 \cdot e^2 - 5 \ > \ 2 \cdot 2^2 - 5 \ = 3.$$

Aufgrund der Stetigkeit von f muss sich die gesuchte Lösung x° also im Intervall $(1, 2)$ befinden. Wir starten nun ein Newtonverfahren mit der Anfangsnäherung $x_1 := 2$. Beispielhaft geben wir die Ergebnisse der ersten fünf Verbesserungsschritte mit jeweils 9 Nachkommastellen in der linken Spalte an:

Newtonverfahren:	Intervallhalbierung:
	$x_0 = 1$
$x_1 = 2$	$x_1 = 2$
$x_2 = 1.558892139$	$x_2 = 1.5$
$x_3 = 1.360741102$	$x_3 = 1.25$
$x_4 = 1.327536307$	$x_4 = 1.375$
$x_5 = 1.326725136$	$x_5 = 1.3125$
$x_6 = 1.326724665$	$x_6 = 1.3475$

Hier brechen wir die Rechnung ab, weil sich Änderungen nur noch in der sechsten Nachkommastelle zeigen. Wir vermuten daher, dass die Näherung schon mindestens auf 5 Nachkommastellen genau ist. Mit Hilfe des Computers finden wir die "exakte" Lösung

$$x^° = 1.326724665\ldots$$

Unsere Näherung nach fünf Schritten ist verblüffend genau, nicht wahr?

Zum Vergleich zeigen wir in der rechten Spalte die Näherungsergebnisse, die wir bei Verwendung der Intervallhalbierungsmethode aus den beiden Anfangs-werten $x_0 = 1$ und $x_1 = 2$ erhalten hätten. Wir sehen, dass das Newtonver-fahren bei gleicher Schrittzahl wesentlich genauere Ergebnisse liefert.   △

Unser Beispiel demonstriert recht eindrucksvoll, was das Newtonverfahren zu leisten vermag. Allerdings kann dieses einzelne Beispiel nicht beweisen, dass das Verfahren *unter allen Umständen* so gut funktioniert. In der Tat lassen sich auch "ungünstige" Beispiele finden, in denen dies nicht der Fall ist.

Intuitiv ist klar, dass das Verfahren zumindest dann "*gut*" funktionieren wird, wenn die Anfangsnäherung "*hinreichend genau*" und die Funktion f einiger-maßen "*gutartig*" ist. Diese hier noch unscharfe Formulierung lässt sich in eine präzise mathematische Form bringen: Man kann zeigen, dass die Folge (x_n) der Näherungslösungen gegen die exakte Lösung $x^°$ konvergiert, sobald geeig-nete, nicht sehr einschränkende Voraussetzungen erfüllt sind. Da die Details den Rahmen dieses Buches übersteigen, wollen wir es hier bei der Feststellung belassen, dass das Newtonverfahren in der Praxis sehr häufig und mit großem Erfolg verwendet wird.

9.5   Satz von Taylor und die Taylorformel

Wir erinnern an die alternative Charakterisierung der Ableitung aus Ab-schnitt 9.1.3, die wir hier mit leicht modifizierten Bezeichnungen wiedergeben:

$$f(x) \qquad = f(x_0) \qquad\qquad + f'(x_0)(x - x_0) \qquad + R(x_0, x) \quad (\circ)$$

Funktionswert			
am	= Funktionswert am	+ Korrekturterm	+ Restglied
Nachbarpunkt	Ausgangspunkt		

In das Restglied geht die Ableitungsfunktion f' ein. Wenden wir dieselbe Überlegung darauf an, können wir unsere Formel noch verfeinern. Das ist Gegenstand von

Satz 9.68 (Satz von Taylor). *Es seien $I \subseteq \mathbb{R}$ ein offenes Intervall, $n \in \mathbb{N}$ und $f : I \to \mathbb{R}$ $(n+1)$-fach stetig differenzierbar.*

(i) Dann gilt für beliebige zwei Punkte x_0 und x aus I

$$f(x) = f(x_0) + \frac{1}{1!}f'(x_0)(x - x_0) + \frac{1}{2!}f''(x_0)(x - x_0)^2 + \cdots$$

$$+ \frac{1}{n!}f^{(n)}(x_0)(x - x_0)^n + R_n(x_0, x). \tag{9.24}$$

(ii) Für das Restglied gilt

$$\lim_{x \to x_0,\, x \neq x_0} \frac{R_n(x_0, x)}{|x - x_0|^n} = 0.$$

(iii) Weiterhin existiert ein Punkt ξ echt zwischen x_0 und x mit

$$R_n(x_0, x) = \frac{1}{(n+1)!}f^{n+1}(\xi)(x - x_0)^{n+1}. \tag{9.25}$$

Einige Erläuterungen:

(1) Die Formel (9.24) wird auch "Taylor-Formel" genannt. Sie stimmt im Fall $n = 2$ mit unserer Formel $(\circ)$ überein und unterscheidet sich für größere Werte von n von ihr durch die in Grüntönen eingefärbten Terme, die – für sich betrachtet – Polynome zweiten bis n-ten Grades darstellen.

(2) Lassen wir das Restglied weg, erhalten wir auf der rechten Seite von (9.24) das Polynom

$$P_n(x) := f(x) = f(x_0) + \tfrac{1}{1!}f'(x_0)(x - x_0) + \tfrac{1}{2!}f''(x_0)(x - x_0)^2 + \cdots$$
$$+ \tfrac{1}{n!}f^{(n)}(x_0)(x - x_0)^n$$

(das sogenannte *Taylorpolynom $n - ten$* Grades für f an der Stelle x_0). Hierbei ist x die Unbestimmte, während alle anderen Größen konstant sind. Statt (9.24) können wir schreiben

$$f(x) \approx P_n(x) \tag{9.26}$$

d.h., das Taylorpolynom kann als Näherung für die Funktion f dienen, was wegen der einfachen Berechenbarkeit der Funktionswerte oft hilfreich ist.

(3) Der Näherungsfehler - d.h., Unterschied beider Seiten in (9.26) - beträgt exakt $R_n(x_0, x)$. Hierüber sagt uns Teil (ii) des Satzes, dass dieser Fehler äußerst schnell klein wird, wenn x gegen x_0 geht. (Genauer: Der Fehler konvergiert von höherer Ordnung gegen Null als $|x - x_0|^n$.)

(4) Wenn es einmal darum geht, die Genauigkeit der Näherung (9.26) abzuschätzen, ist die Formel (9.25) zur Stelle.

Beispiel 9.69. Wir wollen versuchen, die "komplizierte" Exponentialfunktion in der Nähe des Nullpunktes – sagen wir auf dem Intervall $D := (-1, 1)$ – durch Polynome anzunähern. Sei $n (\geq 2)$ beliebig, aber fest gewählt. Wir haben dann für $x \in D$ $f(x) = f'(x) = \cdots = f^n(x) = e^x$, und mit der Wahl $x_0 = 0$ gilt

$$f(x_0) = f'(x_0) = \cdots = f^n(x_0) = e^0 = 1.$$

Es folgt allgemein

$$
\begin{aligned}
P_n(x) \quad := \quad & f(x_0) + \tfrac{1}{1!} f'(x_0)(x - x_0) + \tfrac{1}{2!} f''(x_0)(x - x_0)^2 + \cdots \\
& \cdots + \tfrac{1}{n!} f^{(n)}(x_0)(x - x_0)^n \\
= \quad & 1 + x + \tfrac{1}{2!} x^2 + \cdots + \tfrac{1}{n!} x^n
\end{aligned}
$$

insbesondere

$$
\begin{aligned}
P_0(x) &= 1 \\
P_1(x) &= 1 \quad + x \\
P_2(x) &= 1 \quad + x \quad + \tfrac{x^2}{2} \\
P_3(x) &= 1 \quad + x \quad + \tfrac{x^2}{2} \quad + \tfrac{x^3}{6}
\end{aligned}
$$

usw. Wir haben also eine ganze Familie von Polynomen vor uns, mit denen man die e-Funktion annähern und damit vereinfacht berechnen kann.

Wir beobachten hierbei:

- P_0 und P_1 sind affin, enthalten also keine Krümmung.

- P_2 ist das erste Polynom, welches zur Krümmung des Graphen von f beiträgt.

Der Unterschied zu P_0 und P_1 besteht in dem quadratischen Anteil

$$\frac{1}{2!} \underbrace{f''(x_0)}(x - x_0)^2,$$

ob dieser vorkommt und mit welcher Stärke, wird durch den Wert $f''(x_0)$ bestimmt.   △

Wir sind jetzt soweit, die "*ökonomische Ernte*" dieses Abschnitts einzufahren. Sicherlich hat sich manche LeserIn schon gefragt, wozu ein Student der Wirtschaftswissenschaften die Taylor-Formel kennen sollte. Wir geben eine zweifache Antwort:

- *Wir verstehen jetzt, dass im Prinzip jede vernünftige Funktion beliebig genau als Polynom dargestellt werden kann.*

  Der Vorteil: Die Berechnung von Polynomen kommt mit den Grundrechenarten aus. Jeder Taschenrechner benutzt die Taylorformel, um komplizierte Funktionen auszuwerten.

- *Wir verstehen jetzt, dass für die Krümmung des Graphen von f hauptsächlich die zweite Ableitung von f "zuständig" ist.*

  Von dieser Tatsache werden wir später ausgiebig Gebrauch machen.

9.5.1 Zur Approximationsgenauigkeit

Im letzten Beispiel hatten wir eine ganze Familie von Polynomen P_0, P_1, P_2, ... betrachtet, mit denen sich die e-Funktion approximieren lässt. Man wird nun erwarten, dass die Näherung umso besser wird, je höher der Grad n des Taylorpolynoms ist.

Beispiel 9.70 (↗F 9.69). Wir betrachten einmal die Formel (9.25) für das Restglied

$$R_n(x_0, x) = f(x) - P_n(x) = \frac{1}{(n+1)!} f^{n+1}(\xi)(x - x_0)^{n+1}$$

im konkreten Fall der e-Funktion. Bei festem x, $x_0 = 0$ und n nimmt sie hier die Form

$$R_n(0, x) = \frac{1}{(n+1)!} e^\xi x^{n+1}$$

an, wobei ξ eine geeignete Zahl zwischen x und 0 bezeichnet, die im Allgemeinen von x und n abhängen wird. Wir wollen versuchen, diesen Restterm betragsmäßig nach oben abzuschätzen. Dabei investieren wir das Vorwissen "$x \in (-1, 1)$", also auch $|\xi| < 1$. Dann folgt

$$|R_n(0, x)| = \frac{1}{(n+1)!} \underbrace{e^\xi}_{\leq e} \underbrace{|x^{n+1}|}_{\leq 1} \leq \frac{e}{(n+1)!} \ .$$

Speziell folgt so für alle $x \in (-1, 1)$ wegen $e < 3$

$$|R_1(0, x)| \leq \frac{e}{2} < 1.5$$

$$|R_5(0, x)| \leq \frac{e}{720} < 0.00378.$$

Was bedeutet die letzte Zeile?
Angenommen, wir berechnen für ein gegebenes x

- erstens den Wert e^x

- zweitens den Wert $P_5(x)$

und runden das Ergebnis jeweils auf zwei Stellen nach dem Komma, dann sind beide Ergebnisse identisch. Anders gesagt: Mit Hilfe von P_5 können wir die Werte der e-Funktion für jedes $x \in (-1, 1)$ auf zwei Kommastellen genau ausrechnen.   △

Die Genauigkeit bei der Approximation der e-Funktion durch P_0 bis P_3 ist sehr schön in folgender Skizze zu sehen:

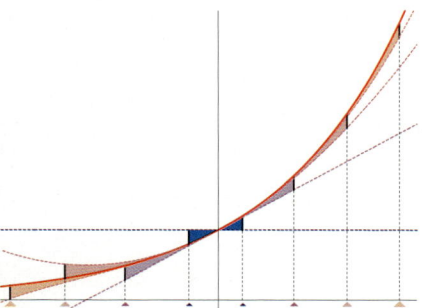

Der Graph der e-Funktion ist rot dargestellt, die Farben der Approximierenden P_0 bis P_3 nähern sich von Blau kommend an Rot an. Die farbigen Felder markieren Teile der Graphen mit ein- und derselben Approximationsgenauigkeit.

Beispiel 9.71. Wir betrachten die natürliche Logarithmusfunktion $f := \ln$ auf $(0, \infty)$ an der Stelle $x_0 = 1$. Es gilt bekanntlich

$$f'(x) = x^{-1},\, f''(x) = -x^{-2},\, f'''(x) = 2x^{-3},\, \ldots,\, f^n(x) = (-1)^{n-1}(n-1)!x^{-n},$$

folglich $f^0(1) = 0$ sowie

$$f'(1) = 1,\, f''(x) = -1,\, f'''(x) = 2,\, \ldots,\, f^n(x) = (-1)^{n-1}(n-1)!. \quad (9.27)$$

Wenn wir P_n allgemein in Summenform schreiben

$$P_n(x) = \sum_{k=0}^{n} \frac{1}{k!} f^k(x_0)(x - x_0)^k$$

ergibt sich im konkreten Fall durch Kürzen von Fakultäten

$$P_n(x) = \sum_{k=1}^{n} \frac{1}{k!}(-1)^{k-1}(k-1)!(x-1)^k = \sum_{k=1}^{n} \frac{(-1)^{k-1}}{k}(x-1)^k$$

also z.B. für $n = 6$

$$\ln x \sim P_6(x) = (x-1) - \frac{(x-1)^2}{2} + \frac{(x-1)^3}{3} - \frac{(x-1)^4}{4} + \frac{(x-1)^5}{5} - \frac{(x-1)^6}{6}.$$

Auch dieser Ausdruck lässt sich leicht berechnen.   △

Bemerkung 9.72. Im Fall der Exponentialfunktion haben wir $x_0 = 0$ gewählt, hätten ebenso aber $x_0 = 1$ (wie bei der Logarithmusfunktion) oder sonst einen beliebigen reellen Wert x_0 verwenden können. Bei der Logarithmusfunktion hätten wir für x_0 eine beliebige positive Zahl festlegen können. Die entstehenden Taylorpolynome hängen im Allgemeinen von der Wahl des Wertes x_0 ab. (Unsere Wahl von x_0 war jeweils so getroffen, dass die Taylorpolynome möglichst einfach ausfallen. Diese richtige Wahl ist natürlich eine Sache des Geschicks und der Übung.)

9.5.2 Die Taylorreihe

Wir sahen, dass sich ein- und dieselbe Funktion f unter Umständen durch Taylorpolynome beliebig hohen Grades n darstellen lässt: Es gilt in der Nähe von x_0

$$f(x) \approx P_n(x) \text{ mit } P_n(x) \qquad (9.28)$$

$$= f^0(x_0) + \ldots + \frac{1}{n!} f^n(x_0)(x - x_0)^n = \sum_{k=0}^{n} \frac{1}{k!} f^k(x_0)(x - x_0)^k$$

für beliebige $n \in \mathbb{N}$. Voraussetzung hierfür ist, dass f Ableitungen beliebig hoher Ordnung besitzt (m.a.W.: unendlich oft differenzierbar ist). Wenn die Restglieder $R_n(x_0, x)$ bei festem n und x_0 für $n \to \infty$ gegen Null konvergieren, kann man $f(x)$ in der Form einer unendlichen Reihe darstellen:

$$f(x) = \sum_{k=0}^{\infty} \frac{1}{k!} f^k(x_0)(x - x_0)^k \qquad (9.29)$$

Man nennt dies die *Taylorreihe* (oder auch *Taylorentwicklung*) der Funktion f an der Stelle x_0. (Im Fall $x_0 = 0$ spricht man auch von einer *MacLaurin-Entwicklung*.)

Beispiel 9.73. Die MacLaurin-Entwicklung lautet im Falle der Exponentialfunktion

$$e^x = \sum_{k=0}^{\infty} \frac{x^k}{k!} \qquad (9.30)$$

$\triangle$

Beispiel 9.74. Die Taylorentwicklung der natürlichen Logarithmusfunktion an der Stelle $x_0 = 1$ lautet

$$\ln x = \sum_{k=1}^{\infty} \frac{(-1)^{k-1}}{k} (x - 1)^k \qquad (9.31)$$

$\triangle$

Jede Taylorreihe lässt sich in der noch allgemeineren Form einer sogenannten *Potenzreihe* notieren:

$$P(x) := \sum_{k=0}^{\infty} a_k (x - x_0)^k.$$

Bei gegebenem Wert von x_0 und festen Konstanten a_0, a_1, a_2, ... die als Koeffizienten der Potenzreihe bezeichnet werden, liefert sie im Konvergenzfall einen von x abhängenden Wert $P(x)$. Potenzreihen stellen somit eine weitere Möglichkeit dar, Berechnungsvorschriften für reelle Funktionen anzugeben. Sie bieten gleichzeitig die Möglichkeit, Funktionswerte näherungsweise zu berechnen (indem statt unendlich vieler nur hinreichend endlich viele Summanden betrachtet werden). Auf diese Weise schließt sich der Bogen von dem "diskreten" Thema Reihen zu dem "kontinuierlichen" Thema Funktionen.

9.6 Elastizitäten

9.6.1 Motivation

Wir erinnern an die Ableitung einer Funktion f an einem (inneren) Punkt x° ihres Definitionsbereiches D. Sie ist definiert als Grenzwert von Differenzenquotienten:

$$f'(x^\circ) := \lim_{\Delta x \to 0} \frac{f(x^\circ + \Delta x) - f(x^\circ)}{\Delta x}$$

Folgende Punkte hatten wir schon hervorgehoben:

(1) Die Ableitung ist eine marginale *absolute* Wachstumsrate.

(2) Sobald die Größen f und x eine ökonomische Interpretation besitzen, sind in der Regel Maßeinheiten zu beachten. Diese gehen auch in die Ableitung ein.

(3) Die erhaltene Ableitung ist – genauso wie die Funktion f selbst – "empfindlich" gegenüber der Wahl der Maßeinheit!

In der Ökonomie ist allerdings oft nicht die *absolute*, sondern die *relative* Wachstumsrate von Interesse. Eine typische Frage lautet: Um wieviel *Prozent* wird sich der Output verändern, wenn sich der Input um soundsoviel *Prozent* verändert?

Weiterhin ist es bei qualitativen Betrachtungen erwünscht, dass die Ergebnisse nicht von der Wahl der Maßeinheiten abhängen. Aus diesen Gründen wird eine maßeinheitenfreie (d.h., "dimensionslose") Maßzahl gesucht, die den relativen Funktionszuwachs als Folge eines relativen Argumentzuwachses beschreibt.

Beiden Wünschen genügt die "Elastizität".

9.6.2 Definition

Um die gesuchte (marginale) relative Änderungsrate einer Funktion $f : D \to \mathbb{R}$ zu definieren, nehmen wir zunächst an, es sei $x \neq 0$ ein beliebiges "Ausgangs-Argument". Dieses werde nun um den Wert Δx verändert zu $x + \Delta x$. Die dadurch bewirkte relative Änderung des Argumentes x ist gegeben durch den Quotienten $\frac{\Delta x}{x}$. Durch die Veränderung des Argumentes x zu $x + \Delta x$ verändert sich der Funktionswert von $f(x)$ zu $f(x + \Delta x)$. Die relative Änderung des Funktionswertes gegenüber dem alten Wert ist durch den Quotienten $\frac{f(x+\Delta x)-f(x)}{f(x)}$ gegeben. Das Verhältnis dieser relativen Änderungen

$$\frac{\dfrac{f(x + \Delta x) - f(x)}{f(x)}}{\dfrac{\Delta x}{x}}$$

wird auch als *Bogenelastizität* von f an der Stelle x bezeichnet. Wir heben hervor, dass diese eine sozusagen "makroskopische" Größe ist, weil sie von dem festen "makroskopischen" Wert Δx abhängt. Von Interesse ist nun das Verhalten dieser Bogenelastizitäten beim Grenzübergang $\Delta x \to 0$.

Definition 9.75. *Es seien $D \subseteq \mathbb{R}$ ein echtes Intervall und $f : D \to \mathbb{R}$ eine Funktion. Existiert an einer Stelle $x \neq 0 \in D$ mit $f(x) \neq 0$ der (endliche oder unendliche) Grenzwert*

$$\lim_{\Delta x \to 0} \frac{\dfrac{f(x + \Delta x) - f(x)}{f(x)}}{\dfrac{\Delta x}{x}} =: \varepsilon_f(x)\,, \tag{9.32}$$

so heißt dieser Elastizität *von f bezüglich x an der Stelle x. Die durch die Zuordnung $x \mapsto \varepsilon_f(x)$ definierte Funktion heißt Elastizität(sfunktion) von f bezüglich x.*

Wie immer soll der Grenzwert (9.32) als einseitiger Grenzwert verstanden werden, wenn es sich bei dem Punkt x um einen Randpunkt von D handelt. Der folgende Satz zeigt, wie Elastizitäten *ohne* Grenzbetrachtung berechnet werden können:

Satz 9.76. *Es seien $D \subseteq \mathbb{R}$ ein nichtleeres Intervall und $f : D \to \mathbb{R}$ eine differenzierbare Funktion. Dann existiert der Grenzwert (9.32) für jeden Punkt x in der Menge*

$$D_{\varepsilon_f} := \{\, x \in D \mid f(x) \neq 0\,,\, x \neq 0 \,\}\,,$$

und es gilt

$$\varepsilon_f(x) = \frac{x\,f'(x)}{f(x)}. \tag{9.33}$$

Bemerkung 9.77. Der Ausdruck (9.33) ist zwar auch ohne die Voraussetzung $x \neq 0$ erklärt (und liefert dann einfach den Wert Null), verliert dann aber seine sinnvolle Interpretation als Elastizität.

9.6.3 Beispiele, Interpretationen, Sprechweisen

Ähnlich wie bei der Ableitung sind auch bei der Elastizität zwei Sichtweisen möglich:

- An einer festen Stelle betrachtet, liefert sie einen *Zahlenwert* mit einer bestimmten Interpretation.
- Als *Operation* ordnet sie einer gegebenen Funktion f die Elastizitätsfunktion ε_f zu.

Wir werden schnell sehen, dass die Operation Elastizität sozusagen "völlig andere" Eigenschaften hat als die Operation Ableitung. Als Konsequenz kommt unsere ansonsten bewährte Systematik (Katalog, Erhaltungssssätze usw.) hier nicht zum Tragen. Deswegen sehen wir uns zunächst einige Beispiele an.

Beispiel 9.78. Gegeben sei die Nachfragefunktion N mit $N(x) = \frac{40}{1+x^2}$, $x \geq 0$, (worin x als Preis eines Gutes und $N(x)$ als die zu diesem Preis nachgefragte Menge zu interpretieren sind).

Gesucht sind

  (a) die Elastizitätsfunktion von N allgemein

  (b) die Elastizität von N an der Stelle $x = 11$ sowie

  (c) die ökonomische Interpretation dieses Wertes.

Lösung:
(a) Gemäß Formel (9.33) haben wir

$$\varepsilon_N(x) = \frac{xN'(x)}{N(x)}$$

an jeder Stelle $x > 0$, denn es gilt $N(x) > 0$ für alle $x \in D_N$. Für die Grenznachfrage gilt dort

$$N'(x) = \frac{-80x}{(1+x^2)^2}$$

also folgt

$$\varepsilon_N(x) = \frac{\dfrac{-80x^2}{(1+x^2)^2}}{\dfrac{40}{(1+x^2)}} = \frac{-2x^2}{1+x^2} \qquad (9.34)$$

für $x \in D_N$.

(b) Wir setzen $x = 11$ in die Formel (9.34) ein und erhalten

$$\varepsilon_N(11) = -\frac{242}{122} = -\frac{121}{61}.$$

(c) Der so erhaltene Wert ist *negativ*, d.h., eine relative Erhöhung des Preises wird durch eine relativ sinkende Nachfrage begleitet (was auch ökonomisch sinnvoll ist). Folgende Formulierungen sind denkbar:

> *Erhöht man den Preis – ausgehend vom momentanen Wert von 11 [GE/ME] – um 1%, so sinkt die Nachfrage ungefähr um $\frac{121}{61}$% .*

Alternativ:

> *Erhöht man den Preis – ausgehend vom momentanen Wert von 11 [GE/ME] – um ein marginales Prozent, so sinkt die Nachfrage um $\frac{121}{61}$ marginale Prozent.*

Es fällt auf, dass bei einem Ausgangspreis von $x = 11$ [GE/ME] die Nachfrage nur schwach auf den Preisanstieg reagiert. Man sagt, die Nachfrage reagiere *unelastisch*. An der Stelle $x = 1$ dagegen haben wir

$$\varepsilon_N(1) = \frac{-2}{2} = -1,$$

d.h., prozentualer Preisanstieg und prozentualer Nachfrageabfall liegen (marginal betrachtet) in derselben Größenordnung. Man sagt hier, die Nachfrage reagiere *proportional elastisch*.   △

Die in diesem Beispiel aufgetretenen Sprechweisen sind in ökonomischen Anwendungen typisch. Eine vollständige Übersicht darüber gibt die folgende Definition:

Definition 9.79. *Gilt für die Elastizität einer Funktion f (an der Stelle x)*

$$\left.\begin{array}{c} \varepsilon_f(x) = 0 \\ 0 < |\varepsilon_f(x)| < 1 \\ |\varepsilon_f(x)| = 1 \\ |\varepsilon_f(x)| > 1 \\ |\varepsilon_f(x)| = \infty \end{array}\right\} , \textit{ so heißt } f \textit{ (an der Stelle x)} \left\{\begin{array}{l} \text{vollkommen unelastisch} \\ \text{unelastisch} \\ \text{proportional elastisch} \\ \text{elastisch} \\ \text{vollkommen elastisch} \end{array}\right\} .$$

Beispiel 9.80. Eine Gewinnfunktion G werde durch

$$G(x) = 50x - x^2 - 600, \quad x \geq 0,$$

beschrieben. Gesucht sind alle Stellen x, an denen die Gewinnfunktion vollkommen unelastisch reagiert.

Lösung: Wir haben alle $x > 0$ zu bestimmen, für die gilt $\varepsilon_G(x) = 0$. Das ist nach (9.34) gleichbedeutend mit $xG'(x) = 0$ und wegen $x > 0$ mit $G'(x) = 0$.

Nun gilt hier $G'(x) = 50 - 2x$, also ist $x = 25$ die gesuchte Stelle.   △

Beispiel 9.81. Eine Kostenfunktion werde durch $K(x) = \sqrt{x}\, e^x$, $x \geq 0$, gegeben. Gesucht sind alle Stellen x, an denen die Kostenfunktion elastisch reagiert.

Lösung:

Wir haben alle diejenigen $x > 0$ zu bestimmen, für die gilt

$$|\varepsilon_K(x)| > 1. \tag{9.35}$$

Dazu berechnen wir zunächst die Grenzkostenfunktion

$$K'(x) = \frac{1}{2\sqrt{x}}\, e^x + \sqrt{x}\, e^x, \quad x > 0,$$

und hieraus die Elastizitätsfunktion ε_K gemäß

$$\varepsilon_K(x) = \frac{x K'(x)}{K(x)} = \frac{1}{2} + x, \quad x > 0. \tag{9.36}$$

Da diese Funktion nur positive Werte annimmt, können wir in der Ungleichung (9.35) die Betragsstriche weglassen; sie geht dadurch über in

$$\frac{1}{2} + x > 1$$

mit der Lösungsmenge $\{\varepsilon_K > 1\} = (\frac{1}{2}, \infty)$.   △

Bemerkung 9.82. Der Ausdruck (9.36) lässt sich auch so schreiben:

$$\varepsilon_K(x) = \frac{K'(x)}{\frac{K(x)}{x}} = \frac{K'(x)}{k(x)},$$

d.h., die Elastizität einer Kostenfunktion ist gleich dem Quotienten aus Grenzkosten und Durchschnittskosten. Der Bereich, in dem die Kostenfunktion elastisch reagiert, ist also genau derselbe, in dem die Grenzkosten die Durchschnittskosten übersteigen. Wir werden im Kapitel 14.5 sehen, dass es oft ökonomisch sinnvoll ist, in diesem Bereich zu produzieren.

Wir beenden unsere Beispiele mit den

Elastizitäten der Katalogfunktionen

(1) *Lineare Funktionen:* Es sei $a \neq 0$ eine beliebige Konstante und $f(x) := ax$, $x \in \mathbb{R}$. Dann gilt $f'(x) = \text{const} = a$ und $f(x) \neq 0 \Leftrightarrow x \neq 0$; somit folgt

$$\varepsilon_f(x) = \frac{xa}{ax} = 1 = \text{const}.$$

für alle $x \in \mathbb{R} \setminus \{0\}$.

(2) *Affine Funktionen:* Es seien a und b beliebige Konstanten mit $a \neq 0$. Die Funktion f werde durch $f(x) := ax + b$, $x \in \mathbb{R}$, definiert. Wiederum gilt $f'(x) = \text{const} = a$; allerdings gilt diesmal $f(x) \neq 0 \iff ax + b \neq 0$ und somit $D_{\varepsilon_f} = \mathbb{R} \setminus \{-\frac{b}{a}\}$ sowie

$$\varepsilon_f(x) = \frac{xa}{ax + b}, \ x \in D_{\varepsilon_f}.$$

(Die Elastizitätsfunktion ist diesmal also nicht konstant. Man kann allerdings für $x \neq 0$ schreiben

$$\varepsilon_f(x) = \frac{a}{a + \dfrac{b}{x}}$$

woraus unmittelbar folgt $\varepsilon_f(x) \to 1$ für $|x| \to \infty$.)

(3) *Potenzfunktionen:* Wir betrachten auf $D := (0, \infty)$ die Potenzfunktion $f : x \to x^\rho$ (mit einer reellen Konstanten ρ). Es wird $f'(x) = \rho x^{\rho-1}$ und $f(x) \neq 0$ für alle $x \in D$; mithin wird $D_{\varepsilon_f} = D$ und

$$\varepsilon_f(x) = \frac{x \rho x^{\rho-1}}{x^\rho} = \rho, \ x \in D.$$

(4) *Exponentialfunktionen:* Auf $D := \mathbb{R}$ werde die Exponentialfunktion $f : x \to e^{\alpha x}$ (mit einer reellen Konstanten α) betrachtet. Wir haben $f'(x) = \alpha e^{\alpha x}$ und $f(x) \neq 0$ für alle $x \in D$, also gilt $D_{\varepsilon_f} = D$ und

$$\varepsilon_f(x) = \frac{x \alpha e^{\alpha x}}{e^{\alpha x}} = \alpha x, \ x \in D.$$

(5) *Der natürliche Logarithmus:* Für $f : (0, \infty) \to \mathbb{R} : x \to \ln x$ gilt $f'(x) = \frac{1}{x}$, $x \in (0, \infty)$, sowie $f(x) \neq 0 \iff x \neq 1$. Es wird $D_{\varepsilon_f} = (0, \infty) \setminus \{1\}$ und

$$\varepsilon_f(x) = \frac{\dfrac{x \cdot 1}{x}}{\ln x} = \frac{1}{\ln x}.$$

Rechenregeln mit Übersicht

Mit Hilfe der Erhaltungssätze können wir aus den Ableitungen der Katalogfunktionen auch die Ableitungen vieler anderer Funktionen bestimmen. Leider gilt dies nur bedingt für Elastizitäten, denn

> **Achtung:** *Für Elastizitäten gelten völlig andere Regeln als für Ableitungen!.*

In folgender Tabelle vergleichen wir die wichtigsten Rechenregeln für Ableitungen mit denen für Elastizitäten. Dies geschieht in schematischer Form, und wir unterstellen vereinfachend, dass alle auftretenden Größen wohldefiniert sind.

	Ableitung	Elastizität
Summenregel	$(f+g)' = f' + g'$	$\varepsilon_{f+g} \neq \varepsilon_f + \varepsilon_g$
Faktorregel	$(\lambda f)' = \lambda f'$	$\varepsilon_{\lambda f} = \varepsilon_f$
Produktregel	$(fg)' = f'g + fg'$	$\varepsilon_{fg} = \varepsilon_f + \varepsilon_g$
Kettenregel	$(f \circ g)' = (f' \circ g)g'$	$\varepsilon_{f \circ g} = (\varepsilon_f \circ g)\varepsilon_g$
(Umkehrfunktion)	$(f^{-1})' = \dfrac{1}{\phi' \circ \phi^{-1}}$	$\varepsilon_{f^{-1}} = \dfrac{1}{\varepsilon_f}$
Quotientenregel	$\left(\dfrac{f}{g}\right)' = \dfrac{f'g - fg'}{g^2}$	$\varepsilon_{\frac{f}{g}} = \varepsilon_f - \varepsilon_g$

Folgende Beobachtungen sind hervorzuheben:

Für Elastizitäten gilt die klassische Summenregel nicht!

Wegen der fehlenden Additivität ist die Operation $f \to \varepsilon_f$ *nicht linear*. Also können wir die Elastizität einer Summe, z.B. von Katalogfunktionen, nicht einfach als Summe der Elastizitäten der Summanden schreiben. Allgemeiner gesprochen: Hier versagen die "klassischen" Erhaltungsprinzipien, die uns bisher oft sehr geholfen haben.

Natürlich gibt es auch eine "Summenregel" für Elastizitäten. Diese ist allerdings von anderer Gestalt:

$$\varepsilon_{f+g} = \frac{f\varepsilon_g + g\varepsilon_f}{f+g}$$

(vorausgesetzt, der Nenner verschwindet nicht).

*Mit Ausnahme der Kettenregel gilt **keine** der Ableitungsregeln auch für Elastizitäten!*

Bei der Berechnung von Elastizitäten kann es daher effektiver sein, einfach sorgfältig zu rechnen, als sich auf diese Regeln zu stützen.

Die Rechenregeln für Elastizitäten sind dennoch intuitiv plausibel.

Beispiel 9.83. Ein Gut kann nach zwei verschiedenen Technologien gefertigt werden. Bei Technologie I entstehen aus einem Arbeitszeiteinsatz von x

Stunden $p(x)$ Mengeneinheiten Output, bei Technologie II sind es $3p(x)$ Mengeneinheiten. Für Technologie I gelte $\varepsilon_p(8) = 2$, d.h., bei einem momentanen Zeiteinsatz von h Stunden bewirkt eine weitere Steigerung des Zeiteinsatzes um 1% etwa eine zweiprozentige Steigerung des Outputs.

Was lässt sich über die Technologie II sagen?

Es ist klar, dass hier eine einprozentige Steigerung des Zeiteinsatzes zwar einen dreifach höheren absoluten Outputzuwachs ergeben wird, bezogen auf das von vornherein auch schon dreifach höhere Ausgangsniveau ist der *relative* Zuwachs jedoch derselbe. Fazit: Es gilt

$$\varepsilon_p = \varepsilon_{3p}. \qquad \triangle$$

Beispiel 9.84. Ein Gut werde nach einer zweistufigen Technologie produziert. In Stufe I entstehen aus x Mengeneinheiten des Produktionsfaktors I zunächst $y = u(x)$ Mengeneinheiten eines Produktionsfaktors II, aus diesen dann im zweiten Schritt $z = v(y)$ Mengeneinheiten des eigentlichen Produktes. Steigert man den Input x um ein marginales %, erhöht sich der Output der ersten Stufe um $y = \varepsilon_u(x)$ marginale %. Da dieser so gesteigerte Output zugleich Input der zweiten Stufe ist, erhöht sich der Gesamtoutput um marginale $\varepsilon_v(y) \cdot \varepsilon_u(x)$ %. Ergebnis ist die Kettenregel für Elastizitäten:

$$\varepsilon_{v \cdot u}(x) = \varepsilon_v(u(x))\varepsilon_u(x). \qquad \triangle$$

Die anderen Regeln lassen sich in ähnlicher Weise interpretieren und zur Gewinnung neuer Erkenntnisse ausnutzen.

Beispiel 9.85. Ein Monopolist kann von einem Gut $N(p) > 0$ Mengeneinheiten absetzen, wenn er einen Preis von $p \geq 0$ [GE/ME] fordert. Er erzielt dabei einen Umsatz von

$$U(p) := p \cdot N(p) \qquad (9.37)$$

Geldeinheiten.

Durch (9.37) wird eine Umsatzfunktion $U : [0, \infty) \to \mathbb{R}$ definiert. Sie ist das Produkt der beiden Funktionen

$$id : p \to p \quad \text{und} \quad N : p \to N(p).$$

Wir nehmen an, N sei differenzierbar. Dann ist nach der "Produktregel" die Elastizität von U als *Summe* der beiden Elastizitäten von id und N gegeben:

$$\varepsilon_U(p) = \varepsilon_{id}(p) + \varepsilon_N(p) \quad (p > 0).$$

Wegen $\varepsilon_{id}(p) = 1$ ergibt sich folgende bekannte Formel:

$$\varepsilon_U(p) = 1 + \varepsilon_N(p) \quad (p > 0)$$

(Wir bemerken, dass eine Nachfragefunktion vernünftigerweise als fallend anzunehmen ist; demzufolge ist auch ihre Elastizität nichtpositiv.) Insbesondere gilt für $p > 0$

$$\varepsilon_U(p) = 0 \quad \Leftrightarrow \quad \varepsilon_N(p) = -1.$$

Im Vorgriff auf Kapitel 13 sei erwähnt, dass die Bedingung links für das Vorliegen eines Umsatzmaximums an der Stelle p *notwendig* ist. Wir können wegen der äquivalenten Bedingung rechts nun sagen: Ein Umsatzmaximum kann nur bei einem solchen Preis liegen, bei dem die Nachfrage proportional elastisch ist. $\triangle$

9.7   Aufgaben

Aufgabe 9.86 (↗L). Gegeben seien die Funktionen f, g, h, j, k und l durch

$$
\begin{aligned}
f(x) &= 4\sqrt{x} - 12e^x + \ln(x) - 22\sin(x) & (x > 0) \\
g(x) &= x^5 e^x & (x \in \mathbb{R}) \\
h(x) &= \sqrt{\ln(e^x + \sin x \cos x + 2)} & (x \in \mathbb{R}) \\
j(x) &= e^{\sqrt{x}} & (x > 0) \\
k(x) &= \left(e^{\sqrt{x}}\right)^2 & (x > 0) \\
l(x) &= \sqrt{x^2} & (x \in \mathbb{R})
\end{aligned}
$$

(i) Bilden Sie die Ableitungen dieser Funktionen.

(ii) Welche Ableitungsregeln wurden dabei benutzt?
(Geben Sie diese in möglichst allgemeiner Form an!)

(iii) Stellen Sie fest, wo die Ableitungen definiert sind.

Aufgabe 9.87 (↗L). Bestimmen Sie die Elastizitätsfunktionen von

- $f(x) = x + 1$ $(x \in \mathbb{R})$
- $g(x) = \sqrt{x + 1}$ $(x \geq 0)$
- $h(x) = e^{-(x+1)^2}$ $(x \in \mathbb{R})$
- $k(x) = (x + 1)\ln(x + 1)$ $(x > -1)$
- $l(x) = 2(x + 1)$ $(x \in \mathbb{R})$
- $m(x) = (x + 1)^2$ $(x \in \mathbb{R})$

und jeweils deren Wert an der Stelle $x = 2$. (Interpretieren Sie diesen.) Lassen sich Rechenregeln für Elastizitäten anwenden?

Aufgabe 9.88. Errechnen Sie die Elastizität als Funktion von x für:

$$
\begin{aligned}
&\text{(a)} & f(x) &= 10 - 2(x - 5)^2 & D &= \mathbb{R} \\
&\text{(b)} & g(x) &= 3\sqrt{x} & D &= [0, \infty) \\
&\text{(c)} & h(x) &= 5e^{2x} & D &= \mathbb{R}
\end{aligned}
$$

Bestimmen Sie dabei jeweils auch die Definitionsbereiche von ε und (außer im Fall (a)) diejenigen Teilmengen von D_ε, auf denen $|\varepsilon(x)| > 1$, $|\varepsilon(x)| = 1$ bzw. $|\varepsilon(x)| < 1$ gilt.

Aufgabe 9.89. Gegeben sei die Funktion $x(p) = \frac{30}{1+4e^{-p}}$. In der Ökonomie wird auch eine solche Funktion als Preisabsatzfunktion bezeichnet (siehe Kapitel 14).

(i) Bestimmen Sie die Elastizität $\varepsilon_x(p)$.

(ii) Bestimmen Sie die Elastizität für $p_0 = 5$.

(iii) Interpretieren Sie diesen Wert.

(iv) x_0 sei der Wert der Nachfrage bei $p_0 = 5$. Berechnen Sie $\varepsilon_p(x_0)$.

Aufgabe 9.90 (↗L)**.** Gegeben sei die Funktion $x_A(p) = p^2 + 6p + 9$ mit $2 \leq p \leq 10$. In der Ökonomie wird auch eine solche Funktion als Angebotsfunktion bezeichnet (siehe Kapitel 14).

(i) Man berechne die Elastizität der Angebotsmenge (bzgl. des Preises) in Abhängigkeit vom Preis und vereinfache das Ergebnis so weit wie möglich.

(ii) Man berechne ε_x für $p = 7$ und interpretiere diesen Wert.

(iii) Für welche Werte p ist x_A (un)elastisch?

10

Monotone Funktionen

10.1 Motivation und Übersicht

Die folgenden Bilder zeigen Beispiele für Graphen reeller Funktionen, die sich in ihrem Wachstumsverhalten unterscheiden.

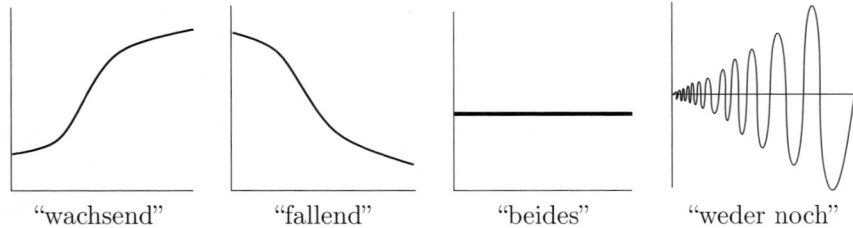

Je nach Art des Wachstums könnte man diese als "wachsend", "fallend", "beides" bzw. "weder wachsend noch fallend" bezeichnen. Weil Wachstumseigenschaften wesentliche Merkmale wichtiger Klassen ökonomischer Funktionen sind, werden wir sie hier etwas eingehender behandeln.

Wir haben hier nur Bilder vor Augen, benötigen aber präzise, nachrechenbare Bedingungen. Dazu formulieren wir zunächst die nötigen Definitionen. Ein typisches Problem ist es dann, von einer gegebenen Funktion zu entscheiden, *ob* bzw. *auf welchem Teil ihres Definitionsbereiches* sie (streng) wachsend bzw. fallend ist. Damit dies so einfach wie nur möglich geschehen kann, stellen wir uns im Weiteren einen passenden Werkzeugkasten zusammen. Darin werden enthalten sein:

(1) die Definition der Monotonie mit ersten Folgerungen

(2) der Katalog von Grundfunktionen

(3) Monotonie-"Erhaltungssätze"

(4) der Zusammenhang von Monotonie und erster Ableitung.

Auf ökonomische Anwendungen gehen wir dann im Kapitel 13 "Reelle Funktionen in der Ökonomie" ein.

10.2   Begriffe

Wir betrachten eine beliebige relle Funktion $f : D \to \mathbb{R}$. Falls sie sich wie im Bild ganz links verhält, kann man dies wie folgt exakt ausdrücken:

Definition 10.1. *Die Funktion f heißt*

$$\left\{ \begin{array}{c} \text{monoton wachsend} \\ \text{streng monoton wachsend} \end{array} \right\}, \; wenn \; gilt \, x < y \Longrightarrow f(x) \left\{ \begin{array}{c} \leq \\ < \end{array} \right\} f(y).$$
(10.1)

für alle $x, y \in D$.

Statt "monoton wachsend" sagen wir auch "monoton nichtfallend" oder kurz "wachsend". Definitionsgemäß ist jede streng wachsende Funktion auch wachsend, umgekehrt braucht eine wachsende Funktion nicht streng wachsend zu sein, siehe Bild "beides". – Die folgende Definition bezieht sich auf das gegenteilige Verhalten (zweites Bild von links auf Seite 309):

Definition 10.2. *Die Funktion f heißt* (streng) monoton fallend, *wenn die Funktion $-f$ (streng) monoton wachsend ist.*

"Fallend" bzw. "streng fallend" lassen sich durch eine zu (10.1) analoge Bedingung charakterisieren, wobei lediglich die Ungleichungszeichen in umgekehrter Richtung auftreten. Eine Funktion ist genau dann gleichzeitig wachsend und fallend – und zwar beides nicht streng –, wenn sie konstant ist (Bild "beides", Seite 309). Umgekehrt braucht eine Funktion, die nicht wachsend ist, keinesfalls fallend zu sein (Bild "weder noch" Seite 309).

"Wachsend" bzw. "fallend" sind Eigenschaften, die sich auf den gesamten Definitionsbereich D der Funktion f beziehen. Daher geht der Definitionsbereich - quasi unsichtbar - mit in die Definition ein. Mitunter besitzt eine Funktion die erwünschten Eigenschaften nur auf einem Teil des Definitionsbereiches. Wenn die Bedingungen vom Typ (10.1) zumindest für alle x aus einer Teilmenge $I \subseteq D$ erfüllt sind, nennen wir die Funktion f (streng) monoton wachsend (bzw. fallend) *auf I.*

Wegen des einfachen Zusammenhanges von "wachsend" und "fallend" werden wir im Weiteren meist nur über wachsende Funktionen sprechen.

10.3   Erste Anwendungen und Ergänzungen

10.3.1   Monotonieprüfung mittels Definition

Gegeben sei eine Funktion f. Die Frage: "Ist f monoton?" kann – zumindest im Prinzip – *immer* durch direkte Überprüfung der Ungleichung (10.1) beantwortet werden ("Definitionsmethode"). Der Vorteil: Es handelt sich um sehr einfach formulierte Bedingungen; komplizierte Begriffe wie "Ableitung" kommen nicht vor. Der Nachteil: Es kann mitunter knifflig werden, die Ungleichungen (10.1) nachzuweisen. Dennoch ist die Definitionsmethode zweifach nützlich:

- *Erstens* können mit ihr die Monotonieeigenschaften der Grundfunktionen ermittelt und später als "bekannt" ausgenutzt werden.

- *Zweitens* können mit ihr die sogenannten "Erhaltungssätze" (siehe Abschnitt 10.5) formuliert werden.

Wir demonstrieren nun die Definitionsmethode anhand einfacher Beispiele. Gegeben sei eine Funktion $f : D \to \mathbb{R}$, die auf (strenges) Wachstum überprüft werden soll.

Vorgehensweise:

1) Wir wählen ein *beliebiges* Wertepaar x, y mit $x < y$ aus D aus.

2) Wir prüfen, ob gilt: $f(x) \leq f(y)$ (bzw. $f(x) < f(y)$).

3) *Entscheidung:* Lautet die Antwort ja, ist f monoton (bzw. streng monoton) wachsend, andernfalls nicht (zumindest nicht auf ganz D).

Beispiel 10.3 ($\nearrow$Ü, $\nearrow$L). Wir untersuchen die quadratische Funktion $q :$ $\mathbb{R} \to \mathbb{R} : x \mapsto x^2$. Ein Blick auf den Graphen von q lässt vermuten, dass q

A) auf $[0, \infty)$ streng monoton wachsend und

B) auf $(-\infty, 0]$ streng monoton fallend ist.

(Wir schreiben "vermuten" statt "beweist", weil natürlich jede (noch so gut gemeinte) Skizze nichts beweisen kann (eine Verfeinerung des Maßstabs könnte Unerwartetes zutage fördern)).

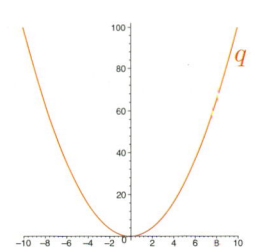

Teil A: Wir wählen beliebige $x, y \in [0, \infty)$ und müssen zeigen, dass aus der Voraussetzung $x < y$ folgt $x^2 = q(x) < q(y) = y^2$. Wir nehmen dazu an, die Voraussetzung $x < y$ sei erfüllt. Nun gibt es zwei Fälle:

Fall 1: Es gilt $x > 0$.

Eine Multiplikation der gegebenen Ungleichung	$x \quad <$	y
mit dem *positiven* Faktor x ergibt dann	$x \cdot x \quad <$	$x \cdot y,$
mit dem wegen $x < y$ positiven Faktor y hingegen	$x \cdot y \quad <$	$y \cdot y.$
Die letzten beiden Zeilen zusammen ergeben	$x \cdot x < x \cdot y < y \cdot y$	
insbesondere	$x^2 \quad < \quad y^2$	

wie gefordert. Damit ist q auf $(0, \infty)$ streng wachsend.

Fall 2: Es gilt $x = 0$.

Dann gilt auch $x^2 = 0$. Aus der Voraussetzung $x < y$ folgt andererseits $y > 0$ und somit $y^2 > 0$. Also gilt auch hier $x^2 < y^2$.

Teil B: Es bleibt zu zeigen, dass q auf $(-\infty, 0]$ streng fallend ist, was analog zum Teil A geschehen kann. Die Einzelheiten überlassen wir dem Leser als Übung. Wegen zahlreicher beliebter Fehlerquellen empfehlen wir die Lektüre der Musterlösung im Lösungsteil.   △

Beispiel 10.4 (↗Ü, ↗L).
Die kubische Funktion $k : \mathbb{R} \to \mathbb{R} :$
$x \mapsto x^3$ ist auf ganz $\mathbb{R}$ streng monoton
wachsend.
(Dies wird mitunter mit Verwunderung
registriert - hat der Graph von k doch
den bekannten Wendepunkt: Aber es
kommt hier - wie stets - darauf an,
die Kriterien der Definition wortwört-
lich zu überprüfen:

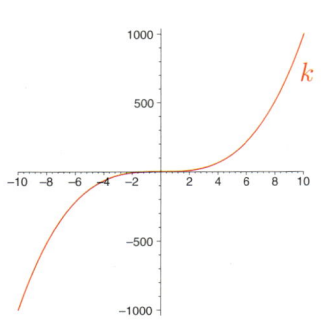

△

Beispiel 10.5 (↗Ü, ↗L). Die "Reziprokfunktion" $x \mapsto \dfrac{1}{x}$ ist auf $(0, \infty)$ streng monoton fallend.   △

10.3.2 Monotonieabschluss

Oft ist es relativ einfach, über die Monotonie einer Funktion im *Inneren* ihres Definitionsbereiches zu entscheiden, die Hinzunahme der *Rand*punkte ist jedoch umständlich oder verursacht gar Schwierigkeiten (siehe Beispiel 10.3; Beispiele dieser Art werden uns noch öfter begegnen). Die folgende Aussage räumt von vornherein mit diesen Schwierigkeiten auf. Sie ergibt sich direkt aus der Monotoniedefinition:

Satz 10.6 (↗S.1046). *Es sei f eine auf einem Intervall $D \subseteq \mathbb{R}$ mit $D^\circ \neq \emptyset$ definierte stetige Funktion.*

(i) *Ist f im Inneren D° von D monoton wachsend, so auch auf ganz D.*

(ii) *Ist f im Inneren D° von D streng monoton wachsend, so auch auf ganz D.*

Merke:

> " Bei stetigen Funktionen machen die Randpunkte mit".

Beispiel 10.7. Wir betrachten auf $[0, \infty)$ die stetige Funktion $x \to x^2$. In Beispiel 10.3 hatten wir zunächst gezeigt, dass q im *Inneren* $(0, \infty)$ des Definitionsbereiches streng wachsend ist. Aus Satz 10.6 folgt nun sofort, dass q auf dem *gesamten* Definitionsbereich $D = [0, \infty)$ streng wachsend ist.   △

Den vollen Nutzen von Satz 10.6 werden wir im nachfolgenden Abschnitt besser einschätzen können. Die Begründung überlassen wir dem Leser als Übung 10.6 (↗S.1046).

10.4 Monotonieeigenschaften der Grundfunktionen

10.4.1 Vorbemerkung

Bei der Untersuchung beliebiger Funktionen wollen wir – soweit möglich – auf die Eigenschaften der Grundfunktionen unseres Kataloges zurückgreifen. Daher stellen wir in diesem Abschnitt deren Monotonieeigenschaften zusammen. Sie lassen sich ähnlich wie in den letzten Beispielen nachweisen. Wir beschränken uns darauf, die Ergebnisse wiederzugeben, die sich anhand der abgebildeten Graphen gut einprägen lassen.

10.4.2 Affine Funktionen

Es gilt: *Eine affine Funktion $f : x \to ax + b$, $x \in D$, ist*

- *streng wachsend, falls $a > 0$ ist,*

- *streng fallend, falls $a < 0$ ist,*

- *sowohl wachsend als auch fallend (beides nicht streng), wenn $a = 0$ ist.*

10.4.3 Potenzfunktionen

Es gilt: *Die Funktionen $x \to x^p$ (Bild links auf Seite 309) sind*

- *streng wachsend auf $[0, \infty)$ für $p > 0$*

- *streng fallend auf $(0, \infty)$ für $p < 0$*

- *konstant auf $(0, \infty)$ für $p = 0$*

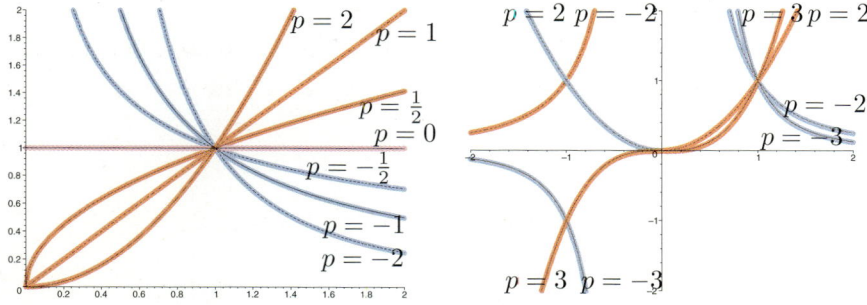

Anmerkung: *Für ganzzahlige Exponenten lassen sich die Potenzfunktionen auch auf $(-\infty, 0)$ bzw.$(-\infty, 0]$ fortsetzen (siehe Bild rechts).*

In diesem Fall gilt: *Die Funktion $x \to x^p$ ist streng*

- *wachsend auf $(-\infty, 0]$ für ungerade positive p (d.h., $p = 2n+1$, $n \in \mathbb{N}$)*
- *wachsend auf $(-\infty, 0)$ für gerade negative p (d.h., $p = -2n$, $n \in \mathbb{N}$)*
- *fallend auf $(-\infty, 0]$ für gerade positive p (d.h., $p = 2n$, $n \in \mathbb{N}$)*
- *fallend auf $(-\infty, 0)$ für ungerade negative p (d.h., $p = -2n+1$, $n \in \mathbb{N}$)*

10.4.4   Exponentialfunktionen

Es gilt: *Die Exponentialfunktionen $x \to e^{ax}$ sind*

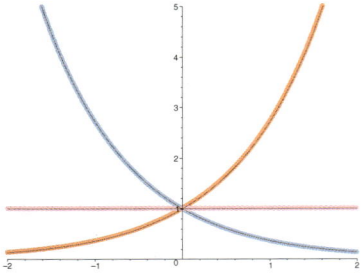

- *streng wachsend für $a > 0$*
- *streng fallend für $a < 0$*
- *beides (nicht streng) für $a = 0$.*

10.4.5   Die (natürliche) Logarithmusfunktion

Es gilt: *Die Funktion $x \to \log_a x$ ist*

- *streng wachsend für $a > 1$*
- *streng fallend für $a < 1$.*

Insbesondere ist "die Logarithmusfunktion" $x \to \ln x$ streng wachsend.

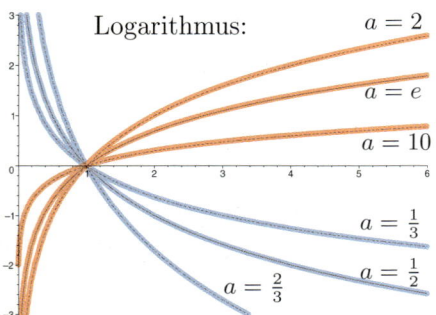

10.4.6 Die Winkelfunktionen

Die nachfolgende Abbildung zeigt die Graphen der Sinus- und Cosinus-funktion:

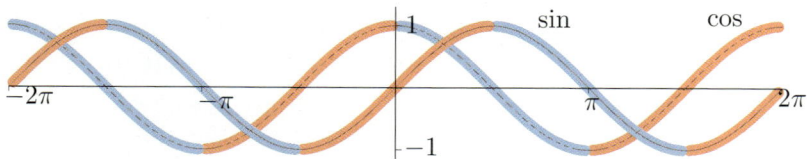

Es gilt: *Die Sinusfunktion $x \to \sin x$ ist*

- *streng wachsend auf allen Intervallen $2k\,\pi + \left[-\dfrac{\pi}{2}, \dfrac{\pi}{2} \right]$, $k \in \mathbb{Z}$*

- *streng fallend auf allen Intervallen $2k\,\pi + \left[\dfrac{\pi}{2}, \dfrac{3\,\pi}{2} \right]$, $k \in \mathbb{Z}$.*

Es gilt: *Die Cosinusfunktion $x \to \cos(x)$ ist*

- *streng fallend auf allen Intervallen $2k\,\pi + [\,0, \pi\,]$, $k \in \mathbb{Z}$,*
- *streng wachsend auf allen Intervallen $2k\,\pi + [\,\pi, 2\,\pi\,]$, $k \in \mathbb{Z}$.*

10.5 Erhaltungseigenschaften monotoner Funktionen

10.5.1 Das Wesentliche

Wir werden nun die Vorgehensweise für einen "Monotonie-Schnelltest" ent-wickeln. Die Grundidee besteht darin, die Monotonie "neuer" Funktionen auf die Monotonie bereits bekannter Funktionen zurückzuführen. Dies gelingt, wenn die "neue" Funktion aus den bekannten entsteht, indem diese verviel-facht, addiert, hintereinanderausgeführt oder auf ähnliche Weise verknüpft werden. *Erhaltungssätze* stellen sicher, dass diese Verknüpfungen bestehende Monotonieeigenschaften *erhalten*. Zusammengefasst besagen sie, dass

- *Summen, positive Vielfache, Zusammensetzungen, Maxima und Minima sowie Grenzwerte von Folgen wachsender Funktionen wiederum wach-send und*
- *negative Vielfache wachsender Funktionen fallend sind.*

(Sinngemäßes gilt, wenn man die Wörter "wachsend" und "fallend" austauscht.) Diese Aussagen erlauben in sehr vielen Fällen, einer Funktion ihre Monotonie sozusagen direkt anzusehen, ohne z.B. ihre Ableitung berechnen zu müssen.

Bei den nachfolgenden Aussagen verwenden wir folgende **generelle**

Voraussetzungen:
Es seien $D \subseteq \mathbb{R}$ eine nichtleere Menge; $f, f_1, f_2, f_3, \dots$ und g auf D definierte re-elle Funktionen; $E \subseteq \mathbb{R}$ eine nichtleere Menge mit $f(D) \subseteq E$ sowie $h : E \to \mathbb{R}$ eine reelle Funktion.

10.5.2   Summen und Vielfache monotoner Funktionen

Satz 10.8.

(i) *Ist f wachsend und g streng wachsend, so ist auch die Summe f + g streng wachsend.*

(ii) *Ist f streng wachsend und $\lambda > 0$, so ist λf wiederum streng wachsend.*

(iii) *Ist f streng wachsend und $\lambda < 0$, so ist λf streng fallend.*

(iv) *Alle vorangehenden Aussagen bleiben richtig, wenn die türkisfarbigen Wörter weggelassen und/oder die Wörter "wachsend" oder "fallend" gegeneinander ausgetauscht werden.*

Die Aussagen des Satzes in Tabellenform:
(mit den Abkürzungen $\nearrow$ bzw. $\searrow$ und *s* für *wachsend* bzw. *fallend* und *streng*):

Wachstum und Addition			
f	*g*	*f + g*	Stichworte
$\nearrow$	$s \nearrow$	$s \nearrow$	"Gleichsinn"
$\searrow$	$s \searrow$	$s \searrow$	
andere Fälle			"UnGleichsinn": keine Aussage

Wachstum und Multiplikation			
f	λ	λf	Stichworte
$s \nearrow$	> 0	$s \nearrow$	"positiv erhält"
$s \searrow$	> 0	$s \searrow$	
$s \nearrow$	< 0	$s \searrow$	"negativ kehrt um"
$s \searrow$	< 0	$s \nearrow$	
beliebig	$= 0$	$\nearrow$ und $\searrow$	"Null neutralisiert"

Hinweis: *s* durchgehend weglassbar

Man beachte bei Punkt *(i)* von Satz 10.8: Die *Summe* wachsender Funktionen ist bereits dann streng wachsend, wenn *ein einziger* Summand streng wachsend ist!

Beispiel 10.9. Die beiden auf ganz $\mathbb{R}$ definierten Funktionen $f : x \to x^3$ und $g : x \to 5$ sind wachsend, (die erstere sogar streng). Also ist auch ihre Summe $x \to x^3 + 5$ wachsend (und auch dies streng, obwohl nicht *beide* Summanden streng wachsen). $\triangle$

Beispiel 10.10. Auf $D := (0,\pi)$ werde eine Funktion Ψ durch $\Psi(x) := x^{(-3)} + \cos(-x) + 5$ definiert. Die ersten beiden Summanden des Ausdruckes sind streng fallend *auf D(!)*; der dritte Summand – die Zahl 5 – definiert eine konstante (also auch fallende) Funktion. Als Summe dreier fallender Funktionen, von denen zwei sogar streng fallen, ist Ψ streng fallend.
$\triangle$

Achtung: *Über Summen von Funktionen mit unterschiedlichem Monotonie-verhalten sagt der Satz 10.8 nichts aus. Es ist in solchen Fällen auch – zumindest ohne zusätzliche Untersuchungen – nicht möglich, generelle Aussagen zu treffen.*

Beispiel 10.11. Zur Illustration betrachten wir die durch die Ausdrücke $f(x) := x$ und $g(x) := \frac{1}{x}$ sowie $s(x) := f(x)+g(x)$ auf $D := (-2,0)$ definierten Funktionen.

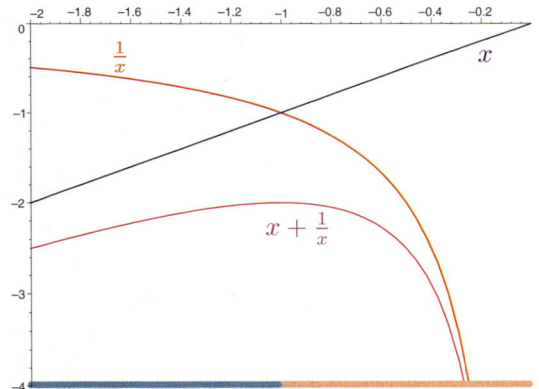

Die Funktion f (blau) ist streng wachsend, die Funktion g (rot) dagegen streng fallend. Wir sehen jedoch: Die Summenfunktion s (violett) ist

- (auf ganz D) weder wachsend noch fallend,
- auf dem Intervall $(-2, -1]$ (hellblau unterlegt) streng wachsend,
- und auf dem Intervall $[-1, 0)$ (hellrot unterlegt) streng fallend. $\triangle$

Fazit: Die Summe ungleichsinnig monotoner Funktionen kann beliebige Wachstumseigenschaften aufweisen.

10.5.3 Monotonie mittelbarer Funktionen

Als eine weitere Möglichkeit der Verknüpfung betrachten wir nun die Komposition $h \circ f$ der Funktionen h und f. Wir erinnern: Es entsteht dabei die durch $h \circ f(x) := h(f(x)), x \in D$, definierte Funktion[1].

---

[1] Man beachte die generellen Voraussetzungen aus Punkt 10.5.2.

Satz 10.12.

   *(i) Sind h und f **beide** streng wachsend, so ist auch h ∘ f streng wachsend .*

   (ii) Ist h streng fallend, dagegen f streng wachsend, so ist h∘f streng fallend.

   (iii) Die vorangehenden Aussagen bleiben richtig, wenn die türkisfarbigen Textteile weggelassen werden.

Wir können es auch so ausdrücken: Sind f und h *gleichläufig* monoton, so ist $h \circ f$ monoton *wachsend*, sind f und h *gegenläufig* monoton, so ist $h \circ f$ monoton *fallend*. Sind *beide* Funktionen f und h streng monoton, so ist auch $h \circ f$ streng monoton.

Achtung: *Für die strenge Monotonie von $h \circ f$ reicht es im Allgemeinen nicht aus, wenn nur eine der beiden monotonen Funktionen h oder f auch streng monoton ist!*

(Siehe hierzu das Beispiel 10.15 unten.)

Unsere Regeln in tabellarischer Form:

Komposition und Wachstum			
h	f	$h \circ f$	Stichworte
$s \nearrow$	$s \nearrow$	$s \nearrow$	"wachsender Gleichsinn"
$s \searrow$	$s \searrow$	$s \nearrow$	
$s \nearrow$	$s \searrow$	$s \searrow$	"fallender Gegensinn"
$s \searrow$	$s \nearrow$	$s \searrow$	

Hinweis: s durchgehend weglassbar

Beispiel 10.13. Die Grundfunktion $h : x \to e^x$ ist streng monoton wachsend, die Funktion $f : x \to -x$ dagegen ist streng monoton fallend. Die zusammengesetzte Funktion $h \circ f$ mit $h \circ f(x) = e^{-x}$ ist also streng monoton fallend. △

Beispiel 10.14. Wir betrachten die Funktion $m(x) := (\ln x)^3$, $x > 0$. Hier können wir schreiben $m(x) = v(x)^3 = u(v(x))$ mit $v(x) := \ln x$ $(x > 0)$ und $u(v) := v^3$, $v \in \mathbb{R}$. Beide Funktionen (u und v) sind in unserem Grundkatalog enthalten und beide streng wachsend. Als Komposition gleichläufig monotoner Funktionen ist m streng wachsend. △

Beispiel 10.15. Bei der Funktion $n(x) := (\ln x)^0$, $x > 1$, ist die innere Funktion $x \to \ln x$ streng monoton wachsend, die äußere Funktion $y \to y^0$, $y > 0$, dagegen konstant, also nur "wachsend" (aber nicht streng). Das Ergebnis lautet $n(x) = 1$ für alle $x > 1$; also ist n konstant und somit *nicht* streng monoton. △

Beispiel 10.16. Natürlich können wir auch mehrfach geschachtelte Funktionen betrachten. So sei etwa für $x \geqslant 1$ $\psi(x) := e^{\sqrt{\ln x}}$. Die Färbung verrät, dass hier drei – und zwar wachsende, also gleichläufig monotone – Funktionen ineinander geschachtelt sind. Wir sehen zunächst, dass die innere Funktion (rot/grün) als Komposition wachsender Funktionen wächst. Wendet man hierauf die ebenfalls wachsende äußere Funktion (blau) an, so ist auch das Gesamtergebnis eine wachsende Funktion. $\triangle$

Beispiel 10.17 ($\nearrow$Ü, $\nearrow$L, "*Kehrwert kehrt Monotonie um*").
Es sei $f : D \to \mathbb{R}$ eine Funktion, die entweder nur positive oder nur negative Werte annimmt. Dann ist durch $x \mapsto \dfrac{1}{f(x)}, x \in D$, die zu f "reziproke" Funktion wohldefiniert. Wir nennen sie kurz "$\dfrac{1}{f}$".

Dann gilt:

(i) Ist f wachsend, so ist $\dfrac{1}{f}$ fallend.

(ii) Ist f fallend, so ist $\dfrac{1}{f}$ wachsend.

(iii) Beide Aussagen bleiben richtig, wenn man "wachsend" bzw. "fallend" jeweils im strengen Sinne versteht.

Zur Illustration betrachten wir die bereits untersuchte Funktion
$x \mapsto q(x) := e^{-x}, x \in \mathbb{R}$, unter dem aktuellen Blickwinkel.
Wir können schreiben: $q(x) = \dfrac{1}{f(x)}$ mit $f(x) := e^x, x \in \mathbb{R}$. Die letztgenannte Katalogfunktion ist streng wachsend, also ist die dazu reziproke Funktion q streng fallend. $\triangle$

10.5.4   Weitere Beispiele

Beispiel 10.18. Es sei auf $[0, \infty)$ die Funktion z mit $z(x) := \frac{1}{\sqrt{1+x^3}}$ gegeben.

Es ist $z(x) = \dfrac{1}{\sqrt{1+x^3}}$

im Nenner:

$s \nearrow$ (nach Katalog)

$s \nearrow$ (als Summe von $\nearrow$ und $s \nearrow$)

$s \nearrow$ (als gleichsinnige Komposition)

Gesamtbruch:

$s \searrow$ (als Reziprokwert bzw.
als gegensinnige Komposition)

Nach all der Mühe kann man sich ja einmal eine Skizze der Funktion ansehen:

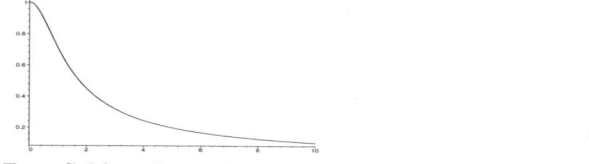

$\triangle$

Beispiel 10.19 ($\nearrow$Ü). Zum Schluss betrachten wir als etwas komplizierteres Beispiel die auf $\left[0, \dfrac{\pi}{2}\right]$ durch

$$\tau(x) := \ln\left(5x^2 - \sqrt{1 - \sin(x)^3}\right)$$

definierte Funktion τ. Analog zur oben gezeigten "grafischen Methode" finden wir hier:

Also ist die Funktion τ streng wachsend. *(Achtung: Dasselbe Ergebnis lässt sich auch mit Hilfe der Differentialrechnung erzielen (Übungsaufgabe!), wobei eine dreifach geschachtelte Kettenregel zur Anwendung kommt.)*   △

10.5.5   Beliebte Fehler

Fehlerquelle: *"Das Produkt monoton wachsender Funktionen ist wachsend."*

Gegenbeispiel 10.20. Wählt man etwa $f(x) := x$, $g(x) := x^3$, $x \in \mathbb{R}$, handelt es sich um zwei streng monoton wachsende Funktionen, deren Produkt $f \cdot g : x \mapsto x^4$ nicht (überall) wachsend ist.   △

Fehlerquelle: *"Die Differenz monotoner Funktionen ist monoton".*

Gegenbeispiel 10.21. Wir betrachten auf $D := (0, \infty)$ drei Situationen:

a) $u(x) := e^x$ und $v(x) := x$

b) $u(x) := x$ und $v(x) := e^x$

c) $u(x) := x$ und $v(x) := \ln x$.

In allen Fällen sind u und v streng wachsende Funktionen. Betrachten wir jedoch die Differenz $d(x) := u(x) - v(x)$, so ist diese im Fall

a) $d(x) := e^x - x$, also streng wachsend, im Fall

b) $d(x) := -(e^x - x)$ streng fallend.

c) Wir betrachten das Verhalten der Funktion an den beiden Randpunkten von D. Am linken Randpunkt 0 haben wir offensichtlich

$$\lim_{x \downarrow 0} d(x) = \lim_{x \downarrow 0} (x - \ln x) = 0 - (-\infty) = \infty;$$

am (uneigentlichen) rechten Randpunkt ∞ dagegen (nach Bernoulli-L'Hospital (siehe Beispiel 9.66))

$$\lim_{x \uparrow \infty} d(x) = \lim_{x \uparrow \infty} (x - \ln x) = \infty.$$

Andererseits sind die Werte von d im Inneren von D endlich (z.B. $d(1) = 1$); also kann d nicht wachsend, aber auch nicht fallend sein.   △

10.6   Monotonie und Ableitung

Satz 10.22 (Globale Monotonieaussage). *Es seien $D \subseteq \mathbb{R}$ ein Intervall mit nichtleerem Inneren $D°$ und $f : D \to \mathbb{R}$ eine stetige und im Inneren von D differenzierbare Funktion. Dann gilt*

(i) $f' \geq 0$ auf $D° \iff f$ ist monoton wachsend.

(ii) $f' > 0$ auf $D° \implies f$ ist streng monoton wachsend.

(iii) Beide Aussagen bleiben richtig, wenn die Textteile in Türkis weggelassen werden.

Wir haben hier eigentlich *zwei* Sätze vor uns: einen "Satz in Schwarz" und einen "Satz in Türkis". Wir gehen zunächst auf den "Satz in Schwarz" ein, denn er ist kürzer und einprägsamer.

Bemerkung 10.23.

(i) Die Formulierung: "$f' \geq 0$" bzw. "$f' > 0$" steht kurz für "$f'(x) \geq 0$ *für alle $x \in D$*" bzw. "$f'(x) > 0$ *für alle $x \in D$*".

(ii) Analog zum Satz Nr. 10.22 "in Schwarz" gilt:

$$f' \leq 0 \quad \Leftrightarrow \quad f \text{ ist monoton fallend,}$$
$$f' < 0 \quad \Rightarrow \quad f \text{ ist streng monoton fallend.}$$

(iii) Wichtig: Der einseitige Pfeil "$\Rightarrow$" lässt sich nicht umkehren (siehe nachfolgendes Beispiel 10.30).

Der *Nutzen* des Satzes 10.22 liegt auf der Hand: Die Monotonie einer differenzierbaren Funktion kann durch ihre Ableitung charakterisiert werden, und der (strenge) Monotonienachweis gelingt nun auch in solchen Fällen, die sich den bisher betrachteten einfacheren Methoden entziehen. Wir betrachten drei Beispiele zum "Satz in Schwarz":

Beispiel 10.24. Die durch $f(x) := e^{2x} - e^x$ auf $D := (0, \infty)$ definierte Funktion ist nicht Summe, sondern *Differenz* zweier wachsender Funktionen; daher sind die einfachen Methoden des vorigen Abschnittes nicht direkt anwendbar:

Es gilt hier wegen $x > 0$ $f'(x) = 2e^{2x} - e^x = e^{2x} + e^{2x} - e^x > e^{2x} + e^x - e^x > 0$ für alle $x \in D$, also ist f nach Satz 10.22 streng monoton wachsend. $\triangle$

Bemerkung 10.25. Man könnte versucht sein, im letzten Beispiel statt

$$f(x) = e^{2x} - e^x$$

zu schreiben

$$f(x) = e^{2x} + (-e^x)$$

und dieselbe Funktion f nicht mehr als *Differenz*, sondern vielmehr als *Summe* aufzufassen. Das ist natürlich immer möglich. Das ursprüngliche Problem ist damit aber nicht gelöst, denn der zweite Summand $x \to -e^x$ ist infolge des Vorzeichenwechsels nicht mehr monoton *wachsend*, sondern fallend.

Auf diese Weise haben wir die *Differenz gleichsinniger Funktionen* in eine *Summe ungleichsinniger Funktionen* verwandelt – und über beide Fälle sagt Satz 10.22 nichts aus!

Beispiel 10.26. Für $x \in D := (0, \infty)$ sei $h(x) = \frac{e^x}{x+1}$. Diese Funktion ist das Produkt der *wachsenden* Funktion $x \to e^x$ und der *fallenden* Funktion $x \to \frac{1}{x+1}$. Daher ist auch hier das Wachstumsverhalten nicht offensichtlich. Wir finden $h'(x) = e^x \left(\frac{1}{x+1} - \frac{1}{(x+1)^2} \right) = e^x \frac{x}{(x+1)^2} > 0$ für alle x, also ist h streng monoton wachsend. $\triangle$

Beispiel 10.27. Die durch $g(x) := x + \sin x, x \in \mathbb{R}$, definierte Funktion ist Summe der *streng wachsenden* Funktion $x \to x$ und der *oszillierenden* Sinusfunktion. Wie verhält sie sich? Es gilt für alle x

$$g'(x) = 1 + \cos x \;\; \geq \;\; 1 + (-1) \;\; = 0,$$

also ist diese Funktion monoton wachsend. $\triangle$

Im folgenden Beispiel sehen wir, wie sich der "Monotonieabschluss" vorteilhaft einsetzen lässt.

Beispiel 10.28. Diesmal werde die Quadratwurzelfunktion $q : x \to \sqrt{x}$ auf $D := [0, \infty)$ betrachtet. Auch hier ist (strenges) Wachstum bereits vorab bekannt. Wie sähe es aber mit einem Nachweis mit Hilfe der Ableitung aus? Die Ableitung

$$q'(x) = \frac{1}{2\sqrt{x}} > 0$$

ist nicht auf dem gesamten Intervall D definiert, sondern nur auf dessen Innerem $D^\circ := (0, \infty)$. Mit Hilfe von Satz 10.22 "in Schwarz" können wir aus $q'(x) > 0$ für alle $x > 0$ zunächst nur folgern, dass q auf $(0, \infty)$ streng monoton wächst. Weil die (Wurzel-) Funktion q auf dem Abschluss $D = [0, \infty)$ von D° laut Katalog stetig ist (vgl. Satz 8.5 auf S.250), ist sie dort auch streng monoton (Monotonieabschluss). $\triangle$

Wir verstehen nun auch die Rolle des "Satzes in Türkis" besser, denn mit seiner Hilfe hätten wir im letzten Beispiel dasselbe Ergebnis erzielen können. Vereinfacht können wir sagen:

$$\text{"Satz in Türkis"} \;\; \overset{\wedge}{=} \;\; \text{"Satz in Schwarz" + Monotonieabschluss.}$$

Im nächsten Beispiel untersuchen wir, auf welchen Teilintervallen des Definitionsbereiches die gegebene Funktion wachsend oder fallend ist.

Beispiel 10.29. Es sei p die auf ganz $\mathbb{R}$ durch $p(x) := 3x^5 - 25x^3 + 60x$, $x \in \mathbb{R}$, definierte Funktion. Dafür gilt

$$p'(x) = 15x^4 - 75x^2 + 60 = 15n(x)$$

mit $n(x) := x^4 - 5x^2 + 4$. Wir wollen feststellen, für welche $x \in \mathbb{R}$ gilt $p'(x) \geq 0$ bzw. gleichbedeutend $n(x) \geq 0$. Dazu ermitteln wir zunächst die Nullstellen von $n(x)$. Wir können schreiben

$$n(x) = (x^2)^2 - 5x^2 + 4;$$

dieser bezüglich x^2 quadratische Ausdruck wird Null genau für $x^2 = 1$ und $x^2 = 4$ und hat folglich die vier Nullstellen $-2, -1, 1$ und 2. Mit ihnen als Randpunkte erhalten wir die folgenden 5 Intervalle, auf denen p' jeweils ein einheitliches Vorzeichen besitzt:

$$I_1 := (-\infty, -1] \qquad \text{``+''}$$
$$I_2 := [-2, -1] \qquad \text{``-''}$$
$$I_3 := [-1, 1] \qquad \text{``+''}$$
$$I_4 := [1, 2] \qquad \text{``-''}$$
$$I_5 := [2, \infty) \qquad \text{``+''}$$

Die Zeichen "+" (bzw. "−") sollen hier besagen, dass die Funktion p' auf dem jeweiligen Intervall nichtnegativ (bzw. nichtpositiv) und im *Inneren* sogar **positiv** (bzw. **negativ**) ist, was z.B. durch Einsetzen von Testpunkten leicht zu erkennen ist.

Wir folgern aus dem "Satz in Schwarz", Teil *(i)*: Die Funktion p ist:

  (a) wachsend auf I_1,

  (b) fallend auf I_2,

  (c) wachsend auf I_3,

  (d) fallend auf I_4,

  (e) wachsend auf I_5.

Der Teil *(ii)* des Satzes in Schwarz ist leider nur auf das *Innere* dieser Intervalle anwendbar, weil an den Randpunkten jeweils $p'(x) = 0$ und eben nicht $p'(x) > 0$ (bzw. < 0) gilt. Wir behelfen uns mit dem Monotonieabschluss (denn p ist überall stetig) und schließen: Das Wachstum ist in allen Fällen (a) bis (e) sogar *streng*!

Zum selben Ergebnis wären wir gekommen, wenn wir direkt den "Satz in Türkis" verwendet hätten. $\qquad\qquad\qquad\qquad\qquad\qquad\qquad\qquad\qquad \triangle$

Schließlich betrachten wir das Problem der *strengen* Monotonie etwas näher.

Beispiel 10.30. Es bezeichne f die auf ganz $\mathbb{R}$ definierte kubische Funktion $f : x \to x^3$ mit $f'(x) = 3x^2$ für alle $x \in \mathbb{R}$.
Aus Beispiel 10.4 wissen wir bereits, dass f auf ganz $\mathbb{R}$ nicht nur monoton wachsend, sondern sogar *streng* monoton wachsend ist. Wir wollen uns hier einmal ansehen, wie wir mit Hilfe der *Ableitung* zu dieser Erkenntnis kommen können.

Es gilt $f'(x) = 3x^2$ und damit $f'(x) \geq 0$ für alle $x \in \mathbb{R}$, kurz "$f' \geq 0$". Aus Satz 10.22 *(i)* können wir folgern: *f ist monoton wachsend*.
Um aus Teil *(ii)* desselben Satzes folgern zu können "*f ist streng monoton wachsend*" benötigen wir die Voraussetzung "$f' > 0$", ausführlich $f'(x) > 0$ *für alle x*. Diese Voraussetzung ist jedoch an der Stelle $x = 0$ *verletzt*, denn es gilt $f'(0) = 0$!

Wir sehen hieran *erstens*, dass eine Funktion f streng monoton wachsend sein kann, obwohl nicht gilt "$f' > 0$". (Anders gesagt, ist diese Voraussetzung für strenge Monotonie zwar hinlänglich, jedoch nicht notwendig; der Pfeil $\Rightarrow$ in Satz 10.22 ist nicht umkehrbar).

Zweitens sehen wir, dass aus diesem Grunde unsere auf Ableitungen beruhende Argumentation nach Satz 10.22 bereits bei einfachsten Beispielen stecken bleiben kann. $\triangle$

Hier besteht also eine kleine, aber sehr störende Lücke zwischen "hinreichend" und "notwendig". Diese ist Anlass, über eine mögliche Verfeinerung von Satz 10.22 *(ii)* nachzudenken. Zur präzisen Formulierung benutzen wir die Bezeichnungen

$$\{f' > 0\} := \{x \in D | f'(x) \geq 0\} \text{ und entsprechend}$$
$$\{f' \not> 0\} := \{x \in D | f'(x) \leq 0\}.$$

Satz 10.31 (Charakterisierung strenger Monotonie). *Es seien $D \subseteq \mathbb{R}$ ein Intervall mit $D° \neq \emptyset$ und $f : D \to \mathbb{R}$ eine stetige und im Inneren von D stetig differenzierbare Funktion. Die Funktion f ist genau dann streng monoton wachsend, wenn die Ausnahmemenge $\{f' \not> 0\}$ keine inneren Punkte enthält.*

(Auch dieser Satz bleibt richtig, wenn die türkisfarbenen Textteile weggelassen werden.) Die Voraussetzung "... *keine inneren Punkte* ..." über die Ausnahmemenge ist erfüllt, wenn diese kein offenes Intervall enthält, also insbesondere wenn sie

- leer ist,
- nur endlich viele Punkte enthält,
- unendlich viele Punkte enthält, die einen festen Mindestabstand nicht unterschreiten.

In ökonomischen Anwendungen treffen derartige Voraussetzungen fast immer zu.

Beispiel 10.32 ($\nearrow$F 10.27). Für die durch $g(x) := x + \sin x$, $x \in \mathbb{R}$, definierte Funktion fanden wir

$$g'(x) = 1 + \cos x \geq 1 + (-1) = 0,$$

für alle x, also schlossen wir zunächst nur: Die Funktion g ist monoton wachsend. Allerdings gilt hier sogar *unendlich oft*

$$g'(x) = 1 + \cos x = 0,$$

nämlich genau dann, wenn x ein Vielfaches von 2π ist: $x = 2k\pi, k \in \mathbb{Z}$. Je zwei benachbarte dieser Ausnahmepunkte haben den Abstand 2π. Also enthält die Ausnahmemenge keine inneren Punkte, und aus Satz 10.22 (ii) schließen wir: g ist sogar *streng* monoton wachsend! $\triangle$

Wir schließen noch ein Beispiel an, welches in der Finanzmathematik sehr nützlich ist.

Beispiel 10.33. Es soll nachgewiesen werden, dass für beliebige $a > 0$ und $b > 1$ gilt

$$(1 + a)^{\frac{1}{b}} < 1 + \frac{a}{b} \tag{10.2}$$

Lösung:
Wir bemerken zunächst, dass beide Ausdrücke (sogar für $a \geq 0$ und $b > 0$) wohldefiniert sind, und betrachten ihre Differenz. Dazu setzen wir bei festem Wert b

$$f(a) := (1 + a)^{\frac{1}{b}} - \left(1 + \frac{a}{b}\right), \qquad (a \geq 0).$$

Dann gilt offenbar $f(0) = 0$ und weiterhin

$$f'(a) = \frac{1}{b}(1 + a)^{\beta} - \frac{1}{b} = \frac{1}{b}\left((1 + a)^{\beta} - 1\right)$$

wenn $\beta := \frac{1}{b} - 1$ gesetzt wird. Aufgrund der Annahme $b > 1$ ist β negativ und somit für $a > 0$

$$(1 + a)^{\beta} < 1$$

also $f'(a) < 0$ für $a > 0$. Also ist f auf $[0, \infty)$ streng fallend (Monotonieabschluss). Wegen $f(0) = 0$ folgt $f(a) < 0$, d.h. (10.2), für alle $a > 0$. $\qquad \triangle$

Anmerkung: Für $\beta \in (0, 1)$ hätte sich in (10.2) die entgegengesetzte Ungleichung ergeben.

Folgerung 10.34. *Für beliebige $i > 0$ und $0 < x < y$ gilt*

$$\left(1 + \frac{i}{x}\right)^x < \left(1 + \frac{i}{y}\right)^y. \tag{10.3}$$

Denn: Wir setzen in (10.2) $a := \frac{i}{x}$ und $b := \frac{y}{x}$; dann gilt $a > 0$ und $b > 1$. Also können wir (10.2) ausrechnen und finden

$$\left(1 + \frac{i}{x}\right)^{\frac{x}{y}} < 1 + \frac{i}{y}.$$

Potenzieren wir beide Seiten mit y, folgt (10.3).

Bemerkung 10.35. Indem wir in (10.3) $x := 1$ setzen, erhalten wir als einen Spezialfall die folgende Ungleichung:

$$1 + i < \left(1 + \frac{i}{y}\right)^y$$

$(i > 0, y > 1)$.

10.7 Aufgaben

Aufgabe 10.36 (Monotonie und Manipulation des Graphen). Es seien $D \subseteq \mathbb{R}$ eine nichtleere Menge und $f : D \longrightarrow \mathbb{R}$ eine beliebige (streng) wachsende Funktion. Im Kapitel 6.6 wurde gezeigt, wie durch einfache Manipulationen des Graphen von f, insbesondere vertikale oder horizontale Spiegelungen, Streckungen/Stauchungen sowie Verschiebungen, "neue" Funktionen gewonnen werden können. Zeigen Sie zunächst unter Verwendung der Definition 10.1:

Ist f streng wachsend, so ist jede Funktion, die aus f durch eine (horizontale oder vertikale) Verschiebung des Graphen hervorgeht, ebenfalls streng wachsend.

Überlegen Sie dann, dass (und wie) mit Hilfe dieser Aussage und der Erhaltungssätze 10.8 und 10.12 das Monotonieverhalten *aller* "neuen" Funktionen beschrieben werden kann.

(Spiegelungen an der Winkelhalbierenden sind hiervon ausgenommen.)

Aufgabe 10.37. Zeigen Sie: *Es seien $f : D \to \mathbb{R}$ und $g : D \to \mathbb{R}$ beide positiv ($f > 0$, $g > 0$). Dann gilt:*

  (i) *Sind f und g beide wachsend (fallend), so ist auch das Produkt $f \cdot g$ wachsend (fallend).*

  (ii) *Ist zusätzlich eine der beiden Funktionen sogar streng wachsend (fallend), so auch $f \cdot g$.*

Aufgabe 10.38. Untersuchen Sie die folgenden Funktionen auf Monotonie:

  (a) $f(x) = \frac{4}{3}x^3 + 2x, \quad D_f = \mathbb{R}$
  (b) $g(x) = \sqrt{x+1} + 4x^3, \quad D_g = \{x \in \mathbb{R} | x \geq -1\}$
  (c) $m(x) = (4x-5)^3 + 8x, \quad D_m = \mathbb{R}$
  (d) $n(x) = \frac{1}{2\sqrt{x+3}} - 5x^2, \quad D_n = \{x \in \mathbb{R} | x > 0\}$
  (e) $h(x) = -\frac{1}{3}e^{2x+2}, \quad D_h = \mathbb{R}.$

Aufgabe 10.39 (↗L). Stellen Sie mit Hilfe der Differentialrechnung fest, ob bzw. auf welchem Teil ihres Definitionsbereiches die folgenden Funktionen (streng) monoton wachsend bzw. fallend sind:

  (a) $f(x) = 5 - 24x$ $D_f = \mathbb{R}$
  (b) $g(x) = (\frac{x}{2} + 2)(x - \frac{21}{19})$ $D_g = \mathbb{R}$
  (c) $h(x) = \frac{x^3}{6} - x^2 - 6x + 2$ $D_h = \mathbb{R}$
  (d) $k(x) = \ln(1 + x^2)$ $D_k = \mathbb{R}$
  (e) $l(x) = \ln(1 + \sqrt{x})$ $D_l = \{x \in \mathbb{R} | x \geq 0\}$
  (f) $m(x) = (x+1)^{\frac{3}{7}} + (x-1)^{\frac{1}{2}}$ $D_m = \{x \in \mathbb{R} | x \geq 1\}$

Aufgabe 10.40. Auf dem Definitionsbereich $D := [0, \infty)$ wird eine Funktion $f : D \to \mathbb{R}$ mit $f(x) := ax^2 + x$ betrachtet. Geben Sie Bedingungen an die darin enthaltene Konstante a an, die notwendig und hinreichend dafür sind, dass f monoton wachsend ist.

Aufgabe 10.41 (↗L)**.** Zeigen Sie: *Sind alle* Funktionen der Folge $(f_n)_{n \in N}$ auf ein- und derselben Menge $D \subseteq \mathbb{R}$ definiert sowie monoton wachsend und existiert weiterhin die durch $f(x) := \lim f_n(x)$ für $n \to \infty$, $x \in D$, definierte Grenzfunktion f, so ist auch diese monoton *wachsend*.

(Diese Aussage wird unrichtig, wenn man "wachsend" durch "streng wachsend" ersetzt.)

11

Konvexe Funktionen

11.1 Motivation und Übersicht

Die folgenden Bilder zeigen Beispiele für Graphen reeller Funktionen, die sich in ihrem Krümmungsverhalten unterscheiden:

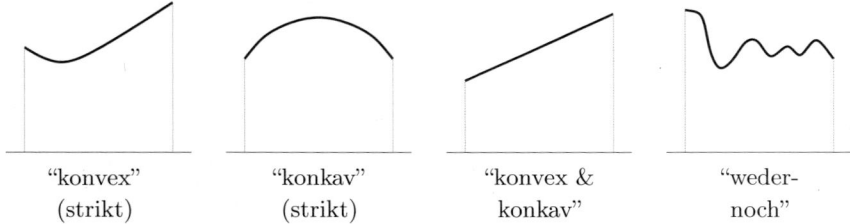

"konvex"	"konkav"	"konvex &	"weder-
(strikt)	(strikt)	konkav"	noch"

Je nach Art der Krümmung könnte man die Bezeichnungen "konvex", "konkav" (jeweils in striktem Sinne), "beides" bzw. "weder-noch" vergeben. In ökonomischem Kontext ist das Krümmungsverhalten äußerst wichtig. Zugespitzt formuliert: "Ohne Konvexität kein Markt!".

Wir haben hier nur Bilder vor Augen, benötigen aber präzise, nachrechenbare Bedingungen. Dazu formulieren wir zunächst die nötigen *Definitionen*. Wir wenden uns dann der Frage zu, wie wir von einer gegebenen Funktion entscheiden können, ob bzw. auf welchem Teil ihres Definitionsbereiches *sie (strikt) konvex bzw. konkav ist*. Damit dies so einfach wie nur möglich geschehen kann, stellen wir – ähnlich wie schon bei monotonen Funktionen – einen passenden Werkzeugkasten zusammen. Darin werden enthalten sein:

(1) die Definitionen mit ersten Folgerungen

(2) der Zusammenhang von Konvexität und Ableitungen

(3) der Katalog von Grundfunktionen

(4) Konvexitäts-"Erhaltungssätze"

Auf ökonomische Anwendungen gehen wir dann im Kapitel 13 "Reelle Funktionen in der Ökonomie" ein.

11.2 Begriffe

11.2.1 Definitionen

Wir betrachten das folgende Bild einer Funktion, die wir als "konvex" bezeichnen wollen, etwas näher:

Wesentlich ist offenbar, dass der Graph von f (blau) zwischen je zwei beliebigen Punkten $(x, f(x))$ und $(y, f(y))$ "durchhängt", genauer: die Verbindungsstrecke (rot) zwischen beiden Punkten nicht übersteigt.

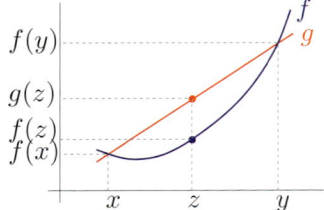

Wählt man einen beliebigen Punkt z zwischen x und y, so muss also gelten

$$f(z) \leq g(z) \tag{11.1}$$

und - wenn der Graph "strikt durchhängt" sogar

$$f(z) < g(z). \tag{11.2}$$

Als innerer Punkt der Strecke $[x, y]$ ist z ein gewichtetes Mittel der Endpunkte, d.h., z besitzt eine Darstellung $z = \lambda x + (1 - \lambda)y$ mit einer passenden Konstanten λ in $(0, 1)$. Da es sich bei g um eine affine Funktion handelt, gilt weiterhin $g(z) = az + b$ mit passenden Konstanten $a, b \in \mathbb{R}$. Drücken wir z durch x, y und λ aus wie zuvor, folgt

$$g(z) = a\left(\lambda x + (1 - \lambda)\, y\right) + b$$
$$= a\left(\lambda x + (1 - \lambda)\, y\right) + \left(\lambda + (1 - \lambda)\right) b$$
$$= \lambda(ax + b) + (1 - \lambda)(ay + b),$$

also $g(z) = \lambda g(x) + (1 - \lambda)g(y)$. Dabei gilt $g(x) = f(x)$ und $g(y) = f(y)$, weil an den Endpunkten x und y des Intervalls $[x, y]$ der Graph von f und die Verbindungsstrecke zusammenfallen. Also kann die Forderung (11.1) unter Verzicht auf die Bezeichnung g so geschrieben werden:

$$f\left(\lambda x + (1 - \lambda)y\right) \leq \lambda f(x) + (1 - \lambda)f(y).$$

Wir kommen zu

Definition 11.1. *Es seien $D \subseteq \mathbb{R}$ ein Intervall und $f : D \to \mathbb{R}$ eine reelle Funktion. Die Funktion f heißt $\left\{ \begin{matrix} \text{konvex} \\ \text{strikt konvex} \end{matrix} \right\}$, wenn für alle $x, y \in D$ mit $x \neq y$ und $\lambda \in (0, 1)$ gilt*

$$f(\lambda x + (1 - \lambda)y) \left\{ \begin{matrix} \leq \\ < \end{matrix} \right\} \lambda f(x) + (1 - \lambda)f(y). \tag{11.3}$$

Definitionsgemäß ist jede strikt konvexe Funktion auch konvex, umgekehrt braucht eine konvexe Funktion nicht strikt konvex zu sein (↗ Beispiel 11.24 auf Seite 338).

Die folgende Definition bezieht sich auf das gegenteilige Verhalten (siehe Bild "konkav" auf Seite 329):

Definition 11.2. *Es seien $D \subseteq \mathbb{R}$ ein Intervall und $f : D \to \mathbb{R}$ eine reelle Funktion. Die Funktion f heißt $\left\{ \begin{array}{c} \text{konkav} \\ \text{strikt konkav} \end{array} \right\}$, wenn für alle $x, y \in D$ mit $x \neq y$ und $\lambda \in (0,1)$ gilt*

$$f(\lambda x + (1 - \lambda)y) \left\{ \begin{array}{c} \geq \\ > \end{array} \right\} \lambda f(x) + (1 - \lambda)f(y). \qquad (11.4)$$

Offenbar gelangt man sehr einfach von Definition 11.1 zu Definition 11.2 und zurück, indem man folgende Zeichenketten simultan gegeneinander austauscht:

$$\text{vex} \quad \longleftrightarrow \quad \text{kav} \quad \text{und} \quad < \quad \longleftrightarrow \quad >$$

Insbesondere gilt

Satz 11.3. *f ist genau dann (strikt) konkav, wenn die Funktion $-f$ (strikt) konvex ist.*

Eine Funktion ist genau dann gleichzeitig konvex und konkav (und zwar beides nicht strikt), wenn sie affin ist (siehe Bild "konvex & konkav" auf Seite 329). Umgekehrt braucht eine Funktion, die *nicht* konvex ist, keinesfalls konkav zu sein (siehe Bild "weder-noch" auf Seite 329). "Konvex" bzw. "konkav" sind Eigenschaften, die sich auf den *gesamten* Definitionsbereich D der Funktion f beziehen. Daher geht der Definitionsbereich – quasi "unsichtbar" – mit in die Definition ein. Mitunter besitzt eine Funktion die erwünschten Eigenschaften nur auf einem Teil des Definitionsbereiches. Wenn die Bedingungen vom Typ (11.3) bzw. (11.4) zumindest für alle x aus einer Teilmenge $I \subseteq D$ erfüllt sind, nennen wir die Funktion f (strikt) konvex (bzw. konkav) *auf I.*

Wegen des einfachen Zusammenhanges von "konvex" und "konkav" werden wir im Weiteren meist nur über konvexe Funktionen sprechen.

11.2.2 Alternative Charakterisierung der Konvexität

Die folgende Charakterisierung hilft uns zwar weniger, eine Funktion auf Konvexität zu untersuchen, ist jedoch mitunter in Anwendungen nützlich.

Satz 11.4. *Es sei $D \subseteq \mathbb{R}$ ein Intervall, $D^\circ \neq \emptyset$. Eine Funktion $f : D \to \mathbb{R}$ ist genau dann strikt konvex, wenn es zu jedem inneren Punkt x° von D eine affine Funktion $g : D \to \mathbb{R} : x \to ax + b$ gibt, die den folgenden beiden Bedingungen genügt:*

(i) $f(x^\circ) = g(x^\circ)$ *und*

(ii) $f(x) \geqslant g(x)$ *(genauer: $f(x) > g(x)$) für alle $x \in D$ mit $x \neq x^\circ$.*

(Diese Aussage bleibt auch ohne türkisfarbene Textteile richtig.)

(Wir bemerken, dass die Koeffizienten a und b von g im Allgemeinen von x° abhängen.)

Die anschauliche Bedeutung dieser Aussage wird aus dem nachfolgenden Bild links ersichtlich: Ist f konvex, so gibt es eine Gerade g, die an einer Stelle x° mit f zusammenfällt: es gilt $f(x^\circ) = g(x^\circ)$ (Bedingung *(i)*); ansonsten gilt zumindest $f(x) \geq g(x)$ (Bedingung *(ii)*) – insofern wird der Graph von f durch die g verkörpernde Gerade "gestützt". Daher nennt man eine derartige Gerade "Stützgerade". Oft gibt es genau eine Stützgerade – in diesem Fall ist sie gleichzeitig *Tangente* an den Graphen von f im Punkt $(x^\circ, f(x^\circ))$. Es kann jedoch auch mehrere Stützgeraden geben (dann allerdings auch gleich unendlich viele); dies ist genau dann der Fall, wenn f an der Stelle x° nicht differenzierbar ist (mittleres Bild). Der folgende Satz bezieht sich auf das Bild rechts:

Satz 11.5. *Es sei $D \subseteq \mathbb{R}$ ein nichtleeres Intervall. Eine Funktion $f : D \to \mathbb{R}$ ist genau dann konvex, wenn ihr Epigraph* Epi(f) *eine konvexe Menge ist.*

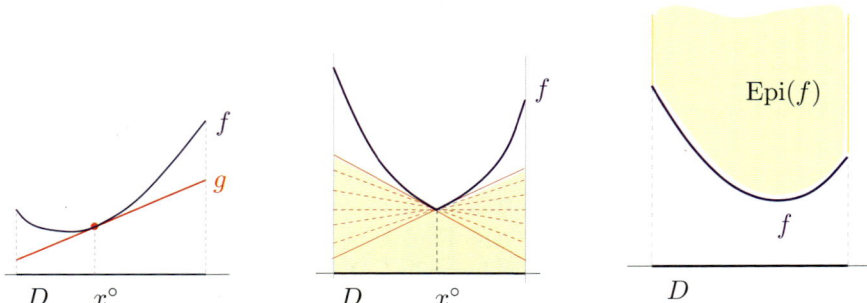

Zur Erläuterung dieses Satzes: Unter einer *konvexen* Menge versteht man eine Menge, die mit je zwei beliebigen Punkten auch deren Verbindungstrecke vollständig enthält. Als *Epigraph von f* (kurz Epi(f)) wird die Menge aller derjenigen Punkte des $\mathbb{R}^2$ bezeichnet, die oberhalb des Graphen von f oder genau darauf liegen; formal

$$\text{Epi}(f) := \{\, (x, y) \in \mathbb{R}^2 \quad | \, x \in D, \, y \geq f(x) \,\}.$$

Diese Menge ist unserem Satz zufolge genau dann konvex, wenn f konvex ist.

Wir erwähnen noch, dass bei einer *konkaven* Funktion nicht etwa Epi(f) "konkav" ist (denn "konkave" Mengen existieren nicht), sondern Epi$(-f)$ konvex!

Satz 11.6 (↗S.1047). *Es sei $D \subseteq \mathbb{R}$ ein nichtausgeartetes Intervall. Eine Funktion $f : D \to \mathbb{R}$ ist genau dann konvex [strikt konvex], wenn für alle $u < v < w$ aus D gilt*

$$\frac{f(v) - f(u)}{v - u} \leqslant [<] \frac{f(w) - f(u)}{w - u}. \tag{11.5}$$

(Diese Bedingung lässt sich einfach anschaulich interpretieren, wie dieses Bild zeigt. Der linke Bruch beschreibt den Anstieg der gelben Geraden, der rechte Bruch den Anstieg der roten Geraden.)

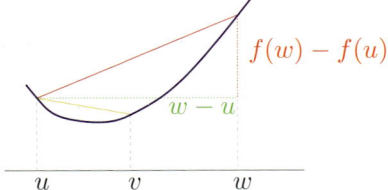

Bemerkung 11.7. Aus Symmetriegründen kann die Bedingung (11.5) durch die folgende ersetzt werden:

$$\frac{f(w) - f(u)}{w - u} \leqslant [<] \frac{f(w) - f(v)}{w - v}. \tag{11.6}$$

Setzt man nun beide Bedingungen zusammen, ergibt sich

Folgerung 11.8. *Es sei $D \subseteq \mathbb{R}$ ein nichtleeres Intervall. Eine Funktion $f : D \to \mathbb{R}$ ist genau dann [strikt] konvex, wenn für alle $u < v < w$ aus D gilt*

$$\frac{f(v) - f(u)}{v - u} \leqslant [<] \frac{f(w) - f(v)}{w - v}. \tag{11.7}$$

(Auch diese Bedingung lässt sich einfach anschaulich interpretieren, wie die nebenstehende Skizze zeigt. Wiederum gibt der linke Bruch die Steigung der gelben Geraden an, der rechte Bruch diesmal die Steigung der grünen.)

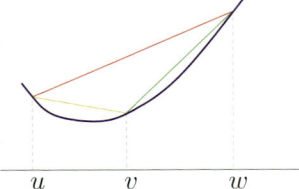

11.3 Erste Anwendungen und Ergänzungen

11.3.1 Konvexitätsprüfung mittels Definition

Allein mit Hilfe der Definition können wir auf rechnerischem Wege überprüfen, ob eine gegebene Funktion konvex ist. Dazu betrachten wir nun zwei Beispiele. Allerdings werden wir sehen, dass der Aufwand sehr hoch ist, und nachfolgend nach anderen Überprüfungsmöglichkeiten suchen.

Beispiel 11.9. Es sei $f : R \to \mathbb{R}$ eine beliebige affine Funktion mit der Zuordnung $x \to ax + b$ (mit gewissen Konstanten a, b). Wenn unser Konvexitätsbegriff richtig gefasst wurde, muss diese Funktion sowohl konvex als auch konkav im Sinne unserer Definition sein - beides allerdings nicht strikt. Wir wählen $x, y \in \mathbb{R}$ mit $x \neq y$ sowie ein $\lambda \in (0,1)$ beliebig und prüfen, ob die geforderte Ungleichung zwischen der linken Seite L und der rechten Seite R von (11.3) besteht. Hier lautet die linke Seite

$$L = f(\lambda x + (1-\lambda)y) = a(\lambda x + (1-\lambda)y) + b$$

die rechte Seite

$$R = \lambda f(x) + (1-\lambda)f(y) = \lambda(ax+b) + (1-\lambda)(ay+b) = a(\lambda x + (1-\lambda)y) + b;$$

also gilt sogar $L = R$, d.h., $L \leq R$ und $L \geq R$. $\triangle$

Beispiel 11.10.

Wir betrachten die quadratische Funktion $q : \mathbb{R} \to \mathbb{R} : x \to x^2$. Die Form des Graphen passt visuell zum Begriff "strikt konvex". Wir haben dies jedoch nachzurechnen. Dazu wählen wir $x \neq y$ aus $D = \mathbb{R}$ und λ aus $(0,1)$ beliebig aus. Es ist nun zu entscheiden, ob die linke Seite von (11.3) kleiner gleich der rechten Seite ist, d.h., ob für

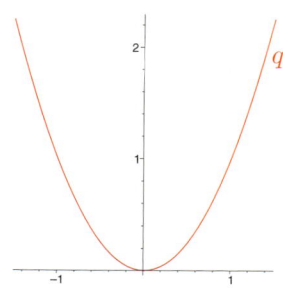

$$L := f(\lambda x + (1-\lambda)y) \quad \text{und} \quad R := \lambda f(x) + (1-\lambda)f(y)$$

gilt $L \leq R$. Unter Beachtung der konkreten Form von f lautet die Frage, ob gilt

$$L = (\lambda x + (1-\lambda)y)^2 \leqslant \lambda x^2 + (1-\lambda)y^2 = R$$

bzw. gleichbedeutend, ob die Differenz von linker und rechter Seite nichtpositiv ist. Wir berechnen nun diese Differenz:

$$
\begin{aligned}
L - R &= (\lambda x + (1-\lambda)y)^2 - (\lambda x^2 + (1-\lambda)y^2) \\
&= \lambda^2 x^2 + 2\lambda(1-\lambda)xy + (1-\lambda)^2 y^2 - \lambda x^2 - (1-\lambda)y^2 && \text{(Ausmultiplizieren des linken Terms)} \\
&= \lambda(\lambda - 1)x^2 + 2\lambda(1-\lambda)xy + (1-\lambda)(1-\lambda-1)y^2 && \text{(Zusammenfassung der Potenzen)} \\
&= -\lambda(1-\lambda)x^2 - 2(-\lambda(1-\lambda)xy) - (1-\lambda)\lambda y^2 && \text{(Vereinheitlichung der Vorfaktoren)} \\
&= [-\lambda(1-\lambda)](x^2 - 2xy + y^2) && \text{(Ausklammern von } -\lambda(1-\lambda)) \\
&= [-\lambda(1-\lambda)](x-y)^2 && \text{(Vereinfachung des 2. Faktors)}
\end{aligned}
$$

Da λ im Intervall $(0,1)$ liegt, ist der Faktor in eckigen Klammern negativ, während der andere Faktor positiv ist. Es folgt $L - R < 0$. Weil x, y, λ beliebig gewählt wurden und in (11.3) stets "$<$" gilt, ist q sogar *strikt* konvex auf $\mathbb{R}$.

$\triangle$

11.3.2 Stetigkeit und Differenzierbarkeit

Konvexität ist nicht zuletzt deswegen eine so geschätzte Eigenschaft, weil sie auch Stetigkeit und Differenzierbarkeit "fast" impliziert. Die folgende Aussage lässt sich allein unter Verwendung der *Definition* von Konvexität herleiten:

Satz 11.11. *Eine auf einem Intervall $D \subseteq \mathbb{R}$ definierte konvexe Funktion ist im Inneren D° von D stetig und sowohl rechts- als auch linksseitig differenzierbar.*

Beispiel 11.12. Als zwar künstliches, aber doch einigermaßen typisches Beispiel betrachten wir die durch

$$V(x) := \begin{cases} |x| & \text{für} \quad x \in (-1, 1) \\ 2 & \text{für} \quad x \in \{-1, 1\} \end{cases}$$

auf $[-1, 1]$ definierte Funktion (siehe Skizze).

Diese ist konvex, jedoch an den beiden Randpunkten -1 und $+1$ unstetig (und auch nicht differenzierbar). Im Intervallinneren $(-1, 1)$ ist V überall stetig, aber an der Stelle $x = 0$ nicht differenzierbar. Immerhin existieren auch dort zumindest die einseitigen Ableitungen $D^-V(0) = -1$, $D^+V(0) = +1$.

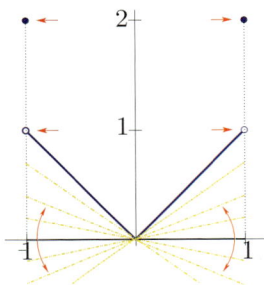

$\triangle$

Bemerkung 11.13. Man kann überdies zeigen, dass die rechts- und linksseitige Ableitung fast überall auf D° übereinstimmen, genauer: Die Punkte von D°, an denen sich beide einseitigen Ableitungen unterscheiden und der Graph von f sozusagen einen "Knick" hat, lassen sich numerieren.

Welchen Nutzen haben diese Ausführungen in der Ökonomie? Wir werden später sehen, dass aus *ökonomischen* Gründen sehr oft gefordert wird, dass eine gegebene Funktion konvex ist. Wir haben hier nun gesehen, dass es keine nennenswerte Einschränkung bedeutet, zusätzlich noch die *mathematisch* angenehmen Eigenschaften Stetigkeit und Differenzierbarkeit vorauszusetzen.

11.3.3 Konvexitätsabschluss

Auch die folgende, weiterhin oft nützliche Aussage ergibt sich direkt aus der Konvexitätsdefinition.

Satz 11.14. *Es seien $D \subseteq \mathbb{R}$ ein Intervall mit nichtleerem Inneren $\overset{\circ}{D}$ und $f : D \to \mathbb{R}$ eine stetige Funktion.*

(i) Ist f konvex auf $\overset{\circ}{D}$, so auch auf ganz D.

(ii) Ist f strikt konvex auf $\overset{\circ}{D}$, so auch auf ganz D.

Merke: "**Bei stetigen Funktionen machen die Randpunkte mit**". Wir brauchen (strikte) Konvexität also nur im Inneren des Definitionsbereiches nachzuweisen und können die oft kniffligen Randuntersuchungen beiseite lassen.

11.4 Konvexität und Ableitungen

11.4.1 Bedingung erster Ordnung

Satz 11.15. *Es sei $D \subseteq \mathbb{R}$ eine konvexe Menge mit nichtleerem Inneren $\overset{\circ}{D}$ und $f : D \to \mathbb{R}$ eine stetige und im Inneren von D differenzierbare Funktion. Dann gilt:*

(i) f ist genau dann konvex, wenn f' auf $\overset{\circ}{D}$ monoton wächst.

(ii) f ist genau dann strikt konvex, wenn f' auf $\overset{\circ}{D}$ streng monoton wächst.

(Beide Aussagen bleiben richtig, wenn die türkisfarbenen Textteile weggelassen werden.)

Wir haben hier eigentlich *zwei Sätze* vor uns: einen "Satz in Schwarz" und einen "Satz in Türkis". Bevor wir zu jeder Version ein Beispiel angeben, wollen wir uns das Wesentliche an folgender Skizze veranschaulichen:

Konvexität ist (für differenzierbare) Funktionen gleichbedeutend mit zunehmenden Tangentenanstiegen.

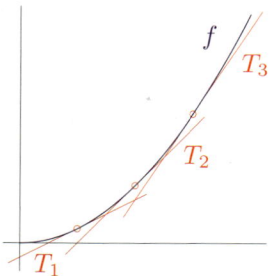

Beispiel 11.16. Die Funktion $f : \mathbb{R} \to \mathbb{R} : x \to x^4$ besitzt die Ableitung $f'(x) = 4x^3$, $x \in \mathbb{R}$. Diese ist, wie wir aus Kapitel 9 wissen, eine (auf ganz $\mathbb{R}$) streng monoton wachsende Funktion, also ist f nach Teil (ii) des "Satzes in Schwarz" (auf ganz $\mathbb{R}$) strikt konvex. △

Beispiel 11.17. Die bekannte Wurzelfunktion $w(x) := \sqrt{x}$, $x \geq 0$, ist auf $D := [0, \infty)$ definiert und stetig, aber nur auf $D^{\circ} = (0, \infty)$ differenzierbar mit der dort streng fallenden Ableitung $w'(x) = \frac{1}{2\sqrt{x}}$, $x > 0$. Diesmal verwenden wir Teil (ii) des "Satzes in Türkis" und schließen: w ist strikt konkav. △

11.4.2 Bedingung zweiter Ordnung

Satz 11.18. *Es sei $D \subseteq \mathbb{R}$ eine konvexe Menge mit nichtleerem Inneren $\overset{\circ}{D}$ und $f : D \to \mathbb{R}$ eine* stetige und im Inneren von D *zweimal differenzierbare Funktion. Dann gilt:*

(i) $f'' \geq 0$ auf $\overset{\circ}{D}$ $\Longleftrightarrow$ *f ist konvex .*

(ii) $f'' > 0$ auf $\overset{\circ}{D}$ $\Longrightarrow$ *f ist strikt konvex.*

(Beide Aussagen bleiben richtig, wenn die Textteile in Türkis *weggelassen werden.)*

Wiederum haben hier – ähnlich wie bei Satz 10.22 über die Monotonie – eigentlich *zwei* Sätze vor uns: einen "Satz in Schwarz" und einen "Satz in Türkis". Der erstere ist kürzer und einprägsamer, versagt aber, wenn seine Voraussetzungen am Rand von D verletzt werden. Dann müssen wir oft zusätzlich den Konvexitätsabschluss heranziehen, um zum gewünschten Ergebnis zu kommen. Der Satz in Türkis zieht beide Schritte zusammen; vereinfachend könnten wir sagen

$$\text{"Satz in Türkis"} \quad \overset{\wedge}{=} \quad \text{"Satz in Schwarz"} \quad + \quad \text{Konvexitätsabschluss.}$$

Bemerkung 11.19. zu Satz 11.18 "in Schwarz":
Ganz analog gilt:

$$f'' \leqslant 0 \iff f \text{ ist konkav,}$$
$$f'' < 0 \implies f \text{ ist strikt konkav.}$$

Dabei bedeutet die Formulierung "$f'' \leq 0$" ausführlich "$f''(x) \leq 0$ *für alle* $x \in D$"; sinngemäß ist die andere Ungleichung zu interpretieren. Wichtig: Der einseitige Pfeil "$\implies$" lässt sich nicht umkehren.

Beispiel 11.20. Die bekannte Wurzelfunktion $w(x) := \sqrt{x}$, $x \geq 0$, ist auf $D := [0, \infty)$ definiert und stetig, aber nur auf $D^\circ = (0, \infty)$ zweimal stetig differenzierbar mit der zweiten Ableitung $w''(x) = -\frac{1}{4} x^{\frac{-3}{2}} < 0$, $x > 0$, die durchweg negativ ist. Aus unserem Satz folgt nun: w ist strikt konkav.   △

Beispiel 11.21. Die Potenzfunktion $f : \mathbb{R} \to \mathbb{R} : x \to x^4$ ist strikt konvex (Beispiel 11.16). Es gilt jedoch $f''(x) = 12x^2$, $x \in \mathbb{R}$, und damit $f''(x) > 0$ nur für diejenigen $x \in \mathbb{R}$, die von 0 verschieden sind. Also ist die Voraussetzung "$f'' > 0$" von 11.18 (ii) *nicht* erfüllt. (Allein mittels Satz 11.18 können wir daher *nicht* nachweisen, dass f strikt konvex ist.)   △

Ähnlich wie bei der strengen Monotonie sehen wir, dass bei strikter Konvexität gewisse Ausnahmen von der Bedingung $f''(x) > 0$ zulässig sein können, solange die Menge von Ausnahmepunkten nicht zu groß ist. Wir benutzen die Bezeichnungen

$$\{f'' > 0\} := \{x \in D \mid f''(x) > 0\} \quad \text{und entsprechend}$$
$$\{f'' \not> 0\} := \{x \in D \mid f''(x) \leq 0\}.$$

Satz 11.22 (Charakterisierung strikter Konvexität). *Es seien $D \subseteq \mathbb{R}$ ein Intervall mit $D^{\circ} \neq \emptyset$ und $f : D \to \mathbb{R}$ eine stetige und im Inneren von D zweimal stetig differenzierbare Funktion. Die Funktion f ist genau dann strikt konvex, wenn die Ausnahmemenge $\{f'' \not> 0\}$ keine inneren Punkte enthält.*

(Auch dieser Satz bleibt richtig, wenn die türkisfarbenen Textteile weggelassen werden.) Die Voraussetzung über die Ausnahmemenge ist insbesondere dann erfüllt, wenn sie

- leer ist,
- nur endlich viele Punkte enthält,
- unendlich viele Punkte enthält, die einen festen Mindestabstand nicht unterschreiten.

(Siehe die Beispiele 11.21 und 11.29.)

Bei Extremwertuntersuchungen sind die Voraussetzungen für *globale* (also auf ganz D bezogene) Konvexitätsaussagen nicht immer erfüllt. Vielmehr muss man sich oft mit auf einen einzigen Punkt bezogenen Aussagen der Art "$f''(x^{\circ}) \geq 0$" begnügen. Aus Satz 11.22. erhalten wir in einem solchen Fall die

Folgerung 11.23. *Ist eine Funktion $f : D \to \mathbb{R}$ in einer Umgebung eines inneren Punktes $x^{\circ} \in D$ zweimal stetig differenzierbar und gilt $f''(x^{\circ}) > 0$, so existiert eine Umgebung von x°, in der f strikt konvex ist.*

Anwendungsbeispiele folgen im Kapitel 11 über "Extremwertprobleme".

11.4.3   Beispiele

Beispiel 11.24 (affine Funktionen). Jede auf $D = \mathbb{R}$ durch $f(x) = ax + b$ definierte Funktion hat die zweite Ableitung $f'' = \mathrm{const} = 0$. Nun gilt einerseits $0 \geq 0$, nach Satz 11.18 (i) folgt: f ist konvex; ebenso gilt aber $0 \leq 0$, also ist f ebenso konkav (beides jedoch nicht strikt).   △

Beispiel 11.25 (Potenzfunktionen mit nichtnegativer Basis). Wir betrachten für ein beliebiges $p \in \mathbb{R}$ die Funktion $f : D \to \mathbb{R} : x \to x^p$, wobei wir als Definitionsbereich zunächst $D := (0, \infty)$ wählen, diesen aber dann schrittweise vergrößern wollen. Die Ableitungen von f sind durch die Formeln

$$f'(x) = px^{p-1} \quad \text{und} \quad f''(x) = p(p-1)x^{p-2}$$

gegeben, und für alle $x > 0$ gilt $x^{p-2} > 0$. Das Vorzeichen der zweiten Ableitung f'' wird also vollständig durch den Vorfaktor $p(p-1)$ bestimmt. Es gilt nun

$$p(p-1) \begin{cases} > 0 & \text{für } p > 1 \text{ und für } p < 0 \\ = 0 & \text{für } p = 1 \text{ und für } p = 0 \\ < 0 & \text{für } 0 < p < 1 \,. \end{cases}$$

Wichtig: Im Fall $p > 0$ lässt sich der Definitionsbereich von f zumindest auf das Intervall $[0, \infty)$ erweitern, wobei die Potenzfunktion dort stetig ist. Also bleiben die Konvexitätseigenschaften dort erhalten ("Konvexitätsabschluss").

$\triangle$

Sinngemäß wie in diesen beiden Beispielen lassen sich auch alle anderen Grundfunktionen behandeln. Die Ergebnisse werden im nächsten Abschnitt zusammengestellt.

Mit Hilfe von Satz 11.18 lassen sich auch Teilintervalle des Definitionsbereiches identifizieren, auf denen eine gegebene Funktion konvex ist.

Beispiel 11.26 (Polynome). Wir untersuchen die durch das Polynom $f(x) = 3x^5 - 10x^3 + x + 10$, $x \in \mathbb{R}$, gegebene Funktion auf Konvexität. Es gilt

$$f'(x) = 15x^4 - 30x^2 + 1 \tag{11.8}$$

$$f''(x) = 60x^3 - 60x = 60(x-1)x(x+1)$$

und somit

$$f''(x) \begin{cases} < 0 & \text{für } x < -1 \text{ oder } 0 < x < 1 \\ = 0 & \text{für } x \in \{-1, 0, 1\} \\ > 0 & \text{für } -1 < x < 0 \text{ oder } 1 < x. \end{cases}$$

Wir wenden Satz 11.18 getrennt auf die Intervalle $(-\infty, -1]$, $[-1, 0]$, $[0, 1]$ und $[1, \infty)$ an und finden:

- f ist strikt konkav auf $(-\infty, -1]$ und auf $[0, 1]$
- f ist strikt konvex auf $[-1, 0]$ und auf $[1, \infty)$. $\triangle$

Im letzten Beispiel ist die Stelle $x = 1$ eine besondere, weil dort die Krümmung der Funktion wechselt. Man spricht dann von einem Wendepunkt. Genauer:

Definition 11.27. *Ein innerer Punkt x_W des Definitionsbereiches D einer Funktion $f : D \to \mathbb{R}$ heißt* Wendepunkt *von f, wenn für ein $\varepsilon > 0$ eine der beiden folgenden Aussagen (a) und (b) zutrifft:*

(a) f ist auf $(x_W - \varepsilon, x_W]$ strikt konvex und auf $[x_W, x_W + \varepsilon)$ strikt konkav,

(b) f ist auf $(x_W - \varepsilon, x_W]$ strikt konkav und auf $[x_W, x_W + \varepsilon)$ strikt konvex.

Notwendig dafür, dass eine zweimal differenzierbare Funktion an einer Stelle x einen Wendepunkt hat, ist die Bedingung

$$f''(x) = 0. \tag{11.9}$$

Deswegen wird die Untersuchung des Krümmungsverhaltens einer Funktion typischerweise mit der Bildung der zweiten Ableitung und der Suche nach ihren Nullstellen verbunden. Die Bedingung (11.9) ist allerdings nicht hinreichend für das Vorliegen eines Wendepunktes (so hat die Abbildung $x \to x^4$, $x \in \mathbb{R}$, an der Stelle $x = 0$ keinen Wendepunkt, obwohl die zweite Ableitung dort verschwindet). Ob im konkreten Fall ein Krümmungswechsel vorliegt ist dennoch meist leicht zu sehen.

Beispiel 11.28. Auf $D := \mathbb{R}$ werde die durch $\tau(x) := e^{-x^2}$ definierte Funktion betrachtet. Wir finden für $x \in \mathbb{R}$

$$\tau'(x) = -2xe^{-x^2},$$
$$\tau''(x) = (4x^2 - 2)e^{-x^2}.$$

Das Vorzeichen der zweiten Ableitung wird ausschließlich durch den Vorfaktor in Klammern bestimmt; es gilt

$$4x^2 - 2 \left\{ \begin{matrix} > \\ < \end{matrix} \right\} 0 \iff x^2 \left\{ \begin{matrix} > \\ < \end{matrix} \right\} \frac{1}{2} \iff |x| \left\{ \begin{matrix} > \\ < \end{matrix} \right\} \alpha,$$

mit $\alpha = \frac{1}{\sqrt{2}}$. Also ist das Krümmungsverhalten von τ auf ganz $\mathbb{R}$ uneinheitlich; wir folgern: Die Funktion τ ist strikt konvex auf $(-\infty, -\alpha]$, strikt konkav auf $[-\alpha, \alpha]$ und wiederum strikt konvex auf $[\alpha, \infty)$, und die Nullstellen $-\alpha$ und α von τ'' sind Wendepunkte von τ. △

Im folgenden Beispiel haben wir es mit Ausnahmepunkten zu tun:

Beispiel 11.29. Die durch $f(x) := \frac{x^2}{2} - \cos(x)$, $x \in \mathbb{R}$, auf ganz $\mathbb{R}$ definierte Funktion ist strikt konvex.

Denn: Man erkennt schnell, dass $f'(x) = x + \sin(x)$ und $f''(x) = 1 - \cos(x)$ gilt. Mithin ist $f''(x) \geqslant 0$ für alle $x \in \mathbb{R}$. Allerdings gilt $f''(x) = 0$ für $x = \ldots, (-4)\pi, (-2)\pi, 0, 2\pi, 4\pi, \ldots$; allgemein $f''(x) = 0$ für $x = 2k\pi$, $k \in \mathbb{Z}$. Die Ausnahmemenge $\{f'' \not> 0\} = \{2k\pi \,|\, k \in \mathbb{Z}\}$ enthält keinen einzigen inneren Punkt (denn wäre ein Punkt der Form $2k\pi$ innerer Punkt, müsste es ein $\epsilon > 0$ derart geben, dass $f''(x) = 0$ auf dem gesamten Intervall $(2k\pi - \epsilon, 2k\pi + \epsilon)$ gilt, was offensichtlich nicht zutrifft). Nach Satz 11.22 ist f strikt konvex. △

11.5 Krümmungseigenschaften der Grundfunktionen

In diesem Abschnitt stellen wir die Konvexitätseigenschaften der Grundfunktionen übersichtlich zusammen. Die Aussagen sind zumeist in Form von Beispielen formuliert, die eigentlich den Charakter von Übungsaufgaben haben. Diese lassen sich mit den Mitteln des vorigen Abschnittes lösen.

11.5.1 Affine Funktionen

Es gilt: *Jede affine Funktion ist sowohl konvex als auch konkav, beides aber nicht strikt.*

11.5.2 Potenzfunktionen

Es gilt: *Die Potenzfunktionen $x \to x^p$ sind*

(i) *strikt konvex auf $[0, \infty)$ für $p > 1$*

(ii) *sowohl konvex als auch konkav auf $[0, \infty)$ für $p = 1$ (linearer Fall)*

(iii) *strikt konkav auf $[0, \infty)$ für $0 < p < 1$*

(iv) *sowohl konvex als auch konkav (und zwar konstant) auf $(0, \infty)$ für $p = 0$*

(v) *strikt konvex auf $(0, \infty)$ für $p < 0$.*

Die nachfolgende Skizze verdeutlicht diese Aussage: Blau steht für konvex, Rot für konkav.

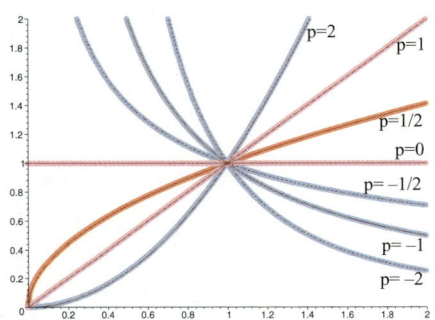

Beispiel 11.30 (↗Ü, *Potenzfunktionen mit ganzzahligen Exponenten*). *Für ganzzahlige Exponenten lassen sich die Potenzfunktionen bekanntlich auf $(-\infty, 0)$ bzw. $(-\infty, 0]$ fortsetzen. In diesem Fall ist die Funktion $x \to x^p$* strikt

- *konkav auf $(-\infty, 0]$, konvex auf $[0, \infty)$ für ungerade $p > 1$*
- *konvex auf $\mathbb{R}$ für gerade $p > 0$*
- *konvex auf $(-\infty, 0)$, konvex auf $(0, \infty)$ für gerade $p < 0$*
- *konkav auf $(-\infty, 0)$, konvex auf $(0, \infty)$ für ungerade $p < 0$.*

Weiterhin ist diese Funktion gleichzeitig konkav und konvex

- *auf $\mathbb{R}$ für $p = 1$*
- *auf $(-\infty, 0)$ und auf $(0, \infty)$ für $p = 0$.*

(Siehe nachfolgende Skizze.)

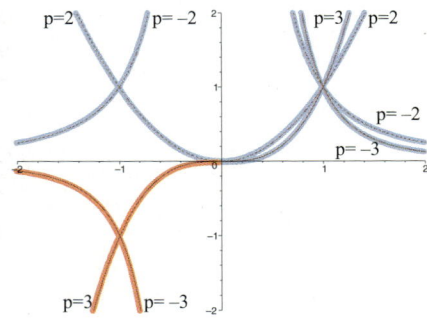

△

11.5.3 Exponentialfunktionen

Beispiel 11.31 ($\nearrow$Ü, Exponentialfunktionen). *Die Exponentialfunktionen* $x \to e^{ax}$ *sind auf ganz* $\mathbb{R}$

- *strikt* konvex, *falls* $a \neq 0$ *gilt;*
- *sowohl* konvex *als auch* konkav *(nämlich konstant = 1), falls* $a = 0$ *gilt.*

$\triangle$

11.5.4 Logarithmusfunktionen

Beispiel 11.32 ($\nearrow$Ü, natürliche Logarithmusfunktion). *Die natürliche Logarithmusfunktion* $x \to \ln(x)$ *ist strikt* konkav. $\triangle$

Beispiel 11.33 ($\nearrow$Ü*, weitere Logarithmusfunktionen).

(i) *Ebenfalls strikt* konkav *sind*
- *die dyadische Logarithmusfunktion* $x \to \mathrm{ld}(x)$
- *die dekadische Logarithmusfunktion* $x \to \lg(x)$.
(ii) *Allgemein ist eine Logarithmusfunktion* $x \to \log_a(x)$ *zu einer beliebigen Basis* $0 < a \neq 1$
- *strikt* konkav, *falls* $a > 1$ *gilt*
- *strikt* konvex, *falls* $0 < a < 1$ *gilt.*

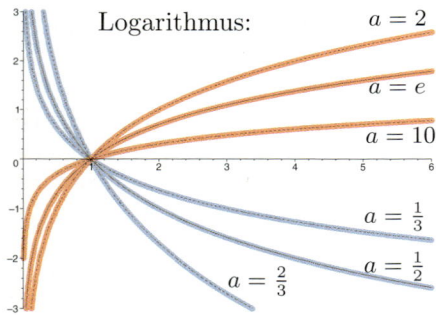

$\triangle$

11.5.5 Winkelfunktionen

Es gilt:

(i) *Die Sinusfunktion* $x \to \sin(x)$ *ist*
- *strikt* konkav *auf allen Intervallen* $2k\pi + [0, \pi]$, $k \in \mathbb{Z}$, *und*
- *strikt* konvex *auf allen Intervallen* $2k\pi + [\pi, 2\pi]$, $k \in \mathbb{Z}$
(ii) *Die Cosinusfunktion* $x \to \cos(x)$ *ist*
- *strikt* konkav *auf allen Intervallen* $2k\pi + \left[-\frac{\pi}{2}, \frac{\pi}{2}\right]$, $k \in \mathbb{Z}$ *und*

- *strikt konvex auf allen Intervallen $2k\pi + \left[\frac{\pi}{2}, \frac{3\pi}{2}\right]$, $k \in \mathbb{Z}$.*

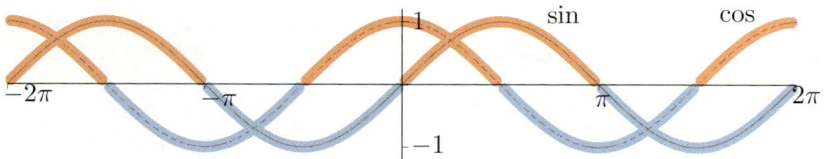

11.6   Erhaltungseigenschaften konvexer Funktionen

11.6.1   Das Wesentliche

Wir sahen, dass das Krümmungsverhalten einer gegebenen Funktion mit Hilfe der zweiten Ableitung untersucht werden kann. Oft können wir jedoch auch ohne Ableitungen zum Ziel kommen - und das obendrein schneller. Das Zauberwort heißt wiederum "Schnelltests". Dabei führen wir die Krümmungseigenschaften einer "neuen" Funktion auf diejenigen bekannter Funktionen zurück.

Zusammenfassend lässt sich sagen, dass

- *Summen, positive Vielfache, Verschiebungen, "monotone" Zusammensetzung, Maxima und Minima sowie Grenzwerte von Folgen konvexer Funktionen wiederum konvex und*
- *negative Vielfache konvexer Funktionen konkav sind.*

(Sinngemäßes gilt, wenn man die Wörter "konvex" und "konkav" austauscht.)

Für alles Weitere treffen wir folgende **generellen Voraussetzungen:**
Es seien $D \subseteq \mathbb{R}$ ein Intervall, $f, f_1, f_2, f_3, \ldots$ und g auf D definierte reelle Funktionen, $E \subseteq \mathbb{R}$ ein Intervall mit $f(D) \subseteq E$ sowie $h : E \to \mathbb{R}$ eine reelle Funktion.

11.6.2   Summen und Vielfache konvexer Funktionen

Satz 11.34.

(i) Ist f konvex und g strikt konvex, so ist die Summe $f + g$ strikt konvex.

(ii) Ist f strikt konvex und $\lambda > 0$, so ist λf wiederum strikt konvex.

(iii) Ist f strikt konvex und $\lambda < 0$, so ist λf strikt konkav.

(iv) Alle vorangehenden Aussagen bleiben richtig, wenn die türkisfarbigen Wörter weggelassen und/oder die Wörter "konvex" und "konkav" gegeneinander ausgetauscht werden.

Die Aussagen des Satzes in Tabellenform:
(mit den Abkürzungen $\cup$/ $\cap$ / $\nearrow$ / $\searrow$ bzw. s für *konvex/ konkav/ wachsend/ fallend* bzw. *streng*):

Konvexität und Addition			
f	g	$f + g$	Stichworte
∪	s∪	s∪	"Gleichsinn"
∩	s∩	s∩	
andere Fälle			"UnGleichsinn": keine Aussage

Konvexität und Multiplikation			
f	λ	λf	Stichworte
s∪	> 0	s∪	"positiv erhält"
s∩	> 0	s∩	
s∪	< 0	s∩	"negativ kehrt um"
s∩	< 0	s∪	
beliebig	$= 0$	∪ und ∩	"Null neutralisiert"

Hinweis: s durchgehend weglassbar

Zum Punkt (i) ist hervorzuheben, dass die Summe konvexer Funktionen bereits dann *strikt* konvex ist, wenn ein einziger Summand strikt konvex ist.

Mit Hilfe dieses Satzes können wir schon erste Schnelltests ausführen.
Gegeben ist dabei eine "komplizierte" Funktion f, die sich als Summe von Vielfachen gewisser Katalogfunktionen darstellen lässt. Ihre Krümmung ist zu ermitteln. Wir gehen so vor:

(1) Katalogbausteine und deren Krümmung identifizieren

(2) Vorfaktoren der Bausteine berücksichtigen

(3) Summenkrümmung ermitteln.

Beispiel 11.35. Zu untersuchen ist
$a(x) := \dfrac{74}{x^{92}}$, $x > 0$. Wir schreiben

$$a(x) = 74 \underbrace{x^{-92}}_{s\,\cup}$$

(1) (nach Katalog)

$\underbrace{\phantom{74\,x^{-92}}}_{s\,\cup}$ (2) (pos. Vorfaktor)

also ist die Funktion a strikt konvex.   △

Beispiel 11.36. Zu untersuchen sei auf $D := [0, \infty)$ die Funktion b mit $b(x) := e^x - \sqrt{x}$. Es gilt

$$\underbrace{e^x}_{s\cup} - \underbrace{\sqrt{x}}_{s\cap}$$

(1) (nach Katalog)

(2) (neg. Vorfaktor)

(3) (als Summe bei Gleichsinn).

Also ist g strikt konvex.   △

Beispiel 11.37. Es soll die Krümmung der durch

$$z(x) := \frac{24}{x^2} - 30 \, \ln x + 2e^{-ax}$$

auf $(0, \infty)$ definierten Funktion untersucht werden. Wir finden

$$z(x) := 24\underbrace{x^{-2}}_{s\cup} + (-30)\underbrace{\ln x}_{s\cap} + 2\underbrace{e^{-ax}}_{s\cup} + \underbrace{33x - 411}_{\cup,\cap}$$

(1) (laut Katalog)

(2) (Korrektur durch Vorzeichen)

(3) (als gleichsinnige Summe)

also ist auch die Funktion z strikt konvex.

Anmerkung: Erstens: Der vierte Summand $33x - 411$ ist affin, damit sowohl konvex als auch konkav. Von diesen beiden Eigenschaften verwenden wir nur diejenige, die zum übrigen *Gleichsinn* passt – hier ist es: "konvex". Zweitens besteht die Gesamtsumme aus vier Summanden, von denen die ersten drei strikt konvex, der vierte nur noch konvex (aber nicht strikt) ist. Dies genügt jedoch, um die Summe *strikt* konvex zu machen.   △

Achtung: *Über die Krümmung der Summe ungleichsinnig gekrümmter Funktionen sagt Satz 11.34 nichts aus! In einem derartigen Fall müssen wir andere Untersuchungsmethoden einsetzen.*

Beispiel 11.38. Zu untersuchen sei auf $D := (-2, 0)$ die Funktion d mit $d(x) := x^2 + \frac{1}{x}$. Wir finden

$$d(x) = \underbrace{x^2}_{s\cup} + \underbrace{\frac{1}{x}}_{s\cap}$$

(1) (nach Katalog)

??????

(2) (mangels Gleichsinn)

Es handelt sich um eine *ungleichsinnige* Summe, über die unser Satz nichts aussagt.   △

Anmerkung 1: Wir können die Ableitungsmethode einsetzen. Dazu setzen wir für $x \in D$ d $d(x) = f(x) + g(x)$ mit $f(x) := x^2$, $g(x) := \frac{1}{x}$ und finden

$$f'(x) = 2x, \qquad\qquad g'(x) = -x^{-2},$$
$$f''(x) = 2, \qquad\qquad g''(x) = 2x^{-3},$$

sowie

$$d''(x) = 2(1 + x^{-3}).$$

Nun gilt

$$x^{-3} \begin{cases} < -1 & \text{für } x \in (-1, 0) \\ = 0 & \text{für } x = -1 \\ > -1 & \text{für } x \in (-2, -1) \end{cases} \quad \text{also} \quad d''(x) \begin{cases} < 0 & \text{für } x \in (-1, 0) \\ = 0 & \text{für } x = -1 \\ > 0 & \text{für } x \in (-2, -1). \end{cases}$$

Demzufolge ist d auf unterschiedlichen Teilen des Definitionsbereiches unterschiedlich gekrümmt (siehe Abbildung). Auf $(-2, -1]$ ist d strikt konvex (hellblaue Zone), auf $[-1, 0)$ ist d strikt konkav (hellrote Zone), auf $(-2, 0)$ dagegen weder konvex noch konkav.

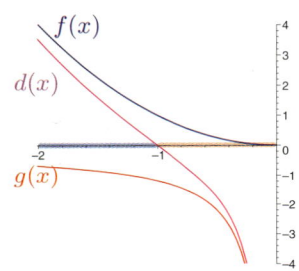

Anmerkung 2: Betrachten wir dagegen die Summe $f + (-f) = 0$, so trifft hier eine strikt konvexe auf eine strikt konkave Funktion. Die Summenfunktion 0 ist sowohl konvex als auch konkav! $\triangle$

Fazit: *Die Summe ungleichsinnig gekrümmter Funktionen kann konvex, konkav, weder konvex noch konkav, aber auch beides sein.*

11.6.3   Mittelbare Funktionen

Wir erinnern: Unter der *"Komposition"* bzw. *"Zusammensetzung"* $h \circ f$ der Funktionen h und f versteht man die durch $h \circ f(x) := h(f(x))$, $x \in D$, definierte Funktion, die auch als *mittelbare* Funktion bezeichnet wird. (Zu den Voraussetzungen siehe Seite 343.)

Beispiel 11.39. Wir betrachten auf $D := \mathbb{R}$ die Funktionen h und f, definiert durch
$$h(y) := e^{-y} \quad \text{und} \quad f(x) := x^2, \quad x, y \in \mathbb{R}.$$
Dann wird $h \circ f(x) = e^{-x^2}$, $x \in \mathbb{R}$.   △

Wenn wir aus den Krümmungseigenschaften von h und f auf diejenigen von $h \circ f$ schließen wollen, benötigen wir etwas mehr Sorgfalt als im Fall der Monotonie.

Beispiel 11.40 (↗F 11.39)**.** Die soeben betrachteten Funktionen h und f sind beide strikt konvex. Es wäre naheliegend anzunehmen, dass $h \circ f$ als *Komposition konvexer Funktionen* wiederum konvex sein müsse. Wir wissen jedoch aus Beispiel 11.28, dass $h \circ f$ auf dem Intervall $[-\sqrt{\frac{1}{2}}, \sqrt{\frac{1}{2}}]$ strikt konkav ist! Unsere Annahme ist also zwar naheliegend, aber trotzdem falsch!   △

Bei näherer Betrachtung zeigt sich, dass die Komposition konvexer Funktionen zumindest dann wieder konvex ist, wenn noch eine *Zusatzbedingung* erfüllt ist:

Satz 11.41.

(i) Ist h streng monoton wachsend und sind h und f beide strikt konvex, so ist auch $h \circ f$ strikt konvex.

(ii) Ist h streng monoton fallend und strikt konvex , dagegen f strikt konkav, so ist $h \circ f$ strikt konvex.

(iii) Ist h strikt konvex und f affin, so ist $h \circ f$ strikt konvex.

Alle vorangehenden Aussagen bleiben richtig, wenn man

(iv) die türkisfarbenen Textteile weglässt und/oder

(v) die Wörter "konvex" und "konkav" gegeneinander austauscht.

Außer im Fall *(iii)* einer affinen inneren Funktion kommt es hier auf die

Monotonie der äußeren Funktion

als Zusatzbedingung an, wobei diese außerdem "in der richtigen Richtung" gefordert wird. Die Aussagen des Satzes in Tabellenform:

Übersicht: Komposition und Konvexität

h	h	f	$h \circ f$	Stichworte
$s \nearrow$	$s\cup$	$s\cup$	$s\cup$	wachsender Gleichsinn
$s \nearrow$	$s\cap$	$s\cap$	$s\cap$	
$s \searrow$	$s\cup$	$s\cap$	$s\cup$	fallender Gegensinn
$s \searrow$	$s\cap$	$s\cup$	$s\cap$	
	$s\cup$	$\cup\cap$	$s\cup$	f affin
	$s\cap$	$\cup\cap$	$s\cap$	
andere Fälle				!!!keine Aussage!!!

Merke:

- Gesamt-Krümmung $(h \circ f)$ $\mathrel{\widehat{=}}$ äußere Krümmung (h)
- Bedingungen:
  - "Harmonie außen"
    $\mathrel{\widehat{=}}$ "wachsender Gleichsinn"
    $\mathrel{\widehat{=}}$ "fallender Gegensinn"
  - "affin innen"
- s durchgehend verzichtbar

Achtung:

- Keine Aussage "außerhalb" der Tabelle!
- Definitionsbereiche beachten!

Der Hinweis "Keine Aussage 'außerhalb' der Tabelle!" ist so zu verstehen: In Fällen, die *nicht* ausdrücklich in der Tabelle aufgeführt sind, können wir unter *alleiniger* Verwendung der Tabelle keine Schlüsse ziehen, siehe das Beispiel 11.28 weiter unten. Interessanter sind natürlich Beispiele "innerhalb der Tabelle":

Beispiel 11.42. Gegeben sei eine beliebige strikt konkave Funktion $f : D \to \mathbb{R}$. Wir betrachten dann folgende daraus "abgeleiteten" Funktionen:

- $x \to f(-x)$ ($x \in -D$; Spiegelung an der y-Achse)
- $x \to f(2x)$ ($x \in \frac{1}{2}D$, Horizontalstauchung)
- $x \to f(x - 74)$ ($x \in 74 + D$, Horizontal-Shift)
- $x \to f(ax + b)$ ($a \neq 0$, $x \in \frac{1}{a}(-b + D)$)

(Ein Wort zu unserer Kurzschreibweise: Wir setzen formal

$$\square\, D \quad := \quad \{\,\square\, x \ \mid x \in D\,\},$$

wobei $\square$ ein Platzhalter für verschiedene Zeichenfolgen ist, also z.B. $74 + D :=$ $\{\,74 + x \ \mid x \in D\,\}$, womit erklärt wird, wie sich die Definitionsbereiche verändern.)

All diese Funktionen sind dann ebenfalls strikt konkav (nach Punkt *(iii)* und *(v)* des Satzes), denn die Änderung des ursprünglichen Argumentes x in $-x$, $2x$ etc. ist affin.

Konkrete Beispiele:

- $x \to \sqrt{x}$ $(x \geq 0)$ ist strikt konkav (nach Katalog). Dann sind ebenfalls strikt konkav:
- $x \to \sqrt{-x}$ $(x \leq 0)$
- $x \to \sqrt{2x}$ $(x \geq 0)$
- $x \to \sqrt{x - 74}$ $(x \geq 74)$
- $x \to \sqrt{144 - 3x}$ $(x \leq 48)$ $\triangle$

Beispiel 11.43. Auf $D := \mathbb{R}$ werde die Funktion ϕ mit $\phi(x) = e^{x^2}$, $x \in \mathbb{R}$, betrachtet. Man kann schreiben $\phi = \exp \circ \psi$ mit $\psi(x) = x^2$. Die innere Funktion ψ ist strikt konvex auf $\mathbb{R}$, die äußere (Exponential-) Funktion exp ist streng *wachsend* und *ebenfalls* strikt konvex auf $\mathbb{R}$. Es handelt sich um einen Fall "wachsenden Gleichsinns", d.h., die äußere Funktion bestimmt das Krümmungsverhalten. Mithin ist die zusammengesetzte Funktion strikt konvex. $\triangle$

Beispiel 11.44. Zu untersuchen sei $\alpha(x) := e^{-\sqrt{x}}, x \geq 0$. Wir schreiben $\alpha(x) = h(f(x))$ mit $h(y) = e^y, y \in \mathbb{R}$, (streng wachsend, strikt konvex) und $f(x) := -\sqrt{x}, x \geq 0$ (strikt konvex).

Es liegt der Tabellenfall "*wachsender Gleichsinn*" vor, mithin ist die Gesamtfunktion α genauso gekrümmt wie die äußere Funktion h, nämlich strikt konvex. $\triangle$

Bemerkung 11.45. Die Zerlegung der gegebenen Funktion α in die beiden "Faktoren" h und f ist natürlich nicht eindeutig bestimmt. So hätten wir im letzten Beispiel z.B. auch lesen können $\alpha(x) = e^{-\sqrt{x}}, x \geq 0$, mit der Interpretation $h(y) = e^{-y}, y \in \mathbb{R}$ (streng <u>fallend</u>, strikt konvex) und $f(x) := \sqrt{x}, x \geq 0$ (strikt <u>konkav</u>).

Bei dieser Interpretation liegt "<u>fallender Gegensinn</u>" vor. Auch dies ist ein Tabellenfall – mithin ist die Gesamtfunktion α strikt konvex – wie die äußere Funktion h.

Die folgenden Beispiele erklären den Hinweis "Definitionsbereiche beachten" in der Tabelle.

Beispiel 11.46. Es sei $\beta(x) = \frac{1}{\ln x}, x > 1$. Wir betrachten zunächst den Berechnungs*ausdruck*. Es liegt nahe, diesen in den äußeren Ausdruck $\frac{1}{y}$ und den inneren Ausdruck $\ln x$ zu zerlegen. Diese beiden Ausdrücke an sich sind noch keine Funktionen; vielmehr sind noch die entsprechenden Definitionsbereiche festzulegen. Für die innere Funktion ergibt sich unmittelbar aus der Aufgabenstellung; wir setzen $f(x) := \ln x$ mit $D_f := (1, \infty)$. Der Definitionsbereich der äußeren Funktion ist zumindest so groß zu wählen, dass sämtliche Funktionswerte der inneren Funktion darin liegen. Hier nimmt die innere Funktion durchweg positive Werte an, also wählen wir als Definitionsbereich der äußeren Funktion $D_h := (0, \infty)$ und setzen $h(y) := \frac{1}{y}$ für $y > 0$. Diese Funktion ist streng fallend und strikt <u>konvex</u>. Die innere Funktion f dagegen strikt konkav. Es liegt somit "fallender Gegensinn" vor – mithin ist die Gesamtfunktion β wie die äußere Funktion h strikt konvex.   △

Beispiel 11.47. Auf $D := [-\frac{\pi}{2}, \frac{\pi}{2}]$ sei eine Funktion ρ durch $\rho(x) := \sqrt{1 + \cos x}$ gegeben. Wir notieren unsere Argumentation schematisch:

$$\rho(x) := \sqrt{1 + \underbrace{\cos x}_{s\,\cap}} \qquad \text{nach Katalog (*)}$$

$$\underbrace{}_{s\,\cap} \qquad \text{als Summe}$$

$$s \nearrow \underbrace{}_{s\,\cap} \qquad \text{äußere Funktion}$$

$$\underbrace{}_{s\,\cap} \qquad \begin{array}{l}\text{als Komposition}\\ \text{("wachsender Gleichsinn").}\end{array}$$

Also ist die Funktion ρ strikt konkav.   △

Anmerkung: Auch hier operieren wir nur vordergründig mit *Ausdrücken*, meinen aber *Funktionen* – wir haben also stets auf die zugehörigen Definitionsbereiche zu achten. In diesem Beispiel wirkt sich das in der Zeile (*) aus, denn die Cosinus-Funktion ist bekanntlich keinesfalls auf ganz $\mathbb{R}$ strikt konkav, wohl aber auf dem hier verwendeten Definitionsbereich $D = [-\frac{\pi}{2}, \frac{\pi}{2}]$.

Das letzte Beispiel zeigt sehr schön, welchen Gewinn wir aus Schnelltests ziehen können. Während wir unser Ergebnis mit relativer Leichtigkeit erhielten, hätte uns der Weg über die zweite Ableitung vor einige Schwierigkeiten gestellt – dem interessierten Leser sei das zur Überprüfung empfohlen.

Beispiel 11.48. Wir betrachten $\Omega(x) := \sin\left(1 - \frac{1}{x}\right)$, $x > 1$. Hier "sehen" wir

$$\Omega(x) := \sin\left(1 - \underbrace{\frac{1}{x}}_{s\,\cup}\right) \qquad \text{nach Katalog}$$

$$\underbrace{\phantom{\frac{1}{x}}}_{s\,\cap} \qquad \text{Vorzeichenumkehr}$$

$$\underbrace{\phantom{1 - \frac{1}{x}}}_{s\,\cap} \qquad \begin{array}{l}\text{als Summe;}\\ \text{Werte} \in (0,1) \; (\circ)\end{array}$$

$$s \nearrow + \underbrace{}_{s\,\cap} \qquad \text{äußere Funktion}$$

$$\underbrace{\phantom{1 - \frac{1}{x}}}_{s\,\cap} \qquad \begin{array}{l}\text{als Komposition}\\ \text{("wachsender Gleichsinn").}\end{array}$$

die Funktion ist strikt konkav.

Weil die Werte der Summe ($\circ$) sämtlich im Intervall $(0,1)$ liegen, brauchen wir die Sinusfunktion nur auf diesem Teil ihres größtmöglichen Definitionsbereiches zu betrachten; dort ist sie wachsend und konkav. $\triangle$

Mit Hilfe von Schnelltests können auch abstraktere Schlüsse gezogen werden.

Beispiel 11.49. Man beweise: *Das Quadrat*

- *einer positiven konvexen Funktion*
- *einer negativen konkaven Funktion*

ist konvex.

<u>Beweis:</u> Es sei f die betreffende Funktion. Falls f positiv ist, gilt

$$\{ \quad f \quad \}^2$$

nach Voraussetzung; Werte positiv

als äußere Funktion auf $(0, \infty)$

als Komposition (wachsender Gleichsinn).

Falls f negativ ist, gilt

$$\{ \quad f \quad \}^2$$

nach Voraussetzung; Werte negativ

als äußere Funktion auf $(-\infty, 0)$

als Komposition (fallender Gegensinn). $\triangle$

Nun das angekündigte Beispiel zu dem Hinweis "Keine Aussage 'außerhalb' der Tabelle!" am Ende unserer Tabelle. Zur Erinnerung: In Fällen, die *nicht* ausdrücklich in der Tabelle aufgeführt sind, können wir unter *alleiniger* Verwendung der Tabelle *keine Schlüsse ziehen.*

Beispiel 11.50 ($\nearrow$F 11.28). Bei der Komposition $h \circ f$ der Funktionen $h : y \to e^{-y}$ und $f : x \to x^2$ ist die äußere Funktion h monoton fallend. Beide Funktionen – h und f – sind strikt konvex. Das Beispiel könnte also mit dem Stichwort "fallender Gleichsinn" bedacht werden. Dieses kommt in der Tabelle aber nicht vor, also können wir aus der Tabelle *nichts* schließen. (Hier wussten wir allerdings bereits zuvor: $h \circ f$ ist weder konvex noch konkav.) $\triangle$

Beispiel 11.51. Die Funktion $m : x \to -\frac{1}{x^2}, x > 0$, kann als Komposition der "äußeren" Funktion $a : y \to \frac{1}{y}$ auf $(-\infty, 0)$ und der "inneren" Funktion $i : x \to -x^2$ auf $(0, \infty)$ aufgefasst werden. Die äußere Funktion a ist streng fallend, beide Funktionen a und i sind strikt konkav (Katalog!). Wiederum eine Situation "fallenden Gleichsinns", in der die Tabelle nicht weiterhilft. Die zusammengesetzte Funktion $x \to -\frac{1}{x^2}$ ist diesmal jedoch offensichtlich strikt konkav. $\triangle$

Die beiden Beispiele zeigen, dass bei Fällen "außerhalb der Tabelle" ganz unterschiedliches Krümmungsverhalten vorliegen kann. Da die Tabelle hier nicht weiterhilft, müssen wir dies mit anderen Methoden untersuchen.

11.6.4 Beliebte Fehler

Wie in jedem Thema gibt es auch hier plausibel klingende Annahmen, die zwar in Einzelfällen zutreffen *können*, jedoch nicht *allgemeingültig* sind.

Fehlerquelle: *"Die Differenz strikt konvexer Funktionen ist strikt konvex."*

Gegenbeispiel 11.52. Auf $D := \mathbb{R}$ werden die beiden Funktionen α und β wie in nachfolgender Skizze links betrachtet: $\alpha(x) := e^x$ (blaue Kurve), $\beta(x) := e^{-x}$ (rote Kurve); die Differenz ist $\gamma(x) = e^x - e^{-x}$; dabei gilt

$$\gamma''(x) = \gamma(x) \begin{cases} > 0 & \text{für } x > 0 \\ = 0 & \text{für } x = 0 \\ < 0 & \text{für } x < 0. \end{cases}$$

Die Differenzfunktion γ ist daher auf $(-\infty, 0]$ strikt konkav und auf $[0, \infty)$ strikt konvex, insgesamt (d.h., auf ganz D) weder konvex noch konkav (violette Kurve). $\qquad \triangle$

Fehlerquelle: *"Das Produkt strikt konvexer Funktionen ist strikt konvex."*

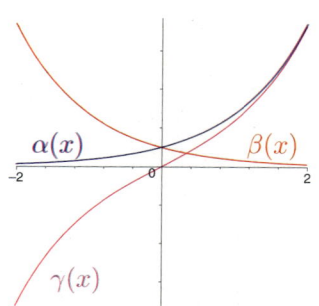 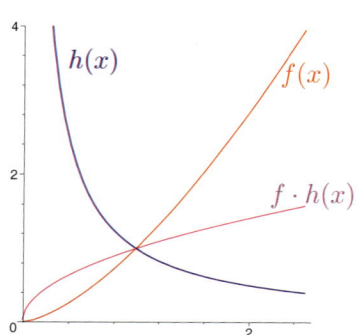

Gegenbeispiel 11.53. Das Bild oben rechts zeigt folgende Funktionen: $f(x) := x^{\frac{3}{2}}, x > 0$ (rot); $h(x) := x^{-1}, x > 0$ (blau): Beide Funktionen sind strikt konvex; das Produkt ist $f \cdot h(x) = \sqrt{x}, x > 0$: diese Funktion ist jedoch strikt konkav (lila Kurve). $\qquad \triangle$

Fehlerquelle: *"Der Reziprokwert kehrt die Krümmung um."*

Gegenbeispiel 11.54. Für die positive Funktion $x \to e^x$, $x \in \mathbb{R}$, ist der Reziprokwert gegeben durch $x \to e^{-x}$, $x \in \mathbb{R}$; beide Funktionen sind strikt konvex; die Krümmung von f wurde also nicht umgekehrt. $\qquad \triangle$

Fehlerquelle: *"Eine strikt konvexe Funktion einer strikt konvexen Funktion ist strikt konvex."*

Gegenbeispiel 11.55. Beispiel 11.28 aus Abschnitt 11.4.3. (Ursache des Fehlers: Die Zusatzbedingung ist hier in keiner der Formen *"wachsender Gleichsinn"*, *"fallender Gegensinn"* oder *"Affinität der inneren Funktion"* erfüllt.) △

Wir heben jedoch hervor: Differenzen, Produkte, Reziprokwerte und Kompositionen konvexer Funktionen *können* durchaus wieder konvex sein, sie *können* aber auch ein *abweichendes* Krümmungsverhalten zeigen. Dies ist im Einzelfall zu untersuchen – z.B. anhand zusätzlicher Bedingungen oder mit Hilfe der Ableitungen.

11.7   Aufgaben

Aufgabe 11.56 (Konvexität und Manipulation des Graphen). Es seien $D \subseteq \mathbb{R}$ ein nichtleeres Intervall und $f : D \longrightarrow \mathbb{R}$ eine beliebige konvexe bzw. strikt konvexe Funktion. Im Kapitel 6.6 wurde gezeigt, wie durch einfache Manipulationen des Graphen von f, insbesondere vertikale oder horizontale Spiegelungen, Streckungen/Stauchungen sowie Verschiebungen, "neue" Funktionen gewonnen werden können.
Überlegen Sie sich, dass (und wie) mit Hilfe dieser Aussage und der Erhaltungssätze 11.34 und 11.41 das Konvexitätsverhalten *aller* "neuen" Funktionen beschrieben werden kann.
(Spiegelungen an der Winklelhalbierenden sind hiervon ausgenommen.)

Aufgabe 11.57 (↗L). Zeigen Sie: Die "Reziprokfunktion" $r : x \to \frac{1}{x}$ ist auf $(0, \infty)$ strikt konvex.

Aufgabe 11.58. Zeigen Sie: Die durch $f(x) := 2x^6 - 10x^4 + 30x^2 - 200$, $x \in \mathbb{R}$ auf ganz $\mathbb{R}$ definierte Funktion ist strikt konvex. (Hinweis: Man wende eine binomische Formel an.)

Aufgabe 11.59. Es sei $r(x) = 3x^5 - 10x^3 + x + 10$ für $x \in \mathbb{R}$. Man bestimme möglichst große Teilintervalle von $\mathbb{R}$, auf denen r ein einheitliches Krümmungsverhalten besitzt, d.h., konvex oder konkav ist.

Aufgabe 11.60. Gegeben seien die beiden Funktionen $a(x) := e^x$ und $b(x) := e^{-x}$, $x \in \mathbb{R}$. Man untersuche die Funktionen $c := \max\{a, b\}$ und $d := \min\{a, b\}$ auf Konvexität.

Aufgabe 11.61. Man untersuche die nachfolgenden Funktionen mit möglichst einfachen Mitteln auf Konvexität:

- $f_0 : [0, \infty) \to \mathbb{R} : f_0(x) = 7x - 2$
- $f_1 : [0, 10) \to \mathbb{R} : f_1(x) = x^3 - 12x^2 + 60x + 15$
- $f_2 : [0, \infty) \to \mathbb{R} : f_2(x) = 1 - e^{-x}$
- $f_3 : (0, \infty) \to \mathbb{R} : f_3(x) = \frac{1}{x} e^x$

Aufgabe 11.62. Gegeben seien die folgenden Funktionen:

- $f(x) = 4x^3 - 2\ln x - \sqrt{x}$ $(x > 0)$
- $g(x) = \sqrt{x-3} + 4\ln x - \frac{1}{2}x^3$ $(x > 3)$
- $h(x) = e^{-2x} - \sqrt{x + \frac{1}{2}} + \frac{1}{\sqrt{x}}$ $(x > 0)$
- $k(x) = 1 - e^{-x} + 2\sqrt{5 + x}$ $(x > -5)$

(i) Stellen Sie ohne Verwendung der Differentialrechnung fest, ob diese Funktionen konkav oder konvex sind.

(ii) Überprüfen Sie ihre Ergebnisse mit Hilfe der Differentialrechnung.

Aufgabe 11.63. Man untersuche die Funktion $\gamma(x) = \frac{1}{\ln x}$, $0 < x < 1$, auf ihre Krümmungseigenschaften. Lässt sich ein Schnelltest anwenden?

Aufgabe 11.64. Man zeige mit Hilfe von Schnelltests: Die durch

$$h(x) := e^{1/(1+x)} - \sqrt{x} + x^2$$

für $x \in [0, \infty)$ definierte Funktion h ist strikt konvex.

Aufgabe 11.65. Es sei $f : I \to \mathbb{R}$ eine beliebige Funktion, die auf einem Intervall $I \subseteq \mathbb{R}$ definiert ist. Daraus werde eine "neue" Funktion ϕ vermöge $\phi(x) = e^{f(x)}$, $x \in I$, definiert. **Man zeige:** *Ist f (strikt) konvex, so ist auch ϕ (strikt) konvex.*
Beispiele für f könnten sein:

- $f : \mathbb{R} \to \mathbb{R} : x \to e^{ax}$ $(a \neq 0)$
- $f : [\pi, 2\pi] \to \mathbb{R} : x \to \sin(x)$
- $f : (0, \infty) \to \mathbb{R} : x \to \dfrac{1}{x}$
- $f : \mathbb{R} \to \mathbb{R} : x \to \dfrac{x^2}{2} - \cos(x)$

Aufgabe 11.66. Es sei $f : I \to \mathbb{R}$ eine beliebige nichtnegative Funktion ($f \geqslant 0$), die auf einem Intervall $I \subseteq [0, \infty)$ definiert ist, und daraus werde eine "neue" Funktion τ vermöge $\tau(x) = \sqrt{f(x)}$, $x \in I$, bestimmt. **Man zeige:** *Ist f (strikt) konkav, so ist auch τ (strikt) konkav.* (Hinweis: "wachsender Gleichsinn.")
Beispiele für f könnten sein:

- $f : [1, \infty) \to \mathbb{R} : x \to \ln(x)$ $(a \neq 0)$
- $f : [0, \pi] \to \mathbb{R} : x \to \sin(x)$
- $f : [1, \infty) \to \mathbb{R} : x \to 1 - \dfrac{1}{x}$

Aufgabe 11.67. Es seien $f : D \to \mathbb{R}$ und $g : D \to \mathbb{R}$ beide auf ganz D positiv ($f > 0, g > 0$). Man zeige:

(i) Sind f und g beide streng wachsend und strikt konvex, so ist auch $f \cdot g$ streng wachsend und strikt konvex.

(ii) Sind f und g beide streng wachsend und strikt konvex, so ist auch $f \cdot g$ streng wachsend und strikt konvex.

Aufgabe 11.68. Die Voraussetzungen von Aufgabe 11.67 sind beispielsweise erfüllt für $f(x) = x^2$, $g(x) = e^x$, also $(f \cdot g)(x) = x^2 e^x$, $x > 0$.

Aufgabe 11.69 (↗L). Geben Sie (weitere) Beispiele für strikt konvexe Funktionen f und g derart an, dass

(i) die Differenz $f - g$

(ii) das Produkt $f \cdot g$

(iii) der Reziprokwert $\dfrac{1}{f}$

(iv) die Komposition $f \circ g$

(a) strikt konvex,   (b) strikt konkav ist.

Aufgabe 11.70. Gegeben seien auf $D := [0, \infty)$ die Funktionen a und b gemäß $a(x) := e^{2x}$, $b(x) := x^2$. Zeigen Sie: Die Differenz beider Funktionen c, gegeben durch $c(x) := a(x) - b(x)$, $x \in D$, ist eine strikt konvexe Funktion.

Aufgabe 11.71 (↗L). Man zeige: *Es seien D ein Intervall und $f, g : D \to \mathbb{R}$ Funktionen.*

(i) *Sind f und g strikt konvex, so auch ihr Maximum $f \vee g$.*

(ii) *Sind f und g strikt konkav, so auch ihr Minimum $f \wedge g$.*

(iii) *Beide Aussagen bleiben richtig, wenn das Wort strikt weggelassen wird.*

Aufgabe 11.72 (↗L). Es seien $D \subseteq \mathbb{R}$ ein Intervall mit $D^\circ \neq \emptyset$ und f, $f_n : D \to \mathbb{R}$ Funktionen ($n \in \mathbb{N}$). Man zeige: Sind alle Funktionen f_n, $n \in \mathbb{N}$, konvex und gilt

$$f(x) = \lim_{n \to \infty} f_n(x)$$

für alle $x \in D$, so ist auch f konvex.

12

Extremwertprobleme

12.1 Ökonomische Motivation

Angenommen, ein Unternehmen kann beim Absatz von x Mengeneinheiten eines Gutes X einen Gewinn in Höhe von $G(x)$ Geldeinheiten erzielen.

Der Handlungsspielraum des Unternehmens werde durch eine Kapazitätsgrenze in Höhe von C Mengeneinheiten bestimmt (Bild rechts).

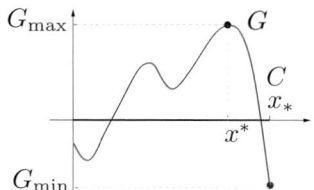

Bild 12.1:

Ein typisches Unternehmensziel ist der *absolute Maximalgewinn*, d.h. der größtmögliche Wert $G_{\max}$, den die Gewinnfunktion G innerhalb der gegebenen Kapazitätsgrenzen annehmen kann. Die Stelle x^* gibt den zugehörigen Absatz an. Diesen Absatz wird das Unternehmen anstreben.

Dagegen muss sich das Unternehmen davor hüten, mit dem Absatz an die Stelle x_* zu geraten, an der die Funktion G ihren *kleinst*möglichen Wert $G_{\min}$ annimmt (in der Skizze rot markiert). (Es kann – wie in unserem Beispiel – vorkommen, dass dieser Wert negativ ist; dann handelt es sich in Wirklichkeit also um einen *Verlust*, den das Unternehmen erleidet.)

Wir betrachten im nächsten Bild noch die Stelle x°. Der dort erreichte Gewinn $G(x^\circ)$ ist ebenfalls "größtmöglich", solange als Alternative zu x° nur sehr dicht benachbarte Werte zugelassen werden – etwa aus der orange gefärbten Zone des "unternehmerischen Handlungsspielraumes" $[0, C]$.

Den Wert $G(x^\circ)$ werden wir als ein *lokales* Gewinnmaximum bezeichnen.

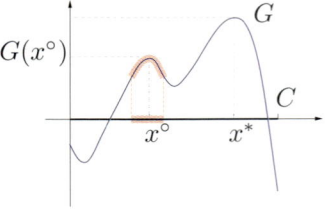

Nicht zu unterschätzen ist die Rolle der Kapazitätsgrenze C. Die Antwort auf die Ausgangsfrage, bei welchem Absatz der Gewinn am größten wird, hängt nämlich sehr stark davon ab. Nehmen wir an, aufgrund unvorhersehbarer Engpässe sinke die Kapazitätsgrenze auf den Wert $c < C$. Plötzlich nehmen Höchstgewinn bzw. Höchstverlust völlig andere Werte an und werden auch bei völlig anderen Absatzmengen (nämlich x^c bzw. x_c) erreicht (Bild rechts).

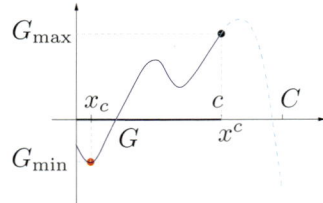

In diesem Beispiel ist also von Interesse, wie groß der absolute Maximalgewinn bzw. -verlust ist, bei welcher Ausbringungsmenge er erreicht wird, bei welchen Ausbringungsmengen lokale Höchstwerte von Gewinn bzw. Verlust erreicht werden und welche Rolle Kapazitätsveränderungen spielen. In einer Reihe ökonomischer Probleme treten ähnliche Fragestellungen auf. Das Ziel dieses Kapitels ist es, die erforderlichen mathematischen Methoden bereitzustellen. Wir werden das überwiegend in "mathematischer Sprache" tun, ausgesprochen ökonomische Anwendungen folgen dann im Kapitel 13.

12.2   Begriffe

12.2.1   Globale Extrema

Wir betrachten nochmals das Bild 12.1 auf Seite 357 (diesmal mit etwas abgewandelten Bezeichnungen) und darin den Punkt x^*:

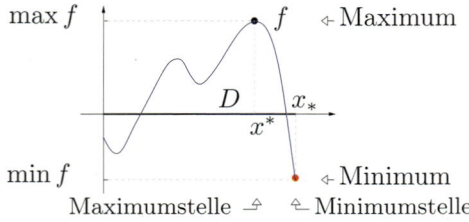

Definition 12.1. *Gegeben seien eine nichtleere Menge D und eine Funktion* $f : D \to \mathbb{R}$. *Existiert ein Punkt* $x^* \in D$ *mit*

$$f(x^*) \geq f(x) \quad \text{für alle} \quad x \in D, \tag{12.1}$$

so nennt man $f(x^*)$ *das* Maximum *und* x^* *einen* Maximumpunkt *(oder eine* Maximumstelle*) von* f. *In diesem Fall schreibt man symbolisch:*

$$f(x^*) =: \max f \quad \text{und} \quad x^* \in \arg\max f,$$

wobei $\arg\max f$ *die Menge aller Maximumpunkte von* f *bezeichnet.*

Wir heben hervor:

- das *Maximum* von f gehört zum *Wertebereich*
- ein Maximum*punkt* x^* gehört zum *Definitionsbereich* von f

Denn: Das Maximum ist der größtmögliche Funktions*wert*, ein Maximumpunkt hingegen ein *Argument*.

Bemerkung 12.2. Die hier verwendeten Bezeichnungen sind mathematischer Standard. Dennoch sind verschiedentlich – vor allem in Schulbüchern – auch etwas andere Sprechweisen anzutreffen. Deswegen ist es wichtig, bei jedem Text zu beachten, wie darin die Grundbegriffe definiert wurden. Hervorzuheben ist, dass wir hier – wie in der Mathematik überwiegend üblich – nicht zwischen Maximum*punkt* und Maximum*stelle* unterscheiden.

Wir werden später sehen, dass es Funktionen gibt, die kein Maximum (und somit auch keinen Maximumpunkt) besitzen. In diesem Fall sagen wir, max f *existiere nicht*, und es gilt arg max $f = \emptyset$. Wenn eine Funktion f dagegen ein Maximum besitzt, ist dieses *eindeutig bestimmt* (es gibt nämlich nur einen absolut größten Funktionswert). Dann gibt es *mindestens* einen Maximumpunkt. Weiter unten folgen Beispiele, in denen zahlreiche Maximumpunkte existieren.

Wir hatten weiter oben in Abschnitt 4.2 bereits den Begriff des Maximums einer *Menge* M reeller Zahlen kennengelernt. Begrifflich sind das *Maximum einer Menge* und das *Maximum einer Funktion* zu unterscheiden. Das Maximum einer Funktion f ist nun nichts anderes als das Maximum der Menge aller angenommenen Funktionswerte:

$$\underbrace{\max f}_{\text{Maximum einer Funktion}} = \underbrace{\max f(D) = \max\{f(x) \mid x \in D\}}_{\text{Maximum einer Menge}}.$$

Man kann sich statt für die größtmöglichen auch für die kleinstmöglichen Funktionswerte interessieren.

Definition 12.3. *Gegeben seien eine nichtleere Menge D und eine Funktion $f : D \to \mathbb{R}$. Existiert ein Punkt $x_* \in D$ mit*

$$f(x_*) \leq f(x) \quad \textit{für alle} \quad x \in D, \tag{12.2}$$

so nennt man $f(x_*)$ das Minimum und x_* einen Minimumpunkt von f. In diesem Fall schreibt man symbolisch:

$$f(x_*) =: \min f \quad \textit{und} \quad x_* \in \arg\min f,$$

wobei $\arg\min f$ die Menge aller Minimumpunkte von f bezeichnet.

Max-Min-Dualität

Unsere zweite Definition unterscheidet sich von der ersten lediglich dadurch, dass wir einige Zeichenketten austauschten:

$$x^* \longleftrightarrow x_* \quad , \quad \geq \longleftrightarrow \leq \quad \text{sowie} \quad \max \longleftrightarrow \min \; .$$

Daher besteht eine enge Dualitätsbeziehung zwischen Maximum und Minimum. Das Wesentliche ist anhand der folgenden Skizze leicht zu sehen :

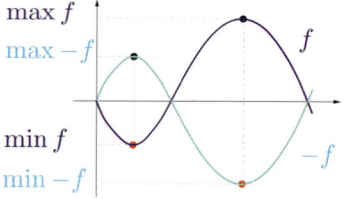

Wir sehen den Graphen einer Funktion f (dunkelblau) und – spiegelbildlich dazu – den Graphen der Funktion $-f$ (hellblau). Wir können direkt ablesen:

$$\max f = -\min (-f) \quad \text{und} \quad \min f = -\max (-f)$$

Eine allgemeine Formulierung des Sachverhaltes lautet so:

Satz 12.4.

(i) f besitzt ein Maximum $\Leftrightarrow$ $-f$ besitzt ein Minimum.
  In diesem Fall gilt

$$\max f = -\min(-f) \quad \textit{und} \quad \arg\max f = \arg\min(-f).$$

(ii) f besitzt ein Minimum $\Leftrightarrow$ $-f$ besitzt ein Maximum.
  In diesem Fall gilt

$$\min f = -\max(-f) \quad \textit{und} \quad \arg\min f = \arg\max(-f).$$

Wir bemerken, dass sich der Teil (ii) des Satzes dadurch erhalten lässt, dass im Teil (i) die Zeichenfolgen ax und in durchgehend gegeneinander ausgetauscht werden.

Der Nutzen dieser Beobachtung besteht hauptsächlich darin, dass wir uns im Weiteren viel Schreibarbeit sparen können. So brauchen wir nur noch Aussagen über M ax ima hinzuschreiben, die entsprechenden Aussagen über M in ima folgen dann sofort in ähnlicher Weise.

Zu den Bezeichnungen:

Für "Minimum" und "Maximum" hat sich die Sammelbezeichnung *Extremum* eingebürgert; demzufolge heißen Maximum- bzw. Minimumpunkte summarisch *Extrempunkte* oder auch *Extremstellen* von f. Einige übliche Variationen unserer Bezeichnungen sind

$$\max f =: \max_D f =: \max_{x \in D} f(x)$$

$$\arg \max f =: \arg \max_D f =: \arg \max_{x \in D} f(x)$$

Die Rolle des Definitionsbereichs

Folgende Beobachtung ist sehr wichtig: *Sowohl die Extrema als auch die zugehörigen Extremstellen hängen vom jeweils betrachteten Definitionsbereich ab.*

Inhaltlich ist das sehr schön in diesem Bild zu sehen; formal spiegelt es sich in der Definition in Gestalt der kleinen Floskel "für alle $x \in D$" wieder. Ökonomisch gesehen handelt es sich um die Auswirkungen von z.B. Kapazitätsbeschränkungen, allgemeiner: des Handlungsspielraumes.

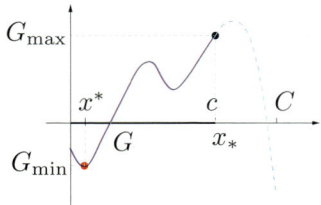

Weil sich die so definierten Extrema und Extremstellen auf den *gesamten* Definitionsbereich D von f beziehen, werden sie auch als *globale* (oder auch *absolute*) Extrema bezeichnet. Dieses Selbstverständnis steht auch hinter den Kurzbezeichnungen $\max f$, $\arg \max f$ usw.

Mitunter soll allerdings nicht der gesamte Definitionsbereich D der Funktion f, sondern nur eine Teilmenge K davon betrachtet werden. In diesem Fall nennt man naheliegenderweise

$$\max_K f := \max f\big|_K \quad \text{und} \quad \arg \max_K := \arg \max f\big|_K$$

das *Maximum von f auf K*, bzw. *die Menge der Maximumpunkte von f bezüglich K*.

Strikte Extrema

Wenn eine Funktion ein Maximum (Minimum) besitzt, kann es beliebig viele Maximum- bzw. Minimum*punkte* geben.

Das Bild 12.2 zeigt eine solche Situation. (Die Menge $A := \arg\max f$ enthält hier sogar unendlich viele Punkte.) Von besonderem Interesse ist naturgemäß der Fall, in dem jeweils genau ein Extrempunkt vorliegt (ökonomisch gesagt: Es gibt nur eine zugehörige Handlungsalternative) .

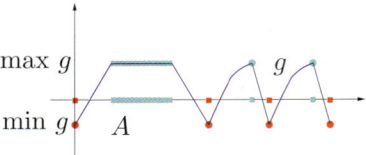

Bild 12.2:

Daher die folgende

Definition 12.5. *Ein Maximum bzw. Minimum von* f *heißt* strikt *(oder* streng*), wenn* $\arg\min_D f$ *bzw.* $\arg\max_D f$ *genau einen Punkt enthält.*

12.2.2 Lokale Extrema

In nachfolgendem Bild links heben wir neben dem globalen Maximum- und Minimumpunkt weitere interessante Punkte hervor:

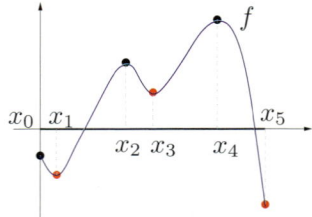

Bild 12.3:

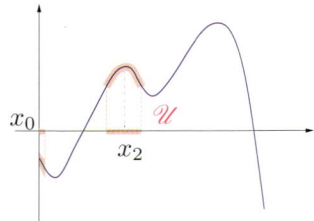

Bild 12.4:

Betrachten wir etwa den markierten Punkt x_2 etwas näher (Bild 12.4). Wenn wir den Definitionsbereich von f auf die (hellrot unterlegte) ε-Umgebung $\mathscr{U} := \mathscr{U}_\varepsilon(x_2)$ von x_2 einschränken, so wird erkennbar, dass x_2 auf diesem verkleinerten Definitionsbereich $\mathscr{U}$ ein *globaler* Maximumpunkt von f ist!

Für alle im Bild 12.3 rot bzw. schwarz markierten Punkte x_0, ..., x_5 gilt Sinngemäßes: In jedem Fall findet sich eine – eventuell sehr kleine – Umgebung in D, innerhalb derer ein globales Maximum oder Minimum vorliegt. Im Bild 12.4 ist dies auch für den Punkt x_0 angedeutet.

Definition 12.6. *Ein Punkt* $x^{**} \in D$ *heißt* lokaler Maximumpunkt *von* f, *wenn eine Umgebung* $\mathscr{U}_\varepsilon(x^{**})$ *von* x^{**} *derart existiert, dass* x^{**} *globaler Maximumpunkt von* f *bezüglich des eingeschränkten Definitionsbereiches*

$\mathscr{U}_\varepsilon(x^{**}) \cap D$ ist. *In diesem Fall heißt der zugehörige Funktionswert $f(x^{**})$ ein lokales Maximum von f.*

Sinngemäß werden die Begriffe *"lokaler Minimumpunkt"* und *"lokales Minimum"* definiert.

In Bild 12.3 sind die Punkte x_0, x_2 und x_4 lokale Maximumpunkte und die Werte $f(x_0)$ ... $f(x_4)$ lokale Maxima von f; x_1, x_3 und x_5 sind lokale Minimumpunkte mit den lokalen Minima $f(x_1)$, $f(x_3)$ und $f(x_5)$. Folgende Beobachtung ist hervorzuheben:

Satz 12.7. *Jedes globale Extremum einer auf einer Menge $D \subseteq \mathbb{R}^n$ definierten Funktion $f : D \to \mathbb{R}$ ist auch ein lokales Extremum.*

Achtung: *Ein lokales Extremum braucht nicht global zu sein!*

So sind die Punkte x_0, x_1, x_2 und x_3 im Bild 12.3 ausschließlich *lokale* Extrempunkte, keiner von ihnen ist *globaler* Extrempunkt!

Definition 12.8. *Ein lokales Extremum heißt strikt, wenn es für ein passendes $\varepsilon > 0$ bezüglich $\mathscr{U}_\varepsilon(x^{**}) \cap D$ strikt ist.*

M.a.W.: Einen lokalen Extrempunkt bezeichnet man als *strikt* (bzw. *streng*), wenn er eine (eventuell sehr kleine) Umgebung in D besitzt, in der keine weiteren Extrempunkte gleicher Art liegen.

Auch hier eine kleine Feinheit: Wir haben zu unterscheiden zwischen "striktes globales Extremum" und "striktes lokales Extremum".

- Ein striktes globales Extremum ist es auch in seiner Eigenschaft als lokales Extremum strikt.
- Wenn ein striktes lokales Extremum zugleich globales Extremum ist, braucht es trotzdem kein striktes globales Extremum zu sein.

Sehen wir uns dazu noch einmal das Bild 12.2 an:

- Sowohl $\max g$ als auch $\min g$ sind (als globale Extrema) *nicht strikt*, weil es jeweils mehrere zugehörige Extremstellen gibt.
- $\min g$ ist zudem vierfaches lokales Minimum von g, dabei jedesmal *strikt*.
- Weiterhin gibt es *nicht strikte* lokale Maximumpunkte (blau ausgezogener Bereich in Bild 12.2).

12.3 Zur Existenz globaler Extrema

Bevor wir uns auf die Suche nach den Extrema bzw. Extrempunkten einer Funktion begeben, sollten wir uns vergewissern, dass solche überhaupt existieren. Ist eine beliebige Funktion f gegeben, so können wir es ja keineswegs als selbstverständlich ansehen, dass diese ein Maximum bzw. Minimum besitzt.

Wir beschreiben einige Situationen, in denen dies *nicht* der Fall ist.

Erstens: Direkt aus der Definition 12.1 bzw. 12.3 folgt:

Satz 12.9. *Besitzt eine Funktion f ein Maximum (Minimum), so ist sie nach oben (unten) beschränkt.*

Also besitzt jede nach oben (unten) *unbeschränkte* Funktion *kein* Maximum (Minimum).

Zweitens: Auch wenn die Funktion f beschränkt ist, braucht sie keines von beiden Extrema zu besitzen. Die folgenden Bilder zeigen solche Situationen:

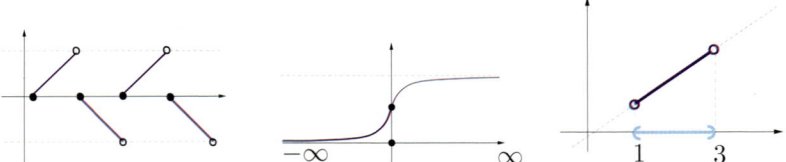

Für die beschränkte Funktion f im Bild links gilt $\sup f = 1$ und $\inf f = -1$. Dennoch existieren weder Maximum noch Minimum, weil die Werte $+1$ und -1 nicht als Funktionswerte angenommen werden. Die Ursache liegt in diesem Fall offensichtlich darin, dass die Funktion f unstetig ist, denn der Graph enthält Sprünge. Wir sehen hieran, dass Unstetigkeit zum Verlust des Maximums bzw. Minimums führen *kann*. (Übrigens nicht *muss*, wie wir von der unstetigen Signum-Funktion wissen; für diese gilt $\max \operatorname{sgn} = 1$ und $\min \operatorname{sgn} = -1$.)

Drittens: Selbst wenn wir nur beschränkte und stetige Funktionen betrachten (mittleres und rechtes Bild), sehen wir, dass auch hier weder ein Maximum noch ein Minimum zu exisitieren braucht. In beiden Fällen sehen wir auch die Ursache dafür: Sie besteht in der Existenz "unerreichbarer" Randpunkte, in denen die Funktion anscheinend ihre größten bzw. kleinsten Funktionswerte anzunehmen trachtet. Im mittleren Bild handelt es sich um uneigentliche Randpunkte, die sozusagen "im Unendlichen" liegen, im Bild rechts haben wir es mit den realen Randpunkten 1 und 3 zu tun, die jedoch nicht zum Definitionsbereich gehören.

Wenn wir jedoch all solche Situationen ausschließen, erreichen wir das Gewünschte. Wir geben zwei nützliche Ausagen an – die erste mit einer, die zweite ohne eine Kompaktheitsvoraussetzung. (Wir erinnern daran, dass eine Menge *kompakt* heißt, wenn sie beschränkt und abgeschlossen ist.)

Satz 12.10. *Jede auf einer nichtleeren kompakten Menge $D \subseteq R^n$ definierte stetige Funktion $f : D \to \mathbb{R}$ besitzt ein Maximum und ein Minimum, d.h., es existieren Punkte x_* und $x^* \in D$ mit*

$$f(x_*) = \min_D f \quad und \quad f(x^*) = \max_D f.$$

Hier interessiert uns primär der Fall $n = 1$. Die wichtigen kompakten Mengen D sind hierbei Intervalle der Form $[a, b]$ mit $a < b$. Damit eine Funktion $f : [a, b] \to \mathbb{R}$ sowohl Minimum als auch Maximum besitzt, genügt somit, dass sie *stetig* ist. Dies ist in vielen ökonomischen Anwendungen der Fall.

Leider trifft unser Satz 12.9 nur eine reine Existenzaussage und gibt zunächst keine Hinweise darauf, *wie das Extremum bzw. Extremstellen zu bestimmen* sind. Worin besteht also sein Nutzen?

- Er stellt sicher, dass es unter den genannten Voraussetzungen sinnvoll ist, nach Extrempunkten zu suchen.

- Er gibt einen Hinweis darauf, wann dieses Vorhaben eventuell vergebens sein könnte.

Wir betrachten nun beispielhaft noch eine Situation, in der der Definitionsbereich D *nicht* kompakt ist.

Satz 12.11. *Es seien $D = (a, b)$ ein nichtleeres Intervall und $f : D \to \mathbb{R}$ eine stetige Funktion. Existieren die Grenzwerte $f(a+)$ und $f(b-)$, sind beide verschieden von $-\infty$ und existiert weiterhin eine Stelle $x \in D$ mit $f(x) < f(a+)$ und $f(x) < f(b-)$, so besitzt f auf D ein globales Minimum.*

Der Inhalt unseres Satzes wird durch die nachfolgende Skizze verdeutlicht:

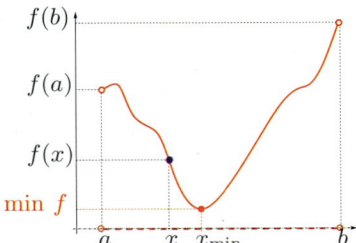

Anwendungen finden sich z.B. beim Studium von Kostenfunktionen.

12.4 Extremwertbestimmung

12.4.1 Vorbemerkung

Ein Missverständnis

In den nächsten Abschnitten wenden wir uns der Frage zu, wie die Extremwerte und -stellen einer gegebenen Funktion $f : D \to \mathbb{R}$ *praktisch* bestimmt werden können. Bevor wir richtig einsteigen, weisen wir auf ein verbreitetes Missverständnis hin: Oft wird auf unsere Frage so geantwortet:

> "Man bestimmt die Ableitung $f'(x)$ von $f(x)$, setzt diese Null: $f'(x) = 0$, und löst nach x auf. Mit der zweiten Ableitung stellt man dann fest, ob es sich um ein Maximum oder ein Minimum handelt...''

Was hat es damit auf sich? Wir betrachten ein Beispiel:

Beispiel 12.12. Die Funktion $f : [1,2] \to \mathbb{R}$ mit $f(x) = x^2$ nimmt an der Stelle $x_* = 1$ ihr globales Minimum 1 und an der Stelle $x^* = 2$ ihr globales Maximum 4 an.

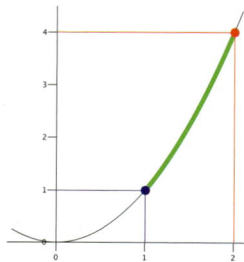

Es gilt aber weder $f'(x_*) = 0$ noch $f'(x^*) = 0$ (sondern vielmehr $f'(x_*) = 2$ und $f'(x^*) = 4$), und die zweite Ableitung ist konstant: $f''(x) = 2$, erlaubt also nicht, zwischen Minimum und Maximum zu unterscheiden!   △

Die Antwort im Kasten hilft hier also überhaupt nicht weiter. Woran liegt das? Sie gibt Auskunft über lokale Extremstellen einer zweimal stetig differenzierbaren Funktion im Inneren ihres Definitionsbereiches. Hierbei bedeuten alle farbigen Wörter Einschränkungen. Nichts wird dagegen ausgesagt über globale Extremwerte, die in der Ökonomie von besonderem Interesse sind (z.B. das absolute Gewinnmaximum oder das absolute Kostenminimum) und nicht selten am *Rande* des Definitionsbereiches angenommen werden. Mehr noch: Extremwertuntersuchungen kommen oft *ohne Ableitungen* aus – und das schnell und bequem! Auf all diese Aspekte wollen wir im Weiteren eingehen.

Ausgangspunkt der Extremwertuntersuchung

Unser Ziel besteht darin, ein Repertoire von Techniken zusammenzustellen, mit deren Hilfe Extremwertaufgaben möglichst *schnell und einfach* gelöst werden können.

Dazu müssen wir uns zu Beginn einer Extremwertuntersuchung Klarheit darüber verschaffen,

- worin die *Aufgabe* besteht,
- auf welche *Voraussetzungen* wir uns stützen können und
- ob es offensichtliche Möglichkeiten gibt, das Problem zu *vereinfachen*.

Hinsichtlich der *Aufgabenstellung* ist zu unterscheiden:

- Interessieren wir uns für lokale oder globale Extrema (oder beides),
- für Minima oder Maxima (oder beides),
- nur für die Extrema oder auch für die zugehörigen Extremstellen?

In ökonomischen Anwendungen sind oft nicht alle Aspekte gleichzeitig von Interesse. Deswegen gehen wir bei der Lösung von Extremwertaufgaben sozusagen nach einem Bausteinprinzip vor. Je nachdem, wonach gefragt wird, bauen wir uns die passende Lösungsmethode aus Bausteinen zusammen.

Wir werden generell *voraussetzen*, dass die zu untersuchende Funktion f auf einem *Intervall* gegeben ist, weil dies in so gut wie allen ökonomischen Anwendungen zutrifft. Dabei unterscheiden wir zwischen "Spezialfall" und "allgemeinem" Fall wie folgt:

- *Spezialfall: f ist "glatt".*

Hierbei nehmen wir an, dass die Funktion f hinreichend oft differenzierbar ist. Dadurch können wir Standardtechniken einsetzen, die sich auf die Ableitung(en) von f stützen.

- *Allgemeiner Fall: f ist "stückweise glatt".*

Hierbei lassen wir zu, dass die Funktion f eventuell an endlich vielen "Ausnahmepunkten" nicht differenzierbar oder sogar unstetig ist, nehmen aber an, dass sie auf den Intervallen dazwischen glatt ist. In dieser Situation kombinieren wir die aus dem glatten Fall bekannten Techniken mit einer Inspektion der Ausnahmepunkte.

Vereinfachend wirkt sich zusätzliches Vorwissen über die Funktion f aus. Wenn wir z.B. wissen, dass sie

- *(streng) monoton wachsend bzw. fallend*
- *(strikt) konvex bzw. konkav*
- *durch bekannte Konstanten beschränkt oder*
- *eine Komposition mit monotoner äußerer Funktion*

ist, können wir wesentlich schneller und einfacher zum Ziel kommen.

Vorgehensweise

Jede Extremwertuntersuchung verläuft in zwei Schritten:

Schritt 1: *Kandidatenauswahl*

Hierbei wählen wir aus dem Definitionsbereich D möglichst wenige "Kandidaten"-Punkte aus, unter denen sich garantiert *alle* gesuchten Extrempunkte befinden. Damit vereinfacht sich das Problem erheblich. Wir werden sehen, dass als Kandidaten nur Punkte aus folgenden, weiter unten näher erläuterten Kategorien in Betracht kommen:

- im Fall (I): *stationäre Punkte* und *Randpunkte*
- im Fall (II): *stationäre Punkte, Randpunkte* und *Sonderpunkte.*

Schritt 2: *Beurteilung*

Nun wird untersucht, welche Kandidaten tatsächlich Extrempunkte sind; die "blinden" Kandidaten werden ausgeschieden. Dabei sind zwei Aspekte zu unterscheiden: Bei der *lokalen Beurteilung* soll für jeden einzelnen Kandidatenpunkt festgestellt werden, ob es sich um einen *lokalen* Extrempunkt handelt und wenn ja, von welcher Art. Bei der *globalen Beurteilung ("Globalisierung")* geht es dagegen darum, vorhandene *globale* Extrema und die zugehörigen Extrempunkte als global zu identifizieren.

Solange eine rein lokale Beurteilung genügt, kommen wir im glatten Fall meist mit einem oder mehreren *Ableitungstests* weiter. Diese stützen sich auf die Vorzeichen gewisser Ableitungen der Funktion f an den Kandidatenpunkten. Für eine globale Beurteilung sind dagegen globale Methoden erforderlich – also solche, die sich auf den gesamten Definitionsbereich (und nicht nur auf Umgebungen einzelner Punkte) beziehen. Sehr effizient ist hierbei im glatten wie im allgemeinen Fall der *Kandidatenvergleich*. Als Nebenprodukt liefert er auch eine lokale Beurteilung aller Kandidaten.

Bei zusätzlichem Vorwissen können die beschriebenen Schritte weiter vereinfacht werden.

12.4.2   Extrempunktkandidaten im glatten Fall

Hier setzen wir von der zu untersuchenden Funktion $f : D \to \mathbb{R}$ voraus, dass ihr Definitionsbereich D ein nichtausgeartetes Intervall und die Funktion f dort differenzierbar ist[1]. Wir fragen uns nun, durch welche *nachrechenbare* Eigenschaft sich Extrempunkte von f von allen anderen Punkten unterscheiden. Das folgende Beispiel kann hier hilfreich sein:

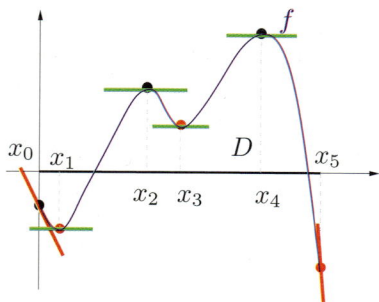

Das Bild zeigt eine auf dem Intervall $D := [a, b]$ definierte Funktion f. Direkt aus dem Bild können wir ablesen, dass diese Funktion folgende Extrempunkte besitzt: In x_0, x_2 und x_4 liegen lokale Maxima vor, in x_1, x_3 und x_5 lokale

---

[1]Es genügt, wenn f auf D stetig und im Inneren von D differenzierbar ist

Minima. (Das Maximum bei x_4 und das Minimum bei x_5 sind sogar jeweils global.) Die Extrempunkte x_1 bis x_4 liegen im Intervall*inneren*, die anderen beiden am Rand.

Wir halten folgende **Beobachtungen** fest:

- Alle Extrempunkte im *Inneren* (a, b) des Definitionsbereiches führen auf eine "waagerechte" Tangente.
- Für die Randpunkte braucht dies *nicht* zu gelten.

Auf die erste Beobachtung zielt folgende

Definition 12.13. *Ein Punkt* $x \in D$ *heißt* stationärer Punkt *der Funktion* f, *wenn gilt* $f'(x) = 0$.

Damit lautet unser Fazit im glatten Fall:

Extrempunktkandidaten sind die stationären Punkte *und die zu* D *gehörenden* Randpunkte.

Bezeichnen wir die Menge der zu D gehörenden Randpunkte mit $\mathcal{R}$, die Menge der stationären Punkte mit $\mathcal{S}$ und die Kandidatenmenge mit $\mathcal{K}$, so können wir also schreiben:

$$\mathcal{K} = \mathcal{R} \cup \mathcal{S}.$$

Da die Randpunkte von vornherein bekannt sind, bleibt als eigentliche Arbeit, die stationären Punkte von f zu berechnen. In der Regel bleiben so – von den ursprünglich unendlich vielen Punkten aus D – nur wenige Kandidaten übrig, die dann weiter untersucht werden müssen.

Folgendes ist hervorzuheben:

1) Die Kandidatenmenge $\mathcal{K}$ enthält *alle lokalen* und erst recht *alle globalen* Extrempunkte von f (soweit existent).
2) Es können aber auch Punkte in $\mathcal{K}$ enthalten sein, die *keine* Extrempunkte sind (deswegen sprechen wir zunächst nur von "Kandidaten"). Ein Beispiel eines solchen Punktes zeigt das nachfolgende Bild links. Der hervorgehobene Punkt ist ein stationärer Punkt, jedoch offensichtlich *kein* Extrempunkt.
3) Ein Randpunkt *kann* zugleich ein stationärer Punkt sein oder auch *nicht* (nachfolgendes Bild rechts).

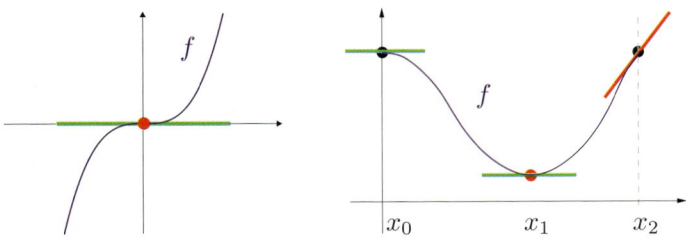

Achtung: *Obwohl die zu D gehörenden Randpunkte immer Extrempunktkandidaten sind, werden sie gern vergessen. Dies kann zu fatalen Fehlern führen.*

Bisher haben wir rein intuitiv – anhand von Abbildungen – argumentiert. Der zuständige Satz lautet so:

Satz 12.14 (notwendige Bedingung 1. Ordnung für ein lokales Extremum; "Maximumprinzip"). *Es seien $D \subseteq \mathbb{R}$ eine nichtleere Menge, $f : D \to \mathbb{R}$ eine Funktion und x° ein innerer Punkt von D. Besitzt f an der Stelle x° ein lokales Extremum und ist f an der Stelle x° differenzierbar, so gilt $f'(x^\circ) = 0$.*

(Der Satz kommt übrigens mit noch weniger als unseren Standardvoraussetzungen aus.) Er stellt sicher, dass die Menge $\mathcal{K} = \mathcal{R} \cup \mathcal{S}$ auch wirklich *alle* Extrempunkte enthält, die f besitzt, also keine Extrempunkte übersehen werden. Dagegen können Punkte außerhalb der Menge $\mathcal{K}$ *keine* Extrempunkte sein und entfallen aus der Betrachtung. Was wir *nicht* wissen ist: ob alle Kandidatenpunkte tatsächlich Extrempunkte sind (und falls ja, von welcher Art).

Beispiel 12.15. Die Funktion $p : x \to x^4$, $x \in [-1, 1]$, besitzt die Ableitung $p'(x) = 4x^3$. Es gilt $p'(x) = 0 \iff x = 0$. Einziger stationärer Punkt ist also Null: $\mathcal{S} = \{0\}$. Die Intervallendpunkte in $\mathcal{R} = \{-1, 1\}$ sind ebenfalls Extrempunktkandidaten; wir finden also $\mathcal{K} = \{-1, 0, 1\}$. △

Beispiel 12.16. $f : [-2, 2] \to \mathbb{R}$ sei durch $f(x) := x^4 - 2x^2$ definiert. Es gilt $f'(x) = 4x^3 - 4x = 4x(x^2 - 1) = 4x(x + 1)(x - 1)$ und somit $f'(x) = 0 \iff x = -1 \lor x = 0 \lor x = 1$. Die Menge stationärer Punkte ist hier $\mathcal{S} = \{-1, 0, 1\}$, die Menge $\mathcal{K}$ von Extrempunktkandidaten entsteht durch Hinzunahme der beiden Randpunkte -2 und 2: $\mathcal{K} = \{-2, -1, 0, 1, 2\}$. △

Beispiel 12.17. Bei der durch

$$q(x) := \frac{x^2 + 1}{x^2 + 3x + 5} \quad , x \in D := [-10, 10],$$

definierten Funktion liefert etwas Rechnung die Ableitung

$$q'(x) := \frac{3x^2 + 8x - 3}{N(x)^2},$$

wobei $N(x) := x^2 + 3x + 5$ den Nenner des Bruches $q(x)$ bezeichnet.
Wir finden durch Nullsetzen des Zählers der Ableitung die beiden stationären Punkte $x_1 = -3$ und $x_2 = \frac{1}{3}$. Zusammen mit den beiden Randpunkten haben wir dann als Kandidatenmenge $\mathcal{K} = \{-10, -3, 1/3, 10\}$.

(*Hinweis:* Man hat sich zu vergewissern, dass der Nenner des die Funktion q definierenden Bruches für kein $x \in D$ verschwinden kann. (Nach der p-q-Formel müssten sich potentielle Nullstellen zu $\frac{-3}{2} \pm \sqrt{\frac{9}{4} - 5}$ ergeben. Da der Ausdruck unter dem Wurzelzeichen negativ ist, hat der Nenner keine reellen Nullstellen.)) △

Beispiel 12.18. Die wohlbekannte Sinusfunktion $\sin : R \to \mathbb{R}$ hat die Ableitung $\sin' = \cos$. Es gilt

$$\cos x = 0 \quad \Longleftrightarrow \quad \exists\, k \in \mathbb{Z} : \; x = \frac{\pi}{2} + k \cdot \pi,$$

also hat die Sinus-Funktion unendlich viele stationäre Punkte. Weil keine erreichbaren Randpunkte existieren, folgt

$$\mathcal{K} = \mathcal{S} = \left\{ \frac{\pi}{2} + k \cdot \pi \;\; \middle|\, k \in \mathbb{Z} \right\}. \qquad \triangle$$

Beispiel 12.19. Wir betrachten eine kleine Abwandlung des vorigen Beispiels: Es sei s durch $s(x) = \sin x + x$, $x \in \mathbb{R}$, definiert. Dann folgt $s'(x) = \cos x + 1$. Dieser Ausruck wird zu Null, wenn die Cosinusfunktion den Wert -1 annimmt, was bekanntlich an der Stelle π und allen um Vielfache von 2π dazu versetzten Stellen der Fall ist; hier finden wir

$$\mathcal{K} = \mathcal{S} = \{\, (2k+1)\pi \;\; \mid k \in \mathbb{Z} \,\}. \qquad \triangle$$

Wenn nicht wirklich alle Extrempunkte, sondern z.B. nur die globalen gesucht sind, kann es u.U. sinnvoll sein, nicht zunächst *alle* Kandidaten zu berechnen und erst dann mit der Beurteilung zu beginnen, sondern jeden berechneten Kandidaten sofort zu beurteilen und nur bei Bedarf den nächsten Kandidaten zu berechnen. Dies ist immer dann von Vorteil, wenn die Ermittlung der Kandidaten sehr aufwendig ist.

Beispiel 12.20. Auf $D := [0, \infty)$ werde die Funktion ψ durch $\psi(x) := \frac{1}{(1+x)} + \frac{x^3}{12}$ definiert. Die Ableitung lautet

$$\psi'(x) = \frac{-1}{(1+x)^2} + \frac{x^2}{4}$$

Nullsetzen ergibt die Gleichung

$$\frac{1}{(1+x)^2} = \frac{x^2}{4}$$

bzw. äquivalent

$$4 = x^2(1+x)^2.$$

Durch "Hinsehen" stellen wir fest, dass z.B. $x = 1$ eine Lösung (und damit stationärer Punkt) ist. Es handelt sich nun um eine Gleichung 4. Grades, so dass wir grundsätzlich mit bis zu 4 verschiedenen Lösungen rechnen müssen. Wir könnten versuchen, auf dem Wege der Polynomdivision nach weiteren Lösungen zu suchen. Diese Rechnung wollen wir jedoch vermeiden. Dazu beobachten wir, dass die Funktion ψ strikt konvex ist und vermuten, dass sie nur einen *einzigen* globalen Minimumpunkt besitzen kann, den wir nun in Gestalt des stationären Punktes $x = 1$ bereits gefunden haben. (Diese Vermutung wird später durch Satz 12.56 bestätigt werden.) Also brauchen wir nicht nach weiteren stationären Punkten zu suchen. $\qquad \triangle$

12.4.3   Lokale Bewertung im glatten Fall

Wir sahen, dass ein Kandidatenpunkt zwar ein Extrempunkt sein *kann*, aber *nicht muss*. Wie kann man rechnerisch erkennen, ob ein solcher Punkt x° ein zumindest lokaler Extrempunkt ist oder nicht? (Im letzteren Fall kann er erst recht kein globaler Extrempunkt sein). Beginnen wir mit stationären Punkten.

Bedingungen zweiter Ordnung für stationäre Punkte

Um die Idee des nächsten Satzes zu verstehen, betrachten wir die folgenden beiden Skizzen:

Bild 12.5:   Bild 12.6:

Wir beobachten: In beiden Skizzen ist x° stationärer Punkt; es gilt also $f'(x^\circ) = 0$, und der Graph von f besitzt im Punkt $(x^\circ, f(x^\circ))$ eine waagerechte Tangente. Wenn sich der Graph von f in der Nähe dieses Punktes nur nach oben oder nur nach unten von der Tangente "wegkrümmt", liegt ein Extrempunkt vor (Bild 12.5), andernfalls liegt *kein* Extrempunkt vor (Bild 12.6). Bei einem stationären Punkt x° handelt es sich daher um

- einen strikten Maximumpunkt, wenn f in einer Umgebung $\mathcal{U}$ von x° strikt konkav ist,

- einen strikten Minimumpunkt, wenn f in einer Umgebung $\mathcal{U}$ von x° strikt konvex ist,

- *keinen* Extrempunkt, wenn die strikte Krümmung von f an der Stelle x° wechselt.

(Die ersten beiden Aussagen bleiben offensichtlich auch ohne türkisfarbene Textteile richtig.) Die Krümmungsannahmen sind sehr einfach zu überprüfen, wenn die Funktion f zweimal stetig differenzierbar ist. Wir gelangen so zu folgendem

Satz 12.21 (hinlängliche Bedingung 2. Ordnung für ein lokales Extremum). *Es seien $D \subseteq \mathbb{R}$ ein Intervall, x° ein innerer Punkt von D und $f : D \to \mathbb{R}$ eine in einer Umgebung von x° zweimal stetig differenzierbare Funktion. Gilt $f'(x^\circ) = 0$ und weiterhin*

$$\left\{ \begin{array}{l} f''(x^\circ) > 0 \\ f''(x^\circ) < 0 \end{array} \right\}, \text{ so besitzt } f \text{ an der Stelle } x^\circ \text{ ein striktes lokales } \left\{ \begin{array}{l} Minimum \\ Maximum \end{array} \right\}.$$

Wir sehen uns einmal an, was die Voraussetzung "*in einer Umgebung von* $x°$ *zweimal stetig differenzierbar ...*" bewirkt. Infolge der Stetigkeit folgt aus $f''(x°) > 0 (< 0)$ nämlich, dass sogar für alle x aus einer ganzen Umgebung $\mathcal{U}$ von $x°$ gilt $f''(x) > 0 (< 0)$. Nach Satz 11.18 ist f dann dort strikt konvex (konkav).

(Ergänzend sei angemerkt, dass unsere Voraussetzung nicht sehr restriktiv ist. Fälle, in denen f zwar differenzierbar, aber nicht zweimal stetig differenzierbar ist, sind zwar mathematisch möglich, spielen aber in ökonomischen Anwendungen keine Rolle.)

Beispiel 12.22 ($\nearrow$F 12.16). Bei der Funktion $f(x) := x^4 - 2x^2, x \in [-2, 2]$, fanden wir $f'(x) = 4x^3 - 4x$ und drei stationäre Punkte: $\mathcal{S} = \{-1, 0, 1\}$. Wir berechnen die zweite Ableitung allgemein

$$f''(x) = 12x^2 - 4 = 4(3x^2 - 1)$$

und an den drei interessanten Punkten:

$$f''(-1) = 8, \quad f''(0) = -4 \quad \text{und} \quad f''(1) = 8.$$

Wir schließen: Bei $x = -1$ und $x = 1$ hat die Funktion f ein striktes lokales Minimum, bei $x = 0$ ein striktes lokales Maximum.   △

Beispiel 12.23 ($\nearrow$F 12.15). Bei der Potenzfunktion $p : [-1, 1] \to \mathbb{R}$ mit $p(x) = x^4$ fanden wir als einzigen stationären Punkt $x° = 0$. Es gilt hier allgemein $p''(x) = 12x^2$ und somit $p''(x°) = 0$. Die Voraussetzungen des Satzes 12.21 sind hier *nicht* erfüllt, denn es gilt weder $p''(x°) > 0$ noch $p''(x°) < 0$. Heißt das nun, dass $x°$ *kein* Extrempunkt ist?

Offenbar *nein*, denn es gilt $p(x°) = 0^4 = 0$ und $p(x) = x^4 > 0$ für alle $x \neq 0$. Mithin besitzt die Funktion p an der Stelle $x° = 0$ ihr globales Minimum. Dies können wir allerdings mit Hilfe des Satzes 12.21 nicht feststellen. Wir halten fest: Die in Satz 12.21 genannten Voraussetzungen sind zwar *hinlänglich* für ein lokales Extremum, aber *nicht notwendig*.   △

Leider besteht Anlass zur

Achtung: *Gilt $f''(x°) = 0$, so liefert Satz 12.21 keine Aussage!*

In derartigen Fällen können wir höhere Ableitungen heranziehen (nächster Abschnitt) oder individuelle Überlegungen anstellen, um den Punkt $x°$ zu beurteilen. Gelegentlich ist auch schon eine "Negativaussage" willkommen – also eine Erkenntnis, die besagt, dass es sich bei $x°$ um *keinen* Extrempunkt handelt:

Satz 12.24 ($\nearrow$ S.1048). *Es seien $D \subseteq \mathbb{R}$ ein nichtausgeartetes Intervall, $x°$ ein innerer Punkt von D und $f : D \to \mathbb{R}$ in einer Umgebung von $x°$ dreimal stetig differenzierbar. Gilt weiterhin $f'(x°) = f''(x°) = 0$ sowie $f'''(x°) \neq 0$, so ist $x°$ kein Extrempunkt.*

Bei dem in Satz 12.24 betrachteten Punkt x° handelt es sich selbstverständlich um einen sogenannten Wendepunkt. Weil hier zugleich eine waagerechte Tangente vorliegt, nennt man x° auch *Terrassenpunkt*.

Beispiel 12.25. Wir betrachten $k(x) := x^5 + 2x^3$ für $x \in \mathbb{R}$. Es gilt hier

$k'(x) = 5x^4 + 6x^2$ und daher $k'(0) = 0$,

$k''(x) = 20x^3 + 12x$ und daher $k''(0) = 0$, sowie

$k'''(x) = 60x^2 + 12$,   also $k'''(0) = 12 > 0$.

Wir schließen aus Satz 12.24: $x^\circ = 0$ ist ein stationärer Punkt, aber kein Extrempunkt (vielmehr ein Terrassenpunkt).   △

Es gibt allerdings Fälle, in denen weder Satz 12.21 noch Satz 12.24 weiterhilft. Hier ist ein Beispiel:

Beispiel 12.26. Für die Funktion $v(x) := x^4$, $x \in \mathbb{R}$, gilt $v'(x) = 4x^3$, weiter $v''(x) = 12x^2$ und $v'''(x) = 24x$. Also ist $x^\circ := 0$ der einzige stationäre Punkt. Weil aber weiterhin gilt $v''(0) = 0$ können wir Satz 12.21 *nicht* verwenden, um auf ein lokales Extremum zu schließen. *Ebensowenig* können wir mit Satz 12.24 darauf schließen, dass kein lokales Extremum vorläge, denn seine Voraussetzung $v'''(x^\circ) \neq 0$ ist hier verletzt.   △

Sind wir in Beispielen wie diesen am Ende unseres Lateins? Natürlich nicht. Als einen von mehreren möglichen Auswegen nennen wir nun Bedingungen, die höhere Ableitungen verwenden.

Bedingungen höherer Ordnung für stationäre Punkte

Satz 12.27. *Es seien $D \subseteq \mathbb{R}$ ein Intervall, $n \in \mathbb{N}$, x° ein innerer Punkt von D, $f : D \to \mathbb{R}$ eine in einer Umgebung von x° $(n+1)$–fach stetig differenzierbare Funktion sowie $f^{(1)}(x^\circ) = f^{(2)}(x^\circ) = ... = f^{(n)}(x^\circ) = 0$ und $f^{(n+1)}(x^\circ) \neq 0$.*

  (i) *Ist n ungerade, so besitzt f an der Stelle x° ein striktes lokales Extremum, und zwar*

     − *ein Minimum, falls gilt $f^{(n+1)}(x^\circ) > 0$*

     − *ein Maximum, falls gilt $f^{(n+1)}(x^\circ) < 0$.*

  (ii) *Ist n gerade, besitzt f an der Stelle x° kein Extremum (sondern einen Terrassenpunkt).*

Beispiel 12.28 (↗F 12.26). Für die Funktion $v(x) := x^4$, $x \in \mathbb{R}$, bestimmen wir noch $v^{(4)}(x) = 24$. Also gilt $v'(0) = v''(0) = v'''(0) = 0$ und $v^{(4)}(0) > 0$. Die Bedingungen des Satzes 12.27 sind hier erfüllt für $n = 3$ – dies ist eine ungerade Zahl. Also schließen wir aus Teil (i) dieses Satzes, dass v an der Stelle $x^\circ = 0$ ein striktes lokales Minimum besitzt.   △

Beispiel 12.29. Sei $c(x) := x^5$, $x \in \mathbb{R}$. Analog zum vorigen Beispiel finden wir als einzigen stationären Punkt $x^\circ = 0$, und es gilt $c^{(1)}(0) = c^{(2)}(0) = c^{(3)}(0) = c^{(4)}(0) = 0$, jedoch $c^{(5)}(0) = 5 \cdot 4 \cdot 3 \cdot 2 \cdot 1 = 120 \neq 0$. Diesmal ist die $n = 4$-te Ableitung die höchste, die an der Stelle $x^0 = 0$ verschwindet; diese Zahl ist gerade, und wir schließen aus Satz 12.27. (ii): $x^\circ = 0$ ist kein Extrempunkt, sondern ein Terrassenpunkt. $\triangle$

Mit Hilfe von Satz 12.27 gelingt es in den weitaus meisten Fällen, in denen eine Funktion an einer Stelle ein striktes Extremum besitzt, dies auch zu entdecken. Leider ist der Preis dafür vergleichsweise hoch - es sind nämlich zahlreiche Ableitungen zu berechnen. Deswegen empfiehlt es sich im Grunde eher, beim Versagen der Sätze 12.21 und 12.24 auf einfachere Überlegungen zurückzugreifen, auf die wir etwas weiter unten eingehen werden.

Bedingungen für Randpunkte

Wir erinnern daran, dass Randpunkte durchaus zugleich stationäre Punkte sein können. In solchen Fällen findet das bisher über stationäre Punkte Gesagte Anwendung. Daher betrachten wir nunmehr nur noch den Fall, in dem Randpunkte *keine* stationären Punkte sind. Wir nehmen an, es sei D ein Intervall der Form $D = [a, b]$ mit $a < b$, und $f : D \to \mathbb{R}$ sei stetig differenzierbar (an den Randpunkten im Sinne der einseitigen Ableitung). Es gilt folgende einleuchtende Aussage:

Satz 12.30.

(i) $f'(a) \begin{Bmatrix} > \\ < \end{Bmatrix} 0 \Rightarrow f$ *nimmt bei a ein striktes lokales* $\begin{Bmatrix} Minimum \\ Maximum \end{Bmatrix}$ *an.*

(ii) $f'(b) \begin{Bmatrix} > \\ < \end{Bmatrix} 0 \Rightarrow f$ *nimmt bei b ein striktes lokales* $\begin{Bmatrix} Maximum \\ Minimum \end{Bmatrix}$ *an.*

Die obere Voraussetzung $f'(a) > 0$ in der ersten Zeile besagt, dass f in einer (einseitigen) Umgebung dieses Randpunktes streng wachsend ist. Dann muss a natürlich strikter lokaler Minimumpunkt sein.

Beispiel 12.31 ($\nearrow$F 12.22). Bei der Funktion $f(x) := x^4 - 2x^2$, $x \in [-2, 2]$, fanden wir $f'(x) = 4x^3 - 4x$.
Es folgt für die beiden Randpunkte $f'(-2) = -24$ und $f'(2) = 24$, also liegt in beiden Randpunkten jeweils ein striktes lokales Maximum vor. $\triangle$

12.4.4   Extrempunktkandidaten allgemein

Wir gehen nun zum allgemeinen, nicht notwendig glatten Fall über. Dabei betrachten wir wieder eine auf einem nichtausgearteten Intervall D gegebene Funktion $f : D \to \mathbb{R}$ und setzen "allgemein" voraus:

Es gibt eine endliche Menge $\mathscr{A} \subseteq D$ derart, dass

(i) *f auf $D \setminus \mathscr{A}$ hinreichend oft differenzierbar ist und*

(ii) *diese Eigenschaft für keine echte Teilmenge von $\mathscr{A}$ gegeben ist.*

Zum Verständnis: Wir nennen einen Punkt $x \in D$ einen *Ausnahmepunkt* (oder auch *Sonderpunkt*), wenn f an der Stelle x unstetig ist oder wenn stetig, dann nicht hinreichend oft differenzierbar. (Je nachdem, welcher von beiden Fällen vorliegt, könnte man bei Ausnahmepunkten weiter zwischen *Unstetigkeitspunkten* und *Knickpunkten* unterscheiden.) Unsere Voraussetzung besagt also nichts anderes, als dass unsere Menge D höchstens endlich viele Ausnahmepunkte enthält und genau diese zusammen die Menge $\mathscr{A}$ bilden.

Wir bemerken, dass die Menge $\mathscr{A}$ selbstverständlich auch leer sein darf (in diesem Fall ist sie ja ebenfalls endlich, und wir haben dann den glatten Fall vor uns; der "allgemeine Fall" enthält also den glatten tatsächlich als Spezialfall). Es gilt nun:

Extrempunktkandidaten sind im allgemeinen Fall die stationären Punkte, *die zu D gehörenden* Randpunkte *sowie die* Ausnahmepunkte:

$$\mathscr{K} = \mathscr{S} \cup \mathscr{R} \cup \mathscr{A}$$

Satz 12.32. *Jeder Extrempunkt von f ist ein stationärer Punkt, ein zu D gehörender Randpunkt oder ein Ausnahmepunkt; formal:*

$$\arg \max f \subseteq \mathscr{K} = \mathscr{S} \cup \mathscr{R} \cup \mathscr{A}$$

$$\arg \min f \subseteq \mathscr{K} = \mathscr{S} \cup \mathscr{R} \cup \mathscr{A}.$$

Beispiel 12.33. Die Betragsfunktion abs: $\mathbb{R} \to \mathbb{R} : x \to |x|$ ist an der Stelle $x = 0$ nicht differenzierbar. Es handelt sich um einen Ausnahmepunkt (Knickpunkt). Da es keine stationären Punkte und auch keine Randpunkte in $D = \mathbb{R}$ gibt (formal: $\mathscr{S} = \mathscr{R} = \emptyset, \mathscr{A} = \{0\}, \mathscr{K} = \{0\}$), ist $x = 0$ der einzige Extrempunktkandidat.   △

Beispiel 12.34. Bei der auf $D = [0, \infty)$ durch

$$K(x) := \begin{cases} 2\mathrm{x} & x \in [0, 1] \\ x + 1 & x \in (1, 5] \\ x^2 - 19 & \text{sonst} \end{cases}$$

definierten Kostenfunktion soll das Minimum der Durchschnittskosten ermittelt werden.

Die Durchschnittskostenfunktion ist hier $k : (0, \infty) \to \mathbb{R}$ gemäß

$$k(x) := \frac{K(x)}{x} = \begin{cases} 2 & x \in (0, 1] & \text{(a)} \\ 1 + \frac{1}{x} & x \in (1, 5] & \text{(b)} \\ x - \frac{19}{x} & x \in (5, \infty). & \text{(c)} \end{cases}$$

Zunächst untersuchen wir, ob es sich hier um den "glatten" oder den "allgemeinen" Fall handelt. Da die Funktion stückweise durch verschiedene Ausdrücke definiert wurde, müssen wir damit rechnen, dass die Glattheit verloren geht.

Wir bemerken, dass die Funktion k an den beiden potentiellen Unstetigkeitsstellen $x = 1$ und $x = 5$ zumindest *stetig* ist, denn dort stimmen die Funktionswerte aus den "zuständigen" benachbarten Zeilen der Weiche überein:

$$\begin{aligned} K(1-) &= 2 & \text{(Berechnung aus Zeile (a))} \\ K(1+) &= 2 & \text{(Berechnung aus Zeile (b))}. \end{aligned}$$

Analog gilt

$$K(5-) = \tfrac{6}{5} = K(5+) \,.$$

Sie ist an diesen Stellen jedoch *nicht differenzierbar*, denn es gilt

$$k'(x) = \begin{cases} 0 & x \in (0, 1) \\ \frac{-1}{x^2} & x \in (1, 5) \\ 1 + \frac{19}{x^2} & x \in (5, \infty) \end{cases}$$

und daher

$$\begin{aligned} D^- k(1) &= 0 & \neq & & -1 & = & D^+ k(1) \\ D^- k(5) &= -\tfrac{1}{25} & \neq & & \tfrac{6}{25} & = & D^+ k(5). \end{aligned}$$

Wir sind also im nicht-glatten Fall und haben 2 Ausnahmepunkte zu berücksichtigen; diese bilden die Menge $\mathscr{A} = \{1, 5\}$. Weiterhin ist jeder Punkt $x \in (0, 1)$ stationär und sonst keiner: $\mathscr{S} = (0, 1)$. Da es keine zu D gehörenden Randpunkte gibt, folgt

$$\begin{aligned} \mathscr{K} &= & \mathscr{S} & \cup & \mathscr{R} & \cup & \mathscr{A} \\ &= & (0, 1) & \cup & \emptyset & \cup & \{1, 5\}. \end{aligned}$$

$\triangle$

Auf die Bewertung dieser Kandidatenpunkte gehen wir in den folgenden Abschnitten ein.

12.4.5 Globale Bewertung: Kandidatenvergleich

Das Prinzip

Gegeben sei eine Funktion $f : [a,b] \to \mathbb{R}$, die auf globale Extremwerte und -stellen zu untersuchen ist. Wir nehmen an, dass die Kandidatenmenge $\mathcal{K}$ bereits bestimmt wurde und *endlich* viele Punkte enthalte, die wir der besseren Übersicht halber nach aufsteigender Größe nummerieren:

$$a = x_0 \quad < \quad x_1 \quad < \quad \ldots \quad < \quad x_n = b$$

Dies seien sämtliche Extrempunktkandidaten; weitere mögen nicht existieren. Wir notieren uns nun die dazu gehörigen Funktionswerte

$$f(x_0), \quad f(x_1), \quad \ldots, \quad f(x_n)$$

und vergleichen diese untereinander: Der größte ergibt das globale Maximum $\max f$, der kleinste das globale Minimum $\min f$ der Funktion f. Voilà!

Beispiel 12.35. In einer Extremwertuntersuchung wurden die folgenden Kandidaten und zugehörige Funktionswerte ermittelt:

i	0	1	2	3	4	5	6	7	8	9
x_i	0	$\frac{1}{2}$	2	17	18	22	31	48	52	77
$f(x_i)$	111	88	17	15	31	28	50	66	111	102

Wir stellen fest: Größtmöglicher Funktionswert ist $\max f = 111$ und wird an den beiden Stellen $x_0 = 0$ und $x_8 = 52$ angenommen; kleinstmöglicher Funktionwert ist $\min f = 15$ und wird an der Stelle $x_3 = 17$ erreicht. △

Beispiel 12.36 (↗F 12.17). Bei der durch

$$q(x) := \frac{x^2 + 1}{x^2 + 3x + 5} \quad , x \in D := [-10, 10],$$

definierte Funktion hatten wir als Kandidatenmenge $\mathcal{K} = \{-10, -3, \frac{1}{3}, 10\}$ ermittelt. Wir berechnen nun noch die Funktionswerte; in Tabellenform:

i	0	1	2	3
x_i	-10	-3	$\frac{1}{3}$	10
$q(x_i)$	$\frac{101}{75}$	2	$\frac{2}{11}$	$\frac{101}{135}$

Es folgt $\max q = 2$, $\arg\max q = \{-3\}$, $\min q = \frac{2}{11}$, $\arg\min q = \{\frac{1}{3}\}$.

△

Uneigentliche Kandidaten

Bisher hatten wir angenommen, dass unsere Funktion f auf einem *kompakten* (d.h., beschränkten und abgeschlossenen) Intervall $I = [a, b]$ gegeben ist. Als Folge waren die beiden Randpunkte a und b stets zugleich Extrempunktkandidaten. Nun wollen wir auch den Fall nicht-kompakter Intervalle betrachten. Dies sind Intervalle I der Form

$$(a, b), \ (a, b], \ [a, b), \ (-\infty, b), \ (-\infty, b], \ [a, \infty) \ (a, \infty) \text{ oder } (-\infty, \infty),$$

$a < b \in \mathbb{R}$, die jeweils mindestens einen "unerreichbaren" Randpunkt enthalten. Solche Punkte kommen in den bisher ermittelten Kandidatenmengen nicht vor, weil die Funktion f an unerreichbaren Randpunkten auch gar nicht definiert ist. Beim Kandidatenvergleich wollen wir jedoch größtmögliche Einheitlichkeit und Einfachheit erzielen. Was ist zu tun?

Wir nehmen einfach die unerreichbaren Randpunkte mit in unsere Kandidatenmenge auf! Die dort von Hause aus fehlenden Funktionswerte ersetzen wir durch die entsprechenden Grenzwerte der Funktion f. Wenn wir endlich viele Extrempunktkandidaten haben, erhalten wir so wie bisher eine geordnete Kandidatenliste

$$a = x_0 \quad < \quad x_1 \quad < \quad ... \quad < \quad x_n = b.$$

Diesmal ist jedoch zugelassen, dass die Punkte a und b nicht beide zu I gehören, insbesondere kann $a = -\infty$ oder $b = \infty$ gelten. Wir müssen nun lediglich die zugehörige Funktionswertliste wie folgt modifizieren:

$$f(x_0+), \quad f(x_1), \quad ..., \quad f(x_n-).$$

Dabei bezeichnen die rechts geschriebenen Plus- bzw. Minuszeichen die einseitigen Grenzwerte:

$$f(x_0+) = \lim_{x \downarrow x_0} f(x)$$

$$f(x_n-) = \lim_{x \uparrow x_n} f(x).$$

Der Rest verläuft genauso wie im vorhergehenden Punkt beschrieben.

Damit unsere Vorgehensweise funktioniert, müssen wir *voraussetzen*, dass die genannten Grenzwerte existieren, wobei wir auch die uneigentlichen Grenzwerte $+\infty$ oder $-\infty$ zulassen. Weiterhin müssen wir natürlich in der Lage sein, die Grenzwerte zu bestimmen. Praktisch wird das meist gelingen.

Beispiel 12.37. Zur Einstimmung betrachten wir einmal die Quadratfunktion $qu(x) := x^2$ auf $D := \mathbb{R}$ und vergessen zu Übungszwecken alles, was wir bisher schon darüber wissen. Die Ableitung $qu'(x) = 2x$ liefert den einzigen stationären Punkt $x_1 = 0$. $D := \mathbb{R}$ besitzt nun die uneigentlichen Randpunkte $x_0 := -\infty$ und $x_2 := +\infty$, und als Grenzwerte erhalten wir

$$f(x_0+) = \lim_{x\downarrow -\infty} x^2 = \infty$$

$$f(x_2-) = \lim_{x\uparrow \infty} x^2 = \infty.$$

Die Tabelle lautet nun

Nr.	i	0	1	2
Kandidat	x_i	$-\infty$	0	∞
Funktionswert:		∞	0	∞

Wir schließen wie bisher: Absolut kleinster Funktionswert und damit globales Minimum ist min $qu = 0$, angenommen an der Stelle 0. Es gibt jedoch keinen größten Funktionswert (denn die beiden Werte ∞ sind *uneigentlich*), also schließen wir: qu besitzt kein Maximum. $\triangle$

Beispiel 12.38. Wir betrachten die durch

$$Q(x) := \frac{x^2 + 1}{x^2 + 3x + 5}$$

auf ganz $D := \mathbb{R}$ definierte Funktion. Die Berechnungsformel ist dieselbe wie im Beispiel 12.36 , und mit exakt derselben Rechnung finden wir als stationäre Punkte $x_1 := -3$ und $x_2 := \frac{1}{3}$. Diesmal haben wir es jedoch wiederum mit zwei unerreichbaren Randpunkten $x_0 := -\infty$ und $x_2 := +\infty$ zu tun. Wir benötigen die Grenzwerte von Q an diesen Stellen.Dazu steht uns die Methode nach Bernoulli-L'Hospital zur Verfügung. Wir können hier jedoch noch einfacher zum Ziel kommen, und zwar so:
Wir dividieren das Zähler- und Nennerpolynom von Q jeweils durch den Term höchsten Grades, also durch x^2; es folgt:

$$Q(x) = \frac{1 + x^{-2}}{1 + 3x^{-1} + 5x^{-2}}.$$

Wenn x betragsmäßig sehr groß wird, gehen die türkisfarbenen Summanden gegen Null, also gilt

$$Q(-\infty+) = Q(\infty-) = 1.$$

Unsere Tabelle lautet demzufolge

i	0	1	2	3
x_i	$-\infty$	-3	$\frac{1}{3}$	∞
Q	1	2	$\frac{2}{11}$	1

Es folgt max $Q = 2$, arg max $q = \{-3\}$, min $Q = \frac{2}{11}$, arg min $Q = \{\frac{1}{3}\}$.

Beispiel 12.39. Auf $D := (0, \infty)$ werde die Funktion χ gemäß $\chi(x) := x \ln x$ betrachtet.

Die Ableitung nach Produktregel liefert $\chi'(x) = \ln x + 1$; es gilt

$$\chi'(x) = 0 \quad \Leftrightarrow \quad \ln x = -1 \quad \Leftrightarrow \quad x = e^{-1} =: x_1.$$

Außer diesem stationären Punkt sind die uneigentlichen Randpunkte $x_0 := 0$ und $x_2 := \infty$ zu bewerten. Es gilt nach Bernoulli-L'Hospital (Satz 9.57)

$$
\begin{aligned}
\lim_{x \downarrow 0} x \ln x &= \lim_{x \downarrow 0} \frac{\ln x}{\frac{1}{x}} \quad &&\text{[Zähler und Nenner}\\
&&&\text{durch Ableitung ersetzen]}\\
&= \lim_{x \downarrow 0} \frac{\frac{1}{x}}{\frac{-1}{x^2}} \quad &&\text{[Bruch kürzen]}\\
&= \lim_{x \downarrow 0} -x \\
&= 0,
\end{aligned}
$$

leicht zu sehen ist dagegen $\lim_{x \uparrow \infty} x \ln x = \infty$. Die Tabelle lautet also

i	0	1	2
x_i	0	e^{-1}	∞
χ	0	$-e^{-1}$	∞

Ergebnis: $\min \chi = -e^{-1}$, $\arg \min \chi = \{e^{-1}\}$, ein globales Maximum existiert nicht. $\triangle$

Beispiel 12.40 (↗F 12.34)**.** Die Durchschnittskostenfunktion $k : (0, \infty) \to \mathbb{R}$ gemäß

$$k(x) := \frac{K(x)}{x} = \begin{cases} 2 & x \in [0, 1] \\ 1 + \frac{1}{x} & x \in (1, 5] \\ x - \frac{19}{x} & x \in (5, \infty) \end{cases}$$

ergibt folgende Kandidatentabelle:

x	0	$\in (0, 1)$	1	5	∞
$k(x)$	2		2	2	$\frac{6}{5}$	∞

Wir sehen, dass die Funktion k kein globales Maximum besitzt, dagegen das (nicht strikte) lokale Maximum 2 an jeder Stelle $x \in [0, 1]$ und schließlich das (einzige und) globale Minimum $\frac{6}{5}$ an der Stelle $x = 5$ annimmt. $\triangle$

Nebenprodukt: Lokale Klassifikation

Wir hatten erwähnt, dass als Nebenprodukt einer globalen Klassifikation auch die lokale Klassifikation von Extrempunkten erhältlich ist. Am einfachsten ist das an einem Beispiel zu sehen.

Beispiel 12.41 (↗F 12.35). Wir betrachten nochmals die gegebene Tabelle, diesmal allerdings unter dem Aspekt der Bewertung *aller* Kandidaten. Dazu tragen wir in eine vierte Zeile der Tabelle zusätzlich die Wachstumsrichtung von jedem Punkt zu seinem rechten Nachbarpunkt ein:

NR. i	0	1	2	3	4	5	6	7	8	9
x_i	0	$\frac{1}{2}$	2	17	18	22	31	48	52	77
$f(x_i)$	111	88	17	15	31	28	54	50	111	102
Anstieg	↘	↘	↘	↗	↘	↗	↘	↗	↘	
Natur	max	%	%	min	max	min	max	min	max	min
Wertung	g			g	l	l	l	l	g	l

Punkte, bei denen die Pfeilrichtung *wechselt*, sowie die beiden Randpunkte sind Extrempunkte, deren Art direkt aus den Pfeilrichtungen ablesbar ist. So sind die vier roten Einträge Maxima, die vier blauen Einträge sind Minima. Dies ist auch in der fünften Zeile so festgehalten. Punkte mit dem Eintrag % sind keine Extrempunkte.

Ob ein Extrempunkt nur lokale oder sogar globale Bedeutung hat, muss wiederum durch Kandidatenvergleich ermittelt werden. Das Ergebnis ist in der Zeile "Wertung" enthalten.   △

Modifikationen

Statt anhand ihrer Funktionswerte kann man Extrempunktkandidaten natürlich auch anhand anderer verfügbarer Informationen beurteilen. Es geht darum, vorhandenes Wissen sinnvoll zu kombinieren, um möglichst schnell und bequem zum Ziel zu kommen.

Ausnutzung von Nachbarschaftsinformationen

Beispiel 12.42.

(1) Von zwei benachbarten stationären Punkten $x_1 < x_2$ sei bekannt, dass x_1 ein Maximumpunkt ist. Dann kann x_2 kein Maximumpunkt sein.

(2) Von drei benachbarten stationären Punkten $x_1 < x_2 < x_3$ sei bekannt, dass x_1 und x_3 Maximumpunkte seien. Dann ist x_2 ein Minimumpunkt.

(3) Von drei benachbarten stationären Punkten $x_1 < x_2 < x_3$ sei bekannt, dass x_1 ein Maximum- und x_3 ein Minimumpunkt ist. Dann ist x_2 ein Terrassenpunkt.   △

Ausnutzung von Existenzinformationen

Beispiel 12.43. Die differenzierbare Funktion $f : R \to \mathbb{R}$ besitze einen einzigen stationären Punkt x°.

(i) Wenn bekannt ist, dass f ein globales Maximum besitzt, so muss x° globaler Maximumpunkt sein.

(ii) Wenn bekannt ist, dass f weder ein globales Maximum noch ein globales Minimum hat, muss x° ein Terrassenpunkt sein. $\triangle$

12.4.6 Globale Bewertung: Monotonieargumente

Bewertung von Kandidaten

Auch das Monotonieverhalten einer Funktion kann für eine globale Bewertung ausgenutzt werden. (Informationen darüber können wir z.B. mit Hilfe von Schnelltests erhalten.) Wir betrachten wiederum zwei instruktive Skizzen, die eine Umgebung stationärer Punkte zeigen:

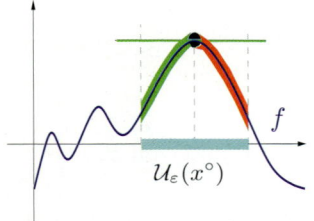 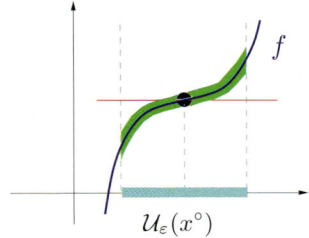

Wir beobachten: Genau wenn sich der Graph von f nur *unterhalb* (oberhalb) der waagerechten Tangente an $(x^\circ, f(x^\circ))$ bewegt, ist x° ein lokaler Maximumpunkt (Minimumpunkt) (Bild links); andernfalls liegt kein Extremum vor (Bild rechts).

Dem Leser sei empfohlen, die beiden Skizzen einmal mit den beiden auf den ersten Blick relativ ähnlichen Skizzen auf Seite 372 zu vergleichen. Dort hatten wir davon gesprochen, dass sich der Graph von der Tangente "wegkrümmt" (als Folge von Konvexität oder Konkavität); hier bemerken wir, dass es genügt, wenn er sich "wegbewegt" (was bereits durch Monotonie erreicht werden kann).

Bei einem Kandidatenpunkt x° handelt es sich also insbesondere dann um

(M1) einen Maximumpunkt, wenn f linkerhand von x° wächst, rechterhand von x° fällt,

(M2) einen Minimumpunkt, wenn f linkerhand von x° fällt, rechterhand von x° wächst,

(M3) keinen Extrempunkt, wenn f *beidseits* von x° streng wächst oder *beidseits* von x° streng fällt.

Diese Beurteilung ist *lokal*, solange (M1) bis (M3) jeweils nur innerhalb einer gewissen Umgebung von $x°$ gelten, und sogar *global*, wenn (M1) bis (M3) auf ganz D gelten. Sie ist bei (M1) und (M2) überdies *strikt*, wenn die vorausgesetzte Monotonie *streng* ist.

Beispiel 12.44. Wir betrachten die durch $\varphi : x \to e^{-x^2}$ auf ganz $\mathbb{R}$ definierte Funktion φ und den einzigen stationären Punkt $x° = 0$. Ein Schnelltest ergibt: φ ist streng wachsend auf $(-\infty, 0]$ und streng fallend auf $[0, \infty)$. Also besitzt φ an der Stelle $x° = 0$ ein striktes Maximum, und zwar *global*.
(Zum Schnelltest: Wir deuten φ als Komposition: $\varphi = f \circ g$ mit $g(x) = x^2$ und $f(y) = e^{-y}$ für $x, y \in \mathbb{R}$. Die äußere Funktion f ist streng fallend (als gespiegelte Katalogfunktion), die innere ist (ebenfalls als Katalogfunktion) streng fallend auf $(-\infty, 0]$ und streng wachsend auf $[0, \infty)$. Der Rest ergibt sich aus der Übersicht auf Seite 318).   △

Beispiel 12.45. Wir betrachten die Funktion $\beta : \mathbb{R} \to \mathbb{R}$ mit

$$\beta(x) = x \cdot e^x.$$

Diese ist überall differenzierbar und besitzt die Ableitung

$$\beta'(x) = (1 + x) \cdot e^x.$$

Ganz offensichtlich ist $x° = -1$ einziger stationärer Punkt von β, und es gilt $\beta'(x) < 0$ für $x < x° = -1$ sowie $\beta'(x) > 0$ für $x > x° = -1$. Somit ist β streng fallend auf $(-\infty, -1]$ und streng wachsend auf $[-1, \infty)$. Also ist $x°$ globaler Minimumpunkt von β.   △

Bisher waren alle betrachteten Extrempunktkandidaten stationäre Punkte. Unsere Argumentation lässt sich jedoch ebenfalls auf solche Extrempunktkandidaten anwenden, die *keine* stationären Punkte sind. Auch wird die Existenz einer Ableitung *nicht* vorausgesetzt.

Beispiel 12.46. Bei der Betragsfunktion abs : $\mathbb{R} \to \mathbb{R}$ ist aus Symmetriegründen $x° := 0$ ein interessanter Punkt. Nun gilt $\text{abs}(x) = |x| = x$ für $x \geq 0$, also ist abs auf $[0, \infty)$ streng wachsend. Analog sieht man: abs ist auf $(-\infty, 0]$ streng fallend. Also liegt an der Stelle $x° = 0$ das strikte globale Minimum von abs.   △

Beispiel 12.47. Es bezeichne κ die durch $\kappa : x \to e^{-|x|}$ auf ganz $\mathbb{R}$ definierte Funktion. Aus Symmetriegründen interessieren wir uns für den Punkt $x° = 0$. Ein Schnelltest ergibt auch hier: κ ist streng wachsend auf $(-\infty, 0]$ und streng fallend auf $[0, \infty)$. Also besitzt κ an der Stelle $x° = 0$ ein striktes Maximum, und zwar *global*.   △

Gelegentlich ist es einfacher, das Wachstumsverhalten aus dem Vorzeichen der Ableitung (und nicht aus der Funktion selbst) zu erklären.

Beispiel 12.48. Gesucht sei das globale Maximum der auf $D := [0, \infty)$ durch $\chi : x \to x^2 e^{-x^2}$ definierten Funktion χ.

Wir ermitteln zunächst die stationären Punkte. Die Ableitung von χ berechnet sich mittels Produktregel:

$$\chi'(x) = (2x - 2x^3)e^{-x^2} = 2x(1 - x^2)e^{-x^2}, \qquad x \in D.$$

Als Produkt der drei blau, rot bzw. schwarz eingefärbten Faktoren wird dieser Ausdruck genau dann Null, wenn dies für mindestens einen Faktor zutrifft; wir finden daher in D (!) zwei stationäre Punkte: $x_1 = 0$, $x_2 = 1$. Dies sind unsere ersten Extrempunktkandidaten; der erste außerdem zugleich ein Randpunkt. Weil das Monotonieverhalten von χ nicht offensichtlich ist, untersuchen wir das Vorzeichen der drei Faktoren der Ableitung: Es gilt

$$\underbrace{2x}_{>0} \quad \underbrace{(1 - x^2)}_{} \quad \underbrace{e^{-x^2}}_{>0} \qquad \text{für } x > 0 \text{ bzw. } x \geq 0$$

$$\underbrace{}_{>0} \qquad \text{\color{red}{für } } 0 \leq x < 1$$

$$\underbrace{}_{<0} \qquad \text{\color{red}{für } } 1 < x < \infty$$

und daher $\chi'(x) > 0$ genau für $x \in (0, 1)$, $\chi'(x) < 0$ genau für $x \in (1, \infty)$. Mithin ist χ

a) streng wachsend auf $[0, 1]$

b) streng fallend auf $[1, \infty)$

(Monotonieabschluss). Wir schließen daraus: $x_2 = 1$ ist strikter globaler Maximumpunkt.

$\triangle$

Bemerkung 12.49. Hinsichtlich des anderen Kandidaten x_1 des letzten Beispiels können wir sofort sagen, dass es sich um einen *lokalen* Minimumpunkt handelt. Die Monotonie allein lässt aber nicht zu, zu entscheiden, ob dieser auch *globaler* Minimumpunkt ist. Wir nehmen zwecks Kandidatenvergleich den uneigentlichen rechten Randpunkt $x_3 := \infty$ hinzu und finden $\chi(\infty-) = 0$. Erst recht gilt: $\chi(\infty-) \geq 0 = \chi(0)$. Also ist $x_1 = 0$ globaler Minimumpunkt. Wir bemerken, dass für $x > 0$ gilt $\chi(x) > 0$, somit ist $x_1 = 0$ zugleich einziger globaler Minimumpunkt.

Spezialfall: "Monotone Optimierung"

Wir betrachten nun den Spezialfall, dass die betrachtete Funktion f sogar "insgesamt" monoton ist. Folgende Aussage ist offensichtlich:

Satz 12.50. *Es sei $f : [a, b] \to \mathbb{R}$ eine monoton wachsende Funktion (mit $a < b \in \mathbb{R}$).*

(i) *Dann gilt $\min_D f = f(a), \max_D f = f(b)$ sowie $a \in \arg\min_D f$, $b \in \arg\max_D f$.*

(ii) *Wächst f sogar streng monoton, sind beide Extrema strikt:*
$\{a\} = \arg\min_D f, \{b\} = \arg\max_D f.$

Der Nutzen:

Bei streng monotonen Funktionen sind die Randpunkte – und nur diese – Extrempunktkandidaten!

Jegliche Suche nach stationären Punkten kann also entfallen. – Umgekehrt haben wir bei unerreichbaren Randpunkten eine Negativaussage:

Satz 12.51. *Die Funktion $f : (a, b) \to \mathbb{R}$ sei streng monoton wachsend $(-\infty \le a < b \le \infty)$. Dann existiert weder ein Maximum noch ein Minimum.*

Für Definitionsbereiche in Form halboffener Intervalle kann man die Aussagen beider Sätze sinnvoll kombinieren. (Und natürlich gelten "seitenverkehrte" Ausssagen für monoton fallende Funktionen.)

Beispiel 12.52 ($\nearrow$F 12.48). Ein Schnelltest hatte ergeben, dass die durch

$$\psi(x) := e^{\frac{1}{(1+x)} - \sqrt{x}}$$

auf $D := [0, \infty)$ definierte Funktion streng fallend ist. Es folgt sofort: Das Maximum wird genau im linken Randpunkt 0 angenommen; ein Minimum existiert dagegen nicht; formal:

$$\max \psi = \psi(0) = 1, \arg\max \psi = \{0\}. \qquad \triangle$$

Beispiel 12.53 ($\nearrow$F 10.19). Wir hatten ebenfalls durch einen Schnelltest gezeigt, dass die auf dem Intervall $(0, \frac{\pi}{2}]$ durch $\tau(x) := \ln(1 + 5 \cdot x^2 - \sqrt{1 - (\sin x)^3})$ definierte Funktion streng wachsend ist. Hieraus folgt sofort zweierlei:

- $\max_D f = f(\frac{\pi}{2}) = \ln\left(1 + 5 \cdot (\frac{\pi}{2})^2\right)$ (im strikten Sinne);
- $\min_D f$ existiert nicht!
  (Es gilt überdies $\ln(1 + 5 \cdot x^2 - \sqrt{1 - (\sin x)^3}) \to -\infty$ für $x \to 0$.) $\triangle$

12.4.7 Globale Bewertung: Konvexitätsargumente

Noch einfacher wird die globale Bewertung von Kandidaten, wenn die Ausgangsfunktion f konvex (bzw. konkav) ist (was außer mit Hilfe von Abeitungen auch durch Schnelltests untersucht werden kann). Es gilt nämlich

Satz 12.54.

(i) *Jedes Minimum einer konvexen Funktion ist global.*

(ii) *Jedes Minimum einer strikt konvexen Funktion ist strikt.*

(iii) *Beide Aussagen bleiben richtig, wenn man "konvex" durch "konkav" und gleichzeitig "Min" durch "Max" ersetzt.*

Zum Nutzen dieses Satzes: Im Fall einer konvexen Funktion genügt es, sich auf irgend einem Wege einen Minimumpunkt zu verschaffen – dieser ist dann automatisch global. Bei strikter Konvexität gibt es zudem keine weiteren Minimumpunktkandidaten.

Beispiel 12.55. Sie erfahren, dass für eine konvexe differenzierbare Funktion $f : [a, b] \to \mathbb{R}$ gilt $f'(a) > 0$. Daraus schließen sie zunächst: a ist strikter *lokaler* Minimumpunkt. Weil f konvex ist, ist a zugleich *globaler* Minimumpunkt. Als solcher ist er strikt, weil er auch schon als lokaler Minimumpunkt strikt ist.

$\triangle$

Natürlich sind stationäre Punkte von besonderem Interesse. Deswegen ist der folgende Satz äußerst hilfreich:

Satz 12.56. *Es seien $D \subseteq \mathbb{R}$ ein nichtausgeartetes Intervall und $f : D \to \mathbb{R}$ eine konvexe differenzierbare Funktion.*

(i) *Jeder stationäre Punkt von f ist globaler Minimumpunkt.*

(ii) *Jeder isolierte stationäre Punkt von f ist strikter globaler Minimumpunkt.*

(iii) *Ist f strikt konvex, so existiert höchstens ein stationärer Punkt.*

Zum Nutzen dieses Satzes:

Nach (i) genügt es, einen einzigen stationären Punkt zu finden, um das globale Minimum zu ermitteln. (Es könnten allerdings noch weitere Minimum*punkte* existieren.) Wenn der gefundene stationäre Punkt ein *isolierter* stationärer Punkt ist, gibt es nach (ii) weder weitere stationäre Punkte noch weitere Minimumpunkte. (Wir erinnern: Ein isolierter stationärer Punkt ist ein solcher stationärer Punkt, der eine Umgebung besitzt, in der es keine weiteren stationären Punkte gibt; vergl. Definition 4.18.) Wenn die Funktion f *strikt* konvex ist, existiert höchstens ein stationärer Punkt; dieser ist dann automatisch isoliert.

Umgekehrt können wir sagen: Wenn eine Funktion zwei oder mehr stationäre Punkte besitzt, kann sie nicht *strikt* konvex bzw. *strikt* konkav sein; wenn diese stationären Punkte *isoliert* sind, kann sie nicht einmal konvex oder konkav sein.

Beispiel 12.57. Gesucht ist das globale Minimum der auf $(0, \infty)$ durch $\nu(x) := 3x^2 - 10x + 30 + \frac{224}{x}$ definierten Funktion.
Ein Schnelltest zeigt:

$$\underbrace{3x^2}_{s\cup} \underbrace{-10x}_{\cup} \underbrace{+30}_{\cup} \underbrace{+\frac{224}{x}}_{s\cup}$$

also ist die Funktion ν strikt konvex. Wir bestimmen stationäre Punkte:

$$\nu'(x) = 6x - 10 - \frac{224}{x^2}, \text{ also } \nu'(x) = 0 \Longleftrightarrow 6x^3 - 10x^2 - 224 = 0.$$

Ein wenig Probieren ergibt als erste Nullstelle der Gleichung rechts den Wert $x = 4$; dieses ist der erste stationäre Punkt. Im Standardfall müssten wir nach weiteren Nullstellen suchen (z.B. nach einer Polynomdivision), weiterhin müssten alle Kandidaten verglichen werden. Diese Arbeit können wir uns nun sparen: $x = 4$ ist einziger globaler Minimumpunkt und $\nu(4) = 94$ das strikte globale Minimum von ν. $\triangle$

Wir schließen die Diskussion um die Sätze 12.54 und 12.56 mit dem Hinweis, dass diese natürlich nur dann weiterhelfen, wenn die betrachtete konvexe Funktion ein Minimum besitzt. Das braucht aber nicht immer der Fall zu sein (siehe die Exponentialfunktion).

Wie steht es um die *Maxima* konvexer Funktionen? Auch diese brauchen nicht zu existieren. Wenn aber doch, finden wir sie schnell:

Satz 12.58. *Besitzt eine nicht konstante konvexe Funktion ein Maximum, so gibt es einen Randpunkt des Definitionsbereiches, in dem dieses Maximum als Funktionswert angenommen wird.*

Dieser Satz erleichtert die Suche nach Maxima konvexer Funktionen wesentlich: Wir brauchen uns nur die Randpunkte des Definitionsbereiches anzusehen.

Beispiel 12.59. Die durch $x \to (x - 1)^4$ auf $[-10, 12]$ definierte Funktion χ ist stetig. Wir wissen aus Satz 8.11, dass dann ein globales Maximum existiert. Weil die Funktion χ nicht konstant und strikt konvex ist, können wir Satz 12.58 anwenden und schließen: Die Randpunkte $x_0 := -10$ und $x_1 := 12$ sind die einzigen Kandidaten für Maximumpunkte. Der Vergleich der Funktionswerte zeigt nun $\chi(x_0) = 11^4$ und $\chi(x_1) = 11^4$; damit ist jeder der beiden Punkte globaler Maximumpunkt und 11^4 das globale Maximum von χ. $\triangle$

Beispiel 12.60. Die durch $h(x) := e^{\frac{1}{1+x} - \sqrt{x}} + x^2$ auf $D := [0, 1]$ definierte Funktion ist strikt konvex (vgl. Aufgabe 11.64). Wir brauchen nur die beiden Randpunkte anzusehen und finden

$$h(0) = e \quad \text{und} \quad h(1) = e^{\frac{-1}{2}} + 1;$$

es gilt also

$$h(0) > 2 \quad \text{und} \quad h(1) < 1 + 1 = 2;$$

mithin liegt das globale Maximum von h an der Stelle 0 und hat den Wert max $h = e$.   △

12.4.8   Einfachstmethoden

In diesem Abschnitt wollen wir einige äußerst einfache und trotzdem sehr nützliche Ideen aufzeigen.

"Schrankenmethode"

Die folgende Aussage ist offensichtlich:

Es gilt: *Wenn eine Funktion $f : D \to \mathbb{R}$ durch eine reelle Konstante O nach oben beschränkt ist, dann ist jeder Punkt $x^\circ \in D$ mit $f(x^\circ) = O$ globaler Maximumpunkt von f (siehe Bild).*

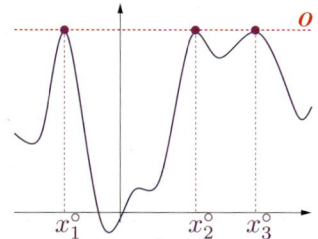

Die Gleichung $f(x^\circ) = O$ kann natürlich nur gelten, wenn O nicht irgendeine, sondern die kleinstmögliche obere Schranke ist. In diesem Fall gilt dann $O = \sup f = \max f$.
Eine sinngemäße Aussage gilt natürlich auch für jede nach unten beschränkte Funktion.

Zum Nutzen: Bei einer (einseitig) beschränkten Funktion kann man sich bei der Extrempunktsuche auf solche Stellen beschränken, in denen Schranken als Funktionswerte angenommen werden. Es ist mitunter nicht schwer, diese Stellen zu finden.

Beispiel 12.61. Für die durch $v(x) := x^4$ auf $\mathbb{R}$ definierte Funktion v gilt offensichtlich $v \geq 0$. Also ist Null untere Schranke; diese wird als Funktionswert an der Stelle $x = 0$ (und nur dort) angenommen. Also ist 0 gleichermaßen (striktes) globales Minimum wie strikte globale Minimumstelle.   △

Beispiel 12.62. Die durch $\alpha(x) := \dfrac{1}{1 + (x^2 - 4x + 3)^2}$ auf ganz $\mathbb{R}$ definierte Funktion α genügt der Beziehung $\alpha \leq 1$ (denn der Nenner ist niemals kleiner als Eins). Somit ist jede Stelle, an der 1 als Funktionswert angenommen wird, globale Maximumstelle. Offenbar muss dazu gelten $x^2 - 4x + 3 = 0$. Letztere Gleichung ist für $x_1 = 1$ und $x_2 = 3$ erfüllt. Also sind x_1 und x_2 globale Maximumstellen, 1 ist globales Maximum von α.   △

Wir heben hervor, dass in beiden Beispielen weder Ableitungen, noch Monotonie noch Konvexität eine Rolle spielen.

"Monotone Entflechtung"

Wir präsentieren die Idee an folgendem

Beispiel 12.63. Gesucht werde das Maximum von $z(p) := \sqrt{p(1-p)}$ bezüglich $p \in [0, 1]$.
Lösung: Wir lesen $z(p) = \sqrt{etwas}$, und natürlich wird $\sqrt{etwas}$ am größten, wenn *etwas* am größten wird. Wir suchen also das Maximum von *etwas* $= p(1-p) =: h(p)$ auf $[0, 1]$. Der Graph dieser Funktion ist eine "hängende" Parabel mit den Nullstellen $p = 0$ und $p = 1$, das Maximum wird an der Stelle $p^* = \frac{1}{2}$ (genau in der Mitte zwischen beiden Nullstellen) angenommen und hat den Wert $e^* := p^*(1 - p^*) = \frac{1}{4}$. Es folgt: $\max z = \sqrt{e^*} = \sqrt{\frac{1}{4}} = \frac{1}{2}$.   △

Das Wesen dieser Idee: Ein *kompliziertes* Problem (im Beispiel: Maximierung der Funktion z) wird auf ein *einfacheres* Problem (im Beispiel: Maximierung von *etwas*) zurückgeführt. (Wie dann dieses einfachere Problem gelöst wird, ist eine andere Frage.)

Der Kern unseres Argumentes beruhte darauf, dass die Wurzelfunktion streng monoton wächst. Dieser einfache Sachverhalt lässt sich auch formal notieren und braucht dazu erstaunlich viel Platz.

Satz 12.64. *Die Funktion* $f : D \to \mathbb{R}$ *lasse sich mit geeigneten Funktionen* g *und* h *in der Form* $f = g \circ h$ *darstellen.*

(i) *("Gleichsinn":) Es sei* g *streng wachsend. Dann gilt:*
$$\exists \max_D f \quad \Leftrightarrow \quad \exists \max_D h,$$
im Existenzfall gilt weiterhin
$$\max_D f = g(\max_h) \quad sowie \quad \arg\max_D f = \arg\max_D h.$$

(ii) *("Gegensinn":) g sei streng fallend. Dann gilt:*
$$\exists \max_D f \quad \Leftrightarrow \quad \exists \min_D h,$$
im Existenzfall gilt weiterhin
$$\max_D f = g(\min_h) \quad sowie \quad \arg\max_D f = \arg\min_D h.$$

(iii) *Alle Aussagen bleiben richtig, wenn man durchweg "max" gegen "min" austauscht.*

Beispiel 12.65. Gesucht sei das globale *Maximum* der durch $k(x) = e^{-\sqrt{x^2-30x+289}}$, $x \geq 0$, definierten, einigermaßen komplizierten Funktion k. Um schnell zum Ziel zu kommen, wollen wir diesen geschachtelten Ausdruck möglichst *nicht* ableiten. Was dann? Wir lesen $k(x) = e^{-(\sqrt{x^2-30x+289})} = g(h(x))$ mit $g(y) = e^{-\sqrt{y}}$. Die äußere Funktion g ist, wie wir aus einem Schnelltest wissen, streng fallend. Im Existenzfall gilt $max\, g = g(\min h)$ ("Gegensinn"). Also brauchen wir nur das *Minimum* der inneren Funktion h zu ermitteln, und dieses Problem ist schon bedeutend einfacher.

Obzwar die Anwendung von Satz 12.64 hier endet, lösen wir der Vollständigkeit halber noch das einfachere Problem: Der Ausdruck $h(x) = x^2 - 30x + 289$ beschreibt eine nach oben geöffnete Parabel mit der Scheitelstelle $x° = 15$, an der das globale Minimum $\min h = h(15) = 64$ angenommen wird. Es folgt $\min k = g(\min h) = g(64) = e^{-\sqrt{64}} = e^{-8}$ und $\arg\min k = \arg\min h = \{15\}$.

△

Beispiel 12.66. Bei der durch $t(x) := \sqrt{1 + (\sin x)^2}$ auf $[0, 2\pi]$ definierten Funktion sei das globale Maximum zu bestimmen. Wir lesen $t(x) = \sqrt{1 + (\sin x)^2}$. Die äußere Funktion $\sqrt{\cdot}$ ist streng wachsend, daher brauchen wir nur das Maximum der inneren Funktion zu kennen. Offensichtlich gilt $1 + (\sin x)^2 \leq 2$, wobei Gleichheit an den Stellen $x = \frac{\pi}{2}$ und $x = \frac{3\pi}{2}$ eintritt, an denen die Sinusfunktion die Werte $+1$ bzw. -1 annimmt. Wir finden:

$$\max t = \sqrt{\max(1 + \sin^2)} = \sqrt{2}\,; \qquad \arg\max t = \left\{\frac{\pi}{2}, \frac{3\pi}{2}\right\}. \qquad \triangle$$

12.5 Aufgaben

Aufgabe 12.67. Bestimmen Sie -soweit vorhanden- die globalen Extremwerte und zugehörigen Extremstellen folgender Funktionen:

(i) $f(x) = 2x^3 - 21x^2 + 60x + 15 \quad D_f = [0, 4]$

(ii) $g(x) = 2x^3 - 21x^2 + 60x + 15 \quad D_g = [0, 6]$

(iii) $h(x) = e^{-x^2} \quad D_h = \mathbb{R}$

(iv) $k(x) = \frac{1}{x}e^x \quad D_k = [\frac{1}{2}, \frac{3}{2}]$

Hinweis: Die zweite Ableitung wird nicht benötigt.

Aufgabe 12.68. Man skizziere die Graphen folgender auf ganz $\mathbb{R}$ definierter Funktionen:

- $f(x) = xe^x$
- $g(x) = (x^2 - 2x + 1)e^{-x}$
- $h(x) = 3x^5 - 50x^3 + 135x + 2$

Alle Extremstellen und -werte sowie Monotonie und Krümmung sind korrekt wiederzugeben.

Aufgabe 12.69. Bestimmen Sie die globalen und lokalen Extremwerte und -stellen der Funktion $\phi(x) = (x^2 - 1)e^{-x}$, $x \geq 0$.

Aufgabe 12.70. Stellen Sie fest, welcherart Extrema die durch

$$\phi(x) = (x - 1)e^x - x, \ x \in \mathbb{R},$$

definierte Funktion besitzt. (Hinweis: Die explizite Angabe der Extremstelle(n) ist nicht erforderlich.)

Aufgabe 12.71 (↗L). Ein Unternehmen erzielt beim Absatz von x [ME] eines beliebig teilbaren Gutes X einen Gewinn von

$$G(x) = 2x^2 e^{-x/31} \quad \text{[GE]}$$

Das Gut kann - zumindest theoretisch - in unbegrenzter Menge hergestellt werden. Der mathematisch befähigtste Ökonom des Unternehmens wird beauftragt, den höchstmöglichen Gewinn G_{max} und die zugehörige Absatzmenge x_{opt} zu ermitteln.
Er findet schon einmal heraus, dass der Gewinn gegen Null tendiert, wenn die Absatzmenge unendlich groß wird, bleibt dann aber wegen akuter Übelheit nach dem Rosenmontag in seinen Überlegungen stecken. Führen Sie sie zu Ende!

Aufgabe 12.72 (↗Ü). Ergänzen Sie die globale Klassifikation aus Beispiel 12.36 durch eine lokale Klassifikation.

Aufgabe 12.73 (↗Ü). Die Extremwertuntersuchung einer Funktion f auf dem Intervall $[0, 7]$ ergibt folgende Kandidatentabelle:

i	0	1	2	3	4	5	6	7
x_i	1	2	5	6	22	33	34	40
$f(x_i)$	-1	3	7	11	8	12	6	9

Geben Sie eine vollständige Klassifikation aller Kandidatenpunkte an.

13

Integralrechnung

13.1 Motivation

Viele Autofahrer wissen, dass der werksseitig angegebene sogenannte Durchschnittsverbrauch ihres Pkw nur eine Rechengröße ist. In Abhängigkeit von Wetter, Fahrsituation und anderen Faktoren kommt es jedoch auf den Momentanverbrauch an. Dieser ist insbesondere im Winter bei einem Kaltstart besonders hoch – er kann z.B. in der Größenordnung von 40 l/100km liegen – und pegelt sich erst nach einigen gefahrenen Kilometern, wenn der Motor Betriebstemperatur erreicht hat, in der Nähe des Normwertes – z.B. bei 8 l/100km – ein.

Die Frage lautet nun: Wieviel Kraftstoff wird auf einer bestimmten Wegstrecke S nach dem Kaltstart insgesamt verbraucht? Unser Diagramm zeigt, wie dieser Wert – nennen wir ihn V – näherungsweise ermittelt werden kann: Die rote Kurve zeigt den Verlauf des Momentanverbrauchs $M(s)$ (in l/100km) entlang des gefahrenen Weges s (in 100km).

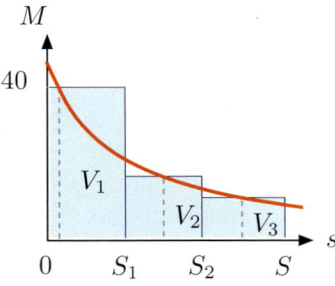

Wir zerlegen die Gesamtstrecke S beispielsweise in drei Teilstrecken $[0, S_1]$, $[S_1, S_2]$, $[S_2, S]$, und betrachten zuerst die Teilstrecke $[0, S_1]$. Nun nehmen wir vereinfachend an, der Momentanverbrauch sei konstant (und zwar gleich irgendeinem Wert, der auf der ersten Teilstrecke auftreten kann). Dann können wir die rote Kurve durch die hellblaue waagerechte Linie ersetzen, und der Flächeninhalt des Rechtecks V_1 als Produkt aus Streckenlänge und (konstantem Näherungs-) Verbrauch gibt uns den gesamten Kraftstoffverbrauch auf der ersten Teilstrecke *näherungsweise* an. Verfahren wir bei den weiteren Teilstrecken entsprechend, so erhalten wir die Rechtecke V_2 und V_3. Die Summe aller drei Rechteckflächen ist eine Näherung für den gesuchten absoluten Kraftstoffverbrauch V auf der Strecke S.

Wir können erwarten, dass sich diese Näherung verbessern wird, wenn wir die Gesamtstrecke in wesentlich mehr Teilstrecken zerlegen (Bild links) und erkennen durch Grenzübergang, dass der gesuchte Wert nichts anderes ist als der Flächeninhalt V der türkisfarbenen Fläche (Bild rechts)

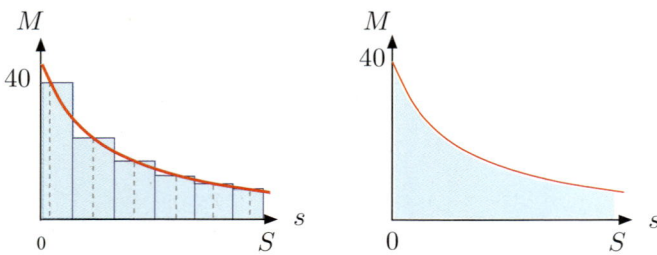

An dieser Stelle ist auf zweierlei hinzuweisen:

- Der Gesamtverbrauch V ist eine *ökonomische* Größe!
- Er berechnet sich als Flächeninhalt einer krummlinig berandeten Fläche.

Auf diese Weise müssen wir uns mit einer mathematischen Technik befassen, die u.a. zur Berechnung des Inhaltes krummlinig berandeter Flächen geeignet ist. Diese ist die sogenannte *bestimmte Integration*.

13.2   Das bestimmte Integral

Wir gehen nun daran, diese Technik zu formalisieren. Dazu gehen wir etwa so vor wie schon beim Problem des Momentanverbrauchs, wählen jedoch diesmal die "Höhen" der Treppenstufen kleinst- bzw. größtmöglich. Bei dem eben betrachteten Problem des Gesamtverbrauches erhalten wir dadurch *zwei* Treppenflächen:

Die blaßblau eingefärbte Treppenfläche, die ganz innerhalb der rot berandeten Fläche liegt, und die gepunktet
umrandete Treppenfläche, die die gesuchte Fläche umschließt. Der gesuchte
Flächeninhalt lässt sich also nach unten bzw. oben durch einfach berechen-
bare Flächen abschätzen.

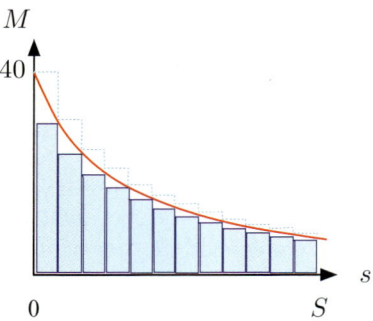

1. Schritt: Unter- und Obersummen

Wir nehmen also an, es seien ein Intervall $I = [a, b]$ und eine beliebige Funktion $f : [a, b] \to \mathbb{R}$ gegeben. Weiterhin betrachten wir eine beliebige Zerlegung Z des Intervalls I; d.h., eine endliche Menge $Z = \{x_0, ..., x_k\}$ von Punkten mit $a = x_0 < x_1 < ... < x_k = b$, die das Ausgangsintervall in kleinere Teilintervalle

zerlegen. Für jedes dieser Teilintervalle $[x_{i-1}, x_i]$ bestimmen wir nun einen konstanten Näherungswert für $f(x)$ auf zweierlei Arten:
Einerseits wählen wir das Minimum von f auf diesem Intervall:

$$m_i := \min_{x \in [x_{i-1}, x_i]} f(x)$$

(welches der Höhe der blaßblauen Treppenstufe entspricht), andererseits das Maximum von f auf diesem Intervall:

$$M_i := \max_{x \in [x_{i-1}, x_i]} f(x)$$

(entsprechend der Höhe der gepunkteten Treppenstufe). Damit bilden wir die Werte

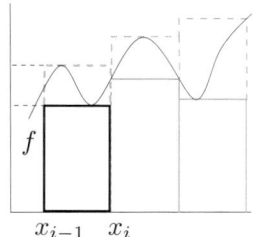

$$U_Z(f) := \sum_{i=1}^{k} m_i(x_i - x_{i-1}) \quad \text{und} \quad O_Z(f) := \sum_{i=1}^{k} M_i(x_i - x_{i-1})$$

und nennen dies die *Untersumme* bzw. *Obersumme* von f bei der Zerlegung Z. (In unserem Beispiel handelt es sich gerade um die Gesamtfläche der blaßblauen bzw. gepunktet berandeten Treppe.) Wir heben nochmals hervor, dass sich der gesuchte Flächeninhalt F zwischen $U_Z(f)$ und $O_Z(f)$ einschachteln lässt:

$$U_Z(f) \leq F \leq O_Z(f). \tag{13.1}$$

2. Schritt: Verfeinerung

Für eine beliebige Zerlegung $Z = x_0, ..., x_k$ nennen wir die größte Länge eines Teilintervalls die Feinheit $\mathcal{F}(Z)$ von Z. Wir betrachten nun Folgen (Z_n) von Zerlegungen, die immer feiner werden, für die also gilt

$$Z_n \subseteq Z_{n+1} \tag{13.2}$$

für alle $n \in \mathbb{N}$ und

$$\mathcal{F}(Z_n) \to 0 \tag{13.3}$$

für $n \to \infty$. Es ist anschaulich klar, dass "mehr Treppenstufen" dazu führen, dass die zugehörigen Untersummen und Obersummen näher aneinanderrücken. Genauer: Die Untersummen werden im Zuge dieser Verfeinerung nicht kleiner, die zugehörigen Obersummen nicht größer:

$$U_{Z_n}(f) \leq U_{Z_{n+1}}(f) \quad \text{sowie} \quad O_{Z_n}(f) \leq O_{Z_{n+1}}(f)$$

3. Schritt: Grenzübergang

Aufgrund von Satz 5.36 existieren die Grenzwerte

$$\lim_{n \to \infty} U_{Z_n}(f) = \underline{U} \quad \text{und} \quad \lim_{n \to \infty} O_{Z_n}(f) = \overline{O}$$

und es gilt

$$\underline{U} \leq \overline{O}.$$

Interessant ist natürlich der Fall, in dem beide Werte übereinstimmen:

Definition 13.1. *Gilt für jede Folge (Z_n) von Zerlegungen mit (13.2) und (13.3)*

$$\underline{U} = \overline{O}$$

und ist diese Zahl reellwertig sowie unabhängig von der gewählten Folge (Z_n), so nennt man diese das bestimmte Integral *von f in den Grenzen a und b, symbolisch*

$$\int_a^b f(x) \; dx := \underline{U} = \overline{O}.$$

In diesem Fall nennt man f bestimmt integrierbar *auf $[a, b]$.*

Wir erläutern zunächst die Bezeichnung $\int_a^b f(x) \; dx$ etwas näher:

- Das Integralzeichen $\int$ wurde von Leibniz eingeführt und kann als ein gestrecktes Summenzeichen interpretiert werden.
- Die zu integrierende Funktion f wird als *Integrand* bezeichnet.
- Mit x wurde hier die sogenannte *Integrationsvariable* bezeichnet. Diese hat eine reine Hilfsfunktion[1], ist nur innerhalb des Integralausdrucks ("lokal") von Bedeutung und kann durch beliebige andere Variablennamen (z.B. s, t, τ, "Eisern Union" etc.) ersetzt werden. (Das gesamte Integral hängt also *nicht* von x ab, sondern nimmt vielmehr einen konstanten Zahlenwert an.)
- Den Ausdruck "dx" nennt man das *Differential* von x.
- Die Variablen a und b spielen die Rolle der unteren bzw. oberen *Integrationsgrenze*.

Zur Interpretation des bestimmten Integrals

In unserem Kraftstoffverbrauchsbeispiel und den zugehörigen Skizzen haben wir das bestimmte Integral stets als einen Flächeninhalt interpretieren können, weil die zu integrierende Funktion f nichtnegativ war. Die folgende Skizze zeigt nun eine stetige Funktion mit wechselndem Vorzeichen: Wir sehen hier die Untersumme einer gegebenen Zerlegung Z (die Oberkanten aller "Treppenstufen" verlaufen unterhalb des Graphen von f).

---

[1]Für den Fall, dass der Integrand weitere Variablenbezeichnungen enthält, soll gekennzeichnet werden, auf welche Variable sich die Integration bezieht.

Die zugehörigen Funktionswerte sind dort, wo dieser Graph unterhalb der x-Achse verläuft, *negativ*, also werden die zugehörigen Treppenstufen mit *negativen* Zahlen bewertet (deren absolute *Beträge* dann wiederum als Flächeninhalte gedeutet werden könnten).

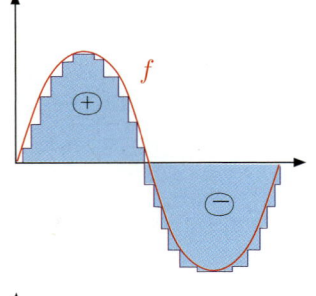

In unserem Beispiel ist das zugehörige bestimmte Integral dann Null (weil sich positiv und negativ bewertete kongruente Flächen gegenseitig aufheben).

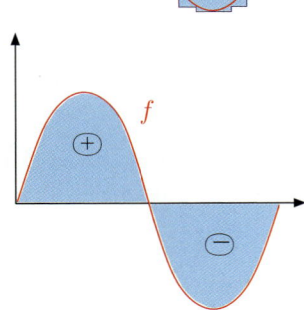

Das Fazit lautet also:

> *Das bestimmte Integral ist nur dann ein Flächeninhalt, wenn der Integrand nichtnegativ ist !*

Zur Existenz des bestimmten Integrals

Die vorsichtige Formulierung der Definition 13.1 lässt befürchten, es könne Funktionen geben, die *nicht* bestimmt integrierbar sind. Dies trifft tatsächlich zu, allerdings handelt es sich hierbei um gewissermaßen exotische Funktionen, die in unserem Kontext keine große Rolle spielen. Für die für uns wichtigsten Funktionen gilt folgender

Satz 13.2. *Es sei $f : [a, b] \to \mathbb{R}$ stetig oder monoton. Dann ist f auf $[a, b]$ bestimmt integrierbar.*

Wir können diese Voraussetzungen sogar noch abmildern: Es genügt, wenn das Ausgangsintervall $[a, b]$ durch endlich viele abgeschlossene Intervalle überdeckt werden kann, so dass die Funktion f auf jedem dieser Intervalle stetig oder monoton ist.

Nichtsdestoweniger sollte der Leser sich die Formulierung genau ansehen. Wir betrachten folgendes

Beispiel 13.3. Auf $D := [0, 1]$ sei eine Funktion f wie folgt definiert:

$$f(x) := \begin{cases} 0 & \text{für } x = 0 \\ \frac{1}{x} & \text{sonst} \end{cases}.$$

Wir zerlegen das Intervall D in n gleiche Teile $[0, \frac{1}{n}]$, $[\frac{1}{n}, \frac{2}{n}]$, ..., $[\frac{n-1}{n}, \frac{n}{n}]$. Mit Ausnahme des ersten Teilintervalls wird das Minimum von f jeweils im rechten Randpunkt angenommen, d.h.

$$m_k = \min_{[\frac{k-1}{n}, \frac{k}{n}]} f = f\left(\frac{k}{n}\right) = \frac{1}{\frac{k}{n}} = \frac{n}{k}.$$

Die zugehörige Untersumme summiert die Produkte aus diesen Minima $\frac{n}{k}$ und den zugehörigen Intervallbreiten ($= \frac{1}{n}$), also

$$U(f) = \sum_{k=2}^{n} \frac{n}{k} \cdot \frac{1}{n} = \left(\sum_{k=1}^{n} \frac{1}{k}\right) - \frac{1}{1}.$$

Wir fügen den dem Index $k = 1$ entsprechenden Summanden künstlich hinzu und ziehen ihn gleich wieder ab; so finden wir

$$U(f) = \left(\sum_{k=1}^{n} \frac{1}{k}\right) - \frac{1}{1}.$$

Diese Untersumme hängt von der Wahl der Konstanten n ab; man kann also schreiben

$$U_n(f) = \left(\sum_{k=1}^{n} \frac{1}{k}\right) - 1.$$

Dies ist – bis auf die Konstante -1 – nichts anderes als eine Partialsumme der harmonischen Reihe, die wir im Punkt 5.2.5 betrachteten. Bei Verfeinerung unserer Zerlegungen müssen wir n gegen Unendlich gehen lassen. Wir wissen jedoch aus Satz 5.58:

$$\lim_{n \to \infty} U_n(f) = \infty.$$

Dieses ist keine reelle Zahl, also kann die Funktion f *nicht* bestimmt integrierbar sein!

Wir fragen nun, wieso unser Satz 13.2 hier versagt: Die Funktion f ist auf $D = [0, 1]$ nicht monoton (obwohl sie auf dem halboffenen Intervall $(0, 1]$ streng monoton fallend ist) und auch nicht stetig (obwohl sie ebenfalls auf $(0, 1]$ stetig ist). Am linken Intervallrand werden also alle geforderten Voraussetzungen verletzt!   △

Ein erster Berechnungsversuch

Nachdem wir nun zunächst den Begriff "bestimmtes Integral" definiert haben, fragen wir uns, ob es mithilfe der Definition möglich ist, ein solches Integral tatsächlich zu berechnen. Dazu betrachten wir folgendes

Beispiel 13.4. Auf dem Intervall $[0, b]$ werde die Quadratfunktion $x \to x^2$ betrachtet. Zerlegen wir das Intervall D zunächst wiederum in n gleiche Teile

$[0, \frac{b}{n}]$, $[\frac{b}{n}, \frac{2b}{n}]$, ..., $[\frac{b(n-1)}{n}, \frac{bn}{n}]$, so wird das Minimum von f jeweils im *linken* Randpunkt angenommen, d.h.

$$m_k = \min_{[\frac{b(k-1)}{n}, \frac{bk}{n}]} f = f\left(\frac{b(k-1)}{n}\right) = \left(\frac{b(k-1)}{n}\right)^2.$$

Die zugehörige Untersumme summiert die Produkte aus diesen Minima und den zugehörigen Intervallbreiten $\left(= \frac{b}{n}\right)$, also

$$U_n(f) = \sum_{k=1}^{n} \left(\frac{b(k-1)}{n}\right)^2 \cdot \frac{b}{n} = \frac{b^3}{n^3} \sum_{l=0}^{n-1} l^2,$$

wobei wir von der mittleren zur Formel rechts gelangen, indem wir $l := k - 1$ setzen. In Beispiel 5.47 hatten wir den Wert der rechts stehenden Summe als $\frac{n(n+1)(2n+1)}{6}$ berechnet; also gilt

$$U_n(f) = b^3 \frac{n}{n} \frac{n+1}{n} \frac{n+\frac{1}{2}}{n} \frac{1}{3} = b^3 1 \left(1 + \frac{1}{n}\right)\left(1 + \frac{1}{2n}\right)\frac{1}{3}.$$

Lassen wir nun n gegen Unendlich gehen, folgt $U_n \to \frac{b^3}{3}$. Das Ergebnis lautet:

$$\int_0^b x^2 \; dx = \frac{b^3}{3} \qquad\qquad \triangle$$

Fazit: Die Berechnung eines bestimmten Integrals unter Verwendung der Definition ist zwar im Prinzip möglich, jedoch bereits in einfachsten Beispielen mühselig. Wir müssen uns also Gedanken über alternative Berechnungsmethoden machen, was nachfolgend geschehen wird.

Die Definition kann trotzdem sehr hilfreich sein, z.B. bei der relativ einfachen Herleitung der folgenden

Rechenregeln

Die folgenden Rechenregeln besagen zusammenfassend:

- Summen und Vielfache bestimmt integrierbarer Funktionen sind bestimmt integrierbar und Summation und Integration bzw. Vervielfachung und Integration sind miteinander vertauschbar.
- Das Integral ist "monoton".
- Nichtnegative Integranden führen auf nichtnegative Integrale.
- Das Integral über die Vereinigung zweier aneinander grenzender Intervalle ist Summe der Einzelintegrale.
- Bei der Integration lassen sich Symmetrieeigenschaften ausnutzen.

Satz 13.5. *Gegeben seien* $D := [a, b]$, $\lambda \in \mathbb{R}$ *sowie* $f : D \to \mathbb{R}$ *und* $g : D \to \mathbb{R}$.

(i) *Sind* f *und* g *bestimmt integrierbar, so auch* $f + g$, *und es gilt*

$$\int_a^b (f + g)(x) \, dx = \int_a^b f(x) \, dx + \int_a^b g(x) \, dx.$$

(ii) *Ist* f *bestimmt integrierbar, so auch* λf, *und es gilt*

$$\int_a^b (\lambda f)(x) \, dx = \lambda \int_a^b f(x) \, dx.$$

(iii) f *ist genau dann bestimmt integrierbar, wenn* $|f|$ *bestimmt integrierbar ist. Dabei gilt*

$$\left| \int_a^b f(x) dx \right| \leq \int_a^b |f|(x) dx.$$

(iv) *Sind* f *und* g *beide integrierbar und gilt* $f \leq g$, *so folgt*

$$\int_a^b f(x) \, dx \leq \int_a^b g(x) \, dx.$$

(v) *Ist* f *integrierbar und gilt* $f \geq 0$, *so folgt*

$$\int_a^b f(x) \, dx \geq 0.$$

Da diese Regeln fast alle unmittelbar einsichtig sind, können wir hier auf illustrierende Beispiele verzichten und stattdessen auf Anwendungen im Punkt 14.7 verweisen.

Satz 13.6 ("Stückweise Integration"). *Gegeben seien reelle Konstanten* a, b, c *mit* $a < b < c$ *und eine Funktion* $f : [a, c] \to \mathbb{R}$.

(i) *Ist* f *auf* $[a, c]$ *integrierbar, so auch auf* $[a, b]$ *und auf* $[b, c]$; *dabei gilt*

$$\int_a^c f(x) \, dx = \int_a^b f(x) \, dx + \int_b^c f(x) \, dx. \qquad (13.4)$$

(ii) *Ist* f *sowohl auf* $[a, b]$ *als auch auf* $[b, c]$ *bestimmt integrierbar, so auch auf* $[a, c]$, *und es gilt* (13.4).

Eine erste Anwendung der stückweisen Integration wird uns im folgenden Abschnitt entschieden weiterbringen.

Satz 13.7 ("Symmetrische Integration"). *Gegeben seien eine Konstante $a > 0$ und eine Funktion $f : D := [-a, a] \to \mathbb{R}$.*

(i) *Ist f gerade (d.h. gilt $f(-x) = f(x)$ für alle $x \in D$) und auf $[-a, a]$ integrierbar, so gilt*

$$\int_{-a}^{a} f(x) \ dx = 2 \int_{0}^{a} f(x) \ dx.$$

(ii) *Ist f ungerade (d.h. gilt $f(-x) = -f(x)$ für alle $x \in D$) und auf $[-a, a]$ integrierbar, so gilt*

$$\int_{-a}^{a} f(x) \ dx = 0.$$

Aus systematischen Gründen *definiert* man noch für jede auf einem Intervall $[a, b]$ integrierbare Funktion f

$$\int_{b}^{a} f(x) \ dx := - \int_{a}^{b} f(x) \ dx.$$

(Anschaulich gesprochen: Wird eine Funktion beim Integrieren in umgekehrter Richtung durchlaufen, so ändert das Ergebnis sein Vorzeichen.) Hieraus folgt insbesondere

$$\int_{a}^{a} f(x) \ dx = 0,$$

(denn setzt man $a = b$, so gilt

$$X := \int_{a}^{a} f(x) \ dx = \int_{a}^{b} f(x) \ dx = - \int_{b}^{a} f(x) \ dx) = - \int_{a}^{a} f(x) \ dx = -X,$$

was nur für $X = 0$ möglich ist.)

Das bestimmte Integral mit variabler oberer Grenze

Wir beginnen nun mit den Vorbereitungen für eine einfachere Berechnung des bestimmten Integrals. Dazu seien $D \subseteq \mathbb{R}$ ein (offenes) Intervall, $f : D \to \mathbb{R}$ stetig und $a \in D$ ein beliebiger, weiterhin aber fixierter Punkt. Für jedes $x \in D$ setzen wir nun

$$F(x) := \int_{a}^{x} f(s) \ ds, \tag{13.5}$$

betrachten also die obere Integrationsgrenze als variabel. Auf diese Weise wird eine Funktion $F : D \to \mathbb{R}$ definiert. Wir wollen uns diese etwas näher ansehen.

Für jede Konstante $h > 0$, für die $x + h$ in D liegt, gilt gemäß stückweiser Integration

$$\int_a^{x+h} f(s) \ ds - \int_a^x f(s) \ ds = \int_x^{x+h} f(s) \ ds =: \Delta(h)$$

d.h.

$$F(x+h) - F(x) = \Delta(h) \tag{13.6}$$

In unserer Skizze kann man den Wert $\Delta(h)$ als Inhalt der pastellgelben Fläche rechts erkennen. Diese ist in dem grünen Rechteck enthalten und enthält ihrerseits das blaue Rechteck.

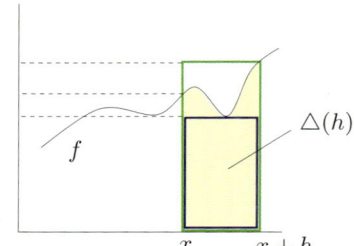

Die Höhen des grünen bzw. blauen Rechtecks werden durch den kleinsten bzw. größten Funktionswert $m(h)$ bzw. $M(h)$ von f auf dem Intervall $[x, x+h]$ angegeben:

$$m(h) := \min_{[x,x+h]} f \qquad M(h) := \max_{[x,x+h]} f.$$

Die Rechteckbreite ist in beiden Fällen h. Also können wir symbolisch schreiben

und für die Flächeninhalte gilt

$$hm(h) \quad \leq \quad \Delta(h) \quad \leq \quad hM(h). \tag{13.7}$$

Wir dividieren diese Ungleichung durch h und finden

$$m(h) \quad \leq \quad \frac{F(x+h)-F(x)}{h} \quad \leq \quad M(h). \tag{13.8}$$

Lassen wir h gegen Null gehen, so verengt sich der pastellgelbe Streifen immer mehr nach links. Dabei bewegen sich die blauen und grünen Oberkanten aufeinander zu, um sich in Höhe $f(x)$ zu treffen; d.h., es gilt $m(h) \to f(x)$ und $M(h) \to f(x)$. Dadurch verändert sich unsere Ungleichung (13.8) wie folgt:

$$\begin{array}{ccccc}
m(h) & \leq & \frac{F(x+h)-F(x)}{h} & \leq & M(h) \\
\downarrow & & \downarrow & & \downarrow \\
f(x) & \leq & F'(x) & \leq & f(x).
\end{array}$$

"Eingeklemmt" zwischen $m(h)$ und $M(h)$, bleibt dem Differenzenquotienten $\frac{F(x+h)-F(x)}{h}$ nichts anderes übrig, als ebenfalls gegen $f(x)$ zu konvergieren. Es folgt

$$F'(x) = f(x) \; .$$

Die Berechnung bestimmter Integrale

Wir wollen nun die Formel (13.5) zur Berechnung bestimmter Integrale ausnutzen. Setzen wir für die Variable x die obere Grenze b ein, so finden wir in Gestalt von $F(x) = F(b)$ das bestimmte Integral

$$I := \int_a^b f(s)ds. \tag{13.9}$$

Wenn also eine Funktion f und die Grenzen a und b gegeben sind, finden wir das bestimmte Integral I als Funktionswert $F(b)$. Allerdings kennen wir die Funktion F nicht. Immerhin wissen wir jedoch

(1) $F'(x) = f(x)$ für alle $x \in D$.

(2) $F(a) = \int_a^a f(s) \; ds = 0$.

Diese beiden Bedingungen erlauben, die Funktion F (und damit das Integral $F(b)$) exakt zu bestimmen.

Die Bedingung (1) besagt, dass die gegebene Funktion f von der gesuchten Funktion durch Ableitung *abstammt*. Dafür hat sich ein spezieller Name eingebürgert:

Definition 13.8. *Jede differenzierbare Funktion $S : D \to \mathbb{R}$ mit $S' = f$ heißt eine Stammfunktion von f auf D.*

Die Suche nach einer solchen Stammfunktion ist mitunter nicht schwierig.

Beispiel 13.9. Gesucht sei $I_1 := \int_0^2 x^3 \; dx$. Hierbei ist $f : \mathbb{R} \to \mathbb{R}$ durch $f(x) := x^3$ gegeben. Dann ist die Funktion G mit $G(x) := \frac{x^4}{4}, x \in \mathbb{R}$, eine Stammfunktion von f. *Wichtig:* Auch jede Funktion der Bauart $G_c(x) := \frac{x^4}{4} + c$, wobei c eine beliebige Konstante ist, ist eine Stammfunktion von f! $\triangle$

D.h., zu jeder stetigen Funktion f existieren unendlich viele Stammfunktionen. Wie in unserem Beispiel unterscheiden sich diese nur durch Konstanten:

Satz 13.10.

(i) *Ist F eine Stammfunktion von f auf D, so ist auch jede Funktion $F + c$ (wobei c eine beliebige reelle Konstante ist) eine Stammfunktion von f.*

(ii) *Umgekehrt gilt: Je zwei beliebige Stammfunktionen F und G von f unterscheiden sich nur um eine additive Konstante.*

Der Nutzen dieses Satzes: Es genügt, eine einzige Stammfunktion zu kennen
– man kennt dann automatisch alle! Für deren Gesamtheit hat sich folgende
Bezeichnung eingebürgert:

Definition 13.11. *Es sei D ein gegebenes Intervall und $f : D \to \mathbb{R}$ stetig.
Die Gesamtheit aller Stammfunktionen von f auf D wird als* unbestimmtes
Integral von f *bezeichnet; symbolisch*

$$\int f(x) \; dx.$$

Für unbestimmte Integrale hat sich eine typische Schreibweise eingebürgert,
die am einfachsten den folgenden Besipielen entnommen werden kann:

Beispiel 13.12 (↗F 13.9)**.** Das unbestimmte Integral ist hier die Gesamtheit
aller Funktionen $x \to \frac{x^4}{4} + c$, $x \in D$, wobei c für eine beliebige reelle Konstante
steht. Man schreibt dafür

$$\int x^3 \; dx = \frac{x^4}{4} + c. \tag{13.10}$$

(Der Zusatz "$c \in \mathbb{R}$" wäre hier sicherlich zweckmäßig, allerdings wird zumeist
aus Bequemlichkeit darauf verzichtet.) △

Beispiel 13.13. Gesucht sei $I_2 := \int_0^\pi \cos x \; dx$. Hier ist $h : \mathbb{R} \to \mathbb{R}$ gegeben
durch $h(x) = \cos x$. Jede Funktion der Form $H(x) = \sin x + c$, $x \in \mathbb{R}$, mit
einer beliebigen Konstanten c ist eine Stammfunktion von h; man schreibt
also

$$\int \cos x \; dx = \sin x + c$$

($c \in \mathbb{R}$). △

Um Verwechslungen des unbestimmten mit dem bestimmten Integral zu vermeiden, stellen wir hier beide Integrale einmal gegenüber:

	bestimmtes Integral	unbestimmtes Integral
Form:	$\int_a^b f(x) \; dx$	$\int f(x) \; dx$
Unterscheidung:	Grenzen *vorhanden*	Grenzen *fehlen*
Natur:	Zahl	Funktionen (-menge)
Bedeutung von x	nur innerhalb des Integrals	Argument der Funktion
Beispiel	$\int_0^1 x^2 \; dx = \frac{1}{3}$	$\int x^2 \; dx = \frac{x^3}{3} + c$

Wir fassen zusammen: Um unser Ausgangsproblem zu lösen, schreiben wir für
das gesuchte Integral

$$F(b) = \int_a^b f(x) \; dx.$$

Nun benötigen wir (1) das unbestimmte Integral von f (also *eine* Stammfunktion und damit gleichzeitig *alle*). Anschließend muss mittels (2) "die richtige" Stammfunktion gefunden werden. Wir wenden uns nun der Frage zu, wie dies geschehen kann. Dazu nehmen wir an, wenigstens *irgendeine* Stammfunktion von f – nennen wir sie G – zu kennen.

Dann gibt es eine Konstante c derart, dass gilt $F(x) = G(x) + c$ für alle $x \in D$. Diese ist leicht bestimmt, indem wir $x = a$ einsetzen: $0 = F(a) = G(a) + c$; also gilt $c = -G(a)$. Das Ergebnis lautet:

$$I = \int_a^b f(x)\ dx = F(b) = G(b) - G(a).$$

Wir gelangen so zum

Satz 13.14 (Hauptsatz der Infinitesimalrechnung). *Es sei $D := [a,b]$ und $f : D \to \mathbb{R}$ stetig. Dann gilt*

$$\int_a^b f(x)\ dx = G(b) - G(a)$$

mit jeder beliebigen Stammfunktion G von f auf D.

Beispiel 13.15 ($\nearrow$F 13.12). Wir verwenden die "einfachste Stammfunktion" $G(x) := \frac{x^4}{4}$ und finden $I_1 := \int_0^2 x^3\ dx = G(2) - G(0) = \frac{2^4}{4} - \frac{0^4}{4} = 4.$ $\triangle$

Beispiel 13.16 ($\nearrow$F 13.13). Hier folgt mit der Stammfunktion $K(x) = \sin x$ $I_2 := \int_0^\pi \cos x\ dx = G(\pi) - G(0) = \sin \pi - \sin 0 = 0.$ $\triangle$

Beispiel 13.17. Es soll $I_3 := \int_{-1}^1 e^{\frac{x}{2}}\ dx$ bestimmt werden. Dazu setzen wir $\psi(x) = e^{\alpha x}, x \in \mathbb{R}$ mit einer Konstanten $\alpha \neq 0$. Offenbar ist Ψ mit $\Psi(x) := \frac{1}{\alpha} e^{\alpha x}$ eine Stammfunktion von ψ. Man schreibt also

$$\int e^{\alpha x} = \frac{1}{\alpha} e^{\alpha x} + c.$$

Wegen $\alpha = \frac{1}{2}$ verwenden wir hier $K(x) = 2 e^{\frac{x}{2}}$ als Stammfunktion und finden

$$I_3 := \int_{-1}^1 e^{\frac{x}{2}}\ dx = K(1) - K(-1) = 2\left(e^{\frac{1}{2}}\right) - e^{-\frac{1}{2}}.$$

$\triangle$

Bemerkung zur Schreibweise: Um praktische Berechnungen zu vereinfachen, bemüht man sich oft nicht erst darum, passende Bezeichnungen wie G, H oder K aufzuschreiben. Vielmehr notiert man das Ergebnis in der kompakteren Form

$$\int_a^b f(x)\ dx = <Ausdruck> \Big|_a^b,$$

wobei der "Ausdruck" gerade die Berechnungsvorschrift einer geeigneten Stammfunktion ist. Sie wird erst auf die Stelle b, dann auf die Stelle a angewandt und die Differenz aus beiden gebildet:

$$\int_0^2 x^3 \, dx = \left. \frac{x^4}{4} \right|_0^2 = \frac{2^4}{4} - \frac{0^4}{4} = 4.$$

Bei komplizierteren Ausdrücken, die mehrere Terme umfassen, schreibt man auch

$$\int_a^b f(x) \, dx = [< (zusammengesetzter) Ausdruck >]_a^b.$$

Flächenberechnungen

Wie bereits angemerkt, stellt das bestimmte Integral nur dann einen Flächeninhalt dar, wenn der Integrand nichtnegativ ist. Nicht selten interessiert man sich jedoch auch für Flächen, deren berandende Kurven als Graphen von Funktionen mit (teils) negativen Funktionswerten anzusehen sind.

Beispiel 13.18. Gesucht sei der Inhalt F der Fläche, die zwischen dem Graphen der Funktion $x \to f(x) = (x-1)(x-3)$, der x-Achse, der y-Achse und der Geraden $x = 5$ eingeschlossen wird. Wir können sofort schreiben $I = \int_0^5 |f(x)| \, dx$, womit zwar eine exakte Antwort gegeben ist, jedoch im Grunde nicht weitergerechnet werden kann (denn wir benötigen zuvor eine Stammfunktion von $|f(x)|$).

Der Ausweg besteht darin, die in der Aufgabe beschriebene Fläche so in möglichst wenige Teilflächen zu zerlegen, dass jede Teilfläche mit einem einheitlichen Vorzeichen bewertet ist.

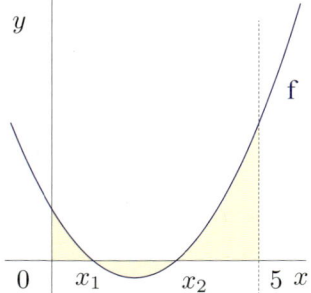

(Wir können dann die Absolutbeträge dieser vorzeichenbehafteten Teilflächen summieren und erhalten so den gewünschten Gesamtflächeninhalt.) Praktisch bedeutet das, die gegebene Funktion auf Nullstellen zu untersuchen und den gegebenen Integrationsbereich entlang der Nullstellen aufzuteilen.

In unserem Beispiel handelt es sich bei $f(x)$ um ein einfaches quadratisches Polynom mit den Nullstellen $x_1 = 1$ und $x_2 = 3$, wobei f zwischen diesen Nullstellen negative Werte annimmt, ansonsten aber nichtnegativ ist. D.h., es gilt

$$|f(x)| = \begin{cases} f(x) = (x-1)(x-3) & \text{für } x \in (-\infty, 1) \cup (3, \infty) \\ -f(x) = -(x-1)(x-3) & \text{für } x \in (1, 3). \end{cases}$$

Wir finden so

$$I = \int_0^1 f(x) \ dx + \int_1^3 (-f(x)) \ dx + \int_3^5 f(x) \ dx.$$

Als Stammfunktion von $f(x) = x^2 - 4x + 3$ kann offenbar $F(x) := \frac{x^3}{3} - 2x^2 + 3x$ dienen (Probe!). Es folgt (ausführlich gerechnet)

$$\begin{aligned}
I &= F(x)|_0^1 - F(x)|_1^3 + F(x)|_3^5 \\
&= F(1) - F(0) - (F(3) - F(1)) + F(5) - F(3) \\
&= F(5) - 2F(3) + 2F(1) - F(0) \\
&= \left[\frac{125}{3} - 50 + 15 \right] - 2 \left[\frac{27}{3} - 18 + 9 \right] + 2 \left[\frac{1}{3} - 2 + 3 \right] - 0 \\
&= \frac{28}{3}.
\end{aligned}$$

$\triangle$

13.3 Unbestimmte Integration

13.3.1 Übersicht

In diesem Abschnitt setzen wir generell voraus, dass ein nichtausgeartetes Intervall I und darauf eine (stetige) Funktion $f : I \to \mathbb{R}$ gegeben seien. Gesucht sei das unbestimmte Integral $\int f(x)dx$.

Wie wir sahen, kann die unbestimmte Integration als eine Operation angesehen werden, die die Differentiation umkehrt. Insofern braucht man hier sozusagen nur die "Denkrichtung" der Ableitung umzukehren, um zu Ergebnissen zu kommen. Im ersten Schritt werden wir daher die Tabelle der Grundableitungen "rückwärts lesen" und einige Rechenregeln beachten. Interessanter wird es, wenn Differentiationsregeln wie die Produkt- oder Kettenregel umgekehrt werden.

13.3.2 Grundintegrale

Im Abschnitt 9.2.2 hatten wir eine Tabelle der Grundableitungen vorgestellt. Lesen wir diese sozusagen "rückwärts", erhalten wir folgende Tabelle von Grundintegralen:

Funktionentyp	Bildungsvorschriften $f(x) = ...$	$\int f(x)dx = ...$	Parameter	D_f
Potenzen	x^p	$\frac{1}{p+1}x^{p+1} + c$	$p \in \mathbb{R}\backslash\{-1\}$	! abh. von p !
	x^{-1}	$\ln|x| + c$		$(-\infty, 0)$ oder $(0, \infty)$
Exponentialfkt.	e^x	$e^x + c$		$\mathbb{R}$
Winkelfkt.	$\sin x$	$-\cos x + c$		$\mathbb{R}$
	$\cos x$	$\sin x + c$		$\mathbb{R}$
Exponentialfkt.	e^{ax}	$\frac{1}{a}e^{ax} + c$	$a \in \mathbb{R}\backslash\{0\}$	

In Kombination mit einigen nun folgenden einfachen Rechenregeln lassen sich bereits aus dieser Tabelle alle unbestimmten Integrale ermitteln, die in diesem Text benötigt werden.

13.3.3   Einfachste Rechenregeln

Im Sinne einer Merkhilfe können wir die einfachsten Regeln so formulieren:

Unbestimmte Integrale von Vielfachen bzw. Summen sind Vielfache bzw. Summen von unbestimmten Integralen.

Etwas formaler: Für alle (stetigen) Funktionen $f, g : I \to \mathbb{R}$ und alle $\lambda \in \mathbb{R}\backslash\{0\}$ gilt

$$\int \lambda f(x) \ dx \quad = \quad \lambda \int f(x) \ dx \qquad (13.11)$$

$$\int (f(x) + g(x)) \ dx = \int f(x) \ dx + \int g(x) \ dx \qquad (13.12)$$

Hierbei ist zu beachten, dass unbestimmte Integrale ihrer Natur nach mengenwertige Ausdrücke sind, die auch in der Form

unbestimmtes Integral = (beliebige, aber feste) Stammfunktion $+c$

notiert werden können. Verwendet man diese Notation, treten auf beiden Seiten von (13.11) bzw. (13.12) Konstanten auf, bei deren Auswahl einige Sorgfalt angeraten ist, damit tatsächlich Gleichheit eintritt.

Beispiel 13.19. (13.11) besagt z.B.

$$\int 3\cos x \ dx = 3 \int \cos x \ dx \qquad (13.13)$$

Für den Integranden $3\cos$ auf der linken Seite ist offenbar $3\sin$ eine Stamm-funktion; entsprechend wählen wir z.B. $\sin$ als Stammfunktion des Integranden $\cos$ auf der rechten Seite. Wir können (13.13) daher umschreiben zu

$$3\sin x + c_{links} = 3(\sin x + c_{rechts})$$
$$= 3\sin x + 3c_{rechts}$$

Hieraus folgt:

$$c_{links} = 3c_{rechts}, \tag{13.14}$$

d.h., auf den beiden Seiten der Gleichung treten tatsächlich verschiedene Kon-stanten auf. $\triangle$

(Im letzten Beispiel hatten wir es mit der Konstanten $\lambda = 3$ zu tun. Anhand der Gleichung (13.14) wird deutlich, dass wir mit der Konstanten $\lambda = 0$ auf das unsinnige Ergebnis $c_{links} = 0$ kämen, weswegen in (13.11) $\lambda = 0$ ausge-schlossen wird.)

Beispiel 13.20. $f : \mathbb{R} \to \mathbb{R}$ sei affin: $f(x) = ax + b$, $x \in \mathbb{R}$ (mit $a, b \neq 0$). Wir lesen dies so:

$$f(x) = ax^1 + bx^0.$$

Zur Beachtung: Streng genommen sind nur die blauen Bestandteile in der Tabelle der Grundintegrale enthalten; die Konstanten a und b spielen die Rolle von Vervielfachungsfaktoren. Es folgt

$$\int f(x)\ dx = a \int x^1\ dx + b \int x^0\ dx$$
$$= a\left(\frac{1}{2}x^2 + c_1\right) + b\left(\frac{1}{1}x^1 + c_2\right)$$
$$= \frac{a}{2}x^2 + bx + ac_1 + bc_2$$
$$= \frac{a}{2}x^2 + bx + c \qquad (c \in \mathbb{R}).$$

Wir sehen, dass zunächst zwei Konstanten c_1 und c_2 benötigt werden, weil zwei unbestimmte Integralausdrücke im Spiel sind; zusammen mit den Vor-faktoren werden diese bequemerweise zu einer neuen Konstanten c verrechnet. (Die übliche Vorliebe für die Bezeichnung "c" für Integrationskonstanten rührt sicherlich daher, dass das englische Wort "constant" mit c beginnt.) $\triangle$

Beispiel 13.21. Wir betrachten die Funktion $g : (0, \infty) \to \mathbb{R}$ gemäß $g(x) :=$ $4x^3 - \frac{6}{x} + \frac{1}{2}\sqrt{x} + 23e^x - \sin x$, $x > 0$. Aufgrund unserer Linearitätsregeln können wir schreiben

$$\int g(x)\ dx = 4 \int x^3 dx - 6 \int x^{-1}\ dx + \frac{1}{2} \int x^{\frac{1}{2}}\ dx + 23 \int e^x\ dx + \int (-\sin x)\ dx.$$

Die Ausdrücke unter den Integralzeichen sind nun durchweg in unserer Tabelle von Grundintegralen enthalten. Verfahren wir hinsichtlich der Konstanten wie im vorigen Beispiel – d.h., vergeben wir für alle Integrale auf der rechten Seite eine gemeinsame Konstante c –, so folgt

$$\int g(x)\ dx = 4\cdot\frac{1}{4}x^4 - 6\ln x + \frac{1}{2}\cdot\frac{2}{3}x^{\frac{3}{2}} + 23e^x + \cos x + c$$

$$= x^4 - 6\ln x + \frac{1}{3}x^{\frac{3}{2}} + 23e^x + \cos x + c.$$

13.3.4   Partielle Integration

Zu den wichtigsten Ableitungsregeln gehört die Produktregel, die wir hier in der prägnanten Kurzform

$$(uv)' = u'v + uv'$$

notieren. Gleichbedeutend ist selbstverständlich die Formel

$$u'v = (uv)' - uv'. \tag{13.15}$$

Wir wollen diese nun "rückwärts" interpretieren, um aus dieser Ableitungsregel eine Integrationsregel zu erhalten. Dazu bilden wir auf beiden Seiten von (13.15) das unbestimmte Integral:

$$\int u'(x)v(x)\ dx = \int (u(x)v(x))'\ dx - \int u(x)v'(x)\ dx.$$

Da uv eine Stammfunktion von $(uv)'$ ist, können wir schreiben

$$\int u'(x)v(x)\ dx = u(x)v(x) - \int u(x)v'(x)\ dx. \tag{13.16}$$

Diese Formel verkürzen wir als Merkregel auf die Form

$$\int u'v = uv - \int uv'. \tag{13.17}$$

Man bezeichnet dies als Formel der *partiellen Integration*. Sie eignet sich besonders zur Integration von Produkten. Ihre Anwendung ist am einfachsten anhand einiger Beispiele zu trainieren.

Beispiel 13.22. Gesucht sei

$$I(x) := \int x\ln x\ dx \quad (x > 0).$$

Im ersten Schritt liest man den Integrand als ein Produkt

$$I(x) = \int x\ln x\ dx.$$

Im zweiten Schritt entscheidet man sich dafür, welcher Faktor den Part von u' und welcher den von v übernehmen soll. Hier probieren wir es mit der gegebenen Reihenfolge:

$$x = u'(x), \quad \ln x = v(x).$$

Im dritten zitiert man das Ergebnis aus (13.17):

$$\int u'v = uv - \int uv'$$

und konkretisiert im vierten Schritt die rechte Seite von (13.17):

$$u(x) = \frac{x^2}{2}, \quad v'(x) = \frac{1}{x}$$

mit dem Ergebnis

$$\int x\ln x \; dx = \frac{x^2}{2}\ln x - \int \frac{x^2}{2}\frac{1}{x} \; dx.$$

Das rechts stehende Integral ist natürlich

$$\frac{1}{2}\int x dx = \frac{x^2}{4} + C.$$

Es folgt

$$\int x \ln x dx = \frac{x^2}{2}\left(\ln x - \frac{1}{2}\right) + c$$

(wir haben hier die Konstante bereits wieder verändert).

An dieser Stelle ist eine generelle Bemerkung angebracht: Die Möglichkeit, sich zu verrechnen, besteht natürlich auch beim Thema unbestimmte Integration. Deswegen empfiehlt es sich nach derlei Berechnungen grundsätzlich, eine Probe anzuschließen. Dazu braucht das Ergebnis lediglich abgeleitet zu werden. Hier im Beispiel könnte die Probe nach der Produktregel so aussehen:

$$\left(\frac{x^2}{2}\left(\ln x + \frac{1}{2}\right) + c\right)' = \left(\frac{x^2}{2}\right)'\left(\ln x - \frac{1}{2}\right) + \left(\frac{x^2}{2}\right)\left(\ln x - \frac{1}{2}\right)'$$

$$= x\left(\ln x - \frac{1}{2}\right) + \left(\frac{x^2}{2}\right)\frac{1}{x}$$

$$= x\ln x\left(-\frac{x}{2} + \frac{x}{2}\right)$$

$$= x\ln x. \;\; \checkmark$$

$\triangle$

In den folgenden Beispielen überlassen wir die Proben dem Leser.

Beispiel 13.23. Etwas komplizierter, sei nun $J(x) := \int x^2 \ln x \, dx \ (x > 0)$ gesucht. Wir stellen den Rechengang diesmal schematisch dar:

$$
\overset{1}{\boxed{\int x^2 \ln x \, dx}} \quad = \quad \overset{4}{\boxed{\frac{x^3}{3} \ln x - \int \frac{x^3}{3} \frac{1}{x} \, dx}}
$$

$$
\bigtriangledown \qquad\qquad\qquad\qquad\qquad\qquad \bigtriangleup
$$

$$
\overset{2}{\boxed{\int u'v \, dx}} \quad \underset{\triangleright}{=} \quad \overset{3}{\boxed{uv - \int uv' \, dx}}
$$

Es bleibt, den Ausdruck im vierten Kästchen rechts oben zu vereinfachen:

$$
J(x) = \frac{x^3}{3} \ln x - \frac{1}{3} \int x^2 \, dx = \frac{x^3}{3} \left(\ln x - \frac{1}{3} \right) + c.
$$

$$\bigtriangleup$$

Beispiel 13.24. Gelegentlich ist es hilfreich, ein Produkt auch dort zu sehen, wo formal gar keins dasteht. Wir betrachten das Integral

$$
H(x) := \int \ln x \, dx \quad (x > 0).
$$

Der Kunstgriff besteht darin, richtig zu lesen:

$$
H(x) = \int \mathbf{1} \cdot \ln x \, dx.
$$

Eine analoge Rechnung wie im vorigen Beispiel liefert

$$
H(x) = x(\ln x - 1) + c.
$$

$$\bigtriangleup$$

Auch wenn der Integrand erkennbar Produktform hat, braucht die Rolle der Faktoren nicht sofort klar zu sein. Die Formel (13.17) zur partiellen Integration kann ja auch so gelesen werden:

$$
\int uv' = uv - \int u'v. \tag{13.18}
$$

Hierbei wurden lediglich die Rollen von u und v vertauscht.

Beispiel 13.25. Zu bestimmen sei

$$K(x) = \int x e^x \ dx.$$

Mögliche Rollen der beiden Faktoren sind

(a) $x = u'$ und $e^x = v$ (wie in (13.17))

(b) $x = u$ und $e^x = v'$ (wie in (13.18)).

Wir probieren es zunächst wie bisher mit der Variante (a) und finden

$$\int x e^x \ dx = \frac{x^2}{2} e^x - \int \frac{x^2}{2} e^x \ dx.$$

Zur Bestimmung des Ausgangsintegrals (links) müssen wir nun das Integral auf der rechten Seite bestimmen – dieses ist aber noch komplizierter als das Ausgangsintegral!

Also versuchen wir es mit der Variante (b). Diesmal läuft die Rechnung so:

$$\int x e^x \ dx \qquad = \qquad x e^x - \int 1 e^x \ dx$$

$$\int u v' \ dx \qquad = \qquad u v - \int u' v \ dx$$

mit dem Ergebnis

$$K(x) = \int x e^x \ dx = (x-1) e^x + c.$$

Manchmal hilft die partielle Integration erst auf den zweiten Blick weiter – hier ein Beispiel:

Beispiel 13.26. Gesucht sei $L(x) := \int (\sin x)(\cos x) \ dx$. Wir setzen $u := \sin x$, $v' = \cos x$ mit Stammfunktion $v = \sin x$ und finden

$$\int (\sin x)(\cos x) \ dx = \sin^2 x - \int (\sin x)'(\sin x) \ dx$$

$$= \sin^2 x - \int (\cos x)(\sin x) \ dx. \qquad (13.19)$$

Das Integral rechts ist dasselbe wie das Ausgangsintegral. Wo ist die Erleichterung? Wir können das Integral rechts (mit Sorgfalt!) auf die linke Seite bringen und finden

$$2 \int (\sin x)(\cos x) \ dx = \sin^2 x + C \qquad (13.20)$$

und gelangen so zum Ergebnis

$$\int (\sin x)(\cos x) \ dx = \frac{1}{2} \sin^2 x + c. \tag{13.21}$$

(Beim Übergang von (13.19) zu (13.20) ist zu beachten, dass unbestimmte Integrale mengenwertig sind. Die Konstante C in (13.20) ist somit erforderlich, damit alle Funktionen, auf die sich die linke Seite bezieht, auch auf der rechten Seite erscheinen. Beim Übergang von (13.20) zu (13.21) haben wir dann $c := \frac{C}{2}$ gesetzt.) △

Schließlich wird die partielle Integration mitunter mehrfach hintereinander benötigt, um zum Ziel zu kommen, z.B. bei Produkten aus mehreren Faktoren.

Beispiel 13.27. Wir bestimmen $M(x) := \int \frac{(\ln x)^2}{x} \ dx$ und setzen dabei $u' := \frac{\ln x}{x}$ und $v = \ln x$. Wir bestimmen nun zunächst eine Stammfunktion u von u', wofür wiederum die partielle Integration eingesetzt wird:

$$\int \frac{\ln x}{x} \ dx = \int \frac{1}{x} \ln x \ dx = (\ln x)(\ln x) - \int (\ln x)\frac{1}{x} \ dx.$$

Wie im vorangehenden Beispiel finden wir

$$\int \frac{\ln x}{x} \ dx = \int \frac{1}{x} \ln x \ dx = \frac{(\ln x)^2}{2} + C$$

und wählen $u(x) = \frac{(\ln x)^2}{2}$. Damit haben wir

$$M(x) = \int \left((\ln x)\frac{1}{x} \right) (\ln x) \ dx = \left(\frac{(\ln x)^2}{2} \right) (\ln x) - \int \left(\frac{(\ln x)^2}{2} \right) \frac{1}{x} \ dx$$

bzw. im Sinne einer mengenwertigen Gleichung

$$M(x) = \frac{(\ln x)^3}{2} - \frac{1}{2} M(x).$$

Wir lösen diese analog zu (13.19) und (13.20) auf und finden

$$M(x) = \frac{(\ln x)^3}{3} + c.$$

△

Wir fassen zusammen: Mit Hilfe der partiellen Integration ist es möglich, Produkte von Funktionen unbestimmt zu integrieren. Dabei ist mitunter etwas Geschick vonnöten, wenn es gilt, die vorhandenen Faktoren und deren Rolle innerhalb der Formel (13.17) zu interpretieren. Es ist also durchaus möglich, dass die richtige Lösung erst nach einigem Probieren gefunden wird. Weiterhin soll aber auch nicht verschwiegen werden, dass es Funktionen gibt, für deren unbestimmtes Integral keine einfache Formel existiert.

13.3.5   Die Substitutionsregel

Wir wenden uns nun einer weiteren wichtigen Ableitungsregel zu – nämlich der Kettenregel – und versuchen, sie für die unbestimmte Integration nutzbar zu machen. Eine mögliche Art, die Kettenregel formal zu notieren, ist diese:

$$(F(u(x)))' = F'(u(x))u'(x)$$

worin F und u auf geeigneten Intervallen gegebene differenzierbare Funktionen seien (siehe hierzu Punkt 9.2.3). Mit der Bezeichnung f für F' können wir auch schreiben

$$(F(u(x)))' = f(u(x))u'(x).$$

Integrieren wir beide Seiten unbestimmt, so finden wir

$$F(u(x)) + c = \int f(u(x))u'(x) \ dx. \qquad (13.22)$$

Die Funktion F auf der linken Seite spielt die Rolle *(irgend)einer* Stammfunktion von f, d.h., es gilt

$$F'(u) = f(u) \quad \text{für alle } u \in I.$$

In Verbindung mit der Konstanten c enthält die linke Seite von (13.22) dann jede beliebige Stammfunktion von f, also das unbestimmte Integral

$$\int f(u) \ du = F(u) + c.$$

Daher findet sich für (13.22) auch die Schreibweise

$$\int f(u) \ du\big|_{u=u(x)} = \int f(u(x))u'(x) \ dx \qquad (13.23)$$

Diese Formel wird üblicherweise als Substitutionsregel bezeichnet. Sie wirkt auf den ersten Blick etwas kompliziert, kann aber – einmal richtig verstanden – sehr gute Dienste leisten. Die grau markierten Teile der Formel weisen darauf hin, dass auf der linken Seite nach Berechnung des unbestimmten Integrals das Argument u durch das Argument $u(x)$ zu ersetzen (also zu "substituieren") ist, worauf die Bezeichnung dieser Regel beruht.

(Wenn die Zuordnung $x \to u(x)$ injektiv ist, kann man stattdessen auch x durch u ausdrücken und auf der rechten Seite schreiben "$x = x(u)$"

$$\int f(u) \ du = \int f(u(x))u'(x) \ dx\big|_{x=x(u)}. \ , \qquad (13.24)$$

Wir werden hauptsächlich zwei Anwendungsrichtungen dieser Regel kennenlernen:

- Unter dem Stichwort "*Vater-Sohn-Regel*" verstehen wir die "Anwendung durch Hinsehen".
- Wenn Hinsehen allein noch nicht hilft, versuchen wir *formal* zu substituieren.

Diese beiden Richtungen lassen sich selbstverständlich nicht sauber trennen. Einige Beispiele werden jedoch schnell klarmachen, worum es geht.

"Vater-Sohn-Regel"

Die Grundidee besteht hier darin, die Gleichung (13.22) sozusagen von rechts nach links zu lesen und bei einem gegebenen Integralausdruck die Struktur

$$\int f(u(x))\underline{u'(x)}\ dx \qquad (13.25)$$

zu erkennen, die auf der rechten Seite von (13.22) steht. Wesentlich an dieser Struktur ist Folgendes:

- Es gibt eine "äußere" Funktion f.
- Es gibt eine "innere" Funktion u und dazu
- (als Faktor) die Ableitung $\underline{u'}$ der inneren Funktion.

(Um uns die Struktur besser einprägen zu können, werden wir die Funktion u als "Vater" bezeichnen, weil auch ihre Ableitung u' – als "Sohn" – in der Formel vorkommt. (Allerdings genügt es nicht, dass diese vorkommt – sie muss vielmehr als Faktor neben der äußeren Funktion f stehen.))

Wenn diese Struktur einmal erkannt ist, ist alles andere relativ einfach: Das Integral (13.25) kann als linke Seite von (13.22) berechnet werden. Dazu brauchen wir lediglich eine Stammfunktion F von f zu bestimmen – fertig.

Wir sehen uns einige Beispiele an, in denen die "Vater-Sohn-Struktur" leicht zu erkennen ist. Um schnell zu erkennen, welche Terme welche Rolle spielen, verwenden wir dieselbe Färbung wie oben.

Beispiel 13.28.

(a) $A(x) := \int \underline{3}(3x)^2\ dx$: $f(u) = u^2$, $u(x) = 3x$, $u'(x) = 3$
Wir benötigen eine Stammfunktion F von f und wählen die einfachstmögliche: $F(u) = \frac{u^3}{3}$. Nun ist lediglich noch statt u das Argument $u(x)$ einzusetzen und die Konstante c hinzuzufügen, fertig:

$$A(x) = \frac{(3x)^3}{3} + c = 9x^3 + c.$$

(b) $B(x) := \int \underline{7}e^{7x}\ dx$: $f(u) = e^u$, $u(x) = 7x$, $u'(x) = 7$
Hier passt $F(u) = e^u$; es wird mit $u = u(x)$

$$B(x) = e^{u(x)} + c = e^{7x} + c.$$

(c) $C(x) := \int \underline{-}\ln(72 - x)\ dx$: $f(u) = \ln u$, $u(x) = 72 - x$, $u'(x) = -1$. Als Stammfunktion von f hatten wir mittels partieller Integration gefunden

$$F(u) = u(\ln u - 1).$$

Also folgt

$$C(x) = (72 - x)(\ln(72 - x) - 1) + c.$$

$\triangle$

Wir bemerken, dass in allen drei Beispielen dieselbe Struktur vorliegt:

$$\int a f(ax + b) \; dx$$

mit einer äußeren Funktion f und der inneren Funktion $u(x) = ax + b$. Wenn der (rot hervorgehobene) konstante Vorfaktor a im Integranden fehlen sollte, können wir ihn innerhalb des Integrals künstlich hinzufügen und außerhalb des Integrals wieder wegdividieren. So gelangen wir zu folgendem allgemeinen Ergebnis: Für $a \neq 0$, $b \in \mathbb{R}$ und jede beliebige Stammfunktion F von f gilt

$$\int f(ax + b) \; dx = \tfrac{1}{a} F(ax + b) + c.$$

Insbesondere ergibt sich daraus folgende Erweiterung der Tabelle der Grundintegrale:

$$
\begin{aligned}
\int e^{ax} \; dx &= \tfrac{1}{a} e^x + c \\
\int \sin ax \; dx &= -\tfrac{1}{a} \cos ax + c \\
\int \cos ax \; dx &= \tfrac{1}{a} \sin ax + c
\end{aligned}
$$

(jeweils für $a \neq 0$). Natürlich funktioniert die Methode auch in weniger einfachen Fällen.

Beispiel 13.29. $D(x) := \int 2x e^{x^2} \; dx$ mit $f(u) = e^u$, $u(x) = x^2$, $u'(x) = 2x$. Wir wählen die einfachstmögliche Stammfunktion $F(u) = e^u$ und finden somit

$$D(x) = F(u(x)) + c = e^{x^2} + c$$

$\triangle$

Beispiel 13.30. $E(x) = \int \dfrac{e^x}{\sqrt{1 + e^x}} \; dx$ mit $f(u) = \dfrac{1}{\sqrt{u}} = u^{-\frac{1}{2}}$, $u(x) = 1 + e^x$ und $u'(x) = e^x$: Mit $F(u) = 2\sqrt{u}$ ergibt sich

$$E(x) = 2\sqrt{1 + e^x} + c.$$

$\triangle$

Beispiel 13.31. Gelegentlich muss man genauer hinsehen, um alle Bestandteile zu erkennen: Bei $F(x) = \int \frac{\ln x}{x} \; dx$ haben wir $f(u) = u$, $u(x) = \ln x$ und $u'(x) = \frac{1}{x}$. Es folgt

$$F(x) = \frac{(\ln x)^2}{2} + c.$$

$\triangle$

Auch komplizierter scheinende Integrale lassen sich so behandeln:

Beispiel 13.32. $G(x) = \int e^{x \ln x}(\underline{\ln x + 1})\ dx$ mit $f(u) = e^x$, $u(x) = x \ln x$ und $\underline{u'(x) = \ln x + 1}$ führt auf

$$G(x) = e^{x \ln x} + c.$$

$\triangle$

Beispiel 13.33. $H(x) = \int \ln(\sin \sqrt{x})(\cos \sqrt{x})\frac{1}{(2\sqrt{x})}\ dx$ mit $f(u) = \ln u$, $u(x) = \sin \sqrt{x}$ und $u'(x) = (\cos \sqrt{x})\frac{1}{(2\sqrt{x})}$. Aus Beispiel 13.24 kennen wir eine Stammfunktion von ln: $F(u) = u(\ln u - 1)$ und finden so

$$H(x) = \sin \sqrt{x}(\ln(\sin \sqrt{x}) - 1) + c.$$

$\triangle$

Bemerkung 13.34. Im letzten Beispiel haben wir es eigentlich mit einer "doppelten" Substitutionsregel mit folgender Struktur zu tun:

$$\int f(g(h(x)))g'(h(x))h'(x)\ dx = F(g(h(x))) + c$$

lies:

$$\int \ln(\sin\sqrt{x})(\cos\sqrt{x})\frac{1}{(2\sqrt{x})}\ dx = ...\text{usw.}$$

"Formale Substitution"

Leider gibt es viele Situationen, in denen die "Vater-Sohn-Struktur" nicht offensichtlich ist. Dennoch kann die Formel (13.22) auch hier hilfreich sein. Angenommen, es sei das Integral $\int f(x)dx$ zu bestimmen. Wir bemerken nun, dass dieses auf der linken Seite der Formel (13.22) vorkommt (das ist leichter zu erkennen, wenn die Variablenbezeichnungen x und u gegeneinander ausgetauscht werden):

$$\int f(x)\ \underline{dx} = \int f(x(u))\ \underline{x'(u)\ du}\Big|_{u=u(x)}. \qquad (13.26)$$

Wir können also statt des gesuchten Integrals selbst den Ausdruck auf der rechten Seite berechnen. Dieser sieht auf den ersten Blick recht kompliziert aus. Wenn wir jedoch den gesamten Integranden einmal mit h bezeichen, liest er sich kurz und bündig so:

$$\int f(x)\ dx = \int h(u)\ du\big|_{u=u(x)}.$$

Statt des "blauen" Integrals links können wir also auch das "rote" Integral rechts berechnen, was dann ein großer Vorteil ist, wenn das rote Integral wesentlich einfacher bestimmt werden kann als das blaue. (Das rote Integral ist nun allerdings eine Funktion von u (und nicht von x), deswegen besagt der grau gedruckte Teil der Formel (13.26), dass nach der Berechnung des roten Integrals die Variable u wiederum durch x ausgedrückt werden muss.)

Die Formel (13.26) zeigt auch die vier Schritte, in denen wir vorzugehen haben: Wir müssen

(1) die Integrationsvariable x möglichst geschickt als Funktion $x = x(u)$ von u darstellen,

(2) das Differential dx durch den Ausdruck $x'(u)\, du$ ersetzen,

(3) das rote Integral berechnen und

(4) schließlich die Integrationsvariable u wiederum durch x ausdrücken.

Dagegen weisen die Worte "möglichst geschickt" darauf hin, worin die Kunst im Schritt (a) besteht: Es ist eine solche Darstellung gesucht, die dafür sorgt, dass das rote Integral auch wirklich einfacher ist als das blaue. Es soll nicht verhehlt werden, dass dies mitunter Intuition und einiges Probieren erfordert, bei dem nicht jeder Versuch den gewünschten Erfolg haben wird. Ausgiebige Übung kann hier Erstaunliches bewirken. (So beruhen die Erfolge des Ingenieurwesens bis Mitte des 20. Jahrhunderts nicht zuletzt auf den faszinierenden Fähigkeiten vieler Ingenieure, selbst kniffligste Integrale "zu knacken". Im Rahmen dieses Textes werden wir mit einigen wenigen, nachfolgend dargestellten Beispielen auskommen.) Der Schritt (2) ist hierbei einfach und fast routinemäßig zu erledigen.

Beispiel 13.35. Gesucht sei das Integral $I(x) := \int e^{\sqrt{x}}\, dx$. Hier stört uns die komplizierte Form des Integranden, genauer: der Wurzelausdruck im Exponenten. Einfacher wäre z.B. ein Integral der Bauart e^u. Wir gelangen dahin, indem wir setzen $x(u) := u^2$, wobei wir annehmen $u \geq 0$. Es folgt dann nämlich zunächst

$$I(x) = \int e^{\sqrt{x(u)}}\, dx = \int e^u\, dx.$$

Hiermit ist an sich noch nicht viel gewonnen, denn das Argument des Integranden ist u. Statt nach dx würden wir lieber nach dem Differential du integrieren. Aus (13.26) folgt nun

$$I(x) = \int e^{\sqrt{x(u)}}\, \underline{dx} = \int e^{\sqrt{x(u)}} \underline{x'(u)\, du}\big|_{u=u(x)}.$$

Wir haben

$$x = x(u) = u^2 \tag{13.27}$$

also

$$\underline{dx} = x'(u)\, du = \underline{2u\, du}.$$

Aus (13.27) folgt weiterhin

$$u = u(x) = \sqrt{x}. \tag{13.28}$$

Wir finden

$$I(x) = \int e^{\sqrt{x(u)}} \, \underline{dx} = \int e^u \underline{2u \, du}.|_{u=\sqrt{x}}$$

Statt des kniffligen Ausgangsintegrals (links) können wir nun das folgende Hilfsintegral (rechts)bestimmen:

$$H(u) := \int e^u 2u \, du,$$

welches – bis auf den Faktor 2 – bereits im Beispiel 13.25 bestimmt wurde:

$$H(u) = 2e^u(u-1) + c.$$

Es bleibt nun nur noch, u wieder durch x auszudrücken: Gemäß (13.28) haben wir: $u = u(x) = \sqrt{x}$, also folgt

$$I(x) = \int e^{\sqrt{x(u)}} \, dx = |2e^u(u-1) + c|_{u=\sqrt{x}}$$

also

$$I(x) = 2e^{\sqrt{x}}(\sqrt{x} - 1) + c.$$

(Dem aufmerksamen Leser wird in jedem Fall eine Probe empfohlen.)   △

Beispiel 13.36. Gesucht ist $J(x) := \int e^x \cos(e^x) \, dx$. Der hierbei am meisten störende Term ist $\cos(e^x)$; einfacher wäre z.B."$\cos u$". Setzen wir also probeweise die Gleichung $e^x = u$ (mit $u > 0$) an, finden wir $x = \ln u$ und daher $dx = x'(u)du = \frac{1}{u}du$. Folglich wird

$$I(x) = \int e^x \cos(e^x) \, dx = \int u(\cos u)\frac{1}{u} \, du|_{u=e^x}$$
$$= \int \cos u \, du|_{u=e^x}$$
$$= [\sin u + c]|_{u=e^x}$$
$$= \sin e^x + c.$$

△

Beispiel 13.37. Wir bestimmen das (nur für $|x| \leq 1$) sinnvolle Integral

$$K(x) := \int \frac{1}{\sqrt{1-x^2}} \, dx.$$

Diesmal ist die gesuchte Substitution keinesfalls naheliegend: Nach einigem Probieren erweist sich der Ansatz $x = \sin u$ (für $-\frac{\pi}{2} \leq u \leq \frac{\pi}{2}$) als sinnvoll. (Es wird dann $u = \arcsin x$.) Wir finden hier

$$\underline{dx = \cos u \, du}$$

und somit

$$K(x) = \int \frac{1}{\sqrt{(1 - \sin^2 u)}} \cos u \ du\Big|_{u=\arcsin(x)}.$$

Warum ist dieses Integral einfacher? Wir erinnern an das bekannte Additions-theorem für Winkelfunktionen $\sin^2 u + \cos^2 u = 1$. Damit können wir schreiben

$$K(x) = \int \frac{1}{\sqrt{\cos^2 u}} \cos u \ du\Big|_{u=\arcsin(x)}.$$

Da wir nur Werte u in $[-\frac{\pi}{2}, \frac{\pi}{2}]$ zu berücksichtigen haben, für die $\cos u \geq 0$ gilt, folgt $\sqrt{\cos^2 u} = \cos u$ und daher

$$K(x) = \int \frac{1}{\cos u} \cos u \ du\Big|_{u=\arcsin(x)}$$
$$= [u + c]_{u=\arcsin(x)}$$
$$= \arcsin x + c.$$

$\triangle$

13.4 Aufgaben

Aufgabe 13.38. Bestimmen Sie die folgenden unbestimmten Integrale:

a) $\int x e^{3x-2} \ dx$ b) $\int \frac{\ln^3 x}{x} \ dx$ c) $\int \frac{(2-x)^2}{\sqrt{x}} \ dx$

d) $\int \frac{3x^2 - 4x + 1}{x^3 - 2x^2 + x + 1} \ dx$ e) $\int \sqrt[3]{x} \ln x \ dx$ f) $\int f'(g(x)) g'(x) \ dx$

Aufgabe 13.39. Bestimmen Sie die folgenden bestimmten Integrale:

a) $\int_0^1 (x^2 - \sqrt{x}) \ dx$ b) $\int_1^2 \left(x - \frac{1}{x}\right)^2 \ dx$ c) $\int_2^3 \frac{x}{(\sqrt{x^2 - 4})^3} \ dx$

d) $\int_{-1}^1 \sqrt{x - 1} \ln(x + 1) \ dx$

Aufgabe 13.40. Man berechne das bestimmte Integral der Funktion

$$y = \frac{24}{1 - x^2} \quad \text{im Intervall} \quad 3 \leq x \leq 7.$$

Aufgabe 13.41. Berechnen Sie für die folgenden Funktionen die Fläche zwischen dem Graphen und der x-Achse im jeweils angegebenen Intervall

(a) $y = 4x e^{x^2}$ zwischen $-1 \leq x \leq 1$

(b) $y = x^3 - x$ zwischen $-2 \leq x \leq 2$

(c) $y = \frac{1}{1+x^2}$ zwischen $0 \leq x \leq 4$

Aufgabe 13.42. Man berechne die Fläche, die von der Kurve $y = x^3$ und der Geraden $y = x$ eingeschlossen wird.

Aufgabe 13.43. Gegeben ist die Funktion $f(x) = 20xe^{2x^2}$.

(a) Man bestimme *alle* Stammfunktionen.

(b) Wie groß ist die Fläche zwischen der gegebenen Funktion f und der Geraden $y = -x$ im Intervall $0 \leq x \leq 1$?

Aufgabe 13.44 ($\nearrow$L)**.** Bestimmen Sie:

a) $\int_0^1 \left(x^2 - \sqrt{x} \right) dx$

b) $\int xe^{2x-5} \, dx$

c) $\int \frac{\ln^2 x}{x} \, dx$

d) $\int_1^2 \left(x - \frac{1}{x} \right)^2 dx$

e) $\int f'(g(x))g'(x) \, dx$

Aufgabe 13.45. Berechnen Sie die Flächen *zwischen* den beiden Kurven

$$y = \sqrt{4x - 4} \quad \text{und} \quad y = 2x - 2 \qquad (x \geq 0).$$

14

Reelle Funktionen in der Ökonomie

14.1 Wünschenswerte Eigenschaften ökonomischer Funktionen

14.1.1 Vorbemerkung

In diesem Abschnitt wollen wir der Frage nachgehen, in Gestalt welcher mathematischen Eigenschaften sich ökonomische Anforderungen an Produktions-, Kosten- und andere Funktionen widerspiegeln. Dabei ist es grundsätzlich Angelegenheit des Anwenders – also des bzw. der Ökonomen –, zu entscheiden, über welche ökonomischen Eigenschaften solche Funktionen verfügen sollen. Wir leisten hier lediglich Hilfe bei der "Übersetzung" der ökonomischen in mathematische Eigenschaften (und zurück). Einmal in die Sprache der Mathematik übersetzt, können ökonomische Funktionen mathematisch untersucht und daraus weitergehende Schlüsse gezogen werden.

Die Auffassungen darüber, welches die maßgebenden Eigenschaften dieser oder jener Klasse von Funktionen sein sollen, sind allerdings selbst in der ökonomischen Literatur nicht einheitlich und variieren beispielsweise in Abhängigkeit vom gewählten Betrachtungsrahmen. Um nun das Zusammenspiel von Mathematik und Ökonomie wenigstens beispielhaft umreißen zu können, schlagen wir dem Leser vor, über einige der von uns für wesentlich gehaltenen Eigenschaften gewissermaßen *Verabredungen* zu treffen, auf die wir uns im folgenden Text beziehen wollen.

Das Ziel der folgenden Unterabschnitte ist es, diese Verabredungen zu motivieren, möglichst allgemein zu formulieren und in einer tabellarischen Übersicht zusammenzustellen. (Wenn dann im weiteren z.B. von einer "neoklassischen Produktionsfunktion" die Rede ist, wird klar sein, über welche mathematischen Eigenschaften diese – vereinbarungsgemäß – verfügt.) Weiterhin geben wir zu jeder ökonomischen Funktionenklasse einige konkrete "mathematische Beispiele" an.

Im Interesse der Kürze und Übersichtlichkeit belassen wir es dabei, diese Beispiele zu *benennen*; der Leser sollte sich jedoch davon überzeugen, dass sie tatsächlich zu den jeweiligen Verabredungen passen. Als Hilfestellung demonstrieren wir die Vorgehensweise im Unterabschnitt "Beispiele für Eignungsprüfungen".

Eine technische Anmerkung: Um ein möglichst umfassendes Bild einzelner Klassen ökonomischer Funktionen zu gewinnen, werden unseren Verabredungen jeweils größtmögliche Definitionsbereiche zugrundegelegt. (Oft wird es sich um Intervalle der Form $[0, \infty)$, $(0, \infty)$, $[0, a]$, $[0, a)$ oder $(0, a)$ mit $0 < a < \infty$ handeln, die wir im weiteren als *Standardintervalle* bezeichnen werden.) Gleichzeitig wird angestrebt, die den Funktionen auferlegten Bedingungen möglichst allgemein zu halten.

14.1.2 Produktionsfunktionen

Eine Produktionsfunktion $p : [0, \infty) \to \mathbb{R}$ kann naturgemäß nur nichtnegative Werte annehmen. Oft – aber nicht immer – wird angenommen, dass ein *höherer Faktoreinsatz zu höherem Output* führt; mathematisch als Wachstum von p zu interpretieren. Weiterhin wird überwiegend davon ausgegangen, dass *ohne Faktoreinsatz* kein Output zu erzielen ist. *Neoklassische* Ansätze schließlich nehmen strenges Wachstum und eine *mit zunehmender Ausbringung sinkende Grenzproduktivität* an. In leichter Verallgemeinerung der letzten Forderung gelangen wir zu folgender

Verabredung 14.1. $p : [0, \infty) \longrightarrow \mathbb{R}$ *wird als* Produktionsfunktion *bezeichnet, wenn p wachsend ist und $p(0) = 0$ gilt. p heißt* neoklassische *Produktionsfunktion, wenn p zudem strikt konkav ist.*

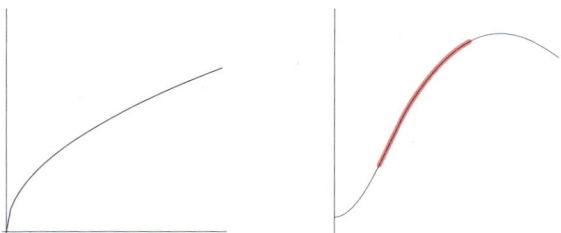

Das Bild links zeigt eine neoklassische Produktionsfunktion.

Nicht unter unsere Verabredung fallen die sogenannten *ertragsgesetzlichen* Produktionsfunktionen, wie z.B. im rechten Bild dargestellt. Ein typischer Anwendungsfall für eine derartige Produktionsfunktion könnte der Ernteertrag $p(x)$ eines Getreidefeldes in Abhängigkeit von der eingesetzten Menge x eines Mineraldüngers sein (dabei werden alle anderen den Ertrag beeinflussenden Faktoren wie Arbeitseinsatz, Düngung, Bewässerung etc. als konstant angesehen und daher außer Acht gelassen.)

Man wird nun auch ohne jede Düngung einen (kleinen) Ertrag erzielen, also gilt $p(0) > 0$. Darüber hinaus führt Überdüngung in der Regel nicht zu weiteren Ertragssteigerungen, sondern eher zu einem Abfall, denkbar bis zum (Total-) Verlust. Es ist jedoch klar, dass in ökonomischem Kontext eigentlich nur ein kleiner Teil der Kurve von Interesse ist, etwa der im Bild rot hervorgehobene. Dieser widerspricht unserer Verabredung *nicht*.

Beispiel 14.2. Die folgenden Berechnungsvorschriften definieren Produktionsfunktionen ($x \geq 0$):

$p_1(x) := 3\sqrt{x}$

$p_2(x) := 2\ln(1 + x)$

$p_3(x) := x + 1 - e^{-x^2}$

$p_4(x) := \min\{2, \max\{0, x - 1\}\}$

$p_5(x) := \begin{cases} 0 & x < 2,2 \\ \sqrt{x - 2} & x \geq 2,2; \end{cases}$

(die Graphen sind im Bild rechts dargestellt).

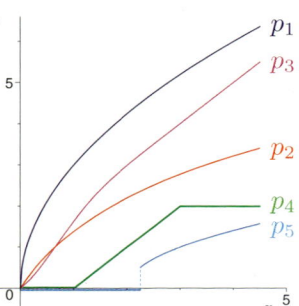

Die Produktionsfunktionen p_1 und p_2 sind neoklassisch, die übrigen nicht; p_4 und p_5 können als stückweise linear bezeichnet werden. Wir lassen zu, dass eine Produktionsfunktion nicht (überall) streng wächst; z.B. erlischt das Wachstum von p_4 für $x \geq 3$. (Ursache könnte eine Kapazitätsbeschränkung sein.) Ebenso wird nicht gefordert, dass eine Produktionsfunktion stetig sein müsse (bei p_5 "springt" die Produktion erst ab einem Mindestinput von $x = 2,2$ an, was z.B. in der Natur chemischer Reaktionen liegen könnte).   △

Wir regen den Leser an, sich nicht allein anhand der Graphik davon überzeugen zu lassen, dass es sich bei unseren Beispielen um Produktionsfunktionen handelt, sondern dies vielmehr auch rechnerisch nachzuprüfen. Dazu ist für jede der Funktionen p_i nachzuweisen, dass $p_i(0) = 0$ gilt und dass p_i wachsend ist. Wie letzteres zu tun ist, haben wir im Kapitel "Monotone Funktionen" eingehend besprochen. Beispielhafte Prüfungen dieser Art folgen im Unterabschnitt 14.1.11.

14.1.3   Kostenfunktionen

Eine Kostenfunktion K soll bekanntlich die gesamten Kosten $K(x)$ abbilden, die bei der Produktion von x Mengeneinheiten eines Gutes X entstehen. Das Wort "gesamten" kann dabei durchaus auf einen bestimmten Zeitraum, auf eine bestimmte Region, einen Unternehmensteil o.ä. bezogen werden, was hier aber nicht von Interesse ist. Klar ist, dass Kosten positiv oder günstigstenfalls gleich Null sind. Weiterhin wird man annehmen dürfen, dass ein echt größerer Output auch nur mit einem echt größeren Aufwand erzielbar ist. Wir treffen also folgende

Verabredung 14.3. *Eine Funktion* $K : [0, \infty) \longrightarrow \mathbb{R}$ *heißt* Kostenfunktion, *wenn sie nichtnegativ und streng monoton wachsend ist.*

Bemerkung 14.4. Eine Funktion $K : [0, \infty) \longrightarrow \mathbb{R}$ ist genau dann eine Kostenfunktion, wenn sie streng wachsend ist und $K(0) \geq 0$ gilt.

(Statt der Bedingung "K ist nichtnegativ" – d.h. $K(x) \geq 0$ für *alle* $x \geq 0$ – brauchen wir so nur Nichtnegativität an der Stelle $x = 0$ zu prüfen. Letzteres besagt wegen $K(0) = K_F$ lediglich, dass die Fixkosten (selbstverständlich!) nichtnegativ sind.)

Unter den Kostenfunktionen spielen drei Arten eine herausragende Rolle (siehe nachfolgende Skizzen):

Verabredung 14.5. *Eine Kostenfunktion* $K : [0, \infty) \longrightarrow \mathbb{R}$ *heißt*

- neoklassisch, *wenn sie strikt konvex ist (Bild links)*
- ertragsgesetzlich, *wenn es eine Konstante* $a > 0$ *derart gibt, dass* K *auf* $[0, a]$ *strikt konkav und auf* $[a, \infty)$ *strikt konvex ist (Bild rechts)*
- linear, *wenn sie im üblichen Sinne affin ist (Bild Mitte).*

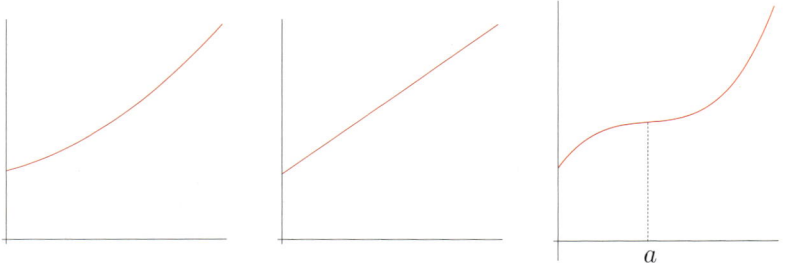

Charakteristisch für eine ertragsgesetzliche Kostenfunktion ist der zu beobachtende Krümmungswechsel von konkav zu konvex, der am Punkt a erfolgt; es handelt sich dabei um den *Wendepunkt* von K. Die Intervalle $[0, a]$ bzw. $[a, \infty)$ bilden den *Konkavitäts-* bzw. *Konvexitätsbereich* von K.

Neoklassische Kostenfunktionen kann man sich als Grenzfälle ertragsgesetzlicher mit dem "Wendepunkt ≤ 0" vorstellen. Würde man z.B. den Graphen der ertragsgesetzlichen Kostenfunktion (rechts) um den Betrag a nach links verschieben, bliebe im ersten Quadranten nur sein konvexer Zweig erhalten. Das Resultat: Der Graph einer neoklassischen Kostenfunktion! Diese hat den auf die Länge Null zusammengeschrumpften "Konkavitätsbereich" $[0, a]$ und den Konvexitätsbereich $[a, \infty)$ mit $a = 0$. Diese Vorstellung erlaubt gelegentlich, beide Funktionenklassen unter einheitlichen Gesichtspunkten zu sehen.

Wir geben einige Beispiele an. Diese sind als Übungsaufgaben gedacht; die Aufgabe der LeserIn besteht darin, die getroffenen Aussagen zu überprüfen. Dabei hat man sich zu vergewissern, dass die in unseren Vereinbarungen aufgeführten Bedingungen (nichtnegativ, streng monoton wachsend etc.) erfüllt sind.

Beispiel 14.6. Die Funktion

$$I(x) := \frac{x}{2} + \frac{1}{2}, \quad x \geq 0,$$

ist eine lineare Kostenfunktion. Sie ist weder neoklassisch noch ertragsgesetzlich. △

Beispiel 14.7 (↗Ü, ↗L)**.** Durch die Festlegung $J(x) := x^2 + 2x + 25$, $x \geq 0$, wird auf $[0, \infty)$ eine neoklassische Kostenfunktion definiert. △

Beispiel 14.8 (↗Ü, ↗L)**.** Die durch $K(x) = 3x^3 - 30x^2 + 106x + 216$, $x \geq 0$, definierte Funktion ist eine ertragsgesetzliche Kostenfunktion. △

Beispiel 14.9 (↗Ü, ↗L)**.** Durch $L(x) := \sqrt{x} + \sqrt{x^3}$, $x \geq 0$, wird ebenfalls eine ertragsgesetzliche Kostenfunktion definiert.
(*Anmerkung*: Ein geläufiges Missverständnis unterstellt, jede Stückkostenfunktion sei konvex. Hier ist ein Gegenbeispiel: Die zu L gehörige Stückkostenfunktion ist *nicht* konvex. (Auch dies gilt es zu überprüfen!)) △

Beispiel 14.10 (↗Ü, ↗L)**.** Die durch $M(x) := x + e^{-x^2}$, $x \geq 0$, definierte Kostenfunktion ist ertragsgesetzlich.
(*Hinweis*: Um sich zunächst zu vergewissern, dass die Funktion M überhaupt eine Kostenfunktion ist, genügt es in diesem Fall nachzuweisen, dass ihre Ableitung positiv ist. Dies kann geschehen, indem man die Ableitung von M auf Extremwerte untersucht.) △

Beispiel 14.11 (↗Ü)**.** Durch $N(x) := \sqrt{x}$ wird eine Kostenfunktion definiert, die weder neoklassisch noch ertragsgesetzlich ist. △

14.1.4 Nachfragefunktionen

Eine Nachfragefunktion $N : p \to N(p)$, die dem Preis p eines Gutes [in GE/ME] die auf einem Markt zu beobachtende Nachfrage $N(p)$ [in ME] zuordnet, kann naturgemäß keine negativen Werte annehmen. Soweit es sich um ein "normales" Gut handelt, wird die Nachfrage bei einer Steigerung des Preises zurückgehen, zumindest jedoch nicht anwachsen. (Dies trifft nicht auf die sogenannten inferioren oder GIFFEN-Güter zu, die wir hier als "anormale" Güter ausklammern.) Der stets nichtnegative Preis selbst kann – zumindest im Prinzip – kontinuierlich variieren.

Vereinbarung 14.12. *Wir bezeichnen eine auf einem Standardintervall D definierte reelle Funktion N als* Nachfragefunktion, *wenn sie nichtnegativ und monoton fallend ist.*

Beispiele 14.13. für Nachfragefunktionen:

1) $N_1(p) = \frac{1}{p}, p \in (0, \infty)$

2) $N_2(p) = 3e^{-p^2}, p \in [0, \infty)$

3) $N_3(p) = \begin{cases} 2 - \frac{p}{2} & p \in [0, 4] \\ 0 & p \in (4, \infty) \end{cases}$

4) $N_4(p) = \begin{cases} 4 - p^2 & p \in [0, 2] \\ 0 & p > 2 \end{cases}$

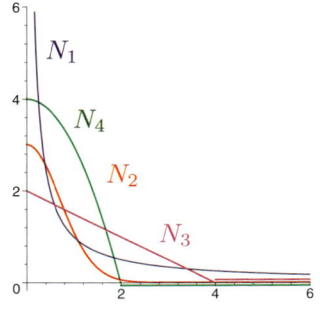

Wir sehen, dass im Falle der Funktion N_1 die Nachfrage beliebig groß wird, wenn der Preis beliebig klein wird, und umgekehrt. Bei der Funktion N_2 steigt die Nachfrage niemals über den Wert 3, wir bezeichnen diesen als *Maximalnachfrage* N_{max}. Dagegen gibt es bei den Funktionen N_3 und N_4 mit $p = 4$ bzw. $p = 2$ eine Obergrenze aller Preise, zu denen noch nachgefragt wird; wir nennen diese den *Maximalpreis* p_{max}. (Man spricht davon, dass bei diesem Preis "die Nachfrage erlischt".)   △

Nichtbeispiele 14.14. im Sinne unserer Vereinbarung sind

a) $N_5(p) = (p+1)(3-p), p \in [0, 3]$ (diese Funktion ist nicht monoton fallend)

b) $N_6(p) = 2 - p/2, p \geq 0$ (diese Funktion kann negative Werte annehmen).
△

Es ist leicht, weitere Eigenschaften zu benennen, die für Nachfragefunktionen wünschenswert sein könnten. So besitzt offensichtlich jede unserer Beispielfunktionen $N \in \{N_1, ..., N_4\}$ folgende zusätzlichen Eigenschaften:

(1) N ist stetig,

(2) N ist auf $\{N > 0\}$ streng monoton fallend,

(3) $\inf N = 0$.

Die erste besagt, dass kontiniuierliche Preisänderungen durch kontinuierliche Nachfrageänderungen beantwortet werden; die zweite, dass die Nachfrage bei echten Preissteigerungen echt kleiner wird, sofern sie nicht ohnehin schon auf Null gesunken ist. Die dritte Eigenschaft ist ebenfalls plausibel: Sie drückt aus, dass die Nachfrage bei hinreichend hohen Preisen beliebig klein wird.

Das folgende Bild zeigt in Blau eine Nachfragekurve, wie sie für volkswirtschaftliche Texte typisch ist. (Wir sehen, dass die Eigenschaft (3) fehlt – hier wohl deshalb, weil die Grafik nur einen Auszug der Realität wiedergibt. Man kann sich jedoch z.B. auch Güter vorstellen, die überlebenswichtig sind – die Nachfrage (als Bedarf aufgefasst) würde niemals auf Null sinken).

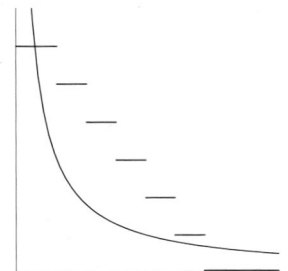

– In Rot wird dargestellt, wie die Nachfragefunktion für ein Stückgut, welches
nur in kleinen Mengen handelbar ist,
aussehen könnte – sie ist weder stetig
noch streng monoton.

Ein Wort zur Verwendung des Wortes "Nachfragefunktion": Bei der Motivation
unserer Vereinbarung haben wir das *Argument als Preis p* und den zugehörigen *Funktionswert* $x = x(p)$ als nachgefragte Gütermenge interpretiert. Davon
ausgehend haben wir wünschenswerte Eigenschaften einer Nachfragefunktion
formuliert. In der Ökonomie wird diese Zuordnung nicht selten umgekehrt: die
nachgefragte Menge x wird als Ausgangsgröße, der für diese Menge zutreffende
Preis p als Funktionswert $p = p(x)$ dargestellt. Interessant ist nun Folgendes:
Wenn eine solche Zuordnung möglich ist, verfügt die Funktion $x \rightarrow p(x)$ über
dieselben wünschenswerten Eigenschaften, wie wir sie bei umgekehrter Zuordnung hätten. Wir halten daher fest:

- Unser Begriff "Nachfragefunktion" kann auf zwei unterschiedliche Weisen interpretiert werden.

- Unsere *Vorzugsinterpretation* wird sein: Argument $\cong$ Preis, Funktionswert $\cong$ Menge. (Wir sprechen auch von einer Nachfragefunktion als
  Funktion des Preises bzw. von einer *Nachfrage-Preis-Funktion*.)

- Falls diese ausnahmsweise nicht gemeint ist, zeigen wir das im Kontext
  an. (Dann sprechen wir auch von einer Nachfragefunktion als *Funktion
  der Menge* bzw. von einer *Preis-Nachfrage-Funktion*.)
  Wenn davon ausgegangen werden kann, dass die nachgefragte Menge
  tatsächlich gehandelt wird, werden wir statt "Nachfrage" auch "Absatz"
  sagen.

Ist eine Nachfragefunktion N mit festgelegter Interpretation gegeben – z.B.
als Funktion des Preises –, entsteht oft der Wunsch, den gegebenen Zusammenhang umzukehren, also z.B. den Preis in Abhängigkeit von der Menge
darzustellen. Eine solche funktionale Darstellung ist möglich, wenn die Funktion N umkehrbar ist; sie wird dann durch die Umkehrfunktion N^{-1} vermittelt. Wenn die Funktion N nicht umkehrbar ist, existiert immerhin noch die
Umkehr*relation* N^{-1}; wir sprechen dann von einer Preis-Nachfrage-*Relation*.

Unser Bild rechts verdeutlicht diese Situation: Unsere Nachfrage-Preis-Funktion $N := N_4$ wird in blaßblauer Farbe dargestellt; die Umkehrrelation N^{-1} in Rot – dies ist *keine Funktion* im mathematischen Sinne, weil der Nachfrage Null unendlich viele Preise zuzuordnen wären.

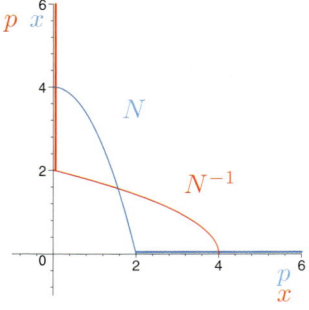

Schränken wir die Ausgangsfunktion N hingegen auf das Intervall $[0,2]$ ein, wird sie umkehrbar. Graph der Umkehrfunktion (nennen wir sie kurz P) ist dann die rote Kurve im unteren Teil des Bildes (ohne die darüber stehende senkrechte rote Linie). Ihre Berechnungsvorschrift erhalten wir, indem wir diejenige von N für $p \leq 2$ nach p auflösen:

$$x = N(p) = 4 - p^2, \quad p \in [0,2] \iff p = P(x) = \sqrt{4-x}, \quad x \in [0,4].$$

Beispiel 14.15 ($\nearrow$Ü, $\nearrow$L)**.** Man stelle für jede der nachfolgenden Funktionen fest, ob sie als Nachfragefunktion interpretiert werden kann. Falls ja, stelle man fest, ob es einen Maximalpreis bzw. eine Maximalnachfrage gibt, über welche der zusätzlichen Eigenschaften $(1) - (3)$ sie verfügt und ob ihre Umkehrrelation zugleich eine Umkehr*funktion* ist:

a) $x \to \cos x, x \in [0, 2\pi]$

b) $\lambda \to \cos \lambda, \lambda \in [0, \frac{\pi}{2}]$

c) $p \to [\frac{1}{p}], p \in (0, \infty)$

d) $u \to \frac{23}{2u+3} - 1, u \in [0, 10]$

e) $x \to \begin{cases} 4 - x & x \in [0,2] \\ 2 & x \in (2,4] \\ 6 - x & x \in (4,6] \\ 1 & x > 6. \end{cases}$

$\triangle$

14.1.5   Angebotsfunktionen

Eine Angebotsfunktion $A : p \to A(p)$ ordnet dem Marktpreis p eines Gutes [in GE/ME] ein mengenmäßiges Angebot $A(p)$ [in ME] an diesem Gut zu. Je nach Kontext kann dieses Angebot die Reaktion eines einzelnen Unternehmens auf den gegebenen Marktpreis oder aber das aggregierte Angebot aller am Markt tätigen Unternehmen widerspiegeln. Dieses Angebot ist von Natur aus nichtnegativ, verschwindet beim Preis Null und wird bei steigendem Preis tendenziell steigen.

Vereinbarung 14.16. *Wir bezeichnen eine auf $[0, \infty)$ definierte reelle Funktion A als* Angebotsfunktion, *wenn sie nichtnegativ und monoton wachsend ist.*

Beispiele 14.17. für Angebotsfunktionen:

1) $A_1(p) = \sqrt{p}, p \in D = [0, \infty)$

2) $A_2(p) = \begin{cases} \sqrt{p - 4} & p \in (4, \infty) \\ 0 & p \in [0, 4] \end{cases}$

3) $A_3(p) = \begin{cases} 0 & p \in [0, 4] \\ \frac{p}{2} - 1 & p \in (4, 10] \\ 4 & p \in (10, \infty) \end{cases}$

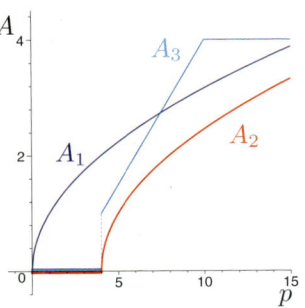

Die Graphen dieser Funktionen sind im Bild rechts dargestellt. Wir sehen, dass im Falle der Funktion A_1 das Angebot bei beliebig kleinem Preis einsetzt und mit wachsendem Preis beliebig groß wird. Bei der Funktion A_2 dagegen setzt erst ab Preisen größer als $p = 4$ ein echtes Angebot ein; wir bezeichnen diesen Preis als Minimalpreis $p_{\min}$ und definieren ihn allgemein durch $p_{\min} := \inf\{A > 0\}$. (Ökonomische Sprechweise: Das Angebot "erlischt beim Preis $p_{\min}$".) Überdies gibt es bei der Funktion A_3 ein Maximalangebot $A_{\max} := \max A$, welches selbst bei höheren Preisen nicht mehr überschritten wird.   △

Nichtbeispiele 14.18. im Sinne unserer Vereinbarung sind

a) $A_4(p) = (p + 1)(p - 3), p \in [0, \infty)$ (diese Funktion ist nicht wachsend)
b) $A_5(p) = \frac{p}{2} - 2, p \geq 0$ (diese Funktion kann negative Werte annehmen). △

Auch im Falle von Angebotsfunktionen ist es leicht, weitere wünschenswerte Eigenschaften zu benennen. Wir erwähnen nur die folgenden beiden:

(1) A ist stetig auf $\{A > 0\}$,

(2) A ist auf $\{0 < A < \sup A\}$ *streng* monoton wachsend.

Die erste Eigenschaft drückt aus, dass sich das Angebot kontinuierlich verändert, solange es positiv ist (ein sprunghafter Wechsel kann also nur vom Angebot 0 hin zu einem positiven Angebot erfolgen). Die zweite: Sobald ein echtes Angebot eingesetzt hat, wächst dies mit jedem Preisanstieg echt an, solange das Maximalangebot noch nicht erreicht ist. Bei unseren drei Beispielen sind diese Eigenschaften gegeben; können in anderen Beispielen jedoch auch fehlen.

Für die Darstellungsweise von Angebotsfunktionen gilt das für Nachfragefunktionen Gesagte sinngemäß. Unsere Vorzugsinterpretation wird also sein: Argument $\cong$ Preis, Funktionswert $\cong$ Menge; wir werden auch von einer *Angebots-Preis-Funktion* sprechen. Auf die umgekehrte Interpretation wird im

Kontext hingewiesen, z.B. indem von einer *Preis-Angebots-Funktion* gesprochen wird. (Statt von "Angebot" werden wir auch von "Absatz" sprechen, wenn davon auszugehen ist, dass die angebotene Menge auch abgesetzt wird.)

14.1.6 Nutzenfunktionen

Bei einer Nutzenfunktion $u : x \to u(x)$ repräsentiert das Argument x eine konkrete Menge an einem Gut X, die sich im Besitz eines ökonomischen Subjektes – nennen wir es "Haushalt" – befindet oder befinden könnte, und der Funktionswert $u(x)$ den subjektiven Nutzen, den der Haushalt diesem Besitz beimisst. Da in allen ökonomisch einigermaßen interessanten Situationen der Grundsatz "mehr ist besser" gelten dürfte, wird der Besitz von "mehr" höher einzuschätzen sein als von "weniger". Oft, aber nicht immer wird zusätzlich verlangt, dass das erste Gossensche Gesetz[1] gelte:

Der Zusatznutzen aus dem Besitz einer weiteren (marginalen) Einheit des Gutes nimmt mit wachsendem Ausgangsbesitz ab.

Je nachdem, ob dieses Gesetz berücksichtigt wird oder nicht, sind zwei verschiedene Nutzenfunktions-Begriffe denkbar:

Vereinbarung 14.19. *Eine auf $[0, \infty)$ oder $(0, \infty)$ definierte reelle Funktion u heißt*

- ordinale Nutzenfunktion,*wenn sie stetig und streng monoton wachsend ist,*

- (kardinale) Nutzenfunktion, *wenn sie stetig, streng monoton wachsend und konkav ist.*

Wir benutzen die Attribute "ordinal" und "kardinal" hier zunächst nur als Unterscheidungsmerkmal; ihre Bedeutung wird sich besser erschließen, wenn das Konzept der Nutzenfunktion von einem einzelnen Gut auf Güterbündel übertragen wird. Auch die Forderung nach Stetigkeit wird dort plausibler. – Jede kardinale Nutzenfunktion ist auch eine ordinale Nutzenfunktion, aber nicht umgekehrt. Für "(kardinale) Nutzenfunktion" werden wir abkürzend schreiben "Nutzenfunktion".

(Die hier vereinbarte Bedeutung der Attribute "ordinal" und "kardinal" sollte übrigens nicht mit der in der Statistik üblichen verwechselt werden.)

---

[1]Oft wird vereinfachend von "abnehmendem Grenznutzen" gesprochen, was das Gesetz auf differenzierbare Nutzenfunktionen einschränkt.

Beispiele 14.20. für kardinale Nutzenfunktionen:

1) $u_1(x) := \ln x, x > 0$

2) $u_2(\alpha) := \sqrt{\alpha} + 1, \alpha \geq 0$

3) $u_3(y) := 3y, y \geq 0$

4) $u_4(z) := \min(z + 1, 2z - 1), z \geq 0$

5) $u_5(h) := 1 - \frac{1}{1+h^2}, h \geq 0$

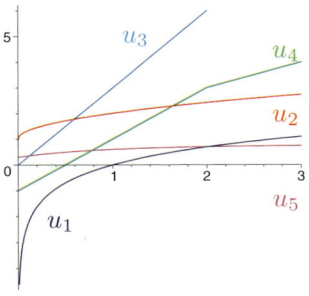

$\triangle$

Die Beispiele zeigen auch, welche Eigenschaften eine Nutzenfunktion *nicht* zwingend besitzen muss: Sie braucht weder nichtnegativ (u_1, u_4), noch strikt konkav (u_3, u_4), noch differenzierbar (u_4) zu sein. Der Nutzen des "Besitzes Null" braucht nicht definiert (u_1) oder wenn doch, nicht Null zu sein (u_2, u_4) (er muss lediglich kleiner sein als der Nutzen aus dem Besitz jedweder von Null verschiedenen Menge).

Nichtbeispiele 14.21. Keine kardinalen Nutzenfunktionen sind

6) $u_6(x) := \min(x, 1), x \geq 0$ (es liegt keine strenge Monotonie vor);

7) $u_7(y) := e^y, y \geq 0$ (diese Funktion ist nicht konkav);

8) $u_8(w) := \begin{cases} \sqrt{w} & w \in [0, 4] \\ w & w > 4 \end{cases}$ (hier liegt eine Unstetigkeit an der Stelle $w = 4$ vor).

(Man beachte, dass u_7 immerhin noch als ordinale Nutzenfunktion angesehen werden kann, während das für u_6 und u_8 nicht zutrifft.) $\triangle$

14.1.7 Spar- und Konsumfunktionen

Eine *Konsumfunktion* $C : Y \to C(Y)$ ordnet dem Einkommen Y eines Haushaltes (oder einer gesamten Volkswirtschaft) die Ausgaben $C(Y)$ zu, die für Konsumzwecke verwendet werden. Die Differenz $Y - C(Y) =: S(Y)$ wird oft als ersparter Einkommensanteil angesehen, und die Abbildung $Y \to S(Y)$ kann als *Sparfunktion* bezeichnet werden. In diesem Zusammenhang sind Y und C(Y) selbstverständlich nichtnegative Größen. Eine verbreitete Hypothese über den Konsum besagt, dass *mit wachsendem (sinkendem) Einkommen der Konsum unterproportional zunimmt (abnimmt)*, anders formuliert, der Anteil des Konsums am Gesamteinkommen fällt. (Eine solche Hypothese wurde mit Blick auf die Ausgaben von Haushalten für Nahrungsmittel erstmals 1857 durch den sächsischen Statistiker Ernst Engel empirisch belegt.)

Vereinbarung 14.22. *Eine auf $D = [0, \infty)$ oder $D = (0, \infty)$ definierte reellwertige Funktion C wird als Engel- Funktion bezeichnet, wenn gilt:*

(i) *$C \geq 0$,*

(ii) *C ist monoton wachsend,*

(iii) *die Abbildung $Y \to C(Y)/Y, Y \in D\backslash\{0\}$, ist monoton fallend.*

Die Bedingungen $(i) - (iii)$ ziehen automatisch nach sich, dass jede Engel-Funktion auf $D\backslash\{0\}$ stetig ist (*-Aufgabe 14.48).

Beispiele 14.23.

1) $C_1(Y) := aY + b, y \in D$, mit $a \in (0,1)$ und $b > 0$.

2) $C_2(Y) := a\sqrt{Y}, Y \geq 0, (a > 0)$.

3) $C_3(Y) := \frac{Y}{2} + \sqrt{Y}, Y \geq 0$.

$\triangle$

In diesen einfachen Beispielen können die Bedingungen *(i)* bis *(iii)* durch Hinsehen überprüft werden.

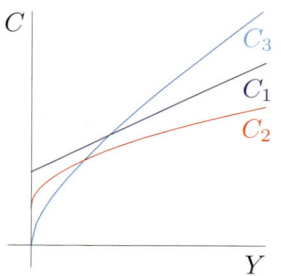

Dasselbe gilt für die folgenden

Nichtbeispiele 14.24.

a) $C_4(Y) := aY - b$, $Y \in D$ mit $0 < a < 1$ und $b < 0$ (Bedingungen *(i)* und *(iii)* sind verletzt)

b) $C_5(Y) := 2Y^2 - Y$, $Y \geq 0$ (Bedingung *(ii)* ist verletzt).

c) $C_6(Y) := \begin{cases} \sqrt{Y} & 0 \leq Y \leq 1 \\ \sqrt{Y} + \frac{Y}{2} & 1 < Y \end{cases}$ (diese Funktion ist unstetig).

$\triangle$

Wenn C differenzierbar ist, kann die Ableitung C' zur Überprüfung der Bedingungen *(i)* und *(ii)* verwendet werden.

Aufgabe 14.25 (↗L). *Man zeige: Eine auf $D = [0, \infty)$ oder $D = (0, \infty)$ definierte differenzierbare reellwertige Funktion C mit $C(x) > 0$ für $x > 0$ ist genau dann eine Engel-Funktion, wenn gilt $0 \leq \varepsilon_C \leq 1$.*

Beispiel 14.26 ($\nearrow$Ü, $\nearrow$L)**.** Folgende Funktionen sind Engel-Funktionen:

1) $C_7(Y) := \ln(e + Y), Y \geq 0,$

2) $C_8(\rho) := a(\rho + 1/(1 + \rho)), \rho \geq 0 \ (a \in (0, 1))$

3) $C_9(x) := a(x + e^{-x^2}), x \geq 0 \ (a > 0)$ $\triangle$

Beispiel 14.27 ($\nearrow$Ü, $\nearrow$L)**.** Man zeige, dass (und warum) die folgenden Funktionen keine Engel-Funktionen sind:

1) $C_{10}(\tau) := \tau \ln(3 + \tau), \tau \geq 0;$

2) $C_{11}(x) := \frac{(x^2+1)}{(x+1)}, x \geq 0;$

3) $C_{12}(u) := u^{\frac{3}{2}} - u, u > 0.$ $\triangle$

14.1.8 Isoquanten

Angenommen, ein Unternehmen produziert ein Gut Y unter Einsatz zweier Produktionsfaktoren X_1 und X_2, die partiell substituierbar sind: Verminderter Einsatz des ersten kann durch erhöhten Einsatz des zweiten Faktors ausgeglichen werden. Eine festgelegte Menge y des Gutes Y lässt sich daher durch verschiedene Kombinationen (x_1, x_2) von Faktoreinsatzmengen des ersten bzw. zweiten Faktors herstellen. Die Gesamtheit aller solchen Kombinationen lässt sich grafisch darstellen – oft als Kurve.

Eine typische Darstellung einer Schar solcher Kurven, die verschiedenen Mengen des Gutes Y entsprechen, zeigt nebenstehendes Bild. Jede derartige Kurve wird auch als *Isoquante* (der Produktion bzw. des Outputs) oder als *Iso-Produktionslinie* bezeichnet. Die Farben dieser Kurven variieren hier von Blau nach Gelb mit wachsendem Produktionsniveau. Diagramme wie dieses sind für die *Produktionstheorie* typisch.

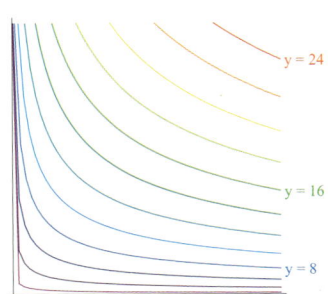

Ein analoges Bild zeigt sich auch in einem anderen, für die *Haushaltstheorie* typischen ökonomischen Zusammenhang. Nehmen wir z.B. an, ein Haushalt könne zwei bestimmte Güter X_1 und X_2 in beliebigen Mengen x_1 und x_2 besitzen und ordne jeder denkbaren Besitzkombination (x_1, x_2) als Maß der subjektiven Wertschätzung einen "Zufriedenheitsindex" y zu. Stellt man die Gesamtheit aller Besitzkombinationen (x_1, x_2), die zu ein- und derselben Zufriedenheit y führen, in einem Koordinatensystem grafisch dar, würde sich tpischerweise wiederum eine Kurve wie in unserem Bild ergeben. Die von Blau nach Gelb gefärbten Kurven entsprechen Güterbündeln mit immer höherem

Zufriedenheitsindex. Zwischen Güterbündeln, die auf ein- und derselben Kurve liegen, würde der Haushalt wertschätzungsmäßig nicht unterscheiden – er verhielte sich indifferent. In diesem Zusammenhang bezeichnet man die im Bild dargestellten Kurven als *Indifferenzkurven*.

Mit Blick auf Beispiel 2.10 im Abschnitt 2.3 sehen wir, dass Indifferenzkurven ihrer Natur nach Graphen von Relationen sind. Wenn die Güter X_1 und X_2 *substituierbar* sind (was hier unterstellt wurde), sind diese Relationen sogar *Funktionen*. Jede Kurve in unserem Bild ist daher Graph einer gewissen Funktion ϕ. Das Bild zeigt die wichtigsten Merkmale, über die eine solche Funktion ϕ verfügen sollte: Sie ist

(i) *auf einem Teilintervall von $[0, \infty)$ definiert*

(ii) *nichtnegativ*

(iii) *stetig*

(iv) *streng monoton fallend und*

(v) *konvex.*

Diese Eigenschaften sind intuitiv plausibel, lassen sich jedoch auch aus typischen Eigenschaften von Nutzenfunktionen *mehrerer* Veränderlicher ableiten. Wir belassen es hier bei ihrer Erwähnung.

Beispiele 14.28.

1) $\phi(x) := \frac{1}{x}$, $x > 0$

2) $\phi(x) := ax^{-p}$, $x > 0$, mit Konstanten $a > 0$ und $p > 0$

3) $\phi(x) := c - \frac{ax}{(x+b)}$, $x \geq 0$, $x \in [0, \frac{a}{c-b}]$, mit Konstanten $a, b, c > 0$, $\frac{a}{c} > b$

4) $\phi(x) := e^{-3x}$, $x \geq 0$,

5) $\phi(x) := b - ax$, $x \in [0, \frac{b}{a}]$, mit Konstanten $a, b > 0$ (diese Funktion ist konvex, aber nicht strikt).

$\triangle$

Nichtbeispiele 14.29.

a) $\phi(x) := e^x$, $x \geq 0$, (ϕ ist nicht fallend)

b) $\phi(x) := \frac{1}{x} - \frac{1}{2}$, $x > 0$, (ϕ kann negative Werte annehmen)

c) $\phi(x) := \sqrt{49 - x}$, $x \in [0, 7]$ (ϕ ist nicht konvex).

$\triangle$

14.1.9   Transformationskurven

Ein Unternehmen produziere zwei Güter Y_1 und Y_2. Die Gesamtheit aller Outputmengenkombinationen (y_1, y_2), die das Unternehmen bei gegebener (festgehaltener) Faktorausstattung F herstellen kann, bildet eine konvexe Teilmenge von $\mathbb{R}_+^2$ – die Produktionsmöglichkeitenmenge $\mathcal{M}$.

Ihr "nordöstlicher Rand" T (im Bild rechts in Blau dargestellt) enthält genau diejenigen Outputkombinationen, die bei effizienter Technologie produziert werden können.

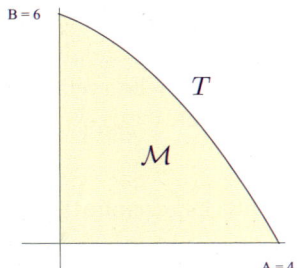

Sie wird als *Transformationskurve* (oder *Produktionsmöglichkeitenkurve*) bezeichnet[2]. Unter plausiblen Annahmen an die Produktionsfunktion des Unternehmens handelt es sich bei T um den Graphen einer (ebenso bezeichneten) Funktion $T : [0, A] \to [0, B]$ ($A > 0, B > 0$ passend). Diese Funktion ist zudem

- (i) *streng monoton fallend*
- (ii) *stetig*
- (iii) *konkav und*
- (iv) *bijektiv*

oft überdies differenzierbar.

Beispiele 14.30.

1) $T(x) := B - \frac{B}{A}x, x \in [0, A]$, mit Konstanten $A, B > 0$ (diese Funktion ist konkav, aber nicht strikt).
2) $T(x) := \sqrt{49 - x}, x \in [0, 7]$.
3) $T(x) := 32 - (x - 2)(x + 12), x \in [0, 4]$.
4) $T(x) := \sqrt{25 - x^2}, x \in [0, 5]$.

$\triangle$

Nichtbeispiele 14.31.

- a) $T(x) := (49 - x)^2, x \in [0, 49]$ (T ist nicht konkav)
- b) $T(x) := \frac{1}{x} - \frac{1}{2}, 0 < x \le 2$ (T ist bei 0 nicht definiert und nicht konkav)
- c) $T(x) := \frac{1}{x+1}, x \ge 0$ (T ist nicht konkav und nimmt niemals den Wert 0 an.)
- d) $T(x) := \begin{cases} 10 & x \in [0, 10) \\ 0 & x = 10. \end{cases}$ (diese Funktion ist unstetig).

$\triangle$

Wir bemerken, dass sich Isoquanten und Transformationskurven gewissermaßen "dual" zueinander verhalten: Eine Produktions*isoquante* beschreibt die Möglichkeiten der *Input*substitution, wenn ein Unternehmen ein- und denselben *festgehaltenen Output* aus zwei verschiedenen Input-Faktoren herstellt; eine *Transformationskurve* dagegen beschreibt die Möglichkeiten der *Out*putsubstitution, wenn ein Unternehmen aus ein- und demselben *festgehaltenen Input* – der gegebenen Faktorausstattung – zwei verschiedene Produkte herstellt. Im Teil IV wird ausführlicher hierauf eingegangen.

---

[2]Genauer: Es handelt sich um die Menge aller Maximalpunkte von $\mathcal{M}$, vgl. Punkt 1.3

14.1.10 Übersicht

Die folgende Tabelle stellt unsere bisher getroffenen Vereinbarungen zusammenfassend dar.

Übersicht: Eigenschaften ökonomischer Funktionen

Typ	Bedingungen			
	Wachstum	Krümmung	Vorzeichen	weitere
Produktionsf.	↗	−	$f(0) = 0$	−
~ neoklassisch	s ↗	s ∩	$f(0) = 0$	−
Kostenfunktion	s ↗	−	≥ 0	−
~ neoklassisch	s ↗	s ∪	≥ 0	−
~ ertragsgesetzlich	s ↗	s ∩ / s∪	≥ 0	−
Nachfragefunktion	↘	−	≥ 0	−
Angebotsfunktion	↗	−	≥ 0	−
Nutzenfunktion	s ↗	∩	−	stetig
~ ordinal	s ↗	−	−	stetig
Engelfunktion	↗	−	≥ 0	$\frac{f(y)}{y}$ fallend
Isoquanten	s ↘	∪	≥ 0	stetig
Transformationsk.	s ↘	∩	≥ 0	stetig, bij.

Als Definitionsbereich wird grundsätzlich die Menge $[0, \infty)$ angesehen; Abweichungen sind wie folgt möglich:

(1) $[0, \infty)$ oder $(0, \infty)$ (Nutzenfunktionen oder Engel-Funktionen)

(2) Standardintervall (Nachfragefunktionen)

(3) beliebiges Teilintervall von $[0, \infty)$ (Isoquanten)

(4) $[0, A]$ (Transformationskurven)

14.1.11 Beispiele für "Eignungsprüfungen"

Wie kann man erkennen, ob eine gegebene "mathematische Funktion" f ein Beispiel für einen bestimmten ökonomischen Funktionentyp (T) ist? Die nächstliegende Antwort besteht in folgender "Rezeptur":

(1) Man bilde eine "Checkliste" aller für (T) geforderten mathematischen Eigenschaften.

(2) Man checke für jede dieser Eigenschaften, ob sie bei der "Kandidatenfunktion" f vorliegt.

Wir merken an, dass der Leser bereits über alles Notwendige verfügt, um diese Rezeptur abzuarbeiten:

- Die "Checkliste" ist durch unsere Übersichtstabelle gegeben.

- Die Checks auf mathematische Eigenschaften wie Monotonie, Konvexität usw. werden genauso vorgenommen, wie es in den vorangehenden Kapiteln theoretisch und an zahlreichen Beispielen beschrieben wurde.

Zur Illustration können daher hier wenige Beispiele genügen.

Beispiel 14.32. Es ist zu überprüfen, ob die durch $p(x) := x^2 + \sqrt{x}, x \geq 0$, definierte Funktion als Produktionsfunktion anzusehen ist.

Lösung: Gemäß unserer Vereinbarung 14.3 haben wir uns davon zu überzeugen, dass

(a) p wachsend ist und

(b) $p(0) = 0$ gilt.

Beide Eigenschaften sind hier offensichtlich für jeden der beiden Summanden und somit auch für ihre Summe ($\nearrow$ Satz 10.8 auf Seite 316) erfüllt, also ist p tatsächlich eine Produktionsfunktion. $\triangle$

Beispiel 14.33. Es ist zu überprüfen, ob die Funktion p aus dem vorigen Beispiel auch als *neoklassische* Produktionsfunktion angesehen werden kann.

Lösung: Um *neoklassische* Produktionsfunktion zu sein, müsste p über die vorhandenen Eigenschaften hinaus (*c*) streng wachsend und (*d*) strikt konkav sein. Die Funktion p ist in der Tat sogar streng wachsend, denn dies trifft ersichtlich auf beide Summanden zu, also auch auf deren Summe. Wir haben daher noch zu überprüfen, ob p strikt konkav ist. Wir bilden dazu die ersten beiden Ableitungen von p; dies sind

$$p'(x) = 2x + \frac{1}{2}x^{-\frac{1}{2}}$$

$$p''(x) = 2 - \frac{1}{4}x^{-\frac{3}{2}}.$$

Es gilt daher $p''(x) > 0 \iff x > \frac{1}{4}$, folglich ist p auf $[\frac{1}{4}, \infty)$ strikt konvex und daher nicht strikt konkav.

Ergebnis: p ist keine neoklassische Produktionsfunktion im Sinne unserer Verabredung.

$\triangle$

Bemerkung 14.34. Wie die Rechnungen zeigen, ist die Funktion p nichtnegativ, streng wachsend, auf $[0, \frac{1}{4}]$ strikt konkav und auf $[\frac{1}{4}, \infty)$ strikt konvex; sie kann daher nicht nur als Produktionsfunktion, sondern auch als ertragsgesetzliche Kostenfunktion (ohne Fixkosten) angesehen werden.

Beispiel 14.35. Eine Funktion H sei durch $H(x) = \sqrt{x}$, $x \geq 0$ definiert. Handelt es sich um eine Kostenfunktion? Wenn ja, ist sie überdies neoklassisch oder ertragsgesetzlich?

Ergebnis: Es handelt sich um eine Kostenfunktion; diese ist jedoch weder neoklassisch noch ertragsgesetzlich.

Denn: Um als Kostenfunktion zu gelten, müsste H

(a) streng wachsend sein und

(b) $H(0) \geq 0$ gelten.

Beides trifft offensichtlich zu. Um neoklassisch oder ertragsgesetzlich zu sein, müsste H zusätzlich auf dem gesamten oder "überwiegenden" Teil des Definitionsbereiches strikt konvex sein. Dies ist jedoch nicht der Fall, den die Wurzelfunktion ist überall strikt konkav. $\triangle$

Beispiel 14.36 ($\nearrow$F 14.7). Wir zeigen, dass

$$J(x) := x^2 + 2x + 25, x \geq 0,$$

tatsächlich eine neoklassische Kostenfunktion ist.

Denn: Wir haben uns zu überlegen, dass J folgende Eigenschaften besitzt:

(a) J ist streng wachsend;

(b) es gilt $J(0) \geq 0$ (damit eine Kostenfunktion vorliegt);

(c) J ist strikt konvex (um neoklassisch zu sein).

Zu (a): Es gilt $J'(x) = 2x + 2 \geq 0$ für alle $x \geq 0$ und sogar $J'(x) > 0$ für $x > 0$, also ist die stetige Funktion J auf $[0, \infty)$ streng wachsend ($\nearrow$ Satz 10.31). Wegen $J(0) = 25$ ist auch (b) erfüllt.

Zu (c): Wir haben $J''(x) = 2 = \text{const}$, also ist J strikt konvex. $\triangle$

Anmerkung: In diesem Beispiel hätten wir auf Argumente aus der Differentialrechnung verzichten (und stattdessen auf die elementaren Eigenschaften parabolischer Funktionen verweisen) können. Ihr Vorteil besteht in ihrer breiteren Anwendbarkeit.

Beispiel 14.37 ($\nearrow$F, $\nearrow$L 14.8). Wir überzeugen uns davon, dass durch

$$K(x) = 3x^3 - 30x^2 + 106x + 216, \quad x \geq 0,$$

tatsächlich eine ertragsgesetzliche Kostenfunktion definiert wird.

Denn: Diesmal sieht unser Katalog von zu prüfenden Anforderungen so aus:

(*a*) K ist streng wachsend

(*b*) es gilt $K(0) \geq 0$ (damit überhaupt eine Kostenfunktion vorliegt);

(*c*) es gibt eine Konstante $a > 0$ derart, dass K auf $[0, a]$ strikt konkav und auf $[a, \infty)$ strikt konvex ist (um ertragsgesetzlich zu sein).

Wir bilden zunächst die Ableitungen von K:

$$K'(x) = 9x^2 - 60x + 106$$

$$K''(x) = 18x - 60.$$

Zu (*a*): Wir wollen feststellen, ob $K'(x) \geq 0$ für alle $x \geq 0$ gilt und $K'(x)$ auf keinem offenen Teilintervall von $D = [0, \infty)$ verschwindet (vgl. Satz 10.31). Dazu untersuchen wir K' auf Nullstellen: Es gilt $K'(x) = 0 \iff x \geq 0$ und $x^2 - \frac{20}{3}x + \frac{106}{9} = 0$; die p-q-Formel zur Gleichung rechts ergibt

$$x_{1,2} = \frac{10}{3} + \sqrt{\frac{100}{9} - \frac{106}{9}};$$

anhand des negativen Radikanden schließen wir: K' besitzt keine einzige Nullstelle. Da nun die stetige Funktion K' nirgends den Wert Null annimmt, kann nur entweder $K'(x) > 0$ für alle $x \geq 0$ oder $K'(x) < 0$ für alle $x \geq 0$ gelten. Welcher Fall hier vorliegt, ist durch Einsetzen irgendeines x-Wertes leicht erkannt; es gilt z.B. $K'(0) = 106 > 0$. Also gilt $K'(x) > x$ für alle $x \geq 0$, und K ist streng wachsend.

Zu (*b*): Es gilt $K(0) = 216 > 0$; (*b*) ist erfüllt.

Zu (*c*): Der gesuchte Punkt a ist nichts anderes als ein Wendepunkt von K, identifizierbar als Nullstelle der zweiten Ableitung. Hier gilt $K''(x) = 18x - 60 = 0 \iff x = \frac{10}{3}$; dabei haben wir $K''(x) < 0$ für $0 \leq x < \frac{10}{3}$ und $K''(x) > 0$ für $\frac{10}{3} < x$. Also ist K auf $[0, \frac{10}{3}]$ strikt konkav und auf $[\frac{10}{3}, \infty)$ strikt konvex. Das *Ergebnis*: Alle Forderungen sind erfüllt, und K ist ertragsgesetzliche Kostenfunktion. $\triangle$

In allen bisherigen Beispielen wurde jeweils nur eine einzige Funktion untersucht. Die Methodologie der Untersuchungen ist jedoch von den verwendeten Zahlenwerten weithin unabhängig. Ersetzen wir diese Zahlenwerte durch abstrakte Konstanten, können wir Erkenntnisse über ganze Klassen von Funktionen gewinnen, und künftig können zahlreiche Einzeluntersuchungen eingespart werden. So lässt sich z.B. Folgendes zeigen:

Satz 14.38. *Jede Funktion der Form* $f(x) := ax^2 + bx + c, x \geq 0$, *ist eine neoklassische Kostenfunktion, wenn die Konstanten* a, b, c *nichtnegativ sind und* $a > 0$ *gilt.*

Die Begründung kann exakt so verlaufen wie im Beispiel 14.36, wobei lediglich die Zahlen 1,2 und 25 durch die abstrakten Größen a, b bzw. c zu ersetzen sind. Für Interessenten wird sie ausführlich im Abschnitt 14.8 dargestellt.

14.1.12 Aufgaben

Aufgabe 14.39. Eine auf $D = [0, \infty)$ oder $D = (0, \infty)$ definierte differenzierbare reellwertige Funktion C ist genau dann eine Engel- Funktion, wenn gilt:

(i) $C \geq 0$

(ii) $0 \leq \varepsilon_C < 1$.

Aufgabe 14.40 ($\nearrow$L). Welche der nachfolgenden Ausdrücke definieren auf $[0, \infty)$ Kostenfunktionen? In welchen Fällen handelt es sich um ertragsgesetzliche, in welchen Fällen um neoklassische Kostenfunktionen?

a) $2x^3 - 2x^2 + x + 42$

b) $x^3 - 2x^2 + x + 37$

c) $3x^3 - 2x^2 - x + 104$

d) $2x^3 + 2x^2 + x - 42$

e) $x^3 + 2x^2 + x + 37$

Aufgabe 14.41. Man überlege sich für jeden der nachfolgend angegebenen Ausdrücke, ob er geeignet ist, auf einem passenden Definitionsbereich (und zwar welchem?) eine Produktions-, Kosten-, Nachfrage-, Angebots-, Nutzen- oder Konsumfunktion zu definieren:

a) $\frac{40}{(x-8)} + 20$

b) $25 + 2x^{\frac{7}{3}}$

c) $3x^2 + 6x - 24$

d) $3 - 2e^{-\frac{x}{2}}$

e) $2 - \cos x$

Aufgabe 14.42. Zeigen Sie, dass das Polynom fünften Grades

$$K(x) := 3x^5 - 10x^3 + 15x + 108$$

für $x \geq 0$ eine ertragsgesetzliche Kostenfunktion definiert.

Aufgabe 14.43. Von einer Nachfragefunktion wird angenommen, dass sie auf ihrem Definitionsbereich gemäß

(i) $N(p) = b - ap$

(ii) $N(p) = a\sqrt{b - p}$

(iii) $N(p) = ae^{-bp}$

beschrieben wird, wobei a und b passende Konstanten bezeichnen und p der jeweils geltende Preis ist. Man weiß, dass bei einem Preis von 2 [GE/ME] die Nachfrage 10 [ME] beträgt und bei einer Erhöhung des Preises um eine marginale Einheit ein Nachfragerückgang um 2 marginale Einheiten eintritt. Bestimmen Sie die Konstanten a und b! Wie groß sind – sofern existent - Maximalpreis und Maximalnachfrage?

Aufgabe 14.44. Eine Nachfragefunktion lasse sich auf einem geeigneten Definitionsbereich mit Hilfe des Ausdrucks $p = 64(27 - x)^{\frac{2}{3}}$ darstellen. (Dabei bezeichne p den Preis eines Gutes [in GE/ME] und x die nachgefragte Menge [in ME].)

- a) Bei welchem Preis p_{max} erlischt die Nachfrage?
- b) Wie groß ist die größmögliche Nachfrage x_{max}?
- c) Legen Sie Definitionsbereich D und Wertevorrat W dieser Funktion so fest, dass diese eine Umkehrfunktion besitzt.
- d) Geben Sie eine Formel für die Umkehrfunktion an.
- e) Bestimmen Sie die Grenznachfrage allgemein als Funktion der Menge x und konkret an der Stelle $x = 19$.
- f) Interpretieren Sie den zuletzt gefundenen Wert.

Aufgabe 14.45. Stellen Sie die in Aufgabe 14.43 genannten Nachfragefunktionen als Preis-Absatz-Funktionen dar. (Achten Sie auf die Definitions- und Wertebereiche.)

Aufgabe 14.46. Man überlege sich, dass bei jeder neoklassischen oder ertragsgesetzlichen Kostenfunktion K die Kosten mit zunehmendem Output über alle Grenzen wachsen (d.h., es gilt $\lim_{x \to \infty} K(x) = \infty$).

Aufgabe 14.47 (↗L)**.** Man überlege sich, dass zu jeder konkaven, nicht konstanten Nachfragefunktion $N : [0, A] \to \mathbb{R}$ eine affine Nachfragefunktion Q gefunden werden kann, die N in folgendem Sinne dominiert: für alle $p \in [0, A]$ gilt $N(p) \leq Q(p)$. (*Hinweis:* Beginnen Sie mit einer Skizze und erinnern Sie sich an Abschnitt 11 "Konvexe Funktionen".)

Aufgabe 14.48. Jede Engel-Funktion ist – mit eventueller Ausnahme der Stelle 0 – überall stetig.

14.2 "Mehr" über Kostenfunktionen

14.2.1 "Stückkosten" beim Output 0

Gegeben sei eine beliebige Kostenfunktion $K : D \longrightarrow \mathbb{R}$. Wir hatten verabredet, die durch

$$k(x) := \frac{K(x)}{x}, \quad x > 0, \tag{14.1}$$

auf $(0, \infty)$ definierte Funktion als *Durchschnitts-* oder *Stückkostenfunktion* zu bezeichnen. Aufgrund dieses Ansatzes sind Stückkosten zunächst nur für *positive* Argumentwerte definiert. Das ist auch ökonomisch sinnvoll, denn durch (14.1) werden die Gesamtkosten $K(x)$ auf die ausgebrachte Menge x bezogen, was unsinnig erscheint, wenn nichts ausgebracht wird ($x = 0$).

Im weiteren Text werden wir jedoch sehen, dass sich verschiedene Ausführungen deutlich und systematisch vereinfachen lassen, wenn die Funktion k

auch an der Stelle $x = 0$ definiert ist. Dies gelingt dann, wenn der (endliche) Grenzwert

$$k(0+) := \lim_{x \to 0} k(x)$$

existiert, denn diesen können wir als "Stückkosten an der Stelle 0" auffassen und so den Definitionsbereich von k um den Nullpunkt erweitern. Wir werden das in Zukunft tun, wann immer das möglich ist.

Definition 14.49. *Es sei k eine beliebige Stückkostenfunktion auf $(0, \infty)$. Existiert der endliche Grenzwert*

$$k(0+) := \lim_{x \to 0} k(x),$$

setzen wir $D_k^* := [0, \infty)$ und $k(0) := k(0+)$. Andernfalls setzen wir $D_k^* := (0, \infty)$.

Ab sofort werden wir jede Stückkostenfunktion stillschweigend in diesem erweiterten Sinne betrachten.

> *Der Rest dieses Abschnittes wird aufzeigen, wann und wie eine derartige Erweiterung möglich ist, und kann beim ersten Lesen übersprungen werden.*

Was bedeutet die Erweiterung in konkreten Fällen? Wir nehmen an, es sei eine beliebige Kostenfunktion K gegeben. Dann sind zwei Fälle zu unterscheiden:

(1) Wenn K positive Fixkosten besitzt – d.h. gilt $K_F = K(0) > 0$ – wachsen die Stückkosten für $x \longrightarrow 0$ über alle Grenzen, es gilt also

$$k(0+) := \lim_{x \neq 0} k(x) = \lim_{x \neq 0} \frac{K(x)}{x} = \infty.$$

(Der Zähler des Bruches strebt nämlich gegen einen positiven Wert[3], während der Nenner gegen Null geht.)

(2) Wenn dagegen $K(0) = 0$ gilt (dies ist bei *allen variablen* Kostenfunktionen der Fall), streben die Stückkosten $k(x)$ für $x \to 0$ "meistens" gegen einen endlichen Wert $k(0+)$. (Genaueres dazu siehe unten.)

Das Bild rechts verdeutlicht beide Situationen – Fall (1) in Dunkelblau, Fall (2) in Hellblau. Natürlich lassen sich die beiden Fälle nicht nur grafisch, sondern auch rechnerisch unterscheiden. Wir betrachten je zwei Beispiele:

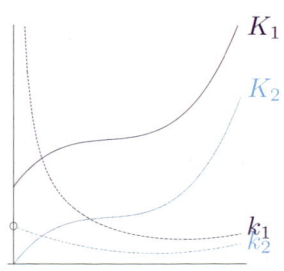

---

[3]selbst dann, wenn K nicht als stetig vorausgesetzt wird

Beispiel 14.50 (↗F 14.36). Für $J(x) = x^2 + 2x + 25, \quad x \geq 0$, gilt
$j(x) = x + 2 + \frac{25}{x}, \quad x > 0$, und damit $j(0+) = \infty$.   △

Beispiel 14.51 (↗F 14.37). Für $K(x) = 3x^3 - 30x^2 + 106x + 216, \quad x \geq 0$,
gilt $k(x) = 3x^2 - 30x + 106 + \frac{216}{x}, \quad x > 0$, und damit $k(0+) = \infty$.   △

Beispiel 14.52 (↗F 14.50). Die *variablen* Kosten sind gegeben durch
$J_v(x) = x^2 + 2x$, $x \geq 0$, und die stückvariablen Kosten durch $j_v(x) = x + 2$,
$x > 0$. Es gilt $j_v(0+) = \lim_{x \to 0} j_v(x) = 2$. Wir setzen also $j_v(0) := 2$ △

Beispiel 14.53 (↗F 14.51). Auch hier betrachten wir diesmal die *variablen*
Kosten $K_v(x) = 3x^3 - 30x^2 + 106x$ und die daraus gebildeten Stückkosten
(das sind die *stückvariablen* Kosten der ursprünglichen Kostenfunktion K):
$k_v(x) = \frac{K_v(x)}{x} = 3x^2 - 30x + 106$. Es ist offensichtlich, dass gilt
$\lim_{x \to 0} k_v(x) = k_v(0+) = 106$. Folglich setzen wir $k_v(0) := 106$.   △

Wir hatten oben geschrieben "... streben die Stückkosten $k(x)$ für $x \to 0$
"meistens" gegen einen endlichen Wert $k(0+)$." Wir fassen "meistens" nun
etwas genauer:

Satz 14.54 (↗S.1048). *Wenn K stetig differenzierbar, linear oder neoklas-*
sisch ist und $K(0) = 0$ gilt, existiert der endliche Grenzwert
$k(0+) := \lim_{x \to 0} k(x)$, *und es gilt*[4]

$$k(0+) = K'(0).$$

Die Begründung findet sich im Anhang.

Beispiel 14.55 (↗F 14.52). Im Falle der variablen Kostenfunktion
$J_v(x) = x^2 + 2x, \quad x \geq 0$ waren die stückvariablen Kosten durch $j_v(x) =$
$x + 2 (x > 0)$ mit $j_v(0+) = 2$ gegeben. Es gilt andererseits für die "Original-
funktion" $J : J'(x) = 2x + 2 \ (x \geq 0)$ und $J'(0) = 2$ – wie behauptet, gilt also
$j_v(0+) = J'(0+) = 2$.   △

Beispiel 14.56 (↗F 14.53). Wir fanden hier – mit Bezug auf die stück*varia-*
blen Kosten – $k_v(0+) = 106$. Die von der Ausgangsfunktion K gebildete
Grenzkostenfunktion K' ist $K'(x) = 9x^2 - 60x + 106$; also gilt auch hier wie
behauptet $K'(0) = 106 = k_v(0+)$.   △

Erhöhte Aufmerksamkeit ist bei Funktionen geboten, die den Voraussetzungen
von Satz 14.54 *nicht* genügen.

---

[4]Im neoklassischen Fall ist K rechtsseitig differenzierbar (↗ Definition 9.4); in diesem
Sinne ist $K'(0)$ aufzufassen.

Beispiel 14.57 ($\nearrow$F 14.9). Die Kostenfunktion

$$L(x) := \sqrt{x} + \sqrt{x}^3, \quad x \geq 0,$$

ist bereits "variabel". Die Stückkosten sind

$$l(x) = \frac{1}{\sqrt{x}} + \sqrt{x}, \quad x > 0.$$

Es gilt hier $l(0+) = \infty$; eine Erweiterung des Definitionsbereiches um den Nullpunkt ist also nicht sinnvoll möglich. Woran liegt das? Die Funktion L ist an der Stelle 0 nicht differenzierbar und genügt den Voraussetzungen von Satz 14.54 *nicht*. $\triangle$

14.2.2   Das Betriebsoptimum

Gegeben sei eine beliebige Kostenfunktion K auf $[0, \infty)$. Die zugehörigen Stückkosten $k(x) = \frac{K(x)}{x}, x \in D_k^*$, repräsentieren die Kosten je produzierter Einheit des betreffenden Gutes, wenn insgesamt ein Los von x Mengeneinheiten hergestellt wird. Aus ökonomischer Sicht ist nun von Interesse, ob es einen Output x mit kleinstmöglichen Stückkosten gibt.

Definition 14.58. *Es seien $K : [0, \infty) \to \mathbb{R}$ eine beliebige Kostenfunktion und k die zugehörige Stückkostenfunktion. Besitzt k ein globales Minimum, so heißt $k_{BO} := \min k$ das* Betriebsoptimum *von K, und jeder Output $x_{BO} \in D_k^*$ mit $k(x_{BO}) = k_{BO}$ heißt* betriebsoptimal.

Es gilt also

$$k_{BO} = \min k = k(x_{BO}) = \frac{K(x_{BO})}{x_{BO}}. \tag{14.2}$$

Bemerkungen 14.59.

(1) Wir erinnern an Abschnitt 14.2.1: Der erweiterte Definitionsbereich D_k^* der Stückkostenfunktion entsteht durch Hinzunahme des Nullpunktes zum gewöhnlichen Definitionsbereich, soweit sinnvoll möglich.

(2) Wenn x_{BO} *eindeutig* bestimmt und daher Missverständnisse ausgeschlossen sind, sprechen wir einfach von "betriebsoptimalen Kosten" ($\nearrow K_{BO}$) oder "im Betriebsoptimum" ($x = x_{BO}$) usw.

(3) Um die Werte k_{BO} und x_{BO} rechnerisch zu ermitteln, löst man die globale Extremwertaufgabe

$$k(x) \to \min. \tag{14.3}$$

Beispiel 14.60 ($\nearrow$F 14.55). Wir betrachten die Kostenfunktion $J(x) = x^2 + 5x + 25$, $x \geq 0$. Die zugehörigen Stückkosten sind $j(x) := x + 5 + \frac{25}{x}$, $x > 0$ (eine Erweiterung des Definitionsbereiches um die Null ist wegen positiver Fixkosten nicht möglich.) Es soll – sofern existent – das Betriebsoptimum von J bestimmt werden.

Lösung: Wenn j ein globales Minimum besitzt, wird dies im Inneren des Definitionsbereiches angenommen (denn Randpunkte sind nicht vorhanden) und führt auf einen stationären Punkt. Wir ermitteln daher die Grenzstückkostenfunktion:

$$j'(x) = 1 - \frac{25}{x^2}, \quad x > 0$$

und anullieren sie:

$$j'(x) = 0 \Longleftrightarrow x^2 - 25 = 0 \quad (x > 0).$$

Nur die Nullstelle $x = 5$ ist ökonomisch sinnvoll. Wegen

$$j''(x) = \frac{50}{x^3} > 0, \quad x > 0,$$

ist j global konvex und nimmt an der gefundenen Nullstelle das globale Minimum an: $x_{BO} = 5$. Als Betriebsoptimum finden wir die zugehörigen Stückkosten: $j_{BO} = j(x_{BO}) = 15$.   △

Beispiel 14.61 (↗F 14.56). Die zu der Kostenfunktion K mit

$$K(x) = 3x^3 - 30x^2 + 106x + 216, \quad x \geq 0,$$

gehörenden Stückkosten sind

$$k(x) = 3x^2 - 30x + 106 + \frac{216}{x}, \quad x > 0$$

(die Erweiterung des Definitionsbereiches um die Null ist wegen positiver Fixkosten nicht möglich). Es soll festgestellt werden, ob K ein Betriebsoptimum besitzt.

Lösung: Wie im vorigen Beispiel ermitteln wir zuerst die Grenzstückkostenfunktion:

$$k'(x) = 6x - 30 - \frac{216}{x^2}, \quad x > 0$$

und anullieren sie:

$$k'(x) = 0 \Longleftrightarrow 6x^3 - 30x^2 - 216 = 0 \Longleftrightarrow x^3 - 5x^2 - 36 = 0, \quad (14.4)$$

für $(x > 0)$. Der Einfachheit halber prüfen wir zunächst, ob diese Gleichung ganzzahlig lösbar ist. Wenn ja, muss die Lösung ein Teiler von 36 sein. Die Primfaktorzerlegung von 36 lautet $36 = 6 \cdot 6 = 2^2 \cdot 3^2$. Man prüft leicht nach: $k(2) < 0$, $k(3) < 0$, $k(2 \cdot 2) < 0$, $k(2 \cdot 3) = 0$ – voilá; also ist $x = 6$ ein stationärer Punkt. Wir haben uns zu überzeugen, dass es keine weiteren Nullstellen von

(14.4) gibt. Eine Polynomdivision ergibt $(x^3 - 5x^2 - 36) : (x - 6) = x^2 + x + 6$, dieses Polynom nimmt für kein $x \geq 0$ den Wert Null an, und mithin ist $x = 6$ der einzige stationäre Punkt von k in ganz $(0, \infty)$. Es gilt weiterhin $k''(x) = 6 + \frac{432}{x^3} > 0$ für alle $x > 0$; die Funktion k ist also global konvex und nimmt bei $x = 6$ ihr globales Minimum an. Dieses ist das Betriebsoptimum: $k_{BO} = k(6) = 70$; dazugehöriger Output ist $x_{BO} = 6$. $\triangle$

Bemerkung 14.62. Man beachte, dass eine Schwierigkeit des letzten Beispiels in der Polynomdivision bestand, mit Hilfe derer festgestellt werden sollte, ob $x = 6$ der einzige stationäre Punkt von k ist.– In ökonomischen Anwendungen wird meist unterstellt, dass die betrachtete Kostenfunktion – wie in unserem Beispiel – ein Stückkostenminimum besitzt. Selbst im ertragsgesetzlichen oder neoklassischen Fall kann es jedoch vorkommen, dass die Stückkostenfunktion auf ganz $(0, \infty)$ streng monoton fällt und dann zwar ein Infimum, jedoch kein Minimum besitzt.

Beispiel 14.63 ($\nearrow$Ü). Die lineare Kostenfunktion I aus Beispiel 14.6 und die ertragsgesetzliche Kostenfunktion M aus Beispiel 14.10 besitzen jeweils kein Betriebsoptimum. $\triangle$

14.2.3   Das Betriebsminimum

Gegeben sei eine beliebige Kostenfunktion K. Dann kann die aus ihr gebildete variable Kostenfunktion K_v als "neue" (=selbständige) Kostenfunktion angesehen und *wie im vorigen Punkt auf ihr Betriebsoptimum* untersucht werden. Das Betriebsoptimum von K_v, soweit vorhanden, wird nun im Allgemeinen von dem "gewöhnlichen", aus K gebildeten Betriebsoptimum verschieden sein. Damit keine Verwechselungen entstehen, nennt man die entsprechende Größe "Betriebsminimum":

Definition 14.64. *Es seien* $K : [0, \infty) \longrightarrow \mathbb{R}$ *eine beliebige Kostenfunktion und* K_v *die zugehörige variable Kostenfunktion. Besitzt die Funktion* K_v *ein Betriebsoptimum* $k_{v_{BO}}$, *so wird dieses* Betriebsminimum *(von K oder K_v) genannt und mit k_{BM} bezeichnet. Jeder Wert $x_{BM} \geq 0$ mit $k_v(x_{BM}) = k_{BM}$ heißt* betriebsminimaler Output.

(Zur Erinnerung: es ist $k_v(x) = \frac{K_v(x)}{x}, x \in D^*_{k_v}$.) Ökonomisch bezeichnet x_{BM} einen Output, zu dem mit den geringstmöglichen variablen Stückkosten produziert wird, die sich auf

$$k_{BM} = \min k_v = k_v(x_{BM}) = \frac{K_V(x_{BM})}{x_{BM}} \tag{14.5}$$

belaufen. Durch (14.5) ist zugleich ein Ansatz zur *rechnerischen* Bestimmung von k_{BM} und x_{BM} gegeben: Man löse die globale Extremwertaufgabe

$$k_v(x) \longrightarrow \min.$$

Beispiel 14.65 ($\nearrow$F 14.61). Wir wollen das Betriebsminimum zu der Kostenfunktion

$$K(x) = 3x^3 - 30x^2 + 106x + 216, \quad x \geq 0,$$

bestimmen. Dazu erinnern wir uns: Die stückvariablen Kosten k_v betragen

$$k_v(x) = 3x^2 - 30x + 106,$$

und sind auch an der Stelle 0 definiert (siehe Seite 445). Das globale Minimum kann hier durch scharfes Hinsehen wie folgt ermittelt werden: Wir schreiben

$$k_v(x) = 3\left(x^2 - 10x + \frac{106}{3}\right)$$

und sehen: der Graph von k_v ist Teil einer aufrechten Parabel mit dem Scheitel (und globalen Minimum) an der Stelle $5 = x_{BM}$. Einsetzen in k_v liefert

$$k_{BM} = k_v(x_{BM}) = 31.$$

$\triangle$

Beispiel 14.66 ($\nearrow$F 14.60). Wir bestimmen nun das Betriebsminimum für

$$J(x) = x^2 + 5x + 25, \quad x \geq 0.$$

Die zugehörigen *variablen* Stückkosten sind

$$j_v(x) := x + 5, \quad x \geq 0$$

(die Aufnahme der Null in den Definitionsbereich ist hier problemlos möglich).

Lösung: Die stückvariable Kostenfunktion j_v ist affin-linear und wächst streng monoton; sie nimmt ihr Minimum am linken Randpunkt 0 des Definitionsbereiches an: $x_{BM} = 0$. Die zugehörigen stückvariablen Kosten ergeben das Betriebsminimum: $j_{BM} = j_v(x_{BM}) = 5$. $\triangle$

Beispiel 14.67 ($\nearrow$Ü). Die durch $P(x) := \frac{5}{3}x + 220, x \geq 0$, definierte lineare Kostenfunktion besitzt ein Betriebsminimum, aber kein Betriebsoptimum. $\triangle$

Beispiel 14.68 ($\nearrow$ F 14.10, $\nearrow$Ü). Die durch

$$M(x) := x + e^{-x^2}, \quad x \geq 0,$$

definierte ertragsgesetzliche Kostenfunktion besitzt weder Betriebsminimum noch Betriebsoptimum. $\triangle$

14.2.4 Aufgaben

Aufgabe 14.69. Wir betrachten die Kostenfunktionen

  (i) $I(x) := \frac{1}{2}x + \frac{1}{2}$

  (ii) $K(x) := \frac{x^4}{4} + 2x^3 + 120x^2 + x$

  (iii) $L(x) := e^{\frac{x}{3}} - 1$

  (iv) $Q(x) := 3\ln(1 + x) + 4$

($x \geq 0$). Welche davon sind linear, welche neoklassisch, welche ertragsgesetzlich? In welchen Fällen ist es sinnvoll, von (endlichen) Stückkosten an der Stelle Null zu sprechen (und wie hoch sind diese)? (*Hinweis*: Prüfen Sie, ob Satz 14.54 anwendbar ist!)

Aufgabe 14.70. Ein Unternehmen produziert ein Gut mit den internen Gesamtkosten $K(x) = 3x^2 + 5x + 363$ [GE] bei einer Ausbringung von x [ME]. Bestimmen Sie das Betriebsminimum und das Betriebsoptimum sowie die zugehörigen Ausbringungsmengen.

Aufgabe 14.71. Lösen Sie die Aufgabe 14.70 unter der veränderten Annahme, die Gesamtkostenfunktion sei $K(x) = x^3 - 8x^2 + 31x + 144, x \geq 0$.

Aufgabe 14.72. Bestimmen Sie das Betriebsoptimum mit zugehörigem Output für die durch $L(x) := \sqrt{x} + \sqrt{x}^3, x \geq 0$, definierte ertragsgesetzliche Kostenfunktion (vgl. 14.57).

Aufgabe 14.73 (↗L). Ein Mühlenbetrieb kann x [t] Roggenmehl mit durchschnittlichen variablen Kosten in Höhe von $7\sqrt{x} + 5$ [T€/t] herstellen. Bei einem Output von 16 [t] Roggenmehl wird das Betriebsoptimum erreicht. Wie hoch sind die Fixkosten?

Aufgabe 14.74. (*): Es sei K eine (a) lineare, (b) neoklassische, (c) ertragsgesetzliche bzw. (d) beliebige Kostenfunktion und zudem differenzierbar. Man überlege sich, welche der folgenden Aussagen richtig oder falsch sind.

- Wenn K ein Betriebsoptimum besitzt, dann auch ein Betriebsminimum.
- Wenn K ein Betriebsminimum hat, dann auch ein Betriebsoptimum.
- Es ist möglich, dass K weder Betriebsoptimum noch Betriebsminimum besitzt.

14.3   Fahrstrahlanalyse von Kostenfunktionen

14.3.1   Vorbemerkung

Wir hatten in Abschnitt 6.1 gesehen, dass außer einer gegebenen ökonomischen Funktion selbst oft auch die zugehörigen *marginalen und Durchschnittsgrößen*, die durch die Ableitungs- bzw. Durchschnittsfunktion beschrieben werden, von Interesse sind. Der Zusammenhang zwischen diesen drei Funktionen (Ausgangs-, Grenz- und Durchschnittsfunktion) lässt sich mit Hilfe der sogenannten *Fahrstrahlanalyse* sehr anschaulich aufzeigen. Besonders weitreichende qualitative Erkenntnisse gewinnt man hierbei im Falle von Kostenfunktionen.

Die Fahrstrahlanalyse arbeitet als grafische Methode grundsätzlich anhand eines *Beispiels*, gleichgültig, ob dieses durch eine formelmäßige Beschreibung oder lediglich durch die Skizze eines bestimmten Graphen festgelegt ist. Die gewonnenen Einsichten sind daher im Grunde an das Beispiel gebunden und haben, soweit sie über das Beispiel hinausweisen, zunächst den Charakter von *Thesen*. Sehr oft gelingt es jedoch, diese innerhalb weiter Grenzen als gültig zu bestätigen (siehe Abschnitt 14.3.5 "Mathematische Erweiterungen").

14.3.2   Der Fahrstrahl und seine Interpretation

Wir nehmen einmal an, auf $[0, \infty)$ sei eine beliebige Kostenfunktion K gegeben.

Die Verbindungsstrecke F zwischen dem Koordinatenursprung des $\mathbb{R}^2$ und einem beliebigen Punkt $(x, K(x))$, $x > 0$, des Graphen von K wird als *Fahrstrahl* bezeichnet. (Bild rechts)

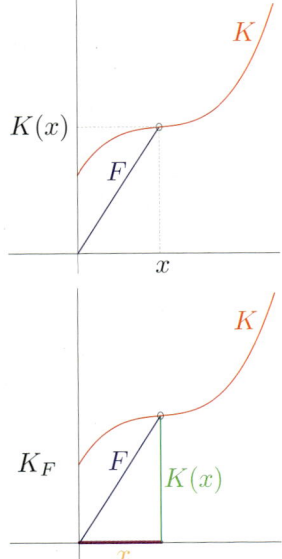

Die Steigung dieses Fahrstrahls kann wie gewöhnlich als das (vorzeichenbehaftete) Verhältnis "Höhe : Grundseite" eines geeigneten Steigungsdreiecks bestimmt werden. Hier bietet sich das im nebenstehenden Bild skizzierte Steigungsdreieck an. Man liest unmittelbar ab: Fahrstrahl-

$$\text{Steigung} = \frac{\text{Höhe}}{\text{Grundseite}} = \frac{K(x)}{x}.$$

Die Fahrstrahlsteigung liefert uns also einen visuellen Ausdruck für den Wert der *Durchschnitts*funktion (nennen wir sie k). Das hat mehrere Vorteile:

Erstens können Durchschnittswerte, die zu verschiedenen x-Werten gehören, visuell verglichen werden.

Nehmen wir an, es seien zwei beliebige Punkte $x_1 > 0$ und $x_2 > 0$ der x-Achse gegeben. Wie kann man feststellen, zu welchem von beiden der höhere Durchschnittswert gehört?

Ganz einfach: Man zeichnet die Fahrstrahlen F_1 und F_2, die zu $(x_1, K(x_1))$ bzw. $(x_2, K(x_2))$ führen und vergleicht deren Anstiege. Im nebenstehenden Bild besitzt F_1 den größeren Anstieg, daher gilt $k(x_1) > k(x_2)$, voilá!

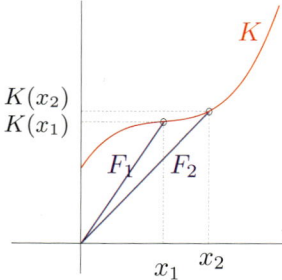

Zweitens können Funktionswerte von Durchschnittsfunktion k und Grenzfunktion K' visuell verglichen werden.

Unser Bild demonstriert diese Möglichkeit. Wir sehen einen Fahrstrahl, an dessen Endpunkt zugleich die Tangente an den Graphen von K angezeichnet ist. Der Fahrstrahl ist steiler als die Tangente; es gilt also $k(x) > K'(x)$.

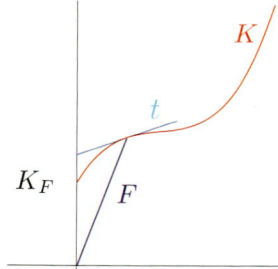

Drittens kann man einen Überblick über die gesamte Durchschnittsfunktion gewinnen.

Dazu lässt man den Endpunkt $(x, K(x))$ des Fahrstrahls den Graphen von K entlang"fahren" (daher der Name "*Fahrstrahl*") und beobachtet währenddessen die sich verändernde Fahrstrahlneigung. Es lässt sich, wie wir weiter unten sehen werden, eine Reihe interessanter Schlüsse ziehen, die unter dem Namen *Fahrstrahlanalyse* zusammengefasst werden.

Im Fall von Kostenfunktionen sind die Durchschnittswerte – auch als Stückkosten bezeichnet – von besonderer ökonomischer Aussagekraft. Es gilt hier

Fahrstrahlsteigung = Stückkosten!

Bei Kostenfunktionen liefert daher die Fahrstrahlanalyse besonders interessante Schlussfolgerungen.

14.3.3 Ein Analysebeispiel: Ertragsgesetzliche Kosten

Wir werden nun die Fahrstrahlanalyse am Beispiel der uns schon bekannten Kostenfunktion

$$K(x) = 3x^3 - 30x^2 + 106x + 216, \quad x \geq 0,$$

demonstrieren und dabei einige interessante Einsichten gewinnen. Diese werden als "ökonomische Thesen" hervorgehoben. Es bleibt, ihren Geltungsbereich etwas genauer abzustecken; dies ist dem Abschnitt 14.3.5 vorbehalten.

Die Stückkostenkurve

Wir lassen den Fahrstrahlendpunkt von links nach rechts auf dem Graphen von K entlang"fahren" und beobachten dabei die Fahrstrahlneigung.

Das nebenstehende Bild 14.1 zeigt den Graphen von K sowie beispielhaft einige während einer Fahrstrahl-"Fahrt" durchlaufene Fahrstrahlpositionen, wobei sich die Farbe der Fahrstrahlen mit zunehmender Größe von x von anfänglich Rot nach Hellblau verändert.

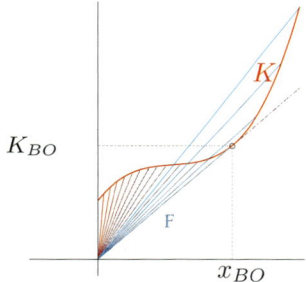

Bild 14.1: Strahlenbündel

Aus dieser beispielhaften "Fahrt" sind einige wichtige Beobachtungen hervorzuheben:

(1) Die Veränderungen in der Fahrstrahlneigung erfolgen *kontinuierlich*, weil K stetig ist.

(2) Zunächst nimmt die Fahrstrahlneigung monoton *ab*.

(3) Nachdem der hervorgehobene Punkt $(x_{BO}, K(x_{BO}))$ auf dem Graphen von K erreicht ist, nimmt die Fahrstrahlneigung monoton *zu*.

Der hervorgehobene Punkt zeichnet sich somit durch die geringste Fahrstrahlneigung aus. Diese ist identisch mit dem Minimum der Stückkosten bzw. dem *Betriebsoptimum*. Die zugehörigen Koordinaten lauten daher x_{BO} und $K_{BO} := K(x_{BO})$ und geben den betriebsoptimalen Output bzw. die betriebsoptimalen Kosten an, die wir so auf grafischem Wege ermittelt haben. (Das Betriebsoptimum k_{BO} selbst ist, wie gesagt, als Fahrstrahl*neigung* leider *nicht* direkt auf der Ordinatenachse ablesbar.)

Unsere Überlegungen weisen darauf hin, dass der Graph der Stückkostenfunktion einen U-ähnlichen Verlauf besitzt. Den exakten Verlauf gibt das folgende Bild 14.2 wieder.

Bild 14.1 erlaubt ferner zu erkennen, warum unsere Kostenfunktion ein Betriebsoptimum besitzt: Dies liegt offenbar an der ausreichend starken Krümmung im konvexen Zweig. Bei schwächerer Krümmung müsste der Punkt x_{BO} nämlich weiter rechts liegen - bei zu schwacher Krümmung eventuell unendlich weit.

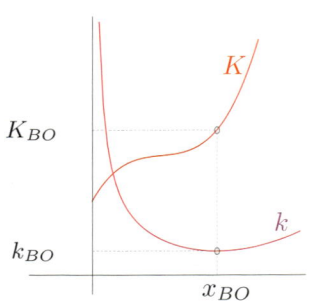

Bild 14.2: Stückkosten

(Auf diese Weise wird vorstellbar, warum nicht jede Kostenfunktion ein Betriebsoptimum besitzt.) Wir sehen jedoch, dass die anfänglich fallende Monotonie von k hiervon nicht berührt ist und formulieren als allgemeine These

(T_M) *Die Stückkosten einer ertragsgesetzlichen Kostenfunktion mit Wendepunkt a nehmen mindestens auf $(0, a]$ streng monoton ab.*

Stückkosten und Grenzkosten

Eine weitere wesentliche Beobachtung soll hervorgehoben werden: Der in (x_{BO}, K_{BO}) endende Fahrstrahl ist zugleich Teil der Tangente t an den Graphen von K (Bild rechts). Während die Fahrstrahlsteigung durch die Stückkosten gegeben ist, wird die (identische) Steigung der Tangente t durch die entsprechenden Grenzkosten gegeben.

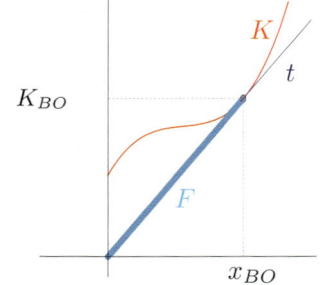

Wir gewinnen daraus unsere nächste These:

(T_{BO}) *Im Betriebsoptimum sind Stückkosten und Grenzkosten identisch: $k(x_{BO}) = K'(x_{BO})$.*

Ökonomisch bedeutet dies, dass die Kosten der nächsten produzierten Einheit im Betriebsoptimum etwa den bisher aufgetretenen durchschnittlichen

Gesamtkosten entsprechen. *Mathematisch* gilt dann notwendigerweise die genannte Gleichung und liefert einen zweiten, von (14.2) verschiedenen Ansatz zur Ermittlung des betriebsoptimalen Outputs.

Wir sehen uns nun noch das Verhältnis von Grenz- und Stückkosten an verschiedenen Stellen des Graphen von K an.

Die Neigungen der zugehörigen Fahrstrahlen entsprechen den Stückkosten, die Neigungen der angedeuteten Tangenten den Grenzkosten. Linkerhand des Betriebsoptimums verlaufen die Tangenten flacher, rechterhand des Betriebsoptimums steiler als die Fahrstrahlen. Wir lesen daraus ab:

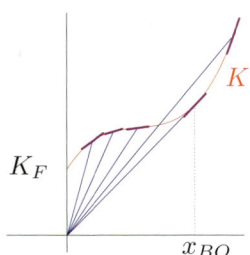

Bild 14.3: Tangentenbündel

(T_{VBO}) — *Die Stückkosten sind auf $(0, x_{BO})$ höher, auf (x_{BO}, ∞) geringer als die Grenzkosten.*

Variable Kosten und ihre "Verwandtschaft"

Wir wollen die soeben angestellten Überlegungen nun auf die *variable* Kostenfunktion K_v übertragen. Grundsätzlich können wir dabei so vorgehen, dass wir K_v (statt K) in einem Koordinatensystem darstellen und einer Fahrstrahlanalyse unterziehen.

Das folgende Bild zeigt den Graphen der variablen Kostenfunktion K_v und beispielhaft einen zugehörigen Fahrstrahl F (blau). Wir beobachten jedoch, dass sich der Graph von K_v aus demjenigen von K einfach durch eine vertikale Verschiebung nach unten ergibt – und zwar um den Betrag der Fixkosten.

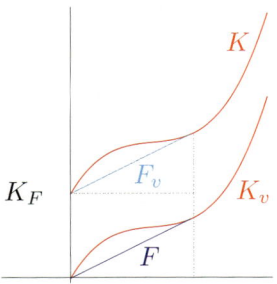

Es ist nun viel bequemer, nicht den Graphen von K nach *unten*, sondern vielmehr den entsprechenden Fahrstrahl nach *oben* zu verschieben. Das Ergebnis ist in unserem Bild mit der Bezeichnung F_v in Hellblau dargestellt. Es ist unmittelbar einsichtig, dass die allein interessierende Fahrstrahl*neigung* sich bei diesem Vorgehen nicht ändert. Also werden wir K_v einfach anhand des Graphen von K analysieren, wobei die verwendeten Fahrstrahlen ihren Ursprung im Punkt $(0, K_F)$ statt in $(0, 0)$ haben.

Bild 14.4 zeigt wiederum ein mögliches Fahrstrahlenbündel. Der Fahrstrahl mit geringster Neigung liefert uns diesmal das *Betriebsminimum* von K (als Betriebsoptimum von K_v); *der Endpunkt hat die Koordinaten* (x_{BM}, K_{BM}).

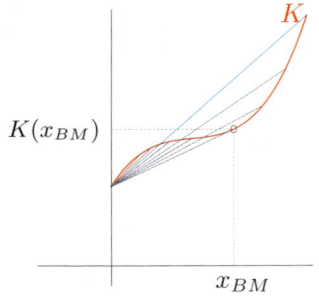

Bild 14.4: variables Strahlenbündel

Auch alle weiteren Schlussfolgerungen lassen sich übertragen; insbesondere konstatieren wir einen U-ähnlichen Verlauf der Variable-Stückkosten-Funktion k_v (Das Bild rechts gibt den exakten Verlauf wieder).

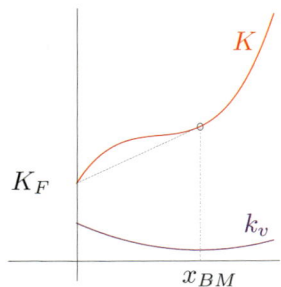

Als nächstes betrachten wir den Zusammenhang zwischen den stückvariablen Kosten k_v und den Grenzkosten K', (hier in ihrer Eigenschaft als Ableitung von K_v statt K). Direkt aus Bild 14.4 ist abzulesen:

(T_{BM}) *Im Betriebsminimum sind stückvariable Kosten und Grenzkosten identisch:* $k_v(x_{BM}) = K'(x_{BM})$.

Ökonomisch bedeutet dies, dass die Kosten der nächsten produzierten Einheit im Betriebsminimum etwa den bisher aufgetretenen durchschnittlichen *variablen* Gesamtkosten entsprechen. *Mathematisch* liefert die zugehörige Gleichung – neben (14.5) – einen zweiten Ansatz zur rechnerischen Bestimmung von k_{BM} und x_{BM}.

Fragen wir nach dem Verhältnis von Grenz- und variablen Stückkosten an verschiedenen Stellen des Graphen von K, so können wir die aus Bild 14.3 gewonnenen Vergleichsaussagen direkt auf unseren Fall übertragen:

(T_{VBM}) *Die stückvariablen Kosten sind auf* $(0, x_{BM})$ *höher, auf* (x_{BM}, ∞) *geringer als die Grenzkosten.*

Vergleich von Betriebsoptimum und -minimum

Schließlich vergleichen wir noch die Werte x_{BM} und x_{BO} untereinander, ebenso auch die Werte k_{BM} und k_{BO}.

Unser Bild liefert die Antwort: Es gilt

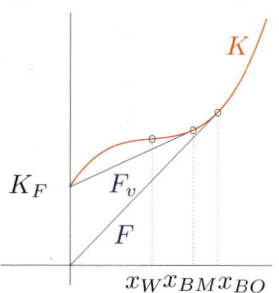

$$x_{BM} < x_{BO} \quad \text{sowie} \quad k_{BM} < k_{BO}$$

(letzteres, weil der betriebsminimale Fahrstrahl F_v eine geringere Neigung hat als der betriebsoptimale F).

Die Grenzkostenkurve

Wir werfen nun noch einen ergänzenden Blick auf die Grenzkostenkurve K'. Da unsere Kostenfunktion K ertragsgesetzlich ist, besitzt ihr Graph einen Wendepunkt (x_W, K_W), an dem die Krümmung von strikt konkav auf strikt konvex wechselt. In unserem Bild können wir die Lage dieser Stelle relativ zu den anderen ablesen: Es gilt

$$0 < x_W < x_{BM}.$$

Weil K zudem differenzierbar ist, findet Satz 11.15 über den Zusammenhang von Krümmung einer Funktion und Monotonie ihrer Ableitung hier Anwendung. Daraus ergibt sich, dass die *Grenzkosten* auf dem Intervall $[0, x_W]$ streng fallen und auf $[x_W, \infty)$ streng wachsen. Also nehmen die Grenzkosten an der Stelle x_W ein striktes globales Minimum an; es gilt

$$K'_W := K'(x_W) = \min_{x \geq 0} K'(x).$$

Insgesamt gilt für die drei signifikanten Punkte der x-Achse *mathematisch* die Ungleichung

(U_{EG}) $0 < x_W < x_{BM} < x_{BO} \quad \text{mit} \quad K'_W < k_{BM} < k_{BO}$

verbal:

(U_{EG}) *Die Minima der Grenzkosten, stückvariablen Kosten und Stückkosten werden nacheinander mit zunehmender Größe erreicht.*

Das Vierphasendiagramm ertragsgesetzlicher Kostenfunktionen

Nun können wir unsere Erkenntnisse über den Verlauf der vier Funktionen K, K_v, k und k_v in einem Diagramm zusammenfassen.

Der Definitionsbereich dieser Funktionen wird durch die Punkte x_W, x_{BM} und x_{BO} in vier Zonen I - IV zerlegt, die in unserem Bild farblich unterlegt sind. Sie entsprechen aufeinanderfolgenden Phasen der Fahrstrahl-"Fahrt".

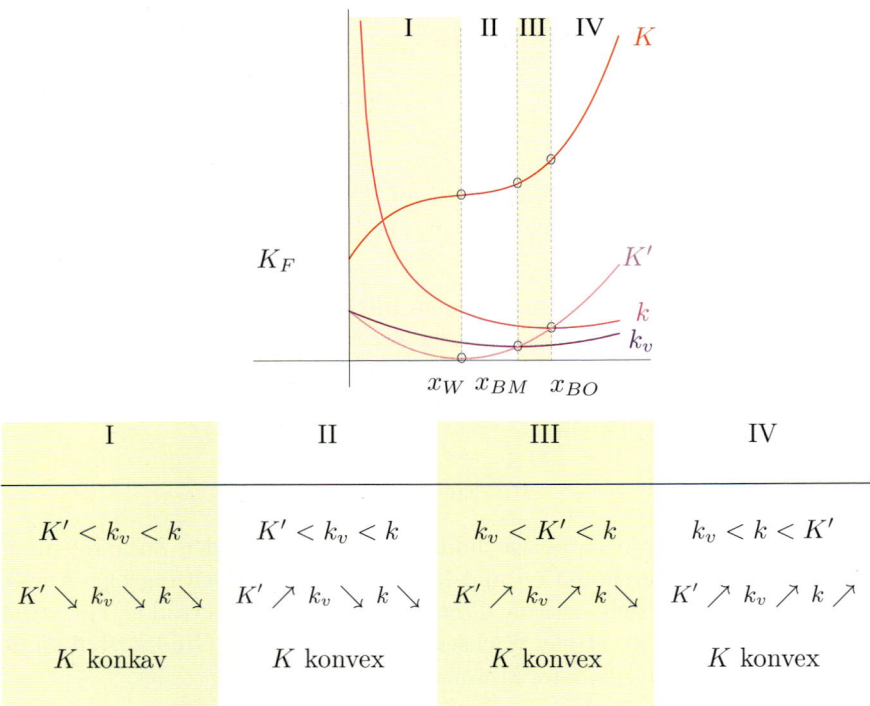

I	II	III	IV
$K' < k_v < k$	$K' < k_v < k$	$k_v < K' < k$	$k_v < k < K'$
$K' \searrow k_v \searrow k \searrow$	$K' \nearrow k_v \searrow k \searrow$	$K' \nearrow k_v \nearrow k \searrow$	$K' \nearrow k_v \nearrow k \nearrow$
K konkav	K konvex	K konvex	K konvex

Zur Rolle der Fixkosten

Abschließend bleibt hervorzuheben, dass in unserem Beispiel Betriebsoptimum und Betriebsminimum nur deshalb verschieden sind, weil positive Fixkosten vorausgesetzt wurden. Fehlende Fixkosten ($K_F = 0$) bewirken nun, dass $K = K_v$ gilt. In diesem Fall ergeben die Überlegungen zu Betriebsoptimum und -minimum buchstäblich identische Ergebnisse: Wir haben $x_{BO} = x_{BM}$, $k_{BO} = k_{BM}$ usw. Aus unserem Vierphasendiagramm wird dann ein Dreiphasendiagramm, weil die Phase III auf die Breite 0 zusammenschrumpft.

14.3.4 Neoklassische Kostenfunktionen

Die zweite typische Art von Kostenfunktionen ist die neoklassische. Neoklassische Kostenfunktionen lassen sich genauso mit Hilfe der Fahrstrahlanalyse analysieren wie soeben gesehen. Inwiefern werden sich die Ergebnisse von denen bei ertragsgesetzlichen Kostenfunktionen unterscheiden? Um diese Frage zu beantworten, betrachten wir als "typisches" Beispiel die Funktion

$$K(x) = x^2 + 2x + 25, x \geq 0,$$

die uns aus (14.7) bekannt ist.

Stückkosten und Grenzkosten

Das folgende Bild zeigt ein vom Koordinatenursprung ausgehendes Fahrstrahlenbündel. Wir sehen sofort, dass eine völlig analoge Situation vorliegt wie im ertragsgesetzlichen Fall; wir erhalten eine Stückkostenkurve, die zunächst fällt und dann wieder steigt; der Fahrstrahl geringster Neigung identifiziert das Betriebsoptimum, und die Thesen (T_{BO}) und (T_{VBO}) können sozusagen "durch Abschreiben" übernommen werden.

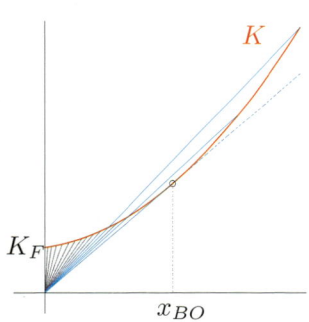

Stückvariable Kosten und Grenzkosten

Ein weiteres Bild zeigt ein diesmal von $(0, K_F)$ (statt von $(0,0)$) ausgehendes Fahrstrahlbündel. Die Fahrstrahlneigung ist nun desto geringer, umso näher der Schnittpunkt des Fahrstrahls mit dem Graphen von K der y-Achse kommt.

Der "Fahrstrahl" G mit geringster Neigung ist kein eigentlicher Fahrstrahl, sondern vielmehr ein "Grenzstrahl", seine Steigung also Grenzwert der Steigungen der auf ihn zulaufenden Fahrstrahlen:

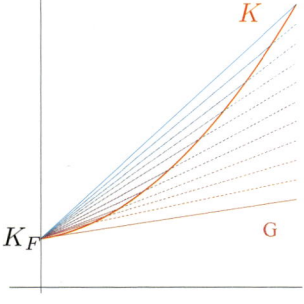

$$k_v(0) = k_v(0+) = \lim_{x \downarrow 0} k_v(x) = \min_{x \geq 0} k_v(x). \qquad (14.6)$$

Dieses sind die minimalen (erweiterten) stückvariablen Kosten, also das *Betriebsminimum* k_{BM}. Damit gilt $x_{BM} = 0$, in Worten:

(T_{BMN}) *Der betriebsminimale Output einer neoklassischen Kosten-funktion ist Null.*

Wir beobachten weiterhin, dass der Grenzstrahl zugleich Tangente an den Graphen von K im Punkt $(0, K_F)$ ist und daher die Steigung $K'(0)$ hat. Es gilt somit wie im ertragsgesetzlichen Fall

(T_{BM}) *Im Betriebminimum sind stückvariable Kosten und Grenz-kosten identisch,*

d.h., formal auch hier

(T_{BM}) $$k_v(x_{BM}) = K'(x_{BM}).$$

Der Fahrstrahlverlauf im letzten Bild zeigt einen weiteren Unterschied zum ertragsgesetzlichen Fall: Je größer der Output x, umso größer ist die Steigung des Fahrstrahls zum Punkt $(x, K(x))$. Die stückvariablen Kosten wachsen also von Anfang an, genauer: *überall* streng monoton; anders als dort hat k_v hier also keinen U-ähnlichen Verlauf. Es gilt aber erkennbar (siehe Bild unten):

(T_{VBM}) *Auf $(0, \infty)$ sind die variablen Stückkosten geringer als die Grenzkosten.*

Auch der Vergleich von Betriebsoptimum und -minimum fällt genauso aus wie im ertragsgesetzlichen Fall; es gilt offensichtlich $x_{BM} < x_{BO}$ und $k_{BM} < k_{BO}$. Die Grenzkostenkurve dagegen sieht anders aus: Da der Graph der Kosten-funktion keinen Krümmungswechsel aufweist, gibt es keine (echte) Wende-stelle x_W. Ihre Rolle wird hier durch den Nullpunkt übernommen, an dem der "konvexe Ast" der Kostenkurve beginnt. An dieser Stelle nehmen auch die Grenzkosten ihr Minimum an. Wir können also schreiben:

$(U1_{NK})$ $$0 = x_W = x_{BM} < x_{BO} \text{ mit } K'_W = k_{BM} < k_{BO}.$$

Im Bild rechts sind alle 4 Funktionen K, K', k, k_v in einem **Zweiphasendia-gramm** vereint. Die beiden Zonen I und II entsprechen inhaltlich den Zo-nen III und IV im ertragsgesetzlichen Fall.

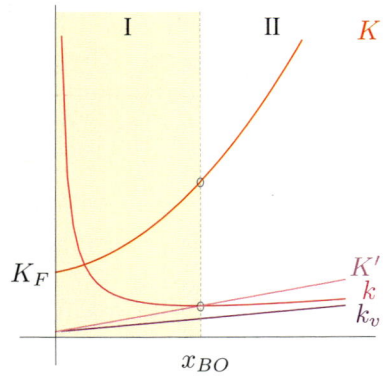

Zur Rolle der Fixkosten

Bei der Herleitung des Zweiphasendiagramms spielte eine Rolle, dass in unserem Beispiel mit $K_F = 25$ positive Fixkosten gegeben waren. Fehlende Fixkosten ($K_F = 0$) würden sich auch hier so auswirken, dass $K = K_v$ gälte und als Folge Betriebsoptimum und -minimum zusammenfielen: Wir hätten $x_{BO} = x_{BM}$, $k_{BO} = k_{BM}$ usw. Aus unserem Zweiphasendiagramm würde ein Einphasendiagramm, weil die Phase I auf die Breite 0 zusammenschrumpfte.

Zusammenfassung

Vereinfacht gesagt, bleiben alle Erkenntnisse aus dem ertragsgesetzlichen Fall auch im neoklassischen Fall bestehen, soweit sie dort eine sinnvolle Interpretation haben. Anschaulich wird das durch die Vorstellung unterstützt, der Graph einer neoklassischen Kostenfunktion[5] sei nichts anderes als der nach links verschobene konvexe Teil des Graphen einer ertragsgesetzlichen Kostenfunktion. Bei dieser Verschiebung wandern die Werte x_W und x_{BM} in den Nullpunkt und die beiden ersten Phasen des Vierphasendiagramms schmelzen auf die Breite 0 zusammen. (Bei fehlenden Fixkosten trifft dies auch noch auf die dritte Phase zu.) Mathematisch liegt eine Besonderheit des neoklassischen Falles darin, dass die Lösung des Minimierungsproblems zur Bestimmung des Betriebsminimums diesmal nicht im Inneren des Definitionsbereiches, sondern auf dessen Rand gefunden wird. Nichtsdestoweniger bleibt die Bestimmungsgleichung (T_{BM}) in Kraft.

14.3.5   Mathematische Erweiterungen

Im Ergebnis unserer Fahrstrahlanalyse zweier Beispiele gelangten wir zu ökonomischen *Thesen* über ertragsgesetzliche bzw. neoklassische Kostenfunktionen. Diese Thesen beruhen bislang rein auf der Anschauung in zwei konkreten grafischen Beispielen. Es bedarf daher noch eines exakten Nachweises dafür, dass die Thesen über diese Beispiele hinaus Gültigkeit haben. Wir wollen in den folgenden Sätzen nun zeigen, dass dies in weitem Umfang der Fall ist. Gleichzeitig erhalten wir dadurch nützliche Hilfestellungen zur praktischen Berechnung der Betriebskenngrößen. Die Begründungen der Sätze beruhen ganz überwiegend auf einfachen Konvexitätsargumenten und werden für interessierte Leser in den Anhang aufgenommen.

---

[5]mit $K(0) > 0$

Satz 14.75. *Es sei* $K : [0, \infty) \longrightarrow \mathbb{R}$ *eine ertragsgesetzliche oder neoklassische Kostenfunktion mit (erweiterter) Stückkostenfunktion* k.

(1) *Wenn* K *ein Betriebsoptimum – also ein globales Minimum* k_{BO} *von* k *– besitzt,*

(i) *wird dieses an genau einer Stelle* x_{BO} *angenommen;*

(ii) *existieren keine weiteren lokalen Minima von* k,

(iii) *ist* k *auf* $(0, x_{BO})$ *– sofern nichtleer – streng fallend, auf* (x_{BO}, ∞) *streng wachsend.*

(2) *Wenn* K *kein Betriebsoptimum besitzt, hat* k *kein lokales Minimum.*

(3) *Alle Aussagen bleiben richtig, wenn gleichzeitig "Betriebsoptimum" durch "Betriebsminimum",* k *durch* k_v, x_{BO} *durch* x_{BM} *und* k_{BO} *durch* k_{BM} *ersetzt werden.*

Zum *praktischen Nutzen* von Satz 14.75: Sei K wie vorausgesetzt. Um festzustellen, ob K ein Betriebsoptimum besitzt (und ggf. welches), genügt es, die Stückkostenfunktion k auf *lokale* Minima zu untersuchen. Findet man eins, ist es *automatisch* das einzige und global – fertig. Ohne dieses Wissen wären oft aufwendige Untersuchungen zur Existenz weiterer Minima bzw. zur Globalität erforderlich (vgl. Beispiel 14.61 auf Seite 447 und Aufgabe 14.43), die nun entfallen können. Sinngemäßes gilt für das Betriebsminimum.

Bei differenzierbaren Kostenfunktionen wird man k zwecks Minimierung auf stationäre Punkte untersuchen. Es gibt jedoch noch einen zweiten Ansatz:

Satz 14.76. *Unter den Voraussetzungen von Satz 14.75 sei* K *überdies differenzierbar.*

(1) *Wenn* K *ein Betriebsoptimum besitzt, hat die Gleichung*

$$K'(x) = k(x) \qquad (14.7)$$

genau eine Lösung in der Menge

$$\begin{cases} (0, \infty) & \text{wenn } K \text{ ertragsgesetzlich ist} \\ [0, \infty) & \text{wenn } K \text{ neoklassisch ist;} \end{cases}$$

diese ist identisch mit dem betriebsoptimalen Output x_{BO}. *Weiterhin gilt*

$$\begin{cases} k(x) > K'(x) & \text{für } x \in (0, x_{BO}) \ (\text{soweit nichtleer}) \\ k(x) < K'(x) & \text{für } x \in (x_{BO}, \infty). \end{cases}$$

(2) *Wenn* K *kein Betriebsoptimum besitzt, ist die Gleichung (14.7) unlösbar.*

(3) *Alle Aussagen bleiben richtig, wenn gleichzeitig "Betriebsoptimum" durch "Betriebsminimum",* k *durch* k_v, x_{BO} *durch* x_{BM} *und* k_{BO} *durch* k_{BM} *ersetzt werden.*

Auch hier ein Wort zum *praktischen Nutzen*: Sei K eine ertragsgesetzliche oder neoklassische Kostenfunktion. Um festzustellen, ob K ein Betriebsoptimum besitzt (und ggf. welches), haben wir mit Gleichung (14.7) einen zur Minimierung von k alternativen Ansatz. Ist sie unlösbar, so existiert kein Betriebsoptimum; ist sie lösbar, dagegen doch. (Im letzteren Fall ist eine Formulierungsfeinheit zu beachten: Wenn K neoklassisch ist, hat die Gleichung (14.7) ohnehin nur eine einzige (nichtnegative) Lösung, und zwar x_{BO}. Wenn K dagegen ertragsgesetzlich ist, hat (14.7) genau eine Lösung, die größer als 0 ist – nämlich x_{BO} –, es ist aber möglich, dass sich auch die Zahl 0 als Lösung erweist. Diese ist für unsere Untersuchung jedoch unerheblich.) Die Brücke zwischen den beiden Sätzen 14.75 und 14.76 ist folgende: Satz 14.75 spricht über lokale Minima der Stückkostenfunktion k. Wenn diese differenzierbar ist, wird man sie auf stationäre Punkte untersuchen. Jeder stationäre Punkt ist jedoch eine Lösung von (14.7), mithin Thema von Satz 14.76. Wir können damit über eventuelle stationäre Punkte von k folgendes aussagen:

> Ist K ertragsgesetzlich, differenzierbar und besitzt k einen positiven stationären Punkt, so ist dies automatisch der betriebsoptimale Output; besitzt k keinen positiven stationären Punkt, so existiert kein Betriebsoptimum.

Dasselbe gilt für neoklassische Kostenfunktionen, die differenzierbar sind und positive Fixkosten haben. Auch bei dieser Erkenntnis ist der praktische Nutzen erheblich.

Sinngemäßes gilt mit Blick auf das Betriebsminimum. Hervorzuheben ist jedoch die folgende Besonderheit neoklassischer Kostenfunktionen:

Satz 14.77. *Jede neoklassische Kostenfunktion besitzt ein Betriebsminimum, und zwar an der Stelle 0.*

Schließlich sei noch die wechselseitige Lage wichtiger Größen beleuchtet:

Satz 14.78. *Es sei K eine differenzierbare, ertragsgesetzliche oder neoklassische Kostenfunktion mit Wendepunkt $x_W \geq 0$, die sowohl ein Betriebsoptimum als auch ein Betriebsminimum besitzt. Dann gelten folgende Ungleichungen:*

	K ertragsgesetzlich	K neoklassisch
$K_F > 0:$	$0 < x_W < x_{BM} < x_{BO}$	$0 = x_W = x_{BM} < x_{BO}$
$K_F = 0:$	$0 < x_W < x_{BM} = x_{BO}$	$0 = x_W = x_{BM} = x_{BO}$

Alle schwarz gedruckten Ungleichungen bleiben richtig, wenn gleichzeitig x_W durch K_W', x_{BM} durch k_{BM} und x_{BO} durch k_{BO} ersetzt werden.

Wenn K nicht differenzierbar ist, brauchen die aufgeführten Ungleichungen nicht mehr in jedem Fall streng zu gelten. – Wir fügen zum Schluss eine kleine Hilfsaussage von selbständigem Interesse mit Begründung an – letztere, weil sie ein auch für die übrigen Begründungen typisches Argument enthält. Sie beweist die These (T_M).

Satz 14.79. *Es sei K eine ertragsgesetzliche Kostenfunktion mit Wendepunkt x_W. Dann ist die Stückkostenfunktion k auf $(0, x_W]$ streng fallend.*

Denn: Angenommen, dies wäre nicht so; es gäbe also Stellen x_1, x_2 mit $0 < x_1 < x_2 \leq x_W$ und $k(x_1) \leq k(x_2)$.

Unser Bild zeigt den zu $(x_2, K(x_2))$ führenden Fahrstrahl F und den von $(0, K_F)$ zu $(x_2, K(x_2))$ führenden Fahrstrahl F_v. (Letzterer kann mit F zusammenfallen, nämlich dann, wenn die Fixkosten K_F Null sind.)

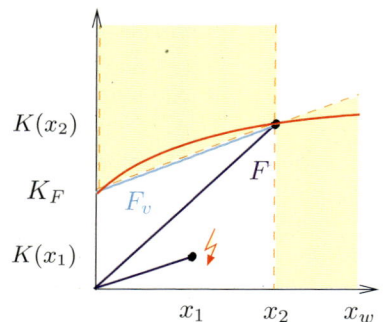

Weil K auf $(0, x_W]$ strikt konkav ist, müsste graph(K) durch das *Innere* der pastellgelben Zone oberhalb von F_v und damit strikt *oberhalb* von F verlaufen. Dies ist aber nicht möglich, weil der zu $(x_1, K(x_1))$ führende Fahrstrahl höchstens dieselbe Steigung hat wie F – ein Widerspruch.

14.3.6   Praktische Bestimmung von Betriebskenngrößen

Gegeben sei eine Kostenfunktion K, die auf ein Betriebsoptimum bzw. -minimum untersucht werden soll. Wir gehen der Einfachheit halber von der generellen Annahme aus, es sei bereits bekannt, dass K differenzierbar und ertragsgesetzlich oder neoklassisch ist. Die folgenden Übersichten stellen die zur Ermittlung der Betriebskenngrößen anwendbaren Ansätze noch einmal übersichtlich zusammen

Bestimmung des **Betriebsoptimums**:

Voraussetzung: K neoklassisch mit $K(0) > 0$ oder
$\qquad\qquad\quad K$ ertragsgesetzlich

Ansätze	Ergebnisse bei Lösbarkeit	
	x_{BO} als einzige...	$k_{BO} =$
$k \to \min$	lokale Minimumstelle	$\min k$
$k' = 0$	positive Lösung	$k(x_{BO})$
$k = K'$	positive Lösung	$K'(x_{BO})$

Bei Unlösbarkeit existiert kein Betriebsoptimum!

Bestimmung des **Betriebsminimums**:

Man ersetze in obiger Tabelle simultan

$$x_{BO} \leftrightarrow x_{BM}, \quad K_{BO} \leftrightarrow K_{BM}, \quad k \leftrightarrow k_v.$$

Sie gilt

- *vollständig* weiter, wenn K ertragsgesetzlich ist;

- *ohne blaue Textteile* weiter, wenn K neoklassisch ist; in diesem Fall existiert stets ein Betriebsminimum mit $x_{BM} = 0$.

Neu an unserer Übersicht ist der Ansatz $k = K'$ zur Ermittlung der Betriebsgrößen. Sehen wir uns einige Beispiele an:

Beispiel 14.80 (↗F 14.65). Es sollen die Betriebsgrößen der ertragsgesetzlichen Kostenfunktion K mit

$$K(x) = 3x^3 - 30x^2 + 106x + 216, \quad x \geq 0,$$

über den Ansatz $k = K'$ bestimmt werden.

Lösung: Wir bestimmen zunächst das Betriebs*optimum*. Die Stückkosten und Grenzkosten betragen $k(x) = 3x^2 - 30x + 106 + \frac{216}{x}$, $\quad x > 0$,
$K'(x) = 9x^2 - 60x + 106$, $\quad x \geq 0$. Der Ansatz $k(x) = K'(x)$ führt daher auf die Gleichung $6x^2 - 30x - \frac{216}{x} = 0$, nach Division durch 6 und Multiplikation mit x $\quad x^3 - 5x^2 - 36 = 0$. Wir suchen zunächst nach ganzzahligen Lösungen; es kommen dann nur Teiler von 36 in Frage. Es ist schnell zu sehen, dass $x = 6$ diese Gleichung löst. Wir wissen aus Satz 14.76: Eine weitere positive Lösung

kann nicht existieren; mithin gilt $x_{BO} = 6$. (Wüssten wir dies nicht, müssten wir eine Polynomdivision ausführen und die Nullstellen der verbleibenden quadratischen Gleichung bestimmen.) Einsetzen dieses Wertes in k liefert das Betriebsoptimum: $k_{BO} = 70$. – Zur Ermittlung des Betriebs*minimums* setzen wir an $k_v(x) = K'(x)$; hier:

$$3x^2 - 30x + 106 \quad = \quad 9x^2 - 60x + 106,$$

bzw. gleichbedeutend

$$x^2 - 5x = 0$$

mit den beiden Lösungen $x = 0$ und $x = 5$. Nur die positive Lösung ist von Interesse; es folgt $x_{BM} = 5$ und $k_{BM} = K'(5) = 31$. $\triangle$

Beispiel 14.81 ($\nearrow$F 14.66). Diesmal sollen die Betriebsgrößen der neoklassischen Kostenfunktion J mit

$$J(x) = x^2 + 5x + 25, \quad x \geq 0,$$

über den Ansatz $k = K'$ bestimmt werden.

Lösung: Zur Bestimmung des Betriebs*optimums* betrachten wir die Stückkosten $j(x) = x + 5 + \frac{25}{x}$, $x > 0$, und vergleichen sie mit den Grenzkosten $J'(x) = 2x + 5$, $x \geq 0$. Die Gleichung $j(x) = J'(x)$ lautet

$$x + 5 + \frac{25}{x} \quad = \quad 2x + 5.$$

Multiplikation mit x liefert die Gleichung $25 = x^2$ mit der einzigen nichtnegativen Lösung $x_{BO} = 5$ mit zugehörigem Betriebsoptimum $j_{BO} = j(5) = 15$. Nunmehr wird das Betriebs*minimum* bestimmt; wir setzen $j_v(x) = J'(x)$ – konkret $x + 5 = 2x + 5$ mit der einzigen (nichtnegativen!) Lösung $x_{BM} = 0$ mit zugehörigem Betriebsminimum

$$j_{BM} = j_v(0) = 5.$$

$\triangle$

14.3.7 Aufgaben

Aufgabe 14.82. Das Traditionsunternehmen $Q3$ produziert das Ferment $Q4$ zu internen Gesamtkosten von $K(x) = \frac{x^3}{3} - 6x^2 + 43x + 122$ [10 T €] bei einer Ausbringung von x Litern. Wie groß ist das Betriebsminimum? Wie groß der zugehörige Output?

Aufgabe 14.83. Die Firma $Q5$ bietet ebenfalls das Ferment $Q4$ an, wobei die interne variable Kostenstruktur dieselbe ist wie beim Konkurrenten $Q3$ (vgl. Aufgabe 14.82). Der betriebsoptimale Output liegt bei $12\,l$ $Q4$. Wie hoch sind die Fixkosten der Firma $Q5$?

Aufgabe 14.84 (↗F 14.42). Es wurde bereits festgestellt, dass die Kostenfunktion $K(x) := 3x^5 - 10x^3 + 15x + 108, x \geq 0$, ertragsgesetzlich ist. Bestimmen Sie das Betriebsoptimum und den zugehörigen Output. (*Hinweis*: Sie werden auf eine Gleichung fünften Grades stoßen. Warum genügt es, eine einzige Lösung zu finden – z.B. durch gezieltes Probieren?)

Aufgabe 14.85. Bestimmen Sie alle Betriebskenngrößen der Kostenfunktion $\Theta(x) = 5x + 2e^{x/10}, x \geq 0$.

Aufgabe 14.86 (↗F 14.100). Wir betrachten die stückweise lineare Kostenfunktion

$$L(x) = \begin{cases} x + 1 & 0 \leq x \leq 2 \\ \frac{x}{2} + 2 & 2 \leq x \leq 12 \\ x - 4 & 12 \leq x < \infty. \end{cases}$$

Bestimmen Sie alle Betriebskenngrößen. (*Hinweis*: Nehmen Sie eine Skizze zu Hilfe.)

Aufgabe 14.87. Begründen Sie die Aussage "*Der Grenznutzen ist stets kleiner als der Durchschnittsnutzen*" unter der Annahme, der Nutzen werde durch eine differenzierbare, nichtnegative kardinale Nutzenfunktion abgebildet.

Aufgabe 14.88. Eine Kostenfunktion sei durch die allgemeine Formel $\Psi(x) = ax^p + bx + c, x \geq 0$, gegeben, wobei a, p, b und c (feste) positive Konstanten sind. Wie groß ist der betriebsoptimale Output x_{opt}?

14.4 Kosten, Erlös, Gewinn und Angebot

14.4.1 Die allgemeine Situation

In diesem Abschnitt gehen wir der Frage nach, welche Konsequenzen sich für ein gewinnorientiertes Unternehmen aus seiner internen Kostenstruktur ergeben. Dabei nehmen wir zur Vereinfachung an, dass das Unternehmen nur ein einziges Produkt X produzieren will und jede gewünschte Menge davon herstellen wie auch absetzen könnte. Weiterhin nehmen wir an, dass es sich über die Gesamtkosten $K(x)$ bei der Herstellung jeder denkbaren Menge x des Gutes X im Klaren ist und ebenso klare Vorstellungen über den Erlös $E(x)$, den es beim Absatz dieser Menge des Gutes X erzielen wird, besitzt.

Unsere Annahmen besagen mathematisch, dass sowohl die Kostenfunktion K als auch die Erlösfunktion E bekannt seien, wobei als ökonomisch sinnvoller Definitionsbereich die Menge $D_{oec} := [0, \infty)$ angesehen wird. (In der Funktion K sind gewisse Rahmenbedingungen enthalten – wie etwa ein Zeithorizont der Betrachtung, die Anwendung einer kosteneffizienten Technologie etc. –, die hier nicht explizit berücksichtigt werden müssen.)
Sobald das Unternehmen die Gesamtmenge x absetzt und dabei einen Erlös

in Höhe von $E(x)$ Geldeinheiten erzielt, sind diesem Erlös auf der anderen
Seite die entsprechenden Kosten gegenüberzustellen; die Differenz

$$G(x) := E(x) - K(x), \quad x \geq 0, \tag{14.8}$$

bezeichnen wir definitionsgemäß als *Gewinn*. Die durch (14.8) definierte neue
Funktion G nennen wir *Gewinnfunktion*. Der hier enthaltene Begriff *Gewinn*
sollte nicht mit dem umgangssprachlichen Verständnis von "Gewinn" verwechselt werden, denn die Größe $G(x)$ kann auch negative Werte annehmen. In
diesem Fall würde man umgangssprachlich von einem "Verlust" sprechen.

Wenn das Unternehmen wie vorausgesetzt die Funktionen K, E und damit G
vorab kennt, wird es sein Produktionsziel derart bestimmen, dass der erzielte
Gewinn möglichst groß wird, genauer: sein absolutes Maximum

$$G_{\max} := \max_{D_{oec}} G$$

annimmt. Gesucht wird daher jeder Output x_{opt}, für den der Gewinn sein
Maximum annimmt:

$$G_{\max} = G(x_{opt}). \tag{14.9}$$

Im Idealfall wird der Maximalgewinn $G_{\max}$ endlich und "groß", also zumindest
positiv sein, an einer eindeutig bestimmten Stelle x_{opt} erzielt werden, und das
Unternehmen wird diese gewinnoptimale Menge x_{opt} produzieren und *anbieten*. Unser Bild illustriert diese Situation. Rot dargestellt ist die Kostenfunktion K, dunkelblau die Erlösfunktion E, die hier beide als stetig angenommen
wurden.

Die Differenz "$E - K$" kann man sich
durch Verschiebung der blauen Stäb-
chen zwischen den Graphen von E und
K auf die x-Achse vorstellen; als Resultat ergibt sich der Graph von G (hellblau).

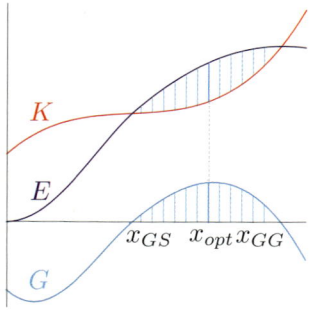

Typisch ist, dass nicht für *jeden* Output ein positiver Gewinn entsteht. Insbesondere wird mit dem Output 0 kein Erlös zu erzielen sein, so dass der
"Gewinn" $G(0)$ gerade den negativen Wert der Fixkosten K_F ausmacht. Die
Interpretation: Wenn das Unternehmen die zur Produktionsaufnahme notwendigen Investitionen (=Fixkosten) bereits verausgabt, aber noch nicht mit der
Produktion begonnen hat, hat es bis dato also (noch) einen Verlust in Höhe
von K_F erzielt.

Echter (=positiver) Gewinn wird frühestens dann erzielt, wenn der Output den Wert x_{GS} – die sogenannte *Gewinnschwelle*, auch als *break-even-Punkt* bekannt – überschreitet, aber höchstens solange, bis der Wert x_{GG} – die sogenannte *Gewinngrenze* – erreicht wird. Dass danach der Gewinn in echten Verlust übergeht, ist durch unverhältnismäßige Kosten weiterer Produktionssteigerung begründet. Wir bezeichnen das Intervall $[x_{GS}, x_{GG}]$ als *Gewinnzone* und die darüber befindliche schraffierte Fläche zwischen den Graphen von E und K als *Gewinnlinse*. Das Innere der Gewinnzone gibt all diejenigen Outputwerte an, die mit echtem Gewinn produziert werden; insofern beschreibt sie einen positiven unternehmerischen Handlungsspielraum. Gut erkennbar ist darin die Stelle x_{opt} als diejenige mit dem größtmöglichen Gewinn.

Leider gibt es in der Praxis auch weniger ideale Fälle – nämlich solche, in denen sich das Gewinnmaximum als negativ erweist, also der größtmögliche "Gewinn" auch nur echter Verlust ist. Das Bild rechts illustriert eine solche Situation. Diesmal wird die unternehmerische Entscheidung vom Zeitpunkt abhängen, *wann* es sich über die Situation klar wird:

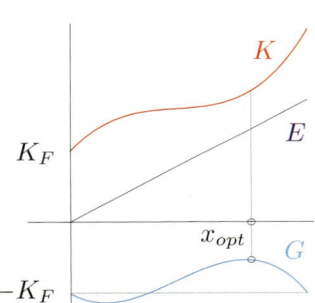

- Ist die Situation absehbar, bevor die notwendigen *Investitionen* (in Höhe der Fixkosten) getätigt sind, wird das Unternehmen *nicht nur auf die Produktion des Gutes X, sondern auch auf die notwendigen Investitionen verzichten* – das Angebot des Unternehmens ist *Null* und es erleidet weder Gewinn noch Verlust.

- Wenn dagegen die Fixkosten verausgabt wurden, die Produktion aber noch nicht oder gerade erst aufgenommen wurde, wird das Unternehmen danach streben, den bereits eingetretenen Verlust in Höhe der Fixkosten zu verringern (oder wenigstens nicht zu vergrößern), indem es eine gewinnoptimale Menge x_{opt} des Gutes X produziert (d.h., "anbietet").

Aufgrund dieser Betrachtungen haben wir zwischen dem gewinnmaximalen Output und dem "Angebot" zu unterscheiden. Im Interesse klarer Begriffsbildungen treffen wir die folgende

Vereinbarung 14.89. *Das Angebot (des Unternehmens) vor Investition ist*

$$x_{AV} = \begin{cases} x_{opt} & \text{falls } G_{\max} > 0 \\ 0 & \text{sonst;} \end{cases} \tag{14.10}$$

das Angebot (des Unternehmens) nach Investition ist

$$x_{AN} = x_{opt}\,, \tag{14.11}$$

wobei x_{opt} im Falle der Mehrdeutigkeit kleinstmöglich gewählt wird.

Wir sehen, dass es aus der Sicht des Unternehmens zur Ermittlung seines Angebotes in *jedem* Fall erforderlich ist, den maximal möglichen Gewinn $G_{\max}$ sowie den (oder die) gewinnoptimalen Output(s) zu ermitteln. "Unternehmensintern" ist hierzu die Extremwertaufgabe

$$G(x) \to \max \quad \text{bezüglich} \quad x \in D_{oec}$$

zu lösen. Wie dies mathematisch geschieht, haben wir in Theorie und Praxis ausführlich im Kapitel 11 "Extremwertprobleme" behandelt. Insbesondere finden sich dort genügend konkrete Berechnungsbeispiele, die genau in den hiesigen Kontext passen. Die folgenden Bemerkungen sollen unser mathematisches Bild der Extremwerttheorie ökonomisch abrunden:

(1) Wenn Kosten- und Erlösfunktion differenzierbar sind und ein Optimalpunkt x_{opt} *im Inneren* von D_{oec} liegt, gilt notwendigerweise

$$G'(x_{opt}) = E'(x_{opt}) - K'(x_{opt}) = 0,$$

also

$$K'(x_{opt}) = E'(x_{opt}). \tag{14.12}$$

Wir gelangen zu der ökonomischen These

In einem inneren gewinnoptimalen Output stimmen Grenzkosten und Grenzerlös überein. (14.13)

Das Bild rechts zeigt die grafische Interpretation: Die Graphen von E und K besitzen für $x = x_{opt}$ parallele Tangenten.

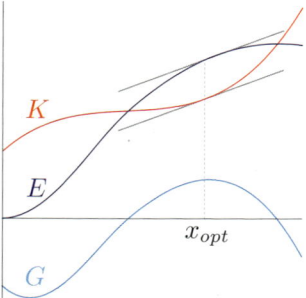

(2) Bisher sind wir von der Annahme ausgegangen, dass das Unternehmen eine beliebig große Produktionskapazität hat. Nicht selten gibt es jedoch eine Kapazitätshöchstgrenze C derart, dass nur Outputwerte $x \le C$ realisiert werden können.

In diesem Fall sind sämtliche Funktionen lediglich auf dem verkleinerten ökonomischen Definitionsbereich $D_{oec} := [0, C]$ statt $[0, \infty)$ zu betrachten und der optimale Output kann sich verschieben.

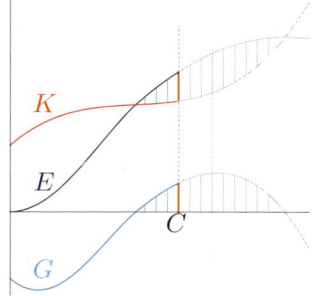

Insbesondere ist möglich, dass der höchste Gewinn erst bei voller Ausschöpfung der Produktionskapazität erzielt wird. Die These (14.13) greift dann *nicht*, weil ein *Randextremum* vorliegt.

(3) Es kann – zumindest theoretisch – mehrere gewinnoptimale Stellen geben, die wir in der Menge $X_{opt} := \arg\max_{D_{oec}} G$ zusammenfassen[6]. Da all diese Outputwerte zum selben Maximalgewinn führen, unterstellen wir, dass das Unternehmen den kleinstmöglichen bevorzugt.

Bei unserer Beschreibung der Kosten-Erlös-Gewinn-Situation haben wir angenommen, dass die Erlösfunktion bekannt sei. Es stellt sich die Frage: "Woher kommt" die Erlösfunktion? Eine griffige Formel lautet

$$Erlös = Preis \cdot Menge,$$

wobei wir unter Menge den produzierten (und vollständig abgesetzten) Output x und unter Preis denjenigen Preis verstehen, der beim Absatz der Menge x zum Tragen kommt. Zwischen diesem Preis und der abgesetzten Menge kann also eine mehr oder weniger starke Abhängigkeit bestehen. Dabei sind zwei Extreme denkbar, die ihr ökonomisches Gegenstück in zwei gegensätzlichen Marktmodellen finden: Wir unterscheiden zwischen dem

- *Monopolmarkt*, auf dem das Unternehmen jeden Preis p durchsetzen kann, dafür aber in Kauf nehmen muss, dass der Absatz x – im Sinne einer Nachfrage – mit zunehmendem Preis sinkt, und dem

- *Polypolmarkt*, auf dem das Unternehmen in freier Konkurrenz agiert und *keinerlei* Einfluss auf den konstanten Preis p hat, dafür aber beliebig hohe Mengen x absetzen kann.

Je nach gewählter Annahme lassen sich alle bisherigen Aussagen weiter konkretisieren (siehe die beiden folgenden Abschnitte). Bei einem Polypolmarkt macht sich das Marktumfeld in Form eines skalaren Parameters – des Preises p – bemerkbar. Es liegt daher nahe, das Verhalten des Unternehmens bei veränderlichem Marktumfeld zu studieren.

---

[6]Zur Bezeichnungsweise siehe S.359

14.4.2   Monopolistische Märkte

Auf einem monopolistischen Markt besteht der engstmögliche Zusammenhang zwischen absetzbarer Produktmenge – also der Nachfrage – und dem Preis. Wir nehmen an, dieser Zusammenhang sei in Form einer Preis-Absatz-Funktion

$$x \to p(x), \quad x \geq 0,$$

gegeben – dies ist ihrer Natur nach eine Nachfragefunktion – und dem monopolistischen Unternehmen bekannt. Die Erlösfunktion nimmt also die Form

$$E(x) = xp(x), \quad x \geq 0,$$

an, und die Gewinnfunktion lautet $G(x) = xp(x) - K(x)$, $x \geq 0$. Bei positivem Maximalgewinn $G_{\max}$ wird das Unternehmen die gewinnmaximale Menge x_{opt} produzieren und anbieten.

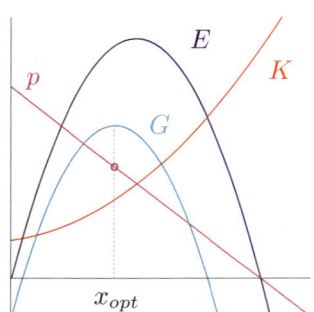

Unser Bild rechts illustriert diese Situation. Es zeigt die vier genannten Funktionen, das Gewinnmaximum und den gewinnoptimalen Output x_{opt}. Der besonders hervorgehobene Punkt hat die Koordinaten (x_{opt}, p_{opt}) und wird als COURNOTscher Punkt bezeichnet.

Er fasst die beiden zentralen Größen des Marktes zusammen: x_{opt} als das Marktvolumen und p_{opt} als den tatsächlichen Markt- bzw. Monopolpreis.

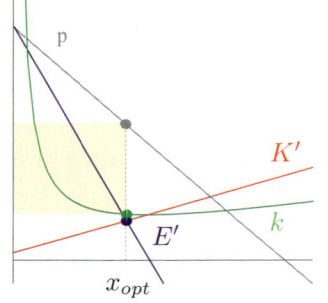

Wir können den Punkt x_{opt} auch auf eine zweite Art grafisch lokalisieren, wenn (wie im Bild rechts) Nachfrage und Kosten differenzierbar sind, denn dort[7] stimmen Grenzerlös und Grenzkosten überein:

$$E'(x_{opt}) = K'(x_{opt}). \tag{14.14}$$

Also ist x_{opt} Abszisse des Schnittpunktes von Grenzerlös- und Grenzkostenkurve, wie im Bild gezeigt. (Wir sehen nebenbei, dass die gewinnoptimalen Stückkosten $k(x_{opt})$ als interner "Kostenpreis" deutlich unterhalb des Monopolpreises p_{opt} liegen; die Differenz ist der Stückgewinn. Multipliziert man

---

[7]x_{opt} ist *innerer* Punkt von D_{oec}!

diesen mit der abgesetzten Menge x_{opt}, erhält man den Monopolgewinn $G_{\max}$ – auf diese Weise kann der Monopolgewinn als Flächeninhalt des pastellgelben Rechtecks interpretiert werden.)

Selbstverständlich lassen sich die Größen $x_{opt}, G_{\max}$ und p_{opt} nicht nur grafisch, sondern auch rechnerisch ermitteln. Beispiele zur rechnerischen Ermittlung der Größen $x_{opt}, G_{\max}$ und p_{opt} folgen unter Punkt 14.4.4.

Wir heben noch folgende Beobachtung hervor: In unseren Bildern ist x_{opt} eindeutig bestimmt, insbesondere ist die Bestimmungsgleichung $E'(x) = K'(x)$ *eindeutig* lösbar. Daher besitzt die Gewinnfunktion genau einen stationären Punkt, was bei der praktischen Ermittlung von x_{opt} sehr hilfreich ist. Dabei zeigen die Bilder eine "einigermaßen typische" Situation – die Kostenfunktion wurde neoklassisch, die Preis-Absatz-Funktion wurde linear, also mit zur Kostenfunktion "gegenläufiger" Krümmung, gewählt. Wir formulieren daher als These:

(TCP)   *Der gewinnoptimale Output eines Monopolisten mit neoklassischen Kosten ist bei konkaver (und insbesondere linearer) Nachfrage eindeutig bestimmt.*

14.4.3 Polypolistische Märkte

Ein polypolistischer Markt mit perfekter Konkurrenz zeichnet sich dadurch aus, dass einzelne Unternehmen den Preis p des Gutes X durch ein höheres oder vermindertes Angebot nicht (merklich) beeinflussen können. Dieser entsteht vielmehr im Ergebnis eines Marktgleichgewichtes und ist in gewissen Grenzen als konstant anzusehen. Die beteiligten Unternehmen agieren als "*price taker*" und müssen den konstanten Marktpreis p als Grundlage ihrer Unternehmensentscheidung hinnehmen. Gleichzeitig wird unterstellt, dass sie – zumindest theoretisch – unbegrenzte Mengen X des Gutes anbieten könnten (dies aus Gründen, die wir gleich einsehen werden, in der Praxis jedoch nicht tun).

Als Konsequenz nimmt die Erlösfunktion unseres Unternehmens eine besonders einfache Form an: $E(x) = px, \quad x \geq 0$, d.h., sie ist linear.

Damit können wir bei gegebenem Preis p unsere Vorstellung von der allgemeinen Gewinnsituation wie im Bild rechts konkretisieren, in der wir den Graphen von E in Gestalt einer Erlösgeraden sehen.

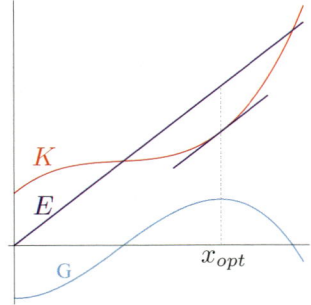

Folgende Beobachtungen sind hier hervorzuheben:

- *Der Grenzerlös – als Anstieg der Erlösgerade – ist hier konstant und identisch mit dem Marktpreis p.*
  Die Bestimmungsgleichung (14.12) für den gewinnoptimalen Output x_{opt} nimmt daher die mathematische Form

$$K'(x_{opt}) = p \qquad (14.15)$$

an (rechnerische **Beispiele** folgen im nächsten Punkt); ökonomisch formuliert:

Im gewinnoptimalen Output sind die Grenzkosten gleich dem Marktpreis.

- *Die "gewinnoptimale" Tangente an den Graphen von K ist parallel zur Erlösgeraden.*
  Auf diese Weise ist die Bestimmung von x_{opt} – zumindest im Prinzip – auf grafischem Wege möglich.
- *Die Erlösgerade ist ein (verlängerter) Fahrstrahl.*
  Damit kann die Erlös- und Gewinnsituation bei variierenden Preisen mit Hilfe der Fahrstrahlanalyse studiert werden (Abschnitt 14.5).

Wir heben hervor, dass unserer Skizze ein ausreichend hoher Marktpreis p zugrundegelegt wurde, der es dem Unternehmen erlaubt, tatsächlich Gewinn zu erzielen (die Gewinnlinse ist nicht leer). In diesem Fall stimmt x_{opt} mit dem Angebot des Unternehmens (vor wie nach Investition) überein. (Im gegenteiligen Fall wird das Unternehmen nur dann die Menge x_{opt} anbieten, wenn die Fixkosten bereits verausgabt wurden).
Wir halten fest: Sowohl $x_{opt} = x_{AN}$ als auch x_{AV} beruhen auf dem gegebenen Preis p; man kann schreiben $x_{AV} = x_{AV}(p)$ und $x_{AN} = x_{AN}(p)$. Fassen wir den Preis p als variabel auf, gelangen wir so zum Begriff der *Angebotsfunktion* (mehr dazu in Abschnitt 14.6).

14.4.4   Berechnungsbeispiele

Wir wenden uns zunächst dem monopolistischen Markt zu.

Beispiel 14.90 ("Schreber's Gartencenter"). Mit seiner Produktion an Kamillen-Sämereien der Sorte "Wiesenglück" ist der Gärtnereiunternehmer G. Schreber Jun. zum Alleinanbieter aufgerückt. Er kann eine Jahresmenge von x Dezitonnen (dt) "Wiesenglück"-Sämereien zu Gesamtkosten von $120x + 200$ € herstellen und schätzt, dass zwischen dem Preis p [€/dt] und dem möglichen Gesamtabsatz x [dt] ein Zusammenhang der Form $p = 1800 - 40x$ besteht. Welche Menge an Sämereien wird er herstellen und zu welchem Preis wird er sie verkaufen? Welchen Gewinn wird er insgesamt erzielen?

Lösungsweg: Wir "glauben" Herrn Schreber und unterstellen eine lineare Preis-Absatz-Funktion $p(x) = 1800 - 40x$ für $x \in D_{oec} := [0, 45]$ (außerhalb dieses Intervalls erlischt der Nachfragepreis, kann also kein Absatzoptimum liegen). Die Erlösfunktion ist dort durch $E(x) = 1800x - 40x^2$ [€], der Grenzerlös durch $E'(x) = 1800 - 80x$ [€/dt] gegeben, während sich die Grenzkosten konstant auf 120 [€/dt] belaufen. Die Gleichsetzung von Grenzerlös und Grenzkosten führt auf die Gleichung $1800 - 80x = 120$ mit der eindeutigen Lösung $x = x_{opt} = 21 [dt]$. Der zugehörige Preis ist gegeben durch $p_{opt} = p(x_{opt}) = 1800 - 40 \cdot 21 = 960$ [€/dt], der Gewinn ist die Differenz von Erlös ($960 \cdot 21 = 20160$ €) und Kosten ($120 \cdot 21 + 200 = 2720$ €).

Ergebnis: Die Gesamtproduktion an "Wiesenglück"-Sämereien umfasst 21 dt, wird zu einem Preis von 960 [€/dt] verkauft und erbringt einen Gewinn von 17440 €. $\triangle$

Beispiel 14.91 ("Zweck's Monopolmarkt"). Die Brauerei Zweck ("Zwecks Bier löscht Kennerdurst") hat mit ihrem "Radelzweck" Monopolstellung erlangt und kann bei einem Preis von p [GE/ME] eine Menge von $32 - 2p$ Einheiten jährlich absetzen. Die internen Produktionskosten von x [ME] betragen $\frac{x^2}{2} + 2x + 33$ [GE]. Bei welchen Outputs wird "echter" Gewinn, bei welchem Output maximaler Gewinn erzielt? Wie groß ist dieser? Zu welchem Preis wird das Getränk verkauft?

Lösung: Aufgrund der vorliegenden Angaben bestimmen wir zunächst die Preis-Absatz-Funktion. Wollen wir sie auf ganz $\mathbb{R}_+$ notieren, können wir das (wie im Beispiel 6.18 auf Seite 220) mit Hilfe der Formel $p(x) = \max\{16 - \frac{x}{2}, 0\}$ (man beachte, dass der Absatz niemals negativ werden kann!). Daraus folgt für die Erlösfunktion $E(x) := xp(x) = (16x - \frac{x^2}{2})^+$, $x \geq 0$. Es ist leicht zu sehen, dass der Erlös genau für $0 < x < 32$ positiv ist; nur innerhalb dieser Grenzen ist positiver Gewinn möglich. Für die Gewinnfunktion ergibt sich dort $G(x) = E(x) - K(x) = (16x - \frac{x^2}{2}) - (\frac{x^2}{2} + 2x + 33) = -x^2 + 14x - 33$. Um Gewinnschwelle und -grenze zu ermitteln, setzen wir diesen Gewinn Null. Nach Auflösung der zugehörigen quadratischen Gleichung finden wir $G(x) = 0 \iff x \in \{3, 11\}$. Wir bemerken, dass der Graph von G eine "hängende" Parabel mit dem Scheitel bei $x = 7$ ist. Ohne weitere Rechnung können wir daher feststellen, dass das Gewinnmaximum an der Stelle $x = 7$ mit dem Wert $G(7) = 16$ angenommen wird. Der zugehörige Preis ist $p_{opt} = p(7) = 12, 5$ [GE/ME]. Wir fassen zusammen:

$$x_{GS} = 3, \quad x_{GG} = 11, \quad x_{opt} = 7, \quad \text{(jeweils in [ME])};$$

$$G_{\max} = 16 \text{ [GE]}; \quad p_{opt} = 12, 5 \text{ [GE/ME]}.$$

$\triangle$

Bemerkung 14.92. In der Praxis werden Problemstellungen oft ungenau formuliert. In unserem Beispiel trifft dies auf die Angabe zur Preis-Nachfrage-Relation zu. – Dank einfacher Kostenfunktion brauchten wir hier nicht nach stationären Punkten der Gewinnfunktion zu suchen.

Beispiel 14.93. Der Monopolist KUMO produziert ein Gut mit internen Kosten in Höhe von

$$K(x) = x^3 + 4x^2 + 37x + 48 \text{ [GE]}$$

bei einem Output von x [ME], wobei für das Gut ein Maximalpreis von 100 [GE] und eine konstante Grenznachfrage zu verzeichnen ist. KUMO entscheidet sich, insgesamt 3 [ME] des Gutes anzubieten. Wie hoch ist die Grenznachfrage? Wie hoch ist der Gewinn?

Lösung: Bei nicht ganz so vertrauten Aufgabenstellungen wie dieser sollte der erste Blick der Plausibilität gelten: Aufgrund der Angaben haben wir es mit einer (innerhalb sinnvoller Grenzen) linearen Nachfragefunktion der Form $p(x) = 100 - ax$ zu tun, wobei die konstante Grenznachfrage $p'(x) = -a$ zu ermitteln ist. Die Kostenfunktion ist strikt konvex, also neoklassisch. Wir können daher ein eindeutig bestimmtes Monopolangebot x_{opt} unterstellen, welches zugleich stationärer Punkt der Gewinnfunktion ist. Hier ist nun $x_{opt} = 3$ bereits gegeben. Als Lösungsstrategie bietet sich somit an: Die Gewinnfunktion (mit unbekannter Konstanten a) bilden, ableiten, den Grenzgewinn an der Stelle $x_{opt} = 3$ berechnen und Null setzen. Man wird eine Gleichung für a erhalten, die hoffentlich leicht lösbar ist.

Gewinn- und Grenzgewinnfunktion haben nun (innerhalb sinnvoller Grenzen) die Form

$$G(x) = x(100 - ax) - (x^3 + 4x^2 + 37x + 48)$$
$$G'(x) = 100 - 2ax - (3x^2 + 8x + 37);$$

die Gleichung

$$G'(x_{opt}) = G'(3) = 100 - 6a - 88 \overset{!}{=} 0$$

ist nicht allein eindeutig, sondern auch überaus leicht lösbar: es gilt $a = 2$. Mit diesem Wert lautet die Nachfrage $p(x) = 100 - 2x$, $x \in [0, 50]$, und ist mit $p(3) = 94$ [GE/ME] an der Stelle $x_{opt} = 3$ positiv. Der Gewinn beträgt dort $3(100 - 2 \cdot 3) - (3^3 + 4 \cdot 3^2 + 37 \cdot 3 + 48) = 60$ [GE].

"Außerhalb sinnvoller Grenzen" brauchen wir die Gewinnfunktion nicht zu betrachten, denn dort sind Nachfrage und Erlös Null; ein positiver Gewinn unmöglich. Das *Ergebnis* lautet also: Die Grenznachfrage beträgt -2 [GE/ME], der Gewinn 60 [GE].   △

Die folgenden Beispiele beziehen sich auf einen polypolistischen Markt.

Beispiel 14.94 (↗F 14.81)**.** Das Unternehmen BackFix produziert die Fertigbackmischung "SoSoVital" mit den internen arbeitstäglichen Kosten von

$$J(x) = x^2 + 5x + 25 \text{ [GE]}$$

bei einem Output von $x \geq 0$ [ME], wobei die Fixkosten auf die täglichen Arbeitsvorbereitungen entfallen. Das Fertigmehl kann zu einem (konstanten) Marktpreis von $p = 25$ [GE/ME] abgesetzt werden. Welche Angebotsmenge x_A "SoSoVital" wird die Firma "BackFix" an einem Arbeitstag herstellen, an dem der Preis p vor Beginn der Arbeitsvorbereitungen ermittelt wird, wenn

a) beliebige Mengen "SoSoVital" produziert werden können,

b) eine Produktionskapazität von 14 [ME] je Arbeitstag gegeben ist?

Ergebnis:

a)

$$x_A = \begin{cases} \frac{p-5}{2} & \text{für } p > 15 \\ 0 & \text{sonst,} \end{cases}$$

b)

$$x_A = \begin{cases} 14 & p > 33 \\ \frac{p-5}{2} & 15 < p \le 33 \\ 0 & \text{sonst.} \end{cases} \tag{14.16}$$

Denn: Gesucht ist hier in beiden Fällen das Unternehmensangebot vor *Investition*, weil mit den Arbeitsvorbereitungen noch nicht begonnen wurde. Es handelt sich um den gewinnmaximalen Output, wenn der Maximalgewinn positiv ist (andernfalls wird nicht produziert). Zur Lösung des Problems ist also das *globale* Gewinnmaximum zu ermitteln und auf Positivität zu prüfen.

a) Wir lassen die Kapazitätsbeschränkung zunächst außer Acht. Die Gewinnfunktion ist gegeben durch

$$G(x) = px - K(x) = px - (x^2 + 5x + 25), \quad x \ge 0$$

der Grenzgewinn ist $G'(x) = p - (2x + 5), \quad x \ge 0$; die zweite Ableitung $G''(x) = -2$ für alle x. G ist strikt konkav und nimmt das globale Maximum an der einzigen nichtnegativen Nullstelle von G'

$$x = \frac{p-5}{2} \tag{14.17}$$

an, wenn $p \ge 5$ gilt; ansonsten gilt $G'(x) < 0$ für alle $x \ge 0$ und das globale Gewinnmaximum wird an der Stelle 0 angenommen. Also gilt

$$x_{opt} = \begin{cases} \frac{p-5}{2} & \text{falls } p > 5 \\ 0 & \text{sonst.} \end{cases}$$

Wir ermitteln also noch den zu x_{opt} gehörigen Maximalgewinn. Es gilt

$$G_{\max} = G(x_{opt}) = \begin{cases} G(0) = -25 & \text{für } p \le 5 \\ G(\frac{p-5}{2}) & \text{für } p > 5 \end{cases}$$

mit

$$G\left(\frac{p-5}{2}\right) = \frac{(p-5)^2}{4} - 25$$

im zweiten Fall; dieser Wert ist dann und nur dann positiv, wenn $p > 15$ gilt. Daraus folgt die Lösung a).

b) Die Kapazitätsschranke (von 14 [ME] arbeitstäglich) bewirkt zunächst, dass der ökonomische Definitionsbereich D_{oec} von bisher $[0, \infty)$ auf $[0, 14]$ zusammenschrumpft. Auswirkungen auf das Angebot entstehen nur dann, wenn der bisherige gewinnoptimale Output $x_{opt,bisher}$ nicht mehr in dieser Menge enthalten ist; hier ist das der Fall, sobald

$$x_{opt,bisher} = \frac{p-5}{2} > 14 \quad \text{bzw.} \quad p > 33$$

gilt. In diesem Fall ist die Gewinnfunktion auf $[0, 14]$ streng monoton wachsend und nimmt daher ihr Maximum am rechten Rand an. Es folgt für den "neuen" gewinnoptimalen Output

$$x_{opt,neu} = \begin{cases} 14 & p > 33 \\ \frac{p-5}{2} & 15 < p \leq 33 \\ 0 & \text{sonst.} \end{cases}$$

Daraus ergibt sich die Lösung zu b).   △

Bemerkung 14.95. Das in diesem Beispiel ermittelte Angebot x_A bei wirksamer Kapazitätsbeschränkung hängt vom gegebenen Marktpreis p ab und kann als Funktionswert einer Angebotsfunktion interpretiert werden.

Das Bild rechts zeigt den Graphen dieser Funktion (blau); bei Wegfall der Kapazitätsbeschränkung wäre der Graph wie in Rot weiterzuführen.

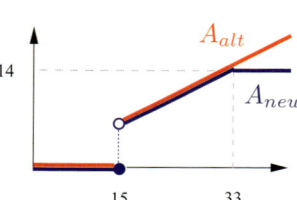

Beispiel 14.96. Ein Unternehmen kann ein Gut gemäß der Kostenfunktion

$$K(x) = 11x + 440, \quad x \geq 0,$$

produzieren und zu einem konstanten Marktpreis von $p = 21$ [GE/ME] in unbegrenzter Menge absetzen (die Fixkosten seien noch nicht verausgabt). Allerdings beträgt die Kapazitätsgrenze des Unternehmens
a) 82 [ME]
b) 42 [ME].
Wie wird sich das Unternehmen in beiden Fällen verhalten?

Lösung: Da die Kostenfunktion affin und der Preis konstant ist, haben wir es mit einer affinen Gewinnfunktion zu tun: Es gilt

$$G(x) = px - K(x) = 10x - 440,$$

(wobei x aus $[0, 82]$ im Fall a) bzw. aus $[0, 42]$ im Fall b) zu wählen ist). G ist streng monoton wachsend, also wird das Maximum am rechten Randpunkt angenommen: $x_{opt} = 82$ (Fall a)) bzw. $x_{opt} = 42$ (Fall b)). Es gilt $G(x_{opt}) = G(82) = 380$ [GE] im Fall a), $G(x_{opt}) = G(42) = -20$ [GE] im Fall b). Wir fassen zusammen:

a) Es wird ein Maximalgewinn von $G_{\max} = 380$ [GE] bei einem Angebot von $x_A = 82$ [ME] erzielt.

b) Die Investition unterbleibt.

$\triangle$

Bemerkung 14.97. Selbstverständlich ist dieses Beispiel nicht schwierig. Interessant ist vielmehr, dass es ohne Kapazitätsgrenzen keine sinnvolle Lösung gäbe.

Beispiel 14.98 ($\nearrow$F 14.80, $\nearrow$Ü, $\nearrow$L). Es sollen beide Angebotsfunktionen für ein Unternehmen ermittelt werden, welches ein Gut X gemäß der (uns schon bekannten) *ertragsgesetzlichen* Kostenfunktion K mit

$$K(x) = 3x^3 - 30x^2 + 106x + 216, \quad x \geq 0,$$

ohne Kapazitätsbeschränkungen produzieren und in beliebiger Menge zu einem konstanten Preis $p > 0$ absetzen kann.

Lösung: Auch in diesem Fall gilt offenbar $E(x) = px$, $x \geq 0$; es folgt

$$G(x) = E(x) - K(x) = px - (3x^3 - 30x^2 + 106x + 216), \quad x \geq 0,$$

wobei der konstante Preis p hier die Rolle eines exogenen Parameters übernimmt. Zur Lösung des Problems $G(x) \longrightarrow \max$ gehen wir wie üblich in zwei Schritten vor:

(1) Es werden die stationären Punkte von G ermittelt. (Der Leser kann die entsprechenden Rechnungen selbst ausführen; Einzelheiten werden im Lösungsteil auf Seite 1083 wiedergegeben.) Im Ergebnis stellen wir fest:

- für $p < 6$ besitzt G keine stationären Punkte, sondern ist vielmehr überall streng fallend,

- für $p \geq 6$ besitzt G nur einen einzigen lokalen Maximumpunkt und zwar an der Stelle $x° = \frac{10+\sqrt{p-6}}{3}$.

(2) Wir haben anschließend über das globale Maximum von G und die zugehörigen Maximumstellen zu entscheiden. Bisher wissen wir:

- Für $p < 6$ wird das globale Maximum am linken Rand des Definitionsbereiches angenommen: es gilt $x_{opt} = 0$.

- Im Fall $p \geq 6$ besitzt G ein lokales Maximum an der Stelle x_2. Um zu prüfen, ob dieses auch global ist, müssten die Funktionswerte $G(0)$ am Rand und $G(x^0)$ miteinander verglichen werden (der uneigentliche Randpunkt ∞ ist wegen $\lim_{x \to \infty} G(x) = -\infty$ uninteressant).

An dieser Stelle bekommen wir ein kleines Problem, denn dieser Vergleich ist mit den uns zur Verfügung stehenden Mitteln zwar möglich, aber sehr unübersichtlich und aufwendig (denn der Preis p liegt ja nur in symbolischer Form vor). Es lohnt sich also, darüber nachzudenken, ob er durch eine einfache Überlegung eingespart werden kann. Das Ergebnis werden wir im Abschnitt 14.5 "Preisvariation auf einem Polypolmarkt" darstellen. Im Vorgriff darauf nennen wir bereits das Endergebnis: Es gilt

$$x_{opt} = \begin{cases} x_2 = \frac{10+\sqrt{p-6}}{3} & \text{für } p > 31 \\ \in \{0,5\} & \text{für } p = 31 \\ 0 & \text{für } p < 31. \end{cases}$$

Dieses ist aber nur dann das Angebot des Unternehmens, wenn die Fixkosten bereits verausgabt wurden; andernfalls ist noch zu prüfen, wann der zu x_{opt} gehörige Gewinn positiv ist. Nach weiteren aufwendigen Rechnungen würden wir finden

$$x_{AV}(p) = \begin{cases} \frac{10+\sqrt{p-6}}{3} & \text{für } p > 70 \\ 0 & \text{sonst,} \end{cases} \tag{14.18}$$

und

$$x_{AN}(p) = \begin{cases} \frac{10+\sqrt{p-6}}{3} & \text{für } p > 31 \\ 0 & \text{sonst.} \end{cases} \tag{14.19}$$

Das folgende Bild zeigt die Graphen beider Funktionen im Vergleich.

Wir merken an, dass in den Formeln (14.18) und (14.19) wiederum das im Beispiel 14.98 ermittelte Betriebsoptimum von 70 [GE/ME] und das Betriebsminimum von 31 [GE/ME] eine signifikante Rolle spielen.

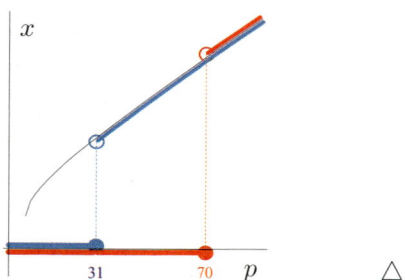

14.4.5   Aufgaben

Aufgabe 14.99 (↗F 14.94, ↗L). Bekanntlich produziert das Unternehmen BackFix die Fertigbackmischung "SoSoVital" mit den internen arbeitstäglichen Kosten von

$$K(x) = x^2 + 5x + 25 \ [\text{GE}]$$

bei einem Output von $x \geq 0$ [ME], wobei die Fixkosten auf die täglichen Arbeitsvorbereitungen entfallen. Das Fertigmehl kann zu einem (konstanten) Marktpreis von $p = 25$ [GE/ME] abgesetzt werden. Ist zu diesem Preis ein Gewinn erzielbar? Falls ja, interessiert man sich für die Gewinnschwelle und -grenze.

Aufgabe 14.100. Ein Unternehmen produziert ein Gut mit stückweise linearen Gesamtkosten

$$L(x) = \begin{cases} x + 1 & 0 \leq x \leq 2 \\ \frac{x}{2} + 2 & 2 \leq x \leq 12 \\ x - 4 & 12 \leq x < \infty \end{cases}$$

[GE] bei einer Ausbringungsmenge von x [ME]. Die Kapazitätsgrenze beträgt 80 [ME].

(i) Das Gut kann zu einem konstanten Marktpreis von 3/4 [GE/ME] in beliebig großen Mengen abgesetzt werden. Bestimmen Sie Gewinnschwelle, Gewinngrenze, Maximalgewinn und den gewinnmaximalen Output.

(ii) Wie würde die Antwort zu (i) lauten, wenn ein Marktpreis von 2 [GE/ME] vorläge?

(*Hinweis*: Es empfiehlt sich mit einer Skizze zu arbeiten.)

Aufgabe 14.101 (↗L). Ein Monopolist kalkuliert für die Produktion von x [ME] seines Monopolgutes variable Kosten in Höhe von $\frac{11}{2}x^2 + 41x$ [GE] ein, rechnet aber gleichzeitig damit, diesen Output nur zu einem Preis von höchstens $305 - \frac{x}{2}$ [GE/ME] absetzen zu können. Bei optimaler Wahl des Outputs erwartet er einen Gewinn in Höhe von 2400 [GE].

(i) Wie hoch sind die Fixkosten seiner Produktion?

(ii) Wie groß ist der gewinnmaximale Output?

(iii) Ermitteln Sie Gewinnschwelle und -grenze.

Aufgabe 14.102 (↗L). Eine Zementfabrik ist mit ihrem wasser- und säurefesten Spezialzement zum Alleinanbieter geworden. Bei einem Output von x [ME] entstehen interne Kosten in Höhe von $x^3 - 4x^2 + 6x + \frac{7}{27}$ [GE]. Das Management geht von einer konstanten Grenznachfrage in Höhe von -10 [GE/ME^2] aus und schätzt die absolute Preisobergrenze des Marktes auf $\frac{46}{3}$ [GE/ME]. Welche Menge des Spezialzementes wird produziert werden? Wie hoch ist der Monopolgewinn?

Aufgabe 14.103. Ein Gut werde mit neoklassischen Gesamtkosten für einen polypolistischen Markt hergestellt. Der konstante Marktpreis sei ausreichend hoch, so dass mit Gewinn produziert werden kann. Überlegen Sie, welcher von den folgenden beiden Outputs größer ist:

– derjenige, der zum höchsten Gewinn führt, oder

– derjenige, der zum höchsten Stückgewinn führt?

(Sie können anhand einer Skizze argumentieren.)

Aufgabe 14.104 (↗L). Das Unternehmen "Redlich Ltd." beauftragt den Industriespion 4712, die interne Kostenstruktur des Konkurrenzunternehmens "G. Heim GmbH" aufzudecken. Beide produzieren die beliebte Schmierseife

"Über-Flüssig", deren polypolistischer Marktpreis derzeit 141 [€/m^3] beträgt. Nach einem Techtel mit G. Heims Chefsekretärin erfährt 4712 Folgendes:

– G. Heim strebt ein Angebot von 91 [m^3] an.

– Als betriebsoptimaler Output werden 14 [m^3] angesehen.

– G. Heim hätte nicht in die Produktion investiert, wenn "Über-Flüssig" zu einem Marktpreis von 119 [€/m^3] oder darunter verkauft werden müsste.

Mangels weiterer Daten unterstellt 4712, dass G. Heim mit quadratischen Kosten rechnet. Wie lautet die Kostenfunktion, die er seinem Auftraggeber übermittelt?

Aufgabe 14.105 (↗L). Ein Unternehmen produziert ein Gut X nach der Kostenfunktion

$$K(x) = x^4 - 32x^3 + 376x^2 + 500[\text{GE}], \quad x \geq 0,$$

in theoretisch uneingeschränkter Menge. Das Gut kann zu einem festen Marktpreis in Höhe von $p = 1920$ [GE/ME] abgesetzt werden. Bestimmen Sie die Ausbringungsmenge(n), bei denen der höchste Gewinn erzielt wird!

Aufgabe 14.106 (↗L). Weisen Sie nach, dass eine konkave Preis-Absatz-Funktion p auf eine konkave Erlösfunktion E führt (wobei wie üblich $E(x) := xp(x), x \in D_p$, gesetzt wird).

Hinweis: Verwenden Sie die Erkenntnisse aus dem Kapitel 10 "Konvexe Funktionen". Die Lösung ist mit elementaren Mitteln und ohne Verwendung von Ableitungen möglich. Sie können jedoch hilfsweise annehmen, p sei zweimal differenzierbar und mit den Ableitungen argumentieren.

Aufgabe 14.107. Zeigen Sie, dass die These (TCP) auf Seite 473 immer dann gilt, wenn die Nachfrage nicht konstant ist.

Hinweis: Überlegen Sie sich, dass die Erlösfunktion (a) konkav und (b) nach oben beschränkt ist, und wenden Sie anschließend unsere Erkenntnisse aus dem Abschnitt 12.4.7 "Globale Bewertung: Konvexitätsargumente", S. 386 ff, an. Sie können zum Nachweis von (a) und (b) auf Aussagen zurückgreifen, die in anderen Aufgaben z.B. in (14.46, 14.47 oder 14.106 nachzuweisen waren.)

14.5 Preisvariation und Angebot auf einem Polypolmarkt

14.5.1 Vorbemerkung

Die entscheidende externe Einflussgröße für ein Unternehmen, welches als "price taker" auf einem polypolistischen Markt agiert, ist der vorgegebene Marktpreis p. Wir wollen daher im nächsten Schritt fragen: Wie wirken sich unterschiedliche Preise auf den möglichen Unternehmensgewinn und das Angebot aus? Die Antwort gewinnen wir auf dem Wege der *Preisvariation* im Diagramm, d.h., durch Variation der Erlösgeraden. Aufgrund der letzten Beobachtung aus Abschnitt 14.4.3 ist dies weitgehend dasselbe wie eine Fahrstrahlanalyse. Also drehen wir die Erlösgerade aus einer anfänglich senkrechten Position (mit dem fiktiven Marktpreis "unendlich") kontinuierlich im Uhrzeigersinn bis in eine waagerechte Position (mit dem ebenfalls fiktiven Marktpreis 0) und fassen sie – soweit möglich – als Fahrstrahl auf.

14.5.2 Preisvariation bei ertragsgesetzlichen Kosten

Die Preiszonen

Wir demonstrieren dies zunächst für ein Beispiel ertragsgesetzlicher Kosten, in dem die Kostenfunktion differenzierbar ist und sowohl Betriebsminimum als auch Betriebsoptimum besitzt. Weiterhin nehmen wir an, dass die Produktionskapazität unbegrenzt sei. Bei der Preisvariation durchläuft der Preis – und mit ihm die Erlösgerade – drei qualitativ unterscheidbare Zonen, die in den folgenden Skizzen pastellgelb hervorgehoben sind:

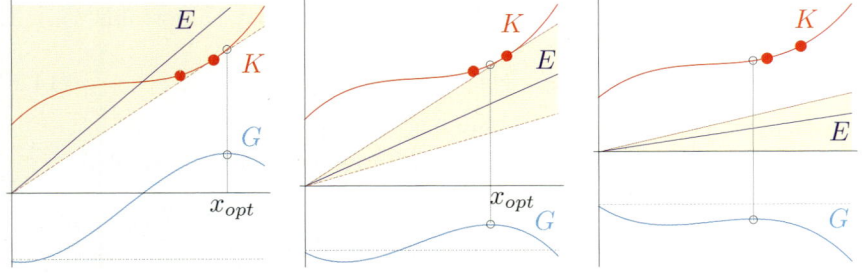

(1) Der Preis p ist so groß, dass "echter" – also positiver Gewinn – entstehen kann (Bild links). Eine solche qualitative Situation liegt genau dann vor, wenn die Erlösgerade durch das Innere der pastellgelben Zone verläuft. Den größtmöglichen Gewinn wird das Unternehmen bei einer Produktion von x_{opt} Einheiten des Gutes X erzielen. Diese stellt dann auch das Angebot des Unternehmens dar – gleich, ob vor oder nach Investition der Fixkosten.

(2) Der Preis ist zu klein, um noch echten Gewinn zu erzielen; vielmehr minimiert der "gewinnoptimale" Output x_{opt} den Verlust (mittleres Bild). Wir können jedoch an der Skizze ablesen: Solange die Erlösgerade sich im Inneren des pastellgelben Feldes oder auf dessen oberem Rand bewegt, ist der kleinst-

mögliche Verlust – also $|G(x_{opt})|$ – immerhin noch kleiner als die Fixkosten K_F, günstigstenfalls Null. Es lohnt sich also, die Menge x_{opt} zu produzieren und anzubieten, sofern die Fixkosten bereits investiert wurden; andernfalls wird auf die Investition von vorneherein verzichtet.

(3) Wie im rechten Bild zu sehen, ist der Preis nunmehr so gering, dass das Gewinnmaximum gleich den negativen Fixkosten ist; es gilt $x_{opt} = 0$. Das Unternehmen wird daher die Produktion gar nicht erst aufnehmen, und zwar selbst dann nicht, wenn die Fixkosten bereits investiert wurden – das Angebot ist in jedem Fall Null.

"Grenzlagen"

Vor einer etwas formaleren Betrachtung dieser Zonen wollen wir die Grenzen zwischen ihnen beleuchten:

Auf der Grenze zwischen Zone (1) und Zone (2) deckt sich die Erlösgerade mit dem *betriebsoptimalen* Fahrstrahl, beide tangieren den Graphen von K im selben Punkt und haben denselben Anstieg.

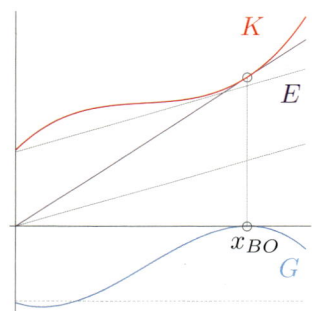

Tangentialpunkt ist (x_{opt}, px_{opt}) für die Erlösgerade und $(x_{BO}, K(x_{BO}))$ für den Fahrstrahl; Anstieg der Erlösgerade ist p, der des Fahrstrahls k_{BO}. Es folgt also

$$x_{opt} = x_{BO}, \quad p = k_{BO}. \tag{14.20}$$

Gleichzeitig ist der Maximalgewinn offensichtlich Null: $G_{\max} = 0$.
Wir haben somit eine Interpretation des Betriebsoptimums gefunden:

(IBO) *Das Betriebsoptimum gibt die Untergrenze aller Marktpreise an, bei denen das Unternehmen echte Gewinne erzielen kann.*

Das folgende Bild zeigt analog die Grenzlage der Erlösgerade zwischen Zone (2) und Zone (3).

Wir sehen diesmal, dass die Erlösgerade parallel zu dem von $(0, K_F)$
ausgehenden betriebsminimalen Fahrstrahl verläuft. Dieser hat den Anstieg k_{BM} und den Tangentialpunkt
$(x_{BM}, K(x_{BM}))$.

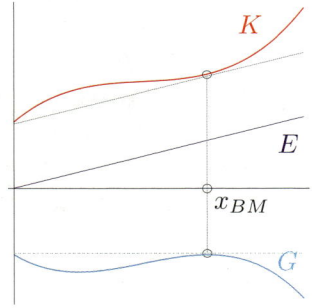

In jenem Punkt liegt also gerade diejenige Tangente an Graph K an, die zur
Erlösgerade parallel ist und somit den gewinnmaximalen Punkt markiert. Es
folgt

$$x_{opt} = x_{BM}, \quad p = k_{BM}. \tag{14.21}$$

Der höchstmögliche Gewinn gleicht den negativen Fixkosten: $G_{\max} = -K_F$.
Die verbale Interpretation des Betriebsminimums lautet also:

(IBM)   *Das Betriebsminimum gibt die Untergrenze aller Markt-*
preise an, bei denen das polypolistische Unternehmen seine
Anfangsverluste in Höhe der verausgabten Fixkosten durch
Produktion zumindest teilweise kompensieren kann.

Weitere Beobachtungen

Wir wollen nun die drei Zonen hinsichtlich der Größe des Marktpreises p,
der Lage des Optimalpunktes x_{opt} und des Angebotes anhand unserer Bilder
etwas näher betrachten. Den Marktpreis p können wir als Steigung der jeweiligen Erlösgeraden mit den Steigungen der Zonengrenzen – also 0, k_{BM} und
k_{BO} – vergleichen. (So sehen wir z.B., dass in Zone 1 die Erlösgerade steiler
verläuft als der betriebsoptimale Fahrstrahl (als Zonenuntergrenze), mithin
gilt $p > k_{BO}$.)

Ebenso können wir die Lage von x_{opt}
relativ zu der von x_{BM} und x_{BO} ermitteln, indem wir uns fragen, wo die
zur jeweiligen Erlösgerade parallele gewinnoptimale Tangente den Graphen
von K berühren wird.

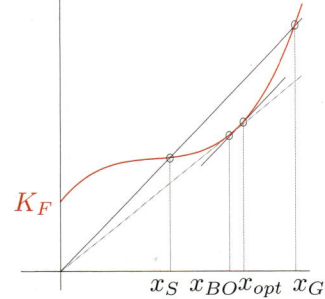

(In Zone 1 ist diese Tangente ebenfalls steiler als der betriebsoptimale Fahrstrahl und muss den Graphen von K rechts von diesem berühren, mithin gilt

$x_{opt} > x_{BO}$.) Auch die Größenordnung des Maximalgewinns ist aus den Bildern ersichtlich. Die Gesamtheit aller derartigen Beobachtungen fassen wir zu folgender Tabelle zusammen:

Übersicht: Drei Zonen des Polypolmarktes

	Zone 1	Zone 2			Zone 3
Preis p	$p > k_{BO}$	$k_{BO} \geq$	p	$> k_{BM}$	$k_{BM} \geq p$
x_{opt}	$x_{opt} > x_{BO}$	$x_{BO} \geq$	x_{opt}	$> x_{BM}$	0
$G_{\max}$	$G_{\max} > 0$	$0 \geq$	$G_{\max}$	$> -K_F$	$-K_F \geq G_{\max}$
x_{AV}	x_{opt}		0		0
x_{AN}	x_{opt}		x_{opt}		0

Aus unseren Bildern lassen sich weiterhin die folgenden Beobachtungen hervorheben:

(T1) *Der Optimalpunkt x_{opt} ist stets eindeutig bestimmt.*

(T2) *Im Fall $p > k_{BM}$ stimmt x_{opt} mit dem größten stationären Punkt der Gewinnfunktion überein (von denen höchstens zwei existieren).*

(In der Tat: Wenn $p > k_{BM}$ ist, ist $x_{opt} > 0$ ein lokaler Maximumpunkt von G im Inneren von D_{oec}, also ein stationärer Punkt. Unsere Bilder suggerieren, dass es keinen größeren stationären Punkt von G gibt, daher die These (T2). Sie wird sich bei der praktischen Berechnung von x_{opt} als sehr nützlich erweisen.)

Wir weisen noch auf eine *Besonderheit* der Zone 3 hin, die dem *ertragsgesetzlichen* Verlauf unserer Kostenfunktion geschuldet ist: Diese Zone könnte nochmals unterteilt werden in zwei Teilzonen 3a (mit $K'_W < p \leq k_{BM}$) und 3b (mit $0 \leq p \leq K'_W$), wobei der Wert $K'_W = K'(x_W)$ die Grenzkosten im Wendepunkt x_W der Kostenfunktion K angibt. Anhand folgenden Bildes sehen wir:

Für Marktpreise im Intervall (K'_W, k_{BM}) besitzt die Gewinnfunktion eine lokale Maximumstelle x^* im Intervall $(0, x_{BO})$, nimmt ihr globales Maximum jedoch auf dem Rand an (deswegen wird in (T2) verlangt "...$p > k_{BM}$..."). Erst bei noch kleineren Preisen – also in Zone 3b – ist die Gewinnfunktion überall streng fallend.

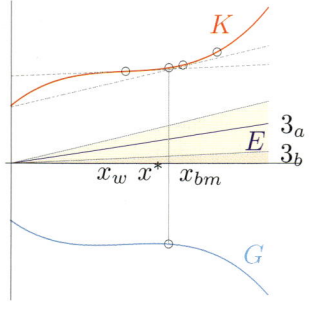

Die ökonomische Deutung ist folgende: In Zone 3a ist vorstellbar, dass bereits eine geringe Menge produziert worden ist, bevor der Preis p genau bekannt wird. Dann könnte es sich lohnen, noch bis zum lokalen Maximum weiterzuproduzieren. In Zone 3b hingegen vergrößert jede weitere Produktion den Verlust; die Produktion wird unmittelbar nach Bekanntwerden des zu kleinen Preises gestoppt.

Das folgende Bild fasst alle möglichen Erlös- und Gewinnsituationen in unserem ertragsgesetzlichem Fall nochmals zusammen: Wir sehen ein alle Preiszonen durchlaufendes Bündel von Erlösgeraden (blau) und das zugehörige Bündel von Gewinnkurven (türkis). Die Grenzlagen zwischen den Zonen sind kräftiger dargestellt. Neu ist die grüne Kurve: Sie zeigt die Wanderung aller *lokalen Maximumpunkte* (x^*, G^*) für Preise $p > K'_W$ und endet linkerhand im Punkt $(x_W, G(x_W))$, der nur noch Wendepunkt der Gewinnkurve zum Preis $p = K'_W$ ist. Gut zu erkennen ist anhand der untersten beiden Gewinnkurven, dass diese streng monoton fallen und keine stationären Punkte mehr enthalten, weil der Preis p unterhalb von K'_W liegt.

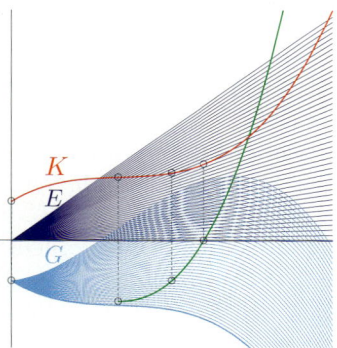

Die Angebotsfunktion

Wie wir sahen, entspricht jedem möglichen Marktpreis p eine eigene Gewinnfunktion $G(x) = G(x, p)$, $x \geq 0$; diese wiederum führt auf einen eindeutig bestimmten gewinnmaximalen Output x_{opt}, der natürlich ebenfalls von p abhängt. (Daher schreiben wir $x_{opt}(p)$ für x_{opt}.) Wir erinnern nun an unsere Vereinbarung 14.89 auf Seite 469: Bei gegebener Erlösfunktion unterscheiden wir zwischen dem Angebot x_{AV} des Unternehmens *vor* Investition und seinem Angebot x_{AN} *nach* Investition. Also hängen auch diese beiden Größen vom Preis p ab. Auf diese Weise gelangen wir zur Angebotsfunktion *vor Investition*

$$x_{AV}(p) := \begin{cases} x_{opt}(p) & p > k_{BO} \\ 0 & \text{sonst} \end{cases} \qquad (14.22)$$

und zur Angebotsfunktion *nach Investition*

$$x_{AN}(p) \quad := \quad x_{opt}(p). \qquad (14.23)$$

Die konkrete Berechnung anhand unseres Beispiels 14.98 folgt etwas weiter unten.

Im Vorgriff auf diese Berechnung zeigt das Bild schon einmal die Graphen beider Funktionen. Hervorzuheben ist, dass beide unstetig sind, genauer: an der Stelle $k_{BO} = 70$ bzw. $k_{BM} = 31$ einen Sprung haben. Aufgrund der Formel (14.22) und These (T2) wird dies bei ertragsgesetzlichen Kostenfunktionen immer so sein.

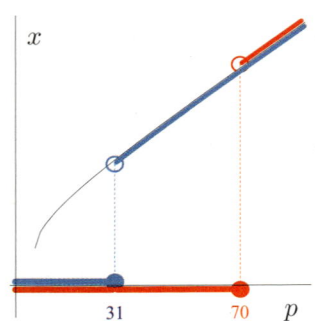

Es bleibt die Frage, ob die Angebotsfunktionen sich irgendwo in unseren Kostengrafiken wiederfinden lassen. Die Antwort ist positiv; eine griffige Formulierung könnte lauten:

(T3)   *Das Angebot gleicht überwiegend den Grenzkosten.*

Hierbei kommt es auf die richtige Interpretation an. (T3) könnte ausführlicher lauten: "Der Angebotspreis $p(x)$ gleicht für *hinreichend große* x den Grenzkosten $K'(x)$". Zur Erläuterung: Die unter (14.22) und (14.23) aufgeführten Angebotsfunktionen geben die durch das Unternehmen angebotene Menge x als Funktion des gegebenen Preises p wieder. Man könnte versucht sein, diese Beziehung umzukehren und den Preis als Funktion der angebotenen Menge anzugeben. Dabei nutzt man aus, dass der Zusammenhang zwischen Menge $x = x_{opt}$ und Preis p gegeben ist durch

$$p = K'(x(p)),\qquad(14.24)$$

sobald der Preis eine bestimmte Mindestgröße übersteigt (s.u.).
Formales Umschreiben liefert dann

$$p(x) = K'(x).\qquad(14.25)$$

Auch diese Gleichung gilt nur für *hinreichend große* x; genauer: Wie groß müssen p in (14.24) bzw. x in (14.25) sein? Aus (14.22) und (14.23) folgt:

$p > k_{BO}$ bzw. $x > x_{BO}$ für das Angebot vor Investition;
$p > k_{BM}$ bzw. $x > x_{BM}$ für das Angebot nach Investition.

Wir können mit Blick auf unsere Ausgangsfunktion K also feststellen:

Die Graphen von Preis-Angebots- und Grenzkostenfunktion stimmen für $x > x_{BO}$ (bzw. x_{BM}) überein. Damit bekommt auch unser 4-Phasendiagramm eine weitere Interpretation: Phase IV enthält die Angebotspreisrelation vor Investition (rot) und zusammen mit Phase III diejenige nach Investition (blau)!

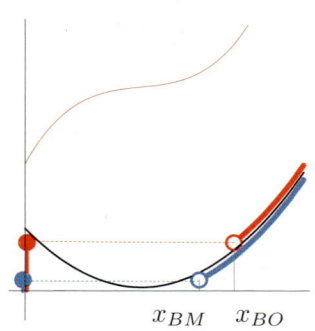

Beispiel 14.108 ($\nearrow$F 14.98). Es sollen die Angebotsfunktionen (vor und nach Investition) für ein Unternehmen ermittelt werden, welches ein Gut X gemäß der schon bekannten ertragsgesetzlichen Kostenfunktion K mit

$$K(x) = 3x^3 - 30x^2 + 106x + 216, \quad x \geq 0,$$

ohne Kapazitätsbeschränkungen produzieren kann.

Lösung: Zur Lösung verwenden wir den Ansatz (14.25) unter Berücksichtigung des Betriebsoptimums bzw. -minimums, die wir bereits auf unterschiedlichen Wegen ermittelt haben als

$$k_{BO} = 70 \quad \text{(mit } x_{BO} = 6) \quad \text{bzw.} \quad k_{BM} = 31 \quad \text{(mit } x_{BM} = 5).$$

Da wir auch die Grenzkostenfunktion kennen:

$$K'(x) = 9x^2 - 60x + 106, \quad x \geq 0,$$

gewinnen wir die Preis-Angebots-Relation[8] vor bzw. nach Investition durch einfaches Abschreiben:

$$p_{AV}(x) = \begin{cases} 9x^2 - 60x + 106 & x > 6 \\ \in [0, 70] & \text{sonst} \end{cases}$$

$$p_{AN}(x) = \begin{cases} 9x^2 - 60x + 106 & x > 5 \\ \in [0, 31] & \text{sonst.} \end{cases}$$

Falls wir stattdessen die Darstellung als Angebots(mengen)funktionen bevorzugen, muss die Gleichung

$$p = K'(x) = 9x^2 - 60x + 106$$

---

[8]Zur Schreibweise dieser Relationen siehe Abschnitt 14.1.5.

für $p > k_{BO} = 70$ bzw. $p > k_{BM} = 31$ nach x aufgelöst werden; man bestimmt also die Nullstellen von

$$9\left(x^2 - \frac{20}{3}x + \frac{(106 - p)}{9}\right) = 0,$$

formal sind dies

$$\frac{10}{3} \pm \sqrt{\frac{100}{9} - \frac{(106 - p)}{9}} = \frac{10}{3} \pm \frac{\sqrt{p - 6}}{3}.$$

Da nur Lösungen größer als $x_{BO} = 6$ bzw. $x_{BM} = 5$ von Interesse sind, bleibt jeweils nur die größere Nullstelle; wir finden

$$x_{AV}(p) = \begin{cases} \frac{10 + \sqrt{p - 6}}{3} & p > 70, \\ 0 & \text{sonst} \end{cases}$$

und

$$x_{AN}(p) = \begin{cases} \frac{10 + \sqrt{p - 6}}{3} & p > 31 \\ 0 & \text{sonst.} \end{cases}$$

$\triangle$

Bemerkungen 14.109.

(1) Das Beispiel zeigt, wie einfach die Angebotsfunktion bei Kenntnis der Betriebskenngrößen ermittelt werden kann. Der Leser vergleiche die Lösung hier einmal mit der aus Beispiel 14.98 auf Seite 479!

(2) Wir sehen, dass beide Angebotsfunktionen monoton wachsend – allerdings nicht streng monoton wachsend – sind. Man beachte: Hier wurde diese Monotonie nicht aus allgemeinen Plausibiltätsannahmen abgeleitet, sondern aus der konkreten Form der Kostenfunktion!

Auswirkungen von Kapazitätsbeschränkungen

Bisher wurde bei allen Betrachtungen angenommen, das Unternehmen habe eine unbeschränkte Produktionskapazität. Nun nehmen wir an, die Produktionskapazität werde durch eine (erreichbare) Schranke $C > 0$ beschränkt. Daher sind sämtliche unterschiedlichen Preisen entsprechenden Gewinnfunktionen nur noch auf $[0, C]$ statt $[0, \infty)$ zu betrachten. Wir bezeichnen mit $x_{opt,C}(p)$ denjenigen Output, der den Gewinn bei einem Preis von p innerhalb des beschränkten ökonomischen Definitionsbereiches $[0, C]$ maximiert; wie bisher bezeichnet dagegen $x_{opt}(p)$ den gewinnmaximalen Output ohne Kapazitätsbeschränkung[9]. Aufgrund des unseren Bildern zu entnehmenden Verlaufes aller möglichen Gewinnkurven können wir unmittelbar erkennen, dass der bisherige Optimalpunkt beibehalten wird, sofern er unterhalb der

---

[9]Dabei wird unterstellt, die Kostenfunktion K sei nach wie vor auf ganz $[0, \infty)$ definiert.

Kapazitätsgrenze C liegt, andernfalls wird er durch diese ersetzt. Entscheidend ist also der kleinere von beiden Werten; formal:

$$x_{opt,C}(p) = \min \{x_{opt}(p), C\}$$

Dieses Verhalten überträgt sich auch unmittelbar auf beide Angebotsfunktionen; mit sinngemäßen Bezeichnungen gilt daher

$$x_{A^*,C}(p) = \min\{x_{A^*}(p), C\},$$

wobei $*$ als Platzhalter für jedes der Symbole V und N steht. Verbal formuliert:

(T4) *Das ursprüngliche Angebot ist durch die wirkende Kapazitätsgrenze zu ersetzen, wenn es diese überschreitet.*

Beispiel 14.110 ($\nearrow$F 14.108). Für das Unternehmen, welches ein Gut X gemäß der Kostenfunktion K:

$$K(x) = 3x^3 - 30x^2 + 106x + 216, \quad x \geq 0,$$

produziert, gelte nun eine Kapazitätsbeschränkung von 15 [ME]. Die Angebotsfunktion vor Investition ist nunmehr

$$x_{AV,C}(p) = \begin{cases} \min\{\frac{10+\sqrt{p-6}}{3}, 15\} & p > 70, \\ \min\{0, 15\} & \text{sonst} \end{cases}$$

und weil gilt

$$\frac{10 + \sqrt{p-6}}{3} > 15 \quad \Leftrightarrow \quad \sqrt{p-6} > 35 \quad \Leftrightarrow \quad p > 35^2 + 6 = 1231$$

können wir ausführlicher schreiben

$$x_{AV,C}(p) = \begin{cases} 15 & 1231 \leq p \\ \frac{10+\sqrt{p-6}}{3} & 70 < p < 1231 \\ 0 & \text{sonst.} \end{cases}$$

$\triangle$

14.5.3 Preisvariation bei neoklassischen Kosten

Wie wir sahen, sind neoklassische Kostenfunktionen nicht nur einfacher gebaut als ertragsgesetzliche, sondern können sozusagen als Extremfall derselben aufgefasst werden, indem angenommen wird, eine ursprünglich gegebene ertragsgesetzliche Kostenkurve sei solange nach links verschoben worden, bis ihr konkaver Anfangsteil nur noch die "Länge" Null besitzt. Daher führt die Preisvariation hier zu im wesentlichen analogen, teilweise jedoch einfacheren Ergebnissen. Das folgende Bild zeigt anhand der Funktion aus Beispiel 14.94 die drei Preiszonen, die analog zu interpretieren sind wie im ertragsgesetzlichen Fall.

Wir bemerken, dass die (nur technisch interessante) Zone 3a, die bei ertragsgesetzlichen Kosten "dank" deren konkaven Zweiges auftritt, hier entfällt. Außerdem gilt stets $x_{BM} = 0$. Daher wird die Ermittlung der Angebotsfunktion(en) hier einfacher.

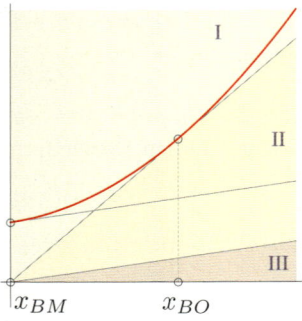

Beispiel 14.111 ($\nearrow$F 14.99). Es sollen die Angebotsfunktionen für unser Unternehmen "BackFix" ermittelt werden. (Die Kostenfunktion lautete

$$J(x) = x^2 + 5x + 25, \quad x \geq 0;$$

es wird eine beliebig große Produktionskapazität unterstellt.)

Lösung: Auch hier verwenden wir den Ansatz (14.25) zur Lösung. Dazu erinnern wir uns an die auf den Seiten 447 und 449 ermittelten Betriebskenngrößen:

$$j_{BO} = 15 \quad \text{(mit } x_{BO} = 5) \quad \text{bzw.} \quad j_{BM} = 5 \quad \text{(mit } x_{BM} = 0).$$

Die Grenzkostenfunktion ist äußerst einfach: $J'(x) = 2x + 5, \quad x \geq 0$. Wir "destillieren" hieraus die Gleichung $p = 2x + 5$ heraus, die für hinreichend große x bzw. p die Preis-Angebots-Relation beschreibt[10]; wir lösen diese nach x auf und finden die Angebotsfunktion in gewohnter Darstellung:

$$x_{AV/AN}(p) = \begin{cases} \frac{(p-5)}{2} & p > 15/p \geq 5 \\ 0 & \text{sonst.} \end{cases}$$

(Wir bemerken, dass nicht nur die Auflösung sehr einfach ist – vielmehr ist die Lösung auch eindeutig bestimmt.) $\triangle$

Aufgrund dieses Beispiels können wir unsere griffigen Formulierungen wie folgt ergänzen:

> *Bei neoklassischen Kosten ist das Angebot (nach Investition) durch die Grenzkosten gegeben.*

Schließlich bleibt festzustellen, dass sich Kapazitätsbeschränkungen völlig analog auswirken wie im ertragsgetzlichen Fall.

---

[10] genauer für $x > x_{BO}$ bzw. $p > k_{BO}$ ($x > x_{BM}$) bzw. ($p > k_{BM}$)

14.5.4 Einige Erweiterungen

Zur Gültigkeit der ökonomischen Thesen

Mit Hilfe der Preisvariation haben wir das Angebotsverhalten eines Unternehmens vor bzw. nach Investition in zwei Grundsituationen untersucht, denen bislang nur unsere Standardbeispiele 14.110 und 14.111 zugrunde liegen. Auch hier stellt sich die Frage, ob unsere Beobachtungen über diese Beispiele hinaus Gültigkeit besitzen. Mit den folgenden Sätzen wollen wir den Rahmen, innerhalb dessen unsere Beobachtungen gültig sind, etwas genauer abstecken.

Satz 14.112. *Es sei $K : [0, \infty) \longrightarrow \mathbb{R}$ eine differenzierbare ertragsgesetzliche Kostenfunktion, die sowohl ein Betriebsoptimum k_{BO} als auch ein Betriebsminimum k_{BM} besitzt. Weiterhin sei G die aus K und einem gegebenen Polypolmarktpreis $p > 0$ auf $[0, \infty)$ gebildete Gewinnfunktion. Dann liegt genau einer der drei folgenden Fälle vor:*

(a) $p < K'_W$, und G besitzt im Intervall $(0, \infty)$ weder einen lokalen Maximumpunkt noch einen stationären Punkt,

(b) $p = K'_W$, und G besitzt im Intervall $(0, \infty)$ keinen lokalen Maximumpunkt und genau einen stationären Punkt,

(c) $p > K_{BM}$, und G besitzt im Intervall $(0, \infty)$ genau einen lokalen Maximumpunkt x^*, der zugleich einziger stationärer Punkt oder der größere von zwei stationären Punkten ist.

Das globale Gewinnmaximum wird an der Stelle

$$x_{opt} = \begin{cases} x^* & falls\ p > k_{BM} \\ 0 & sonst \end{cases}$$

angenommen.

Satz 14.113. *Es sei $K : [0, \infty) \longrightarrow \mathbb{R}$ eine differenzierbare neoklassische Kostenfunktion, die ein Betriebsoptimum k_{BO} besitzt. Weiterhin sei G die aus K und einem gegebenen Polypolmarktpreis $p > 0$ auf $[0, \infty)$ gebildete Gewinnfunktion. Dann liegt genau einer der beiden folgenden Fälle vor:*

(ab) $p \leq k_{BM}$, und G besitzt im Intervall $(0, \infty)$ weder einen lokalen Maximumpunkt noch einen stationären Punkt,

(c) $p > K'_W$, und G besitzt im Intervall $(0, \infty)$ genau einen lokalen Maximumpunkt x^*, der zugleich einziger stationärer Punkt ist.

Das globale Gewinnmaximum wird an der Stelle

$$x_{opt} = \begin{cases} x^* & falls\ p > k_{BM} \\ 0 & sonst \end{cases}$$

angenommen.

Folgerung 14.114. *Die Thesen* (T1) *bis* (T4) *und die "Übersicht: Drei Zonen des Polypolmarktes" auf Seite 486 gelten für jede ertragsgesetzliche bzw. neoklassische Kostenfunktion im Sinne von Satz 14.112 bzw. Satz 14.113.*

Die soeben angegebenen Aussagen erlauben, bei praktischen Berechnungen erheblich Arbeit einzusparen, weil sie die Vielfalt erforderlicher Untersuchungen einschränken. Ein konkretes "Arbeitsprogramm" hierzu folgt im nächsten Abschnitt.

Der Maximalgewinn

Aus der Sicht des Unternehmens mag es interessant sein, nicht nur das eigene Angebot (vor oder nach Investion) zu kennen, sondern auch den dabei erzielten Gewinn. Dieser hängt ebenfalls vom gegebenen Marktpreis p ab, und wir gelangen auf diese Weise zu einer "Maximalgewinnfunktion".

Zunächst nehmen wir einmal an, die Fixkosten seien bereits verausgabt worden. Bei gegebenem Preis p bietet das Unternehmen die Menge $x_{AN}(p) = x_{opt}(p)$ an. Der erzielte Gewinn ist nichts anderes als die Differenz aus dem Erlös, der beim Preis p und Angebot $x_{AN}(p)$ erzielt wird, und den internen Kosten. Setzen wir also

$$G(x, p) := px - K(x), \quad x \geq 0,$$

können wir für diesen Gewinn schreiben:

$$G_{\max, N}(p) := G(x_{opt}(p), p) = G(x_{AN}(p), p), \quad x \geq 0.$$

Natürlich ist dies gerade der größtmögliche Gewinn, der bei gegebenem Preis erzielt werden kann. Wir werden $G_{\max, N}$ daher als *Maximalgewinnfunktion*[11] *nach Investitionen* bezeichnen.

Beispiel 14.115 (↗F 14.111)**.** Die Angebotsfunktion unseres Unternehmens "BackFix" (nach Investition) lautete

$$x_{AN}(p) = \begin{cases} \frac{p-5}{2} & p > 5 (= k_{BM}) \\ 0 & \text{sonst.} \end{cases}$$

Da die Kostenfunktion durch $J(x) = x^2 + 5x + 25, \quad x \geq 0$, gegeben war, erhalten wir als Maximalgewinnfunktion bei Preisen $p > 5$

$$\begin{aligned} G_{\max, N}(p) &:= p\, x_{AN}(p) - J(x_{AN}(p)) \\ &= \frac{p(p-5)}{2} - \left(\frac{(p-5)^2}{4} + \frac{5(p-5)}{2} + 25 \right) \\ &= \frac{(p-5)^2}{4} - 25; \end{aligned}$$

---

[11]bzw. kurz *Maximalgewinn*

bei geringeren Preisen ist das Angebot Null: $G_{\mathrm{max},N}(p) := p \cdot 0 - J(0) = -25$. Wir fassen zusammen:

$$G_{\mathrm{max},N}(p) = \begin{cases} \frac{(p-5)^2}{4} - 25 & p > 5 (= k_{BM}) \\ -25 & \text{sonst.} \end{cases}$$

Wir sehen, dass dieser Maximalgewinn negativ sein kann (blaue Kurve im Bild rechts), was ökonomisch durchaus begründet ist: Bei sehr niedrigen Preisen wird sich der Maximalgewinn in der Nähe der negativen Fixkosten bewegen.

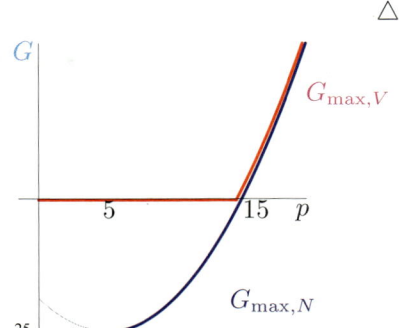

Wenn der Standpunkt vor Investitionen eingenommen wird, ist dies nicht möglich, denn hier wird ja gerade deshalb auf die Investitionen verzichtet, um negativen Gewinn zu vermeiden. Es gilt daher für den Maximalgewinn vor Investition

$$G_{\mathrm{max},V}(p) = \begin{cases} G(x_{AV}(p),p) & \text{falls } x_{AV}(p) > 0 \ (\Longleftrightarrow p > k_{BO}) \text{ ist,} \\ 0 & \text{sonst.} \end{cases}$$

Beispiel 14.116 (↗F 14.115). Bei unserem Unternehmen "BackFix" finden wir entsprechend

$$G_{\mathrm{max},V}(p) = \begin{cases} \frac{(p-5)^2}{4} - 25 & p > 15 \ (= k_{BO}) \\ 0 & \text{sonst.} \end{cases}$$

△

Unser kleines Beispiel lässt unmittelbar erkennen, dass gilt

$$G_{\mathrm{max},V}(p) = \max\{G_{\mathrm{max},N}(p), 0\}, \quad p \geq 0.$$

(rote Kurve im Bild oben). Es ist intuitiv plausibel, dass dies immer so sein muss. – Eine weitere Beobachtung mag interessant sein: Wir differenzieren einmal die für G_{max} gefundenen "oberen" Ausdrücke nach dem Preis p und finden:

$$\frac{d}{dp} G_{\mathrm{max},v}(p) = \frac{(p-5)}{2} = x_{AV}(p) \quad (p > 15),$$

$$\frac{d}{dp} G_{\mathrm{max},N}(p) = \frac{(p-5)}{2} = x_{AN}(p) \quad (p > 5);$$

ökonomisch als These formuliert

(TMH) *Auf einem Polypolmarkt stimmen (echtes) Angebot und marginaler Höchstgewinn überein.*

Fehlendes Betriebsoptimum

Wir gehen abschließend auf die Frage ein, welche Rolle ertragsgesetzliche oder neoklassische Kostenfunktionen *ohne* Betriebsoptimum spielen.

Beispiel 14.117 (↗F 14.68). Wir hatten gesehen, dass die ertragsgesetzliche Kostenfunktion

$$K(x) = x + e^{-x^2}, \quad x \geq 0,$$

auf ganz $(0, \infty)$ streng monoton fallende Stückkosten besitzt. Wir behaupten nun: $k_{BO}^* := \inf k = 1$. (Dieses Infimum – vgl. Seite 242 – wird jedoch nicht als Funktionswert angenommen und ist daher also kein Minimum.) Für den auf einem polypolistischen Markt bei einem konstanten Preis von p [GE/ME] erzielbaren Gewinn gilt daher

$$\lim_{x \to \infty} G(x) = \begin{cases} \infty & \text{falls } p > 1 \\ 0 & \text{falls } p = 1 \\ -\infty & \text{sonst.} \end{cases}$$

△

Das nebenstehende Bild illustriert diese Situation anhand eines Fahrstrahlbündels: Die dunkelblau hervorgehobene Gerade hat den Anstieg 1 und ist Asymptote der Kostenkurve. Sobald ein Marktpreis p verzeichnet wird, der höher ist als $k_{BO}^* = 1$ [GE/ME], verläuft die Erlösgerade steiler als die blaue Gerade, schneidet die Kostenkurve und entfernt sich mit zunehmender Ausbringung unendlich weit von dieser. Also wächst mit zunehmender Ausbringung auch der Gewinn über alle Grenzen.

Die Aufgabe, den gewinnmaximalen Output zu ermitteln, kann also nur noch sinnvoll sein, wenn zugleich eine Kapazitätsgrenze C vorgegeben wird; diese stellt dann automatisch den gewinnmaximalen Output dar.

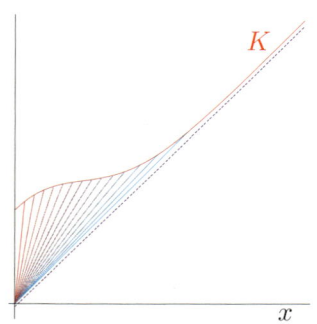

Interessanterweise besitzt der Wert k_{BO}^* dieselbe Interpretation wie jedes "normale" Betriebsoptimum (als Stückkosten*minimum* statt -infimum):

k_{BO}^* *ist die Untergrenze aller Marktpreise, zu denen mit echtem (=positivem) Gewinn produziert werden kann!*

14.5.5 Praktische Bestimmung des Angebotes

Wir unterscheiden den *allgemeinen* und den *speziellen* Ablauf:

Allgemeiner Ablauf   (*ohne* Verwendung von Betriebsgrößen):

1. **Bestimme** explizit: $G(x) = px - K(x)$, $x \geq 0$

2. **Prüfe**, ob G ein Maximum besitzen muss
   (falls <u>nein</u>: Abbruch!)

3. **Bestimme** alle stationären Punkte x^* von G
   ($\overset{\wedge}{=}$ alle Lösungen von $K'(x^*) = p$)

4. **Bestimme** x_{opt} als (kleinsten) globalen Maximumpunkt unter allen stationären Punkten und 0.

5. **Prüfe**: $G(x_{opt}) > 0$?

6. **Setze**

$$x_{AV}(p) := \begin{cases} x_{opt} & \text{falls ja} \\ 0 & \text{sonst} \end{cases} \quad x_{AN}(p) := x_{opt}.$$

Spezieller Ablauf   (*mit* Betriebsgrößen):

0. **Prüfe**: K ertragsgesetzlich/neoklassisch?
   (Falls <u>nein</u>: weiter mit allgemeinem Ablauf!)
   Bestimme: Betriebsgrößen
   (Falls <u>nicht</u> existent: Abbruch!)

1. **Bestimme** explizit: $G(x) = px - K(x)$, $x \geq 0$

2. –

3. **Bestimme** (maximal 2 stationäre Punkte x^* von G bzw.)
   maximal 2 Lösungen von $K'(x^*) = p$, falls existent.

4. **Setze**

$$x_{opt} = \begin{cases} \text{größter stationärer Punkt } x^* & \text{falls existent} \\ 0 & \text{sonst.} \end{cases}$$

5. –

6. **Setze**

$$x_{AV}(p) := \begin{cases} x_{opt} & \text{für } p > k_{BO} \\ 0 & \text{sonst;} \end{cases} \quad x_{AN}(p) := \begin{cases} x_{opt} & p > k_{BM} \\ 0 & \text{sonst.} \end{cases}$$

Der *allgemeine* Ablauf setzt keine Kenntnis der Betriebsgößen x_{BO}, K_{BO} usw. voraus, ist sozusagen "immer" möglich. Allerdings können die Schritte 3,4 und 5 rechnerisch schwierig werden, insbesondere wenn der Preis p nur in abstrakter Form bekannt ist.

Diese Schwierigkeiten können mit dem *speziellen* Ablauf umgangen werden; der Preis dafür: es sind zunächst die benötigten Betriebsgrößen zu ermitteln. Dies geschieht wie im Abschnitt 14.3.6 beschrieben und ist – insgesamt betrachtet – oft vorteilhaft.

14.5.6   Aufgaben

Aufgabe 14.118 (↗F 14.70). Bestimmen Sie die Angebotsfunktion (nach Investition) für das Unternehmen, welches ein Gut mit den internen Gesamtkosten $K(x) = 3x^2 + 5x + 363$ [GE] (bei einer Ausbringung von x [ME]) produziert, über eine (theoretisch) unbegrenzte Kapazität verfügt und sein Produkt auf einem Polypolmarkt anbietet.

Aufgabe 14.119 (↗L). Eine Zementfabrik produziert einen Spezialzement zu täglichen Gesamtkosten in Höhe von $K(x) = 3x^2 + 8x + 147$ [GE] bei einer Ausbringungsmenge von x [ME]. Die Kapazitätsgrenze liegt bei 35 [ME]. Bestimmen Sie die Angebotsfunktion des Unternehmens (vor Verausgabung der Fixkosten).

Aufgabe 14.120. (Vgl. Aufgabe 14.82) Bestimmen Sie die Polypolmarkt-Angebotsfunktion des Traditionsunternehmens $Q3$, welches bei einer Produktion von x Mengeneinheiten des Ferments $Q4$ mit internen Gesamtkosten von $K(x) = \frac{x^3}{3} - 6x^2 + 43x + 122$ [10 T €] rechnet. (Gehen Sie von einer unbeschränkten Produktionskapazität und bereits verausgabten Fixkosten aus. Was ändert sich unter der Annahme, die Fixkosten seien noch nicht verausgabt worden?)

Aufgabe 14.121 (↗F 14.85). Angenommen, ein polypolistisches Unternehmen produziere ein einzelnes Gut mit internen Gesamtkosten von $\Theta(x) = 5x + 2e^{\frac{x}{10}}$ [GE] bei einem Output von x [ME]. Wie lautet die Angebotsfunktion (nach Investition)?

Aufgabe 14.122 (↗L). Die Firma BruchFix stellt einen flüssigen Millisekundenkleber her. Bei einer Ausbringung von x [ME] betragen die stückvariablen Kosten $3x^{\frac{4}{3}} + 50$ [GE/ME], bei einer Ausbringung von 1 [ME] entstehen Stückkosten in Höhe von 245 [GE/ME]. Wie lautet die Angebotsfunktion der Firma BruchFix für einen polypolistischen Markt? (Nehmen Sie den Standpunkt "vor Investition" ein.)

Aufgabe 14.123. Bestimmen Sie die Maximalgewinnfunktion (n. I.) zu Aufgabe 14.70.

Aufgabe 14.124 ($\nearrow$F 14.84). Bestimmen Sie die Angebotsfunktion (v. I. und n. I.) für ein polypolistisches Unternehmen, welches ein Gut gemäß der ertragsgesetzlichen Kostenfunktion $K(x) := 3x^5 - 10x^3 + 15x + 108, x \geq 0$, produziert.

Aufgabe 14.125 ($\nearrow$L). Ein Unternehmen produziere ein Gut nach der Gesamtkostenfunktion $K(x) = (x + 1)(x + a), x \geq 0$, wobei x die ausgebrachte Menge dieses Gutes [in ME] bezeichnet. Bestimmen Sie den Wert der Konstanten a so, dass

- (i) die Fixkosten 72 [GE] betragen,
- (ii) die Stückkosten bei einer Ausbringung von 8 [ME] des Gutes 27 [GE/ME] betragen,
- (iii) der betriebsoptimale Output 6 [ME] beträgt,
- (iv) sich das Angebot des Unternehmens (vor Investitionen) bei einem Preis von p [GE/ME] auf

$$x(p) = \begin{cases} \frac{p}{2} - 1 & \text{für } p > 4 \\ 0 & \text{sonst} \end{cases}$$

  [ME] beläuft,
- (v) das Unternehmen bei einem Marktpreis von p= 21 [GE/ME] einen Gewinn von 4 [GE] erzielt.

(Hinweis: Die Lösungen zu (i) bis (v) können sich unterscheiden!)

14.6 Marktgleichgewichte

Wir betrachten einen Markt für ein Gut, in dem eine große Zahl von Nachfragern einer ebenfalls großen Zahl von Anbietern gegenübersteht. Wenn "perfekte" Bedingungen herrschen – vollständige Konkurrenz, vollständige Information aller Marktteilnehmer etc. – wird sich der Preis des Gutes bei einem Wert einpendeln, der durch das Gleichgewicht von Gesamtangebot und Gesamtnachfrage bestimmt wird.

Unser Bild rechts kennzeichnet diese Situation: Die Nachfragekurve kennzeichnet die Gesamtnachfrage $N(p)$ aller Marktteilnehmer in Abhängigkeit von einem möglichen Preis p, während $A(p)$ als das aggregierte Angebot sämtlicher Anbieter bei diesem Preis zu interpretieren ist.

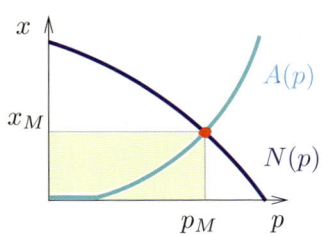

Im Schnittpunkt beider Kurven stimmen Angebot und Nachfrage überein. Wir bezeichnen den zugehörigen Preis p_M als den *Marktpreis*, die dabei abgesetzte Menge x_M als *Marktabsatz* bzw. wahlweise als Marktangebot oder Marktnachfrage. Das Produkt aus beiden – also der Flächeninhalt des pastellgelb unterlegten Rechtecks – ist der *Marktumsatz* U_M; es handelt sich dabei um den Geldwert der gesamten abgesetzten Gütermenge x_M, bewertet mit dem Marktpreis p_M. (Statt "Marktpreis" etc. werden wir auch sagen "Gleichgewichtspreis" etc.) – Wir merken an, dass die von uns gewählte Beschriftung der Achsen nicht zwingend ist (in der Ökonomie wird diese gern umgekehrt).[12]

Für die Ökonomie sind z.B. folgende Fragestellungen interessant:

(1) Welcher Gleichgewichtspreis und -absatz stellt sich bei gegebener Angebots- und Nachfragefunktion ein?

(2) Welche Schlüsse sind aus einem beobachteten Gleichgewicht auf Angebot bzw. Nachfrage möglich?

(3) Wie verändert sich das Marktgleichgewicht, wenn sich die Nachfrage- bzw. Angebotsfunktion verändert?

Wir beschränken uns hier darauf, (1) und (2) anhand einiger Beispiele zu illustrieren; die Frage (3) erfordert weitergehende mathematische Hilfsmittel und wird in *EO* Math 3 wieder aufgegriffen. Zur Bestimmung von Gleichgewichtspreis und -absatz wird man Angebot und Nachfrage gleichsetzen und die entstehende Gleichung auflösen, was oft sehr einfach ist:

Beispiel 14.126. Angebot und Nachfrage mögen innerhalb sinnvoller Grenzen durch die Ausdrücke

$$A(p) := \frac{p}{2} - 1 \quad \text{und} \quad N(p) := 2 - \frac{p}{10}$$

beschrieben werden. Wie groß sind Marktpreis, -absatz und -umsatz?

Lösung: (Vorab bemerken wir, dass die erwähnten "sinnvollen Grenzen" für den Preis so zu setzen sind, dass Angebot und Nachfrage nichtnegativ bleiben. Damit ist der gegebene Ausdruck für $A(p)$ erst für Preise $p \geq 2$ sinnvoll, derjenige für $N(p)$ ist nur für Preise p in $[0, 20]$ sinnvoll; beide Ausdrücke sind genau im Intervall $[2, 20]$ gleichzeitig sinnvoll.) Wir setzen nun Angebot und Nachfrage gleich: Die Gleichung $\frac{p}{2} - 1 = 2 - \frac{p}{10}$ hat die Lösung $p = 5$, die im zulässigen Intervall $[2, 20]$ liegt. Außerhalb dieses Intervalls ist kein Gleichgewicht möglich, weil entweder das Angebot oder die Nachfrage erlischt. Also ist $p = 5$ der Marktpreis. Das zugehörige Angebot liefert den Marktabsatz: $A(5) = 3/2$. (Ebenso hätten wir die zugehörige Nachfrage ermitteln können: $N(5) = 3/2$.) Das Produkt aus Preis und Menge liefert den Umsatz.

Ergebnis: Marktpreis $p_M = 5$, Marktabsatz $= \frac{3}{2}$, Marktumsatz $U_M = \frac{15}{2}$. △

---

[12]Der Anwender sollte sich stets im Klaren sein, ob das Diagramm *Funktionen* oder – wegen Mehrdeutigkeit – nur *Relationen* darstellt.

(Wir haben hier der Einfachheit halber auf die Benennung der Maßeinheiten verzichtet. Grundsätzlich sind die entsprechenden Maßeinheiten vom Typ [GE/ME], [ME] bzw. [GE].) – Gelegentlich ist bei der rechnerischen Auflösung der Angebots-Nachfrage-Gleichung etwas mehr Sorgfalt geboten:

Beispiel 14.127. Angebot und Nachfrage auf einem Gütermarkt mögen durch die Funktionen

$$p_A(x) = \frac{x}{5} + 2, x \geq 0, \quad p_N(x) = \begin{cases} \sqrt{100 - 5x} & 0 \leq x \leq 20 \\ 0 & x > 20 \end{cases}$$

beschrieben werden. Bei welchem Preis befindet sich der Markt im Gleichgewicht? Welche Gütermenge wird zu diesem Preis abgesetzt?

Ergebnis: Marktpreis und -absatz sind gegeben durch $p_M = 5$ [GE/ME] und $x_M = 15$ [ME].

Denn: Angebot und Nachfrage können höchstens für $x \in [0, 20]$ gleich sein, denn für $x > 20$ ist die Nachfrage Null. Gleichsetzen der beiden dort geltenden Ausdrücke ergibt die Gleichung $\frac{x}{5} + 2 = \sqrt{100 - 5x}$. Um den Wurzelausdruck zu eliminieren, quadrieren wir sie und erhalten folgende *notwendige* Lösungsbedingung:

$$\left(\frac{x}{5} + 2\right)^2 = 100 - 5x \Longleftrightarrow \frac{x^2}{25} + \frac{4x}{5} + 4 = 100 - 5x \Longleftrightarrow x^2 + 145x - 2400 = 0.$$

Die beiden reellen Lösungen dieser quadratischen Gleichung sind (nach $p - q$-Formel) -160 und 15; hiervon ist nur die nichtnegative größere Lösung ökonomisch zulässig. Wir prüfen noch, ob diese auch eine Lösung der Ausgangsgleichung ist[13]: In der Tat gilt

$$p_A(15) = p_N(15) = 5;$$

daher das angegebene Ergebnis.   △

Beispiel 14.128. Die Nachfrage nach einem Gut auf einem polypolistischen Markt betrage $\frac{12}{p}$ [ME] bei einem Preis von p [GE/ME], während sich das Angebot – so vorhanden – bei demselben Preis auf $\sqrt{3p - 14}$ [ME] beläuft. Wie groß sind Gleichgewichtspreis, -absatz und -umsatz?

Ergebnis: Marktpreis, -absatz und -umsatz sind gleich 6 [GE/ME], 2 [ME] bzw. 12 [ME].

Denn : Wir interpretieren "so vorhanden" als "für $p \geq \frac{14}{3}$". Die Gleichsetzung von Angebot und Nachfrage führt auf die Ausgangsgleichung $\frac{12}{p} = \sqrt{3p - 14}$ und nach dem Quadrieren auf die *notwendige* Bedingung

$$\frac{144}{p^2} = 3p - 14 \Longleftrightarrow 3p^3 - 14p^2 - 144 = 0 \Longleftrightarrow p^3 - \frac{14}{3}p^2 - 48 = 0. \quad (14.26)$$

---

[13]Die zweite Lösung der *quadratischen* Gleichung ist nicht nur ökonomisch unsinnig, sondern auch keine Lösung der *Ausgangs*gleichung – die gefundene *notwendige* Lösungsbedingung ist also nicht hinlänglich!

Wir versuchen zunächst, eine ganzzahlige Lösung dieser kubischen Gleichung zu finden, wofür nur Teiler von 48 in Betracht kommen. Nach kurzem Probieren ist zu erkennen, dass $p = 6$ eine Lösung ist, somit der *notwendigen* Bedingung (14.26) genügt. Durch Einsetzen überprüft man, dass $p = 6$ tatsächlich die Ausgangsgleichung löst: $\frac{12}{6} = \sqrt{3 \cdot 6 - 14} = 2$ ist der dazugehörige Absatz und das Produkt $6 \cdot 2 = 12$ der dazugehörige Umsatz.   △

Eine Besonderheit des letzten Beispiels sei hervorgehoben: Als Teil des Lösungsweges war eine kubische Gleichung zu lösen, die bekanntlich bis zu drei verschiedene reelle Lösungen besitzen kann. Wir haben uns mit der ersten begnügt. Warum? Nun, sowohl Angebots- als auch Nachfragefunktion sind – soweit positiv – streng monoton. Der Gleichgewichtspunkt (p_M, x_M) ist daher *eindeutig* bestimmt. Von den bis zu drei Lösungen der notwendigen kubischen Gleichung hat sich gleich die erste als die Richtige erwiesen - voilà! – Unser letztes Beispiel illustriert die Fragestellung (2) von Seite 500.

Beispiel 14.129. Diesmal sei nur die Angebotsfunktion vollständig bekannt: $p_A(x) = x + 2, x \geq 0$. Die Grenznachfrage sei konstant gleich $\frac{-1}{3} [\text{GE}/\text{ME}^2]$, solange die Nachfrage positiv ist. Der Markt befinde sich bei einem Preis von 14 [GE/ME] im Gleichgewicht, Angebot und Nachfrage betragen bei diesem Preis gleichermaßen 12 [ME]. Wie lautet die Nachfragefunktion? Bei welchem Preis erlischt die Nachfrage?

Lösung: Wir rekonstruieren zunächst die Nachfragefunktion: Wegen der konstanten Grenznachfrage $-\frac{1}{3}$ ist diese – soweit positiv – affin, also von der Form $p_N(x) = cx + d$ mit $c = -\frac{1}{3}$. Die Konstante d gibt hierbei zugleich den Maximalpreis an. Um sie zu ermitteln, ziehen wir die Gleichgewichtsbedingung heran, die besagt

$$14 \quad = \quad p_A(12) \quad = \quad p_N(12) \quad = \quad d - \frac{12}{3}.$$

Hieraus folgt $d = 18$ und somit das

Ergebnis: Nachfragefunktion: $p_N(x) = \max\{\frac{18-x}{3}, 0\}, x \geq 0$; Maximalpreis: 18 [GE/ME].   △

14.6.1 Aufgaben

Aufgabe 14.130 ($\nearrow$L, "Marktgleichgewichte"). Zwischen dem Preis p [in GE/ME] eines Gutes X, welches auf einem Markt gehandelt wird, und der nachgefragten Menge $x = x_N(p)$ wurde der Zusammenhang

$$x_N(p) = 15\sqrt{16 - p} - 24$$

[ME] beobachtet. Für das Angebot $x = x_A(p)$ gelte

$$x_A(p) = 3p$$

[ME].

  (i) Bei welchem Preis erlischt die Nachfrage?
 (ii) Wie groß ist die größtmögliche Nachfrage?
(iii) Bei welchem Preis befindet sich der Markt im Gleichgewicht?
(iv) Welche Menge des Gutes wird im Gleichgewicht nachgefragt?

14.7 Konsumenten- und Produzentenrente

Konsumentenrente

Wir betrachten einen polypolistischen Markt für ein Gut mit den aggregierten Angebots- und Nachfragefunktionen p_A bzw. p_N (hier als Funktionen der nachgefragten Gütermenge). Wir wissen aus dem vorigen Abschnitt: Wenn das Gut zu dem durch den Schnittpunkt von Angebots- und Nachfragekurve bestimmten Gleichgewichtspreis p_M angeboten wird, wird eine Menge von x_M Einheiten des Gutes abgesetzt und der Markt damit "geräumt".

Der Gesamtumsatz (also die Gesamtheit der Einnahmen der Anbieter) wird im rechten Bild durch das pastellgelbe Rechteck verdeutlicht.

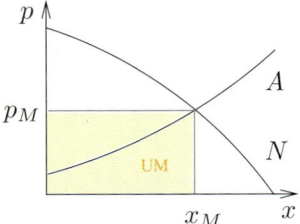

Wir nehmen nun einmal an, den Anbietern sei die Gesamtnachfragefunktion bekannt und sie könnten die freie Konkurrenz durch Absprachen umgehen. Auf diese Weise wäre es möglich, das Gut in einer Preisstaffel anzubieten: Zunächst würde ausschließlich der Preis p_1 verlangt, der dicht beim Maximalpreis $p_{\max}$ liegt. Natürlich könnte dabei nur die kleine Menge x_1 abgesetzt werden (Bild):

Der Gesamtumsatz beträgt bis hier $p_1 x_1$ (Flächeninhalt der linken rot schraffierten Säule). Danach könnte der Angebotspreis etwas abgesenkt werden – z.B. auf den Wert p_2. Der Absatz würde sich nun auf den Wert x_2 erhöhen.

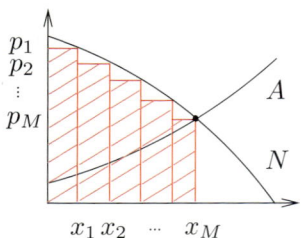

Der Gesamtumsatz erhöht sich dabei um den Wert $p_2\,(x_2-x_1)$ (Flächeninhalt der zweiten rot schraffierten Säule). Auf diese Weise fortfahrend, könnten die Anbieter einen Gesamtumsatz erzielen, der dem Flächeninhalt der rot schraffierten Treppe entspricht.

Wenn die Preisstaffel in ausreichend feinen Schritten vorgenommen wird, ergibt sich im Idealfall keine treppenförmige, sondern eine krummlinig berandete Umsatzfläche.

Es ist die rot schraffierte Fläche unterhalb des Graphen der Nachfragefunktion und oberhalb der x-Achse, die durch die Linien $x = 0$ und $x = x_M$ berandet wird (siehe Bild). Der türkisfarbene Teil dieser Fläche entspricht demjenigen Teil des Umsatzes bei unendlich feiner Preisstaffelung, der den Gleichgewichtsumsatz übersteigt.

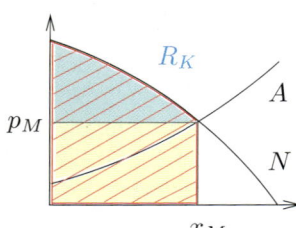

Man bezeichnet diesen als *Konsumentenrente*. Der Grund: Die Anbieter agieren in freier Konkurrenz, die Preisstaffel entfällt und das türkisfarbene Geldvolumen verbleibt "in den Taschen der Konsumenten".

Um dieses Volumen zu berechnen, übersetzen wir den allgemeinen Ansatz in die Formeln:

Konsumentenrente = Umsatz bei Preisstaffel − Gleichgewichtsumsatz

$$R_K := \int_0^{x_M} p_N(x)\,dx - p_M x_M \tag{14.27}$$

Beispiel 14.131. Die Nachfragefunktion für ein Gut sei auf einem Polypolmarkt durch

$$p(x) = 4 - \frac{x^2}{8}, \quad 0 \le x \le \sqrt{32},$$

gegeben. Als Gleichgewichtspreis werde $p_M = 2$ beobachtet. Gesucht ist die Konsumentenrente R_K.

Lösung: Wir benötigen für unsere Berechnungen noch den Gleichgewichtsabsatz x_M, den wir über den Ansatz $p_N(x_M) = p_M$ ermitteln können, hier: $4 - \frac{x_M^2}{8} = 2 \iff x_M^2 = 16$ mit der eindeutigen nichtnegativen Lösung $x_M = 4$. Es wird also

$$R_K = \int_0^4 \left(4 - \frac{x^2}{8}\right) dx - 2 \cdot 4$$

$$= \left[4x - \frac{x^3}{24}\right]_0^4 - 2 \cdot 4$$

$$= 16 - \frac{64}{24} - 8 = \frac{16}{3},$$

$$R_K = 5\frac{1}{3}.$$

$\triangle$

Bemerkungen 14.132.

(1) Alle hier vorkommenden Größen verfügen über Maßeinheiten, die wir der Einfachheit halber ausgeblendet haben. Insbesondere die Konsumentenrente als Umsatzgröße hat die Maßeinheit [GE].

(2) Wir können den Flächeninhalt $p_M x_M$ des Gleichgewichtsumsatz-Rechtecks auch als Integral der konstanten Funktion p_M in den genannten Grenzen auffassen und dieses Integral mit demjenigen in (14.27) zusammenziehen. Es folgt eine nur auf den ersten Blick "neue" Formel für die Konsumentenrente

$$R_K = \int_0^{x_M} (p_N(x) - p_M) dx. \tag{14.28}$$

(3) Ein Flächeninhalt verändert sich nicht, wenn das Koordinatensystem gespiegelt wird. Das folgende Bild ist das Resultat des vorherigen bei einer solchen Spiegelung. Angebot und Nachfrage werden nun durch zwei Funktionen x_A und x_N des Preises dargestellt (dies sind die Umkehrfunktionen von p_A bzw. p_N). Wiederum stimmt der Inhalt der schraffierten Fläche mit der Konsumentenrente überein. Wir erhalten eine weitere Formel zu ihrer Berechnung, die sich direkt aus dem Bild ablesen lässt:

$$R_K = \int_{p_M}^{p_{max}} x_N(p) dp. \tag{14.29}$$

Diese[14] Formel sieht etwas einfacher aus als die vorigen beiden; sie ist es aber erst dann tatsächlich, wenn die Nachfrage als Funktion des Preises gegeben ist.

---

[14]Wenn kein endlicher Maximalpreis existiert, ist hier $p_{max} = \infty$ zu setzen.

Beispiel 14.133 ($\nearrow$F 14.131). Es ist nicht schwer zu sehen, dass die Nachfrage als Funktion des Preises hier lautet $x_N(p) = \sqrt{32 - 8p}$, $p \in [0, 4]$, wobei $p_{max} = 4$ zugleich Maximalpreis ist (die Nachfrage erlischt dort). Es wird

$$
\begin{aligned}
R_K &= \int_2^4 \sqrt{32 - 8p}\, dp \\
&= \left[-\frac{1}{12}(32 - 8p)^{\frac{3}{2}} \right]_2^4 \\
&= \frac{1}{12} 16^{\frac{3}{2}} = \frac{16}{3},
\end{aligned}
$$

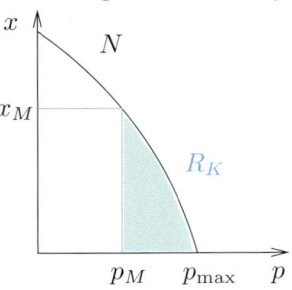

wie auch schon mit der anderen Formel berechnet.

$\triangle$

Produzentenrente

Unsere Überlegungen über die den Anbietern auf einem Polypolmarkt durch mangelnde Kooperation entgangenen Möglichkeiten lassen sich sinngemäß auf die Nachfragerseite übertragen: Angenommen, die Konsumenten könnten sich absprechen und würden zunächst alle Angebote oberhalb eines sehr geringen Einstiegspreises p_1 boykottieren. Dann würden nur eine geringe Gütermenge x_1 abgesetzt, weil nur ein so geringes Angebot vorliegt. Anschließend würden die Nachfrager einen etwas erhöhten Preis akzeptieren, womit sich der Gesamtabsatz auf x_2 erhöht. Im Ergebnis so einer Nachfragestaffel ergäbe sich ein Gesamtumsatz, der dem Inhalt einer Treppenfläche im folgendem entspricht. Im Idealfall einer unendlich feinen Staffel ginge die Treppenfläche in die Fläche der Angebotskurve über.

Der blau schraffierte Teil dieser Fläche gibt den potentiellen Mindestumsatz an, den die Anbieter bei einer Staffelnachfrage im Vergleich zum Gleichgewichtsumsatz hinnehmen müssten.

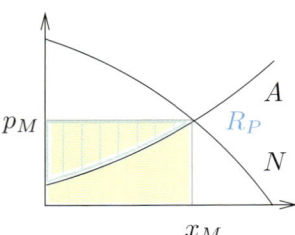

Dieses Geldvolumen wird als *Produzentenrente* bezeichnet, weil es mangels Kooperation der Konsumenten auf dem polypolistischen Markt bei den Produzenten verbleibt.

Aus unserem Bild können wir die Berechnungsformel für die Produzentenrente direkt ablesen:

$$
R_P := p_M x_M - \int_0^{x_M} p_A(x)\, dx, \tag{14.30}
$$

gleichwertig ist

$$R_P = \int_0^{x_M} (p_M - p_A(x))dx, \qquad (14.31)$$

bzw. bei Verwendung der Umkehrfunktionen

$$R_P = \int_{p_{\min}}^{p_M} x_A(p)dp. \qquad (14.32)$$

Beispiel 14.134 (↗F 14.128). Die Nachfrage nach einem Gut auf einem polypolistischen Markt betrage $\frac{12}{p}$ [ME] bei einem Preis von p [GE/ME], während sich das Angebot – so vorhanden – bei demselben Preis auf $\sqrt{3p - 14}$ [ME] beläuft. Wie groß ist die Produzentenrente?

Lösung: Wir hatten den Marktpreis und den Minimalpreis bereits errechnet: $p_M = 6$, $p_{\min} = \frac{14}{3}$ [GE/ME]. Also bietet sich die Formel (14.32) zur Berechnung an. Wir finden

$$R_P = \int_{\frac{14}{3}}^6 \sqrt{3p - 14}\, dp = \frac{2}{9}\left[(3p - 14)^{\frac{3}{2}}\right]_{\frac{14}{3}}^6$$
$$= \frac{2}{9} \cdot 4^{\frac{3}{2}}$$
$$R_P = \frac{16}{9}.$$

$\triangle$

14.7.1 Aufgaben

Aufgabe 14.135 (↗L, "Konsumentenrente"). Angebot und Nachfrage auf einem Gütermarkt mögen durch die Funktion

$$p_A(x) = \frac{x}{5} + 2 , \qquad x \geq 0$$

$$p_N(x) = \sqrt{(100 - 5x)^+} , \qquad x \geq 0$$

gegeben sein. (Mit x werde jeweils die Menge des betroffenen Gutes, mit p_A bzw. p_N der zugehörige Angebots- bzw. Nachfragepreis bezeichnet.)

a) Bei welchem Preis p_M befindet sich der Markt im Gleichgewicht?

b) Welche Menge x_M des Gutes wird bei diesem Preis nachgefragt?

c) Bestimmen Sie die Konsumentenrente R_K.

d) Bestimmen Sie die Produzentenrente R_P.

14.8 Einige Funktionenklassen mit "ökonomischer Eignung"

14.8.1 Problemstellung

Wir greifen das Problem aus Abschnitt 14.1.11 "Beispiele für Eignungsprüfungen" wieder auf und wollen nicht allein für einzelne Beispiele mathematischer Funktionen, sondern vielmehr für ganze Klassen davon untersuchen, welche "ökonomische Eignung" sie besitzen. Der Vorteil: Der Leser verfügt anschließend über ein gewisses Grundsortiment von Beispieltypen, was bei der Lektüre ökonomischer Literatur von Nutzen sein dürfte.

Unsere Untersuchungen können und sollen natürlich nicht umfassend sein; vielmehr wollen wir anhand einiger Beispiele aufzeigen, wie "Eignungsprüfungen" aussehen können, wenn die gegebenen Funktionen variierbare Parameter enthalten. Weitere Beispiele findet der Leser durch Lösung der Übungsaufgaben am Ende dieses Unterabschnittes.

14.8.2 Affine Funktionen

Beispiel 14.136. Es sind alle Kombinationen (a, b) von Konstanten derart gesucht, dass eine Funktion f mit der Bildungsvorschrift $f(x) := ax + b$, $a \neq 0$, auf einem geeigneten – möglichst großen – Definitionsbereich als

(i) Kostenfunktion

(ii) Produktionsfunktion

(iii) Nachfragefunktion

angesehen werden kann. (Der Definitionsbereich ist mit zu ermitteln.)

Ergebnisse:

(i) $a > 0, b \geq 0$; $D = [0, \infty)$

(ii) $a > 0, b = 0$; $D = [0, \infty)$

(iii) $a < 0, b > 0$; $D = [0, -\frac{b}{a}]$

Denn: Als Kostenfunktion oder Produktionsfunktion muss f auf $[0, \infty)$ definiert sein und streng wachsen. Letzteres trifft genau im Fall $a > 0$ zu. Überdies muss für eine Kostenfunktion gelten $f(0) \geq 0$, für eine Produktionsfunktion $f(0) = 0$, was mit $b \geq 0$ bzw. $b = 0$ gleichbedeutend ist. – Als Nachfragefunktion muss f dagegen monoton fallen, wenn auch nicht unbedingt streng. Äquivalent hierzu ist $a \leq 0$ (wobei $a = 0$ laut Aufgabenstellung entfällt). Weiterhin muss f nichtnegativ sein. Letzteres bedeutet $ax + b \geq 0$ bzw. (a ist negativ!) $x \leq -\frac{b}{a}$. Als obere Grenze eines Standardintervalls muss $-\frac{b}{a} > 0$, mithin auch $b > 0$, sein.   △

Anmerkung: Der Grenzfall $a = 0$ liefert die konstante Funktion $f(x) = b$, die für $b \geq 0$ auch als (zugegeben, nicht sehr interessante) Nachfragefunktion anzusehen ist.

14.8.3 Potenzen

Beispiel 14.137. Es sind alle Kombinationen (a, p) von Parametern $a \neq 0$ und $p \neq 0$ gesucht, bei denen eine Funktion f mit der Bildungsvorschrift $f(x) := ax^p$ auf $D = [0, \infty)$ oder $D = (0, \infty)$ als

(i) neoklassische Produktionsfunktion

(ii) Nachfragefunktion

angesehen werden kann.

Ergebnis:

   (i) $a > 0$, $0 < p < 1$; $D = [0, \infty)$

  (ii) $a > 0$, $p < 0$; $D = (0, \infty)$

Denn: Beide Funktionen können nur nichtnegativ sein, wenn $a > 0$ gilt (oder $a = 0$ ist, was laut Aufgabenstellung auszuschließen ist). In diesem Fall ist f genau für $p > 0$ streng wachsend und genau für $p \leq 0$ fallend (wobei $p = 0$ wiederum laut Aufgabenstellung entfällt). Um neoklassisch zu sein, bedarf es für f der strikten Konkavität, die für $0 < p < 1$ vorliegt. $\triangle$

Anmerkung: In den in der Aufgabe ausgeschlossenen Grenzfällen würden sich konstante Funktionen ergeben, die (wenn ≥ 0) auch als (uninteressante) Nachfrage deutbar wären.

14.8.4 Polynome zweiten und dritten Grades als Kostenfunktionen

Beispiel 14.138. *Durch die Festlegung $f(x) := bx^2 + cx + d, x \geq 0$, wird genau dann eine neoklassische Kostenfunktion f definiert, wenn gilt $b > 0, c \geq 0$ und $d \geq 0$.*

Denn: Wir ziehen die Ableitungen $f'(x) = 2bx + c$ sowie $f''(x) = 2b$, $x \geq 0$, zur Lösung heran.

Ist f eine neoklassische Kostenfunktion, so auch strikt konvex, mithin gilt $f''(x) = 2b \geq 0$ für alle $x \geq 0$, wobei f'' in keinem offenen Intervall verschwindet (Satz 11.22). Also gilt $b > 0$. Weiterhin ist f streng monoton wachsend; es folgt $f'(x) = 2bx + c \geq 0$ für alle $x \geq 0$ (Satz 10.22), erst recht für $x = 0$. Hieraus folgt $c \geq 0$. Schließlich sind die "Fixkosten" nichtnegativ: $f(0) = d \geq 0$. Also sind die drei Bedingungen notwendig dafür, dass f als neoklassische Kostefunktion angesehen werden kann.

Umgekehrt schließen wir aus $b > 0$ auf $f''(x) > 0$ für alle $x \geq 0$ (also ist f strikt konvex), aus $b > 0$ und $c \geq 0$ schließen wir ferner auf $f'(x) = 2bx + c \geq 2bx > 0$ für alle $x > 0$ (also ist f ist streng wachsend), und aus $f(0) = d \geq 0$ schließen wir noch auf $f \geq 0$, also sind die drei Bedingungen auch *hinreichend*. $\triangle$

Beispiel 14.139. *Durch die Festlegung $f(x) := ax^3 + bx^2 + cx + d$, $x \geq 0$, mit $a \neq 0$, wird genau dann eine neoklassische Kostenfunktion definiert, wenn gilt $a > 0, b \geq 0, c \geq 0$ und $d \geq 0$.*

Denn: Wir ziehen wiederum die Ableitungen, diesmal $f'(x) = 3ax^2 + 2bx + c$ sowie $f''(x) = 6ax + 2b$, $x \geq 0$, zur Lösung heran und setzen zunächst voraus, f sei eine neoklassische Kostenfunktion. Dann ist f zumindest nichtnegativ und es muss $a > 0$ gelten (sonst wäre $\lim_{x \to \infty} f(x) = -\infty$). Weiterhin ist f strikt konvex, mithin gilt $f''(x) = 6ax + 2b \geq 0$ für alle $x \geq 0$ und erst recht für $x = 0$; wir schließen hieraus $b \geq 0$. Schließlich ist f streng wachsend. Es folgt $f' \geq 0$, wobei f' in keinem offenen Intervall verschwindet (Satz 10.31); hier heißt dies $3ax^2 + 2bx + c \geq 0$ $(x^2 + \frac{2b}{3a}x + \frac{c}{3a} \geq 0)$ für alle $x \geq 0$ mit eventueller Ausnahme einzelner Punkte. Also muss die größte Nullstelle von $x^2 + \frac{2b}{3a}x + \frac{c}{3a}$, sofern existent, kleiner oder gleich Null sein. Der einzige Kandidat für die größte Nullstelle wird nun durch die *p-q*-Formel in Gestalt von

$$-\frac{b}{3a} + \sqrt{\frac{b^2}{9a^2} - \frac{c}{3a}}$$

gegeben; wenn jedoch $\frac{c}{3a} < 0$ ist, ist der Ausdruck unter der Wurzel positiv, der Wurzelausdruck selbst betragsmäßig größer als $\frac{b}{3a}$ und die größere Nullstelle folglich positiv. Weil dieser Fall ausgeschlossen werden soll, muss $c \geq 0$ gelten.

Schließlich sind die "Fixkosten" $f(0) = d$ auch hier nichtnegativ, es folgt $d \geq 0$. Also sind die angegebenen Bedingungen wiederum *notwendig*. Ganz analog wie beim vorigen Beispiel überzeugen wir uns von ihrer Hinlänglichkeit.   △

Wir wollen uns nun den ertragsgesetzlichen Kostenfunktionen zuwenden. Das Hauptergebnis formulieren wir diesmal in Form einer Beispielaufgabe, deren Lösung im Lösungsteil enthalten ist. Als Einleitung empfehlen wir dem weniger geübten Leser, zunächst die folgende, zahlenmäßig konkretere Aufgabe zu lösen. Auch ihre Lösung ist im Lösungsteil enthalten.

Aufgabe 14.140 (↗L). Welchen Bedingungen muss die Konstante b genügen, damit durch

$$K(x) := x^3 - bx^2 + x + 10, x \geq 0,$$

eine ertragsgesetzliche Kostenfunktion definiert wird?

Beispiel 14.141 (↗Ü, ↗L). *Durch die Festlegung*

$$f(x) := ax^3 + bx^2 + cx + d, x \geq 0$$

mit $a \neq 0$, wird genau dann eine ertragsgesetzliche Kostenfunktion definiert, wenn gilt $a > 0, b < 0, c \geq 0, d \geq 0$ sowie $3ac \geq b^2$.   △

14.8.5   Erhaltungseigenschaften

Unsere Klassen von Beispielen können auf folgendem Weg leicht noch vergrößert werden:

Behauptung 14.142. *Es seien f_1 und f_2 zwei beliebige ökonomische Funktionen gleichen Typs[15] (gemäß unserer Übersicht auf Seite 438; ausgenommen ertragsgesetzliche Kostenfunktionen und Konsumfunktionen). $\lambda > 0$ sei eine beliebige Konstante. Dann sind die Funktionen $f_1 + f_2$ sowie λf_1 wiederum ökonomische Funktionen desselben Typs.*

Beispiel 14.143. Jede Funktion der Form

$$f(x) = \sum_{k=0}^{N} a_k x^k, \quad x \geq 0,$$

mit $N \geq 2$, $a_k \geq 0$ für alle k und $a_N > 0$ ist eine neoklassische Kostenfunktion.

Denn: Jeder nicht identisch verschwindende Summand mit $k \geq 1$ für sich definiert eine neoklassische Kostenfunktion, also ist auch deren Summe eine neoklassische Kostenfunktion. Durch Addition der "Fixkosten" a_0 bleibt der Funktionentyp erhalten.   △

14.8.6   Aufgaben

Aufgabe 14.144. Man stelle fest, ob und bei welcher Wahl der Parameter (a, b) eine

– Angebotsfunktion f
– Transformationskurve f
– Nutzenfunktion f

auf einem (nichtausgearteten) Teilintervall ihres Definitionsbereiches die Bildungsvorschrift $f(x) = ax + b$ besitzen kann. (Sofern möglich, gebe man das größte derartige Teilintervall an.)

Aufgabe 14.145. Es sind – sofern existent – alle Parameter p anzugeben, bei denen eine Funktion f mit der Bildungsvorschrift $f(x) := ax^p$ auf $D = [0, \infty)$ oder $D = (0, \infty)$ als

(i) Angebotsfunktion

(ii) Nutzenfunktion

(iii) Konsumfunktion

(iv) Isoquante

(v) Produktionsfunktion

---

[15]Gegebenenfalls ist dabei auf Übereinstimmung der Definitionsbereiche zu achten.

(vi) neoklassische Produktionsfunktion

(vii) Engel-Konsumfunktion

angesehen werden kann. (Hierbei bezeichnet a eine beliebige positive Konstante.)

Aufgabe 14.146 ($\nearrow$L). Welchen Bedingungen müssen die Konstanten a, b und c genügen, damit durch die Zuordnung $x \to \frac{a}{(x+b)} + c$ auf einem passenden Definitionsbereich eine

a) Produktionsfunktion

b) Kostenfunktion

c) Nachfragefunktion

definiert wird? (Geben Sie den jeweiligen Definitionsbereich mit an.)

Aufgabe 14.147.

(i) Welchen Bedingungen müssen die Konstanten $0 < p < q$ genügen, damit durch die Zuordnung $x \to x^p + x^q$ auf $[0, \infty)$ eine ertragsgesetzliche Kostenfunktion definiert wird?

(ii) Angenommen, diese Bedingungen seien erfüllt. Bestimmen Sie die Wendestelle x_W sowie den betriebsoptimalen und den betriebsminimalen Output x_{BO} bzw. x_{BM}.

Aufgabe 14.148. Welchen Bedingungen müssen die Konstanten a und b genügen, damit durch $K(x) := a(x + 1)^2 - \frac{b}{(x+1)}, x \geq 0$, eine

a) neoklassische

b) ertragsgesetzliche

Kostenfunktion erklärt wird?

TEIL III

Lineare Algebra

15

Matrizen

15.1 Vorbemerkung

"Matrizen" sind ein Gegenstand der Mathematik, der manchem Leser bereits sehr vertraut sein mag, denn die sogenannte "Matrizenrechnung" ist bereits seit dem 19. Jahrhundert bekannt und wird in vielen Mathematik-Leistungskursen an Gymnasien vermittelt. Wir wollen uns hier jedoch einmal auf den Standpunkt stellen, es handele sich um ein *völlig unbekanntes* Gebiet (der Leser kann aushilfsweise versuchen, alles zuvor darüber Gelernte zu vergessen). Der Grund für unsere unbelastete Sichtweise ist folgender: Wir werden dadurch nachvollziehen können, warum und wie Mathematik entsteht – und zwar genau so, wie "wir Ökonomen" sie brauchen.

Dazu sehen wir uns ein Objekt näher an, welches jeder kennt: die Tabelle. Zunächst fragen wir uns, welche typischen Anwendungen es dafür in der Ökonomie gibt und welche typischen Berechnungen damit angestellt werden. Im nächsten Schritt versuchen wir die *Struktur* der Berechnungen zu verstehen. Dieser Schritt bedeutet bereits eine Abstraktion. Der Lohn dieser Abstraktion: Von vielen Rechenregeln bleiben nur wenige wichtige übrig, "riesige" Tabellen schrumpfen auf ein einziges Zeichen zusammen, unüberschaubare Berechnungen werden durchsichtig.

Auf diese Weise werden wir Schritt für Schritt genau die neuen Begriffe und Rechenoperationen einführen, die wir zur Behandlung unserer ökonomischen Probleme brauchen. Im Ergebnis werden wir dann feststellen, dass wir ohne allzuviel Mühe etwas selbst entwickelt haben, was es in der Literatur schon gibt und den Namen "Matrizenrechnung" trägt.
Leserinnen und Leser, die sich auf unsere Vorgehensweise einlassen, werden am Ende der Lektüre nicht allein sicher mit Matrizen umgehen können, sondern auch viel mehr darüber wissen, wie Mathematik entsteht.

Wir beginnen damit, uns einige ökonomische Beispiele anzusehen. Am Ende jedes Beispiels werden wir eine "Erkenntnisbilanz" ziehen, die den Anstoß zu mehr mathematischer Beschäftigung mit dem Problem gibt.

15.2   Ökonomische Problembeispiele

15.2.1   "Windig's" Baustofflager

a) Die Bestandstabelle und ihre Vereinfachung

Die Firma "Windig" unterhält an zwei Standorten Baustofflager – einmal in der Prinzregentenstraße, zum anderen in der Kaiserin-Auguste-Allee. In diesen Lagern befinden sich am 31.12.2008 die folgenden Baustoffe:

Lagerbestand 31.12.2008	Lager Prinzregentenstraße		Lager Kaiserin-Auguste-Allee	
Gasbetonsteine 08/15	6000	Stück	10000	Stück
Hochlochziegel HLZ300	30	Paletten	—	—
Portlandzement 980/4	180	Sack	90	Sack

Was fällt hierbei auf? Da sich die Lagerstandorte und die dort gelagerten Materialarten für längere Zeit nicht ändern, sind die diesbezüglichen Informationen aus ökonomischer Sicht weniger interessant: Wir können sie hellgrau unterlegen als Zeichen für "weniger wichtig":

Lagerbestand 31.12.2008	Lager Prinzregentenstraße		Lager Kaiserin-Auguste-Allee	
Gasbetonsteine 08/15	6000	Stück	10000	Stück
Hochlochziegel HLZ300	30	Paletten	—	—
Portlandzement 980/4	180	Sack	90	Sack

Den "hellgrauen" Informationen können wir beispielsweise Kürzel zuordnen und diese dann in einer Legende erläutern:

	L_1		L_2	
M_1	6000	Stück	10000	Stück
M_2	30	Paletten	—	—
M_3	180	Sack	90	Sack

Legende:
L_1 Lager Prinzregentenstraße
L_2 Lager Kaiserin-Auguste-Allee
M_1 Gasbetonsteine 08/15
M_2 Hochlochziegel HLZ300
M_3 Portlandzement 980/4

Früher oder später werden wir die Legende anderswo aufschreiben, eventuell im Kopf behalten und womöglich am Ende vollkommen weglassen.
Auch das durch die Tabelle vermittelte Zahlenwerk will dem Auge nicht so

recht gefallen: Zu unterschiedlich "lang" sind die Zahlen, überdies mit den recht unterschiedlichen Maßeinheiten "Stück", "Paletten" oder "Sack" geziert:

	L_1		L_2	
M_1	6000	Stück	10000	Stück
M_2	30	Paletten	00	Paletten
M_3	180	Sack	90	Sack

Einigen wir uns auf die Maßeinheiten "1000 Stück", "10 Paletten" und "10 Sack", und behalten diese im Hinterkopf (notfalls auf einem Schmierzettel), vereinfacht sich das Tabellenwerk ungemein:

	L_1	L_2
M_1	6	10
M_2	3	0
M_3	18	9

Legende:

L_1	Lager Prinzregentenstraße	
L_2	Lager Kaiserin-Auguste-Allee	
M_1	Gasbetonsteine 08/15	[1000 Stück]
M_2	Hochlochziegel HLZ300	[10 Paletten]
M_3	Portlandzement 980/4	[10 Sack]

Wenn wir bereit sind, sogar auf die nun schon sehr kurze Randbeschriftung zu verzichten, erkennen wir, dass das eigentlich interessante Objekt das folgende ist:

$$\begin{pmatrix} 6 & 10 \\ 3 & 0 \\ 18 & 9 \end{pmatrix}$$

Dieses soll im folgenden als "Matrix" (Plural: "Matrizen") bezeichnet werden. Für spätere Rückgriffe ist es günstig, dieser Matrix einen Kurznamen, z.B. "B" (wie "Bestand") zu geben. Wir werden sehen, dass sich alle Berechnungen, die in Tabellen ausgeführt werden könnten, mit Hilfe von Matrizen und ihrer Kurznamen auf das Wesentliche reduzieren lassen und dadurch übersichtlicher, einfacher und auch fehlersicherer werden.

Für praktische Anwendungen ist allerdings wichtig, daran zu denken, dass alle in einer Matrix enthaltenen Zahlen *Maßeinheiten* haben können, die überdies von Zeile zu Zeile und von Spalte zu Spalte variieren können.

Erkenntnisbilanz

Mit dem Übergang von einer konkreten ökonomischen Tabelle zu einer "Matrix" haben wir einen ersten Abstraktionsschritt zurückgelegt und ein neues Objekt eingeführt.

b) Auffüllung der Lagerbestände

Nachdem der Bestand in "Windig's Baustofflager" am 31.12.2008 exakt erfasst wurde, werden am ersten Arbeitstag des Jahres 2009 die Lager aufgefüllt. Die zusätzlich in beide Lager gebrachten Mengen der drei Materialarten können in derselben Weise tabelliert werden wie die vorhandenen Bestände, so dass eine Tabelle "A" (wie "Auffüllung") entsteht. Dies gilt ebenso für die nach Auffüllung entstehenden "Neubestände", die in einer Tabelle "N" (wie "Neubestand") erfasst werden. Dabei lässt sich die Tabelle N einfach als "Summe" der Tabellen B und A interpretieren:

Bestand 31.12.2008	L_1	L_2
M_1	6	10
M_2	3	0
M_3	18	9

$+$

Auffüllung 2.1.2009	L_1	L_2
M_1	4	3
M_2	2	0
M_3	6	3

$=$

Neubestand 2.1.2009	L_1	L_2
M_1	10	13
M_2	5	0
M_3	24	12

In der Sprache von Matrizen könnten wir kürzer schreiben

$$\begin{pmatrix} 6 & 10 \\ 3 & 0 \\ 18 & 9 \end{pmatrix} \; "+" \; \begin{pmatrix} 4 & 3 \\ 2 & 0 \\ 6 & 3 \end{pmatrix} = \begin{pmatrix} 10 & 13 \\ 5 & 0 \\ 24 & 12 \end{pmatrix}$$

und bei Verwendung passender Kurznamen noch kürzer

$$\text{B} \quad "+" \quad \text{A} \quad = \quad \text{N}.$$

Methodisches

Dem aufmerksamen Leser wird aufgefallen sein, dass die Pluszeichen hierbei in Anführungszeichen gesetzt wurden. Damit wollen wir darauf aufmerksam machen, dass es dieses Zeichen für uns bisher eigentlich noch nicht gibt. Genauer: Das Pluszeichen ist uns vertraut als Zeichen für eine Rechenoperation zwischen *Zahlen*. Hier geht es aber um *Matrizen*, und das sind vollkommen neue Objekte, die gerade erst auf der Vorseite informell eingeführt wurden.

Erkenntnisbilanz

Unser Beispiel ist uns Motivation, eine erste neue Rechenoperation einzuführen, die "Addition" für Matrizen, die der Addition von Tabellen entspricht. Unsere nächsten Aufgaben am Ende unserer Beispiele werden sein: Diese Operation exakt zu beschreiben und – weil es sich ja um eine neue Operation handelt – zu untersuchen, welche Rechengesetze dafür gelten.

c) Reichen die Bestände für eine gewünschte Auslieferung?

Eine naheliegende Frage ist z.B. auch, ob die aufgefüllten Lagerbestände für die im ersten Monat des Jahres geplanten Entnahmen ausreichen werden, wobei es nicht nur auf die zu entnehmenden Materialmengen ankommt, sondern auch auf den Entnahmeort. Wir nehmen an, die geplanten Entnahmemengen seien ebenfalls in Form einer Tabelle gegeben, die mit "L" (wie "Lieferentnahmen") bezeichnet werde. Dann ist die gestellte Frage zu bejahen, wenn *jede* Bestandsposition jedes Lagers nicht kleiner als die zugeordnete Entnahmeposition ist (also insgesamt sechs "größer-gleich" Ungleichungen bestehen). In unserem Beispiel ist dies der Fall, denn es gilt $10 \geqslant 2$, $13 \geqslant 3$, ... usw.:

Neubestand 2.1.2009	L_1	L_2
M_1	10	13
M_2	5	0
M_3	24	12

Lieferentnahmen Januar 2009	L_1	L_2
M_1	2	3
M_2	1	0
M_3	8	2

Erkenntnisbilanz

Unser Beispiel zeigt, dass es ökonomisch sinnvoll sein kann, ganze Tabellen miteinander zu vergleichen. Mathematisch benötigen wir dazu eine Vergleichsoperation zwischen Matrizen. Auch hier handelt es sich um mathematisches Neuland gegenüber dem einfachen Vergleich von Zahlen. Den Vergleich zwischen Matrizen werden wir genauso definieren, dass er unsere ökonomischen Fragestellungen widerspiegelt. Und natürlich sind dann die dafür geltenden Regeln zu untersuchen.

d) Mehrfache Entnahmen

Fragen wir uns nun einmal danach, ob die Lagerbestände für die geplanten Entnahmen nicht nur des ersten Monats, sondern sogar des ersten Quartals ausreichen und unterstellen wir dabei gleichbleibende Entnahmen in allen drei Monaten, gelangen wir zu einer neuen Lieferentnahmetabelle – nennen wir sie Q –, deren sämtliche Einträge durch Multiplikation mit dem Faktor 3 aus denen der Tabelle L hervorgehen. Symbolisch könnten wir schreiben Q = 3 L.

Quartalsentnahme I/2009	L_1	L_2
M_1	6	9
M_2	3	0
M_3	24	6

Lieferentnahmen Januar 2009	L_1	L_2
M_1	2	3
M_2	1	0
M_3	8	2

Wir sehen wie oben, dass "N $\geqslant$ Q" gilt, d.h., die Lagerbestände ausreichen, um den Bedarf des ersten Quartals zu decken.

Was werden die beiden Lager am Ende des ersten Quartals enthalten? Offensichtlich sind die Werte der Tabelle N um die korrespondierenden Werte der Tabelle Q zu vermindern. Symbolisch ließe sich das Ergebnis mit "N−Q" bezeichnen:

$$N - Q =$$

$R_{estbestand}$ 31.03.2009	L_1	L_2
M_1	4	4
M_2	2	0
M_3	0	6

Erkenntnisbilanz

Dieses Beispiel zeigt Bedarf an weiteren neuen Operationen mit Matrizen: der Vervielfachung mit einem Faktor und der Subtraktion (als Umkehrung der Addition.)

15.2.2 "Bäckerei"

Die Rezepturen: "Spezifischer Verbrauch"

Wir stellen uns vor, eine "einfache" Bäckerei biete drei Brotsorten an: Misch-, Weiß- und Landbrot. Den Ausgangspunkt des Backvorgangs bilden die *Rezepturen*, d.h., Angaben darüber, welche Mengen welcher Zutaten zum Backen jeweils einer Mengeneinheit Misch-, Weiß- bzw. Landbrot verwendet werden. Diese Angaben könnten in tabellarischer Form z.B. so aussehen:

spezifischer Verbrauch:		zur Herstellung von		
		1 kg Mischbrot	1 kg Weißbrot	1 Laib Landbrot
werden benötigt:				
Roggenmehl	kg	0,6	0,05	0,9
Wasser	10 ml	13	11	22
Weizenmehl	kg	0,3	0,9	0
Elektroenergie	kWh	0,7	0,6	0,8

Hierbei bedeutet z.B. die Zahl 0,6, dass zum Backen von 1 kg Mischbrot 0,6 kg Roggenmehl benötigt werden. Diese Angabe bezieht sich auf *eine* festgelegte Mengeneinheit (1 kg) des herzustellenden Produktes und wird daher auch als *relativ* oder *spezifisch* bezeichnet. (Im Gegensatz dazu stehen *absolute* Verbrauchsangaben, die wir weiter unten kennenlernen werden.)

Wir heben hervor, dass die spezifischen Verbrauchsangaben in unserer Tabelle *Maßeinheiten* besitzen, die lediglich aus Gründen der Übersichtlichkeit nicht mit angegeben wurden. Z.B. hat die schon genannte Zahl 0,6 die Maßeinheit [kg / kg], während der Tabelleneintrag 0,8 die Maßeinheit [kWh / Laib] besitzt. Allgemein hat jede Maßeinheit die Form eines Bruches:

$$\left[\frac{\text{Maßeinheit der Zeile}}{\text{Maßeinheit der Spalte}} \right].$$

Wenn wir all diese Informationen im Hinterkopf behalten, können wir unsere Tabelle zu der folgenden *spezifischen Verbrauchsmatrix* verkürzen:

$$V := \begin{pmatrix} 0,6 & 0,05 & 0,9 \\ 13 & 11 & 22 \\ 0,3 & 0,9 & 0 \\ 0,7 & 0,6 & 0,8 \end{pmatrix}$$

Der Produktionsplan

An einem bestimmten Tag plant die Bäckerei folgende Mengen der drei Brotsorten zu backen:

Plan:		
Mischbrot	100	kg
Weißbrot	120	kg
Landbrot	70	Laib

Auch wenn die Einsparung an Schreibaufwand hier nicht gerade erheblich ist, können wir den Produktionsplan als einspaltige Matrix schreiben und *nach Belieben* bezeichnen, *beispielsweise* so:

$$\underline{p} := \begin{pmatrix} 100 \\ 120 \\ 70 \end{pmatrix}$$

Ausgehend von diesem Produktionsplan und den bekannten Rezepturen muss nun ermittelt werden, welche Mengen der Rohstoffe Roggen- und Weizenmehl, Wasser und Elektroenergie an diesem Tag *insgesamt* benötigt werden. Wir sprechen dann vom *absoluten* Rohstoffbedarf.

Die Ermittlung des absoluten Verbrauches

Es ist leicht zu sehen, dass zum Backen von 100 kg Mischbrot bei einem Einsatz von 0,6 kg Roggenmehl je kg insgesamt $100 \cdot 0,6 = 60$ kg Roggenmehl benötigt werden. Auch alle anderen Verbrauchsangaben werden auf diese Weise ermittelt:

Absoluter Verbrauch:		zur Herstellung von		
		100 kg Mischbrot	120 kg Weißbrot	70 Laib Landbrot
werden benötigt:				
Roggenmehl	kg	0,6 ·100	0,05 ·120	0,9 ·70
Wasser	10 ml	13 ·100	11 ·120	22 ·70
Weizenmehl	kg	0,3 ·100	0,9 ·120	0 ·70
Elektroenergie	kWh	0,7 ·100	0,6 ·120	0,8 ·70

Die farblichen Markierungen in dieser Tabelle sollen hervorheben, auf welche Weise die einzutragenden Werte ermittelt werden. Im Ergebnis entsteht die Tabelle der *absoluten* Verbrauchswerte:

Absoluter		zur Herstellung von		
Verbrauch:		100 kg Mischbrot	120 kg Weißbrot	70 Laib Landbrot
werden benötigt:				
Roggenmehl	kg	60	6	63
Wasser	10 ml	1300	1320	1540
Weizenmehl	kg	30	108	0
Elektroenergie	kWh	70	72	56

Hierbei bedeutet die Zahl 1320 in Zeile 2 und Spalte 2, dass $1320 \cdot 10$ ml $=$ 13,2 l Wasser für das gesamte zu backende *Weißbrot* benötigt werden. In derselben Zeile der Tabelle finden sich entsprechende Angaben auch für Misch- und Landbrot. Auch hier lassen sich alle wesentlichen Informationen in einer Matrix zusammenfassen, die wir kurz mit A (wie absolute Verbrauchsmatrix) bezeichnen werden:

$$A := \begin{pmatrix} 60 & 6 & 63 \\ 1300 & 1320 & 1540 \\ 30 & 108 & 0 \\ 70 & 72 & 56 \end{pmatrix}$$

Wir heben noch einmal hervor, dass zur Ermittlung der absoluten Verbrauchswerte sowohl die spezifischen Verbrauchswerte als auch der Produktionsplan benötigt werden. Anders formuliert ist die Matrix A das Ergebnis einer Rechenoperation, die sich sowohl auf V als auch auf $\underline{p}$ bezieht. Einen Namen gibt es dafür bisher nicht; wir könnten z.B. das Zeichen "$\odot$" dafür verwenden und schreiben

$$\text{``}A = V \odot \underline{p}\text{ ''}.$$

Der gesamte Rohstoffbedarf

Der gesamte Wasserbedarf ermittelt sich nun durch Summation der Bedarfswerte an Wasser für Misch-, Weiß- und Landbrot, kurz: durch Summation der Werte aus der "Wasserzeile". Wiederum ist die für diese Zeile geltende Maßeinheit zu beachten; der summierte Wasserbedarf beträgt also $4160 \cdot 10$ ml $=$ 41,6 l. Ganz entsprechend wird der Gesamtbedarf an Roggen- und Weizenmehl sowie an Elektroenergie ermittelt:

Absoluter		zur Herstellung von			Zeilensumme:
Verbrauch:		100 kg MB	120 kg WB	70 Laib LB	Verbrauch
werden benötigt:					insgesamt
Roggenmehl	kg	60	6	63	129
Wasser	10 ml	1300	1320	1540	4160
Weizenmehl	kg	30	108	0	138
Elektroenergie	kWh	70	72	56	198

Das Hauptergebnis ist in der Spalte ganz rechts enthalten und lässt sich in Matrixnotation so schreiben:

$$\underline{r} := \begin{pmatrix} 129 \\ 4160 \\ 138 \\ 198 \end{pmatrix}$$

wobei die Bezeichnung $\underline{r}$ auf "Rohstoffbedarf" hinweisen soll. **Erkenntnisbilanz**

Alle bisherigen Rechnungen dürften absolut plausibel sein. Sie werden übersichtlicher, wenn wir sie nicht lediglich als Verarbeitung einer großen Zahl einzelner Zahlenwerte, die mühsam in Tabellen aufgesucht werden müssen, auffassen, sondern vielmehr als Rechenoperationen zwischen ganzen Tabellen, deren Ergebnisse wiederum Tabellen sind.

Vereinfachen wir Tabellen weiter zu Matrizen, so geht es in diesem Beispiel in letzter Konsequenz darum, aus den beiden Matrizen V und $\underline{p}$, die den spezifischen Verbrauch und den Produktionsplan beschreiben, zunächst die Matrix A und dann als Endergebnis eine neue Matrix $\underline{r}$ zu errechnen, die den zugehörigen Rohstoffbedarf angibt. Symbolisch könnten wir für den Übergang von V und $\underline{p}$ zu $\underline{r}$ schreiben

$$V \quad \text{"}\square\text{"} \quad \underline{p} \quad = \quad \underline{r}, \tag{15.1}$$

ausführlicher

$$\begin{pmatrix} 0,6 & 0,05 & 0,9 \\ 13 & 11 & 22 \\ 0,3 & 0,9 & 0 \\ 0,7 & 0,6 & 0,8 \end{pmatrix} \text{"}\square\text{"} \begin{pmatrix} 100 \\ 120 \\ 70 \end{pmatrix} = \begin{pmatrix} 129 \\ 4160 \\ 138 \\ 198 \end{pmatrix}$$

Das Zeichen "$\square$" steht hierbei für die Rechenoperation, die anzuwenden ist, um das gewünschte Ergebnis zu erzielen.

Wir sehen hier sehr deutlich, wie ein weiteres Mal ein ökonomisches Problem den Anlass gibt, eine neue Rechenoperation zwischen Matrizen einzuführen – diesmal die Operation "$\square$". Wir werden diese neue Operation "Multiplikation" nennen, obwohl es sich *nicht* um eine Multiplikation im herkömmlichen Sinne handelt, denn die beteiligten Partner sind ja keine Zahlen. Später werden wir sehen, dass gerade diese Operation sehr häufig benötigt wird. Deswegen müssen wir uns nun aus mathematischer Sicht darum kümmern, dass die neue Operation sauber definiert wird und ihre Eigenschaften untersucht werden. Damit werden wir eine Reihe weiterer Nutzanwendungen entdecken.

15.2.3 "Volkswirtschaftliche Leistungsbilanz"

Ausgangspunkt: Leistungsübersicht

Wir nehmen an, eine Volkswirtschaft werde in die Sektoren "Bergbau", "Energiewirtschaft", "Stahlindustrie" und "Übrige" unterteilt. Am Ende eines Kalenderjahres wird eine Übersicht über den Wert der wechselseitigen Lieferungen, gemessen jeweils in Mio. €, wie folgt ermittelt:

aus Sektor	in Sektor			Übrige	gesamt
	Bergbau	Energie	Stahl		
Bergbau	1860	7440	4444	4856	18600
Energie	1860	992	3636	18312	24800
Stahl	2232	1488	2828	13652	20200

So drückt die Zahl 2232 aus, dass die Stahlindustrie an den Bergbausektor Leistungen – in Form von Waren, Dienstleistungen etc. – im Gesamtwert von 2,232 Mrd. € erbrachte. In noch höherem Umfang – nämlich 2,828 Mrd. € – wurden Waren und Dienstleistungen innerhalb der Stahlindustrie getauscht.

Matrizen können uns helfen, das Wesen der Tabelle besser zu verstehen, wenn wir sie in folgende strukturellen Bestandteile zerlegen:

$$A := \begin{pmatrix} 1860 & 7440 & 4444 \\ 1860 & 992 & 3636 \\ 2232 & 1488 & 2828 \end{pmatrix} \quad \underline{n} := \begin{pmatrix} 4856 \\ 18312 \\ 13652 \end{pmatrix} \quad \underline{b} := \begin{pmatrix} 18600 \\ 24800 \\ 20200 \end{pmatrix}$$

Die Matrix A bezieht sich nur auf die wechselseitigen Lieferungen der drei Sektoren Bergbau, Energie und Stahl. Wir bemerken, dass diese in unserem Problem gleichermaßen als Produzenten wie als Konsumenten (ihrer eigenen Produkte) in Erscheinung treten, während der Sektor "Übrige" lediglich konsumiert. Somit können wir eine idealisierende Trennlinie zwischen den Sektoren B - E - S und den "Übrigen" ziehen:

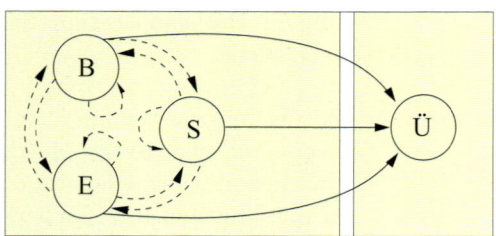

Auf diese Weise betrachten wir die drei Sektoren B, E und S als ein volkswirtschaftliches Subsystem, dessen interne Leistungsbeziehungen gerade durch die Matrix A beschrieben werden.

Die Matrix $\underline{n}$ gibt nun an, welche Leistungen aus dem produzierenden Subsystem B-E-S in die anderen Sektoren abgeflossen sind. Um diesen Abfluss zu ermöglichen, musste jeder der drei Sektoren B, E und S wesentlich mehr produzieren, nämlich so viel, wie in der Matrix $\underline{b}$ angegeben ist. Die Ursache liegt darin, dass das System B-E-S einen Teil seiner eigenen Produktion selbst verbraucht. Anders formuliert, enthält $\underline{b}$ die gesamte oder *Bruttoproduktion* der Sektoren B, E und S, während $\underline{n}$ die davon verbleibende verfügbare oder *Nettoproduktion* beschreibt.

Der spezifische Verbrauch

Wir bemerken, dass alle in der Tabelle enthaltenen Zahlenangaben *absoluten* Charakter haben. Sie drücken das *Gesamt*volumen der erbrachten Leistungen aus. Betrachten wir z.B. noch einmal die Leistungen der Stahlindustrie an den Bergbau im Volumen von 2232 Millionen Euro. Aus der Sicht des Bergbaus handelt es dabei um Zulieferungen – sozusagen "Rohstoffe" –, die benötigt wurden, um die eigene Gesamt"produktion" in Höhe von 18600 Millionen Euro erbringen zu können. Es stellt sich die Frage, wieviel "Rohstoffe" aus der Stahlindustrie der Bergbau benötigt, um *eine* Mengeneinheit seiner Produktion zu realisieren. Die Antwort liegt auf der Hand: Es handelt sich um

$$\frac{2232}{18600} = 0,12 \tag{15.2}$$

Mengeneinheiten Stahlindustrieproduktion. Diese Zahl gibt den *spezifischen* Verbrauch des Bergbaus an "Rohstoffen" aus der Stahlindustrie an.

Ermittelt man so alle derartigen Werte und trägt sie in eine Tabelle ein, ergibt sich folgendes Bild:

	Bergbau	Energie	Stahl	Übrige	gesamt
Bergbau	1860/18600	7440/24800	4444/20200	4856	18600
Energie	1860/18600	992/24800	3636/20200	18312	24800
Stahl	2232/18600	1488/24800	2828/20200	13652	20200

(Die beiden rechten Spalten wurden aus der ersten Tabelle übernommen und farblich markiert, um die Rolle der einzelnen Zahlenwerte in der Rechnung hervorzuheben.) Das rein rechnerische Ergebnis steht in der *Tabelle der spezifischen Verbrauchswerte*:

	Bergbau	Energie	Stahl
Bergbau	0,10	0,30	0,22
Energie	0,10	0,04	0,18
Stahl	0,12	0,06	0,14

In der Sprache der Matrizen stellt sich unser Ergebnis so dar:

$$V := \begin{pmatrix} 0,10 & 0,30 & 0,22 \\ 0,10 & 0,04 & 0,18 \\ 0,12 & 0,06 & 0,14 \end{pmatrix}$$

Es handelt sich um eine spezifische Verbrauchsmatrix, wie sie uns in Gestalt der Rezepturen auch schon beim Thema "Bäckerei" begegnet ist (daher auch der Name V). Wegen des volkswirtschaftlichen Kontextes wird sie auch als (volkswirtschaftliche) *Verflechtungsmatrix* oder *Technologiematrix* bezeichnet. Die letztere Bezeichnung lenkt die Aufmerksamkeit darauf, dass die Höhe des spezifischen Rohstoff-Verbrauchs sehr stark durch den Stand der Technologie beeinflusst wird.

Ein Problembeispiel

Volkswirtschaftliche Verflechtungsmodelle sind Ausgangspunkt zahlreicher interessanter Fragestellungen. Wir nennen hier beispielhaft diese: Angenommen, der Bedarf der "übrigen" Sektoren der Volkswirtschaft an Leistungen aus den drei Sektoren Bergbau, Energie und Stahl sei für das Folgejahr aus Prognosen wie folgt bekannt:

aus Sektor	in Sektor			Übrige
	Bergbau	Energie	Stahl	
Bergbau	·	·	·	4808
Energie	·	·	·	19288
Stahl	·	·	·	14848

Welche Leistungen müssen dann diese drei Sektoren insgesamt und wechselseitig erbringen? Anders formuliert: Wie lauten die in der Tabelle fehlenden Zahlenangaben? Und speziell: Welche Bruttoproduktion müssen die Sektoren B, E und S erbringen, um die gewünschte Nettoproduktion zu ermöglichen?

Erkenntnisbilanz

In der Sprache von Matrizen formuliert, sind es folgende Fragen, die unser Beispiel aufwirft:

- Wie lassen sich die Matrizen A und V ineinander überführen?
- Welche Beziehungen bestehen zwischen $\underline{b}$ und $\underline{n}$?
- Wie können A und $\underline{b}$ ermittelt werden, wenn $\underline{n}$ gegeben ist?

Die Antworten auf diese Fragen werden wir besser geben können, wenn wir mehr über Matrizen wissen. Deswegen stellen wir die Antworten auf unsere Fragen bis zum Abschnitt 16.6 zurück.

15.3   Grundbegriffe

15.3.1   Begriffe und Bezeichnungen

Definition 15.1. *Es seien m und n natürliche Zahlen. Eine* Matrix *(vom Typ (m, n)) ist ein rechteckiges, durch runde oder eckige Klammern zusammengefasstes Zahlenschema aus m Zeilen und n Spalten. Die in einer Matrix enthaltenen reellen Zahlen heißen* Elemente *(oder auch* Komponenten*) der Matrix.*

Das Wort Matrix hat wie erwähnt den Plural *Matrizen*. (Es sollte deshalb aber nicht verwechselt werden mit dem Wort "Matrize", welches denselben Plural hat, aber z.B. eine Gußform bezeichnet.)

Definitionsgemäß gibt der *Typ* (m, n) einer Matrix A an, dass diese Matrix m Zeilen und n Spalten besitzt. Wir schreiben dafür auch

$$\mathrm{Typ}(A) = (m, n).$$

Gleichbedeutend sind die Sprechweisen

- "A ist eine Matrix vom Typ (m, n)"
- "A ist eine (m, n)–Matrix"
- "A ist eine $m \cdot n$ –Matrix".

Für "Typ" gibt es auch den gleichwertigen Begriff "Format". Die Menge aller (m, n)–Matrizen bezeichnen wir mit dem Symbol $\mathbb{R}^{m,n}$.

Beispiel 15.2. Die folgenden beiden Matrizen B und $\underline{r}$ sind schon bekannt:

$$B = \begin{pmatrix} 6 & 10 \\ 3 & 0 \\ 18 & 9 \end{pmatrix} \quad \textit{(Lagerbestandsmatrix aus "Windig's Baustofflager")}$$

$$\underline{r} = \begin{bmatrix} 129 \\ 4160 \\ 138 \\ 198 \end{bmatrix} \quad \textit{(Rohstoffbedarfsmatrix aus dem Beispiel "Bäckerei")} \qquad \triangle$$

Schreibweisen

Matrizen lassen sich auf viele verschiedene Arten beschreiben. Die nächstliegende Art, eine Matrix zu beschreiben, ist es, das komplette Zahlenschema aufzuschreiben, woraus zugleich ihr Typ hervorgeht. Dabei sind für die genaue Beschreibung der Matrix nur die Zahlen*werte* ihrer Elemente wesentlich, nicht jedoch deren Darstellungs*form*. Betrachten wir z.B. diese beiden Darstellungen:

$$\begin{pmatrix} 0 & 1{,}000 & \frac{5165804}{3127} \\ \frac{1}{25} & 2/5 + 1/7 & \frac{1\sqrt{200}}{10} \\ e & 2^{\pi} & \ln\left(e^2\right) \end{pmatrix} \qquad \begin{pmatrix} 0 & 1 & 1652 \\ 0{,}04 & \frac{19}{35} & \sqrt{2} \\ e & 2^{\pi} & 2 \end{pmatrix}$$

Obwohl sich beide Darstellungen der Form nach unterscheiden, liefern sie ein- und dieselbe Matrix, denn die Formate beider Matrizen und korrespondieren- den Zahlenwerte sind identisch.[1]

Die Elemente einer Matrix können selbstverständlich auch *symbolisch* bezeich- net werden:

$$N = \begin{pmatrix} a & x + y \\ 100z & \Psi(u) \\ Berta & Gänseblümchen \end{pmatrix}$$

Der Nachteil dieser Darstellung ist, dass z.B. bei dem Zitat "$x+y$" nicht sofort klar ist, auf welchen Platz der Matrix dieses Element gehört.
Um dies zu verdeutlichen, gibt es folgende Möglichkeit:

$$x + y = [\,N\,]_{1,2}$$

(lies: "Die Matrix N enthält in Zeile 1 und Spalte 2 das Element $x+y$.").

Um Irrtümer über die richtige Position von Elementen innerhalb einer Matrix von vorneherein zu vermeiden, nimmt man die Positionsangaben am einfach- sten mit in die Bezeichnung auf. So kann man z.B. eine Matrix A vom Typ (3,7) ganz allgemein so bezeichnen:

$$A = \begin{pmatrix} a_{11} & a_{12} & a_{13} & a_{14} & a_{15} & a_{16} & a_{17} \\ a_{21} & a_{22} & a_{23} & a_{24} & a_{25} & a_{26} & a_{27} \\ a_{31} & a_{32} & a_{33} & a_{34} & a_{35} & a_{36} & a_{37} \end{pmatrix}$$

Hier bezeichnet beispielsweise

$$a_{2\,5}$$

das Element von A in Zeile 2 und Spalte 5. Missverständnisse über den richti- gen Platz sind somit ausgeschlossen. Dabei nennt man die 2 den *Zeilenindex* und die 5 den *Spaltenindex* des betrachteten Elementes.

Diese Schreibweise ist selbstverständlich für Matrizen mit beliebig vielen Zei- len und Spalten möglich, und zwar auch dann, wenn die Zeilen- und Spalten- zahl m bzw. n nur in abstrakter Form vorliegen, ohne dass konkrete Zahlen- werte bekannt sind. Wir schreiben dann

$$A = \begin{pmatrix} a_{1,1} & \cdots & a_{1,n} \\ \vdots & & \vdots \\ a_{m,1} & \cdots & a_{m,n} \end{pmatrix}$$

---

[1]Übrigens ist die einzig präzise Art der Wiedergabe der mathematischen Konstanten e, π usw. die hier gewählte; unrichtig wäre etwa, statt e zu schreiben 2.718281828!

Diese Notation lässt sich nun noch weiter abkürzen, und zwar so:

$$A = (a_{ij})_{i=1,\dots,m,\,j=1,\dots,n} \qquad (15.3)$$

Wenn keine Missverständnisse über den Typ der Matrix möglich sind, können wir sogar noch kürzer schreiben

$$A = (a_{ij}).$$

Namensgebung

Wir haben bisher jede Matrix mit einem Großbuchstaben, ihre Elemente hingegen mit Kleinbuchstaben bezeichnet. Damit folgen wir einer in der Literatur weit verbreiteten Gepflogenheit. Selbstverständlich kann man auch völlig andere Bezeichnungen wählen. Darin herrscht sozusagen völlige Freiheit. Lediglich die beiden Bezeichnungen I und O werden wir für spezielle Matrizen reservieren.

Zur Verwendung von Formeln in Matrizen

Wir erinnern an die Darstellung (15.3)

$$A = (a_{ij})_{i=1,\dots,m,\,j=1,\dots,n}$$

einer Matrix A. Diese gibt zunächst nur Aufschluss darüber, dass sich unter dem Namen A eine (m, n)–Matrix verbirgt, deren Elemente allgemein mit

$$a_{ij}$$

bezeichnet werden. Wir wissen jedoch noch nicht, welche Zahlenwerte diese Elemente besitzen.

Eine der einfachsten Möglichkeiten, den Zahlenwert der Elemente zu bestimmen, besteht in der Angabe von Berechnungsvorschriften, einfachstenfalls von Formeln, die den Wert jedes Elementes a_{ij} aus den beiden Indizes i und j bestimmen. Betrachten wir einige Beispiele:

Beispiel 15.3. Die Formulierung "*Gegeben sei die* $(3, 3)$*–Matrix A mit*

$$a_{ij} := i + j \quad \dots"$$

übersetzen wir so:

$$A = \begin{pmatrix} 1+1 & 1+2 & 1+3 \\ 2+1 & 2+2 & 2+3 \\ 3+1 & 3+2 & 3+3 \end{pmatrix} = \begin{pmatrix} 2 & 3 & 4 \\ 3 & 4 & 5 \\ 4 & 5 & 6 \end{pmatrix}$$

Jedes Element dieser Matrix ist nichts anderes als die Summe seiner beiden Indizes. $\triangle$

Beispiel 15.4. Diesmal laute die Angabe *"Gegeben sei die* $(3, 5)$*–Matrix B mit*

$$b_{ij} := \begin{cases} 1 & falls \quad i > j \\ 0 & sonst \end{cases} \tag{15.4}$$

..."

Wir wollen nun die Matrix komplett in Zahlenform notieren. Die Berechnung der Zahlenwerte läuft diesmal über eine "Weiche" {, erfordert also jeweils eine Fallunterscheidung über den zutreffenden Zweig, was erfahrungsgemäß anfänglich gewisse Schwierigkeiten bereitet. Ausführlich beschrieben, empfiehlt sich folgende Vorgehensweise:

- Wir stellen uns eine "leere" $(3, 5)$–Matrix B vor und suchen uns einen Platz aus, den wir mit dem korrekten Zahlenwert belegen wollen:

$$\begin{pmatrix} \cdot & \cdot & \cdot & \cdot & \cdot \\ \cdot & \cdot & \cdot & \square & \cdot \\ \cdot & \cdot & \cdot & \cdot & \cdot \end{pmatrix}$$

  (In dieser Darstellung fungieren die Pünktchen als Platzhalter, und "$\square$" markiert den gesuchten Platz.)

- Wir markieren die zugehörige Zeile und Spalte – z.B., indem wir jeweils einen Cursor setzen – und bestimmen die zugehörigen Indizes:

$$B = \begin{pmatrix} \cdot & \cdot & \cdot & \cdot & \cdot \\ \cdot & \cdot & \cdot & \square & \cdot \\ \cdot & \cdot & \cdot & \cdot & \cdot \end{pmatrix} \triangleleft\ i = 2$$

$$\triangle\ \ j = 4$$

  Hier gilt $i = 2$ und $j = 4$, gesucht ist also das Element b_{24}.

- Nun wenden wir die Berechnungsvorschrift (15.4) auf den konkreten Fall an, indem wir für i und j die konkreten Werte verwenden; lies:

$$b_{24} := \begin{cases} 1 & \text{falls} \quad 2 > 4 \quad \text{ϟ} \\ 0 & \text{sonst } (2 \leq 4) \quad \checkmark \end{cases}$$

  Hier ist die Bedingung des oberen Zweiges verletzt, also wird das Ergebnis durch den unteren Zweig geliefert:

$$b_{24} := 0.$$

- Wenden wir dieses Verfahren nun auch noch auf alle anderen freien Plätze an, so finden wir die komplette Matrix

$$B = \begin{pmatrix} 0 & 0 & 0 & 0 & 0 \\ 1 & 0 & 0 & 0 & 0 \\ 1 & 1 & 0 & 0 & 0 \end{pmatrix}$$

$$\triangle$$

Bemerkung 15.5. Es wird öfters vorkommen, dass wir – wie im letzten Beispiel – zwischen den beiden Werten 1 oder 0 auswählen wollen, je nachdem, ob eine logische Bedingung L erfüllt ist oder nicht. (Hier lautete die Bedingung "$i > j$"). Schreiben wir formal

$$\mathbb{1}_L := \begin{cases} 1 & \text{wenn L erfüllt ist} \\ 0 & \text{sonst,} \end{cases}$$

können wir die "Weiche" (15.4) auch kürzer so schreiben:

$$b_{ij} := \mathbb{1}_{\{i>j\}}.$$

Beispiel 15.6. Aus der folgenden Angabe

$$C := (i - j)_{i,j=1,\dots,4}$$

entnehmen wir: $c_{ij} = i - j$ für alle in Betracht kommenden Werte von i und j und finden analog zum ersten Beispiel

$$C = \begin{pmatrix} 0 & -1 & -2 & -3 \\ 1 & 0 & -1 & -2 \\ 2 & 1 & 0 & -1 \\ 3 & 2 & 1 & 0 \end{pmatrix}$$

$\triangle$

Beispiel 15.7. Die Matrix S möge die folgende Berechnungsvorschrift besitzen:

$$S := ((-1)^{i+j})_{i,j=1,\dots,4}$$

Jedes Element ist also von der Form $(-1)^{etwas}$ und damit entweder 1 oder -1, je nachdem, ob "$etwas$" gerade ist oder ungerade. Mit wenig Mühe finden wir hier

$$S = \begin{pmatrix} 1 & -1 & 1 & -1 \\ -1 & 1 & -1 & 1 \\ 1 & -1 & 1 & -1 \\ -1 & 1 & -1 & 1 \end{pmatrix}$$

Der Name S wurde gewählt, weil die Verteilung der Vorzeichen an ein Schachbrett erinnert.

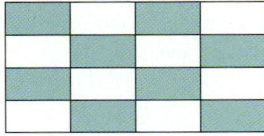

Später werden wir eine nützliche Anwendung dieser Schachbrettregel finden.

$\triangle$

Gleichheit von Matrizen

Relativ häufig kommt es vor, dass sich eine gesuchte Matrix als Lösung einer *Gleichung* darstellen lässt. Die Frage, wann zwei beliebige Matrizen L und R gleich sind – symbolisch $L = R$ – wird eindeutig durch die Definition beantwortet: Genau dann, wenn *sowohl die Typen beider Matrizen als auch die korrespondierenden Zahlenwerte übereinstimmen*. Auf diese Weise ist eine Gleichung zwischen zwei (m, n)–Matrizen gleichbedeutend mit $m \cdot n$ "gewöhnlichen" Gleichungen in der Menge $\mathbb{R}$.

Beispiel 15.8. Es seien A und B zwei *(2, 2)*–Matrizen. Die Matrizen-Gleichung

$$A = B$$

bedeutet dann ausführlich

$$\begin{pmatrix} a_{1,1} & a_{1,2} \\ a_{2,1} & a_{2,2} \end{pmatrix} = \begin{pmatrix} b_{1,1} & b_{1,2} \\ b_{2,1} & b_{2,2} \end{pmatrix}$$

und ist gleichbedeutend mit den folgenden vier gewöhnlichen Gleichungen

(1.1) $a_{1,1} = b_{1,1}$

(1.2) $a_{1,2} = b_{1,2}$

(2.1) $a_{2,1} = b_{2,1}$

(2.2) $a_{2,2} = b_{2,2}$. $\triangle$

Unser Beispiel sollte zunächst nur aufzeigen, wie eine Gleichung zwischen Matrizen zu *lesen* ist. Die Bestimmung der "gesuchten" Matrix A bei "gegebener" Matrix B beispielsweise wäre hier natürlich kein spannendes Problem. Später werden wir es mit Gleichungen zu tun haben, die etwas interessanter sind, und auch die notwendige Technik zu ihrer Lösung betrachten.

An dieser Stelle soll noch auf eine Quelle von Missverständnissen hingewiesen werden, die dann entsteht, wenn Elemente einer Matrix "am falschen Platz" stehen.

Beispiel 15.9. Eine $(2,2)$– Matrix A sei durch die Angabe

$$A = \begin{pmatrix} a_{2,1} & 2a_{2,1} \\ 4 & a_{1,1} + a_{1,2} \end{pmatrix} \tag{15.5}$$

"gegeben". Wieso ist A "gegeben"?

Gemäß unseren Konventionen besitzt die Matrix A die allgemeine Darstellung

$$A = \begin{pmatrix} a_{1,1} & a_{1,2} \\ a_{2,1} & a_{2,2} \end{pmatrix}, \tag{15.6}$$

die sich schon auf den ersten Blick von der Darstellung (15.5) unterscheidet. Der Unterschied beider Darstellungen liefert uns nun den Schlüssel zur Bestimmung von A, denn (15.5) besagt, dass beide Darstellungen *dieselbe* Matrix ergeben müssen; es gilt also

$$A = \begin{pmatrix} a_{1,1} & a_{1,2} \\ a_{2,1} & a_{2,2} \end{pmatrix} = \begin{pmatrix} a_{2,1} & 2a_{2,1} \\ 4 & a_{1,1} + a_{1,2} \end{pmatrix}$$

Wir haben also eine Matrizen*gleichung* vor uns. Das mögliche Missverständnis besteht darin, das nicht zu erkennen!

Diese Matrizengleichung ist gleichbedeutend mit den folgenden *vier* gewöhnlichen Gleichungen für reelle Zahlen:

(1.1) $a_{1,1} = a_{2,1}$

(1.2) $a_{1,2} = 2a_{2,1}$

(2.1) $a_{2,1} = 4$

(2.2) $a_{2,2} = a_{1,1} + a_{1,2}.$

Unser Beispiel ist einfach, deswegen lassen sich diese Gleichungen direkt auflösen. (2.1) liefert schon einen ersten gesuchten Zahlenwert $a_{2,1} = 4$. Durch Einsetzen von (2.1) in (1.1) bzw. (1.2) finden wir $a_{1,1} = 4$ und $a_{1,2} = 8$, und nachdem diese beiden Werte bestimmt sind, aus (2.2) noch $a_{2,2} = a_{1,1} + a_{1,2}$, d.h. $a_{2,2} = 4 + 8 = 12$.

Das Ergebnis lautet

$$A = \begin{pmatrix} 4 & 8 \\ 4 & 12 \end{pmatrix}.$$

$\triangle$

Last but not least: Auch Zahlen sind Matrizen!

Wir kehren zur Definition 15.1 zurück. Darin kommen zwei *natürliche* Zahlen m und n vor, die zur Angabe des Typs einer Matrix benötigt werden. Die Werte $m = 1$ und $n = 1$ sind ausdrücklich zugelassen. Eine Matrix kann daher durchaus vom Typ $(1, 1)$ sein und somit nur eine einzige Zeile und eine einzige Spalte besitzen. Dann besitzt sie natürlich auch nur ein einziges Element, z.B. die Zahl 5. Diese Matrix müsste dann streng genommen in der Form

(5)   oder   [5]

notiert werden. Wir wollen jedoch der Bequemlichkeit halber vereinbaren, in diesem Fall die (wenig informativen) Klammern wegzulassen und einfach zu schreiben 5. Das Fazit dieser Überlegung lautet:

Jede Zahl kann auch als Matrix interpretiert werden (aber nicht umgekehrt!).

Die LeserIn mag einwenden, dass Zahlen vergleichsweise uninteressante Matrizen seien, weil über Zahlen schon vieles bekannt ist, wir aber uns hier ja etwas Neuem zuwenden wollen. Worin besteht dann der Wert unserer Erkenntnis?

- *Sie spart Arbeit und hilft, Richtiges von Falschem zu trennen.*
  Wir werden öfters Neuland erkunden und vor der Frage stehen, ob denn eine bestimmte Aussage – z.B. eine Gleichung – für beliebige Matrizen zutrifft oder nicht. Dann ist es sehr nützlich zu wissen, dass auch Zahlen Matrizen sind – und eine Aussage, die schon für beliebige Zahlen *nicht* gilt, wird dies erst recht nicht für beliebige Matrizen tun; sie scheidet aus der Betrachtung aus.

- *Was wir über Matrizen wissen, können wir auch auf Zahlen anwenden.* Dabei werden viele längst bekannte Tatsachen in einem neuen Licht erscheinen.

15.3.2   Spezielle Matrizen

"Die" Nullmatrix

Definition 15.10. *Eine Matrix, die ausschließlich Nullen enthält, heißt* Null-matrix *und wird mit dem Symbol O bezeichnet:*

$$O = \begin{pmatrix} 0 \cdots 0 \\ \vdots \quad \vdots \\ 0 \cdots 0 \end{pmatrix}$$

Da zu jedem Typ (m, n) eine Nullmatrix gehört, müsste man eigentlich von *den* Null*matrizen* sprechen und diese auch in der Bezeichnung unterscheiden. Die Verwendung ein- und desselben Symbols O ist jedoch einfacher und führt im allgemeinen nicht zu Verwirrung. (Sollte die Kennzeichnung des Formats sinnvoll sein, werden wir für eine Nullmatrix vom Typ (m, n) statt O schreiben $O_{(m,n)}$.)

Quadratische Matrizen

Definition 15.11. *Eine Matrix heißt* quadratisch, *wenn sie genausoviel Zeilen wie Spalten besitzt.*

Eine Matrix vom Typ (m, n) ist also genau dann quadratisch, wenn gilt $m = n$. Betrachten wir einige Beispiele:

Beispiel 15.12.

$$M = \begin{pmatrix} 0 & 1 \\ -3 & 11 \end{pmatrix}, \quad K = \begin{pmatrix} 14 & 0 & 2 & 2 \\ -1 & 5 & 1 & -3 \\ 102 & 77 & 0 & 23 \\ -1 & 1 & -1 & 1 \end{pmatrix}, \quad A = \begin{pmatrix} a_{1,1} & a_{1,2} & a_{1,3} \\ a_{2,1} & a_{2,2} & a_{2,3} \\ a_{3,1} & a_{3,2} & a_{3,3} \end{pmatrix}, \quad C = 1.$$

△

Als Oberbegriff für "Zeile" und "Spalte" hat sich übrigens die Bezeichnung "*Reihe*" durchgesetzt. Wenn man dann von einer "n-reihigen quadratischen Matrix" spricht, ist eine Matrix mit n Zeilen und n Spalten – kurz (n, n)–Matrix – gemeint.

Diagonal-, Einheits- und Dreiecksmatrizen

Unter den quadratischen Matrizen gibt es solche, die aufgrund gewisser Symmetrien "besonders einfach" sind. Die Symmetrie bezieht sich dabei auf die farblich hervorgehobenen Teile, die als *Hauptdiagonale*

$$A = \begin{pmatrix} a_{11} & a_{12} & \cdots & & a_{1n} \\ a_{21} & a_{22} & \cdots & & a_{2n} \\ \vdots & \vdots & \ddots & & \vdots \\ a_{n1} & a_{n2} & \cdots & & a_{nn} \end{pmatrix}$$

bzw. als *Nebendiagonale*

$$A = \begin{pmatrix} a_{11} & \cdots & a_{1,n-1} & a_{1n} \\ a_{21} & \cdots & a_{2,n-1} & a_{2n} \\ \vdots & \ddots & \vdots & \vdots \\ a_{n1} & \cdots & a_{n,n-1} & a_{nn} \end{pmatrix}$$

bezeichnet werden. Allgemein gilt: Ist A eine (n, n)–Matrix, so steht das Element $a_{i,j}$ genau dann auf der *Hauptdiagonalen*, wenn gilt $i = j$, und genau dann auf der *Nebendiagonalen*, wenn gilt $i = n + 1 - j$ $(i, j = 1, \ldots, n)$.

Definition 15.13. *Eine quadratische Matrix A vom Typ* (n, n) *heißt* Diagonalmatrix*, wenn für alle* $i, j = 1, \ldots, n$ *gilt:* $i \neq j \quad \Rightarrow \quad a_{i,j} = 0$.

Mit anderen Worten: Eine Matrix heißt Diagonalmatrix, wenn sie *höchstens* auf der Diagonale Elemente besitzen kann, die nicht gleich 0 sind. Es wird *nicht* verlangt, dass alle oder auch nur einige Diagonalelemente von 0 verschieden sein müssten.

Beispiel 15.14. Diagonalmatrizen sind:

- $c := 3$ (Zahlen sind auch Matrizen – vom Typ $(1, 1)$ –, und ihr einziges Element ist ein Diagonalelement.)

- $\begin{pmatrix} 1 & 0 & 0 \\ 0 & 0 & 0 \\ 0 & 0 & 0 \end{pmatrix}$ (Auf der Diagonale *können* von 0 verschiedene Elemente stehen, müssen jedoch nicht.)

- $\begin{pmatrix} 0 & 0 & 0 \\ 0 & 0 & 0 \\ 0 & 0 & 0 \end{pmatrix}$ (Wesentlich ist also, dass außerhalb der Diagonale nur Nullen stehen.)

Keine Diagonalmatrizen sind:

- $[\,4, -2, 9\,]$ (Der Begriff Diagonalmatrix ist nur für quadratische Matrizen definiert.)

- $\begin{pmatrix} 0 & 0 & 1 \\ 0 & 1 & 0 \\ 1 & 0 & 0 \end{pmatrix}$ (Hier stehen zwar alle Zahlen auf der Diagonale – aber auf der falschen (nämlich der NEBENdiagonale).)

- $\begin{pmatrix} 1 & 0 & 2 \\ 0 & 1 & 0 \\ 0 & 0 & 0 \end{pmatrix}$ (Hier findet sich außerhalb der Hauptdiagonale das von Null verschiedene Element 2.)

$\triangle$

Später werden wir sehen, dass die folgenden Matrizen eine herausgehobene Rolle spielen:

Definition 15.15. *Eine n-reihige Diagonalmatrix heißt* Einheitsmatrix – *symbolisch $I_{(n,n)}$ –, wenn sämtliche Diagonalelemente gleich Eins sind.*

Jede der folgenden Matrizen ist eine Einheitsmatrix:

$$I_{(1,1)} = 1,$$

$$I_{(2,2)} = \begin{pmatrix} 1 & 0 \\ 0 & 1 \end{pmatrix},$$

$$I_{(3,3)} = \begin{pmatrix} 1 & 0 & 0 \\ 0 & 1 & 0 \\ 0 & 0 & 1 \end{pmatrix},$$

$$I_{(4,4)} = \begin{pmatrix} 1 & 0 & 0 & 0 \\ 0 & 1 & 0 & 0 \\ 0 & 0 & 1 & 0 \\ 0 & 0 & 0 & 1 \end{pmatrix}$$

usw. Wenn keine Missverständnisse über den Typ möglich sind, schreiben wir kurz I und lassen die Typangabe weg.

Wir werden später sehen, dass Einheitsmatrizen in der Matrizenrechnung eine ähnliche Rolle spielen wie die 1 in der Menge der reellen Zahlen. In der Literatur sind auch die Bezeichnungen E und U verbreitet.

Neben der Diagonalmatrix, die außerhalb der Hauptdiagonale nur Nullen besitzt, sind auch solche Matrizen von Interesse, die immerhin "viele Nullen" enthalten, speziell solche, die oberhalb oder unterhalb der Hauptdiagonale nur Nullen besitzen. (Derartige Matrizen spielen in der Ökonomie in sogenannten Produktionsplan, Abschnitt 16.1, eine große Rolle.)

Definition 15.16. *Eine (n, n)–Matrix A heißt obere (bzw. untere) Dreiecks-matrix, wenn für alle $i, j = 1, \ldots, n$ gilt:*

$$i > j \Rightarrow a_{i,j} = 0 \qquad (\text{bzw.} \quad i < j \Rightarrow a_{i,j} = 0).$$

M.a.W.: Eine obere Dreiecksmatrix besitzt unterhalb der Hauptdiagonalen *ausschließlich* Nullen. Die übrigen Elemente dürfen beliebige Werte annehmen. Sinngemäßes gilt für untere Dreiecksmatrizen.

Auf diese Weise ist jede Diagonalmatrix auch eine obere und zugleich eine untere Dreiecksmatrix. Das trifft insbesondere auf die Einheitsmatrizen und auf die Nullmatrizen quadratischen Formats zu. Ein weiteres

Beispiel 15.17. Obere Dreiecksmatrizen sind

$$\begin{pmatrix} 1 & 0 & 2 \\ 0 & 1 & 0 \\ 0 & 0 & 0 \end{pmatrix} \qquad \begin{pmatrix} 0 & 2 & 3 \\ 0 & 0 & 4 \\ 0 & 0 & 0 \end{pmatrix} \qquad \begin{pmatrix} 2 & 0 & 0 \\ 0 & -1 & 0 \\ 0 & 0 & 11 \end{pmatrix}.$$

Entscheidend für den Umstand, dass es sich um obere Dreiecksmatrizen handelt, sind die *Nullen unterhalb* der Hauptdiagonale. Die grünen Zahlen können dagegen beliebig abgeändert werden, ohne dass sich am Charakter dieser Matrizen als *obere* Dreiecksmatrizen etwas ändert. Wir beobachten jedoch, dass die letzte Matrix zugleich eine *untere* Dreiecksmatrix ist:

$$\begin{pmatrix} 2 & 0 & 0 \\ 0 & -1 & 0 \\ 0 & 0 & 11 \end{pmatrix}.$$

$\triangle$

Wir sehen also, dass ein- und dieselbe Matrix sowohl eine obere als auch eine untere Dreiecksmatrix sein kann. Dies ist genau dann der Fall, wenn es sich um eine Diagonalmatrix handelt. Auf diese Weise sind

- alle Einheitsmatrizen
- alle quadratischen Nullmatrizen
- alle reellen Zahlen

ebenfalls Dreiecksmatrizen.

Bezeichnungen: Die Menge aller oberen bzw. unteren Dreiecksmatrizen vom Typ (n, n) bezeichnen wir mit $\mathbb{R}^{n,n,\triangledown}$ bzw. $\mathbb{R}^{n,n,\triangle}$; die Menge aller (n, n)–Diagonalmatrizen mit $\mathbb{R}^{n,n,\backslash}$.

Symmetrische Matrizen

Definition 15.18. *Eine n-reihige quadratische Matrix heißt* symmetrisch, *wenn für alle $i, j = 1, \ldots, n$ gilt $a_{ij} = a_{ji}$.*

Fassen wir die Hauptdiagonale einer quadratischen Matrix als Symmetrieachse auf, so nennen wir die Matrix symmetrisch, wenn ihre Anteile rechts oben und links unten zueinander symmetrisch sind:

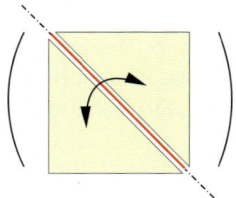

Beispiel 15.19. Folgende Matrizen sind symmetrisch:

$$\begin{pmatrix} 2 & 0 & 1 \\ 0 & 1 & 5 \\ 1 & 5 & 7 \end{pmatrix}, \quad \begin{pmatrix} 8 & 9 \\ 9 & 10 \end{pmatrix}, \quad 5. \qquad \triangle$$

Generell sind

- alle Diagonalmatrizen und damit
- alle Einheitsmatrizen,
- alle quadratischen Nullmatrizen sowie
- alle $(1,1)$–Matrizen

symmetrisch.

Achtung. Die Matrix

$$\begin{pmatrix} 0 & 4 & 1 \\ \pi & 1 & 4 \\ 1 & \pi & 0 \end{pmatrix}$$

ist *nicht* symmetrisch im Sinne der obigen Definition (sie hat die "falsche Symmetrieachse").

Blockmatrizen

Ist eine Matrix von besonders großem Format gegeben, liegt es nahe, der besseren Übersicht halber ihre Elemente zu "kleineren" Matrizen zusammenzufassen. Die Ausgangsmatrix erscheint nunmehr als Matrix mit verringerter Anzahl von Zeilen und Spalten, deren Einträge jedoch selbst Matrizen sind.

Beispiel 15.20.

$$A = \left(\begin{array}{cc|ccc} 3 & 4 & 8 & 2 & 0 \\ 0 & 1 & 0 & 7 & 11 \\ 2 & 5 & 5 & 8 & 3 \\ \hline 9 & 2 & 4 & 7 & 2 \\ 1 & 0 & 0 & 0 & 2 \end{array} \right) = \begin{pmatrix} A^{11} & A^{12} \\ A^{21} & A^{22} \end{pmatrix}$$

mit

$$A^{11} = \begin{pmatrix} 3 & 4 \\ 0 & 1 \\ 2 & 5 \end{pmatrix} \qquad A^{12} = \begin{pmatrix} 8 & 2 & 0 \\ 0 & 7 & 11 \\ 5 & 8 & 3 \end{pmatrix}$$

$$A^{21} = \begin{pmatrix} 9 & 2 \\ 1 & 0 \end{pmatrix} \qquad A^{22} = \begin{pmatrix} 4 & 7 & 2 \\ 0 & 0 & 2 \end{pmatrix}$$

$\triangle$

Im Abschnitt 16.4 werden ökonomische Anwendungen vorgestellt, bei denen die innere Strukturierung einer Matrix zugleich Abbild ökonomischer Strukturen eines Unternehmens ist.

Zeilen- und Spaltenvektoren

Eine weitere Klasse besonders einfacher Matrizen ist die der sogenannten Vektoren:

Definition 15.21. *Eine Matrix, die nur eine Zeile bzw. Spalte besitzt, wird auch* Zeilenvektor *bzw.* Spaltenvektor *genannt.*

Beispiel 15.22. $A := [4,\ -2,\ 9]$ ist ein Zeilenvektor,

$$\text{Produktionsplan} := \begin{pmatrix} 11 \\ 7 \\ 0 \\ 9 \end{pmatrix} \text{ ein Spaltenvektor,}$$

und die Zahl $c := 5$ kann sowohl als Zeilen- als auch als Spaltenvektor interpretiert werden. $\triangle$

Einer der Gründe dafür, dass Vektoren eine herausgehobene Stellung besitzen, ist an folgendem Beispiel einer $(1, 4)$–Matrix zu sehen:

$$[a_{11}\ a_{12}\ a_{13}\ a_{14}]$$

Da diese Matrix ohnehin nur eine einzige Zeile besitzt, ist der Zeilenindex (rot) im Grunde überflüssig. Es ist jetzt fast schon Geschmackssache, ob man ihn mit angibt oder nicht. Wir werden den überflüssigen Index weglassen, sobald wir durch die Bezeichnung "Vektor" angezeigt haben, dass ohnehin nur eine Zeile oder Spalte vorhanden ist, und ihn nur dann mitführen, wenn das im Kontext sinnvoll ist.

Um von vornherein anzuzeigen, dass wir bestimmte Matrizen als Vektoren auffassen, bezeichnen wir diese von nun an mit unterstrichenen Kleinbuchstaben, z.B. so:

$$\underline{p} := [3, 2, 7, 0, 4]$$

Bei Zeilen- oder Spaltenvektoren brauchen wir nunmehr nur noch eine Zahl l – nämlich die der "Spalten" oder "Zeilen" – anzugeben. Wir nennen den Vektor dann einen l-Vektor. So ist der eben genannte Vektor $\underline{p}$ ein 5–Vektor.

Eine erste kleine Nutzanwendung dieser Schreibweise besteht in einer platzsparenden Notation für Diagonalmatrizen. Da jede Diagonalmatrix bereits vollständig durch ihre Diagonalelemente bestimmt ist, schreiben wir beispielsweise

$$\begin{pmatrix} 3 & 0 & 0 & 0 \\ 0 & 0 & 0 & 0 \\ 0 & 0 & -7 & 0 \\ 0 & 0 & 0 & 5 \end{pmatrix} =: \operatorname{diag}(3, 0, -7, 5).$$

15.4   Einfache Rechenoperationen

15.4.1   Motivation

Wir erinnern an "Windig's Baustofflager", in dem Vorgänge wie die "Auffüllung der Lagerbestände" oder "mehrfache Entnahmen" von Interesse waren. Hier werden nun die dazu benötigten mathematischen Operationen für Matrizen exakt eingeführt.

15.4.2   Addition von Matrizen

Definition 15.23. *Es seien m, n beliebige natürliche Zahlen, A und B beliebige (m, n)–Matrizen. Dann heißt die durch $c_{ij} := a_{ij} + b_{ij}$, für $i = 1, \dots, m; j = 1, \dots, n$, definierte Matrix $C := (c_{ij})_{i=1,\dots,m;j=1,\dots,n}$ die Summe von A und B und wird mit dem Symbol $A + B := C$ bezeichnet. Die Bildung dieser Summe wird auch "Addition" von A und B genannt.*

Direkt aus der Definition folgt zweierlei:

- *Die Addition von Matrizen ist nur für typgleiche Matrizen definiert, und das Ergebnis ist vom selben Typ wie die beiden Summanden.*
- *Die Addition erfolgt komponentenweise ("positionsgerecht")!*

Beispiel 15.24.

(1) "Windig's Baustofflager": Wie gewünscht, können wir die Auffüllung der Lagerbestände nun durch die Matrizenaddition abbilden:

$$\begin{pmatrix} 4 & 3 \\ 2 & 0 \\ 6 & 3 \end{pmatrix} + \begin{pmatrix} 6 & 10 \\ 3 & 0 \\ 18 & 9 \end{pmatrix} = \begin{pmatrix} 10 & 13 \\ 5 & 0 \\ 24 & 12 \end{pmatrix}$$

Wir sehen, dass sich das Element 5 der Summen-Matrix (rechts) einfach als Summe der Zahlen 2 und 3 ergibt, die an gleicher Position der beiden Summanden stehen.

(2) Zwei Matrizen C und E seien wie folgt gegeben:

$$C := \begin{pmatrix} 211 \\ -24 \end{pmatrix}, \quad E := \begin{pmatrix} 15 \\ 24 \end{pmatrix}. \text{ Dann gilt ganz analog } C + E = \begin{pmatrix} 226 \\ 0 \end{pmatrix}.$$

(3) Dagegen ist der folgende Ausdruck

$$\begin{pmatrix} 11 & 7 \\ 2 & 1 \\ 0 & 5 \end{pmatrix} \text{ "}+\text{" } \begin{pmatrix} -1 & 3 \\ 5 & 21 \end{pmatrix}$$

nicht sinnvoll ("nicht definiert"); der Grund: Die beiden Matrizen haben verschiedene Formate.

(4) Es lassen sich selbstverständlich auch etwas abstrakter vorgegebene Matrizen addieren. Sind z.B.

$$G := (i^2 + j^2)_{i=1,\dots,m;j=1,\dots,n} \quad \text{und} \quad H := (2ij)_{i=1,\dots,m;j=1,\dots,n}$$

gegeben, so folgt

$$G + H = \left((i+j)^2\right)_{i=1,\dots,m;j=1,\dots,n} .$$

△

15.4.3 Multiplikation mit einem Skalar

Definition 15.25. *Es seien A eine beliebige $(m,n)-$Matrix und λ eine beliebige reelle Zahl. Dann heißt die durch die Vorschrift $c_{ij} := \lambda a_{ij}$, $i = 1,\dots,m; j = 1,\dots,n$ definierte Matrix $C := (c_{ij})_{i=1,\dots,m;j=1,\dots,n}$ die λ-fache von A und wird mit dem Symbol $\lambda A := C$ bezeichnet.*

Die Vervielfachung von A mittels λ wird auch als *Multiplikation mit einem Skalar*(und zwar λ) bezeichnet.

Bei dieser Operation werden einfach alle Elemente der Matrix A mit ein- und demselben Faktor λ multipliziert. Der Faktor λ wird in diesem Text stets reellwertig angenommen, während das Format der Matrix A völlig beliebig ist.

Beispiel 15.26. Mit Hilfe dieser Operation können wir

(1) in "Windig's Baustofflager" die dreifache Lagerentnahme abbilden:

$$\begin{pmatrix} 6 & 9 \\ 3 & 0 \\ 24 & 6 \end{pmatrix} = 3 \begin{pmatrix} 2 & 3 \\ 1 & 0 \\ 8 & 2 \end{pmatrix}$$

(2) das "Vorzeichen" einer Matrix wechseln:

$$(-1) \begin{pmatrix} 2 & 3 \\ 1 & 0 \\ 8 & 2 \end{pmatrix} = \begin{pmatrix} -2 & -3 \\ -1 & 0 \\ -8 & -2 \end{pmatrix}$$

(3) "lästige Konstanten ausklammern", wie hier z.B. den *konkreten Zahlenwert* 1/12739:

$$\frac{1}{12739}\,(11,\ 2,\ 15,\ 34) = \left(\frac{11}{12739},\ \frac{2}{12739},\ \frac{15}{12739},\ \frac{34}{12739},\right)$$

(4) ...bzw. hier den in *symbolischer Form* gegebenen gemeinsamen Nenner:

$$\left(\begin{array}{cc} \frac{d}{ad-bc} & -\frac{b}{ad-bc} \\ -\frac{c}{ad-bc} & \frac{a}{ad-bc} \end{array}\right) = \frac{1}{ad-bc}\left(\begin{array}{cc} d & -b \\ -c & a \end{array}\right)$$

(5) Auch Funktionsausdrücke lassen sich ausklammern:

$$\left(\begin{array}{cc} \pi e^{3x} & 1000\,e^{3x} \\ \ln(x)\,e^{3x} & 0 \end{array}\right) = e^{3x}\left(\begin{array}{cc} \pi & 1000 \\ \ln(x) & 0 \end{array}\right)$$

15.4.4 Methodische Anmerkungen

Bis hier haben wir zwei neue Rechenoperationen "Addition von Matrizen" und "Multiplikation eines Skalars mit einer Matrix" formal definiert. Die praktische Ausführung dürfte keinerlei Schwierigkeiten bereiten, denn es handelt sich ja um sehr einfache Operationen. Nichtsdestoweniger lohnt es, auch einmal einen methodischen Blick auf unsere Vorgehensweise zu werfen.

- Als erstes bemerken wir, dass beide Operationen nichts Neues bieten, solange wir sie ausschließlich auf reelle Zahlen anwenden. So können wir die beiden kleinen Rechnungen

$$3 + 7 = 10 \quad \text{und} \quad 3 \cdot 7 = 21$$

wie gewohnt als eine Rechnung mit reellen Zahlen deuten. Es ist nun aber ebenso möglich, sie als Rechnungen zu interpretieren, in denen Matrizen vorkommen: Alle blauen Zahlen können als Matrizen interpretiert werden, wogegen die Zahl 3 ihre Rolle als Zahl ("Skalar") beibehält. Auf diese Weise wurde der Anwendungsbereich von "+" und "·" wesentlich ausgedehnt; man sagt auch, die beiden Operationen wurden *verallgemeinert*.

- Zweitens sei angemerkt, dass die Operationen "+" und "·" als Abbildungen aufgefasst werden können, so wie wir sie im Band $E0$ Math 1 eingeführt haben. Für jedes $n \in \mathbb{N}$ handelt es sich um die Abbildungen

$$\begin{array}{ccccccccc} \text{``+''} & : & \mathbb{R}^{n,n} \times \mathbb{R}^{n,n} & \to & \mathbb{R}^{n,n} & : & (A,B) & \to & A+B, \\ \text{``·''} & : & \mathbb{R} \times \mathbb{R}^{n,n} & \to & \mathbb{R}^{n,n} & : & (\lambda,B) & \to & \lambda B, \end{array}$$

die Verallgemeinerung gegenüber dem Rechnen mit reellen Zahlen besteht also darin, dass die Zahl n nunmehr auch Werte größer als Eins annehmen darf. Es ist offensichtlich, dass bei der Operation "·" die beiden Partner λ und B verschiedene Rollen spielen und daher nicht verwechselt werden dürfen. Das ist der Grund dafür, dass wir für das Ergebnis nur die Schreibweise

$$\lambda B$$

vereinbarten. Die Schreibweise

$$\lightning\ B\lambda\ \lightning$$

wurde dagegen *nicht* definiert, weil sie zu Irrtümern verleiten könnte.

- Drittens sei angemerkt, dass wir bei der Rechnung

$$3 \cdot 7 = 21 \tag{15.7}$$

die Zahlen 3 und 7 bisher noch *nicht beide* als Matrizen interpretieren dürfen, denn eine "Matrixmultiplikation" haben wir zwar mit (15.1) bereits motiviert:

$$3\ \text{"}\square\text{"}\ 7 = 21$$

aber noch nicht formal definiert. Das bleibt dem Abschnitt 15.5 vorbehalten.

15.4.5 Rechenregeln

Die für die beiden bisher eingeführten Operationen geltenden Rechenregeln sind unmittelbar einsichtig und leiten sich "komponentenweise" direkt aus den für reelle Zahlen bekannten Rechenregeln ab. Da das Rechnen mit reellen Zahlen den meisten Menschen in Fleisch und Blut übergegangen ist, wird dabei meist nicht mehr darüber nachgedacht, welche Regeln eigentlich benutzt wurden. Da wir nun dabei sind, "Neuland" zu erkunden, ist es ganz wesentlich, diese im Blick zu behalten. Wir werden daher die Regeln hier zusammenstellen und gleichzeitig so strukturieren, dass die unterschiedliche Natur verschiedener Eigenschaften der reellen Zahlen transparent wird.

Satz 15.27. *Es seien m und n beliebige, im Weiteren aber feste natürliche Zahlen. Dann gilt für beliebige Konstanten $c, d \in \mathbb{R}$, beliebige Matrizen $A, B, C \in \mathbb{R}^{m,n}$, sowie die Nullmatrix $O \in \mathbb{R}^{m,n}$ unter Verwendung der Bezeichnung "$-A$":$= (-1)A$*

- *Addition*
(A1)	$A + (B + C)$	$= (A + B) + C$	*(Assoziativgesetz)*
(A2)	$A + B$	$= B + A$	*(Kommutativgesetz)*
(A3)	$A + O$	$= A$	*(O als "neutrales Element")*
(A4)	$A +$ "$-A$"	$= O$	*("additive Inverse")*

- *Multiplikation mit einem Skalar*
(M1)	$(cd)A$	$= c(dA)$	*(Assoziativität)*
(M2)	$1A$	$= A$	*(Rolle des Skalars 1)*

- *Zusammenwirken beider Operationen*
(D1)	$c(A + B) = cA + cB$	*(Distributivität bei Matrizen)*
(D2)	$(c + d)A = cA + dA$	*(Distributivität bei Skalaren)*

15.4.6   Transposition

Definition 15.28. *Es sei A eine beliebige (m, n)–Matrix. Die durch die Vorschrift $c_{ij} := a_{ji}$, $i = 1, \ldots, n$; $j = 1, \ldots, m$ definierte (n, m)–Matrix $C := (c_{ij})_{i=1,\ldots,n; j=1,\ldots,m}$ heißt die* Transponierte *von A und wird mit dem Symbol $A^T := C$ bezeichnet.*

M.a.W., die Zeilen von A sind gerade die Spalten von C und umgekehrt. Ist A quadratisch, entsteht A^T durch Spiegelung von A an der Hauptdiagonalen. Den Übergang von A zu A^T nennt man *transponieren*. (Bei nicht quadratischen Matrizen kann man sich die Vorgehensweise genauso vorstellen, wenn man die Matrix A nötigenfalls mit gedachten Leerstellen zu einem quadratischen Format auffüllt.)

Beispiel 15.29.

- $$\begin{pmatrix} 3 & 6 \\ 2 & 0 \\ -1 & 1 \end{pmatrix} = \begin{pmatrix} 3 & 2 & -1 \\ 6 & 0 & 1 \end{pmatrix}^T ,$$

- $I^T = I$, $O^T = O$, $3^T = 3$
  (Einheits-, Null- und $(1,1)$–Matrizen bleiben unverändert),

- $$\begin{pmatrix} \pi & \ln(x) \\ \ln(x) & 0 \end{pmatrix} = \begin{pmatrix} \pi & \ln(x) \\ \ln(x) & 0 \end{pmatrix}^T$$

  (jede symmetrische Matrix ist zu sich selbst transponiert).   △

Bemerkung 15.30. Eine häufig gestellte Frage lautet, wozu denn die Transposition gebraucht werde. Die Antwort findet sich an vielen Stellen des folgenden Textes. Hier vorab schon einmal soviel: Wir können damit Platz sparen. Wenn wir über den Spaltenvektor

$$\begin{pmatrix} 101 \\ 220 \\ 540 \\ 150 \\ 660 \end{pmatrix}$$

sprechen, dessen Notation fünf Textzeilen kostet, können wir stattdessen auch schreiben $[101, 220, 540, 150, 660]^T$ – und schon passt er in *eine* Textzeile.

15.4.7   Weitere Rechenregeln

Die soeben eingeführte Operation "Transposition" lässt sich mit den schon bekannten Operationen "Addition" und "Multiplikation mit einem Skalar" kombinieren. Es ist dabei unmittelbar einsichtig, dass die Reihenfolge der

Operationen keine Rolle spielt. Genauer: Für beliebige typgleiche Matrizen A und B sowie beliebige reelle Konstanten λ gilt

$$(A + B)^T = A^T + B^T \quad \text{und} \quad (\lambda A)^T = \lambda^T A^T;$$

(man sagt, die Transposition und die Addition seien *vertauschbar*, die Transposition ist also auch mit der Multiplikation mit einem Skalar vertauschbar); weiterhin gilt natürlich

$$\left(A^T\right)^T = A \quad \text{sowie} \quad \lambda^T = \lambda.$$

15.5   Multiplikation von Matrizen

15.5.1   Ökonomischer Hintergrund

Wir erinnern an das Beispiel "Bäckerei", in dem wir aus den Rezepturen V und dem Produktionsplan p den Gesamt-Rohstoffbedarf $\underline{r}$ entwickelten. Dabei hatte es sich als sinnvoll erwiesen, eine Operation "□" einzuführen, die den beiden Größen V und p das Ergebnis $\underline{r}$ zuordnet (Seite 523):

$$V \text{ "□" } \underline{p} = \underline{r}. \tag{15.8}$$

Bevor wir diese Operation nun formal definieren, wollen wir uns ihre innere Struktur klarmachen. Dazu sehen wir uns noch einmal die Tabellenform von (15.8) an:

spezif. Verbr.: bei Herst. von: werden benötigt:		1 kg MB	1 kg WB	1 Laib LB
Roggenm.	kg	0,6	0,05	0,9
Wasser	10 ml	13	11	22
Weizenm.	kg	0,3	0,9	0
Strom	kWh	0,7	0,6	0,8

Plan	
100	kg MB
120	kg WB
70	Laib LB

ges. Verbr.
129
4160
138
198

Wie kommt nun in der Tabelle Gesamtverbrauch z.B. die Zahl 4160, die in der *zweiten* Zeile steht, zustande? Offensichtlich dadurch, dass alle Einträge der *zweiten* Zeile der spezifischen Verbrauchstabelle mit den *entsprechenden* Einträgen der (einen) Produktionsplanspalte multipliziert und dann aufsummiert werden:

spezif. Verbr.: bei Herst. von: werden benö.:		1 kg MB	1 kg WB	1 Laib LB		Plan		ges. Verbr.
Roggenm.	kg	0,6	0,05	0,9		100	kg MB	129
Wasser	10 ml	13	11	22	·	120	kg WB =	4160
Weizenm.	kg	0,3	0,9	0		70	Laib LB	138
Strom	kWh	0,7	0,6	0,8				198

Um noch etwas genauer zu sehen, welche Einträge aus der spezifischen Verbrauchstabelle welchen Einträgen aus dem Produktionsplan *entsprechen*, verwenden wir hier einmal Farben:

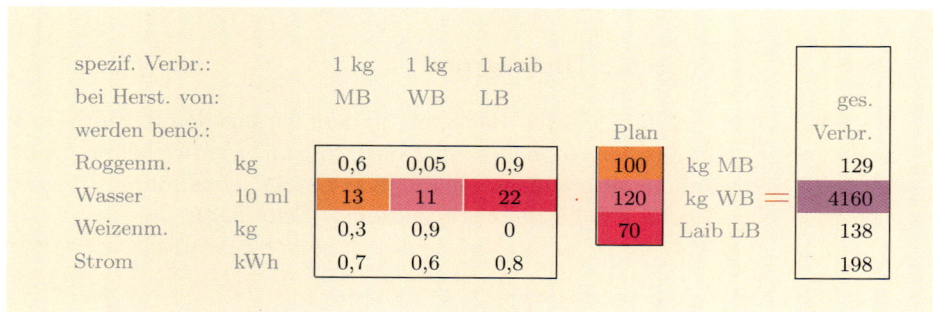

Die Details der Rechnung können wir nun aus der letzten Zeile dieses Diagramms ablesen, in dem wir für die Randbeschriftung naheliegende Abkürzungen verwenden:

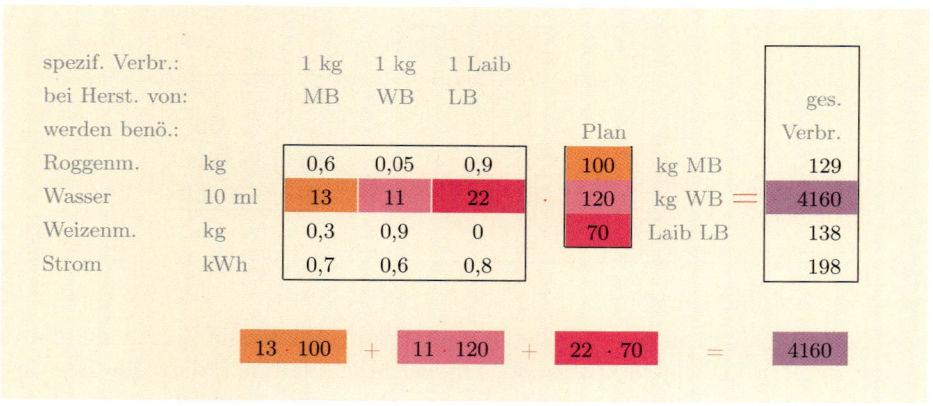

Wir wollen nun versuchen, eine allgemeine Formel für diese Berechnungen aufzustellen. Dazu bezeichnen wir die spezifische Verbrauchsmatrix nach wie vor mit V, fassen aber auch den Produktionsplan und die Rohstoffbedarfstabelle als Matrizen P und R vom Typ *(3,1)* bzw. *(4,1)* auf. Dann lesen sich unsere zuvor angestellten sehr konkreten Berechnungen so:

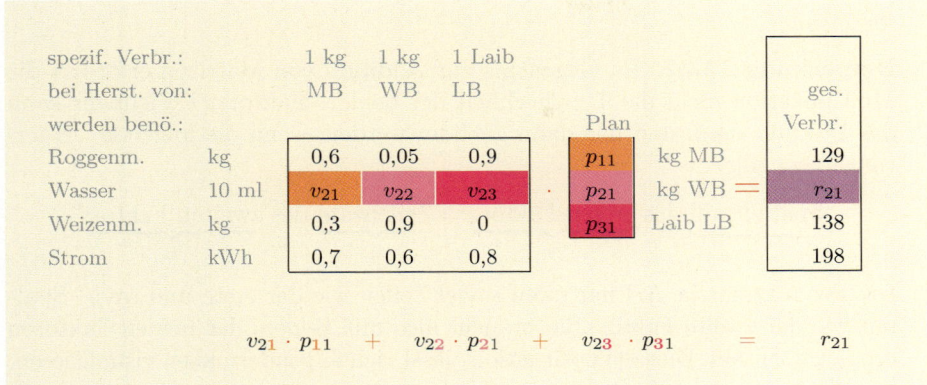

Die Rolle der Indizes lässt sich dabei gut ablesen:

- Ergebnis-Zeilenindex (blau) und Ergebnis-Spaltenindex (schwarz) bleiben fest

- die verketteten Indizes (in verschiedenen rötlichen Farbtönen) durchlaufen alle Werte $1, \dots, 3$ (d.h., alle möglichen Werte von 1 bis Spaltenzahl von V = Zeilenzahl von P):

$$v_{21} \cdot p_{11} \quad + \quad v_{22} \cdot p_{21} \quad + \quad v_{23} \cdot p_{31} \qquad = \qquad r_{21}$$

Ergebnis: eine allgemeine Summenformel!

Die Berechnung jedes beliebigen Ergebnis-Elementes (etwa in Zeile m und Spalte 1) lässt sich nun ganz analog so schreiben: (Dabei kann angenommen werden, dass V vom Typ (m, n) und P vom Typ $(n, 1)$ ist.)

$$\sum_{k=1}^{n} \quad v_{ik} \cdot p_{kj} \quad = \quad r_{ij}$$

15.5.2 Formale Definition

Definition 15.31. *Es seien A eine beliebige (m, n)–Matrix und B eine beliebige (n, l)–Matrix $(m, n, l \in \mathbb{N})$. Dann heißt die durch die Vorschrift*

$$c_{ij} := \sum_{k=1}^{n} a_{ik} b_{kj} \tag{15.9}$$

$(i = 1, \dots, m; j = 1, \dots, l)$ *definierte* (m, l)*–Matrix* $C = (c_{ij})_{(i=1,\dots,m;j=1,\dots,l)}$ das Produkt *der Matrizen* A *und* B *und wird mit dem Symbol*

$$AB := C$$

bezeichnet.

Bemerkung 15.32. Im Gegensatz zur Addition von Matrizen erfordert die Multiplikation *nicht* die Typgleichheit der beiden "Faktoren". Vielmehr kann das Produkt dann und nur dann gebildet werden, wenn die folgende Verkettungsregel gilt:

"Spaltenzahl des ersten Faktors = Zeilenzahl des zweiten Faktors"
$\quad\quad n \quad\quad\quad A \quad\quad\quad\quad n \quad\quad\quad B$

Die Produktmatrix AB hat dann soviel Zeilen wie der erste und soviel Spalten wie der zweite Faktor. Sie braucht also mit *keinem* der beiden Faktoren typgleich zu sein. Diese "Typsituation" lässt sich folgendermaßen visualisieren:

$$A_{(m,n)} B_{(n,l)} \quad = \quad C_{(m,l)}$$

Verkettung:

Ergebnisformat: $=$

(Die roten Indizes fallen im Ergebnis weg; werden "gekürzt", die blauen bestimmen das Ergebnisformat.)

Als Fazit halten wir fest:

> *Vor jeder Matrizenmultiplikation zunächst eine Typ-Prüfung durchführen!*

Beispiel 15.33. Wir setzen

$$A := \begin{pmatrix} 4 & 2 & 1 \\ 0 & 7 & 2 \end{pmatrix} \quad \text{und} \quad B := \begin{pmatrix} 1 & 2 & 3 & 4 \\ 5 & 6 & 7 & 8 \\ 9 & 0 & -1 & -2 \end{pmatrix}.$$

Berechnet werden soll das Produkt AB. Die Typprüfung ergibt

$$\text{Typ}(A) = (2, 3) \quad \text{und} \quad \text{Typ}(B) = (3, 4),$$

d.h., die Verkettungsbedingung ist erfüllt (die roten Indizes sind verkettet und "kürzen sich weg"), die Matrix AB kann gebildet werden und ist vom Format

$$\text{Typ}(AB) = (2, 4).$$

Die eigentliche Berechnung liefert nun

$$AB = \begin{pmatrix} 4 \cdot 1 + 2 \cdot 5 + 1 \cdot 9 & 4 \cdot 2 + 2 \cdot 6 + 1 \cdot 0 & \dots \\ \dots & \dots & \dots \end{pmatrix} = \begin{pmatrix} 23 & 20 & 25 & 30 \\ 53 & 42 & 47 & 52 \end{pmatrix}.$$

$\triangle$

Beispiel 15.34. Mit denselben Bezeichnungen fragen wir nun, ob auch das Produkt BA existiert. Hier ergibt die Typprüfung Typ(B)=($3,4$) und Typ(A)=($2,3$), wobei infolge der veränderten Multiplikationsreihenfolge die blauen Formatangaben übereinstimmen müssten. Da sie dies nicht tun, existiert dieses Produkt *nicht*.   △

Beispiel 15.35. Wir betrachten nun folgende beiden ($2,2$)–Matrizen:

$$U := \begin{pmatrix} 0 & 1 \\ 2 & 3 \end{pmatrix} \quad \text{und} \quad V := \begin{pmatrix} 4 & 5 \\ 6 & 7 \end{pmatrix}.$$

Die Verkettungsregel ist hier offensichtlich erfüllt, so dass U und V nach Herzenslust in jeder Reihenfolge miteinander multipliziert werden können – allerdings gilt

$$UV = \begin{pmatrix} 6 & 7 \\ 26 & 31 \end{pmatrix} \quad, \text{dagegen} \quad VU = \begin{pmatrix} 10 & 19 \\ 14 & 27 \end{pmatrix}.$$

Beide Produkte sind verschieden! Bei der Multiplikation ist also die Reihenfolge sorgfältig zu beachten!   △

Berechnungshilfe: Das Falk-Schema

Multipliziert man Matrizen lediglich unter Verwendung von Papier und Bleistift, kann es sich als Vorteil erweisen, die beiden zu multiplizierenden Faktoren nicht direkt nebeneinander, sondern leicht versetzt nach folgendem Muster zueinander zu notieren:

	Faktor 2
Faktor 1	Ergebnis

Die Ergebnisse stehen nun "auf der Kreuzung" der maßgeblichen Zeile des ersten Faktors mit der maßgeblichen Spalte des zweiten Faktors:

$$\begin{pmatrix} 1 & 2 & 3 & 4 \\ 5 & 6 & 7 & 8 \\ 9 & 0 & -1 & -2 \end{pmatrix}$$

$$\begin{pmatrix} 4\ 2\ 1 \\ 0\ 7\ 2 \end{pmatrix} \quad \begin{pmatrix} 23 & 20 & 25 & 30 \\ 53 & 42 & 47 & 52 \end{pmatrix}$$

15.5.3   Einige Rechenregeln

Vorbemerkung

Welche Rechengesetze sind für die Matrixmultiplikation zu erwarten? Um die Frage zu beantworten, erinnern wir uns zunächst an die Situation bei der Multiplikation reeller Zahlen.

Satz 15.36. *Für beliebige reelle Zahlen a, b, c gilt*

(A1.)	$a(bc)$	$=$	$(ab)c$	*"Assoziativgesetz"*
(A2.)	ab	$=$	ba	*"Kommutativgesetz"*
(A3.)	$a \cdot 1$	$=$	a	*1 als "neutrales Element".*

Wählen wir beispielsweise $a = 3$, $b = 7$ und $c = 2$, so lesen sich diese Rechengesetze ganz vertraut:

(A1.)	$3 \cdot (7 \cdot 2)$	$=$	$(3 \cdot 7) \cdot 2$
(A2.)	$3 \cdot 7$	$=$	$7 \cdot 3$
(A3.)	$3 \cdot 1$	$=$	3

Sie bilden die Grundlage dafür, dass in der Menge der reellen Zahlen nach Herzenslust multipliziert werden kann. Der "einfachstmögliche" Faktor ist übrigens die Null, denn es gilt für jede beliebige reelle Zahl a

$$a \cdot 0 = 0 \tag{15.10}$$

was viel Rechenarbeit erspart. Der "zweiteinfachste" Faktor ist die Eins; sie verhält sich bei der Multiplikation neutral, lässt also jeden beliebigen anderen Faktor unverändert.

Wie steht es um die Division? Betrachten wir die kleine Rechnung

$$\frac{15}{3} = 5 = 15 \cdot \frac{1}{3}$$

so sehen wir, dass jede Division als eine Multiplikation geschrieben werden kann. Statt durch die 3 zu dividieren, multiplizieren wir mit ihrem Reziprokwert, der auch gern in Potenzform geschrieben wird:

$$\frac{1}{3} = 3^{-1}.$$

Dieses Vorgehen ist auf jede beliebige reelle Zahl außer der Null übertragbar, durch die bekanntlich schlecht zu dividieren ist:

Satz 15.37. *Zu jeder Zahl $a \neq 0$ existiert eine eindeutig bestimmte Zahl "a^{-1}" $\neq 0$ mit*

(A4.) $a \, {}^{\text{“}}a^{-1}{}^{\text{”}} = 1,$

"a^{-1}" wurde hier unter Verwendung von Anführungszeichen geschrieben, um zu betonen, dass es sich dabei zunächst nur um einen Namen handelt, nicht aber um eine Berechnungsvorschrift (auch wenn wir diese aus der Schule schon kennen). Man nennt "a^{-1}" auch "zu *a inverses* Element" bzw. "*multiplikative Inverse von a*". Wir erwähnen das hier, weil wir später ausführlich auf Inverse von Matrizen eingehen wollen.

Gern wird übersehen, dass wegen des Kommutativgesetzes für *(A3.)* auch die erweiterte Form

(A3.') $a \cdot 1 \,=\, 1 \cdot a \,=\, a,$

geschrieben werden könnte, d.h., die Eins verhält sich bei der Multiplikation neutral, unabhängig davon, ob sie von links oder von rechts mit *a* multipliziert wird. Ganz analog kann *(A4.)* wie folgt zu *(A4.')* erweitert werden:

(A4.') $a \, {}^{\text{“}}a^{-1}{}^{\text{”}} = 1 = {}^{\text{“}}a^{-1}{}^{\text{”}} a$ "inverses Element".

Das bedeutet, dass die Zahl $a \neq 0$ sowohl durch Multiplikation von links als auch durch Multiplikation von rechts "zu Eins gemacht werden kann", wobei auf beiden Seiten derselbe Faktor – nämlich "a^{-1}" – zu verwenden ist.

Da diese Dinge so selbstverständlich erscheinen und speziell ja *(A3.')* und *(A4.')* schon aus *(A3.)* und *(A4.)* folgen, werden sie im Bereich der reellen Zahlen meist gar nicht erst hingeschrieben. Weil wir uns nun jedoch auf Neuland begeben, brauchen wir einen etwas schärferen Blick.

Wir wollen nun der Frage nachgehen, welche dieser Gesetze auch weiterhin Gültigkeit haben, wenn wir sie nicht mehr nur auf Zahlen, sondern allgemeiner auf *Matrizen* beziehen.

Assoziativgesetz

Satz 15.38. *Es seien k, l, m, n natürliche Zahlen und A, B und C Matrizen der Formate (k, l), (l, m) bzw. (m, n). Dann gilt*

(A1.) $A(BC) = (AB)C$

Eine formale Begründung dieses Satzes ist für Interessenten beigefügt. Seine *Voraussetzungen* werden benötigt, um sicherzustellen, dass alle in (A1.) vorkommenden Matrizenprodukte existieren, d.h., dass die entsprechenden Verkettungsbedingungen erfüllt sind. Vereinfachend könnte man sagen:

> *(A1.) gilt, sobald alle darin vorkommenden Produkte wohldefiniert sind.*

Die jeder Multiplikation vorangehende Typprüfung lässt sich hier so visualisieren:

Faktoren:	A $($ B C $)$	bzw.	$($ A B $)$ C
Ausgangsformate:	$(k,l)\,[(l,\text{m})(\text{m},n)]$	bzw.	$[(k,\text{l})(\text{l},m)]\,(m,n)$
nach 1. Multiplikation:	$(k,\text{l})\quad(\text{l},n)$		$(k,\text{m})\quad(\text{m},n)$
nach 2. Multiplikation:	(k,n)		(k,n)

Naturgemäß stellt sich hier – wie bei jedem Rechengesetz – die Frage nach dem potentiellen Nutzen.

Als erstes wäre hier die Möglichkeit zu nennen, unter Wegfall von Klammern *mehrfache* Produkte zu definieren. Im Abschnitt 0.4.7 sind wir darauf bereits im Zusammenhang mit der Addition eingegangen. Ganz analog können wir hier kraft Assoziativgesetz das dreifache "klammerlose" Produkt aus A, B und C so definieren:

$$ABC := (AB)C \quad [= A(BC)].$$

Ohne das Assoziativgesetz hätten wir zwischen den beiden Produkten $(AB)C$ und $A(BC)$ zu unterscheiden und diese Unterscheidung in allen Folgerechnungen strikt zu beachten – mit weitreichenden nachteiligen Konsequenzen, die schon im Abschnitt 0.4.7 ausführlicher beleuchtet wurden und die ein einigermaßen sinnvolles Rechnen fast gänzlich unmöglich machen.

Zweitens bemerken wir, dass die beiden Seiten der Gleichung in *(A1.)* für ganz unterschiedliche Verläufe der Rechnung stehen.

Beispiel 15.39. Wir wählen z.B. $k = 3$, $l = 4$, $m = 2$, $n = 1$ sowie

$$A = \begin{pmatrix} 7 & -2 & 5 & 0 \\ 1 & 1 & 4 & -4 \\ 0 & 0 & 3 & 9 \end{pmatrix}, B = \begin{pmatrix} 10 & -6 \\ 2 & 0 \\ 1 & 1 \\ 11 & -7 \end{pmatrix} \text{ und } C = \begin{pmatrix} 5 \\ -1 \end{pmatrix}.$$

Die unterschiedlichen Verläufe der Berechnungen – je nach Wahl der Seite der Gleichung (A1.) – werden in der nachfolgenden ausführlichen Übersicht deutlich. Auf der linken Seite wird zunächst (AB) und dann $(AB)C$ ermittelt; auf der rechten Seite beginnt die Rechnung mit der Ermittlung des Produktes (BC), erst dann wird $A(BC)$ bestimmt:

(A1): linke Seite

$$\left(\underset{(3,4)}{\underbrace{A}} \; \underset{(4,2)}{\underbrace{B}} \right) \underset{(2,1)}{\underbrace{C}}$$

$$\left(\underset{(3,4)}{\underbrace{\begin{pmatrix} 7 & -2 & 5 & 0 \\ 1 & 1 & 4 & -4 \\ 0 & 0 & 3 & 9 \end{pmatrix}}} \underset{(4,2)}{\underbrace{\begin{pmatrix} 10 & -6 \\ 2 & 0 \\ 1 & 1 \\ 11 & -7 \end{pmatrix}}} \right) \underset{(2,1)}{\underbrace{\begin{pmatrix} 5 \\ -1 \end{pmatrix}}}$$

$$\underset{(3,2)}{\underbrace{\begin{pmatrix} 71 & -37 \\ -28 & 26 \\ 102 & -60 \end{pmatrix}}} \underset{(2,1)}{\underbrace{\begin{pmatrix} 5 \\ -1 \end{pmatrix}}}$$

$$\underset{(3,1)}{\underbrace{\begin{pmatrix} 392 \\ -166 \\ 570 \end{pmatrix}}}$$

$$=$$

(A1): rechte Seite

$$\underset{(3,4)}{\underbrace{A}} \left(\underset{(4,2)}{\underbrace{B}} \; \underset{(2,1)}{\underbrace{C}} \right)$$

$$\underset{(3,4)}{\underbrace{\begin{pmatrix} 7 & -2 & 5 & 0 \\ 1 & 1 & 4 & -4 \\ 0 & 0 & 3 & 9 \end{pmatrix}}} \left(\underset{(4,2)}{\underbrace{\begin{pmatrix} 10 & -6 \\ 2 & 0 \\ 1 & 1 \\ 11 & -7 \end{pmatrix}}} \underset{(2,1)}{\underbrace{\begin{pmatrix} 5 \\ -1 \end{pmatrix}}} \right)$$

$$\underset{(3,4)}{\underbrace{\begin{pmatrix} 7 & -2 & 5 & 0 \\ 1 & 1 & 4 & -4 \\ 0 & 0 & 3 & 9 \end{pmatrix}}} \underset{(4,1)}{\underbrace{\begin{pmatrix} 56 \\ 10 \\ 4 \\ 62 \end{pmatrix}}}$$

$$\underset{(3,1)}{\underbrace{\begin{pmatrix} 392 \\ -166 \\ 570 \end{pmatrix}}}$$

Bei der Berechnung von Mehrfachprodukten kann es sich also lohnen, über die zweckmäßigste Multiplikations*reihenfolge* nachzudenken. So werden in unserem Beispiel zur Berechnung von ABC

- in der Reihenfolge $(AB)C$ 30 Multiplikationen
- in der Reihenfolge $A(BC)$ 20 Multiplikationen

benötigt. Wählt man die zweite, kann der *Rechenaufwand* um ein Drittel gesenkt werden! Derartige Überlegungen sind angesichts einer allgemein guten PC-Ausstattung natürlich erst dann lohnenswert, wenn die betrachteten Dimensionszahlen k, l, m und n sehr groß werden, was in der Praxis nicht selten der Fall ist.

Eine weitere Facette des Themas "Nutzen des Assoziativgesetzes" besteht schließlich darin, dass zwei Produkte $(AB)C$ und $A(BC)$ *rechnerisch gleich* sind, die *ökonomisch* durchaus *verschieden interpretiert* werden können. Das kann helfen, ökonomische Sachverhalte besser zu verstehen. Im Punkt 16.6 werden wir dazu ein Beispiel angeben.

Kommutativgesetz

In diesem Abschnitt wollen wir der Frage nachgehen, ob bzw. wann ein Gesetz der Form

$$(A2.) \quad AB = BA$$

gilt. Es ist schon auf den ersten Blick zu sehen, dass dazu gewisse Voraussetzungen erfüllt sein müssen. So muss ja zumindest eines der beiden Produkte AB oder BA definiert sein, ehe über das andere überhaupt gesprochen werden kann. Nehmen wir nun einmal an, dass A und B Matrizen der Formate (k,l) bzw. (l,m) sind, so dass zumindest das Produkt AB gebildet werden kann. Existiert dann auch das Produkt BA und gilt $AB = BA$? Leider *nicht in jedem Fall!*

Was kann "schiefgehen"?

- *Das Produkt BA braucht nicht definiert zu sein.*
- *Wenn das Produkt BA definiert ist, braucht es nicht vom selben Typ zu sein wie AB.*
- *Selbst wenn AB und BA beide definiert und typgleich sind, kann $AB \neq BA$ gelten.*

Effekte dieser Art, insbesondere die Ungleichheit $AB \neq BA$, hatten wir schon in den Beispielen 15.34 und 15.35 beobachtet. Sehen wir uns nun noch dieses Beispiel an: Für die Matrizen

$$A := \begin{pmatrix} 1 & 2 \\ 3 & 4 \end{pmatrix} \quad \text{und} \quad B := \begin{pmatrix} -9 & 6 \\ 9 & 0 \end{pmatrix}$$

gilt

$$AB = \begin{pmatrix} 9 & 6 \\ 9 & 18 \end{pmatrix} \quad \text{und} \quad BA = \begin{pmatrix} 9 & 6 \\ 9 & 18 \end{pmatrix}.$$

Diesmal haben wir die Gleichheit $AB = BA$!

Als Fazit dieser kleinen Überlegung stellen wir fest, dass es von der Wahl der Matrizen A und B abhängt, ob gilt $AB = BA$ oder nicht, mit anderen Worten:

> *Es gibt kein Kommutativgesetz der Matrixmultiplikation:*
>
> $$AB \;\;\not\!\!\!= \;\; BA.$$

Das Symbol "$\not\!\!=$" besagt hierbei ausdrücklich, dass die Gleichheit $AB = BA$ gelten *kann*, aber *nicht muss*. Bitte also "$\not\!\!=$" keinesfalls mit "$\neq$" verwechseln! Unter Bezug auf Kapitel 0.2 in dem wir den Begriff "allgemeingültig" ausführlicher besprachen, können wir auch formulieren: Für Matrizen ist das Kommutativgesetz *nicht allgemeingültig*.

Angesichts dieser Situation hat man folgenden Begriff eingeführt:

Definition 15.40. *Zwei (n, n)-Matrizen A und B heißen* vertauschbar, *wenn gilt $AB = BA$.*

Dies ist sozusagen ein "angenehmer" Fall, und naturgemäß interessiert man sich für möglichst einfache Bedingungen dafür, wann er eintritt. Leider sind Bedingungen, wenn sie sehr einfach sind, oft auch sehr einschränkend. In der Übungsaufgabe 15.80 geben wir einige davon an.

Die Eins der Matrixmultiplikation

Im folgenden Satz beziehen wir uns auf die schon in Definition 15.15 eingeführten Einheitsmatrizen.

Satz 15.41. *Es seien m und n beliebige natürliche Zahlen. Dann gilt für jede beliebige (m, n)–Matrix A*

$$(A3.')\qquad I_{(m,m)} \cdot A \;\;=\;\; A \;\;=\;\; A \cdot I_{(n,n)}. \qquad\qquad (15.11)$$

"Die" Einheitsmatrix verhält sich also bei der Matrixmultiplikation *neutral*, d.h., sie belässt *jede* gegebene Matrix A unverändert. Naturgemäß sind hierbei die Verkettungsbedingungen zu beachten, und daher können bei der linksseitigen bzw. rechtsseitigen Multiplikation Einheitsmatrizen unterschiedlichen Formats auftreten.

Zur Übung werden wir einmal die Begründung des Satzes anführen: Zunächst überlegen wir uns, dass die linke Gleichung in $(A3.')$ gilt. Mit der Abkürzung $I = I_{(m,m)}$ lautet diese $IA = A$. Sie ist bewiesen, wenn wir zeigen, dass sämtliche Elemente von IA mit den entsprechenden Elementen von A übereinstimmen, d.h., dass für beliebige $i \in 1, \ldots, m$ und $j \in 1, \ldots, n$ gilt

$$[IA]_{ij} \quad = \quad [A]_{ij}.$$

Für die linke Seite hiervon gilt gemäß der Summenformel (15.9)

$$[IA]_{ij} \quad = \quad \sum_{k=1}^{n} e_{ik} a_{kj}.$$

Die Elemente e_{ik} der Einheitsmatrix sind aber von der Form $e_{ik} = \mathbb{1}_{\{i=k\}}$, also stets Null, wenn nicht $i = k$ gilt. Von der Summe entfallen daher alle Summanden bis auf einen:

$$[IA]_{ij} \quad = \quad e_{ii} a_{ij} \quad = \quad \mathbb{1}_{\{i=i\}} a_{ij} \quad = \quad a_{ij} \quad = \quad [A]_{ij},$$

wie behauptet.

Es ist nun ersichtlich, dass sich die zweite Gleichung $A = AI$ völlig analog nachweisen lässt.

Die Inverse

An dieser Stelle wollen wir klären, welche Entsprechung das für die Multiplikation reeller Zahlen geltende Gesetz $(A4.)$ zum Thema "Inverse" findet, wenn wir zur Multiplikation von Matrizen übergehen. Für jede reelle Zahl $a \neq 0$ ist die multiplikative *Inverse* "a^{-1}" – auch als *Reziprokwert* bekannt – bestimmt durch die Gleichung

$$(A4.) \quad a \text{ "} a^{-1} \text{"} = 1,$$

wobei wegen des Kommutativgesetzes sogar zwei Gleichungen simultan gelten:

$$(A4.') \quad a \text{ "} a^{-1} \text{"} = 1 = \text{"} a^{-1} \text{"} a$$

Anders gesagt: Der Reziprokwert kann sowohl aus $(A4.)$ als auch aus $(A4.')$ bestimmt werden. Wir sollten uns jedoch darüber im Klaren sein, dass wir bei zahlenmäßigen Berechnungen ständig *beide* in $(A4.')$ enthaltenen Gleichungen benutzen.

Nun wollen wir uns der Situation zuwenden, dass wir es nicht notwendig mit einer Zahl a, sondern mit einer Matrix A zu tun haben. Um Formatproblemen von vornherein aus dem Wege zu gehen, setzen wir voraus, dass die Matrix A vom Typ (n, n) – also quadratisch – ist. Wir fragen, was ihre "Inverse" sein könnte. Ähnlich wie bei reellen Zahlen könnten wir diesen noch unbekannten Begriff sowohl aus ($A4.$) als auch aus ($A4.'$) bestimmen. ($A4.$) nimmt, soweit erfüllt, folgende Form an:

$$A \text{ “}A^{-1}\text{”} = I.$$

 Diese Gleichung kann nur sinnvoll sein, wenn *alle* darin vorkommenden Matrizen vom selben Typ (n, n) sind. Ist sie für eine (n, n)–Matrix “A^{-1}” erfüllt, können wir jedoch mangels Kommutativgesetz mit unseren bisherigen Hilfsmitteln noch *nicht* schlussfolgern, dass dann auch die blaue Gleichung in

$$A \text{ “}A^{-1}\text{”} = I = \text{“}A^{-1}\text{”} A$$

gilt. Deswegen verwenden wir zur Definition vorsorglich beide Identitäten und vereinbaren:

Definition 15.42. *Es sei A eine beliebige (n, n)–Matrix, $n \in \mathbb{N}$. A heißt invertierbar oder auch regulär, wenn eine (n, n)–Matrix B existiert mit*

$$AB = I = BA. \tag{15.12}$$

In diesem Fall nennt man B invers zu A oder auch die Inverse von A und schreibt symbolisch $B =: A^{-1}$.

Wir wollen exemplarisch einige Konsequenzen dieser Definition beleuchten. Hier wurde der Begriff "invertierbare Matrix" neu definiert. Wie immer bei einem neu definierten Begriff haben wir zunächst zu klären, ob er sinnvoll und wohlbestimmt ist, also fragen wir:

(1) *Gibt es überhaupt "invertierbare Matrizen"?*

(2) *Gibt es auch Matrizen, die nicht invertierbar sind?*

(3) *Wird eine "inverse Matrix" durch diese Definition tatsächlich eindeutig festgelegt?*

(4) *Genügen zur Bestimmung der Inversen eventuell schon "weniger" Bedingungen?*

Weiterhin ist zu klären, in welcher Beziehung der neue Begriff zu bereits bekannten steht. Hier lauten die naheliegenden Fragen:

(5) *Zahlen sind auch Matrizen. Was von dem für Zahlen Bekannten lässt sich auf Matrizen übertragen, was folgt aus unseren Erkenntnissen über Matrizen für Zahlen?*

Alsdann kommen wir zu praktischen Aspekten:

(6) *Wie kann man feststellen, ob eine gegebene Matrix invertierbar ist?*

(7) *Wie kann man ihre Inverse rechnerisch bestimmen, falls existent?*

(8) *Welche Regeln gilt es beim Umgang mit Inversen zu beachten?*

Und last but not least die Frage:

(9) *Worin besteht der "Nutzen" der Inversen?*

(Zu 1) Die Antwort lautet: Ja, es gibt invertierbare Matrizen, z.B. diese:

Satz 15.43. *Jede Einheitsmatrix I ist invertierbar (vgl. S. 557), und es gilt*

$$I^{-1} = I. \tag{15.13}$$

"Jede" Einheitsmatrix heißt hier: gleich welchen Formates, und die Bedingung (15.13) besagt, dass jede Einheitsmatrix zu sich selbst invers ist. Warum ist das so? Ist I eine Einheitsmatrix beliebigen Formates, so können wir $A := I$ und $B := I$ setzen. Weil I Einheitsmatrix ist, gilt

$$I \bullet I = I = I \bullet I$$

lies

$$A \bullet B = I = B \bullet A$$

und die Bedingung (15.12) der Definition ist erfüllt. Also ist $B(= I)$ die Inverse zu $A(= I)$, wie behauptet.

(Zu 2) Auch hier lautet die Antwort Ja, diesmal allerdings mit der Bedeutung: Es gibt auch Matrizen, die *nicht* invertierbar sind. Eine Matrix A kann nämlich *höchstens dann* eine Inverse A^{-1} besitzen, wenn $A \neq O$ gilt. Andernfalls hätten wir nämlich definitionsgemäß

$$AA^{-1} = OO^{-1} = I,$$

was unmöglich ist, weil das Produkt einer Nullmatrix mit einer beliebigen Matrix stets eine Nullmatrix ist.

(Zu 3) Wir behaupten: Eine Matrix A kann *höchstens* eine Inverse besitzen. Genauer gilt

Satz 15.44. *Wenn eine Matrix A eine Inverse besitzt, dann ist diese eindeutig bestimmt; anders formuliert: Eine Matrix A kann* höchstens *eine Inverse besitzen.*

Begründung: Angenommen, eine Matrix A besitze *zwei* Inverse – nennen wir sie B und B'. Dann wird die Definitionsgleichung (15.12) erstens durch B erfüllt:

$$AB = I = BA, \tag{15.14}$$

zweitens wird sie durch B' erfüllt, wir haben

$$AB' = I = B'A. \tag{15.15}$$

Multiplizieren wir die Gleichung (15.14) von links mit B', so folgt

$$\underline{\underline{B'(AB)}} = B'I = \underline{B'(BA)}. \tag{15.16}$$

Multiplikation von (15.15) von recht mit B ergibt dagegen

$$\underline{(AB')B} = IB = \underline{\underline{(B'A)B}}. \tag{15.17}$$

Das Assoziativgesetz $(A1.)$ stellt sicher, dass die doppelt unterstrichenen Teile der beiden Gleichungen (15.16) und (15.17) identisch sind. Also stimmen auch die einfach unterstrichenen Teile überein:

$$B' = \underline{B'I = IB} = B. \tag{15.18}$$

Somit sind die "beiden" Inversen B und B' in Wirklichkeit identisch. $\triangle$

Übrigens: Weil die Inverse einer invertierbaren Matrix A *eindeutig* bestimmt ist, erhalten wir jetzt auch die Rechtfertigung dafür, nur *eine* Bezeichnung A^{-1} dafür zu vergeben.

(Zu 4) Die Definition der Inversen lässt sich erfreulicherweise noch etwas vereinfachen. Die Begründung dafür können wir jedoch mit den uns bisher zur Verfügung stehenden Mitteln noch nicht führen und werden sie bis zum Abschnitt 20.6, Bemerkung 20.28 zurückstellen.

Wir beginnen mit einer Verfeinerung des Inversenbegriffes:

Definition 15.45. *Es sei A eine beliebige (n,n)-Matrix, $n \in \mathbb{N}$. Eine (n,n)- Matrix L bzw. R heißt* Linksinverse *bzw.* Rechtsinverse *von A, wenn gilt*

$$LA = I \tag{15.19}$$

bzw.

$$AR = I. \tag{15.20}$$

Damit gilt folgende nützliche Aussage:

Satz 15.46. *Für eine beliebige quadratische Matrix A gilt:*
A besitzt eine Linksinverse L

$\Longleftrightarrow$ *A besitzt eine Rechtsinverse R,*

$\Longleftrightarrow$ *A besitzt eine Inverse A^{-1},*

und im Existenzfall stimmen L, R und A^{-1} überein.

Die Inverse ist also gleichermaßen Links- wie Rechtsinverse. Worin besteht der Nutzen dieser Aussage? Wir stellen uns vor, eine beliebige quadratische Matrix A sei gegeben. Dann gibt es zwei Fälle:

Fall 1: *Die Inverse A^{-1} ist uns bekannt.*

Dann stehen uns sofort *zwei* Gleichungen zur Verfügung, die wir bei Berechnungen verwenden können, nämlich $A^{-1}A = I$ und $AA^{-1} = I$; Nutzanwendungen werden wir z.B. unter 15.6.1 finden.

Fall 2: *Die Inverse von A – soweit überhaupt existent – ist uns nicht bekannt.*

Wir brauchen in diesem Fall nur zu untersuchen, ob A eine Rechtsinverse (alternativ: eine Linksinverse) besitzt. Da wir bisher nur über die Definition verfügen, müssten wir feststellen, ob sich die Matrixgleichung

$$AR = I$$

nach R auflösen lässt und falls ja, R bestimmen. Es handelt sich hierbei aber nur um eine Gleichung; die andere Gleichung

$$LA = I$$

kann außer Betracht bleiben. Das spart viel Arbeit! (Siehe das Beispiel 15.49 weiter unten.)

(Zu 5) Zur Frage, was unsere Definition im Bereich der reellen Zahlen Neues liefert, verweisen wir darauf, dass die Bedingungen (A4.') und (15.12) inhaltlich übereinstimmen. Deswegen liefert unsere Definition lediglich einen neuen Namen für etwas Bekanntes:

Satz 15.47. *Wird eine reelle Zahl a als Matrix A interpretiert, so besitzt diese genau dann eine Inverse A^{-1}, wenn auch a^{-1} existiert, und es gilt $A^{-1} = a^{-1}$.*

Hierbei wurden *zwei* Namen, nämlich a und A, für *ein-* und dasselbe Objekt benutzt, um die unterschiedlichen Interpretationen als Zahl bzw. Matrix sichtbar zu machen. Die beiden Sichtebenen und ihre Entprechungen lassen sich so visualisieren:

$$
\begin{array}{lcccccc}
\text{Lesart ``Zahl'':} & (A4.') & a & \cdot & a^{-1} & = 1 & = a^{-1} & \cdot & a \\
\text{Entsprechungen:} & & \| & & \| & \| \quad \| & & \| & \| \\
\text{Lesart ``Matrix'':} & (15.12) & A & \cdot & A^{-1} & = I & = A^{-1} & \cdot & A \\
\end{array}
$$

Die Aussage des Satzes dürfte dadurch leicht einzusehen sein. Wir erkennen nun, dass der Begriff der inversen Matrix den Begriff des Reziprokwertes einer Zahl *verallgemeinert*, d.h., auf einen wesentlich größeren Geltungsbereich erstreckt.

Hieraus ergibt sich sofort folgende naheliegende Frage: Betrifft diese Verallgemeinerung automatisch auch alle für das Rechnen mit zahlenmäßigen Reziprokwerten geltenden Regeln? D.h., gelten diese Regeln dann automatisch auch für das Rechnen mit inversen Matrizen weiter?

Hier einige einfache Beispiele für solche Regeln, die uns sehr vertraut sind:

(R1) Jede Zahl $a \neq 0$ hat einen Reziprokwert a^{-1}, und zwar $a^{-1} = 1/a$.

(R2) *Wenn eine Zahl a einen Reziprokwert besitzt, gilt* $(a^{-1})^{-1} = a$.

(R3) *Ein Produkt ab zweier Zahlen a und b besitzt genau dann einen Reziprokwert, wenn beide Faktoren a und b jeweils einen Reziprokwert besitzen.*

(R4) *Im Falle der Existenz gilt*

$$(ab)^{-1} = a^{-1}b^{-1} = b^{-1}a^{-1}.$$

(R5) *Für beliebige Zahlen a,b und c mit $a \neq 0$ gilt*

$$ab = ac \quad \Longrightarrow \quad b = c.$$

(R6) *Für beliebige Zahlen $a \in \mathbb{R}$ und $n \in \mathbb{N}$ gilt*

$$a^n = 0 \quad \Longrightarrow \quad a = 0.$$

(R7) *Für beliebige Zahlen $a,b \in \mathbb{R}$ gilt*

$$(a + b)^2 = a^2 + 2ab + b^2$$

("Binomischer Satz").

Gleichwertig zu (R3) ist übrigens diese Formulierung:

(R3*) *Ein Produkt aus Zahlen ist genau dann ungleich Null, wenn alle Faktoren ungleich Null sind.*

Können wir also schließen, dass all diese Regeln auch für Matrizen gelten? Die Antwort lautet leider: **Nein!**

Beispiel 15.48. (R1) gilt nicht für Matrizen! Die Matrix

$$A := \begin{bmatrix} 1 & 0 \\ 0 & 0 \end{bmatrix}$$

ist von der Nullmatrix verschieden. Hat sie eine Inverse? Wenn ja, müsste diese Inverse – die wir zur Vereinfachung einmal B nennen wollen – definitionsgemäß der Bedingung $AB = I$ genügen. Andererseits können wir direkt nachrechnen, dass das Produkt AB so aussieht:

$$AB = \begin{bmatrix} 1 & 0 \\ 0 & 0 \end{bmatrix} \begin{bmatrix} b_{1,1} & b_{1,2} \\ b_{2,1} & b_{2,2} \end{bmatrix} = \begin{bmatrix} b_{1,1} & b_{1,2} \\ 0 & 0 \end{bmatrix}.$$

Diese Produktmatrix AB stimmt wegen der Null "rechts unten" *nicht* mit der Einheitsmatrix I überein – im Widerspruch zur Annahme, B wäre invers zu A. Also besitzt A keine Inverse!

Derselbe Effekt kann sogar auftreten, wenn die Ausgangsmatrix überhaupt keine Null enthält. So hat die Matrix

$$C := \begin{bmatrix} 1 & 1 \\ 1 & 1 \end{bmatrix}$$

ebenfalls keine Inverse. Das Produkt mit jeder beliebigen $(2,2)$–Matrix B lautet nämlich

$$CB = \begin{bmatrix} b_{1,1} + b_{2,1} & b_{1,2} + b_{2,2} \\ b_{1,1} + b_{2,1} & b_{1,2} + b_{2,2} \end{bmatrix}$$

und hat damit zwei identische Zeilen, was bei der Einheitsmatrix nicht der Fall ist. Es gilt also $CB \neq I$!   △

Als Konsequenz aus dieser Beobachtung werden wir uns mit den Regeln $(R1)$ bis $(R5)$ im Abschnitt 15.6 nochmals beschäftigen.

(Zu 6 und 7) Hier war die Frage, wie festzustellen ist, ob eine gegebene (n, n)–Matrix A invertierbar ist und falls ja, wie deren Inverse berechnet werden kann. Für den einfachsten Fall $n = 1$ wurde die Frage soeben schon beantwortet. Wenn es dagegen um beliebige quadratische Matrizen mit beliebiger Reihenzahl geht, brauchen wir noch einige theoretische Vorüberlegungen und stellen die Antwort etwas zurück.

Vergleichsweise einfach ist die Situation immerhin noch bei $(2,2)$–Matrizen und bei Diagonalmatrizen beliebigen Formats. Diese werden in den folgenden beiden Beispielen behandelt.

Beispiel 15.49. Wir betrachten eine beliebige $(2,2)$–Matrix

$$A = \begin{pmatrix} a_{11} & a_{12} \\ a_{21} & a_{22} \end{pmatrix}$$

und versuchen, ihre Inverse B – soweit existent – wie in Bemerkung (4) mit Hilfe des Ansatzes $AB = I$ zu ermitteln. Dieser Ansatz lautet ausführlich

$$\begin{pmatrix} a_{11} & a_{12} \\ a_{21} & a_{22} \end{pmatrix} \begin{pmatrix} b_{11} & b_{12} \\ b_{21} & b_{22} \end{pmatrix} = \begin{pmatrix} 1 & 0 \\ 0 & 1 \end{pmatrix},$$

wobei $a_{11}, \dots, a_{22}$ hier – obwohl abstrakt – als bekannt, die $b_{11}, \dots, b_{22}$ hingegen als unbekannt anzusehen sind und farblich hervorgehoben wurden. Multipliziert man die Matrizen auf der linken Seite der Gleichung aus und vergleicht die Einträge des entstehenden Produktes mit denen der Einheitsmatrix rechts, erhält man folgende 4 Gleichungen für die 4 Unbekannten:

$$a_{11}b_{11} + a_{12}b_{21} \qquad\qquad = 1 \qquad\qquad (15.21)$$

$$a_{21}b_{11} + a_{22}b_{21} \qquad\qquad = 0 \qquad\qquad (15.22)$$

$$a_{11}b_{12} + a_{12}b_{22} = 0 \qquad\qquad (15.23)$$

$$a_{21}b_{12} + a_{22}b_{22} = 1 \qquad\qquad (15.24)$$

Insofern die Gleichungen (15.21) – (15.24) im Zusammenhang zu lösen sind, spricht man von einem *Gleichungssystem*, und weil die Unbekannten nur mittels Addition und Multiplikation mit Konstanten eingehen, von einem *linearen Gleichungssystem*. (Unser Problem liefert also ein erstes plausibles Motiv, sich mit derartigen linearen Gleichungssystemen näher zu beschäftigen. Das wird im Kapitel 19 geschehen.) Mangels anderweitiger Theorie lösen wir (15.21) – (15.24) "zu Fuß" unter der vereinfachenden Annahme, kein Element von A sei gleich Null. Wir können so die zweite Gleichung nach b_{11} auflösen:

$$b_{11} = -\frac{a_{22}}{a_{21}}b_{21}\,, \qquad\qquad (15.25)$$

und das Ergebnis in die erste Gleichung einsetzen:

$$-\frac{a_{11}a_{22} - a_{12}a_{21}}{a_{21}}b_{21} = 1. \qquad\qquad (15.26)$$

Wenn der Zähler $d := a_{11}a_{22} - a_{12}a_{21}$ des in dieser Gleichung auftretenden Bruches gleich Null ist, dann lautet die Gleichung in Wirklichkeit "$0 = 1$" und ist niemals erfüllt, also ist auch das Gleichungssystem unlösbar. Wenn dagegen $d \neq 0$ gilt, können wir die Gleichung (15.26) beidseitig durch diesen Bruch dividieren und so nach b_{21} auflösen:

$$b_{21} = -\frac{a_{21}}{d}. \qquad\qquad (15.27)$$

Aus (15.25) folgt dann

$$b_{11} = \frac{a_{22}}{d}. \qquad\qquad (15.28)$$

(Gilt hingegen $d = 0$, geht (15.26) über in "$0 = 1$". Diese Gleichung ist niemals erfüllt, das Gleichungssystem mithin unlösbar.)
Verfährt man mit den Gleichungen (15.23) und (15.24) analog, erhält man

$$b_{12} = -\frac{a_{12}}{d} \qquad\qquad (15.29)$$

$$b_{22} = \frac{a_{11}}{d} \qquad\qquad (15.30)$$

wiederum unter der Annahme $d \neq 0$ (andernfalls sind auch (15.23) und (15.24) unlösbar.) Zusammengefasst kann man also sagen

Satz 15.50.

(i) *Die Matrix A ist genau dann invertierbar, wenn d ≠ 0 gilt.*

(ii) *In diesem Fall gilt*

$$A^{-1} = \frac{1}{d} \begin{pmatrix} a_{22} & -a_{12} \\ -a_{21} & a_{11} \end{pmatrix}. \tag{15.31}$$

Wegen der Bedeutung der Zahl d soll diese (bereits hier) *Determinante* von A genannt und mit dem Symbol $\det A := d$ bezeichnet werden.

Wir merken abschließend an, dass alles Bisherige auch dann gilt, wenn in A Nullen vorkommen. (Auf die zur Begründung notwendigen Fallunterscheidungen soll hier verzichtet werden.)

"Eselsbrücken" zur Inversenberechung

Die Berechnung von d kann man sich leicht anhand der "Kreuzregel" einprägen:

$$A = \begin{pmatrix} a_{11} & a_{12} \\ a_{21} & a_{22} \end{pmatrix} \qquad \det A = a_{11}a_{22} - a_{21}a_{12}.$$

Im Fall $d \neq 0$ folgt auch A^{-1} einer einfachen Bildungsregel

- die Elemente der Hauptdiagonalen von A tauschen ihre Plätze
- die übrigen erhalten ein Minuszeichen
- "alles" wird durch d dividiert:

$$A^{-1} = \frac{1}{d} \begin{pmatrix} a_{22} & -a_{12} \\ -a_{21} & a_{11} \end{pmatrix}$$

$\triangle$

Beispiel 15.51. Die Matrix

$$A = \begin{pmatrix} 3 & 5 \\ 7 & 0 \end{pmatrix}$$

hat die Determinante

$$d = 3 \cdot 0 - 7 \cdot 5 = -35$$

und die Inverse

$$A^{-1} = -\frac{1}{35} \begin{pmatrix} 0 & -5 \\ -7 & 3 \end{pmatrix}$$

bzw. ausmultipliziert

$$A^{-1} = \begin{pmatrix} 0 & \frac{1}{7} \\ \frac{1}{5} & -\frac{3}{35} \end{pmatrix}.$$

$\triangle$

Satz 15.52. *Es sei n eine beliebige natürliche Zahl und D eine (n,n)–Diagonalmatrix: $D = \mathrm{diag}(d_i)_{i=1,\dots,n}$.*
Diese ist dann und nur dann invertierbar, wenn keines der Diagonalelemente von D verschwindet. In diesem Fall gilt

$$D^{-1} = \mathrm{diag}\left(\frac{1}{d_i}\right)_{i=1,\dots,n}.$$

(Zu 8) Dem Thema "Regeln für das Rechnen mit Inversen" werden wir uns im Abschnitt 15.6.1 ausführlich widmen.

(Zu 9) Nach all der Mühe kommen wir nun zu der vielleicht spannendsten Frage: Was nutzt uns eine Inverse? Die kurze Antwort lautet: *Sehr viel!* Wir werden uns an vielen Stellen dieses Textes mehrfach davon überzeugen können. An dieser Stelle geben wir nur einige Stichworte:

Mit Hilfe der Inversen lassen sich

- *"matrixhaltige" Gleichungen lösen, als wären es ganz gewöhnliche Gleichungen für Zahlen; als Anwendung damit können wir z.B.*
- *volkswirtschaftliche Verflechtungsprobleme analysieren*
- *Produktionspläne ermitteln, die gegebene Rohstoffvorräte exakt aufbrauchen u.v.m.*

15.6   Das Rechnen mit Matrizen

Wir haben mittlerweile schon insgesamt 5 verschiedene auf Matrizen anwendbare Operationen definiert:

    (1) *"+"*   *Addition*

    (2) *"·"*   *Multiplikation mit einem Skalar*

    (3) *"•"*   *Matrixmultiplikation*

    (4) *".^{T}"*   *Transposition*

    (5) *".$^{-1}$"*   *Inversion*

In Anwendungen sind oft mehrere dieser Operationen nacheinander auszuführen. Wir sprechen dann von "verketteten Rechnungen". Um dabei die Reihenfolge der auszuführenden Schritte unmissverständlich festzulegen, bedarf es grundsätzlich der

Klammersetzung

Betrachten wir als Beispiel die beiden Ausdrücke

$$(AB)^T \quad \text{und} \quad A(B^T),$$

die sich nur durch die Stellung der Klammern unterscheiden. Links ist zuerst das Produkt AB zu berechnen, danach wird es transponiert. Rechts dagegen wird zunächst nur die Matrix B transponiert und anschließend von links mit A multipliziert. Leicht sind Beispiele angegeben, in denen sich die Ergebnisse beider Rechnungen unterscheiden (von der Frage der Ausführbarkeit einmal ganz abgesehen).

In Ausdrücken mit mehreren Rechenschritten kann es schnell zu einer unschönen Häufung von Klammern kommen, wie hier in diesem Beispiel:

$$\left\{ \left(\left[\left(3(A^T) \right) + \left((3B)^T \right) \right]^{-1} \right) \left(3 \left[(A+B)^T \right] \right) \right\} - I \tag{15.32}$$

bei dem wir vereinfachend annehmen wollen, dass alles Hingeschriebene auch sinnvoll ist. Kann man Klammern einsparen? Die Antwort lautet: Ja, wenn geeignete Vorrangregeln eingeführt werden.

Schon aus der Schulmathematik ist bekannt, wie sich mit der Vorrangregel "*Potenzrechnung geht vor Punktrechnung geht vor Strichrechnung*" Klammern einsparen lassen. Dieselbe Idee können wir uns auch in der Matrizenrechnung zunutze machen, indem wir die neue Operation *Transposition* der Potenzrechnung zurechnen und beachten, dass es nunmehr *zwei* Multiplikationen gibt. Das Ergebnis lautet dann:

zuerst (I)	$^{-1}$ und ^{T}	"Potenzrechnung"
dann (II)	$\cdot$ und $\bullet$	"Punktrechnung"
zuletzt (III)	$+$ und $-$	"Strichrechnung"

Also: Zuerst werden Transposition bzw. Inversion ausgeführt. Untereinander sind diese gleichberechtigt! Danach folgen die Multiplikationen $\cdot$ und $\bullet$ – auch diese untereinander gleichberechtigt – und erst dann Addition und die Subtraktion. Bei letzteren ist die Gleichberechtigung offensichtlich, denn die Subtraktion ist ja auch nur eine Form der Addition.
Auf diese Weise kann mit Matrizen *bezüglich der Klammersetzung* fast genau so gearbeitet werden wie mit Zahlen.[2] Deswegen brauchen wir hier auf diesen

---

[2]Nur "fast", weil zwischen Inversion und Transposition sowie zwischen den Multiplikationen keine Vorrangregeln vereinbart wurden und die Klammersetzung erforderlich bleibt.

Punkt nicht ausführlich einzugehen. Betrachten wir jedoch zumindest einige Beispiele von Ausdrücken, bei denen Klammern gespart werden können:

Kürzbar:	Kurzform	Begründung	Unkürzbar:
$A(B^T)$	AB^T	Transposition vor Multiplikation	$(AB)^T$
$a(B^{-1})$	aB^{-1}	Inversion vor Multiplikation	$(aB)^{-1}$
$(UV) - W$	$UV - W$	Multiplikation vor Addition	$U(V - W)$
$X + [Y^T]$	$X + Y^T$	Transposition vor Addition	$[X + Y]^T$

Die Ausdrücke in der Spalte "Unkürzbar" unterscheiden sich von denen in der Spalte "Kürzbar" nur durch die veränderte Klammersetzung. Wir sehen, dass bei ihnen die Klammern nicht weggelassen werden können, ohne zugleich den Sinn zu verändern.

Beispiel 15.53. Unter Anwendung der Vorrangregeln kann der eingangs genannte Ausdruck (15.32) sukzessive deutlich vereinfacht werden. Dabei entfallen insgesamt 5 Klammerpaare (grau):

$$\{ \, (\, [\, (3(A^T)) + ((3B)^T)]^{-1})(3 \, [\, (A+B)^T] \,) \, \} - I \qquad (15.33)$$

lies

$$[3A^T + (3B)^T]^{-1} \, (3(A+B)^T) - I \qquad (15.34)$$

Das Ergebnis (15.34) ist schon viel einfacher als die Ausgangformel (15.33).

$\triangle$

Rechenregeln

Nachdem nun geklärt ist, wie kompliziertere Ausdrücke zu lesen sind, fragen wir, wie sie gegebenenfalls zu vereinfachen sind, denn jede der 5 Rechenoperationen kann darin mehrfach oder in Kombination mit jeder anderen Operation auftreten. So trifft z.B. die *Addition* in dem Ausdruck

$$(A + B) + C \qquad (15.35)$$

auf "sich selbst", hier

$$\lambda(A + B) \qquad (15.36)$$

auf die Multiplikation mit einem Skalar, in

$$A(B + C) \qquad (15.37)$$

auf die Matrixmultiplikation und in dem Ausdruck

$$(A + B)^T \qquad (15.38)$$

auf die Transposition. In entsprechender Weise kann jede der 5 Operationen grundsätzlich auf "sich selbst" und auf jede andere treffen.

Wie lassen sich derartige Ausdrücke umformen? Für die Ausdrücke (15.35) und (15.36) wurde diese Frage schon durch das Assoziativgesetz (A1) und das Distributivgesetz (D1) beantwortet. Entsprechende Regeln für (15.37) und (15.38) sowie einige weitere Fälle fehlen bislang. Allerdings sind die meisten von ihnen sehr naheliegend und intuitiv plausibel. Deswegen präsentieren wir das gesamte Regelwerk der Einfachheit halber in Form der nebenstehenden Tabelle. Bei der Interpretation der Tabelle zu beachten sind folgende drei

Interpretationshinweise:

(1) Bei allen in der Tabelle notierten Ausdrücken wird stillschweigend vorausgesetzt, dass diese sinnvoll sind, d.h., dass die darin enthaltenen Matrizen A, B, C, L und M entsprechenden Bedingungen an die Formate genügen; λ bezeichnet einen beliebigen Skalar. Unter dieser Bedingung gelten sämtliche Gleichungen, die in der türkis und der grau hinterlegten Zone notiert sind.

(2) Die gelbe Zone bezieht sich auf die Matrixmultiplikation, die Regeln (A1.) bis (A4.) sind Kürzel für das im Abschnitt 15.5.3 Erläuterte.

(3) Die Gleichungen in der Spalte "in Weiß" sind so zu interpretieren, wie nachfolgend präzisiert:

Satz 15.54. *Es seien A und B beliebige (n, n)-Matrizen und λ eine beliebige reelle Zahl. Dann gilt:*

(i) *Wenn A invertierbar ist, so ist auch A^{-1} invertierbar, und es gilt*

$$(A^{-1})^{-1} = A.$$

(ii) *A ist genau dann invertierbar, wenn auch A^T invertierbar ist; in diesem Fall gilt*

$$(A^T)^{-1} = (A^{-1})^T.$$

(iii) *Das Produkt AB ist genau dann invertierbar, wenn jede der beiden Matrizen A und B invertierbar ist; in diesem Fall gilt*

$$(AB)^{-1} = B^{-1}A^{-1}.$$

(iv) *Die Matrix λA ist genau dann invertierbar, wenn A invertierbar ist und außerdem gilt $\lambda \neq 0$; in diesem Fall besteht die Gleichheit*

$$(\lambda A)^{-1} = \lambda^{-1}A^{-1}.$$

GESAMTÜBERSICHT: RECHENGESETZE FÜR MATRIZEN

	"+" Addition	"·" Multiplikation mit Skalar	"•" Matrix-Multiplikation	"T·" Transposition	"·⁻¹" Inversion
"+"	(A1₊) $(A+B)+C = A+(B+C)$ (A2₊) $A+B = B+A$ (A3₊) $\exists! O \, \forall A : A+O = A$ (A4₊) $\forall A \, \exists! \text{"}-A\text{"} : A+\text{"}-A\text{"} = O$	(D1.) $(\lambda+\mu)A = \lambda A + \mu A$ (D2.) $\lambda(A+B) = \lambda A + \lambda B$	(D1•) $(L+M)A = LA+MA$ (D2•) $L(A+B) = LA+LB$	(T₊) $(A+B)^T = A^T + B^T$	(L₊) $(A+B)^{-1} \neq A^{-1}+B^{-1}$
"·"		(M1.) $(\lambda\mu)A = \lambda(\mu A)$ (M2.) $1 \cdot A = A$	(M1a•) $\lambda(AB) = (\lambda A)B$ (M1b•) $\lambda(AB) = A(\lambda B)$	(T.) $(\lambda A)^T = \lambda^T A^T$	(I.) $(\lambda A)^{-1} = \lambda^{-1} A^{-1}$
"•"			(A1•) $(AB)C = A(BC)$ (A2•) $AB \neq BA$ (A3•) $\exists! I : AI = A = IA$ (A4•) A regulär $\Rightarrow \exists\, A^{-1} :$ $AA^{-1} = I$	(T•) $(AB)^T = B^T A^T$	(I•) $(AB)^{-1} = B^{-1}A^{-1}$
"T"				(T_T) $(A^T)^T = A$	(I_T) $(A^T)^{-1} = (A^{-1})^T$
"⁻¹"					(I_I) $(A^{-1})^{-1} = A$

Die Aussagen *(ii)* und *(iv)* dieses Satzes dürften leicht einleuchten; dagegen lohnen zu *(i)* und *(iii)* folgende Erläuterungen:

Teil (i) besagt, dass eine die schon von den reellen Zahlen bekannte Regel (R1) auch für Matrizen gilt. Zur Begründung: In der Definition der Inversen findet sich die Bedingung

$$AB = I = BA, \tag{15.39}$$

ist sie erfüllt, erhält B die Bezeichnung

$$B = A^{-1}. \tag{15.40}$$

Die Bedingung (15.39) ist jedoch symmetrisch in A und B, behandelt beide gleichberechtigt. Also können wir ebenso schreiben

$$A = B^{-1}, \tag{15.41}$$

und wenn wir hierin (15.39) einsetzen, folgt

$$A = (A^{-1})^{-1},$$

wie in *(i)* behauptet.

Teil (iii) bestätigt einerseits die Regel (R3), widerlegt aber andererseits die Regel (R4) (↗S. 561). Wegen des fehlenden Kommutativgesetzes ist bei der Inversion eines Produktes von Matrizen sorgsam auf die Reihenfolge der Faktoren zu achten. Wichtig: Die Faktoren *tauschen* ihre Reihenfolge:

$$(AB)^{-1} = B^{-1}A^{-1}. \tag{15.42}$$

Dies stößt oft auf Verwunderung und bildet auch eine beliebte Fehlerquelle: es "gilt" jedoch

$$(AB)^{-1} \neq A^{-1}B^{-1} \tag{15.43}$$

Wir begründen nun, warum *(iii)* richtig ist.

(I) Wir nehmen zunächst an, die Matrizen A und B seien beide einzeln invertierbar und haben zu zeigen, dass dann auch deren Produkt AB invertierbar ist. Zunächst ist Ausdruck

$$V := B^{-1}A^{-1}$$

sinnvoll und berechenbar. Wir setzen dann $U := AB$ und sehen damit

$$UV = (AB)(B^{-1}A^{-1})$$

nach Definition von U und V. Nun können wir kraft Assoziativgesetz die Klammern umsetzen:

$$UV = A(BB^{-1})A^{-1}.$$

Der rote Ausdruck ergibt die Einheitsmatrix und kann weggelassen werden:

$$UV = AIA^{-1} = AA^{-1}.$$

Auch der blaue Ausdruck ergibt die Einheitsmatrix: Es gilt

$$UV = I.$$

Nach Satz 15.46 ist $U = AB$ invertierbar, und die Inverse ist $V = B^{-1}A^{-1}$, wie behauptet.

(II) Nehmen wir nun umgekehrt an, das Produkt $U = AB$ sei invertierbar. Dann haben wir zu zeigen, dass beide Faktoren A und B einzeln invertierbar sind und (15.42) gilt. Die Voraussetzung, AB sei invertierbar, impliziert definitionsgemäß

$$(AB)(AB)^{-1} = I = (AB)^{-1}(AB).$$

Wir können die Klammern wie folgt umsetzen:

$$A(B(AB)^{-1}) = I = ((AB)^{-1}A)B$$

lies

$$AC = I = DB.$$

Wiederum nach Satz 15.46 ist A invertierbar mit der Inversen C und B ist invertierbar mit der Inversen D. Dass (15.42) gilt, folgt nun aus dem ersten Teil.

Andererseits kann sich die LeserIn selbst leicht davon überzeugen, dass im Falle der Wahl von

$$A := \begin{bmatrix} 1 & 0 \\ 0 & 2 \end{bmatrix} \quad \text{und} \quad B := \begin{bmatrix} 0 & 2 \\ 1 & 0 \end{bmatrix}$$

beide Matrizen invertierbar sind. Es gilt jedoch

$$(AB)^{-1} \neq A^{-1}B^{-1}.$$

Einige Berechnungsbeispiele

Die in unserer Tabelle auf Seite 569 enthaltenen Regeln erlauben, auch recht kompliziert erscheinende Ausdrücke schrittweise zu vereinfachen. Ein "Schritt" ist dabei gleichbedeutend mit einer Anwendung einer Regel. Schon um einen einzigen solchen Schritt ausführen zu können, bedarf es hauptsächlich einer Kunst: der Kunst des Sehens.

Beispiel 15.55 (Ein ausführlicher Umformungsschritt).
Wenn wir beispielsweise den Ausdruck (15.34)

$$[3A^T + (3B)^T]^{-1} \quad \left(3 \quad (A+B)^T \right) \quad - \quad I$$

vor Augen haben, können wir zunächst versuchen, größere zusammenhängende
Bereiche zu sehen:

$$[3A^T + (3B)^T]^{-1} \quad \left(3 \quad (A+B)^T \right) \quad - \quad I \qquad (15.44)$$

Diese Bereiche betrachten wir für den Augenblick als Ganzes, abstrahieren
also von jeglichem konkretem Inhalt. Mit beliebigen neuen Namen – z.B. U
und V – lesen wir (15.44) in Kurzform

$$U \quad \left(3 \quad V \right) \quad \ldots \qquad (15.45)$$

Nach (M'1b), Tabelle auf S.569 ist das dasselbe wie

$$3 \quad U \quad V \quad \ldots \qquad (15.46)$$

Die veränderte Kurzform wird nun in die Langform gebracht:

$$3 \quad [3A^T + (3B)^T]^{-1} \quad (A+B)^T \quad - \quad I \, . \qquad (15.47)$$

Das Ergebnis und zugleich Ausgangspunkt für den nächsten Vereinfachungs-
schritt lautet daher

$$3[3A^T + (3B)^T]^{-1}(A+B)^T - I \qquad (15.48)$$

$\triangle$

Beispiel 15.56 ($\nearrow$ F, 15.55). Nach demselben Muster lässt sich der Ausdruck
(15.48) unter Anwendung der Tabelle auf Seite 569 schrittweise noch weiter
vereinfachen. Diesmal lassen wir die Details der einzelnen Schritte weg, zeigen
aber bei jedem Schritt durch grüne Markierungen unter dem Ausgangs- und
über dem Zielzustand an, an welchen Stellen Änderungen erfolgten. Zusätzlich
geben wir an, welche Regel benutzt wurde.

$$3[3A^T \underline{+(3B)^T}]^{-1} \qquad (A+B)^T \quad - \quad I \qquad \text{(T.)}$$

$$= \quad 3[\underline{3A^T + 3B^T}]^{-1} \qquad (A+B)^T \quad - \quad I \qquad \text{(D2)}$$

$$= \quad 3[\underline{3(A^T + B^T)}]^{-1} \qquad (A+B)^T \quad - \quad I \qquad \text{(I.)}$$

$$= \quad \underline{3 \cdot 3^{-1}}(A^T + B^T)^{-1} \qquad (A+B)^T \quad - \quad I \qquad \text{(A4.)}$$

$$= \quad \underline{1 \cdot}(A^T + B^T)^{-1} \qquad (A+B)^T \quad - \quad I \qquad \text{(M2)}$$

$$= \quad (A^T + B^T)^{-1} \qquad \underline{(A+B)^T} \quad - \quad I \qquad \text{(T}_+\text{)}$$

$$= \quad \underline{\underline{(A^T + B^T)^{-1}}} \qquad \underline{\underline{(A^T + B^T)}} \quad - \quad I \qquad \text{(A4.)}$$

$$= \qquad\qquad\qquad \underline{\underline{I \qquad - \quad I}} \qquad \text{(A4)}$$

$$= \qquad\qquad\qquad\qquad 0$$

Das Ergebnis ist erfrischend einfach!   △

Zwei Bemerkungen zum letzten Beispiel sind angebracht: Erstens lassen sich mit zunehmender Übung oft mehrere Schritte schon im Kopf zusammenfassen, so dass dieselbe Rechnung viel kürzer notiert werden kann. Zweitens ist die Reihenfolge der Vereinfachungsschritte natürlich nicht fest vorgegeben, sondern folgt Intuition und Geschmack des Anwenders.

15.6.1 "Division" von Matrizen

Wir betrachten einmal folgende einfache Aufgabe: Gegeben seien n–reihige quadratische Matrizen A und B. Gesucht werde eine typgleiche Matrix X, die der Gleichung

$$AX = B \qquad\qquad (15.49)$$

genügt.

Wenn A invertierbar ist, können wir beide Seiten dieser Gleichung *von links* mit ihrer Inversen A^{-1} multiplizieren; wir finden

$$A^{-1}(AX) \quad = \quad A^{-1}B$$

und nach Umsetzen der Klammern

$$(A^{-1}A)X \quad = \quad A^{-1}B.$$

Der Term in Blau liefert nun die Einheitsmatrix I, die als Faktor nichts verändert und weggelassen werden kann. Das eindeutig bestimmte Ergebnis lautet somit

$$X \quad = \quad A^{-1}B.$$

Achtung. Eine Multiplikation beider Seiten mit A^{-1} *von rechts* liefert im allgemeinen nicht das gewünschte Ergebnis.

Beispiel 15.57. Wir lösen die Gleichung $AX = B$ mit

$$A := \begin{bmatrix} 3 & 2 \\ 7 & 5 \end{bmatrix} \quad \text{und} \quad B := \begin{bmatrix} 0 & 1 \\ 2 & 3 \end{bmatrix}.$$

Die Matrix A ist invertierbar mit der Inversen

$$A^{-1} = \begin{bmatrix} 5 & -2 \\ -7 & 3 \end{bmatrix}.$$

Diese multiplizieren wir *von links* mit B und erhalten das Gewünschte:

$$X = A^{-1}B = \begin{bmatrix} 5 & -2 \\ -7 & 3 \end{bmatrix} \begin{bmatrix} 0 & 1 \\ 2 & 3 \end{bmatrix} = \begin{bmatrix} -4 & -1 \\ 6 & 2 \end{bmatrix}.$$

Ein falsches Ergebnis würden wir erhalten, wenn wir B von rechts mit A^{-1} multiplizierten:

$$\begin{bmatrix} 0 & 1 \\ 2 & 3 \end{bmatrix} \begin{bmatrix} 5 & -2 \\ -7 & 3 \end{bmatrix} = \begin{bmatrix} -7 & 3 \\ -11 & 5 \end{bmatrix} =: Y.$$

Das Ergebnis Y stimmt an keiner Stelle mit X überein!   △

Beispiel 15.58. Hätte die Ausgangsgleichung nicht wie in (15.49) sondern so gelautet:

$$YA = B, \tag{15.50}$$

so hätten wir diese *von rechts* mit A^{-1} multiplizieren müssen. Dann hätten wir gefunden

$$(YA)A^{-1} = BA^{-1}$$

bzw. nach Klammerumsetzung

$$Y(A^{-1}A) = BA^{-1}.$$

Wiederum kann der blaue Term als Einheitsmatrix weggelassen werden; das eindeutig bestimmte Ergebnis lautet

$$Y = BA^{-1}.$$

Dieses *hier richtige* Ergebnis ist zugleich das *falsche* Ergebnis *für (15.49)*, siehe das vorige Beispiel. Anders gesagt, die Gleichungen

$$AX = B \quad \text{und} \quad YA = B$$

können *verschiedene* Lösungen besitzen.   △

Die beiden Beispiele zeigen, dass es von der jeweiligen Situation abhängt, ob eine Gleichung von rechts oder von links mit einer Matrix zu multiplizieren ist. Handelt es sich dabei um eine Inverse, so entspricht dieser Vorgang einer einseitigen Division. Ein Zahlenbeispiel kann das erhellen:

Die beiden Gleichungen lauten

$$AX = B \quad \text{und} \quad YA = B. \tag{15.51}$$

Im konkreten Beispiel $A = 3$ und $B = 11$ hätten wir

$$3 \cdot X = 11 \quad \text{und} \quad Y \cdot 3 = 11. \tag{15.52}$$

Beide Gleichungen sind sofort gelöst, wenn wir sie, um den "störenden" Faktor 3 loszuwerden, durch 3 dividieren:

$$X = \frac{11}{3} \quad \text{bzw.} \quad Y = \frac{11}{3}.$$

Was ist passiert? In Wirklichkeit haben wir jedesmal mit der Inversen 3^{-1} von 3 multipliziert, und zwar streng genommen einmal von links und einmal von rechts:

$$3^{-1}(3 \cdot X) = 3^{-1}11 \quad \text{und} \quad (Y \cdot 3)\, 3^{-1} = 11 \cdot 3^{-1}.$$

Es handelt sich also streng genommen um eine "Linksdivision" und eine "Rechtsdivision". Für diese könnte man z.B. schreiben

$$\text{``}X = 3\backslash 11\text{''} \quad \text{bzw.} \quad \text{``}Y = 11/3\text{''}. \tag{15.53}$$

Wegen des Kommutativgesetzes der Zahlenmultiplikation sind nun beide Ergebnisse identisch

$$\frac{11}{3},$$

deswegen werden die Schreibweisen (15.53) nicht verwendet.

Als Fazit für die Behandlung von matrixhaltigen Ausdrücken können wir grob formulieren:

> *Ein Ausdruck ist auf derjenigen Seite mit der Inversen eines Terms zu multiplizieren, auf der dieser Term "wegdividiert" werden soll.*

Es versteht sich, dass diese Aussage nur sinnvoll ist, wenn die betreffende Inverse auch existiert.

Beispiel 15.59. In der Gleichung

$$(AXB + 2C)^{-1} = C^{-1} \qquad (15.54)$$

seien A, B und C typgleiche invertierbare Matrizen. Gesucht werden alle Matrizen X desselben Formats, die der Gleichung (15.54) genügen.

Wir nehmen an, eine Matrix X genüge der Gleichung (15.54). Dann können wir beide Seiten von (15.54) invertieren, und es folgt

$$[(AXB + 2C)^{-1}]^{-1} = [C^{-1}]^{-1}. \qquad (15.55)$$

Die doppelte Inversion kann weggelassen werden; aus (15.55) folgt somit

$$AXB + 2C = C \qquad (15.56)$$

bzw. äquivalent

$$AXB = -C. \qquad (15.57)$$

Diese Gleichung wird nun von links mit A^{-1}, von rechts mit B^{-1} multipliziert und geht über in

$$X = -A^{-1}CB^{-1}. \qquad (15.58)$$

Diese Matrix ist zunächst ein Lösungs*kandidat* von (15.54), weil sie der aus (15.54) gefolgerten und somit zunächst nur *notwendigen* Bedingung (15.58) genügt. Gleichzeitig ist sie der *einzige* Kandidat, weil sie sich aus (15.58) eindeutig ergibt.

Wir überzeugen uns durch eine *Probe*, dass X tatsächlich eine Lösung von (15.54) ist. Dazu setzen wir X in die linke Seite von (15.54) ein und rechnen weiter:

$($	$A(-A^{-1}$	C	$B^{-1})B + 2C)^{-1}$		Faktor -1 nach (M'1b) vorziehen:
$= ($	$- \quad A(A^{-1}$	C	$B^{-1})B + 2C)^{-1}$		Klammern umsetzen:
$= ($	$- (A(A^{-1}))$	C	$(B^{-1}B) + 2C)^{-1}$		"Blau" = Einheitsmatrix:
$= ($	$- \quad I$	C	$I \quad + 2C)^{-1}$		(weglassen)
$= ($	$-$	C	$+2C)^{-1}$		Summation:
$= ($		C	$)^{-1},$		

wie behauptet. $\triangle$

Bemerkung 15.60. Die Vorgehensweise in unserem Beispiel – insbesondere die Probe – mag umständlich erscheinen. Hätten wir nicht schon bei Gleichung (15.58) aufhören können?

Die Antwort lautet: Ja, wenn wir uns bei jedem Umformungsschritt davon überzeugt hätten, dass es sich um eine Äquivalenzumformung handelt:

$$(15.54) \quad \Longleftrightarrow \quad (15.55) \quad \Longleftrightarrow \quad \ldots \quad \Longleftrightarrow \quad (15.58).$$

Das aber haben wir genau genommen zumindest nicht explizit getan; vielmehr haben wir – ausgehend von der Gleichung (15.54) – jede der Gleichungen (15.55), (15.56), (15.57) und (15.58) lediglich als Folgerung aus der jeweils vorherigen abgeleitet. Es handelt sich also um eine Kette von notwendigen Bedingungen:

$$(15.54) \implies (15.55) \implies \ldots \implies (15.58).$$

Demzufolge verbleibt die Aufgabe zu zeigen, dass aus (15.58) auch (15.54) folgt:

$$(15.58) \implies (15.54).$$

Dazu ist eine Probe gut geeignet!

Eine alternative Möglichkeit ist es, unsere gesamte Schlusskette noch einmal anzusehen und nachzuweisen, dass jeder Schluss auch umkehrbar ist:

$$(15.54) \impliedby (15.55) \impliedby \ldots \impliedby (15.58).$$

Vom Arbeitsaufwand ist dies zu einer Probe gleichwertig, wird aber oft nicht ganz so gut verstanden.

Potenzen

Für jede reelle Zahl a und jedes natürliche p ist bekanntlich durch

$$a^p := \underbrace{a \cdot a \cdot \ldots \cdot a}_{p \ \text{Faktoren}}$$

die p-te Potenz von a definiert. Wir hatten schon im Kapitel 0.6 gesehen, dass bei dieser Definition das Assoziativgesetz eine ganz wesentliche Rolle spielt. Da dieses Gesetz auch für Matrizen gilt, können wir ganz analog die p-te Potenz einer beliebigen quadratischen Matrix A definieren:

$$A^p := \underbrace{A \cdot A \cdot \ldots \cdot A}_{p \ \text{Faktoren}}$$

Ergänzend vereinbaren wir noch die "nullte Potenz":

$$A^0 := I.$$

Wir bemerken, dass auch ganzzahlig-negative Potenzen von A auf plausible Weise definierbar sind: Wenn A invertierbar ist, setzen wir

$$A^{-p} := (A^{-1})^p.$$

Mit all den hier eingeführten Matrixpotenzen kann man fast so rechnen wie mit ganzzahligen Potenzen reeller Zahlen im Kapitel 0.6. Das Wörtchen "fast" deutet an, dass es einige Besonderheiten gibt.

Beispiel 15.61. Im Bereich der reellen Zahlen können wir schließen:

$$a^2 = 0 \quad \Longrightarrow \quad a = 0.$$

Nun betrachten wir einmal diese kleine Rechnung:

$$\begin{bmatrix} 0 & 1 \\ 0 & 0 \end{bmatrix}^2 = \begin{bmatrix} 0 & 1 \\ 0 & 0 \end{bmatrix} \begin{bmatrix} 0 & 1 \\ 0 & 0 \end{bmatrix} = \begin{bmatrix} 0 & 0 \\ 0 & 0 \end{bmatrix}$$

lies $\qquad\quad A^2 \qquad = \qquad A \cdot A \qquad = \qquad O.$

Obwohl die zweite Potenz A^2 der Matrix A die Nullmatrix ist, können wir *nicht* schließen, dass A selbst die Nullmatrix sein müsse! $\qquad\qquad \triangle$

Für dieses wundersame Verhalten gibt es einen Namen:

Definition 15.62. *Eine quadratische Matrix A heißt* nilpotent*, wenn es ein $p \in \mathbb{N}$ gibt mit $A^p = O$.*

Satz 15.63. *Jede obere Dreiecksmatrix A vom Typ (n, n), $n \geq 2$, die auf der Hauptdiagonalen nur Nullen besitzt, ist nilpotent: es gilt $A^n = O$.*

Nilpotente Matrizen haben auch ihr Gutes, z.B. dieses:

Satz 15.64. *Es sei A eine quadratische Matrix. Gilt für ein n in $\mathbb{N}_0$*

$$A^{n+1} = O,$$

so ist die Matrix $I - A$ invertierbar mit

$$(I - A)^{-1} = I + A + A^2 + \ldots + A^n = \sum_{k=0}^{n} A^k. \tag{15.59}$$

Worin liegt der Vorteil dieser Aussage? Die Inversion einer bestimmten Matrix – nämlich $I - A$ – wird vollständig zurückgeführt auf die vergleichsweise einfache Matrixmultiplikation, und das obendrein für jedes beliebige qudaratische Matrizenformat! Eine interessante Anwendung werden wir im 16.6 kennenlernen.

Beliebte Fehlerquellen

Fehlerquelle 1: *Versteckte Bruchrechnung*
Wir kehren nochmals zur Tabelle auf Seite 569 zurück. Das oberste Feld der weißen Zone verweist auf eine "Gleichheit", die *nicht* allgemein ist. Trotzdem zählt auch sie zu den beliebtesten Fehlerquellen. Hier eine mögliche Vorgehensweise, mit der die LeserIn sich selbst helfen kann, wenn Zweifel an der Richtigkeit einer "Gleichung" wie dieser bestehen.

Angenommen, wir wissen nicht, ob die beiden matrixhaltigen Terme rechts und links untereinander gleich sind, also schreiben wir zunächst ein Fragezeichen:

$$(A + B)^{-1} \quad ? \quad A^{-1} + B^{-1}. \tag{15.60}$$

Wären beide Seiten stets gleich, müssten sie auch gleich sein, wenn A und B einfach irgendwelche reellen Zahlen sind. Nehmen wir das erstbeste Beispiel, etwa $A = 3$ und $B = 5$. Beide Seiten in (15.60) lauten nun konkret

$$(3 + 5)^{-1} \quad ? \quad 3^{-1} + 5^{-1}.$$

Es gilt jedoch offensichtlich

$$\frac{1}{8} \quad \neq \quad \frac{1}{3} + \frac{1}{5},$$

denn die rechte Seite liefert nach Bildung eines Hauptnenners den Wert $\frac{8}{15}$. Die verführerische "Gleichung" (15.60) gilt also nicht. Mehr noch: sie zu akzeptieren würde bedeuten, alle Gesetze der Bruchrechnung zu ignorieren!

Fehlerquelle 2: *Eine Produktmatrix AB kann durchaus invertierbar sein, obwohl die beiden Faktormatrizen keine Inverse besitzen – und zwar deswegen nicht, weil sie nicht quadratisch sind.*
Dies zeigt etwa das folgende kleine Rechenbeispiel:

$$\begin{bmatrix} 1 & 0 & 0 \\ 0 & 1 & 0 \end{bmatrix} \begin{bmatrix} 1 & 0 \\ 0 & 1 \\ 1 & 0 \end{bmatrix} \quad = \quad \begin{bmatrix} 1 & 0 \\ 0 & 1 \end{bmatrix}$$

lies: A B AB .

Offensichtlich ist $AB = I$ invertierbar, die beiden Faktoren A und B besitzen jedoch keine Inverse! Genauer: Für nicht-quadratische Matrizen ist der Begriff "Inverse" *nicht* definiert worden.

Wenn also in einer Rechnung der Term $(AB)^{-1}$ vorkommt, kann nur dann gefolgert werden

$$(AB)^{-1} \quad = \quad B^{-1} A^{-1},$$

wenn A und B quadratisch sind!

Fehlerquelle 3: *Es gibt "Nullteiler"*; genauer: die Regel

(R3*) $ab \neq 0 \quad \Longleftrightarrow \quad a \neq 0 \wedge b \neq 0$

gilt nicht für Matrizen!

Als Beispiel betrachten wir die kleine Rechnung

$$\begin{bmatrix} 0 & 1 \\ 0 & 0 \end{bmatrix} \begin{bmatrix} 0 & 1 \\ 0 & 0 \end{bmatrix} = \begin{bmatrix} 0 & 0 \\ 0 & 0 \end{bmatrix}.$$

Die beiden Faktoren links sind identisch, keiner stimmt mit der Nullmatrix überein – dennoch ist ihr Produkt gleich O. Auf diese Weise besitzt die Null(matrix) echte, von O verschiedene "Teiler"!

Übrigens: Die Regel (15.42) ist bei Matrizen auch nicht mehr äquivalent zu *(R3)*!

Fehlerquelle 4: *"Unkürzbare Gleichungen"*
Auch das bei reellen Zahlen mögliche Kürzen von Gleichungen ist mit Vorsicht zu behandeln:

(R5) $AB = AC \wedge A \neq 0 \;\;\overset{\not}{\Longrightarrow}\;\; B = C.$

Beispielsweise gilt

$$\begin{bmatrix} 2 & 3 \\ 0 & 0 \end{bmatrix} = \begin{bmatrix} 2 & 3 \\ 0 & 0 \end{bmatrix}.$$

Wir lesen beide Seiten nun als

$$AB \;\;=\;\; AC, \tag{15.61}$$

wobei A, B und C wie folgt gegeben seien:

$$\begin{bmatrix} 0 & 1 \\ 0 & 0 \end{bmatrix} \begin{bmatrix} 1 & 1 \\ 2 & 3 \end{bmatrix} = \begin{bmatrix} 0 & 1 \\ 0 & 0 \end{bmatrix} \begin{bmatrix} 0 & 1 \\ 2 & 3 \end{bmatrix}.$$

Offensichtlich wäre der Schluss "$B = C$" ein Fehlschluss!

Als Übungsaufgabe betrachten wir die

"Reparatur" von (R5): *Für beliebige (n, n)–Matrizen A, B und C gilt*

(R5$_{mod}$) $AB = AC \wedge A$ invertierbar $\implies B = C$.

Fehlerquelle 5: *"Verschwindende Potenzen"*
Wir hatten bereits gesehen, dass auch folgende Regel Vorsicht erfordert:

(R7) $A^p = 0$ *für ein* $p \in \mathbb{N} \;\;\overset{\not}{\Longrightarrow}\;\; A = 0.$

"Reparatur" von (R7): *Eine nilpotente Matrix ist nicht invertierbar, formal: Für jede beliebige (n,n)–Matrix A gilt*

(R7$_{mod}$) $A^p = 0$ für ein $p \in \mathbb{N} \implies A$ ist nicht invertierbar.

15.7   Vergleich von Matrizen

"Windig's Baustofflager" bot den Anlass, ganze Bestands- und Entnahmetabellen miteinander zu vergleichen, vgl. Seite 519. Wir gehen nun daran, diese Vergleiche in die Sprache von Matrizen zu übersetzen und die passenden Vergleichsoperationen für Matrizen mathematisch korrekt zu definieren. Mathematisch gesehen handelt es sich in allen Fällen um *Relationen*, wie wir sie ausführlich im Kapitel 2 besprachen.

Es seien m und n beliebige natürliche Zahlen und A und B zwei beliebige (m, n)–Matrizen. Wir erinnern daran, dass A und B *gleich* sind – symbolisch $A = B$ –, wenn *für alle Indexpaare* gilt $a_{ij} = b_{ij}$.
Ist diese Bedingung verletzt, so sagen wir, A sei *ungleich* B und schreiben $A \neq B$. Dabei steht die Formulierung "*alle Indexpaare*" hier und auch weiterhin stellvertretend für "*alle $i = 1, \ldots, m$ und alle $j = 1, \ldots, n$*".

Die Matrizengleichung $A = B$ ist somit gleichbedeutend mit insgesamt $m \cdot n$ gewöhnlichen Gleichungen für die Elemente von A und B, die gleichzeitig erfüllt sein müssen:

$$a_{11} = b_{11}, \quad \cdots \quad , a_{1n} = b_{1n}$$
$$\vdots \qquad \qquad \vdots$$
$$a_{m1} = b_{m1}, \quad \cdots \quad , a_{mn} = b_{mn}.$$

Deswegen können wir die Gleichheit zwischen Matrizen als eine *koordinatenweise* Relation bezeichnen.

Beispiel 15.65. Es seien $H := \begin{bmatrix} 3 & q \\ -6 & \epsilon^2 \end{bmatrix}$ und $K := \begin{bmatrix} f(x) & -2 \\ -6 & \epsilon + 2 \end{bmatrix}$ (dabei bezeichnen q und ϵ gewisse Konstanten, und $f(x)$ einen reellen Funktionswert). $H = K$ ist gleichbedeutend damit, dass gleichzeitig gilt:

$$3 = f(x) \qquad\qquad q = -2$$
$$-6 = -6 \qquad\qquad \epsilon^2 = \epsilon + 2$$

$\triangle$

Wir führen nun einige neue Vergleichsbegriffe ein:

Definition 15.66. *Die Matrix A heißt*

(i) *kleiner gleich B – symbolisch: $A \leq B$; –, wenn für alle Indexpaare $a_{ij} \leq b_{ij}$ gilt;*

(ii) *kleiner (als) B – symbolisch: $A < B$ –, wenn $A \leq B$, jedoch nicht $A = B$ gilt;*

(iii) *strikt kleiner (als) B – symbolisch: $A \ll B$ –, wenn für alle Indexpaare $a_{ij} < b_{ij}$ gilt;*

(iv) unvergleichbar mit B, symbolisch $\curlywedge$, wenn weder $A \leq B$ noch $B \leq A$ gilt;

(v) größer gleich B, größer (als) B bzw. strikt größer (als) B, symbolisch: $A \geq B$, $A > B$ bzw. $A \gg B$, wenn gilt $B \leq A$, $B < A$ bzw. $B \ll A$.

Wir schreiben "$A \nleq B$", "$A \nless B$", "$A \nll B$", usw. als Negation von "$A \leq B$", "$A < B$", "$A \ll B$" usw.

Obwohl diese Begriffe teilweise vertraut klingen mögen, unterscheiden sie sich dennoch erheblich von den bisher bekannten, und bei ihrer Verwendung ist einige Sorgfalt geboten. Dies gilt besonders für die Relationen kleiner "$<$" und "strikt kleiner". Deswegen werden wir einige nähere Erläuterungen anfügen.

15.7.1   Die Ungleichung "$\leq$"

Grundlegend ist zunächst, die Relation $A \leq B$ zu verstehen. Ähnlich der Gleichheit handelt es sich um eine koordinatenweise Relation. Die Ungleichung $A \leq B$ für *Matrizen* ist also gleichbedeutend mit insgesamt $m \cdot n$ Unleichungen für *Zahlen*, nämlich für Komponenten von A und B, die **simultan** erfüllt sein müssen:

$$a_{11} \leq b_{11}, \;\cdots\;, a_{1n} \leq b_{1n}$$
$$\vdots \qquad\qquad \vdots$$
$$a_{m1} \leq b_{m1}, \cdots, a_{mn} \leq b_{mn}.$$

Erfahrungsgemäß bietet die Ungleichung "$\leq$" bereits dann Anlass für Irritationen, wenn sie zwischen zwei reellen Zahlen a und b auftritt:

$$a \leq b.$$

Denjenigen LeserInnen, die von Zweifeln darüber, ob sie dieses Metier sicher beherrschen, befallen sein sollten, sei hier die Lektüre des Kapitels 0.5 empfohlen, welches sich sehr gründlich mit Ungleichungen für reelle Zahlen beschäftigt. Im Weiteren können wir deswegen davon ausgehen, dass alle diesbezüglichen Unklarheiten ausgeräumt sind.

Beispiel 15.67. Wir betrachten die drei Matrizen

$$A := \begin{bmatrix} 1 & 1 \\ 1 & 1 \end{bmatrix} \qquad B := \begin{bmatrix} 1 & 1 \\ 1 & 2 \end{bmatrix} \quad \text{und} \quad C := \begin{bmatrix} 1 & 1 \\ 1 & 2 \end{bmatrix}$$

Zunächst wollen wir feststellen, ob die Ungleichung $A \leq B$ gilt.
Dazu testen wir "positionsgerecht" insgesamt 4 gewöhnliche Ungleichungen:

$$a_{11} \overset{?}{\leq} b_{11} \qquad\qquad a_{12} \overset{?}{\leq} b_{12}$$

$$a_{21} \overset{?}{\le} b_{21} \qquad a_{22} \overset{?}{\le} b_{22}$$

Mit den vorliegenden konkreten Zahlen verlaufen diese Tests sämtlich positiv:

$$1 \overset{?}{\le} 1 \ \checkmark \qquad 1 \overset{?}{\le} 1 \ \checkmark$$

$$1 \overset{?}{\le} 1 \ \checkmark \qquad 1 \overset{?}{\le} 2 \ \checkmark$$

Es folgt: Die Ungleichung $A \le B$ ist erfüllt $\checkmark$.

Als nächstes stellen wir auf exakt die gleiche Weise fest – Einzelheiten mögen dem Leser überlassen bleiben –, dass auch die Ungleichung $B \le C$ gilt. Also können wir schreiben

$$A \le B \le C. \tag{15.62}$$

$$\triangle$$

Bemerkungen 15.68. In diesem Beispiel gilt offensichtlich sogar $B = C$. Dies ist aber kein Widerspruch zur Gültigkeit der Ungleichung $B \le C$. Beide "Un"gleichungen sind logische Aussagen, wie sie im Kapitel 0.2 betrachtet wurden, und beide Aussagen sind wahr.

Die "Gegenungleichung" von "$\le$" lautet "$\ge$" und bietet kaum Geheimnisse, weil beide einfach per Seitenwechsel auseinander hervorgehen. So könnten wir (15.62) gleichwertig in der Form

$$C \ge B \ge A$$

notieren. Sinngemäßes gilt auch für alle anderen in (15.66) eingeführten Relationen, so dass es bei den meisten folgenden Aussagen ausreicht, diese nur für eine Relationsrichtung zu notieren – die andere ergibt sich dann per Seitenwechsel.

Bemerkungen 15.69. Beide Ungleichungen "$\le$" und "$\ge$" sind *Ordnungsrelationen* im Sinne von Definition 2.9. Jedoch

Achtung. Die Relation "$\le$" ist – außer im Fall $m = n = 1$ – nicht vollständig!

Das heißt, dass aus $A \not\le B$ nicht gefolgert werden kann $A \ge B$ bzw. umgekehrt. Anders formuliert, zwischen typgleichen Matrizen A und B braucht weder $A \le B$ noch $A \ge B$ zu gelten, siehe das Beispiel 15.72 weiter unten.

15.7.2   Die Relation "$\ll$"

Unserer Definition folgend, ist die Relation "$\ll$" ebenfalls eine koordinatenweise Relation. Wir schreiben $A \ll B$, wenn *alle* Elemente von A echt kleiner als die positionsgleichen Elemente von B sind. Bei der Überprüfung, ob eine solche Relation besteht, können wir somit sinngemäß genauso vorgehen wie im Beispiel 15.67, dabei ist lediglich das Zeichen $\overset{?}{\leq}$ durch das Zeichen $\overset{?}{<}$ zu ersetzen.

Beispiel 15.70. Wir vergleichen die Matrix

$$B := \begin{bmatrix} 1 & 1 \\ 1 & 2 \end{bmatrix}$$

aus dem letzten Beispiel mit der Matrix

$$F := \begin{bmatrix} 2 & 2 \\ 2 & 3 \end{bmatrix}$$

und fragen, ob gilt $B \ll F$. Dies sind die vier erforderlichen Tests:

$$b_{11} \overset{?}{<} f_{11} \qquad b_{12} \overset{?}{<} f_{12}$$

$$b_{21} \overset{?}{<} f_{21} \qquad b_{22} \overset{?}{<} f_{22}$$

und auch diese verlaufen mit den konkreten Zahlen positiv:

$$1 \overset{?}{<} 2 \;\checkmark \qquad 1 \overset{?}{<} 2 \;\checkmark$$

$$1 \overset{?}{<} 2 \;\checkmark \qquad 2 \overset{?}{<} 3 \;\checkmark.$$

Also ist die Ungleichung $B \ll F$ erfüllt. $\triangle$

Nichtbeispiel 15.71. Für die Matrizen A und B aus dem Beispiel 15.70 führen wir denselben Test aus. Diesmal sehen wir mit den konkreten Zahlen

$$1 \overset{?}{<} 1 \;\lightning \qquad 1 \overset{?}{<} 1 \;\lightning$$

$$1 \overset{?}{<} 1 \;\lightning \qquad 1 \overset{?}{<} 2 \;\checkmark$$

Es folgt: Die Ungleichung $A \ll B$ ist nicht erfüllt; wir können schreiben $A \not\ll B$.

15.7.3 Die Ungleichung "$<$" zwischen "$\leq$" und "$\ll$"

Für die beiden Matrizen A und B aus den letzten Beispielen hatten wir gefunden $A \leq B$, aber $A \not\ll B$. Weil andererseits offensichtlich gilt $A \neq B$, ist die Bedingung (ii) aus unserer Definition erfüllt, und wir können schreiben

$$A < B.$$

In Worten heißt das: *Alle Elemente von A sind kleiner oder gleich den positionsgleichen Elementen von B, und mindestens ein Element von A ist* <u>echt</u> *kleiner als das korrespondierende Element von B.*

Auf diese Weise unterscheiden sich die beiden Ungleichungen "<" und "≪" nur dann, wenn die zu vergleichenden Matrizen mindestens zwei Elemente haben. Sind a und b zwei beliebige Zahlen, so sind die Ungleichungen

$$a < b \quad \text{und} \quad a \ll b$$

gleichbedeutend; wir bevorzugen dann die traditionelle Schreibweise links. Anders formuliert: Die Ungleichung "<" für Zahlen splittet sich bei Matrizen auf in zwei Ungleichungen "<" und "≪".

Eine ökonomische Interpretation der beiden Ungleichungen "<" und "≪" geben wir weiter unten.

15.7.4 Unvergleichbarkeit

Das Zeichen $A \curlywedge B$ zeigt an, dass für zwei typgleiche Matrizen A und B weder $A \leq B$ noch $A \geq B$ gilt. Bei reellen Zahlen ist ein solcher Fall nicht möglich, bei Marizen dagegen schon:

Beispiel 15.72. Wir wählen

$$\underline{a} := \begin{bmatrix} 0 \\ 1 \end{bmatrix} \quad \text{und} \quad \underline{b} := \begin{bmatrix} 1 \\ 0 \end{bmatrix}.$$

Der Test $\underline{a} \overset{?}{\leq} \underline{b}$ verläuft negativ:

$$a_1 \overset{?}{\leq} b_1 \quad \text{konkret:} \quad 0 \overset{?}{\leq} 1 \ \checkmark$$

$$a_2 \overset{?}{\leq} b_2 \quad \text{konkret:} \quad 1 \overset{?}{\leq} 0 \ \cancel{\checkmark},$$

negativ verläuft aber auch der umgekehrte Test $\underline{a} \overset{?}{\geq} \underline{b}$:

$$a_1 \overset{?}{\geq} b_1 \quad \text{konkret:} \quad 0 \overset{?}{\geq} 1 \ \cancel{\checkmark}$$

$$a_2 \overset{?}{\geq} b_2 \quad \text{konkret:} \quad 1 \overset{?}{\geq} 0 \ \checkmark.$$

Wir haben also $\underline{a} \not\leq \underline{b}$ und gleichzeitig $\underline{a} \not\geq \underline{b}$, also $\underline{a} \curlywedge \underline{b}$.   △

In Worten: *Es gilt A ⋏ B genau dann, wenn mindestens ein Element von A kleiner und mindestens ein anderes Element von A größer ist als das jeweils positionsgleiche Element von B.*

Bemerkungen 15.73.

(1) Wir sahen, dass die Unterscheidung zwischen den Relationen "kleiner $<$" und "strikt kleiner $\ll$" sinnvoll ist. Dennoch werden weder das Zeichen "$\ll$" noch der Begriff "strikt kleiner" in der Literatur einheitlich gehandhabt. Bei der Lektüre anderer Quellen über Ungleichungen für Matrizen empfiehlt es sich daher, stets zunächst einen Blick auf die Definitionen zu werfen. Sinngemäßes gilt für den Begriff der Unvergleichbarkeit, und das Symbol "λ" kann in anderen Texten, soweit überhaupt verwendet, eine völlig andere Bedeutung haben.

(2) Wie bereits erwähnt, sind die Relationen "$\leq$" und "$\geq$" *Ordnungsrelationen* im Sinne von Definition 2.9. Für die Relationen "$<$", "$\ll$", "$>$" und "$\gg$" sowie "λ" trifft dies nicht zu, denn sie sind nicht reflexiv: Für keine Matrix gilt $A < A$, $A \ll A$, $A \lambda A$, $A \gg A$ bzw. $A > A$.

Beispiel 15.74. Wir untersuchen die Spaltenvektoren

$$\underline{a} := \begin{bmatrix} 1 \\ 1 \end{bmatrix}, \quad \underline{b} := \begin{bmatrix} 1 \\ 2 \end{bmatrix}, \quad \underline{c} := \begin{bmatrix} 2 \\ 3 \end{bmatrix}, \quad \text{und} \quad \underline{d} := \begin{bmatrix} 3 \\ 2 \end{bmatrix}$$

auf zwischen ihnen bestehende Relationen.

(1) Es gilt $\underline{a} \leq \underline{b}$ (weil simultan $a_1 \leq b_1$ und $a_2 \leq b_2$ gilt).

(2) Es gilt nicht $\underline{a} \ll \underline{b}$ (hierzu müsste simultan $a_1 < b_1$ und $a_2 < b_2$ gelten; jedoch ist $a_1 = b_1 = 1$).

(3) Es gilt $\underline{a} < \underline{b}$ (nach Punkt *(iv)* der *Definition 15.66, weil $\underline{a} \leq \underline{b}$, jedoch $\underline{a} \neq \underline{b}$ gilt*).

(4) *Analog findet man $\underline{b} \leq \underline{c}$ und $\underline{b} < \underline{c}$.*

(5) *Diesmal gilt sogar $\underline{b} \ll \underline{c}$ (weil simultan $1 = b_1 < c_1 = 2$ und $2 = b_2 < c_2 = 3$ gilt).*

(6) *Wegen $2 = c_1 < d_1 = 3$ kann $\underline{d} \leq \underline{c}$ nicht gelten, wegen $3 = c_2 > d_2 = 2$ ebensowenig $\underline{c} \leq \underline{d}$. Also sind $\underline{c}$ und $\underline{d}$ unvergleichbar: $\underline{c} \lambda \underline{d}$.*

Alle bestehenden Relationen auf einen Blick:

$$\underline{a} \quad \begin{bmatrix} \leq \\ < \end{bmatrix} \quad \underline{b} \quad \begin{bmatrix} \leq \\ < \\ \ll \end{bmatrix} \quad \underline{c} \quad \lambda \quad \underline{d}.$$

Ein **beliebter Fehler** besteht darin, zu argumentieren, es gelte "nicht $\underline{a} \leq \underline{b}$, weil ja schon $\underline{a} < \underline{b}$ gilt". Auf diesen Fehler sind wir bereits im Kapitel 0.5 eingegangen, als es um die entsprechenden Ungleichungen für Zahlen ging, und die Situation ist hier absolut dieselbe: Entscheidend dafür, ob das Relationszeichen "$\leq$" zwischen $\underline{a}$ und $\underline{b}$ geschrieben werden darf, ist nur, ob "$\underline{a} \leq \underline{b}$" eine wahre Aussage ist. $\triangle$

Ökonomische Interpretation im Neandertal

Zu den Reichtümern der Neandertaler und der ihnen benachbarten Mühltaler zählten Mammutfett und Salz. Angenommen, die Neandertaler besitzen n_1 Klumpen Fett und n_2 Handvoll Salz, dann wird ihr Vermögen durch den Vektor $\underline{n} = [n_1, n_2]$ beschrieben. Entsprechend beschreibt ein Vektor $\underline{m} = [m_1, m_2]$ das Vermögen der Mühltaler.

Dann haben die Neandertaler im Falle

- $\underline{n} \leqslant \underline{m}$ höchstens soviel Mammutfett und Salz wie die Mühltaler,

- $\underline{n} < \underline{m}$ höchstens soviel Mammutfett und Salz wie die Mühltaler, allerdings von (mindestens) einem dieser Güter echt weniger,

- $\underline{n} \ll \underline{m}$ sowohl weniger Mammutfett als auch weniger Salz als die Mühltaler,

- $\underline{n} \curlywedge \underline{m}$ von einem dieser Güter mehr und von dem anderen weniger als die Mühltaler.

Geometrische Deutung

Wir nehmen an, die momentane Ausstattung der Neandertaler mit Mammutfett und Salz sei $\underline{a} = [20, 6]$ (Klumpen bzw. Handvoll), veranschaulicht in folgendem Koordinatensystem mit den Achsen "Fett" und "Salz".

Gleichzeitig betrachten wir alternative Ausstattungspunkte $\underline{b} = [30, 6]$, $\underline{c} = [20, 9]$, $\underline{d} = [25, 7]$ und $\underline{t} = [33, 4]$. Was können wir beobachten?

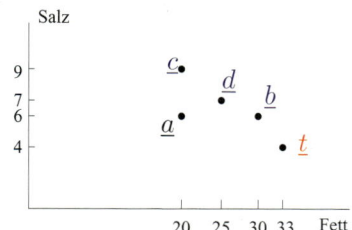

- Es gilt $\underline{a} < \underline{b}$, $\underline{a} < \underline{c}$ und $\underline{a} \ll \underline{d}$. D.h., jede der Ausstattungen $\underline{b}$, $\underline{c}$ und $\underline{d}$ ist "echt besser" als $\underline{a}$ in dem Sinne, dass sie von keinem Gut weniger als $\underline{a}$ aufweist und von mindestens einem (bei $\underline{d}$ sogar von beiden) sogar mehr als $\underline{a}$.

- Die Ausstattungen $\underline{b}$, $\underline{c}$ und $\underline{d}$ sind untereinander paarweise unvergleichbar; für welche sich die Neandertaler entscheiden würden – vorausgesetzt, es bestünde freie Auswahl – unterliegt ihrem Geschmack.

- Die Ausstattung $\underline{t}$ ist mit $\underline{a}$ unvergleichbar.

Festzuhalten ist, dass sich die Neandertaler nur durch vermehrten eigenen Jagd- und Sammlerfleiß oder – wahrscheinlicher – durch kriegerische Auseinandersetzungen mit ihren Mühltaler Nachbarn in den Besitz der besseren Ausstattungen $\underline{b}$, $\underline{c}$ oder $\underline{d}$ versetzen konnten, nicht jedoch auf dem Wege eines friedlichen Tauschgeschäftes. Dies hätte nämlich bedeutet, eine gewisse Menge von einem Gut hinzugeben (z.B. 2 Handvoll Salz), um dafür mehr vom anderen (z.B. 13 Klumpen Fett) zu erlangen. In diesem Sinne wäre z.B. das Güterbundel $\underline{t}$, für das die Beziehung $\underline{a} \curlywedge \underline{t}$ besteht, eine "ertauschbare" Alternative zu $\underline{a}$ gewesen.

Die Mengen A, B, D und T aller Ausstattungen, die – ausgehend von $\underline{a}$ – "nicht schlechter", "besser", "durchgehend besser" bzw. "ertauschbar" sind, lassen sich folgendermaßen skizzieren:

$$A := \{\underline{y} \in \mathbb{R}^2 \mid \underline{a} \leqslant \underline{y}\} \qquad B := \{\underline{y} \in \mathbb{R}^2 \mid \underline{a} < \underline{y}\}$$

"nicht schlechter" "echt besser"

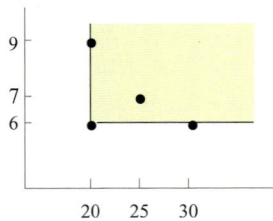 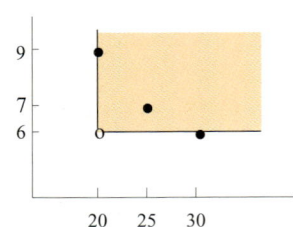

$$D := \{\underline{y} \in \mathbb{R}^2 \mid \underline{a} \ll \underline{y}\} \qquad T := \{\underline{y} \in \mathbb{R}^2 \mid \underline{a} \curlywedge \underline{y}\}$$

"durchgehend besser" "ertauschbar"

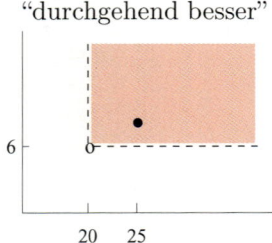 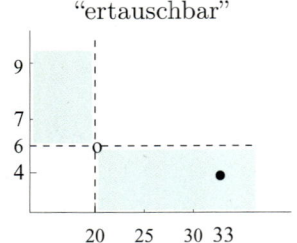

Beziehungen zwischen diesen Relationen

Die folgende Aussage ergibt sich direkt aus der Definition 15.66.

Satz 15.75. *Es seien A und B typgleiche Matrizen. Dann gelten folgende Beziehungen:*

(i) $A = B \iff A \leq B \wedge A \geq B$

(ii) $A \ll B \implies A < B \implies A \leq B$

(iii) $A < B \implies A \neq B$

(iv) $A \curlywedge B \implies A \neq B$

Die Aussagen des Satzes bleiben natürlich richtig, wenn alle Ungleichungszeichen simultan umgekehrt werden; insbesondere gilt

$$A \gg B \quad \Longrightarrow \quad A > B \quad \Longrightarrow \quad A \geq B.$$

Mit Hilfe der Aussagen *(i)* bis *(iv)* des Satzes können wir die diversen Ungleichungen gewissermaßen "ordnen".

Einige Rechenregeln

In Kapitel 0.5 hatten wir uns mit Umformungsregeln für Ungleichungen zwischen reellen Zahlen beschäftigt. Sie besagten, dass eine gegebene "Un"gleichung *erhalten* bleibt, wenn

(1) auf beiden Seiten dieselbe Zahl addiert wird oder

(2) beide Seiten mit demselben positiven Faktor multipliziert werden, während

(3) die Multiplikation beider Seiten mit einem negativen Faktor die Ungleichungsrichtung *umkehrt*.

Diese Aussagen gelten sinngemäß weiter, wenn wir statt Zahlen typgleiche Matrizen betrachten, während wir unter einem Faktor nun einerseits einen Skalar, andererseits eine passend verkettete Matrix verstehen können und die Unvergleichbarkeit teilweise ausschließen. Genauer:

Satz 15.76. *Es seien A,B und C beliebige typgleiche Matrizen und F entweder eine reelle Konstante oder eine Matrix derart, dass das Produkt FA existiert. Dann gilt*

(i) $A \,\square\, B \quad \Longleftrightarrow \quad A + C \,\square\, B + C$

(ii) $A \,\square\, B \quad \Longleftrightarrow \quad FA \,\square\, FB$ *im Fall* $F \gg 0$

(iii) $A \,\square\, B \quad \Longleftrightarrow \quad FA \,\#\, FB$ *im Fall* $F \ll 0$,

wobei das Zeichen $\square$ durchgehend stellvertretend für jedes beliebige der Zeichen $\ll, <, \leq, =, \geq, >, \gg$ und $\#$ für das dazu jeweils seitenverkehrte Zeichen steht.

Die Aussagen *(ii)* und *(iii)* gelten natürlich in einer sinngemäßen Version auch für den Fall der rechtsseitigen Multiplikation von A mit der Matrix F.

15.8   Aufgaben

Aufgabe 15.77. Gegeben seien die Matrizen

$$A := \begin{pmatrix} 6 & 0 \\ 2 & 2 \\ -1 & 9 \end{pmatrix} \quad B := \begin{pmatrix} 3 & 7 \\ 2 & 5 \end{pmatrix} \quad C := \begin{pmatrix} 4 & 8 & 3 \\ -2 & 0 & 5 \end{pmatrix} \quad D := \begin{pmatrix} 8 & -4 \\ -2 & 1 \end{pmatrix}$$

Stellen Sie fest, welche der folgenden Ausdrücke sinnvoll sind, und berechnen Sie diese gegebenenfalls:

a) $B + D$ b) $1/2D$ c) $A^T - C$

d) $(A + C^T)^T$ e) $(B + D) - (B - D)$ f) $10(A^T + C^T)$

g) $8(C - A^T) + 2(C^T + 4A)^T$.

Aufgabe 15.78. Gegeben seien die Matrizen

$$A = \begin{pmatrix} 7 & 6 & 0 \\ 5 & -10 & 1 \\ -3 & -10 & -4 \end{pmatrix} \quad B = \begin{pmatrix} -8 & -1 & 2 \\ 3 & -1 & 8 \\ 4 & -5 & -2 \end{pmatrix} \quad C = \begin{pmatrix} 5 & 7 & -7 \\ 4 & -8 & 8 \\ 7 & 8 & 3 \end{pmatrix}.$$

Berechnen Sie

a) $A + B - C$ b) $(A - B)^T + 5C^T$

c) $\dfrac{1}{3}A^T + \dfrac{1}{2}B^T - \dfrac{1}{5}C^T$ d) $-\left(2A - 3(A^T - 4B)^T\right)^T - 4(B^T - A)^T$

Hinweis: *Versuchen Sie, die Ausdrücke vor der zahlenmäßigen Berechnung zu vereinfachen.*

Aufgabe 15.79. Wir betrachten wiederum die Matrizen A, B, C und D aus Aufgabe 15.77. Stellen Sie diesmal fest, welche der folgenden neuen Ausdrücke sinnvoll sind, und berechnen Sie diese gegebenenfalls:

(i) BA (ii) DA^T (iii) CA (iv) AC

(v) DC (vi) $D(4A^T - 2C)$ (vii) $CA + BCA$ (viii) A^0

(ix) B^0 (x) D^{-1} (xi) C^{-1} (xii) B^1

(xiii) A^2 (xiv) $(CA)^{-1}$ (xv) $A^{-1}C^{-1}$ (xvi) ABA.

Aufgabe 15.80. Zeigen Sie: Jede der folgenden Bedingungen ist hinreichend dafür, dass zwei gegebene (n, n)–Matrizen A und B vertauschbar sind:

(i) A und B sind Diagonalmatrizen

(ii) $A = \lambda I$ für ein $\lambda \in \mathbb{R}$

(iii) $n = 1$.

Aufgabe 15.81. Wir betrachten die folgende kleine Umformung, in der X, U und I typgleiche quadratische Matrizen bezeichnen:

$$[3X^{-1} + 4(XU)^{-1}]^{-1} \tag{1}$$

$$= [3(UU^{-1})X^{-1} + 4(U^{-1}X^{-1})]^{-1} \tag{2}$$

$$= [(3U + 4I)(U^{-1}X^{-1})]^{-1} \tag{3}$$

$$= XU(3U + 4I)^{-1}. \tag{4}$$

Dabei nehmen wir an, alle benötigten Inversen mögen existieren.

Überlegen Sie, welche der in der farbigen Tabelle auf Seite 569 enthaltenen Rechengesetze beim Übergang von den Zeilen (1) bis (3) zur jeweils nächsten Zeile angewendet werden. Achten Sie auf Vollständigkeit; erforderlichenfalls sind Zwischenschritte zu berücksichtigen.

Aufgabe 15.82. Bestimmen Sie alle $(2,2)$-Matrizen A, die den folgenden drei Bedingungen gleichzeitig genügen:
$A^2 = A, A \gg O$ und $A^T = A$.

Aufgabe 15.83. Gegeben sei die Matrix

$$A = \begin{pmatrix} 1 & a & 0 \\ 0 & 1 & a \\ 0 & 0 & 1 \end{pmatrix}.$$

Bestimmen Sie die Konstante a jeweils so, dass gilt

(i) $A \cdot A = \begin{pmatrix} 1 & 2 & 1 \\ 0 & 1 & 2 \\ 0 & 0 & 1 \end{pmatrix}$ (ii) $A^{-1} = \begin{pmatrix} 1 & 1 & 1 \\ 0 & 1 & 1 \\ 0 & 0 & 1 \end{pmatrix}$

(iii) $2A - A^T = \begin{pmatrix} 1 & 4 & 0 \\ -2 & 1 & 4 \\ 0 & -2 & 1 \end{pmatrix}$

Aufgabe 15.84. Gegeben seien die Matrizen

$$A = \begin{bmatrix} 5 & 2 \\ -1 & 3 \end{bmatrix} \quad \text{und} \quad C = \begin{bmatrix} 2 & -3 \\ -6 & 9 \end{bmatrix}.$$

Berechnen Sie, soweit sinnvoll:

(i) $(AC)^{-1}$ (ii) $(\frac{1}{34}A)^{-1}$ (iii) $((A^{-1}(A^{-1})^T)^T)^{-1}$

Aufgabe 15.85. Es seien die Matrizen A,B und C wie folgt gegeben:

$$A = \begin{bmatrix} -2 & 5 \\ 1 & -3 \end{bmatrix} \quad B = \begin{bmatrix} 1 & 2 \\ 3 & 4 \end{bmatrix} \quad C = \begin{bmatrix} 6 & 4 \\ 1 & 0 \end{bmatrix}.$$

Die folgenden Gleichungen enthalten jeweils eine unbekannte Matrix X. Es sei bekannt, dass diese invertierbar ist. Berechnen Sie diese!

I) $AXB = I$

II) $AC^T - BX = A^T X$

III) $AB^T X^2 B - XB = (A + B)XB$

Aufgabe 15.86. Welche der nachfolgenden Behauptungen sind richtig, welche falsch?

"Es seien A, B und C $(2, 2)-$ Matrizen. ...

   a) Wenn A und B invertierbar sind, so auch $A + B$."

   b) Das Produkt ABC ist invertierbar, wenn A, B und C invertierbar sind."

   c) Sind A und B obere Dreiecksmatrizen, so auch AB."

Aufgabe 15.87. Stellen Sie fest, welche der folgenden Aussagen über beliebige typgleiche Matrizen A, B, X zutreffen:

   (i) Wenn AXB invertierbar ist, dann auch X.

   (ii) Wenn $AB = BA$ gilt, gilt auch $(AB)^{-1} = A^{-1}B^{-1}$.

   (iii) Wenn $(AB)^T = A^T B^T$ gilt, folgt $A = B$.

Aufgabe 15.88. Stellen Sie fest, ob die folgenden Aussagen über typgleiche Matrizen A, B und C richtig (R) oder falsch (F) sind.

   (i) $A \not\ll B \wedge B \not\ll A \implies A \curlywedge B$ | R | F | ? |

   (ii) $A < B \wedge B < C \implies A < C$ | R | F | ? |

   (iii) $A \leq B \wedge B \leq A \implies A = B$ | R | F | ? |

   (iv) $A < B \implies A^2 < B^2$ | R | F | ? |

Hinweis: *Die richtigen Aussagen sind zu begründen, die falschen anhand von Gegenbeispielen zu widerlegen.*

Aufgabe 15.89. Zeigen Sie, dass für jede beliebige quadratische Matrix A mit der Eigenschaft, dass die Inverse $(I - A)^{-1}$ existiert, gilt

$$\sum_{k=0}^{n} A^k = (I - A)^{-1}(I - A^{n+1}). \tag{15.63}$$

Aufgabe 15.90. Für eine (n, n)-Matrix A gelte $A^T A = 0$. Zeigen Sie: Dann gilt auch $A = 0$.

Aufgabe 15.91. Zeigen Sie: Keine nilpotente Matrix ist symmetrisch.

16

Modellierungs- und Problembeispiele

16.1 Was ist mathematische Modellierung?

In diesem Kapitel wollen wir eine Verbindung zwischen "unserer" Theorie der Matrizen und beispielhaften ökonomischen Problemen herstellen. Das Ziel ist dabei ein doppeltes:

- Erstens werden wir Übung in mathematischer Modellierung gewinnen.
- Zweitens wollen wir einige für die Ökonomie typische mathematische Probleme auflisten.

Unser Ziel ist es dagegen *nicht*, alle denkbaren Probleme bereits in diesem Kapitel zu lösen, denn dafür werden erst in den folgenden Kapiteln die notwendigen Hilfsmittel entwickelt. Noch weniger ist es unser Ziel, ökonomische Fachliteratur zu ersetzen. Deswegen sollte es die LeserIn auch nicht überraschen, wenn in der ökonomischen Literatur ein- und dasselbe Problem auf eine noch andere Art und mit noch anderen Bezeichnungen gelöst wird.

Was aber ist *mathematische Modellierung*? Vereinfacht gesagt, handelt es sich um die *Übersetzung von Realität in Mathematik.*

Wenn ein praktisches Problem betrachtet wird, z.B. die Frage aus dem Abschnitt 15.2.2 nach dem gesamten Rohstoffbedarf in einer Bäckerei an einem bestimmten Arbeitstag, sind in der Regel zahlreiche Informationen in unterschiedlichster Form gegeben – umgangssprachliche Beschreibungen, Fachbegriffe, Tabellen, Dateien etc. und nicht zuletzt auch unausgesprochenes, dahinter verborgenes, fachliches Wissen. Zugleich wird auch das, wofür man sich eigentlich interessiert, ganz unterschiedlich ausgedrückt.

Aufgabe der mathematischen Modellierung ist es nun, alle relevanten Informationen mathematisch zu formulieren, und zwar in Form von *Variablen* – die zahlenmäßig gegeben oder auch unbekannt sein können – und ebenso der zwischen ihnen bestehenden *Beziehungen*. Auch die *Fragestellung* wird in eine mathematische Form gebracht. Die Gesamtheit der so enststehenden Variablen,

Gleichungen, Ungleichungen usw. nennt man ein *mathematisches Modell*. Ist ein mathematisches Modell gegeben, nehmen die gesuchten, ursprünglich *ökonomischen* Größen oder Beziehungen zwischen ihnen einen rein *mathematischen* Charakter an, wodurch das Problem übersichtlicher und leichter wird (so hofft man wenigstens).

An die mathematische Modellierung schließt sich die Phase der Lösung des mathematischen Problems an. Im Erfolgsfall ist das Ergebnis in das reale Problem zurückzu"übersetzen", d.h., das mathematische Ergebnis ist wieder in der Sprache des Ausgangsproblems zu formulieren. Für uns bedeutet das praktisch immer, ein rein mathematisches Ergebnis ökonomisch zu interpretieren.

Die Vorgehensweise lässt sich folgendermaßen veranschaulichen:

Realität		**Mathematik**
"reales	Modellierung	mathematisches
Problem"	$\Longrightarrow$	Modell
$\Uparrow$		$\downarrow$
$\Uparrow$		mathematisches
$\Uparrow$		Problem
$\Uparrow$		$\downarrow$
$\Uparrow$		Problemlösung
$\Uparrow$		$\downarrow$
"reale	Interpretation	mathematisches
Lösung"	$\Longleftarrow$	Ergebnis

16.2   Verflechtungsmodelle

In all unseren Beispielen wird es um Verflechtungsmodelle gehen.

Unter einem Verflechtungsmodell wird allgemein ein Modell verstanden, mit dem sich "produzierende" Einheiten – wie z.B. Unternehmen oder deren Teilbetriebe, aber auch ganze Sektoren der Volkswirtschaft – und die zwischen ihnen bestehenden Liefer- oder Leistungsbeziehungen darstellen lassen.

Je nach Kompliziertheit dieser Modelle unterscheiden wir zwei Haupttypen: einfache *Ein- und Mehrschrittmodelle* einerseits sowie *komplexe Modelle* andererseits.

Wir beginnen mit dem einfachsten Typ.

16.3   Das 1-Schritt-Verflechtungsmodell

Zur Natur des Modells

1. Reale Beschreibung

Als einfachstes Beispiel betrachten wir ein Unternehmen, das aus drei verschiedenen Rohstoffen R_1, R_2 und R_3 zwei unterschiedliche Produkte Z_1, Z_2 produziert. Der Produktionsprozess werde durch folgendes Diagramm veranschaulicht:

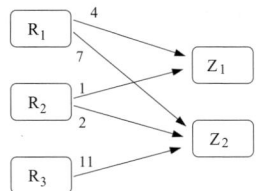

Ein solches Diagramm wird auch als *Gozintograph* bezeichnet. Diese Bezeichnung ist eine phantasievolle Abwandlung von "goes-into-graph" und trägt dem Umstand Rechnung, dass weniger der eigentliche Produktionsprozess als vielmehr der damit verbundene Materialfluss – man spricht auch von der Material*verflechtung* – dargestellt wird.

Der Graph selbst ist durch eine Menge von *Knoten* (hier als Kästchen dargestellt) sowie eine Menge von *Pfeilen* zwischen den Knoten gegeben. Die Knoten stehen hier für Materialien, können aber auch als Zustände innerhalb des Produktionsprozesses gedeutet werden – wie z.B. R_1: "Rohstoff R_1 ist vorhanden" und Z_2: "Endprodukt Z_2 ist fertig". Wir können die Knoten schließlich auch als Abteilungen eines Unternehmens interpretieren, die bestimmte Materialien herstellen – wie Z_1 oder Z_2 – oder zumindest beschaffen – z.B. R_1 bis R_3 – und die der Einfachheit halber genauso bezeichnet werden wie diese Materialien selbst. Auf diese Weise wird unser Gozintograph zum Abbild eines abstrakten Unternehmens. Dabei ist es völlig unerheblich, dass in einem wirklichen Unternehmen nicht alle "Abteilungen" tatsächlich verschieden sind. Wir werden später sehen, dass diese unterschiedlichen Interpretationen gelegentlich helfen, Sachverhalte leichter zu verstehen.

Während der Produktion fließt Material "entlang der Pfeile", und zwar in den Mengen, wie die Zahlen an den Pfeilen angeben. Diesen Vorgang sehen wir als den eigentlichen Produktions*schritt*. Die Mengenangaben lassen sich nun grundsätzlich auf zwei Arten interpretieren: Erstens als *absolute* Mengenangaben, zweitens als *spezifische* Materialverbrauchswerte, wie sie im Abschnitt 15.2.2 eingeführt wurden. Wir wählen in diesem Text *generell die zweite* Interpretation.

Hervorzuheben ist, dass es in diesem Modell eine klare Aufgabenteilung zwischen den Knoten gibt: Jeder Knoten ist entweder

- ein "Eingangsknoten", bei dem etwas in das System eintritt, z.B. Rohstoffe, oder

- ein "Ausgangsknoten", bei dem etwas das System verlässt, z.B. Produkte.

Es gibt eine klare Richtung für den Materialtransport, und der Übergang von den Eingangs- zu den Ausgangsknoten erfordert nur einen Produktionsschritt. Damit ist umrissen, was wir ganz allgemein unter einem *1-Schritt-Modell* verstehen wollen.

2. Mathematische Modellierung

Nun wollen wir unsere grafische Darstellung in die Sprache der Matrizen "übersetzen". Die Zahlen an den Pfeilen können in der folgenden spezifischen Verbrauchsmatrix V zusammengefaßt werden:

$$V := \begin{pmatrix} 4 & 7 \\ 1 & 2 \\ 0 & 11 \end{pmatrix}.$$

Hierbei entspricht das Element $v_{12} = 7$ dem spezifischen Materialfluss von Quelle 1 (Rohstoff R_1) zum Ziel 2 (Produkt Z_2), gemessen in

$$\left[\frac{\mathrm{ME}_{Z_2}}{\mathrm{ME}_{R_1}} \right].$$

Der fehlende Pfeil zwischen R_3 und Z_1 spiegelt sich in dem Matrixelement $v_{31} = 0$ wider.

Für die Matrix V sind übrigens durchaus unterschiedlichste Bezeichnungen üblich, z.B. *Prozessmatrix*, *Verflechtungsmatrix* oder auch *Technologiematrix*. Hervorzuheben ist, dass sich der im Diagramm dargestellte Graph und die Matrix V wechselseitig eindeutig entsprechen: Aus dem Diagramm lässt sich die Matrix V entnehmen, und bei gegebener Matrix V lässt sich das Diagramm – bis auf die Benennung der Knoten – rekonstruieren.

Damit ist der Prozess bzw. seine Technologie durch die mathematische Größe V beschrieben, und wir können daran gehen, einige Fragestellungen zu untersuchen.

Rohstoffbedarf

Angenommen, das Unternehmen beabsichtigt 40 bzw. 60 ME von Z_1 bzw. Z_2 zu produzieren, und wir interessieren uns für den durch diese Produktion ausgelösten Bedarf an Rohstoffen. Mathematisch können wir das *gegebene*

Produktionsprogramm durch den Vektor

$$\underline{z} := \begin{pmatrix} 40 \\ 60 \end{pmatrix} \qquad \text{in} \qquad \begin{bmatrix} \text{ME}_{Z_1} \\ \text{ME}_{Z_2} \end{bmatrix}$$

beschreiben. Ganz entsprechend entsteht der *gesuchte* Rohstoffbedarfsvektor

$$\underline{r} := \begin{pmatrix} r_1 \\ r_2 \\ r_3 \end{pmatrix} \qquad \text{in} \qquad \begin{bmatrix} \text{ME}_{R_1} \\ \text{ME}_{R_2} \\ \text{ME}_{R_3} \end{bmatrix}$$

womit alle zur Beschreibung des Problems benötigten *Variablen* (V, $\underline{z}$ und $\underline{r}$) benannt sind. Zur Lösung des Problems benötigen wir lediglich noch eine *Beziehung* zwischen diesen Größen. Nun haben wir die Matrixmultiplikation ja gerade so eingeführt, dass diese Beziehung in der Form

$$\underline{r} = V\underline{z}$$

geschrieben werden kann. Also multiplizieren wir:

$$\begin{pmatrix} 580 \\ 160 \\ 660 \end{pmatrix} = \begin{pmatrix} 4 & 7 \\ 1 & 2 \\ 0 & 11 \end{pmatrix} \cdot \begin{pmatrix} 40 \\ 60 \end{pmatrix}$$

schon haben wir die Lösung des Problems: Es werden 580, 160 und 660 Einheiten der Rohstoffe R_1 bis R_3 benötigt. – Es mag interessant sein, sich einmal die gedankliche "Blickrichtung" dieser Lösung zu vergegenwärtigen. Sie verläuft im Diagramm "von rechts nach links": vom gegebenen Produktionsplan (rechts) entgegen der Richtung der Pfeile zu den Rohstoffbedarfsmengen (links).

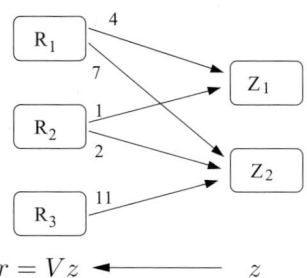

Produktionsmöglichkeiten

Denkbar ist selbstverständlich auch die genau umgekehrte Situation: Das Unternehmen verfügt noch über gewisse Rohstoffvorräte r_1, r_2 und r_3 (in jeweiligen Mengeneinheiten), und es stellt sich die Frage, welche Produktionen

$\underline{z} = [\, z_1 \, , \, z_2 \,]^T$ damit möglich sind.

(I) Produktionen mit vollständigem Rohstoffverbrauch

Fragt man zunächst nach Produktionen, die die gegebenen Vorräte *vollständig* aufbrauchen, muss offenbar die Verbrauchsgleichung $V\underline{z} = \underline{r}$ gelten, d.h. ausführlich:

$$\begin{pmatrix} r_1 \\ r_2 \\ r_3 \end{pmatrix} = \begin{pmatrix} 4 & 7 \\ 1 & 2 \\ 0 & 11 \end{pmatrix} \cdot \begin{pmatrix} z_1 \\ z_2 \end{pmatrix} \tag{16.1}$$

bzw. ausführlichst

$$\begin{aligned} 4z_1 + 7z_2 &= r_1 \\ z_1 + 2z_2 &= r_2 \\ 11z_2 &= r_3 \,. \end{aligned}$$

Wir haben hier drei Gleichungen vor uns, die gleichzeitig erfüllt sein müssen und in denen die Zahlen z_1 und z_2 unbekannt, die Zahlen r_1, r_2 und r_3 dagegen bekannt sind. In der Mathematik nennt man so etwas ein *lineares Gleichungssystem*.

Solange es sich wie hier um wenige einfache Gleichungen mit wenig Unbekannten handelt, kann man versuchen, auf intuitive Weise eine Lösung zu finden. In der Praxis kann die Anzahl von Gleichungen und Unbekannten jedoch schnell in die Tausende gehen. Unsere Erkenntnis lautet:

> *Wir benötigen eine systematische Theorie linearer Gleichungssysteme!*

Diese wird im Kapitel 19 entwickelt.

(II) Produktionen mit teilweisem Rohstoffverbrauch

Leider werden wir im Kapitel 19 sehen, dass es sowohl lösbare als auch unlösbare Gleichungssysteme gibt. Sogar unsere einfache Verbrauchsgleichung (16.1) kann lösbar oder unlösbar sein – je nach Belegung von r_1 bis r_3 durch konkrete Zahlenwerte.

Deswegen ist es oft sinnvoller, nicht nur nach solchen Produktionsplänen zu fragen, die die Vorräte vollständig aufbrauchen, sondern allgemeiner nach solchen, die mit den gegebenen Vorräten *auskommen*. D.h., man sucht nach Produktionsplänen $\underline{z}$, die der Beziehung $V\underline{z} \leqslant \underline{r}$ genügen, ausführlich:

$$\begin{pmatrix} 4 & 7 \\ 1 & 2 \\ 0 & 11 \end{pmatrix} \cdot \begin{pmatrix} z_1 \\ z_2 \end{pmatrix} \leqslant \begin{pmatrix} r_1 \\ r_2 \\ r_3 \end{pmatrix}$$

noch ausführlicher

$$4z_1 + 7z_2 \leqslant r_1$$
$$z_1 + 2z_2 \leqslant r_2$$
$$11z_2 \leqslant r_3 .$$

(Selbstverständlich wird man weiterhin verlangen, dass gilt $\underline{z} \geqslant 0$.) Infolge der Einführung von Ungleichungs- statt Gleichheitszeichen haben wir es hier mit einem sogenannten *linearen Ungleichungssystem (LUS)* zu tun. Fazit:

> *Wir müssen uns systematisch mit linearen*
> *Ungleichungssystemen beschäftigen!*

Das wird im Kapitel 22 geschehen, wo wir auch das konkrete Problem lösen werden.

Technologische Machbarkeit

Ein Unternehmen – etwa die besagte Bäckerei – teilt in einem Bericht mit, sie habe, ausgehend von einem Rohstoffvorrat von 520, 160 bzw. 600 Mengeneinheiten R_1, R_2 bzw. R_3, eine Endproduktion von 30 bzw. 60 Mengeneinheiten Z_1 und Z_2 realisiert, wobei die spezifische Verbrauchsmatrix V wie oben gegeben sei. Können diese Angaben stimmen?

Im Unterschied zu der vorher untersuchten Situation ist hier nicht allein ein Produktionsplan – nennen wir ihn $\underline{z}'$ – gegeben, sondern außerdem ein Rohstoffvorratsvektor – sagen wir $\underline{r}'$. Es soll festgestellt werden, ob beide "zueinander passen".

Falls ja, muss die Ungleichung $V\underline{z} \leqslant \underline{r}$ mit den hier für $\underline{r}'$ und $\underline{z}'$ angegebenen Werten erfüllt sein. Wir fragen, ob dies der Fall ist. Ausführlich notiert, haben wir zu testen

$$\begin{pmatrix} 4 & 7 \\ 1 & 2 \\ 0 & 11 \end{pmatrix} \begin{pmatrix} 30 \\ 60 \end{pmatrix} \overset{?}{\leq} \begin{pmatrix} 520 \\ 160 \\ 600 \end{pmatrix}$$

bzw. nach Ausmultiplikation der linken Seite, die den tatsächlichen Verbrauch bei der angeblich erbrachten Endproduktion angibt,

$$\begin{pmatrix} 540 \\ 150 \\ 660 \end{pmatrix} \overset{?}{\leq} \begin{pmatrix} 520 \\ 160 \\ 600 \end{pmatrix} ,$$

– negativ! Der Verbrauch an R_1 und R_3 ist weitaus höher als die Vorräte, was unmöglich ist. Die übermittelten Daten sind also in sich widersprüchlich.

Preise

Angenommen, uns seien die Preise der Rohstoffe R_1, R_2 und R_3 bekannt und betrügen 3, 2 bzw. 5 Geldeinheiten je Mengeneinheit jedes Rohstoffes.

Diese können zu dem Rohstoffpreisvektor $\rho = [\,3\,,2\,,5\,]^T$ mit den Maßeinheiten $[\,\mathrm{GE/ME}_{R_1}\,,\,\mathrm{GE/ME}_{R_2}\,,\,\mathrm{GE/ME}_{R_3}\,]$ zusammengefasst werden. Wir interessieren uns nun für die durch den Rohstoffeinsatz verursachten Kosten je Mengeneinheit von Z_1 bzw. Z_2, die auch als innerbetriebliche Produktpreise interpretiert werden können. Sie sollen hier mit $\underline{\pi} = [\,\pi_1\,,\,\pi_2\,]^T$ bezeichnet werden.

Direkt aus dem Produktionsschema ist abzulesen, wie die Rohstoffpreise durch den technologischen Prozess "transportiert" werden und die Produktpreise ergeben:

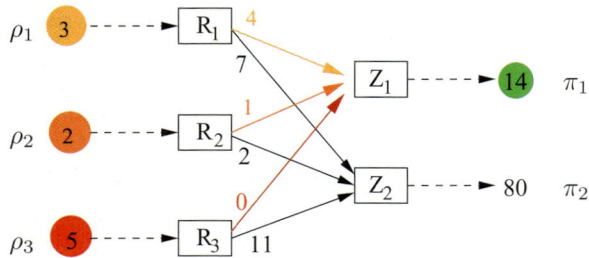

Sehen wir uns einmal an, wie die Zahl $\pi_1 = 14$ entsteht. In jede Einheit des Produktes Z_1 fließen entlang des gelben, orangefarbenen und roten Pfeiles so viele Einheiten der Rohstoffe R_1 bis R_3 ein, wie die gleichfarbigen Zahlen an den Pfeilen angeben. Deswegen sind diese Zahlen mit den Preisen jeder einzelnen Einheit dieser Rohstoffe – in den gleichfarbigen Kreisen auf der linken Seite notiert – zu multiplizieren. Auf diese Weise berechnet sich z.B. π_1 als Summe von Ausdrücken der Form *"Rohstoffpreis × Rohstoffmenge"* zu

$$3 \cdot 4 + 2 \cdot 1 + 5 \cdot 0 = 14 \tag{16.2}$$

$[\mathrm{GE/ME}_{Z_1}]$. Sehen wir uns nun zum Vergleich einmal das Produkt $\underline{\rho}^T V$ an:

$$\left[\,3\,,2\,,5\,\right] \begin{bmatrix} 4 & 7 \\ 1 & 2 \\ 0 & 11 \end{bmatrix} = \left[\,14\,,\,80\,\right] \tag{16.3}$$

Die erste Koordinate des Ergebnisvektors ist exakt π_1, wie in (16.2) berechnet; die zweite ergibt dann auf analoge Weise π_2. Es folgt somit

$$\underline{\rho}^T V = \underline{\pi}^T\,.$$

Auch hier wollen wir uns die gedankliche Blickrichtung der Lösung vergegenwärtigen. Sie verläuft im Diagramm "von links nach rechts": vom gegebenen Rohstoffpreisvektor (links) in Richtung der Pfeile zu den Produktpreisen (rechts).

Zusammenfassung

- Die feste Grundstruktur unseres Modells ist durch die Matrix V gegeben, die die Zahlen an den Pfeilen des Gozintographen wiedergibt.

- Allen Knoten können Zahlen zugeordnet werden. *Materiell* gesehen handelt es sich dabei um Mengen von Rohstoffen oder Produkten, *finanziell* gesehen um die Rohstoff- bzw. Produktpreise. Bei zweckmäßiger Zusammenfassung zu Vektoren erhalten wir die relevanten Variablen V, $\underline{z}$ und $\underline{r}$ bzw. V, $\underline{\rho}$ und $\underline{\pi}$, die selbstverständlich auch anders benannt werden können.

- Bisher haben wir zwei Arten von Problemen kennengelernt: (a) Probleme "mit Unbekannten" und (b) solche "ohne Unbekannte".

  Im Fall (a) ist nur ein Teil der Variablen bekannt, gesucht sind Werte der anderen Variablen, z.B.

  – gegeben: V und $\underline{z}$, gesucht: $\underline{r}$
  – gegeben: V und $\underline{\rho}$, gesucht: $\underline{\pi}$.

  Der Lösungsansatz ist hier durch folgende Beziehungen gegeben:

$$\underline{r} = V\underline{z} \quad \text{bzw.} \quad \underline{\pi}^T = \underline{\rho}^T V \, .$$

  Im Fall (b) existieren Angaben über "alle" Variablen; zu prüfen ist deren "Konsistenz", d.h. Verträglichkeit. Dazu ist die jeweils zutreffende der beiden Ungleichungen

$$\underline{r} \geq V\underline{z} \quad \text{bzw.} \quad \underline{\pi}^T \geq \underline{\rho}^T V$$

  zu überprüfen.

16.4   Einfache Mehrschrittmodelle

Das bisher betrachtete Modell beschrieb nur einen einzelnen Produktionsschritt. In der Praxis benötigen Produktionen meist zahlreiche Einzelschritte. Im einfachsten Fall können diese durch direkte Zusammenschaltung von 1-Schritt-Modellen beschrieben werden, wobei die Ausgänge jedes Vorgängerschrittes mit den Eingängen des jeweiligen Nachfolgeschrittes verbunden werden.

Als Beispiel betrachten wir ein Unternehmen, welches aus drei Rohstoffen R_1, R_2 und R_3 in einem ersten Schritt zunächst zwei Zwischenprodukte Z_1 und Z_2 und aus diesen dann in einem zweiten Schritt drei Endprodukte P_1, P_2 und P_3 herstellt. Die Produktion werde durch folgendes Diagramm veranschaulicht:

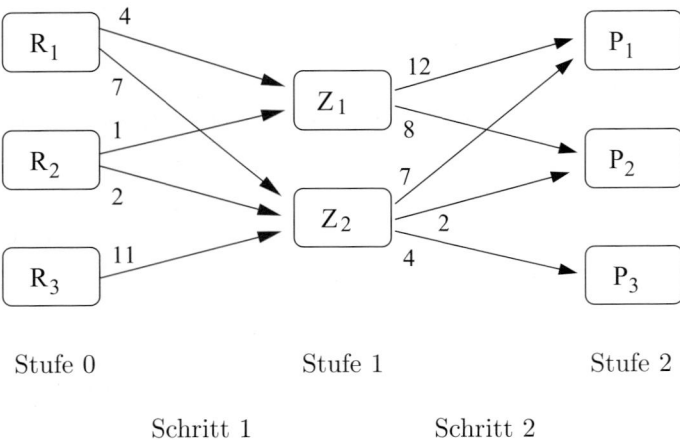

Wir haben hier ein Prozessmodell vor uns, welches wir als *zweistufig* bezeichnen wollen. Unter einer *Stufe* verstehen wir einen jeweils erreichten Produkt*zustand*, unter einem Produktions*schritt* dagegen den Übergang von einer Stufe zu einer nächsten, also eine Zustands*änderung*, die durch die Produktionstätigkeit eintritt. Inhaltlich stehen Stufe 0, 1 bzw. 2 in unserem Beispiel für die Zustände "Rohstoffe vorhanden", "Zwischenprodukte fertig" und "Endprodukte fertig".

Jedem der beiden Produktionsschritte entspricht "ein Satz Pfeile" und damit eine spezifische Verbrauchsmatrix:

$$
\begin{bmatrix} 4 & 7 \\ 1 & 2 \\ 0 & 11 \end{bmatrix}
\qquad
\begin{bmatrix} 12 & 8 & 0 \\ 7 & 2 & 4 \end{bmatrix}
$$

$$V^{01} \qquad\qquad V^{12}$$

Wie diese Matrizen benannt werden, ist grundsätzlich Sache des jeweiligen Anwenders. Es empfiehlt sich jedoch, solche Bezeichnungen zu wählen, aus denen unmittelbar hervorgeht, wohin eine Matrix "gehört". Wir haben uns deswegen hier für die Bezeichnungen V^{01} und V^{12} entschieden, bei denen die hochgestellten Zahlenpaare keine Exponenten sind, sondern vielmehr "Superscripte"; sie geben die Nummern der jeweiligen Ausgangs- und Zielstufe an. So beschreibt z.B. V^{01} den Materialfluss entlang der Pfeile zwischen Stufe 0 und Stufe 1.

Alle für das Ein-Schritt-Modell angesprochenen Fragen lassen sich auch im vorliegenden Modell diskutieren, nun allerdings nicht mehr nur bezogen auf jeden einzelnen der Prozessschritte, sondern auch auf deren Kombinationen. Einige Beispiele:

Bedarfsermittlung

Wir nehmen einmal an, im Rahmen eines *Standard-Lieferprogrammes* laute die Vorgabe $p_1 = 10$, $p_2 = 20$ und $p_3 = 10$ Mengeneinheiten von P_1, P_2 bzw. P_3 herzustellen; in vektorieller Form $p = [10, 20, 10]^T$. Gesucht seien die dazu benötigte Zwischenproduktion und der Rohstoffbedarf, die wir mit $\underline{z}$ bzw. $\underline{r}$ bezeichnen.

Um das Problem zu lösen, zerlegen wir unser zweistufiges Modell gedanklich in zwei einstufige Modelle:

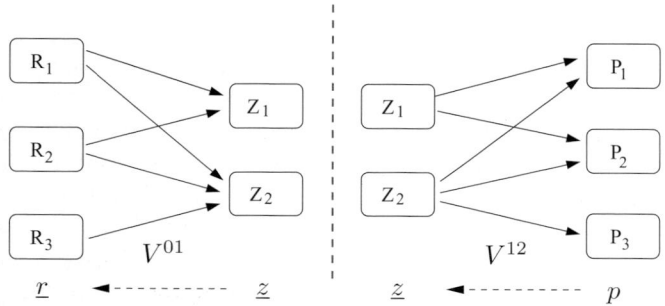

Weil die Rohstoffe diesmal nicht direkt, sondern erst über die Zwischenprodukte in die Endprodukte einfließen, müssen wir zunächst den Bedarf $\underline{z}$ an Zwischenprodukten ermitteln. Dafür ist das Ein-Schritt-Modell des zweiten Produktionsschrittes "zuständig" (in unserem Bild rechts), und wie im vorigen Beispiel schließen wir

$$\underline{z} = V^{12}\underline{p}.$$

Die so ermittelte Zwischenproduktion ist aber nichts anderes als die "Endproduktion" des ersten Prozessschrittes. Also betrachten wir "das linke" Ein-Schritt-Modell und finden

$$\underline{r} = V^{01}\underline{z}.$$

Die gesamte Rechnung in Zahlenform:

$$\underline{r} = \begin{bmatrix} 2170 \\ 580 \\ 1650 \end{bmatrix} = \begin{bmatrix} 4 & 7 \\ 1 & 2 \\ 0 & 11 \end{bmatrix} \begin{bmatrix} 280 \\ 150 \end{bmatrix} \quad \text{sowie} \quad \underline{z} = \begin{bmatrix} 280 \\ 150 \end{bmatrix} = \begin{bmatrix} 12 & 8 & 0 \\ 7 & 2 & 4 \end{bmatrix} \begin{bmatrix} 10 \\ 20 \\ 10 \end{bmatrix}.$$

Auch hier eine Bemerkung zur Blickrichtung: Ist die Endproduktion $\underline{p}$ gegeben, müssen wir gedanklich an den Pfeilen zurücklaufen, um den Bedarf an Zwischenprodukten und Rohstoffen zu ermitteln. Auf diese Weise sind unsere Rechnungen sozusagen "von rechts nach links" zu lesen.

Technologische Machbarkeit

Wie schon bei einem einstufigen Modell kann auch bei mehrstufigen Modellen die Frage auftauchen, ob – z.B. in einem Unternehmensbericht – gegebene Informationen über die Produktion an Rohstoffen, Zwischen- sowie Endprodukten überhaupt zusammenpassen.

Die zu prüfenden Angaben könnten beispielsweise so lauten:

$$\underline{r} = \begin{bmatrix} 3200 \\ 1200 \\ 3400 \end{bmatrix}, \qquad \underline{z} = \begin{bmatrix} 240 \\ 310 \end{bmatrix} \quad \text{und} \quad \underline{p} = \begin{bmatrix} 15 \\ 5 \\ 30 \end{bmatrix}.$$

Wenn diese Produktion stattgefunden hat, muss der durch jede der Stufen 1 (Zwischenprodukte) und 2 (Endprodukte) in der Vorstufe ausgelöste Bedarf durch die dort realisierte Produktion gedeckt worden sein, d.h., es müssten folgende *beiden* Ungleichungen erfüllt sein:

$$V^{01}\underline{z} \leqslant \underline{r} \quad \text{und} \quad V^{12}\underline{p} \leqslant \underline{z}, \tag{16.4}$$

ausführlich:

$$\begin{bmatrix} 3130 \\ 860 \\ 3410 \end{bmatrix} = \begin{bmatrix} 4 & 7 \\ 1 & 2 \\ 0 & 11 \end{bmatrix} \begin{bmatrix} 240 \\ 310 \end{bmatrix} \overset{?}{\leqslant} \begin{bmatrix} 3200 \\ 1200 \\ 3400 \end{bmatrix} \quad \text{⚡}$$

und

$$\begin{bmatrix} 220 \\ 235 \end{bmatrix} = \begin{bmatrix} 12 & 8 & 0 \\ 7 & 2 & 4 \end{bmatrix} \begin{bmatrix} 15 \\ 5 \\ 30 \end{bmatrix} \overset{?}{\leqslant} \begin{bmatrix} 240 \\ 310 \end{bmatrix}.$$

Anhand der letzten Rechnung ist leicht zu sehen, dass die rechte Ungleichung in (16.4) erfüllt ist. Tatsächlich werden sogar 20 bzw. 75 ME an Z_1 bzw. Z_2 über den durch die Endproduktion bedingten Bedarf hinaus produziert. Die linke Ungleichung in (16.4) ist dagegen nicht erfüllt, denn der Bedarf an R_3 ist um 10 ME höher als der Vorrat. Auch hier haben wir einen Fall in sich widersprüchlicher Daten "entdeckt"!

"Ausblendung" von Zwischenprodukten

In mehrstufigen Modellen treten auch neue Fragen auf, die bisher keine Bedeutung hatten, z.B. diese: Betrachtet man das Unternehmen "von außen" und unterstellt man, dass außerhalb des Unternehmens kein Interesse an den hergestellten Zwischenprodukten besteht, kann man die Umwandlung von Rohstoffen in Endprodukte als eine Ein-Schritt-Produktion ansehen. Anstatt durch den ursprünglichen Gozintographen, der 8 Knoten hat (links), kann dieser Prozess durch einen vereinfachten Gozintographen beschrieben werden, der nur noch 6 Knoten besitzt (rechts).

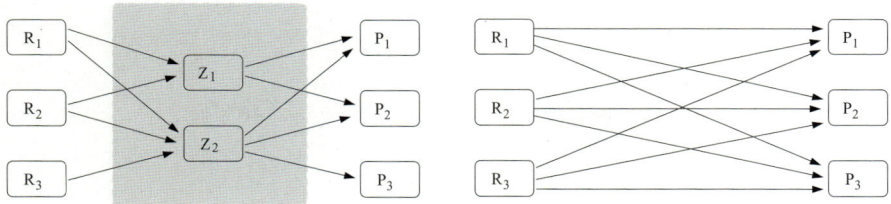

Welche Matrix beschreibt dann die zum rechten Bild gehörige Technologie? Zur Beantwortung dieser Frage betrachten wir den gesamten spezifischen Materialfluss von R_1 nach P_2 im Ausgangsmodell. Dieser verläuft auf zwei Wegen (über Z_1 bzw. Z_2) entlang der orangefarben hervorgehobenen Pfeile:

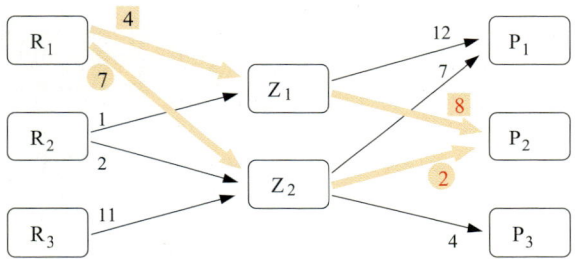

... und entspricht den hervorgehobenen Einträgen in den beiden Verflechtungsmatrizen V^{01} und V^{12}:

$$\begin{bmatrix} 4 & 7 \\ 1 & 2 \\ 0 & 11 \end{bmatrix} \qquad \begin{bmatrix} 12 & 8 & 0 \\ 7 & 2 & 4 \end{bmatrix}.$$

Der spezifische Verbrauch entlang jedes Weges ist das Produkt der Verbrauchszahlen aller seiner "Teilstrecken". Summation über die beiden Wege ergibt den Gesamtverbrauch:

$$4 \cdot 8 + 7 \cdot 2 = 46.$$

Dies ist genau der in Zeile 1, Spalte 2 stehende Eintrag der Produktmatrix $G := V^{01}V^{12}$:

$$G = \begin{bmatrix} 97 & 46 & 28 \\ 26 & 12 & 8 \\ 77 & 22 & 44 \end{bmatrix}.$$

In dem vereinfachten Gozintographen entspricht dies der Beschriftung des von R_1 nach P_2 verlaufenden Pfeiles. Alle übrigen Beschriftungen sind ebenfalls der Matrix G zu entnehmen.

Im Ergebnis halten wir also fest, dass die Matrix G, die den aus zwei Schritten zusammengesetzten "Gesamt"prozess beschreibt, durch das Produkt $V^{01}V^{12}$ der beiden Teilprozessmatrizen V^{01} und V^{12} gegeben ist.

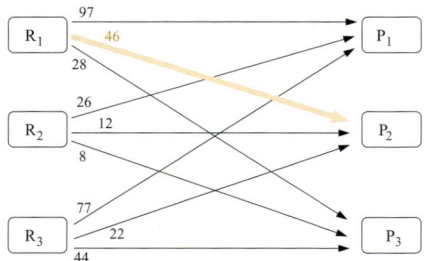

Das Ergebnis bietet die Möglichkeit zu einer ökonomischen Interpretation des Assoziativgesetzes. Wir gehen von einer gewünschten Endproduktion $\underline{p}$ aus und berechnen den hierfür notwendigen Rohstoffvorrat auf zwei unterschiedlichen Wegen:

- Erstens ermitteln wir zunächst die benötigte Zwischenproduktion $\underline{z} = V^{12}\underline{p}$; wir erhalten anschließend daraus den Rohstoffbedarf gemäß $\underline{r} = V^{01}\underline{z}$.

- Zweitens können wir den Rohstoffbedarf auch direkt aus der Gleichung $\underline{r} = G\underline{p}$ ermitteln.

Berechnet wurde im ersten bzw. zweiten Fall

$$\underline{r} = V^{01}(V^{12}\underline{p}) \qquad \text{bzw.} \qquad \underline{r} = (V^{01}V^{12})\underline{p}$$

d.h.

$$\underline{r} = V^{01} \quad \underline{z} \qquad \text{bzw.} \qquad \underline{r} = \quad G \quad \underline{p}.$$

Während in der ersten Zeile lediglich eine unterschiedliche Klammersetzung zu beobachten ist – also das Assoziativgesetz "zu sehen" – ist, vermitteln die beiden Gleichungen der zweiten Zeile unterschiedliche ökonomische Bezüge: Der Rohstoffbedarf wird einmal auf die Zwischenprodukte, zum anderen auf die Endprodukte bezogen.

"Interne" und "externe" Produktion

Ein weiterer neuer Effekt bei mehrstufigen Modellen ist dieser: Die "Außenwelt" kann sich nicht mehr allein für die Endprodukte interessieren, sondern auch für beliebige Zwischenprodukte – z.B. im Sinne von Ersatzteilen. Selbst die Rohstoffe kommen als "verkäufliche Produkte" in Betracht, wenn nämlich das betrachtete Unternehmen mit diesen Rohstoffen handelt.

Damit fassen wir den Begriff des "Produktes" wesentlich weiter und erstrecken ihn auf alles, was in den Knoten – den "produzierenden Abteilungen" – erzeugt wird. Zugleich können wir nunmehr für jede Abteilung unterscheiden zwischen

- der Menge von Produkten, die sie *insgesamt* produziert,

- demjenigen Teil davon, der *innerhalb* des Unternehmens weiterverarbeitet wird, und
- dem anderen Teil davon, der das Unternehmen durch Verkauf bzw. Auslieferung *verlässt*.

Wie sollen diese unterschiedlichen Produktionsmengen benannt werden? Wir wählen hier – in der angegebenen Reihenfolge – die Bezeichnungen *Bruttoproduktion*, *interne Produktion* und *Nettoproduktion*. Zugehörige mathematische Größen kennzeichnen wir mit dem Superscript "*b*", "*i*" bzw. "*n*". Inhaltlich könnten wir sagen: Bruttoangaben definieren den Produktionsplan, Nettoangaben den Lieferplan.

Beispiel 16.1. Wir nehmen an, außer derselben Endproduktion wie bisher soll das Unternehmen nunmehr auch Zwischenprodukte im Umfang von 40 ME Z_1 und 60 ME Z_2 in den Verkauf bringen. Dadurch wird aus dem *Standard-Lieferplan* von Seite 601 nun ein "*erweiterter Lieferplan*". Gesucht sind wie bisher auch schon die Mengenangaben für die insgesamt bereitzustellenden Zwischenprodukte und Rohstoffe.

Da wir uns auf dieses Beispiel später mehrfach beziehen wollen, hier noch einmal eine vollständige Übersicht über den *erweiterten Lieferplan*:

P_1: 10 ME

P_2: 20 ME

P_3: 10 ME

Z_1: 40 ME

Z_2: 60 ME

Vor der zahlenmäßigen Lösung des Problems wollen wir diese Angaben einmal in unsere neue Sichtweise einfügen. Die Endproduktion blieb unverändert. Bisher schrieben wir dafür einfach

$$\underline{p} := [10, 20, 10]^T. \tag{16.5}$$

Diese Produktion gelangt zum Verkauf, ist in unserer neuen Sichtweise also Teil des Lieferplans und damit *Netto*produktion. Es verbleiben keine Endprodukte im Unternehmen; der interne Anteil an Endprodukten ist Null. Somit gilt hier "Brutto = Netto". Mit neuen Bezeichnungen haben wir also

$$\underline{p}^b := \underline{p}^n := \underline{p} = [10, 20, 10]^T,$$

sowie

$$\underline{p}^i = [0, 0, 0]^T.$$

Die für den Verkauf hergestellten Zwischenprodukte sind ihrer Natur nach ebenfalls Nettoproduktion; dafür schreiben wir

$$\underline{z}^n := [\, 40 \, , \, 60 \,]^T,$$

wobei auch hier das Superscript "n" für "netto" steht. Diejenigen Zwischen-produkte, die dagegen für die Endproduktion $\underline{p}$ benötigt werden, bilden die interne Zwischenproduktion; ihre Mengenangaben sind uns bereits bekannt, da sich ja $\underline{p}$ nicht verändert hat:

$$\underline{z}^i = [\,280\,,\,150\,]^T.$$

Gegenüber dem vorigen Beispiel erhöht sich die Zwischenproduktion nun auf ein Brutto-Volumen von

$$\underline{z}^b = \underline{z}^n + \underline{z}^i = [320, 210]^T.$$

Aus diesem kann dann wie bisher der gesamte (= Brutto-) Rohstoffbedarf durch Multiplikation mit V^{01} "von links" bestimmt werden

$$\underline{r}^b = V^{01}\,\underline{z}^b \tag{16.6}$$

in Zahlen:

$$\begin{bmatrix} 2750 \\ 740 \\ 2310 \end{bmatrix} = \begin{bmatrix} 4 & 7 \\ 1 & 2 \\ 0 & 11 \end{bmatrix} \begin{bmatrix} 320 \\ 210 \end{bmatrix}.$$

In diesem Fall ist die Brutto"produktion" (an Rohstoffen) zugleich vollständig identisch mit der internen Produktion, denn der Verkauf von Rohstoffen ist nicht vorgesehen.

Wir fassen alle Daten unseres Beispiels zusammen:

$$\underline{p}^b = \underline{p}^n + \underline{p}^i \quad \text{bzw.} \quad \begin{bmatrix} 10 \\ 20 \\ 10 \end{bmatrix} = \begin{bmatrix} 10 \\ 20 \\ 10 \end{bmatrix} + \begin{bmatrix} 0 \\ 0 \\ 0 \end{bmatrix}$$

$$\underline{z}^b = \underline{z}^n + \underline{z}^i \quad \text{bzw.} \quad \begin{bmatrix} 320 \\ 210 \end{bmatrix} = \begin{bmatrix} 40 \\ 60 \end{bmatrix} + \begin{bmatrix} 280 \\ 150 \end{bmatrix}$$

$$\underline{r}^b = \underline{r}^n + \underline{r}^i \quad \text{bzw.} \quad \begin{bmatrix} 2750 \\ 740 \\ 2310 \end{bmatrix} = \begin{bmatrix} 0 \\ 0 \\ 0 \end{bmatrix} + \begin{bmatrix} 2750 \\ 740 \\ 2310 \end{bmatrix}$$

Zum Schluss wollen wir die Aufsplittung des Materialflusses in einen internen und einen externen Anteil einmal visualisieren:

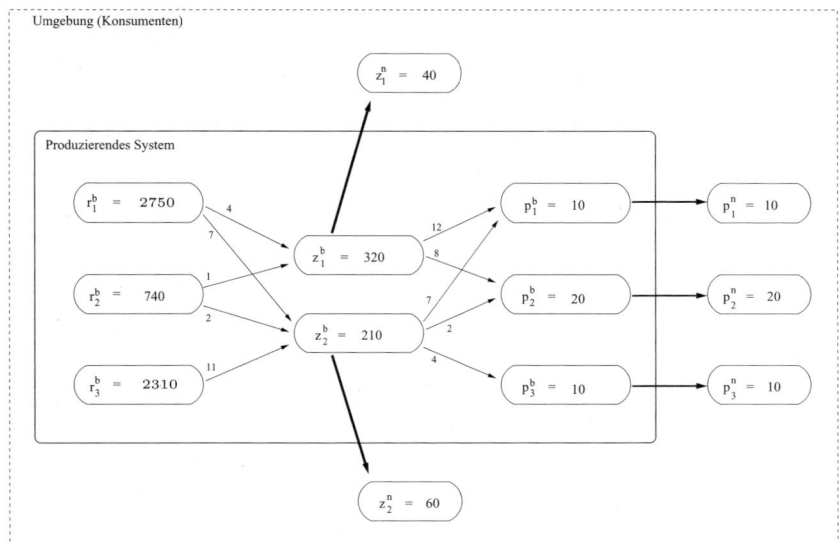

Unser Diagramm macht deutlich, warum wir die Bezeichnungen "Brutto" und "Netto" bevorzugen: Ziel der Produktion ist selbstverständlich, Produkte absetzen zu können. Das produzierende System hat aber auch einen Eigenverbrauch, um funktionieren zu können. Deswegen stellt sich die absetzbare Produktion sozusagen als Nettoüberschuss der Gesamtproduktion dar.   △

16.5   Mehrschrittmodelle mit Sprüngen

Zum Problem

Etwas kompliziertere Mehrschrittmodelle entstehen dadurch, dass z.B. Rohstoffe nicht nur über Zwischenprodukte, sondern auch direkt in die Endproduktion eingehen. So wird z.B. ein "Berliner" Pfannkuchen mit Zucker bestreut, enthält jedoch auch den Zucker im Zwischenprodukt Konfitüre. Wir betrachten einmal folgende Modifikation des letzten Beispiels:

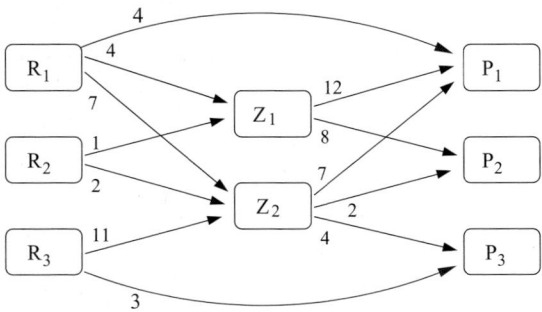

Die beiden "neuen", blauen Pfeile symbolisieren Materialflüsse, die direkt von der Stufe 0 "Rohstoffe" zur Stufe 2 "Endprodukte" verlaufen.

Diese Technologie wird durch das im vorigen Abschnitt behandelte 2-Schritt-Modell nicht ausreichend beschrieben. Es bieten sich zwei Auswege an: Die Einführung fiktiver Zwischenprodukte oder die Erfassung der Sprünge in einer separaten Matrix.

Einführung fiktiver Zwischenprodukte

Wir können das Problem künstlich auf den im Punkt 16.4 behandelten Fall zurückführen, indem wir zwei fiktive Zwischenprodukte Z_3 und Z_4 einführen, die in Wirklichkeit nichts anderes als die völlig unveränderten Rohstoffe R_1 bzw. R_3 verkörpern:

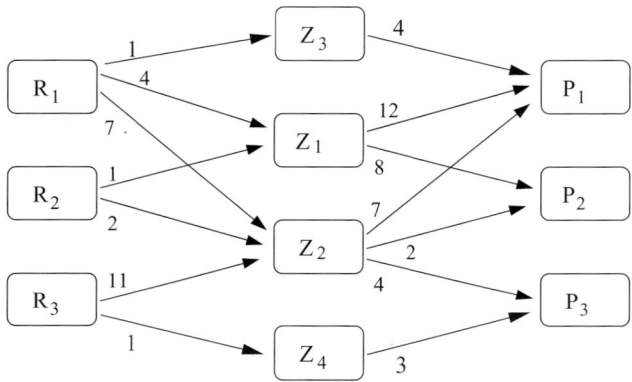

Die Zahl 1 an dem Pfeil $R_1 \longrightarrow Z_3$ erklärt sich daraus, dass zur "Herstellung" einer Einheit Z_3 ($= R_1$) genau eine Einheit R_1 erforderlich ist. Entsprechendes gilt für den Pfeil $R_3 \longrightarrow Z_4$. - Die Zahlen an den von Z_3 bzw. Z_4 ausgehenden Pfeilen entsprechen denen an den blauen Pfeilen im vorigen Bild.

Auf diese Weise wird der Graph als Zusammenschaltung zweier 1-Schritt-Graphen deutbar, und alle Fragen können ebenso einfach wie im Abschnitt 16.4 beantwortet werden.

Dies ist sicherlich ein Vorteil dieses Vorgehens. Ein möglicher Nachteil dagegen ist, dass die verwendeten Bezeichnungen nicht mehr mit den ökonomischen Sachverhalten übereinstimmen. Es entsteht ein zusätzlicher Aufwand zur "Verwaltung" völlig fiktiver Produkte, der sich besonders dann nachteilig bemerkbar machen kann, wenn es sich um Modelle mit sehr vielen Knoten und Stufen handelt, und dann auch Möglichkeiten für Irrtümer bietet. Wir werden daher nachfolgend einen Weg aufzeigen, der ohne fiktive Knoten auskommt.

Erfassung der Sprünge in einer separaten Matrix

Wir betrachten noch einmal unseren Ausgangsgozintographen und konzentrieren uns auf diejenigen Elemente, die neu sind:

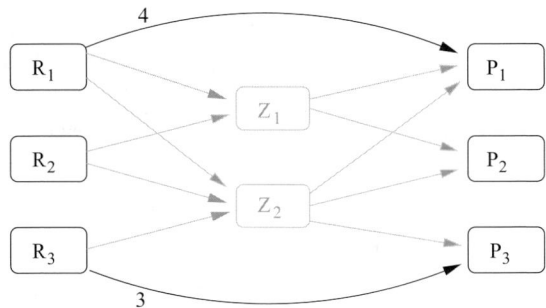

Auf diese Weise "sehen" wir ein weiteres Ein-Schritt-Modell (in Blau). Wir gelangen so zu einer Modellierungsalternative, indem wir eine weitere Verflechtungsmatrix V^{02} einführen, in der die direkten Materialflüsse zwischen Stufe 0 und Stufe 2 erfasst werden. Die Zeilenzahl entspricht der Anzahl von Ausgangsknoten in Stufe 0, die Spaltenzahl der der Zielknoten in Stufe 2 (hier sind dies jeweils drei):

$$V^{02} := \begin{bmatrix} 4 & 0 & 0 \\ 0 & 0 & 0 \\ 0 & 0 & 3 \end{bmatrix}.$$

Fiktive Zwischenprodukte sind bei diesem Konzept also nicht erforderlich. Dafür stellt sich das Gesamtmodell nicht mehr als eine Kette aneinandergereihter, sondern vielmehr als Überlagerung mehrerer, teils verketteter 1-Schritt-Modelle dar, und wir müssen unsere Berechnungen auf andere Weise systematisieren.

Bedarfsermittlung

Beispiel 16.2 (↗F 16.1). Als Beispiel betrachten wir wiederum das erweiterte Lieferprogramm von Seite 607, d.h., unser Modellunternehmen soll die Endprodukte

$$\underline{p} := \underline{p}^{b} = \underline{p}^{n} = [10, 20, 10]^{T} \tag{16.7}$$

sowie Zwischenprodukte

$$\underline{z}^{n} = [40, 60]^{T}$$

in den Handel bringen. Zu beachten ist, dass sich infolge der Sprünge diesmal die Technologie verändert hat.

Unter Punkt 16.4 hatten wir bereits den Rohstoffbedarf ermittelt, der zur Lösung dieser Aufgabe erforderlich ist, wenn das Modell *keine* Sprünge aufweist. In Zahlen handelte es sich um den Vektor

$$[2750, \ 740, \ 2310]^{T}. \tag{16.8}$$

Dieser Vektor beschreibt jedoch lediglich den Bedarf an denjenigen Rohstof-fen, die in die Zwischenproduktion einfließen, unabhängig davon, wofür diese Zwischenprodukte später verwendet werden. Nun tritt noch derjenige Roh-stoffbedarf hinzu, der *direkt* in die Endprodukte einfließt. Genau dieser Ma-terialfluss wird durch unsere Skizze oben und folglich durch die Formel

$$V^{02}\underline{p}$$

beschrieben; in Zahlen:

$$\begin{bmatrix} 40 \\ 0 \\ 30 \end{bmatrix} = \begin{bmatrix} 4 & 0 & 0 \\ 0 & 0 & 0 \\ 0 & 0 & 3 \end{bmatrix} \begin{bmatrix} 10 \\ 20 \\ 10 \end{bmatrix}. \tag{16.9}$$

Also ergibt sich der gesamte Brutto-Rohstoffbedarf als Summe aus den Vek-toren (16.8) und (16.9); in Zahlen

$$\underline{r}^b = \begin{bmatrix} 2790 \\ 740 \\ 2340 \end{bmatrix} = \begin{bmatrix} 2750 \\ 740 \\ 2310 \end{bmatrix} + \begin{bmatrix} 40 \\ 0 \\ 30 \end{bmatrix}.$$

Dem aufmerksamen Leser wird nicht entgangen sein, dass wir hier auf die Ein-führung von Bezeichnungen für die beiden Vektoren auf der rechten Seite der letzten Gleichung verzichteten. Das liegt daran, dass die beiden Vektoren aus dem Rahmen der bisherigen Bezeichnungssystematik herausfallen: Bei beiden Vektoren handelt es sich nämlich um *interne* Produktion, jedoch aufgeschlüs-selt danach, in welcher der beiden technologischen Stufen 1 (Zwischenproduk-te) oder 2 (Endprodukte) die unmittelbare Weiterverwendung erfolgt. Wir könnten beispielsweise schreiben

$$\begin{bmatrix} 2790 \\ 740 \\ 2340 \end{bmatrix} = \begin{bmatrix} 2750 \\ 740 \\ 2310 \end{bmatrix} + \begin{bmatrix} 40 \\ 0 \\ 30 \end{bmatrix} + \begin{bmatrix} 0 \\ 0 \\ 0 \end{bmatrix}$$

lies

$$\underline{r}^b = \underline{r}^{i,1} + \underline{r}^{i,2} + \underline{r}^n$$

oder auch

$$\underline{r}^b = \underline{r}^{i,z} + \underline{r}^{i,p} + \underline{r}^n.$$

$\triangle$

Bei dieser Bezeichnungsweise wird der künftige Weg der Rohstoffe wei-terverfolgt. Eine völlig andere Art der Systematisierung der Daten zeigt der folgende Abschnitt.

16.6   Komplexe Verflechtungsmodelle

Motivation

Im letzten Beispiel deutete sich bereits an, dass mit zunehmender Kompliziertheit die "Verwaltung" der Daten immer mehr Aufmerksamkeit erfordert. Es empfiehlt sich daher, die Daten so zu organisieren, dass sie

- eine kompakte Notation erlauben,
- die Struktur des Problems möglichst transparent wiedergeben und
- durch ausreichende Abstraktion die Lösung des Problems erleichtern.

Wir wollen das beispielhaft anhand unseres Verflechtungsmodells mit Sprüngen demonstrieren:

Beispiel 16.3 ($\nearrow$F 16.2)**.**

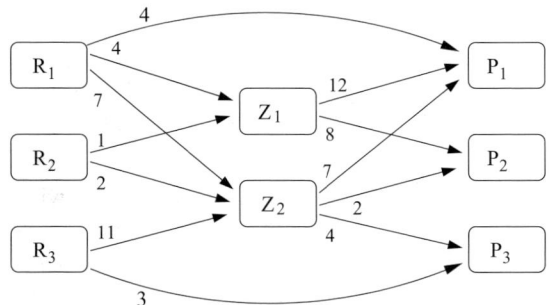

Allein die Struktur des Modells wurde bisher durch drei verschiedene Matrizen beschrieben: V^{01}, V^{12} und V^{02}. Unserem ersten Ziel – einer kompakten Notation – kommen wir schon einmal näher, indem wir diese drei Matrizen als Einträge einer Blockmatrix deuten:

$$E := \begin{bmatrix} O & V^{01} & V^{02} \\ O & O & V^{12} \\ O & O & O \end{bmatrix} = \begin{bmatrix} 0 & 0 & 0 & 4 & 7 & 4 & 0 & 0 \\ 0 & 0 & 0 & 1 & 2 & 0 & 0 & 0 \\ 0 & 0 & 0 & 0 & 11 & 0 & 0 & 3 \\ 0 & 0 & 0 & 0 & 0 & 12 & 8 & 0 \\ 0 & 0 & 0 & 0 & 0 & 7 & 2 & 4 \\ 0 & 0 & 0 & 0 & 0 & 0 & 0 & 0 \\ 0 & 0 & 0 & 0 & 0 & 0 & 0 & 0 \\ 0 & 0 & 0 & 0 & 0 & 0 & 0 & 0 \end{bmatrix} \tag{16.10}$$

Auch für die Absatzvorgaben brauchten wir bisher drei verschiedene Bezeichnungen: $\underline{r}^n$, $\underline{z}^n$ und $\underline{p}^n$. Diese können wir zu einem Blockvektor zusammenfassen:

$$\underline{y} = [\, y_1, \, y_2, \, y_3, \, y_4, \, y_5, \, y_6, \, y_7, \, y_8 \,]$$
$$= [\, r_1^n, r_2^n, r_3^n, z_1^n, z_2^n, p_1^n, p_2^n, p_3^n \,]$$

ebenso wie wir die tatsächlichen (Brutto-) Produktionsangaben $\underline{r}^b$, $\underline{z}^b$ und $\underline{p}^b$ zu einem Vektor

$$\underline{x} = [\, x_1, x_2, x_3, x_4, x_5, x_6, x_7, x_8 \,]$$
$$= [\, r_1^b, r_2^b, r_3^b, z_1^b, z_2^b, p_1^b, p_2^b, p_3^b \,]$$

zusammenfassen können. Die Zahlenwerte beider Vektoren haben wir bereits in 16.5 ermittelt:

$$\underline{y} = [\quad 0, \quad 0, \quad 0, \quad 40, \quad 60, 10, 20, 10\,]^T$$
$$\underline{x} = [\, 2790, 740, 2340, 320, 210, 10, 20, 10\,]^T .$$

Damit verfügen wir nun zunächst über eine kompaktere Notation, die die Struktur unserer Problemdaten besser sichtbar macht.

Die Bezeichnungen $\underline{x}$ und $\underline{y}$ wurden übrigens völlig willkürlich gewählt. Entscheidend ist vielmehr, dass alle Mengenangaben, seien es Brutto- oder Netto-Angaben, sich jeweils in ein- und demselben Vektor wiederfinden; die formale Unterscheidung von Rohstoffen, Zwischen- und Endprodukten durch unterschiedliche Bezeichnungen ist aufgehoben.   △

Modellstruktur

Dieses so vereinheitlichte Bezeichnungssystem suggeriert nun, dass es möglich sein müsse, auch alle Knoten des Modells *formal* gleichberechtigt zu behandeln. Deswegen geben wir allen Knoten zunächst einmal *einheitliche* Bezeichnungen, z.B. $X_1, \dots, X_8$ statt $R_1, \dots, P_3$. Das entscheidend Neue ist jedoch das: Wir lassen zu, dass nunmehr prinzipiell *von jedem* Knoten *zu jedem* Knoten Pfeile laufen *können*. Damit können wir Modelle mit wesentlich komplizierterer Struktur als bisher erfassen. Unser neues Verständnis des Systems ist also dieses:

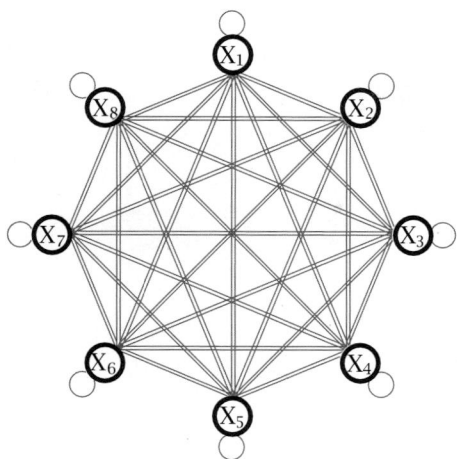

Hieraus wird die Rolle der Matrix E unmittelbar ersichtlich: Sie gibt an, welche Knoten mit welchen Knoten tatsächlich durch Pfeile verbunden sind und welche spezifischen Transporte entlang dieser Pfeile ablaufen. Graph und Matrix entsprechen sich wechselseitig eindeutig. Daher bezeichnet man E auch als *Inzidenzmatrix* dieses Graphen. In unserem Beispiel sind solche Pfeile, die im allgemeinen vorhanden sein *könnten* und lediglich im konkreten Beispiel fehlen, in Grau dargestellt.

Statt innerhalb dieses Systems unterschiedliche Rollen zu verteilen wie bisher, sehen wir es nunmehr ganzheitlich. Alle Knoten sehen sich jetzt gleichermaßen in der Rolle von Produzenten wie von Konsumenten, von Lieferanten wie von Abnehmern, und zwar von denjenigen Produkten, die entlang der Pfeile durch das System transportiert werden. Insbesondere die bisherige Trennung von Eingangs- und Ausgangsknoten ist aufgehoben; jeder Knoten ist beides gleichzeitig oder kann zumindest beides gleichzeitig sein.

Aufgabe des Systems als Ganzes und damit *aller* seiner Einheiten ist es, "Produkte" für die Außenwelt bereitzustellen. Die entsprechenden Mengenangaben sind in dem Vektor $\underline{y}$ zusammengefasst. Ihrer Natur nach handelt es sich dabei um Angaben zur *Netto*produktion; wir könnten $\underline{y}$ auch als "Lieferplan" bezeichnen. Die interne Funktion des Systems wird dagegen durch den Vektor $\underline{x}$ beschrieben, der faktisch ein "Produktionsplan" ist.

In der folgenden Skizze werden die Grenzen zwischen System und Außenwelt durch einen grauen Quader symbolisiert:

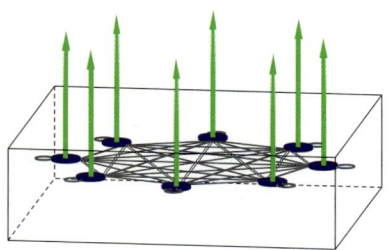

Entlang der grünen Pfeile verlässt die Nettoproduktion $\underline{y}$ das System. Die Bruttoproduktion dagegen ist nur systemintern von Interesse. Diese Art von Modell werden wir weiteren als "komplexes" oder auch *Leontief*-Modell bezeichnen.

Eine Aufgabenstellung

Eine Frage ist noch offen: Inwieweit hilft uns diese neue, abstraktere Sichtweise tatsächlich, Probleme zu lösen? Nehmen wir z.B. dieses:

Gegeben sei ein "Lieferplan" $\underline{y} \geq 0$. Bei bekannter Matrix E wird die zu $\underline{y}$ gehörige Bruttoproduktion $\underline{x}$ gesucht.

In unserem Beispiel – und nur dort – kennen wir die zahlenmäßige Lösung schon; dies aber nur deshalb, weil sie zuvor schon auf anderem Wege, außerhalb dieses Modells, berechnet wurde. Die Frage lautet also: Wie kann man $\underline{x}$ *innerhalb* dieses Modells berechnen?

Die Antwort lautet nämlich nicht "$\underline{x} = E\underline{y}$".

Die Rolle der Zeit

Sehen wir uns dazu noch einmal genauer an, wie die gegebenen Daten $\underline{y}$ und E zu interpretieren sind. Zunächst zur Matrix E: Die Angabe $e_{15} = 7$ beispielsweise besagt, dass zur Erzeugung je einer Produkteinheit der Abteilung X_5 7 Produkteinheiten der Abteilung X_1 benötigt werden. Sinngemäß sind alle anderen Einträge zu interpretieren. Die in E enthaltenen Angaben an sich sind also zunächst nicht erkennbar zeitabhängig.

Anders ist es mit der vorgegebenen Nettoproduktion $\underline{y}$. Typischerweise gibt es sehr wohl eine Vorstellung davon, innerhalb welchen Produktionszeitraumes sie zu erbringen ist – sei es ein Tag, eine Woche, ein Monat o.ä. –, auch wenn diese Angabe bisher stillschweigend als bekannt vorausgesetzt und nicht erwähnt wurde. Im selben Zeitraum ist natürlich auch die zugehörige Brutto-produktion zu erbringen. Damit kommt die Zeit ins Spiel.

Der Produktionszeitraum kann, außer durch ein gängiges Zeitmaß, auch mit dem technologischen Begriff *Takt* erfasst werden. Wir stellen uns nun vor, das System arbeite taktweise, und zwar ohne jede Zeitbegrenzung. Dadurch wird die gesamte Zeitachse als eine ununterbrochene Folge solcher Takte ver-standen, die sich fortlaufend mit ganzen Zahlen $k = \ldots - 3, -1, 0, 1, 2, \ldots$ numerieren lassen. Wenn das System funktioniert – was wir für den Augen-blick annehmen wollen – entsteht in jedem dieser Takte eine Brutto- und eine Nettoproduktion. Wir schreiben dafür

$$\underline{x} = \underline{x}(k) \quad \text{bzw.} \quad \underline{y} = \underline{y}(k),$$

um die Zugehörigkeit zum jeweiligen Zeittakt k zu unterstreichen. Bei einer materiellen Produktion gilt zusätzlich

$$\underline{x}(k) \geq 0 \quad \text{und} \quad \underline{y}(k) \geq 0 \quad \text{für alle } k. \tag{16.11}$$

Wir haben so die beiden zunächst interessierenden Größen $\underline{x}$ und $\underline{y}$ mit ih-ren endlich vielen Koordinaten nun durch unendliche Folgen von überwiegend unbekannten Größen ersetzt. Wieso sollte unser Problem dadurch vereinfacht werden? Die Antwort ist: Wir suchen in Wirklichkeit solche Brutto- und Netto-produktionen $\underline{x}(k)$ und $\underline{y}(k)$, die sich zeitlich nicht ändern: $\underline{x} = \underline{x}(k)$, $\underline{y} = \underline{y}(k)$. Für einen Augenblick müssen wir jedoch die Zeitabhängigkeit im Blick behal-ten, um Zusammenhänge zu verstehen.

Der Eigenbedarf des Systems

Stellen wir uns vor, der Vektor $\underline{x}(k)$ werde von der Geschäftsleitung als Pro-duktionsplan für den k-ten Taktzeitraum vorgegeben. Eine beliebige Abteilung X_j ersieht daraus, dass sie insgesamt die Gütermenge $\underline{x}(k)_j$ zu produzieren hat. Um diese Leistung erbringen zu können, ist sie auf *unmittelbare* Zulie-ferungen derjenigen Abteilungen angewiesen, die ihr technologisch um *einen* Schritt vorgelagert sind, d.h., von denen ein Pfeil zu X_j führt.

Angenommen, es führe ein Pfeil von X_i nach X_j. Damit X_j die Menge $\underline{x}(k)_j$ produzieren kann, muss X_i Zulieferungen in Höhe von

$$e_{ij}\,\underline{x}(k)_j \tag{16.12}$$

Einheiten erbringen. Diese müssen jedoch bereits *einen Takt früher* produziert worden sein! Sie sind damit notwendigerweise ein Teil der Bruttoproduktion $\underline{x}(k-1)_i$ der Abteilung X_i im *Vortakt* $k-1$.

Was muss die Abteilung X_i nun insgesamt im Vortakt $k - 1$ leisten? Aus ihrer Sicht muss ja nicht allein der Bedarf der Abteilung X_j bedient werden, sondern auch der aller anderen *Nachfolgeabteilungen* – symbolisiert durch diejenigen Knoten, *zu denen* ein von X_i ausgehender Pfeil führt. Daher muss X_i insgesamt die Menge

$$\sum_j e_{ij}\, \underline{x}(k)_j \tag{16.13}$$

an die Nachfolger ausliefern, wobei sich die Summation über alle sinnvollen Werte von j erstreckt. Mathematisch gesehen handelt es sich hierbei um das Produkt der i-ten Zeile von E mit dem Spaltenvektor $\underline{x}(k)$, mithin also um das Element $[E\underline{x}(k)]_i$.

Fazit: Der Vektor

$$E\underline{x}(k)$$

gibt für alle Abteilungen gleichzeitig an, welchen Teil ihrer Produktion des Taktes $k - 1$ sie insgesamt als Zulieferung an alle möglichen Nachfolgeabteilungen abzugeben haben, damit diese ihr Soll des nächsten Taktes erbringen können. Wir nennen dies auch den (unmittelbaren bzw. 1-Schritt-) *Eigenbedarf* des Systems im Takt k.

Dieser 1-Schritt-Bedarf für den Takt k kann dann und nur dann gedeckt werden, wenn im Vortakt $k - 1$ ausreichend Bruttoproduktion zur Verfügung stand, wenn also gilt

$$\underline{x}(k\text{-}1) \quad \geq \quad E\,\underline{x}(k). \tag{16.14}$$

Dies ist eine *technologische Machbarkeitsbedingung*, die für alle k erfüllt sein muss; andernfalls kann das System nicht funktionieren.

Wenn das System funktioniert, gibt es in jedem Zeitpunkt einen nichtnegativen Überschuss der Bruttoproduktion über den unmittelbaren Eigenbedarf, der das System als Nettoproduktion verlassen kann. Also gilt für alle k

$$\underline{y}(k\text{-}1) = \underline{x}(k\text{-}1) - E\,\underline{x}(k) \geq 0. \tag{16.15}$$

Stationärer Betrieb

Unser Problem jedoch war umgekehrt: Gegeben war "eine" Nettoproduktion, gesucht "eine" Bruttoproduktion. Schon die Formulierung des Problems macht deutlich, dass eine echte Abhängigkeit von der Zeit dabei gar nicht interessiert. Wir suchen in Wirklichkeit nach einer *zeitunabhängigen* oder auch *stationären* Lösung des Problems:
Wir sagen, das System S arbeite im stationären Betrieb, *wenn für alle $k \in \mathbb{Z}$ gilt* $\underline{x}(k) = \underline{x}(k - 1) =: \underline{x}$.

Ist das der Fall, dann gilt aufgrund der Beziehung (16.15) auch für alle k $\underline{y}(k) = \underline{y}(k-1) =: \underline{y}$. Durch Weglassen des Bezuges auf einen Zeitpunkt k in den Formeln (16.14) und (16.15) gelangen wir unmittelbar zu folgender

Zusammenfassung: *Im stationären Betrieb lauten die technologischen Machbarkeitsbedingungen für die Bruttoproduktion*

$$\underline{x} \geq 0 \tag{16.16}$$

und

$$\underline{x} \geq E\underline{x}. \tag{16.17}$$

Sind sie erfüllt, ist auch die durch

$$\underline{y} = (I - E)\underline{x} \tag{16.18}$$

gegebene Nettoproduktion nichtnegativ: $\underline{y} \geq 0$.

Ist die Nettoproduktion $\underline{y}$ vorgegeben, so kann die Gleichung (16.18) benutzt werden, um die zugehörige Bruttoproduktion $\underline{x}$ zu ermitteln. Einfacher noch wird es in folgendem Fall:

Definition 16.4. *Ist die Matrix $I - E$ invertierbar, so nennt man ihre Inverse*

$$L := (I - E)^{-1}$$

auch Leontief - Inverse.

Wir kommen zum Hauptergebnis:

Satz 16.5. *Existiert die Leontief-Inverse und sind die Bedingungen (16.16) und (16.17) erfüllt, so gilt*

$$\underline{x} = (I - E)^{-1}\underline{y}.$$

Ein Beispiel

Beispiel 16.6 (↗F 16.3). Wir betrachten nun wieder unser Ausgangsbeispiel

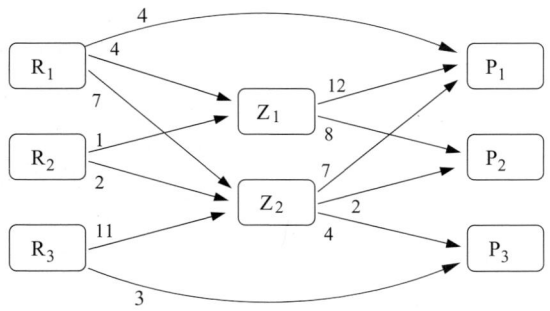

mit der gewünschten Nettoproduktion

$$y = [0, 0, 0, 40, 60, 10, 20, 10].$$

Gesucht ist die zugehörige Bruttoproduktion $\underline{x}$.

Lösung:

Die gesuchte Bruttoproduktion $\underline{x}$ ist sofort zur Hand gemäß

$$\underline{x} = L\underline{y},$$

wenn die Leontief-Inverse $L = (I - E)^{-1}$ existiert. Nun hatten wir die Eigenverbrauchsmatrix E des Systems bereits auf Seite 613 ermittelt. Bei der Berechnung der Leontief-Inversen können wir uns die einfache Struktur von E zunutze machen, denn es handelt sich um eine obere Dreiecks-Blockmatrix aus 3×3 Blöcken, die auf der Diagonalen ausschließlich Nullen besitzt. Solch eine Matrix ist gemäß Satz 15.63 nilpotent, und nach Definiton 15.62 kann die Inverse von $I - E$ in der Form

$$L = (I - E)^{-1} = I + E + E^2$$

geschrieben werden. Tatsächlich haben wir

$$E^0 = \begin{bmatrix} I & O & O \\ O & I & O \\ O & O & I \end{bmatrix} \quad E = \begin{bmatrix} O & V^{01} & V^{02} \\ O & O & V^{12} \\ O & O & O \end{bmatrix} \quad E^2 = \begin{bmatrix} O & O & V^{01}V^{12} \\ O & O & O \\ O & O & O \end{bmatrix}$$

sowie – zur Kontrolle – $E^3 = O$. Es folgt durch Aufaddieren

$$L = \begin{bmatrix} I & V^{01} & V^{02}+V^{01}V^{12} \\ O & I & V^{12} \\ O & O & I \end{bmatrix}$$

und damit

$$L\underline{y} = \begin{bmatrix} I & V^{01} & V^{02} + V^{01}V^{12} \\ O & I & V^{12} \\ O & O & I \end{bmatrix} \begin{bmatrix} \underline{r}^n \\ \underline{z}^n \\ \underline{p}^n \end{bmatrix}$$

$$= [\, 2790,\ 740,\ 2340,\ 320,\ 210,\ 10,\ 20,\ 10\,]^T.$$

Die drei Blöcke dieses Vektors stimmen genau mit den im Abschnitt 16.5 bereits ermittelten Brutto-Produktionsvektoren überein, es gilt also

$$\underline{x}^T = [\underline{r}^T, \underline{z}^T, \underline{p}^T]$$

$\triangle$

In diesem Beispiel konnten wir die gesuchte Inverse leicht berechnen, weil die Matrix E nilpotent ist. Eine allgemeine Methode zur Inversenberechnung für Matrizen mit mehr als 2 Reihen steht uns bislang nicht zur Verfügung, wird aber benötigt und deswegen später – im Abschnitt 18.4 – entwickelt.

16.7 Probleme mit Rückflüssen

Zur Modellstruktur

In allen bisher betrachteten Modellen war der Materialfluss durch mehrere Produktionsstufen gerichtet, verlief von "links" (von den vorgelagerten Produktionsstufen) nach "rechts" (zu den nachgelagerten Produktionsstufen). Hatte das Material einen Knoten verlassen, konnte es dahin nicht zurückkehren. Anders sieht es dagegen bei der folgenden Produktion aus:

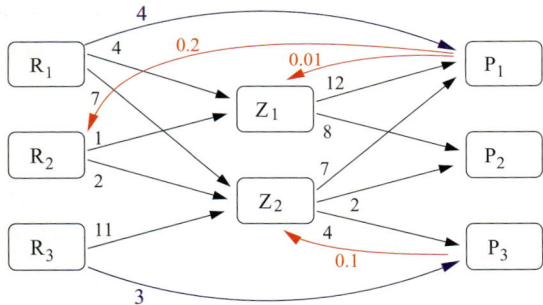

Außer den bisher schon vorhandenen Flüssen treten Rückflüsse auf, die im obenstehenden Gozintographen rot hervorgehoben sind.

Zur Philosophie des Modells

Zunächst ist der Frage nachzugehen, ob ein derartiger Gozintograph überhaupt als realistisches Modell für irgendeine Produktion anzusehen ist, denn auf den ersten Blick mag paradox erscheinen, dass Material, welches erst produziert werden soll, bei seiner eigenen Herstellung verbraucht wird. Um die Frage zu beantworten, müssen wir auch diesmal den Aspekt der Zeit einbeziehen.

Es leuchtet z.B. ein, dass alle Abteilungen eines Unternehmens, welches Papier herstellt, Papier aus der eigenen Herstellung benutzen werden. Ebenso wird in einem Elektrizitätswerk Strom aus der eigenen Produktion verbraucht. Chemieunternehmen schließlich kann man sich oft als "gebaute" Gozintographen vorstellen, in denen den Pfeilen Rohrleitungen und den Knoten Reaktoren entsprechen. Es ist nicht selten, dass vom Ausgang einer Kette von Rektoren eine Rohrleitung zu deren Eingang zurückführt.

In allen Fällen wird das Produkt selbstverständlich erst *nach* seiner Herstellung – folglich mit einem gewissen zeitlichen Versatz – verbraucht werden können. Ist der Betrachtungszeitraum (z.B. ein Quartal) wesentlich länger als der Zeitversatz (Stunden bzw. Sekundenbruchteile), wird man dessen Wirkung vernachlässigen.

Diese Argumentation besagt zunächst nur, dass unser Gozintograph ein gutes *Näherungs*-modell für einen realen Prozess liefern kann. Er ist jedoch sogar als *präzise* Abbildung realer Verhältnisse deutbar, wenn der technologische Prozess *stationär* ist, d.h., Struktur und Umfang der Produktion des Unternehmens in einer Reihe aufeinanderfolgender Betrachtungszeiträume ("Takte") unverändert bleiben. Zu Beginn eines jeden Taktes werden dabei noch Produkte im Unternehmen verbraucht, die im Vorgängertakt entstanden. Am Ende des Taktes hingegen entstehen Produkte, die erst im folgenden Takt fertig und anschließend verbraucht werden. Wegen der angenommenen Stationarität sind diese "Materialüberläufe" zu Taktbeginn und -ende gleich groß. D.h., der Überlauf am Taktende kann rechnerisch – wenn auch nicht sachlich – am Beginn desselben Taktes eingespeist werden.

Die Modellgrößen

Wie schon unter 16.6 ausgeführt, gestehen wir allen Knoten des Gozintographen technologische Gleichberechtigung zu und bezeichnen sie mit $X_1, \dots, X_8$ wie in folgendem Diagramm:

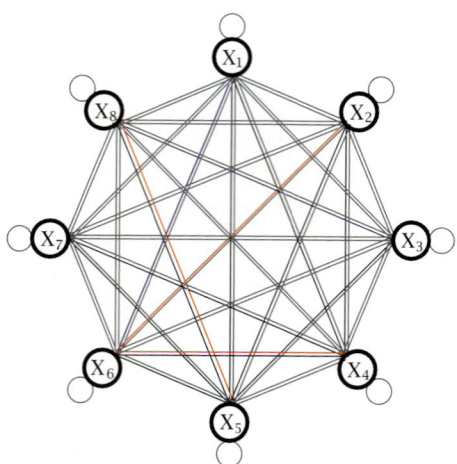

Dieses Diagramm wird nun vollständig durch seine Eigenverbrauchsmatrix E beschrieben. Sie unterscheidet sich von der auf Seite 613 dargestellten lediglich um diejenigen Einträge, die die roten Pfeile abbilden:

$$
E = \begin{bmatrix} V^{00} & V^{01} & V^{02} \\ V^{10} & V^{11} & V^{12} \\ V^{20} & V^{21} & V^{22} \end{bmatrix} = \begin{bmatrix} 0 & V^{01} & V^{02} \\ 0 & 0 & V^{12} \\ V^{20} & V^{21} & 0 \end{bmatrix} = \begin{bmatrix} 0 & 0 & 0 & 4 & 7 & 4 & 0 & 0 \\ 0 & 0 & 0 & 1 & 2 & 0 & 0 & 0 \\ 0 & 0 & 0 & 0 & 11 & 0 & 0 & 3 \\ 0 & 0 & 0 & 0 & 0 & 12 & 8 & 0 \\ 0 & 0 & 0 & 0 & 0 & 7 & 2 & 4 \\ 0 & 0.2 & 0 & 0.01 & 0 & 0 & 0 & 0 \\ 0 & 0 & 0 & 0 & 0 & 0 & 0 & 0 \\ 0 & 0 & 0 & 0 & 0.1 & 0 & 0 & 0 \end{bmatrix}
$$

Für das System sind weiterhin die Angaben seiner Bruttoproduktion und seiner Nettoproduktion von Interesse. Dabei unterstellen wir hier generell, dass ausschließlich der stationäre Betrieb interessiert. Wir benötigen daher außer E nur noch die beiden Angaben $\underline{x}$ und $\underline{y}$ der Brutto- bzw. Nettoproduktion.

Problembeispiele

Typischerweise lassen sich Fragen der uns bekannten Art stellen:

(1) Gegeben seien E und $\underline{x}$, gesucht ist $\underline{y}$.

(2) Gegeben seien E und $\underline{y}$, gesucht ist $\underline{x}$.

(3) Gegeben seien E, $\underline{x}$ und $\underline{y}$; gefragt wird: Sind diese Angaben sinnvoll und kompatibel?

In den meisten ökonomisch interessanten Fällen wird man zusätzlich verlangen, dass $\underline{x}$ und $\underline{y}$ nichtnegativ sind:

$$\underline{x} \geq 0 \quad \text{und} \quad \underline{y} \geq 0. \tag{16.19}$$

Aufgrund der Ausführungen in Abschnitt 16.6 liegen dann die Antworten zu (1) und (3) direkt auf der Hand; die Lösungsansätze lauten bei materieller Produktion

zu (1): $\quad \underline{y} = (I - E)\underline{x}$.

zu (3): $\quad \underline{x} \overset{?}{\geq} 0 \,, \underline{y} \overset{?}{\geq} 0 \,, \underline{y} \overset{?}{=} (I - E)\underline{x}$.

Wie schon zuvor signalisieren die Fragezeichen in Rot, dass überprüft werden soll, ob die entsprechenden (Un-)Gleichungen gelten. *Wenn die Inverse $L = (I - E)^{-1}$ existiert und nichtnegativ ist*, ist der Lösungsansatz

zu (2): $\quad \underline{x} = L\underline{y} = (I - E)^{-1}\underline{y}$.

Beispiel 16.7 ($\nearrow$F 16.6). Wir nehmen an, das System aus solle das erweiterte Lieferprogramm ($\nearrow$S.607) realisieren, diesmal allerdings bei einer durch Rückflüsse modifizierten Technologie:

$$\underline{y} = [0, 0, 0, 40, 60, 10, 20, 10]^T.$$

Wir untersuchen die Matrix $I - E$ auf Invertierbarkeit. Da die nowendigen Berechnungsmethoden erst im Abschnitt 18.4 vorgestellt werden, bemühen wir im Vorgriff darauf einmal den Computer. In der Tat existiert die Inverse L, und es gilt $L \geq O$ sowie im Sinne einer Näherung

$$L \approx \begin{bmatrix} 1.00 & 15.40 & 0.00 & 27.10 & 63.10 & 771.00 & 343.00 & 252.00 \\ 0.00 & 5.08 & 0.00 & 7.12 & 16.90 & 204.00 & 90.80 & 67.70 \\ 0.00 & 15.20 & 1.00 & 22.80 & 69.50 & 761.00 & 322.00 & 281.00 \\ 0.00 & 1.38 & 0.00 & 3.08 & 4.62 & 69.20 & 33.80 & 18.50 \\ 0.00 & 1.35 & 0.00 & 2.02 & 6.15 & 67.30 & 28.50 & 24.60 \\ 0.00 & 0.11 & 0.00 & 0.17 & 0.38 & 5.77 & 2.15 & 1.54 \\ 0.00 & 0.00 & 0.00 & 0.00 & 0.00 & 0.00 & 1.00 & 0.00 \\ 0.00 & 0.13 & 0.00 & 0.20 & 0.61 & 6.73 & 2.85 & 3.46 \end{bmatrix}.$$

Damit ist jede Nettoproduktion realisierbar. Wiederum als Näherung ergibt sich

$$\underline{x} = L\underline{y} \approx [21970, 5831, 21930, 1954, 1938, 146, 20, 204]^T.$$

Zum Vergleich: Ohne Rückflüsse hatten wir dafür den Vektor

$$[2790, 740, 2340, 320, 210, 10, 20, 10]^T$$

ermittelt, und das Produktionsziel in Gestalt der Nettoproduktion lautet

$$\underline{y} = [0, 0, 0, 40, 60, 10, 20, 10]^T$$

Wir sehen also, dass bereits geringe Rückflüsse zu einem enormen Anstieg der Bruttoproduktion gegenüber der vergleichsweise bescheidenen Nettoproduktion führen können. $\triangle$

Beispiel 16.8. Wir betrachten eine Volkswirtschaft, die nur aus den produzierenden Sektoren Rohstoffe (X_1) und Energie (X_2) sowie aus dem ausschließlich konsumierenden Sektor Übrige (Ü) besteht. Im produzierenden Teil besteht folgende Leistungsverflechtung:

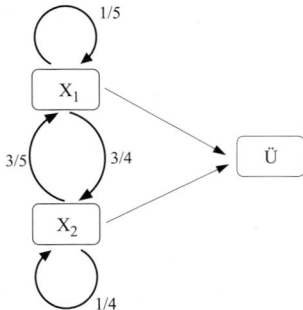

Eine Prognose für das bevorstehende Kalenderjahr besagt, dass der Sektor Übrige 400 Leistungseinheiten des Sektors Rohstoffe, sowie 300 Leistungseinheiten des Energiesektors benötigen wird. Wieviele Leistungseinheiten müssen die beiden produzierenden Sektoren insgesamt erbringen? Wohin werden diese geliefert?

Lösung:

Gegeben ist hier die Nettoproduktion $\underline{y} = [400, 300]^T$, gesucht zunächst die zugehörige Bruttoproduktion $\underline{x}$. Aus dem Diagramm lesen wir die Eigenverbrauchsmatrix des Systems ab:

$$E := \begin{bmatrix} \frac{1}{5} & \frac{3}{4} \\ \frac{3}{5} & \frac{1}{4} \end{bmatrix}.$$

Es folgt dann

$$I - E = \begin{bmatrix} \frac{4}{5} & -\frac{3}{4} \\ -\frac{3}{5} & \frac{3}{4} \end{bmatrix}.$$

Diese Matrix hat die Determinante 3/20 und ist somit invertierbar. Ihre Inverse – die Leontief-Inverse – hat die Form

$$L = (I - E)^{-1} = \begin{bmatrix} 5 & 5 \\ 4 & \frac{16}{3} \end{bmatrix}.$$

Es folgt gemäß Satz 16.5

$$\underline{x} = L\underline{y} = \begin{bmatrix} 5 & 5 \\ 4 & \frac{16}{3} \end{bmatrix} \begin{bmatrix} 400 \\ 300 \end{bmatrix} = \begin{bmatrix} 3500 \\ 3200 \end{bmatrix}$$

es müssen also insgesamt brutto 3500 Einheiten Rohstoffe und 3200 Einheiten Energie erzeugt werden, um die gewünschte Nettoproduktion zu realisieren.

Die zweite Frage *"Wohin werden diese geliefert?"* verlangt Aufschluss darüber, wie diese Bruttoproduktion auf die Sektoren der Volkswirtschaft aufgeteilt wird. Gefragt werden daher im Grunde die Werte, die im gelben Feld der folgenden Tabelle stehen müssten:

	(R)	(E)	(Ü)	Gesamt
(R)	...	...	400	3500
(E)	...	...	300	3200

Die fehlenden Werte sind ihrer Natur nach *absolute* Verbrauchswerte, die zusammengefasst die absolute Verbrauchsmatrix A für den Betrachtungszeitraum ergeben. Im Abschnitt 15.2.2 "Bäckerei" haben wir ein vergleichbares Schema untersucht. Ganz analog dazu ergibt sich die Matrix A als "$\odot$-Produkt" aus spezifischer Verbrauchsmatrix E und dem Produktionsplan $\underline{x}$ gemäß

$$A = E \odot \underline{x},$$

im Detail:

$$a_{ij} = e_{ij} \cdot x_j$$

für alle i, j. Das Ergebnis lautet

$$A = \begin{bmatrix} 1/5 \cdot 3500 & 3/4 \cdot 3200 \\ 3/5 \cdot 3500 & 1/4 \cdot 3200 \end{bmatrix}.$$

Nach dem Ausmultiplizieren erhalten wir die gewünschte Tabelle:

	(R)	(E)	(Ü)	Gesamt
(R)	700	2400	400	3500
(E)	2100	800	300	3200

$\triangle$

Ausblick

Wir hatten dem Lösungsansatz zu (2) vorangestellt:

"Wenn die Inverse $L = (I - E)^{-1}$ existiert und nichtnegativ ist, ..."

Damit wird sichtbar, dass neue Probleme auftauchen können, wenn diese Bedingung verletzt ist. Dass die Leontief-Inverse, wenn sie denn existiert, nicht immer nichtnegativ ist, sehen wir an folgendem einfachen

Beispiel 16.9. Wenn das System die Technologie

$$R := \begin{bmatrix} 0 & 1 & 0 \\ 0 & 0 & 1 \\ 2 & 0 & 0 \end{bmatrix}$$

besitzt, folgt sofort

$$L = (I - R)^{-1} = \begin{bmatrix} -1 & -1 & -1 \\ -2 & -1 & -1 \\ -2 & -2 & -1 \end{bmatrix}.$$

Es gibt in dieser Matrix keinen einzigen positiven Eintrag! Das bedeutet, dass die Bedingung $Ly \geq 0$ für keinen Vektor $y > 0$ erfüllbar ist. Anders gesagt: Es gibt keinerlei sinnvolle Nettoproduktion!

Ein Blick auf die Skizze macht deutlich, warum das so ist:

Das System verbraucht offensichtlich selbst viel mehr seiner eigenen Produkte, als es herstellen könnte – und funktioniert also nicht.

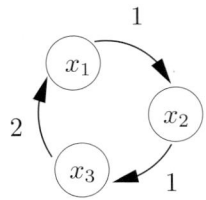

$\triangle$

Die Frage, welche Bedingungen rückgekoppelte Systeme erfüllen müssen, um jede beliebige oder doch zumindest "viele" Nettoproduktionen erbringen zu können, ist Gegenstand der sogenannten Input-Output-Analyse.

Grundsätzlich besteht auch die Möglichkeit, die Forderungen $\underline{x} \geq 0$ und $\underline{y} \geq 0$ abzuschwächen. Dabei erhalten eventuelle negative Komponenten von $\underline{x}$ bzw. $\underline{y}$ eine andere Interpretation. Die Behandlung dieser Materie übersteigt jedoch den Rahmen dieses Buches.

16.8   Aufgaben

Aufgabe 16.10. Das Unternehmen "Power&Vit" poduziert die Vitaminpräparate "MultiVit" und "Fit&Power". Im Kalenderjahr 2008 hat es 200.000 Packungen mit je 20 Tabletten "MultiVit" hergestellt und dafür 0.72 t Ascorbinsäure (Vitamin C), 48g Vitamin B_{12} sowie 36 kg Folsäure benötigt. Im selben Zeitraum wurden außerdem 150.000 Packungen "Fit&Power" erzeugt, die jeweils 30 Tabletten enthalten. Hierfür wurden 180 kg Ascorbinsäure, 72.5 g Vitamin B_{12} sowie 0.0945 t Folsäure aufgewendet.

Angenommen, das Unternehmen kann die benötigten Rohstoffe zu folgenden Preisen beziehen:

Ascorbinsäure: 30 ct/g

Vitamin B_{12}: 3 $ct/\mu g$

Folsäure: 2 ct/mg.

Welches sind die unteren Grenzen für den Preis je einer Packung "MultiVit" bzw. "Fit&Power", zu denen das Unternehmen diese Produkte in den Handel bringen kann? (Alle hier nicht aufgeführten Aufwände mögen außer Betracht bleiben).

Hinweis: *Führen Sie geeignete mathematische Bezeichnungen für alle wichtigen Größen ein und zeigen Sie auf, welchen Beziehungen zwischen diesen bestehen.*

Aufgabe 16.11. Gegeben seien der Gozintograph einer zweistufigen Produktion:

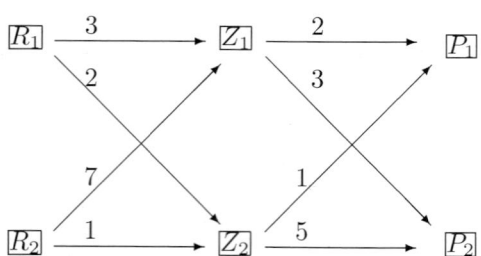

sowie ein Produktionsprogramm $\underline{p}^T = (10, 12)$.

a) Stellen Sie die Matrizen V^{01} und V^{12} auf, die den direkten spezifischen Materialverbrauch beim Übergang von Stufe 0 zu Stufe 1 bzw. von Stufe 1 zu Stufe 2 beschreiben.

b) Ermitteln Sie die Vektoren $\underline{z}$ und $\underline{r}$ der für die Endproduktion $\underline{p}$ benötigten Zwischenprodukte bzw. Rohstoffe.

Aufgabe 16.12. Ein zweistufiger Produktionsprozess verlaufe entsprechend folgendem Gozintographen:

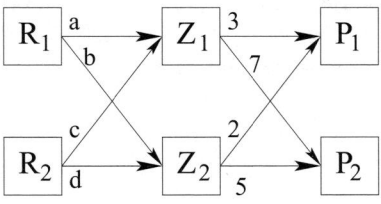

(Dabei bezeichnen R_1 und R_2 Rohstoffe, Z_1 und Z_2 Zwischenprodukte sowie P_1 und P_2 Endprodukte.)

Wenn kein eigenständiges Interesse an den Zwischenprodukten entsteht, kann der Gesamtprozess wie folgt dargestellt werden:

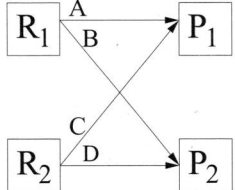

(i) Bestimmen Sie die Zahlen A bis D, wenn bekannt ist $a = 4$, $b = 2$, $c = 3$, $d = 3$.

(ii) Bestimmen Sie umgekehrt die Zahlen a bis d, wenn bekannt ist $A = 8$, $B = 44$, $C = 40$, $D = 96$.

(iii) Unter den zahlenmäßigen Voraussetzungen des Punktes (ii) seien die Rohstoffpreise $r_1 = 8$ GE/ME des Rohstoffes R_1 und $r_2 = 10$ GE/ME des Rohstoffes R_2 gegeben. Zu welchen Mindestpreisen p_1 und p_2 müssen die Produkte P_1 und P_2 verkauft werden, damit das Unternehmen keine Verluste erzielt?

Aufgabe 16.13. Ein Unternehmer produziert aus 2 Rohstoffen $R1$, $R2$ in drei Schritten zwei Endprodukte $P1$ und $P2$, wobei zunächst zwei Hilfsprodukte $H1$ und $H2$ und anschließend zwei Zwischenprodukte $Z1$ und $Z2$ entstehen. Die Technologie ist folgender Abbildung zu entnehmen.

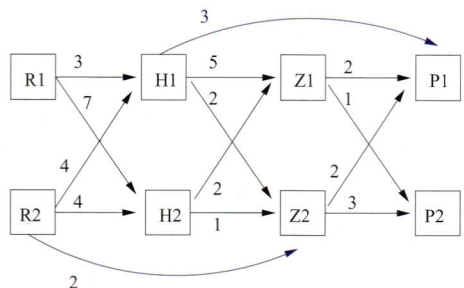

a) Führen Sie geeignete Matrizen ein, um die Technologie zu beschreiben (ohne fiktive Hilfs- oder Zwischenprodukte zu verwenden).

b) Wieviele Einheiten von R1, R2, H1, H2 und Z1 sowie Z2 sind insgesamt bereit- bzw. herzustellen, damit 10 ME $P1$, 20 ME $P2$, 5 ME $Z1$, sowie 15 ME $Z2$ auf den Markt gebracht werden können?

c) Unter Vernachlässigung von Hilfs- und Zwischenprodukten könnte die Technologie so dargestellt werden:

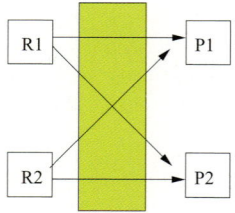

Beschriften Sie die Pfeile!

d) Wir erweitern nun das Modell um zwei zusätzliche Rückflüsse:

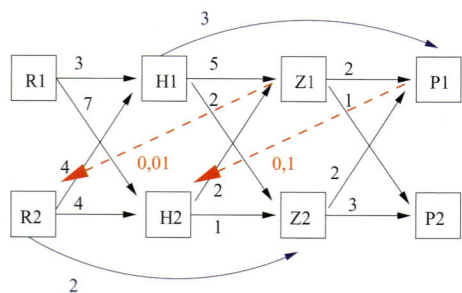

Stellen Sie die Eigenverbrauchsmatrix E auf.

Aufgabe 16.14. Eine Volkswirtschaft bestehe aus den Sektoren Energieerzeugung (E), Schwerindustrie (S) und Übrige (K) (wobei zu den " übrigen" Branchen auch die privaten Haushalte und der Export gerechnet werden mögen). Im vergangenen Jahr lieferte der Energiesektor 49500 GWh Energie an die Schwerindustrie und 81000 GWh an die übrigen Sektoren, benötigte jedoch seinerseits Zulieferungen aus der Schwerindustrie im Werte von 26,1 Mrd. €. Die Schwerindustrie lieferte außerdem Material im Werte von 72,9 Mrd. € an die übrigen Sektoren.

Bei unveränderter Technologie sollen die übrigen Sektoren im Folgejahr 90900 GWh Energie und Leistungen der Schwerindustrie im Wert von 108000 Mio. € erhalten.

a) Welche Leistungen müssen der Energiesektor und die Schwerindustrie dafür insgesamt erbringen?

b) Wieviel Energie wird die Schwerindustrie dabei verbrauchen?

c) Welchen Wert werden die Leistungen der Schwerindustrie für den Energiesektor annehmen?

Aufgabe 16.15. Im Monat Oktober 2008 ergab sich für die chemische Industrie und für die Pharmaindustrie folgende Leistungsbilanz:

Lieferung von	Lieferung an		
	chem. Industrie	Pharmaindustrie	übrige Wirtsch.
chem. Industrie	24	72	48
Pharmaindustrie	54	54	108

(Alle Angaben in Mio. €.)

Die Angaben für die Leistungsbilanz im November 2009 fallen dagegen lückenhaft aus:

Lieferung von	Lieferung an		
	chem. Industrie	Pharmaindustrie	übrige Wirtsch.
chem. Industrie			264
Pharmaindustrie			240

Ergänzen Sie die fehlenden Angaben unter der Annahme, die Produktionsbedingungen seien unverändert geblieben.

Aufgabe 16.16. Gegeben sei ein beliebiges Verflechtungsmodell mit n Knoten. Als komplexes Modell aufgefasst, in dem alle Knoten formal gleichberechtigt sind, werde es durch die 1-Schritt-Eigenbedarfsmatrix E beschrieben.

D.h., die Produktion von 1 ME am Knoten X_j innerhalb des t-ten Arbeitstaktes erfordert eine Zulieferung in Höhe von e_{ij} ME eines Materials, welches einen Arbeitstakt früher – also innerhalb des Taktes $t-1$ – am Knoten X_i hergestellt werden musste.

Da die Produktion am Knoten X_i ihrerseits einen Bedarf auslöst, der wiederum einen Takt früher – d.h., im Takt $t-2$ – an den X_i unmittelbar vorgelagerten Knoten gedeckt werden musste, ist auf diese Weise vorstellbar, dass die Produktion einer ME des Knotens X_i im Takt t einen Zulieferbedarf auslöst, der beliebig lange zeitlich zurückreicht.

(i) Überlegen Sie sich, dass das Element $e_{ij}^{(n)}$ der Matrix E^n gerade denjenigen Bedarf ausdrückt, den die Produktion einer ME des Gutes am Knoten X_j n Takte zuvor am Knoten i auslöst.

(ii) Folgern Sie daraus, dass (im Existenzfall) die Matrix

$$B := \sum_{k=0}^{\infty} E^k$$

den totalen Eigenverbrauch des Systems über die gesamte Vergangenheit beschreibt, wenn die Produktionsbedingungen als unveränderlich angenommen werden. (Die unendliche Reihe von Matrizen ist als koordinatenweise unendliche Reihe zu interpretieren – vgl. Kapitel 4.2.)

(iii) Zeigen Sie unter Verwendung des Egebnisses aus Aufgabe 16.17, dass im Fall $E^n \longrightarrow O$ folgt
$$B = (I - E)^{-1}.$$

Aufgabe 16.17.

(i) Zeigen Sie, dass jede obere Dreiecksmatrix, deren Diagonale nur Nullen enthält, nilpotent ist.

(ii) Welche Schlussfolgerungen ergeben sich daraus für die Formel (15.63)?

17

Vektoren

17.1 Grundlagen

17.1.1 Motivation

Im vorangehenden Kapitel destillierten wir aus zahlreichen *ökonomischen* Beispielen *Mathematisches*: Wir entwickelten den Begriff der Matrix sowie sämtliche Rechenoperationen für Matrizen[1] als mathematische Abstraktionen ökonomischer Inhalte. Einen Vorteil solcher Abstraktionen lernten wir bereits kennen: Durch Konzentration auf das Wesentliche können wir die notwendigen Berechnungen schneller und sicherer bewältigen. Ein weiterer Vorteil der Abstraktion ist es, dass die abstrakten Begriffe, einmal geschaffen, völlig andersartig interpretiert werden können als ursprünglich und auf diese Weise neue Ideen und Lösungsansätze entstehen. Als Beispiel dafür zeigen wir in diesem Kapitel, wie Vektoren – als spezielle Matrizen – und die Rechenoperationen mit ihnen *geometrisch* interpretiert werden können. Auf diese Weise wird einfachste geometrische Anschauung, über die im Prinzip schon jedes Kind verfügt, als Erkenntnisquelle nutzbar. Dank dieser Quelle werden wir in der Lage sein, zentrale offene Fragen zu beantworten – insbesondere Matrizen zu invertieren (Kapitel 18) und lineare Gleichungssysteme zu lösen (Kapitel 19). Der Leser wird in diesem Kapitel relativ wenige ökonomische Beispiele finden, denn die Konzentration auf die geometrische Anschauung ist durchaus beabsichtigt. Später, wenn die gewünschten mathematischen Resultate vorliegen (Kapitel 18 und 19), werden wir aus der geometrischen Sichtweise zur ökonomischen Sichtweise zurückkehren.

---

[1] Addition, Multiplikation, Transposition, Inversion, Vergleich von Matrizen sowie Multiplikation von Matrizen mit Skalaren.

17.1.2   Interpretationsmöglichkeiten

Vektoren als Punkte im $\mathbb{R}^n$

Nach dem bisher Vereinbarten ist ein $m-$Zeilen- bzw. $m-$Spaltenvektor nichts anderes als ein horizontal bzw. vertikal notiertes Zahlentupel mit m Einträgen, den "Koordinaten".

Unabhängig davon, ob es sich um einen Zeilen- oder Spaltenvektor handelt, kann man diesen als einen Punkt im $m-$dimensionalen kartesischen Koordinatenraum $\mathbb{R}^n$ auffassen. Wir illustrieren das anhand nebenstehender Skizze für die drei Vektoren

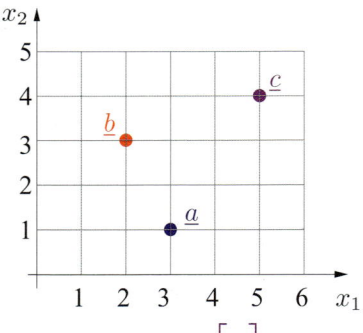

$$\underline{a} := \begin{bmatrix} 3 \\ 1 \end{bmatrix} \quad \text{und} \quad \underline{b} := \begin{bmatrix} 2 \\ 3 \end{bmatrix} \quad \text{sowie} \quad \underline{c} := \underline{a} + \underline{b} = \begin{bmatrix} 5 \\ 4 \end{bmatrix}$$

Ein Vorteil dieser Interpretation eines Vektors als Punkt besteht darin, dass es sehr leicht möglich ist, diesen direkt in ein Koordinatensystem einzutragen oder auch wieder abzulesen. Ein Nachteil: Mit bloßem Auge ist jedoch nicht leicht zu erkennen, dass es sich bei (dem "Punkt") $\underline{c}$ um die Summe von $\underline{a}$ und $\underline{b}$ handelt.

Vektoren und Pfeile

Eine bessere Sichtbarkeit aller Punkte wird dadurch erreicht, dass man Pfeile einzeichnet, die – beginnend beim Koordinatenursprung – auf die Punkte weisen: Derartige Pfeile werden oft als "Ortsvektoren" bezeichnet; besser wäre, sie "Ortspfeile" zu nennen.

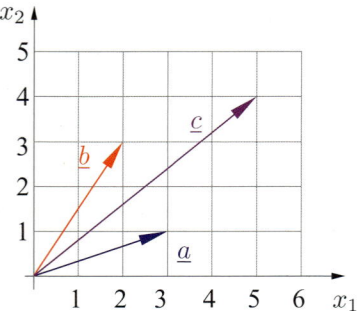

Den geometrischen Zusammenhang zwischen den drei Pfeilen $\underline{a}$, $\underline{b}$ und $\underline{c}$ kann man in nebenstehendem Bild erkennen: Je ein zu $\underline{a}$ und $\underline{b}$ kongruenter Pfeil würden die Figur zu einem Parallelogramm ergänzen.

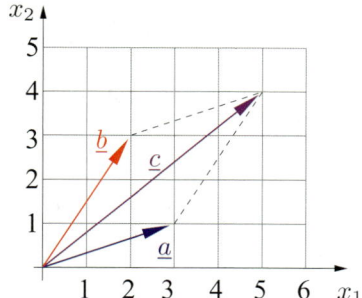

Verwendet man statt des ursprünglich eingezeichneten Ortspfeiles für $\underline{b}$ den im Parallelogramm gegenüberliegenden Pfeil, erhält die Addition einen unmittelbar ablesbaren Sinn (siehe nebenstehende Skizze). (Die sich selbst erklärende "Aneinanderreihung" von Pfeilen wird auch als "Komposition" bezeichnet.)

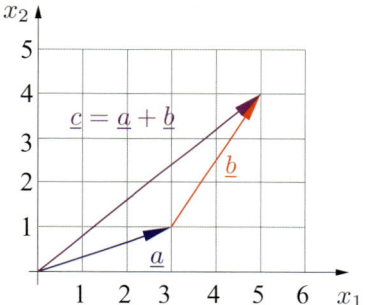

Um von dieser einleuchtenden geometrischen Deutung profitieren zu können, haben wir unausgesprochen den $\underline{b}$ entsprechenden Ortspfeil und den im Parallelogramm gegenüberliegenden Pfeil als ein- und dasselbe Objekt angesehen.

Diese Sichtweise wird noch besser an folgendem Beispiel sichtbar: Wir betrachten die Summe $\underline{a} + \underline{b} + \underline{b} = \underline{c} + \underline{b}$, wie nebenstehend abgebildet. Diesmal wird ein- und *derselbe* Vektor zweifach für die Addition benötigt und daher durch *verschiedene* Pfeile verkörpert.

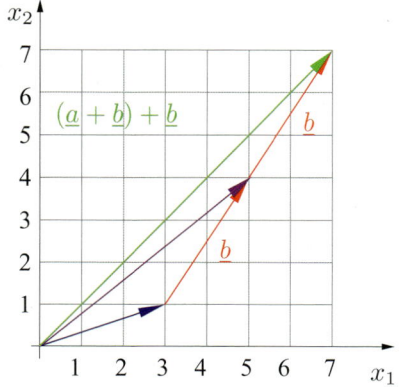

Diese sind jedoch in Richtung und Länge identisch (geometrisch formuliert: kongruent) und lassen sich durch Parallelverschiebung ineinander überführen. Es ist also sinnvoll, den Vektor $\underline{b}$ nicht als einen einzigen Pfeil aufzufassen, sondern als Gesamtheit (oder "Klasse") aller aus dem Ortspfeil durch Parallelverschiebung hervorgehenden Pfeile. Diesen Standpunkt werden wir im Weiteren einnehmen. In Skizzen und Diagrammen werden jeweils nur ein oder mehrere Repräsentanten dieser Klasse verwendet, und zwar der- oder diejenigen, mit denen sich ein Sachverhalt am besten verdeutlichen lässt.

Auch wenn Pfeile nicht vom Koordinatenursprung ausgehen, werden die Koordinaten der ihnen entsprechenden Vektoren meist problemlos aus einer Skizze abzulesen sein. Im nebenstehendem Bild zeigt der Pfeil 4 Einheiten "nach rechts" (in x_1−Richtung) und 3 Einheiten "nach unten" (also entgegen der x_2−Richtung). Man liest ab: $\underline{u} = [\,4\,, \,-3\,]^T$.

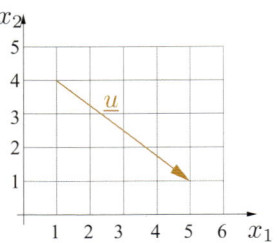

Vektoren als Operationen

Eine weitere Möglichkeit der geometrischen Interpretation von Vektoren besteht darin, diese als Verschiebungsoperationen aufzufassen. So kann man sich den Vektor $\underline{a} = [\,3\,, 1\,]^T$ als eine Verschiebung der gesamten 2-dimensionalen Koordinatenebene um 3 Einheiten in x_1−Richtung und 1 Einheit in x_2−Richtung vorstellen (bei der alle Punkte verschoben werden, das Koordinatensystem jedoch fest bleibt); der ursprünglich im Koordinatenursprung liegende Punkt wird auf die Position $[\,3\,, 1\,]$ verschoben. Addiert man nun den Vektor $\underline{b}$, bedeutet dies eine anschließende weitere Verschiebung dieses Punktes um 2 Einheiten in Richtung der x_1−Achse und 3 Einheiten in Richtung der x_2−Achse. Im Ergebnis lauten die Koordinaten des verschobenen Punktes $[\,5\,, 4\,]^T = \underline{c}$.

Die soeben besprochene Interpretation von Vektoren als Klassen von Pfeilen ist hiermit kohärent; jeder Pfeil ist dabei als "Verschiebungsanweisung", d.h., Wirkung der Verschiebung auf einen ausgewählten Punkt, zu deuten.

Welche Interpretation wird verwendet?

Wir sahen, dass ein n−Vektor gleichermaßen als jedes der folgenden Objekte zu deuten ist:

- als Koordinatentupel (eine geordnete Liste von Zahlen)
- als Punkt im n−dimensionalen Koordinatenraum
- als (Repräsentant einer) Klasse kongruenter Pfeile
- als Verschiebungsoperation.

Wir werden in diesem Text freizügig zwischen diesen Repräsentationen wechseln und jeweils diejenige Darstellung verwenden, welche am besten zum Kontext passt. Soweit nichts anderes gesagt wird, verwenden wir durchgehend die Spaltenvektoren*notation*.

Bemerkungen zur zeichnerischen Darstellung im $\mathbb{R}^3$

Die zeichnerische Darstellung von Vektoren im $\mathbb{R}^2$ ist die einfachste, weil die natürlichen Dimensionen der dargestellten Objekte und des darstellenden Mediums (Papier) übereinstimmen. Auch Vektoren mit drei Koordinaten kann man sich leicht als Punkte oder Pfeile[2] in einem *drei*dimensionalen Raum vorstellen. Will man diese auf *zwei*dimensionales Papier zeichnen, greift man zu folgendem Trick: Man stellt die Objekte so dar, als würden sie – dank einer in oder hinter ihnen befindlichen Lichtquelle – auf das Papier projiziert. Es handelt sich um dasselbe Grundprinzip, mit dem Bilder unserer dreidimensionalen Welt auf eine zweidimensionale Kinoleinwand oder der Schatten einer in der Sonne stehenden Person auf den Boden geworfen werden.

Je nach den getroffenen Annahmen über Richtung und Entfernung der Lichtquelle lassen sich verschiedene Regeln für die zeichnerische Darstellung ableiten, die nicht Gegenstand dieses Textes sein können. Mit den folgenden Ausführungen wollen wir daher nur die wohl einfachste Möglichkeit beschreiben, schnell und ohne Mühe eine brauchbare Skizze eines 3d-Objektes anzufertigen.

Um z.B. den Vektor $\underline{v} = [\,2\,,\,3\,,\,4\,]^T$ in einer Skizze darzustellen, kann man folgendermaßen vorgehen: Zunächst ist ein dreidimensionales Koordinatensystem abzubilden. Dazu skizziert man drei Achsen, die sich unter frei wählbaren Winkeln in einem Punkt schneiden. Es wird (zumindest gedanklich) eine Reihenfolge der Achsen festgelegt und beispielsweise durch die Bezeichnung "x_1–", "x_2–" bzw. "x_3–Achse" ausgedrückt. Diese Achsen hat man sich räumlich als "Rechtsdreibein" paarweise aufeinander senkrecht stehend vorzustellen.[3]

Anschließend wählt man für jede Achse gesondert eine "Längen-"Einheit. (Diese Einheiten können beliebig gewählt werden und selbstverständlich auch verschieden sein.) Wo ist nun der Punkt $\underline{v} = [\,2\,,\,3\,,\,4\,]^T$ einzuzeichnen? Man erreicht diesen z.B., indem man sich – ausgehend vom Koordinatenursprung – zunächst 2 Einheiten in x_1–Richtung, anschließend 3 Einheiten parallel zur x_2–Achse und schließlich 4 Einheiten parallel zur x_3–Achse bewegt,[4]

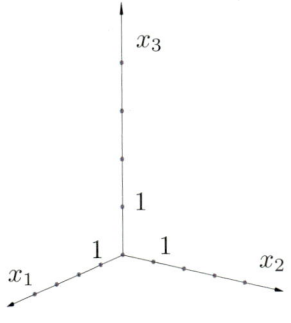

---

[2]genauer: als Repräsentanten einer Klasse kongruenter Pfeile.

[3]Ob und welche Bezeichnungen verwendet werden, ist im Grunde Geschmackssache.

[4]Verloren geht dabei möglicherweise die "Maßtreue" der Darstellung, worauf es hier jedoch nicht ankommt.

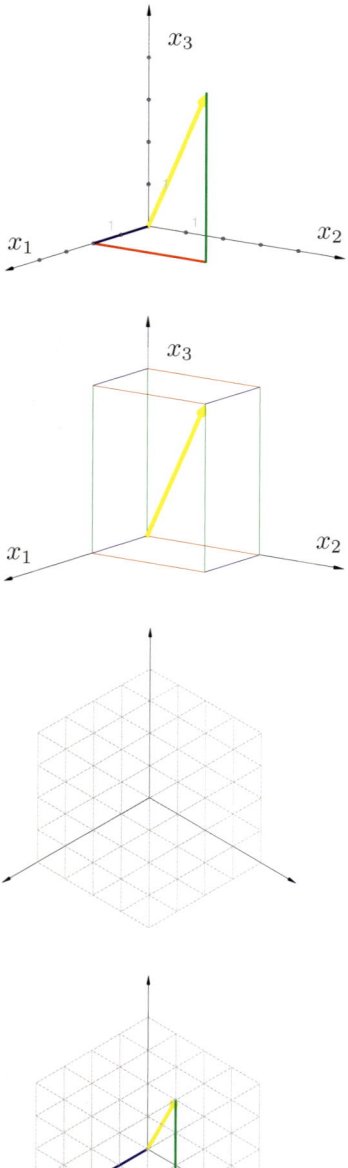

also nacheinander die hier blau, rot bzw. grün eingezeichneten Strecken durchläuft. (Der $\underline{v} = [\,2\,,3\,,4\,]^T$ entsprechende Ortspfeil ist gelb dargestellt.)

Die Reihenfolge der Bewegungen in x_1-, x_2- bzw. x_3-Richtung ist beliebig; dasselbe Ziel hätte auf insgesamt 6 verschiedenen Wegen entlang je einer blauen, roten und grünen Kante des nebenstehenden Quaders erreicht werden können:

Bei der zeichnerischen Darstellung ist es mitunter hilfreich, wenn bereits mit parallelen Hilfslinien versehenes Papier benutzt werden kann. Das nebenstehende Beispiel zeigt den "symmetrischsten" Fall, in dem der Koordinatenursprung aus dem 1. Oktanten des $\mathbb{R}^3$ "betrachtet" wird, wobei die Blickrichtung zu Raumdiagonalen parallel ist.

Der Punkt $\underline{v} = [\,2\,,3\,,4\,]^T$ wird wie oben aufgefunden und – der besseren Sichtbarkeit wegen – mit einem Ortspfeil (gelb) versehen.

17.1.3   Geometrische Deutung von Rechenoperationen und Rechengesetzen

Wir sahen bereits, dass sich die Addition "$\underline{a} + \underline{b} = \underline{c}$" als Komposition von Pfeilen deuten ließ. Die Addition unterliegt den Gesetzen (A1)-(A4) aus Kapitel 15.4, die nun folgendermaßen zu visualisieren sind:

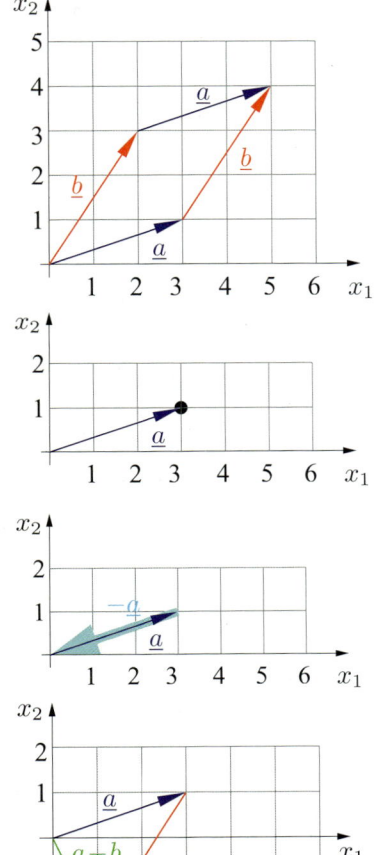

Das Kommutativgesetz (A2) kann als "Parallelogrammregel" gelesen werden:

Neutrales Element (A3) ist der Nullvektor. Weil $\underline{a} + 0 = \underline{a}$ für alle $\underline{a}$ gilt, muss ein den Nullvektor darstellender "Pfeil" die Länge 0 (bei wahlweise nicht vorhandener oder beliebiger "Richtung") haben. Er lässt sich am besten (gar nicht oder aber) als Punkt skizzieren.

Der zu $\underline{a}$ additiv inverse Vektor kann durch einen Pfeil gleicher Länge und umgekehrter Richtung dargestellt werden.

(Damit ist die Subtraktion nichts anderes als die Addition eines inversen Elementes: $\underline{a} - \underline{b} = \underline{a} + (-\underline{b})$.)

Eine Deutung des Assoziativgesetzes liefert das folgende Bild:

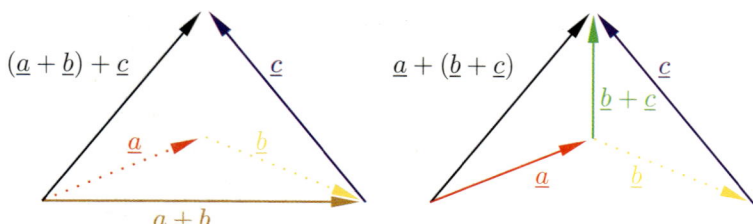

In folgender Skizze links finden sich Pfeile, die den Vektoren $\underline{a}$, $2\underline{a}$, $0.5\underline{a}$ und $(-1)\underline{a}$ entsprechen. Allgemein wirkt sich die Multiplikation eines Skalars λ mit dem Vektor $\underline{a}$ folgendermaßen auf den darstellenden Pfeil aus:

- "Verlängerung" bei Erhalt der Richtung,   falls $\lambda \geqslant 1$

- "Stauchung" bei Erhalt der Richtung,   falls $0 < \lambda \leqslant 1$

- "Löschung",   falls $\lambda = 0$

- "Stauchung" mit Richtungsumkehr,   falls $-1 \leqslant \lambda < 0$

- "Verlängerung" mit Richtungsumkehr,   falls $-1 \leqslant \lambda$

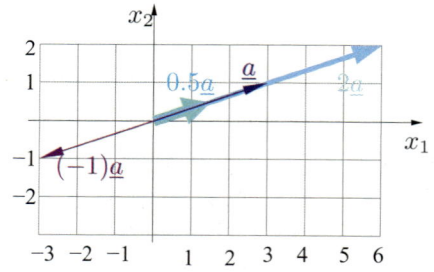
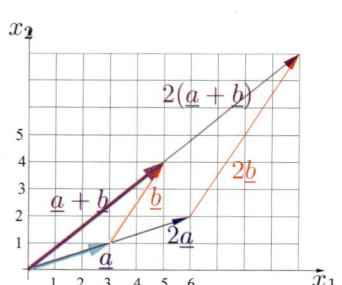

Das Distributivgesetz (D2):

$$2(\underline{a} + \underline{b}) = 2\underline{a} + 2\underline{b}$$

kann als "Strahlensatz" gelesen werden (Bild rechts).

17.2 Die "Länge" von Vektoren

Bereits mehrfach wurde der Begriff "Länge" im Zusammenhang mit Pfeilen benutzt, und zwar in dem Sinne, wie er in der (Euklidischen) Geometrie des uns umgebenden Raumes üblich ist.

Da jedem Vektor eine Klasse kongru- enter – also auch gleich langer – Pfei- le zugeordnet werden kann, so auch deren Länge. Deren Bestimmung ist mit Hilfe des Satzes von Pythagoras[5] sehr einfach. So würde man dem Vek- tor $\underline{x} = [\,3\,,\,4\,]^T$ selbstverständlich die Länge $\sqrt{3^2 + 4^2} = \sqrt{25} = 5$ zuordnen:

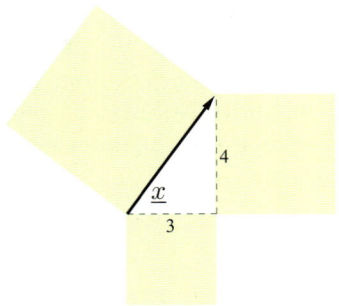

Dieses Prinzip lässt sich unmittelbar auf beliebige Zeilen- und Spaltenvektoren übertragen. Wir gelangen zu folgender

Definition 17.1. *Es sei $n \in \mathbb{N}$ und $\underline{x} = [\,x_1, \dots, x_n\,]$ (bzw. $\underline{x} = [\,x_1, \dots, x_n\,]^T$) ein beliebiger Zeilenvektor (bzw. Spaltenvektor). Dann heißt*

$$\|\underline{x}\| := \sqrt{x_1^2 + \dots + x_n^2}$$

Norm *(oder "Länge") des Vektors $\underline{x}$.*

Die Norm hat einige sehr plausible Eigenschaften.

Satz 17.2. *Es sei $n \in \mathbb{N}$ und $M := \mathbb{R}^n$. Dann gilt*
(N1) $\|\underline{x}\| \geqslant 0$ für alle $\underline{x} \in M$ und $\|\underline{x}\| = 0 \Leftrightarrow \underline{x} = 0$. ("Nichtnegativität")
(N2) $\|\lambda \underline{x}\| = |\lambda|\,\|\underline{x}\|$ für alle $\lambda \in \mathbb{R}$, $\underline{x} \in M$. ("positive Homogenität")
(N3) $\|\underline{x} + \underline{y}\| \leqslant \|\underline{x}\| + \|\underline{y}\|$. ("Dreiecksungleichung")

Bemerkungen zur Interpretation:

- Mit (N1) wird dem Nullvektor nicht nur zeichnerisch, sondern auch rech- nerisch die Länge 0 zugeordnet. Dass ein Vektor $\underline{x}$ der Nullvektor sein soll, kann man also auch so ausdrücken: $\|\underline{x}\| = 0$.

- (N2) Wird ein Vektor mit einem Skalar vervielfacht, wirkt sich nur des- sen Betrag, nicht aber dessen Vorzeichen auf die Länge aus.

- Die Dreiecksungleichung (N3) besagt, salopp gesprochen, dass der direkte Weg immer der kürzeste ist.

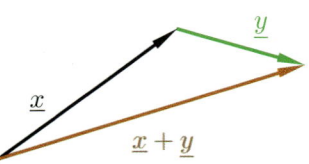

---

[5]der hier als gültig vorausgesetzt, also nicht bewiesen werden wird.

Ein Vektor $\underline{x}$ mit "Länge" 1 wird fortan *Einheitsvektor* genannt.
Ist $\underline{a} \neq 0$ ein beliebiger Vektor, so hat der aus ihm gebildete Vektor
$\frac{1}{||\underline{a}||}\underline{a} =: \underline{a}^{normiert}$ die Länge 1. Den Übergang von $\underline{a}$ zu $\underline{a}^{normiert}$ nennt man *normieren*.

Die Gesamtheit aller Einheitsvektoren, dargestellt als Punkte des $\mathbb{R}^2$, ergibt die Einheitskreislinie S^2. Den Zusammenhang zwischen Vektoren und den aus ihnen durch Normierung gewonnenen Vektoren kann man an ihr veranschaulichen:

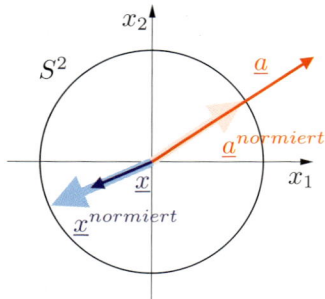

17.3   Geradengleichungen

17.3.1   Parameterdarstellung einer Geraden

Wir betrachten zunächst die Situation im $\mathbb{R}^2$ und nehmen an, dort sei eine Gerade g gegeben. Um deren Lage eindeutig festzulegen, benötigt man außer der Kenntnis eines beliebigen, g angehörenden Punktes $\underline{p}$ weiterhin die

(a) eines weiteren g angehörenden Punktes $\underline{q}$ oder

(b) der Richtung von g oder

(c) der zu g lotrecht verlaufenden "Normalen-"Richtung.

Wir betrachten den Fall b) etwas näher und nehmen an, es sei der Punkt $\underline{p} = [\,3\,,6\,]^T$ gegeben. Die Richtung von g kann man durch einen Pfeil, z.B. $\underline{r} = [\,3\,,-2\,]^T$, symbolisieren: Ist es möglich, einen beliebigen Punkt $\underline{x}$ der Geraden allein unter Verwendung von $\underline{p}$ und $\underline{r}$ zu "adressieren"?

In unserem Beispiel gilt erkennbar $\underline{x} = \underline{p} + 2\underline{r}$; der Punkt $\underline{y}$ ist durch die Angabe $\underline{y} = \underline{p} + 1/2\underline{r}$ bestimmt, und für den Punkt $\underline{z}$ gilt: $\underline{z} = \underline{p} - \underline{r}$.

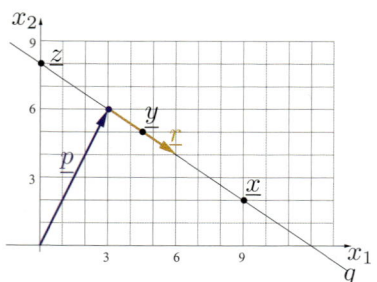

Allgemein können wir die Gerade g als Menge aller ihr angehörenden Punkte folgendermaßen schreiben:

$$g = \big\{\underline{x} \in \mathbb{R}^2 \,|\, \underline{x} = \underline{p} + \lambda\underline{r}\,;\lambda \in \mathbb{R}\big\} \tag{17.1}$$

ausführlich

$$g = \left\{ \underline{x} \in \mathbb{R}^2 \;\middle|\; \begin{bmatrix} x_1 \\ x_2 \end{bmatrix} = \begin{bmatrix} 3 \\ 6 \end{bmatrix} + \lambda \begin{bmatrix} 3 \\ -2 \end{bmatrix} \;;\; \lambda \in \mathbb{R} \right\} \qquad (17.2)$$

$$= \left\{ \begin{bmatrix} 3 \\ 6 \end{bmatrix} + \lambda \begin{bmatrix} 3 \\ -2 \end{bmatrix} \;\middle|\; \lambda \in \mathbb{R} \right\}.$$

(Die zweite der beiden letzten Formeln ist nur eine kürzere Modifikation der ersteren und kann verwendet werden, wenn – wie hier – offensichtlich oder zumindest aus dem Kontext bekannt ist, aus welcher Grundmenge die Vektoren $\underline{x}$, $\underline{p}$ und $\underline{r}$ stammen.) Was bedeuten diese Formeln in Worten? Die Gerade g ist genau die Menge all jener Punkte $\underline{x}$, für die man eine (von der Wahl des Punktes $\underline{x}$ abhängende) Konstante $\lambda \in \mathbb{R}$ finden kann, für die gilt: $\underline{x} = \underline{p} + \lambda \underline{r}$. Kann man für einen Punkt $\underline{x}$ keine solche Konstante finden, gehört er der Geraden g nicht an.

Die Darstellung (17.1) wird als *Parameterdarstellung* der Geraden g bezeichnet – nach dem darin enthaltenen Parameter λ. Den g fixierenden Punkt $\underline{p}$ werden wir auch salopp als "Pin"-Punkt bezeichnen.

Bemerkungen 17.3.

(1) Ein Vorteil der Parameterdarstellung ist die Leichtigkeit, mit der sie zu gewinnen ist, ein weiterer, dass auch Teilstücke einer Gerade leicht darstellbar sind. Darüber hinaus sind zahlreiche geometrische Fragen auf sehr anschauliche Weise leicht zu beantworten. Leider existieren – je nach Wahl des verwendeten Richtungsvektors und Pins – unterschiedliche Darstellungen für ein- und dieselbe Gerade g.

Hätte man z.B. statt des Vektors $\underline{r}$ den Vektor $\underline{s} = [-6\,,4]^T$, statt $\underline{p}$ den Punkt $\underline{q} = [\,12\,,0\,]^T$ als Pin verwendet, wäre man zu einer ebenso zutreffenden wie anderslautenden Darstellung von g gelangt:

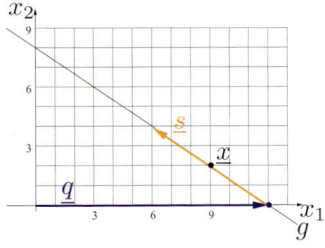

$$g = \left\{ \underline{x} \in \mathbb{R}^2 \;\middle|\; \underline{x} = \underline{q} + \lambda \underline{s} \;;\; \lambda \in \mathbb{R} \right\}$$

ausführlich

$$g = \left\{ \underline{x} \in \mathbb{R}^2 \;\middle|\; \begin{bmatrix} x_1 \\ x_2 \end{bmatrix} = \begin{bmatrix} 12 \\ 0 \end{bmatrix} + \lambda \begin{bmatrix} -6 \\ 4 \end{bmatrix} \;;\; \lambda \in \mathbb{R} \right\}.$$

Allgemein hätte jeder Vektor der Form $a\underline{r}$ (mit $a \neq 0$) als Richtungsvektor fungieren können; als Pin käme jeder der Gerade g angehörende Punkte in Betracht.

(2) Wenn man nicht – wie hier – über eine aussagekräftige Skizze verfügt, wird man anhand einer Rechnung überprüfen müssen, ob zwei formal verschiedene Parameterdarstellungen ein- und dieselbe Gerade darstellen; ein Beispiel wird weiter unten untersucht.

(3) Eine Parameterdarstellung setzt selbstverständlich voraus, dass $\underline{r} \neq 0$ gilt (andernfalls ist "keine Richtung vorhanden"). Dies ist zugleich die einzige Bedingung, die an die Vektoren $\underline{p}$ und $\underline{r}$ gestellt wird.

(4) Außer der Parameterdarstellung existieren weitere Darstellungsmöglichkeiten für Geraden, auf die im nächsten Punkt eingegangen wird. Dabei werden auch Möglichkeiten der wechselseitigen Umrechnung aufgezeigt.

(5) Die bisherigen Ausführungen wurden nur der besseren Anschaulichkeit wegen auf den zweidimensionalen Koordinatenraum $\mathbb{R}^2$ bezogen, lassen sich jedoch ohne Abstriche auf jede beliebige andere Dimension $n \in \mathbb{N}$ übertragen. Wenn bekannt ist, in welchem der Räume $\mathbb{R}^n$ "wir sind", lautet die allgemeine Form von (16.1) dann

$$g = \left\{ \underline{x} = \underline{p} + \lambda \underline{r} \mid \lambda \in \mathbb{R} \right\} .$$

In den Fällen $n = 1, 2, 3$ wird dadurch jeweils eine Gerade beschrieben, sobald nur $\underline{r} \neq 0$ gilt. In Analogie dazu sprechen wir auch für jedes beliebige $n \geq 4$ von einer *Geraden*, wenn $\underline{r} \neq 0$ ist. Fazit: Ein weiterer Vorteil der Parameterdarstellung einer Geraden ist ihre *Dimensionsunabhängigkeit*!

Beispiel 17.4. Man stelle fest, ob der Punkt $\underline{y} = \begin{bmatrix} 54 \\ -28 \end{bmatrix}$ der durch (17.1) gegebenen Geraden angehört.

Lösung: Der Punkt $\underline{y}$ gehört der Geraden g genau dann an, wenn mit einer passenden, von $\underline{y}$ abhängenden Zahl λ die Gleichung $\underline{y} = \underline{p} + \lambda \underline{r}$ erfüllt ist; formaler:

$$\underline{y} \in g \Leftrightarrow \text{ es existiert ein } \lambda \in \mathbb{R} \text{ mit } \begin{bmatrix} 54 \\ -28 \end{bmatrix} = \begin{bmatrix} 3 \\ 6 \end{bmatrix} + \lambda \begin{bmatrix} 3 \\ -2 \end{bmatrix}$$

$$\Leftrightarrow \text{ das Gleichungssystem} \qquad 54 = 3 \quad +3\lambda \qquad (17.3)$$
$$-28 = 6 \quad -2\lambda \qquad (17.4)$$

mit der Unbekannten λ besitzt eine Lösung.
Da (17.3) und (17.4) die gemeinsame Lösung $\lambda = 17$ besitzen, gehört der Punkt $\underline{y}$ der Geraden g an. $\triangle$

Beispiel 17.5. Schneidet die durch (17.1) gegebene Gerade die x_2−Achse, und wenn ja, in welchem Punkt?

Lösung: Ein beliebiger Punkt $\underline{z}$ gehört der x_2−Achse an, wenn – und nur wenn – gilt $z_1 = 0$, wobei z_2 einen beliebigen Wert annehmen kann. Wenn ein derartiger Punkt zugleich auf der Geraden g liegt, muss auch die Gleichung (17.1) mit einer passenden, von $\underline{z}$ abhängenden Konstanten λ erfüllt sein; zusammengefasst:

$$\begin{bmatrix} 0 \\ z_2 \end{bmatrix} = \begin{bmatrix} 3 \\ 6 \end{bmatrix} + \lambda \begin{bmatrix} 3 \\ -2 \end{bmatrix} \quad \text{bzw.} \quad \begin{bmatrix} 0 = 3 + 3\lambda \\ z_2 = 6 - 2\lambda \end{bmatrix} .$$

Diese beiden Gleichungen enthalten λ und z_2 als Unbekannte und könnten – vorab gesehen – lösbar oder auch unlösbar sein.

Im erstgenannten Fall – und nur in diesem – kann geschlossen werden, dass g die x_2-Achse schneidet. Im konkreten Fall löst $\lambda = -1$ die erste Gleichung und dazu passend $z_2 = 8$ die zweite. Also gibt es den gesuchten Schnittpunkt $\underline{z}$, nämlich $\underline{z} = [\, 0\,,\, 8\,]^T$. $\triangle$

Beispiel 17.6. Gegeben seien die beiden Geraden l und m durch

$$l = \left\{ \begin{bmatrix} 1 \\ 2 \end{bmatrix} + \mu \begin{bmatrix} 10 \\ 4 \end{bmatrix} \,\middle|\, \mu \in \mathbb{R} \right\} \quad \text{und} \quad m = \left\{ \begin{bmatrix} -3 \\ -8 \end{bmatrix} + \nu \begin{bmatrix} 3 \\ 4 \end{bmatrix} \,\middle|\, \nu \in \mathbb{R} \right\} .$$

Es soll festgestellt werden, welcher der folgenden drei Fälle zutrifft:

  (a) beide Geraden schneiden sich in einem Punkt,

  (b) beide Geraden sind identisch,

  (c) beide Geraden sind verschieden, jedoch parallel.[6]

Lösung: Wir bemerken zunächst, dass sich die drei genannten Fälle durch die Anzahl der beiden Geraden gemeinsamen Punkte charakterisieren lassen: l und m besitzen im Fall

  (a) genau einen gemeinsamen Punkt,

  (b) unendlich viele gemeinsame Punkte,

  (c) keinen gemeinsamen Punkt.

Für jeden gemeinsamen Punkt – formal: für alle $\underline{x} \in l \cap m$ – müssen beide Parameterdarstellungen gelten, d.h., es muss ein – möglicherweise von $\underline{x}$ abhängendes – Zahlenpaar (μ, ν) existieren, das dem Gleichungssystem

$$\begin{bmatrix} 1 \\ 2 \end{bmatrix} + \mu \begin{bmatrix} 10 \\ 4 \end{bmatrix} = \begin{bmatrix} -3 \\ -8 \end{bmatrix} + \nu \begin{bmatrix} 3 \\ 4 \end{bmatrix} \tag{17.5}$$

genügt.

---

[6]In diesem Fall nennen wir l und m *eigentlich parallel*; zwei identische Geraden betrachten wir als *uneigentlich* parallel. Man beachte, dass die gegenseitige Lage räumlicher Geraden noch einen vierten Fall– die sogenannte *Windschiefe* – zulässt.

Dieses System hat daher im Fall

(a) genau eine Lösung,

(b) unendlich viele Lösungen,

(c) keine Lösung.

Damit wird die ursprünglich geometrische Fragestellung auf die "rechnerische" Lösbarkeitsbetrachtung für (17.5) zurückgeführt.

Zur Beurteilung der Lösbarkeit von (17.5) bringt man zunächst alle Unbekannten auf eine Seite:

$$\mu \begin{bmatrix} 10 \\ 4 \end{bmatrix} + \nu \begin{bmatrix} -3 \\ -4 \end{bmatrix} = \begin{bmatrix} -3 \\ -8 \end{bmatrix} - \begin{bmatrix} 1 \\ 2 \end{bmatrix}$$

und ordnet das Ergebnis in Matrixform:

$$\begin{bmatrix} 10 & -3 \\ 4 & -4 \end{bmatrix} \begin{bmatrix} \mu \\ \nu \end{bmatrix} = \begin{bmatrix} -4 \\ -10 \end{bmatrix}. \tag{17.6}$$

Die links stehende Matrix – nennen wir sie M – hat die Determinante $10 \cdot (-4) - 4 \cdot (-3) = -28$, also auch eine Inverse. Damit ist die Lösbarkeitsfrage entschieden, denn mit Hilfe der Inversen von M ist (17.6) nach dem Vektor $[\mu, \nu]^T$ auflösbar, und zwar *eindeutig*. Das *Ergebnis* lautet: Fall (a) trifft zu.

$\triangle$

Beobachtung 17.7. Wir können nun geometrisch interpretieren, dass eine Matrix invertierbar ist. Die Spalten von M sind nämlich – bis auf ein Vorzeichen – genau die Richtungsvektoren der beiden Geraden l und m. Diese schneiden sich in einem Punkt, wenn sie "verschiedene Richtungen" besitzen. Genau in diesem Fall ist M invertierbar.

Beispiel 17.8. Man ermittle – soweit zutreffend – die Koordinaten des Schnittpunktes der beiden Geraden l und m aus Beispiel 17.6, Fall (c).

Man kann von (17.6) ausgehend weiterrechnen, indem beide Seiten von (17.6) von links mit der Inversen der Koeffizientenmatrix multipliziert werden:

$$-\frac{1}{28} \begin{bmatrix} -4 & 3 \\ -4 & 10 \end{bmatrix} \begin{bmatrix} -4 \\ -10 \end{bmatrix} = \begin{bmatrix} \mu \\ \nu \end{bmatrix}.$$

Es folgt $\mu = \frac{1}{2}$; daher ist

$$\underline{x} = \begin{bmatrix} 1 \\ 2 \end{bmatrix} + \frac{1}{2} \begin{bmatrix} 10 \\ 4 \end{bmatrix} = \begin{bmatrix} 6 \\ 4 \end{bmatrix}$$

der Schnittpunkt beider Geraden. (Es musste nur die Konstante μ ermittelt und in die Parameterdarstellung für l eingesetzt werden. Dazu wurden die hier grau vermerkten Zahlen streng genommen nicht benötigt. Man kann sie jedoch für eine Probe verwenden und findet $\nu = 3$ sowie

$$\underline{x} = \begin{bmatrix} -3 \\ -8 \end{bmatrix} + 3 \begin{bmatrix} 3 \\ 4 \end{bmatrix} = \begin{bmatrix} 6 \\ 4 \end{bmatrix} .)$$

$\triangle$

Beispiel 17.9. Man gebe eine Parameterdarstellung für die durch zwei (verschiedene) gegebene Punkte $\underline{a}$ und $\underline{b}$ verlaufende Gerade g an.

Lösung: Als "Pin" kann jeder Punkt dieser Geraden dienen, insbesondere z.B. $\underline{a}$. Es bietet sich an, als Richtungspfeil $\underline{r}$ den von $\underline{a}$ nach $\underline{b}$ weisenden zu wählen: $\underline{r} := \underline{b} - \underline{a}$. Damit gewinnt man die folgende Parameterdarstellung:

$$g = \{\underline{a} + \mu(\underline{b} - \underline{a}) \,|\, \mu \in \mathbb{R}\} . \tag{17.7}$$

Beobachtung 17.10. Diese Darstellung kann so umgeschrieben werden, dass die beiden gegebenen Punkte $\underline{a}$ und $\underline{b}$ nur jeweils einmal vorkommen:

$$g = \{(1 - \mu)\underline{a} + \mu\underline{b} \,|\, \mu \in \mathbb{R}\} = \{\lambda\underline{a} + \mu\underline{b} \,|\, \lambda, \mu \in \mathbb{R}, \lambda + \mu = 1\}. \tag{17.8}$$

Der Ausdruck rechts hat den Vorteil der Symmetrie; keiner der beiden Vektoren $\underline{a}$ und $\underline{b}$ und keiner der beiden Koeffizienten λ und μ hat eine Sonderstellung. Im Vorgriff auf 18.6 bezeichnen wir dies als "affine Hülle" der Vektoren $\underline{a}$ und $\underline{b}$ (symbolisch: aff($\underline{a}, \underline{b}$)):

$$\text{aff}(\underline{a}, \underline{b}) := \{\lambda\underline{a} + \mu\underline{b} \,|\, \lambda, \mu \in \mathbb{R}, \lambda + \mu = 1\} .$$

$\triangle$

17.3.2   Funktionsdarstellungen: Vier Grundsituationen

Eine andere Möglichkeit zur Darstellung einer Geraden g in $\mathbb{R}^2$ besteht darin, diese als Graphen einer Funktion $f : \mathbb{R} \to \mathbb{R}$ aufzufassen. Wenn ein kartesisches Koordinatensystem gegeben ist, sind folgende 4 Grundsituationen vorstellbar: g schneidet:

(a) nur die x_2-Achse: (b) beide Achsen:

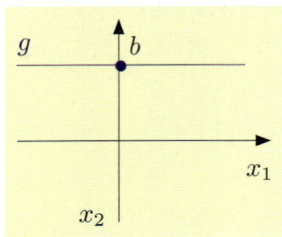   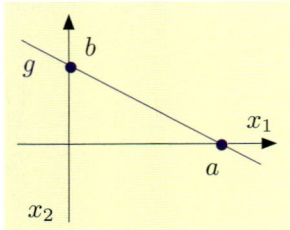

Formel: Formel:

$$x_2 = \left(-\tfrac{b}{a}\right) x_1 + b$$

bzw.

$$x_2 = 0\,x_1 + b$$ $$x_1 = \left(-\tfrac{a}{b}\right) x_2 + a$$

(c) beide Achsen: (d) nur die x_1-Achse:

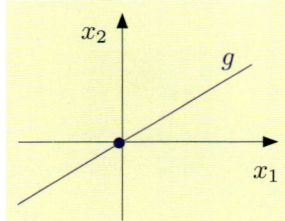   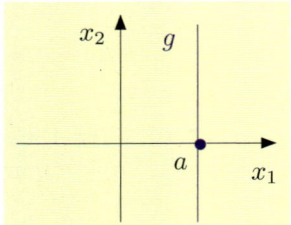

Formel: Formel:

$$x_2 = cx_1 + 0$$

bzw.

$$x_1 = \tfrac{1}{c} x_2 + 0$$ $$x_1 = 0\,x_2 + a$$

Folgende **Beobachtungen** gilt es festzuhalten:

(1) Die allgemeine Formel der Funktionsdarstellung ist

$$x_i = f(x_j) = mx_j + c \quad (\text{mit} \quad (i,j) = (2,1) \quad \text{oder} \quad (i,j) = (1,2)).$$

(verbal: "eine Variable" = Anstieg · "andere Variable" + Konstante)
Sowohl der Anstieg als auch die additive Konstante können gleich Null
sein.

(2) Leider ist es nicht möglich, *alle* Geraden auf einheitliche Weise, etwa in
der Form $x_2 = f(x_1)$, darzustellen.

Beispiel 17.11. Wir ermitteln eine Funktionsdarstellung für unsere Ausgangsgerade, die durch (17.1) gegeben war:

$$g = \left\{ \underline{x} \in \mathbb{R}^2 \;\middle|\; \begin{bmatrix} x_1 \\ x_2 \end{bmatrix} = \begin{bmatrix} 3 \\ 6 \end{bmatrix} + \lambda \begin{bmatrix} 3 \\ -2 \end{bmatrix} ; \lambda \in \mathbb{R} \right\}$$

und entscheiden uns dabei für die Form "$x_2 = f(x_1)$". (17.1) enthält zwei Zeilen, deren zweite als $x_2 = 6 - 2\lambda$ zu lesen ist. Gelingt es, die Konstante λ hierin durch x_1 auszudrücken, ist das Ziel erreicht. Dazu stellen wir die erste Gleichung $x_1 = 3 + 3\lambda$ nach λ um: $\lambda = \frac{x_1 - 3}{3}$, und setzen das Ergebnis in die zweite Gleichung ein:

$$x_2 = 6 - 2\lambda = 6 - \frac{2(x_1 - 3)}{3}, \quad \text{d.h.,} \quad x_2 = \left(-\frac{2}{3}\right)x_1 + 8. \qquad (17.9)$$

$\triangle$

17.3.3 Normalenform der Geradengleichung

Die Uneinheitlichkeit der Funktionsdarstellungen ist leicht überwunden, wenn man alle oben unter (a)–(d) aufgeführten Gleichungen so umstellt, dass die beiden Variablen x_1 und x_2 auf einer Seite der Gleichung erscheinen, die additive Konstante hingegen auf der anderen Seite. Damit erhalten wir folgende einheitliche Grundstruktur:

Formel:	Formel:	Formel:	Formel:
	$\frac{b}{a}x_1 + x_2 = b$	$cx_1 - x_2 = 0$	
$0x_1 + x_2 = b$	bzw.	bzw.	$x_1 + 0x_2 = a$ (17.10)
	$x_1 + \frac{a}{b}x_2 = a$	$x_1 - \frac{1}{c}x_2 = 0$	

$$\underbrace{\qquad\qquad\qquad\qquad\qquad\qquad}$$
$$n_1 x_1 + n_2 x_2 = d \qquad\qquad (17.11)$$

Hierbei sind n_1, n_2 und d passende Konstanten. Eine derartige *Form* der Geradengleichung werden wir im Weiteren "Normalenform" bezeichnen; jede Gleichung der Form (17.11) als "Normalengleichung". Der die Koeffizienten n_1 und n_2 enthaltende Vektor $\underline{n} := [\, n_1, n_2\,]^T$ wird gemeinhin als *Normalenvektor* bezeichnet.

Beispiel 17.12. Stellt man die Gleichung (17.9) für unsere "Ausgangsgerade" g in dieser Weise um, erhält man die Darstellung

$$\frac{2}{3}x_1 + x_2 = 8\,. \qquad\qquad (17.12)$$

$\triangle$

Beobachtungen 17.13.

(1) Die Normalenform der Geradengleichung ist als Form eindeutig bestimmt; es gibt jedoch unendlich viele Normalengleichungen, die ein- und dieselbe Gerade beschreiben. Denn die Multiplikation beider Seiten

von (17.11) mit einer Konstanten ($\neq 0$) liefert eine äquivalente Gleichung derselben Struktur. (Multipliziert man die Normalengleichung (17.12) mit der Konstanten 3, erhält man $2x_1 + 3x_2 = 24$; nach erneuter Multiplikation – z.B. mit der Konstanten 2 – lautet sie nunmehr $4x_1 + 6x_2 = 48$.)
Je zwei Normalengleichungen für ein- und dieselbe Gerade lassen sich durch Multiplikation mit einer Konstanten ($\neq 0$) ineinander überführen.

(2) Eine Gerade der Form (17.11) beschreibt dann und nur dann eine Gerade, wenn mindestens eine der Konstanten n_1, n_2 von Null verschieden ist. Ansonsten sind die Konstanten n_1, n_2 und d frei wählbar.
(Betrachten wir den Ausnahmefall $n_1 = n_2 = 0$: Nun lautet die Gleichung (17.11) $0x_1 + 0x_2 = d$. Sie ist natürlich unlösbar, wenn $d \neq 0$ gilt; andernfalls lautet sie $0x_1 + 0x_2 = 0$ und erlegt den Variablen x_1 und x_2 keinerlei Bedingung auf. Im ersten Fall ist ihre Lösungsmenge leer, im zweiten ganz $\mathbb{R}^2$.)

17.3.4   Spezialfall: Abschnittsform

Um die Vielzahl verschiedener Normalengleichungen für ein- und dieselbe Gerade auf eine einzige zu reduzieren, kann man vereinbaren, die "rechte Seite" solle möglichst gleich Eins sein. Dies lässt sich immer dann – allerdings auch nur dann – erreichen, wenn eine Gleichung (17.11) mit $d \neq 0$ gegeben ist – indem nämlich beide Seiten durch d dividiert werden. Es ergibt sich folgendes Bild:

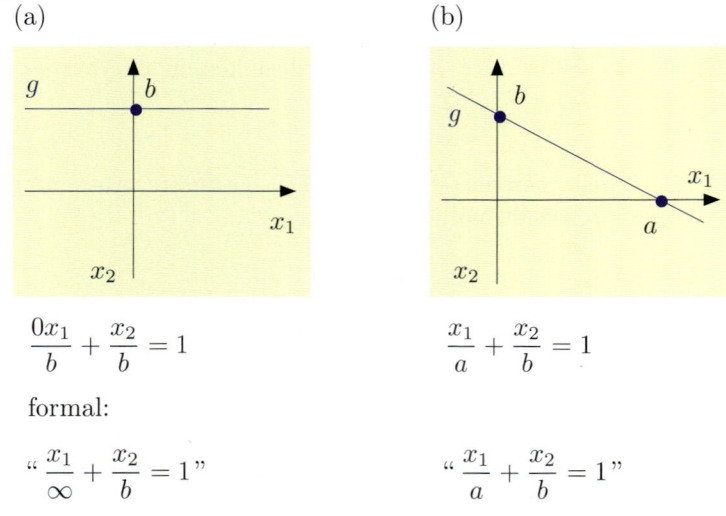

(a)

$$\frac{0x_1}{b} + \frac{x_2}{b} = 1$$

formal:

$$\text{"}\frac{x_1}{\infty} + \frac{x_2}{b} = 1\text{"}$$

(b)

$$\frac{x_1}{a} + \frac{x_2}{b} = 1$$

$$\text{"}\frac{x_1}{a} + \frac{x_2}{b} = 1\text{"}$$

(c)   (d)

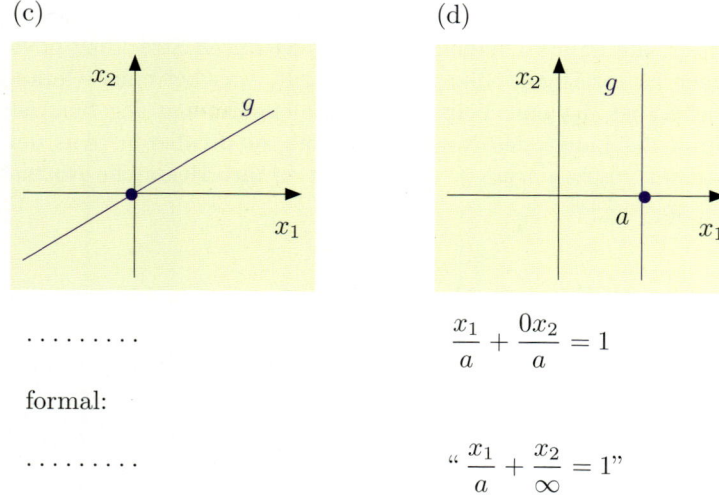

· · · · · · · · $$\frac{x_1}{a} + \frac{0x_2}{a} = 1$$

formal:

· · · · · · · · $$\text{“}\frac{x_1}{a} + \frac{x_2}{\infty} = 1\text{”}$$

Die im Fall (b) gewonnene Gleichung nennt man "Geradengleichung in Abschnittsform", weil sich aus ihr die beiden sogenannten "Achsenabschnitte" a und b direkt ablesen lassen, was ihre große Beliebtheit für praktische Anwendungen erklärt. Eine in Abschnittsform gegebene Gerade lässt sich – im Prinzip – in wenigen Sekunden skizzieren.

Die in den Fällen (a) und (d) gewonnenen formalen Gleichungen könnte man als verallgemeinerte Abschnittsgleichungen ansehen. In diesen Fällen existiert kein *(endlicher)* Achsenabschnitt a bzw. b, weil die Gerade g parallel zur x_1- bzw. x_2-Achse verläuft. Man könnte diese Parallelität so erklären, dass sich die Gerade g und die x_1- bzw. x_2-Achse erst in einem "unendlich weit entfernten Punkt schneiden". Dem entspricht die Angabe "∞" für den jeweiligen "Achsenabschnitt".

Im Fall (c) existiert keine sinnvolle Abschnittsform.

Beispiel 17.14 (↗F 17.12)**.** Die Gleichung (17.12) ist lediglich durch 8 zu dividieren, um das gewünschte Ergebnis zu erhalten:

$$\frac{x_1}{12} + \frac{x_2}{8} = 1 \tag{17.13}$$

△

17.3.5   Spezialfall: Hessesche Normalform

Die Idee der "Normierung" der unterschiedlichen Normalenformen wird auch bei der sogenannten "Hesseschen Normalform" verfolgt, mit der es gelingt, eine Geradengleichung bis auf den Faktor -1 genau festzulegen. Man verlangt hierbei, dass der in der Normalenform benutzte Normalenvektor $\underline{n} = [\,n_1\,,\,n_2\,]^T$ die Länge 1 haben solle. Dies ist durch Streckung oder Stauchung immer zu erreichen, solange $\underline{n} \neq 0$ gilt, was bei einer Geradengleichung gesichert ist. Ist eine beliebige Normalengleichung gegeben, ist diese einfach durch die Länge des Normalenvektors zu dividieren. Aus der Ausgangsgleichung: $n_1 x_1 + n_2 x_2 = d$ entsteht so ihre Hessesche Normalform: $\frac{n_1}{||\underline{n}||} x_1 + \frac{n_2}{||\underline{n}||} x_2 = \frac{d}{||\underline{n}||}$.

Beispiel 17.15 ($\nearrow$F 17.14). Wir gehen von (17.13) mit $n_1 = \frac{1}{12}$ und $n_2 = \frac{1}{8}$ aus. Es wird $||\underline{n}|| = \sqrt{\left(\frac{1}{12}\right)^2 + \left(\frac{1}{8}\right)^2} = \frac{\sqrt{13}}{24}$. Division von (17.13) durch diesen Wert ergibt die Hessesche Normalform:

$$\frac{2}{\sqrt{13}} x_1 + \frac{3}{\sqrt{13}} x_2 = \frac{24}{\sqrt{13}}. \qquad (17.14)$$

Diese auf den ersten Blick nicht unbedingt anziehendere Gleichung bietet (außer ihrer "Fast-Eindeutigkeit") einige Vorteile, auf die in Abschnitt 17.5 weiter eingegangen wird. $\qquad \triangle$

17.3.6 Strahlen, Strecken, Ganzzahligkeit

Wie schon erwähnt, besteht ein Vorteil der Parameterdarstellung darin, dass sich auch Strecken und andere Teile einer Geraden recht einfach darstellen lassen. Wir betrachten drei Beispiele:

Beispiel 17.16 ("Zahlenstrahl"). Gesucht ist eine Parameterdarstellung für den nichtnegativen Teil A der x_1-Achse.

Lösung: Die zu A gehörenden Punkte haben alle den x_2-Wert 0, während der x_1-Wert beliebig, jedoch nicht negativ sein kann. Man findet also

$$A = \left\{ \begin{bmatrix} x_1 \\ 0 \end{bmatrix} \,\middle|\, x_1 \in [\,0, \infty) \right\}.$$

Dies ist eine Parameterdarstellung! Als Parameter wird hier der Einfachheit halber x_1 selbst benutzt; die ihm auferlegte Einschränkung der Nichtnegativität äußert sich in der linksseitigen Beschränkung des Parameterbereiches. $\qquad \triangle$

Beispiel 17.17 ("Strecke"). Die Verbindungsstrecke $\mathscr{S}$ der beiden Punkte $\underline{a} = \begin{bmatrix} 6 \\ 0 \end{bmatrix}$ und $\underline{b} = \begin{bmatrix} 0 \\ 4 \end{bmatrix}$ soll durch eine Parameterdarstellung beschrieben werden.

Lösung: Beide Punkte sind verschieden; es gibt also genau eine Gerade f, der beide angehören. Man wird zunächst dafür eine Parameterdarstellung ins Auge fassen. Man findet z.B. schnell

$$f = \left\{ \underline{a} + \tau \underline{r} \,\middle|\, \tau \in \mathbb{R} \right\} = \left\{ \begin{bmatrix} 6 \\ 0 \end{bmatrix} + \tau \begin{bmatrix} -6 \\ 4 \end{bmatrix} \,\middle|\, \tau \in \mathbb{R} \right\}.$$

Offenbar sind die zwischen $\underline{a}$ und $\underline{b}$ liegenden Punkte der Gerade genau diejenigen, die von $\underline{a}$ aus durch einen Pfeil gleicher Richtung ($\tau \geqslant 0$), jedoch höchstens gleicher Länge wie $\underline{r}$ ($\tau \leqslant 1$) erreicht werden:

$$\mathscr{S} = \left\{ \underline{a} + \tau \underline{r} \,\middle|\, \tau \in [\,0\,,\,1\,] \right\} = \left\{ \begin{bmatrix} 6 \\ 0 \end{bmatrix} + \tau \begin{bmatrix} -6 \\ 4 \end{bmatrix} \,\middle|\, \tau \in [\,0\,,\,1\,] \right\}.$$

$\triangle$

Beobachtung 17.18. Auch diese Darstellung kann so umgeschrieben werden, dass die beiden Ausgangspunkte $\underline{a}$ und $\underline{b}$ gleichberechtigt eingehen: Man beachtet, dass $\underline{r} = \underline{b} - \underline{a}$ gilt und findet

$$\mathscr{S} = \left\{ (1-\tau)\underline{a} + \tau\underline{b} \,\middle|\, \tau \in [\,0\,,\,1\,] \right\} = \left\{ \sigma\underline{a} + \tau\underline{b} \,\middle|\, \sigma, \tau \geqslant 0, \sigma + \tau = 1 \right\}.$$

Im Vorgriff auf Abschnitt 22.2.3 nennen wir dies die "konvexe Hülle" der Vektoren $\underline{a}$ und $\underline{b}$; symbolisch:

$$\mathrm{conv}(\underline{a}, \underline{b}) := \left\{ \sigma\underline{a} + \tau\underline{b} \,\middle|\, \sigma, \tau \geqslant 0, \sigma + \tau = 1 \right\}.$$

Beispiel 17.19 ("Ganzzahligkeit"). Man gebe eine Parameterdarstellung für die Menge G aller derjenigen Punkte an, die auf der Verbindungsstrecke der beiden Punkte $\underline{a} = \begin{bmatrix} 6 \\ 0 \end{bmatrix}$ und $\underline{b} = \begin{bmatrix} 0 \\ 4 \end{bmatrix}$ liegen und ganzzahlige Koordinaten haben.

Lösung: Wir können von der eben gefundenen Parameterdarstellung für die Gerade f ausgehen:

$$f = \left\{ \underline{a} + \tau \underline{r} \,\middle|\, \tau \in \mathbb{R} \right\} = \left\{ \begin{bmatrix} 6 \\ 0 \end{bmatrix} + \tau \begin{bmatrix} -6 \\ 4 \end{bmatrix} \,\middle|\, \tau \in \mathbb{R} \right\}.$$

Weil $\underline{a} = \begin{bmatrix} 6 \\ 0 \end{bmatrix}$ ganzzahlige Koordinaten hat, müssen auch beide Koordinaten von $\underline{r} = \tau \begin{bmatrix} -6 \\ 4 \end{bmatrix}$ ganzzahlig sein, wenn die Summe aus beiden Vektoren der Ganzzahligkeitsbedingung genügen soll.

- Die erste Koordinate lautet -6τ. Wann ist diese ganzzahlig? Offenbar braucht die Konstante τ selbst hierfür nicht ganzzahlig zu sein, solange sich eventuelle gebrochenen Anteile durch die Multiplikation mit dem Vorfaktor 6 wegkürzen lassen. Dies ist genau dann der Fall, wenn τ – dargestellt als teilerfremder Bruch – den Nenner 1, 2, 3 oder 6 hat. In jedem dieser Fälle kann τ in der Form $\tau = \frac{k}{6}$ geschrieben werden, wobei k eine geeignete ganze Zahl ist. (Die Probe: In diesem Fall lautet die erste Koordinate $-6\tau = -\frac{6k}{6} = -k$ und ist somit ganz.)

  Wir fassen zusammen: Die erste Koordinate ist genau dann ganzzahlig, wenn gilt $\tau = \frac{k}{6}$ mit einer passenden Konstanten $k \in \mathbb{Z}$.

- Die zweite Koordinate ist 4τ und ist, ähnlichen Überlegungen folgend, genau dann ganzzahlig, wenn τ von der Form $\tau = \frac{l}{4}$ ist; auch hier kann l einen beliebigen ganzzahligen Wert annehmen.

- Um festzustellen, wann beide Bedingungen gleichzeitig erfüllt sind, drücken wir sie zunächst unter Verwendung eines gemeinsamen Hauptnenners so aus, dass sie miteinander verglichen werden können. Die erste verlangt, dass τ von der Form

$$\tau = \frac{k}{6} = \frac{2k}{12}$$

  mit einem passenden $k \in \mathbb{Z}$, die zweite, dass τ von der Form

$$\tau = \frac{l}{4} = \frac{3l}{12}$$

  mit einem passenden $l \in \mathbb{Z}$ ist.

- Beide Bedingungen sind offenbar dann und nur dann gleichzeitig erfüllt, wenn gilt $\tau = \frac{i}{12}$, wobei i ganzzahlig und sowohl durch 2 als auch durch 3 – mithin durch 6 – teilbar sein muss. Daher kann man kürzen und schreiben $\tau = \frac{j}{2}$.

Das Ergebnis lautet

$$G = \left\{ \underline{a} + \tau \underline{r} \,\middle|\, \tau = \frac{j}{2}; j \in \mathbb{Z} \right\} = \left\{ \begin{bmatrix} 6 \\ 0 \end{bmatrix} + \frac{j}{2} \begin{bmatrix} -6 \\ 4 \end{bmatrix} \,\middle|\, j \in \mathbb{Z} \right\}.$$

$\triangle$

17.3.7   Ökonomischer "Nutzen" von Geradengleichungen

"Kostenstrahl"

Wir stellen uns vor, ein Unternehmen erzeuge ein beliebig teilbares Produkt aus zwei in jeweils gleicher Menge eingesetzten Komponenten K_1 und K_2, die in zwei verschiedenen Teilbetrieben B_1 und B_2 erzeugt werden. Dabei treten folgende Kosten auf:

- in B_1: Fixkosten: $\begin{bmatrix} 3.000 \end{bmatrix}$ GE, variable Kosten: $\begin{bmatrix} 1.250 \end{bmatrix}$ GE/ME K_1,
- in B_2: Fixkosten: $\begin{bmatrix} 2.000 \end{bmatrix}$ GE, variable Kosten: $\begin{bmatrix} 900 \end{bmatrix}$ GE/ME K_2.

Die cyanfarbenen Klammern deuten hier schon an, wie sich diese Daten zu einem "Fixkosten"vektor $\underline{f}$ und einem "variable-Kosten-"Vektor $\underline{v}$ zusammenfassen lassen.

Werden λ Mengeneinheiten des Produktes hergestellt, kann man die in den beiden Betriebsteilen auflaufenden anteiligen Gesamtkosten als Koordinaten des Vektors

$$\underline{k}(\lambda) = \begin{bmatrix} 3000 \\ 2000 \end{bmatrix} + \lambda \begin{bmatrix} 1250 \\ 900 \end{bmatrix}$$

ablesen. Bei (idealisierend!) unbeschränkter Kapazität kann das Produktionsvolumen λ jeden Wert ≥ 0 annehmen.

Die Menge aller möglichen Kostenvektoren ist dann

$$K = \left\{ \begin{bmatrix} 3000 \\ 2000 \end{bmatrix} + \lambda \begin{bmatrix} 1250 \\ 900 \end{bmatrix} \,\middle|\, \lambda \geq 0 \right\},$$

also der nebenstehend skizzierte "Kostenstrahl".

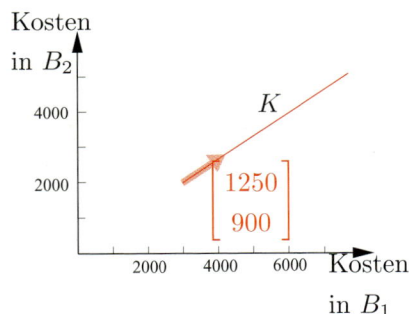

(Die Gesamtkosten ergeben sich einfach als Summe der in beiden Betriebsteilen anfallenden Kosten; bei gegebenem λ also zu Gesamtkosten$(\lambda) = 5000 + \lambda \cdot 2150$ [GE]. Man kann schreiben

$$\text{Gesamtkosten}(\lambda) = [\, k_1(\lambda), k_2(\lambda) \,] \begin{bmatrix} 1 \\ 1 \end{bmatrix} = \underline{k}^T \mathbf{1} \,.)$$

"Absatzgerade"

Ein Unternehmen kann beim Absatz je einer Mengeneinheit zweier (unbegrenzt teilbarer) Güter G_1 und G_2 einen Reinerlös von 8 bzw. 10 [GE] erzielen und strebt einen Gesamtgewinn von exakt 120 [GE] an. Mit welchen Absatzplänen $\underline{x} = [\, x_1 \,, x_2 \,]^T$ wird dieses Ziel erreicht?

Lösung: Ist $\underline{x} = [\, x_1 \,, x_2 \,]^T$ ein solcher Absatzplan, wird das Gesamtziel erreicht, d.h. es gilt

$$8x_1 + 10x_2 = 120. \tag{17.15}$$

Weil der Vektor $\underline{x}$ Absatzgrößen beschreibt, muss weiterhin $\underline{x} \geqslant 0$ gelten. Die gesuchte Menge von Absatzplänen ist also

$$A := \left\{ \underline{x} \in \mathbb{R}^2 \,\middle|\, 8x_1 + 10x_2 = 120 \text{ und } \underline{x} \geqslant 0 \right\} .$$

Die hier auftretende Gleichung (17.15) ist die Gleichung einer Geraden g in Normalenform; alle zulässigen Absatzpläne liegen also auf ein- und derselben Geraden.

Die zusätzliche Bedingung $\underline{x} \geqslant 0$ erfüllen jedoch nur diejenigen Punkte dieser Geraden g, die im 1. Quadranten des Koordinatensystems liegen: Geometrisch handelt es sich bei der Menge A also um eine Strecke. Jeder ihrer Punkte ist ein – im Hinblick auf das zu erreichende Gewinnziel – gleichberechtigter Absatzplan.

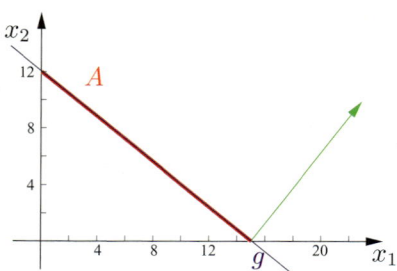

Bild 17.1: Absatzgerade

Beobachtungen 17.20.

(1) Der in der Normalengleichung enthaltene "Erlösvektor" $\underline{n} = [\,8\,,\,10\,]^T$ wurde in die Skizze eingetragen. Er steht lotrecht auf der Absatzgeraden und zeigt in Richtung derjenigen Produktionspläne, mit denen sich ein noch höherer Gesamtgewinn erzielen ließe.

(2) Beim Wechsel zwischen zwei zulässigen Absatzplänen bewegt man sich in der dazu lotrechten Richtung. Diese Richtung ist also "gewinnneutral".

17.4   Ebenengleichungen

17.4.1   Parameterdarstellungen für Ebenen

Wir betrachten nun das Problem, eine Ebene im $\mathbb{R}^3$ darzustellen. Gegeben seien eine Ebene E und ein Punkt p, der dieser Ebene angehört (im Weiteren wieder salopp als "Pinpunkt" bezeichnet). Um die Lage der Ebene eindeutig zu beschreiben, genügt es,

(a) "zwei verschiedene Richtungen" oder

(b) zwei weitere der Ebene angehörende Punkte oder

(c) die zu der Ebene lotrechte ("Normalen-")Richtung zu kennen.

An dieser Stelle wird auf den Fall (a) eingegangen. In der folgenden Skizze links wird die Ebene durch ein dünnes Gitter dargestellt, welches sich auf den Pinvektor p (schwarz) "stützt". Die zwei benötigten Richtungen der Ebene lassen sich durch zwei nicht parallele Pfeile $\underline{r}$ und $\underline{s}$ symbolisieren, die in der Ebene liegen.

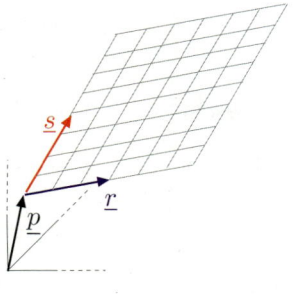
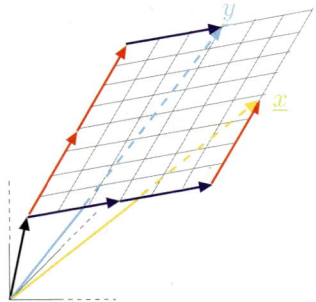

Für diese Skizze wurden

$$\underline{p} = \begin{bmatrix} 1 \\ 1 \\ 2 \end{bmatrix} , \quad \underline{r} = \begin{bmatrix} 3 \\ 1 \\ 1 \end{bmatrix} \quad \text{und} \quad \underline{s} = \begin{bmatrix} 1 \\ 3 \\ 1 \end{bmatrix}$$

verwendet. Ist es möglich, einen beliebigen Punkt $\underline{x}$ der Ebene allein unter Verwendung von $\underline{p}$, $\underline{r}$ und $\underline{s}$ zu "adressieren"?

In unserem Bild rechts gilt erkennbar $\underline{x} = \underline{p} + 2\underline{r} + \underline{s}$; während der Punkt $\underline{y}$ durch die Angabe $\underline{y} = \underline{p} + \underline{r} + 2\underline{s}$ bestimmt ist. Ganz analog lässt sich jeder andere Punkt von E als Summe von $\underline{p}$ und gewisser Vielfache von $\underline{r}$ bzw. $\underline{s}$ darstellen. Die Ebene E lässt sich daher als folgende Punktmenge charakterisieren:

$$E = \left\{ \underline{x} \in \mathbb{R}^3 \,\middle|\, \underline{x} = \underline{p} + \lambda \underline{r} + \mu \underline{s} \,;\, \mu, \lambda \in \mathbb{R} \right\} \tag{17.16}$$

bzw.

$$E = \left\{ \underline{x} \in \mathbb{R}^3 \,\middle|\, \begin{bmatrix} x_1 \\ x_2 \\ x_3 \end{bmatrix} = \begin{bmatrix} 1 \\ 1 \\ 2 \end{bmatrix} + \lambda \begin{bmatrix} 3 \\ 1 \\ 1 \end{bmatrix} + \mu \begin{bmatrix} 1 \\ 3 \\ 1 \end{bmatrix} \,;\, \mu, \lambda \in \mathbb{R} \right\} \tag{17.17}$$

(17.16) bzw. (17.17) werden als *Parameterdarstellung einer Ebene* bezeichnet.

Bemerkungen 17.21.

(1) Einige der Bemerkungen über Vor- und Nachteile von Parameterdarstellungen für Geraden lassen sich unmittelbar auf den Fall von Ebenen übertragen. Wie dort schon, sind Parameterdarstellungen leicht zu gewinnen und erlauben, auch Teile von Ebenen relativ einfach zu beschreiben. Sie sind jedoch nicht eindeutig bestimmt, und die Prüfung der Frage, ob etwa zwei verschiedene Parameterdarstellungen ein- und dieselbe Ebene beschreiben, wird komplizierter (siehe nachfolgendes Beispiel 17.22). Ebenso gibt es weitere Darstellungen für Ebenen und zahlreiche, zwischen ihnen bestehende Umrechnungsmöglichkeiten.

(2) Eine Parameterdarstellung setzt selbstverständlich voraus, dass $\underline{r} \neq 0$ und $\underline{s} \neq 0$ gilt (andernfalls ist jeweils "keine Richtung vorhanden"). Zusätzlich muss jedoch gefordert werden, dass $\underline{r}$ und $\underline{s}$ – geometrisch betrachtet – "verschiedene Richtungen" verkörpern. Was dieses mathematisch bedeutet, wird jetzt weiter untersucht.

Beispiel 17.22. Wir betrachten die Darstellung

$$F = \left\{ \underline{x} \in \mathbb{R}^3 \;\middle|\; \begin{bmatrix} x_1 \\ x_2 \\ x_3 \end{bmatrix} = \begin{bmatrix} 15 \\ 101 \\ 22 \end{bmatrix} + \lambda \begin{bmatrix} -3 \\ 1 \\ -2 \end{bmatrix} + \mu \begin{bmatrix} 9 \\ -3 \\ 6 \end{bmatrix} \;;\; \mu, \lambda \in \mathbb{R} \right\}$$

abgekürzt:

$$F = \left\{ \underline{x} \in \mathbb{R}^3 \;\middle|\; \underline{x} = \underline{x}^\circ + \lambda \underline{u} + \mu \underline{v} \;;\; \mu, \lambda \in \mathbb{R} \right\} \tag{17.18}$$

und fragen uns, welch geometrisches Objekt sie beschreibt. Nach kurzem Hinsehen ist klar, dass $\underline{v} = -3\underline{u}$ gilt; (17.18) lässt sich zusammenfassen zu

$$F = \left\{ \underline{x} \in \mathbb{R}^3 \;\middle|\; \underline{x} = \underline{x}^\circ + (\lambda - 3\mu)\underline{u} \;;\; \mu, \lambda \in \mathbb{R} \right\} . \tag{17.19}$$

Der Ausdruck "$(\lambda - 3\mu)$" nimmt jeden reellen Zahlenwert an, wenn λ und μ frei in $\mathbb{R}$ variieren. (17.19) kann folglich abgekürzt werden, etwa in der Form

$$F = \left\{ \underline{x} \in \mathbb{R}^3 \;\middle|\; \underline{x} = \underline{x}^\circ + \alpha \underline{u} \;;\; \alpha \in \mathbb{R} \right\} . \tag{17.20}$$

Weil $\underline{u} \neq 0$ gilt, ist dies die Parameterdarstellung einer *Geraden*, nicht jedoch einer Ebene.   △

Beobachtung 17.23. In diesem Beispiel geben die Vektoren $\underline{u}$ und $\underline{v}$ *geometrisch* nicht zwei verschiedene Richtungen an, sondern lediglich eine. Die sie verkörpernden Pfeile sind zueinander parallel. *Rechnerisch* ist $\underline{v}$ ein Vielfaches von $\underline{u}$.

Dies führt uns zu folgender

Definition 17.24. *Zwei Vektoren $\underline{x}, \underline{y} \in \mathbb{R}^n$ heißen* parallel *(oder* kollinear; *symbolisch: $\underline{x} \parallel \underline{y}$), wenn Konstanten $c, d \in \mathbb{R}$ derart existieren, dass gilt*

(a) $\underline{y} = c\underline{x}$ *oder*

(b) $\underline{x} = d\underline{y}$.

(M.a.W. heißen $\underline{x}$ und $\underline{y}$ parallel, wenn sich mindestens einer dieser Vektoren als Vielfaches des anderen darstellen lässt.)

Beispiel 17.25 ("Parallelität"). Es seien $\underline{x} = \begin{bmatrix} 3 \\ 4 \end{bmatrix}$ und $\underline{y} = \begin{bmatrix} 12 \\ 16 \end{bmatrix}$ gegeben. Gilt $\underline{x} \parallel \underline{y}$?

Offenbar ist $y = 4\underline{x}$ und ebenso $\underline{x} = 1/4\underline{y}$. Mit $c = 4$ und $d = 1/4$ gilt sowohl (a) als auch (b); $\underline{x}$ und $\underline{y}$ sind demzufolge parallel im Sinne der Definition.

Anmerkung: Die Parallelität von $\underline{x}$ und $\underline{y}$ kann man in diesem Beispiel auch aus einer Skizze ablesen. △

Beispiel 17.26. Wählt man $\underline{x} = \begin{bmatrix} 3 \\ 4 \end{bmatrix}$ und $\underline{y} = \begin{bmatrix} 0 \\ 0 \end{bmatrix}$, so ist (a) mit $c = 0$ erfüllt, denn es gilt $y = 0\underline{x}$. Dagegen ist (b) gleichbedeutend mit der Gleichung $\begin{bmatrix} 3 \\ 4 \end{bmatrix} = d \begin{bmatrix} 0 \\ 0 \end{bmatrix}$ – diese ist für kein d erfüllbar! Nichtsdestoweniger sind $\underline{x}$ und $\underline{y}$ parallel im Sinne der Definition 17.24, denn dafür reicht aus, dass *eine* der Gleichungen (a) und (b) erfüllt ist.

Fazit: Der Nullvektor ist *definitionsgemäß* zu *jedem* Vektor parallel. (Dies klingt zunächst paradox, wird aber plausibel, wenn man berücksichtigt, dass 0 keine geometrische Richtung hat.) △

Beispiel 17.27. Nun seien $\underline{x} = \begin{bmatrix} -3 \\ 2 \\ 33 \\ 14 \end{bmatrix}$ und $\underline{y} = \begin{bmatrix} 15 \\ -10 \\ 32 \\ -70 \end{bmatrix}$. Wir prüfen, ob etwa

(a) gilt: $y = c\underline{x}$ für eine Konstante c, ausführlich $\begin{bmatrix} 15 \\ -10 \\ 32 \\ -70 \end{bmatrix} = c \begin{bmatrix} -3 \\ 2 \\ 33 \\ 14 \end{bmatrix}$. Dies sind vier untereinander notierte Gleichungen für c. Die erste lautet $15 = -3c$ mit der Lösung $c = -5$, die dritte hingegen $32 = 33c$ mit der Lösung $c = 33/32$ ↯.

Ebenso schnell ist zu sehen, dass (b) nicht gelten kann. Mithin sind $\underline{x}$ und $\underline{y}$ nicht parallel.

Anmerkung: Dieses Ergebnis ist sehr wohl errechenbar, eine vierdimensionale Skizze jedoch – chancenlos! Das ist auch der Grund dafür, dass in allen weiteren Definitionen nachrechenbare Bedingungen zu stellen sein werden. △

Parameterdarstellungen in höheren Dimensionen:

In völliger Übereinstimmung mit unserer Anschauung vereinbaren wir noch, was unter einer Ebene in einem höherdimensionalen Raum zu verstehen sein soll.

Definition 17.28. *Es seien $n \geqslant 2$ und Vektoren $\underline{p}$, $\underline{r}$ und $\underline{s} \in \mathbb{R}^n$ mit $\underline{r} \nparallel \underline{s}$ gegeben. Als eine* Ebene *im Raum $\mathbb{R}^n$ bezeichnen wir die Menge*

$$E = \left\{ \underline{x} \in \mathbb{R}^n \,\middle|\, \underline{x} = \underline{p} + \lambda\underline{r} + \mu\underline{s} \,;\, \mu, \lambda \in \mathbb{R} \right\}. \tag{17.21}$$

17.4.2   Funktionsdarstellungen von Ebenen

Eine alternative Darstellungsform ergibt sich wiederum dadurch, dass die Bedingung, denen die Punkte einer Ebene genügen müssen, in Form einer Funktionsdarstellung ausgedrückt wird. Hierbei wird eine der drei Koordinatenvariablen als Funktion der beiden anderen geschrieben, wozu prinzipiell drei Möglichkeiten bestehen:

$$x_3 = f(x_1, x_2), \quad x_2 = f^*(x_1, x_3) \quad \text{bzw.} \quad x_1 = f^{**}(x_2, x_3).$$

(Die Sternchen deuten an, dass es sich um verschiedene Funktionen handelt.) In Analogie zum Fall von Geraden gibt es Ebenen, die alle drei Darstellungsformen erlauben, aber auch solche, für die nur zwei oder sogar nur eine möglich ist. Die Anzahl der möglichen Darstellungen ist gleich der Anzahl von Koordinatenachsen, die von der jeweils betrachteten Ebene geschnitten werden.

Beispiel 17.29. Wir betrachten erneut die in (17.17) eingeführte Ebene

$$E = \left\{ \underline{x} \in \mathbb{R}^3 \,\middle|\, \begin{bmatrix} x_1 \\ x_2 \\ x_3 \end{bmatrix} = \begin{bmatrix} 1 \\ 1 \\ 2 \end{bmatrix} + \lambda \begin{bmatrix} 3 \\ 1 \\ 1 \end{bmatrix} + \mu \begin{bmatrix} 1 \\ 3 \\ 1 \end{bmatrix} \,;\, \mu, \lambda \in \mathbb{R} \right\} \qquad (17.22)$$

und berechnen eine Funktionsdarstellung der Form $x_3 = f(x_1, x_2)$, soweit möglich. Die Vorgehensweise ist mit der aus Beispiel 17.11 vergleichbar: Die dritte Zeile von (17.22) stellt x_3 als Funktion von λ und μ dar; gelingt es anhand der ersten beiden Zeilen von (17.22), λ und μ durch x_1 und x_2 auszudrücken, ist das Problem gelöst. Die ersten beiden Zeilen lauten in Matrixform

$$\begin{bmatrix} x_1 \\ x_2 \end{bmatrix} = \begin{bmatrix} 1 \\ 1 \end{bmatrix} + \begin{bmatrix} 3 & 1 \\ 1 & 3 \end{bmatrix} \begin{bmatrix} \lambda \\ \mu \end{bmatrix} \quad \text{bzw.}$$

$$\begin{bmatrix} \lambda \\ \mu \end{bmatrix} = \begin{bmatrix} 3 & 1 \\ 1 & 3 \end{bmatrix}^{-1} \left(\begin{bmatrix} x_1 \\ x_2 \end{bmatrix} - \begin{bmatrix} 1 \\ 1 \end{bmatrix} \right) ;$$

nach Ausführung der Inversion also

$$\begin{bmatrix} \lambda \\ \mu \end{bmatrix} = \frac{1}{8} \begin{bmatrix} 3 & -1 \\ -1 & 3 \end{bmatrix} \left(\begin{bmatrix} x_1 \\ x_2 \end{bmatrix} - \begin{bmatrix} 1 \\ 1 \end{bmatrix} \right) .$$

Die dritte Zeile von (17.22) lautet in vektorieller Notation

$$x_3 = 2 + [\,1\,,\,1\,] \begin{bmatrix} \lambda \\ \mu \end{bmatrix}$$

$$= 2 + [\,1\,,\,1\,] \left\{ \frac{1}{8} \begin{bmatrix} 3 & -1 \\ -1 & 3 \end{bmatrix} \left(\begin{bmatrix} x_1 \\ x_2 \end{bmatrix} - \begin{bmatrix} 1 \\ 1 \end{bmatrix} \right) \right\}$$

$$= 2 + \frac{1}{4}[\,1\,,\,1\,] \begin{bmatrix} x_1 - 1 \\ x_2 - 1 \end{bmatrix},$$

einfaches "Ausrechnen" ergibt nun die gesuchte Darstellung:

$$x_3 = \frac{3}{2} + \frac{1}{4}x_1 + \frac{1}{4}x_2. \tag{17.23}$$

$\triangle$

Bemerkung 17.30. (17.23) kann statt nach x_3 nach jeder der beiden anderen Variablen aufgelöst werden und ergibt dann wiederum eine Funktionsdarstellung, z.B.

$$x_2 = -x_1 + 4x_3 - 6\,. \tag{17.24}$$

17.4.3   Normalenform der Ebenengleichung im $\mathbb{R}^3$

Beispiel 17.31 ($\nearrow$F 17.29). Offensichtlich kann man die Gleichung (17.23) wie folgt umstellen:

$$\frac{1}{4}x_1 + \frac{1}{4}x_2 - x_3 = -\frac{3}{2}.$$

Es handelt sich um eine Gleichung im $\mathbb{R}^3$ mit der allgemeinen Struktur

$$n_1 x_1 + n_2 x_2 + n_3 x_3 = d. \tag{17.25}$$

Eine derartige Gleichung werden wir im Weiteren als *Normalenform einer Ebenengleichung im* $\mathbb{R}^3$ bezeichnen, wenn mindestens einer der Koeffizienten n_1, n_2 oder n_3 von Null verschieden ist. (Falls $n_1 = n_2 = n_3 = 0$ gilt, handelt es sich *nicht* um eine Ebenengleichung, denn in diesem Fall lautet (17.25) einfach "$d = 0$". Die Menge aller $\underline{x} \in \mathbb{R}^3$, die diese Gleichung lösen, ist entweder ganz $\mathbb{R}^3$ ($d = 0$) oder leer ($d \neq 0$).) $\triangle$

Bemerkung 17.32. Man hat zu beachten, in welchem Raum eine Normalengleichung betrachtet wird. So ist z.B. die Gleichung $\frac{1}{5}x_1 + 3x_2 = 4$ im $\mathbb{R}^3$ als "$\frac{1}{5}x_1 + 3x_2 + 0x_3 = 4$" zu lesen und beschreibt eine Ebene. Dieselbe Gleichung im $\mathbb{R}^2$ gelesen beschreibt jedoch eine Gerade.

17.4.4   Spezialfall: Abschnittsform

Wie schon diejenigen für Geraden sind auch Normalengleichungen für Ebenen nicht eindeutig bestimmt. Je zwei derartige Gleichungen lassen sich durch Multiplikation mit einem passenden Faktor ineinander überführen. Von besonderem Interesse ist der Fall, dass sich die Ausgangsgleichung auf die Form

$$\frac{x_1}{d_1} + \frac{x_2}{d_2} + \frac{x_3}{d_3} = 1 \tag{17.26}$$

bringen lässt.

Die (sämtlich von 0 verschiedenen) Zahlen d_1, d_2 und d_3 sind dabei die sogenannten "Achsenabschnitte", die z.B. für das Anfertigen und Lesen von Skizzen sehr nützlich sind. (Die nebenstehende Skizze zeigt die Ebene mit der Gleichung $\frac{x_1}{2} + \frac{x_2}{3} + \frac{x_3}{4} = 1$.)

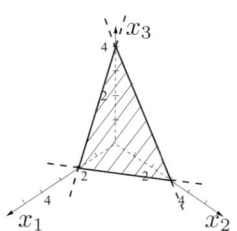

Bild 17.2: Ebene

Offenbar existiert eine Ebenengleichung in Abschnittsform genau für diejenigen Ebenen, die alle drei Koordinatenachsen schneiden.

Wir werden jedoch Gleichungen wie z.B. $\frac{x_1}{12} = 1$ als *verallgemeinerte Abschnittsgleichung* $\frac{x_1}{12} + \frac{x_2}{\infty} + \frac{x_3}{\infty} = 1$ ansehen, denn die zugehörige Ebene verläuft parallel zur x_2- und x_3-Achse, schneidet diese also im "unendlich fernen Punkt ∞".

17.4.5   Spezialfall: Hessesche Normalform

Wie schon bei Geraden kann man die Vielfalt möglicher Normalenformen einer Ebenengleichung auch dadurch auf höchstens 2 reduzieren, dass man einen Normalenvektor der Länge 1 verwendet (davon gibt es zwei).

Ist die Ausgangsgleichung in der Form $n_1 x_1 + n_2 x_2 + n_3 x_3 = d$ gegeben, wird diese einfach durch $||\underline{n}||$ ($\neq 0$) dividiert und ergibt

$$\frac{n_1}{||\underline{n}||}x_1 + \frac{n_2}{||\underline{n}||}x_2 + \frac{n_3}{||\underline{n}||}x_3 = \frac{d}{||\underline{n}||}$$

– dies ist die gesuchte Hessesche Normalform (genauer: eine der beiden möglichen; die andere ergibt sich durch Vorzeichenumkehr).

Beispiel 17.33 ($\nearrow$F 17.31). Durch Umstellung von (17.23) war die Normalenform

$$\frac{1}{4}x_1 + \frac{1}{4}x_2 - x_3 = -\frac{3}{2} \tag{17.27}$$

gefunden worden. Hierbei ist $\underline{n}^T = \left[\frac{1}{4}, \frac{1}{4}, -1\right]^T$ und folglich $||\underline{n}||^2 = \frac{1}{16} + \frac{1}{16} + 1 = \frac{9}{8}$ bzw. $||\underline{n}|| = \frac{3}{2\sqrt{2}}$. Hierdurch ist (17.27) zu dividieren und liefert

$$\frac{\sqrt{2}}{6}x_1 + \frac{\sqrt{2}}{6}x_2 - \frac{2\sqrt{2}}{3}x_3 = -\sqrt{2}.$$

$\triangle$

17.5 Das Skalarprodukt im $\mathbb{R}^n$

17.5.1 Motivation

Dem aufmerksamen Leser wird nicht entgangen sein, dass wir hier zwar schon seit einer Weile mit Geraden, Strecken etc. hantieren, "rechte Winkel" bisher aber noch nicht vorkamen. Interessanterweise gibt es durchaus ökonomische Probleme, in denen diese eine Rolle spielen, beispielsweise dieses:

Das "Partyproblem"

Bei einer Party in der Stadt A hat Erwin wieder einmal bescheiden, aber doch so unübersehbar über seinen Durst getrunken, dass seine Freundin Liesbeth ernsthaft verstimmt ist. Nun ist sie weder bereit, Erwin mit ihrem Auto mit in ihre hübsche Wohnung in der Stadt C zu nehmen, noch ihn zu seiner mangels Pflege weniger eingeladenen Unterkunft in der Stadt B zu fahren:

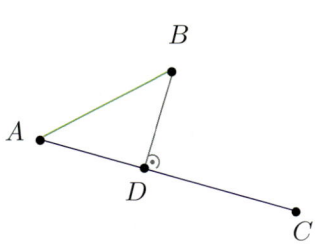

Wie soll Erwin nach Hause kommen? Nach den üblichen flehentlichen Verhandlungen, tausend Versprechungen, dass ein solcher Vorfall sich nicht wiederholen werde, und einem feierlichen Gelübde der Besserung einigt man sich auf folgenden Kompromiss: Liesbeth wird Erwin mit dem Auto auf der Fahrt in ihre Wohnung mitnehmen und an einem Punkt D seiner Wahl aussteigen lassen. Erwin wird nun versuchen, den Punkt D so zu wählen, dass der Fußweg zu seiner Wohnung in B möglichst kurz ist. Wie lang ist dieser kürzestenfalls, und wo liegt der Punkt D?

Mathematisch ausgedrückt suchen wir
einen Vektor $\underline{x}$, der die Lage des Punktes D beschreibt, sowie die Länge
des Vektors $\underline{d}$, der seinen Fußweg beschreibt.

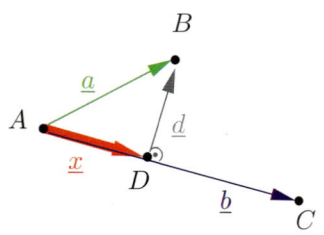

Intuitiv ist klar, dass die Vektoren $\underline{d}$ und $\underline{x}$ "senkrecht aufeinander" stehen.
Und so sehen wir, dass rechte Winkel durchaus ökonomische Größen sind,
denn sie entscheiden über die Kosten des Heimwegs in Form von Zeit.

Im Weiteren wird es sich als Vorteil erweisen, wenn auf möglichst einfache
Weise festgestellt werden kann, ob zwei gegebene Vektoren zueinander lotrecht stehen.

Dazu betrachten wir beispielhaft zwei
beliebige Vektoren $\underline{a}$ und $\underline{b}$ sowie deren
Differenz $\underline{c} := \underline{b} - \underline{a}$ im $\mathbb{R}^2$:

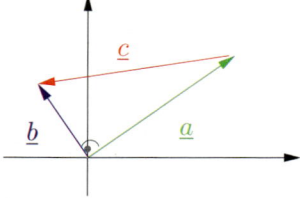

Aufgrund des Satzes von Pythagoras wissen wir, dass die beiden Vektoren $\underline{a}$
und $\underline{b}$ genau dann zueinander lotrecht sind, wenn gilt

$$\|\underline{c}\|^2 = \|\underline{a}\|^2 + \|\underline{b}\|^2, \tag{17.28}$$

denn bei $\|\underline{a}\|$ und $\|\underline{b}\|$ handelt es sich um die Längen der beiden Kathe-
ten(vektoren), während $\|\underline{c}\|$ die Länge der (vektoriellen) Hypothenuse angibt.

Nun gilt einerseits

$$\|\underline{c}\|^2 = \|\underline{b} - \underline{a}\|^2 = (b_1 - a_1)^2 + (b_2 - a_2)^2$$
$$= b_1^2 + a_1^2 - 2a_1 b_1 + b_2^2 + a_2^2 - 2a_2 b_2,$$

leicht umsortiert also

$$\|\underline{c}\|^2 = a_1^2 + a_2^2 + b_1^2 + b_2^2 \; {\color{red}-2a_1 b_1 - 2a_2 b_2}$$

und andererseits

$$\|\underline{a}\|^2 + \|\underline{b}\|^2 = a_1^2 + a_2^2 + b_1^2 + b_2^2.$$

Die Terme in Rot zeigen an, worin sich die beiden Seiten von (17.28) unterscheiden. Die Gleichung (17.28) besteht also genau dann, wenn gilt

$$a_1 b_1 + a_2 b_2 = 0. \tag{17.29}$$

Dieses ist auch das Kriterium dafür, dass die Vektoren $\underline{a}$ und $\underline{b}$ aufeinander
senkrecht stehen.

Sinngemäße Überlegungen können wir auch für höhere Dimensionen anstellen. Deswegen ist es sinnvoll, dem Term auf der linken Seite von (17.29) einen eigenen Namen zu geben.

17.5.2 Definition und grundlegende Eigenschaften

Definition 17.34. *Es seien $n \in \mathbb{N}$ sowie $\underline{x}$ und $\underline{y} \in \mathbb{R}^n$ beliebig. Die Zahl*

$$(\underline{x}\,|\,\underline{y}) := \sum_{i=1}^{n} x_i \cdot y_i \qquad (17.30)$$

heißt Skalarprodukt *der Vektoren $\underline{x}$ und $\underline{y}$.*

Wir bemerken, dass wir aufgrund unserer Konvention, Vektoren vorzugsweise in Spaltenform zu notieren, auch schreiben könnten

$$(\underline{x}\,|\,\underline{y}) = \underline{x}^T \underline{y},$$

während bei einer vereinbarten Zeilennotation die entsprechende Gleichung

$$(\underline{x}\,|\,\underline{y}) = \underline{x}\,\underline{y}^T$$

lauten würde. Damit ist auch schon erklärt, warum wir uns hier für die Notation $(\underline{x}\,|\,\underline{y})$ entscheiden: Aussagen über das Skalarprodukt werden damit unabhängig von eventuellen Bezeichnungskonventionen. Zugleich erleichtert sie das Hinsehen: Wir können den Ausdruck $(\cdot\,|\,\cdot)$ mit zwei Platzhaltern nämlich als eine Funktion mit zwei Argumenten auffassen:

$$(\cdot\,|\,\cdot) : \mathcal{M} \times \mathcal{M} \;\to\; \mathbb{R},$$

wobei $\mathcal{M} = \mathbb{R}^n$ zu wählen ist. Zu ihren wichtigsten Eigenschaften gehören z.B. die folgenden "Rechenregeln", die es uns erlauben, mit dem Skalarprodukt problemlos zu arbeiten:

Satz 17.35 (Eigenschaften des Skalarproduktes). *Für alle $\underline{x}$, $\underline{y} \in \mathcal{M}$ und $\lambda \in \mathbb{R}$ gilt:*

(S1)	$(\underline{x}\,|\,\underline{x}) \geq 0$ *und* $(\underline{x}\,|\,\underline{x}) = 0 \Leftrightarrow \underline{x} = 0$	*"Positivität"*
(S2)	$(\underline{x}\,|\,\underline{y}) = (\underline{y}\,|\,\underline{x})$	*"Symmetrie"*
(S3)	$(\underline{x}\,|\,\underline{y} + \underline{z}) = (\underline{x}\,|\,\underline{y}) + (\underline{x}\,|\,\underline{z})$	*"Additivität"*
	$(\underline{x}\,|\,\lambda\underline{y}) = \lambda(\underline{x}\,|\,\underline{y})$	*"Homogenität"*

$\left.\begin{array}{c} \\ \\ \end{array}\right\}$ *"Linearität"*

Auch wenn diese Aussagen vielleicht auf den ersten Blick neu wirken, handelt es sich durchweg um Altbekanntes. Um das zu sehen, braucht man nötigenfalls nur eine "Übersetzung" in die Matrizennotation vorzunehmen. Unter Beachtung unserer Konvention, derzufolge wir nicht-informative Klammern weglassen, liest sich der Ausdruck $(\underline{x} \mid \underline{y} + \underline{z})$ so: $(\underline{x} \mid (\underline{y} + \underline{z}))$; und die Gleichung

$$(\underline{x} \mid \underline{y} + \underline{z}) = (\underline{x} \mid \underline{y}) + (\underline{x} \mid \underline{z})$$

kann wie folgt in Matrizenform übersetzt werden:

$$\underline{x}^T(\underline{y} + \underline{z}) = \underline{x}^T\underline{y} + \underline{x}^T\underline{z};$$

diese Gleichung für das Zusammenwirken von Matrixmultiplikation und -addition ist aber nichts anderes als das uns schon bekannte Distributivgesetz (D2) aus der farbigen Tabelle auf Seite 569.

Alle aufgeführten Eigenschaften haben in der Mathematik ihre eigenen Namen erhalten; für "Positivität" ist auch *positive Definitheit* üblich. *Additivität* und *Homogenität* ergeben zusammen die sogenannte *Linearität*. Wir bemerken, dass gemäß (S3) die Abbildung

$$\underline{y} \;\rightarrow\; (\underline{x} \mid \underline{y})$$

bei *festem* $\underline{x}$ linear ist; wegen der Symmetrie (S2) ist aber auch die Abbildung

$$\underline{x} \;\rightarrow\; (\underline{x} \mid \underline{y})$$

bei *festem* $\underline{y}$ linear. Für lineare Abbildungen in die Menge der Skalare eines Vektorraumes ist auch der Name "Form" üblich. So haben wir auch eine abkürzende Formulierung, die für manchen einprägsamer sein könnte als die Formeln (S1) bis (S3):

> *Das Skalarprodukt ist eine positiv definite, symmetrische Bilinearform.*

"Bilinear" steht hierbei kurz für "zweifach linear" – nämlich im ersten und im zweiten Argument. Den Nutzen dieser Formeln werden wir im nächsten Abschnitt erkennen.

Es gibt auch einen leicht erkennbaren Zusammenhang zum Begriff der Norm: Für jeden beliebigen Vektor $\underline{x} \in \mathbb{R}^n$ gilt

$$\|\underline{x}\|^2 = (\underline{x} \mid \underline{x}). \tag{17.31}$$

17.5.3 Orthogonalität und Orthogonalprojektion

An dieser Stelle kommen wir auf den Zusammenhang zur Rechtwinkligkeit zurück. Die folgende Definition verallgemeinert unsere bisherigen Erkenntnisse:

Definition 17.36. *Es sei $n \in \mathbb{N}$ beliebig. Zwei Vektoren $\underline{x}$, $\underline{y} \in \mathbb{R}^n$ heißen orthogonal, symbolisch $\underline{x} \perp \underline{y}$, wenn gilt $(\underline{x} \mid \underline{y}) = 0$.*

Statt *orthogonal* sagt man auch *lotrecht* bzw. *senkrecht* zueinander.
Diese Definition birgt eine kleine Feinheit: Es wird nicht verlangt, dass $\underline{x} \neq 0$ oder $\underline{y} \neq 0$ gelten müsse. In der Tat gilt $(\underline{x} \mid 0) = 0$ für alle $\underline{x}$. Anders gesagt: Definitionsgemäß ist der Nullvektor lotrecht zu *jedem* Vektor seines Raumes (sogar zu sich selbst). Das mag verwundern, weil von einer "Richtung" im engeren Sinne beim Nullvektor ja nicht gesprochen werden kann, ist aber eine Frage der Zweckmäßigkeit für vieles Folgende.

Als erste Anwendung präsentieren wir die

Lösung des Partyproblems

Wir erinnern an die Problemstellung: Gegeben sind Vektoren $\underline{a}$ und $\underline{b} \neq 0$, gesucht sind die Vektoren $\underline{x}$ und $\underline{d}$ gemäß folgender Skizze:

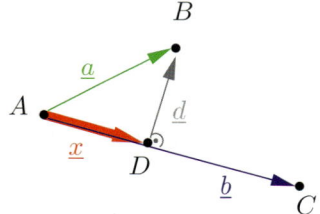

Stellen wir zusammen, was wir über die Gesuchten wissen:

- Der Vektor $\underline{x}$ ist "ein Teil" des Vektors $\underline{b}$; es gilt

  (1) $\underline{x} = \lambda \underline{b}$

  mit einer passenden, jedoch noch unbekannten Konstanten $\lambda \in \mathbb{R}$.
- Der Vektor $\underline{d}$ steht lotrecht auf $\underline{b}$:

  (2) $(\underline{d} \mid \underline{b}) = 0.$

- Der Vektor $\underline{d}$ ist die Differenz von $\underline{a}$ und $\underline{x}$:

  (3) $\underline{d} = \underline{a} - \underline{x}.$

Damit können wir das Problem sofort lösen: Wir setzen (1) in (3) ein:

$$\underline{d} = \underline{a} - \lambda \underline{b}.$$

Damit folgt aus (2)

$$(\underline{a} - \lambda \underline{b} \mid \underline{b}) = 0$$

und wegen der Linearität von $(\cdot \mid \underline{b})$

$$(\underline{a} \mid \underline{b}) - \lambda (\underline{b} \mid \underline{b}) = 0.$$

Hierbei gilt $(\underline{b} \mid \underline{b}) \neq 0$ nach (S1), denn wir hatten $\underline{b} \neq 0$ vorausgesetzt. Also lässt sich diese Gleichung unmittelbar nach λ auflösen; es folgt

$$\lambda = \frac{(\underline{a} \mid \underline{b})}{(\underline{b} \mid \underline{b})}$$

und aus (1) noch

$$\underline{x} = \frac{(\underline{a} \,|\, \underline{b})}{(\underline{b} \,|\, \underline{b})} \, \underline{b}. \tag{17.32}$$

Man kann sich den Vektor $\underline{x}$ unseres Problems als dadurch entstanden vorstellen, dass die Sonne lotrecht auf die "Leinwand" $\underline{b}$ scheint und der Vektor $\underline{a}$ einen Schatten wirft:

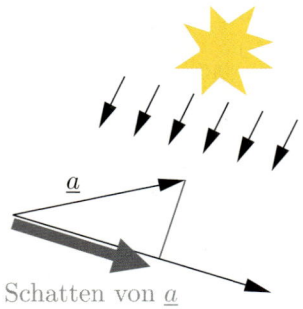

Schatten von $\underline{a}$

Dafür hat man folgenden Begriff:

Definition 17.37. *Für zwei beliebige Vektoren $\underline{a}$, $\underline{b} \in \mathbb{R}^n$ mit $\underline{b} \neq 0$ nennen wir*

$$Pr_{\underline{b}} \, \underline{a} := \frac{(\underline{a} \,|\, \underline{b})}{(\underline{b} \,|\, \underline{b})} \, \underline{b}$$

die Orthogonalprojektion *von $\underline{a}$ auf $\underline{b}$.*

Die hier auftauchende Schreibweise "$Pr_{\underline{b}} \, \underline{a}$" ist sozusagen eine Hausnotation, um dem Kind "Projektion" einen Namen zu geben. Man kann sich einprägen:

Was wird projiziert? steht oben: $Pr_{\underline{b}}\underline{a}$.

Wohin wird projiziert? steht unten: $Pr_{\underline{b}}\underline{a}$.

Beispiel 17.38. Wir betrachten die Vektoren

$$\underline{a} := \begin{bmatrix} 4 \\ 2 \end{bmatrix} \quad \text{und} \quad \underline{b} := \begin{bmatrix} 7 \\ -1 \end{bmatrix}$$

als Zahlenbeispiel für unser Partyproblem. Hier gilt

$$\lambda = \frac{\left(\begin{bmatrix} 4 \\ 2 \end{bmatrix} \,\middle|\, \begin{bmatrix} 7 \\ -1 \end{bmatrix} \right)}{\left(\begin{bmatrix} 7 \\ -1 \end{bmatrix} \,\middle|\, \begin{bmatrix} 7 \\ -1 \end{bmatrix} \right)} = \frac{26}{50} = \frac{13}{25}$$

und somit

$$\underline{x} = Pr_{\underline{b}} \, \underline{a} = \lambda \underline{b} = \frac{13}{25} \begin{bmatrix} 7 \\ -1 \end{bmatrix}.$$

Damit ist das Ausgangsproblem gelöst: Erwin muss nach wenig mehr als der Hälfte des Weges – genauer: nach $\lambda = \frac{13}{25}$ des Weges – aus dem Auto seiner Freundin Liesbeth aussteigen. Diese Angabe ist relativ; die absolute Länge von Erwins Fahrstrecke beträgt

$$\|\underline{x}\| = \frac{13}{25}\|\underline{b}\| = \frac{13}{25}\sqrt{7^2 + (-1)^2} = \frac{13}{25}\sqrt{50} = \frac{13}{5}\sqrt{2}.$$

Wir können gleich noch die Länge seines Fußmarsches ermitteln: Für den Vektor $\underline{d}$ hatten wir

$$\underline{d} = \underline{a} - \underline{x} = \begin{bmatrix} 4 \\ 2 \end{bmatrix} - \frac{13}{25}\begin{bmatrix} 7 \\ -1 \end{bmatrix} = \begin{bmatrix} \frac{9}{25} \\ \frac{63}{25} \end{bmatrix}.$$

Seine Länge ergibt sich zu

$$\|\underline{d}\| = \sqrt{\left(\frac{9}{25}\right)^2 + \left(\frac{63}{25}\right)^2} = \frac{9}{5}\sqrt{2}$$

Längeneinheiten. △

Bisher hatten wir unter dem Begriff Orthogonalprojektion nur solche Projektionen verstanden, bei denen als Projektionsfläche – sozusagen "Leinwand" – lediglich eine Gerade fungierte. Man kann sich ohne weiteres vorstellen, das als Projektionsfläche auch eine wirkliche Ebene und in höherdimensionalen Räumen sogar höherdimensionale Projektions"flächen" auftreten können. Es ist nicht das Anliegen dieses Textes, derartige Projektionen in voller Allgemeinheit zu behandeln. Daher beschränken wir uns auf einige wenige Anwendungsbeispiele.

Beispiel 17.39 ("Bierflaschenfüllstatistik"). Wer zwei Flaschen derselben Biersorte kauft, wird bei genauer Prüfung feststellen, dass beide nicht genau gleich voll sind. Obwohl sich auf dem Etikett beispielsweise die Mengenangabe 0.33 l findet, stellt man z.B. fest, dass die erste Flasche $x_1 = 0.336$ l, die zweite 0.328 l Bier enthält. Nun weiß man, dass viele Hersteller ihre Abfüllanlagen auf einen Füllstands-Sollwert μ einstellen, der etwas höher liegt als 0.33 l, um zu viele zufällige Abweichungen nach unten, die Beschwerden auslösen könnten, zu vermeiden. Die Frage ist nun: Welchen Sollwert wird der Hersteller im vorliegenden Fall eingestellt haben?

Wir stehen also vor dem Problem, einerseits eine Beobachtung zu haben, die wir vektoriell notieren können:

$$\underline{x} := \begin{bmatrix} 0.336 \\ 0.328 \end{bmatrix},$$

wobei andererseits beide Koordinaten demselben Sollwert μ gleichen müssten, idealerweise also der Vektor

$$\underline{y} := \begin{bmatrix} \mu \\ \mu \end{bmatrix} = \mu \begin{bmatrix} 1 \\ 1 \end{bmatrix}$$

beobachtet worden sein müsste (wobei der Wert μ noch unbekannt ist). Unsere Aufgabe ist es daher, die Zahl μ oder gleichbedeutend den Vektor $\underline{y}$ zu schätzen.

Wir können uns die Situation so veranschaulichen: Mit der Konvention

$$\mathbb{1} := \begin{bmatrix} 1 \\ 1 \end{bmatrix}$$

sehen wir, dass der *ideale* Beobachtungspunkt $\underline{y}$ irgendwo auf der blauen Linie liegen müsste:

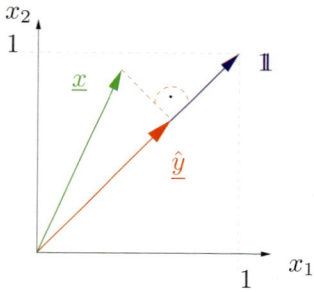

Stattdessen haben wir den *tatsächlichen* Beobachtungsvektor $\underline{x}$ (grün) vor uns. Welcher Punkt der grünen Linie wäre als bester *Schätzwert* $\hat{\underline{y}}$ für $\underline{y}$ anzusehen? Sicherlich derjenige, der von $\underline{x}$ den geringsten Abstand hat. Wir wählen daher

$$\hat{\underline{y}} = Pr_{\mathbb{1}}\,\underline{x} = \hat{\mu}\,\mathbb{1}\,.$$

Mit unseren Beispielzahlen folgt

$$\hat{\mu} = \frac{\left(\begin{bmatrix} 0.336 \\ 0.328 \end{bmatrix} \middle| \begin{bmatrix} 1 \\ 1 \end{bmatrix}\right)}{\left(\begin{bmatrix} 1 \\ 1 \end{bmatrix} \middle| \begin{bmatrix} 1 \\ 1 \end{bmatrix}\right)} = 0.332$$

– das ist der von uns geschätzte Füll-Sollwert.   △

Bemerkung 17.40. Es lohnt, einen Blick auf die Struktur dieser Schätzung zu werfen: Wir haben

$$\hat{\mu} = \frac{\left(\begin{bmatrix} x_1 \\ x_2 \end{bmatrix} \middle| \begin{bmatrix} 1 \\ 1 \end{bmatrix} \right)}{\left(\begin{bmatrix} 1 \\ 1 \end{bmatrix} \middle| \begin{bmatrix} 1 \\ 1 \end{bmatrix} \right)} = \frac{(x_1 + x_2)}{2}$$

– das ist das arithmetische Mittel aus beiden Beobachtungen, in der Statistik auch als empirisches Mittel bezeichnet. Man schreibt dafür auch

$$\hat{\mu} = \bar{x}.$$

Die Ideen des Beispiels, welches mit $n = 2$ Beobachtungen auskommt, lassen sich leicht verallgemeinern auf eine beliebige Zahl $n \in \mathbb{N}$ von Beobachtungen, die als Vektor

$$\underline{x} = [x_1, \dots, x_n]^T$$

geschrieben werden können. Alle Beobachtungen müssten idealerweise ein- und denselben Wert μ liefern, weichen aber aufgrund unsystematischer Fehler davon ab. Als Schätzung für μ erhalten wir ganz analog

$$\hat{\mu} = \frac{(x_1 + \dots + x_n)}{n}.$$

Das bekannte Stichprobenmittel erhält auf diese Weise eine sehr intuitive geometrische Interpretation.

Weitere Anwendungen der Orthogonalprojektion finden wir im Bereich der Geraden- und Ebenengleichungen.

17.5.4   Gleichungen in Normalenform

Mit unserem Wissen über Orthogonalität wollen wir nun nochmals einen kurzen Blick auf Geraden- und Ebenengleichungen werfen.

Geraden im $\mathbb{R}^2$

Um eine beliebige Gerade g im $\mathbb{R}^2$ zu beschreiben, geben wir uns wiederum einen festen Punkt der Geraden als "Pin" vor. Man kann sich sozusagen vorstellen, es werde ein langes Lineal an die Wand gehalten. Solange man dieses nur an einem Punkt fixiert, kann es sich immer noch um diesen Punkt drehen wie ein Uhrzeiger. Um das Lineal zu fixieren, hatten wir seine Richtung festgehalten, d.h. in die Parameterdarstellung der Geraden einen Richtungsvektor aufgenommen.

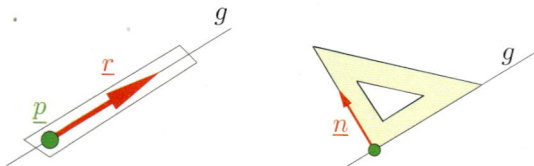

Hält man statt eines Lineals ein großes Zeichendreieck an die Wand, so kann man dieses auch dadurch fixieren, dass man statt der Hauptkante die recht-winklig dazu verlaufende Nebenkante festlegt. Genau so gehen wir in der fol-genden Skizze vor:

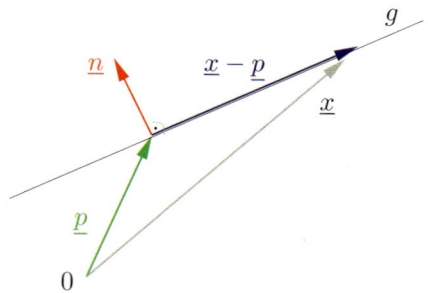

Wir geben also den Pin $\underline{p}$ und einen beliebigen Vektor $\underline{n}\neq 0$, der lotrecht auf unserer Geraden steht, vor. Ein Punkt $\underline{x}$ liegt nun genau dann auf der Geraden g, wenn der Vektor $\underline{x} - \underline{p}$ lotrecht zu $\underline{n}$ ist. Wir können also schreiben

$$g = \{\underline{x} \in \mathbb{R}^2 \mid (\underline{n} \mid \underline{x} - \underline{p}) = 0\}. \tag{17.33}$$

Den Term in Blau werden wir als *Geradengleichung in (erweiterter) Norma-lenform* bezeichnen. Gleichwertig dazu ist

$$(\underline{n} \mid \underline{x}) = (\underline{n} \mid \underline{p}). \tag{17.34}$$

Im Vergleich zu einer *Geradengleichung in Normalenform* im Sinne unseres bisherigen Sprachgebrauchs aus dem Abschnitt 17.3.3ff, die die allgemeine Form

$$(\underline{n} \mid \underline{x}) = d \tag{17.35}$$

hat, wobei $d \in \mathbb{R}$ eine Konstante bezeichnet, besteht die Erweiterung in der Gleichung (17.34) darin, dass der Pinpunkt $\underline{p}$ explizit abgelesen werden kann, während er in (17.35) zu der Konstanten d verrechnet wurde. Somit könnten wir (17.35) auch als *gewöhnliche, verrechnete* bzw. *verkürzte Normalenform* bezeichnen.

Beispiel 17.41. Es seien

$$\underline{n} := \begin{bmatrix} 2 \\ 8 \end{bmatrix} \quad \text{und} \quad \underline{p} := \begin{bmatrix} 3 \\ 6 \end{bmatrix}.$$

Dann nimmt (17.34) die konkrete Form

$$\left(\begin{bmatrix} 2 \\ 8 \end{bmatrix} \middle| \begin{bmatrix} x_1 \\ x_2 \end{bmatrix}\right) = \left(\begin{bmatrix} 2 \\ 8 \end{bmatrix} \middle| \begin{bmatrix} 3 \\ 6 \end{bmatrix}\right) \tag{17.36}$$

an. Rechnen wir beide Skalarprodukte aus, so finden wir

$$2x_1 + 8x_2 \quad = \quad 2 \cdot \underline{3} + 8 \cdot \underline{6} \tag{17.37}$$

bzw.

$$2x_1 + 8x_2 = 54. \tag{17.38}$$

Wir sehen hier drei Formen ein- und derselben Gleichung; in (17.36) und (17.37) kann man den Pinpunkt direkt ablesen, in (17.38) nicht mehr, weil er verrechnet wurde. Fazit: (17.36) und (17.37) sind von *erweiterter* Normalenform, (17.38) von *verrechneter* Normalenform. △

Eine weitere Deutung der erweiterten Normalenform können wir mit Blick auf die Orthogonalprojektion geben: Für jeden Vektor $\underline{y} \in \mathbb{R}^2$ gibt

$$\frac{(\underline{n} \mid \underline{y} - \underline{p})}{(\underline{n} \mid \underline{n})} \; \underline{n} \tag{17.39}$$

die Orthogonalprojektion des Vektors $\underline{y} - \underline{p}$ auf den Vektor $\underline{n}$ an. Diese ist genau dann Null, wenn der Vektor $\underline{y}$ auf der Geraden g liegt:

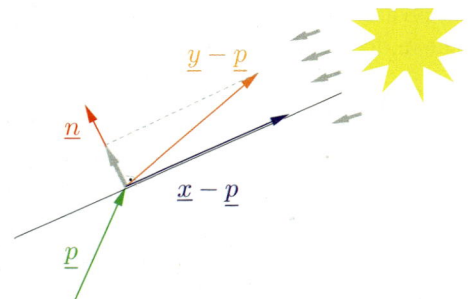

Nehmen wir einmal an, der verwendete Normalenvektor sei ein Einheitsvektor; es gelte also

$$\|\underline{n}\| = \sqrt{(\underline{n} \mid \underline{n})} = 1.$$

Dann nimmt (17.39) die Form

$$(\underline{n} \mid \underline{y} - \underline{p})\underline{n} = h(\underline{y})\underline{n}$$

an, wobei

$$h(\underline{y}) := (\underline{n} \mid \underline{y} - \underline{p})$$

gesetzt wurde. Weil $\underline{n}$ ein Einheitsvektor ist, kommen wir zu dem Schluss, dass $h(\underline{y})$ den (vorzeichenbehafteten) Abstand zwischen $\underline{y}$ und der Geraden g angibt.

Verschobene Geraden

Wir sehen uns nun einmal kurz an, welche Wirkung die Parallelverschiebung einer Geraden auf ihre Normalendarstellung hat. Die Grundvorstellung wird durch folgende Skizze gegeben:

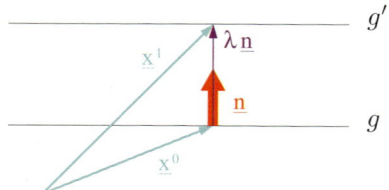

Gegeben sei also eine Gerade g in Normalenform mit dem Normalenvektor $\underline{n}$ und dem "Pin" $\underline{x}^0$. Wir können schreiben

$$g = \{\underline{x} \in \mathbb{R}^2 \mid (\underline{n} \mid \underline{x}) = (\underline{n} \mid \underline{x}^0) =: d^0\},$$

bzw. ausführlicher

$$g = \{\underline{x} \in \mathbb{R}^2 \mid n_1 x_1 + n_2 x_2 = \ldots = d^0\}.$$

Angenommen, wir wollten diese Gerade in Richtung des Normalenvektors $\underline{n}$ parallel verschieben, wodurch eine neue Gerade g' entsteht. Die Verschiebung wird durch einen Vektor der Form $\lambda \underline{n}$ mit einer passenden Konstanten λ bewerkstelligt. Diese ist positiv, weil wir in Normalenrichtung verschieben! Dabei geht der ursprüngliche in den neuen Pinpunkt $\underline{x}^1$ über, der offensichtlich durch die Beziehung

$$\underline{x}^1 = \underline{x}^0 + \lambda \underline{n}$$

charakterisiert wird. Die neue Gerade g' besitzt dann die Normalendarstellung

$$g' = \{\underline{x} \in \mathbb{R}^2 \mid (\underline{n} \mid \underline{x}) = (\underline{n} \mid \underline{x}^1) =: d^1\},$$

bzw. ausführlicher

$$g' = \{\underline{x} \in \mathbb{R}^2 \mid n_1 x_1 + n_2 x_2 = \ldots = d^1\}.$$

Die beiden zugehörigen Normalengleichungen unterscheiden sich also nur bezüglich ihrer "rechten Seiten". Dabei gilt

$$d^1 = (\underline{n} \mid \underline{x}^1) = (\underline{n} \mid \underline{x}^0 + \lambda \underline{n}) = (\underline{n} \mid \underline{x}^0) + \lambda (\underline{n} \mid \underline{n}) = d^0 + \lambda \|\underline{n}\|^2$$

und somit $d^1 > d^0$. Wir gelangen also zu folgender

Beobachtung 17.42. *Wird eine Gerade mit der Normalengleichung*

$$n_1 x_1 + n_2 x_2 = d$$

in (bzw. gegen) die Normalenrichtung parallel verschoben, so vergrößert (bzw. vermindert) sich der Wert der rechten Seite d.

Ebenen

Auch Ebenen im $\mathbb{R}^3$ lassen sich mit Hilfe der Normalenform beschreiben. Die Idee ist dieselbe wie beim Thema Geraden: Man gibt sich im $\mathbb{R}^3$ einen beliebigen Pinpunkt $\underline{p}$ und einen Normalenvektor $\underline{n} \neq 0$ vor. Dann ist eine Ebene E bereits dadurch eindeutig festgelegt, dass sie

- den Pinpunkt $\underline{p}$ enthält und
- der Normalenvektor $\underline{n}$ senkrecht auf ihr steht.

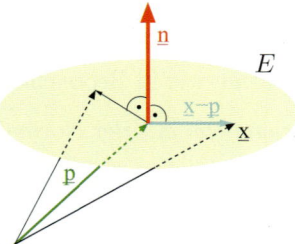

Anschaulich gesprochen, fixiert der feste Normalenvektor $\underline{n}$ die Ebene durch $\underline{p}$ genau so, wie die festgehaltene Achse eines Rades dafür sorgt, dass sich das Rad immer in einer Ebene dreht. Die zugehörige formale Darstellung lautet

$$E = \{\underline{x} \in \mathbb{R}^3 \mid (\underline{n}\,|\,\underline{x} - \underline{p}) = 0\}. \tag{17.40}$$

Die Gleichung in Blau ist exakt dieselbe wie in (17.33), nur dass wir es hier mit einer *Ebenengleichung in (erweiterter) Normalenform* zu tun haben.

Hyperebenen

Ein und dieselbe Gleichung, nämlich

$$(\underline{n}\,|\,\underline{x} - \underline{p}) = 0 \tag{17.41}$$

liefert also verschiedene geometrische Objekte – je nachdem, in welchem Raum die Gleichung betrachtet wird: Im $\mathbb{R}^2$ liefert sie eine Gerade – also ein "1-dimensionales" Objekt. Im $\mathbb{R}^3$ liefert sie eine Ebene, also ein "2-dimensionales" Objekt. Die Anführungszeichen stehen hier deswegen, weil der Dimensionsbegriff zunächst in einem rein intuitiven Sinne gebraucht wird; eine exakte Definition steht noch aus.

Wird die Gleichung (17.41) nun in einem beliebigen Raum $\mathbb{R}^d, d \in \mathbb{N}$, interpretiert, können wir erwarten, dass ein "$(d - 1)$−dimensionales" lineares Objekt entsteht.

Definition 17.43. *Es seien $\underline{n} \in \mathbb{N}$, $\underline{p} \in \mathbb{R}^d$ und $0 \neq \underline{n} \in \mathbb{R}^d$ beliebig gewählt. Die Menge*

$$H := \{\underline{x} \in \mathbb{R}^d \mid (\underline{n}\,|\,\underline{x} - \underline{p}) = 0\}$$

bezeichnen wir als eine Hyperebene *im $\mathbb{R}^d$.*

Demzufolge nennen wir den Term in Blau auch *Hyperebenengleichung in (erweiterter) Normalenform*.

Bemerkung 17.44 (Verschiebungsbemerkung). Wie schon im Falle von Geraden können wir die (erweiterte) Normalenform auch bei Ebenen und ganz allgemein bei Hyperebenen verrechnen und die Gleichung in Blau umschreiben zu

$$(\underline{n} \,|\, \underline{x}) = (\underline{n} \,|\, \underline{p}) =: c$$

ausführlich

$$n_1 x_1 + \dots + n_d x_d = c. \tag{17.42}$$

Mit derselben Argumentation wie in Beobachtung 17.42 schließen wir:

> *Wird eine Hyperebene mit der Normalengleichung*
>
> $$n_1 x_1 + \dots + n_d x_d = c$$
>
> *in (bzw. gegen) die Normalenrichtung parallel verschoben, so vergrößert (bzw. vermindert) sich der Wert der rechten Seite d.*

Deutung der Hesseschen Normalform

Wir können die Vorteile der Gleichungen in Normalenform schnell zusammenfassen:

- sie sind leicht zu erstellen
- der Normalenvektor hat oft eine sinnvolle ökonomische Interpretation
- sie sind formal dimensionsunabhängig.

Einen Nachteil hatten wir bereits herausgestellt: Sie sind nicht eindeutig. Als Ausweg hatten wir im Punkt 17.3.5 die Hessesche Normalform angeführt, die einen Normalenvektor der Länge Eins verwendet. Wenn wir die Argumentation am Ende des Abschnittes über Geraden wieder aufnehmen, können wir eine sinnvolle Interpretation der Hesseschen Normalform in jeder Dimension nachliefern:

Satz 17.45. *Es seien $d \in \mathbb{N}$, $\underline{p}$ und $\underline{n}$ aus $\mathbb{R}^d$ beliebig gegeben. Es gelte $\|\underline{n}\| = 1$. Dann gibt für jedes $\underline{y} \in \mathbb{R}^d$*

$$h(\underline{y}) := (\underline{n} \,|\, \underline{y} - \underline{p})$$

den vorzeichenbehafteten Abstand des Punktes $\underline{y}$ von der Hyperebene

$$H := \{\underline{x} \in R^d \mid (\underline{n} \,|\, \underline{x} - \underline{p}) = 0\}$$

an.

"Vorzeichenbehaftet" heißt folgendes: Gilt $h(\underline{y}) > 0$, so liegt $\underline{y}$ auf derjenigen Seite von H, zu der der Pfeil des Normalenvektors zeigt; gilt $\bar{h}(\underline{y}) < 0$, so liegt $\underline{y}$ auf der entgegengesetzten Seite. Sinnvollerweise liegt $\underline{y}$ im Fall $h(\underline{y}) = 0$ exakt in der Hyperebene.

17.6   Aufgaben

Aufgabe 17.46. Im $\mathbb{R}^2$ seien die folgenden Vektoren gegeben:

$$\underline{a} = \begin{bmatrix} 3 \\ 1 \end{bmatrix}, \; \underline{b} = \begin{bmatrix} 2 \\ -2 \end{bmatrix}, \; \underline{c} = \begin{bmatrix} -1 \\ 0 \end{bmatrix}.$$

Skizzieren Sie die Vektoren

$$\underline{u} := 1/2(\underline{a} + \underline{b}), \qquad \underline{v} := \underline{a} - \underline{b} + \underline{c}, \qquad \underline{w} := -\underline{a} - 3\underline{c}.$$

Aufgabe 17.47.

(1) Lesen Sie die Koordinaten der Vektoren $\underline{a}$, $\underline{b}$, $\underline{c}$ aus der Skizze ab:

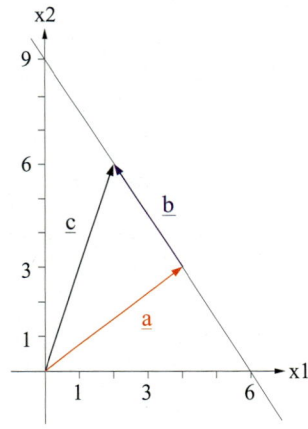

(2) Welche Beziehung besteht zwischen diesen drei Vektoren? Geben Sie eine Gleichung an.

(3) Bestimmen Sie $\|\underline{a}\|$, $\|\underline{b}\|$, $\|\underline{c}\|$.

Aufgabe 17.48. Im $\mathbb{R}^2$ seien die Punkte $\underline{a} = [8, 2]^T$ und $\underline{b} = [4, 4]^T$ gegeben. Geben Sie für die durch diese beiden Punkte verlaufende Gerade g

(i) eine Parameterdarstellung,

(ii) eine Geradengleichung in Abschnittsform,

(iii) eine Geradengleichung in Normalenform,

(iv) eine Funktionsdarstellung

an!

Aufgabe 17.49. Im $\mathbb{R}^3$ seien die Punkte $\underline{a} = [1, 1, 2]^T, \underline{b} = [4, 2, 1]^T$ und $\underline{c} = [5, 5, 5]^T$ gegeben. Geben Sie für die durch diese drei Punkte verlaufende Ebene E

(i) eine Parameterdarstellung,

(ii) eine Ebenengleichung in Abschnittsform,

(iii) eine Ebenengleichung in Normalenform,

(iv) eine Funktionsdarstellung

an!

Aufgabe 17.50. Im $\mathbb{R}^2$ seien die beiden Geraden

$$g = \left\{ \underline{x} \in \mathbb{R}^2 \,\middle|\, \begin{bmatrix} x_1 \\ x_2 \end{bmatrix} = \begin{bmatrix} 2 \\ a \end{bmatrix} + \lambda \begin{bmatrix} 1 \\ -1 \end{bmatrix} ; \lambda \in \mathbb{R} \right\}$$

$$h = \left\{ \underline{y} \in \mathbb{R}^2 \,\middle|\, \begin{bmatrix} y_1 \\ y_2 \end{bmatrix} = \begin{bmatrix} 6 \\ -1 \end{bmatrix} + \mu \begin{bmatrix} b \\ 5 \end{bmatrix} ; \mu \in \mathbb{R} \right\}$$

gegeben, wobei a und b gegebene Konstanten bezeichnen. Für welche Werte von a und b

(i) sind die Geraden g und h identisch?

(ii) sind die Geraden g und h (echt) parallel?

(iii) schneiden sich die Geraden g und h in einem Punkt?

Aufgabe 17.51. Im $\mathbb{R}^3$ seien die beiden Parameterdarstellungen

$$E = \left\{ \underline{x} \in \mathbb{R}^3 \,\middle|\, \begin{bmatrix} x_1 \\ x_2 \\ x_3 \end{bmatrix} = \begin{bmatrix} 2 \\ 1 \\ 4 \end{bmatrix} + \lambda \begin{bmatrix} 3 \\ 2 \\ 0 \end{bmatrix} + \mu \begin{bmatrix} 1 \\ -1 \\ 1 \end{bmatrix} ; \mu, \lambda \in \mathbb{R} \right\}$$

und

$$F = \left\{ \underline{y} \in \mathbb{R}^3 \,\middle|\, \begin{bmatrix} y_1 \\ y_2 \\ y_3 \end{bmatrix} = \begin{bmatrix} 6 \\ 2 \\ 5 \end{bmatrix} + \tau \begin{bmatrix} 5 \\ 0 \\ 2 \end{bmatrix} + \nu \begin{bmatrix} 4 \\ 6 \\ -2 \end{bmatrix} ; \nu, \tau \in \mathbb{R} \right\}$$

gegeben. Sind die Ebenen E und F verschieden?

Aufgabe 17.52. Geben Sie für die Ebene E aus Aufgabe 17.51 die Gleichung

- in Abschnittsform
- in Hessescher Normalform an.

Aufgabe 17.53. Im $\mathbb{R}^3$ werde folgende Ebene betrachtet:

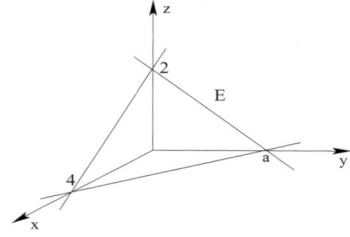

(i) Bestimmen Sie die Konstante a, so dass E die Ebenengleichung $z = -\frac{x}{2} - \frac{y}{7} + 2$ hat.

(ii) Bestimmen Sie nunmehr die Konstante a, so, dass der Punkt $(1, 4, 1)^T$ zu E gehört.

(iii) Bestimmen Sie schließlich a so, dass der Vektor $(1, 1, 2)^T$ senkrecht auf der Ebene E steht.

Aufgabe 17.54. Eine Bäckerei backt ausschließlich die beiden Brotsorten "Dunkle Kruste" und "Sonnenschein". Diese bestehen aus Roggen-, Weizen- und Hafermehl gemäß folgender Rezeptur:

Verbrauch je kg	"Dunkle Kruste"	"Sonnenschein"
Roggenmehl	700 g	200 g
Weizenmehl	200 g	600 g
Hafermehl	60 g	160 g

(Die fehlenden Gewichtsbestandteile entfallen auf Wasser, Salz und Hefe.) Die Preise p_1, p_2 und p_3 dieser drei Mehlsorten (in Euro/kg) sind über längere Zeit fest vorgegeben.

(i) Der an einem beliebigen Tag auftretende Bedarf an den drei Mehlsorten kann durch einen Vektor $\underline{m} = (m_1, m_2, m_3)$ beschrieben werden. Alle möglichen derartigen Vektoren $\underline{m}$ liegen auf ein- und derselben Ebene E. Warum?

(ii) Alle Tagesbedarfs-Vektoren $\underline{m}$ aus (i), die Gesamtkosten von exakt 1000 Euro verursachen, liegen auf ein- und derselben Geraden g innerhalb der Menge E. Warum?

(iii) Geben Sie eine Parameterdarstellung für die Gerade g an. Lässt sich der verwendete Richtungsvektor ökonomisch interpretieren?

Aufgabe 17.55. Ein Unternehmen vertreibt zwei Typen X und Y handgefertigter High-End-Verstärker zu Stückpreisen von 2 bzw. 3 TEuro. Skizzieren Sie die Menge $\mathcal{P}$ aller Absatzpläne $(x, y)^T$, die zu einem Erlös von 13.000 Euro führen.

Aufgabe 17.56. Gegeben seien Vektoren $\underline{a}$ und $\underline{b}$ wie folgt:

(a) $\underline{a} = \begin{bmatrix} 4 \\ 4 \end{bmatrix}, \underline{b} = \begin{bmatrix} 8 \\ 2 \end{bmatrix}$

(b) $\underline{a} = \begin{bmatrix} 3 \\ 1 \\ 1 \end{bmatrix}, \underline{b} = \begin{bmatrix} 2 \\ 0 \\ 4 \end{bmatrix}$

(i) Geben Sie den zu $\underline{b}$ gehörigen Einheitsvektor an.

(ii) Bestimmen Sie die Orthogonalprojektion von $\underline{a}$ auf $\underline{b}$.

(iii) Welchen Abstand haben $\underline{a}$ und $\underline{b}$ (aufgefasst als Punkte)?

Aufgabe 17.57. Um den ewigen Klagen über zu schlecht gefüllte Bierflaschen zu entgehen, entscheidet sich der Brauereiunternehmer *Zweck* ("*Zwecks Bier löscht Kennerdurst*"), die Abfüllmaschine für $0.33\,l-$Flaschen auf einen etwas größeren Sollwert m einstellen zu lassen. Obwohl nun theoretisch alle Flaschen genau $m\,l$ Bier enthalten müssten, werden bei einer Stichprobe von $n = 10$ zufällig ausgewählten Flaschen folgende Füllmengen x_i $(i = 1, \ldots, 10)$ ermittelt (in l):

x_1	x_2	x_3	x_4	x_5	x_6	x_7	x_8	x_9	x_{10}
0.34	0.33	0.34	0.35	0.32	0.31	0.34	0.35	0.33	0.34

Welchen Wert müsste m haben, damit der beobachtete Füllmengenvektor $\underline{x}$ möglichst dicht bei dem theoretischen Füllmengenvektor $m \cdot \mathbf{1} = m[1, \ldots, 1]^T$ liegt? Geben Sie eine Formel an, die m durch n und $x_1, \ldots, x_n$ ausdrückt! Welchen Zahlenwert nimmt m hier an?

Aufgabe 17.58. Gegeben seien die Vektoren $\underline{a} = \begin{pmatrix} 3 \\ 7 \end{pmatrix}$ und $\underline{b} = \begin{pmatrix} 11 \\ 0 \end{pmatrix}$.

Berechnen Sie (i) die Orthogonalprojektion $\underline{c} = Pr_{\underline{a}}\,\underline{b}$, (ii) $\parallel \underline{c} \parallel$, (iii) $\underline{r} = \underline{a} - \underline{c}$, sowie (iv) $\parallel \underline{r} \parallel$.

Aufgabe 17.59. Wir betrachten folgende Ebene im $\mathbb{R}^3$:

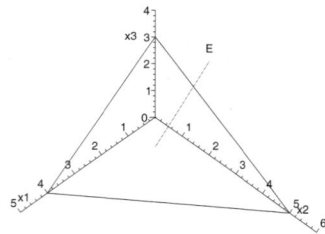

(i) Geben Sie eine Parameterdarstellung für E an.

(ii) Liegt der Punkt $\underline{x} = \begin{bmatrix} 4, & -5, & 3 \end{bmatrix}$ auf dieser Ebene?

(iii) Wie lauten die Koeffizienten a, b, c in folgender Funktionsgleichung für E:

$$x_3 = ax_1 + bx_2 + c \qquad (x_1, x_2 \in \mathbb{R})?$$

(iv) Der im ersten Orthanten des R^3 liegende Teil $\mathcal{P}$ dieser Ebene kann ökonomisch als Menge von Absatzplänen für drei Güter X_1, X_2 und X_3 zu einem vorgegebenen Verkaufserlös interpretiert werden. Geben Sie eine Parameterdarstellung für $\mathcal{P}$ an.

(v) Angenommen, der erwähnte Verkaufserlös betrage 180 Geldeinheiten. Zu welchen Preisen p_1, p_2 und p_3 werden die Güter X_1, X_2 und X_3 abgesetzt?

Lineare Räume

18.1 Vorbemerkung

Dieses Kapitel ist aus gutem ökonomischem Grund ein "mathematisches". Es ist an der Zeit, die Frage zu beantworten, was den vielen bereits betrachteten Beispielen gemeinsam ist. Das Ziel dabei ist erstens, eine möglichst einheitliche einfache "Sprache" zur Formulierung von Problemen zu finden. Dazu werden einige neue mathematische Begriffe wie "linearer Raum", "linear unabhängig" oder "Basis" eingeführt. Zweitens – und womöglich interessanter – ist es, dass diese Vereinfachungen den Blick frei machen werden für einige verblüffend einfache Problemlösungen.

18.2 Der Begriff des linearen Raumes

18.2.1 Motivation

Den bisher betrachteten Mengen $\mathbb{R}$, $\mathbb{R}^n$, $\mathbb{R}^{m,n}$ ist folgendes gemeinsam:

(1) Je zwei Elemente können addiert werden, und das Ergebnis gehört derselben Menge an wie schon die Summanden.

(2) Jedes Element kann mit einem beliebigen Skalar multipliziert werden und liefert ein Ergebnis in derselben Menge.

(3) Für die beiden Operationen gelten die Rechenregeln (A1), ... , (D2) aus Abschnitt 15.4.5.

Daher kann erwartet werden, dass viele qualitative Überlegungen für alle betrachteten Grundmengen auf dieselbe Weise ablaufen und deshalb nur einmal angestellt werden müssen; es lohnt also, für diese Grundmengen eine Sammelbezeichnung einzuführen.

Wir werden später sehen, dass es noch viele weitere Beispiele gibt, auf die diese Überlegungen anwendbar sind.

18.2.2 Definition

Definition 18.1. *Eine Menge $\mathcal{M}$, versehen mit zwei Operationen*

"$+$": $\mathcal{M} \times \mathcal{M} \to \mathcal{M} : (x, y) \mapsto x + y$ *("Addition") und*

"$\cdot$": $\mathbb{R} \times \mathcal{M} \to \mathcal{M} : (\lambda, x) \mapsto \lambda \cdot x$ *("Multiplikation mit einem Skalar")*

heißt ein linearer Raum, *wenn für die Operationen "$+$" und "$\cdot$" die Rechengesetze (A1)–(A4), (M1),(M2),(D1) und (D2) gelten.*

Anmerkungen:

(1) Ein linearer Raum wird auch als "Vektorraum" bezeichnet; entsprechend werden seine Elemente auch als "Vektoren" bezeichnet. (Dadurch erhält der bereits in 15.3.2 eingeführte Vektorbegriff eine weitere Auslegung.)

(2) Streng genommen ist nicht der Menge $\mathcal{M}$ allein, sondern dem Tripel $(\mathcal{M}, +, \cdot)$ die Eigenschaft "linearer Raum" zuzusprechen. Wenn wir trotzdem abkürzend formulieren "Es sei $\mathcal{M}$ ein linearer Raum...", wird davon ausgegangen, dass Verwechslungen nicht möglich sind.

(3) Ganz offensichtlich sind $\mathbb{R}$, $\mathbb{R}^n$, $\mathbb{R}^{m,n}$ $(m, n \in \mathbb{N})$ Beispiele für lineare Räume (mit der in 15.4.2 und 15.4.3 eingeführten Addition und Multiplikation).

(4) Jeder lineare Raum enthält (wegen (A4)) mindestens das Nullelement 0. Gleichzeitig ist $\{0\}$ – also eine Menge, die nur das Nullelement enthält – der kleinstmögliche lineare Raum.

"Lesehinweis":

Die in der Definition enthaltenen Formulierungen "$+$": $\mathcal{M} \times \mathcal{M} \to \mathcal{M}$ und "$\cdot$": $\mathbb{R} \times \mathcal{M} \to \mathcal{M}$ enthalten eine Forderung, die beim ersten Lesen leicht übersehen wird. Diese besagt nicht allein, welchen Mengen die beiden "Partner" der Operationen "$+$" bzw. "$\cdot$" zu entnehmen sind, sondern auch, *in welcher Menge das jeweilige Ergebnis zu liegen hat* – nämlich wiederum in $\mathcal{M}$ selbst. (Man kann also auch sagen, dass diese Operationen "nicht aus $\mathcal{M}$ herausführen dürfen" bzw. dass "$\mathcal{M}$ bezüglich der Operationen "$+$" und "$\cdot$" abgeschlossen" sein müsse.) Diese Forderung ist ebenso wichtig wie diejenige nach der Gültigkeit der Rechengesetze (A1), ... , (D2).

Zur Illustration betrachten wir z.B. als $\mathcal{M} = P$ (die Menge aller Primzahlen). Selbstverständlich kann man Primzahlen genauso addieren und mit reellen Konstanten multiplizieren wie alle anderen reellen Zahlen. Sie unterliegen dabei absolut denselben Rechengesetzen wie alle anderen reellen Zahlen auch. Ist die Menge $\mathcal{M} = P$ also ein linearer Raum?

Die Antwort lautet: Nein! Wir betrachten die Primzahlen 3 und 5. Deren Summe $8 = 3 + 5$ ist *keine* Primzahl, die Menge P kann somit vermittels Addition verlassen werden, ist also bezüglich "$+$" nicht abgeschlossen. (Formal könnte man schreiben: "$+$": $P \times P \to \mathbb{R}$ (bzw. $\mathbb{N}$), jedoch "$+$": $P \times P \not\to P$.)

18.2.3 "Überprüfung" linearer Räume

Gegeben sei eine Menge $\mathscr{M}$ zusammen mit zwei Operationen "+" und "·". Es soll festgestellt werden, ob ein linearer Raum vorliegt. Dazu ist folgendes zu überprüfen:

(?1) Definitionsbereich der Operationen:

   a) Ist "$\underline{x} + \underline{y}$" für alle $(\underline{x}, \underline{y}) \in \mathscr{M} \times \mathscr{M}$ eindeutig erklärt?

   b) Ist "$\lambda \cdot \underline{x}$" für alle $\lambda \in \mathbb{R}$, $\underline{x} \in \mathscr{M}$ eindeutig erklärt?

(?2) Wertebereich der Operationen:
   Liegen die Ergebnisse aller derartigen Operationen "$\underline{x} + \underline{y}$" und $\lambda \cdot \underline{x}$ wiederum in $\mathscr{M}$?

(?3) Gelten die Rechenregeln (A1), ... , (D2)?

Beispiel 18.2. Als Beispiel betrachten wir die Menge $\mathscr{M} := \mathbb{R}^{n,n,\triangledown}$ aller oberen (n, n)–Dreiecksmatrizen (für gegebenes $n \in \mathbb{N}$), zusammen mit der gewöhnlichen Matrixaddition und der Multiplikation mit einem Skalar, wie sie in 15.4.2 und 15.4.3 eingeführt wurden.

Zu (?1): Da diese Operationen in $\mathbb{R}^{n,n}$ für *beliebige* (n, n)–Matrizen eindeutig erklärt wurden, so speziell auch für obere Dreiecksmatrizen (man könnte sagen, diese Operationen würden aus der umfassenderen Menge $\mathbb{R}^{n,n}$ "ererbt".)

Zu (?2): Hier ist festzustellen, ob die Summe zweier oberen Dreiecksmatrizen und beliebige Vielfache einer oberen Dreiecksmatrix wiederum obere Dreiecksmatrizen sind. Die Antwort lautet JA, denn die Addition bzw. Vervielfachung von Nullen unterhalb der Hauptdiagonalen liefert wiederum nur Nullen.

Zu (?3): Die Rechenregeln (A1), ... , (D2) gelten für beliebige (n, n)–Matrizen, wie bereits in Satz 15.27 festgestellt wurde; deshalb gelten sie erst recht im speziellen Fall oberer Dreiecksmatrizen.   △

Beobachtung 18.3. In diesem Beispiel musste eigentlich nur (?2) überprüft werden. Woran liegt das? $\mathscr{M} := \mathbb{R}^{n,n}$ ist eine *Teilmenge* von $\mathbb{R}^{n,n}$. Die Operationen "+" und "·" wurden für $\mathscr{M}$ nicht neu definiert, sondern einfach aus der umfassenderen Menge $\mathbb{R}^{n,n}$ übernommen, sozusagen "*geerbt*". Durch "Erbschaft" werden automatisch auch (?1) und (?3) positiv beantwortet.

18.2.4   Weitere Beispiele

Lineare Räume mit "ererbten" Operationen:

(1) $\mathbb{R}^{n,n,\triangle}$ (Menge aller unteren (n, n)–Dreiecksmatrizen)
(2) $\mathbb{R}^{n,n,\diagdown}$ (Menge aller (n, n)–Diagonalmatrizen)

(3) jede beliebige durch 0 verlaufende Gerade g im $\mathbb{R}^2$
(Anmerkung: Auch hier ist lediglich (?2) zu überprüfen, d.h., ob Summen und Vielfache von Punkten auf der Geraden g wiederum auf der Geraden g liegen. Dazu nehmen wir an, g sei durch eine Parameterdarstellung $g = \{\lambda \underline{r} \mid \lambda \in \mathbb{R}\}$ gegeben. Zu beliebigen $\underline{x}, \underline{y} \in g$ existieren dann passende Parameter λ_x und λ_y mit $\underline{x} = \lambda_x \underline{r}$ und $\underline{y} = \lambda_y \underline{r}$. Für die Summe $\underline{x} + \underline{y}$ gilt nun $\underline{x} + \underline{y} = \lambda_x \underline{r} + \lambda_y \underline{r} = (\lambda_x + \lambda_y)\underline{r}$, woraus $\underline{x} + \underline{y} \in g$ abzulesen ist; analog gilt für Vielfache: $\mu\underline{x} = \mu(\lambda_x \underline{r}) = (\mu\lambda_x)\underline{r}$, also auch $\mu\underline{x} \in g$.)

"Neue" lineare Räume:

(4) Es seien $a < b$ beliebige reelle Zahlen. Mit $C[a, b]$ bezeichnen wir die Menge stetiger Funktionen $f : [a, b] \to \mathbb{R}$. In dieser Menge werden auf natürliche Weise eine Addition und eine Multiplikation mit einem Skalar eingeführt:

(a) Sind f und g beliebige stetige Funktionen auf $[a, b]$, so wird durch die Festsetzung $h(x) := f(x) + g(x)$, $x \in [a, b]$, eine Funktion $h : [a, b] \to \mathbb{R}$ definiert, die als *Summe* von f und g bezeichnet wird. Das Bild links zeigt diese Summenfunktion für $f(x) = x^2$ und $g(x) = -x$.

(b) Ist λ eine beliebige reelle Zahl, so wird durch $j(x) := \lambda f(x)$, $x \in [a, b]$, eine Funktion $j : [a, b] \to \mathbb{R}$ definiert, die man als λ-Vielfaches von f bezeichnet (rechtes Bild).

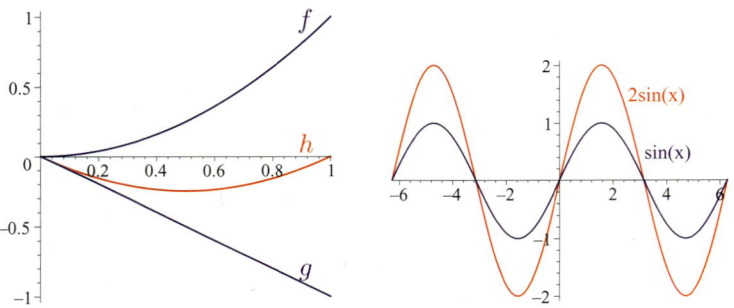

Man vergewissert sich nun leicht (vgl. Satz 8.6), dass $f + g$ und λf wiederum stetige Funktionen sind, also der Menge $C[a, b]$ angehören, und dass für die Operationen "+" und "·" wiederum die Rechengesetze (A1), ... , (D2) gelten. Also ist $(C[a, b], +, \cdot)$ ein (linearer) Vektorraum.

Beobachtung 18.4. Der Zusammenhang zu den bisher betrachteten Vektoren im $\mathbb{R}^n$ lässt sich folgendermaßen veranschaulichen:
Gegeben sei z.B. $\underline{x} = \frac{1}{100}[0, 4, 16, 36, 64, 100]^T \in \mathbb{R}^6$. Dieser Vektor lässt sich in einem Koordinatensystem wie in folgender Skizze "tabellieren": Entlang der waagerechten Achse werden die Indizes $i = 1, \dots, 5$ abgetragen, entlang der senkrechten Achse die Werte x_i (hellrot). Analog lässt sich der Vektor $\underline{y} = \frac{1}{100}[0, 1, 4, 9, 16, 25, 36, 49, 64, 91, 100]^T \in \mathbb{R}^{11}$ darstellen (blau). Schließ-

lich stellen wir noch die Funktion $f : [0,1] \to \mathbb{R}: t \mapsto t^2$ im Diagramm dar (rot).

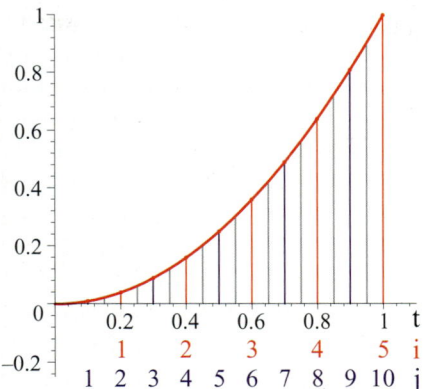

Die Grafik suggeriert, dass f als ein Vektor mit unendlich vielen Koordinaten interpretiert werden kann. Jeder Punkt t der waagerechten Achse wird als ein (reellwertiger) Index aufgefasst; entlang der senkrechten Achse kann dann die zugehörige Koordinate $f(t)$ abgelesen werden.

(5) Es bezeichne $P_n(x)$ die Menge aller Polynome höchstens n-ten Grades in einer Unbekannten x mit reellen Koeffizienten (dabei ist n eine gegebene Konstante). Für zwei derartige Polynome $a(x)$ und $b(x)$ kann man wiederum eine Summe bzw. λ-Vielfache auf natürliche Weise definieren: Seien $\lambda \in R$, $a(x) = a_n x^n + ... + a_1 x + a_0 x^0$ und $b(x) = b_n x^n + ... + b_1 x + b_0 x^0$ beliebig gegeben, dann definiert man Polynome "$a+b$" und "λa" durch

$$(a+b)(x) := (a_n + b_n)x^n + ... + (a_0 + b_0)x^0 \quad \text{und}$$
$$(\lambda a)(x) := \lambda a_n x^n + ... + \lambda a_0 x^0,$$

($x \in \mathbb{R}$). Es ist nicht schwierig zu sehen, dass es sich bei $P_n(x)$ wiederum um einen linearen Raum handelt.

Nichtbeispiel 18.5.
(6) Wir bezeichnen mit $\mathscr{M} := \mathbb{R}^{n,n,reg}$ die Menge aller regulären (n,n)–Matrizen (d.h., solcher Matrizen $A \in \mathbb{R}^{n,n}$, die eine Inverse besitzen), und versehen diese mit der aus ganz $\mathbb{R}^{n,n}$ "ererbten" Addition und Multiplikation mit einem Skalar. Die Prüfung, ob es sich um einen linearen Raum handelt, kann sich wegen dieser "Erbschaft" auf den Punkt (?2) beschränken. Leider gilt z.B. $0 \cdot I = O$, d.h., die (nicht invertierbare und daher nicht zu $\mathscr{M}$ gehörende) Nullmatrix O entsteht als Vielfaches der invertierbaren Matrix $I \in \mathscr{M}$. Also ist $\mathscr{M}$ bezüglich der Multiplikation mit einem Skalar nicht abgeschlossen und daher kein linearer Raum.

18.3   Linearkombinationen und Basen

18.3.1   Motivation

Bereits im Abschnitt über Geradengleichungen sind wir auf die Frage gestoßen, ob zwei formal verschiedene Parameterdarstellungen eventuell parallele oder gar identische Geraden darstellen. Auch bei der Aufstellung von Ebenengleichungen war zu entscheiden, ob zwei Richtungsvektoren-Kandidaten denn tatsächlich zwei verschiedene geometrische Richtungen verkörpern. Bei der Lösung kam uns neben der – unvollkommenen – zeichnerischen Anschauung ein präzises und "rechenbares" Kriterium zu Hilfe: die Überprüfung auf Parallelität.

In diesem Abschnitt wollen wir uns dieser Frage ganz allgemein zuwenden und für eine beliebige gegebene Anzahl von Vektoren entscheiden, "wieviele Richtungen" diese enthalten. (Sind "weniger Richtungen als Vektoren" vorhanden, werden wir sagen, die Vektoren seien "linear abhängig", andernfalls "linear unabhängig".) Die Entscheidung muss dabei "nachrechenbar" sein, damit sie auch in solchen Fällen vorgenommen werden kann, in denen die Anschauung versagt (z.B. im $\mathbb{R}^n$ mit $n > 3$).

18.3.2   Erinnerung: der Fall zweier Vektoren

Gegeben seien zwei Vektoren $\underline{x}$ und $\underline{y} \in \mathbb{R}^n$. Gemäß Definition 17.24 heißen diese parallel, wenn es Zahlen a und b gibt, so dass gilt

(1) $\underline{x} = a\underline{y}$ oder

(2) $\underline{y} = b\underline{x}$.

Kann man diesen Sachverhalt auch anders formulieren?

Wir nehmen an, $\underline{x}$ und $\underline{y}$ seien parallel. Dann liegt mindestens eine der folgenden beiden Möglichkeiten vor:

- (1) ist erfüllt. Dann kann man (1) umschreiben zu $1\underline{x} + (-a)\underline{y} = 0$;
- (2) ist erfüllt. Dann folgt auf analoge Weise $(-b)\underline{x} + 1\underline{y} = 0$.

Beide Gleichungen haben die gemeinsame Form $\alpha\underline{x} + \beta\underline{y} = 0$, wobei $(\alpha, \beta) \neq (0, 0)$ gilt.

Umgekehrt gelte nun $\alpha\underline{x} + \beta\underline{y} = 0$ mit $(\alpha, \beta) \neq (0, 0)$.

- Falls $\alpha \neq 0$ gilt, kann man folgern $\underline{x} = -\frac{\beta}{\alpha}\underline{y}$.
- Gilt $\beta \neq 0$, folgt analog $\underline{y} = -\frac{\alpha}{\beta}\underline{x}$.

In beiden Fällen sind $\underline{x}$ und $\underline{y}$ parallel.

Zusammenfassend gilt: *$\underline{x}$ und y sind genau dann parallel, wenn eine Darstellung $\alpha\underline{x} + \beta\underline{y} = 0$ existiert, in der α und β nicht gleichzeitig den Wert Null annehmen.*

Im folgenden Abschnitt wird diese Formulierung auf beliebig viele Vektoren ausgedehnt.

18.3.3   Linearkombinationen

Definition 18.6. *Es sei $\mathcal{M}$ ein linearer Raum. Ein Ausdruck der Form $\alpha_1 \underline{x}_1 + \ldots + \alpha_n \underline{x}_n$, worin n eine natürliche Zahl, $\alpha_1, \ldots, \alpha_n$ reelle Zahlen und $\underline{x}_1, \ldots, \underline{x}_n$ Elemente aus M sind, heißt* Linearkombination *der Vektoren $\underline{x}_1, \ldots, \underline{x}_n$. Die Zahlen $\alpha_1, \ldots, \alpha_n$ heißen* Koeffizienten *der Linearkombination.*

Beispiele 18.7.

(1) 0 (Nullvektor); $\begin{bmatrix} 3 \\ -2 \end{bmatrix}$ bzw. ausführlich: $1 \cdot \begin{bmatrix} 3 \\ -2 \end{bmatrix}$; $\alpha[\psi_1, \psi_2]^T$ mit $\alpha = 1$,
$\psi_1 = 3$, $\psi_2 = -2$

(2) $5 \begin{bmatrix} 3 \\ 6 \end{bmatrix} - 3 \begin{bmatrix} 3 \\ -2 \end{bmatrix} + 17 \begin{bmatrix} -1 \\ 4 \end{bmatrix}$

(3) $5\underline{x}_1 - 4\underline{x}_2 + 17\underline{x}_3 + \underline{x}_4$ mit $\underline{x}_1 = \begin{bmatrix} 3 \\ 6 \end{bmatrix}$, $\underline{x}_2 = \begin{bmatrix} 3 \\ -2 \end{bmatrix}$, $\underline{x}_3 = \begin{bmatrix} -1 \\ 4 \end{bmatrix}$ und
$\underline{x}_4 = \begin{bmatrix} 3 \\ -2 \end{bmatrix}$

(4) $5 \begin{bmatrix} 3 \\ 6 \end{bmatrix} - 4 \begin{bmatrix} 3 \\ -2 \end{bmatrix} + 17 \begin{bmatrix} -1 \\ 4 \end{bmatrix} + \begin{bmatrix} 3 \\ -2 \end{bmatrix} + 0 \cdot \begin{bmatrix} 31 \\ -\pi \end{bmatrix}$

(5) $0 = 0 \begin{bmatrix} 3 \\ 6 \end{bmatrix} + 0 \begin{bmatrix} 3 \\ -2 \end{bmatrix} + 0 \begin{bmatrix} -1 \\ 4 \end{bmatrix}$

(6) $0 = 5 \begin{bmatrix} 3 \\ 6 \end{bmatrix} - 9 \begin{bmatrix} 3 \\ -2 \end{bmatrix} - 12 \begin{bmatrix} -1 \\ 4 \end{bmatrix}$ $\triangle$

Bemerkungen 18.8.

(i) Zu (1): Die einfachste Linearkombination enthält nur einen Summanden. Es spielt keine Rolle, ob die Summanden bzw. Koeffizienten in konkreter oder abstrakter Form angegeben werden.

(ii) Hat ein Summand den Koeffizienten "1" (bzw. "−1"), werden wir diesen wie bisher weglassen (bzw. zu "−" verkürzen).

(iii) Die in einer Linearkombination aufgeführten Vektoren brauchen – trotz eventuell gleichen Namens – nicht verschieden zu sein - siehe (3).

(iv) Man hat gedanklich zu unterscheiden zwischen einer Linearkombination als *Ausdruck* und seinem "Inhalt", d.h. dem durch diesen Ausdruck dargestellten Vektor. Formal verschiedene Ausdrücke können durchaus denselben Vektor darstellen. (So lassen sich die Linearkombinationen (2), (3) und (4) "ausrechnen" und ergeben sämtlich $\begin{bmatrix} -11 \\ 104 \end{bmatrix} =: \underline{x}$.)

(v) Das Beispiel (5) deutet an, dass sich der Nullvektor aus jeder beliebigen Anzahl beliebiger Vektoren als Linearkombination darstellen lässt, indem sämtliche Koeffizienten gleich Null gewählt werden:

Definition 18.9. *Eine Linearkombination heißt* trivial, *wenn sämtliche Koeffizienten gleich Null sind, andernfalls* nichttrivial.

(vi) Die in (5) verwendeten Vektoren lassen sich auch nichttrivial zum Nullvektor kombinieren, wie das Beispiel (6) zeigt. In diesem Fall kann man auch schreiben

$$\underbrace{\begin{bmatrix} 3 \\ 6 \end{bmatrix}}_{\underline{l}} = \frac{9}{5}\begin{bmatrix} 3 \\ -2 \end{bmatrix} + \frac{12}{5}\begin{bmatrix} -1 \\ 4 \end{bmatrix} = \underbrace{\begin{bmatrix} 0 \\ 0 \end{bmatrix}}_{\underline{p}} + \frac{9}{5}\underbrace{\begin{bmatrix} 3 \\ -2 \end{bmatrix}}_{\underline{r}} + \frac{12}{5}\underbrace{\begin{bmatrix} -1 \\ 4 \end{bmatrix}}_{\underline{s}},$$

formal etwa:

$$\underline{l} \quad = \dots\dots \qquad\qquad = \underline{p} + \frac{9}{5}\underline{r} + \frac{12}{5}\underline{s}$$

d.h., der Vektor $\underline{l}$ ist in der durch $\underline{r}$ und $\underline{s}$ aufgespannten Ebene durch 0 enthalten. Grob formuliert, kann der Vektor $\underline{l}$ den durch $\underline{r}$ und $\underline{s}$ gegebenen (Ebenen-) Richtungen keine neue hinzufügen, anders gesagt: die drei Vektoren $\underline{r}$, $\underline{s}$ und $\underline{l}$ "enthalten nur zwei Richtungen".

18.3.4   Lineare Unabhängigkeit

Das letzte Beispiel des vorigen Abschnittes zeigt mit demselben Gedankengang wie schon im Fall zweier Vektoren, dass "zuwenig Richtungen" von zwei, drei oder mehr Vektoren daran erkennbar sind, dass man den Nullvektor auf nichttriviale Weise aus den gegebenen Vektoren linear kombinieren kann.

Definition 18.10. *Es seien $\mathcal{M}$ ein linearer Raum und n eine natürliche Zahl. n Vektoren $\underline{x}^1, \dots, \underline{x}^n \in \mathcal{M}$ heißen* linear unabhängig *(kurz: LU oder $\perp\!\!\!\perp$), wenn gilt:*

$$\alpha_1\underline{x}^1 + \dots + \alpha_n\underline{x}^n = 0 \quad \Longrightarrow \quad \alpha_1 = \dots = \alpha_n = 0 \qquad (18.1)$$

andernfalls heißen $\underline{x}^1, \dots, \underline{x}^n$ linear abhängig *(kurz: LA oder $\perp\!\!\!\!\!/\,\perp$).*

Bemerkungen 18.11.

(1) Gegebene Vektoren $\underline{x}^1, \dots, \underline{x}^n$ lassen sich *immer* zum Nullvektor kombinieren (nämlich auf triviale Weise). Sie heißen linear unabhängig, wenn die triviale die *einzig mögliche* Art und Weise ist, den Nullvektor aus ihnen zu kombinieren.

(2) Äquivalent zu der Bedingung (18.1) ist die folgende:

$$(\alpha_1, \dots, \alpha_n) \neq 0 \quad \Longrightarrow \quad \alpha_1\underline{x}^1 + \dots + \alpha_n\underline{x}^n \neq 0. \qquad (18.2)$$

$\underline{x}^1, \dots, \underline{x}^n$ sind also genau dann linear unabhängig, wenn (18.2) gilt. Verbal: Eine nichttriviale Linearkombination linear unabhängiger Vektoren ergibt niemals den Nullvektor!

(3) Die Bedingung (18.1) ist genau dann *nicht erfüllt*, wenn es Zahlen $\alpha_1, \dots, \alpha_n$ gibt, die nicht sämtlich verschwinden und für die gilt $\alpha_1 \underline{x}^1 + \dots + \alpha_n \underline{x}^n = 0$.

(4) Die im Text der Definition vorkommende Zahl n darf den Wert 1 annehmen. In diesem Fall liest man:
Ein Vektor $\underline{x}^1$ heißt linear unabhängig, wenn gilt

$$\alpha_1 \underline{x}^1 = 0 \quad \Longrightarrow \quad \alpha_1 = 0. \tag{18.3}$$

Die Bedingung (18.3) wird offensichtlich nur von einem Vektor nicht erfüllt: dem Nullvektor. Also ist jeder andere Vektor – für sich allein betrachtet – linear unabhängig.

18.3.5 Der "Definitionsansatz" zur Untersuchung gegebener Vektoren auf lineare (Un-) Abhängigkeit

Wie kann man nun praktisch beurteilen, ob gegebene n Vektoren $\underline{x}^1, \dots, \underline{x}^n$ linear unabhängig sind? Die erste und grundsätzlich immer anwendbare Möglichkeit ist die, die in der Definition der linearen Unabhängigkeit enthaltene Bedingung (18.1) zu überprüfen.

Beispiel 18.12. Es seien $\underline{x}^1 = \begin{bmatrix} 4 \\ 11 \end{bmatrix}$ und $\underline{x}^2 = \begin{bmatrix} -3 \\ -2 \end{bmatrix}$ gegeben. Wir prüfen, ob (18.1) erfüllt ist, d.h., ob aus dem Ansatz

$$\alpha_1 \underline{x}^1 + \alpha_2 \underline{x}^2 = 0 \tag{18.4}$$

bzw. ausführlich

$$\alpha_1 \begin{bmatrix} 4 \\ 11 \end{bmatrix} + \alpha_2 \begin{bmatrix} -3 \\ -2 \end{bmatrix} = \begin{bmatrix} 0 \\ 0 \end{bmatrix} \tag{18.5}$$

zwingend zu folgern ist $\alpha_1 = \alpha_2 = 0$. Es wird dann wie folgt entschieden: Lautet die Antwort

- JA, so sind $\underline{x}^1$ und $\underline{x}^2$ linear unabhängig (LU),
- NEIN, so sind x^1 und $\underline{x}^2$ linear abhängig (LA).

Wir bemerken, dass sich (18.5) nochmals ausführlicher schreiben lässt als

$$4\,\alpha_1 - 3\,\alpha_2 = 0 \tag{18.6}$$

$$11\,\alpha_1 - 2\,\alpha_2 = 0 \tag{18.7}$$

Es handelt sich hierbei um zwei lineare Gleichungen für die beiden Unbekannten α_1 und α_2, die gleichzeitig erfüllt sein müssen. Man nennt diese ein "lineares Gleichungssystem", auch wenn sie wie in (18.4) oder (18.5) in kompakterer Form notiert werden.

Obwohl bis hier für lineare Gleichungssysteme noch keine systematische Theorie bereitgestellt wurde – dies bleibt dem Kapitel 19 vorbehalten –, ist anzumerken, dass mindestens zwei recht intuitive Lösungsmöglichkeiten für (18.5) zur Verfügung stehen:

(a) Man löse eine der Gleichungen (z.B. (18.6)) nach einer der Unbekannten (z.B. α_1) auf, setze das Ergebnis ($\alpha_1 = 3/4\,\alpha_2$) in die zweite Gleichung ein (die nunmehr nur noch eine Unbekannte enthält: $11(3/4\,\alpha_2) - 2\,\alpha_2 = 0$), löse diese nach der verbliebenen Unbekannten auf ($\alpha_2 = 0$) und ermittle die andere Unbekannte aus der zuerst gelösten Gleichung ($\alpha_1 = 3/4\,\alpha_2 = 0$).

(b) Eine elegantere Lösung erhält man, wenn man beobachtet, dass sich (18.5) vollständig in Matrixform schreiben lässt:

$$\begin{bmatrix} 4 & -3 \\ 11 & -2 \end{bmatrix} \begin{bmatrix} \alpha_1 \\ \alpha_2 \end{bmatrix} = \begin{bmatrix} 0 \\ 0 \end{bmatrix} \tag{18.8}$$

bzw. kürzer

$$A\underline{\alpha} = 0. \tag{18.9}$$

Es ist $\det A = 25 \neq 0$, also ist die Matrix A invertierbar, und die Lösung von (18.9) lautet $\underline{\alpha} = A^{(-1)}\,0 = 0$.

Auf beiden Wegen wurde gefunden, dass (18.4) ausschließlich die Lösung $\underline{\alpha} = (\alpha_1, \alpha_2) = 0$ besitzt. Mithin sind $\underline{x}^1$ und $\underline{x}^2$ linear unabhängig. $\triangle$

Beispiel 18.13. Diesmal seien $\underline{x}^1 = \begin{bmatrix} 4 \\ 12 \end{bmatrix}$ und $\underline{x}^2 = \begin{bmatrix} -3 \\ -9 \end{bmatrix}$ gegeben. Zur Prüfung, ob die beiden Vektoren linear unabhängig sind, könnte wiederum derselbe Ansatz herangezogen werden wie im vorigen Beispiel. Im vorliegenden Fall kommt man jedoch sogar schneller zum Ziel, wenn man beobachtet, dass gilt

$$\underline{x}^1 = -\frac{4}{3}\,\underline{x}^2$$

bzw. ausführlich

$$\begin{bmatrix} 4 \\ 12 \end{bmatrix} = -\frac{4}{3} \begin{bmatrix} -3 \\ -9 \end{bmatrix}.$$

Wir bringen beide Vektoren auf eine Seite und finden

$$\underline{x}^1 + \frac{4}{3}\underline{x}^2 = 0.$$

Dies ist eine nichttriviale Darstellung des Nullvektors! Man sieht das besser, wenn scheinbar nicht vorhandene Koeffizienten hingeschrieben und alle Koeffizienten farblich hervorgehoben werden:

$$\underbrace{1}\,\underline{x}^1 + \underbrace{\frac{4}{3}}\,\underline{x}^2 = 0.$$

$$(\,\alpha_1\quad,\quad\alpha_2\,)\quad\neq 0.$$

Da sich der Nullvektor nichttrivial aus beiden Vektoren kombinieren lässt, sind $\underline{x}^1$ und $\underline{x}^2$ *linear abhängig!*   △

Beispiel 18.14. Der guten Vollständigkeit halber fragen wir uns, wie aufwendig die Prüfung im letzten Beispiel ausgefallen wäre, wenn wir dennoch dem Definitionsansatz gefolgt wären. Wir betrachten also wiederum $\underline{x}^1 = \begin{bmatrix} 4 \\ 12 \end{bmatrix}$ und $\underline{x}^2 = \begin{bmatrix} -3 \\ -9 \end{bmatrix}$, setzen nun jedoch an

$$\alpha_1\underline{x}^1 + \alpha_2\underline{x}^2 = 0 \tag{18.10}$$

bzw.

$$\alpha_1\begin{bmatrix} 4 \\ 12 \end{bmatrix} + \alpha_2\begin{bmatrix} -3 \\ -9 \end{bmatrix} = \begin{bmatrix} 0 \\ 0 \end{bmatrix} \tag{18.11}$$

ausführlichst:

$$4\,\alpha_1 - 3\,\alpha_2 = 0 \tag{18.12}$$
$$12\,\alpha_1 - 9\,\alpha_2 = 0. \tag{18.13}$$

Löst man die erste Gleichung (18.12) nach α_1 auf, folgt

$$\alpha_1 = \frac{3}{4}\alpha_2. \tag{18.14}$$

Setzt man dies in die zweite Gleichung (18.13) ein, ergibt sich

$$12\left(\frac{3}{4}\alpha_2\right) - 9\alpha_2 = 0,$$

also die "leere Gleichung"

$$0 = 0,$$

die keinerlei Bedingung an den Wert α_2 enthält. Man kann also den Zahlenwert von α_2 beliebig wählen und anschließend α_1 aus (18.14) ermitteln, der so
bestimmte Koordinatenvektor (α_1, α_2) genügt dann (18.10). Wählt man z.B.
speziell $\alpha_2 = 1$, so wird mit $\alpha_1 = 3/4$ ein nichttrivialer Koordinatenvektor
$(\alpha_1, \alpha_2) = (1, 3/4)$ zur Darstellung des Nullvektors aus $\underline{x}^1$ und $\underline{x}^2$ gegeben.
Daher sind diese Vektoren linear abhängig.

Durch Vervielfachung dieses Koordinatensatzes mit einer beliebigen, von Null
verschiedenen Konstanten findet man wiederum einen nichttrivialen Koor-
dinatensatz zur Darstellung des Nullvektors aus $\underline{x}^1$ und $\underline{x}^2$. Daher gibt es
unendlich viele derartige Koordinatensätze.   △

Bereits aus diesen wenigen Beispielen lassen sich nützliche **Beobachtungen**
gewinnen:

(1) Die Prüfung gegebener Vektoren aus $\mathbb{R}^d$ auf lineare Unabhängigkeit
    führt auf ein lineares Gleichungssystem. Hierdurch ist ein wichtiges Mo-
    tiv gegeben, sich näher mit linearen Gleichungssystemen zu befassen.

(2) Die kompakteste Form der Notation dieses Gleichungssystems ist die
    Matrizengleichung $A\underline{\alpha} = 0$.

(3) Dieses Gleichungssystem besitzt entweder nur eine einzige Lösung - den
    Nullvektor - oder unendlich viele Lösungen.

(4) Es ist nicht erforderlich, das Gleichungssystem tatsächlich (in einem um-
    fassenden Sinne) *zu lösen*; vielmehr ist nur zu entscheiden, welche der
    beiden Lösungssituationen vorliegt. Zum Nachweis der linearen Abhän-
    gigkeit genügt es daher, eine einzige nichttriviale Lösung zu finden.

(5) Besonders einfach erkennbar ist der Abhängigkeitsfall "Parallelität".

18.3.6 Charakterisierung der linearen Unabhängigkeit

In diesem Abschnitt geben wir eine zur linearen Unabhängigkeit äquivalente Bedingung an – also eine sogenannte *Charakterisierung* der linearen
Unabhängigkeit.

Satz 18.15 (Darstellbarkeitssatz). *Gegeben seien ein linearer Raum $\mathscr{M}$, eine
natürliche Zahl $n \geqslant 2$ und Vektoren $\underline{x}^1, \dots, \underline{x}^n$ aus $\mathscr{M}$. Die Vektoren $\underline{x}^1, \dots, \underline{x}^n$
sind genau dann*

(i) *linear unabhängig, wenn sich keiner dieser Vektoren als Linearkombina-
    tion der übrigen darstellen lässt,*

(ii) *linear abhängig, wenn sich (mindestens) einer dieser Vektoren als Line-
     arkombination der übrigen darstellen lässt.*

Bemerkungen 18.16.

(1) Man beachte die Formulierung "...*als Linearkombination der übrigen* ...";
    es wird nicht verlangt, dass es sich um eine *nichttriviale* Linearkombi-
    nation handeln soll.

(2) Was bedeutet es geometrisch, wenn sich einer der Vektoren $\underline{x}^1, \dots, \underline{x}^n$ – etwa $\underline{x}^1$ – als Linearkombination der übrigen schreiben lässt? Wir haben in diesem Fall eine Darstellung der Form

$$\underline{x}^1 = \qquad \beta_2 \underline{x}^2 + \dots + \beta_n \underline{x}^n \qquad (18.15)$$

mit gewissen Koeffizienten $\beta_2, \dots, \beta_n$ (die, wie schon angemerkt, auch sämtlich Null sein können). Genaueres Lesen von (18.15) im Fall $n = 3$, $\mathscr{M} = \mathbb{R}^3$ zeigt etwas Bekanntes:

$$\underline{x}^1 = 0 + \beta_2 \underline{x}^2 + \beta_3 \underline{x}^3 \qquad (18.16)$$

– hier ist der Nullvektor 0 als "Pinpunkt" mit notiert worden und verdeutlicht, dass (18.16) *strukturell* eine Ebenengleichung ist. Es handelt sich natürlich nur dann *tatsächlich* um eine Ebenengleichung, wenn $\underline{x}^2$ und $\underline{x}^3$ nicht parallel sind. Dass der Vektor $\underline{x}^1$ sich durch die übrigen darstellen lässt, bedeutet in diesem Fall, dass er in der Ebene liegt, die durch $\underline{x}^2$ und $\underline{x}^3$ aufgespannt wird und den Koordinatenursprung 0 enthält. In diesem Sinne fügt er den durch $\underline{x}^2$ und $\underline{x}^3$ gegebenen Richtungen keine neue hinzu.

Denn:
Erkennbar sind (i) und (ii) äquivalent, daher genügt es, sich von der Richtigkeit von (ii) zu überzeugen.

"$\Rightarrow$" Wir nehmen an, $\underline{x}^1, \dots, \underline{x}^n$ seien LA, und zeigen, dass sich mindestens einer dieser Vektoren als Linearkombination der übrigen darstellen lässt. Voraussetzungsgemäß existiert eine nichttriviale Darstellung des Nullvektors aus $\underline{x}^1, \dots, \underline{x}^n$, d.h., es gibt einen Vektor $\alpha = (\alpha_1, \dots, \alpha_n) \neq 0$ mit

$$\alpha_1 \underline{x}^1 + \dots + \alpha_n \underline{x}^n = 0. \qquad (18.17)$$

Wir können annehmen, dass $\alpha_1 \neq 0$ gilt (falls nicht, lässt sich dies durch simultane Umnummerierung der Vektoren $\underline{x}^1, \dots, \underline{x}^n$ und der Koordinaten von α erreichen). Aus (18.17) folgt dann durch Umstellung zunächst

$$\alpha_1 \underline{x}^1 = -\alpha_2 \, \underline{x}^2 - \dots - \alpha_n \, \underline{x}^n,$$

und nach Division beider Seiten durch α_1 weiterhin

$$\underline{x}^1 = \underbrace{-(\alpha_2/\alpha_1)}_{} \, \underline{x}^2 - \dots \underbrace{-(\alpha_n/\alpha_1)}_{} \, \underline{x}^n,$$

lies $\qquad \underline{x}^1 = \qquad \beta_2 \quad \underline{x}^2 + \dots + \quad \beta_n \quad \underline{x}^n.$

Dies ist eine Darstellung von $\underline{x}^1$ als *Linearkombination der übrigen Vektoren* $\underline{x}^2, \dots, \underline{x}^n$ – wie gewünscht.

"⇐" Wir nehmen nun an, dass sich (mindestens) einer der Vektoren $\underline{x}^1, \ldots, \underline{x}^n$ als Linearkombination der übrigen darstellen lässt, und zeigen, dass die Vektoren $\underline{x}^1, \ldots, \underline{x}^n$ linear abhängig sind. Dabei können wir annehmen, es sei der Vektor $\underline{x}^1$, der sich durch die übrigen darstellen lässt (falls nicht, lässt sich dies durch Umnummerierung der Vektoren $\underline{x}^1, \ldots, \underline{x}^n$ erreichen).

Es existieren also Zahlen $\beta_2, \ldots, \beta_n$ derart[1], dass gilt

$$\underline{x}^1 = \beta_2 \underline{x}^2 + \ldots + \beta_n \underline{x}^n. \tag{18.18}$$

Indem wir die rechte Seite beidseits von (18.18) subtrahieren, finden wir die äquivalente Gleichung

$$\underbrace{1 \cdot}\, \underline{x}^1 \underbrace{-\beta_2}\, \underline{x}^2 - \ldots \underbrace{-\beta_n}\, \underline{x}^n = 0, \tag{18.19}$$

lies

$$\alpha_1 \underline{x}^1 + \alpha_2 \underline{x}^2 + \ldots + \alpha_n \underline{x}^n = 0.$$

Wegen $\alpha_1 = 1 \neq 0$ ist dies eine nichttriviale Darstellung des Nullvektors aus $\underline{x}^1, \ldots, \underline{x}^n$. Damit sind diese Vektoren linear abhängig.   □

Beispiel 18.17. Wir betrachten die Vektoren

$$\underline{x}^1 = \begin{bmatrix} 2 \\ -1 \\ 1 \end{bmatrix}, \underline{x}^2 = \begin{bmatrix} 3 \\ 1 \\ 2 \end{bmatrix} \text{ und } \underline{x}^3 = \begin{bmatrix} 3 \\ -4 \\ 1 \end{bmatrix}.$$

Es ist zu untersuchen, ob diese Vektoren linear unabhängig sind. Vor einer eventuellen Prüfung gemäß Definitionsansatz werden wir jetzt fragen, ob eventuell schnell erkannt werden kann, dass einer dieser Vektoren durch die anderen darstellbar ist. Mit etwas Glück erkennt man durch Hinsehen, dass hier gilt: $\underline{x}^3 = 3\underline{x}^1 - \underline{x}^2$, ausführlich: $\begin{bmatrix} 3 \\ -4 \\ 1 \end{bmatrix} = 3 \begin{bmatrix} 2 \\ -1 \\ 1 \end{bmatrix} - \begin{bmatrix} 3 \\ 1 \\ 2 \end{bmatrix}$. Daher können $\underline{x}^1$, $\underline{x}^2$ und $\underline{x}^3$ nicht linear unabhängig sein.   △

Beispiel 18.18. Diesmal seien die Vektoren $\underbrace{\underline{a}^1}_{(1)}, \underbrace{\underline{a}^2}_{(2)}, \underbrace{\underline{a}^3}_{(3)}, \underbrace{3\underline{a}^1 - 2\underline{a}^3}_{(4)}, \underbrace{\underline{a}^5}_{(5)}$

auf lineare Abhängigkeit zu untersuchen.

Es handelt sich um 5 Vektoren, die hier aufgezählt werden. Der vierte hat lediglich keine eigene Bezeichnung erhalten; er lässt sich als Linearkombination des ersten und dritten Vektors – und damit aller übrigen Vektoren – schreiben:

$$3\underline{a}^1 - 2\underline{a}^3 = 3\underline{a}^1 + 0\underline{a}^2 - 2\underline{a}^3 + 0\underline{a}^5$$

Damit können die angegebenen 5 Vektoren nicht linear unabhängig sein.   △

---

[1]Der Fall $\beta_2 = \ldots = \beta_n = 0$ ist zugelassen!

Beispiel 18.19. Nun betrachten wir z.B. die Vektoren

$$\underline{x}^1 = \begin{bmatrix} 4 \\ 12 \end{bmatrix}, \ \underline{x}^2 = \begin{bmatrix} -3 \\ -8 \end{bmatrix}, \ \underline{x}^3 = \begin{bmatrix} 5 \\ 7 \end{bmatrix} \ \text{und} \ \underline{x}^4 = \begin{bmatrix} 0 \\ 0 \end{bmatrix}.$$

Für den an vierter Stelle aufgeführten Nullvektor gilt

$$\begin{bmatrix} 0 \\ 0 \end{bmatrix} = 0 \cdot \begin{bmatrix} 4 \\ 12 \end{bmatrix} + 0 \cdot \begin{bmatrix} -3 \\ -8 \end{bmatrix} + 0 \cdot \begin{bmatrix} 5 \\ 7 \end{bmatrix},$$

d.h.,

$$\underline{x}^4 = 0 \cdot \underline{x}^1 + 0 \cdot \underline{x}^2 + 0 \cdot \underline{x}^3. \tag{18.20}$$

Dies ist eine Darstellung des Vektors $\underline{x}^4$ als Linearkombination der übrigen - allerdings eine *triviale*. Kann daraus auf die lineare Abhängigkeit der Vektoren $\underline{x}^1$, $\underline{x}^2$, $\underline{x}^3$ und $\underline{x}^4$ geschlossen werden? Um die Frage zu beantworten, erinnern wir an die Formulierung des Darstellungssatzes 18.15 : " ... *wenn sich (mindestens) einer dieser Vektoren als Linearkombination der übrigen darstellen lässt.*" Es wird also nicht verlangt, dass diese Linearkombination nichttrivial sein müsse! Also lautet die Antwort auf die gestellte Frage JA: Aus (18.20) folgt, dass die Vektoren $\underline{x}^1$, $\underline{x}^2$, $\underline{x}^3$ und $\underline{x}^4$ linear abhängig sind. (Es ist darauf zu achten, die Formulierungen des *Darstellungssatzes* nicht mit denen der Definition der linearen Unabhängigkeit zu verwechseln.) △

Beispiel 18.20. Wir betrachten nun einmal eine "umgekehrte" Situation: Von gewissen Vektoren $\underline{x}^1, ..., \underline{x}^n$ sei bekannt, dass diese linear abhängig sind. Bedeutet das, dass sich *jeder* dieser Vektoren als Linearkombination der übrigen schreiben lässt? Der Satz formuliert dazu ja lediglich: "... *(mindestens) einer dieser Vektoren*" (lässt sich) "*als Linearkombination der übrigen darstellen ...*"

- In der Tat ist es möglich, dass sich *nur einer* der betrachteten Vektoren als Linearkombination der übrigen schreiben lässt. Dies zeigt das Beispiel $\underline{x}^1 = \begin{bmatrix} 1 \\ 0 \end{bmatrix}, \ \underline{x}^2 = \begin{bmatrix} 0 \\ 1 \end{bmatrix}, \ \underline{x}^3 = \begin{bmatrix} 0 \\ 0 \end{bmatrix}$, in dem der dritte (Null-) Vektor durch die anderen Vektoren darstellbar ist; die beiden anderen sind dies offensichtlich nicht: Die Ansätze

$$\underline{x}^1 = \alpha_2 \underline{x}^2 + \alpha_3 \underline{x}^3 \quad \text{bzw.} \quad \underline{x}^2 = \beta_1 \underline{x}^1 + \beta_3 \underline{x}^3,$$

ausführlich

$$\begin{bmatrix} 1 \\ 0 \end{bmatrix} = \alpha_2 \begin{bmatrix} 0 \\ 1 \end{bmatrix} + \alpha_3 \begin{bmatrix} 0 \\ 0 \end{bmatrix} \quad \text{bzw.} \quad \begin{bmatrix} 0 \\ 1 \end{bmatrix} = \beta_1 \begin{bmatrix} 1 \\ 0 \end{bmatrix} + \beta_3 \begin{bmatrix} 0 \\ 0 \end{bmatrix},$$

lassen sich für keinerlei Werte $\alpha_2, \alpha_3, \beta_1, \beta_3$ erfüllen.

- Umgekehrt ist es möglich, dass *jeder* der betrachteten Vektoren durch die anderen darstellbar ist: Wählt man $\underline{y}^1 = \begin{bmatrix} 1 \\ 0 \end{bmatrix}$, $\underline{y}^2 = \begin{bmatrix} 0 \\ 1 \end{bmatrix}$, $\underline{y}^3 = \begin{bmatrix} 1 \\ 1 \end{bmatrix}$, so gilt: $\underline{y}^1 = -\underline{y}^2 + \underline{y}^3$, $\underline{y}^2 = -\underline{y}^1 + \underline{y}^3$ und $\underline{y}^3 = \underline{y}^1 + \underline{y}^2$.
- Ebenso lassen sich Beispiele konstruieren, in denen jeweils mehrere Vektoren durch die übrigen darstellbar sind, mehrere andere jedoch nicht.

$\triangle$

Weiterführende Fragen:

Ausgehend von den bisherigen Überlegungen sind besonders folgende Fragen von Interesse:

(1) Wie kann man möglichst schnell ohne viel Rechnung erkennen, ob gegebene Vektoren linear unabhängig sind oder nicht?

(2) Wie kann man – erforderlichenfalls – möglichst schnell nachrechnen, ob gegebene Vektoren linear unabhängig sind oder nicht?

(3) Wie kann man – im Fall der Abhängigkeit – möglichst schnell (mit oder ohne Rechnung) erkennen, welche Vektoren sich durch die übrigen darstellen lassen ?

Die Antwort zu (1) wird im folgenden Abschnitt gegeben werden: "Schnelltests auf lineare (Un-)Abhängigkeit". Ein effizientes Berechnungsverfahren als Antwort auf (2) folgt im Abschnitt 18.4, zahlreiche weitere Anwendungen werden in den weiteren Abschnitten diskutiert. Dabei wird auch die Frage (3) mit beantwortet werden.

18.3.7   Schnelltests auf lineare (Un-)Abhängigkeit

Satz 18.21 ("LA-Schnelltest"). *Gegeben seien ein linearer Raum $\mathcal{M}$, natürliche Zahlen $m \leqslant n$ sowie Vektoren $\underline{x}^1, \ldots, \underline{x}^n$ aus $\mathcal{M}$. Dann gilt:*

(i) *("Nullvektortest"):*
Kommt der Nullvektor unter den Vektoren $\underline{x}^1, \ldots, \underline{x}^n$ vor, sind diese linear abhängig.

(ii) *("Parallelitätstest"):*
Sind zwei der Vektoren $\underline{x}^1, \ldots, \underline{x}^n$ parallel, so sind $\underline{x}^1, \ldots, \underline{x}^n$ linear abhängig.

(iii) *("Zunehmende Abhängigkeit"):*
Sind $\underline{x}^1, \ldots, \underline{x}^m$ linear abhängig, so sind auch $\underline{x}^1, \ldots, \underline{x}^m, \underline{x}^{(m+1)}, \ldots, \underline{x}^n$ linear abhängig.

(iv) *("Abnehmende Unabhängigkeit"):*
Sind die Vektoren $\underline{x}^1, \ldots, \underline{x}^m, \underline{x}^{(m+1)}, \ldots, \underline{x}^n$ linear unabhängig, so sind auch die Vektoren $\underline{x}^1, \ldots, \underline{x}^m$ linear unabhängig.

Bemerkungen 18.22.

(1) Ein fünfter Schnelltest folgt unter der Bemerkung 18.35.

(2) Die angegebenen Stichwörter "Nullvektortest" etc. sind nicht literatur-üblich. Sie sollen vielmehr als "Eselsbrücke" fungieren.

(3) *"Zunehmende Abhängigkeit"* verkürzt die folgende Aussage: Bei einer *zunehmenden* Anzahl von Vektoren bleibt bestehende *Abhängigkeit* erhalten. Man könnte ebenso formulieren "Mehr Vektoren bleiben abhängig".

(4) *"Abnehmende Unabhängigkeit"* heißt dementsprechend: Bei einer *abnehmenden* Anzahl von Vektoren bleibt bestehende Unabhängigkeit erhalten; alternativ formuliert: "Weniger Vektoren bleiben unabhängig".

Begründung zu Satz 18.21 (LA-Schnelltest):

(i) Wir nehmen an, unter den Vektoren $\underline{x}^1, \dots, \underline{x}^n$ befinde sich der Nullvektor. Es kann angenommen werden, dass $\underline{x}^1 = 0$ gilt (andernfalls lässt sich dies durch Umnummerierung der Vektoren $\underline{x}^1, \dots, \underline{x}^n$ erreichen). Damit folgt

$$1 \cdot \underline{x}^1 + 0 \cdot \underline{x}^2 + \dots + 0 \cdot \underline{x}^n = 1 \cdot 0 + 0 \cdot \underline{x}^2 + \dots + 0 \cdot \underline{x}^n = 0.$$

Diese Darstellung des Nullvektors ist nichttrivial, denn der erste Koeffizient ist von Null verschieden. Mithin sind $\underline{x}^1, \dots, \underline{x}^n$ linear abhängig.

(ii) Diesmal nehmen wir an, unter den angegebenen Vektoren seien zwei parallel – etwa $\underline{x}^1$ und $\underline{x}^2$, wobei gelten möge $\underline{x}^1 = \lambda \underline{x}^2$ mit einer passenden Konstanten λ (auch dies ist erforderlichenfalls durch Umnummerierung zu erreichen). Es folgt dann

$$1 \cdot \underline{x}^1 - \lambda \underline{x}^2 + 0 \cdot \underline{x}^3 + \dots + 0 \cdot \underline{x}^n = 0.$$

Auch diese Darstellung des Nullvektors ist nichttrivial, denn der führende Koeffizient ist 1. Damit sind $\underline{x}^1, \dots, \underline{x}^n$ linear abhängig. (Note: Die Konstante λ darf Null sein.)

(iii) Wenn $\underline{x}^1, \dots, \underline{x}^m$ linear abhängig sind, gibt es eine nichttriviale Darstellung des Nullvektors der Form

$$\alpha_1 \underline{x}^1 + \dots + \alpha_m \underline{x}^m = 0.$$

Wir setzen im Fall $m < n$ $\alpha_{m+1} := \dots := \alpha_n := 0$ und finden damit

$$\alpha_1 \underline{x}^1 + \dots + \alpha_m \underline{x}^m + \alpha_{m+1} \underline{x}^{(m+1)} + \dots + \alpha_n \underline{x}^n = 0.$$

Diese Darstellung des Nullvektors ist "erst recht" nichttrivial, denn unter den ersten m Koeffizienten $\alpha_1, \dots, \alpha_m$ ist mindestens einer von Null verschieden. Also sind die Vektoren $\underline{x}^1, \dots, \underline{x}^m, \underline{x}^{(m+1)}, \dots, \underline{x}^n$ "erst recht" linear abhängig.

(iv) Wir nehmen an, die Behauptung (iv) wäre falsch; es wären also die Vektoren $\underline{x}^1, \ldots, \underline{x}^m, \underline{x}^{(m+1)}, \ldots, \underline{x}^n$ linear unabhängig, jedoch die Vektoren $\underline{x}^1, \ldots, \underline{x}^m$ linear abhängig. Aus der soeben gezeigten Aussage (iii) folgte dann sofort, dass auch die Vektoren $\underline{x}^1, \ldots, \underline{x}^m, \underline{x}^{(m+1)}, \ldots, \underline{x}^n$ linear abhängig sein müssten – im Widerspruch zu unserer Annahme. Daher kann (iv) nicht falsch sein.

Bemerkung 18.23. Die soeben gegebenen selbständigen Begründungen zu den Aussagen (i) ("Nullvektortest") und (ii) ("Parallelitätstest") sind an sich überflüssig, denn (i) und (ii) folgen bereits aus (iii). Dies ist wie folgt zu sehen:

(i) Wir nehmen an, unter $\underline{x}^1, \ldots, \underline{x}^n$ befinde sich der Nullvektor; es gelte etwa $\underline{x}^1 = 0$. Der Nullvektor – einzeln betrachtet – ist linear abhängig, also müssen erst recht "mehr Vektoren" – hier: $\underline{x}^1, \ldots, \underline{x}^n$ – linear abhängig sein.

(ii) Wir nehmen an, unter den Vektoren $\underline{x}^1, \ldots, \underline{x}^n$ mögen sich zwei parallele befinden, etwa $\underline{x}^1$ und $\underline{x}^2$. Diese beiden – für sich betrachtet – sind linear abhängig (siehe 18.3.2), also sind die "mehr Vektoren" $\underline{x}^1, \ldots, \underline{x}^n$ erst recht linear abhängig.

18.3.8 Unabhängigkeit von Subvektoren im $\mathbb{R}^d$

Im Spezialfall $\mathscr{M} = \mathbb{R}^d$ erweist sich die folgende Überlegung oft als nützlich: Gegeben seien beliebige Vektoren $\underline{x}^1, \ldots, \underline{x}^n$ aus $\mathscr{M}$. Diese haben jeweils d Koordinaten: $\underline{x}^i = (x_1^i, \ldots, x_d^i)^T$ für $i = 1, \ldots, n$. Kann man bereits "aus weniger als d Koordinaten" Schlüsse auf die (Un-)Abhängigkeit der Vektoren $\underline{x}^1, \ldots, \underline{x}^n$ ziehen? Die Antwort lautet: in gewissen Fällen JA. Dies sei an folgendem Beispiel illustriert:

Beispiel 18.24. Gegeben seien die vier Vektoren $\underline{a}$, $\underline{b}$, $\underline{c}$ und $\underline{d}$ aus dem $\mathbb{R}^8$ wie folgt, von denen zu entscheiden sei, ob sie linear unabhängig sind:

$$\underline{a} = \begin{pmatrix} 7015 \\ 1 \\ -125 \\ 0 \\ 0 \\ 195 \\ 505 \\ 0 \end{pmatrix}, \quad \underline{b} = \begin{pmatrix} 255 \\ 0 \\ 3055 \\ 1 \\ 0 \\ -275 \\ 355 \\ 0 \end{pmatrix}, \quad \underline{c} = \begin{pmatrix} 1505 \\ 0 \\ 275 \\ 0 \\ 1 \\ 755 \\ 1205 \\ 0 \end{pmatrix}, \quad \underline{d} = \begin{pmatrix} 115 \\ 0 \\ 295 \\ 0 \\ 0 \\ 575 \\ 1415 \\ 1 \end{pmatrix}.$$

Die Entscheidung fällt sehr leicht, wenn man für einen Moment nur die farblich hervorgehobenen "Teile" der Vektoren ins Auge fasst. Nennen wir sie einmal

$\underline{a}^0$, $\underline{b}^0$, $\underline{c}^0$ und $\underline{d}^0$, so haben wir

$$\underline{a}^0 = \begin{pmatrix} 1 \\ 0 \\ 0 \\ 0 \end{pmatrix}, \quad \underline{b}^0 = \begin{pmatrix} 0 \\ 1 \\ 0 \\ 0 \end{pmatrix}, \quad \underline{c}^0 = \begin{pmatrix} 0 \\ 0 \\ 1 \\ 0 \end{pmatrix}, \quad \underline{d}^0 = \begin{pmatrix} 0 \\ 0 \\ 0 \\ 1 \end{pmatrix}.$$

Diese vier Vektoren sind (als Elemente des $\mathbb{R}^4$) linear unabhängig; sie bilden gerade die von uns stets bevorzugte Basis des $\mathbb{R}^4$. Außer als auf triviale Weise kann man den Nullvektor (des $\mathbb{R}^4$) nicht aus ihnen kombinieren.

Wie steht es nun um die ursprünglich gegebenen Vektoren $\underline{a}$, $\underline{b}$, $\underline{c}$ und $\underline{d}$? Könnte man den Nullvektor (des $\mathbb{R}^8$) nichttrivial aus ihnen kombinieren – etwa in der Form $\alpha\underline{a} + \beta\underline{b} + \gamma\underline{c} + \delta\underline{d} = 0_{(8)}$, so hätte man für die in $\underline{a}, \ldots, \underline{d}$ enthaltenen Teilvektoren $\underline{a}^0, \ldots, \underline{d}^0$ sofort die ebenfalls nichttriviale Darstellung $\alpha\underline{a}^0 + \beta\underline{b}^0 + \gamma\underline{c}^0 + \delta\underline{d}^0 = 0_{(4)}$, was aber unmöglich ist. Also sind mit $\underline{a}^0, \ldots, \underline{d}^0$ auch die Vektoren $\underline{a}, \ldots, \underline{d}$ linear unabhängig. $\triangle$

Um diese Überlegungen auch in allgemeinem Zusammenhang anwenden zu können, werden wir für Objekte wie $\underline{a}^0, \ldots, \underline{d}^0$ den Begriff des "Subvektors" allgemein einführen:

Definition 18.25. *Es seien* $I := \{1, \ldots, d\}$, $r \leqslant d$ *eine natürliche Zahl und* $J = \{i_1, \ldots, i_r\}$ *mit* $1 \leqslant i_1 < \ldots < i_r \leqslant d$ *beliebig gewählt. Dann heißt für jedes* $\underline{x} = (x_1, \ldots, x_r)^T$ *der Vektor* $\underline{x}|_J := (x_{i_1}, \ldots, x_{i_r})^T$ *der (J-) Subvektor von* $\underline{x}$.

Fassen wir einen Vektor $\underline{x}$ als Abbildung auf: $\underline{x} : I \to \mathbb{R}$, so handelt es sich bei diesem Subvektor in der Tat um die Einschränkung von $\underline{x}$ auf J, was die Symbolik $\underline{x}|_J$ erklärt.

Beispiel 18.26. Es seien $d = 4$ und $r = 2$ mit $J := \{1, 3\}$. Für den (konkret gegebenen) Vektor $\underline{x} = (2, 7, 4, -3)^T$ ist dann $\underline{x}|_J = (2, 4)^T$. Allgemein ist für einen gegebenen Vektor $(x_1, \ldots, x_4)^T$ der Subvektor $\underline{x}|_J$ gegeben durch $\underline{x}|_J := (x_1, x_3)^T$.
Beachte jedoch: Die beiden Koordinaten von $\underline{x}|_J$ heißen $\underline{x}|_{J,1}$ und $\underline{x}|_{J,2}$. $\triangle$

Beispiel 18.27. Der Vektor $\underline{a}^0$ aus dem Beispiel 18.24 kann als Subvektor $\underline{a}|_J$ von $\underline{a}$ geschrieben werden. Diesmal ist offensichtlich $d = 8$ und $J = \{2, 4, 5, 8\}$. Es gilt dann $a_2 = 1 = \underline{a}|_{J,1}$ (die zweite Koordinate des Vektors $\underline{a}$ ist die erste des Vektors $\underline{a}|_J$). $\triangle$

Der bereits im Beispiel 18.24 beobachtete Zusammenhang liest sich allgemein so:

Satz 18.28. *Gegeben seien die Vektoren* $\underline{x}^1, \ldots, \underline{x}^n$ *aus* $\mathscr{M} = R^d$ *($n, d \in \mathbb{N}$). Weiterhin sei* $J = \{i_1, \ldots, i_r\}$ *mit* $1 \leqslant i_1 < \ldots < i_r \leqslant d$ *eine beliebige Teilmenge von* $I = \{1, \ldots, n\}$.

(i) *Sind die Subvektoren $\underline{x}|_{J^1}, \ldots, \underline{x}|_{J^n}$ linear unabhängig, so sind auch die ("Gesamt-") Vektoren $\underline{x}^1, \ldots \underline{x}^n$ linear unabhängig.*

(ii) *Sind die ("Gesamt-") Vektoren $\underline{x}^1, \ldots, \underline{x}^n$ linear abhängig, so auch ihre Subvektoren $\underline{x}|_{J^1}, \ldots, \underline{x}|_{J^n}$.*

Die Aussage dieses Satzes lässt sich so verkürzen:

- *Verlängerung von Vektoren erhält die Unabhängigkeit,*
- *Verkürzung von Vektoren erhält die Abhängigkeit,*

(wobei Verlängerung bzw. Verkürzung sich auf das Hinzufügen bzw. Weglassen von Koordinaten beziehen).

Denn:
(ii) Wir nehmen an, $\underline{x}^1, \ldots, \underline{x}^n$ seien linear abhängig, es existiere also eine Darstellung des Nullvektors

$$\alpha_1 \underline{x}^1 + \ldots + \alpha_n \underline{x}^n = 0$$

in der mindestens einer der Koeffizienten $\alpha_1, \ldots, \alpha_n$ von Null verschieden ist; ausführlich geschrieben:

$$\alpha_1 \begin{bmatrix} x_1^1 \\ \ldots \\ x_d^1 \end{bmatrix} + \ldots + \alpha_n \begin{bmatrix} x_1^n \\ \ldots \\ x_d^n \end{bmatrix} = \begin{bmatrix} 0 \\ \ldots \\ 0 \end{bmatrix}.$$

Koordinatenweise gelesen, handelt es sich um die d Gleichungen

$$\alpha_1 x_1^1 + \ldots + \alpha_n x_1^n = 0$$
$$\ldots \quad \ldots \quad \ldots \quad \ldots$$
$$\alpha_1 x_d^1 + \ldots + \alpha_n x_d^n = 0,$$

die simultan erfüllt sind. Es gelten also erst speziell auch diejenigen unter ihnen, die zu Koordinaten aus J gehören:

$$\alpha_1 x_{i_1}^1 + \ldots + \alpha_n x_{i_1}^n = 0$$
$$\ldots \quad \ldots \quad \ldots \quad \ldots$$
$$\alpha_1 x_{i_r}^1 + \ldots + \alpha_n x_{i_r}^n = 0,$$

in vektoriell zusammengefasster Form:

$$\alpha_1 \begin{bmatrix} x_{i_1}^1 \\ \ldots \\ x_{i_r}^1 \end{bmatrix} + \ldots + \alpha_n \begin{bmatrix} x_{i_1}^n \\ \ldots \\ x_{i_r}^n \end{bmatrix} = \begin{bmatrix} 0 \\ \ldots \\ 0 \end{bmatrix},$$

was nichts anderes bedeutet als

$$\alpha_1 \underline{x}|_{J^1} + \ldots + \alpha_n \underline{x}|_{J^n} = 0.$$

Dies ist eine nichttriviale Darstellung des Nullvektors aus den Vektoren $\underline{x}|_{J^1}, \dots, \underline{x}|_{J^n}$, die also linear abhängig sein müssen.

(i) Wir nehmen diesmal an, die Subvektoren $\underline{x}|_{J^1}, \dots, \underline{x}|_{J^n}$ seien linear unabhängig. Wären die Gesamt-Vektoren $\underline{x}^1, \dots, \underline{x}^n$ jedoch linear abhängig, ergäbe sich aus dem soeben gezeigten Teil (ii), dass $\underline{x}|_{J^1}, \dots, \underline{x}|_{J^n}$ ebenfalls abhängig sind – im Widerspruch zur Annahme. Also müssen $\underline{x}^1, \dots, \underline{x}^n$ ebenfalls linear unabhängig sein.

Eine interessante Anwendung für derartige Aussagen wird im Abschnitt 18.6 mit Beispiel 18.89 angegeben.

18.3.9 Die Dimension eines linearen Raumes

Definition 18.29. *Ein linearer Raum $\mathcal{M}$ heißt* endlichdimensional mit der Dimension d ($\in \mathbb{N}_0$), wenn

(i) *es in $\mathcal{M}$ d Vektoren gibt, die linear unabhängig sind, und*

(ii) *beliebige $d+1$ Vektoren aus $\mathcal{M}$ jeweils linear abhängig sind.*

In diesem Fall nennt man $\mathcal{M}$ auch d–dimensional und schreibt $d =: \dim \mathcal{M}$.

Für jedes $d \in \mathbb{N}$ kann man die d-Dimensionalität von $\mathcal{M}$ wie folgt umschreiben: Man kann in $\mathcal{M}$ gewisse Vektoren $\underline{x}^1, \dots, \underline{x}^d$ finden, die linear unabhängig sind. (Es wird aber nichts darüber ausgesagt, *welche* Vektoren dies sind.) "Mehr als d Vektoren" können in $\mathcal{M}$ jedoch nicht linear unabhängig sein. Die Formulierung der Definition lässt zwei Sonderfälle zu:

(a) Die Dimension $d = 0$: Ein Raum ist definitionsgemäß null-dimensional, wenn es in ihm keinen linear unabhängigen Vektor – also keinen von 0 verschiedenen Vektor – gibt. Es kann sich also nur um den Raum $\{0\}$ handeln, der lediglich den Nullvektor enthält.

(b) Unendlichdimensionale lineare Räume, also solche, die nicht endlichdimensional sind.

Beispiel 18.30 (Der Raum $\mathbb{R}^1$ ist 1–dimensional). In der Tat, jede Zahl $a \neq 0$ kann als "linear unabhängiger Vektor" in $\mathbb{R}^1$ interpretiert werden. Wir nehmen an, zwei Zahlen a, b seien linear unabhängig. Nach dem Schnelltestsatz müssen a und b auch – jeweils einzeln betrachtet – linear unabhängig sein, mithin muss gelten $a \neq 0$ und $b \neq 0$. Daher kann man schreiben $a = \beta b$ mit $\beta = \frac{a}{b}$, was hier so zu interpretieren ist, dass a und b als Vektoren in $\mathbb{R}^1$ parallel sind. Dies ist ein Widerspruch zur Annahme, a und b seien linear unabhängig. $\triangle$

Beispiel 18.31. Der Raum $\mathbb{R}^d$ (mit beliebigem $d \in \mathbb{N}$) ist $n-$dimensional. In der Tat ist sehr schnell zu sehen, dass die Vektoren

$$\underline{x}^1 = \begin{bmatrix} 1 \\ 0 \\ \cdots \\ 0 \end{bmatrix}, \quad \underline{x}^2 = \begin{bmatrix} 0 \\ 1 \\ \cdots \\ 0 \end{bmatrix}, \ldots, \underline{x}^d = \begin{bmatrix} 0 \\ 0 \\ \cdots \\ 1 \end{bmatrix}$$

linear unabhängig sind. Also gibt es in $\mathbb{R}^d$ *mindestens* d linear unabhängige Vektoren. Die Annahme, es gebe in $\mathbb{R}^d$ sogar $d+1$ linear unabhängige Vektoren, etwa $\underline{y}^1, \underline{y}^2, \ldots, \underline{y}^d, \underline{y}^{(d+1)}$, lässt sich sehr einfach widerlegen für den Fall, dass gilt $\underline{y}^1 = \underline{x}^1$, $\underline{y}^2 = \underline{x}^2$, $\ldots$, $\underline{y}^d = \underline{x}^d$, weil man schreiben kann

$$\underline{y}^{(d+1)} = y_1^{(d+1)} \cdot \underline{x}^1 + \ldots + y_d^{(d+1)} \cdot \underline{x}^d.$$

Die Widerlegung im allgemeinen Fall werden wir auf den Abschnitt 18.6 verschieben. △

Beispiel 18.32. Der Raum $\mathbb{R}^{(m,n)}$ aller rellen (m,n)–Matrizen ist $m \cdot n$–dimensional. Dies leuchtet unmittelbar ein, wenn man sich jede (m,n)–Matrix durch direktes Hintereinanderschreiben aller Zeilen als $m \cdot n$–Zeilenvektor geschrieben vorstellt und den vorigen Punkt (2) berücksichtigt. △

Nichtbeispiel 18.33. Wir betrachten den Raum $\mathcal{M} := C[0,1]$ aller stetigen reellen Funktionen $f : [0,1] \to [0,1]$ und darin speziell die Funktionen f_0, f_1, $\ldots$, f_n, $\ldots$, definiert durch

$$f_0(x) := 1, \ f_1(x) := x^1, \ldots, f_n(x) := x^n, \ldots (x \in [0,1]).$$

Es lässt sich zeigen, dass für *jedes* $n \in \mathbb{N}$ f_0, f_1, $\ldots$, f_n linear unabhängige Funktionen (Vektoren) in $\mathcal{M}$ sind. Also kann $\mathcal{M}$ nicht endlichdimensional sein. △

Nichtbeispiel 18.34. Ebenso ist der Raum l_0 aller beschränkten Zahlenfolgen $(x_n)_{n \in N}$, versehen mit der gewöhnlichen komponentenweisen Addition und Multiplikation mit einem Skalar, kein endlichdimensionaler Raum. △

Bemerkung 18.35. Ein weiterer Schnelltest auf lineare Unabhängigkeit von Vektoren im $\mathbb{R}^d$ ergibt sich unmittelbar aus der Definition und Beispiel 18.31: *Beliebige Vektoren $\underline{x}^1, \ldots, \underline{x}^n \in \mathbb{R}^d$ müssen linear abhängig sein, wenn $n > d$ gilt.*

Mit anderen Worten: "Mehr Vektoren" als die Dimension des Raumes $\mathcal{M}$ angibt, können nicht linear unabhängig sein.

18.3.10   Der Begriff der Basis

Definition 18.36. *Es sei $\mathscr{M}$ ein linearer Raum der Dimension d ($\in \mathbb{N}$). Dann heißen beliebige Vektoren $\underline{x}^1, \dots, \underline{x}^d$ eine Basis von $\mathscr{M}$, wenn sie linear unabhängig sind.*

M.a.W.: Eine Basis ist nichts anderes als ein Satz von d linear unabhängigen Vektoren in einem d–dimensionalen linearen Raum.

Beispiel 18.37. Die Vektoren $\underline{e}^1 = \begin{bmatrix} 1 \\ 0 \end{bmatrix}$ und $\underline{e}^2 = \begin{bmatrix} 0 \\ 1 \end{bmatrix}$ sind linear unabhängig und bilden daher eine Basis des $\mathbb{R}^2$.   △

Beispiel 18.38. Die Vektoren $\underline{x}^1 = \begin{bmatrix} 4 \\ 12 \end{bmatrix}$ und $\underline{x}^2 = \begin{bmatrix} -3 \\ -8 \end{bmatrix}$ sind ebenfalls linear unabhängig und bilden somit ebenfalls eine Basis des $\mathbb{R}^2$.   △

Beispiel 18.39. Die Vektoren $\begin{bmatrix} 2 \\ -1 \\ 1 \end{bmatrix}$ und $\begin{bmatrix} 3 \\ 1 \\ 2 \end{bmatrix}$ sind linear unabhängig, bilden aber keine Basis des $\mathbb{R}^3$ (denn dazu würden 3 Vektoren benötigt, entsprechend der Dimension dieses Raumes; wir haben hier also "zu wenig Vektoren").   △

Beispiel 18.40. Die drei Vektoren $\underline{x}^1 = \begin{bmatrix} 2 \\ -1 \\ 1 \end{bmatrix}$, $\underline{x}^2 = \begin{bmatrix} 3 \\ 1 \\ 2 \end{bmatrix}$ und $\underline{x}^3 = \begin{bmatrix} 3 \\ -4 \\ 1 \end{bmatrix}$ – obwohl "zahlenmäßig ausreichend" – bilden ebenfalls keine Basis des $\mathbb{R}^3$, weil sie linear abhängig sind: Es gilt $\underline{x}^3 = 3\underline{x}^1 - \underline{x}^2$.   △

Beispiel 18.41. Die vier Vektoren $\underline{y}^1 = \begin{bmatrix} 1 \\ 0 \\ 0 \end{bmatrix}$, $\underline{y}^2 = \begin{bmatrix} 0 \\ 1 \\ 0 \end{bmatrix}$, $\underline{y}^3 = \begin{bmatrix} 0 \\ 0 \\ 1 \end{bmatrix}$ und

$\underline{y}^4 = \begin{bmatrix} 2 \\ 1 \\ 1 \end{bmatrix}$ bilden ebenfalls keine Basis des $\mathbb{R}^3$ – einfach bereits deshalb nicht, weil jede Basis des $\mathbb{R}^3$ aus exakt drei Vektoren besteht. (Vier Vektoren sind "zuviel" und in jedem Fall linear abhängig.)   △

Beispiel 18.42. Angenommen, die Vektoren $\underline{x}^1, \dots, \underline{x}^d$ seien eine Basis eines d–dimensionalen Raumes $\mathscr{M}$. Dann sind die Vektoren $\alpha_1 \underline{x}^1, \dots, \alpha_d \underline{x}^d$ linear unabhängig, sobald nur die Koeffizienten $\alpha_1, \dots, \alpha_d$ sämtlich von Null verschieden sind. Da es unendlich viele Möglichkeiten gibt, die Koeffizienten $\alpha_1, \dots, \alpha_d$ so zu wählen, heißt das: Jeder endlichdimensionale lineare Raum – ausgenommen $\{0\}$ – besitzt unendlich viele Basen.   △

Da an Basen offenbar kein Mangel herrscht, mag sich der Leser die Frage stellen, was denn dann eine so grundlegende Bezeichnung wie "Basis" rechtfertigt. Diese Frage wird im folgenden beantwortet.

18.3.11   Der "Adressensatz"

Satz 18.43 ("Adressensatz"). *Es seien $\mathcal{M}$ ein linearer Raum der Dimension d ($\in \mathbb{N}$) und $\underline{b}^1, \dots, \underline{b}^d$ eine Basis von $\mathcal{M}$. Dann besitzt jeder Vektor $\underline{x} \in \mathcal{M}$ eine eindeutig bestimmte Darstellung der Form*

$$\underline{x} = c_1 \underline{b}^1 + \dots + c_d \underline{b}^d.$$

(Man nennt die Zahlen $c_1, \dots, c_d$ die *Koeffizienten* oder auch *Koordinaten* und den Vektor $\underline{c} := (c_1, \dots, c_d)^T$ den *Koeffizientenvektor* bzw. *Koordinatenvektor* von $\underline{x}$ bezüglich der gegebenen Basis $\underline{b}^1, \dots, \underline{b}^d$.)

Man beachte, dass der Satz zweierlei besagt:

- (a) Erstens lässt sich jedes Element $\underline{x} \in \mathcal{M}$ als Linearkombination der gegebenen Basisvektoren ausdrücken.
- (b) Zweitens ist dies auf genau eine Weise möglich, d.h., der Koeffizientenvektor $\underline{c}$ ist eindeutig bestimmt.

Denn: (a) Wir überlegen zunächst, warum sich der Vektor $\underline{x}$ überhaupt als Linearkombination der gegebenen Basisvektoren darstellen lässt.

Dazu schreiben wir $\underline{b}^{(d+1)} := \underline{x}$ und beobachten, dass die Vektoren $\underline{b}^1, \dots, \underline{b}^d$, $\underline{b}^{(d+1)}$ linear abhängig sein müssen, weil in $\mathcal{M}$ höchstens d Vektoren linear unabhängig sein können. Es gibt also eine nichttriviale Darstellung des Nullvektors der Form

$$\beta_1 \underline{b}^1 + \dots + \beta_d \underline{b}^d + \beta_{d+1} \underline{b}^{(d+1)} = 0. \tag{18.21}$$

In dieser Darstellung kann der Koeffizient β_{d+1} nicht Null sein (weil andernfalls mindestens einer der Koeffizienten $\beta_1, \dots, \beta_d$ von Null verschieden sein müsste, um die Nichttrivialität von (18.21) sicherzustellen, und gleichzeitig (18.21) die Form

$$\beta_1 \underline{b}^1 + \dots + \beta_d \underline{b}^d + 0 \cdot \underline{b}^{(d+1)} = 0$$

bzw. kürzer

$$\beta_1 \underline{b}^1 + \dots + \beta_d \underline{b}^d = 0$$

annehmen müsste; was nichts anderes hieße, als dass die Vektoren $\underline{b}^1, \dots, \underline{b}^d$ linear abhängig sind – im Widerspruch zur Annahme).

Also kann man die Gleichung (18.21) nach $\underline{b}^{(d+1)}$ auflösen und findet

$$\underline{b}^{(d+1)} = -\underbrace{\frac{\beta_1}{\beta_{d+1}}}\, \underline{b}^1 - \dots - \underbrace{\frac{\beta_d}{\beta_{d+1}}}\, \underline{b}^d$$

bzw. mit anderen Bezeichnungen

$$\underline{x} = \quad c_1\ \underline{b}^1 + \ldots + \ c_d\ \underline{b}^d,$$

was zu zeigen war.

(b) Es bleibt, die Eindeutigkeit dieser Darstellung nachzuweisen. Dazu nehmen wir an, es gebe zwei Darstellungen der geforderten Art:

$$\underline{x} = c_1\underline{b}^1 + \ldots + c_d\underline{b}^d \tag{18.22}$$

und

$$\underline{x} = c_1'\underline{b}^1 + \ldots + c_d'\underline{b}^d. \tag{18.23}$$

Subtrahiert man die erste von der zweiten Darstellung, findet man

$$0 = (c_1' - c_1)\underline{b}^1 + \ldots + (c_d' - c_d)\underline{b}^d.$$

Da hier der Nullvektor aus den gegebenen Basisvektoren linear kombiniert wird, müssen sämtliche Koeffizienten verschwinden:

$$0 = c_1' - c_1 = \ldots = c_d' - c_d$$

d.h., es muss gelten

$$c_1' = c_1, \ldots, c_d' = c_d$$

– also sind die Darstellungen (18.22) und (18.23) identisch. □

Zur Interpretation: Um die Bedeutung des Satzes zu illustrieren, betrachten wir einmal den Spezialfall $d = 2$: Gegeben seien also ein zweidimensionaler Raum $\mathcal{M}$ und eine Basis $\underline{b}^1$, $\underline{b}^2$. Jeder Vektor $\underline{x}$ aus $\mathcal{M}$ lässt sich dann schreiben als

$$\underline{x} = c_1\underline{b}^1 + c_2\underline{b}^2$$

mit gewissen reellen Konstanten c_1 und c_2, die eindeutig bestimmt sind. Also gilt

$$\mathcal{M} = \{\underline{x} = \quad c_1\underline{b}^1 + c_2\underline{b}^2 \mid c_1, c_2 \in \mathbb{R}\}.$$

Man erkennt besser, worum es sich handelt, wenn der tatsächlich vorhandene "Pin" auch hingeschrieben wird:

$$\mathcal{M} = \{\underline{x} = 0 + c_1\underline{b}^1 + c_2\underline{b}^2 \mid c_1, c_2 \in \mathbb{R}\}.$$

Dies ist die formale Darstellung einer *Ebene*, die durch 0 verläuft!
Wie schon im Punkt 17.4.1 ausgeführt, lässt sich jeder Punkt $\underline{x}$ auf dieser

Ebene anhand der gegebenen Richtungsvektoren $\underline{b}^1$ und $\underline{b}^2$ *adressieren*, indem man seine Koordinaten c_1 und c_2 angibt. (Daher der Arbeitstitel "Adressensatz".)[2] Derselbe Sachverhalt kann auch so ausgedrückt werden: Hat man eine Basis, so hat man auch gleich den ganzen Raum – denn dieser wird von der Basis aufgespannt.

Beispiel 18.44. Konkretisieren wir das Beispiel in Zahlenform: Wir wählen $\mathscr{M} = \mathbb{R}^2$ und $\underline{b}^1 = \begin{bmatrix} 2 \\ 6 \end{bmatrix}$ sowie $\underline{b}^2 = \begin{bmatrix} 3 \\ 1 \end{bmatrix}$. Wir wollen den Punkt $\underline{x} = \begin{bmatrix} 8 \\ 8 \end{bmatrix}$ "adressieren" und setzen dazu an

$$\underline{x} = c_1 \underline{b}^1 + c_2 \underline{b}^2,$$

konkreter also

$$\begin{bmatrix} 8 \\ 8 \end{bmatrix} = c_1 \begin{bmatrix} 2 \\ 6 \end{bmatrix} + c_2 \begin{bmatrix} 3 \\ 1 \end{bmatrix}.$$

Wir können schreiben

$$\begin{bmatrix} 8 \\ 8 \end{bmatrix} = \begin{bmatrix} 2 & 3 \\ 6 & 1 \end{bmatrix} \begin{bmatrix} c_1 \\ c_2 \end{bmatrix},$$

kürzer

$$\underline{x} = A \cdot \underline{c}$$

mit der Lösung

$$\underline{c} = A^{-1} \cdot \underline{x},$$

hier (unter Anwendung der Inversenformel aus Satz 15.50)

$$\begin{bmatrix} c_1 \\ c_2 \end{bmatrix} = -\frac{1}{16} \begin{bmatrix} 1 & -3 \\ -6 & 2 \end{bmatrix} \begin{bmatrix} 8 \\ 8 \end{bmatrix} = \begin{bmatrix} 1 \\ 2 \end{bmatrix}.$$

Also wird

$$\underline{x} = 1 \cdot \underline{b}^1 + 2 \cdot \underline{b}^2. \tag{18.24}$$

$\triangle$

---

[2]Wir erinnern daran, dass die Koordinaten regelrecht als "Wegbeschreibung" gelesen werden können: "*Man begebe sich zunächst zum Pinpunkt 0, anschließend gehe man in $\underline{b}^1$–Richtung und lege dabei das c_1–fache von $\underline{b}^1$ zurück, schließlich gehe man in $\underline{b}^2$–Richtung weiter, und zwar um das c_2–fache von $\underline{b}^2$, und ist am Ziel – voilà.*"

Diese Wegbeschreibung kann man auch aus der unteren Skizze ablesen (blaue Pfeile).

Dasselbe Beispiel, "modifiziert":
Natürlich hätte man auch eine andere Basis benutzen können, um denselben Punkt zu adressieren. Einfacher wäre z.B. die Basis $\underline{e}^1 = \begin{bmatrix} 1 \\ 0 \end{bmatrix}$ und $\underline{e}^2 = \begin{bmatrix} 0 \\ 1 \end{bmatrix}$ gewesen, wobei sehr direkt abzulesen wäre:

$$\underline{x} = 8\underline{e}^1 + 8\underline{e}^2.$$

(Dieser Weg ist in der unteren Skizze durch graue Pfeile gekennzeichnet.)

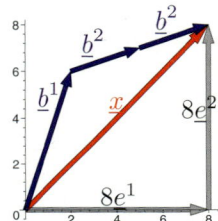

Dasselbe Beispiel, "anders modifiziert":
Wir bleiben bei der "alten" Basis, fügen ihr diesmal jedoch noch einen weiteren (beliebig wählbaren) Vektor hinzu, etwa $\underline{b}^1 = \begin{bmatrix} 2 \\ 6 \end{bmatrix}, \underline{b}^2 = \begin{bmatrix} 3 \\ 1 \end{bmatrix}$ und $\underline{b}^3 = \begin{bmatrix} 1 \\ -1 \end{bmatrix}$.
Es entsteht die folgende Frage: Wenn $\underline{x}$ durch zwei Vektoren ($\underline{b}^1$ und $\underline{b}^2$) adressierbar ist, warum nicht dann auch durch "mehr" Vektoren?
Die Antwort lautet: $\underline{x}$ lässt sich auch durch "mehr" Vektoren adressieren. Man sieht nämlich sofort – durch "Verlängerung" der Darstellung (18.24) –, dass gilt

$$\underline{x} = 1 \cdot \underline{b}^1 + 2 \cdot \underline{b}^2 + 0 \cdot \underline{b}^3.$$

Bei genauerem Hinsehen ist zu bemerken, dass auch andere Darstellungen existieren, z.B.

$$\underline{x} = 3 \cdot \underline{b}^1 - 2 \cdot \underline{b}^2 + 8 \cdot \underline{b}^3,$$

und noch genaueres Hinsehen zeigt, dass die Anzahl derartiger Darstellungsmöglichkeiten unendlich ist. Damit besitzt der Punkt $\underline{x}$ bezüglich $\underline{b}^1$, $\underline{b}^2$ und $\underline{b}^3$ unendlich viele (gleichermaßen zutreffende) "Adressen"!

Beobachtungen 18.45.

(1) Eine Basis enthält gewissermaßen "genug Vektoren", um alle Vektoren in $\mathscr{M}$ adressieren zu können, aber keinen einzigen zuviel. Auf diese Weise bleibt die Adressierung eindeutig. Nimmt man weitere Vektoren zu den

Basisvektoren hinzu, kann man zwar weiterhin adressieren, aber nicht mehr eindeutig. Die Eindeutigkeit einer Adresse wird sich im Weiteren mehrfach als nützlich erweisen.

(2) Wir sehen, dass ein- und derselbe Vektor $\underline{x}$ bezüglich *unterschiedlicher* Basen *unterschiedliche* Koordinatenvektoren besitzt: Es gilt z.B.

$$\underline{x} = 1 \cdot \underline{b}^1 + 2 \cdot \underline{b}^2 = 8\underline{e}^1 + 8\underline{e}^2.$$

(Die geometrische Interpretation ergibt sich aus der Skizze auf S.707: Es werden schlichtweg unterschiedliche Koordinatensysteme benutzt, um dasselbe Ziel zu erreichen!)

Um die unterschiedlichen Koordinatenvektoren sauber zu unterscheiden und den jeweiligen Basen zuzuordnen, schreiben wir hier (und auch später, wenn erforderlich)

$$\underline{x} = c_1(b)\underline{b}^1 + c_2(b)\underline{b}^2 = c_1(e)\underline{e}^1 + c_2(e)\underline{e}^2. \tag{18.25}$$

Bezeichnungstechnisch konsequent wäre es, auch die verwendeten Basisvektoren formal zu einem Vektor zusammenzufassen; setzen wir also

$$\underline{\underline{b}} := \begin{bmatrix} \underline{b}^1 \\ \underline{b}^2 \end{bmatrix} \quad \text{und} \quad \underline{\underline{e}} := \begin{bmatrix} \underline{e}^1 \\ \underline{e}^2 \end{bmatrix}.$$

Unter Verwendung dieser "Vektor-Vektoren" können wir dann (18.25) kürzer schreiben

$$\underline{x} = \underline{c}(b)^T \underline{\underline{b}} = \underline{c}(e)^T \underline{\underline{e}}.$$

(3) Die bevorzugte Rolle der "Einheitsbasis" $\underline{\underline{e}}$ erklärt sich hier daraus, dass im $\mathbb{R}^2$ a priori sämtliche Vektoren in dieser Basis angegeben werden. In andersartigen linearen Räumen braucht dies nicht der Fall zu sein. Nichtsdestoweniger kann es sinnvoll sein, sich nach "angenehmen" Basen umzusehen. Wir kommen im Abschnitt 18.8 darauf zurück.

18.4   Basiswechsel und Austauschverfahren

Es sei $\mathcal{M}$ ein linearer Raum der Dimension n ($n \in \mathbb{N}$). Um alle Elemente von $\mathcal{M}$ "zu adressieren", benutzt man eine Basis (vgl."Adressensatz"). Nun gibt es bekanntlich unendlich viele verschiedene Basen (deren jede aus genau n linear unabhängigen Vektoren besteht), so dass man sich die Frage stellen kann, welche Basis zu wählen sei. Wir werden später sehen, dass die Antwort – je nach betrachtetem Problem – unterschiedlich ausfallen kann. Dementsprechend wird man für ein- und dasselbe Element aus $\mathcal{M}$ ganz unterschiedliche Basisdarstellungen erhalten.

In diesem Abschnitt gehen wir der Frage nach, welche Zusammenhänge zwischen den Darstellungen eines beliebigen Vektors bezüglich unterschiedlicher

Basen bestehen. Dabei wird sich eine interessante Verbindung zum Problem der Matrixinversion ergeben, über die wir einem sehr einfachen rechnerischen Inversionsverfahren auf die Spur kommen.

18.4.1 Zwei Basen im $\mathbb{R}^2$

Wir betrachten den Raum $\mathcal{M} = \mathbb{R}^2$. Offensichtlich bilden die beiden Paare von Vektoren

$$\underline{x}^1 = \begin{pmatrix} 1 \\ 0 \end{pmatrix} \text{ und } \underline{x}^2 = \begin{pmatrix} 0 \\ 1 \end{pmatrix} \quad \text{sowie} \quad \underline{y}^1 = \begin{pmatrix} 2 \\ 3 \end{pmatrix} \text{ und } \underline{y}^2 = \begin{pmatrix} 5 \\ 7 \end{pmatrix}$$

jeweils eine Basis von $\mathcal{M}$. Nach dem "Adressensatz" kann jeder Vektor der "rechten" Basis eindeutig durch die "linke" Basis ausgedrückt werden und umgekehrt. Wie leicht nachzuvollziehen ist, ergeben sich rechnerisch im konkreten Fall folgende eindeutig bestimmten Darstellungen:

Beispiel 18.46.

$$\begin{pmatrix} 2 \\ 3 \end{pmatrix} = 2 \begin{pmatrix} 1 \\ 0 \end{pmatrix} + 3 \begin{pmatrix} 0 \\ 1 \end{pmatrix} \qquad \begin{pmatrix} 1 \\ 0 \end{pmatrix} = -7 \begin{pmatrix} 2 \\ 3 \end{pmatrix} + 3 \begin{pmatrix} 5 \\ 7 \end{pmatrix}$$

$$\text{und}$$

$$\begin{pmatrix} 5 \\ 7 \end{pmatrix} = 5 \begin{pmatrix} 1 \\ 0 \end{pmatrix} + 7 \begin{pmatrix} 0 \\ 1 \end{pmatrix} \qquad \begin{pmatrix} 0 \\ 1 \end{pmatrix} = 5 \begin{pmatrix} 2 \\ 3 \end{pmatrix} - 2 \begin{pmatrix} 5 \\ 7 \end{pmatrix}$$

d.h.

$$\begin{array}{rcccc} \underline{y}^1 & = & 2\ \underline{x}^1 & +3\ \underline{x}^2 \\ \underline{y}^2 & = & 5\ \underline{x}^1 & +7\ \underline{x}^2 \end{array} \quad \text{und} \quad \begin{array}{rcccc} \underline{x}^1 & = & -7\ \underline{y}^1 & +3\ \underline{y}^2 \\ \underline{x}^2 & = & 5\ \underline{y}^1 & -2\ \underline{y}^2 \end{array}$$

in Tableauform:

	$\underline{x}^1$	$\underline{x}^2$
$\underline{y}^1$	2	3
$\underline{y}^2$	5	7

und

	$\underline{y}^1$	$\underline{y}^2$
$\underline{x}^1$	-7	3
$\underline{x}^2$	5	-2

bzw. in Matrixform:

$$\underbrace{\begin{pmatrix} \underline{y}^1 \\ \underline{y}^2 \end{pmatrix}}_{=:\,\underline{y}} = \underbrace{\begin{pmatrix} 2 & 3 \\ 5 & 7 \end{pmatrix}}_{=:\,A} \underbrace{\begin{pmatrix} \underline{x}^1 \\ \underline{x}^2 \end{pmatrix}}_{=:\,\underline{x}} \quad \text{und} \quad \underbrace{\begin{pmatrix} \underline{x}^1 \\ \underline{x}^2 \end{pmatrix}}_{=:\,\underline{x}} = \underbrace{\begin{pmatrix} -7 & 3 \\ 5 & -2 \end{pmatrix}}_{=:\,B} \underbrace{\begin{pmatrix} \underline{y}^1 \\ \underline{y}^2 \end{pmatrix}}_{=:\,\underline{y}}$$

($\underline{y}$ und $\underline{x}$ sind hier Spaltenvektoren, deren Komponenten Vektoren sind)

Zusammengefasst gilt:

$$\underline{\underline{y}} \;=\; \boxed{A} \;\cdot\; \underline{\underline{x}} \quad \text{und} \quad \underline{\underline{x}} \;=\; B \;\cdot\; \underline{\underline{y}}$$

Wechselseitiges Einsetzen
ergibt:

$$\underline{\underline{y}} \;=\; \boxed{A}\;B \cdot \underline{\underline{y}} \quad (\star) \qquad \underline{\underline{x}} \;=\; B\;\boxed{A} \;\cdot\; \underline{\underline{x}}$$

Man gelangt zur Vermutung:

$$\boxed{A}\;B \;=\; I \;=\; B\;\boxed{A}$$

Eine Probe bestätigt:

$$\boxed{\begin{pmatrix} 2 & 3 \\ 5 & 7 \end{pmatrix}} \begin{pmatrix} -7 & 3 \\ 5 & -2 \end{pmatrix} = \begin{pmatrix} 1 & 0 \\ 0 & 1 \end{pmatrix} = \begin{pmatrix} -7 & 3 \\ 5 & -2 \end{pmatrix} \boxed{\begin{pmatrix} 2 & 3 \\ 5 & 7 \end{pmatrix}},$$

Das Ergebnis lautet: A und B sind zueinander invers; es gilt

$$B = A^{-1} \quad \text{und} \quad A = B^{-1}.$$

$\triangle$

Bemerkung 18.47. Wir heben nochmals hervor, dass aufgrund des "Adressensatzes" die beiden Matrizen A und B eindeutig bestimmt sind.

Bemerkung 18.48. Mit der Bezeichnung $C := AB$ lautet die linke Gleichung in $(\star)$ $\underline{\underline{y}} = C\underline{\underline{y}}$; ebenso gilt natürlich $\underline{\underline{y}} = I\underline{\underline{y}}$. Ausführlich:

$$\begin{bmatrix} \underline{y}^1 \\ \underline{y}^2 \end{bmatrix} = \begin{bmatrix} c_{11} & c_{12} \\ c_{21} & c_{22} \end{bmatrix} \begin{bmatrix} \underline{y}^1 \\ \underline{y}^2 \end{bmatrix}, \text{ebenso gilt} \quad \begin{bmatrix} \underline{y}^1 \\ \underline{y}^2 \end{bmatrix} = \begin{bmatrix} 1 & 0 \\ 0 & 1 \end{bmatrix} \begin{bmatrix} \underline{y}^1 \\ \underline{y}^2 \end{bmatrix}.$$

Die beiden ersten Zeilen für sich gelesen ergeben

$$\underline{y}^1 = c_{11}\,\underline{y}^1 + c_{12}\,\underline{y}^2 \quad und \quad \underline{y}^1 = 1\,\underline{y}^1 + 0\,\underline{y}^2,$$

sind also zwei Darstellungen ein- und desselben Vektors (hier: $\underline{y}^1$) bezüglich derselben Basis (hier: $\underline{\underline{y}}$). Es kann aber nur eine derartige Darstellung geben (wiederum nach "Adressensatz"), woraus $c_{11} = 1$ und $c_{12} = 0$ zu folgern ist. Eine sinngemäße Wiederholung dieses Arguments zeigt, dass auch die zweiten Zeilen der Matrizen C und I identisch sein müssen. Mithin gilt $C = AB = I$. Auf analogem Wege sieht man $BA = I$.

Die oben angestellte Probe kann also durch diese wesentlich weitergehende Überlegung ersetzt werden und liefert das allgemeine Ergebnis des folgenden Abschnittes.

18.4.2 Basiswechsel und invertierbare Matrizen

Satz 18.49. *Es sei $\mathscr{M}$ ein linearer Raum der Dimension n ($n \in N$), und es seien $\underline{x} = (\underline{x}^1, \ldots, \underline{x}^n)^T$ sowie $\underline{y} = (\underline{y}^1, \ldots, \underline{y}^n)^T$ zwei Basen von $\mathscr{M}$. Dann gilt:*

(i) Es existieren eindeutig bestimmte $(n,n)-$Matrizen A und B mit $\underline{y} = A\underline{x}$ und $\underline{x} = B\underline{y}$.

(ii) Die Matrizen A und B sind invertierbar, und es gilt $AB = I = BA$.

(Ein formaler Beweis erübrigt sich, da er den Überlegungen des vorigen Punktes völlig analog verliefe.)

Naturgemäß kann auch die umgekehrte Frage entstehen: Gegeben sei eine Basis $\underline{x}$ von $\mathscr{M}$. Auf welchem Wege lassen sich weitere Basen gewinnen? Die Antwort gibt

Satz 18.50. *Es seien $\mathscr{M}$ ein linearer Raum der Dimension n ($n \in N$), $\underline{x} = (\underline{x}^1, \ldots, \underline{x}^n)^T$ eine Basis von $\mathscr{M}$ sowie A eine $(n,n)-$Matrix. Weiterhin werde $\underline{y} = (\underline{y}^1, \ldots, \underline{y}^n)^T$ durch $\underline{y} := A\underline{x}$ definiert. Dann gilt:*

$\underline{y}$ ist ebenfalls eine Basis von $\mathscr{M}$ $\Longleftrightarrow$ A ist invertierbar.

Denn:
"$\Longleftarrow$" Wir nehmen an, A sei invertierbar. Um nachzuweisen, dass $\underline{y}$ eine Basis von $\mathscr{M}$ ist, haben wir uns zu überzeugen, dass die Vektoren $y^1, \ldots, y^n$ linear unabhängig sind. Dazu betrachten wir die Gleichung

$$\lambda_1 \underline{y}^1 + \ldots + \lambda_n \underline{y}^n = 0 \text{ bzw. vektoriell } \underline{\lambda}^T \underline{y} = 0. \tag{18.26}$$

Ersetzt man $\underline{y}$ definitionsgemäß durch $A\underline{x}$, folgt hieraus

$$\underline{\lambda}^T \underline{y} = \underline{\lambda}^T (A\underline{x}) = (\underline{\lambda}^T A)\underline{x} = \underline{\mu}^T \underline{x} = 0,$$

wobei $\underline{\mu}^T := \underline{\lambda}^T A$ gesetzt wurde. Die letzte Gleichung lautet ausführlich

$$\mu_1 \underline{x}^1 + \ldots + \mu_n \underline{x}^n = 0$$

und liefert $\mu_1 = \ldots = \mu_n = 0$ (andernfalls wären $\underline{x}^1, \ldots, \underline{x}^n$ linear abhängig). Weil A invertierbar ist, folgt schließlich $\underline{\lambda}^T = \underline{\lambda}^T(AA^{-1}) = (\lambda^T A)A^{-1} = \mu^T A^{-1} = 0$, also ist (18.26) nur trivial lösbar.

"$\Longrightarrow$" Wenn $\underline{y}$ ebenfalls eine Basis von $\mathscr{M}$ ist, befinden wir uns in der Situation von Satz 18.49: es sind *zwei* Basen $\underline{x}$ und $\underline{y}$ gegeben, die sich mit eindeutig bestimmten invertierbaren Matrizen – nennen wir sie A' und B' – ineinander umrechnen lassen: $\underline{y} = A'\underline{x}$; $\underline{x} = B'\underline{y}$. Voraussetzungsgemäß gilt nun auch $\underline{y} = A\underline{x}$. Aus Eindeutigkeitsgründen ist $A = A'$ und somit invertierbar. $\square$

Bemerkung 18.51. Die Aussage des Satzes 18.50 lässt sich auch so formulieren:

$$\underline{y}^1, \dots, \underline{y}^n \text{ sind linear abhängig} \quad \Longleftrightarrow \quad A \text{ ist nicht invertierbar.}$$

18.4.3   Rechnerische Matrixinversion

Grundidee

Gegeben sei eine invertierbare (n, n)−Matrix A. Wie lässt sich ihre Inverse rechnerisch bestimmen? Das Beispiel aus dem ersten Abschnitt dieses Kapitels zeigt den Weg:

- Man denke sich eine Basis $\underline{x}$ eines n-dimensionalen Raumes $\mathcal{M}$ als gegeben.
- Dann bildet $\underline{y} := A\underline{x}$ eine "neue" Basis.
- Man drückt die "alte" Basis $\underline{x}$ durch die "neue" Basis $\underline{y}$ aus: $\underline{x} := B\underline{y}$.
- Voilà: $B = A^{-1}$!

Es ist dabei weder notwendig, die Basis $\underline{x}$ wirklich zu benennen, noch ist es erforderlich, $\underline{y}$ zu berechnen. Man hat lediglich von der Darstellung $\underline{y} := A\underline{x}$ zur Darstellung $\underline{x} := B\underline{y}$ zu wechseln. Dies kann in Tableauform wie folgt geschehen:

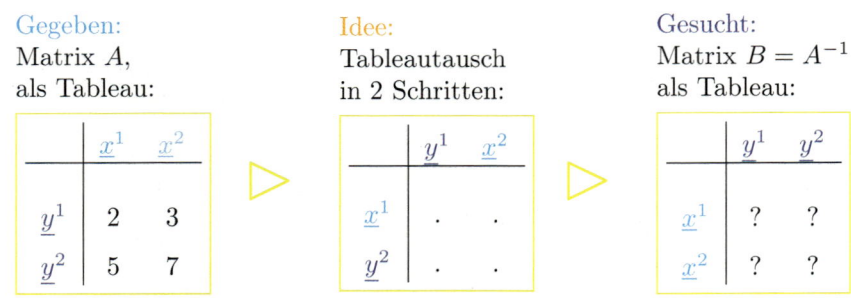

Gegeben:
Matrix A,
als Tableau:

Idee:
Tableautausch
in 2 Schritten:

Gesucht:
Matrix $B = A^{-1}$
als Tableau:

Vereinfachend geht es also darum, in zwei Schritten die Bezeichnungen $\underline{x}^1$ und $\underline{x}^2$ "von oben" gegen die Bezeichungen $\underline{y}^1$ und $\underline{y}^2$ "nach links" zu tauschen. Um für die dabei auftretenden Rechenoperationen ein einfaches Schema angeben zu können, betrachten wir zunächst das

Wesen des ersten Tauschschrittes

Ziel des ersten Tauschschrittes ist der Übergang vom linken zum rechten Tableau:

T0	x^1	x^2
y^1	2	3
y^2	5	7

$\longrightarrow$

T1	y^1	x^2
x^1	.	.
y^2	.	.

Ausführlich geschrieben, bedeutet dieses nichts anderes als die Umformung von Gleichungen:

$$y^1 = 2\,x^1 + 3\,x^2$$
$$y^2 = 5\,x^1 + 7\,x^2$$

$\longrightarrow$

$$x^1 = \ldots y^1 + \ldots x^2$$
$$y^2 = \ldots y^1 + \ldots x^2$$

Um die fehlenden Koeffizienten auf der rechten Seite zu ermitteln, geht man so vor:

$$y^1 = 2\,x^1 + 3\,x^2 \quad \xrightarrow{\text{umstellen}} \quad x^1 = \tfrac{1}{2}\,y^1 - \tfrac{3}{2}\,x^2$$

$\text{ein} \diagup \text{setzen}$

$$y^2 = 5(\tfrac{1}{2}\underline{y}^1 - \tfrac{3}{2}\underline{x}^2) + 7\underline{x}^2 \quad \xrightarrow{\text{ordnen}} \quad y^2 = \tfrac{5}{2}y^1 + \left(7 + 5(-\tfrac{3}{2})\right)x^2$$

Die Ergebnisse erscheinen im rechten Tableau:

T0	x^1	x^2
y^1	2	3
y^2	5	7

$\xrightarrow{(\circ)}$

T1	y^1	x^2
x^1	$\frac{1}{2}$	$-\frac{3}{2}$
y^2	$\frac{5}{2}$	$7+5(-\frac{3}{2})$

Schematisierung der Tauschregeln

Bei näherem Hinsehen erkennt man, dass die beispielhaften Rechnungen insgesamt vier verschiedene Regeln unterliegen. Nach welcher davon ein Element von T0 in das positionsgleiche Element von T1 umzurechnen ist, richtet sich danach, ob es derselben Zeile wie y^1 und/oder derselben Spalte wie x^1 angehört oder nicht. (Diese beiden werden als *Pivotzeile* bzw. *Pivotspalte* bezeichnet.)

Im Schnittpunkt von Pivotzeile und -spalte befindet sich das sogenannte *Pivotelement* (hier: $a_{11} = 2$), das zur besseren Orientierung eingekreist wird. Jedes Element des Ausgangstableaus lässt sich mithin genau einer der folgenden vier Kategorien zuordnen:

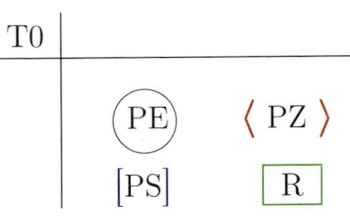

$\boxed{PE}$: Pivotelement

$\langle PZ \rangle$: von (PE) verschiedene Elemente der Pivotzeile

$[PS]$: von (PE) verschiedene Elemente der Pivotspalte

$\boxed{R}$: "Rest" – alle übrigen Elemente

Für das Folgetableau ist dieselbe Einteilung sinnvoll. Zur besseren Unterscheidung erhalten die Kategorien des Ausgangstableaus das Subscript "alt", die des Folgetableaus das Subscript "neu". Damit lassen sich die vier Tauschregeln direkt aus (∘) ablesen:

verbal: symbolisch:

$$PE_{neu} = \frac{1}{PE_{alt}}$$

$$\bigcirc \; = \; \frac{1}{\bigcirc}$$

$$PZ_{neu} = -\frac{PZ_{alt}}{PE_{alt}}$$

$$\langle \; \rangle \; = \; -\frac{\langle \; \rangle}{\bigcirc}$$

$$PS_{neu} = \frac{PS_{alt}}{PE_{alt}}$$

$$[\;] \; = \; \frac{[\;]}{\bigcirc}$$

$$R_{neu} = R_{alt} + PS_{alt}\, PZ_{neu}$$

$$\Box \; = \; \Box \; + \; [\;] \langle \; \rangle$$

(Hierbei wird PS_{alt} derselben *Zeile* und PZ_{neu} derselben *Spalte* entnommen wie R_{alt}.)

Man kann die Tauschregeln auch unter Verwendung von Indizes mathematisch formalisieren. Dies geschieht im Abschnitt 18.4.4 "Allgemeine Formulierung der Tauschregeln".

Beispiel: Weitertausch T1 → T2

Das Ziel ist es nun, das Tableau T2 aus T1 zu erstellen:

T1	y^1	x^2		T2	
x^1	$\frac{1}{2}$	$-\frac{3}{2}$	$\longrightarrow$		
y^2	$\frac{5}{2}$	$-\frac{1}{2}$			

Dies geschieht in insgesamt 5 Schritten: Zunächst ist das Pivotelement auszuwählen, dann folgen 4 Tauschschritte gemäß den oben formulierten 4 Regeln:

▷ 0. Auswahl des Pivotelementes

Von den noch nicht getauschten Spalten- und Zeilenbezeichnungen "oben" und "links" verbleibt hier nur je eine: x^2 und y^2. Daher ist das einzige potentielle Pivotelement $-\frac{1}{2} =: PE_{alt}$. Dieses wird markiert: $-\frac{1}{2}$. Als hilfreich erweist sich eine sogenannte "Kellerzeile". Dort wird zunächst nur die Pivotspalte mit einem $*$ gekennzeichnet. Das Folgetableau wird nach Pivotwahl am Rand beschriftet:

T1	y^1	x^2		T2	y^1	y^2
x^1	$\frac{1}{2}$	$-\frac{3}{2}$	$\longrightarrow$	x^1		
y^2	$\frac{5}{2}$	$\left(-\frac{1}{2}\right)$		x^2		
		$*$				

▷ 1. Tausch des Pivotelementes (PE)

$$Regel: \quad PE_{neu} = \frac{1}{PE_{alt}} \qquad\qquad Ergebnis: \quad -2 = \frac{1}{-1/2}$$

T1	y^1	x^2		T2	y^1	y^2
x^1	$\frac{1}{2}$	$-\frac{3}{2}$	$\longrightarrow$	x^1		
y^2	$\frac{5}{2}$	$\left(-\frac{1}{2}\right)$		x^2		$\left(-2\right)$
		$*$				

▷ **2. Tausch der restlichen Pivotzeile (PZ)**

$$Regel: \quad PZ_{neu} = \frac{-PZ_{alt}}{PE_{alt}} \qquad\qquad Ergebnis: \quad 5 = -\frac{5/2}{-1/2}$$

T1	y^1	x^2
x^1	$\frac{1}{2}$	$-\frac{3}{2}$
y^2	$\langle \frac{5}{2} \rangle$	$\left(-\frac{1}{2}\right)$
	$\langle 5 \rangle$	$*$

$\longrightarrow$

T2	y^1	y^2
x^1		
x^2	$\langle 5 \rangle$	-2

(Das Ergebnis wird zweifach eingetragen: In die Kellerzeile und als "neue" Pivotzeile.)

▷ **3. Tausch der restlichen Pivotspalte (PS)**

$$Regel: \quad PS_{neu} = \frac{PS_{alt}}{PE_{alt}} \qquad\qquad Ergebnis: \quad 3 = \frac{-3/2}{-1/2}$$

T1	y^1	x^2
x^1	$\frac{1}{2}$	$\left[-\frac{3}{2}\right]$
y^2	$\frac{5}{2}$	$\left(-\frac{1}{2}\right)$
	5	$*$

$\longrightarrow$

T2	y^1	y^2
x^1		$[3]$
x^2	5	-2
	5	$*$

▷ **4. Tausch "aller übrigen (=restlichen)" Elemente (R)**

$$Regel: \quad R_{neu} = R_{alt} + PS_{alt}PZ_{neu} \qquad Ergebnis: \quad -7 = \frac{1}{2} + \left[-\frac{3}{2}\right]\cdot 5$$

Deutung: $R_{alt}+$*"Korrektur"*

T1	y^1	x^2
x^1	$\frac{1}{2}$	$-\frac{3}{2}$
y^2	$\frac{5}{2}$	$\left(-\frac{1}{2}\right)$
	5	$*$

$\longrightarrow$

T2	y^1	y^2
x^1	-7	3
x^2	5	-2

Die beiden Faktoren, die zur Korrektur von R_{alt} benutzt werden, kann man im Tableau nach der *"Fadenkreuzregel"* auffinden: In der Mitte eines Fadenkreuzes befindet sich der Ausgangswert R_{alt}. Von dort führt eine vertikale Linie in den "Keller" und zeigt auf PZ_{neu}; während eine horizontale Linie die Pivotspalte bei PS_{alt} schneidet.

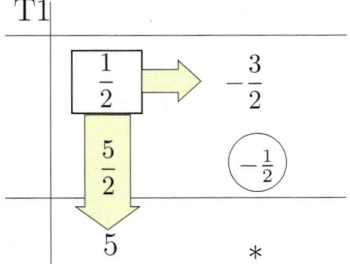

Damit ist die Berechnung von T2 beendet, und man kann das Gesamtergebnis ablesen:

$$B = A^{-1} = \begin{pmatrix} \text{-7} & 3 \\ 5 & \text{-2} \end{pmatrix}$$

Nützliche Beobachtungen

(1) Die vier Tauschregeln (für PE, PZ, PS und R) lassen sich unmittelbar auf Matrizen größerer Formate übertragen.

(2) Sie können vollkommen *schematisch* abgearbeitet werden. Diese schematische Rechnung erfolgt selbständig, d.h., völlig abgekoppelt von jedweder inhaltlichen Bedeutung der Bezeichnung $\underline{x}^i$ bzw. $\underline{y}^j$.

Dies hat einige *nützliche Konsequenzen*:

(a) Für den eigentlichen Tauschvorgang können die Tableauränder mit beliebigen – möglichst einfachen – Bezeichnungen versehen werden, die geeignet sind, Ordnung im Tauschablauf zu halten.
So hätte man das Tableau T0 auch wie folgt beschriften können:

T0	Γ	Δ
Ξ	2	3
Ω	5	7

besser wohl

T0	Cicero	Tacitus
Caesar	2	3
Augustus	5	7

am besten sicherlich

T0	x^1	x^2
y^1	2	3
y^2	5	7

(b) Bei Wahl unterschiedlicher Bezeichnungen lässt sich ein- und dasselbe Tableau unterschiedlich interpretieren, was zu neuen Einsichten führt. So können wir das rechts stehende Tableau auch so lesen:

$$y_1 = 2x_1 + 3x_2$$
$$y_2 = 5x_1 + 7x_2$$

T2 liefert dann die Auflösung nach x_1 und x_2:

$$x_1 = -7y_1 + 3y_2$$
$$x_2 = 5y_1 - 2y_2$$

(c) Wir können das Austauschverfahren – zunächst formal – auch auf *nicht* quadratische Matrizen anwenden. Wie das Ergebnis zu interpretieren ist und welcher Nutzen daraus zu ziehen ist, werden wir in den nächsten Abschnitten diskutieren.

(3) Die Reihenfolge der Austauschschritte ist nicht zwingend vorgegeben. Im vorliegenden Fall erfolgte zuerst der Tausch $\underline{x}^1 \leftrightarrow \underline{y}^1$, dann der Tausch $\underline{x}^2 \leftrightarrow \underline{y}^2$. Bei umgekehrter Reihenfolge hätte sich hingegen folgender Tauschablauf ergeben:

T0	$\underline{x}^1$	$\underline{x}^2$	T1	$\underline{x}^1$	$\underline{y}^2$	T2	$\underline{y}^1$	$\underline{y}^2$
$\underline{y}^1$	2	3	$\underline{y}^1$	$-\frac{1}{7}$	$\frac{3}{7}$	$\underline{x}^1$	-7	3
$\underline{y}^2$	5	7	$\underline{x}^2$	$-\frac{5}{7}$	$\frac{1}{7}$	$\underline{x}^2$	5	-2
	$-\frac{5}{7}$	*		*	3			

– mit genau demselben Ergebnis.

(4) In T0 waren also zunächst mehrere potentielle Pivotelemente vorhanden. Die Auswahl des Pivots ist dann im wesentlichen Geschmackssache. (Ein gewähltes Pivotelement tritt im Folgetableau als Nenner von Brüchen in Erscheinung. Wer also lieber mit Halben als mit Siebenteln rechnet, wird eventuell den ersten Tauschablauf bevorzugen.)

Weitere Beispiele und Beobachtungen

Beispiel 18.52. Gegeben sei die Matrix $A := \begin{pmatrix} 1 & 2 & 2 \\ 2 & 1 & 1 \\ 1 & 2 & 1 \end{pmatrix}$

Falls A eine Inverse besitzt, kann diese mit dem Austauschverfahren gefunden werden. Der Ablauf der Rechnung ist z.B. folgender:

T0	x_1	x_2	x_3	T1	y_1	x_2	x_3
y_1	(1)	2	2	x_1	1	-2	-2
y_2	2	1	1	y_2	2	-3	-3
y_3	1	2	1	y_3	1	0	(-1)
	*	-2	-2		1	0	*

T2	y_1	x_2	y_3	T3	y_1	y_2	y_3
x_1	-1	-2	2	x_1	$-\dfrac{1}{3}$	$\dfrac{2}{3}$	0
y_2	-1	(-3)	3	x_2	$-\dfrac{1}{3}$	$-\dfrac{1}{3}$	1
x_3	1	0	-1	x_3	1	0	-1
	$-\dfrac{1}{3}$	*	1				

$\triangle$

Beobachtungen, die das Rechnen erleichtern

(1) Kommt eine Null in der "restlichen" Pivotzeile (bzw.-spalte) vor, kann die zugehörige Spalte (bzw. Zeile) unverändert in das neue Tableau übernommen werden.

(2) Für die Rechnung ist es von Vorteil, wenn das Pivotelement den Wert -1 (bzw. $+1$) hat, weil in diesem Fall Keller- und neue Pivotzeile mit der alten Pivotzeile identisch sind (bzw. sich nur um den Faktor -1 davon unterscheiden).

(3) Die Variablen y_1, y_2 und y_3 können in beliebiger Reihenfolge von links nach oben getauscht werden.
(Hier wurde zuerst y_3, dann y_2 nach oben getauscht; Vorteil: das Pivotelement hat den Wert -1; Brüche mit dem Nenner 3 wurden vorerst vermieden.)

(4) Das folgende Beispiel zeigt, dass die Pivotelemente auch außerhalb der Hauptdiagonalen gewählt werden können (und mitunter müssen); das Ergebnistableau ist dann ggf. umzusortieren.

Beispiel 18.53. $A := \begin{pmatrix} 0 & 1 & 0 \\ 0 & 0 & 1 \\ 1 & 0 & 0 \end{pmatrix}$. Gesucht ist – so vorhanden – die Inverse.

Ein möglicher Tauschablauf ist folgender:

T0	a_1	a_2	a_3	T1	a_1	b_1	a_3
b_1	0	(1)	0	a_2	0	1	0
b_2	0	0	1	b_2	0	0	(1)
b_3	1	0	0	b_3	1	0	0
	0	*	0		0	0	*

T2	a_1	b_1	b_2	T3	b_3	b_1	b_2
a_2	0	1	0	a_2	0	1	0
a_3	0	0	1	a_3	0	0	1
b_3	(1)	0	0	a_1	1	0	0
	*	0	0				

Die Matrix in T3 ist **nicht** die gesuchte Inverse von A, weil die Variablen a_1, a_2, a_3 und b_1, b_2, b_3 in vertauschter Reihenfolge auftreten.
Man kann T3 sortieren:

T3	b_3	b_1	b_2		T3'	b_3	b_1	b_2		T3''	b_1	b_2	b_3
a_2	0	1	0	$\xrightarrow{\text{Zeilen}}$	a_1	1	0	0	$\xrightarrow{\text{Spalten}}$	a_1	0	0	1
a_3	0	0	1	sortieren	a_2	0	1	0	sortieren	a_2	1	0	0
a_1	1	0	0		a_3	0	0	1		a_3	0	1	0

Das Ergebnis lautet $A^{-1} = \begin{pmatrix} 0 & 0 & 1 \\ 1 & 0 & 0 \\ 0 & 1 & 0 \end{pmatrix}$. (Davon, dass es sich hierbei wirklich um die gesuchte Inverse handelt, überzeugt man sich schnell anhand einer Probe.)   △

Bemerkung 18.54. Bisher sahen wir: *Wenn* eine gegebene Matrix invertierbar ist, kann ihre Inverse mit Hilfe des Austauschverfahrens bestimmt werden. Praktisch wird jedoch oft zunächst nicht klar sein, *ob* die gegebene Matrix eine Inverse besitzt. Wir werden im übernächsten Abschnitt sehen, wie auch dies mit Hilfe des Austauschverfahrens festgestellt werden kann.

18.4.4 Allgemeine Formulierung der Tauschregeln

Gegeben sei eine beliebige (m, n)–Matrix A als "Inhalt" eines Ausgangstableaus T0. Wir formulieren nun die bisher schon angewendeten Tauschregeln allgemein für den Fall, dass ein erster Tauschschritt über die p-te Zeile und q-te Spalte – also mit dem Pivotelement a_{pq} – erfolgt. Dazu setzen wir voraus, dass $a_{pq} \neq 0$ gilt, der gewünschte Tausch also durchführbar ist. Die im Ergebnistableau T1 enthaltene (m, n)–Matrix werde mit A' bezeichnet. D.h., aus dem Ausgangstableau

T0	s_1	$\cdots$	s_q	$\cdots$	s_j	$\cdots$	s_n
z_1	a_{11}	$\cdots$	$\vdots$	$\cdots$	$\vdots$	$\cdots$	a_{1n}
$\vdots$	$\vdots$		$\vdots$		$\vdots$		$\vdots$
z_p	$\cdots$	$\cdots$	$\left(a_{pq}\right)$	$\cdots$	$\langle a_{pj} \rangle$	$\cdots$	$\cdots$
$\vdots$	$\vdots$		$\vdots$		$\vdots$		$\vdots$
z_i	$\cdots$	$\cdots$	$\left[a_{iq}\right]$	$\cdots$	$\boxed{a_{ij}}$	$\cdots$	$\cdots$
$\vdots$	$\vdots$		$\vdots$		$\vdots$		$\vdots$
z_m	a_{m1}	$\cdots$	$\vdots$	$\cdots$	$\vdots$	$\cdots$	a_{mn}
			$*$		$-\dfrac{a_{pj}}{a_{pq}}$		

wird das erste Ergebnistableau

T1	s_1	$\cdots$	z_p	$\cdots$	s_j	$\cdots$	s_n
z_1	a'_{11}	$\cdots$	$\vdots$	$\cdots$	$\vdots$	$\cdots$	a'_{1n}
$\vdots$	$\vdots$		$\vdots$		$\vdots$		$\vdots$
s_q	$\cdots$	$\cdots$	$\left(a'_{pq}\right)$	$\cdots$	$\langle a'_{pj} \rangle$	$\cdots$	$\cdots$
$\vdots$	$\vdots$		$\vdots$		$\vdots$		$\vdots$
z_i	$\cdots$	$\cdots$	$\left[a'_{iq}\right]$	$\cdots$	$\boxed{a'_{ij}}$	$\cdots$	$\cdots$
$\vdots$	$\vdots$		$\vdots$		$\vdots$		$\vdots$
z_m	a'_{m1}	$\cdots$	$\vdots$	$\cdots$	$\vdots$	$\cdots$	a'_{mn}

Dann lesen sich die schon bekannten **Tauschregeln** wie folgt: Für $i = 1, \ldots, m$ und $j = 1, \ldots, n$ gilt:

$$
\begin{aligned}
&(PE) &&a'_{pq} := \frac{1}{a_{pq}} \\[2ex]
&(PZ) &&a'_{pj} := -\frac{a_{pj}}{a_{pq}} &&(j \neq q) \\[2ex]
&(PS) &&a'_{iq} := \frac{a_{iq}}{a_{pq}} &&(i \neq p) \\[2ex]
&(R) &&a'_{ij} := a_{ij} + a'_{pj}\, a_{iq} &&(i \neq p, j \neq q)
\end{aligned}
$$

Nützliche Beobachtungen:

(1) Abgesehen von den Zeilen- und Spaltenbeschriftungen kann man den beschriebenen Tauschschritt als den Übergang von der Matrix A zur Matrix A' auffassen. Die Regeln dieser Operation sind bereits dann vollständig festgelegt, wenn die Indizes p der Pivotzeile und q der Pivotspalte bekannt sind. Daher könnte die Operation mit $ex_{p,q}$ bezeichnet und geschrieben werden

$$A' := ex_{p,q}(A)\,.$$

(Dabei steht "ex" kurz für "exchange".) Diese Operation ist genau dann ausführbar, wenn gilt $a_{pq} \neq 0$.

(2) Was geschieht, wenn dieselbe Operation $ex_{p,q}$ auf das Ergebnis A' des vorherigen Tausches angewendet wird? Bezieht man die Tableaubeschriftung in die Betrachtung ein, erkennt man sofort, dass der im ersten Schritt vorgenommene Tausch der Symbole z_p gegen s_q nunmehr *rückgängig gemacht* wird. Wir überlassen es dem Leser, sich anhand der oben angegebenen Tauschregeln davon zu überzeugen, dass dabei auch die Matrix A' in die Matrix A zurückverwandelt wird (siehe ÜA 18.127).

(3) Sollen die Zeilen bzw. Spalten einer Matrix zunächst umsortiert und anschließend ein Austauschschritt ausgeführt werden, so ist das Ergebnis das gleiche, als wenn zuerst der Austauschschritt ausgeführt wird und anschließend die Zeilen und Spalten umsortiert werden. Wir illustrieren das an folgendem kleinen Beispiel:

T0	s_1	s_2	s_3
z_1	0	1	②
z_2	3	5	7
z_3	9	11	13
	0	$-\frac{1}{2}$	$*$

$\xrightarrow{\text{Tausch}\ ex_{1,3}}$

T1	s_1	s_2	z_1
s_3	0	$-\frac{1}{2}$	$\frac{1}{2}$
z_2	3	$\frac{3}{2}$	$\frac{7}{2}$
z_3	9	$\frac{9}{2}$	$\frac{13}{2}$

$\downarrow$ sortieren $\qquad\qquad$ $\downarrow$ sortieren

T0*	s_2	s_3	s_1
z_3	11	13	9
z_2	5	7	3
z_1	1	②	0
	$-\frac{1}{2}$	$*$	0

$\xrightarrow{\text{Tausch}\ ex_{3,2}}$

T1*	s_2	z_1	s_1
z_3	$\frac{9}{2}$	$\frac{13}{2}$	9
z_2	$\frac{3}{2}$	$\frac{7}{2}$	3
s_3	$-\frac{1}{2}$	$\frac{1}{2}$	0

Wir heben hervor, dass es bei diesem Austauschschritt auf den Wechsel des Zeilensymbols z_1 gegen das Spaltensymbol s_3 ankam. Da nach dem Umsortieren von T0 zu T0* z_1 in der *dritten* Zeile und s_3 in der *zweiten* Spalte zu finden war, musste der folgende Austauschschritt über die Pivotzeile 3 und Pivotspalte 2 erfolgen – anders als im ursprünglichen Ausgangstableau T0. Ohne ausführliche formale Begründung stellen wir fest, dass dieses Prinzip für Tableaus beliebiger Formate Gültigkeit besitzt.

(4) Aufgrund dieser Beobachtungen ist es grundsätzlich möglich, Pivotelemente nach individuellem Geschmack zu wählen, solange bei der Ergebnisinterpretation der eventuell veränderten Zeilen- bzw. Spaltenreihenfolge Rechnung getragen wird. Mit Hilfe der Tableaubeschriftung ist das fehlerlos möglich.

18.4.5 Charakterisierung der Invertierbarkeit

In allen bisherigen Beispielen besaß die (n, n)–Ausgangsmatrix A tatsächlich eine Inverse, die nach n Austauschschritten bestimmt werden konnte. Was geschieht aber, wenn die Ausgangsmatrix A *nicht* invertierbar ist? Es liegt die Vermutung nahe, dass dann weniger als n Austauschschritte ausführbar sind. Wir betrachten dazu folgendes Beispiel:

T0	s_1	s_2	s_3	T1	z_1	s_2	s_3	T2	z_1	z_2	s_3
z_1	①	2	3	s_1	1	-2	-3	s_1	$-\frac{5}{3}$	$\frac{2}{3}$	1
z_2	4	5	6	z_2	4	(-3)	-6	s_2	$\frac{4}{3}$	$-\frac{1}{3}$	-2
z_3	7	8	9	z_3	7	-6	-12	z_2	-1	2	0
	$*$	-2	-3		$\frac{4}{3}$	$*$	-2				

In jedem Tableau sind potentielle Pivot-Plätze gelb unterlegt (d.h., Plätze, die noch auszutauschenden Zeilen- und Spaltensymbolen entsprechen). Im Tableau T2 ist dies nur noch der Platz $(3,3)$, über den z_3 gegen s_3 auszutauschen wäre. Jedoch ist dieser Platz durch die Zahl Null belegt, die nicht als Pivotelement dienen kann. Mangels eines Pivotelementes bricht das Austauschverfahren daher schon nach 2 Schritten ab.

Wir vermuten nun, dass die zu T0 gehörende Matrix $A = \begin{bmatrix} 1 & 2 & 3 \\ 4 & 5 & 6 \\ 7 & 8 & 9 \end{bmatrix}$ keine

Inverse besitzen kann.

Um nachzuweisen, dass das tatsächlich so ist, wenden wir folgenden kleinen Kniff an: Wir nehmen an, A besitze *doch* eine Inverse (nennen wir diese B), und zeigen anschließend, dass die Matrix A in diesem Fall mindestens noch eine *zweite*, von B verschiedene Inverse $\tilde{B}$ besitzen müsste, was im Widerspruch zur Eindeutigkeit der Inversen steht (Satz 15.43).

Um dies zu bewerkstelligen, beobachten wir zunächst, dass die Summe der ersten und dritten Spalte von A das Doppelte der zweiten ergibt, mit anderen Worten:

"$1\times$ erste Spalte $-2\times$ zweite Spalte $+1\times$ dritte Spalte $= 0$".

Diese Multiplikation der Spalten von A mit den angegebenen Vorfaktoren und deren anschließende Summation kann in Matrixschreibweise so dargestellt werden:

$$\begin{bmatrix} 1 & 2 & 3 \\ 4 & 5 & 6 \\ 7 & 8 & 9 \end{bmatrix} \begin{bmatrix} 1 \\ -2 \\ 1 \end{bmatrix} = \begin{bmatrix} 0 \\ 0 \\ 0 \end{bmatrix}. \tag{18.27}$$

Wir ergänzen den auf der linken Seite von (18.27) auftretenden Faktor zu einer Matrix C:

$$C = \begin{bmatrix} 1 & 0 & 0 \\ -2 & 0 & 0 \\ 1 & 0 & 0 \end{bmatrix};$$

und können damit die gesamte Gleichung (18.27) auf Matrixform bringen:

$$\begin{bmatrix} 1 & 2 & 3 \\ 4 & 5 & 6 \\ 7 & 8 & 9 \end{bmatrix} \begin{bmatrix} 1 & 0 & 0 \\ -2 & 0 & 0 \\ 1 & 0 & 0 \end{bmatrix} = \begin{bmatrix} 0 & 0 & 0 \\ 0 & 0 & 0 \\ 0 & 0 & 0 \end{bmatrix},$$

kurz

$$AC = \mathbf{0}. \qquad (18.28)$$

Wir setzen nun $\widetilde{B} := B + C$ und bemerken, dass auch $\widetilde{B}$ invers zu A ist, denn es gilt wegen (18.28)

$$A\widetilde{B} = A(B + C) = AB + AC = I + \mathbf{0} = I.$$

Weiterhin gilt $C \neq \mathbf{0}$, daher sind B und $\widetilde{B}$ zwei verschiedene Inversen zu A, was unmöglich ist. Also kann A nicht invertierbar sein.

Das in diesem Beispiel verborgene Prinzip wirkt allgemein (Begründung siehe Anhang):

Satz 18.55. *Eine $(n, n)-$Matrix A ist genau dann invertierbar, wenn mit ihr n Austauschschritte ausführbar sind.*

18.4.6   Probespalten

Wie bei anderen Berechnungsverfahren auch, stellt sich die Frage, ob es einfache Möglichkeiten zur zwischenzeitlichen Kontrolle der Rechenergebnisse beim Austauschverfahren gibt. Die Antwort lautet JA. Sie beruht auf folgender einfachen Beobachtung, die im Anhang formal begründet wird:

Satz 18.56. *Wird eine gegebene Matrix A, deren sämtliche Zeilensummen gleich Eins sind, einem Austauschschritt unterzogen, so besitzen sämtliche Zeilen der Ergebnismatrix A' ebenfalls die Zeilensumme Eins.*

Dieser Satz führt nun zu folgender praktischen **Probe**:

Gegeben sei eine beliebige Matrix A, die einem Austauschschritt unterzogen werden soll. Man fügt nun zu dieser Matrix eine künstliche Probespalte hinzu, und zwar derart, dass alle Zeilen der erweiterten Matrix die Summe Eins ergeben. Auf diese erweiterte Matrix wird nun ein Austauschschritt angewandt. Wurde richtig gerechnet, hat auch die (erweiterte) Ergebnismatrix durchweg die Zeilensumme Eins. Man kann, sofern richtig gerechnet wurde, mit der erweiterten Matrix gleich den nächsten Austauschschritt ausführen und ebenfalls auf Richtigkeit überprüfen.

Beispiel 18.57. Gegeben sei eine zu invertierende Matrix A wie folgt:

$$A = \begin{pmatrix} 2 & 0 & -1 \\ 3 & 2 & 2 \\ 5 & -5 & 0 \end{pmatrix}.$$

Diese wird in gewohnter Weise in ein Tableau T0 geschrieben (schwarz). Neu ist nunmehr die Probespalte "P" (blau). Die Elemente werden so bestimmt, dass die Zeilensumme einschließlich der blauen Zahlen Eins ist. Nach einem Austauschschritt über alle 4 Spalten sieht die Situation so aus:

T0	s_1	s_2	s_3	P	T1	z_1	s_2	s_3	P	$\sum$
z_1	②	0	-1	0	s_1	$\frac{1}{2}$	0	$\frac{1}{2}$	0	✓
z_2	3	2	2	-6	z_2	$\frac{3}{2}$	$\left(\frac{4}{2}\right)$	$\frac{7}{2}$	-6	✓
z_3	5	-5	0	1	z_3	$\frac{5}{2}$	$-\frac{10}{2}$	$\frac{5}{2}$	1	✓
	*	0	$\frac{1}{2}$	0		$-\frac{3}{4}$	*	$-\frac{7}{4}$	3	

Es ist leicht zu sehen, dass die Zeilensummen im neuen Tableau wiederum alle gleich Eins sind (die optionale "Häkchenspalte" zeigt dies an). Die verbleibenden beiden Austauschschritte lassen sich genauso unter Beibehaltung der Probespalten ausführen:

T2	z_1	z_2	s_3	P	$\sum$	T3	z_1	s_2	z_3	P	$\sum$
s_1	$\frac{2}{4}$	0	$\frac{2}{4}$	0	✓	s_1	$\frac{10}{45}$	$\frac{5}{45}$	$\frac{2}{45}$	$\frac{28}{45}$	✓
s_2	$-\frac{3}{4}$	$\frac{2}{4}$	$-\frac{7}{4}$	3	✓	s_2	$\frac{10}{45}$	$\frac{5}{45}$	$-\frac{7}{45}$	$\frac{37}{45}$	✓
z_3	$\frac{25}{4}$	$-\frac{10}{4}$	$\left(\frac{45}{4}\right)$	-14	✓	s_3	$-\frac{25}{45}$	$\frac{10}{45}$	$\frac{4}{45}$	$\frac{56}{45}$	✓
	$-\frac{25}{45}$	$\frac{10}{45}$	*	$\frac{56}{45}$							

$\triangle$

Bemerkung 18.58. Dieses Probeverfahren funktioniert nur, solange alle Spalten von A und die Probespalte durch die gesamte Rechnung geführt werden. Spaltenstreichungen, wie sie später (vgl. (19.7)) sinnvoll erscheinen können, zerstören die Wirkung der Probe!

18.4.7 Wechsel von Koordinatendarstellungen

Wir sahen bereits in dem Beispiel 18.44, dass ein- und derselbe Vektor $\underline{x}$ bezüglich verschiedener Basen verschiedene Koordinatendarstellungen besitzt. So galt mit den leicht veränderten Bezeichnungen $\underline{x} = \begin{pmatrix} 8 \\ 8 \end{pmatrix}$, $\underline{n}^1 = \begin{pmatrix} 2 \\ 6 \end{pmatrix}$, $\underline{n}^2 = \begin{pmatrix} 3 \\ 1 \end{pmatrix}$, $\underline{a}^1 = \begin{pmatrix} 1 \\ 0 \end{pmatrix}$ sowie $\underline{a}^2 = \begin{pmatrix} 0 \\ 1 \end{pmatrix}$

$$\underline{x} = 1 \cdot \underline{n}^1 + 2 \cdot \underline{n}^2 = 8 \cdot \underline{a}^1 + 8 \cdot \underline{a}^2,$$

kürzer

$$x = (1,2) \begin{pmatrix} \underline{n}^1 \\ \underline{n}^2 \end{pmatrix} = (8,8) \begin{pmatrix} \underline{a}^1 \\ \underline{a}^2 \end{pmatrix}$$

bzw. symbolisch

$$\underline{x} = \underline{c}(n)^T \underline{\underline{n}} = \underline{c}(a)^T \underline{\underline{a}} \,. \tag{18.29}$$

Wir gehen nun der Frage nach, ob es eine einfache Möglichkeit gibt, die Koordinatenvektoren $\underline{c}(a)$ und $\underline{c}(n)$ ineinander umzurechnen, wenn die Beziehung zwischen der "alten" Basis $\underline{\underline{a}}$ und der "neuen" Basis $\underline{\underline{n}}$ bekannt ist. Diese Beziehung kann man stets schreiben als

$$\underline{\underline{n}} = B\underline{\underline{a}} \tag{18.30}$$

worin B eine eindeutig bestimmte invertierbare $(2,2)-$Matrix ist. Setzt man (18.30) in (18.29) ein, so folgt sofort

$$\underline{x} = \underline{c}(n)^T \underline{\underline{n}} = \underline{c}(n)^T (B\underline{\underline{a}}) = (\underline{c}(n)^T B)\underline{\underline{a}} = \underline{c}(a)^T \underline{\underline{a}} \,.$$

Die vor $\underline{\underline{a}}$ aufgeführten Koordinatenvektoren müssen gleich sein, weil $\underline{\underline{a}}$ eine Basis enthält; also folgt nach Transposition

$$\underline{c}(a) = B^T \underline{c}(n) \quad \text{bzw.} \quad \underline{c}(n) = (B^T)^{-1}\underline{c}(a) \,. \tag{18.31}$$

Überzeugen wir uns am Zahlenbeispiel: Im Beispiel kann die Matrix B leicht abgelesen werden als

$$B = \begin{pmatrix} 2 & 6 \\ 3 & 1 \end{pmatrix} ;$$

es gilt daher

$$B^T = \begin{pmatrix} 2 & 3 \\ 6 & 1 \end{pmatrix} \quad \text{und} \quad (B^T)^{-1} = \frac{1}{16} \begin{pmatrix} -1 & 3 \\ 6 & -2 \end{pmatrix} \,.$$

Es folgt

$$\underline{c}(n) = (B^T)^{-1}\underline{c}(a) = \frac{1}{16} \begin{pmatrix} -1 & 3 \\ 6 & -2 \end{pmatrix} \cdot \begin{pmatrix} 8 \\ 8 \end{pmatrix} = \begin{pmatrix} 1 \\ 2 \end{pmatrix} ,$$

was offensichtlich richtig ist.
Eine Wiederholung derselben Argumentation für den allgemeinen Fall liefert folgender

Satz 18.59. *Es seien* $\underline{a} = (\underline{a}^1, \dots, \underline{a}^d)^T$ *und* $\underline{n} = (\underline{n}^1, \dots, \underline{n}^d)^T$ *zwei Basen eines d-dimensionalen linearen Raumes* $\mathcal{M}$, *zwischen denen die Beziehung*

$$\underline{\underline{n}} = B\underline{\underline{a}}$$

mit einer (eindeutig bestimmten) $(d, d)-Matrix$ B *gilt. Besitzt ein Vektor* $\underline{x} \in \mathcal{M}$ *bezüglich der Basis* $\underline{a}$ *den Koordinatenvektor* $\underline{c}(a)$, *so bestimmt sich sein Koordinatenvektor* $\underline{c}(n)$ *bezüglich* $\underline{n}$ *durch*

$$\underline{c}(n) = (B^T)^{-1}\underline{c}(a).$$

18.5   Lineare Teilräume

18.5.1   Motivation

Gegeben seien ein linearer Raum $\mathcal{M}$ und ein Vektor $0 \neq \underline{r} \in \mathcal{M}$. Wir betrachten die Menge

$$g := \{\underline{x} = 0 + \lambda\underline{r} \mid \lambda \in \mathbb{R}\}. \tag{18.32}$$

In Analogie zum Abschnitt 17.3.1, der sich auf die speziellen Räume $\mathbb{R}^d$ bezog, werden wir g als eine *Gerade* und (18.32) als eine *Parameterdarstellung* der Geraden g bezeichnen. Diese Gerade verläuft durch den als Pinpunkt verwendeten Punkt 0.

Wir beobachten nun, dass folgendes für beliebige $\underline{x}, \underline{y}$ und λ gilt:

(a) $\underline{x} \in g, \underline{y} \in g \implies \underline{x} + \underline{y} \in g$

(b) $\lambda \in \mathbb{R}, \underline{x} \in g \implies \lambda\underline{x} \in g$.

(Dies kann man sich im Fall $\mathcal{M} = \mathbb{R}^2$ beispielhaft an der Skizze unten klarmachen. Man kann es jedoch auch formal "nachrechnen": Wählt man nämlich $\underline{x}, \underline{y}$ beliebig aus g, existieren Konstanten λ_x und λ_y mit $\underline{x} = \lambda_x\underline{r}$ und $\underline{y} = \lambda_y\underline{r}$. Daher gilt im Fall (a)

$$\underline{x} + \underline{y} = \lambda_x\underline{r} + \lambda_y\underline{r} = (\lambda_x + \lambda_y)\underline{r}.$$

Als Vielfaches von $\underline{r}$ gehört der Vektor $\underline{x} + \underline{y}$ also wiederum zu g.
Im Fall (b) erhält man für jede beliebige Konstante $\lambda \in \mathbb{R}$ die Identität

$$\lambda\underline{x} = \lambda(\lambda_x\underline{r}) = (\lambda\lambda_x)\underline{r}.$$

Also ist auch der Vektor $\lambda\underline{x}$ ein Vielfaches von $\underline{r}$ und gehört daher der Geraden g an.)

Was besagt nun diese Beobachtung? Geometrisch gesprochen besagt sie, dass die Addition und Multiplikation mit einem Skalar, wenn angewandt auf Elemente von g, nicht aus der Geraden g herausführen. Dies bedeutet, dass es möglich ist, den Blick – ausgehend von ganz $\mathcal{M}$ – auf g zu verengen.

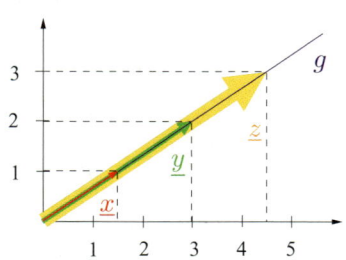

Dort hat man zwei Operationen $+ : g \times g \to g$ und $\cdot : \mathbb{R} \times g \to g$, und[3] für diese gelten die Rechengesetze (A1), ... , (A4), (M1), (M2) sowie (D1) und (D2) (weil sie ja sogar in ganz $\mathcal{M}$ gelten).

Fazit: g kann für sich betrachtet als ein linearer Raum angesehen werden!

Weil g zugleich Teil*menge* des linearen *Raumes* $\mathcal{M}$ ist, werden wir die Bezeichnung "linearer *Teilraum*" bzw. auch "linearer *Unterraum*" von $\mathcal{M}$ verwenden – eine präzise Definition folgt weiter unten.

Welchen Nutzen kann man aus dieser Beobachtung ziehen? Wir geben hier zunächst einige pragmatische Argumente:

- g ist ein "kleinerer" linearer Raum als $\mathcal{M}$ und damit – intuitiv – übersichtlicher.
- Alles bisher über Dimension, Basis etc. Gesagte erstreckt sich auch auf g.
- Weiter unten wird sich zeigen, dass eine wichtige Beziehung zu linearen Gleichungssystemen besteht.

18.5.2 Definition: Linearer Teilraum

Definition 18.60. *Gegeben seien ein linearer Raum $\mathcal{M} = (\mathcal{M}, +, \cdot)$ und eine Teilmenge $U \subset \mathcal{M}$. U heißt* linearer Teilraum *oder auch* linearer Unterraum *von $\mathcal{M}$, wenn U (bezüglich der aus $\mathcal{M}$ ererbten Operationen "+" und "·") selbst ein linearer Raum ist.*

Wir bemerken, dass die Teilmenge U mit den Operationen "+" und "·" auch die Rechengesetze eines linearen Raumes – also (A1), ... ,(D2) – ererbt, d.h., diese Rechengesetze sind automatisch erfüllt. Nicht automatisch sichergestellt ist jedoch, dass die Ergebnisse der Operationen "+" und "·", wenn diese auf Elemente von U erstreckt werden, wiederum zu U gehören.

Anders formuliert: Wenn wir – statt ursprünglich ganz $\mathcal{M}$ – nun nur noch die Teil*menge* U betrachten, heißt dies, dass die Rechenoperationen "+" und "·" auf U eingeschränkt werden. Dadurch verändern sich zunächst nur deren Definitionsbereiche: Aus

$$\text{"+"} : \mathcal{M} \times \mathcal{M} \to \mathcal{M} \qquad \text{und} \qquad \text{"·"} : \mathbb{R} \times \mathcal{M} \to \mathcal{M}$$

---

[3]genauer: $+|_{g \times g}$ und $\cdot|_{\mathbb{R} \times g}$

wird bei dieser Einschränkung:

$$\text{``}+\big|_{U\times U}\text{''} : U \times U \to \mathscr{M} \qquad \text{und} \qquad \text{``}\cdot\big|_{\mathbb{R}\times U}\text{''} : \mathbb{R} \times U \to \mathscr{M}.$$

D.h., das Ergebnis jedweder Addition bzw. skalaren Vervielfachung von Elementen aus U liegt zwar in $\mathscr{M}$, braucht aber nicht notwendig zu U zu gehören. Ein linearer Teil*raum* liegt vor, wenn dies der Fall ist, d.h., wenn auch die Wertebereiche entsprechend eingeschränkt werden können:

$$\text{``}+\big|_{U\times U}\text{''} : U \times U \to U \qquad \text{und} \qquad \text{``}\cdot\big|_{\mathbb{R}\times U}\text{''} : \mathbb{R} \times U \to U.$$

Gleichbedeutend damit ist, dass die Bilder von $U \times U$ bzw. $\mathbb{R} \times U$ unter den Abbildungen "$+$" und "$\cdot$" in U enthalten sind:

$$+ \ (U \times U) \subset U \qquad \text{und} \qquad \cdot \ (\mathbb{R} \times U) \subset U.$$

Beispiele 18.61.

(1) Die Gerade g aus (18.32) bildet einen linearen Teilraum des linearen Raumes $\mathscr{M}$. Mit exakt derselben Argumentation wie dort überzeugt man sich, dass *jede* Gerade, die den Ursprung 0 enthält, ein linearer Teilraum von $\mathscr{M}$ ist.

(2) In jedem linearen Raum $\mathscr{M}$ ist die nur den Nullvektor enthaltende Menge $U := \{0\}$ ein linearer Teilraum. In der Tat: Jedwede mögliche Addition in U hat die Gestalt "$0 + 0 = 0$", jedwede Multiplikation mit einem Skalar die Form "$\lambda \cdot 0 = 0$" - das Ergebnis lautet stets 0, gehört also wiederum zu U. (Beachte nochmals: Die geforderten Rechengesetze gelten in *ganz* $\mathscr{M}$, daher automatisch auch in U.)

(3) Jeder lineare Raum $\mathscr{M}$ kann gleichzeitig als linearer Teilraum (seiner selbst) aufgefasst werden. Als solcher ist er der größtmögliche.

(4) Im Raum $\mathbb{R}^3$ bildet jede den Ursprung 0 enthaltende Ebene einen linearen Teilraum. An dieser Stelle geben wir zunächst lediglich eine anschauliche Begründung; eine rechnerische folgt weiter unten. Es sei E eine derartige (also 0 enthaltende) Ebene.

Wählt man zwei beliebige Vektoren $\underline{a}$ (rot) und $\underline{b}$ (gelb) aus E sowie eine beliebige Konstante λ aus $\mathbb{R}$, hat man sich zu überzeugen, dass die Summe $\underline{a}+\underline{b}$ (grün) und das Vielfache $\lambda\underline{a}$ (orange) wiederum in E liegen. Die nebenstehende Skizze macht plausibel, dass das so sein muss:

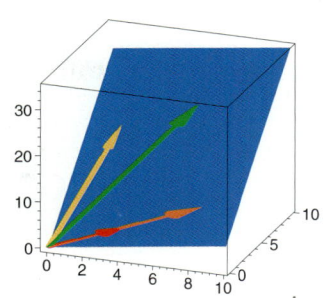

$\triangle$

Nichtbeispiele 18.62.

(1) Keine *nicht* durch 0 verlaufende Gerade g im $\mathbb{R}^2$ ist ein linearer Teilraum von $\mathbb{R}^2$.

Denn: Es sei

$$g := \{\, \underline{p} \;+\; \lambda\,\underline{r} \mid \lambda \in \mathbb{R}\},$$

beliebig, beispielsweise

$$g = \left\{ \begin{bmatrix} 0 \\ 3 \end{bmatrix} + \lambda \begin{bmatrix} 2 \\ 1 \end{bmatrix} \;\middle|\; \lambda \in \mathbb{R} \right\}.$$

Wir wählen nun $\underline{x}, \underline{y} \in g$ beliebig, allgemein also

$$\underline{x} = \underline{p} + \lambda_x \underline{r} \qquad \text{und} \qquad \underline{y} = \underline{p} + \lambda_y \underline{r}$$

mit geeigneten Konstanten λ_x und λ_y; hier beispielsweise mit $\lambda_x = 1$ und $\lambda_y = 2$:

$$\underline{x} = \begin{bmatrix} 0 \\ 3 \end{bmatrix} + 1 \begin{bmatrix} 2 \\ 1 \end{bmatrix} = \begin{bmatrix} 2 \\ 4 \end{bmatrix} \qquad \text{und} \qquad \underline{y} = \begin{bmatrix} 0 \\ 3 \end{bmatrix} + 2 \begin{bmatrix} 2 \\ 1 \end{bmatrix} = \begin{bmatrix} 4 \\ 5 \end{bmatrix}.$$

Es folgt für die Summe $\underline{x} + \underline{y}$ allgemein

$$\underline{x} + \underline{y} = 2\underline{p} + (\lambda_x + \lambda_y)\underline{r}. \tag{18.33}$$

Dieser Punkt kann nur zu g gehören, wenn mit einer passenden Konstanten λ_{x+y} geschrieben werden kann

$$\underline{x} + \underline{y} = \underline{p} + \lambda_{x+y}\underline{r}, \tag{18.34}$$

was bedeutet – man subtrahiere (18.34) von (18.33) – dass gilt

$$0 = \underline{p} + (\lambda_x + \lambda_y - \lambda_{x+y})\underline{r},$$

$\underline{p}$ also ein Vielfaches des Richtungsvektors $\underline{r}$ ist und g somit durch den Ursprung 0 verläuft – im Widerspruch zur Voraussetzung.

Zur Illustration: In unserem konkreten Beispiel haben wir

$$\underline{x} + \underline{y} = \begin{bmatrix} 0 \\ 6 \end{bmatrix} + 3 \begin{bmatrix} 2 \\ 1 \end{bmatrix} = \begin{bmatrix} 6 \\ 9 \end{bmatrix}.$$

Die Skizze verdeutlicht anschaulich, warum dieser Punkt *nicht* zu g gehört! Ebenso ist an dieser Skizze leicht zu sehen, dass Vielfache von $\underline{x}$ nicht notwendig zu g gehören, wie etwa das skizzierte Beispiel für $\lambda\underline{x} = 2\underline{x}$ verdeutlicht.

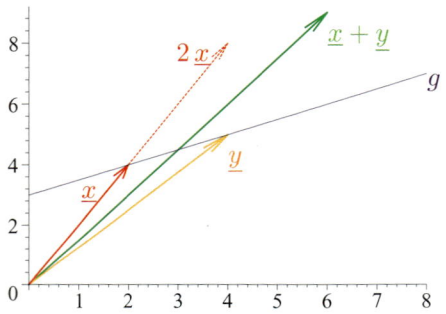

(2) Es sei $U := \{0, 1\}$ als zweielementige Teilmenge des $\mathbb{R}^1$. Wir wählen $x := y := 1$ und finden $x + y = 2$ – also gehört das Additionsergebnis nicht zu U. Daher kann U *kein* linearer Teilraum sein. Eine sinngemäße Argumentation zeigt: *Keine* endliche Menge außer $\{0\}$ ist linearer Teilraum irgendeines linearen Raumes $\mathscr{M}$.

(3) Diesmal sei $U := \{\underline{x} \in \mathbb{R}^2 \mid \|\underline{x}\| \leqslant 1\}$ – die volle Einheitskreisscheibe im $\mathbb{R}^2$. U ist kein linearer Teilraum von $\mathbb{R}^2$, denn es gilt z.B. für $\underline{x} := (0, 1)^T$ zwar $\|\underline{x}\| = 1$, aber $\|2\underline{x}\| = 2$ und daher gehört $2\underline{x}$ nicht zu U! Die Skizze liefert noch ein zweites Argument: Für die Vektoren $\underline{a}$, $\underline{b}$ gilt offensichtlich $\underline{a} \in U$ und $\underline{b} \in U$, jedoch $\underline{a} + \underline{b} = \underline{c} \notin U$.

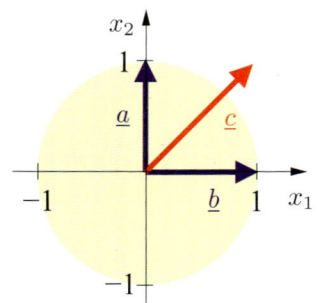

$\triangle$

Die Beispiele unterstreichen, dass es bei der Überprüfung einer Menge U auf die Eigenschaft "linearer Teilraum" nur darauf ankommt festzustellen, ob die

Rechenergebnisse von "+" und "·" wiederum in U liegen. Der folgende Satz drückt das im Teil (a) etwas formaler aus:

Satz 18.63 ("Teilraumsatz"). *Es seien $\mathcal{M}$ ein linearer Raum und U eine nichtleere Teilmenge von $\mathcal{M}$.*

(a) Genau dann ist U ein linearer Teilraum von $\mathcal{M}$, wenn gilt

    (a1) $\underline{x} \in U$, $\underline{y} \in U \implies \underline{x} + \underline{y} \in U$ und

    (a2) $\lambda \in \mathbb{R}$, $\underline{x} \in U \implies \lambda \underline{x} \in U$

(b) Dies ist genau dann der Fall, wenn gilt

$$\underline{x}, \underline{y} \in U, \ \lambda, \mu \in \mathbb{R} \implies \lambda \underline{x} + \mu \underline{y} \in U.$$

Die Überprüfung der Eigenschaft (b) überlassen wir dem Leser als Übung ($\nearrow$ÜA 18.129)

18.5.3 Übersicht über alle linearen Teilräume des $\mathbb{R}^n$

Aufgrund des bisher Diskutierten können wir für den speziellen Fall $\mathbb{R}^n$, $n \leqslant 4$, eine Übersicht über alle möglichen linearen Teilräume geben: Mögliche Teilräume sind im Fall

$\mathbb{R}^1$: $\{0\}$, $\mathbb{R}^1$

$\mathbb{R}^2$: $\{0\}$, alle Geraden durch 0, $\mathbb{R}^2$

$\mathbb{R}^3$: $\{0\}$, alle Geraden durch 0, alle Ebenen durch 0, $\mathbb{R}^3$

$\mathbb{R}^4$: $\{0\}$, alle Geraden durch 0, alle Ebenen durch 0,

        alle dreidimensionalen Räume durch 0, $\mathbb{R}^4$

Es versteht sich, dass für Räume höherer Dimension eine sinngemäße Aufstellung möglich ist. Leider fehlt es an einer generalisierenden Bezeichnung für "Gerade", "Ebene", (dreidimensionaler) Raum etc.

18.5.4 Operationen mit linearen Teilräumen

Der Durchschnitt linearer Teilräume

Satz 18.64. *Es sei $\mathcal{M}$ ein linearer Raum. Der (mengentheoretische) Durchschnitt beliebig vieler linearer Teilräume von $\mathcal{M}$ ist wiederum ein linearer Teilraum von $\mathcal{M}$.*

Was soll man sich darunter vorstellen? Wir betrachten folgendes Beispiel: Im $\mathbb{R}^3$ seien zwei lineare Teilräume U und V gegeben. $U \cap V$ enthält dann genau die beiden Mengen gemeinsamer Punkte. Es seien z.B.

- U eine Gerade durch 0, V eine andere Gerade durch 0: Dann gilt $U \cap V = \{0\}$; (0 ist hier der Schnittpunkt beider Geraden).
- U eine Gerade durch 0, V eine diese Gerade nicht enthaltende Ebene. Wiederum gilt $U \cap V = \{0\}$; (0 ist diesmal Durchstoßpunkt der Geraden durch die Ebene).

- U eine Ebene durch 0, V eine andere Ebene durch 0: Dann ist $U \cap V$ eine Gerade – nämlich die Schnittgerade beider Ebenen.

In allen hier genannten Fällen ist die Menge $U \cap V$ wiederum ein linearer Teilraum des $\mathbb{R}^3$. (Die formale Begründung von Satz 18.64 befindet sich im Anhang.)

Bemerkung 18.65. Die mengentheoretische Vereinigung von linearen Teilräumen (als Gegenstück zur Durchschnittsbildung) braucht *keinen* linearen Teilraum zu ergeben – noch nicht einmal im einfachsten Fall $\mathscr{M} = \mathbb{R}^2$. So ist das "Koordinatenkreuz" des $\mathbb{R}^2$ die Vereinigung zweier nicht paralleler Geraden – nämlich der beiden Achsen. Dies ist natürlich kein linearer Teilraum von $\mathbb{R}^2$!

Die Summe linearer Teilräume

Satz 18.66. *Es seien $\mathscr{M}$ ein linearer Raum und U und V lineare Teilräume. Dann ist die durch*

$$U + V := \{\underline{u} + \underline{v} \mid \underline{u} \in U, \underline{v} \in V\}$$

definierte "Summenmenge" wiederum ein linearer Teilraum von $\mathscr{M}$.

"Summenmengen" haben sowohl einen mathematischen als auch ökonomischen Nutzen. Auf ein ökonomisches Beispiel gehen wir in 22.2.6 ein.

Ein Wort zum mathematischen Nutzen: Wenn U und V nur einen Punkt – nämlich 0 – gemeinsam haben, spricht man auch von der "direkten Summe" von U und V und schreibt gern $U \oplus V$. In diesem Fall lässt sich jeder Vektor $\underline{w} \in \mathscr{M}$ in *eindeutiger* Weise als Summe $\underline{w} = \underline{u} + \underline{v}$ von Elementen aus U und V schreiben.

Beispiel 18.67.
Im $\mathbb{R}^2$ seien
$$U = \left\{ \lambda \begin{bmatrix} 1 \\ 0 \end{bmatrix} \,\middle|\, \lambda \in \mathbb{R} \right\} \text{ und } V = \left\{ \mu \begin{bmatrix} 0 \\ 1 \end{bmatrix} \,\middle|\, \mu \in \mathbb{R} \right\}. \text{ Dann gilt}$$

$$\mathbb{R}^2 = U \oplus V.$$

Hier wird der $\mathbb{R}^2$ als direkte Summe der x_1–Achse U und der x_2–Achse V geschrieben.   △

18.6   Erzeugendensysteme, lineare Hülle

18.6.1   Motivation

Im Abschnitt 18.3.11 sahen wir, dass sich jedes Element eines d–dimensionalen linearen Raumes $\mathscr{M}$ als Linearkombination von geeigneten Basisvektoren $\underline{b}^1, \dots, \underline{b}^d$ darstellen lässt. In diesem Sinne "erzeugt" die Basis den gesamten Raum. Nimmt man weitere Vektoren – etwa $\underline{b}^{d+1}, \dots, \underline{b}^{d+k}$ – hinzu, lässt sich jedes Element $\underline{x}$ auch als Linearkombination von $\underline{b}^1, \dots, \underline{b}^d, \underline{b}^{d+1}, \dots,$ $\underline{b}^{d+k}$ darstellen (nun allerdings nicht mehr eindeutig). Also "erzeugen" auch die Vektoren $\underline{b}^1, \dots, \underline{b}^{d+k}$ den gesamten Raum.

Da jeder lineare Teilraum T von $\mathscr{M}$ selbst linearer Raum ist, findet das Gesagte auch auf ihn Anwendung.

Ist ein linearer Raum gegeben, so wird man nach einer geeigneten Basis (oder wenigstens nach einem geeigneten Erzeugendensystem) fragen. Hier werden wir nun die Frage umkehren: Gegeben seien gewisse Vektoren. Welche Vektoren lassen sich aus ihnen erzeugen? Für welchen Teilraum bilden sie ein Erzeugendensystem?

Wir beginnen mit einfachen Begriffen:

18.6.2   Definition und Formalisierung

Definition 18.68. *Sei $\mathscr{M}$ ein linearer Raum und E eine nichtleere Teilmenge von $\mathscr{M}$. Die Menge aller Linearkombinationen aus je endlich vielen Elementen von E heißt* lineare Hülle *von E, symbolisch: $\mathscr{L}(E)$.*

Bemerkungen 18.69.

(1) Die Formulierung "... aus je endlich vielen Elementen von E ..." bedeutet ausführlich: Man kann sich sowohl eine Anzahl $k \in \mathbb{N}$ als auch k Elemente $\underline{x}^1, \dots, \underline{x}^k$ aus E beliebig auswählen. Jede Linearkombination dieser Elemente hat dann die Form $c_1\underline{x}^1 + \dots + c_k\underline{x}^k$ mit gewissen Konstanten $c_1, \dots, c_k \in \mathbb{R}$. Formal und kürzer kann man daher schreiben:

$$\mathscr{L}(E) = \left\{ c_1\underline{x}^1 + \dots + c_k\underline{x}^k \mid k \in \mathbb{N}, c_1, \dots, c_k \in \mathbb{R}, \underline{x}^1, \dots, \underline{x}^k \in E \right\}$$

(2) Ist E eine endliche Menge – etwa $E = \{\underline{x}^1, \dots, \underline{x}^n\}$ – so schreiben wir kurz $\mathscr{L}\{\underline{x}^1, \dots, \underline{x}^n\}$ anstelle von $\mathscr{L}\{\{\underline{x}^1, \dots, \underline{x}^n\}\}$ (d.h., nicht-informative Klammern werden weggelassen).

(3) In diesem Fall gilt

$$\mathscr{L}(E) = \mathscr{L}\{\underline{x}^1, \dots, \underline{x}^n\} = \{c_1\underline{x}^1 + \dots + c_n\underline{x}^n \mid c_1, \dots, c_n \in \mathbb{R}\}$$

(Sind ohnehin nur endlich viele Vektoren gegeben, können wir auf die etwas sperrige Formulierung "... je endlich viele..." verzichten und stets alle Vektoren in die Bildung von Linearkombinationen einbeziehen. Im Einzelfall "nicht benötigte" Vektoren erhalten dann einfach den Koeffizienten 0.)

Wir betrachten nun, was bei dieser Hüllenbildung "herauskommt".

Beispiel 18.70 (Einfachster Fall). Es sei $\mathcal{M}$ beliebig und $E = \{\underline{x}\}$ mit $\underline{x} = 0$. Dann wird

$$\mathcal{L}(E) = \mathcal{L}(0) = \{0\}\,.$$

$\triangle$

Beispiel 18.71 (Zweiteinfachster Fall). Es sei $\mathcal{M}$ beliebig (mindestens eindimensional) und $E = \{\underline{x}\}$ mit $\underline{x} \neq 0$. Dann ist

$$\mathcal{L}(E) = \mathcal{L}(\underline{x}) = \{\lambda \underline{x} \mid \lambda \in \mathbb{R}\} = \{0 + \lambda \underline{x} \mid \lambda \in \mathbb{R}\}\,.$$

Der künstlich hinzugefügte Pinpunkt 0 hilft zu sehen, dass es sich hierbei um eine Gerade handelt, die durch den Punkt 0 verläuft. Sie ist zugleich ein linearer Teilraum von $\mathcal{M}$. $\triangle$

Beispiel 18.72. Diesmal sei E eine zweielementige Menge; etwa $E = \{\underline{a}, \underline{b}\} \subset \mathbb{R}^3$ mit $\underline{a} = \begin{pmatrix} 1 \\ 0 \\ 3 \end{pmatrix}$ und $\underline{b} = \begin{pmatrix} 0 \\ 2 \\ 4 \end{pmatrix}$. Dann wird

$$\mathcal{L}(E) = \mathcal{L}\left(\begin{pmatrix} 1 \\ 0 \\ 3 \end{pmatrix}, \begin{pmatrix} 0 \\ 2 \\ 4 \end{pmatrix} \right)$$

$$= \left\{ 0 + \lambda_1 \begin{pmatrix} 1 \\ 0 \\ 3 \end{pmatrix} + \lambda_2 \begin{pmatrix} 0 \\ 2 \\ 4 \end{pmatrix} \;\middle|\; \lambda_1, \lambda_2 \in \mathbb{R} \right\}\,.$$

Hierbei handelt es sich um eine Ebene – nennen wir sie $\mathcal{E}$ – im $\mathbb{R}^3$, die den Koordinatenursprung enthält und durch die beiden (erkennbar linear unabhängigen) Spaltenvektoren $\underline{a}$ (rot) und $\underline{b}$ (blau) aufgespannt wird. Als Ebene durch 0 handelt es sich nätürlich zugleich um einen (zweidimensionalen) linearen Teilraum von $\mathbb{R}^3$. $\triangle$

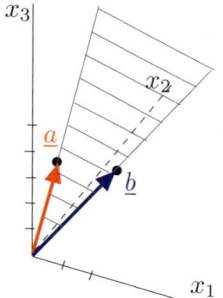

Beispiel 18.73. Es sei nun $F \subset \mathbb{R}^3$ gegeben durch

$$F = \left\{ \begin{pmatrix} 1 \\ 0 \\ 3 \end{pmatrix}, \begin{pmatrix} 0 \\ 2 \\ 4 \end{pmatrix}, \begin{pmatrix} 1 \\ 1 \\ 5 \end{pmatrix} \right\}.$$

Wir haben dann formal

$$\mathscr{L}(F) = \mathscr{L}\left(\begin{pmatrix} 1 \\ 0 \\ 3 \end{pmatrix}, \begin{pmatrix} 0 \\ 2 \\ 4 \end{pmatrix}, \begin{pmatrix} 1 \\ 1 \\ 5 \end{pmatrix} \right) \tag{18.35}$$

$$= \left\{ 0 + \alpha \begin{pmatrix} 1 \\ 0 \\ 3 \end{pmatrix} + \beta \begin{pmatrix} 0 \\ 2 \\ 4 \end{pmatrix} + \gamma \begin{pmatrix} 1 \\ 1 \\ 5 \end{pmatrix} \,\middle|\, \alpha, \beta, \gamma \in \mathbb{R} \right\}.$$

Man könnte auf den ersten Blick annehmen, dass es sich diesmal um einen dreidimensionalen linearen Teilraum von $\mathbb{R}^3$ (also um $\mathbb{R}^3$ selbst) handeln könnte. Dies trifft aber nicht zu, denn der dritte, neu hinzugekommene Spaltenvektor $\underline{c} = (1, 1, 5)^T$ lässt sich als Linearkombination der beiden anderen schreiben:

$$\underline{c} = \underline{a} + \frac{1}{2}\underline{b}.$$

Die rechte Seite von (18.35) liest sich also in Wahrheit so:

$$\mathscr{L}(F) = \left\{ 0 + \alpha \begin{pmatrix} 1 \\ 0 \\ 3 \end{pmatrix} + \beta \begin{pmatrix} 0 \\ 2 \\ 4 \end{pmatrix} \right.$$

$$\left. + \gamma \left(\begin{pmatrix} 1 \\ 0 \\ 3 \end{pmatrix} + \frac{1}{2} \begin{pmatrix} 0 \\ 2 \\ 4 \end{pmatrix} \right) \,\middle|\, \alpha, \beta, \gamma \in \mathbb{R} \right\}$$

$$= \left\{ 0 + (\alpha + \gamma) \begin{pmatrix} 1 \\ 0 \\ 3 \end{pmatrix} + \left(\beta + \frac{\gamma}{2}\right) \begin{pmatrix} 0 \\ 2 \\ 4 \end{pmatrix} \,\middle|\, \alpha, \beta, \gamma \in \mathbb{R} \right\}.$$

Offensichtlich können die Koeffizienten der beiden Spaltenvektoren bereits dann unabhängig voneinander alle reellen Werte annehmen, wenn der Parameter γ weggelassen (=Null gesetzt) wird. Also gilt

$$\mathscr{L}(F) = \left\{ 0 + \alpha \begin{pmatrix} 1 \\ 0 \\ 3 \end{pmatrix} + \beta \begin{pmatrix} 0 \\ 2 \\ 4 \end{pmatrix} \,\middle|\, \alpha, \beta \in \mathbb{R} \right\} = \mathscr{L}(E) = \mathscr{E}.$$

Dieses Ergebnis hätte man auch aus
der nebenstehenden Skizze direkt ablesen können, in der der neu hinzugekommene Vektor $\underline{c}$ in grün markiert
ist. Mehr noch: Aus der Skizze erkennt
man, dass beliebige zwei der drei Vek-
toren $\underline{a}$, $\underline{b}$, $\underline{c}$ ein- und dieselbe Ebene
$\mathscr{E}$ aufspannen; ohne weitere Rechnung
können wir daher schreiben

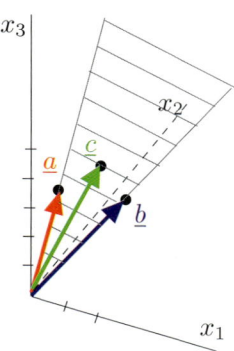

$$\mathscr{E} = \mathscr{L}(\underline{a}, \underline{b}, \underline{c}) = \mathscr{L}(\underline{a}, \underline{b}) = \mathscr{L}(\underline{a}, \underline{c}) = \mathscr{L}(\underline{b}, \underline{c}).$$

△

Beispiel 18.74 (Nur *scheinbar* kompliziert). Diesmal sei $\mathscr{M} = \mathbb{R}^2$ und
$S := \left\{ \underline{x} \in \mathbb{R}^2 \mid \|\underline{x}\| = 1 \right\}$. Es handelt sich um die Einheitskreislinie im $\mathbb{R}^2$.
Was ist die lineare Hülle $\mathscr{L}(S)$ von S? Definitionsgemäß die Menge aller
Linearkombinationen *je endlich vieler Elemente* von S. Unter all diesen Linearkombinationen müssen insbesondere diejenigen vorkommen, die sich aus *je
zwei* Elementen von S bilden lassen, und erst recht diejenigen, die sich aus
zwei ganz bestimmten Elementen von S bilden lassen. Wir wählen uns nun
zwei solche nach der Methode maximaler Bequemlichkeit, z.B.

$$\underline{x}^1 = \begin{pmatrix} 1 \\ 0 \end{pmatrix} \quad \text{und} \quad \underline{x}^2 = \begin{pmatrix} 0 \\ 1 \end{pmatrix}.$$

(Man beachte: Es gilt $\|\underline{x}^1\| = \|\underline{x}^2\| = 1$, die gewählten beiden Vektoren
gehören also tatsächlich zu S.) Die Menge aller allein daraus bildbaren Linearkombinationen ist

$$\mathscr{L}(\underline{x}^1, \underline{x}^2) = \left\{ \lambda_1 \underline{x}^1 + \lambda_2 \underline{x}^2 \mid \lambda_1, \lambda_2 \in \mathbb{R} \right\}$$
$$= \left\{ \lambda_1 \begin{pmatrix} 1 \\ 0 \end{pmatrix} + \lambda_2 \begin{pmatrix} 0 \\ 1 \end{pmatrix} \;\middle|\; \lambda_1, \lambda_2 \in \mathbb{R} \right\} = \mathbb{R}^2.$$

Zur Bildung von $\mathscr{L}(S)$ können aber – zumindest formal – noch weitere Linearkombinationen herangezogen werden, also ist $\mathscr{L}(S)$ eine Obermenge von
$\mathscr{L}(\underline{x}^1, \underline{x}^2)$, muss jedoch gleichzeitig Teilmenge des Ausgangsraumes $\mathbb{R}^2$ sein.
Wir finden also

$$\mathbb{R}^2 = \mathscr{L}(\underline{x}^1, \underline{x}^2) \subseteq \mathscr{L}(S) \subseteq \mathbb{R}^2,$$

mithin

$$\mathscr{L}(S) = \mathbb{R}^2.$$

△

Beobachtungen 18.75. Wir sehen an diesen überwiegend sehr einfachen Beispielen mehrerlei:

- *Erstens: Verschiedene Mengen (etwa $\{\underline{a}, \underline{b}, \underline{c}\}$, $\{\underline{a}, \underline{b}\}$, $\{\underline{a}, \underline{c}\}$, ...) können dieselbe lineare Hülle haben.*

- *Zweitens: Sind gewisse Elemente einer Menge durch die übrigen darstellbar – z.B. der Vektor $\underline{c}$ aus $F = \{\underline{a}, \underline{b}, \underline{c}\}$ durch $\underline{a}$ und $\underline{b}$ –, können sie weggelassen werden, ohne dass die lineare Hülle sich ändert.*

- *Drittens: Jede lineare Hülle ist ein linearer Teilraum von $\mathscr{M}$.*

Die letzte Beobachtung gilt allgemein:

Satz 18.76. *Sei $\mathscr{M}$ ein linearer Raum und E eine nichtleere Teilmenge von $\mathscr{M}$. Die lineare Hülle $\mathscr{L}(E)$ von E ist ein linearer Teilraum von $\mathscr{M}$.*

Denn: Nach 18.63 genügt es sich zu überlegen, dass für beliebige Elemente $\underline{x}, \underline{y} \in \mathscr{L}(E)$ und beliebige $\lambda, \mu \in \mathbb{R}$ gilt $(\lambda \underline{x} + \mu y) \in \mathscr{L}(E)$. Die Tatsache, dass $\underline{x}$ und $\underline{y}$ aus $\mathscr{L}(E)$ stammen, stellt aufgrund von Bemerkung 18.69 sicher, dass Darstellungen folgender Art existieren:

$$\underline{x} = c_1 \underline{x}^1 + \cdots + c_k \underline{x}^k \tag{18.36}$$

$$\underline{y} = c_{k+1} \underline{x}^{k+1} + \cdots + c_{k+m} \underline{x}^{k+m}, \tag{18.37}$$

wobei k und m gewisse natürliche Zahlen, $\underline{x}^1, \ldots, \underline{x}^{k+m}$ gewisse Elemente von E und $c_1, \ldots, c_{k+m}$ geeignete Koeffizienten bezeichnen. Es folgt dann direkt (mit naheliegenden Bezeichnungen)

$$\lambda \underline{x} + \mu \underline{y} = \lambda(c_1 \underline{x}^1 + \cdots + c_k \underline{x}^k) + \mu(c_{k+1} \underline{x}^{k+1} + \cdots + c_{k+m} \underline{x}^{k+m})$$

$$= \underbrace{(\lambda c_1)}\, \underline{x}^1 + \cdots + \underbrace{(\lambda c_k)}\, \underline{x}^k + \underbrace{(\mu c_{k+1})}\, \underline{x}^{k+1} + \cdots + \underbrace{(\mu c_{k+m})}\, \underline{x}^{k+m}$$

$$= d_1\, \underline{x}^1 + \cdots + d_k\, \underline{x}^k + d_{k+1}\, \underline{x}^{k+1} + \cdots + d_{k+m}\, \underline{x}^{k+m}.$$

D.h., auch das Element $\lambda \underline{x} + \mu y$ von $\mathscr{M}$ lässt sich aus Elementen von E linear kombinieren und gehört somit zu $\mathscr{L}(E)$. $\qquad\square$

Umgekehrt ist jeder lineare Teilraum von $\mathscr{M}$ lineare Hülle von "etwas":

Definition 18.77. *Es seien $\mathscr{M}$ ein linearer Raum und T ein linearer Teilraum von $\mathscr{M}$. Jede Teilmenge $E \subset \mathscr{M}$ mit der Eigenschaft $\mathscr{L}(E) = T$ heißt ein* Erzeugendensystem *von T.*

In unseren Beispielen (3) und (4) sind $\{\underline{a}, \underline{b}, \underline{c}\}$, $\{\underline{a}, \underline{b}\}$, $\{\underline{a}, \underline{c}\}$, $\{\underline{b}, \underline{c}\}$ sämtlich Erzeugendensysteme ein- und desselben linearen Teilraumes $\mathscr{E}$ von $\mathbb{R}^3$. Wir beobachten, dass das Erzeugendensystem F "zu groß" ist, insofern es einen Vektor (etwa $\underline{c}$) zuviel enthält. Jedes der übrigen Erzeugendensysteme besteht gerade aus einer Basis von $\mathscr{E}$. Allgemein gilt:

Basen sind kleinstmögliche Erzeugendensysteme.

Einige weitere Zusammenhänge

Die folgenden Aussagen sind fast alle unmittelbar plausibel:

Satz 18.78. *Es seien $\mathcal{M}$ ein linearer Raum und E, F nichtleere Teilmengen von $\mathcal{M}$. Dann gilt*
  (i) $E \subseteq \mathcal{L}(E)$,
  (ii) $E \subseteq F \implies \mathcal{L}(E) \subseteq \mathcal{L}(F)$,
  (iii) $E \subseteq F \implies \dim \mathcal{L}(E) \leqslant \dim \mathcal{L}(F)$.
  (iv) Ist E ein linearer Teilraum von $\mathcal{M}$, so gilt $\mathcal{L}(E) = E$.
  (v) $\mathcal{L}(\mathcal{L}(E)) = \mathcal{L}(E)$.

Die verbale Interpretation dieser Aussage könnte – grob – so lauten:

  (i) Die lineare Hülle von "etwas" enthält zumindest "etwas", also ihr Erzeu-
       gendensystem.
  (ii) Aus "mehr Vektoren" lässt sich "mehr" erzeugen. Anders formuliert: Die
       Hüllenbildung $\mathcal{L}(\,\cdot\,)$ ist eine *monotone* Operation. Dies wirkt sich na-
       türlich auch auf die Dimensionen aus ((iii)).
  (iv) Die Hüllenbildung fügt einem linearen Teilraum nichts Neues hinzu.
  (v) Mehrfache Hüllenbildung ergibt dasselbe wie einfache.
Wir rechtfertigen nun noch die Bezeichnung "Hülle" (span).

Satz 18.79. *Die lineare Hülle $\mathcal{L}(E)$ einer nichtleeren Teilmenge E eines linearen Raumes $\mathcal{M}$ ist der mengentheoretische Durchschnitt aller E enthaltenden linearen Teilräume von $\mathcal{M}$.*

Anders formuliert, ist die lineare Hülle $\mathcal{L}(E)$ der kleinste lineare Teilraum, der E enthält.

Diese Aussage kann man sich durchaus geometrisch vor Augen führen: Die lineare Hülle g eines einzelnen Vektors $\underline{x} \neq 0$ im $\mathbb{R}^3$ ist eine Gerade durch 0 (zugleich ein sich selbst enthaltender linearer Teilraum von $\mathbb{R}^3$). Sie ist gleichzeitig Durchschnitt aller weiteren linearen Teilräume (Ebenen durch 0 und ganz $\mathbb{R}^3$), die den Punkt $\underline{x}$ enthalten. Insoweit wird der Vektor $\underline{x}$ durch lineare Teilräume "eingehüllt", wobei die Hülle auf das kleinstmögliche Ausmaß zusammengezogen wird.

Dasselbe Prinzip wird sich weiter unten beim Begriff der konvexen Hülle und der Konushülle wiederfinden.

Endliche Erzeugendensysteme: Der Auswahlsatz

Ist das Erzeugendensystem E endlich, kann man es in der Form $E = \{\underline{x}^1, \dots, \underline{x}^n\}$ notieren mit einem passenden $n \in \mathbb{N}$ und Vektoren $\underline{x}^1, \dots, \underline{x}^n \in \mathcal{M}$.[4] Wir erinnern daran, dass der aus E erzeugte lineare Teilraum von $\mathcal{M}$ eine Dimension ($\leqslant \infty$) besitzt.

Satz 18.80 ("Auswahlsatz"). *Gegeben seien ein linearer Raum $\mathcal{M}$, $n \in \mathbb{N}$ und ein endliches Erzeugendensystem $E = \{\underline{x}^1, \dots, \underline{x}^n\} \subseteq \mathcal{M}$. Weiter bezeichne $\mathscr{L} := \mathscr{L}(E)$ und $r := \dim \mathscr{L}$.*

(i) Es gilt $r \leqslant n$.

(ii) Der Fall $r = n$ liegt dann und nur dann vor, wenn die Vektoren $\underline{x}^1, \dots, \underline{x}^n$ linear unabhängig sind.

(iii) Im Fall $0 < r < n$ kann man gewisse r linear unabhängige – etwa $\underline{x}^{i_1}, \dots, \underline{x}^{i_r}$ – aus den Vektoren $\underline{x}^1, \dots, \underline{x}^n$ so auswählen, dass gilt

$$\mathscr{L} = \mathscr{L}(\underline{x}^1, \dots, \underline{x}^n) = \mathscr{L}(\underline{x}^{i_1}, \dots, \underline{x}^{i_r}).$$

Erläuterungen 18.81.

(i) Die erste Aussage besagt, dass eine aus höchstens n verschiedenen Vektoren gebildete lineare Hülle auch höchstens die Dimension n haben kann. (Dies erscheint unmittelbar plausibel, wird weiter unten für Interessenten auch formal begründet.)

(ii) Der Fall $r = n$ liegt also vor, wenn das Erzeugendensystem zugleich Basis von $\mathscr{L}$ ist.

(iii) Die Aussage (iii) besagt mit anderen Worten, dass man gewisse $n - r$ Vektoren aus dem Erzeugendensystem weglassen kann, ohne dass das Erzeugnis sich ändert. "Weglassbar" sind dabei solche Vektoren $\underline{x}^1, \dots, \underline{x}^n$, die sich durch die übrigen darstellen lassen. Es wird hier jedoch nichts darüber ausgesagt, *welche* der Vektoren weggelassen werden können. Wie schon am Beispiel 18.73 sichtbar wird, können unterschiedliche Möglichkeiten des Weglassens bestehen. Das Problem, aus gegebenen Vektoren $\underline{x}^1, \dots, \underline{x}^n$ zum Weglassen geeignete auszuwählen, wird unter Punkt 18.6, Beispiel 18.92 noch einmal aufgegriffen.

Der Rang einer Matrix

Eine erste Anwendung des Begriffes "lineare Hülle" führt uns wieder zurück zu Matrizen. Gegeben sei eine (m, n)–Matrix A. Die in ihr enthaltenen Spalten-

---

[4]Die Vektoren $\underline{x}^1, \dots, \underline{x}^n$ brauchen nicht notwendig verschieden zu sein.

bzw. Zeilenvektoren mögen mit $\underline{s}^1, \ldots, \underline{s}^n$ bzw. $\underline{z}^1, \ldots, \underline{z}^m$ bezeichnet werden:

$$A = \begin{pmatrix} a_{11} & \cdots & a_{1n} \\ \vdots & & \vdots \\ a_{m1} & \cdots & a_{mn} \end{pmatrix} = \begin{pmatrix} - & \underline{z}^1 & - \\ & \vdots & \\ - & \underline{z}^m & - \end{pmatrix} = \begin{pmatrix} | & & | \\ \underline{s}^1 & \cdots & \underline{s}^n \\ | & & | \end{pmatrix}.$$

(Ein Zahlenbeispiel:

$$\begin{pmatrix} 4 & 5 & 6 \\ 7 & 8 & 9 \\ 0 & 1 & 2 \end{pmatrix} = \begin{pmatrix} 4 & 5 & 6 \\ 7 & 8 & 9 \\ 0 & 1 & 2 \end{pmatrix} = \begin{pmatrix} 4 & 5 & 6 \\ 7 & 8 & 9 \\ 0 & 1 & 2 \end{pmatrix};$$

es gilt also $\underline{z}^1 = [\,4, 5, 6\,]$, $\underline{z}^2 = [\,7, 8, 9\,]$, $\underline{z}^3 = [\,0, 1, 2\,]$ sowie

$$\underline{s}^1 = \begin{pmatrix} 4 \\ 7 \\ 0 \end{pmatrix}, \underline{s}^2 = \begin{pmatrix} 5 \\ 8 \\ 1 \end{pmatrix}, \underline{s}^3 = \begin{pmatrix} 6 \\ 9 \\ 2 \end{pmatrix}.)$$

Aus den Spaltenvektoren von A kann man eine lineare Hülle bilden, die einen endlichdimensionalen linearen Teilraum von $\mathbb{R}^m$ bildet. Sinngemäßes gilt für die Zeilenvektoren. Beide haben eine *Dimension*, für die ein eigener Name gebräuchlich ist:

Definition 18.82. *Die Zahlen*

$$\text{rgs}\,(A) := \dim \mathscr{L}(\underline{s}^1, \ldots, \underline{s}^n) \quad \text{und} \quad \text{rgz}\,(A) := \dim \mathscr{L}(\underline{z}^1, \ldots, \underline{z}^m)$$

heißen Spaltenrang *bzw.* Zeilenrang *von* A.

Bemerkungen 18.83.

(a) Unmittelbar aus der Definition ergibt sich, dass Spalten- bzw. Zeilenrang einer Matrix sich nicht ändern, wenn man die Spalten (bzw. Zeilen) der Matrix untereinander vertauscht.

(b) Weiterhin gilt (wegen des Auswahlsatzes)

$$\text{rgs}\,(A) \leqslant n \quad \text{und} \quad \text{rgz}\,(A) \leqslant m.$$

(c) Wegen $\underline{s}^1, \ldots, \underline{s}^n \in \mathbb{R}^m$ und $\underline{z}^1, \ldots, \underline{z}^m \in \mathbb{R}^n$ gilt außerdem

$$\text{rgs}\,(A) \leqslant m \quad \text{und} \quad \text{rgz}\,(A) \leqslant n.$$

Satz 18.84. *Spalten- und Zeilenrang einer Matrix sind stets identisch.*

Definition 18.85. *Aufgrund dieses Satzes heißt* $\text{rg}\,A := \text{rgz}\,(A) := \text{rgs}\,(A)$ *einfach* "Rang von A".

(Wir werden, wenn sinnvoll, auch schreiben rg (A) statt rg A. Aufgrund der vorangehenden Bemerkung können wir feststellen: rg $A \leqslant \min(m, n)$. Weiterhin hat die Matrix A denselben Rang wie jede Matrix, die aus ihr durch Vertauschung von Zeilen untereinander, von Spalten untereinander (oder beides) hervorgeht.)

Bemerkung 18.86. Der Begründung des Satzes stellen wir eine "Sehhilfe" zum Thema Matrizenprodukte voran, die auch in anderen Zusammenhängen nützlich ist. Wir beginnen mit folgendem kleinen Beispiel: Gegeben seien der

Zeilenvektor $\underline{c} = [1, 2, 3]$ und die Matrix $A = \begin{bmatrix} 4 & 5 & 6 \\ 7 & 8 & 9 \\ 0 & 1 & 2 \end{bmatrix}$, die in der ange-

gebenen Reihenfolge multipliziert werden sollen. Wir wollen den Ablauf der Multiplikation etwas näher betrachten und heben dabei die drei in A enthaltenen Zeilenvektoren farblich hervor: Es gilt

$$\underline{c}A = [\boxed{1}, \boxed{2}, \boxed{3}]\begin{bmatrix} 4 & 5 & 6 \\ 7 & 8 & 9 \\ 0 & 1 & 2 \end{bmatrix}$$

$$= \begin{bmatrix} \boxed{1} \cdot \boxed{4} & \boxed{1} \cdot \boxed{5} & \boxed{1} \cdot \boxed{6} \\ \boxed{2} \cdot \boxed{7} & \boxed{2} \cdot \boxed{8} & \boxed{2} \cdot \boxed{9} \\ \boxed{3} \cdot \boxed{0} & \boxed{3} \cdot \boxed{1} & \boxed{3} \cdot \boxed{2} \end{bmatrix}$$

$$= \left\{ \begin{array}{l} \boxed{1} \cdot [\,4\,5\,6\,] \\ + \boxed{2} \cdot [\,7\,8\,9\,] \,, \\ + \boxed{3} \cdot [\,0\,1\,2\,] \end{array} \right.$$

d.h., das Produkt $\underline{c}A$ ist nichts anderes als eine Linearkombination der *Zeilen* von A. Ganz entsprechend lässt sich das Produkt $A\underline{c}^T$ als Linearkombination der *Spalten* von A deuten. Allgemein können wir für jede beliebige (m, n)–Matrix A, jeden beliebigen Zeilenvektor $\underline{c} \in \mathbb{R}^m$ und jeden Spaltenvektor $\underline{d} \in \mathbb{R}^n$ schreiben

$$\underline{c}A = (c_1, \ldots, c_m)\begin{pmatrix} - & \underline{z}^1 & - \\ & \vdots & \\ - & \underline{z}^m & - \end{pmatrix} = c_1\underline{z}^1 + \cdots + c_m\underline{z}^m, \tag{18.38}$$

und entsprechend

$$A\underline{d} = \begin{pmatrix} | & & | \\ \underline{s}^1 & \cdots & \underline{s}^n \\ | & & | \end{pmatrix}\begin{pmatrix} d_1 \\ \vdots \\ d_n \end{pmatrix} = d_1\underline{s}^1 + \cdots + d_n\underline{s}^n. \tag{18.39}$$

Die Multiplikation einer Matrix A mit einem Zeilenvektor von links bzw. einem Spaltenvektor von rechts kann daher als Bildung einer Linearkombination der Zeilen bzw. Spalten von A interpretiert werden. Es folgt

$$\underline{c}A \in \mathscr{L}(\underline{z}^1, \dots, \underline{z}^m) \quad \text{und} \quad A\underline{d} \in \mathscr{L}(\underline{s}^1, \dots, \underline{s}^m).$$

Interessant wird es, wenn wir uns nun einmal das Produkt UV zweier verketteter Matrizen $U = U_{(r,s)}$ und $V = V_{(s,t)}$ ansehen und uns in der Kunst des Hinsehens üben:

$$UV = \begin{pmatrix} -\ \underline{u}^1\ - \\ \vdots \\ -\ \underline{u}^r\ - \end{pmatrix} \begin{pmatrix} | & & | \\ \underline{v}^1 & \cdots & \underline{v}^t \\ | & & | \end{pmatrix}. \tag{18.40}$$

Wir können hier zum einen die Matrix V (rechts) als Ganzes sehen, die diesmal nicht nur mit einem Zeilenvektor, sondern nacheinander mit insgesamt r Zeilenvektoren $\underline{u}^1, \underline{u}^2, \dots, \underline{u}^r$ von links multipliziert wird, wobei die Ergebnisse untereinander notiert werden. Dabei entsteht die erste, zweite, ..., r-te Zeile der Produktmatrix UV. Also ist *jede Zeile von UV eine Linearkombination der Zeilen von V* (und liegt somit in $\mathscr{L}(\underline{v}^1, \dots, \underline{v}^s)$).

Andererseits können wir in (18.38) ebensogut die Matrix U (links) als Ganzes sehen, die nacheinander von rechts mit den Spaltenvektoren $\underline{v}^1, \dots, \underline{v}^t$ multipliziert wird, wobei die Ergebnisse nebeneinander notiert werden. Auf diese Weise entstehen die Spalten der Produktmatrix UV. Diesmal kommen wir zu dem Schluss, dass *jede Spalte von UV Linearkombination der Spalten von U* ist (und somit $\mathscr{L}(\underline{u}^1, \dots, \underline{u}^s)$ angehört).

Hier ist ein Zahlenbeispiel zu (23.27):

Beispiel 18.87. Wir betrachten die Matrix

$$A = \begin{pmatrix} 2 & -1 & 1 & 5 \\ 0 & 2 & 2 & -2 \\ 3 & 5 & 8 & 1 \\ 1 & 4 & 5 & -2 \end{pmatrix} = \begin{pmatrix} | & & | \\ \underline{s}^1 & \cdots & \underline{s}^4 \\ | & & | \end{pmatrix}$$

und beobachten, dass gilt

$$\underline{s}^3 = \boxed{1} \cdot \underline{s}^1 + \boxed{1} \cdot \underline{s}^2 \quad \text{und} \quad \underline{s}^4 = \boxed{2} \cdot \underline{s}^1 + \boxed{(-1)} \cdot \underline{s}^2,$$

d.h., *alle* Spalten von A lassen sich bereits aus den ersten beiden kombinieren.

Also können wir schreiben

$$A = \underbrace{\begin{pmatrix} 2 & -1 \\ 0 & 2 \\ 3 & 5 \\ 1 & 4 \end{pmatrix}}_{S} \underbrace{\begin{pmatrix} 1 & 0 & \boxed{1} & \boxed{2} \\ 0 & 1 & \boxed{1} & \boxed{(-1)} \end{pmatrix}}_{C}.$$

△

Mit diesem Beispiel wird die Begründung des Satzes 18.84, die wir wegen ihrer Länge in den Anhang verlegen, leicht nachvollziehbar sein. Eine erste Nutzanwendung dieses Satzes gibt die folgende

Bemerkung 18.88. Der Satz 18.84 liefert die noch ausstehende Begründung der Aussage in Beispiel 18.31, dass die Dimension des Raumes $\mathbb{R}^d$ höchstens d beträgt. In der Tat, seien etwa beliebige $d + 1$ (Spalten-) Vektoren $x^1, ..., x^d, x^{d+1}$ gegeben. Wir können sie zu einer Matrix

$$A := [x^1, ..., x^d, x^{d+1}]$$

zusammenfassen. Wären diese Vektoren linear unabhängig, müsste die Matrix A den Spaltenrang $d + 1$ besitzen, was unmöglich ist, das sie ja nur d Zeilen hat, der Zeilenrang also höchstens d betragen kann und nach Satz 18.84 mit dem Spaltenrang übereinstimmt.

Praktische Rangbestimmung und verwandte Fragen

Wie lässt sich nun der Rang einer gegebenen (m, n)–Matrix A auf möglichst einfache Weise bestimmen? Die Antwort ist einfach: Man trage die Matrix in ein Austauschtableau ein und stelle fest, wieviele Austauschschritte möglich sind.

Beispiel 18.89. Es ist der Rang einer $(4, 4)$–Matrix A zu bestimmen, die bereits in das nachfolgende Austauschtableau T0 eingetragen wurde. Die Rechnung könnte so ablaufen:

T0	x_1	x_2	x_3	x_4	T1	x_1	z_2	x_3	x_4	T2	z_4	z_2	x_3	x_4
z_1	5	3	2	1	z_1	2		2	4	z_1			0	0
z_2	1	①	0	−1	x_2					x_2				
z_3	−3	−5	2	9	z_3	2		2	4	z_3			0	0
z_4	2	3	−1	−5	z_4	⊝1		−1	−2	x_1				
	−1	*	0	1		*		−1	−2					

In dieser Rechnung wurden alle Stellen der Tableaus, in denen keine potentiellen Pivots mehr enthalten sind, in blaßgelber Farbe ausgelöscht. Es handelt sich genau um diejenigen Zeilen und Spalten, in denen bereits einmal ein Pivot gewählt wurde. Nach zwei Austauschschritten sind alle verbliebenen potentiellen Pivotelemente gleich Null, also ist kein weiterer Austauschschritt möglich (obwohl es noch "übrige" – im Sinne von noch nicht ausgetauscht – Zeilen- und Spaltensymbole gibt). Der Rang der Matrix A ist also 2.   △

Zwei **Beobachtungen** sind festzuhalten:

(1) Solange – wie hier – ausschließlich nach dem Rang der Matrix A gefragt wird, besteht an den Zahlenergebnissen der berechneten Tableaus kein eigenständiges Interesse. Daher brauchen die Zahlenwerte, die hier blaßgelb ausgelöscht wurden, auch nicht berechnet zu werden. Wir sprechen vom "Austauschverfahren mit Zeilen- und Spaltenstreichung" (ATVZS).

(2) Aus demselben Grunde können die Pivots völlig beliebig – sozusagen nach der "Methode maximaler Bequemlichkeit" – gewählt werden.

Beispiel 18.90. Eine $(2,4)$–Matrix B sei wie in T0 gegeben. Man bestimme $\operatorname{rg} B$.

T0	x_1	x_2	x_3	x_4	T1	x_1	z_1	x_3	x_4	T2	z_2	z_1	x_3	x_4
z_1	4	②	1	9	x_2					x_2				
z_2	5	0	7	7	z_2	⑤		7	7	x_1				
		*												

Diesmal können wir bereits in T0 gänzlich auf Rechnungen verzichten: Durch die Wahl des Pivotelementes 2 haben wir eine 0 in der Pivotspalte und können die einzige für das Weitere interessante Zeile einfach abschreiben. Bereits ihr erstes Element "5" kann als nächstes Pivotelement dienen. Dadurch ist ein zweiter Tauschschritt möglich. Jedoch braucht wiederum kein einziger Zahlenwert bestimmt zu werden, denn beide Zeilen des sich anschließenden Tableaus sind gestrichen.

Wie ist das Ergebnis zu interpretieren? Mangels potentieller Pivots ist, von T2 ausgehend, kein weiterer Tausch möglich. ("Mangels potentieller Pivots" ist hier natürlich gleichbedeutend mit "mangels noch zu tauschender Zeilensymbole".) Also folgt $\operatorname{rg} B = 2$.

Es soll nicht verschwiegen werden, dass dieses Ergebnis selbstverständlich viel schneller durch "Hinsehen" erzielbar ist. Nichtsdestoweniger lassen sich die gewonnenen Erkenntnisse auch für größere Probleme ausnutzen.   △

Beispiel 18.91 (↗F 18.89). Wir sehen noch einmal auf das Beispiel 18.89, verengen diesmal aber den Blick auf diejenigen Zeilen und Spalten von A, in denen im Ablauf der Rechnung pivotisiert wurde. Wenn alle übrigen Zeilen und Spalten gedanklich schon aus dem ersten Tableau gestrichen werden, erhalten wir folgenden Ablauf:

T0	x_1	x_2	T1	x_1	z_2	T2	z_4	z_2
z_2	1	(1)	x_2			x_2		
z_4	2	3	z_4	(−1)		x_1		
	−1	∗						

Die hier in T0 dargestellte $(2,2)$–Matrix hat den Rang 2, ist also invertierbar (ohne dass die Inverse hier zahlenmäßig berechnet werden muss). D.h., die beiden in ihr enthaltenen Spaltenvektoren sind linear unabhängig. Es sind dies jedoch gerade die blau gekennzeichneten Subvektoren der ersten beiden Spalten von A:

T0	x_1	x_2	x_3	x_4
z_1	5	3	2	1
z_2	1	1	0	−1
z_3	−3	−5	2	9
z_4	2	3	−1	−5

Aus 18.28 folgt, dass mit den beiden blauen Subvektoren auch zugehörigen vollen Spaltenvektoren linear unabhängig sind. △

Diese Überlegung ist grundsätzlich auf Matrizen beliebiger Formate und deren Transponierte ausdehnbar. Wir erhalten so – ohne das Erfordernis weiterer ausführlicher Begründungen – folgenden wichtigen

Satz 18.92. *Es sei A eine beliebige (m,n)–Matrix. Jede Teilauswahl von Spalten (Zeilen), in denen im Zuge eines geeigneten Tauschablaufs pivotisiert werden kann, ist linear unabhängig.*

Hier haben wir einen sehr wesentlichen Bezug zu einer Frage, die im Zusammenhang mit der Definition des Ranges einer Matrix entsteht: Der Rang rg A einer Matrix A gibt definitionsgemäß die *Höchstzahl* von linear unabhängigen Spalten (bzw. Zeilen) von A an, ohne dass zunächst klar ist, *welche* Spalten von A sich linear unabhängig auswählen lassen. Mit Hilfe des Austauschverfahrens lassen sich nun sogar *alle* möglichen Auswahlen von r unabhängigen Spalten von A ermitteln.

Beispiel 18.93 (↗F 18.91). Nachdem der Rang der Matrix

$$A = \begin{bmatrix} 5 & 3 & 2 & 1 \\ 1 & 1 & 0 & -1 \\ -3 & -5 & 2 & 9 \\ 2 & 3 & -1 & -5 \end{bmatrix}$$

bereits mit $\operatorname{rg} A = 2$ bestimmt wurde und bekannt ist, dass die beiden ersten Spalten von A linear unabhängig sind, sollen nun alle Paare linear unabhängiger Spalten von A ermittelt werden. (Wir merken an, dass aus den vier Spalten von A insgesamt 6 Spaltenpaare gebildet werden können; es ist jedoch noch nicht klar, ob jedes dieser Paare aus zwei linear unabhängigen Vektoren besteht.)

Zur Lösung des Problems bestehen prinzipiell zwei Möglichkeiten:

- Erstens: Man beginnt immer wieder bei T0 und variiert die Pivotwahl in den ersten beiden Schritten.
- Zweitens: Man verzichtet auf die Zeilen- und Spaltenstreichung und unterzieht das erste Ergebnistableau einem möglichst effizienten Weitertausch.

Die erste Möglichkeit ist bereits relativ schreibaufwendig. Wir gehen auf die zweite ein. Dazu blenden wir die bisher nicht ermittelten Zahlenwerte aus den beiden Pivotzeilen mit in die Rechnung ein:

T0	x_1	x_2	x_3	x_4	T1	x_1	z_2	x_3	x_4	T2	z_4	z_2	x_3	x_4
z_1	5	3	2	1	z_1	2		2	4	z_1			0	0
z_2	1	①	0	-1	x_2	-1		0	1	x_2		①		3
z_3	-3	-5	2	9	z_3	2		2	4	z_3			0	0
z_4	2	3	-1	-5	z_4	⊖①		-1	-2	x_1			-1	-2
	-1	*	0	1			*	-1	-2				*	-3

Im Ergebnistableau T2 interessieren uns diesmal nicht die vier Nullen in ihrer Eigenschaft als "verhinderte" potentielle Pivotelemente. Vielmehr interessieren uns hier die ursprünglichen Spaltensymbole $x_1, \dots, x_4$ und ihre gegenseitigen Beziehungen. Wir beobachten zunächst, dass es die beiden "links" stehenden Spaltensymbole x_1 und x_2 sind, die zu Anfang über den Spalten 1 und 2 der Ausgangsmatrix A standen und nun anzeigen, dass diese beiden Spalten von A – für sich genommen – linear unabhängig sind. (Man könnte ebensogut formulieren: Diejenigen Spalten von A, deren Symbole nicht oben stehen, sind linear unabhängig.)[5]

---

[5]Aus diesem Grunde werden die links stehenden Symbole auch als "Basisvariablen", die oben stehenden Symbole als "Nichtbasisvariablen" bezeichnet.

Wenn wir nun – ausgehend von T2 – eines der links stehenden Symbole (etwa x_2) gegen eines der oben stehenden Symbole (etwa x_3) austauschen, gelangen wir zu einem neuen Tableau T2′, welches zu T2 in dem Sinne äquivalent ist, dass es – passende Pivotwahl vorausgesetzt – ebenso als Ergebnis einer Rangbestimmung in zwei Schritten errechnet worden wäre:

T2′	z_4	z_2	x_2	x_4
z_1			0	0
x_3			1	−3
z_3			0	0
x_1			−1	1

In diesem Tableau sind nunmehr die Symbole x_1 und x_3 links zu finden, was besagt, dass die erste und die dritte Spalte von A linear unabhängig sind. Auf diese Weise kann man sich durch "Weitertausch in Ergebnistableau" jede mögliche Auswahl unabhängiger Spaltenpaare von A "ertauschen".

Zur Erleichterung der Rechnungen beobachten wir noch, dass es vollkommen ausgereicht hätte, den Weitertausch in einem auf das Wesentliche reduzierten Ergebnistableau "T2$_0$" zu beginnen, welches aus T2 durch Streichung der nicht mehr benötigten Zeilen und Spalten entsteht. Eine mögliche Tauschsequenz könnte daher so aussehen:

T2$_0$	x_3	x_4	T2$_1$	x_3	x_1	T2$_2$	x_4	x_1
x_2	1	3	x_2	$-\frac{1}{2}$	$-\frac{3}{2}$	x_2	(1)	−1
x_1	−1	(−2)	x_4	(−$\frac{1}{2}$)	$-\frac{1}{2}$	x_3	−2	−1
	$-\frac{1}{2}$	*		*	−1		*	1

T2$_3$	x_2	x_1	T2$_4$	x_2	x_3	T2$_3$	x_2	x_4	T2$_0$	
x_4	1	1	x_4	$\frac{1}{3}$	(−$\frac{1}{3}$)	x_3	(1)	−3	x_2	...
x_3	−2	(−3)	x_1	$-\frac{2}{3}$	$-\frac{1}{3}$	x_1	−1	1	x_1	
	$-\frac{2}{3}$	*		1	*		*	3		

Wir sehen, dass durch den Weitertausch, vom ersten Ergebnistableau T2$_0$ ausgehend, nacheinander *alle* möglichen Paare (x_i, x_j), $i \neq j$, als aktuelle Zeilensymbole "ertauscht" werden. Dies bedeutet, dass *beliebige* zwei der vier Spalten der Ausgangsmatrix A linear unabhängig sind. $\triangle$

18.7   Basisergänzung und Austauschsatz

In diesem Punkt wollen wir ohne nähere Begründung zwei Aussagen formulieren, die unser Bild zum Thema "linare Räume und Basen" abrunden.

Satz 18.94 ("Basisergänzungssatz"). *Gegeben seien ein n-dimensionaler linearer Raum $\mathscr{M}$, ein d-dimensionaler linearer Teilraum $\mathscr{U}$ von $\mathscr{M}$ sowie eine Basis $\underline{u}^1, \dots, \underline{u}^d$ von $\mathscr{U}$ (mit $1 \leq d < n \in \mathbb{N}$). Dann kann man Vektoren $\underline{u}^{d+1}, \dots, \underline{u}^n \in \mathscr{M}$ derart finden, dass $\underline{u}^1, \dots, \underline{u}^n$ eine Basis von $\mathscr{M}$ ist.*

Mit anderen Worten: Wenn eine Basis des linearen *Teil*raums $\mathscr{U}$ gegeben ist, kann man diese durch Hinzufügen geeigneter Vektoren aus $\mathscr{M}$ zu einer Basis von $\mathscr{M}$ ergänzen. Der folgende Satz spricht von der Möglichkeit, "Teile" einer gegebenen Basis – allgemeiner sogar: eines gegebenen Erzeugendensystems – gegen andere auszutauschen.

Satz 18.95 ("Austauschsatz"). *Gegeben seien ein linearer Raum $\mathscr{M}$ sowie Vektoren $\underline{h}^1, \dots, \underline{h}^m$ in $\mathscr{M}$ ($m \in \mathbb{N}$). Sind die Vektoren $\underline{u}^1, \dots, \underline{u}^k \in \mathscr{H} := \mathscr{L}(\underline{h}^1, \dots, \underline{h}^m)$ linear unabhängig, so kann man sie gegen gewisse k der Vektoren $\underline{h}^1, \dots, \underline{h}^m$ austauschen, ohne dass sich die lineare Hülle $\mathscr{H}$ ändert.*

Die visuelle Interpretation liefert unser Austauschverfahren mit vektorieller Beschriftung: Gegeben ist das Anfangstableau

$$
\begin{array}{c|ccc}
T0 & \underline{h}^1 & \dots & \underline{h}^m \\
\hline
\underline{u}^1 & & & \\
\vdots & & A & \\
\underline{u}^k & & &
\end{array}
$$

Dass $\underline{u}^1, \dots, \underline{u}^k$ unabhängig sind, äußert sich darin, dass die Matrix A den Rang k besitzt. Nun haben wir die Möglichkeit, sämtliche k Bezeichnungen $\underline{u}^1, \dots, \underline{u}^k$ von links nach oben zu tauschen – im Austausch gegen gewisse k der Bezeichner $\underline{h}^1, \dots, \underline{h}^m$ von "oben".

18.8   Euklidische Räume und Orthogonalprojektion

18.8.1   Begriffe

Die für uns wichtigsten Grundbeispiele linearer Räume sind die Räume $\mathbb{R}^n$, die wir schon im Abschnitt 16 "Vektoren" eingehend diskutierten. Zu den Begriffen, die dort eine zentrale Rolle spielten, zählen die *Norm* und das *Skalarprodukt*. Die bisherigen Definitionen dieser Begriffe leiden jedoch an einem kleinen Nachteil: Sie beziehen sich ausschließlich auf die Koordinatendarstellungen von Vektoren bezüglich einer festen Basis, nämlich

$$\underline{e}^1 = [1, 0, \dots, 0]^T \quad \dots \quad \underline{e}^n = [0, \dots, 0, 1]^T$$

Was aber, wenn einmal eine ganz andere Basis verwendet werden soll? Und was, wenn wir einmal völlig andersartige lineare Räume betrachten wollen wie z.B. solche, die Matrizen, Folgen, Funktionen oder Zufallsvariable enthalten?

Wir können die Begriffe Skalarprodukt und Norm ganz leicht in beliebige lineare Räume mitnehmen, wenn wir ihre charakteristischen Eigenschaften in Definitionsform gießen. Beginnen wir mit dem Skalarprodukt:

Definition 18.96 (Skalarprodukt). *Es sei $\mathcal{M}$ ein linearer Raum. Eine Abbildung $(\cdot|\cdot) : M \times M \to \mathbb{R}$ heißt Skalarprodukt, wenn für alle $\underline{x}$, $\underline{y} \in \mathcal{M}$ und $\lambda \in \mathbb{R}$ gilt:*

(S1) $(\underline{x}|\underline{x}) \geq 0$ *und* $(\underline{x}|\underline{x}) = 0 \Leftrightarrow \underline{x} = 0$ *"Positivität"*

(S2) $(\underline{x}|\underline{y}) = (\underline{y}|\underline{x})$ *"Symmetrie"*

(S3) $(\underline{x}|\underline{y} + \underline{z}) = (\underline{x}|\underline{y}) + (\underline{x}|\underline{z})$ *"Additivität"*

  $(\underline{x}|\lambda\underline{y}) = \lambda(\underline{x}|\underline{y})$ *"Homogenität"* $\left.\right\}$ *"Linearität"*

Es ist klar, dass unser "bisheriges", im Kapitel 17.5 eingeführtes Skalarprodukt auch ein Skalarprodukt im Sinne unserer "neuen" Definition 18.96 ist, und zwar ein spezielles. Deswegen ist die Definition 18.96 *allgemeiner* als die bisherige Definition.

Man kann sich leicht überlegen, dass für jeden linearen Raum $\mathcal{M} \neq \{0\}$ beliebige viele Skalarprodukte gibt. So ist z.B. im $\mathbb{R}^2$ das Doppelte, Dreifache usw. unseres bisherigen Skalarproduktes wiederum ein Skalarprodukt. Will man einen linearen Raum mit einem Skalarprodukt versehen, ist die Auswahl des "richtigen" Skalarproduktes daher im Allgemeinen eine Frage der Zweckmäßigkeit. Im Abschnitt 20 kommen wir darauf zurück. Zu erwähnen ist eine verbreitete Bezeichnung:

Definition 18.97. *Ein linearer Raum $\mathcal{M}$ heißt* euklidisch, *wenn er mit einem Skalarprodukt $(\cdot|\cdot)$ versehen ist.*

Orthonormalbasen

Aus dem Bisherigen ist klar, dass euklidische Räume endlich- oder auch unendlichdimensional sein können. Wenn wir einen euklidischen Raum $\mathcal{M}$ der endlichen Dimension d vor uns haben und nach einer geeigneten Basis für $\mathcal{M}$ suchen, können wir uns nun jedoch eine Basis mit besonders angenehmen Eigenschaften aussuchen:

Definition 18.98. *Eine Basis $\underline{a}^1, \ldots, \underline{a}^d$ eines $d-$dimensionalen euklidischen Raumes heißt*

(i) Orthogonalbasis, *wenn für $i, j \in \{1, \ldots, d\}$ gilt $i \neq j \;\Rightarrow\; \underline{a}^i \perp \underline{a}^j$;*

(ii) Normalbasis, *wenn für alle $i \in \{1, \ldots, d\}$ gilt $\|\underline{a}^i\| = 1$,* *(iii)* Orthonormalbasis, *wenn sie sowohl Orthogonal- als auch Normalbasis ist.*

Mit anderen Worten: Eine Orthonormalbasis liegt vor, wenn die Basisvektoren sämtlich Einheitsvektoren sind und paarweise aufeinander senkrecht stehen.

Beispiel 18.99. Im $\mathbb{R}^n$ bilden die Vektoren

$$\underline{e}^1 = [1, 0, \dots, 0]^T \quad, \dots, \quad \underline{e}^n = [0, \dots, 0, 1]^T$$

eine Orthonormalbasis. Wir werden diese Basis auch als *kanonische* Basis bezeichnen. △

Beispiel 18.100. Im $\mathbb{R}^2$ bilden die Vektoren

$$\underline{a}^1 := \begin{bmatrix} 1 \\ 1 \end{bmatrix} \quad \text{und} \quad \underline{a}^2 := \begin{bmatrix} -1 \\ 1 \end{bmatrix}$$

eine Basis, weil sie offenbar linear unabhängig sind. Zudem gilt

$$(\underline{a}^1 | \underline{a}^2) = 0,$$

daher liegt sogar eine Orthogonalbasis vor. Jedoch haben wir

$$\|\underline{a}^1\| = \|\underline{a}^2\| = \sqrt{2},$$

mithin haben wir keine Normal- und erst recht keine Orthonormalbasis vor uns. Wenn wir die Vektoren $\underline{a}^1$ und $\underline{a}^2$ jedoch auf die "rechte Länge" kürzen, klappt alles: Dann bilden die "gekürzten" Vektoren

$$\underline{b}^1 := \frac{1}{\sqrt{2}} \begin{bmatrix} 1 \\ 1 \end{bmatrix} \quad \text{und} \quad \underline{b}^2 := \frac{1}{\sqrt{2}} \begin{bmatrix} -1 \\ 1 \end{bmatrix}$$

eine Orthonormalbasis von $\mathbb{R}^2$. △

Das letzte Beispiel zeigte uns *zwei* verschiedene Orthonormalbasen in ein- und demselben Raum. Halten wir uns vor Augen, dass die zweite Basis im wesentlichen durch eine Drehung aus der ersten hervorging:

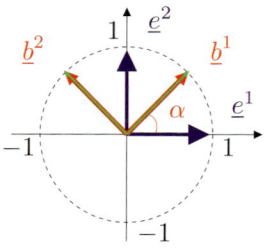

Da die Möglichkeit besteht, den Drehwinkel kontiniuierlich zu verändern und zu jedem Winkel eine Orthonormalbasis gehört, wird klar, dass es im $\mathbb{R}^2$ sogar unendlich viele Orthonormalbasen gibt.

Der *Vorteil* von Orthonormalbasen ist dieser: Wenn in einem $d-$dimensionalen linearen Raum einmal eine Orthonormalbasis fest gewählt ist, können wir in dem Raum genauso rechnen wie im $\mathbb{R}^d$.

Abschließend sollte erwähnt werden, dass es eine Möglichkeit gibt, aus jeder beliebigen Basis eine Orthonormalbasis zu erzeugen - das sogenannte Gram-Schmidt'sche Orthonormalisierungsverfahren. Hierzu können wir auf weiterführende Literatur verweisen.

Orthogonalprojektion

Wir kommen nun zum Problem der Orthogonalprojektion aus dem Abschnitt 17.5.3 zurück. Bisher konnten wir lediglich einen beliebigen Vektor $\underline{x}$ auf einen beliebigen Vektor $\underline{y}$ projizieren. Nun wollen wir allgemeinere Projektionsflächen zulassen.

Orthogonalprojektion auf eine Ebene

Beginnen wir mit Ebenen. Die folgende Skizze veranschaulicht im $\mathbb{R}^3$, worum es geht:

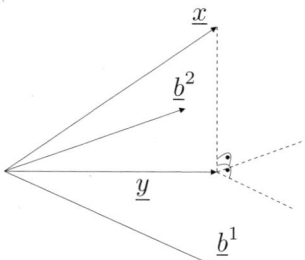

Der Vektor $\underline{x}$ soll auf die Ebene durch 0 projiziert werden, die durch die beiden unabhängigen Vektoren $\underline{b}^1$ und $\underline{b}^2$ aufgespannt wird. Das Bild von $\underline{x}$ bei dieser Projektion bezeichnen wir $\underline{y}$. Darüber wissen wir Folgendes:

- Der Vektor $\underline{y}$ liegt in der durch $\underline{b}^1$ und $\underline{b}^2$ aufgespannten Ebene durch 0. Also ist er als Linearkombination von $\underline{b}^1$ und $\underline{b}^2$ darstellbar; mit geeigneten Konstanten c_1 und c_2 gilt

$$(1) \quad \underline{y} = c_1 \underline{b}^1 + c_2 \underline{b}^2.$$

  Diese Darstellung ist eindeutig, weil $\underline{b}^1$ und $\underline{b}^2$ als unabhängig vorausgesetzt wurden.

- Der Vektor $\underline{d}$ steht senkrecht auf jedem der beiden Vektoren $\underline{b}^1$ und $\underline{b}^2$:

$$(2) \quad (\underline{d}|\underline{b}^1) = 0 \text{ und } (\underline{d}|\underline{b}^2) = 0.$$

- Der Vektor $\underline{d}$ ist die Differenz von $\underline{x}$ und $\underline{y}$:

$$(3) \quad \underline{d} = \underline{x} - \underline{y}.$$

Unser Ziel besteht darin, die Konstanten c_1 und c_2 in der Darstellung (1) zu ermitteln.

Interessanterweise werden wir dieses Problem sogar leichter lösen können, wenn wir es zunächst noch scheinbar etwas schwerer machen, indem wir es nämlich etwas allgemeiner fassen: Die Projektion auf eine Ebene durch 0 ist ja nichts anderes als die Projektion auf einen linearen Teilraum mit vorgegebener Basis.

Orthogonalprojektion auf einen beliebigen linearen Teilraum

Wir begeben uns nun in einen linearen Raum $\mathcal{M}$ beliebiger Dimension d. Dort sei ein $m-$dimensionaler linearer Teilraum M mit der Basis

$$\underline{\underline{b}} := \begin{bmatrix} \underline{b}^1 \\ \vdots \\ \underline{b}^m \end{bmatrix}$$

gegeben ($m \in \mathbb{N}, m \leq d$). Ein beliebig vorgegebener Vektor $\underline{x} \in \mathcal{M}$ soll orthogonal auf den linearen Teilraum M projiziert werden. Gesucht ist eine Darstellung des Projektionsbildes $\underline{y}$ von $\underline{x}$ als Linearkombination von $\underline{b}^1, \dots, \underline{b}^m$:

$$\underline{y} = \underline{c}^T \underline{\underline{b}} \tag{18.41}$$

Wir wissen wiederum, dass der Vektor $\underline{d} := \underline{x} - \underline{y}$ senkrecht auf jedem der Basisvektoren $\underline{b}^j$ von M steht:

$$(\underline{d}\,|\,\underline{b}^j) = 0 \quad \text{für } j = 1, \dots, m.$$

Schreiben wir diese Gleichungen ausführlicher, indem wir den Vektor $\underline{d}$ durch $\underline{x} - \underline{y}$ und dabei $\underline{y}$ durch den Ausdruck (18.41) ersetzen, gelangen wir zu

$$\left(\underline{x} - \underline{c}^T \underline{\underline{b}}\,|\,\underline{b}^j \right) = \left(\underline{x} - \sum_{i=1}^m c_i \underline{b}^i\,|\,\underline{b}^j \right) = 0$$

bzw.

$$(\underline{x}\,|\,\underline{b}^j) = \sum_{i=1}^m c_i (\underline{b}^i\,|\,\underline{b}^j) \quad \text{für } j = 1, \dots, m. \tag{18.42}$$

Dies sind insgesamt m Gleichungen für die m unbekannten Koordinaten $c_1, \dots, c_m$. Alle anderen darin enthaltenen Größen sind bekannt bzw. können aus den gegebenen Vektoren $\underline{x}$ und $\underline{b}^1, \dots, \underline{b}^m$ ermittelt werden. Es handelt sich hierbei um ein lineares Gleichungssystem. Obwohl die allgemeine Theorie der linearen Gleichungssysteme erst im folgenden Abschnitt behandelt wird, können wir dieses System sofort auflösen, wenn wir uns seine Struktur vor Augen führen. Dazu setzen wir

$$(\underline{x} \,|\, \underline{b}) := \begin{bmatrix} (\underline{x} \,|\, \underline{b}^1) \\ \vdots \\ (\underline{x} \,|\, \underline{b}^m) \end{bmatrix} \tag{18.43}$$

und

$$(\underline{b} \,|\, \underline{b}) := \begin{bmatrix} (\underline{b}^1 \,|\, \underline{b}^1) & \cdots & (\underline{b}^1 \,|\, \underline{b}^m) \\ \vdots & & \vdots \\ (\underline{b}^m \,|\, \underline{b}^1) & \cdots & (\underline{b}^m \,|\, \underline{b}^m) \end{bmatrix} . \tag{18.44}$$

Es handelt sich bei (18.43) um einen Spaltenvektor, bei (18.44) um eine Matrix, die lediglich ein wenig unkonventionelle Bezeichnungen erhielten. Der Vorteil: Die "vektor-vektorielle" Gleichung (18.42) lässt sich nun ganz einfach und kompakt notieren als

$$\underbrace{(\underline{b} \,|\, \underline{b})}_{\text{Matrix } \sqrt{}} \cdot \underbrace{\underline{c}}_{\text{Vektor } ?} = \underbrace{(\underline{x} \,|\, \underline{b})}_{\text{Vektor } \sqrt{}} \tag{18.45}$$

In dieser Formel sind die blauen Anteile bekannt, während der in Rot notierte Vektor $\underline{c}$ unbekannt ist. Falls die Matrix vor dem Vektor $\underline{c}$ invertierbar ist, wird man einfach beide Seiten von (18.45) mit ihrer Inversen multiplizieren und so den Vektor $\underline{c}$ erhalten. Dass das möglich ist, sichert der folgende

Satz 18.101. *Sind – wie oben angenommen – die Vektoren $\underline{b}^1, \dots, \underline{b}^m$ linear unabhängig, so ist die Matrix $(\underline{b} \,|\, \underline{b})$ invertierbar.*

Eine direkte Folgerung ist diese: Es gilt

$$\underline{c} = (\underline{b} \,|\, \underline{b})^{-1}(\underline{x} \,|\, \underline{b}) \tag{18.46}$$

sowie

$$\underline{y} = \underline{c}^T \underline{b} = (\underline{x} \,|\, \underline{b})^T (\underline{b} \,|\, \underline{b})^{-1} \underline{b} \tag{18.47}$$

Besonders in der Formel (18.46) erkennen wir klar die Übereinstimmung mit unserem früheren Ergebnis aus Definiton 17.37, betreffend die Projektion auf "einen Vektor" im Sinne eines 1–dimensionalen Teilraums.

Ein Beispiel

Im $\mathbb{R}^3$ seien die Vektoren

$$\underline{x} := \begin{bmatrix} 3 \\ 3 \\ 3 \end{bmatrix}, \quad \underline{b}^1 := \begin{bmatrix} 5 \\ 0 \\ 1 \end{bmatrix} \quad \text{sowie} \quad \underline{b}^2 := \begin{bmatrix} 0 \\ 4 \\ 2 \end{bmatrix}$$

gegeben. Gesucht ist die Orthogonalprojektion $\underline{y}$ von $\underline{x}$ auf die von $\underline{b}^1$ und $\underline{b}^2$ aufgespannte Ebene in der Form

$$\underline{y} = \underline{c}^T \underline{b}.$$

Wir berechnen zunächst die Hilfsgrößen: Es gilt

$$[\underline{x} \mid \underline{b}] = \begin{bmatrix} (\underline{x} \mid \underline{b}^1) \\ (\underline{x} \mid \underline{b}^2) \end{bmatrix} = \begin{bmatrix} \left(\begin{bmatrix} 3 \\ 3 \\ 3 \end{bmatrix} \middle| \begin{bmatrix} 5 \\ 0 \\ 1 \end{bmatrix} \right) \\ \left(\begin{bmatrix} 3 \\ 3 \\ 3 \end{bmatrix} \middle| \begin{bmatrix} 0 \\ 4 \\ 2 \end{bmatrix} \right) \end{bmatrix} = \begin{bmatrix} 18 \\ 18 \end{bmatrix}$$

$$[\underline{b} \mid \underline{b}] = \begin{bmatrix} (\underline{b}^1 \mid \underline{b}^1)(\underline{b}^1 \mid \underline{b}^2) \\ (\underline{b}^2 \mid \underline{b}^1)(\underline{b}^2 \mid \underline{b}^2) \end{bmatrix} = \begin{bmatrix} \left(\begin{bmatrix} 5 \\ 0 \\ 1 \end{bmatrix} \middle| \begin{bmatrix} 5 \\ 0 \\ 1 \end{bmatrix} \right) \left(\begin{bmatrix} 5 \\ 0 \\ 1 \end{bmatrix} \middle| \begin{bmatrix} 0 \\ 4 \\ 2 \end{bmatrix} \right) \\ \left(\begin{bmatrix} 0 \\ 4 \\ 2 \end{bmatrix} \middle| \begin{bmatrix} 5 \\ 0 \\ 1 \end{bmatrix} \right) \left(\begin{bmatrix} 0 \\ 4 \\ 2 \end{bmatrix} \middle| \begin{bmatrix} 0 \\ 4 \\ 2 \end{bmatrix} \right) \end{bmatrix} = \begin{bmatrix} 26 & 2 \\ 2 & 20 \end{bmatrix}$$

und das Gleichungssystem (18.45) nimmt jetzt die Form

$$\begin{bmatrix} 26 & 2 \\ 2 & 20 \end{bmatrix} \begin{bmatrix} c_1 \\ c_2 \end{bmatrix} = \begin{bmatrix} 18 \\ 18 \end{bmatrix}$$

an. Durch Multiplikation mit der Inversen der Koeffizientenmatrix finden wir

$$\begin{bmatrix} c_1 \\ c_2 \end{bmatrix} = \frac{1}{516} \begin{bmatrix} 20 & -2 \\ -2 & 26 \end{bmatrix} \begin{bmatrix} 18 \\ 18 \end{bmatrix}$$

$$= \frac{1}{129} \begin{bmatrix} 81 \\ 108 \end{bmatrix}.$$

Es folgt für die gesuchte Orthogonalprojektion

$$\underline{y} = c_1 \underline{b}^1 + c_2 \underline{b}^2 = \frac{81}{129} \begin{bmatrix} 5 \\ 0 \\ 1 \end{bmatrix} + \frac{108}{129} \begin{bmatrix} 0 \\ 4 \\ 2 \end{bmatrix} = \frac{1}{129} \begin{bmatrix} 405 \\ 432 \\ 297 \end{bmatrix}.$$

Orthogonale Matrizen

Wir betrachten nun eine beliebige (n, n)–Matrix A und sehen uns das Produkt $A^T A$ näher an. Da wir schreiben können

$$A^T A = \begin{pmatrix} - \underline{a}^{1,T} - \\ \vdots \\ - \underline{a}^{n,T} - \end{pmatrix} \begin{pmatrix} | & & | \\ \underline{a}^1 & \cdots & \underline{a}^n \\ | & & | \end{pmatrix},$$

wobei $\underline{a}^1, ..., \underline{a}^n$ die Spalten von A bezeichnen, ist es offensichtlich, dass gilt

$$[A^T A]_{ij} = \underline{a}^{i,T} \underline{a}^j = (\underline{a}^i | \underline{a}^j) \qquad \text{für } i, j = 1, ..., n$$

und somit mit den Bezeichnungen des letzten Beispiels

$$A^T A = (\underline{a}^i | \underline{a}^j) = (\underline{a} | \underline{a}).$$

Wenn die Spalten von A eine Orthonormalbasis von $\mathbb{R}^2$ bilden, folgt sofort

$$A^T A = I,$$

denn es gilt $(\underline{a}^i | \underline{a}^i) = 1$ und $(\underline{a}^i | \underline{a}^j) = 0$ für alle $i \neq j = 1, ..., n$. Diese Beobachtung ist Grundlage folgender

Definition 18.102. *Eine* $(n, n)-Matrix$ *A heißt* orthogonal, *wenn gilt*

$$A A^T = I = A^T A. \qquad (18.48)$$

Wir bemerken, dass die Bezeichnung "orthonormal" sogar treffender wäre; dennoch hat sich "orthogonal" durchgesetzt. Wesentlich an der Orthogonalität ist auch, dass gilt

$$A^T = A^{-1}$$

was sich direkt aus (18.48) ergibt, wenn man (18.48) mit der Definition 15.42 der Inversen vergleicht. Mit einer orthogonalen Matrix kennt man also automatisch gleich ihre Inverse.

Wie viele orthogonale (n, n)–Matrizen gibt es? Bis auf die Reihenfolge der Spalten bzw. Zeilen gibt es so viele, wie es Orthonormalbasen in $\mathbb{R}^n$ gibt – nämlich unendlich viele.

Was "nutzen" orthogonale Matrizen? Wir können mindenstens drei Aspekte nennen:

- Sie ersparen, wie gesehen, die Berechnung ihrer Inversen.
- Sie können verwendet werden, um Koordinatensysteme zu "drehen".
- Sie helfen, sogenannte quadratische Formen zu beurteilen, die uns in Kapitel 21 begegnen.

An dieser Stelle gehen wir kurz auf den zweiten Aspekt ein.

Beispiel 18.103. Wenn wir in $\mathbb{R}^2$ unsere Standardbasis $\underline{e} = [\underline{e}^1, \underline{e}^2]^T$ verwenden, entspricht das diesem rechtwinkligen Koordinatensystem.

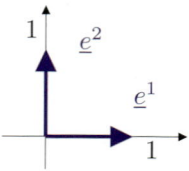

$\triangle$

Angenommen, wir wollen dieses Koordinatensystem um den Winkel α nach links drehen. Dann erhalten wir zwei neue Basisvektoren $\underline{b}^1$ und $\underline{b}^2$:

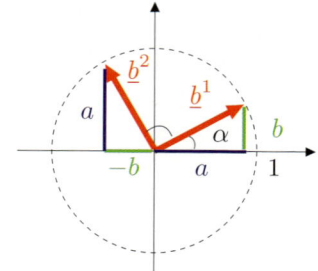

Die Koordinaten der neuen Basisvektoren im "alten" System lauten

$$\underline{b}^1 = \begin{bmatrix} a \\ b \end{bmatrix} \qquad \text{und} \qquad \underline{b}^2 = \begin{bmatrix} -b \\ a \end{bmatrix}$$

also

$$\begin{bmatrix} \underline{b}^1 \\ \underline{b}^2 \end{bmatrix} = \begin{bmatrix} a & b \\ -b & a \end{bmatrix} \begin{bmatrix} \underline{e}^1 \\ \underline{e}^2 \end{bmatrix}$$

kurz

$$\underline{\underline{b}} \qquad = \qquad A \qquad \underline{\underline{e}}.$$

Wir kennen auch den Wert der beiden Kostanten a und b, denn es gilt in jedem Kreis mit dem Radius r

$$a = r \cos \alpha \qquad \text{und} \qquad b = r \sin \alpha;$$

da wir in unserer Skizze den *Einheits*kreis vor uns haben, gilt für $r = 1$ und

$$a = \cos \alpha \qquad \text{und} \qquad b = \sin \alpha.$$

Also folgt

$$A = \begin{bmatrix} \cos\alpha & \sin\alpha \\ -\sin\alpha & \cos\alpha \end{bmatrix}.$$

Wir überzeugen uns sicherheitshalber durch eine Probe davon, dass $A^T A = I$ gilt. Wir haben aufgrund des bekannten Additionstheorems für Winkelfunktionen

$$\sin^2\alpha + \cos^2\alpha = 1$$

und daher

$$A^T A = \begin{bmatrix} \cos\alpha & -\sin\alpha \\ \sin\alpha & \cos\alpha \end{bmatrix} \begin{bmatrix} \cos\alpha & \sin\alpha \\ -\sin\alpha & \cos\alpha \end{bmatrix}$$

$$= \begin{bmatrix} \cos^2\alpha + \sin^2\alpha & 0 \\ 0 & \cos^2\alpha + \sin^2\alpha \end{bmatrix} = I.$$

Sinngemäß funktionieren Drehungen auch in höheren Dimensionen. Gleichzeitig können wir – diesmal ohne ausführliche Begründung – folgende Beobachtung verallgemeinern:

Satz 18.104. *Es seien $\mathscr{M}$ ein d−dimensionaler euklidischer Raum und $\underline{\underline{a}}$ sowie $\underline{\underline{b}}$ zwei Orthonormalbasen. Dann existiert eine orthogonale Matrix $\overline{\overline{A}}$ mit*

$$\underline{\underline{a}} = A\underline{\underline{b}}.$$

Satz 18.105. *Es seien $\mathscr{M}$ ein d−dimensionaler euklidischer Raum, $\underline{\underline{b}}$ eine Orthonormalbasis und A eine orthogonale Matrix. Dann gilt:*

$$\underline{\underline{a}} := A\underline{\underline{b}}$$

ist wiederum eine Orthonormalbasis von $\mathscr{M}$.

18.9 Lineare Abbildungen

Wir erinnern an die einfachsten reellen Funktionen $f : \mathbb{R} \longrightarrow \mathbb{R}$, die wir im Kapitel 6 kennen lernten: dies waren die linearen Funktionen mit der Bildungsvorschrift

$$f(x) = ax, \quad x \in \mathbb{R}, \tag{18.49}$$

wobei a eine gegebene reelle Konstante bezeichnet. Zu den Annehmlichkeiten solcher Funktionen zählt, dass die Rechenoperationen Addition und Vervielfachung aus dem Argument herausgezogen werden können. Diese wesentliche Eigenschaft ist auch bei Abbildungen willkommen, bei denen der lineare Raum $\mathbb{R}$ als Bild- bzw. Wertebereich durch allgemeinere lineare Räume ersetzt wird. Wir werden sehen, dass für solche Abbildungen eine zu (18.49) analoge Darstellung existiert.

Definition 18.106. *Es seien $\mathscr{D}$ und $\mathscr{W}$ lineare Räume. Eine Abbildung $T :$
$\mathscr{D} \longrightarrow \mathscr{W}$ heißt linear, wenn für alle $x, y \in \mathscr{D}$ und alle $\lambda \in \mathbb{R}$ gilt*

(i) $T(x + y) = T(x) + T(y)$ *"Additivität"*

(ii) $T(\lambda x) = \lambda T(x)$ *"Homogenität"*

Die Linearität einer Abbildung ist somit dasselbe wie Additivität, gepaart mit
Homogenität. Jede reelle Funktion, die wir bisher schon als linear bezeichnet
hatten – siehe die Definition 5.7 – ist auch linear im Sinne unserer neuen
Definition 18.106. Bevor wir weitere Beispiele nennen, merken wir an, dass
sich die Definition 18.106 ganz offensichtlich noch etwas verkürzen lässt:

Satz 18.107. *Es seien $\mathscr{D}$ und $\mathscr{W}$ lineare Räume. Eine Abbildung $T : \mathscr{D} \longrightarrow \mathscr{W}$
ist genau dann linear, wenn für alle $x, y \in \mathscr{D}$ und alle $\lambda, \mu \in \mathbb{R}$ gilt*

$$T(\lambda x + \mu y) = \lambda T(x) + \mu T(y).$$

Das für uns zunächst wichtigste Beispiel ist dieses:

Beispiel 18.108. Es seien $\mathscr{D} = \mathbb{R}^n$, $\mathscr{W} = \mathbb{R}^m$ sowie eine beliebige $(m, n)-$Matrix
A gegeben. Durch die Festlegung

$$\mathscr{A}(\underline{x}) := A\underline{x}, \quad \underline{x} \in \mathscr{D}, \tag{18.50}$$

wird eine Abbildung $\mathscr{A}$ definiert. Es ist nun offensichtlich, dass diese Abbildung linear ist, denn das sichern ja gerade die Rechengesetze der Matrixmultiplikation. In der Tat gilt

$$\begin{aligned}
\mathscr{A}(\lambda\underline{x} + \mu\underline{y}) &= A(\lambda\underline{x} &+ \mu\underline{y}) &\qquad \text{per def.}\\
&= \lambda A\underline{x} &+ \mu A\underline{y} &\qquad \text{Regeln Seite 569}\\
&= \lambda\mathscr{A}(\underline{x}) + \mu\mathscr{A}(\underline{y}) &&\qquad \text{per def..}
\end{aligned}$$

$\triangle$

Es gibt zahlreiche weitere wichtige Beispiele linearer Abbildungen, z.B. diese:

Beispiel 18.109 (Integrale). Wir wählen $\mathscr{D} = C[a, b]$, die Menge der stetigen
reellen Funktionen auf einem Intervall $[a, b]$ mit $a < b$. Aus Kapitel 13, Satz
13.2 wissen wir, dass jede Funktion $f \in C[a, b]$ integrierbar ist, und setzen

$$\mathscr{I}(f) := \int_a^b f(x)dx.$$

Dadurch wird eine Abbildung $\mathscr{I} : C[a, b] \longrightarrow \mathbb{R}$ definiert. Wir wissen weiterhin aus dem Satz 13.5, dass gilt

$$\int_a^b (f(x) + g(x))dx = \int_a^b f(x)dx + \int_a^b g(x)dx$$

sowie

$$\int_a^b (\lambda f(x))dx = \lambda \int_a^b f(x)dx$$

für alle $f, g \in C[a, b]$ und alle $\lambda \in \mathbb{R}$, also ist diese Integralabbildung linear.

$\triangle$

Ein Wort zu den Bezeichnungen: Es ist üblich, eine reelle Funktion z.B. mit dem Symbol f zu bezeichnen; da wir f hier als Vektor – sprich: Element eines linearen Raumes – auffassen, könnten wir auch schreiben $\underline{f}$ statt f. Wir bleiben jedoch bei der einfacheren Schreibweise f.

Beispiel 18.110 (Ableitungen). Wir betrachten nun den Raum $\mathscr{D} = C^{(1)}(\mathbb{R})$ der stetig differenzierbaren reellen Funktionen $f : \mathbb{R} \longrightarrow \mathbb{R}$ und setzen diesmal

$$\mathscr{A}(f) := f'$$

wobei wie üblich f' die *Ableitung* von f bezeichnet. Die bekanntesten Ableitungsregeln lauten

$$(f + g)' = f' + g' \quad \text{und} \quad (\lambda f)' = \lambda f'$$

deswegen ist auch die Ableitungsabbildung $f \longrightarrow f'$ linear. $\triangle$

Beispiel 18.111 (Ableitungen von Polynomen). Wir ändern das vorige Beispiel nur in folgendem Punkt ab: Statt beliebiger differenzierbarer Funktionen betrachten wir nur noch Polynome maximal $n-$ten Grades, deren Ableitung leicht zu berechnen ist. Also setzen wir für ein $n \in \mathbb{N}$

$$\mathscr{D} = \mathscr{W} = \mathscr{P}_n;$$

unverändert bleibt der "Inhalt" – die erste Ableitung:

$$\mathscr{A}(f) := f'.$$

$\triangle$

Als lineare Abbildungen lassen sich weiterhin interpretieren:

- höhere Ableitungen
- Operationen mit Zahlungsströmen wie Verzinsung oder Barwertberechnung
- die Bildung des Erwartungswertes bei Zufallsgrößen.

Wenn wir diese Beispiele betrachten, so sehen wir, dass diese sich stets genau einer der beiden folgenden Gruppen zuordnen lassen:

(I) $\mathscr{D}$ als auch $\mathscr{W}$ sind beide endlichdimensional, siehe die Beispiele 18.108 und 18.111,

(II) mindestens einer der beiden Räume $\mathscr{D}$ oder $\mathscr{W}$ ist unendlichdimensional, siehe die Beispiele 18.109 und 18.110.

Die zentrale Aussage dieses Abschnitts ist diese:

> *Jede lineare Abbildung der Gruppe I lässt sich durch eine Matrix beschreiben.*

Wir hatten ja bereits angemerkt, dass wir jeden endlichdimensionalen Raum, in dem wir eine Basis festgelegt haben, mit dem Raum $\mathbb{R}^n$ gleicher Dimension n identifizieren können. Die Abbildung $\mathscr{A}$ wird dann wie in (18.49) beschrieben. Anders formuliert: Das Thema "lineare Abbildungen zwischen endlichdimensionalen Räumen" wird durch die Matrizenrechnung komplett abgedeckt, wobei einige für uns wichtige Aspekte anschließend folgen.

Beispiel 18.112. Im Raum $\mathscr{P}_n$ wählen wir die "Standardbasis" $p_0, \dots, p_n$ gemäß

$$p_k(x) := x^k, \quad x \in \mathbb{R}, \quad \text{für} \quad k = 0, \dots, n.$$

Ein beliebiges Polynom p mit

$$p(x) = \sum_{k=0}^{n} a^k x^k, \quad x \in \mathbb{R},$$

hat dann die Basisdarstellung

$$p = \sum_{k=0}^{n} a^k p_k$$

und wir können schreiben

$$p \stackrel{\sim}{=} [a_0, \dots, a_n]^T \in \mathbb{R}^{n+1}.$$

Die Ableitung von p ist gegeben durch

$$p'(x) = \sum_{k=1}^{n} k a^k x^{k-1}$$
$$= \sum_{l=0}^{n-1} (l+1) a^{l+1} x^l$$

mit der Basisdarstellung

$$p' = \sum_{l=0}^{n-1} (l+1) a^{l+1} x^l.$$

Es folgt

$$p \stackrel{\sim}{=} [a_1, 2a_2, \dots, na_n, 0]^T \in \mathbb{R}^{n+1}.$$

Der Übergang von p zu p' wird bezüglich der gewählten Basis wie folgt durch eine Matrix beschrieben:

$$
\begin{bmatrix} a_1 \\ 2a_2 \\ \dots \\ na_n \\ 0 \end{bmatrix} = \begin{bmatrix} 0 & 1 & 0 & \dots & 0 \\ 0 & 0 & 2 & \dots & 0 \\ \dots & \dots & \dots & \dots & \dots \\ 0 & 1 & 0 & 0 & n \\ 0 & 0 & 0 & 0 & 0 \end{bmatrix} \begin{bmatrix} a_0 \\ a_1 \\ \dots \\ a_{n-1} \\ a_n \end{bmatrix}
$$
$$
\overset{\sim}{=} p' \qquad\qquad\qquad\qquad\qquad\qquad \overset{\sim}{=} p
$$

$\triangle$

Lineare Abbildungen der Gruppe II werden wir in diesem Text nicht näher untersuchen. Es lassen sich immerhin sehr interessante Analogien zu denen der Gruppe I feststellen, die es leichter machen, sich durch die entsprechende mathematische Literatur zu lesen.

18.10   Ausblick: Normierte Räume und Erweiterungen

Dieses Kapitel kann beim ersten Lesen getrost übersprungen werden. Für spätere Anwendungen mag es interessant sein. Denn nicht nur das Konzept des Skalarproduktes, sondern auch das Konzept der Norm lässt sich von den konkreten Räumen $\mathbb{R}^n$ auf beliebige lineare Räume übertragen, indem wir einfach die wesentlichen Eigenschaften zu den definierenden machen.

Definition 18.113 (Norm). *Es sei $\mathscr{M}$ ein linearer Raum. Eine Abbildung $\|\cdot\| : \mathscr{M} \to \mathbb{R}$ heißt* Norm, *wenn sie folgende Eigenschaften besitzt:*

(N1) $\|\underline{x}\| \geq 0$ für alle $\underline{x} \in \mathscr{M}$ und: $\|\underline{x}\| = 0 \Leftrightarrow \underline{x} = 0$ *"Nichtnegativität"*

(N2) $\|\lambda \underline{x}\| = |\lambda| \, \|\underline{x}\|$ für alle $\lambda \in \mathbb{R}, \underline{x} \in \mathscr{M}$ *"positive Homogenität"*

(N3) $\|\underline{x} + \underline{y}\| \leq \|\underline{x}\| + \|\underline{y}\|$ *"Dreiecksungleichung".*

Wiederum ist klar, dass unsere "bisherige", im Definition 17.1 eingeführte Norm im $\mathbb{R}^n$ auch eine Norm im Sinne unserer neuen Definition 18.113 ist.

Jeder euklidische lineare Raum wird auf natürliche Weise mit einer Norm ausgestattet, indem man setzt

$$
\|\underline{x}\| := \sqrt{(\underline{x} \,|\, \underline{x})}.
$$

Aber es gibt auch andere sinnvolle Normen.

Beispiel: Der Raum $C[a, b]$

Auf Seite 684 hatten wir die Menge $C[a, b]$ aller auf einem abgeschlossenen Intervall $[a, b]$, $a < b$, der reellen Achse definierten stetigen Funktionen betrachtet. Wir hatten gezeigt, wie diese auf natürliche Weise mit den Operationen "Addition" und "Multiplikation mit einem Skalar" versehen werden kann und damit zu einem linearen Raum wird. Mittlerweile können wir ergänzend nachtragen, dass $C[a,b]$ als linearer Raum *nicht* endlichdimensional ist, denn für jedes n sind die Funktionen $\underline{x} \to \underline{x}^0$, $\underline{x} \to \underline{x}^1$, ... , $\underline{x} \to \underline{x}^n$ linear unabhängig.

Wir können nun auf $C[a,b]$ eine Norm wie folgt einführen:

$$|||\underline{f}||| := \sup\{\, |f(\underline{x})| \mid \underline{x} \in [a,b] \}$$

wobei das Supremum in Wirklichkeit sogar ein Maximum ist, wie sich aus Satz 8.11 ergibt. Die Überprüfung der Normeigenschaften überlassen wir dem Leser als (*)-Übungsaufgabe.

Worin liegt nun der Wert einer solchen Norm? Angenommen, jemand teilt mit, der Abstand zwischen den "Vektoren" $\underline{f}$ und $\underline{g}$ betrage exakt 0.01, dann können wir zweierlei schließen:

- Die Funktionswerte von $\underline{f}$ und $\underline{g}$ unterscheiden sich betragsmäßig um höchstens 0.01.
- Dieser Höchstwert wird an mindestens einer Stelle $\underline{x} \in [a,b]$ auch wirklich angenommen.

Solche Infomationen sind immer dann von Wert, wenn es gilt, komplizierte Funktionen durch einfachere Funktionen gleichmäßig gut anzunähern.   △

Ein weiterer Vorteil einer Norm ist, dass mit ihrer Hilfe nicht nur "Längen", sondern insbesondere auch Abstände gemessen werden können. Das Folgende ist leicht einzusehen:

Satz 18.114 (Norm und Metrik). *Es sei $\mathscr{M}$ ein linearer Raum, der mit einer Norm $\|\cdot\|$ versehen ist. Durch die Festsetzung*

$$d(\underline{x},\underline{y}) := \|\underline{x} - \underline{y}\|, \quad \underline{x},\underline{y} \in \mathscr{M}$$

wird eine Metrik d auf $\mathscr{M}$ definiert.

Auf diese Weise können wir jeden normierten linearen Raum auch als metrischen Raum im Sinne von Definition 4.10 ansehen. Und schon steht uns der gesamte konzeptionelle Apparat des $\mathbb{R}^1$ jetzt auch in beliebigen normierten Räumen zur Verfügung. Nur als Beispiel nennen wir die Konvergenz einer Folge:

Definition 18.115. *Eine beliebige Folge $(\underline{a}_n)$ aus einem normierten linearen Raum $\mathscr{M}$ heißt* konvergent *gegen ein Element $\underline{a}$ aus $\mathscr{M}$, wenn die reellwertige Folge $(\|\underline{a}^n - \underline{a}\|)_{n \in \mathbb{N}}$, eine Nullfolge ist.*

Aufbauend auf diesen Begriffen, können wir *stetige* Funktionen betrachten, deren Funktionswerte selbst Vektoren sind. All diese Konzepte werden in der Mikroökonomik stark benötigt.

18.11   Aufgaben

Aufgaben zum Abschnitt 18.2

Aufgabe 18.116. Welche der nachfolgenden Mengen sind bezüglich der üblichen, aus $\mathbb{R}^3$, $\mathbb{R}^{n,n}$ bzw. $\mathbb{R}$ bekannten Rechenoperationen lineare Räume, welche nicht? (Dabei bezeichnen a in $\mathbb{R}^n$ bzw. A in $\mathbb{R}^{n,n}$ gegebene "Konstanten").

(i) $\{\underline{x} \in \mathbb{R}^3 | x_3 = 0\}$ (ii) $\{\underline{x} \in \mathbb{R}^3 | \|\underline{x}\| \leq 2\}$

(iii) $\{\underline{x} \in \mathbb{R}^n | \underline{x} \geq 0\}$ (iv) $\{\underline{x} \in \mathbb{R}^n | a^T \underline{x} = 0\}$

(v) $\{\underline{x} \in \mathbb{R}^n | a^T \underline{x} = 1\}$ (vi) $\mathbb{N}$

(vii) $\mathbb{Q}$ (viii) $[0,1]$

(ix) $\{M \in \mathbb{R}^{n,n} | M^2 = I\}$ (x) $\{M \in \mathbb{R}^{n,n} | MA = O\}$

Aufgaben zum Abschnitt 18.3

Aufgabe 18.117. Untersuchen Sie, ob die nachstehenden Vektoren linear unabhängig sind oder nicht.

a) $\underline{a} = \begin{pmatrix} 4 \\ 1 \\ 2 \end{pmatrix}$ $\underline{b} = \begin{pmatrix} 10 \\ 2,5 \\ 5 \end{pmatrix}$

b) $\underline{a} = \begin{pmatrix} 2 \\ 1 \\ 5 \end{pmatrix}$ $\underline{b} = \begin{pmatrix} 0 \\ 0 \\ -7 \end{pmatrix}$ $\underline{c} = \begin{pmatrix} 5 \\ 3 \\ 1 \end{pmatrix}$ $\underline{d} = \begin{pmatrix} 1 \\ 0 \\ 2 \end{pmatrix}$

c) $\underline{a} = \begin{pmatrix} 4 \\ 5 \\ 1 \end{pmatrix}$ $\underline{b} = \begin{pmatrix} -2 \\ 1 \\ -3 \end{pmatrix}$ $\underline{c} = \begin{pmatrix} 6 \\ -3 \\ 9 \end{pmatrix}$

d) $\underline{a} = \begin{pmatrix} 2 \\ 10 \end{pmatrix}$ $\underline{b} = \begin{pmatrix} 10 \\ 2 \end{pmatrix}$ $\underline{c} = \begin{pmatrix} 12 \\ 12 \end{pmatrix}$

e) $\underline{a} = \begin{pmatrix} 1 \\ -2 \\ 5 \end{pmatrix}$ $\underline{b} = \begin{pmatrix} 2 \\ -4 \\ 5 \end{pmatrix}$

f) $\underline{a} = \begin{pmatrix} 1 \\ 3 \\ 4 \end{pmatrix}$ $\underline{b} = \begin{pmatrix} 2 \\ 0 \\ 4 \end{pmatrix}$ $\underline{c} = \begin{pmatrix} -1 \\ 1 \\ 0 \end{pmatrix}$

g) $\underline{a} = \begin{pmatrix} 42 \\ 1 \\ 0 \end{pmatrix}$ $\underline{b} = \begin{pmatrix} 1 \\ -1 \\ 2 \end{pmatrix}$ $\underline{c} = \begin{pmatrix} 0 \\ 3 \\ -4 \end{pmatrix}$

Aufgabe 18.118. Man untersuche, ob die folgenden Vektoren linear unabhängig sind (mit Begründung):

a) $\begin{pmatrix} 2 \\ -3 \end{pmatrix}, \begin{pmatrix} -1/2 \\ 3/4 \end{pmatrix}$

b) $\begin{pmatrix} -2 \\ 3 \\ 3 \end{pmatrix}, \begin{pmatrix} -4 \\ 0 \\ 4 \end{pmatrix}, \begin{pmatrix} 0 \\ 0 \\ 0 \end{pmatrix}$

c) $\begin{pmatrix} -2 \\ 3 \\ 3 \end{pmatrix}, \begin{pmatrix} -4 \\ 0 \\ 4 \end{pmatrix}, \begin{pmatrix} 0 \\ 0 \\ 0 \end{pmatrix}, \begin{pmatrix} 0 \\ 9 \\ 3 \end{pmatrix}$

d) $\begin{pmatrix} 1 \\ 4 \end{pmatrix}, \begin{pmatrix} 2 \\ 4 \end{pmatrix}$

e) $\begin{pmatrix} 1 \\ 4 \end{pmatrix}, \begin{pmatrix} 2 \\ 4 \end{pmatrix}, \begin{pmatrix} 3 \\ 4 \end{pmatrix}$

f) $\begin{pmatrix} -1 \\ 1 \\ 4 \end{pmatrix}, \begin{pmatrix} 0 \\ 2 \\ 3 \end{pmatrix}, \begin{pmatrix} 1 \\ -2 \\ 0 \end{pmatrix}$

Aufgabe 18.119. Es sei M ein linearer Raum der Dimension $d = 3$ und $\underline{a}, \underline{b}, \underline{c}, \underline{d} \in M$. Es gelte

$$\underline{d} = 2\underline{a} + \underline{b} + \underline{c}$$
$$2\underline{d} = 4\underline{a} - \underline{b} + 2\underline{c}$$

Sind die Vektoren $\underline{a}, \underline{b}, \underline{c}$ linear unabhängig?

Aufgabe 18.120. Von einem Vektor $\underline{x} \neq 0$ aus $\mathbb{R}^3$ sei bekannt: $\underline{x} \perp \underline{a}$ und $\underline{x} \perp \underline{b}$, wobei $\underline{a}$ und $\underline{b}$ gegebene, nicht parallele Vektoren sind. Entscheiden Sie: Die Vektoren

☐ $\underline{x}, \underline{a}, \underline{b}$ sind linear unabhängig.

☐ $\underline{x}, \underline{a}, \underline{b}$ sind linear abhängig.

☐ beides ist möglich.

Aufgabe 18.121. Von n Vektoren $\underline{a}^1, \dots, \underline{a}^n$ aus dem $\mathbb{R}^d$ sei bekannt:

(i) Der Nullvektor kommt unter $\underline{a}^1, \dots, \underline{a}^n$ nicht vor
(d.h. $\underline{a}^1 \neq 0, \dots, \underline{a}^n \neq 0$).

(ii) Die Vektoren $\underline{a}^1, \dots, \underline{a}^n$ sind paarweise zueinander orthogonal
(d.h.: $i \neq j \Rightarrow \underline{a}^i \perp \underline{a}^j$).

Zeigen Sie: $\underline{a}^1, \dots, \underline{a}^n$ sind linear unabhängig.

Aufgabe 18.122. Untersuchen Sie jede der nachfolgenden Aussagen auf Richtigkeit (= Allgemeingültigkeit). (Richtige Aussagen sind zu begründen, falsche durch geeignete Gegenbeispiele zu widerlegen.)
Es seien $\mathcal{M}$ ein linearer Raum, $n \geq 2$ eine natürliche Zahl und $\underline{a}_1, \dots, \underline{a}_n \in \mathcal{M}$.

(i) Die Vektoren $\underline{a}_1, \dots, \underline{a}_n$ sind genau dann linear abhängig, wenn sich einer von ihnen als Linearkombination der übrigen darstellen läßt.

(ii) Die Vektoren $\underline{a}_1, \dots, \underline{a}_n$ sind genau dann linear abhängig, wenn sich höchstens einer von ihnen als Linearkombination der übrigen darstellen läßt.

(iii) Wenn die Vektoren $\underline{a}_1, \dots, \underline{a}_n$ linear abhängig sind, läßt sich einer von ihnen als nichttriviale Linearkombination der übrigen darstellen.

(iv) Die Vektoren $\underline{a}_1, \dots, \underline{a}_n$ sind linear unabhängig, wenn sich keiner von ihnen als Linearkombination der übrigen darstellen läßt.

(v) Wenn $\underline{a}_1, \dots, \underline{a}_n$ linear abhängig sind, läßt sich mindestens einer dieser Vektoren als nichttriviale Linearkombination der übrigen darstellen.

(vi) Wenn die Vektoren $\underline{a}_1, \dots, \underline{a}_n$ linear abhängig sind, läßt sich jeder von ihnen als Linearkombination der übrigen darstellen.

(vii) Die lineare Unabhängigkeit der Vektoren $\underline{a}_1, \dots, \underline{a}_n$ ist notwendig dafür, dass der Nullvektor 0 nicht unter diesen vorkommt.

(viii) Kommt der Nullvektor 0 unter $\underline{a}_1, \dots, \underline{a}_n$ vor, sind diese linear abhängig.

(ix) Zwei Vektoren $\underline{a}_1$ und $\underline{a}_2$ sind genau dann linear unabhängig, wenn keiner ein Vielfaches des anderen ist.

(x) Kommt der Nullvektor 0 unter den ersten $n-1$ Vektoren $\underline{a}_1, \dots, \underline{a}_{n-1}$ vor, können $\underline{a}_1, \dots, \underline{a}_n$ nicht linear unabhängig sein.

(xi) Kommt (im Fall $n \geq 3$) der Nullvektor 0 unter den ersten $n-1$ Vektoren $\underline{a}_1, \dots, \underline{a}_{n-1}$ vor, können höchstens $n-2$ der Vektoren $\underline{a}_1, \dots, \underline{a}_n$ linear unabhängig sein.

(xii) Der Vektor $\underline{a}_1$ ist genau dann linear unabhängig, wenn $\underline{a}_1 \neq 0$ gilt.

(xiii) Falls $\underline{a}_1, \ldots, \underline{a}_n$ linear abhängig sind, muss $dim\mathscr{M} < n$ gelten.

(xiv) Falls $dim\mathscr{M} < n$ gilt, sind $\underline{a}_1, \ldots, \underline{a}_n$ notwendig linear abhängig.

Aufgabe 18.123. In Aufgabe 16.11 wurde der folgende Gozintograph einer zweistufigen Produktion betrachtet:

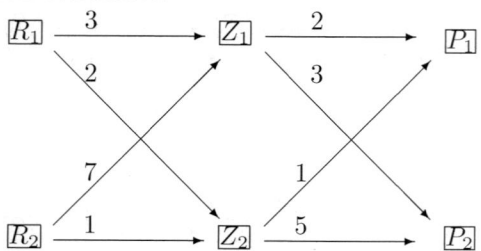

Es waren Matrizen V^{01} und V^{12} sowie Vektoren $\underline{z}$ und $\underline{r}$ eingeführt worden, die den direkten spezifischen Materialverbrauch beim Übergang von Stufe 0 zu Stufe 1 bzw. von Stufe 1 zu Stufe 2 sowie die erforderlichen absoluten Mengen an Zwischenprodukten und Rohstoffen beschreiben.

a) Zeigen Sie, dass

    i)   die Spalten von V^{01} eine Basis $\underline{b} = (\underline{b}^1, \underline{b}^2)^T$

    ii) die Spalten von V^{12} eine Basis $\underline{c} = (\underline{c}^1, \underline{c}^2)^T$

    iii) die Spalten von $V := V^{01}V^{12}$ eine Basis $\underline{d} = (\underline{d}^1, \underline{d}^2)^T$

   des $\mathbb{R}^2$ bilden.

b) Geben Sie die Koeffizienten von

    i) $\underline{z}$ bezüglich $\underline{c}$

    ii) $\underline{r}$ bezüglich $\underline{b}$

    iii) $\underline{r}$ bezüglich $\underline{d}$

   an und interpretieren Sie diese ökonomisch.

Aufgaben zum Abschnitt 18.4

Aufgabe 18.124. Bestimmen Sie die Inversen folgender Matrizen, soweit existent, mit Hilfe des Austauschverfahrens:

$$A := \begin{pmatrix} 1 & 2 & 3 \\ 2 & 0 & 6 \\ 3 & 6 & 1 \end{pmatrix} \quad B := \begin{pmatrix} 3 & 7 \\ 2 & 5 \end{pmatrix} \quad H := \begin{pmatrix} 2 & 0 & 1 & 1 \\ 0 & 3 & 3 & 6 \\ 1 & -1 & -1 & 1 \\ 0 & 2 & 2 & 0 \end{pmatrix}.$$

Aufgabe 18.125. Wir betrachten ein komplexes Verflechtungsmodell mit der Technologiematrix

$$E := \begin{pmatrix} \frac{1}{10} & 4 & 5 \\ \frac{1}{10} & 0 & 4 \\ 0 & \frac{1}{10} & 0 \end{pmatrix}.$$

(i) Bestimmen Sie die zugehörige Leontief-Inverse mit dem Austauschverfahren.

(ii) Was würde geschehen, wenn der Wert 4 in der ersten Zeile von E auf 5 erhöht würde?
(Hinweis: *Das Tableau T3 braucht in diesem Fall nicht vollständig berechnet zu werden.*)

Aufgabe 18.126. Bestimmen Sie die Inverse der Matrix

$$A = \begin{bmatrix} 1 & a & a^2 & a^3 \\ 0 & 1 & a & a^2 \\ 0 & 0 & 1 & a \\ 0 & 0 & 0 & 1 \end{bmatrix}$$

$(a \in \mathbb{R})$ mit dem Austauschverfahren.

Aufgabe 18.127. Man zeige unter Verwendung der Bezeichnungen von S.722, dass gilt

$$ex_{p,q}(A') = ex_{p,q}(ex_{p,q}(A)) = A.$$

Aufgaben zum Abschnitt 18.5

Aufgabe 18.128. Stellen Sie fest, welche der folgenden Mengen lineare Teilräume von $\mathcal{M}$ sind:

(i) $\mathcal{M} = \mathbb{R}^2$ $\qquad M = \left\{ \begin{bmatrix} 4 \\ 7 \end{bmatrix} + \lambda \begin{bmatrix} 5 \\ -1 \end{bmatrix} \mid \lambda \in \mathbb{R} \right\}$

(ii) $\mathcal{M} = \mathbb{R}^2$ $\qquad N = \left\{ \begin{bmatrix} 4 \\ 7 \end{bmatrix}, \begin{bmatrix} 5 \\ -1 \end{bmatrix} \right\}$

(iii) $\mathcal{M} = \mathbb{R}^2$ $\qquad S = \left\{ \begin{bmatrix} 10 \\ -2 \end{bmatrix} + \lambda \begin{bmatrix} 5 \\ -1 \end{bmatrix} \mid \lambda \in [0,1] \right\}$

(iv) $\mathcal{M} = \mathbb{R}^2$ $\qquad T = \left\{ \begin{bmatrix} 10 \\ -2 \end{bmatrix} + \lambda \begin{bmatrix} 5 \\ -1 \end{bmatrix} \mid \lambda \in \mathbb{R} \right\}$

(v) $\mathcal{M} = \mathbb{R}^2$ $\qquad E \, \hat{=}$ Einheitskreisscheibe ($E = \{ \underline{x} \in \mathbb{R}^2 \mid \|\underline{x}\| \le 1 \}$).

Aufgabe 18.129. Geben Sie die fehlende Begründung zur Aussage (ii) des "Teilraumsatzes" 18.63 an.

Aufgabe 18.130. Es seien $\mathcal{M}$ ein linearer Raum und A und B lineare Teilräume von $\mathcal{M}$. Welche der folgenden Aussagen treffen zu?

(i) $A \cup B$ ist linearer Teilraum von $\mathcal{M}$.

(ii) $A \cap B$ ist linearer Teilraum von $\mathcal{M}$.

(iii) $A + B$ ist linearer Teilraum von $\mathcal{M}$.

Aufgabe 18.131. Wir hatten mit $\mathcal{P}_3$ die Menge aller Polynome höchstens 3-ten Grades mit reellen Koeffizienten bezeichnet. Hierbei handelt es sich um einen linearen Raum der Dimension 4, für den die Polynome $1 = x^0, x^1, x^2, x^3$ als Basisvektoren fungieren können. Nunmehr betrachten wir die Teilmenge $\mathcal{P}_{3,0}$ all derjenigen Polynome, deren Koeffizientensumme 0 beträgt. Zeigen Sie, dass es sich um einen linearen Teilraum von $\mathcal{P}_3$ handelt, und geben Sie eine Basis dafür an.

Aufgaben zum Abschnitt 18.6

Aufgabe 18.132. Gegeben seien die Vektoren

$$\underline{a} = \begin{bmatrix} 4 \\ -2 \\ 0 \\ 4 \end{bmatrix} \quad \underline{b} = \begin{bmatrix} -4 \\ -8 \\ 4 \\ 16 \end{bmatrix} \quad \underline{c} = \begin{bmatrix} 3 \\ -4 \\ 1 \\ 0 \end{bmatrix} \quad \underline{d} = \begin{bmatrix} -6 \\ 3 \\ 0 \\ -6 \end{bmatrix} \quad \underline{e} = \begin{bmatrix} 1 \\ 2 \\ -1 \\ 4 \end{bmatrix}$$

(i) Ist die Menge $\mathscr{L} := \mathscr{L}(\underline{a}, \underline{b}, \underline{c}, \underline{d}, \underline{e})$ als Teilmenge von $\mathbb{R}^4$ ein Punkt, eine Gerade, eine Ebene, ein dreidimensionaler Teilraum von $\mathbb{R}^4$ oder ganz $\mathbb{R}^4$?

(ii) Auf wieviele (und beispielsweise welche) der Vektoren $\underline{a}$ bis $\underline{e}$ kann bei der Bildung der linearen Hülle verzichtet werden, ohne dass diese sich ändert? (Geben Sie mindestens zwei derartige Möglichkeiten an.)

(iii) Wie kann das Austauschverfahren zur Lösung dieses Problems eingesetzt werden?

Aufgabe 18.133. Es seien $\mathcal{M}$ ein linearer Raum und $A, B \subseteq \mathcal{M}$ beliebige nichtleere Teilmengen. Entscheiden Sie für jede der folgenden Aussagen, ob sie richtig (R) oder falsch (F) ist.

(i) $A \cap B \neq \emptyset \Rightarrow \mathcal{L}(A \cap B) = \mathcal{L}(A) \cap \mathcal{L}(B)$.

(ii) Sind A, B lineare Teilräume von $\mathcal{M}$, so auch $A + B$.

(iii) $\mathcal{L}(A) + \mathcal{L}(B) = \mathcal{L}(A + B)$.

(iv) $\mathcal{L}(A + B) \subset \mathcal{L}(A \cup B)$

(v) $\mathcal{L}(A \cup B) = \mathcal{L}(A) + \mathcal{L}(B)$.

Aufgaben zu den Abschnitten 18.7 und 18.8

Aufgabe 18.134. Ein Ökonom vermutet, dass zwischen dem Nettoeinkommen X eines 2-Personen-Haushaltes und dem davon für Lebensmittel aufgewandten prozentualen Anteil Y ein linearer Zusammenhang der Form

$$Y = f(X) = aX + b \tag{18.51}$$

besteht, wobei a und b gewisse Parameter bezeichnen, die durch eine Versuchsserie ermittelt werden sollen. Dazu werden N zufällig ausgewählte 2-Personen-Haushalte befragt und die Nettoeinkommen $X_1, \ldots, X_n$ sowie die zugehörigen prozentualen Anteile für Lebensmittel $Y_1, \ldots, Y_n$ ermittelt. Es stellt sich jedoch heraus, dass bei keiner Wahl der Konstanten a und b die Gleichung (18.51) exakt für alle Beobachtungen erfüllt ist; sie gilt vielmehr nur näherungsweise. Exakt gelten die Gleichungen

$$Y_i = aX_i + b + \epsilon_i \qquad (18.52)$$

für $i = 1, \ldots, N$, worin die ϵ_i die zufälligen Abweichungen von (18.51) beschreiben.

Der Ökonom versucht nun, die Konstanten a und b so zu bestimmen. dass die summierten Fehlerquadrate aus (18.52) möglichst klein werden. Weisen Sie ihm den Weg, wie das Problem mittels Orthogonalprojektion gelöst werden kann.

Aufgaben zu den Abschnitten 18.9 und 18.10

Aufgabe 18.135. Bekanntlich erzeugt jede beliebige (m, n)−Matrix A eine lineare Abbildung $\mathscr{A} : \mathbb{R}^n \longrightarrow \mathbb{R}^m$. Zeigen Sie, dass auch die folgende Umkehrung davon gilt:

Satz 18.136. *Jede lineare Abbildung $\mathscr{A} : \mathbb{R}^n \longrightarrow \mathbb{R}^m$ hat die Form*

$$\mathscr{A}(\underline{x}) = A\underline{x}, \underline{x} \in \mathscr{D}$$

mit einer eindeutig bestimmten (m, n)−Matrix A.

Aufgabe 18.137. Es sei $\mathscr{D} := \mathscr{W} := \mathscr{P}_n$, versehen mit der Standardbasis $p_0, \ldots, p_n$ mit $p_0(x) = x^0, \ldots, p_n(x) = x^n$. Geben Sie eine Matrixdarstellung für die Abbildung

$$\mathscr{B} : \mathscr{D} \longrightarrow \mathscr{W} : p \longrightarrow p''$$

(zweite Ableitung) an.

19

Lineare Gleichungssysteme

19.1 Begriffe

19.1.1 Motivation

Der Begriff "lineares Gleichungssystem" ist uns bisher bereits bei zahlreichen ökonomischen Fragestellungen begegnet, so z.B. bei der Bestimmung von

- Produktionsplänen
- Verflechtungsmatrizen oder
- Brutto- und Nettoproduktion in Leontief-Modellen.

Darüber hinaus spielte er bei vielen auf den ersten Blick "innermathematischen" Problemen eine Rolle; erinnert sei z.B. an

- die Untersuchung von Vektoren auf lineare Unabhängigkeit
- die Ermittlung von Basisdarstellungen oder
- den Vergleich von Parameterdarstellungen.

Ein typisches Problem, das auf ein lineares Gleichungssystem führt, ist auch dieses:

Beispiel 19.1. In einem Unternehmen werden drei Produkte P_1, P_2 und P_3 auf drei verschiedenen Maschinen M_1, M_2 und M_3 bearbeitet. Der spezifische Maschinenzeitverbrauch und die zu Beginn eines Produktionszeitraumes noch verfügbaren Maschinenzeitfonds sind folgender Tabelle[1] zu entnehmen:

Maschinenzeitverbrauch	P_1	P_2	P_3	Maschinenzeitfonds
$M1$	7	1	2	46
$M2$	12	2	3	78
$M3$	8	0	4	56

Naturgemäß stellt sich die Frage, ob es möglich ist, diese Maschinenzeitfonds bei Wahl eines geeigneten Produktionsplans aufzubrauchen; falls ja, hätte man

---

[1] Von der genauen Benennung der Maßeinheiten kann hier abgesehen werden.

gern eine Übersicht über alle solchen Pläne.

Jeder derartige Plan $\underline{x} = [x_1, x_2, x_3]^T$ muss offenbar den folgenden drei Verbrauchsgleichungen simultan genügen:

$$
\begin{aligned}
7x_1 &+ x_2 + 2x_3 = 46 \\
12x_1 &+ 2x_2 + 3x_3 = 78 \\
8x_1 &\qquad\;\; + 4x_3 = 56
\end{aligned}
$$

(Hierbei gibt x_i die Anzahl zu produzierender Mengeneinheiten des Produktes P_i an.) $\qquad\qquad\qquad\qquad\qquad\qquad\qquad\qquad\qquad\qquad\qquad \triangle$

Ziel dieses Abschnittes ist es nun, lineare Gleichungssysteme systematisch zu untersuchen und möglichst einfache Lösungsverfahren zu entwickeln.

19.1.2   Definition und Darstellungsformen

Wir beginnen mit der kürzestmöglichen Notation. Es seien beliebige natürliche Zahlen m und n, eine beliebige (m, n)-Matrix A sowie ein beliebiger Vektor $\underline{y}$ in $\mathbb{R}^m$ gegeben.

Definition 19.2. *Die Gleichung*

$$
A\underline{x} = \underline{y} \tag{19.1}
$$

heißt lineares Gleichungssystem *(bezüglich $\underline{x} \in \mathbb{R}^n$).*

Hervorzuheben ist, dass in dieser Gleichung die Größen A und $\underline{y}$ als bekannt, $\underline{x}$ hingegen als unbekannt interpretiert werden.

Die Bezeichnung "lineares Gleichungssystem" (für die wir im Weiteren oft kurz "GLS" schreiben werden) an sich wird besser verständlich, wenn wir die Gleichung (19.1) ausführlicher schreiben als

$$
\underbrace{\begin{bmatrix} a_{11} & \cdots & a_{1n} \\ \vdots & & \vdots \\ a_{m1} & \cdots & a_{mn} \end{bmatrix}}_{bekannt} \underbrace{\begin{bmatrix} x_1 \\ \vdots \\ x_n \end{bmatrix}}_{unbekannt} = \underbrace{\begin{bmatrix} y_1 \\ \vdots \\ y_m \end{bmatrix}}_{bekannt} \tag{19.2}
$$

bzw. noch ausführlicher als

$$
\begin{aligned}
a_{11}x_1 &+ \cdots + a_{1n}x_n &=& \; y_1 \\
&\;\;\vdots && \vdots \\
a_{m1}x_1 &+ \cdots + a_{mn}x_n &=& \; y_m
\end{aligned} \tag{19.3}
$$

Die letzte Darstellung zeigt, dass in der Tat m (zeilenweise notierte) Gleichungen *simultan* betrachtet werden – insofern handelt es sich um ein *System* von Gleichungen. Jede dieser Gleichungen ist *linear* (d.h., sie enthält die unbekannten Größen $x_1, \ldots, x_n$ ausschließlich in nullter oder erster Potenz).

Man nennt die Matrix A die *Koeffizientenmatrix* und ihre Komponenten die *Koeffizienten* des GLS (19.1); den Vektor y werden wir auch als "*rechte Seite*" von (19.1) bezeichnen. Weiterhin nennt man (m, n) oder auch $m \times n$ das *Format* von (19.1). Wir sprechen dann kurz von einem (m, n)–*Gleichungssystem*. Die hier gewählten Bezeichnungen A für Koeffizientenmatrix und y für die rechte Seite sind selbstverständlich beliebig durch andere, phantasievollere ersetzbar. Betrachten wir einige

Beispiele 19.3.

(1) In der Einleitung wurden folgende simultane Gleichungen betrachtet:

$$
\begin{aligned}
7x_1 &+ x_2 + 2x_3 = 46 \\
12x_1 &+ 2x_2 + 3x_3 = 78 \\
8x_1 & + 4x_3 = 56
\end{aligned}
$$

Wir wollen diese erst später lösen, dazu hier aber schon einmal sehen, wie sie sich in der Form (19.1) darstellen lassen. Es handelt sich um ein $(3, 3)$–Gleichungssystem der Form $A\underline{x} = \underline{y}$ mit

$$
A = \begin{bmatrix} 7 & 1 & 2 \\ 12 & 2 & 3 \\ 8 & 0 & 4 \end{bmatrix}, \quad \underline{y} = \begin{bmatrix} 46 \\ 78 \\ 56 \end{bmatrix} \quad \text{und} \quad \underline{x} = \begin{bmatrix} x_1 \\ x_2 \\ x_3 \end{bmatrix}
$$

(2)

$$
\begin{aligned}
p_1 &+ p_2 = 4 \\
p_1 &+ 2p_2 = 6
\end{aligned}
\tag{19.4}
$$

(In diesem Beispiel sind die Koeffizienten und die rechte Seite gegeben durch

$$
A := \begin{bmatrix} 1 & 1 \\ 1 & 2 \end{bmatrix} \quad \text{bzw } \underline{y} := \begin{bmatrix} 4 \\ 6 \end{bmatrix},
$$

die Unbekannten heißen p_1 bzw. p_2 und werden zu dem Vektor $\underline{p} := \begin{bmatrix} p_1 \\ p_2 \end{bmatrix}$ zusammengefasst.)

(3)

$$
\begin{aligned}
x &+ y + z = 0 \\
2x &- y - 3z = 0
\end{aligned}
$$

(Hierbei handelt es sich um eine gängige Bezeichnungsweise für GLS mit "wenigen" Unbekannten, bei der man sich der Bequemlichkeit halber die

Verwendung von Indizes erspart.) In Matrixschreibweise liest sich dieses GLS so:

$$\begin{bmatrix} 1 & 1 & 1 \\ 2 & -1 & -3 \end{bmatrix} \begin{bmatrix} x \\ y \\ z \end{bmatrix} = \begin{bmatrix} 0 \\ 0 \end{bmatrix}.$$

(4)

$$2\,Schalke - 3\,Hertha = 0$$

(Obwohl hier nur eine einzige Gleichung – mit "Schalke" und "Hertha" als Namen der Unbekannten – steht, handelt es sich um ein GLS im Sinne der Definition 1. Der Typ dieses Gleichungssystems ist $(1,2)$.)

(5)

$$5x = 11$$

Es handelt sich um eine "gewöhnliche" Gleichung mit einer Unbekannten x, die zugleich als Gleichungs*system* vom Typ $(1,1)$ aufgefasst werden kann.   △

So einfach das letzte Beispiel ist, ebenso nützlich ist es auch: Jede weitere Überlegung zum Thema Gleichungssysteme kann schließlich nur dann zutreffen, wenn sie auch auf gewöhnliche Gleichungen zutrifft. Nochmals sei betont, dass es uns hier zunächst nur um die *Darstellung* von Gleichungssystemen ging; der eigentlichen Lösung wenden wir uns später zu.

Im Hinblick auf die rechte Seite eines Gleichungssystems ist folgende Unterscheidung üblich:

Definition 19.4. *Das GLS*

$$A\underline{x} = \underline{y} \tag{19.1}$$

heißt homogen, *wenn gilt* $\underline{y} = 0$, *andernfalls heißt* (19.1) inhomogen.

Bei unseren Beispielen 19.3 (1), (2) und (5) handelt es sich um inhomogene, bei 19.3 (3) und (4) um homogene Gleichungssysteme. Wenn bei einem abstrakt gegebenen GLS $A\underline{x} = \underline{y}$ zunächst nicht klar ist, ob $\underline{y} = 0$ gilt oder nicht, sprechen wir von einem *allgemeinen* Gleichungssystem.

Wir bemerken noch, dass aus jedem beliebigen Gleichungssystem (19.1) ein homogenes Gleichungssystem entsteht, wenn die rechte Seite durch den Nullvektor ersetzt wird. Das entstehende GLS

$$A\underline{x} = \underline{0} \tag{19.1h}$$

heißt *das zu* (19.1) *assoziierte homogene Gleichungssystem.*

Das Interesse an homogenen Gleichungssystemen beruht zunächst darauf, dass sie erkennbar einfacher sind als allgemeine Gleichungssysteme und stets mindestens eine Lösung – nämlich den Nullvektor $\underline{x} = 0$ – besitzen. Später werden wir sehen, dass sie uns wesentliche Aufschlüsse über die Lösung allgemeiner Gleichungssysteme geben.

19.1.3   Lösungsbegriffe und Fragestellungen

Nachdem nun geklärt ist, was unter einem linearen Gleichungssystem verstanden werden soll, schließt sich eine Reihe von Fragen an, die wir hier in Kurzform anreißen:

(1) Was ist eine "Lösung"?

(2) Wann existiert (mindestens) eine Lösung?

(3) "Wieviele" Lösungen existieren?
(Welche Struktur hat die Lösungsmenge?)

(4) Wie bestimmt man die Lösung(en) praktisch?

Die erste Frage ist leicht beantwortet:

Definition 19.5. *Jeder Vektor $\underline{x} \in \mathbb{R}^n$, der der Gleichung (19.1) genügt, heißt eine* spezielle Lösung *von (19.1). Die Menge aller speziellen Lösungen von (19.1), also*

$$\mathbb{L} := \{\underline{x} \in \mathbb{R}^n \,|\, A\underline{x} = \underline{y}\},$$

heißt allgemeine Lösung *von (19.1).*

Die Fragen (2) und (3) mögen auf den ersten Blick nicht so naheliegend erscheinen. Zur Erläuterung betrachten wir

Beispiel 19.6. Gegeben seien die folgenden drei gewöhnlichen Gleichungen (die wir jeweils als GLS vom Typ (1,1) interpretieren):

(1) $5x = 11$

(2) $0x = 11$

(3) $0x = 0$

- Die erste Gleichung hat genau eine Lösung, nämlich $x = \frac{11}{5}$; wir können schreiben $\mathbb{L} = \{\frac{11}{5}\}$.

- Die zweite Gleichung hingegen ist unlösbar, denn ihre linke Seite hat stets den Wert 0 (unabhängig davon, welchen reellen Wert x annimmt), während die rechte Seite stets den Wert 11 hat – beide sind natürlich verschieden. In diesem Fall folgt $\mathbb{L} = \emptyset$.

- Die dritte Gleichung schließlich ist für jede reelle Zahl x erfüllt, denn beide Seiten sind stets Null. Also gilt hier $\mathbb{L} = \mathbb{R}$.

Schon dieses einfache Beispiel zeigt drei mögliche Lösungsfälle:

- es gibt genau eine spezielle Lösung $x \in \mathbb{R}$
- es gibt keine Lösung
- es gibt unendlich viele spezielle Lösungen in $\mathbb{R}$.

Gleichzeitig sehen wir, dass $\mathbb{L}$ entweder überhaupt keinen, einen einzigen oder alle Punkte aus $\mathbb{R}$ enthält. Im letzteren Fall hat die Lösungsmenge $\mathbb{L} = \mathbb{R}$ die Gestalt einer Geraden, ist also von linearer geometrischer Struktur.   △

Aufgrund dieser einfachen Beobachtungen wird man annehmen müssen, dass bei GLS mit mehreren Gleichungen und/oder Unbekannten ähnliche Verhältnisse zutreffen. Genaueres dazu werden die folgenden Abschnitte zeigen. Den Schlüssel zur Beantwortung unserer Fragen wird uns wiederum die *Methode des scharfen Hinsehens* geben: Ein und dasselbe Gleichungssystem kann man nämlich auf mindestens drei unterschiedliche Arten "sehen":

(a) *zeilenweise*

(b) *spaltenweise*

(c) als *eine* abstrakte Gleichung.

Obwohl die Lösung eines Gleichungssystems unabhängig von diesen Sichtweisen ist, werden wir je nach eingenommener Sichtweise zu unterschiedlichen Erkenntnissen über die Lösung kommen, die am Ende ein geschlossenes Gesamtbild ergeben.

19.2   Eine geometrische Interpretation

Lineare Gleichungssysteme lassen sich auf unterschiedliche Weise geometrisch deuten. Eine solche Möglichkeit liegt unmittelbar auf der Hand, wenn wir ein gegebenes Gleichungssystem *zeilenweise* interpretieren.

Gleichungssysteme mit zwei Unbekannten – ein Beispiel

Betrachten wir das Beispiel (2) aus 19.3 etwas genauer, sehen wir – zeilenweise – zwei Gleichungen

$$p_1 + p_2 = 4 \qquad\qquad (19.5)$$
$$p_1 + 2p_2 = 6 \qquad\qquad (19.6)$$

für die beiden Unbekannten p_1 und p_2. Jede Lösung $\underline{p} = (p_1, p_2)^T \in \mathbb{R}^2$ muss beiden Gleichungen genügen. Die beiden Gleichungen (19.5) und (19.6) sind uns ihrer Form nach aus Abschnitt 17.3.3 wohlbekannt; es handelt sich um nichts anderes als um Geradengleichungen in Normalenform. Die Menge aller Punkte, die der ersten Gleichung genügen, ist daher eine Gerade im $\mathbb{R}^2$, die wir mit g_1 bezeichnen werden. Um sie zu skizzieren, bedient man sich bequemerweise der zugehörigen Abschnittsform

$$g_1 : \frac{p_1}{4} + \frac{p_2}{4} = 1.$$

Entsprechend ist die Menge der Punkte, die der zweiten Gleichung genügen, eine Gerade g_2 mit der Abschnittsform

$$g_2 : \frac{p_1}{6} + \frac{p_2}{3} = 1.$$

Das nebenstehende Bild zeigt diese beiden Geraden. – Die Lösungsmenge $\mathbb{L}$ von (19.5) und (19.6) enthält nun genau alle diejenigen Punkte, die sowohl auf g_1 als auch auf g_2 liegen - in unserem Fall ist dies ein einziger Punkt. Das Bild verleitet dazu, dessen Koordinaten direkt abzulesen: $(p_1, p_2)^T = (2, 2)^T$.

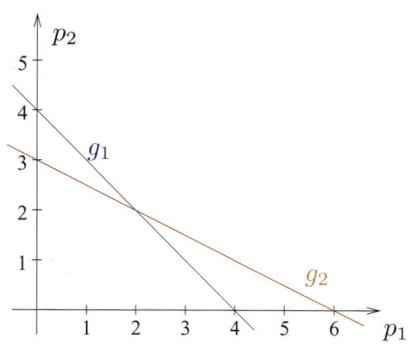

Es ist nun – zumindest theoretisch – möglich, dass unsere Ablesegenauigkeit nicht ausreicht. Also setzen wir diese Werte probehalber in die beiden Gleichungen ein und finden

$$p_1 + p_2 = 2 + 2 = 4$$
$$p_1 + 2p_2 = 2 + 2 \cdot 2 = 6$$

d.h., wir haben tatsächlich die einzige Lösung des Gleichungssystems gefunden; es gilt also

$$\mathbb{L} = \{(p_1, p_2)^T\} = \{(2, 2)^T\}.$$

Einige Schlussfolgerungen:

(1) Dieses einfache Beispiel zeigt auf, dass Gleichungssysteme für zwei Unbekannte grundsätzlich auf grafischem Wege gelöst werden können: Jede einzelne Gleichung bestimmt eine Gerade im $\mathbb{R}^2$; und die Lösungsmenge $\mathbb{L}$ besteht aus genau denjenigen Punkten, die allen Geraden gleichzeitig angehören. Man hat also im Prinzip lediglich diese Geraden in ein Koordinatensystem einzuzeichnen und festzustellen, welche Punkte ihnen gemeinsam angehören.

(2) Es ist sofort offensichtlich, welche Lösungsfälle überhaupt möglich sind. Bei einem $(2,2)$-Gleichungssystem entsprechen diese nämlich genau den drei Möglichkeiten für die relative Lage zweier Geraden zueinander, die aus den folgenden drei Skizzen ablesbar sind.

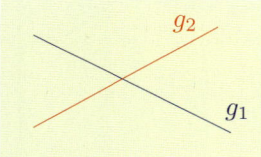
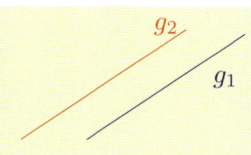
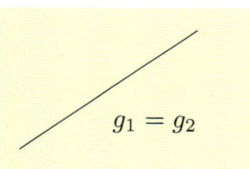

"Mehr Gleichungen" führen dementsprechend zu "mehr Geraden", wobei die prinzipiellen Lösungssituationen erhalten bleiben.

(3) Als mögliches Hemmnis, welches einer praktischen grafischen Lösung im Wege steht, kann sich das Problem der Zeichen- und Ablesegenauigkeit erweisen. So ist anhand unseres Bildes oben allein kaum zu beurteilen, ob der Schnittpunkt der Geraden g_1 und g_2 tatsächlich die Koordinaten $(2, 2)$ hat oder vielmehr nicht doch $(2.000001; 1.997)$; immerhin gelangen wir anhand der Grafik zu einer guten Vermutung über die Lösung. Diese Vermutung sollte dann grundsätzlich durch eine Probe überprüft werden.

Gleichungssysteme mit drei Unbekannten – ein Beispiel

Wir betrachten nun ein GLS mit drei Unbekannten:

$$\left.\begin{array}{rcrcrcr} 6x & + & 12y & + & 4z & = & 24 \\ 6x & + & 9y & + & 18z & = & 36 \\ 6x & + & 2y & + & 3z & = & 12 \end{array}\right\}$$

Betrachten wir zunächst nur die erste Gleichung allein.

Ihre Lösungsmenge kann als eine Ebene E_1 im $\mathbb{R}^3$ interpretiert und wie in 17.4.4 (Abschnittsform Ebene) beschrieben skizziert werden: Es handelt sich dabei gleichzeitig um die Lösungsmenge des nur aus der *ersten* Gleichung bestehenden Gleichungs*systems*, und wir haben somit einen ersten Lösungsfall identifiziert: *Unendlich viele* spezielle Lösungen in der geometrischen Gestalt einer *Ebene*.

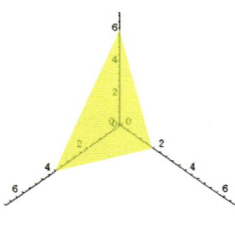

Analog wie bei der ersten lässt sich die Lösungsmenge der *zweiten* Gleichung für sich genommen als eine Ebene E_2 auffassen, die wir nun zusätzlich in hellblau einzeichnen: Die beiden Ebenen schneiden sich in einer Geraden g.

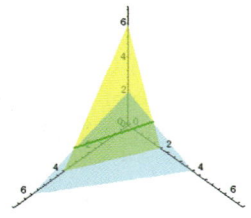

Diese enthält genau diejenigen Punkte, die gleichzeitig den ersten beiden Gleichungen genügen (nicht unbedingt jedoch der dritten). Diesmal handelt es sich gleichzeitig um die Lösungsmenge des nur aus den ersten *beiden* Gleichungen bestehenden Gleichungssystems, und wir haben somit einen weiteren Lösungsfall identifiziert: *Unendlich viele* spezielle Lösungen in der geometrischen Gestalt einer *Geraden*.

Es verbleibt schließlich, die der dritten Gleichung entsprechende Ebene E_3 in rot in die Skizze aufzunehmen: Sie besitzt genau einen Schnittpunkt $\underline{p}$ mit der Geraden g (und daher mit den beiden anderen Ebenen E_1 und E_2).

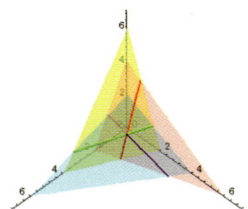

Dieser und nur dieser Punkt genügt allen drei Gleichungen simultan; für die Lösungsmenge des Gleichungssystems aus allen drei Gleichungen gilt also $\mathbb{L} = \{\underline{p}\}$. Dieser Lösungsfall ist durch *genau eine* spezielle Lösung in Gestalt eines *Punktes* gekennzeichnet.

Es ist nun nicht schwer, sich vorzustellen, was durch die Hinzunahme beliebiger weiterer Gleichungen bewirkt werden kann: Es wären weitere Ebenen zu berücksichtigen. Dabei gibt es zwei Möglichkeiten:

(1) Entweder enthalten sämtliche neu hinzugekommenen Ebenen ebenfalls den Punkt $\underline{p}$ (wodurch die bisher gefundene Lösungsmenge erhalten bliebe), oder

(2) mindestens eine neu hinzugekommene Ebene enthält den Punkt $\underline{p}$ *nicht*, verläuft also sozusagen "daneben". In diesem Fall wird das Gleichungssystem unlösbar, weil es keinen Punkt gibt, der *allen* Ebenen angehört.

Weitere Schlussfolgerungen für Gleichungen mit drei Unbekannten

Wir sehen, dass ein Gleichungssystem mit drei Unbekannten nur entweder

- keine einzige spezielle Lösung (Lösungsmenge ist $\mathbb{L} = \emptyset$) oder
- genau eine spezielle Lösung (als Punkt im $\mathbb{R}^3$) oder
- unendlich viele spezielle Lösungen in der geometrischen Gestalt des dreidimensionalen Raumes[2] $\mathbb{R}^3$, einer Ebene oder einer Geraden

besitzen kann. Die Situation ist sozusagen "höherdimensional analog" zu derjenigen bei einer oder zwei Unbekannten.

Wir sehen weiterhin, dass es diesmal nicht ohne weiteres gelingt, die Koordinaten des Lösungspunktes aus der Skizze abzulesen oder zumindest "gut zu

---

[2]Die Gleichung $0 \cdot x_1 + 0 \cdot x_2 + 0 \cdot x_3 = 0$ wird durch jeden Punkt des $\mathbb{R}^3$ erfüllt.

raten". Die zeilenweise Interpretation hilft also eher dabei, ein grundsätzliches Verständnis für die Art des Problems zu gewinnen, als bei der praktischen Lösung, für die wir im Abschnitt 19.7 einen anderen Ansatz entwickeln.

Gleichungen mit beliebig vielen Unbekannten

Im allgemeinen Fall kann sowohl die Anzahl n von Unbekannten als auch die Anzahl m der Gleichungen völlig beliebig sein. Wesentlich an unserer Vorgehensweise ist, dass das Gleichungssystem (19.1) wiederum *zeilenweise* gelesen wird:

$$
\begin{array}{ccccccc}
a_{11}x_1 & + & \cdots & + & a_{1n}x_n & = & y_1 \\
\vdots & & & & \vdots & & \\
a_{m1}x_1 & + & \cdots & + & a_{mn}x_n & = & y_m
\end{array}
$$

Da jede einzelne Gleichung eine Hyperebene im $\mathbb{R}^n$ beschreibt, besteht die Lösungsmenge des gesamten Systems aus genau all denjenigen Punkten, die allen Hyperebenen gemeinsam sind. Sie kann also leer sein, genau einen Punkt enthalten, die Form einer Geraden, einer Ebene, eines dreidimensionalen Raumes usw. haben. Obwohl sich die Situation im Fall $n > 3$ der Anschauung entzieht, können wir auch hier von einer "höherdimensionalen Analogie" zu den vorangehenden beiden Fällen sprechen. Allerdings ist eine grafische Lösung in diesem Fall nicht realistisch.

Achtung. Nicht in jedem Fall ist einem Gleichungssystem *allein* anzusehen, wie viele Unbekannte es enthält. Wer sagt uns z.B., ob das Gleichungsssystem

$$
\begin{array}{ccccc}
p_1 & + & p_2 & = & 4 \\
p_1 & + & 2p_2 & = & 6
\end{array} ,
$$

in dem nur zwei Unbekannte p_1 und p_2 sichtbar sind, nicht in Wirklichkeit nur eine Kurzform des Gleichungssystems

$$
\begin{array}{ccccccc}
p_1 & + & p_2 & + & 0 \cdot p_3 & = & 4 \\
p_1 & + & 2p_2 & + & 0 \cdot p_3 & = & 6
\end{array}
$$

mit drei Unbekannten ist, bei dem die roten Terme weggelassen werden können, weil sie ohnehin stets nur den Wert Null liefern? In Fällen wie diesem brauchen wir eine zusätzliche Angabe über die Anzahl von Unbekannten, um etwaige Missverständnisse zu vermeiden.

19.3   Zur Lösbarkeit

In diesem Abschnitt untersuchen wir, wann ein gegebenes Gleichungssystem lösbar ist und "wie viele" Lösungen es hat. Im Gegensatz zum vorigen Abschnitt wird uns diesmal die *spaltenweise* Interpretation den Schlüssel zum Erfolg liefern.

Generelle Lösbarkeitsaussagen

Wir betrachten wiederum das allgemeine (m, n)–Gleichungssystem $A\underline{x} = \underline{y}$ und wählen dabei die folgende Notation:

$$\begin{bmatrix} a_{11} \cdots a_{1n} \\ \vdots \quad \vdots \\ a_{m1} \cdots a_{mn} \end{bmatrix} \begin{bmatrix} x_1 \\ \vdots \\ x_n \end{bmatrix} = \begin{bmatrix} y_1 \\ \vdots \\ y_m \end{bmatrix}$$

Diesmal richten wir unser Augenmerk auf die *Spalten* der Koeffizientenmatrix A, aufgefasst als Vektoren im $\mathbb{R}^m$:

$$\begin{bmatrix} | & & | \\ \underline{a}^1 & \cdots & \underline{a}^n \\ | & & | \end{bmatrix} \begin{bmatrix} x_1 \\ \vdots \\ x_n \end{bmatrix} = \begin{bmatrix} | \\ \underline{y} \\ | \end{bmatrix} \tag{19.7}$$

Wie schon im Abschnitt "Lineare Hülle" bemerkt, ist die Berechnung des linkerhand stehenden Produktes $A\underline{x}$ gleichbedeutend mit der Bildung einer Linearkombination aus den Spalten der Matrix A, wobei die Koeffizienten dem Vektor $\underline{x}$ entnommen werden. Damit kann das GLS (19.1) nun so gelesen werden:

$$x_1 \, \underline{a}^1 + \ldots + x_n \, \underline{a}^n = \underline{y} \tag{19.8}$$

"Lösbar zu sein" bedeutet nun nichts anderes, als dass ein Vektor $\underline{x} = (x_1, \ldots, x_n)$ existiert, der der Gleichung (19.8) genügt. Genau dann aber ist $\underline{y}$ als Linearkombination von $\underline{a}^1, \ldots, \underline{a}^n$ darstellbar. Diese Darstellung ist überdies dann und nur dann eindeutig, wenn die Vektoren $\underline{a}^1, \ldots, \underline{a}^n$ linear unabhängig sind. Wir fassen zusammen:

Satz 19.7.

(i) *Das GLS (19.1) ist genau dann lösbar, wenn gilt $\underline{y} \in \mathcal{L}(\underline{a}^1, \ldots, \underline{a}^n)$.*

(ii) *In diesem Fall ist die Lösung genau dann eindeutig bestimmt, wenn gilt* $\dim \mathcal{L}(\underline{a}^1, \ldots, \underline{a}^n) = n.$

Beispiel 19.8. Wir "vergessen" im Augenblick einmal, was wir schon über die Lösung des Gleichungssystems

$$1p_1 + 1p_2 = 4$$

$$1p_1 + 2p_2 = 6$$

wissen. Diesmal lesen wir es so:

$$p_1 \begin{bmatrix} 1 \\ 1 \end{bmatrix} + p_2 \begin{bmatrix} 1 \\ 2 \end{bmatrix} = \begin{bmatrix} 4 \\ 6 \end{bmatrix}$$

bzw. mit Vektorbezeichnungen

$$p_1 \, \underline{a}^1 + p_2 \, \underline{a}^2 = \underline{y} \, .$$

Offensichtlich sind die beiden linkerhand stehenden Spaltenvektoren nicht parallel, d.h., linear unabhängig; sie bilden also eine Basis des $\mathbb{R}^2$. Mithin muss sich *jeder* Vektor – also auch der rechterhand stehende Vektor $\underline{y}$ – als Linearkombination aus $\underline{a}^1$ und $\underline{a}^2$ darstellen lassen, gehört somit zur linearen Hülle $\mathcal{L}(\underline{a}^1, \underline{a}^2)$. Weil $\underline{a}^1$ und $\underline{a}^2$ sogar eine Basis von $\mathbb{R}^2$ bilden, gibt es nur eine Möglichkeit $\underline{y}$ als Linearkombination von $\underline{a}^1$ und $\underline{a}^2$ darzustellen. Das Gleichungssystem ist also lösbar, und zwar eindeutig. $\triangle$

Lösbarkeit und Rangbetrachtungen

Unter Anwendung unserer Erkenntnisse über den Rang von Matrizen können wir Satz 19.7 auch in der Sprache von Rängen formulieren und erhalten damit eine Möglichkeit, die Lösbarkeit eines Gleichungssystems mit Hilfe des Austauschverfahrens zu überprüfen. Wir benötigen dazu den Begriff der erweiterten Koeffizientenmatrix:

Wenn das GLS $A\underline{x} = \underline{y}$ (19.1) gegeben ist, bilden wir die Matrix

$$(A|\underline{y}) := \begin{bmatrix} a_{11} & \cdots & a_{1n} & y_1 \\ \vdots & & \vdots & \vdots \\ a_{m1} & \cdots & a_{mn} & y_m \end{bmatrix}$$

und bezeichnen diese als *erweiterte Koeffizientenmatrix*. Es folgt dann unmittelbar

Satz 19.9.

(i) *Das GLS (19.1) ist genau dann lösbar, wenn gilt* $rg\, A = rg\, (A|\underline{y})$, *d.h., wenn die Ränge von Koeffizientenmatrix und erweiterter Koeffizientenmatrix übereinstimmen.*

(ii) *In diesem Fall ist die Lösung eindeutig bestimmt, wenn gilt* $rg\, A = n \, (= rg\, (A|\underline{y}))$.

Lösbarkeitsuntersuchung mittels Austauschverfahren

Gegeben sei das Gleichungssystem

$$A\underline{x} = \underline{y}. \tag{19.1}$$

Um die Lösbarkeit praktisch zu überprüfen, bietet sich an, einfach die Koeffizientenmatrix A und die erweiterte Koeffizientenmatrix $(A|\underline{y})$ mit Hilfe des ATV einer Ranguntersuchung zu unterziehen. Dabei sind zwei Beobachtungen nützlich:

- Da die Matrix A Teil der Matrix $(A|\underline{y})$ ist, kann die Ranguntersuchung mit nur einem Tableau erfolgen.
- Der Rang der Matrix $(A|\underline{y})$ ist derselbe wie der Rang der Matrix $(A|-\underline{y})$.

Aus Gründen, die erst etwas später zu verstehen sein werden, werden wir die Ranguntersuchung für die Matrix $(A|-\underline{y})$ ausführen.

Die **allgemeine Vorgehensweise** ist nun folgende:

1. Schritt: *Aufstellung des ersten Tableaus*

T0	x_1	$\cdots$	x_n	1
z_1	a_{11}	$\cdots$	a_{1n}	$-y_1$
$\vdots$	$\vdots$		$\vdots$	$\vdots$
z_m	a_{m1}	$\cdots$	a_{mn}	$-y_m$

Zur Sicherheit erhalten die Spalten von A die Bezeichnungen der zugehörigen Variablen (hier $x_1, \ldots, x_n$). Die erweiternde Spalte, in der der Vektor $-\underline{y}$ zu finden ist, erhält die Bezeichnung "1". Der besseren Orientierung halber haben wir die Bereiche, die der Matrix A bzw. dem Vektor $-\underline{y}$ entsprechen, durch eine pastellgelbe bzw. grüne Hintergrundfarbe markiert. Bezeichnungen für die Zeilen, soweit gewünscht, sind beliebig; wir haben uns hier für $z_1, \ldots, z_m$ entschieden.

2. Schritt: *Rangbestimmung von A*
Nun wird wie auf Seite 745ff. beschrieben der Rang **von** A bestimmt, indem soviele der Variablennamen $x_1, \ldots, x_n$ gegen Zeilennamen $z_1, \ldots, z_m$ ausgetauscht werden wie möglich. Um sicherzustellen, dass wir ausschließlich die Matrix A im Blick haben, werden die Pivotelemente ausschließlich aus dem *gelben* Feld gewählt. Wenn in diesem Feld keine Pivotelemente mehr gefunden werden, ist die Rangbestimmung abgeschlossen. Die Anzahl bis dahin ausgeführter Austauschschritte gibt den Rang von A an.

3. Schritt: *Rangbestimmung von $(A| - \underline{y})$ und Fazit*
Anschließend wird geprüft, ob (im grünen Feld) unterhalb der "1" noch ein weiteres Pivotelement gefunden werden kann:

- Wenn **ja**, ist der Rang der erweiterten Koeffizientenmatrix um Eins höher als der von A; das GLS (19.1) ist **unlösbar**.
- Wenn **nein**, haben beide Matrizen denselben Rang; das GLS (19.1) ist **lösbar**. (In diesem Fall ist die Lösung dann und nur dann eindeutig, wenn gilt $\mathrm{rg}\, A = n$.)

Bemerkungen 19.10.

(1) Prinzipiell könnten im Ablauf des ATV sowohl bereits benutzte Zeilen als auch bereits benutzte Spalten gelöscht werden. Aus später einsehbaren Gründen werden wir jedoch lediglich Spalten löschen, die Zeilen jedoch – etwas blasser dargestellt – bis zum Ende mitführen.

(2) Falls in der Spalte unter der "1" noch ein Tauschschritt möglich sein
sollte, ist dieses in jedem Fall der letztmögliche. Er braucht daher nicht
ausgeführt zu werden.

Beispiel 19.11 (↗F 19.8).

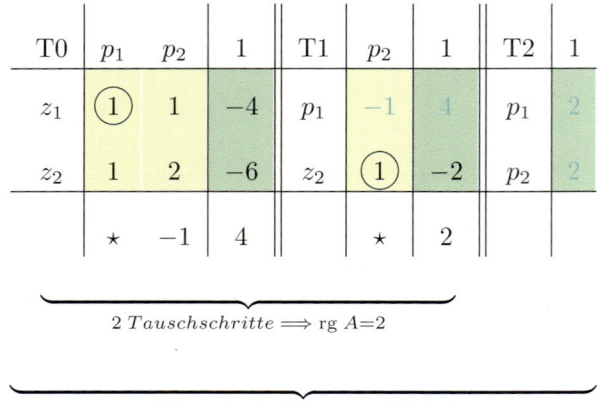

$$2\ Tauschschritte \Longrightarrow \mathrm{rg}\ A = 2$$

$$2\ Tauschschritte \Longrightarrow \mathrm{rg}\ (A|y) = 2$$

Es sind 2 Austauschschritte innerhalb der Matrix A möglich; das Ergebnis ist
in Tableau T2 zu finden. In der mit "1" gekennzeichneten Spalte kann nun *kein
weiteres potentielles* Pivotelement gefunden werden, weil bereits "alle z_i" nach
oben getauscht wurden. Also sind auch in der erweiterten Koeffizientenmatrix
nur zwei Austauschschritte möglich – und zwar *unabhängig* vom konkreten
Inhalt der Spalte "1". Das Fazit ist:

$$\mathrm{rg}\ A = \mathrm{rg}\ (A|y) = 2;\ \text{das GLS 19.1 ist lösbar, und zwar eindeutig.}$$

△

Beobachtung 19.12. Die Lösbarkeitsaussage des letzten Beispiels ist unab-
hängig von der "rechten Seite" $\underline{y}$; die Gleichung $A\underline{x} = \underline{y}$ ist also (bei festem A)
für jedes $\underline{y}$ lösbar. Derselbe Schluss ist bei jedem beliebigen GLS zu ziehen, bei
dem innerhalb des gelben Feldes "alle z_i" nach oben getauscht werden können
(dies ist genau dann der Fall, wenn für die (m,n)-Matrix A gilt $\mathrm{rg}\ A = m$);
dann nämlich kann sich keine rechte Seite noch rangerhöhend auswirken. Wenn
überdies gilt $m = n$, so ist die Lösung sogar stets eindeutig, andernfalls mehrdeutig. Ausgehend von einer Beobachtung im speziellen Fall gelangen wir so
zu folgender allgemeinen Aussage:

Folgerung 19.13.

(i) *Das Gleichungssystem $A\underline{x} = \underline{y}$ ist stets lösbar, wenn $\mathrm{rg}\ A = m$ gilt.*

(ii) *Im Fall $m < n$ ist es entweder unlösbar oder mehrdeutig lösbar.*

Für den speziellen Fall, dass die Matrix A quadratisch ist, können wir sogar
noch weiter gehen:

Folgerung 19.14. *Für jede quadratische (n, n)-Matrix A von vollem Rang ist jedes Gleichungssystem $A\underline{x} = \underline{y}$ eindeutig lösbar.*

"Von vollem Rang" heißt hierbei dasselbe wie "von maximalem Rang", sprich: rg $A = n$. Sozusagen als Nebenprodukt unserer Überlegungen erhalten wir weiterhin die wichtige

Folgerung 19.15. *Jede quadratische (n, n)-Matrix A von vollem Rang ist invertierbar.*

Warum gilt diese Aussage? Nach Folgerung 19.14 ist für die betrachtete Matrix A jedes Gleichungssystem $A\underline{x} = \underline{y}$ eindeutig lösbar. Wir wählen nun als rechte Seite $\underline{y}$ nacheinander die kanonischen Basisvektoren $\underline{e}^1, \ldots \underline{e}^n$ des $\mathbb{R}^n$ (siehe Beispiel 18.42) und fassen die dazu gehörigen Lösungs-Spaltenvektoren $\underline{x}^1, \ldots, \underline{x}^n$ in einer Matrix

$$B := [\underline{x}^1, \ldots, \underline{x}^n]$$

zusammen. Für das Produkt AB gilt dann

$$AB = [A\underline{x}^1, \ldots, A\underline{x}^n] = [\underline{e}^1, \ldots \underline{e}^n] = I,$$

somit ist B eine Rechtsinverse und nach Satz 15.46 die Inverse von A; es gilt $B = A^{-1}$.

Wir kehren nun zur Betrachtung unserer Austauschtableaus zurück.

Beobachtung 19.16. Streng genommen hätte es genügt, lediglich T1 (und nicht noch T2) zu bestimmen, denn von Interesse war zunächst nur die Erkenntnis, dass das Element auf der Kreuzung von z_2-Zeile und p_2-Spalte (also die Zahl 1) als weiteres Pivot geeignet ist, also insgesamt 2 Austausschritte durchführbar sind und $rgA = 2$ gilt (ein weiterer Austausschschritt wäre dann aus den oben genannten Gründen nicht mehr möglich).
Wenn wir uns nun das Tableau T2 etwas näher ansehen, beobachten wir:

> *Das letzte Tableau enthält die Lösung des*
> *Gleichungssystems!*

Aus diesem Grund lohnt es *doch*, das komplette Tableau T2 zu ermitteln. In der Tat können wir ablesen $p_1 = p_2 = 2$ – dies ist exakt die Lösung von (19.1), wie wir sie in 19.2 bereits auf grafischem Wege ermittelt haben. – Unter Punkt 19.7 werden wir uns davon überzeugen, dass diese Beobachtung allgemeingültigen Charakter hat. Ebenso werden wir klären, wie die Lösung in Fällen nicht-eindeutiger Lösbarkeit abzulesen ist.

Beispiel 19.17. Wir betrachten das Gleichungssystem

$$\begin{bmatrix} 1 & 1 & 1 \\ 2 & -1 & -3 \end{bmatrix} \begin{bmatrix} x \\ y \\ z \end{bmatrix} = \begin{bmatrix} 0 \\ 0 \end{bmatrix}$$

Der zugehörige Tauschablauf könnte folgendermaßen aussehen:

T0	x	y	z	1	T1	y	z	1	T2	z	1
z_1	①	1	1	-0	x	-1	-1	0	x	$\frac{2}{3}$	0
z_2	2	-1	-3	-0	z_2	⊖3	-5	0	y	$-\frac{5}{3}$	0
	$\star$	-1	-1	0		$\star$	$-\frac{5}{3}$	0			

$$\underbrace{}_{2\,Tauschschritte \Longrightarrow \text{rg } A=2}$$

$$\underbrace{}_{2\,Tauschschritte \Longrightarrow \text{rg } (A|y)=2}$$

Auch hier ist wegen rg $A = m = 2$ das Lösbarkeitskriterium rg $A = $ rg $(A|y)$ erfüllt und das GLS lösbar. Allerdings gilt rg $A = m = 2 < 3 = n$. Damit ist die Lösung nicht eindeutig bestimmt.   △

Beobachtung 19.18. Sehen wir uns die Spalte "1" aller Tableaus des letzten Beispiels an, die nur Nullen enthält, so erkennen wir:

Eine Nullspalte verändert sich nicht.

Die Ursache: Eine Nullspalte sendet stets nur Nullen in den Keller und kann dadurch niemals korrigiert werden.

Beobachtung 19.19. Im letzten Beispiel handelt es sich um ein *homogenes* Gleichungssystem. Die "1"–Spalte als Nullspalte verändert sich nicht und kann auch keine neuen Pivotelemente beisteuern. Das bringt uns folgende Erkenntnisse:

- Es gilt stets $rg\,A = rg\,(A\,|\,0)$ und insbesondere:

Jedes homogene Gleichungssystem ist lösbar.

- Bei einem homogenen GLS kann die "1"–Spalte in allen Tableaus weggelassen werden.
- Eine Ranguntersuchung ist für homogene GLS nur dann von Nutzen, wenn über die Ein- oder Mehrdeutigkeit der Lösung entschieden werden soll.

Beispiel 19.20. Das Gleichungssystem

$$\begin{bmatrix} 4 & 0 & 3 \\ -1 & 1 & 0 \\ 3 & 1 & 3 \end{bmatrix} \begin{bmatrix} x_1 \\ x_2 \\ x_3 \end{bmatrix} = \begin{bmatrix} 2 \\ -5 \\ -5 \end{bmatrix}$$

soll auf Lösbarkeit untersucht werden. Der zugehörige Tauschablauf könnte so aussehen:

T0	x_1	x_2	x_3	1	T1	x_1	x_3	1	T2	x_1	1
z_1	4	0	3	-2	z_1	4	3	-2	z_1	0	-2
z_2	-1	①	0	5	x_2	1	0	-5	x_2	1	-5
z_3	3	1	3	5	z_3	4	③	0	x_3	$-\frac{4}{3}$	0
	1	$\star$	0	-5		$-\frac{4}{3}$	$\star$	0			

2 Tauschschritte erfolgt $\Longrightarrow$ rg A=2

3 Tauschschritte möglich $\Longrightarrow$ rg (A|y)=3

Nach zwei Tauschschritten findet sich im gelben Feld nur noch ein einziges potentielles Pivotelement, und zwar im Schnittpunkt von z_1-Zeile und x_1-Spalte. Da es jedoch den Wert Null hat, kommt es als Pivot nicht in Betracht. Daher hat die Koeffizientenmatrix den Rang 2. Wir suchen jetzt im grünen, die Koeffizientenmatrix erweiternden Feld unterhalb der "1" und finden dort die Zahl -2. Von Null verschieden, ist sie als Pivotelement verwendbar. Daher könnte bei der Rangbestimmung für die erweiterte Koeffizientenmatrix ein weiterer Tauschschritt ausgeführt werden[3]. Der Rang der erweiterten Koeffizientenmatrix ist somit 3 und vom Rang der Koeffizientenmatrix verschieden – das GLS ist unlösbar.   △

Beispiel 19.21. Wir ändern das vorige Beispiel lediglich in der dritten Koordinate der rechten Seite ab:

$$\begin{bmatrix} 4 & 0 & 3 \\ -1 & 1 & 0 \\ 3 & 1 & 3 \end{bmatrix} \begin{bmatrix} x_1 \\ x_2 \\ x_3 \end{bmatrix} = \begin{bmatrix} 2 \\ -5 \\ -3 \end{bmatrix}$$

Diesmal ändert sich auch der Tauschablauf bei der Rangbestimmung geringfügig:

---

[3]Danach wären "alle z_i oben" (und ein Weitertausch nicht möglich).

T0	x_1	x_2	x_3	1	T1	x_1	x_3	1	T2	x_1	1
z_1	4	0	3	-2	z_1	4	3	-2	z_1	0	**0**
z_2	-1	(1)	0	5	x_2	1	0	-5	x_2	1	-5
z_3	3	1	3	3	z_3	4	(3)	-2	x_3	$-\frac{4}{3}$	$\frac{2}{3}$
	1	★	0	-5		$-\frac{4}{3}$	★	$\frac{2}{3}$			

2 Tauschschritte erfolgt $\Longrightarrow$ rg $A=2$

2 Tauschschritte möglich $\Longrightarrow$ rg $(A|y)=2$

Diesmal ist das einzige potentielle Pivot im grünen Feld Null und daher unbrauchbar; wir finden rg $A = rg(A|y) = 2$. Das Gleichungssystem ist lösbar, allerdings nicht eindeutig, denn es gilt $rg\,A = 2 < 3 = n$. △

19.4   Struktur der Lösungsmenge

Eine einzige Gleichung

Bei der dritten Lesart wird das Gleichungssystem

$$A\underline{x} = \underline{y} \tag{19.1}$$

als Ganzes gesehen und als nur *eine* (einzige) Gleichung aufgefasst. Dabei wird der Vektor $A\underline{x}$ als Funktionswert betrachtet, genauer: Als Bild von $\underline{x}$ unter der Abbildung

$$\mathcal{A} : \underline{x} \to A\underline{x}.$$

Auf diese Weise liest man (19.1) als Gleichung

$$\mathcal{A}(\underline{x}) = \underline{y}.$$

Dabei sind der Funktionswert $\underline{y}$ und die Berechnungsvorschrift von $\mathcal{A}$ gegeben, während alle Argumente $\underline{x}$ zu bestimmen sind (soweit vorhanden), für die diese Gleichung erfüllt ist. Der Vorteil dieser Sichtweise ergibt sich daraus, dass die Abbildung $\mathcal{A}$ linear ist, wie wir unter Punkt 18.9 gesehen hatten. Zunächst betrachten wir die Lösungsmenge des assoziierten homogenen Gleichungssystems:

$$\mathcal{N} := \mathcal{N}(A) := \{\underline{x} \in \mathbb{R}^n | A\underline{x} = 0\}$$

Diese Menge bezeichnen wir auch als *Nullraum* des Gleichungssystems (19.1) bzw. der Matrix A. Die erste wichtige Aussage darüber ist

Satz 19.22. *$\mathcal{N}$ ist ein linearer Teilraum von $\mathbb{R}^n$.*

In der Tat: Sind $\underline{x}^1$ und $\underline{x}^2$ beliebige Elemente aus $\mathcal{N}$ und α_1, α_2 beliebige reelle Konstanten, so gilt für $\underline{z} := \alpha_1 \underline{x}^1 + \alpha_2 \underline{x}^2$

$$A\underline{z} = A(\alpha_1 \underline{x}^1 + \alpha_2 \underline{x}^2) = \alpha_1 \underbrace{A\underline{x}^1}_{=0} + \alpha_2 \underbrace{A\underline{x}^2}_{=0} = 0,$$

und daher $A\underline{z} \in \mathcal{N}$. Die Behauptung folgt nun aus dem Teilraumsatz. Wir halten fest:

> *Mit zwei beliebigen Lösungen des homogenen Gleichungssystems sind das auch deren Summe sowie beliebige Vielfache.*

Da wir alle linearen Teilräume von $\mathbb{R}^n$ kennen, wissen wir, welche geometrische Gestalt die Lösungsmenge $\mathcal{N}$ des homogenen GLS hat: Als Teil des $\mathbb{R}^n$ ist sie entweder

- ein Punkt (der Koordinatenursprung 0), oder
- eine Gerade durch 0, oder
- eine Ebene durch 0, oder ...
- ganz $\mathbb{R}^n$ selbst;

allgemein formuliert also eine *Hyperebene* durch 0.

Beispiel 19.23. Gegeben sei das Gleichungssystem mit zwei Unbekannten

$$\begin{bmatrix} 1 & 2 \\ 4 & 8 \end{bmatrix} \begin{bmatrix} x_1 \\ x_2 \end{bmatrix} = \begin{bmatrix} 10 \\ 40 \end{bmatrix} \tag{19.9}$$

Wir sehen uns das zugehörige homogene System in ausführlicher Schreibweise an:

$$1x_1 + 2x_2 = 0$$
$$4x_1 + 8x_2 = 0.$$

Es fällt auf, dass die zweite Gleichung sich von der ersten nur um den Faktor 4 unterscheidet. Mithin haben beide Gleichungen dieselbe Lösungsmenge, und wir brauchen nur eine – etwa die erste – zu betrachten. Es handelt sich dabei um die Gleichung einer *Geraden durch den Koordinatenursprung* 0, und zwar in Normalenform. Damit haben wir bereits eine erste Beschreibung des Nullraums $\mathcal{N}$ gefunden.

Wir wollen nun noch eine Parameterdarstellung von $\mathcal{N}$ bestimmen. Dazu ermitteln wir eine zu der ersten Gleichung gleichwertige Funktionsgleichung, die so aussehen könnte:

$$x_2 = -\frac{1}{2}x_1.$$

Diese lässt sich in einen Vektor "einhängen"

$$\begin{bmatrix} x_1 \\ x_2 \end{bmatrix} = x_1 \begin{bmatrix} 1 \\ -\frac{1}{2} \end{bmatrix}$$

und anschließend zu einer vollständigen Parameterdarstellung ergänzen:

$$\mathcal{N} = \{\underline{x} = x_1 \begin{bmatrix} 1 \\ -\frac{1}{2} \end{bmatrix} \Big| \, x_1 \in \mathbb{R}\}.$$

Die Basis dieses Teilraumes enthält nur einen (Richtungs-) Vektor; es handelt sich also um einen 1-dimensionalen linearen Teilraum von $\mathbb{R}^2$. $\triangle$

Wir betrachten nun das *allgemeine* Gleichungssystem (19.1). Unter der Annahme, dass dieses System überhaupt lösbar ist, sei $\underline{x}_{sp}^{\circ}$ eine beliebige, im weiteren aber feste spezielle Lösung. Weiterhin sei $\underline{x}_h$ ein beliebiger Lösungsvektor des homogenen Systems (19.1h). Es gilt also voraussetzungsgemäß

$$A\underline{x}_{sp}^{\circ} = \underline{y} \quad \text{und} \quad A\underline{x}_h = 0.$$

Durch Addition beider Gleichungen folgt nun sofort

$$\underline{y} = \underline{y} + 0 = A\underline{x}_{sp}^{\circ} + A\underline{x}_h = A(\underline{x}_{sp}^{\circ} + \underline{x}_h);$$

die letzte Gleichung aber bedeutet:

> *Die Summe einer beliebigen speziellen Lösung des allgemeinen Gleichungssystems* (19.1) *und einer beliebigen speziellen Lösung des homogenen Gleichungssystems* (19.1h) *ist wiederum eine spezielle Lösung des allgemeinen Gleichungssystems* (19.1).

Anders formuliert: Es genügt, *eine einzige* spezielle Lösung $\underline{x}_{sp}^{\circ}$ des allgemeinen Systems (19.1) zu kennen, um – durch Addition beliebiger Lösungsvektoren des homogenen Systems – weitere spezielle Lösungen von (19.1) aufzufinden.

Wir überlegen uns, dass auf diese Weise sogar *alle* speziellen Lösungen von (19.1) aufzufinden sind. In der Tat, es sei $\underline{x}_{sp}$ eine beliebige weitere spezielle Lösung von (19.1); es gelten also die simultanen Gleichungen

$$A\underline{x}_{sp} = \underline{y} \quad \text{und} \quad A\underline{x}_{sp}^{\circ} = \underline{y}.$$

Folglich ist die Differenz beider Gleichungen Null:

$$\underline{0} = \underline{y} - \underline{y} = A\underline{x}_{sp} - A\underline{x}_{sp}^{\circ} = A(\underline{x}_{sp} - \underline{x}_{sp}^{\circ});$$

und an der letzten Gleichung lesen wir ab:

> *Die Differenz zweier beliebiger spezieller Lösungen des allgemeinen Gleichungssystems* (19.1) *ist eine spezielle Lösung des homogenen Gleichungssystems* (19.1h).

Wir bezeichnen den letzten blau hervorgehobenen Vektor einmal mit $\underline{x}_h$; dieser löst das homogene System (19.1.2), und überdies gilt

$$\underline{x}_{sp} = \underline{x}_{sp}^{\circ} + (\underline{x}_{sp} - \underline{x}_{sp}^{\circ}) = \underline{x}_{sp}^{\circ} + \underline{x}_h.$$

Wir haben also, wie gewünscht, die beliebige spezielle Lösung $\underline{x}_{sp}$ aus der vorgegebenen speziellen Lösung $\underline{x}_{sp}^{\circ}$ dadurch erhalten, dass wir eine passende Lösung $\underline{x}_h$ des homogenen Systems dazu addierten. Wir fassen zusammen:

Jede beliebige spezielle Lösung $\underline{x}_{sp}$ von (19.1) ist die Summe aus einer vorgegebenen speziellen Lösung $\underline{x}_{sp}^{\circ}$ und einer dazu passenden speziellen Lösung $\underline{x}_h$ des homogenen Systems (19.1h).

(Dabei ist die "vorgegebene" Lösung $\underline{x}_{sp}^{\circ}$ beliebig wählbar.) Die kürzeste Formulierung dazu gibt

Satz 19.24. *Im Fall $\mathbb{L} \neq \emptyset$ gilt für jedes beliebige $\underline{x}_{sp} \in \mathbb{L}$:*

$$\mathbb{L} = \underline{x}_{sp} + \mathcal{N}.$$

(Die letzte Gleichung bedeutet ausführlich $\mathbb{L} = \{\underline{x}_{sp} + \underline{x}_h \,|\, \underline{x}_h \in \mathcal{N}\}$, wobei $\underline{x}_{sp}$ beliebig aus $\mathbb{L}$ wählbar ist.)

Bemerkung 19.25. Es sei nochmals hervorgehoben, dass das allgemeine System (19.1) auch *unlösbar* sein kann; für diesen Fall ist Satz 19.24 ohne Nutzen.

In der Literatur hat sich für diesen Sachverhalt folgende Sprechweise eingebürgert:

Die allgemeine Lösung des Systems (19.1) – soweit nichtleer – ist die Summe aus einer beliebigen speziellen Lösung des Systems (19.1) und der allgemeinen Lösung des assoziierten homogenen Systems (19.1h).

Beispiel 19.26 ($\nearrow$F 19.23). Für das Gleichungssystem mit zwei Unbekannten

$$\begin{bmatrix} 1 & 2 \\ 4 & 8 \end{bmatrix} \begin{bmatrix} x_1 \\ x_2 \end{bmatrix} = \begin{bmatrix} 10 \\ 40 \end{bmatrix} \tag{19.10}$$

hatten wir die allgemeine Lösung $\mathcal{N}$ des homogenen Systems bereits ermittelt. Es genügt also, eine *einzige spezielle* Lösung des inhomogenen Systems (19.10) zu finden, um auch gleich *alle* zu kennen. Dabei spielt keine Rolle, wie diese spezielle Lösung gefunden wird; auch Probieren ist legitim. Hier könnte z.B. $\underline{x}_{sp} = (x_1, x_2)^T$ mit $x_1 = 6$, $x_2 = 2$ eine Probierlösung sein. Es folgt

$$\mathbb{L} = \underline{x}_{sp} + \mathcal{N},$$

ausführlich

$$\mathbb{L} = \left\{ \begin{bmatrix} 6 \\ 2 \end{bmatrix} + x_1 \begin{bmatrix} 1 \\ -\frac{1}{2} \end{bmatrix} \,\middle|\, x_1 \in \mathbb{R} \right\}.$$

Auf diese Weise gelangen wir zu einer Parameterdarstellung von $\mathbb{L}$; geometrisch handelt es sich um eine Gerade im $\mathbb{R}^2$. $\triangle$

Beispiel 19.27. Geometrische und strukturelle Erkenntnisse lassen sich nutzbringend miteinander verbinden. Wir betrachten das Gleichungssystem $A\underline{x} = \underline{y}$ mit

$$A = \begin{bmatrix} 4 & 4 & 6 \\ 4 & 2 & 4 \end{bmatrix} \quad \text{und} \quad \underline{y} = \begin{bmatrix} 24 \\ 20 \end{bmatrix}. \tag{19.11}$$

Offensichtlich sind die beiden in A enthaltenen Zeilenvektoren nicht parallel. Es handelt sich um die Normalenvektoren zweier Ebenen, die durch die beiden zu (19.11) äquivalenten Normalengleichungen

$$4x_1 + 4x_2 + 6x_3 = 24$$
$$4x_1 + 2x_2 + 4x_3 = 20$$

beschrieben werden. Da ihre Normalenvektoren nicht parallel sind, können diese Ebenen gleichfalls nicht parallel sein und schneiden sich in einer Geraden g. Damit wäre die Lösungsmenge des Gleichungssystems (19.11) zumindest strukturell schon bekannt: $\mathbb{L} = g$. Um die Parameter der Geraden g nun auch zahlenmäßig zu bestimmen, genügt es, zwei verschiedene ihrer Punkte – also zwei verschiedene spezielle Lösungen von (19.11) – zu ermitteln. (Da wir an dieser Stelle noch über kein systematisches Berechnungsverfahren verfügen und dem entsprechenden Abschnitt 19.7 nicht vorgreifen wollen, merken wir an, dass ein wenig Probieren oder "scharfes Hinsehen" durchaus legitim ist. So könnten wir nach Lösungen Ausschau halten, bei denen eine der drei Variablen – etwa x_2 – gleich Null ist. Dann müsste das Restsystem

$$2x_1 + 2 \cdot 0 + 3x_3 = 12$$
$$2x_1 + 0 + 2x_3 = 10$$

gelöst werden. Man sieht schnell, dass $x_1 = 3$ und $x_3 = 2$ gelten muss; also ist $\underline{x}^1 := [3, 0, 2]^T$ eine spezielle Lösung. Auf ähnliche Weise findet man $\underline{x}^2 := [4, 2, 0]^T$ als zweite spezielle Lösung.)

Wir wählen eine von ihnen als Pinpunkt, die Differenz als Richtungsvektor und finden die gewünschte Lösungsdarstellung:

$$\mathbb{L} = g = \left\{ \begin{bmatrix} 3 \\ 0 \\ 2 \end{bmatrix} + \lambda \begin{bmatrix} 1 \\ 2 \\ -2 \end{bmatrix} \,\middle|\, \lambda \in \mathbb{R} \right\}$$

Soweit unsere geometrischen Überlegungen. Die strukturellen liefern nun noch den zugehörigen Nullraum – durch "Weglassen" des Pinpunktes:

$$\mathcal{N} = \left\{ \begin{bmatrix} 0 \\ 0 \\ 0 \end{bmatrix} + \lambda \begin{bmatrix} 1 \\ 2 \\ -2 \end{bmatrix} \,\middle|\, \lambda \in \mathbb{R} \right\}$$

(Der geometrische Inhalt: die Gerade g wird in den Koordinatenursprung verschoben.)   △

19.5   Dimensionsaussagen

Wir werfen noch einmal einen Blick auf das letzte Beispiel 19.27. Dort besitzt der Nullraum $\mathcal{N}$ genau einen (von 0 verschiedenen) Richtungsvektor in Gestalt von $[1, 2, -2]^T$. Als linearer Teilraum $\mathbb{R}^3$, der von *einem* einzigen Vektor $\neq 0$ aufgespannt wird, hat $\mathcal{N}$ die Dimension 1. Ebenso enthält die Lösungsdarstellung genau *einen* freien Parameter (dort mit λ bezeichnet). Für die Anzahl freier Parameter in einer Lösungsdarstellung hat sich folgende Bezeichnung eingebürgert:

Definition 19.28. *Die Zahl $dim\mathcal{N}$ heißt* Defekt *von A (bzw. von (19.1)).*

Um den Zusammenhang zwischen dem Defekt $d := dim\mathcal{N}$, dem Rang r von A und der Anzahl n der Unbekannten zu erkennen, werfen wir einen vergleichenden Blick auf die letzten beiden Beispiele:

	Beispiel 19.23	Beispiel 19.27
rg $A = r$	1	2
Defekt d	1	1
Anzahl der Unbekannten n	2	3

In beiden Fällen ergänzen sich rg A und Defekt d zur Anzahl der Unbekannten n. Dies gilt sogar allgemein:

Satz 19.29 (Rangsatz). *Es seien m und n beliebige natürliche Zahlen und $A\underline{x} = \underline{y}$ ein beliebiges (m, n) – Gleichungssystem. Dann gilt*

$$n = rg\, A + dim\,\mathcal{N} = r + d.$$

Der Vorteil: Mit dem Rang r der Koeffizientenmatrix A ist somit automatisch auch ihr Defekt bekannt, d.h., die Anzahl der Freiheitsgrade in der Lösungsdarstellung. – Die formale Begründung findet sich für interessierte Leser im Anhang. Eine anschauliche Erläuterung folgt im nächsten Abschnitt.

19.6   Zusammenfassung

Lösungsfälle

Bevor wir an die praktische Bestimmung der Lösungen linearer Gleichungssysteme gehen, wollen wir in diesem Abschnitt zunächst die bisher gewonnenen Erkenntnisse über die Lösbarkeit zusammenfassen und durch einen Blick auf den Hintergrund linearer Abbildungen ergänzen.

Wir betrachten eine beliebige, weiterhin aber feste (m, n)-Matrix A. Dann kann folgende Aussage zutreffen oder auch nicht, d.h., wahr oder falsch sein:

(S) *Das GLS $A\underline{x} = \underline{y}$ ist für jedes $\underline{y} \in \mathbb{R}^m$ lösbar.*

Ebenso kann die folgende Aussage zutreffen oder auch nicht:

(I) Wenn das GLS $A\underline{x} = \underline{y}$ lösbar ist, dann eindeutig.

(Diese Bedingung lässt zu, dass das GLS lösbar oder auch nicht lösbar ist – je nach gewählter rechter Seite $\underline{y}$. Wir erinnern daran, dass die Ein- oder Mehrdeutigkeit im Lösbarkeitsfall durch das homogene GLS bestimmt wird und als solche nicht von der rechten Seite $\underline{y}$ abhängt[4].)

Die Kombination aus Erfüllung bzw. Nichterfüllung dieser beiden Eigenschaften führt auf insgesamt vier denkbare Lösungsalternativen: Das GLS (19.1) ist

(A): für jede rechte Seite eindeutig lösbar: $(S) \wedge (I)$

(B): nicht für jede rechte Seite lösbar; wenn doch, dann eindeutig: $(\bar{S}) \wedge (I)$

(C): für jede rechte Seite lösbar, aber stets mehrdeutig: $(S) \wedge (\bar{I})$

(D): nicht für jede rechte Seite und niemals eindeutig lösbar: $(\bar{S}) \wedge (\bar{I})$

Diese Alternativen sind hier in der "Sprache" der Lösbarkeit von Gleichungssystemen formuliert, lassen sich jedoch auch auf mehrere andere Weisen ausdrücken, die im folgenden zusammengestellt werden. Wir beschreiben die Eigenschaften der linearen Abbildung

$$\mathcal{A} : D \to W : \underline{x} \to A\underline{x} \tag{19.12}$$

mit $D = \mathbb{R}^n$ und $W = \mathbb{R}^m$ dabei mit Hilfe der in Kapitel 3.4 eingeführten Begriffe "surjektiv", "injektiv" und "Bild". Zur Erinnerung:
Das Bild von D unter $\mathcal{A}$ ist die Teilmenge $\mathcal{L} := \{\mathcal{A}(\underline{x}) | \underline{x} \in D\}$ von W. Es handelt sich um die Menge aller Vektoren $\underline{y}$, die die Form $\underline{y} = A\underline{x}$ haben, also als Linearkombination der Spalten von A dargestellt werden können. Mithin gilt

$$\mathcal{L} = \mathcal{L}(\underline{a}^1, \ldots, \underline{a}^n),$$

folglich handelt es sich hierbei um einen linearen Teilraum von W.

Satz 19.30. *Die Eigenschaft (S) liegt genau dann vor, wenn mit Bezug auf die Abbildung $\mathcal{A}$ aus (19.12) eine der folgenden Bedingungen erfüllt ist:*

(i) das GLS $A\underline{x} = \underline{y}$ ist für jede rechte Seite $\underline{y} \in W = \mathbb{R}^m$ lösbar

(ii) jedes Element $\underline{y} \in W = \mathbb{R}^m$ ist Bild $\underline{y} = A\underline{x}$ mindestens eines Elementes $\underline{x} \in D = \mathbb{R}^n$

(iii) $\mathcal{A}$ ist surjektiv

(iv) $rg\, A = m$

(v) die Zeilen[5] von A sind linear unabhängig

(vi) $\mathcal{L} = W$

---

[4]Die Bezeichnungen (S) und (I) weisen auf die Begriffe "surjektiv" und "injektiv" hin.
[5]d.h. alle Zeilen

Da die Matrix A m Zeilen hat, sind die Bedingungen *(iv)* und *(v)* gleichwertig. Sie sind deswegen von besonderem praktischen Interesse, weil sie mit Hilfe des Austauschverfahrens überprüft werden können, wie in Abschnitt 18.6, Seite 735 ff. ausgeführt. Was verbirgt sich inhaltlich dahinter? Nach dem Rangsatz finden sich unter den n Spalten von A m linear unabhängige. Diese spannen ganz $\mathbb{R}^m$ auf, also ist jede rechte Seite von (19.1) aus ihnen kombinierbar und mithin (S) erfüllt.

Bemerkung 19.31. Wir können ebenso auf mehrere Weise ausdrücken, dass die Eigenschaft (S) *nicht* vorliegt, indem jede der Bedingungen (i) bis (v) negiert wird. Hervorzuheben ist: Die Eigenschaft (S) liegt *nicht* vor, wenn das GLS (19.1) für mindestens eine rechte Seite $\underline{y} \in \mathbb{R}^m$ unlösbar ist. Dies ist genau dann der Fall, wenn $rgA < m$ gilt.

Satz 19.32. *Die Eigenschaft (I) liegt genau dann vor, wenn eine der folgenden Bedingungen erfüllt ist:*

(i) *für jeden Vektor $\underline{y} \in W$, für den das GLS $A\underline{x} = \underline{y}$ lösbar ist, ist die Lösung eindeutig bestimmt*

(ii) *das homogene Gleichungssystem $A\underline{x} = 0$ besitzt einzig den Nullvektor als Lösung, d.h., $\mathcal{N} = \{0\}$*

(iii) *$\mathcal{A}$ ist injektiv*

(iv) *$rgA = n$*

(v) *die Spalten von A sind linear unabhängig*

Wiederum ist es die Bedingung (iv), die mit Hilfe des ATV rechnerisch überprüft werden kann.

Bemerkung 19.33. Die Eigenschaft (I) liegt insbesondere genau dann *nicht* vor, wenn das GLS (19.1) niemals eindeutig lösbar ist. Äquivalent hierzu ist, dass $rgA < n$ gilt.

Die Abbildung $\mathcal{A}$

Wir wollen nun das Wirken der Abbildung $\mathcal{A} : \underline{x} \to A\underline{x}$ anhand einer Grafik illustrieren:

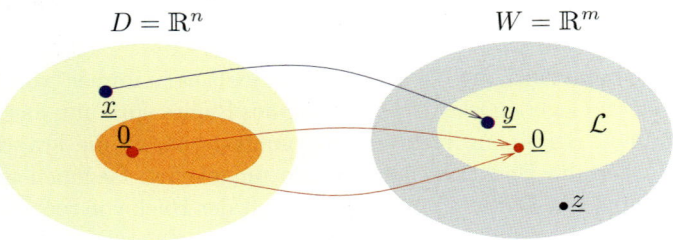

Einige Erläuterungen sind am Platze. Die Grafik zeigt zunächst die mit $\mathcal{A}$ verbundenen Mengen:

- den Definitionsbereich D von $\mathcal{A}$: $D = \mathbb{R}^n$ (links);
- den Wertebereich W von $\mathcal{A}$: $W = \mathbb{R}^m$ (rechts);
- das Bild $\mathcal{L}$ von D unter $\mathcal{A}$ (pastellgelb);
- den Nullraum $\mathcal{N}$ als Teilmenge von D (orange);
- die Menge $W\backslash\mathcal{L}$ (hellgrau).

(Letztgenannte drei Mengen können unterschiedlich "groß" sein – siehe Erläuterungen unten.) Weiterhin wird die Wirkung von $\mathcal{A}$ illustriert:

- Allgemein wird jedem Element $\underline{x} \in D$ der Vektor $A\underline{x} \in W$ zugeordnet.
- *Genau diejenigen Elemente von D, die zu $\mathcal{N}$ (orange) gehören, werden auf den Nullvektor $\underline{0} \in W$ abgebildet.*
- *Genau diejenigen Elemente von D, die nicht zu $\mathcal{N}$ gehören (pastellgelb), werden nicht auf den Nullvektor $\underline{0} \in W$ abgebildet.*

Der Rangsatz

Wir können außerdem eine intuitive Vorstellung zum Rangsatz "$n = r + d$" erlangen, indem wir fragen: *Was macht die lineare Abbildung $\mathcal{A}$ aus den in D enthaltenen "Richtungen"?*

Zur Beantwortung nehmen wir einmal an, als "Richtungen" seien n linear unabhängige Vektoren $\underline{b}^1, \dots, \underline{b}^n$ im $\mathbb{R}^n$ gegeben, und zwar so, dass ein Teil von ihnen – etwa $\underline{b}^1, \dots, \underline{b}^d$ – zugleich eine Basis des Nullraums $\mathcal{N}$ bildet. Dann lautet die Antwort auf unsere Frage:

(1) Diejenigen d unter den Richtungsvektoren, die den Nullraum $\mathcal{N}$ (in unserem letzten Bild orange) aufspannen – also $\underline{b}^1, \dots, \underline{b}^d$ – werden auf 0 abgebildet; sie gehen im Bildraum sozusagen "verloren".

(2) Die übrigen $r = n - d$ Vektoren, die nicht im Nullraum liegen, – also $\underline{b}^{d+1}, \dots, \underline{b}^n$ – werden auf r unabhängige Richtungsvektoren abgebildet, die den Teilraum $\mathcal{L}$ aufspannen und somit jeden Vektor $\underline{y} \in W$, für den das GLS $A\underline{x} = \underline{y}$ lösbar ist, darstellen.

Auf diese Weise zerfällt die Gesamtzahl n in die beiden Summanden r und d, wie im Rangsatz behauptet.

Bemerkung 19.34. Eine formale Begründung der Aussage (2) wurde streng genommen nicht gegeben und wird dem Leser als Übungsaufgabe überlassen.

Was ist ein Gleichungssystem?

Bisher wurde beim Blick auf die obige Grafik sozusagen immer "von links nach rechts" geblickt: Gegeben ist $\underline{x} \in D$; entlang des Pfeiles wird nun das Bild $A\underline{x} \in W$ aufgefunden. Bei einem linearen Gleichungssystem ist die Fragestellung – und damit auch die Blickrichtung – genau umgekehrt: Gegeben ist $\underline{y} \in W$, gesucht sind alle $\underline{x} \in D$ mit $A\underline{x} = \underline{y}$. Dabei läuft der Blick von rechts nach links an jedem denkbaren Pfeil zurück, dessen Spitze auf $\underline{y}$ weist. Wir erkennen, dass die Lösungsmenge $\mathbb{L}$ von (19.1) nichts anderes ist als das $\mathcal{A}$-Urbild der Einpunktmenge $\{\underline{y}\}$:

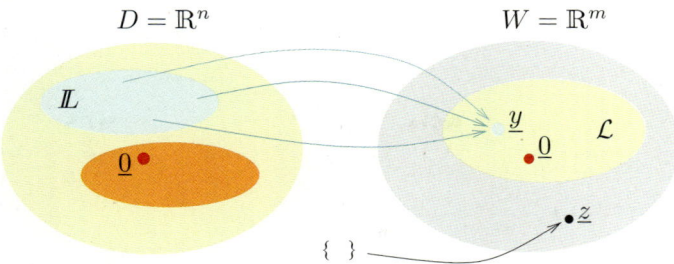

Wie anhand des Punktes $\underline{z}$ in der hellgrauen Zone zu sehen ist, besteht die Möglichkeit, dass gewisse Elemente des Wertevorrates nicht als Bilder angenommen werden. In einem solchen Fall ist das GLS $A\underline{x} = \underline{z}$ unlösbar; das Urbild von $\{\underline{z}\}$ ist leer: $\mathbb{L} = \mathcal{A}^{-1} = \emptyset$.

Zur Struktur der Lösungsmenge

Die beiden letzten Abbildungen sind ihrer Natur nach Venn-Diagramme; Mengen werden nur als logische, nicht aber als geometrische Objekte wiedergegeben. In Wirklichkeit sind Nullraum $\mathcal{N}$, Bildraum $\mathcal{L}$ usw. lineare Objekte vom Typ Punkt, Gerade, Ebene usw. Wir werden nun anhand eines Beispiels auch diese geometrischen Aspekte mitbetrachten und dabei die Struktur der Lösungsmenge besser erkennen.

Beispiel 19.35. Gegeben sei das GLS $A\underline{x} = \underline{y}$ mit

$$A := \begin{bmatrix} 2 & 6 \\ 1 & 3 \end{bmatrix} \quad \text{bzw} \quad \underline{y} := \begin{bmatrix} 8 \\ 4 \end{bmatrix}$$

Alle auftretenden Spaltenvektoren sind Vielfache der ersten Spalte $\underline{a}^1 := \begin{bmatrix} 2 \\ 1 \end{bmatrix}$
von A, daher gilt $r = rgA = rg(A|y) = 1$ und $d = 1$; das Gleichungssystem ist lösbar. Es lautet ausführlich

$$2x_1 + 6x_2 = 8$$
$$x_1 + 3x_2 = 4;$$

da die erste Gleichung das Doppelte der zweiten ist, wird die Lösung allein durch diese bestimmt. Es ist die Gleichung einer Geraden, deren Parameterdarstellung wie im Abschnitt 17 gefunden wird:

$$\mathbb{L} = \left\{ \begin{bmatrix} 0 \\ \frac{4}{3} \end{bmatrix} + x_1 \begin{bmatrix} 1 \\ -\frac{1}{3} \end{bmatrix} \,\middle|\, x_1 \in \mathbb{R} \right\}$$

Der Pinpunkt ist nichts anderes als eine spezielle Lösung des GLS; "Weglassen" ergibt den Nullraum:

$$\mathcal{N} = \left\{ \begin{bmatrix} 0 \\ 0 \end{bmatrix} + x_1 \begin{bmatrix} 1 \\ -\frac{1}{3} \end{bmatrix} \,\middle|\, x_1 \in \mathbb{R} \right\}$$

Die Ergebnisse werden in folgendem Bild verdeutlicht:

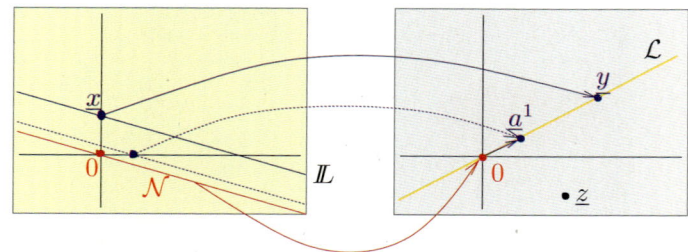

Hierbei wird links der Definitionsbereich $D = \mathbb{R}^2$, rechts der Wertebereich $W = \mathbb{R}^2$ dargestellt. Wir wissen bereits:

- Der gesamte Nullraum $\mathcal{N}$ in D wird auf den Nullpunkt $\underline{0} \in W$ abgebildet.

- Die gesamte Lösungsmenge $\mathbb{L}$ wird auf den Punkt $\underline{y}$ abgebildet.

Da wir diesmal "geometrisch korrekt" sehen, erkennen wir weiterhin:

- Die Lösungsmenge $\mathbb{L}$ entsteht aus der Geraden $\mathcal{N}$ durch Parallelverschiebung aus dem Nullpunkt $\underline{0}$ in den Pinpunkt (also in eine beliebige spezielle Lösung des inhomogenen GLS).

- $\mathcal{L}$ ist diejenige Gerade in W, die außer $\underline{0}$ auch den Punkt $\underline{y}$ enthält (gelb). (Wir wissen, dass $\mathcal{L}$ ein linearer Teilraum von W ist. Seine Dimension ist $r = rgA = 1$; es handelt sich um eine Gerade durch Null. Weiterhin gilt $\underline{y} \in \mathcal{L}$, denn das GLS ist lösbar. Also kann $\mathcal{L}$ nichts anderes sein, als die Verbindungsgerade von $\underline{0}$ und $\underline{y}$.)

- $\mathcal{L}$ kann ebenso als lineare Hülle $\mathcal{L}(\underline{a}^1, \underline{a}^2) = \mathcal{L}(\underline{a}^1)$ gedeutet werden, wird also durch den Richtungsvektor $\underline{a}^1$ aufgespannt. Die gestrichelte Gerade in D enthält genau diejenigen Punkte, die auf $\underline{a}^1$ abgebildet werden.

- Der Punkt $\underline{z} = [6, -2]^T$ liegt in W, aber (graue Zone) *nicht* in $\mathcal{L}$. Das Gleichungssystem $A\underline{x} = \underline{z}$ ist *unlösbar*.

Was geschieht, wenn wir die rechte Seite des GLS $A\underline{x} = \underline{y}$ so variieren, dass es dabei stets lösbar bleibt? Anschaulich bedeutet dies, den Punkt $\underline{y}$ im Bildraum $\mathcal{L}$ – d.h., auf der gelben Geraden entlang – "fahren" zu lassen, wobei sich seine Farbe von orange nach gelb verändert:

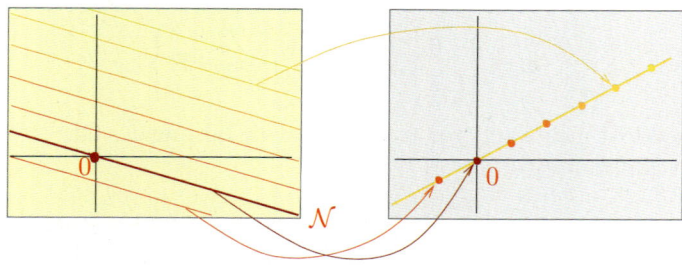

Gleichzeitig "fährt" die Lösungsmenge $\mathbb{L}$ (im Sinne einer Parallelverschiebung) durch den Definitionsbereich D. Dabei wird der gesamte Definitionsbereich überdeckt, d.h., die Vereinigung aller möglichen Lösungsmengen $\mathbb{L}$ ergibt ganz $\mathbb{R}^2$. $\triangle$

19.7   Praktische Lösung mit dem Austauschverfahren

Grundidee

Wir wenden uns nun der Frage zu, wie ein gegebenes (m, n)–Gleichungssystem

$$A\underline{x} = \underline{y} \tag{19.1}$$

rechnerisch gelöst werden kann. Wie angekündigt, werden wir die Lösungsmethode mit Hilfe des ATV favorisieren (auf andere Möglichkeiten wird im Punkt 19.8 eingegangen).

Ausgangspunkt der Lösung ist die folgende Beobachtung: Wenn ein Vektor $\underline{x}$ das GLS (19.1) löst, so gilt

$$0 = A\underline{x} - \underline{y}. \tag{19.13}$$

Wir nennen die linke Seite einmal $\underline{z}$; dann genügen die Vektoren $\underline{x}$ und $\underline{z}$ den folgenden beiden Gleichungen simultan:

$$\underline{z} = A\underline{x} - \underline{y} \quad (19.13\,a)$$
$$\underline{z} = 0 \qquad (19.13\,b)$$

Umgekehrt ist jeder Vektor $\underline{x}$, der – zusammen mit einem Vektor $\underline{z}$ – diesen *beiden* Gleichungen genügt, eine Lösung von (19.1).

Wir versuchen also, Vektoren $\underline{x}$ in $\mathbb{R}^n$ und $\underline{z}$ in $\mathbb{R}^m$ zu finden, die den beiden Gleichungen (19.13 a) und (19.13 b) genügen. Dazu wird die erste Gleichung in Form eines Austauschtableaus geschrieben:

T0	$\underline{x}^T$	1
$\underline{z}$	A	$-\underline{y}$

Die Idee besteht nun darin, soviele der Hilfsvariablen z_i wie möglich *von links* gegen gewisse Unbekannte x_j *nach oben* auszutauschen. Anders gesagt: In der "gelben Zone" werden so viele Austauschschritte ausgeführt wie möglich; in der grünen Zone wird dagegen nicht pivotisiert!

Ein "Idealfall"

Was dadurch erreicht wird, können wir am leichtesten im "Idealfall" $n = m = r$ erkennen, bei dem das GLS (19.1) für jede rechte Seite eindeutig lösbar ist. Nach r Tauschschritten (und erforderlichenfalls nach Umsortieren) erhalten wir folgendes Tableau:

$$\begin{array}{c|c|c} \text{Tr} & \underline{z}^T & 1 \\ \hline \underline{x} & M & \underline{b} \end{array}$$

Entsprechend unserer Standard-Interpretation ist "Links" = "Inhalt"·"oben", wobei der oben stehende Vektor $\underline{z}$ (bzw. dessen Koordinaten) frei gewählt werden kann. Haben wir einmal eine Wahl für $\underline{z}$ getroffen, so ergibt sich daraus der Vektor $\underline{x}$ gemäß

$$\underline{x} = M\underline{z} + \underline{b}1.$$

Es ist klar, dass unsere Wahl für $\underline{z}$ nun $\underline{z} = 0$ lautet, denn dann ist von den beiden zu lösenden Gleichungen (19.13 a) und (19.13 b) schon einmal die zweite erfüllt. Wir können also aus dem Tableau ablesen:

$$\underline{x} = M0 + \underline{b} = \underline{b}. \tag{19.14}$$

Weil die Tableaus T0 und Tr äquivalent sind, ist Gleichung (19.14) zu Gleichung (19.13 a) äquivalent. Also haben wir in Gestalt des Vektors $\underline{x} = \underline{b}$ aus dem letzten Austauschtableau die eindeutige bestimmte Lösung des GLS (19.1) ermittelt!

Beobachtungen 19.36.

(1) Da die oben stehenden Koordinaten des Vektors $\underline{z}$ ohnehin den Wert 0 erhalten sollen, ist die Berechnung der im Tableau darunter erscheinenden Zahlen – hier in der Matrix M zusammengefasst – streng genommen nicht erforderlich. D.h. bereits zum Tausch verwendete Spalten können gestrichen werden (ATVS).

(2) Ebenso ist es nicht wirklich erforderlich, das Ergebnistableau umzusortieren, da aufgrund der Zeilen- und Spaltenbeschriftungen eine korrekte Zuordnung von Zahlen zu Variablen erfolgt.

(3) Ausgangstableau und Tauschablauf sind also völlig identisch mit denen bei einer reinen Lösbarkeitsuntersuchung, wie wir sie im Abschnitt 19.3 diskutiert hatten. D.h., das letzte Austauschtableau liefert uns sowohl die Rang- und Lösbarkeitsaussagen als auch die eigentliche Lösung.

Beispiel 19.37 (↗F 19.8 (Erinnerung)). Das zu lösende Gleichungssystem lautete

$$\begin{array}{ccccc} p_1 & + & p_2 & = & 4 \\ p_1 & + & 2p_2 & = & 6 \end{array}$$

Der Tauschablauf sah so aus (hier wird der unbekannte Vektor mit $\underline{p}$ statt $\underline{x}$ bezeichnet):

T0	p_1	p_2	1	T1	p_2	1	T2	1
z_1	1	1	-4	p_1	-1	4	p_1	2
z_2	1	2	-6	z_2	1	-2	p_2	2
	$\star$	-1	4		$\star$	2		

Wir erhalten zweierlei Ergebnisse:

- erstens eine *Lösbarkeitsaussage*: Da zwei Tauschschritte ausgeführt werden konnten, gilt hier $r = m = n = 2$; das GLS ist eindeutig lösbar.

- zweitens die eigentliche *Lösung*: aus T2 liest man ab $\underline{p} = [2, 2]^T$. $\triangle$

Beispiel 19.38. Es ist das Gleichungssystem $A\underline{x} = \underline{y}$ zu untersuchen mit

$$A = \begin{bmatrix} 3 & 3 & 9 \\ 1 & 1 & 5 \\ 2 & 9 & -1 \end{bmatrix} \quad \text{und} \quad \begin{bmatrix} 30 \\ 14 \\ 13 \end{bmatrix}$$

Wir wählen diesen Tauschablauf:

T0	x_1	x_2	x_3	1		T1	x_2	x_3	1
z_1	3	3	9	-30		z_1	0	-6	12
z_2	1	1	5	-14		x_1	-1	-5	14
z_3	2	9	-1	-13		z_3	7	-11	15
	$\star$	-1	-5	14			0	$\star$	2

T2	x_2	1		T3	1
x_3	0	2		x_3	2
x_1	-1	4		x_1	3
z_3	7	-7		x_2	1
	$\star$	1		1	

Wiederum erhalten wir zweierlei Ergebnisse:

- eine *Lösbarkeitsaussage*: Da drei Tauschschritte möglich waren, gilt $r = m = n = 3$; auch dieses GLS ist eindeutig lösbar.

- die eigentliche *Lösung*: $\underline{x} = [3, 1, 2]^T$ (aus T3). $\triangle$

Wir werden sehen, dass das letzte Austauschtableau auch in allen anderen Lösungsfällen erlaubt,

- festzustellen, ob das GLS (19.1) überhaupt lösbar ist und falls ja,

- die Lösungsmenge abzulesen.

Zum besseren Verständnis betrachten wir zunächst weitere Beispiele.

Beispiel 19.39 (↗F 19.35). Zu untersuchen war das GLS $A\underline{x} = \underline{y}$ mit

$$A := \begin{bmatrix} 2 & 6 \\ 1 & 3 \end{bmatrix} \quad \text{bzw} \quad \underline{y} := \begin{bmatrix} 8 \\ 4 \end{bmatrix}$$

Wir werden das Austauschverfahren hier ausnahmsweise einmal ohne Spalten-streichung absolvieren, um das volle Ergebnistableau zu sehen. Dies könnte bei bequemer Pivotwahl so aussehen:

T0	x_1	x_2	1	T1	z_2	x_2	1
z_1	2	6	-8	z_1	2	0	0
z_2	1	3	-4	x_1	1	-3	4
	$\star$	-3	4				

T1 ist bereits das Ergebnistableau. Wir können drei farblich unterlegte Zonen unterscheiden:

- *Die hellgraue Zone kann während des Tauschablaufs gestrichen werden.*
- *Die pastellgelbe Zone entscheidet über die Lösbarkeit des GLS.*
  In dieser Zone wären nämlich alle potentiellen Pivotelemente zu suchen: Im linken Teil (unterhalb x_2) ist nur die 0 zu finden, deswegen bricht das Verfahren hier bereits nach einem Tauschschritt ab; es gilt $rg A = 1$. Im rechten Teil (unterhalb der "1") ist ebenfalls nur eine 0 zu finden, also gilt $rg(A|\underline{y}) = 1$, und das GLS ist lösbar. (Überdies gilt $d = 1$, also ist die Lösung nicht eindeutig.)
- *Die pastellblaue Zone enthält das Ergebnis der Berechnungen.*
  Wir lesen die (einzige) Ergebniszeile nach dem Schema "links = Inhalt × oben" aus:

$$x_1 = z_2 \cdot 1 + x_2 \, (-3) + 1 \cdot 4$$

Unserem Ziel entsprechend kann z_2 zu Null gesetzt werden. Wir denken uns zu dieser so vereinfachten Gleichung für x_1 eine (triviale) Gleichung für x_2 sowie passende Klammern hinzu und finden folgende vektorielle Gleichung:

$$\begin{bmatrix} x_1 \\ x_2 \end{bmatrix} = x_2 \begin{bmatrix} -3 \\ 1 \end{bmatrix} + \begin{bmatrix} 4 \\ 0 \end{bmatrix}$$

Hierbei ist x_2 als frei wählbarer Parameter anzusehen, also ergibt sich als Lösungsmenge

$$\mathbb{L} = \left\{ x_2 \begin{bmatrix} -3 \\ 1 \end{bmatrix} + \begin{bmatrix} 4 \\ 0 \end{bmatrix} \,\middle|\, x_2 \in \mathbb{R} \right\}$$

und als Nullraum

$$\mathcal{N} = \left\{ x_2 \begin{bmatrix} -3 \\ 1 \end{bmatrix} \,\middle|\, x_2 \in \mathbb{R} \right\}. \qquad \triangle$$

Beispiel 19.40. Diesmal wird ein Gleichungssystem $A\underline{x} = \underline{y}$ mit vier Unbekannten betrachtet: Es sei

$$A = \begin{bmatrix} 1 & 0 & 8 & 3 \\ 3 & 9 & 6 & 0 \\ -2 & -14 & 12 & 8 \\ 5 & 13 & 14 & 2 \end{bmatrix} \quad \text{und} \quad \underline{y} = \begin{bmatrix} -3 \\ -9 \\ 6 \\ -15 \end{bmatrix}.$$

Die Rechnung könnte so aussehen:

$T0$	x_1	x_2	x_3	x_4	1	$T1$	z_1	x_2	x_3	x_4	1
z_1	1	0	8	3	3	x_1	$\cdot$	0	-8	-3	-3
z_2	3	9	6	0	9	z_2	$\cdot$	9	-18	-9	0
z_3	-2	-14	12	8	-6	z_3	$\cdot$	-14	28	14	0
z_4	5	13	14	2	15	z_4	$\cdot$	13	-26	-13	0
	$\star$	0	-8	-3	-3		$\cdot$	$\star$	2	1	0

T2	z_1	z_2	x_3	x_4	1
x_1	$\cdot$	$\cdot$	-8	-3	-3
x_2	$\cdot$	$\cdot$	2	1	0
z_3	$\cdot$	$\cdot$	0	0	0
z_4	$\cdot$	$\cdot$	0	0	0

Auch diesmal haben wir das Ergebnistableau in verschiedenfarbige Zonen eingeteilt:

- *Die* hellgraue *Zone ist nicht informativ.*
  Sie hätte vollends gestrichen werden können; wir haben uns damit begnügt, die Zahlenwerte nur durch Punkte anzudeuten, ohne sie zu berechnen.

- *Die* pastellgelbe *Zone entscheidet wiederum über die Lösbarkeit des GLS.*
  Wir sehen erstens, dass mit T2 das Verfahren abbricht, weil weder z_3 noch z_4 gegen x_3 oder x_4 austauschbar ist – mangels von Null verschiedener potentieller Pivotelemente im gelben Feld unterhalb von x_3 und x_4; es gilt also $rgA = 2$ und $d = 2$. Zweitens erkennen wir an den beiden schwarzen Nullen im gelben Feld unterhalb der "1", dass auch $rg(A|\underline{y}) = 2$ ist, denn es handelt sich um die einzigen potentiellen Pivotelemente für einen Weitertausch.

- *Die pastellblaue Zone enthält auch hier das Ergebnis der Berechnungen.*

  Dieses kann wie im vorigen Beispiel ausgelesen werden. Der einzige Unterschied: Wir können diesmal zwei Ergebniszeilen auslesen. Diese drücken die Unbekannten x_1 und x_2 durch x_3 und x_4 aus.

Der Einfachheit halber ergänzen wir diese gleich nach der "Einhängmethode" zu einer Darstellung der Lösungsmenge $\mathbb{L}$:

$$\mathbb{L} = \left\{ \begin{bmatrix} x_1 \\ x_2 \\ x_3 \\ x_4 \end{bmatrix} = x_3 \begin{bmatrix} -8 \\ 2 \\ 1 \\ 0 \end{bmatrix} + x_4 \begin{bmatrix} -3 \\ 1 \\ 0 \\ 1 \end{bmatrix} + \begin{bmatrix} -3 \\ 0 \\ 0 \\ 0 \end{bmatrix} \,\middle|\, x_3, x_4 \in \mathbb{R} \right\}$$

Der Vollständigkeit halber sollte der Nullraum nicht fehlen, der durch "Weglassen" des Pinpunktes entsteht:

$$\mathcal{N} = \left\{ \begin{bmatrix} x_1 \\ x_2 \\ x_3 \\ x_4 \end{bmatrix} = x_3 \begin{bmatrix} -8 \\ 2 \\ 1 \\ 0 \end{bmatrix} + x_4 \begin{bmatrix} -3 \\ 1 \\ 0 \\ 1 \end{bmatrix} \,\middle|\, x_3, x_4 \in \mathbb{R} \right\}$$

$\triangle$

Bemerkung 19.41. Die Lösungsmenge $\mathbb{L}$ und der Nullraum $\mathcal{N}$ wurden in der uns vertrauten Form einer Parameterdarstellung notiert. Wir können die darin enthaltenen Richtungsvektoren zu einer Matrix und die Parameter zu einem Vektor zusammenfassen; dann nimmt z.B. die Darstellung von $\mathbb{L}$ folgende "matrizische" Form an:

$$\mathbb{L} = \left\{ \begin{bmatrix} -8 & -3 \\ 2 & 1 \\ 1 & 0 \\ 0 & 1 \end{bmatrix} \begin{bmatrix} x_3 \\ x_4 \end{bmatrix} + \begin{bmatrix} -3 \\ 0 \\ 0 \\ 0 \end{bmatrix} \,\middle|\, x_3, x_4 \in \mathbb{R} \right\}$$

Die allgemeine Form des Lösungstableaus

Wir wollen nun auf den allgemeinen Fall von Gleichungssystemen beliebiger Formate eingehen. Gegeben seien also beliebige natürliche Zahlen m und n, sowie ein beliebiges (m, n)–Gleichungssystem $A\underline{x} = \underline{y}$. Zur Lösung wird ein erstes Austauschtableau aufgestellt wie auf Seite 801 beschrieben. Anschließend werden soviele Austauschschritte wie möglich ausgeführt (wobei unterhalb der

"1" nicht pivotisiert wird). Die Anzahl r so ausführbarer Austauschschritte gibt dann den Rang der Koeffizientenmatrix an: $r = rgA$. Wiewohl die Pivotwahl prinzipiell beliebig ist, wollen wir hier vereinfachend annehmen, dass es möglich sei, nacheinander x_1 gegen $z_1, \ldots, x_r$ gegen z_r auszutauschen[6]. Das danach ohne Zeilen- oder Spaltenstreichungen erreichte Tableau Tr hat dann die folgende prinzipielle Struktur:

Tr	$z_1 \cdots z_r$	$x_{r+1} \cdots x_n$	1
x_1			b_1
$\vdots$	M^{11}	M^{12}	$\vdots$
x_r			b_r
z_{r+1}			c_1
$\vdots$	M^{21}	0	$\vdots$
z_m			c_{m-r}

Die in den Spalten unterhalb von $z_1, \ldots, z_r, x_{r+1}, \ldots, x_n$ stehenden Zahlen wurden hier der Einfachheit halber als Blockmatrizen M^{11}, M^{12}, M^{21} und $M^{22} = 0$ wiedergegeben. Aber auch alle übrigen Zahlen lassen sich zu Vektoren zusammenfassen, so dass sich das Tableau weiter vereinfacht:

Tr	$\underline{z}^{NB}$	$\underline{x}^{NB}$	1	
$\underline{x}^B$	M^{11}	M^{12}	$\underline{b}$	$\}\,(O)$
$\underline{z}^B$	M^{21}	0	$\underline{c}$	$\}\,(U)$
	$\underbrace{\qquad}$	$\underbrace{\qquad}$	$\underbrace{\qquad}$	
	(L)	(M)	(R)	

(Was unter den gewählten Bezeichnungen zu verstehen ist, erklärt sich durch den Vergleich beider Tableaus von selbst. In der Literatur hat es sich eingebürgert, die nunmehr links stehenden Variablen $x_1, \ldots, x_r$ als *Basisvariablen* und die oben stehenden Variablen $x_{r+1}, \ldots, x_n$ als *Nichtbasisvariablen* zu bezeichnen, was die Wahl der Bezeichnungen $\underline{x}^B$ und $\underline{x}^{NB}$ für die Vektoren $[x_1, \ldots, x_r]^T$ bzw. $[x_{r+1}, \ldots, x_n]^T$ motiviert.) Wir sehen, dass das Tableau grundsätzlich horizontal in je einen linken, mittleren und rechten Teil (L), (M) bzw. (R) und vertikal in einen oberen Teil (O) und einen unteren Teil (U) gegliedert ist. "Grundsätzlich" heißt, dass die Teile (M) und/oder (U) – in Abhängigkeit von den Werten m, n und r – fehlen können. Es gilt:

[6]Dies ist bei passender Bezeichnung der Variablen und "Sortierung" des GLS immer zu erreichen.

- Teil (M) ist *vorhanden*, sobald nicht alle Unbekannten x_i von oben nach links ausgetauscht werden können, sozusagen einige davon "übrigblei- ben". Dies tritt ein, wenn der Defekt $d = n - r$ positiv ist, also $r < n$ gilt. In diesem Fall bleiben die übriggebliebenen Unbekannten $x_{r+1}, ..., x_n$ oben stehen. Das Gleichungssystem ist – wenn überhaupt – nicht ein- deutig lösbar.
  Teil (M) *fehlt*, wenn $r = n$ gilt. Im Lösbarkeitsfall haben wir eine ein- deutige Lösung.

- Teil (U) ist *vorhanden*, sobald nicht alle Hilfsvariablen z_j von links nach oben ausgetauscht werden können, wenn also $r < m$ gilt. In diesem Fall bleiben die "übriggebliebenen" $m - r$ Hilfsvariablen z_j links stehen. Ob das Gleichungssystem lösbar ist, entscheidet sich anhand der Spalte (R). Teil (U) *fehlt*, wenn $r = m$ gilt; in diesem Fall ist das Gleichungssystem lösbar.

Wir merken an, dass der Teil (R) *immer* und die Teile (L) und (O) *im Fall $A \neq 0$ immer* vorhanden sind. Der Teil (R) braucht nicht hingeschrieben zu werden, wenn ohnehin nur Nullen enthalten sind – vgl. Bemerkung 19.42 (iii).

Infolge der vertikalen und horizontalen Untergliederung des Tableaus entste- hen Felder, die sich wie bisher zu drei farblich markierten Zonen zusammen- fassen lassen:

- Die hellgraue Zone ist weder für den Tauschablauf noch für das Ergeb- nis informativ und kann während des Tauschablaufes gestrichen werden. (Sie wird dann nicht gestrichen, wenn sie für weitere Berechnungen nütz- lich sein kann, z.B. für Probespalten.)

- Die pastellgelbe Zone zeigt an, dass das letzte Tableau erreicht ist, und entscheidet über die Lösbarkeit des GLS.

- Die pastellblaue Zone enthält die eigentliche Lösung des GLSs.

Die Bewertung des Lösungstableaus und das Auslesen der Lösung im Lösbar- keitsfall kann folgender Übersicht entnommen werden:

Übersicht: Interpretation des Lösungstableaus

Tr	$z_1 \cdots z_r$	$x_{r+1} \cdots x_n$	1
x_1			b_1
$\vdots$	M^{11}	M^{12}	$\vdots$
x_r			b_r
z_{r+1}			c_1
$\vdots$	M^{21}	0	$\vdots$
z_m			c_{m-r}

(I) Lösbarkeitsaussage:

$$A\underline{x} = \underline{y} \text{ ist lösbar} \Longleftrightarrow \begin{cases} \underline{c} \text{ fehlt} \\ \text{oder} \\ \underline{c} = 0 \end{cases}$$

bzw. gleichbedeutend

$$A\underline{x} = \underline{y} \text{ ist unlösbar} \Longleftrightarrow \underline{c} \neq 0 \text{ (vorhanden)}$$

(II) Lösung:

(a) falls $r = n$:

$$\mathbb{L} = \{\underline{b}\}$$

(b) falls $0 < r < n$:

$$\mathbb{L} = \left\{ \begin{bmatrix} M^{12} \\ I_{(d,d)} \end{bmatrix} \underline{x}^{NB} + \begin{bmatrix} \underline{b} \\ 0 \end{bmatrix} \middle| \underline{x}^{NB} \in \mathbb{R}^d \right\}$$

(c) falls $r = 0$:

$$\mathbb{L} = \mathbb{R}$$

Hierbei ist "$\underline{c}$ fehlt" zu lesen als "Teil (U) fehlt" bzw. "$r = m$". Umgekehrt bedeutet "$\underline{c}$ vorhanden", dass Teil (U) vorhanden ist bzw. "$r < m$" gilt.

Einige Erläuterungen:

Zu (I): Die Lösbarkeitsaussage ist dieselbe wie schon im Abschnitt 19.3, bedarf also keiner erneuten Begründung. Im Unterschied zu dort wurde hier lediglich auf Streichungen im Tableau verzichtet.

Zu (II): In diesem Teil setzen wir voraus, dass das GLS $A\underline{x} = \underline{y}$ lösbar ist. Bezüglich des Ranges $r = rgA$ sind nun die angeführten drei Fälle (a), (b) und (c) zu unterscheiden. (Der Fall (c) ist gleichbedeutend mit $A = O$ und daher in der Praxis ohne Bedeutung; er wird hier nur der Vollständigkeit halber aufgeführt.) In den praktisch interessanten Fällen (a) und (b) kommt es zu mindestens einem Tausch, der Tableauteil (O) ist also vorhanden und kann gemäß "links = Inhalt × oben" ausgelesen werden. Wir betrachten diese beiden Fälle näher:

(a) $r = n$: Sämtliche Unbekannten wurden von oben nach links getauscht, und der Tableauteil (M) fehlt. Wir können ablesen

$$\underline{x}^B = M^{11}\underline{z}^{NB} + \underline{b}$$

wobei $\underline{x} = \underline{x}^B$ gilt. Die oben stehenden Hilfsvariablen setzen wir wunschgemäß zu Null; es folgt daher

$$\underline{x} = \underline{b} \quad \text{bzw.} \quad \mathbb{L} = \{\underline{b}\}. \tag{19.15}$$

(b) $r < n$ (und dabei $r > 0$): Diesmal wurden nicht alle Unbekannten von oben nach links getauscht, der Tableauteil (M) ist also vorhanden. Wir lesen den Lösungsteil aus:

$$\underline{x}^B = M^{11}\underline{z}^{NB} + M^{12}\underline{x}^{NB} + \underline{b} \tag{19.16}$$

Wiederum setzen wir die Hilfsvariablen oben zu Null: $\underline{z}^{NB} := 0$; dann geht 19.16 über in

$$\underline{x}^B = M^{12}\underline{x}^{NB} + \underline{b}$$

Wir "hängen" nun diese im Tableau Tr enthaltene Darstellung von $\underline{x}^B$ in eine Darstellung des gesamten Vektors $\underline{x}$ "ein", indem wir uns die fehlende Darstellung von $\underline{x}^{NB}$ hinzudenken und passende Klammern setzen:

$$\mathbb{L} = \left\{ \underbrace{\begin{bmatrix} \underline{x}^B \\ \underline{x}^{NB} \end{bmatrix}}_{\underline{x}} = \underbrace{\begin{bmatrix} M^{12} \\ I_{(d,d)} \end{bmatrix}}_{:=B}\underline{x}^{NB} + \underbrace{\begin{bmatrix} \underline{b} \\ 0 \end{bmatrix}}_{\underline{x}^{\circ}} \,\middle|\, \underline{x}^{NB} \in \mathbb{R}^d \right\} \tag{19.17}$$

Hieraus gewinnen wir die angegebene Parameterdarstellung. (Diese mag ungewohnt aussehen, ist jedoch lediglich in Matrixform geschrieben, wie in Bemerkung 19.41 erläutert.)

Bemerkungen 19.42.

(i) Wir haben bisher lediglich ausgeführt, wie das Ergebnistableau zu lesen ist, ohne nachzuweisen, warum die Darstellungen 19.15 und 19.17 tatsächlich die Lösung des GLS $A\underline{x} = \underline{y}$ angeben. Der Schlüssel dazu liegt in der Äquivalenz der Tableaus $T0$ und Tr. Beide können als Gleichung interpretiert werden. Wir können also z.B. im Fall (a) schreiben

$$A\underline{x} = \underline{y} \Longleftrightarrow T0 \Longleftrightarrow Tr \Longleftrightarrow \underline{x} = \underline{b}.$$

Ähnlich, wenn auch etwas subtiler, kann im Fall (b) argumentiert werden.

(ii) Da in der Praxis erst im Verlauf des Tauschprozesses schrittweise über die Wahl der Pivotelemente entschieden wird, ist es unrealistisch anzunehmen, es würden stets x_1 gegen z_1, x_2 gegen z_2 usw. ausgetauscht. Vielmehr können auch Ergebnistableaus entstehen, in denen die Zonen (L) und (M) "ineinandergemischt" auftreten; Entsprechendes gilt für die Zonen (O) und (U). Dies stellt jedoch keinerlei Problem dar, denn die genannten Zonen sind zweifelsfrei an den zugehörigen Zeilen- bzw. Spaltenbeschriftungen erkennbar.

(iii) Bei einem homogenen GLS kann die Spalte "1" von vornherein *weggelassen* werden. (In der Tat, da in das Ausgangstableau der Vektor $\underline{y} = 0$ einzutragen wäre, stünden in der "1"-Spalte während des gesamten Tauschablauf dort stets nur Nullen. Im Ergebnistableau hätte man dann stets $\underline{b} = 0$ und $\underline{c} = 0$ (soweit vorhanden). Da dies von vornherein bekannt ist, genügt es, sich diese Spalte hinzuzu*denken*.) Wir merken an, dass aus den in der Übersicht enthaltenen allgemeinen Regeln erneut folgt:

  – Ein homogenes GLS ist stets lösbar.
  – Als spezielle Lösung kann stets der Nullvektor $\underline{b} = 0$ dienen[7].

Nachfolgend stellen wir einige Beispiele für mögliche Ergebnistableaus zusammen, an denen das Auslesen des Ergebnisses in verschiedenen Situationen demonstriert wird. (Auf die Angabe des Ausgangsgleichungssystem $A\underline{x} = \underline{y}$ verzichten wir aus Gründen der Bequemlichkeit.)

Beispiel 19.43. Gegeben sei folgendes Ergebnistableau:

$T2$	z_3	z_1	1
x_2	·	·	4
z_2	·	·	-2
x_1	·	·	11

---

[7]bzw. $c = 0$, wenn $rgA = 0$ gilt.

Wir prüfen zunächst die Plausibilität: Dieses ist in der Tat ein Ergebnistableau, denn alle Unbekannten wurden nach links getauscht (Teil (M) fehlt). (Bei Interesse kann man anhand der Indizes das Format des ursprünglichen GLS rekonstruieren:

- Anzahl der Gleichungen (= Anzahl der Hilfsvariablen): $m = 3$
- Anzahl der Unbekannten: $n = 2$.

Die Tableauteile (O) und (U) wurden "ineinandergemischt"; die pastellgelbe Zone befindet sich in der mittleren Zeile. Die dort unter der "1" stehende Zahl $c = -2$ signalisiert: Dieses GLS ist unlösbar.   △

Beispiel 19.44.

$T2$	z_3	z_1	1
x_2	·	·	4
z_2	·	·	0
x_1	·	·	11

Wir bleiben in demselben Beispiel mit Ausnahme einer winzigen Änderung: Diesmal steht im pastellgelben Feld unter der "1" der Vektor $\underline{c} = 0$ und zeigt an, dass das GLS *lösbar* ist. Die Lösung ist unter Beachtung der vertauschten Reihenfolge aus den blauen Feldern auszulesen. Sie ist eindeutig bestimmt, denn es gilt $r = 2 = n$. (Dies ist nicht allein anhand der Tableau-Nummer $T2$ zu sehen, sondern ebenso anhand der Anzahl der links stehenden Unbekannten.) Wir finden

$$\mathbb{L} = \left\{ \begin{bmatrix} 11 \\ 4 \end{bmatrix} \right\}, \qquad \mathcal{N} = \left\{ \begin{bmatrix} 0 \\ 0 \end{bmatrix} \right\}$$

△

Beispiel 19.45. Das folgende Tableau ist sozusagen "komplett" (alle Zonen sind vorhanden) und auch "durchmischt":

T2	x_1	z_3	x_3	x_4	z_1	1
x_5	2	·	-1	0	·	10
z_2	0	·	0	0	·	0
x_2	7	·	-5	3	·	-5
z_4	0	·	0	0	·	0

Man erkennt: $m = 4, n = 5$, bisher ausgeführte Austauschschritte: 2. Zur Struktur: Die Zone (U) wird durch die z_2- und die z_4-Zeile gebildet. In der Tat sind in den pastellgelben Feldern ausschließlich Nullen zu finden, was zum einen bestätigt, dass kein weiterer Tausch möglich ($r = 2$) und gleichzeitig das GLS lösbar ist. Die Zone (O) enthält die übrigen Zeilen, d.h., die x_2-Zeile und die x_5-Zeile, die nun reihenfolgerichtig auszulesen sind. Wiederum mittels "Einhängmethode" ergänzen wir zu der gesuchten Parameterdarstellung:

$$\mathbb{L} = \left\{ \begin{bmatrix} x_1 \\ x_2 \\ x_3 \\ x_4 \\ x_5 \end{bmatrix} = x_1 \begin{bmatrix} 1 \\ 7 \\ 0 \\ 0 \\ 2 \end{bmatrix} + x_3 \begin{bmatrix} 0 \\ -5 \\ 1 \\ 0 \\ -1 \end{bmatrix} + x_4 \begin{bmatrix} 0 \\ 3 \\ 0 \\ 1 \\ 0 \end{bmatrix} + \begin{bmatrix} 0 \\ -5 \\ 0 \\ 0 \\ 10 \end{bmatrix} \middle| \begin{array}{c} x_1, x_3, \\ x_4 \in \mathbb{R} \end{array} \right\}$$

$\triangle$

Beispiel 19.46. Auch dieses Tableau ist ein Ergebnistableau:

	x_2	x_3
x_4	1	0
z_2	0	0
x_1	3	-2

Es handelt sich um das Ergebnistableau eines homogenen GLS, erkennbar an der fehlenden "1"-Spalte, mit den Daten $m = 3$, $n = 4$, $r = 2$. Die Lösung des GLS ist

$$\mathbb{L} = \mathcal{N} = \left\{ x_2 \begin{bmatrix} 3 \\ 1 \\ 0 \\ 1 \end{bmatrix} + x_3 \begin{bmatrix} -2 \\ 0 \\ 1 \\ 0 \end{bmatrix} \middle| x_2, x_3 \in \mathbb{R} \right\}$$

$\triangle$

Weitertausch im Ergebnistableau

Gegeben sei das Lösungstableau eines GLS. Die eigentliche Lösung ist, wie wir wissen, in der pastellblauen Lösungszone enthalten. Wir werden diesen Teil nun einmal als selbständiges Ausgangstableau interpretieren und fragen, was durch einen oder mehrere Austauschschritte zu gewinnen ist.

Beispiel 19.47 ($\nearrow$F 19.39)**.**

$$A := \begin{bmatrix} 2 & 6 \\ 1 & 3 \end{bmatrix} \begin{bmatrix} x_1 \\ x_2 \end{bmatrix} = \begin{bmatrix} 8 \\ 4 \end{bmatrix}$$

fanden wir dieses Ergebnistableau:

T1	z_2	x_2	1
z_1	2	0	0
x_1	1	-3	4

Wir betrachten nur den Lösungsteil und führen einen Austauschschritt (*ohne* Streichungen) aus:

$T1$	x_2	1
x_1	−3	4
	$\star$	$\frac{4}{3}$

$\rightarrow$

$T1_a$	x_1	1
x_2	$-\frac{1}{3}$	$\frac{4}{3}$

Aus beiden Tableaus gewinnen wir je eine Darstellung für $\mathbb{L}$:

$$\mathbb{L} = \left\{ x_2 \begin{bmatrix} -3 \\ 1 \end{bmatrix} + \begin{bmatrix} 4 \\ 0 \end{bmatrix} \Bigg| x_2 \in \mathbb{R} \right\}$$

$$= \left\{ x_1 \begin{bmatrix} 1 \\ -\frac{1}{3} \end{bmatrix} + \begin{bmatrix} 0 \\ \frac{4}{3} \end{bmatrix} \Bigg| x_1 \in \mathbb{R} \right\}$$

Den Unterschied zwischen beiden können wir am schnellsten aus einer Skizze erkennen:

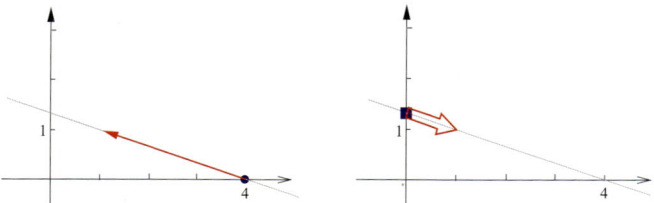

Wir beobachten: Die beiden Darstellungen von $\mathbb{L}$ unterscheiden sich hinsichtlich ihrer Pinpunkte und Richtungsvektoren. Während jeweils eine Achse den Parameter enthält, liegt der Pinpunkt auf der anderen. Fassen wir die beiden Pinpunkte als "Eck"punkte einer Strecke auf, so bedeutet der Weitertausch im Ergebnistableau einen Wechsel der "Ecke".   △

Beispiel 19.48. Das Gleichungssystem

$$3x_1 + x_2 + 2x_3 = 6$$
$$9x_1 + 3x_2 + 6x_3 = 18$$

könnte zu dem Tauschablauf

$T0$	x_1	x_2	x_3	1	$T1$	x_1	x_3	1
z_1	3	①	2	-6	x_2	-3	-2	6
z_2	9	3	6	-18	z_2	0	0	0
	-3	$\star$	-2	6				

mit folgender Lösungsdarstellung führen:

$$\mathbb{L} = \left\{ x_1 \begin{bmatrix} 1 \\ -3 \\ 0 \end{bmatrix} + x_3 \begin{bmatrix} 0 \\ -2 \\ 1 \end{bmatrix} + \begin{bmatrix} 0 \\ 6 \\ 0 \end{bmatrix} \middle| \, x_1, x_3 \in \mathbb{R} \right\} \qquad (19.18)$$

Ein möglicher Tauschschritt im extrahierten Lösungsteil ist dieser:

$T1$	x_1	x_3	1	$T1_a$	x_2	x_3	1
x_2	⊝3	-2	6	x_1	$-\frac{1}{3}$	$-\frac{2}{3}$	2
	$\star$	$-\frac{2}{3}$	2				

Er führt auf eine zweite Lösungsdarstellung:

$$\mathbb{L} = \left\{ x_2 \begin{bmatrix} -\frac{1}{3} \\ 1 \\ 0 \end{bmatrix} + x_3 \begin{bmatrix} -\frac{2}{3} \\ 0 \\ 1 \end{bmatrix} + \begin{bmatrix} 2 \\ 0 \\ 0 \end{bmatrix} \middle| \, x_2, x_3 \in \mathbb{R} \right\} \qquad (19.19)$$

In beiden Darstellungen haben wir jeweils den Pinpunkt blau und die beiden Richtungsvektoren rot bzw. grün hervorgehoben. Eine Skizze verdeutlicht den Unterschied von 19.18 und 19.19:

Als Pinpunkt fungieren in beiden Fällen Eckpunkte des in der Skizze dargestellten Dreiecks. Es ist nicht schwer zu sehen, dass auch der dritte Eckpunkt durch einen Weitertausch erreicht werden kann.

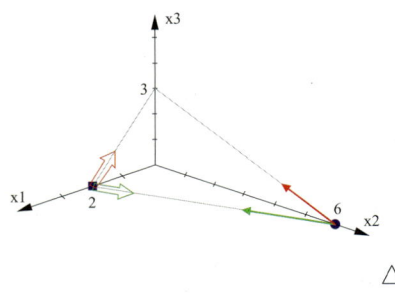

$\triangle$

Es liegt nun nahe, was bei Gleichungssystemen mit beliebig vielen Unbekannten zu erwarten ist:

- Ein Weitertausch im Ergebnistableau (soweit möglich) ist gleichbedeutend mit einem Wechsel der Paramterdarstellung.

- Dabei durchläuft der Pinpunkt verschiedene Ecken eines "Vielecks" (Strecke, Dreieck etc.).

Die letzte Beobachtung wird sich im Abschnitt "Einfache lineare Optimierung" als äußerst hilfreich erweisen.

19.8   Andere Lösungsverfahren

Neben dem Austauschverfahren gibt es zahlreiche weitere Verfahren zur Lösung linearer Gleichungssysteme. Das zweifellos bekannteste und populärste Verfahren ist der *Gauß-Algorithmus*, auch als *Gaußsches Eliminationsverfahren* bekannt. Auch die sogenannte *Cramersche Regel* hat es zu einiger Popularität gebracht.Verschiedene weitere Verfahren dienen dem Zweck, lineare Gleichungssysteme mit hoher Rechengenauigkeit oder besonders schnell zu lösen. Das ist besonders dann von Interesse, wenn die Anzahlen m und n von Gleichungen und Unbekannten sehr groß werden, denn in der Praxis treten nicht selten Probleme auf, bei denen diese Zahlen Werte im fünf- oder sechsstelligen Bereich annehmen. Für unseren Text dagegen steht im Vordergrund, dass das Verfahren einfach und zuverlässig ist und darüber hinaus strukturelle Erkenntnisse unterstützt. Die LeserIn konnte sich selbst davon überzeugen, dass das Austauschverfahren diese Eigenschaften hat. Als Nachteil wird mitunter angesehen, dass man zu seinem sicheren Gebrauch die 4 Tauschregeln beherrschen muss.

Die Popularität des Gauß-Algorithmus beruht ganz wesentlich darauf, dass seine Grundidee ganz einfach und einprägsam ist. Deswegen gehen wir hier kurz darauf ein. Die Cramersche Regel wird im Abschnitt 20.7 besprochen.

Die Idee des Gauß-Algorithmus

Ausgangspunkt ist wiederum ein beliebiges Gleichungssystem (1)

$$
\begin{array}{llllllll}
[G_1^1] & a_{11}x_1 & + & a_{12}x_2 & + & \cdots & + & a_{1n}x_n & = & y_1 \\
[G_2^1] & a_{21}x_1 & + & a_{22}x_2 & + & \cdots & + & a_{2n}x_n & = & y_2 \\
& \cdots & & \cdots & & \cdots & & \cdots & & \\
[G_m^1] & a_{m1}x_1 & + & a_{m2}x_2 & + & \cdots & + & a_{mm}x_n & = & y_m
\end{array}
\tag{19.20}
$$

Der Gauß-Algorithmus in seiner einfachsten Version beruht auf folgender Idee:

> *Passende Vielfache der ersten Zeile des Ausgangssystems werden so zu allen übrigen Zeilen addiert, dass die Unbekannte x_1 aus den übrigen Zeilen verschwindet.*

Danach nimmt das Gleichungssystem die folgende vereinfachte Form an:

$$
\begin{array}{lllllllll}
[G_1^1] & a_{11}x_1 & + & a_{12}x_2 & + & \cdots & + & a_{1n}x_n & = & y_1 \\
[G_2^2] & & & a'_{22}x_2 & + & \cdots & + & a'_{2n}x_n & = & y'_2 \\
& & & \cdots & & \cdots & & \cdots & & \\
[G_m^2] & & & a'_{m2}x_2 & + & \cdots & + & a'_{mm}x_n & = & y'_m
\end{array}
\tag{19.21}
$$

Dabei ändert sich die Lösungsmenge des Gleichungssystems nicht, auch wenn sich alle Koeffizienten und ebenso die rechten Seiten in den Zeilen 2 bis m ändern können (daher die neue Bezeichnung a'_{ij} statt a_{ij}). Der blaue Teil für sich genommen kann nun als ein "neues" Gleichungssystem aufgefasst werden; es hat nur noch $m-1$ Gleichungen für die nur noch $n-1$ Unbekannten $x_2, \dots, x_n$ und lässt deswegen eine leichtere Lösbarkeit erwarten. Wir bezeichnen es hier einmal als ein *Subsystem* und den Übergang von (19.20) zu (19.21) als einen *Reduktionsschritt*.

Ist eine Lösung $(x_2, \dots, x_n)$ des Subsystems bekannt, so kann sie in die unveränderte erste Gleichung des Ausgangssystems eingesetzt, diese nach x_1 aufgelöst und somit eine Lösung $(x_1, \dots, x_n)$ des Ausgangssystems erhalten werden. Hierbei wird der Lösungsvektor von $n-1$ Komponenten auf n Komponenten "*expandiert*".

Einzige Voraussetzung für einen solchen Reduktions- wie Expansionsschritt ist übrigens, dass die erste Gleichung die Unbekannte x_1 tatsächlich enthält, d.h. dass gilt

(V) $a_{11} \neq 0$.

Dies lässt sich durch Umnumerierung der Gleichungen bzw. Variablen immer erreichen, sofern nicht gerade uninteressantenfalls *alle* Koeffizienten a_{ij} gleich Null sind.

Sukzessive Reduktion und Expansion

Wenn das Subsystem noch mehr als eine Gleichung enthält, kann es seinerseits reduziert werden. Auf diese Weise wird man so lange sukzessive reduzieren, wie es noch etwas zu reduzieren gibt. Im *Idealfall* bleibt nur noch eine einzige Gleichung für x_n übrig, die eindeutig nach x_n aufgelöst werden kann. Die Lösung x_n wird in die vorletzte Gleichung eingesetzt, die dann nach x_{n-1} aufgelöst werden kann. Anschließend wird (x_{n-1}, x_n) in die drittletzte Gleichung eingesetzt, diese nach x_{n-2} aufgelöst usf. M.a.W.: Die Lösung x_n des letzten reduzierten System wird *schrittweise* zu einer Gesamtlösung $(x_1, \dots, x_n)$ des Ausgangssystems expandiert.

Auf diese Weise zerfällt das gesamte Verfahren in zwei Phasen: In Phase I der *sukzessiven Reduktion* und die Phase II der *sukzessiven Expansion*.

Beispiel 19.49. Wir betrachten das Ausgangssystem

$$
\begin{array}{lrcrcrcr}
[G_1^1] & 2x_1 & + & 6x_2 & + & 4x_3 & = & 14 \\
[G_2^1] & 3x_1 & - & x_2 & + & 5x_3 & = & 10 \\
[G_3^1] & 4x_1 & + & 2x_2 & + & 2x_3 & = & 12
\end{array}
$$

Zwecks Reduktion addieren wir das $(-3/2)$-fache der ersten Zeile zur zweiten und das (-2)-fache der ersten Zeile zur dritten; so erhalten wir das erste reduzierte System:

$$
\begin{array}{lrcrcrcr}
[G_1^1] & 2x_1 & + & 6x_2 & + & 4x_3 & = & 14 \\
[G_2^2] & & - & 10x_2 & - & 1x_3 & = & -11 \\
[G_3^2] & & - & 10x_2 & - & 6x_3 & = & -16
\end{array}
$$

Es gilt nun, das Subsystem (in Blau) zu lösen. Ist eine Lösung (x_2, x_3) davon gegeben, können wir sie in die "schwarze" Gleichung einsetzen und diese nach x_1 auflösen.

Leider verfügen wir noch nicht über eine solche Lösung. Deswegen unterziehen wir das blaue System einer weiteren Reduktion. Dazu lassen wir die ersten beiden Gleichungen unverändert, addieren aber das (-1)-fache der zweiten Gleichung $[G_2^2]$ zur dritten Gleichung $[G_3^2]$ und finden so ein weiteres Subsystem (diesmal grün), welches nun nur noch eine Gleichung für eine Unbekannte enthält:

$$
\begin{array}{lrcrcrcr}
[G_1^1] & 2x_1 & + & 6x_2 & + & 4x_3 & = & 14 \\
[G_2^2] & & - & 10x_2 & - & 1x_3 & = & -11 \\
[G_3^3] & & & & - & 5x_3 & = & -5
\end{array}
$$

Eine weitere Reduktion ist mangels weiterer Gleichungen nun nicht mehr möglich; vielmehr ist die dritte Gleichung direkt auflösbar. Damit ist die Phase I der *Reduktion* abgeschlossen.

Die Phase II der *Lösungs"expansion"* läuft dann so ab:

$$
\begin{array}{llrclcr}
[G_3^3] \text{ nach } x_3 \text{ auflösen:} & & x_3 & = & (-5)/(-5) & = & 1 \\
\text{Ergebnis in } [G_2^2] \text{ einsetzen:} & & & & -10x_2 - 1 \cdot 1 & = & -11 \\
[G_2^2] \text{ nach } x_2 \text{ auflösen:} & & x_2 & = & (-11 + 1)/(-10) & = & 1 \\
\text{Ergebnisse in } [G_1^1] \text{einsetzen:} & & & & 2x_1 + 6 \cdot 1 + 4 \cdot 1 & = & 14 \\
[G_1^1] \text{ nach } x_1 \text{ auflösen:} & & x_1 & = & 1/2(14 - 6 \cdot 1 - 4 \cdot 1) & = & 2
\end{array}
$$

Das Gesamtergebnis lautet nun

$$
x = (x_1, x_2, x_3)^T = (2, 1, 1)^T.
$$

Da offensichtlich genau diese eine Lösung existiert, folgt

$$\mathbb{L} = \left\{ (2, 1, 1)^T \right\} \quad \text{und} \quad \mathcal{N} = \{0\}. \qquad \triangle$$

Nachdem die Idee des Verfahrens klar ist, sind noch einige Anmerkungen sinnvoll. Erstens merken wir an, dass selbstverständlich einiger Schreibaufwand gespart werden kann, wenn in der ersten Phase eine tabellenähnliche Notation gewählt wird, etwa nach diesem Muster:

	x_1	x_2	x_3		1
$[G_1^1]$	$2x_1 +$	$6x_2 +$	$4x_3$	$=$	14
$[G_2^1]$	$3x_1 +$	$-1x_2 +$	$5x_3$	$=$	10
$[G_3^1]$	$4x_1 +$	$2x_2 +$	$2x_3$	$=$	12
$[G_1^1]$	$2x_1 +$	$6x_2 +$	$4x_3$	$=$	14
$[G_2^2]$		$-10x_2 +$	$-1x_3$	$=$	-11
$[G_3^2]$		$-10x_2 +$	$-6x_3$	$=$	-16
$[G_1^1]$	$2x_1 +$	$6x_2 +$	$4x_3$	$=$	14
$[G_2^2]$		$-10x_2 +$	$-1x_3$	$=$	-11
$[G_3^3]$			$-5x_3$	$=$	-5

Die lichtgrauen Anteile verdeutlichen hier lediglich, wie diese Notation zu lesen ist, werden aber künftig nicht mehr geschrieben.

Zweitens merken wir an, dass sich in dieser Notation noch einige Nebenrechnungen "verstecken", die sich ebenfalls tabellarisch strukturieren ließen. So ließe sich der Übergang von $[G_2^1]$ zu $[G_2^2]$ ausführlicher so darstellen:

$[G_2^1]$	$3x_1$	$+$	$-1x_2$	$+$	$5x_3$	$=$	10	
	$-3x_1$		$-9x_2$		$-6x_3$		-21	$\mid = (-3/2)[G_1^1]$
$[G_2^2]$			$-10x_2$	$-$	$1x_3$	$=$	-11	

Tatsächlich müssen alle Koeffizienten in Rot berechnet werden, ohne einen rechten Platz in dem Berechnungsschema zu haben.

Drittens fällt der Unterschied zwischen beiden Phasen des Verfahrens ins Auge: Während die erste Phase wohlstrukturiert ist und – bis auf die hier unterdrückten Nebenrechnungen – nahezu mechanisch abgearbeitet werden kann, wirken die Rechnungen der zweiten Phase auf eine unbestimmte Art unbeholfen, weil sie ohne Strukturierungshilfen auskommen müssen.

Um diese Nachteile zu beheben, wurde eine stärker strukturierte und besser mechanisierbare Version des Gauß-Algorithmus entwickelt, die auch als "Gauß-Jordan-Algorithmus" bekannt ist.

Der Gauß-Jordan-Algorithmus

Der Gauß-Jordan-Algorithmus benutzt die Idee des Gauß-Algorithmus in folgender modifizierten Form:

> *Passende Vielfache der i-ten Zeile des Ausgangssystems werden so zu sich selbst und allen übrigen Zeilen addiert, dass die Unbekannte x_i aus den übrigen Zeilen verschwindet und in der i-ten Zeile den Koeffizienten 1 erhält.*

Diese Idee wird nun sukzessive auf die Zeilen $i = 1, ..., m$ des Gleichungssystems angewandt.

Wir bemerken, dass sich hierbei – zumindest im Prinzip – jedesmal *alle* Zeilen des Gleichungssystems verändern. Das Gleichungssystem wird sozusagen "in sich" reduziert; es entstehen keine Subsysteme von eigenständigem Interesse mehr. Dafür wird die Expansionsphase ganz oder zumindest teilweise in das Tableau integriert.

Beispiel 19.50 (↗F 19.49). Wir lösen dasselbe Gleichungssystem nach dem Gauß-Jordan-Verfahren. Dabei benutzen wir von Anfang an die Tableau-Notation. Das Ausgangssystem lautet

T1	x_1	x_2	x_3	1
$[G_1^1]$	②	6	4	14
$[G_2^1]$	3	-1	5	10
$[G_3^1]$	4	2	2	12

Wir beginnen mit der Zeile $i = 1$ und sorgen zunächst dafür, dass x_1 hier den Koeffizienten 1 erhält. Das ist durch Division der ersten Zeile durch $a_{11} = 2$ zu bewerkstelligen; das Ergebnis bildet die erste Zeile des nächsten Tableaus. Bei der Entstehung der übrigen Zeilen des nächsten Tableaus spielen die blauen Zahlen eine Rolle, wie am Rande kommentiert:

T2	x_1	x_2	x_3	1	
$[G_1^2]$	1	3	2	7	$= [G_1^1]/2$
$[G_2^2]$	0	$\left(-10\right)$	-1	-11	$= [G_2^1]-3[G_1^2]$
$[G_3^2]$	0	-10	-6	-16	$= [G_3^1]-4[G_1^2]$

Nun wiederholen wir diesen Schritt für die Zeile $i=2$. Damit x_2 im nächsten Tableau den Koeffizienten 1 erhält, ist die zweite Zeile durch -10 zu dividieren. Danach werden passende Vielfache der neuen zweiten Zeile zu allen übrigen Zeilen addiert, damit x_2 darin nicht mehr vorkommt; hier betrifft das die erste und dritte Zeile:

T3	x_1	x_2	x_3	1	
$[G_1^3]$	1	0	$\frac{17}{10}$	$\frac{37}{10}$	$= [G_1^2] - 3[G_2^3]$
$[G_2^3]$	0	1	$\frac{1}{10}$	$\frac{11}{10}$	$= [G_2^2]/(-10)$
$[G_3^3]$	0	0	-5	-5	$= [G_3^2] - (-10)[G_2^3]$

Schließlich ist dieselbe Prozedur auf die dritte Zeile anzuwenden. Das Ergebnis lautet

	x_1		x_2		x_3	1	
$[G_1^4]$	$1x_1$	$+$	$0x_2$	$+$	$0x_3$	$= 2$	$= [G_1^3] - \frac{17}{10}[G_3^4]$
$[G_2^4]$	$0x_1$	$+$	$1x_2$	$+$	$0x_3$	$= 1$	$= [G_2^3] - \frac{1}{10}[G_3^4]$
$[G_3^4]$	$0x_1$	$+$	$0x_2$	$+$	$1x_3$	$= 1$	$= [G_3^3]/(-5)$

Dieses Tableau enthält nun die vollständige Lösung des Problems:

$$x = [x_1, x_2, x_3]^T = [2, 1, 1]^T.$$

△

Das Beispiel zeigt sehr klar, dass der Mechanisierungsgrad des Lösungsablaufs gegenüber dem einfachen Gauß-Algorithmus deutlich gestiegen und eine eigene Expansionsphase komplett entfallen ist.

Wir wollen nun einmal den Lösungsverlauf nach Gauß-Jordan mit demjenigen vergleichen, der sich mit Hilfe des Austauschverfahrens einstellt. Damit es nicht zu langweilig wird, wählen wir dazu ein leicht verändertes Beispiel:

Beispiel 19.51. Wir betrachten das Gleichungssystem mit gegenüber (19.20) in zwei Varianten veränderter dritter Zeile:

$$
\begin{array}{llllllll}
[G_1^1] & 2x_1 & + & 6x_2 & + & 4x_3 & = 14 \\
[G_2^1] & 3x_1 & - & x_2 & + & 5x_3 & = 10 \\
[G_3^1] & 5x_1 & + & 5x_2 & + & 9x_3 & = 24 \ [25]
\end{array}
$$

Die Rechnung nach Gauß-Jordan:

x_1	x_2	x_3	1	
②2	6	4	14	
3	−1	5	10	
5	5	9	24	[25]
1	3	2	7	
0	−10	−1	−11	
0	−10	−1	−11	[−10]
1	0	$\frac{17}{10}$	$\frac{37}{10}$	
0	1	$\frac{1}{10}$	$\frac{11}{10}$	
0	0	0	0	[1]

Wie wir sehen, bricht die Rechnung nach zwei Schritten ab, weil die dritte Zeile die Unbekannte x_3 nicht mehr enthält. Sie lautet bei der Version "**in Blau**"

$$0x_3 = \mathbf{0},$$

was bedeutet, dass x_3 beliebig wählbar und damit ein freier Parameter ist. Die beiden anderen Zeilen müssen nun noch nach x_1 und x_2 umgestellt werden mit dem Ergebnis

$$
\begin{array}{lllll}
x_1 & = & 37/10 & + & x_3(-17/10) \\
x_2 & = & 11/10 & + & x_3(-1/10).
\end{array}
$$

Das System ist **lösbar** mit

$$
\mathbb{L} = \left\{ \begin{bmatrix} 37/10 \\ 11/10 \end{bmatrix} + x_3 \begin{bmatrix} -17/10 \\ -1/10 \end{bmatrix} \,\middle|\, x_3 \in \mathbb{R} \right\}.
$$

Bei der Version "in Rot" lautet die dritte Gleichung

$$0x_3 \neq 1,$$

was unmöglich ist. Also ist das GLS unlösbar.

Der korrespondierende Lösungsablauf mit Hilfe des ATV sieht so aus:

T0	x_1	x_2	x_3	1	T1	x_2	x_3	1	T2	x_3	1
·	②	6	4	−14	x_1	−3	−2	7	x_1	$-\frac{17}{10}$	$\frac{37}{10}$
·	3	−1	5	−10		⊖10	−1	11	x_2	$-\frac{1}{10}$	$\frac{11}{10}$
·	5	5	9	−24 [−25]		−10	−1	11 [10]		0	0 [1]
		−3	−2	7	*	$-\frac{1}{10}$	$\frac{11}{10}$				

Natürlich sind die Ergebnisse in beiden Fällen ("schwarz" und "rot") mit denen des Gauß-Jordan-Verfahrens identisch. Aber mehr noch: Wir sehen, dass sich die blau, gelb und grün umrahmten Teile der Tableaus beider Verfahren gegenseitig entsprechen.   △

Als Fazit unseres letzten Beispiels können wir daher grob formulieren: Das Austauschverfahren ist lediglich eine andere Organisationsform des Gauß-Jordan-Algorithmus!

Als Konsequenz aus dieser Beobachtung können wir hier auf eine weitergehende formale Beschreibung der beiden auf Gauß zurückgehenden Algorithmen verzichten. Interessenten werden in der Standardliteratur ausreichend Material dazu finden. Wir werden in diesem Text auch weiterhin mit dem Austauschverfahren arbeiten.

19.9   Nichtnegative und ganzzahlige Lösungen

In ökonomischen Aufgabenstellungen interessiert man sich oft nur für solche Lösungen eines GLS, die zugleich als Produktionspläne, Preisvektoren etc. interpretiert werden können und damit einer natürlichen Nichtnegativitätsbedingung unterliegen. Wenn also etwa ein GLS $A\underline{x} = \underline{y}$ zu lösen ist und $\mathbb{L}$ die "mathematische" Lösungsmenge bezeichnet, entsteht durch Hinzunahme der Nichtnegativitätsbedingung $\underline{x} \geq 0$ die "ökonomisch sinnvolle Lösungsmenge":

$$\mathbb{L}_{oec} := \{\underline{x} \in \mathbb{L} \,|\, x \geq 0\}.$$

Da die Lösungsmenge $\mathbb{L}$ zumeist in Form einer Parameterdarstellung angegeben wird, entsteht nun die Frage, welchen zusätzlichen Bedingungen die verwendeten *Parameter* genügen müssen, damit die *Lösungsvektoren* nichtnegativ sind. Nicht selten tritt eine zweite Bedingung an die Lösungsvektoren hinzu: Wenn deren Komponenten als Mengenangaben von Gütern dienen, die nicht beliebig teilbar sind – also von sogenannten Stückgütern – , müssen ihre Komponenten ganzzahlig sein. Auch hier lautet die Frage, durch welche Bedingungen an die *Parameter* in der Lösungsdarstellung dies zu sichern ist.
Es ist nicht das Anliegen dieses Textes, hierzu eine ausgiebige Theorie zu liefern. Vielmehr werden wir an einigen Beispielen aufzeigen, wie das Problem in einfachen Fällen gelöst werden kann.

Beispiel 19.52. Wir interessieren uns für die nichtnegativen Lösungen des GLS

$$\begin{bmatrix} 7 & 1 & 2 \\ 12 & 2 & 3 \\ 8 & 0 & 4 \end{bmatrix} \begin{bmatrix} x_1 \\ x_2 \\ x_3 \end{bmatrix} = \begin{bmatrix} 46 \\ 78 \\ 56 \end{bmatrix}$$

die solche Produktionspläne darstellen, mit denen gegebene Maschinenzeitfonds aufgebraucht werden. Wir bestimmen zunächst die Lösungsmenge:

$$\mathbb{L} = \left\{ \begin{bmatrix} 0 \\ 18 \\ 14 \end{bmatrix} + x_1 \begin{bmatrix} 1 \\ -3 \\ -2 \end{bmatrix} \;\middle|\; x_1 \in \mathbb{R} \right\}.$$

Die darin enthaltene Darstellung des Vektors $\underline{x}$ verbinden wir zeilenweise mit der Ungleichung $\underline{x} \geq 0$; das Ergebnis sind drei einzelne Ungleichungen:

$$x_1 = 0 + x_1 \geq 0 \iff x_1 \geq 0$$
$$x_2 = 18 - 3x_1 \geq 0 \iff x_1 \leq 6$$
$$x_3 = 14 - 2x_1 \geq 0 \iff x_1 \leq 7.$$

Man sieht leicht, dass diese genau für $x_1 \in [0,6]$ gleichzeitig erfüllt sind; es folgt also

$$\mathbb{L}_{oec} = \left\{ \begin{bmatrix} 0 \\ 18 \\ 14 \end{bmatrix} + x_1 \begin{bmatrix} 1 \\ -3 \\ -2 \end{bmatrix} \;\middle|\; x_1 \in [0,6] \right\}.$$

Ökonomisch ist damit das Ausgangsproblem gelöst und die gesuchte Menge von Produktionsplänen bestimmt, sofern die Produkte P_1, P_2 und P_3 in beliebig teilbaren Mengen herstellbar sind (den gegenteiligen Fall betrachten wir weiter unten). *Mathematisch* handelt es sich bei $\mathbb{L}_{oec}$ um eine Strecke im $\mathbb{R}^3$.

$\triangle$

Beispiel 19.53 ($\nearrow$F 19.48). Diesmal war als allgemeine Lösungsmenge

$$\mathbb{L} = \left\{ x_1 \begin{bmatrix} 1 \\ -3 \\ 0 \end{bmatrix} + x_3 \begin{bmatrix} 0 \\ -2 \\ 1 \end{bmatrix} + \begin{bmatrix} 0 \\ 6 \\ 0 \end{bmatrix} \;\middle|\; x_1, x_3 \in \mathbb{R}^2 \right\}$$

ermittelt worden. Wir unterstellen einen geeigneten ökonomischen Hintergrund und suchen nach nichtnegativen Lösungen. Die entsprechenden Ungleichungen lauten nun

$$\begin{aligned} x_1 & & &\geq 0 \\ -3x_1 &- 2x_3 &+6 &\geq 0 \\ &x_3 & &\geq 0 \end{aligned}$$

Es handelt sich um ein Beispiel für ein System linearer Ungleichungen, wie sie im Abschnitt 22.3 näher betrachtet werden. Diese könnten unverändert in den Bedingungsteil von $\mathbb{L}_{oec}$ geschrieben werden. Wir können jedoch geringfügig kürzen, indem wir die zweite Ungleichung nach x_3 auflösen und mit der dritten verbinden:

$$0 \leq x_3 \leq 3 - \frac{3}{2}x_1;$$

lösbar ist dies nur für $x_1 \leq 2$. Wir fassen zusammen:

$$\mathbb{L}_{oec} = \left\{ x_1 \begin{bmatrix} 1 \\ -3 \\ 0 \end{bmatrix} + x_3 \begin{bmatrix} 0 \\ -2 \\ 1 \end{bmatrix} + \begin{bmatrix} 0 \\ 6 \\ 0 \end{bmatrix} \;\middle|\; x_1 \in [0,2], x_3 \in [0, 3 - \frac{3}{2}x_1] \right\}.$$

$\triangle$

Ganzzahligkeitsforderungen lassen sich grundsätzlich ebenso in die Lösung einbinden wie Nichtnegativitätsforderungen. Angenommen, die Lösungsmenge $\mathbb{L} \subseteq \mathbb{R}^n$ eines Gleichungssystems sei bekannt, wobei die in $\mathbb{L}$ enthaltenen Vektoren nicht notwendig nur ganzzahlige Komponenten besitzen. Wir erhalten die Menge aller ganzzahligen Lösungen dann einfach durch Hinzunahme der entsprechenden Bedingung:

$\underline{x} \in \mathbb{R}^n$ ist genau dann ganzzahlig, wenn gilt $\underline{x} \in \mathbb{Z}^n$;

$$\mathbb{L}_{ganz} := \{ \underline{x} \in \mathbb{L} \mid \underline{x} \in \mathbb{Z}^n \}.$$

Die Kombination von Nichtnegativität und Ganzzahligkeit führt auf

$$\mathbb{L}_{oec,ganz} := \{ \underline{x} \in \mathbb{L} \mid \underline{x} \geq 0, \underline{x} \in \mathbb{Z}^n \}.$$

Beispiele 19.52($\nearrow$F). Als Menge von Produktionsplänen, welche die gegebenen Maschinenzeitfonds auslasten, hatten wir bisher

$$\mathbb{L}_{oec} = \left\{ \begin{bmatrix} 0 \\ 18 \\ 14 \end{bmatrix} + x_1 \begin{bmatrix} 1 \\ -3 \\ -2 \end{bmatrix} \;\middle|\; x_1 \in [0,6] \right\}$$

ermittelt, wobei die blaue Bedingung die Nichtnegativität sichert. Falls es sich bei den Produkten P_1 bis P_3 um Stückgüter handelt, müssen wir diese Menge weiter einschränken zu

$$\mathbb{L}_{oec,ganz} = \left\{ \begin{bmatrix} 0 \\ 18 \\ 14 \end{bmatrix} + x_1 \begin{bmatrix} 1 \\ -3 \\ -2 \end{bmatrix} \;\middle|\; x_1 \in [0,6], \underline{x} \in \mathbb{Z}^3 \right\}.$$

Die nun hinzugekommene Ganzzahligkeitsbedingung (rot) bedeutet, zeilenweise gelesen,

$$x_1 \qquad \text{ganz}$$
$$x_2 = 18 - 3x_1 \text{ ganz}$$
$$x_3 = 14 - 2x_1 \text{ ganz}.$$

Offensichtlich sind alle drei genau dann erfüllt, wenn x_1 ganzzahlig ist, was in Verbindung mit der Nichtnegativitätsbedingung (blau) genau dann der Fall ist, wenn gilt $x_1 \in \{0, 1, 2, 3, 4, 5, 6\}$. Wir können also schreiben

$$\mathbb{L}_{oec,ganz} = \left\{ \begin{bmatrix} 0 \\ 18 \\ 14 \end{bmatrix} + x_1 \begin{bmatrix} 1 \\ -3 \\ -2 \end{bmatrix} \;\middle|\; x_1 \in \{\mathbf{0}, \mathbf{1}, \mathbf{2}, \mathbf{3}, \mathbf{4}, \mathbf{5}, \mathbf{6}\} \right\}.$$

Da diese Menge nur sieben Vektoren enthält, kann man sie einfacher noch durch Aufzählung angeben:

$$\mathbb{L}_{oec,ganz} = \left\{ \begin{bmatrix} 0 \\ 18 \\ 14 \end{bmatrix}, \begin{bmatrix} 1 \\ 15 \\ 12 \end{bmatrix}, \begin{bmatrix} 2 \\ 12 \\ 10 \end{bmatrix}, \begin{bmatrix} 3 \\ 9 \\ 8 \end{bmatrix}, \begin{bmatrix} 4 \\ 6 \\ 6 \end{bmatrix}, \begin{bmatrix} 5 \\ 3 \\ 4 \end{bmatrix}, \begin{bmatrix} 6 \\ 0 \\ 2 \end{bmatrix} \right\}.$$

$\triangle$

Bemerkung 19.54. Es ist typisch für ökonomische Anwendungen, dass es infolge der Nichtnegativitätsbedingung nur endlich viele ganzzahlige Lösungen eines GLS gibt. Mit dieser Erkenntnis lassen sich auch etwas kniffliger scheinende Probleme lösen.

Beispiel 19.48($\nearrow$F). Die Lösungsmenge des GLS lautete (vgl.19.19)

$$\mathbb{L} = \left\{ x_2 \begin{bmatrix} -\frac{1}{3} \\ 1 \\ 0 \end{bmatrix} + x_3 \begin{bmatrix} -\frac{2}{3} \\ 0 \\ 1 \end{bmatrix} + \begin{bmatrix} 2 \\ 0 \\ 0 \end{bmatrix} \;\middle|\; x_2, x_3 \in \mathbb{R}^2 \right\}. \qquad (19.22)$$

Wir wollen nun *erstens* die Menge aller *ganzzahligen* Lösungen $\mathbb{L}_{ganz}$ bestimmen. Dazu stellen wir sicher, dass die in (19.25) dargestellten Vektoren ganzzahlige Komponenten haben. Die erste ist (bis auf das Minuszeichen und den Summand 2) $\frac{x_2}{3} + \frac{2x_3}{3}$; dieser Wert ist dann und nur dann ganzzahlig, wenn $x_2 + 2x_3$ ein Vielfaches von 3 ist. Die letzte Bedingung kann geschrieben werden $x_2 + 2x_3 = 3k$ bzw. $x_2 = 3k - 2x_3$ für ein $k \in \mathbb{Z}$. Weiterhin müssen x_2 und x_3 als zweite und dritte Koordinate selbst ganzzahlig sein. Als Zusammenfassung können wir schreiben

$$\mathbb{L} = \left\{ x_2 \begin{bmatrix} -\frac{1}{3} \\ 1 \\ 0 \end{bmatrix} + x_3 \begin{bmatrix} -\frac{2}{3} \\ 0 \\ 1 \end{bmatrix} + \begin{bmatrix} 2 \\ 0 \\ 0 \end{bmatrix} \;\middle|\; x_2 = 3k - 2x_3; x_3, k \in \mathbb{Z} \right\}. \qquad (19.23)$$

Wir bemerken, dass es sich hierbei um eine *unendliche* Menge handelt.

Zweitens wollen wir – einen ökonomischen Hintergrund unterstellend – die

Menge aller *nichtnegativen* Lösungen $\mathbb{L}_{oec}$ bestimmen. Diesmal müssen die Koordinaten der in (19.22) dargestellten Vektoren nichtnegativ sein:

$$\mathbb{L}_{oec} = \left\{ x_2 \begin{bmatrix} -\frac{1}{3} \\ 1 \\ 0 \end{bmatrix} + x_3 \begin{bmatrix} -\frac{2}{3} \\ 0 \\ 1 \end{bmatrix} + \begin{bmatrix} 2 \\ 0 \\ 0 \end{bmatrix} \;\middle|\; 0 \le x_2 \le 6 - 2x_3; x_3 \ge 0 \right\}$$

$$(19.24)$$

Drittens schließlich interessiert uns die Menge aller Lösungen, die *sowohl ganzzahlig als auch nichtnegativ* sind. Dazu müssen alle in (19.23) und (19.24) genannten Bedingungen zusammengeführt werden:

$$\text{aus } (19.24) : (a)\; 0 \le x_2 \le 6 - 2x_3 \;\; (b)\; x_3 \ge 0$$
$$\text{aus } (19.23) : (c) \quad x_2 = 3k - 2x_3 \;\; (d)\; x_3 \in \mathbb{Z} \;\; (e)\; k \in \mathbb{Z}$$

Wir beobachten zunächst, dass die Bedingungen (a), (b) und (d) nur dann gleichzeitig erfüllbar sind, wenn x_3 einen der vier Werte $0, 1, 2, 3$ annimmt. Für jeden kann nun die Bedingung (a) konkretisiert werden. Es sind dann in keinem Fall mehr als 7 ganzzahlige Werte für x_2 möglich. Für diese ist schließlich noch zu prüfen, ob die Bedingung (c) erfüllt ist. Diese Überprüfung kann tabellarisch erfolgen:

Wert x_3	Form der Bedingung (a)	Form der Bedingung (c)	erfüllt durch $x_2 =$	bei $k =$
0	$0 \le x_2 \le 6$	$x_2 = 3k$	0,3,6	0,1,2
1	$0 \le x_2 \le 4$	$x_2 = 3k - 2$	1,4	1,2
2	$0 \le x_2 \le 2$	$x_2 = 3k - 4$	2	2
3	$0 \le x_2 \le 0$	$x_2 = 3k - 6$	0	2

Die Menge aller zulässigen Paare (x_2, x_3) ist daher gegeben durch

$$\{(0,0), (0,3), (1,1), (2,2), (3,0), (4,1), (6,0)\}.$$

Für diese können die Vektoren in der Parameterdarstellung direkt ausgerechnet werden; es folgt

$$\mathbb{L}_{oec,ganz} = \left\{ \begin{bmatrix} 2 \\ 0 \\ 0 \end{bmatrix}, \begin{bmatrix} 0 \\ 0 \\ 3 \end{bmatrix}, \begin{bmatrix} 1 \\ 1 \\ 1 \end{bmatrix}, \begin{bmatrix} 0 \\ 2 \\ 2 \end{bmatrix}, \begin{bmatrix} 1 \\ 3 \\ 0 \end{bmatrix}, \begin{bmatrix} 0 \\ 4 \\ 1 \end{bmatrix}, \begin{bmatrix} 1 \\ 6 \\ 0 \end{bmatrix} \right\}$$

$\triangle$

19.10   Aufgaben

Aufgabe 19.55. Bestimmen Sie die Lösungsmenge $\mathbb{L}$ und den Nullraum $\mathcal{N}$ des linearen Gleichungssystems $A\underline{x} = \underline{b}$ für

$$A = \begin{pmatrix} 2 & 0 & 4 \\ 0 & 3 & 3 \\ -1 & 5 & 3 \end{pmatrix} \quad \text{und} \quad \underline{b} = \begin{pmatrix} 0 \\ 6 \\ 10 \end{pmatrix}$$

mit Hilfe des Austauschverfahrens. Welchen Rang und welchen Defekt hat die Matrix A?

Aufgabe 19.56. Lösen Sie die Gleichungssysteme $A \cdot \underline{x} = \underline{b}$ mit

a) $A = \begin{pmatrix} 1 & 1 & 1 \\ 3 & 2 & 1 \\ 2 & 3 & 4 \end{pmatrix}$ $\qquad\qquad$ $\underline{b} = \begin{pmatrix} 6 \\ 10 \\ 20 \end{pmatrix}$

b) $A = \begin{pmatrix} 1 & 2 & 5 \\ -2 & -4 & -10 \\ 3 & 6 & 15 \end{pmatrix}$ $\qquad$ $\underline{b} = \begin{pmatrix} 21 \\ -42 \\ 63 \end{pmatrix}$

c) $A = \begin{pmatrix} 1 & 1 & 1 & 1 & 1 \\ -1 & 2 & 1 & -1 & -2 \\ 1 & -3 & 5 & -1 & -1 \\ 2 & 1 & 1 & 0 & 0 \\ -3 & -4 & -1 & 0 & 0 \end{pmatrix}$ $\qquad$ $\underline{b} = \begin{pmatrix} 6 \\ -23 \\ 14 \\ 3 \\ 6 \end{pmatrix}$

Aufgabe 19.57. Lösen Sie die GLS $A\underline{x} = \underline{y}^i$, $i = 1, 2, 3$, mit

$$A = \begin{bmatrix} 3 & 2 \\ 7 & 5 \\ 4 & 3 \end{bmatrix}, \quad \underline{y}^1 = \begin{bmatrix} 8 \\ 19 \\ 11 \end{bmatrix}, \quad \underline{y}^2 = \begin{bmatrix} 2 \\ 0 \\ 2 \end{bmatrix}, \quad \underline{y}^3 = \begin{bmatrix} 6 \\ 13 \\ 7 \end{bmatrix}$$

(Hinweis *zur Lösung von Gleichungssystemen mit mehreren rechten Seiten:*
Angenommen, es seien folgende Gleichungssysteme gleichzeitig zu lösen:

$$A\underline{x} = \underline{y}^1, \quad A\underline{x} = \underline{y}^2, \quad \dots, A\underline{x} = \underline{y}^k.$$

Dies kann ausgehend von einem einzigen Ausgangstableau bewerkstelligt wer-
den, welches folgende Form hat:

$T0$	$\underline{x}^T$	1_1	1_2	...	1_k
$\underline{z}$	A	$\underline{y}^1$	$\underline{y}^2$	...	$\underline{y}^k$

D.h., es werden gleichzeitig k rechte Seiten eingetragen. Anschließend wird – nur im Bereich der Koeffizientenmatrix – so oft wie möglich ausgetauscht. Am Ende können die Lösungen einzeln abgelesen werden.)

Aufgabe 19.58. Gegeben sei das Gleichungssystem $A\underline{x} = \underline{y}$ mit

$$A = \begin{bmatrix} 0 & 5 & -10 \\ 2 & 0 & 6 \\ 2 & 2 & 2 \\ 1 & 3 & V-3 \end{bmatrix} \quad \text{und} \quad \underline{y} = \begin{bmatrix} 10 - U \\ 2 \\ 6 \\ 7 \end{bmatrix}$$

Untersuchen Sie mit Hilfe des Austauschverfahrens, für welche Werte der Konstanten U bzw. V das Gleichungssystem eindeutig lösbar, mehrdeutig lösbar bzw. unlösbar ist, und geben Sie in den Lösbarkeitsfällen die Lösungsmenge an.

Aufgabe 19.59. Für die Herstellung von drei Erzeugnissen benötigt ein Betrieb zwei verschiedene Materialarten. Der Mengenbedarf und -vorrat ist durch folgende Tabelle gegeben:

Material	$E1$	$E2$	$E3$	Materialvorrat
$M1$	2	0	10	58
$M2$	6	5	3	229

Man interessiert sich für sämtliche Produktionspläne $\underline{p} = (p_1, p_2, p_3)^T$, mit denen die Materialvorräte aufgebraucht werden können.

(a) Geben Sie ein lineares Gleichungssystem an, dem die gesuchten Erzeugnismengen p_1, p_2, p_3 notwendigerweisen genügen, und bestimmen Sie dessen allgemeine Lösung $\mathbb{L}$ in Form einer Parameterdarstellung.

(b) Stellen Sie die Teilmenge $\mathbb{L}_{oec}$ ökonomisch sinnvoller (d.h., nichtnegativer) Lösungen von $\mathbb{L}$ in Form einer Parameterdarstellung dar.

(c) Bestimmen Sie alle Produktionspläne aus $\mathbb{L}_{oec}$, die ganzzahlige Komponenten haben.

Aufgabe 19.60. Ein Unternehmen stellt aus 3 Rohstoffen R_1, R_2 und R_3 drei verschiedene Erzeugnisse E_1, E_2 und E_3 her. Der spezifische Rohstoffverbrauch kann folgender Tabelle entnommen werden:

Verbrauch	je[ME] des Erzeugnisses		
	E_1	E_2	E_3
an [ME] R_1	4	2	3
R_2	8	6	3
R_3	12	10	3

Zu Beginn eines Produktionszeitraumes stehen 12 ME R_1 und 24 ME R_2 zur Verfügung, jedoch ist R_3 nicht vorrätig. Das Management beschließt, einen Vorrat an R_3 in einer solchen Höhe r_3 anzulegen, dass die gesamten Vorräte an R_1, R_2 und R_3 aufgebraucht werden können, wenn geeignete Produktionspläne zur Anwendung kommen.

(a) Zeigen Sie, dass diese Zielsetzung erreichbar ist. Geben Sie an, welche Menge r_3 an R_3 bereitzustellen ist. Geben Sie weiterhin die Menge $\mathcal{P}$ aller Produktionspläne $\underline{p} = (p_1, p_2, p_3)^T$, mit denen sämtliche Rohstoffvorräte gleichzeitig aufgebraucht werden können, in Form einer Parameterdarstellung an.

(Hierbei bezeichne p_i die Produktion an E_i in [ME], $i = 1, 2, 3$; man beachte, dass diese Werte nicht negativ werden können).

(b) Zeichnen sie die Menge $\mathcal{P}$ in folgendes Koordinatensystem ein! Heben Sie mindestens zwei in $\mathcal{P}$ gelegene Punkte zeichnerisch hervor und geben Sie deren Koordinaten an!

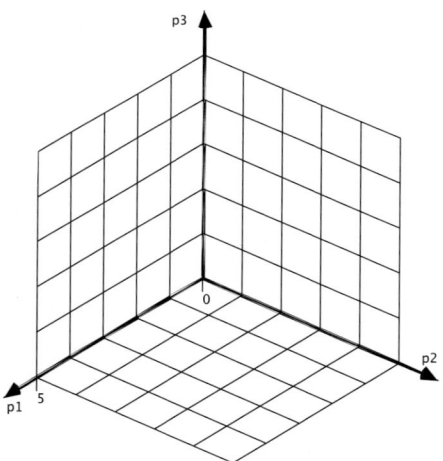

Aufgabe 19.61. Ein Unternehmen informiert, dass es gemäß der spezifischen Verbrauchsmatrix

$$V = \begin{bmatrix} 4 & \alpha & 7 \\ 3 & 5 & 6 \\ 1 & 9 & 4 \end{bmatrix}$$

aus drei Rohstoffen R_1, R_2, R_3 die Endprodukte P_1, P_2, P_3 produziere. Die Produktionskosten je ME P_1, P_2 bzw. P_3 beliefen sich dabei auf $c_1 = 20, c_2 = 37$, bzw. $c_3 = 41$ GE. (Die Konstante α wurde aus Sicherheitsgründen geheimgehalten.)

Ermitteln Sie den Wert der Konstanten α, so dass möglichst viele Rohstoffpreisvektoren $\underline{\rho} = (\rho_1, \rho_2, \rho_3)^T$ (und zwar welche?) exakt auf den angegebenen Produktionskostenvektor $\underline{c} = (20, 37, 41)^T$ führen.

Aufgabe 19.62. Ein angehender Betriebswirt löst ein lineares Gleichungssystem der Form

$$a_{11}x_1 + \cdots + a_{13}x_3 = y_1$$
$$\vdots \qquad \vdots \qquad \vdots$$
$$a_{41}x_1 + \cdots \ a_{43}x_3 = y_4$$

mit Hilfe des Austauschverfahrens. Hier ein Auszug:

Rekonstruieren Sie das durch Kaffeeflecken unleserlich gewordene Lösungsblatt!

Aufgabe 19.63. Gegeben sei ein lineares Gleichungssystem $A\underline{x} \overset{(\star)}{=} \underline{b}$, wobei die Matrix A m Zeilen und n Spalten besitzt ($m, n \in \mathbb{R}$). Überprüfen Sie, welche der folgenden Aussagen richtig (allgemeingültig) oder falsch sind.

   (i) Im Fall $m < n$ lässt sich der Rang der Koeffizientenmatrix durch Hinzufügen einer geeigneten Zeile erhöhen.

   (ii) Erhält der Nullraum mindestens zwei verschieden Vektoren, ist $(\star)$ niemals eindeutig lösbar.

(iii) Wenn $(\star)$ lösbar ist, haben Koeffiezientenmatrix A und erweiterte Koeffizientenmatrix $(A|\underline{y})$ denselben Zeilenrang.

(iv) Hinreichend für die Lösbarkeit von $(\star)$ ist $rg(A|\underline{y}) < n+1$.

(v) Gilt für den Rang der erweiterten Koeffizientenmatrix $rg(A|\underline{y}) < n$, so ist der Defekt mindestens 1.

(vi) Wenn im Fall $m = n+1 (\star)$ mehrdeutig lösbar ist, muss $rgA < n$ gelten.

(vii) $\underline{y} = 0$ ist hinreichend für die Lösbarkeit von $(\star)$.

$(viii)$ Im Fall $m < n$ ist $(\star)$ niemals lösbar.

(ix) Ist der Defekt von $(\star)$ Null, so ist der Nullraum leer.

(x) Der Defekt eines Gleichungssystems ist höchstens gleich der Zeilenzahl.

Determinanten und Anwendungen

20.1 Motivation und Definition

Unsere erste Begegnung mit dem Begriff "Determinante" hatten wir im Beispiel 15.49, als wir uns fragten, ob – und gegebenenfalls wie – eine beliebige $(2, 2)$–Matrix A invertierbar sei. Wir sahen, dass die nach der "Kreuzregel" berechnete Zahl

$$\det A := a_{11}a_{22} - a_{12}a_{21} \tag{20.1}$$

eine Schlüsselrolle dabei spielt, denn für sie gilt erstens

$$A \text{ ist invertierbar} \quad \Longleftrightarrow \quad \det A \neq 0,$$

und zweitens geht sie direkt in die *Berechnung der Inversen* von A ein, wenn diese existiert. Als Bezeichnung dafür haben wir schon einmal den Arbeitsbegriff "Determinante" vergeben, der allerdings bisher nur für Matrizen des Typs $(2, 2)$ einen Sinn hat.

Nichts liegt näher als zu fragen, ob auch für quadratische Matrizen *beliebiger* Formate eine Kennzahl mit diesen beiden Eigenschaften gefunden werden kann. Um die Frage zu beantworten, müssen wir uns erst einmal klar darüber werden, wo wir ansetzen können.

Die Determinante als Funktion von Vektoren

Der erste Schritt zum Verständnis des Problems ist, dass wir die Determinante einer $(2, 2)$–Matrix A als Funktion der in ihr enthaltenen Spaltenvektoren auffassen. Warum? Wir wissen mittlerweile, dass eine Matrix genau dann invertierbar ist, wenn ihre Spalten linear unabhängige Vektoren sind. Deswegen lesen wir die Vereinbarung (20.1) nun so:

$$\det A = \det(\underline{a}^1, \underline{a}^2),$$

wobei gilt

$$A = \begin{bmatrix} | & | \\ \underline{a}^1 & \underline{a}^2 \\ | & | \end{bmatrix}$$

mit

$$\underline{a}^1 = \begin{bmatrix} a_{11} \\ a_{21} \end{bmatrix} \text{ und } \underline{a}^2 = \begin{bmatrix} a_{12} \\ a_{22} \end{bmatrix}.$$

Für zwei beliebige Vektoren

$$\underline{u} = \begin{bmatrix} u_1 \\ u_2 \end{bmatrix} \quad \text{und} \quad \underline{v} = \begin{bmatrix} v_1 \\ v_2 \end{bmatrix}$$

nimmt die Kreuzregel dann folgende Form an:

$$\det(\underline{u}, \underline{v}) = u_1 v_2 - u_2 v_1. \tag{20.2}$$

Wesentliche Eigenschaften

Nun sehen wir uns einmal näher an, welche wesentlichen Eigenschaften diese "Vektorfunktion" besitzt. Sie ergeben sich direkt aus der Berechnungsvorschrift (20.2):

- Offensichtlich gilt

$$\begin{aligned} \det(\underline{u}, \boldsymbol{\lambda}\underline{v}) \quad &= u_1(\boldsymbol{\lambda}v_2) - u_2(\boldsymbol{\lambda}v_1) \\ &= \boldsymbol{\lambda}(u_1 v_2 - u_2 v_1) \\ &= \boldsymbol{\lambda}\det(\underline{u}, \underline{v}) \end{aligned}$$

  für jedes $\boldsymbol{\lambda}$ in $\mathbb{R}$.

- Weiterhin gilt

$$\begin{aligned} \det(\underline{u}, \underline{v} + \underline{w}) \quad &= u_1(v_2 + \boldsymbol{w_2}) \quad - \quad u_2(v_1 + \boldsymbol{w_1}) \\ &= u_1 v_2 + u_1 \boldsymbol{w_2} \quad - \quad u_2 v_1 - u_2 \boldsymbol{w_1} \\ &= \underline{u_1 v_2 - u_2 v_1} \quad + \quad \underline{u_1 \boldsymbol{w_2} - u_2 \boldsymbol{w_1}} \\ &= \det(\underline{u}, \underline{v}) \quad + \quad \det(\underline{u}, \underline{w}) \end{aligned}$$

  für beliebige $\underline{u}$, $\underline{v}$, und $\underline{w}$ in $\mathbb{R}^2$.

- Die beiden letzten Rechnungen lassen sich auch bezüglich $\underline{u}$ (statt $\underline{v}$) anstellen.

- Darüber hinaus haben wir folgende "Symmetrie"eigenschaft:

$$\begin{aligned} \det(\underline{v}, \underline{u}) \quad &= v_1 u_2 - v_2 u_1 \\ &= u_2 v_1 - u_1 v_2 \\ &= -(u_1 v_2 - u_2 v_1) \\ &= (\boldsymbol{-1})\det(\underline{u}, \underline{v}). \end{aligned}$$

D.h., beim Tausch der beiden Argumente kommt es zu einem Vorzeichenwechsel.

- Schließlich gilt noch

$$\det(\underline{e}^1, \underline{e}^2) = \det \begin{bmatrix} 1 & 0 \\ 0 & 1 \end{bmatrix} = 1.$$

Unsere kleinen Rechnungen erlauben folgende Zwischenbilanz:

- *Die Determinante ist bezüglich jedes einzelnen Argumentes linear:*
  - *die Funktion $\underline{v} \to \det(\underline{u}, \underline{v})$ ist linear,*
  - *die Funktion $\underline{u} \to \det(\underline{u}, \underline{v})$ ist linear.*
- *Die Determinante "alterniert": Beim Tausch zweier Argumente wechselt ihr Vorzeichen: $\det(\underline{u}, \underline{v}) = (-1) \det(\underline{v}, \underline{u})$ für alle $\underline{u}, \underline{v}$ in $\mathbb{R}^2$.*

- *Es gilt: $\det(\underline{e}^1, \underline{e}^2) = 1$.*

Verallgemeinerung

Nun wollen wir unseren bisherigen Determinantenbegriff, der sich *nur auf* $(2,2)-$*Matrizen* erstreckte, auf eine beliebige $n-$reihige Matrix A übertragen. Dazu suchen wir eine Funktion $\det(\underline{a}^1, \dots, \underline{a}^n)$ von den nunmehr n Spaltenvektoren $\underline{a}^1, \dots, \underline{a}^n$, die die Matrix A ausmachen. Damit die soeben beschriebenen Eigenschaften dabei erhalten bleiben, investieren wir sie einfach in unsere allgemeine

Definition 20.1. *Es sei $n \in \mathbb{N}$ beliebig sowie $D := \mathbb{R}^n$. Eine Abbildung*

$$\det : D^n \to \mathbb{R} : (\underline{a}^1, \dots, \underline{a}^n) \to \det(\underline{a}^1, \dots, \underline{a}^n)$$

heißt Determinante, *wenn gilt:*

(D1) $\det$ *ist bezüglich jedes einzelnen Argumentes linear;*

(D2) *beim Tausch zweier Argumente wechselt der Funktionswert das Vorzeichen;*

(D3) $\det(\underline{e}^1, \dots, \underline{e}^n) = 1$.

Ein Kommentar zu Bezeichnungsweisen: Eine Abbildung aus einem linearen Raum in die Menge der zugehörigen Skalare nennt man in der Mathematik auch *Form*. Hat sie die Eigenschaft ($D1$), so nennt man sie naheliegenderweise *multilinear*. ($D2$) spricht über das *Alternieren* der Vorzeichen, und ($D3$) hat einfach einen *normierenden* Charakter. Deswegen können wir kurz und griffig sagen:

> *Eine Determinante ist eine normierte alternierende Multilinearform.*

Wie üblich, haben wir im Anschluss an eine Definition zunächst zu klären, ob sie grundsätzlich sinnvoll ist. Das können wir hier bejahen:

Satz 20.2. *Zu jedem n existiert genau eine Determinantenabbildung*

$$\det : \ D^n \to \mathbb{R} : \ (\underline{a}^1, \dots, \underline{a}^n) \ \to \ \det(\underline{a}^1, \dots, \underline{a}^n).$$

Auf einen formalen Beweis können wir hier verzichten, denn wir werden sogleich sehen, dass wir in der Lage sind, allein mit Hilfe der Bedingungen $(D1)$ bis $(D3)$ für jedes n und beliebige $\underline{a}^1, \dots, \underline{a}^n$ den Funktionswert $\det(\underline{a}^1, \dots, \underline{a}^n)$ exakt zu bestimmen – und zwar *eindeutig*.

Die nächste wichtige Frage wird sein, ob wir die *richtige* Definition gewählt haben – d.h., ob wir tatsächlich mit Hilfe der Determinante in der Lage sein werden, über die Invertierbarkeit einer Matrix zu entscheiden. Die LeserIn ahnt bereits, dass die Antwort "ja" lauten wird. Vorbereitend wollen wir jedoch zunächst Beispiele, einfache Eigenschaften, Rechenregeln und Berechnungsmethoden betrachten.

Noch zu Schreib- und Sprechweisen: Da die Argumente $\underline{a}^1, \dots, \underline{a}^n$ stets als Spalten einer Matrix A aufgefasst werden können:

$$A = \begin{bmatrix} | & \cdots & | \\ \underline{a}^1 & \cdots & \underline{a}^n \\ | & \cdots & | \end{bmatrix},$$

schreiben wir auch $\det(A)$, $\det A$ oder $|A|$ anstelle von $\det(\underline{a}^1, \dots, \underline{a}^n)$ und sprechen von der "Determinante einer Matrix". Weiterhin hat sich im alltäglichen mathematischen Sprachgebrauch eingebürgert, das Wort "Determinante" gleichermaßen auf die Funktion $\det(\cdot, \dots, \cdot)$ als auch für ihren konkreten Zahlenwert $\det(\underline{a}^1, \dots, \underline{a}^n)$ anzuwenden. Das werden wir auch hier so halten.

20.2   Einfache Berechnungsbeispiele

In diesem Abschnitt wollen wir für ein- bis dreireihigen Matrizen beispielhaft demonstrieren, wie unter *ausschließlicher* Verwendung der Definition Determinanten konkret berechnet werden können.

Beispiel 20.3 ((1, 1)−Determinanten). Jede Zahl $a \in \mathbb{R}$ kann als eine 1-reihige Matrix aufgefasst werden. Wir wollen ihre Determinante berechnen. Dazu lesen wir nach, was $(D1)$ bis $(D3)$ im konkreten Fall $n = 1$ besagen:

   $(D1)$ *Die Abbildung* $a \to \det(a)$ *ist linear.*

   $(D2)$ entfällt (denn es gibt nur ein Argument).

   $(D3)$ $\det(1) = 1$.

Wir wissen, dass eine Funktion $f : R \to R$ genau dann linear ist, wenn mit einer passenden Konstanten $c \in \mathbb{R}$ gilt $f(x) = cx$, $x \in \mathbb{R}$. Aus $(D1)$ schließen wir deshalb, dass mit einer passenden Konstanten $c \in \mathbb{R}$ gelten muss

$$\det(a) = c \cdot a.$$

Den Wert dieser Konstanten c können wir aus der Bedingung $(D3)$ ermitteln:

$$\det(1) = c \cdot 1 = 1;$$

diese Bedingung ist genau für $c = 1$ erfüllt. Wir schließen:

Für jede reelle Zahl a gilt $\det a = a$.

$\triangle$

Im nächsten Beispiel wollen wir uns der Berechnung von $(2, 2)-$Determinanten zuwenden. Dem aufmerksamen Leser wird nicht entgangen sein, dass uns dafür nunmehr bereits zwei "verschiedene" bzw. zumindest verschieden aussehende Definitionen zur Verfügung stehen: Die "Kreuzregel", eingeführt auf Seite 564, und die "neue" Definition 20.1. Natürlich darf es für einen sinnvollen Begriff *nur eine* Definition geben. Unser folgendes Beispiel zeigt, dass das der Fall ist, weil "Kreuzregel-Determinante" und "neue" Determinante stets übereinstimmen.

Beispiel 20.4. Gegeben seien zwei beliebige Vektoren $\underline{u}$ und $\underline{v} \in \mathbb{R}^2$. Wir können schreiben

$$\underline{u} = u_1 \underline{e}^1 + u_2 \underline{e}^2 \quad \text{und} \quad \underline{v} = v_1 \underline{e}^1 + v_2 \underline{e}^2 \,. \tag{20.3}$$

Ausgehend von dieser Darstellung können wir $\det(\underline{u}, \underline{v})$ berechnen, wenn wir die Linearität der Determinante bezüglich *beider* Argumente ausnutzen. Beginnen wir beispielsweise mit dem *zweiten* Argument: Aus

$$\det(\underline{u}, \underline{v}) = \det(\underline{u}, v_1 \underline{e}^1 + v_2 \underline{e}^2) \tag{20.4}$$

folgt sofort

$$\det(\underline{u}, \underline{v}) = v_1 \det(\underline{u}, \underline{e}^1) + v_2 \det(\underline{u}, \underline{e}^2). \tag{20.5}$$

Die Linearität im *ersten* Argument setzen wir ein, um die beiden Determinanten rechts näher zu bestimmen: Es gilt

$$\det(\underline{u}, \underline{e}^1) = \det(u_1 \underline{e}^1 + u_2 \underline{e}^2, \underline{e}^1) = u_1 \det(\underline{e}^1, \underline{e}^1) + u_2 \det(\underline{e}^2, \underline{e}^1), \tag{20.6}$$

und ganz entsprechend

$$\det(\underline{u}, \underline{e}^2) = u_1 \det(\underline{e}^1, \underline{e}^2) + u_2 \det(\underline{e}^2, \underline{e}^2). \tag{20.7}$$

Setzen wir (20.6) und (20.7) in (20.5) ein, so folgt

$$\begin{aligned}
\det(\underline{u}, \underline{v}) = v_1 \left(u_1 \det(\underline{e}^1, \underline{e}^1) + u_2 \det(\underline{e}^2, \underline{e}^1) \right) \\
+ v_2 \left(u_1 \det(\underline{e}^1, \underline{e}^2) + u_2 \det(\underline{e}^2, \underline{e}^2) \right).
\end{aligned} \tag{20.8}$$

Wir sind fertig, sobald wir die Werte der hierin noch enthaltenen vier unbekannten Determinanten kennen. Dazu ziehen wir die noch "unbenutzten" Bedingungen $(D2)$ und $(D3)$ heran. Direkt aus $(D3)$ folgt

$$\det(\underline{e}^1, \underline{e}^2) = 1$$

und hieraus nach $(D2)$ für den Fall vertauschter Argumente

$$\det(\underline{e}^2, \underline{e}^1) = (-1)\det(\underline{e}^1, \underline{e}^2) = -1.$$

Welchen Wert hat nun die große Unbekannte $x := \det(\underline{e}^1, \underline{e}^1)$? Tauschen wir die beiden Argumente dieser Determinante untereinander aus, kann sich natürlich nichts ändern, denn beide Argumente sind identisch:

$$\det(\underline{e}^1, \underline{e}^1) = \det(\underline{e}^1, \underline{e}^1). \tag{20.9}$$

Anderseits besagt $(D2)$, dass ein Tausch der Argumente einen Vorzeichenwechsel bewirkt, also muss gleichzeitig gelten

$$\det(\underline{e}^1, \underline{e}^1) = (-1)\det(\underline{e}^1, \underline{e}^1). \tag{20.10}$$

Der Vergleich von (20.9) und (20.10) besagt

$$\det(\underline{e}^1, \underline{e}^1) = (-1)\det(\underline{e}^1, \underline{e}^1)$$

lies

$$x = (-1)\,x$$

mit der einzig möglichen Lösung

$$x = \det(\underline{e}^1, \underline{e}^1) = 0.$$

Ganz analog folgt dann noch

$$\det(\underline{e}^2, \underline{e}^2) = 0.$$

Der komplizierte Ausdruck (20.8) wird nun sehr einfach:

$$\det(\underline{u}, \underline{v}) = v_1\,(u_1 \cdot\ \ 0 + u_2 \cdot (-1)\ )$$
$$+ v_2\,(u_1 \cdot\ \ 1 + u_2 \cdot\ \ 0\ \ \ ) = u_1 v_2 - u_2 v_1.$$

Dies ist exakt der Wert, den wir auch schon früher als "Determinante" bezeichnet und mittels "Kreuzregel" erhalten hatten. $\triangle$

Beobachtung 20.5. Die zuletzt verwendete Argumentation lässt sich auf Determinanten beliebiger Formate ausdehnen und besagt:

Sind unter den Argumenten einer Determinante mindestens zwei identische Vektoren, so ist ihr Wert gleich Null.

Beispiel 20.6. Interessehalber bestimmen wir nun noch eine $(3,3)$–Determinante. Gegeben sei dazu eine beliebige $(3,3)$–Matrix A, die wir zur Berechnung "spaltenweise" lesen als

$$A = \begin{bmatrix} | & \cdots & | \\ \underline{a}^1 & \cdots & \underline{a}^3 \\ | & \cdots & | \end{bmatrix}.$$

Gesucht ist $D := \det A$. Wir bemerken zunächst, dass für die s-te Spalte $\underline{a}^s$ von A die Darstellung

$$\underline{a}^s = \sum_{i=1}^{3} a_{is}\, \underline{e}^i \qquad (20.11)$$

gilt ($s = 1, 2, 3$). Deswegen bewirkt die Linearität der Determinante im ersten Argument

$$D := \det A = \det(\underline{a}^1, \underline{a}^2, \underline{a}^3) = \sum_{i=1}^{3} a_{i1}\, \det(\underline{e}^i, \underline{a}^2, \underline{a}^3). \qquad (20.12)$$

Wir setzen für $i = 1, 2, 3$

$$D_i := \det(\underline{e}^i, \underline{a}^2, \underline{a}^3)$$

und finden hierfür wegen der Linearität im zweiten Argument

$$D_i = \sum_{j=1}^{3} a_{j2}\, \det(\underline{e}^i, \underline{e}^j, \underline{a}^3). \qquad (20.13)$$

Für den Term

$$H_{ij} = \det(\underline{e}^i, \underline{e}^j, \underline{a}^3)$$

haben wir wegen der Linearität im *dritten* Argument

$$H_{ij} = \sum_{k=1}^{3} a_{k3}\, \det(\underline{e}^i, \underline{e}^j, \underline{e}^k). \qquad (20.14)$$

Setzen wir (20.14) in (20.13) und dies wiederum in (20.12) ein, so folgt

$$D = \sum_{i=1}^{3}\sum_{j=1}^{3}\sum_{k=1}^{3} a_{i1}a_{j2}a_{k3}\, \det(\underline{e}^i, \underline{e}^j, \underline{e}^k). \qquad (20.15)$$

Da die Summationsindizes i, j und k unabhängig voneinander die Werte 1 bis 3 annehmen können, hat diese Summe zumindest theoretisch $3 \cdot 3 \cdot 3 = 27$ mögliche Summanden; ausführlich notiert sind es diese:

$$
\begin{aligned}
D = \quad & a_{11}a_{12}a_{13}\, \det(\underline{e}^1, \underline{e}^1, \underline{e}^1) \\
+ \ & a_{11}a_{12}a_{23}\, \det(\underline{e}^1, \underline{e}^1, \underline{e}^2) \\
+ \ & \ldots \\
+ \ & a_{31}a_{32}a_{33}\, \det(\underline{e}^3, \underline{e}^3, \underline{e}^3).
\end{aligned}
\qquad (20.16)
$$

Jedoch brauchen bei weitem nicht alle davon überhaupt hingeschrieben zu werden, denn viele von ihnen haben den Wert Null. Es gilt nämlich nach Beobachtung 20.5

$$\det(\underline{e}^i, \underline{e}^j, \underline{e}^k) = 0, \qquad (20.17)$$

sobald sich unter den drei Indizes i, j, k zwei oder drei gleiche befinden. Anders formuliert, müssen die drei Indizes i, j, k paarweise verschieden sein, damit (20.17) *nicht* gilt. Noch anders formuliert, muss das Tripel (i,j,k) durch eine *Permutation* aus dem Tripel (1,2,3) hervorgehen. Es gibt davon insgesamt 6.

Es verbleiben demnach nur noch sechs Summanden in der Summe (20.15). Wir bestimmen die entsprechenden Werte der Determinanten nacheinander durch fortgesetzten Spaltentausch. Zum besseren Verständnis unterstreichen wir in jeder Zeile diejenigen Vektoren, die auf dem Weg zur nächsten Zeile vertauscht werden, und geben auch die Werte der Indizes i, j und k mit an:

$$i = 1, j = 2, k = 3 : \quad \det(\ \underline{e}^1, \underline{e}^2, \underline{e}^3\ ) = \quad 1 \quad \text{nach}(D3)$$
$$i = 1, j = 3, k = 2 : \quad \det(\ \underline{e}^1, \underline{e}^3, \underline{e}^2\ ) = -1$$
$$i = 2, j = 3, k = 1 : \quad \det(\ \underline{e}^2, \underline{e}^3, \underline{e}^1\ ) = \quad 1$$
$$i = 2, j = 1, k = 3 : \quad \det(\ \underline{e}^2, \underline{e}^1, \underline{e}^3\ ) = -1$$
$$i = 3, j = 1, k = 2 : \quad \det(\ \underline{e}^3, \underline{e}^1, \underline{e}^2\ ) = \quad 1$$
$$i = 3, j = 2, k = 1 : \quad \det(\ \underline{e}^3, \underline{e}^2, \underline{e}^1\ ) = -1.$$

Wenn wir diese Werte in (20.15) bzw. (20.16) einsetzen, erhalten wir das Ergebnis:

$$\begin{aligned}
D = \quad & a_{11}a_{22}a_{33} \\
& -\ a_{11}a_{32}a_{23} \\
& +\ a_{21}a_{32}a_{13} \\
& -\ a_{21}a_{12}a_{33} \\
& +\ a_{31}a_{12}a_{23} \\
& -\ a_{31}a_{22}a_{13}
\end{aligned}$$

bzw. geordnet nach Vorzeichen

$$\det A = \quad a_{11}a_{22}a_{33} + a_{21}a_{32}a_{13} + a_{31}a_{12}a_{23} \\
-a_{11}a_{32}a_{23} - a_{21}a_{12}a_{33} - a_{31}a_{22}a_{13}. \tag{20.18}$$

$\triangle$

Im Ergebnis unserer "kleinen" Beispiele haben wir jetzt allgemeine Berechnungsformeln für 1- bis 3-reihige Determinanten. Diese können immer verwendet werden, wenn es einmal schnell gehen muss.

Eine Gedächtnisstütze ist dabei sicherlich willkommen, wenn zwei-
oder dreireihige Determinanten zu
berechnen sind. Wir erinnern an die
Visualisierung der Kreuzregel für eine
zweireihige Determinante:

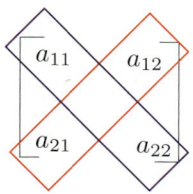

$$\det A = a_{11}\,a_{22} - a_{12}\,a_{21}$$

Dreireihige Determinanten kann man sehr leicht anhand der Formel (20.18)
berechnen, ohne diese Formel an sich kennen zu müssen. Der Trick besteht
darin, auch hier eine anschauliche Merkhilfe einzusetzen. Dies ist die Sarrus'sche Regel, die man auch als "Jägerzaunregel" bezeichnen könnte:

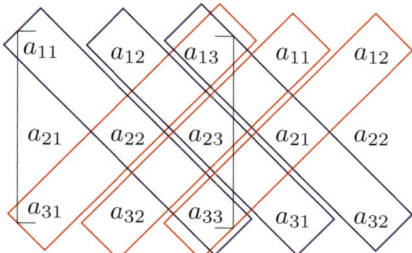

Die Zahlen der Matrix kann man sich auf die bunten Latten eines Jägerzauns
gemalt vorstellen, wobei die ersten beiden Spalten wegen Platzüberlaufs zweimal notiert werden. Die drei Zahlen entlang jeder Zaunslatte werden multipliziert. Von der Summe der Produkte entlang der blauen Latten wird die
Summe der Produkte entlang der roten Latten abgezogen – voilà!

Es bleibt die Frage, wie Determinanten *beliebiger* Formate bestimmt werden
können. Die Formel (20.15) weist uns den Weg zu einer allgemeinen Berechnungsvorschrift, aus der sich ihrerseits bekannte, effiziente und "mechanisierbare" Verfahren ableiten lassen. Diese sehen wir uns in den folgenden drei
Abschnitten an. Die Methode der ersten Wahl ist natürlich auch bei Determinanten die des scharfen Hinsehens, die die Lösung unter günstigen Umständen
in Sekunden liefert und uns den Einsatz großkalibriger Verfahren erspart. Deswegen verweisen wir hier auch auf den Abschnitt 20.6, in dem wir uns mit
einfachsten Rechenregeln und -hilfen beschäftigen.

20.3   Eine allgemeine Berechnungsformel

Sehen wir uns die bisher entwickelten Formeln zur Berechnung von $n = 1-$
bis $n = 3$−reihigen Determinanten näher an, so sehen wir, dass in jedem Fall
die Determinante eine *Summe von Produkten mit Vorzeichenkorrektur* ist.
Abgesehen von den alternierenden Vorzeichen besteht jedes einzelne Produkt

aus n Faktoren. Es handelt sich dabei durchweg um Elemente von A, die derart ausgewählt sind, dass aus jeder Zeile und jeder Spalte von A jeweils genau ein Element vertreten ist.

Es liegt nahe anzunehmen, dass dies auch bei beliebigen $n-$reihigen Determinanten zutrifft, d.h., dass diese sich in analoger Weise als Summe von Produkten aus je n Elementen der Matrix A schreiben lassen, wobei die Vorzeichen der Produkte wechseln und ihre Faktoren so ausgewählt werden, dass stets aus jeder Zeile und jeder Spalte von A genau ein Element vertreten ist.

Das ist in der Tat der Fall, denn nehmen wir an, eine beliebige $(n,n)-$Matrix A sei gegeben, und wiederholen wir nun die Schlussweise aus den Formeln (20.12) bis (20.15), so finden wir zunächst

$$\det A = \sum_{i=1}^{n} a_{i1} \det(\underline{e}^i, \underline{a}^2, ..., \underline{a}^n)$$

und dann schrittweise

$$\det A = \sum_{i_1,...,i_n=1}^{n} a_{i_1,1} \cdots a_{i_n,n} \det(\underline{e}^{i_1}, ..., \underline{e}^{i_n}). \qquad (20.19)$$

Die Terme

$$\det(\underline{e}^{i_1}, ..., \underline{e}^{i_n})$$

liefern aber nur dann einen von Null verschiedenen Wert, wenn keiner der Vektoren $\underline{e}^1, ..., \underline{e}^n$ zweimal aufgeführt wird, wenn also die Indizes $i_1, ..., i_n$ durch eine Permutation aus $1, ..., n$ hervorgehen. Damit verkürzt sich die Formel (20.19) zu

$$\det A = \sum_{\pi \in S_n}^{n} a_{\pi(1),1} \cdots a_{\pi(n),n} \det(\underline{e}^{\pi(1)}, ..., \underline{e}^{\pi(n)}). \qquad (20.20)$$

Ein Wort zur Schreibweise: Die Menge aller Permutationen auf der Menge $I := \{1, ..., n\}$ bezeichnen wir mit S_n; dabei handelt es sich genau um die Menge aller eineindeutigen Abbildungen von der Menge I auf die Menge I, kurz: um die Menge aller *bijektiven* Abbildungen $I \to I$. Die Anzahl derartiger Permutationen ist $n(n-1)(n-2)...2 \cdot 1 = n!$, und daher enthält die Formel (20.20) jetzt nur noch $n!$ Summanden im Gegensatz zu den theoretisch möglichen n^n Summanden in (20.19). Die Terme

$$\det(\underline{e}^{\pi(1)1}, ..., \underline{e}^{\pi(n)n})$$

liefern nun nur noch die Werte $+1$ oder -1, je nachdem, durch wieviele Vertauschungen von Argumenten sie aus $\det(\underline{e}^1, ..., \underline{e}^n)$ hervorgehen.

Definition 20.7. *Es sei π eine beliebige Permutation von $\{1, \ldots, n\}$. Die Anzahl von Vertauschungen zweier Koordinaten, die benötigt wird, um den Vektor $(1, \ldots, n)$ in den Vektor $(\pi(1), \ldots, \pi(n))$ zu überführen, heißt* Charakteristik *von π, symbolisch $\chi(\pi)$.*

Damit kommen wir zum gewünschten Ergebnis:

Satz 20.8. *Für eine beliebige $(n, n)-$Matrix A gilt*

$$\det A = \sum_{\pi \in S_n}^{n} \chi(\pi) a_{\pi(1),1} \cdots a_{\pi(n),n}. \tag{20.21}$$

Diese Formel ist zwar allgemeingültig, für praktische Berechnungen jedoch ungeeignet, solange nicht gerade die Zahl n klein ist. Immerhin verhilft sie uns sehr leicht zu interessanten Einsichten, z.B. zu dieser

Folgerung 20.9. *Für eine beliebige $(n, n)-$Matrix A gilt*

$$\det A \quad = \quad \det A^T.$$

Der Nutzen dieser kleinen Folgerung ist beträchtlich, denn wir können schließen: Alles, was wir bisher über *Spalten* von A gesagt haben, könnten wir ebensogut über die *Zeilen* sagen.

Warum gilt das? Weil jede Permutation zugleich Umkehrpermutation einer anderen ist, können wir in (20.21) Umkehrpermutationen einfügen und so die Rolle der Indizes schadlos vertauschen. Genaueres hierzu findet der interessierte Leser im Anhang.

20.4   Determinantenberechnung nach Laplace

Nun wollen wir ein Verfahren vorstellen, mit dem die Berechnung von Determinanten schon etwas übersichtlicher wird. Dafür benötigen wir einige einfache Bezeichnungen. Es sei A eine beliebige $(n, n)-$Matrix. Für beliebige Indizes i, j in $\{1, \ldots, n\}$ bezeichnen wir mit

$$A^{\backslash i \backslash j}$$

diejenige Submatrix von A, die aus A durch Streichung der $i-$ten Zeile und der $j-$ten Spalte hervorgeht, und mit

$$\mathscr{A}_{ij} := \det A^{\backslash i \backslash j}$$

deren Determinante. Man nennt $\mathscr{A}_{ij}$ auch die *Adjunkte* von A an der Stelle (i, j).

Beispiel 20.10. Für die Matrix

$$A = \begin{bmatrix} 1 & 0 & 2 \\ 0 & 1 & 1 \\ 8 & 0 & 1 \end{bmatrix}$$

gilt

$$A^{\backslash 2 \backslash 3} = \begin{bmatrix} 1 & 0 \\ 8 & 0 \end{bmatrix}.$$

Die zugehörige Adjunkte ist

$$\det A^{\backslash 2 \backslash 3} = \mathscr{A}_{23} = 0.$$

$\triangle$

Aus Satz 20.8 folgt mit ein wenig Rechnung das zentrale Ergebnis:

Satz 20.11 (Entwicklungssatz nach Laplace). *Es sei A eine beliebige (n,n)– Matrix mit $n \geq 2$. Dann gilt für jedes beliebige, aber feste **i** in $\in \{1, \dots, n\}$*

$$\det A = \sum_{j=1}^{n} (-1)^{i+j} a_{ij} \mathscr{A}_{ij} \tag{20.22}$$

und für jedes beliebige, aber feste j in $1, \dots, n$

$$\det A = \sum_{i=1}^{n} (-1)^{i+j} a_{ij} \mathscr{A}_{ij}. \tag{20.23}$$

Zur Erläuterung: Der Satz gibt uns zwei gleichwertige Darstellungen der gesuchten (n,n)–Determinante $\det A$ in die Hand. In der ersten kommen nur die Elemente a_{ij} aus der i–ten Zeile von A sowie die zugehörigen Adjunkten $\det A^{\backslash i \backslash j} = \mathscr{A}_{ij}$ vor. Man nennt dies eine *Entwicklung der Determinante* $\det A$ *nach der i–ten Zeile*. Sinngemäßes gilt für die zweite Formel; sie liefert eine *Entwicklung der Determinante* $\det A$ *nach der j–ten Spalte*. Wir können uns frei entscheiden, ob wir die Determinante nach einer Zeile oder einer Spalte entwickeln und welche Zeile bzw. Spalte wir dafür auswählen.

Die verwendeten Adjunkten sind nun ihrerseits auch wieder Determinanten, allerdings von einer um 1 erniedrigten Ordnung. Also führen beide Formeln das Problem der Berechnung *einer n–reihigen* Determinante auf das der *n–fachen* Berechnung von $(n-1)$–*reihigen* Determinanten zurück.

Sind deren Werte nicht bekannt, kann wiederum jede der beiden Formeln benutzt werden, um deren Berechnung auf die Berechnung von $(n-2)$–*reihigen* Determinanten zurückzuführen, usw. Das Verfahren wird solange fortgesetzt, bis die benötigten Adjunkten nur noch das Format $(1,1)$ und somit bekannte Zahlenwerte haben; dann ist auch der Zahlenwert von $\det A$ ermittelt. Diese Vorgehensweise bei einer Berechnung nennt man *rekursiv*.

Bevor wir zu konkreten Beispielrechnungen übergehen, fragen wir, ob sich die Formeln visualisieren lassen, z.B. die Formel (20.23). Hier entwickeln wir $\det A$ nach der $j-$ten Spalte. Die Terme

$$(-1)^{i+j}$$

dienen ausschließlich zur Vorzeichenkorrektur, die Vorzeichen werden dabei wie im folgenden Beispiel 20.12 nach folgendem Schachbrettmuster vergeben:

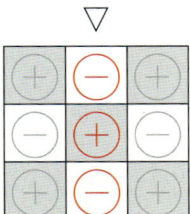

Deswegen kann man in praktischen Berechnungen so vorgehen:

- Cursor $\triangledown$ auf eine beliebige Spalte setzen.
- Platzhalter für n Summanden notieren, z.B. ⌊___⌋ ⌊___⌋ ⌊___⌋ ...
- Die Vorzeichen aus der markierten Spalte des Schachbretts entnehmen und vor die Platzhalter setzen, z.B. ⊖ ⌊___⌋ ⊕ ⌊___⌋ ⊖ ⌊___⌋ ...
- Dahinter die Elemente a_{ij} der $j-$ten Spalte von A schreiben, z.B. ⊖ ⌊a_{12}⌋ ⊕ ⌊a_{22}⌋ ⊖ ⌊a_{32}⌋ ...
- Dahinter die zugehörigen Adjunkten schreiben (als Zahl, Formel oder Verweis), z.B. ⊖ $a_{12}\mathscr{A}_{12}$ ⊕ $a_{22}\mathscr{A}_{22}$ ⊖ $a_{32}\mathscr{A}_{32}$ ...
- Wenn noch nicht geschehen: Adjunkten berechnen. (Hierbei rekursiv bis zum Format $(1,1)$ vorgehen.)
- Summe berechnen.

Fertig!

Beispiel 20.12. Wir berechnen die Determinante der Matrix

$$A = \begin{bmatrix} 5 & 2 & 1 \\ 1 & 0 & 3 \\ 2 & 3 & 1 \end{bmatrix}$$

mit Hilfe der Formel (20.11), in dem wir sie beispielsweise nach der $j = 2-$ten Spalte entwickeln. Unser Vorzeichen-Schachbrett auf Seite 845 liefert dazu folgendes Muster:

Wir laufen nun durch die zweite Spalte und übertragen die darin stehenden Elemente nacheinander in unser Muster:

Die freien Plätze sind jetzt noch mit den zugehörigen Adjunkten zu besetzen. Um deren Zustandekommen besser sehen zu können, streichen wir nun neben der fixierten zweiten Spalte von A nacheinander die erste, zweite und dritte *Zeile*:

$$
\begin{array}{ccc}
j = 2 & j = 2 & j = 2 \\
i = 1 & i = 2 & i = 3 \\
\triangledown & \triangledown & \triangledown
\end{array}
$$

$$
\begin{bmatrix} 5 & 2 & 1 \\ 1 & 0 & 3 \\ 2 & 3 & 1 \end{bmatrix}
\quad
\begin{bmatrix} 5 & 2 & 1 \\ 1 & 0 & 3 \\ 2 & 3 & 1 \end{bmatrix}
\quad
\begin{bmatrix} 5 & 2 & 1 \\ 1 & 0 & 3 \\ 2 & 3 & 1 \end{bmatrix}
$$

Die fehlenden Adjunkten sind die Determinanten derjenigen Teile von A mit weißem Hintergrund. Wir finden das Zwischenergebnis

$$
\det A = \boxed{(-) \cdot 2} \cdot \begin{vmatrix} 1 & 3 \\ 2 & 1 \end{vmatrix} + \boxed{(+) \cdot 0} \cdot \begin{vmatrix} 5 & 1 \\ 2 & 1 \end{vmatrix} + \boxed{(-) \cdot 3} \cdot \begin{vmatrix} 5 & 1 \\ 1 & 3 \end{vmatrix}
$$

$$
\det A = (-1)^{1+2} a_{12} \mathscr{A}_{12} \quad + (-1)^{2+2} a_{22} \mathscr{A}_{22} \quad + (-1)^{3+2} a_{32} \mathscr{A}_{32}
$$

wobei darunter zum Vergleich noch einmal die allgemeine Struktur gesetzt wurde.

Die zweireihigen Adjunkten können nun leicht nach der Kreuzregel berechnet werden, und wir kommen zum Ergebnis

$$
\begin{aligned}
\det A &= (-)\,2 \cdot (1 \cdot 1 - 2 \cdot 3) + (+)\,0 \cdot (5 \cdot 1 - 2 \cdot 1) + (-)\,3 \cdot (5 \cdot 3 - 1 \cdot 1) \\
&= (-)\,2 \cdot (-5) \quad\quad + (+)\,0 \cdot (3) \quad\quad + (-)\,3 \cdot (14) \\
&= -32.
\end{aligned}
$$

$\triangle$

Beobachtung 20.13. Das Beispiel zeigt, dass es sich lohnt, solche Zeilen oder Spalten für die Entwicklung auszuwählen, in denen möglichst viele Nullen vorkommen.

Beispiel 20.14. Die bekannte Kreuzregel für $(2,2)$−Determinanten interpretieren wir ein wenig um:

$$\det A = \det \begin{bmatrix} a_{11} & a_{12} \\ a_{21} & a_{22} \end{bmatrix}$$

$$\det A \;=\; a_{11}a_{22} \;-\; a_{21}a_{12}$$

$$
\begin{aligned}
\det A \;&=\; a_{11}a_{22} \;-\; a_{21}a_{12}\\
&=\; (-1)^{1+1}a_{11}a_{22} \;+\; (-1)^{2+1}a_{21}a_{12}\\
&=\; (-1)^{1+1}a_{11}\mathscr{A}_{11} \;+\; (-1)^{2+1}a_{21}\mathscr{A}_{21}
\end{aligned}
$$

$$\begin{bmatrix} a_{11} & a_{12} \\ a_{21} & a_{22} \end{bmatrix} \qquad \begin{bmatrix} a_{11} & a_{12} \\ a_{21} & a_{22} \end{bmatrix}$$

Fazit: Die Kreuzregel ergibt sich, indem man $\det A$ beispielsweise nach der ersten Spalte von A entwickelt, und erweist sich so als eine Anwendung des Laplaceschen Entwicklungssatzes. $\triangle$

Beispiel 20.15. Auch die Sarrus-Regel (20.18) für $(3,3)$−Determinanten lässt sich so interpretieren. Nach leichter Umordnung folgt

$$D = \left\{ \begin{array}{l} a_{11}(a_{22}a_{33} - a_{32}a_{23}) \\ -a_{21}(a_{12}a_{33} - a_{32}a_{13}) \\ +a_{31}(a_{12}a_{23} - a_{22}a_{13}) \end{array} \right\} = \left\{ \begin{array}{l} a_{11}\mathscr{A}_{11} \\ -a_{21}\mathscr{A}_{21} \\ +a_{31}\mathscr{A}_{31} \end{array} \right\} = \left\{ \begin{array}{l} (-1)^{1+1}a_{11}\mathscr{A}_{11} \\ +(-1)^{2+1}a_{21}\mathscr{A}_{21} \\ +(-1)^{3+1}a_{31}\mathscr{A}_{31} \end{array} \right\}$$

Was steht nun da? Es handelt sich um die Entwicklung von $\det A$ nach der ersten Spalte. $\triangle$

20.5 Berechnung nach dem Austauschverfahren

Neben dem Laplaceschen Entwicklungssatz kann auch das Austauschverfahren (ATV) zur Berechnung von Determinanten von Matrizen beliebig hoher Ordnung eingesetzt werden, wobei sich letzteres insbesondere bei "großen" Formaten ($n \geqslant 3$) als vorteilhaft erweist. Die Vorteile ergeben sich

- aus der erhöhten "Organisationssicherheit" und der damit verbundenen geringeren Irrtumswahrscheinlichkeit,
- aus der Möglichkeit, die Determinantenberechnung mit anderen Berechnungen (z.B. der Berechnung einer Inversen) zu verbinden,
- aus der Möglichkeit, die sogenannten Hesse-Determinanten, die bei der Definitheitsuntersuchung von Matrizen eine große Rolle spielen, rekursiv zu berechnen,

- aus einem mit n wesentlich langsamer wachsenden Rechenaufwand.

(Der letztgenannte Vorteil wird subjektiv nicht immer wahrgenommen, weil Bruchrechnung nicht jedem gefällt.)

Die Vorgehensweise

- Die Matrix M wird unverändert in das Ausgangstableau $T0$ übernommen.
- Analog zur Rangbetrachtung werden soviel Austauschschritte ausgeführt wie möglich; dabei werden bereits verwendete Pivot-Zeilen und -Spalten gelöscht.
- Die Auswahl der Pivotelemente ist prinzipiell beliebig.
- Die gesuchte Determinante ergibt sich als das Produkt aller auftretenden vorzeichenkorrigierten Pivotelemente, wobei im Fall $rgA =: r < n$ als "letztes auftretendes Pivotelement" die Null anzusehen ist.
- Die Vorzeichenkorrektur jedes Pivotelementes wird nach der Schachbrettregel im jeweilig *reduzierten* Tableau (d.h. dem Tableau, in dem bereits verwendete Pivotzeilen und -spalten gestrichen wurden) ermittelt.

Beispiel 20.16. Für $M = \begin{pmatrix} 5 & 7 \\ 2 & 3 \end{pmatrix}$ gilt $\det M = 1$. Die Rechnung verläuft z.B. so:

$T0$			$T1$		
	5	7		$\cdot$	$-\frac{1}{2}$
	2	3		$\cdot$	$\cdot$
	$*$	$-\frac{3}{2}$		$\cdot$	$*$

Vorzeichenkorrektur im reduzierten Tableau $-$ $+$

Pivotelement   2 $-\frac{1}{2}$

Produkt $(-1) \cdot 2$ $\cdot$ $(+1) \cdot (-\frac{1}{2})$

= Determinante: $\underbrace{\qquad\qquad\qquad\qquad}_{1}$

(Zur Erläuterung der Vorzeichenkorrektur wurden die Felder des jeweiligen "reduzierten" Tableaus nach der Schachbrettregel eingefärbt; gelbe Felder erhalten das Vorzeichen "$+$", helltürkis das Vorzeichen "$-$".

Man erkennt deutlich, dass durch die Streichung der bereits verwendeten Zeile

2 und Spalte 1 im Tableau 1 eine andere Vorzeichenkorrektur entsteht als im Ausgangstableau.)   △

Beispiel 20.17. Dieselbe Matrix wie im Beispiel 20.16 mit veränderter Pivotwahl führt auf folgende Rechnung mit demselben Ergebnis:

$T0$			$T1$		
$\boxed{5}$	7		$\cdot$		$\cdot$
2	3		$\cdot$		$\boxed{\frac{1}{5}}$
$*$	$-\frac{7}{5}$		$\cdot$		$*$

Vorzeichenkorrektur im reduzierten Tableau	$+$	$+$
Pivotelement	5	$\frac{1}{5}$
Produkt	$(+1) \cdot 5$ $\cdot$	$(+1) \cdot \frac{1}{5}$
= Determinante:	$1 = \det M$	

△

Beispiel 20.18. Für $M = \begin{pmatrix} 2 & 0 & 1 \\ 3 & 2 & -1 \\ 5 & 2 & 0 \end{pmatrix}$ erhalten wir $\det M = 0$.

Rechnung:

$T0$			$T1$			$T2$		
2	0	$\boxed{1}$	$\cdot$	$\cdot$	$\cdot$	$\cdot$	$\cdot$	$\cdot$
3	2	-1	5	2	$\cdot$	0	$\cdot$	$\cdot$
5	2	0	5	$\boxed{2}$	$\cdot$	$\cdot$	$\cdot$	$\cdot$
-2	0	$*$	$-\frac{5}{2}$	$*$	$\cdot$	$*$	$\cdot$	$\cdot$

Vorzeichenkorrektur im reduzierten Tableau	$+$	$+$	$+$
Pivotelement	1	2	0
Produkt	$(+1) \cdot 1$ $\cdot$	$(+1) \cdot 2$ $\cdot$	$(+1) \cdot 0$
= Determinante:	$0 = \det M$		

△

Beispiel 20.19. Für $M = \begin{pmatrix} 3 & 0 & -1 & 2 & 3 \\ 5 & 1 & 0 & 4 & 6 \\ 8 & 1 & -1 & 6 & 9 \\ 2 & 1 & 1 & 2 & 3 \\ 6 & 0 & -2 & 4 & 6 \end{pmatrix}$ erhalten wir $\det M = 0$.

Die Rechnung wird auf der folgenden Seite dargestellt.   △

Beispiel 20.20. Schließlich berechnen wir

$$\det \begin{pmatrix} 4 & 2 & 1 & 0 \\ 2 & 0 & 3 & -1 \\ 1 & 3 & 2 & 5 \\ 0 & -1 & 5 & 1 \end{pmatrix} = -39.$$

Der Berechnungsablauf ist auf der übernächsten Seite dargestellt.   △

△

Rechnung zu Beispiel 20.19:

$T0$					$T1$					$T2$					$T3$				
3	0	−1	2	3	·	5	·	4	6	·	0	·	0	0	⊞
5	1	0	4	6	·	5	1	4	6	·	0	0	0	0		
8	1	−1	6	9	·	5	1	4	6	·	·	·	·	·	·
2	1	1	2	3	·	0	1	0	6	·	·	·	·	·	·
6	0	−2	4	6	·	0	0	0	0	·	0	0	0	0	
3	0	*	2	3	−5	*	−4	−6							

$$(+1)\cdot(-1) \qquad \boxed{+}\;\boxed{-1} \qquad\qquad (-1)\cdot(+1) \qquad \boxed{-}\;\boxed{1} \qquad\qquad (-1)\cdot 0 \qquad \boxed{-}\;\boxed{0}$$

$$0 = \det M$$

Besonderheit: Wegen $rg\,M = 2$ sind nur 2 Austauschschritte nötig, um $\det M = 0$ festzustellen.

Rechnung zu Beispiel 20.20:

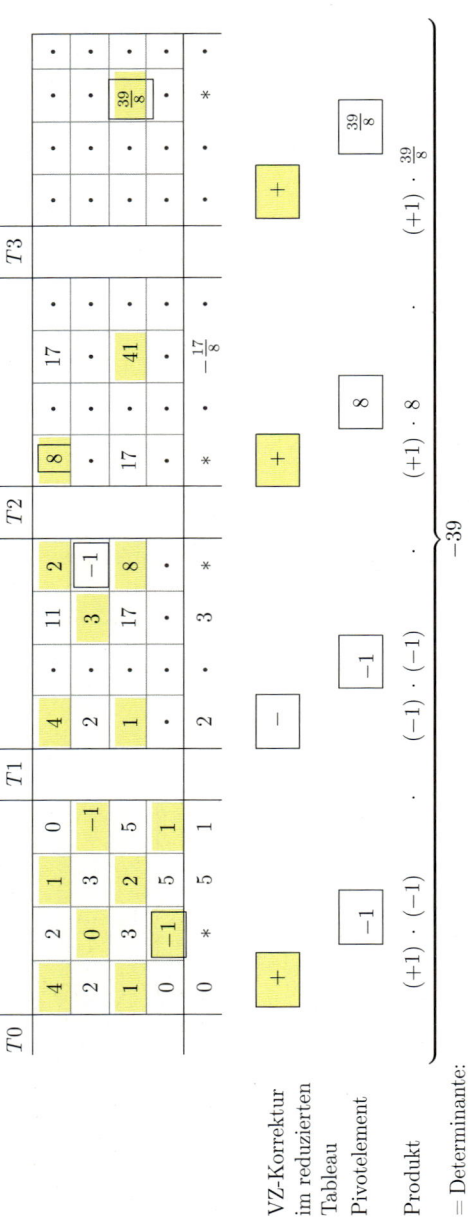

Aufwandsbetrachtungen

Es lohnt sich durchaus, einmal den Rechenaufwand, der mit den verschiedenen Verfahren einhergeht, zu vergleichen. Bei derartigen Vergleichen wird üblicherweise die Anzahl $\mathscr{X}(n)$ von "Multiplikationen" einschließlich etwaiger Divisionen, die zur Berechnung einer n-reihigen Determinante benötigt werden, ermittelt. Additionen, Subtraktionen oder Vorzeichenumkehr werden vernachlässigt, weil sie nur einen sehr kleinen Bruchteil der Rechenzeit verbrauchen.

Laplace-Entwicklung:

Die Laplace-Entwicklung führt die Berechnung einer $n-$reihigen Determinante auf die $n-$fache Berechnung von $(n-1)-$reihigen Determinanten zurück. Wir kennzeichnen den Aufwand in der Formel (20.11):

$$\underbrace{\det A}_{\mathscr{X}(n)} = \underbrace{\sum_{j=1}^{n}}_{n\,\text{Summanden}} \underbrace{(-1)^{i+j}\ \ a_{ij}\cdot \underbrace{\det A^{\backslash i\backslash j}}_{\mathscr{X}(n-1)}}_{\mathscr{X}(n-1)+1}$$

Hieraus folgt für $n \geq 2$

$$\mathscr{X}(n) = n(\mathscr{X}(n-1)+1)$$

mit dem Anfangswert $\mathscr{X}(1) = 0$ – der Anzahl der Multiplikationen zur Berechnung einer $(1,1)$–Determinante. Interessehalber haben wir einmal einige Werte von $\mathscr{X}(n)$ berechnet und in die Tabelle auf Seite 854 eingetragen.

Austauschverfahren

Jede der vier Tauschregeln des Austauschverfahrens enthält genau eine Multiplikation bzw. Division, siehe Seite 715. Damit erfordert ein Tauschschritt, bei dem ein $(n,n)-$Tableau in das nächste volle $(n,n)-$Tableau überführt wird, genau n^2 "Multiplikationen". Bei der Ermittlung einer $(n,n)-$Determinante können wir jedoch bereits verwendete Zeilen und Spalten streichen und gehen so von einem $(n,n)-$Tableau zunächst zu einem $(n-1,n-1)-$Tableau über; Aufwand unter Beachtung der Kellerzeile: $n\cdot(n-1)$ Multiplikationen. Dann gehen wir zu einem $(n-2,n-2)-$ Tableau über usw., bis ein $(1,1)-$Tableau erreicht ist. Anschließend werden die n vorzeichenkorrigierten Pivotelemente multipliziert, wofür $n-1$ Multiplikationen benötigt werden. Die Gesamtzahl von Multiplikationen ist also

$$\mathscr{X}_A(n) = n-1+\sum_{k=2}^{n} k\cdot(k-1) = \mathscr{X}_A(n-1)+1+n\cdot(n-1)$$

mit dem Anfangswert $\mathscr{X}_A(1) = 0$. Auch hier haben wir einmal einige Werte ermittelt und wie folgt tabelliert.

Vergleich der Verfahren

Die nachfolgende Tabelle zeigt den Aufwand an Multiplikationen verschiedener Verfahren im Vergleich:

n	Laplace	ATV	"Handregel"	
1	0	0	0	(Zahl)
2	2	3	2	"Kreuzregel"
3	9	10	12	"Sarrus"
4	40	23	–	
5	205	44	–	
....				
10	6235300	339	–	
....				
15	2246953104075	1134	–	
....				
20	4180411311071440000	2679	–	

Fazit: Für $n = 1, 2, 3$ ist die Laplace-Entwicklung am vorteilhaftesten, für $n \geq 4$ das Austauschverfahren. Bereits für $n = 4$ ist es fast doppelt so schnell wie "Laplace" und entwickelt mit zunehmendem n dann eine wirklich extreme Überlegenheit. So braucht man zur Berechnung einer 10−reihigen Determinante mittels Laplace mehr als 18.392−mal soviel Zeit wie mit dem Austauschverfahren. Zur Veranschaulichung: Würde pro Multiplikation eine Sekunde benötigt, bräuchte das ATV knapp 6 Minuten, die Laplace-Entwicklung dagegen über 66 Tage! Und bei einer 20−reihigen Determinante kämen wir auf knapp 45 Minuten mit dem Austauschverfahren, aber über 10^{11}(!) Jahre mittels Laplace.

20.6   Weitere Eigenschaften und Rechenregeln

Im Folgenden werden wir jede (n, n)−Matrix je nach Bedarf in der Form

$$A = (a_{ij}) \quad \text{oder} \quad A = [\underline{a}^1, \dots, \underline{a}^n]$$

schreiben.

Satz 20.21 (Invertierbarkeitskriterium). *Es sei A eine beliebige (n, n)−Matrix, $n \in \mathbb{N}$.*

(i) Es gilt $\det A = 0$ genau,

   (a) wenn die Spalten von A linear abhängig sind

(b) wenn rg A < n gilt
(c) wenn A keine Inverse besitzt.

(ii) Es gilt det $A \neq 0$ genau,

    (a) wenn die Spalten von A linear unabhängig sind
    (b) wenn rg A = n gilt
    (c) wenn A invertierbar ist.

Alle Aussagen bleiben richtig, wenn man "Spalte" durch "Zeile" ersetzt.

Auf die Begründungen werden wir etwas weiter unten eingehen.

Hervorhebung verdient die zentrale Aussage des Satzes *(ii)(c)*:

$$A \text{ ist invertierbar} \quad \Longleftrightarrow \quad \det A \neq 0.$$

Damit bestätigt sich, dass wir unseren Determinantenbegriff exakt so bestimmt haben, wie wir ihn brauchen – nämlich so, dass die Determinante als *Kriterium* für die Invertierbarkeit einer quadratischen Matrix fungiert: Die Matrix ist genau dann invertierbar, wenn ihre Determinante von Null verschieden ist. Alle übrigen Aussagen des Satzes geben hierfür äquivalente Formulierungen an. Auf die Begründung gehen wir am Ende des Abschnittes ein.

Der folgende Satz spricht für sich selbst. Er hilft, Determinanten in besonders einfachen Fällen zu ermitteln:

Satz 20.22 (Berechnungshilfen). *Es sei A eine beliebige $(n,n)-$Matrix, $n \in \mathbb{N}$.*

(i) Es gilt det $A = 0$, wenn

    (a) der Nullvektor unter $\underline{a}^1, \dots, \underline{a}^n$ vorkommt
    (b) unter den Vektoren $\underline{a}^1, \dots, \underline{a}^n$ einer zweifach vorkommt
    (c) einer der Vektoren $\underline{a}^1, \dots, \underline{a}^n$ das Vielfache eines anderen ist
    (d) A nilpotent ist.

(ii) Ist A eine Dreiecks- oder Diagonalmatrix, so ist det A das Produkt der Diagonalelemente:

$$\det A = a_{11} a_{22} \cdots a_{nn}. \tag{20.24}$$

(iii) Addiert man ein Vielfaches einer Spalte (bzw. Zeile) zu einer anderen Spalte (bzw. Zeile), so ändert sich der Wert der Determinante nicht.

Die Aussage (i) bleibt richtig, wenn mit $\underline{a}^1, \dots, \underline{a}^n$ die Zeilen der Matrix A bezeichnet werden.

Die Überprüfung dieser einfachen Aussagen verlegen wir in die Übungsaufgaben. Ihr Nutzen ist dennoch groß, denn:
Wenn eine beliebige Matrix A gegeben ist, so sind die in *(i)* aufgezählten Eigenschaften, abgesehen eventuell von der Nilpotenz, meist in Sekunden überprüft. Wenn es sich *(ii)* um eine Dreiecksmatrix handelt, ist die Determinantenberechnung ebenfalls schnell erledigt.

Beispiel 20.23. Für die Matrix A mit

$$A := \begin{bmatrix} 1 & -1 \\ 1 & -1 \end{bmatrix} \text{ gilt } \det A = 0.$$

Wir können das gleich mehrfach sehen:

- Die zweite Spalte ist das (-1)-fache der ersten (Satz 20.21 *(ic)*).
- Die Spalten sind abhängig, denn ihre Summe ist 0 (Satz 20.21 *(ia)*).
- Die Matrix A ist nilpotent; es gilt $A^2 = O$ (Satz 20.21 *(id)*).

$\triangle$

Beispiel 20.24. Es gilt

$$\det \begin{bmatrix} 205 & 317 & 299 & 4688 & -23 & 28605 \\ 47 & 2022 & -6412299 & 0 & -2 & 86 \\ 1011 & 0 & 59 & -1 & -7 & 43 \\ 4 & -5 & 6 & -7 & -2 & 0 \\ 0 & 0 & 0 & 0 & 0 & 0 \\ 2051 & 3171 & 2991 & 46881 & -231 & 286051 \end{bmatrix} = 0,$$

denn die vierte Zeile ist der Nullvektor. $\triangle$

Beispiel 20.25. Hier haben wir einmal einen anderen Wert:

$$\det \begin{bmatrix} 7050 & 1120 & 2 & -9233 & 0 & 0 \\ 0 & 1 & -6 & 0 & -2 & 860003 \\ 0 & 0 & 5 & -1 & -7 & 43 \\ 0 & 0 & 0 & -7 & -2 & 0 \\ 0 & 0 & 0 & 0 & 200 & 250 \\ 0 & 0 & 0 & 0 & 0 & 1 \end{bmatrix}$$

$$= 7050 \cdot 1 \cdot 5 \cdot (-7) \cdot 200 \cdot 1$$
$$= -49.350.000$$

als Produkt der Diagonalemente einer oberen Dreiecksmatrix. $\triangle$

Die Aussage *(iii)* des letzten Satzes erlaubt es zudem, Determinanten mit Hilfe des Gaußschen Algorithmus zu berechnen. Man bringt dabei, wie in 19.8 beschrieben, die Koeffizientenmatrix durch eine Folge von Additionen gewisser Vielfacher von Zeilen zu anderen Zeilen in die Gestalt einer Dreiecksmatrix. Diese Gestaltsveränderung ändert nach Aussage *(iii)* die Determinante nicht. Die Determinante $\det A$ ist dann einfach das Produkt der Diagonalelemente der resultierenden Dreiecksmatrix.

Ungünstigenfalls kann der Gaußsche Algorithmus erst unter Vertauschung von gewissen Zeilen oder Spalten genutzt werden. Dann jedoch ist *äußerste Sorgfalt* geboten, denn nun können Vorzeichenwechsel auftreten. Für die Verwaltung diesbezüglicher Effekte bietet das ATV die besseren Hilfsmittel.

Es gibt auch Regeln, die es erlauben, die Determinante einer "neuen" Matrix auf die Determinante einer zuvor bekannten Matrix zurückzuführen.

Satz 20.26 (Rechenregeln). *Für beliebige $n \in \mathbb{N}$, $A, B \in \mathbb{R}^{n,n}$ und $\lambda \in R$ gilt*

(i)
$$\det(\lambda A) = (\lambda)^n \det A \qquad (20.25)$$

(ii)
$$\det(AB) = (\det A)(\det B) \qquad (20.26)$$

(iii) im Fall $\det A \neq 0$:
$$\det(A^{-1}) = (\det A)^{-1}. \qquad (20.27)$$

Diese Regeln sind praktisch sehr nützlich, denn: Sobald die Determinante $\det A$, ggf. auch $\det B$, bekannt ist, kennen wir auch schon die Determinanten von λA, AB und A^{-1}, *ohne* λA, AB oder A^{-1} selbst überhaupt berechnen zu müssen.

Der folgenden naheliegenden Versuchung sollte man jedoch nicht erliegen:

Achtung. *Es "gilt"*

$$\det(A + B) \;\;\not\!\!\!= \;\; (\det A) + (\det B)$$

Beispiel 20.27. Setzen wir für ein $n \in \mathbb{N}$

$$A := I_{(n,n)} \quad \text{und} \quad B := (-1)I_{(n,n)}$$

so folgt einerseits
$$\det(A + B) = \det O = 0,$$

andererseits nach (20.27)

$$(\det A) + (\det B) = 1 + (-1)^n = \begin{cases} 2 \text{ für gerade } n \\ 0 \text{ für ungerade } n. \end{cases}$$

Für unser Beispiel können wir sagen: Die Gleichung

$$\det(A + B) = (\det A) + (\det B)$$

gilt also oder gilt nicht – je nachdem, ob n ungerade oder gerade ist.   △

Bemerkung 20.28. Satz 20.26 besitzt auch in theoretischer Hinsicht interessante Konsequenzen: Er liefert die offene Begründung zu Satz 15.46. In der Tat: Angenommen, die $(n, n)-$Matrix A besitze eine Rechtsinverse R, es gelte also

$$AR = I. \qquad (20.28)$$

Aus (20.26) folgt sofort

$$\det I = \det AR = (\det A)(\det R)$$

und somit

$$1 = (\det A)(\det R).$$

Das ist nur möglich bei $\det R \neq 0$. Nach Satz 20.22 ist R invertierbar. Aus (20.28) schließen wir durch Multiplikation mit R^{-1} von rechts

$$A = A(RR^{-1}) = (AR)R^{-1} = IR^{-1} = R^{-1}.$$

Hieraus folgt durch Multiplikation mit R von links

$$RA = RR^{-1} = I,$$

also ist R zugleich Linksinverse und damit die nach Punkt (Zu 3) auf Seite 558 eindeutig bestimmte Inverse von A. $\qquad \square$

Wir beschließen diesen Abschnitt mit folgender wichtigen Beobachtung:

Satz 20.29. *Werden die Zeilen und Spalten einer quadratischen Matrix A in derselben Weise umnumeriert, so ändert sich ihre Determinante nicht.*

"Umnumerieren" meint hier dasselbe wie umsortieren; mathematisch gesprochen: einer Permutation π unterziehen. Die Betonung des Satzes liegt auf "und", es sind also sowohl die Zeilen als auch die Spalten in gleicher Weise umzusortieren. Praktisch wird das natürlich in der Regel nacheinander geschehen.

Beispiel 20.30. Gegeben sei die Matrix

$$A := \begin{bmatrix} 1 & 2 \\ 5 & 6 \end{bmatrix}.$$

Wir können die Zeilen bzw. Spalten hier jeweils nur in einer Weise umsortieren – nämlich die erste zur zweiten machen und umgekehrt. Wenn wir dieses zunächst für die Zeilen tun, finden wir die Matrix

$$\begin{bmatrix} 5 & 6 \\ 1 & 2 \end{bmatrix}$$

und nach Vertauschung der Spalten dann das Ergebnis

$$A^\sim := \begin{bmatrix} 6 & 5 \\ 2 & 1 \end{bmatrix}.$$

Wir stellen jedoch fest, dass beide Matrizen dieselbe Determinante haben, sie lautet

$$\det A \ = 1 \cdot 6 - 5 \cdot 2 = -4$$
$$\det A^\sim = 6 \cdot 1 - 2 \cdot 5 = -4.$$

$\triangle$

Die Begründung von Satz 20.30 liegt auf der Hand: Das Umsortieren der Zeilen von A geschieht durch eine bestimmte Abfolge von Vertauschungen. Dabei kann sich nach (D2) höchstens das Vorzeichen der Determinante ändern. Anschließend werden die Spalten derselben Abfolge von Vertauschungen unterzogen. Wenn sich zuvor das Vorzeichen der Determinante geändert haben sollte, so ändert es sich nun erneut, so dass im Ergebnis alles beim alten bleibt.

20.7   Die Cramersche Regel

Determinanten können u.a. verwendet werden, um bestimmte lineare Gleichungssysteme zu lösen. Wir betrachten das System

$$A\underline{x} = \underline{y}$$

für eine beliebige quadratische Matrix $A \in \mathbb{R}^{n,n}$ und einen beliebigen Vektor $\underline{y} \in \mathbb{R}^n$. Bekanntlich ist dieses System für jede rechte Seite $\underline{y}$ eindeutig lösbar, wenn die Matrix A invertierbar (= regulär) ist. Die Cramersche Regel liefert nun Formeln, mit denen die Koordinaten x_i des eindeutig bestimmten Lösungsvektors $\underline{x} = [x_1, \dots, x_n]^T$ einzeln berechnet werden können.

Für jedes $i = 1, \dots, n$ bezeichnen wir die Matrix, die aus A hervorgeht, indem die ursprüngliche $i-$te Spalte durch den Vektor $\underline{y}$ ersetzt wird, mit $A[\underline{a}^i \leftrightarrow \underline{y}]$.

Satz 20.31 (Cramersche Regel). *Ist die Matrix A invertierbar (=regulär), so gilt für jedes $i = 1, \dots, n$*

$$x_i = \frac{\det A[\underline{a}^i \leftrightarrow \underline{y}]}{\det A}. \tag{20.29}$$

Manchem mag die Vorschrift (20.29) vertrauter erscheinen, wenn wir sie für $i = 2, \dots, n-1$ ausführlicher so schreiben:

$$\frac{\det(\underline{a}^1, \dots, \underline{a}^{i-1}, \underline{y}, \underline{a}^{i+1}, \dots, \underline{a}^n)}{\det A};$$

für $i = 1$ bzw. $i = n$ hat sie eine sinngemäße Gestalt. Damit haben wir erstmals eine geschlossene Vorschrift für die explizite Lösung eines "quadratischen" Gleichungssystems. Sie kommt allerdings nur zum Tragen, wenn die Koeffizientenmatrix regulär ist!

Beispiel 20.32. Wir lösen das System

$$3x_1 + 4x_2 = 7$$
$$2x_1 - x_2 = 12$$

mit der Cramerschen Regel. Wir haben hier

$$A = \begin{bmatrix} 3 & 4 \\ 2 & -1 \end{bmatrix}, \qquad \underline{y} = \begin{bmatrix} 7 \\ 12 \end{bmatrix}.$$

Es folgt

$$x_1 = \frac{\begin{vmatrix} 7 & 4 \\ 12 & -1 \end{vmatrix}}{\begin{vmatrix} 3 & 4 \\ 2 & -1 \end{vmatrix}} = \frac{-55}{-11} = 5 \quad \text{und} \quad x_2 = \frac{\begin{vmatrix} 3 & 7 \\ 2 & 12 \end{vmatrix}}{\begin{vmatrix} 3 & 4 \\ 2 & -1 \end{vmatrix}} = \frac{22}{-11} = -2,$$

also

$$\underline{x} = \begin{bmatrix} 5 \\ -2 \end{bmatrix}.$$

$\triangle$

Beispiel 20.33. Das Gleichungssystem $A\underline{x} = \underline{y}$ der konkreten Form

$$\begin{bmatrix} 5 & 2 & 1 \\ 1 & 0 & 3 \\ 2 & 3 & 1 \end{bmatrix} \begin{bmatrix} x_1 \\ x_2 \\ x_3 \end{bmatrix} = \begin{bmatrix} 5 \\ 5 \\ -4 \end{bmatrix}$$

lässt sich so lösen: Wir berechnen die Determinante $\det A = -32$ und finden

$$x_1 = \frac{\begin{vmatrix} 5 & 2 & 1 \\ 5 & 0 & 3 \\ -4 & 3 & 1 \end{vmatrix}}{\begin{vmatrix} 5 & 2 & 1 \\ 1 & 0 & 3 \\ 2 & 3 & 1 \end{vmatrix}} = \frac{-64}{-32} = 2$$

$$x_2 = \frac{\begin{vmatrix} 5 & 5 & 1 \\ 1 & 5 & 3 \\ 2 & -4 & 1 \end{vmatrix}}{\begin{vmatrix} 5 & 2 & 1 \\ 1 & 0 & 3 \\ 2 & 3 & 1 \end{vmatrix}} = \frac{96}{-32} = -3$$

$$x_3 = \frac{\begin{vmatrix} 5 & 2 & 5 \\ 1 & 0 & 5 \\ 2 & 3 & -4 \end{vmatrix}}{\begin{vmatrix} 5 & 2 & 1 \\ 1 & 0 & 3 \\ 2 & 3 & 1 \end{vmatrix}} = \frac{-32}{-32} = 1.$$

$\triangle$

Die *Begründung* der Cramerschen Regel ist übrigens sehr einfach: Wenn die Koeffizientenmatrix A regulär ist, besitzt das System (20.29) eine eindeutig bestimmte Lösung $\underline{x}$. Für diese gilt

$$\underline{y} = \sum_{k=1}^{n} x_k \underline{a}^k$$

Wir berechnen einmal für ein festes i in $\{1, \ldots, n\}$

$$\begin{aligned} \det A[\underline{a}^i \leftrightarrow \underline{y}] &= \det(\underline{a}^1, \ldots, \underline{a}^{i-1}, \underline{y}, \underline{a}^{i+1}, \ldots, \underline{a}^n) \\ &= \det(\underline{a}^1, \ldots, \underline{a}^{i-1}, \textstyle\sum_{k=1}^{n} x_k \underline{a}^k, \underline{a}^{i+1}, \ldots, \underline{a}^n) \\ &= \textstyle\sum_{k=1}^{n} x_k \det(\underline{a}^1, \ldots, \underline{a}^{i-1}, \underline{a}^k, \underline{a}^{i+1}, \ldots, \underline{a}^n). \end{aligned}$$

Der Determinantenausdruck in der letzten Zeile enthält den Spaltenvektor $\underline{a}^k$ doppelt, solange $i \neq k$ gilt, und ist dann natürlich Null. Im Fall $i = k$ dagegen stimmt er mit $\det A$ überein. Es folgt

$$\det A[\underline{a}^i \leftrightarrow \underline{y}] = x_i \det A$$

und hieraus (20.29).

Wie der Name schon sagt, geht die Cramersche Regel auf den Schweizer Mathematiker G. Cramer, 1704-1752, zurück. Sie hat eine relativ große Popularität erlangt, weil sie eine geschlossene Lösung von GLS erlaubt und darüber hinaus strukturelle Einsichten vermittelt. Unser letztes Beispiel lässt allerdings schon erahnen, dass der Aufwand für die Cramersche Regel mit wachsendem n enorm schnell wächst, so dass sich in der Praxis verschiedene Varianten des Austauschverfahrens bzw. Gauss-Algorithmus durchgesetzt haben. Lediglich für kleine $n(= 2, 3, \ldots)$ bietet die Cramersche Regel Vorteile.

20.8   Matrixinversion

Nur der guten Vollständigkeit halber wollen wir nicht unerwähnt lassen, dass sich auch die Matrixinversion mit Hilfe von Determinanten bewerkstelligen lässt – die Existenz einer Inversen natürlich vorausgesetzt.

Satz 20.34. *Ist die Matrix $A \in \mathbb{R}^{n,n}$ invertierbar, so ist ihre Inverse A^{-1} gegeben durch*

$$[A^{-1}]_{ij} = (-1)^{i+j} \frac{\mathscr{A}_{ji}}{\det A} \tag{20.30}$$

für $i, j = 1, \dots, n$.

Diese Formel bietet zunächst die Möglichkeit, *einzelne* Elemente der Inversen von A zu berechnen. Man braucht dazu lediglich die betreffenden Indizes – i für die Zeile und j für die Spalte – festzulegen und kann das gesuchte Element dann nach (20.30) berechnen. Dabei ist besonders zu beachten, dass das Indexpaar (i, j) auf der rechten Seite von (20.30) mit vertauschten Indizes verwendet wird. Wendet man dieses Vorgehen auf alle möglichen Indexpaare (i, j) an, hat man am Ende die komplette Inverse von A ermittelt.

Beispiel 20.35. Für die Matrix H

$$H := \begin{bmatrix} 3 & 4 & 0 \\ 2 & 0 & 1 \\ -1 & 0 & 0 \end{bmatrix}$$

finden wir

$$\det H = -4$$

und somit

$$A^{-1} = -\frac{1}{4} \begin{bmatrix} \begin{vmatrix} 0 & 1 \\ 0 & 0 \end{vmatrix} & -\begin{vmatrix} 4 & 0 \\ 0 & 0 \end{vmatrix} & \begin{vmatrix} 4 & 0 \\ 0 & 1 \end{vmatrix} \\ -\begin{vmatrix} 2 & 1 \\ -1 & 0 \end{vmatrix} & \begin{vmatrix} 3 & 0 \\ -1 & 0 \end{vmatrix} & -\begin{vmatrix} 3 & 0 \\ 2 & 1 \end{vmatrix} \\ \begin{vmatrix} 2 & 0 \\ -1 & 0 \end{vmatrix} & -\begin{vmatrix} 3 & 4 \\ -1 & 0 \end{vmatrix} & \begin{vmatrix} 3 & 4 \\ 2 & 0 \end{vmatrix} \end{bmatrix} = -\frac{1}{4} \begin{bmatrix} 0 & 0 & 4 \\ -1 & 0 & -3 \\ 0 & -4 & -8 \end{bmatrix}.$$

$\triangle$

Auch hier zeigt schon das Beispiel, dass diese Berechnungsmethode einen hohen Aufwand mit sich bringt und daher eher von theoretischem Interesse ist.

20.9   Eigenwerte

Motivation

Wir sahen im Abschnitt 18.9, dass lineare Abbildungen zwischen linearen Räumen durch Matrizen beschrieben werden können. Eine (n, n)−Matrix A ist damit als Abbildung $\mathbb{R}^n \to \mathbb{R}^n$ interpretierbar. Aufgrund der Linearität der Abbildung $\underline{x} \to A\underline{x}$ ist plausibel, dass jeder Vektor $\underline{x}$ dabei nur in seiner Richtung und Länge verändert werden muss, um $A\underline{x}$ zu ergeben.

Es stellt sich die Frage, ob es eventuell Vektoren gibt, die dabei ihre Richtung beibehalten und durch A lediglich "gestreckt" werden; Stauchung und Vorzeichenumkehr eingeschlossen; und wenn ja, wie groß der zugehörige Streckungsfaktor ist. Warum ist diese Frage interessant? Weil man nun wesentlich besser versteht, dass das Matrixprodukt $A\underline{x}$ tatsächlich als eine Art Vervielfachung gedeutet werden kann, wobei in verschiedenen Richtungen verschiedene Vervielfachungsfaktoren wirken. Dies ist für die Input-OutputAnalyse komplexer Systeme, aber auch für die Ökonometrie und Zeitreihenanalyse von wesentlicher Bedeutung.

Man sucht also solche Vektoren $\underline{z}$ und Streckungsfaktoren λ, für die gilt

$$A\underline{z} = \lambda \underline{z}$$

bzw.

$$(A - \lambda I)\underline{z} = 0. \tag{20.31}$$

(20.31) ist ein homogenes GLS und besitzt genau dann nichttriviale Lösungen, wenn die Koeffizientenmatrix *singulär* (= nicht regulär) ist. In diesem Fall sind die nichttrivialen Lösungsvektoren $\underline{z}$ mit zugehörigem λ der Matrix A *eigen*, deswegen wären "Eigenvektor" und "Eigenwert" wohl passende Bezeichnungen.

20.9.1   Definitionen und Eigenschaften

Gegeben sei eine beliebige (n, n)−Matrix $M (n \in \mathbb{N})$.

Definition 20.36. *Eine Zahl* $\lambda \in \mathbb{C}$ *heißt* Eigenwert *von* M, *wenn gilt* $\det(A - \lambda I) = 0$. *Die Menge aller Eigenwerte von* M *heißt das* Spektrum *von* M, *symbolisch:* $\sigma(M)$.

Wir betrachten zunächst drei einfache Beispiele:

Beispiel 20.37. Es seien $n = 1$ und $M = 5$. Hier gilt

$$\det(M - \lambda I) = \det(5 - \lambda \cdot 1) = 5 - \lambda,$$

also

$$\det(M - \lambda I) = 0 \quad \Leftrightarrow \quad \lambda = 5,$$

und folglich $\sigma(M) = \{\, 5 \,\}$. $\qquad\qquad\triangle$

Beispiel 20.38. Nun seien $n = 2$ und $M = \begin{pmatrix} 2 & 1 \\ 3 & 4 \end{pmatrix}$. Wir setzen an

$$0 = \det(M - \lambda I) = \det \begin{pmatrix} 2 - \lambda & 1 \\ 3 & 4 - \lambda \end{pmatrix} = (2 - \lambda)(4 - \lambda) - 3 \cdot 1,$$

d.h.

$$\lambda^2 - 6\lambda + 5 = 0.$$

Die Lösungen dieser quadratischen Gleichung sind

$$\lambda_{1,2} = 3 \pm \sqrt{9 - 5},$$

es folgt $\sigma(M) = \{1, 5\}$. $\triangle$

Beispiel 20.39. Für $M = \begin{pmatrix} 1 & 0 & 2 \\ 0 & 1 & 1 \\ 8 & 0 & 1 \end{pmatrix}$ führt der Ansatz $\det(M - \lambda I) = 0$

unter Anwendung der Sarrus'schen Regel auf die kubische Gleichung in λ

$$\det \begin{pmatrix} 1 - \lambda & 0 & 2 \\ 0 & 1 - \lambda & 1 \\ 8 & 0 & 1 - \lambda \end{pmatrix} = (1 - \lambda)^3 - 16(1 - \lambda) = 0.$$

Ausklammern ergibt

$$(1 - \lambda)\big((1 - \lambda)^2 - 16\big) = 0.$$

Nullsetzung des linken Faktors führt unmittelbar auf die Lösung $\lambda_1 = 1$, Nullsetzung des rechten Faktors auf die quadratische Gleichung

$$(1 - \lambda)^2 = 16$$

mit den beiden Lösungen $\lambda_2 = -3$ und $\lambda_3 = 5$. Wir haben also $\sigma(M) = \{1, -3, 5\}$. $\triangle$

Aus diesen drei Beispielen können wir bereits zwei wichtige Beobachtungen heraus"destillieren":

Beobachtung 20.40. Jede reelle Zahl – aufgefasst als Matrix – ist zugleich ihr eigener (und einziger) Eigenwert.

Beobachtung 20.41. Bei einer (n, n)–Matrix M ist $P(\lambda) := \det(M - \lambda I)$ ein Polynom vom Grade n in der Unbestimmten λ. Man bezeichnet dies als das *charakteristische Polynom* von M.

Die Bestimmung der Eigenwerte einer $(n, n)-$Matrix ist daher äquivalent zur Bestimmung der Nullstellen ihres charakteristischen Polynoms $P_M := P$. Nun wissen wir aus dem Fundamentalsatz der Algebra, Satz 0.104, dass jedes Polynom $n-$ten Grades genau n mit ihrer jeweiligen Vielfachheit gezählte Nullstellen besitzt, die im allgemeinen komplexwertig sein können. Anders formuliert, kann P höchstens n paarweise verschiedene, im allgemeinen komplexwertige Lösungen besitzen. Dies ist auch der Grund dafür, dass wir in unserer Definition formulierten "$\lambda \in \mathbb{C}$". Insbesondere kann P höchstens n paarweise *verschiedene* Lösungen besitzen. Interessanterweise können komplexwertige Eigenwerte selbst dann auftreten, wenn die Matrix M ausschließlich reelle Zahlen enthält:

Beispiel 20.42. $M = \begin{pmatrix} 1 & -1 \\ 2 & -1 \end{pmatrix}$. Hier gilt

$$P(\lambda) = \det(M - \lambda I) = \det \begin{pmatrix} 1 - \lambda & -1 \\ 2 & -1 - \lambda \end{pmatrix} = \lambda^2 + 1;$$

die Gleichung $P(\lambda) = 0$ bzw. äquivalent $\lambda^2 = -1$ hat die beiden komplexwertigen Lösungen $\lambda_1 = i$ und $\lambda_2 = -i$. Wir können also schreiben $\sigma(M) = \{ i, -i \} \subseteq \mathbb{C}$. $\triangle$

Natürlich wird man sich fragen, ob es leicht überprüfbare Bedingungen dafür gibt, dass sämtliche Eigenwerte einer gegebenen Matrix reellwertig sind, so dass "echt" komplexwertige Rechnungen entbehrlich sind. Ohne Beweis führen wir diese Bedingung an:

Satz 20.43. *Sämtliche Eigenwerte einer symmetrischen Matrix M sind reell.*

"Symmetrisch" bedeutet nach Definition 15.18 und 15.28, dass gilt $M = M^T$, was in der Tat sehr leicht überprüfbar ist. In den wichtigsten Anwendungen, mit denen wir uns beschäftigen werden, wird diese Bedingung erfüllt sein.

Wir gehen kurz auf das Problem der *Vielfachheit* von Eigenwerten ein.

Beispiel 20.44. Es sollen die Eigenwerte der $(2, 2)-$Nullmatrix O bestimmt werden. Der Ansatz dazu lautet:

$$\begin{aligned} 0 &= P(\lambda) \\ &= \det(O - \lambda I) \\ &= \det(-\lambda I) \\ &= (-\lambda)^2 \det I \qquad \text{nach (20.25)} \\ &= (-\lambda)^2 \cdot 1 \qquad \text{nach (D3)} \\ &= \lambda^2. \end{aligned}$$

Diese quadratische Gleichung hat ersichtlich nur die "beiden" gleichen Lösungen $\lambda_1 = \lambda_2 = 0$. Ihre "zweifache" Rolle wird besser verständlich, wenn wir uns noch einmal das charakteristische Polynom von O ansehen. Es zerfällt nämlich in die Linearfaktoren

$$P(\lambda) = (\lambda - 0) \cdot (\lambda - 0) = (\lambda - \lambda_1) \cdot (\lambda - \lambda_2)$$

gleichzeitig gilt $\sigma\{O\} = \{0\}$! $\triangle$

Wir halten fest: Das Spektrum von O enthält die Zahl 0 als *einziges* Element. Zugleich ist $0 = 0$ *zweifache* Nullstelle des charakteristischen Polynoms $P_O(\lambda)$.

Definition 20.45. *Ein Eigenwert λ einer quadratischen Matrix M besitzt die* (algebraische) *Vielfachheit ν – symbolisch: $\nu = V_a(\lambda)$ – , wenn er ν–fache Nullstelle des charakteristischen Polynoms P_M ist.*

Wir können dem Spektrum $\sigma(M)$ einer Matrix M leider nur bedingt ansehen, von welcher Vielfachheit die darin enthaltenen Eigenwerte sind:

- Wenn wir den Typ – also die Zeilenzahl n – von M kennen und beispielsweise wissen, dass das Spektrum $\sigma(M)$ n *verschiedene* Eigenwerte enthält, können wir schließen, dass jeder Eigenwert die Vielfachheit 1 besitzen muss. Dies folgt aus dem Fundamentalsatz der Algebra, demzufolge die Summe der algebraischen Vielfachheiten aller Nullstellen eines Polynoms exakt dessen Grad ergibt (Satz 0.110).
- Enthält das Spektrum nur einen einzigen Eigenwert, können wir aus demselben Grunde schließen, dass dieser Eigenwert die Vielfachheit n besitzen muss.
- In allen anderen Fällen benötigen wir zusätzliche Informationen. Beispiel: Wenn von einer $(3,3)$–Matrix bekannt ist, dass sie zwei verschiedene Eigenwerte besitzt, muss einer die Vielfachheit 1, der andere die Vielfachheit 2 besitzen – wir wissen aber nicht ohne Weiteres, welcher von beiden welche Vielfachheit besitzt. Das lässt sich erst klären, wenn wir die Elemente der Matrix kennen und ihr charakteristisches Polynom ausrechnen können.

Obendrein können Matrizen völlig verschiedener Typen und "Inhalte" ein- und dasselbe Spektrum besitzen. So besitzt jede quadratische Nullmatrix das Spektrum $\{0\}$. Aber es gibt auch andere Matrizen mit diesem Spektrum:

Beispiel 20.46. Für die Matrix

$$N := \begin{bmatrix} 0 & 1 \\ 0 & 0 \end{bmatrix}$$

finden wir

$$\det(N - \lambda I) = (-\lambda)(-\lambda)$$

mit der einzigen, daher zweifachen Nullstelle

$$\lambda_1 = \lambda_2 = 0;$$

es gilt

$$\sigma(N) = \{0\}.$$

$\triangle$

Der Eigenwert Null ist immerhin in folgender Hinsicht von Interesse:

Satz 20.47. *Eine $(n, n)-$Matrix M ist genau dann invertierbar, wenn die Zahl Null kein Eigenwert von M ist.*

Der Nutzen dieser Aussage: Wurden die Eigenwerte von M schon einmal bestimmt, braucht keine gesonderte Untersuchung auf Invertierbarkeit durchgeführt zu werden.

20.47 folgt direkt aus der Definition: Wenn Null Eigenwert ist, so gilt

$$\det(M - 0 \cdot I) = \det M = 0,$$

also ist M nicht invertierbar. Ist Null kein Eigenwert, so gilt

$$\det(M - 0 \cdot I) = \det M \neq 0,$$

mithin ist M invertierbar.

20.9.2 Zur Eigenwertbestimmung

Bekanntlich ist es nicht möglich, die Nullstellen von Polynomen *beliebig* hohen Grades durch geschlossene Formeln zu ermitteln, so wie wir es z.B. bei quadratischen Polynomen mit der *p-q*-Formel können. Die Berechnung von Eigenwerten kann daher im allgemeinen schwierig werden. In der Praxis werden im Bedarfsfall sogenannte *numerische Verfahren* eingesetzt, mit denen die gesuchten Eigenwerte beliebig genau zahlenmäßig, jedoch nicht als Formel, ermittelt werden können. Zwei Beispiele solcher Verfahren hatten wir in den Kapiteln 8.3 und 9.4 bereits kennengelernt; es handelt sich um die *Intervallhalbierungsmethode* und das *Newtonverfahren*.

In diesem Text aber können wir die konkrete Berechnung von Eigenwerten auf sehr einfache Fälle beschränken, die den Einsatz numerischer Verfahren nicht er- und den Leser nicht überfordern. Dies betrifft z.B. die Eigenwerte von Nullmatrizen $\sqrt{}$, Einheitsmatrizen, Dreiecksmatrizen, $(n, n)-$Matrizen mit $n = 1$ oder $n = 2$ $\sqrt{}$ sowie beliebige Matrizen mit einfachem charakteristischem Polynom. Die mit $\sqrt{}$ gekennzeichneten Fälle sahen wir bereits; auf die übrigen gehen wir anschließend ein.

In vielen Anwendungen kommt es nicht so sehr auf den Zahlenwert von Eigenwerten als vielmehr auf ihr *Vorzeichen* an. Interessanterweise lassen sich Informationen über das Vorzeichen von Eigenwerten gewinnen, ohne die Eigenwerte überhaupt berechnen zu müssen. Das Stichwort hierzu lautet "Definitheit", siehe Abschnitt 21.2.

Oft interessiert auch die Frage, wie sich die Eigenwerte verändern, wenn man aus einer gegebenen Matrix eine "neue" Matrix macht, z.B. durch Potenzieren. Bei ihrer Beantwortung helfen *Rechenregeln*, auf die wir im folgenden Abschnitt eingehen.

Hier nun zunächst mehr über die "einfachsten Fälle":

Beispiel 20.48 (Einheitsmatrizen). Es sei I die Einheitsmatrix des Formats (n, n). Dann wird

$$
\begin{aligned}
P_I(\lambda) &= \det(I - \lambda I) \\
&= \det((1 - \lambda)I) \\
&= (1 - \lambda)^n \det I \\
&= (1 - \lambda)^n \\
&= ((-1)(\lambda - 1))^n \\
&= (-1)^n(\lambda - 1)^n,
\end{aligned}
$$

ausführlich

$$
P_I(\lambda) = (-1)^n(\lambda - \mathbf{1}) \cdot \ldots \cdot (\lambda - \mathbf{1})
$$

lies

$$
P_I(\lambda) = (-1)^n(\lambda - \boldsymbol{\lambda_1}) \cdot \ldots \cdot (\lambda - \boldsymbol{\lambda_n})
$$

Wir sehen daran: Einziger Eigenwert von P_I ist die Zahl Eins. Daraus folgt $\sigma(I) = \{1\}$. Als n−fache Nullstelle des charakteristischen Polynoms P_I hat der Eigenwert 1 die algebraische Vielfachheit n. $\triangle$

Der "nächsteinfache" Fall betrifft Dreiecksmatrizen:

Satz 20.49. *Die Hauptdiagonale einer Dreiecksmatrix enthält genau die – mit ihrer algebraischen Vielfachheit berücksichtigten – Eigenwerte dieser Matrix.*

Das Prinzip dieses Satzes ist am leichtesten anhand eines Beispiels zu sehen:

Beispiel 20.50. Die Matrix

$$
G = \begin{pmatrix} 2 & 5 & 7 & 1 \\ 0 & 0 & 3 & 8 \\ 0 & 0 & -1 & 9 \\ 0 & 0 & 0 & 2 \end{pmatrix}
$$

ist eine obere Dreiecksmatrix. Dasselbe gilt offensichtlich auch für die Matrix

$$
G - \lambda I = \begin{pmatrix} 2 - \lambda & 5 & 7 & 1 \\ 0 & -\lambda & 3 & 8 \\ 0 & 0 & -1 - \lambda & 9 \\ 0 & 0 & 0 & 2 - \lambda \end{pmatrix}.
$$

Nach Satz 20.22 *(ii)* ist die Determinante dieser Dreiecksmatrix durch das Produkt ihrer Hauptdiagonalelemente gegeben. Es folgt

$$P(\lambda) = \det(G - \lambda I) = (2 - \lambda)(0 - \lambda)(-1 - \lambda)(2 - \lambda)$$
$$= (\lambda - 2)(\lambda - 0)(\lambda - (-1))(\lambda - 2),$$

die (mit ihrer Vielfachheit gezählten) Eigenwerte von G sind also

$$\lambda_1 = \lambda_4 = 2, \ \lambda_2 = 0, \ \lambda_3 = -1;$$

das Spektrum ist

$$\sigma(G) = \{-1, 0, 2\}.$$

$\triangle$

Unter die Dreiecksmatrizen fallen insbesondere alle Diagonalmatrizen, so dass auch bei diesen die Eigenwerte sehr einfach abgelesen werden können.

20.9.3 Rechenregeln

Matrizen lassen sich addieren, vervielfachen, multiplizieren, transponieren und ggf. invertieren. Die Frage ist: Verändern sich die zugehörigen Eigenwerte in gleicher Weise? Sie lässt sich leider nur teilweise bejahen:

Satz 20.51. *Es seien A und B beliebige $(n, n)-$Matrizen und $\sigma(A)$ bzw. $\sigma(B)$ die Mengen ihrer Eigenwerte. Dann gelten die folgenden Rechenregeln:*

(1) "Transposition erhält die Eigenwerte":

$$\lambda \in \sigma(A) \quad \Longleftrightarrow \quad \lambda \in \sigma(A^T)$$

(2) "Vielfache der Eigenwerte sind Eigenwerte der Vielfachen":

$$\lambda \in \sigma(A) \quad \Longrightarrow \quad a\lambda \in \sigma(aA) \quad (a \in \mathbb{R})$$

(3) "Inverse der Eigenwerte sind Eigenwerte der Inversen":

$$A \text{ invertierbar}, \lambda \in \sigma(A) \quad \Longrightarrow \quad \lambda \neq 0 \text{ und } \tfrac{1}{\lambda} \in \sigma(A^{-1}).$$

Wir verweisen zwecks Begründung auf den Anhang und geben einige kleine Beispiele zur Illustration:

Beispiel 20.52. Gegeben ist die Matrix

$$A := \begin{bmatrix} 3 & 8 \\ 2 & 5 \end{bmatrix},$$

gesucht sind die Eigenwerte von A^T, $-A$ sowie von A^{-1}.

Eine kleine Rechnung, die dem Leser überlassen bleiben kann, liefert zunächst das Spektrum von A:

$$\sigma(A) = \{4 - \sqrt{17}, \ 4 + \sqrt{17}\}.$$

Es enthält zwei verschiedene Eigenwerte. Auch ohne ihre Berechnung zu kennen, schließen wir – der Argumentation auf Seite 867 folgend –, dass beide die Vielfachheit 1 besitzen. Da weiterhin Null kein Eigenwert von A ist, wissen wir nach Satz 20.47 schon, dass A eine Inverse besitzt.

Müssen wir nun tatsächlich erst die Matrizen A^T, $-A$, A^{-1} und anschließend deren Eigenwerte berechnen? Die Antwort lautet: Nein, zum Glück nicht:

- Aus Teil *(i)* von Satz 20.51 schließen wir sofort:

$$\sigma(A^T) = \{4 - \sqrt{17}, \ 4 + \sqrt{17}\}.$$

- Aus Teil *(ii)* folgern wir

$$\sigma(-A) = \sigma((-1)A) = \{(-1)(4 + \sqrt{17}), \ (-1)(4 - \sqrt{17})\},$$

  also

$$\sigma(-A) = \{-4 - \sqrt{17}, \ -4 + \sqrt{17})\}.$$

- Und aus Teil *(iii)* schließen wir:

$$\sigma(A^{-1}) = \{(4 - \sqrt{17})^{-1}, \ (4 + \sqrt{17})^{-1}\}.$$

$\triangle$

Es ist nicht schwer, sich vorzustellen, zu welch erheblichen Einsparungen an Rechenarbeit unsere kleinen Rechenregeln führen. Leider lassen sich bezüglich der Addition und Multiplikation von Matrizen solche Regeln nicht generell ausnutzen.

Achtung. Die folgenden "Regeln" sind Fallstricke, also nicht allgemeingültig:

- *"Die Eigenwerte einer Summe sind Summen von Eigenwerten"*, genauer:

$$\alpha \in \sigma(A), \ \beta \in \sigma(B) \quad \text{"}\Longrightarrow\text{"} \quad \alpha + \beta \in \sigma(A + B)$$

- *"Die Eigenwerte eines Produkts sind Produkte der Eigenwerte"*, genauer:

$$\alpha \in \sigma(A), \ \beta \in \sigma(B) \quad \text{"}\Longrightarrow\text{"} \quad \alpha\beta \in \sigma(AB)$$

Die Formulierung "Fallstricke" weist darauf hin, dass diese "Regeln" im Einzelfall zutreffen *können*, sie *müssen* es aber nicht.

Beispiel 20.53. Wir betrachten die Matrizen

$$C = \begin{pmatrix} 3 & 0 \\ 0 & 5 \end{pmatrix} \quad \text{und} \quad D = \begin{pmatrix} 9 & 4 \\ 4 & 3 \end{pmatrix}$$

mit den charakteristischen Polynomen

$$(3 - \lambda)(5 - \lambda) = 0 \quad \text{und} \quad \lambda^2 - 12\lambda + 11 = 0$$

und den Spektren

$$\sigma(C) = \{\, 3, 5 \,\} \quad \text{und} \quad \sigma(D) = \{\, 1, 11 \,\}.$$

Für Summe und Produkt beider Matrizen folgt

$$C + D = \begin{pmatrix} 12 & 4 \\ 4 & 8 \end{pmatrix} \quad \text{und} \quad CD = \begin{pmatrix} 27 & 12 \\ 20 & 15 \end{pmatrix}$$

mit den charakteristischen Polynomen

$$\lambda^2 - 20\lambda + 80 = 0 \quad \text{bzw.} \quad \lambda^2 - 42\lambda + 165 = 0$$

und den Spektren

$$\sigma(C + D) = \{\, 10 - \sqrt{20}, \, 10 + \sqrt{20} \,\} \quad \text{und} \quad \sigma(CD) = \{\, 21 - \sqrt{276}, \, 21 + \sqrt{276} \,\}.$$

Im Gegensatz dazu gilt

$$\sigma(C) + \sigma(D) = \{\, 4, 6, 14, 16 \,\} \quad \text{und} \quad \sigma(C)\sigma(D) = \{\, 3, 5, 33, 55 \,\}.$$

Fazit:

- *Kein* Eigenwert von $C + D$ ist die Summe gewisser Eigenwerte von C und D.
- *Kein* Eigenwert von $C \cdot D$ ist das Produkt gewisser Eigenwerte von C und D.

$\triangle$

Auch wenn das Spektrum eines Produktes im allgemeinen vom Produkt der Spektren verschieden sein kann, gibt es dennoch einen Lichtblick: Grob formuliert gilt nämlich:

> *Das Spektrum einer Matrixpotenz ist Potenz des Matrixspektrums.*

Die genaue Formulierung ist diese:

Satz 20.54. *Für jede quadratische Matrix A und jedes $p \in \mathbb{N}$ gilt*

$$\sigma(A^p) = \sigma(A)^p := \{\lambda^p | \lambda \in \sigma(A)\}.$$

Begründung: Wenn λ ein Eigenwert von A ist, so gibt es einen nichttrivialen Lösungsvektor $\underline{x}$ der Gleichung

$$A\underline{x} = \lambda\underline{x}. \tag{20.32}$$

Wir überlegen uns mittels vollständiger Induktion – sieheKapitel 5.2, Seite 194ff., dass $\underline{x}$ dann sogar für jedes $p \in \mathbb{N}$ ein nichttrivialer Lösungsvektor von

$$A^p\underline{x} = (\lambda^p)\underline{x} \tag{20.33}$$

ist, was nichts anderes besagt, als dass λ^p ein Eigenwert von A^p ist.

Den Induktions*anfang* liefert uns die Beziehung (20.32). Hier ist nun der Induktions*schritt* von p zu $p+1$: Angenommen, (20.33) wäre für ein festes p richtig. Dann folgt

$$A^{(p+1)}\underline{x} = A(A^p\underline{x}) = A(\lambda^p\underline{x}) = \lambda^p(A\underline{x}) = (\lambda^p)\lambda\underline{x} = (\lambda^{(p+1)})\underline{x};$$

also ist (20.33) auch für $p+1$ richtig.

Im Hinblick auf den Abschnitt 21.2 ist auch die folgende – im Grunde selbstverständliche – Beobachtung sehr nützlich: Wenn zwei Matrizen dasselbe charakteristische Polynom haben, dann haben sie auch dasselbe Spektrum. Hieraus folgt aber sofort

Satz 20.55. *Das Spektrum einer quadratischen Matrix A ändert sich nicht, wenn ihre Zeilen und Spalten in gleicher Weise umnumeriert werden.*

Denn das Spektrum bestimmt sich aus den Nullstellen des charakteristischen Polynoms, welches aus einer Determinantenberechnung hervorgeht:

$$P(\lambda) = \det H$$

mit $H := A - \lambda I$. Die Determinante von H ändert sich aber durch die Zeilen- und Spalten-Umnumerierung nicht.

Beispiel 20.56 ($\nearrow$F 20.30). Aus der Matrix

$$A := \begin{bmatrix} 1 & 2 \\ 5 & 6 \end{bmatrix}$$

geht durch die *gleichzeitige* Vertauschung von Zeilen *und* Spalten die Matrix

$$A^\sim := \begin{bmatrix} 6 & 5 \\ 2 & 1 \end{bmatrix}$$

hervor. In der Tat haben beide Matrizen dasselbe charakteristische Polynom, es lautet

$$P_A(\lambda) = P_{\tilde{A}}(\lambda) = \lambda^2 - 7\lambda - 4.$$

Deswegen haben beide Matrizen auch dasselbe Spektrum. $\triangle$

20.10 Eigenvektoren

Zu Beginn des Abschnittes 19.9 hatten wir den Bedarf an Begriffen "Eigenwert" und "Eigenvektor" motiviert. Es bleibt nun, etwas zum Thema "Eigenvektor" zu sagen. Wiederum sei eine beliebige $(n, n)-$Matrix $M(n \in \mathbb{N})$ gegeben.

Definition 20.57. *Es sei $\lambda \in \mathbb{C}$ ein Eigenwert von M. Jede nichttriviale Lösung $\underline{x}$ des Gleichungssystems*

$$(A - \lambda I)\underline{x} = 0 \tag{20.34}$$

heißt ein Eigenvektor *von A zum Eigenwert λ. Die Lösungsmenge von (20.34) heißt* Eigenraum *des Eigenwertes λ; symbolisch $\mathscr{E}(\lambda)$.*

Das Gleichungssystem (20.34) ist homogen; wie auf Seite 792 ausgeführt, sind Lösungsmenge und Nullraum identisch – daher auch die Bezeichnung "Eigenraum". Sehen wir uns drei Berechnungsbeispiele an:

Beispiel 20.58. Für die Matrix

$$K := \begin{bmatrix} -9 & -12 \\ 8 & 11 \end{bmatrix}$$

finden wir

$$\det(K - \lambda I) = \det \begin{bmatrix} -9 - \lambda & -12 \\ 8 & 11 - \lambda \end{bmatrix} = \lambda^2 - 2\lambda - 3$$

mit den Nullstellen $\lambda_1 = -1$ und $\lambda_2 = 3$. Wir versuchen, aus dem Ansatz (20.34) die Eigenvektoren von K zu bestimmen. Das Gleichungssystem für einen zu $\lambda_1 = -1$ gehörenden Eigenvektor lautet

$$\begin{bmatrix} -9 - \lambda & -12 \\ 8 & 11 - \lambda \end{bmatrix} \begin{bmatrix} x_1 \\ x_2 \end{bmatrix} = \begin{bmatrix} -8 & -12 \\ 8 & 12 \end{bmatrix} \begin{bmatrix} x_1 \\ x_2 \end{bmatrix} = 0,$$

offensichtlich ist

$$\underline{x}^1 := \begin{bmatrix} 3 \\ -2 \end{bmatrix}$$

eine Lösung – und mit ihr natürlich auch jedes Vielfache davon. Der Eigenraum hierzu ist also

$$\mathscr{E}(-1) = \left\{ c \begin{bmatrix} 3 \\ -2 \end{bmatrix} \ \middle| \ c \in \mathbb{R} \right\}.$$

Wir suchen nun einen zu $\lambda_2 = 3$ gehörenden Eigenvektor. Das Gleichungssystem lautet hier

$$\begin{bmatrix} -9 - \lambda & -12 \\ 8 & 11 - \lambda \end{bmatrix} \begin{bmatrix} x_1 \\ x_2 \end{bmatrix} = \begin{bmatrix} -12 & -12 \\ 8 & 8 \end{bmatrix} \begin{bmatrix} x_1 \\ x_2 \end{bmatrix} = 0,$$

diesmal ist offensichtlich z.B.

$$\underline{x}^2 := \begin{bmatrix} 1 \\ -1 \end{bmatrix}$$

eine Lösung – und wiederum auch alle Vielfachen. Wir finden

$$\mathscr{E}(3) = \left\{ c \begin{bmatrix} 1 \\ -1 \end{bmatrix} \ \middle| \ c \in \mathbb{R} \right\}.$$

Bisher haben wir auf jeden Eigenwert und den zugehörigen Eigenraum sozusagen "einzeln geschaut". Alles lässt sich jedoch sinnvoll in ein Gesamtbild einfügen. Die beiden zu $\lambda_1 = -1$ und $\lambda_2 = 3$ gehörenden Eigenräume haben ja offensichtlich nur den Punkt 0 gemeinsam:

$$\mathscr{E}(-1) \cap \mathscr{E}(3) = \{0\},$$

deswegen gilt

$$\mathbb{R}^2 = \mathscr{E}(-1) \quad \oplus \quad \mathscr{E}(3),$$

und der gesamte Raum $\mathbb{R}^2$ ist somit im Sinne einer direkten Summe die Zusammenfassung der beiden Eigenräume. $\triangle$

Beispiel 20.59. Die Einheitsmatrix

$$I := \begin{bmatrix} 1 & 0 \\ 0 & 1 \end{bmatrix}$$

besitzt nur einen Eigenwert, nämlich Eins, diesen allerdings mit der algebraischen Vielfachheit 2. Wie sieht es hier mit Eigenvektoren aus?
Der einzig zu Verfügung stehende Ansatz ist wegen $\lambda = 1$

$$\begin{bmatrix} 1 - \lambda & 0 \\ 0 & 1 - \lambda \end{bmatrix} \begin{bmatrix} x_1 \\ x_2 \end{bmatrix} = \begin{bmatrix} 0 & 0 \\ 0 & 0 \end{bmatrix} \begin{bmatrix} x_1 \\ x_2 \end{bmatrix} = 0,$$

dieses ist ein homogenes Gleichungssystem, bei dem der Eigenraum als Lösungsmenge, Nullraum und $\mathbb{R}^2$ zusammenfallen:

$$\mathscr{E}(1) = \mathbb{L} = \mathscr{N} = \mathbb{R}^2.$$

$\triangle$

Im letzten Beispiel beobachteten wir folgende Übereinstimmung:

Vielfachheit eines Eigenwertes $\quad=\quad$ Dimension seines Eigenraums.

Naheliegenderweise stellt sich die Frage, ob diese Übereinstimmung immer besteht. Das folgende Beispiel zeigt, dass das nicht so ist:

Beispiel 20.60. Die Matrix

$$N := \begin{bmatrix} 0 & 1 \\ 0 & 0 \end{bmatrix}$$

hatten wir im Beispiel 20.46 auf Eigenwerte untersucht; es gilt $\sigma(N) = \{0\}$; wiederum tritt ein Eigenwert mit der algebraischen Vielfachheit 2 auf, nämlich der Wert Null.

Der Ansatz zur Bestimmung von Eigenvektoren lautet diesmal

$$\begin{bmatrix} 0-\lambda & 1 \\ 0 & 0-\lambda \end{bmatrix} \begin{bmatrix} x_1 \\ x_2 \end{bmatrix} = \begin{bmatrix} 0{-}0 & 1 \\ 0 & 0{-}0 \end{bmatrix} \begin{bmatrix} x_1 \\ x_2 \end{bmatrix} = 0.$$

Die Koeffizientenmatrix dieses homogenen Gleichungssystems enthält nur eine vom Nullvektor verschiedene Zeile und hat daher den Rang 1, und es gilt

$$\mathscr{E}(0) = \mathbb{L} = \mathscr{N} = \left\{ c \begin{bmatrix} 1 \\ 0 \end{bmatrix} \ \middle| \ c \in \mathbb{R} \right\}.$$

Im Unterschied zum vorigen Beispiel ist die Lösungsmenge hier eindimensional, obwohl der zugrundeliegende Eigenwert $\lambda = 0$ die algebraische Vielfachheit $V_a(0) = 2$ hat. $\hfill \triangle$

Es lohnt, an dieser Stelle einige Beobachtungen zusammenzufassen:

(1) In Beispiel 20.58 berechneten wir die Eigenvektoren zu zwei *verschiedenen* Eigenwerten. Es fällt auf, dass diese Vektoren linear unabhängig sind.

(2) In den beiden Beispielen 20.59 und 20.60 berechneten wir Eigenvektoren, die jeweils zu ein- und demselben Eigenwert gehören. Es fällt auf, dass wir *höchstens* so viele linear unabhängige Eigenvektoren finden, wie die algebraische Vielfachheit des jeweiligen Eigenwertes angibt.

Beide Beobachtungen lassen sich leicht verallgemeinern:

Satz 20.61. *Zwei Eigenvektoren einer quadratischen Matrix M, die zu verschiedenen Eigenwerten gehören, sind linear unabhängig.*

Satz 20.62. *Die Dimension des Eigenraums $\mathscr{E}(\lambda)$ zu einem Eigenwert λ einer quadratischen Matrix M ist höchstens so groß, wie die algebraische Vielfachheit dieses Eigenwertes.*

Die Formulierung "... höchstens so groß..." zielt auf die Möglichkeit, dass die algebraische Vielfachheit eines Eigenwertes echt größer sein kann als die Dimension des zugehörigen Eigenraumes. Deswegen wurde folgender Begriff eingeführt:

Definition 20.63. *Die Dimension des Eigenraums $\mathscr{E}(\lambda)$ zu einem Eigenwert λ einer quadratischen Matrix M heißt* geometrische Vielfachheit *von – symbolisch: $V_g(\lambda)$. Die Matrix M heißt* diagonalisierbar, *wenn bei jedem ihrer Eigenwerte die algebraische und geometrische Vielfachheit übereinstimmen.*

Die Bezeichnung "diagonalisierbar" werden wir im nächsten Abschnitt besser verstehen. Schon hier verstehen wir die Rolle des "Eigen-..."-Konzeptes besser: Angenommen, wir haben eine diagonalisierbare (n, n)−Matrix vor uns. Dann kann man eine Basis des $\mathbb{R}^n$ angeben, die vollständig aus Eigenvektoren $\underline{v}^1, ..., \underline{v}^n$ von M besteht. Jeder beliebige Vektor $\underline{x} \in R^n$ lässt sich auf eindeutige Weise bezüglich dieser Basis darstellen:

$$\underline{x} = c_1 \underline{v}^1 + ... + c_n \underline{v}^n. \tag{20.35}$$

Wir fragen nun, welche Wirkung es hat, wenn $\underline{x}$ von links mit M multipliziert wird. Es gilt

$$
\begin{aligned}
M\underline{x} &= M(c_1\underline{v}^1 + ... + c_n\underline{v}^n) \\
&= M(c_1\underline{v}^1) + ... + M(c_n\underline{v}^n) \\
&= c_1(M\underline{v}^1) + ... + c_n(M\underline{v}^n) \\
&= c_1(\lambda_1\underline{v}^1) + ... + c_n(\lambda_n\underline{v}^n),
\end{aligned}
$$

worin $\lambda_1, ..., \lambda_n$ die mit ihren Vielfachheiten gezählten Eigenwerte von M sind. Wir können somit gegenüberstellen:

$$
\begin{aligned}
\underline{x} &= c_1\underline{v}^1 + ... + c_n\underline{v}^n \\
M\underline{x} &= \lambda_1(c_1\underline{v}^1) + ... + \lambda_n(c_n\underline{v}^n).
\end{aligned} \tag{20.36}
$$

Fazit: Jeder beliebige Vektor $\underline{x}$ kann wie in (20.35) in Anteile zerlegt werden, die in den verschiedenen Eigenräumen von M liegen. Jeder dieser Anteile wird bei Multiplikation mit M um den zugehörigen Eigenwert gestreckt. Anschließend werden die so gestreckten Anteile wieder zusammengesetzt und ergeben $M\underline{x}$.

20.11   Diagonalisierung von Matrizen

Der allgemeine Fall

Wir können hier die Ernte unserer Bemühungen um Eigenwerte und -vektoren einfahren, indem wir einen Weg aufzeigen, wie jede beliebige diagonalisierbare (n,n)–Matrix zu einer Diagonalmatrix gemacht werden kann.

Satz 20.64. *Es sei M eine beliebige diagonalisierbare $(n,n)-$Matrix mit den Eigenwerten $\lambda_1, \dots, \lambda_n$ (nicht notwendig verschieden und mit ihren algebraischen Vielfachheiten gezählt) sowie den zugehörigen linear unabhängigen Eigenvektoren $\underline{u}^1, \dots, \underline{u}^n$. Weiterhin seien U die aus den Spaltenvektoren $\underline{u}^1, \dots, \underline{u}^n$ gebildete Matrix*

$$U := \begin{bmatrix} | & & | \\ \underline{u}^1 & \dots & \underline{u}^n \\ | & & | \end{bmatrix}$$

sowie D, die aus den Eigenwerten von M gebildete Diagonalmatrix:

$$D := diag(\lambda_1, \dots, \lambda_n).$$

Dann gilt:

(i) Die Matrix U ist invertierbar.

(ii)

$$D = U^{-1}MU. \tag{20.37}$$

Worin besteht der Nutzen dieses Satzes? Ein Beispiel: Wir können (20.37) so umschreiben:

$$M = UDU^{-1}. \tag{20.38}$$

Hieraus folgt sofort

$$\begin{aligned} M^2 &= (UDU^{-1})(UDU^{-1}) \\ &= UD(U^{-1}U)DU^{-1} \\ &= UD^2U^{-1} \end{aligned}$$

und ganz allgemein für $p \in \mathbb{N}$

$$M^p = UD^pU^{-1}. \tag{20.39}$$

Die komplizierte Operation "Potenzieren einer Matrix M" wird so auf die sehr einfache Operation "Potenzieren der Diagonalmatrix D" zurückgeführt; letztere ist so einfach, weil offensichtlich gilt:

$$D^p = diag\left(\lambda_1^p, \dots, \lambda_n^p\right).$$

Potenzen von Matrizen spielen in verschiedenen ökonomischen Anwendungen direkt oder indirekt eine Rolle. Wir verweisen z.B. auf komplexe Verflechtungsmodelle (Kapitel 16.6) mit der Technologiematrix E. Diese Matrix beschreibt Eigenverbrauch des Systems über einen Arbeitsschritt - entsprechend beschreibt die Matrix E^k den Eigenverbrauch über k Arbeitssschritte hinweg; vgl. ÜA 16.16. Die Diagonalisierung wird auch für verschiedene statistische Modelle der Ökonometrie benötigt.

Satz 20.64 setzte voraus, dass eine gegebene (n, n)-Matrix diagonalisierbar sei. Natürlich wird man in der Praxis einer Matrix nicht immer sofort ansehen können, ob sie diagonalisierbar ist. Wie überprüft man also diese Voraussetzung? Ganz einfach: Man berechnet zunächst die für eine beabsichtigte Diagonalisierung ohnehin benötigten Eigenwerte und -vektoren und stellt dabei fest, ob die Summe aller geometrischen Vielfachheiten verschiedener Eigenwerte exakt n beträgt. Wenn ja, ist die Voraussetzung erfüllt, und die Diagonalisierung gelingt.

Beispiel 20.65 ($\nearrow$F 20.58). Für die Matrix

$$K := \begin{bmatrix} -9 & -12 \\ 8 & 11 \end{bmatrix}$$

sollen beliebige Potenzen K^p in Abhängigkeit von $p \in \mathbb{N}$ angegeben werden. Nun hatten wir für K bereits die Eigenwerte $\lambda_1 = -1$ und $\lambda_2 = 3$ sowie die zugehörigen Eigenvektoren

$$\underline{u}^1 := \begin{bmatrix} 3 \\ -2 \end{bmatrix} \quad \text{und} \quad \underline{u}^2 := \begin{bmatrix} 1 \\ -1 \end{bmatrix}$$

gefunden. Es folgt sofort

$$U = \begin{bmatrix} 3 & 1 \\ -2 & -1 \end{bmatrix} \quad \text{und} \quad D = \begin{bmatrix} -1 & 0 \\ 0 & 3 \end{bmatrix}.$$

Wenig Rechnung liefert noch

$$U^{-1} = \begin{bmatrix} 1 & 1 \\ -2 & -3 \end{bmatrix}.$$

Zur Sicherheit überprüfen wir einmal, dass (20.37) gilt, und berechnen

$$U^{-1}KU = \begin{bmatrix} 1 & 1 \\ -2 & -3 \end{bmatrix} \begin{bmatrix} -9 & -12 \\ 8 & 11 \end{bmatrix} \begin{bmatrix} 3 & 1 \\ -2 & -1 \end{bmatrix}$$

$$= \begin{bmatrix} 1 & 1 \\ -2 & -3 \end{bmatrix} \begin{bmatrix} -3 & 3 \\ 2 & -3 \end{bmatrix}$$

$$= \begin{bmatrix} -1 & 0 \\ 0 & 3 \end{bmatrix} = D \qquad \checkmark$$

Aus (20.39) folgt nun direkt

$$K^p = UD^pU^{-1}$$

$$= \begin{bmatrix} 3 & 1 \\ -2 & -1 \end{bmatrix} \begin{bmatrix} (-1)^p & 0 \\ 0 & 3^p \end{bmatrix} \begin{bmatrix} 1 & 1 \\ -2 & -3 \end{bmatrix}$$

$$= \begin{bmatrix} 3 & 1 \\ -2 & -1 \end{bmatrix} \begin{bmatrix} (-1)^p & (-1)^p \\ (-2)\cdot 3^p & (-3)\cdot 3^p \end{bmatrix}$$

$$= \begin{bmatrix} 3(-1)^p + (-2)\cdot 3^p & 3(-1)^p - 3\cdot 3^p \\ (-2)\cdot(-1)^p + 2\cdot 3^p & (-2)\cdot(-1)^p + 3\cdot 3^p \end{bmatrix}$$

– eine relativ einfache Formel für *alle* Potenzen K^p! $\triangle$

Diagonalisierung symmetrischer Matrizen

Die Diagonalisierung symmetrischer Matrizen gelingt in jedem Fall:

Satz 20.66. *Jede symmetrische Matrix ist diagonalisierbar.*

Die Begründung dieser Aussage liegt etwas tiefer und übersteigt die Möglichkeiten dieses Textes, so dass wir sie an dieser Stelle ohne Beweis stehen lassen. Einzelheiten dazu sind z. B. in Gantmacher (1998) zu finden. Interessanterweise können wir symmetrische Matrizen mit Hilfe *orthogonaler* Matrizen diagonalisieren, was bei der asymmetrischen Matrix des letzten Beispiels nicht der Fall war. Als Vorbereitung formulieren wir

Satz 20.67. *Eigenvektoren, die zu verschiedenen Eigenwerten symmetrischer Matrizen gehören, sind zueinander orthogonal.*

Begründung: Es seien A eine symmetrische $(n,n)-$Matrix, $\lambda \neq \mu$ zwei Eigenwerte sowie $\underline{x}^\lambda$ und $\underline{x}^\mu$ zwei zu λ und μ gehörende Eigenvektoren. Dann gilt einerseits

$$\underline{x}^{\lambda,T}(A\underline{x}^\mu) = \underline{x}^{\lambda,T}(\mu\underline{x}^\mu) = \mu\underline{x}^{\lambda,T}\underline{x}^\mu = \mu(\underline{x}^\lambda \mid \underline{x}^\mu), \qquad (20.40)$$

andererseits wegen der Symmetrie von A

$$\underline{x}^{\lambda,T}(A\underline{x}^\mu) = (\underline{x}^{\lambda,T}A^T)\underline{x}^\mu = \underline{x}^{\mu,T}(A\underline{x}^\lambda) = \lambda(\underline{x}^\mu \mid \underline{x}^\lambda). \qquad (20.41)$$

Substraktion von (20.40) und (20.41) ergibt

$$0 = (\mu - \lambda)(\underline{x}^\lambda \,|\, \underline{x}^\mu).$$

Da wir $\lambda \neq \mu$ vorausgesetzt hatten, ist diese Gleichung nur erfüllbar bei $(\underline{x}^\lambda \,|\, \underline{x}^\mu) = 0$. $\qquad\qquad\qquad\qquad\qquad\qquad\qquad\qquad\qquad\qquad$ $\square$

Gegeben sei nun eine beliebige symmetrische $(n, n)-$Matrix A. Weiterhin seien $\lambda_1, \dots, \lambda_{\mathscr{H}}$ die paarweise verschiedenen Eigenwerte von A mit den algebraischen Vielfachheiten $\alpha_1, \dots, \alpha_{\mathscr{H}}$. Da algebraische und geometrische Vielfachheiten sämtlicher Eigenwerte gemäß Satz 20.66 übereinstimmen, kann man insgesamt n Eigenvektoren wie folgt angeben:

$$\underbrace{\underline{b}^1, \dots, \underline{b}^{\alpha_1}}_{\text{zu } \lambda_1}, \underbrace{\underline{b}^{\alpha_1+1}, \dots, \underline{b}^{\alpha_1+\alpha_2}}_{\text{zu } \lambda_2}, \quad \dots \quad , \underbrace{\underline{b}^{\alpha_1+\dots+\alpha_{\mathscr{H}-1}+1}, \dots, \underline{b}^n}_{\text{zu } \lambda_{\mathscr{H}}}$$

Da die Eigenvektoren oberhalb jeder geschweiften Klammer "zu λ_i" den Eigenraum $\mathscr{E}(\lambda_i)$ aufspannen, können sie so gewählt werden, dass sie eine Orthonormalbasis von $\mathscr{E}(\lambda_i)$ bilden. Wie schon Satz 20.67 feststellte, sind die Eigenvektoren, die zu verschiedenen Eigenwerten gehören, paarweise orthogonal. Als Fazit ergibt sich:

Die Vektoren $\underline{b}^1, \dots, \underline{b}^n$ bilden eine Orthonormalbasis von $\mathbb{R}^n$.

Satz 20.68. *Es sei A eine beliebige symmetrische $(n, n)-$Matrix. Dann lässt sich eine $(n, n)-$Matrix B derart angeben, dass ihre Spalten $\underline{b}^1, \dots, \underline{b}^n$ sämtliche Eigenvektoren von A sind und eine Orthonormalbasis des $\mathbb{R}^n$ bilden. Die Matrix B ist orthogonal.*

Folgerung 20.69. *Jede symmetrische $(n, n)-$Matrix A besitzt eine Darstellung*

$$A = BDB^T,$$

wobei B die Matrix aus Satz 20.68 ist und die Diagonalmatrix

$$D = diag(\lambda'_1, \dots, \lambda'_n) \qquad\qquad\qquad (20.42)$$

genau die den Spalten $\underline{b}^1, \dots, \underline{b}^n$ entsprechenden Eigenwerte $\lambda'_1, \dots, \lambda'_n$ enthält.

In der Darstellung (20.42) können gewisse λ'_i mehrfach auftauchen. Es handelt sich dann um Eigenwerte, die entsprechend ihren Vielfachheiten mehrfach aufgeführt werden.

Beispiel 20.70. Die Matrix

$$A = \begin{pmatrix} 3 & 1 \\ 1 & 3 \end{pmatrix}$$

hat das charakteristische Polynom

$$P_A(\lambda) = \det \begin{pmatrix} 3 - \lambda & 1 \\ 1 & 3 - \lambda \end{pmatrix} = \lambda^2 - 6\lambda + 8$$

mit den Nullstellen

$$\lambda_1 = 2 \quad \text{und} \quad \lambda_2 = 4.$$

Wir berechnen die Eigenvektoren: Zu $\lambda_1 = 2$ lautet der Ansatz

$$\begin{pmatrix} 3 - 2 & 1 \\ 1 & 3 - 2 \end{pmatrix} \begin{pmatrix} x_1^1 \\ x_2^1 \end{pmatrix} = \begin{pmatrix} 0 \\ 0 \end{pmatrix}$$

mit

$$\mathscr{E}(2) = \left\{ \alpha \begin{bmatrix} 1 \\ -1 \end{bmatrix} \,\middle|\, \alpha \in \mathbb{R} \right\}.$$

Zu $\lambda_2 = 4$ lautet der Ansatz

$$\begin{pmatrix} 3 - 4 & 1 \\ 1 & 3 - 4 \end{pmatrix} \begin{pmatrix} x_1^2 \\ x_2^2 \end{pmatrix} = \begin{pmatrix} 0 \\ 0 \end{pmatrix}$$

mit der Lösung

$$\mathscr{E}(4) = \left\{ \beta \begin{bmatrix} 1 \\ 1 \end{bmatrix} \,\middle|\, \beta \in \mathbb{R} \right\}.$$

Um orthonormale Basisvektoren der beiden Lösungsräume zu finden, normieren wir einfach die beiden Richtungsvektoren und finden

$$\underline{b}^1 = \begin{bmatrix} \sqrt{1/2} \\ -\sqrt{1/2} \end{bmatrix} \quad \underline{b}^2 = \begin{bmatrix} \sqrt{1/2} \\ \sqrt{1/2} \end{bmatrix}.$$

Es folgt

$$B = \sqrt{1/2} \begin{pmatrix} 1 & 1 \\ -1 & 1 \end{pmatrix}.$$

Offensichtlich gilt im Sinne einer Probe

$$BB^T = (\sqrt{1/2})^2 \begin{pmatrix} 1 & 1 \\ -1 & 1 \end{pmatrix} \begin{pmatrix} 1 & -1 \\ 1 & 1 \end{pmatrix} = \frac{1}{2} \begin{pmatrix} 2 & 0 \\ 0 & 2 \end{pmatrix} = I,$$

wie zu erwarten war. Die gesuchte Darstellung von A ist also

$$A = \underbrace{\sqrt{\tfrac{1}{2}} \begin{pmatrix} 1 & 1 \\ -1 & 1 \end{pmatrix}}_{B} \underbrace{\begin{pmatrix} 2 & 0 \\ 0 & 4 \end{pmatrix}}_{D} \underbrace{\sqrt{\tfrac{1}{2}} \begin{pmatrix} 1 & -1 \\ 1 & 1 \end{pmatrix}}_{B^T}$$

$$\triangle$$

20.12   Aufgaben

Aufgabe 20.71. Berechnen Sie die Determinanten der folgenden Matrizen mit allen jeweils dafür geeigneten Verfahren (Kreuz- bzw. Sarrusregel, Laplace-Entwicklungssatz, Austauschverfahren):

$$A := \begin{pmatrix} 3 & 7 \\ 2 & 5 \end{pmatrix} \qquad B := \begin{pmatrix} \frac{1}{10} & 4 & 5 \\ \frac{1}{10} & 0 & 4 \\ 0 & \frac{1}{10} & 0 \end{pmatrix} \quad C := \begin{pmatrix} 1 & 2 & 3 \\ 2 & 0 & 6 \\ 3 & 6 & 1 \end{pmatrix}$$

$$H := \begin{pmatrix} 2 & 0 & 1 & 1 \\ 0 & 3 & 3 & 6 \\ 1 & -1 & -1 & 1 \\ 0 & 2 & 2 & 0 \end{pmatrix}$$

Aufgabe 20.72. Versuchen Sie, bei der Berechnung der Determinanten folgender Matrizen Arbeit zu sparen:

$$G := \begin{pmatrix} 4 & 5 & 10 & 0 & 4 \\ 0 & -1 & 3 & 2 & 0 \\ 0 & 0 & 2 & 8 & 7 \\ 0 & 0 & 0 & -1 & 100 \\ 0 & 0 & 0 & 0 & 2 \end{pmatrix}, H := \begin{pmatrix} 22 & 20 & 2 \\ 10 & 3 & 7 \\ 0 & -1 & 1 \end{pmatrix}, J := \begin{pmatrix} 5 & 0 & 1 \\ 0 & 2 & -7 \\ 23 & 0 & 1 \end{pmatrix}$$

$$K := G^7, \quad L := H \cdot J, \quad M := (3 \cdot H - J)^2, \quad N := L^{-3}.$$

Aufgabe 20.73. Berechnen Sie die Determinante der Matrix L:

$$L = \begin{pmatrix} 0 & 5 & 1 & 0 \\ 3 & 0 & 0 & -3 \\ 2 & 0 & 0 & 2 \\ 0 & -5 & 1 & 0 \end{pmatrix}$$

Aufgabe 20.74. Welche der folgenden Gleichungen gelten für alle $(3,3)-$Matrizen A, B und alle $\lambda \in \mathbb{R}$?

$$\det AB \qquad\quad = \quad (\det A)(\det B)$$

$$\det \lambda B \qquad\quad = \quad \lambda \det B$$

$$\det(3A + 2B) \quad = \quad 2\det A + 3\det B$$

$$\det e^5 A^2 \qquad\quad = \quad e^{15}(\det A)^2$$

Aufgabe 20.75. Gegeben sei eine beliebige (4,4)-Matrix A. Diese kann bekanntlich als rechteckiges Zahlenschema, ebenso aber auch als Liste von Spalten geschrieben werden:

$$A = \begin{pmatrix} a_{11} \cdots a_{14} \\ \vdots \qquad \vdots \\ a_{41} \cdots a_{44} \end{pmatrix} = \begin{pmatrix} | & | & | & | \\ \underline{a}^1 & \underline{a}^2 & \underline{a}^3 & \underline{a}^4 \\ | & | & | & | \end{pmatrix}$$

Entsprechend kann ihre Determinante als Funktion der 4 Spaltenvektoren notiert werden:

$$\det A = det(\underline{a}^1, \underline{a}^2, \underline{a}^3, \underline{a}^4).$$

Bestimmen Sie im konkreten Fall

$$A = \begin{pmatrix} 1 & a & 0 & 0 \\ 0 & 1 & a & 0 \\ 0 & 0 & 1 & a \\ 0 & 0 & 0 & 1 \end{pmatrix}$$

(1) $\det A$

(2) $\det 2A$

(3) $\det(\underline{a}^1 - \underline{a}^2, \underline{a}^2 - \underline{a}^1, \underline{a}^3, \underline{a}^4)$

(4) $\det(\underline{a}^1, \underline{a}^3, 2\underline{a}^2, \underline{a}^4)$.

Aufgabe 20.76. Lösen Sie das Gleichungssystem $A\underline{x} = \underline{y}$ mit Hilfe der Cramerschen Regel, wenn die Koeffizienten wie folgt gegeben sind:

(i) $A := \begin{pmatrix} 3 & 7 \\ 2 & 5 \end{pmatrix}$, $\underline{y} := \begin{pmatrix} 5 \\ 3 \end{pmatrix}$

(ii) $A := \begin{pmatrix} 1 & 2 & 3 \\ 2 & 0 & 6 \\ 3 & 6 & 1 \end{pmatrix}$, $\underline{y} := \begin{pmatrix} 1 \\ -6 \\ 19 \end{pmatrix}$

Aufgabe 20.77. Bestimmen Sie die Inverse der folgenden Matrix M unter Verwendung der Cramerschen Regel:

$$C := \begin{pmatrix} 1 & 2 & 3 \\ 2 & 0 & 6 \\ 3 & 6 & 1 \end{pmatrix}$$

Aufgabe 20.78. Zeigen Sie: Es seien $\lambda_1 \neq \lambda_2$ Eigenwerte einer quadratischen Matrix A. Dann gilt für die zugehörigen Eigenräume

$$\mathcal{E}(\lambda_1) \cap \mathcal{E}(\lambda_2) = 0.$$

Aufgabe 20.79. Bringen Sie folgende Matrizen auf Diagonalform:

$$A := \begin{pmatrix} 7 & 24 \\ 24 & -7 \end{pmatrix}, \qquad B := \begin{pmatrix} 3 & 0 \\ 1 & 4 \end{pmatrix}, \quad C := \begin{pmatrix} 3 & 4 \\ 1 & 3 \end{pmatrix},$$

$$V := \begin{pmatrix} 1 & -3 & 0 \\ -3 & 1 & 0 \\ 3 & 3 & -3 \end{pmatrix}$$

Aufgabe 20.80. Gegeben sei die Matrix

$$A := \begin{pmatrix} 1 & a \\ a & 1 \end{pmatrix}$$

Stellen Sie fest, unter welchen Bedingungen an die Konstante $a \in \mathbb{R}$ eine Matrix B existiert mit der Eigenschaft

$$A = B^2$$

und berechnen Sie diese gegebenenfalls.

Aufgabe 20.81. Ein Unternehmen teilt mit, dass es seine Produkte P_1 und P_2 gemäß folgender Technologie aus 2 Rohstoffen R_1 und R_2 herstellt:

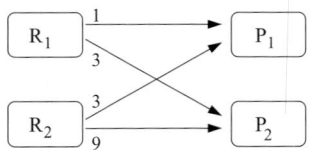

Der Spion "005" findet heraus, dass in Wirklichkeit zwei technologische Schritte gleichartiger Technologie benötigt werden, d.h. es gilt

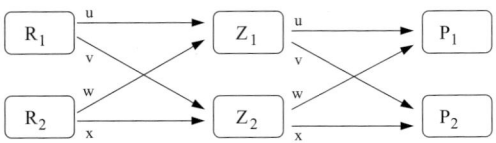

Allerdings gelingt es ihm nicht, die Zahlen u, v, w und x zu ermitteln. Sein Geheimdienstchef verspricht daraufhin demjenigen, der diese Zahlen als Erster liefern kann, die vakante Position von "004". Gehen Sie ins Rennen!

Aufgabe 20.82. Zeigen Sie: Wenn eine quadratische Matrix nilpotent und zugleich diagonalisierbar ist, handelt es sich um die Nullmatrix.

Aufgabe 20.83. Überlegen Sie sich, dass die Matrix A

$$A := \begin{pmatrix} a & 1 & 0 & 0 \\ 0 & a & 1 & 0 \\ 0 & 0 & a & 1 \\ 0 & 0 & 0 & a \end{pmatrix}$$

bei keiner Wahl der Konstanten a in $\mathbb{R}$ diagonalisierbar sein kann.

Hinweis: *Betrachten Sie die Form des charakteristischen Polynoms.*

Quadratische Formen und Definitheit

21.1   Motivation und Definition

Das gewöhnliche Skalarprodukt im $\mathbb{R}^n$, so wie wir es im Abschnitt 17.5 einführten:

$$\underline{x} \longrightarrow (\underline{x} \mid \underline{x}) = \underline{x}^T \underline{x},$$

kann als eine "quadratische" Funktion der Variablen $\underline{x}$ interpretiert werden. Das Thema "quadratische" Formen thematisiert die Eigenschaften dieser und verwandter Abbildungen.

Definition 21.1. *Es sei A eine beliebige* $(n, n)-$*Matrix. Die Abbildung*

$$\underline{x} \longrightarrow \underline{x}^T A \underline{x}$$

von $\mathbb{R}^n \times \mathbb{R}^n$ *in* $\mathbb{R}$ *bezeichnen wir als eine* quadratische Form, *die durch die Matrix A vermittelt wird.*

Da wir schreiben können $\underline{x}^T \underline{x} = \underline{x}^T \cdot I \cdot \underline{x}$, ist auch das gewöhnliche Skalarprodukt von $\underline{x}$ mit sich selbst eine quadratische Form, nämliche diejenige, die durch die Einheitsmatrix I vermittelt wird.

Von Interesse ist insbesondere, welches Vorzeichen die Werte der Form annehmen. Im Hinblick auf die späteren Anwendungen gehen wir generell davon aus, dass die vermittelnde Matrix A *symmetrisch* ist.

Definition 21.2. *Eine durch eine symmetrische Matrix A vermittelte quadratische Form heißt positiv definit // positiv semidefinit // negativ semidefinit // negativ definit, wenn gilt*

$$
\begin{array}{llll}
\underline{x}^T A \underline{x} > 0 & \textit{für alle} & \underline{x} \neq 0 \in \mathbb{R}^n \\
\underline{x}^T A \underline{x} \geq 0 & \textit{für alle} & \underline{x} \in \mathbb{R}^n \\
\underline{x}^T A \underline{x} \leq 0 & \textit{für alle} & \underline{x} \in \mathbb{R}^n \\
\underline{x}^T A \underline{x} < 0 & \textit{für alle} & \underline{x} \neq 0 \in \mathbb{R}^n.
\end{array}
$$

Sie heißt indefinit, *wenn sie weder positiv semidefinit noch negativ semidefinit ist.*

Wir werden später sehen, dass all diese Begriffe sinnvoll sind, d.h., dass es sowohl Beispiele als auch "Nichtbeispiele" dafür gibt. Nun ist es naheliegend anzunehmen, dass die Art der Definitheit einer quadratischen Form bereits vollkommen durch die diese Form vermittelnde Matrix A bestimmt ist. Dies wird sich im folgenden Abschnitt bestätigen.

21.2   Definitheit symmetrischer Matrizen

Definition 21.3. *Eine symmetrische* $(n, n)-$*Matrix* M *heißt*

$$
\left.
\begin{array}{ll}
\text{positiv definit} & (\textit{symbolisch: } M \succ 0) \\[2mm]
\text{positiv semidefinit} & (\textit{symbolisch: } M \succcurlyeq 0) \\[2mm]
\text{negativ semidefinit} & (\textit{symbolisch: } M \preccurlyeq 0) \\[2mm]
\text{negativ definit} & (\textit{symbolisch: } M \prec 0)
\end{array}
\right\},
\quad
\begin{array}{l}
\textit{wenn} \\
\textit{sämt-} \\
\textit{liche} \\
\textit{ihrer} \\
\textit{Eigen-} \\
\textit{werte}
\end{array}
\quad
\left\{
\begin{array}{l}
\textit{positiv} \\[2mm]
\textit{nichtnegativ} \\[2mm]
\textit{nichtpositiv} \\[2mm]
\textit{negativ}
\end{array}
\right\}
$$

sind.

Die Matrix M *heißt* indefinit *(symbolisch: $M \asymp 0$), wenn sie gleichzeitig mindestens einen positiven und mindestens einen negativen Eigenwert besitzt.*

Beispiele

Wir überlegen kurz, ob diese Begriffe sinnvoll sind, d.h., ob es Beispiele und ggf. auch "Nichtbeispiele" für sie gibt. Es ist in der Tat sehr einfach, Beispiele anzugeben, z.B. in Gestalt von Diagonalmatrizen. Bei diesen stimmen ja die Diagonalelemente mit den Eigenwerten überein. Also brauchen wir lediglich die Diagonalen passend zu besetzen, um die gewünschten Beispiele zu finden. Betrachten wir z.B. die Matrizen

$$
A := \begin{bmatrix} 1 & 0 \\ 0 & 1 \end{bmatrix}, \quad
B := \begin{bmatrix} 1 & 0 \\ 0 & 0 \end{bmatrix}, \quad
C := \begin{bmatrix} 0 & 0 \\ 0 & 0 \end{bmatrix},
$$

$$
D := \begin{bmatrix} 0 & 0 \\ 0 & -1 \end{bmatrix}, \quad
E := \begin{bmatrix} -1 & 0 \\ 0 & -1 \end{bmatrix}, \quad
F := \begin{bmatrix} 1 & 0 \\ 0 & -1 \end{bmatrix},
$$

so gilt offensichtlich:

- Die Matrix A ist positiv definit, denn die beiden Eigenwerte 1 und 1 sind positiv. Sie ist zugleich auch positiv semidefinit, denn beide Eigenwerte sind ja erst recht nichtnegativ. Sie ist aber weder negativ semidefinit, noch negativ definit, noch indefinit.

- Die Matrix B ist positiv semidefinit: Ihre beiden Eigenwerte sind 1 und 0, beide sind nichtnegativ. Die Matrix B ist jedoch *nicht* positiv definit, denn der Eigenwert 0 ist *nicht* positiv.

- Die Null-Matrix C hat die beiden Eigenwerte 0 und 0. Beide sind nichtnegativ ($0 \geq 0$), beide sind zugleich nichtpositiv ($0 \leq 0$). Also ist C sowohl positiv semidefinit als auch negativ semidefinit. Sie ist übrigens die einzige symmetrische Matrix mit dieser Eigenschaft, was aufgrund der Diagonalisierbarkeit symmetrischer Matrizen leicht einzusehen ist.

In analoger Weise erkennen wir:

- Die Matrix D ist negativ semidefinit, aber nicht negativ definit.

- Die Matrix E ist negativ definit und zugleich negativ semidefinit.

- Die Matrix F ist indefinit.

Die kritische LeserIn mag einwenden, dass es sich bei all unseren Beispielen um vergleichsweise uninteressante handele, weil sich ja immer nur auf der Diagonale etwas abspielt. Deswegen erinnern wir hier an den Abschnitt 20.11, in dem wir sahen, dass sich jede symmetrische Matrix A durch eine Transformation der Form

$$A = U^T D U \qquad (21.1)$$

auf Diagonalform D bringen lässt, wobei U eine orthogonale Matrix ist. Umgekehrt können wir vermittels (21.1) aus jeder Diagonalmatrix D beliebig viele Nicht-Diagonalmatrizen mit demselben Spektrum erzeugen. Und so dürfte im Grunde klar sein, dass es in der Tat hinreichend viele Beispiele für unsere Begriffe gibt. Zwecks besserer Anschaulichkeit geben wir weiter unten einige Zahlenbeispiele an. Zuvor einige Worte zur

Systematik.

Mit Hilfe unserer neuen Begriffe können wir die Menge aller symmetrischen Matrizen sogar strukturieren:

Satz 21.4. *Für jede symmetrische Matrix A gilt:*

(i) A ist entweder semidefinit oder indefinit.

(ii) $A \succ 0 \implies A \succeq 0$ *und*
$ A \prec 0 \implies A \preceq 0$ *;*
beide Implikationen lassen sich nicht umkehren.

(iii) $A \succeq 0 \land A \preceq 0 \implies A = 0$.

Und hier ist eine Visualisierung dieser Aussagen:

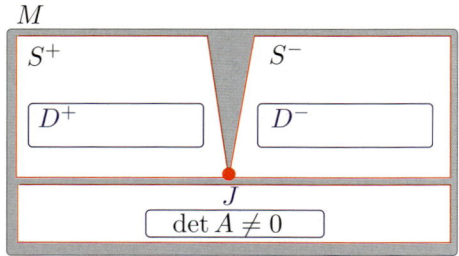

Die Grafik zeigt die Menge M aller symmetrischen (n, n)−Matrizen für $n \geq 2$; grau schattierte Bereiche sind leer. Die Menge M zerfällt in die Teilmengen S der semidefiniten Matrizen (oben) und die Menge J der indefiniten Matrizen (unten), die kein gemeinsames Element besitzen. Die Menge S wiederum ist Vereinigung der beiden Teilmengen S^+ und S^- der positiv bzw. negativ semidefiniten Matrizen. Diese beiden Mengen haben genau einen Punkt – nämlich die Nullmatrix O – gemeinsam und besitzen die Mengen D^+ und D^- der positiv definiten bzw. negativ definiten Matrizen als echte Teilmengen.

Wir bemerken noch, dass in einer entsprechenden Grafik für $(1, 1)$−Matrizen der untere Bereich – also die Menge J – zwangsläufig fehlen muss, denn eine $(1, 1)$−Matrix kann nicht indefinit sein. Das liegt daran, dass eine solche Matrix nur einen einzigen Eigenwert besitzt, so dass Indefinitheit als das gleichzeitige Auftreten von Eigenwerten verschiedener Vorzeichen unmöglich ist.

Beziehungen zu anderen Ungleichungen

Unsere neuen Ungleichungen

$$A \succ 0, \quad A \succeq 0, \quad A \preceq 0 \quad \text{sowie} \quad A \prec 0 \tag{21.2}$$

für symmetrische (n, n)−Matrizen unterscheiden sich von der Notationsform her nur durch die "Vogelschnabelform" der Ungleichheitszeichen von den uns bereits bekannten Ungleichungen

$$A > 0, \quad A \geq 0, \quad A \leq 0 \quad \text{sowie} \quad A < 0. \tag{21.3}$$

Handelt es sich wirklich um etwas Neues? Und wenn ja: Können wir aus den Ungleichungen vom Typ (21.2) auf diejenigen vom Typ (21.3) schließen oder umgekehrt?

Der eindimensionale Fall $(n = 1)$

Jede reelle Zahl a kann auch als eine symmetrische Matrix interpretiert werden, nämlich vom Typ $(1, 1)$. Als Matrix ist die Zahl $a \in \mathbb{R}$ nach Beobachtung 20.40 zugleich ihr einziger Eigenwert. Deswegen ist hier offensichtlich:

$$a \succ 0 \Longleftrightarrow a > 0,$$
$$a \succeq 0 \Longleftrightarrow a \geq 0,$$
$$a \preceq 0 \Longleftrightarrow a \leq 0 \text{ und}$$
$$a \prec 0 \Longleftrightarrow a < 0.$$

Mit anderen Worten: Für reelle Zahlen sind die *neuen Ungleichungen* $a \succ 0$, $a \succeq 0$, $a \preceq 0$ und $a \prec 0$ *identisch mit den gewöhnlichen Ungleichungen* $a > 0$, $a \geq 0$, $a \leq 0$ und $a < 0$. *Unmöglich* dagegen ist der Fall

$$a \asymp 0.$$

Der mehrdimensionale Fall $(n > 1)$

Während unsere neuen Ungleichungen für den Fall $n = 1$ nichts wirklich Neues brachten, ändert sich die Situation im Mehrdimensionalen grundsätzlich.

Beispiel 21.5. Betrachten wir die Matrix

$$A := \begin{bmatrix} 0 & 1 \\ 1 & 0 \end{bmatrix}.$$

Offensichtlich gilt hier $A \geq 0$, die Matrix A ist *nichtnegativ*. Andererseits ist leicht zu sehen, dass die Matrix A das Spektrum $\sigma(A) = \{-1, 1\}$ besitzt. Also ist A *indefinit*. Wir erkennen hieran sofort die folgenden "Nicht-Implikationen":

$$A \geq 0 \quad \not\Longrightarrow \quad A \succeq 0$$
$$A \succeq 0 \quad \not\Longrightarrow \quad A \geq 0.$$

Immerhin wäre noch möglich, dass so etwas gilt:

$$A \geq 0 \quad \Leftarrow \boldsymbol{?} \Rightarrow \quad A \asymp 0 \qquad \text{bzw.}$$
$$A \asymp 0 \quad \Leftarrow \boldsymbol{?} \Rightarrow \quad A \geq 0.$$

Nehmen wir nun das Beispiel

$$B := \begin{bmatrix} 1 & 0 \\ 0 & 1 \end{bmatrix},$$

hier haben wir $B \geq 0$ und $\sigma(B) = \{1\}$, also $B \succeq 0$. Es folgt sofort

$$B \geq 0 \quad \not\Longrightarrow \quad B \asymp 0.$$

Drittens betrachten wir noch die Matrix

$$C := \begin{bmatrix} 0 & -1 \\ -1 & 0 \end{bmatrix}$$

und sehen $C \leq 0$, aber $\sigma(C) = \{-1, 1\}$. Das ergibt

$$C \asymp 0 \quad \not\Rightarrow \quad C \geq 0.$$

$\triangle$

Fazit:

> *Außer im Fall $n = 1$ kann aus gewöhnlichen Ungleichungen nicht auf Definitheitsungleichungen geschlossen werden und umgekehrt!*

Beziehungen zu quadratischen Formen

Satz 21.6. *Eine symmetrische $(n,n)-$Matrix A ist genau dann positiv definit // positiv semidefinit// negativ semidefinit // negativ definit bzw. indefinit, wenn dies auf die durch sie vermittelte quadratische Form zutrifft.*

Die Begründung ist nicht schwierig und für Interessenten dem Anhang beigefügt. Worin liegt der Vorteil dieses Satzes? Wir können etwas über die zur Matrix A gehörige quadratische Form sagen, wenn wir etwas über die Eigenwerte von A wissen. Umgekehrt erfahren wir etwas über die Eigenwerte von A, wenn wir etwas über die zugehörige quadratische Form wissen.

Beispiel 21.7. Es seien A und B zwei positiv-semidefinite (n,n)-Matrizen. Was lässt sich über die Definitheit der Matrix $C := A + B$ aussagen?

Ohne einen Bezug zu quadratischen Formen müssten wir das Spektrum $\sigma(C) = \sigma(A + B)$ ermitteln, um diese Frage beantworten zu können. Als Vorwissen steht uns obendrein lediglich die Information

$$\sigma(A) \geq 0 \quad \text{und} \quad \sigma(B) \geq 0$$

zur Verfügung; die Eigenwerte von A und B selbst sind uns nicht bekannt. Und wären sie es, würden sie auch nicht viel nützen, denn die Matrix C kann, wie wir schon wissen, "völlig andere" Eigenwerte besitzen. Wie also weiter?

Wir gehen den Weg über quadratische Formen:

$A \succeq 0$	heißt:	$\forall \underline{x}:$	$\underline{x}^T A \underline{x} \geq 0$
$B \succeq 0$	heißt:	$\forall \underline{x}:$	$\underline{x}^T B \underline{x} \geq 0$
Summation ergibt		$\forall \underline{x}:$	$\underline{x}^T (A + B)\underline{x} \geq 0.$

Die Aussage in Grün bedeutet aber nach Satz 21.6

$$A + B \succeq 0 \ .$$

Mithin ist die Matrix $C = A + B$ ebenfalls positiv semidefinit! $\triangle$

Eine Ordnungsrelation

Die Erkenntnis des letzten Beispiels erlaubt uns, schon wieder die nächste interessante Schlussfolgerung zu ziehen. Dazu erinnern wir an das Thema "Relationen" des Kapitels 1.

Definition 21.8. *Für jedes beliebige* $n \in \mathbb{N}$ *und beliebige symmetrische* $(n, n)-$*Matrizen* A *und* B *setzen wir*

$$A \preceq B \quad :\Longleftrightarrow \quad B - A \succeq 0. \tag{21.4}$$

Hierdurch wird für jedes n in $\mathbb{N}$ eine Relation "$\preceq$" in der Menge symmetrischer $(n, n)-$Matrizen definiert.

Satz 21.9. *Die Relation* "$\preceq$" *ist*

(i) *eine Ordnungsrelation,*

(ii) *genau im Fall* $n = 1$ *identisch mit der "gewöhnlichen Ordnung"* "$\leq$" *und*

(iii) *genau im Fall* $n = 1$ *vollständig.*

Als Ordnungsrelation zeichnet sich die Relation "$\preceq$" dadurch aus, dass sie (R) *reflexiv*, (A) *antisymmetrisch* und (T) *transitiv* ist – siehe hierzu Definition 1.9. Sie gehört damit zum selben Typus von Relationen wie die "gewöhnliche" Halbordnung "$\leq$", auch wenn sie im Fall $n > 1$ einen völlig anderen Inhalt hat. Sie ist für $n > 1$ nicht vollständig, denn zwei symmetrische Matrizen A und B brauchen weder der Beziehung $A \preceq B$ noch $B \preceq A$ zu genügen.

Zur Begründung des Satzes sei angemerkt, dass die ersten beiden Eigenschaften sehr leicht aus der Definition (21.4) folgen. Wir überlegen uns noch, dass diese Relation *transitiv* ist, das heißt: Aus der Voraussetzung $A \preceq B$ und $B \preceq C$ können wir folgern $A \preceq C$. Die Voraussetzung bedeutet aber, untereinander notiert,

$$A \preceq B \quad \Longleftrightarrow \quad H1 := B - A \succeq 0$$
$$B \preceq C \quad \Longleftrightarrow \quad H2 := C - B \succeq 0.$$

Aus Beispiel 21.7 wissen wir, dass die Summe der positiv semidefiniten Matrizen $H1$ und $H2$ wiederum positiv semidefinit ist:

$$
\begin{aligned}
& & H1 \quad + \quad H2 \quad &\succeq 0 \\
\text{lies:} \quad & & (B - A) + (C - B) \quad &\succeq 0 \\
\text{kurz:} \quad & & C \quad - \quad A \quad &\succeq 0
\end{aligned}
$$

Die letzte Zeile bedeutet: $A \preceq C$.

Welchen Wert haben diese Überlegungen? Sie bringen uns auf die Idee, dass auch für diese Ordnungsrelation – und damit allgemein für "definite" Matrizen – Rechenregeln gelten könnten, die den Umformungsregeln für Ungleichungen (URU) aus Kapitel 0.5 ähneln. Das ist in der Tat der Fall.

Zahlenbeispiele für Definitheitsberechnungen

Beispiel 21.10. Für die Matrix

$$M := \begin{bmatrix} 5 & 3 \\ 3 & 5 \end{bmatrix}$$

finden wir nach leichter Rechnung $\sigma(M) = \{2, 8\}$, also gilt $M \succ 0$ und auch $M \succeq 0$.   △

Beispiel 21.11. Für die Matrix

$$N := \begin{bmatrix} 1 & 2 \\ 2 & 1 \end{bmatrix}$$

gilt dagegen $\sigma(N) = \{-1, 3\}$, also ist N indefinit: $N \asymp 0$.

Interessanterweise handelt es sich bei N um eine *nichtnegative* Matrix: $N \geq 0$, wir können jedoch *nicht* den Schluss ziehen, dass auch die Eigenwerte *nichtnegativ* sind. Das ist uns Anlass, weiter unten den Zusammenhang zwischen Definitheits-Ungleichungen und "gewöhnlichen" Ungleichungen etwas näher zu untersuchen.   △

Beispiel 21.12. Im Fall der Matrix

$$K := \begin{bmatrix} 1 & 2 & 3 \\ 2 & 4 & 6 \\ 3 & 6 & 11 \end{bmatrix}$$

müssen wir schon etwas mehr rechnen: Wir finden das charakteristische Polynom

$$P(\lambda) = -\lambda^3 + 16\lambda^2 - 10\lambda$$
$$= -\lambda(\lambda^2 - 16\lambda + 10)$$

mit den Nullstellen 0, $8 - \sqrt{54}$ und $8 + \sqrt{54}$. Daher gilt

$$\sigma(K) = \{\, 0, 8 - \sqrt{54},\ 8 + \sqrt{54}\,\} \geq 0\,,$$

die Matrix K ist positiv *semidefinit*. Sie ist nicht positiv definit, denn der "erste" Eigenwert Null ist *nicht* positiv.   △

Beispiel 21.13. Noch etwas mehr Rechnung verlangt die Matrix

$$L := \begin{bmatrix} 1 & 1 & 1 & 2 \\ 1 & 2 & 0 & 0 \\ 1 & 0 & 2 & 0 \\ 2 & 0 & 0 & 2 \end{bmatrix}$$

Sehen wir uns einmal die Berechnung des charakteristischen Polynoms mit Hilfe des Austauschverfahrens an:

T0	x_1	x_2	x_3	x_4		T1	x_2	x_3	x_4
z_1	$1-\lambda$	1	1	2		z_1	1	$1+(1-\lambda)(\lambda-2)$	2
z_2	1	$2-\lambda$	0	0		z_2	$2-\lambda$	$\lambda-2$	0
z_3	1	0	$2-\lambda$	0		x_1	$\cdot$	$\cdot$	$\cdot$
z_4	2	0	0	$2-\lambda$		z_4	0	$2(\lambda-2)$	$2-\lambda$
	$\star$	0	$\lambda-2$	0			$\star$	1	0

$\oplus$ $\qquad\qquad\qquad\qquad\qquad$ $\ominus$

T2	x_3	x_4		T3	x_3
z_1	$2+(1-\lambda)(\lambda-2)$	2		z_1	$6+(1-\lambda)(\lambda-2)$
x_2	$\cdot$	$\cdot$		x_2	
x_1	$\cdot$	$\cdot$		x_1	
z_4	$2(\lambda-2)$	$2-\lambda$		x_4	
	2	$\star$			

$\oplus$ $\qquad\qquad\qquad\qquad\qquad$ $\oplus$

Es gilt

$$P(\lambda) = \underbrace{\oplus 1 \cdot \boxed{1}}_{\text{T0}} \cdot \underbrace{\ominus 1 \cdot \boxed{2-\lambda}}_{\text{T1}} \cdot \underbrace{\oplus 1 \cdot \boxed{2-\lambda}}_{\text{T2}} \oplus 1 \cdot \boxed{6+(1-\lambda)(\lambda-2)}$$

$$= (2-\lambda)^2 \left[(\lambda-1)(\lambda-2) - 6 \right]$$

$$= (2-\lambda)^2 \left[\lambda^2 - 3\lambda - 4 \right]$$

mit den leicht erkennbaren Nullstellen

$$\lambda_1 = \lambda_2 = 2, \quad \lambda_3 = -1, \quad \lambda_4 = 4.$$

Da es sowohl einen negativen als auch einen positiven Eigenwert gibt, ist diese Matrix indefinit: $L \lessgtr 0$. $\qquad\qquad\qquad\qquad\qquad\qquad\qquad\qquad \triangle$

Beispiel 21.14. Auch im Fall der Matrix

$$G := \begin{bmatrix} 2 & 1 & 1 & 1 & 1 \\ 1 & 2 & 1 & 1 & 1 \\ 1 & 1 & 2 & 1 & 1 \\ 1 & 1 & 1 & 2 & 1 \\ 1 & 1 & 1 & 1 & 2 \end{bmatrix}$$

hilft uns das Austauschverfahren, die Nullstellen des charakteristischen Polynoms zu finden: Die Rechnung lautet

T0	s_1	s_2	s_3	s_4	s_5
z_1	$2-\lambda$	1	1	1	1
z_2	1	$2-\lambda$	1	1	1
z_3	1	1	$2-\lambda$	1	1
z_4	1	1	1	$2-\lambda$	1
z_5	1	1	1	1	$2-\lambda$
	$*$	-1	-1	-1	$\lambda-2$

T1	s_2	s_3	s_4	s_5
z_1	$\lambda-1$	$\lambda-1$	$\lambda-1$	$1-(\lambda-2)^2$
z_2	$1-\lambda$	0	0	$\lambda-1$
z_3	0	$1-\lambda$	0	$\lambda-1$
z_4	0	0	$1-\lambda$	$\lambda-1$
	$\cdot$	$\cdot$	$\cdot$	
	0	0	$*$	1

T2	s_2	s_3	s_5
z_1	$\lambda-1$	$\lambda-1$	$\lambda-(\lambda-2)^2$
z_2	$1-\lambda$	0	$\lambda-1$
z_3	0	$1-\lambda$	$\lambda-1$
	$\cdot$	$\cdot$	$\cdot$
	0	$*$	1

T3	s_2	s_5
z_1	$\lambda-1$	$2\lambda-1-(\lambda-2)^2$
z_2	$1-\lambda$	$\lambda-1$
	$\cdot$	$\cdot$
	$\cdot$	$\cdot$
	$*$	1

T4	s_5
z_1	$3\lambda-2-(\lambda-2)^2$
$\cdot$	$\cdot$
	$\cdot$
	$*$

$$P(\lambda) = (+1) \cdot 1 \cdot (-1)(1-\lambda) \cdot (-1)(1-\lambda) \cdot (-1)(1-\lambda) \cdot (+1)[3\lambda-2-(\lambda-2)^2]$$
$$= (1-\lambda)^3[\lambda^2 - 7\lambda + 6]$$

mit den Nullstellen

$$\lambda_1 = \lambda_2 = \lambda_3 = \lambda_4 = 1, \quad \lambda_5 = 6.$$

Wir haben also $\sigma(G) = \{1, 6\}$, es gilt $G \succ 0$ und auch $G \succeq 0$. △

Rechenregeln

Unsere Zahlenbeispiele zeigen, dass die Untersuchung "großer" Matrizen auf Definitheit recht aufwendig werden kann. Deswegen sind Regeln willkommen, die es erlauben, die Definitheit "neuer" Matrizen auf diejenige bereits bekannter Matrizen zurückzuführen.

Die wichtigste Rechenregel besagt vereinfachend:

Multiplikation mit einem positiven Faktor erhält die Definitheit; Multiplikation mit einem negativen Faktor kehrt die Definitheit um.

Etwas genauer haben wir folgenden

Satz 21.15. *Es seien A eine beliebige symmetrische $(n,n)-$Matrix und $\lambda \in R$ eine beliebige Konstante. Dann gilt:*

(i) $A \,\square\, 0, \ \lambda > 0 \quad \Longrightarrow \quad \lambda A \,\square\, 0$

(ii) $A \,\square\, 0, \ \lambda < 0 \quad \Longrightarrow \quad \lambda A * 0$,

wobei für $\square$ jedes Zeichen der ersten Zeile und für $*$ das zugehörige Zeichen der zweiten Zeile folgender Tabelle stehen kann:

$\square$	$\succ$	$\succeq$	$\preceq$	$\prec$	$\asymp$
$*$	$\prec$	$\preceq$	$\succeq$	$\succ$	$\asymp$

Die Aussagen des Satzes ergeben sich in sehr direkter Weise aus entsprechenden Rechenregeln für Eigenwerte gemäß Satz 20.51. Er ist sehr nützlich für Definitheitsuntersuchungen.

Beispiel 21.16. Die Matrix

$$H := e^5 \begin{bmatrix} 10 & 3 \\ 3 & 2 \end{bmatrix}$$

soll auf Definitheit untersucht werden. Wir können schreiben

$$H = e^5 \begin{bmatrix} 10 & 3 \\ 3 & 2 \end{bmatrix}$$

lies

$$H = \lambda K.$$

Da der Vorfaktor $\lambda = e^5$ positiv ist, haben die Matrizen H und K "dieselbe" Definitheit. Also genügt es, wenn wir statt der Matrix H die viel einfachere Matrix K untersuchen. Wir finden schnell, dass gilt

$$\sigma(K) = \{1, 11\},$$

also ist K positiv definit und mithin auch H.   △

Beispiel 21.17 ($\nearrow$F 21.11). Für die Matrix

$$M := \begin{bmatrix} 5 & 3 \\ 3 & 5 \end{bmatrix}$$

fanden wir $M \succ 0$. Die Matrix

$$-M := \begin{bmatrix} -5 & -3 \\ -3 & -5 \end{bmatrix}$$

ist daher negativ definit. $\triangle$

Beispiel 21.18. Die Matrix

$$T := \begin{bmatrix} -1 & -2 \\ -2 & -1 \end{bmatrix}$$

genügt der Bedingung $T = -N$ mit $N \asymp 0$. Also ist auch T indefinit: $T \asymp 0$.
                                                                         $\triangle$

21.3   Definitheitsprüfung mittels Hesse-Determinanten

Wir hatten die Frage aufgeworfen, ob die Untersuchung einer symmetrischen Matrix A auf Definitheit nicht auch einfacher möglich ist als über die Berechnung ihrer Eigenwerte. Immerhin interessieren uns ja nur deren Vorzeichen, nicht aber die Beträge. Hier geben wir nun die positive Antwort und beginnen mit den notwendigen Bezeichnungen.

Definition 21.19. *Für eine beliebige $(n,n)-$Matrix M und jedes $k \in \{1, \dots, n\}$ sei*

$$M^{k|} := \begin{bmatrix} m_{1,1} & \cdots & m_{1,k} \\ \vdots & & \vdots \\ m_{k,1} & \cdots & m_{k,k} \end{bmatrix}$$

Wir bezeichnen $M^{k|}$ als "obere Fenstermatrix".

Beispiel 21.20. Für die Matrix

$$M := \begin{bmatrix} 1 & 2 & 3 & 4 \\ 5 & 6 & 7 & 8 \\ 9 & 0 & \alpha & \beta \\ \gamma & \delta & \varepsilon & \zeta \end{bmatrix}$$

finden wir

$$M^{1|} = 1, \qquad M^{2|} = \begin{bmatrix} 1 & 2 \\ 5 & 6 \end{bmatrix}, \qquad M^{3|} = \begin{bmatrix} 1 & 2 & 3 \\ 5 & 6 & 7 \\ 9 & 0 & \alpha \end{bmatrix}$$

und natürlich

$$M^{4|} = M.$$

$\triangle$

Das Beispiel suggeriert, ein über der Matrix M liegendes Fenster werde von links oben nach rechts unten aufgezogen, wobei sukzessive $M^{1|}$ bis $M^{4|}$ sichtbar werden – daher auch die Arbeitsbezeichnung "Fenstermatrizen". Sind diese einmal ermittelt, interessieren uns ihre Determinanten:

Definition 21.21. *Für eine beliebige $(n,n)-$Matrix M und jedes $k \in \{1,\dots,n\}$ bezeichnen wir die Determinante*

$$H_k(M) := \det M^{k|}$$

als Hesse-Determinante *der Ordnung k von M.*

Damit können wir die erste zentrale Aussage formulieren:

Satz 21.22 ("Hesse-Determinanten-Satz"). *Für jedes $n \in \mathbb{N}$ und jede symmetrische $(n,n)-$Matrix M gilt: Die Matrix M ist*

(i) *genau dann positiv definit, wenn sämtliche ihrer Hesse- Determinanten positiv sind:*

$$H_1(M) > 0, \dots, H_n(M) > 0,$$

(ii) *genau dann negativ definit, wenn sämtliche ihrer Hesse-Determinanten von Null verschieden sind und – mit $H_1(M) < 0$ beginnend – alternierende Vorzeichen haben:*

$$H_1(M) < 0, H_2(M) > 0, H_3(M) < 0, \dots, H_n(M) \begin{cases} > 0 & n \text{ gerade} \\ < 0 & n \text{ ungerade} \end{cases}$$

(iii) *dann indefinit, wenn $\det M \neq 0$ gilt und keiner der beiden Fälle (i) oder (ii) vorliegt.*

Es ist nicht schwer, diese Aussagen für "kleine" Matrizen zu begründen; siehe hierzu die Übungsaufgaben. Die allgemeine Begründung dieses Satzes würde den Rahmen dieses Textes jedoch übersteigen; deswegen werden interessierte Leser auf Gantmacher (1998) verwiesen. Seine Bedeutung besteht darin, dass er uns ein "eigenwertfreies" Kriterium für die positive oder negative Definitheit einer Matrix an die Hand gibt. Allein durch Kenntnis der Hesse-Determinanten können wir nun sagen, ob eine Matrix positiv definit ist oder nicht bzw. ob sie negativ definit ist oder nicht.

Für praktische Berechnungen ist es hilfreich, sich die Vorzeichenfolge der Hesse-Determinanten mit den Symbolen $\oplus$, $\ominus$ bzw. $\textcircled{0}$ zu visualisieren. Dann können wir die Aussagen des Satzes so zusammenfassen:

- Die Vorzeichenfolgen

  stehen für positiv definit bzw. negativ definit.
  Liegt eine *andere* Vorzeichenfolge als diese beiden vor, ist M weder positiv noch negativ definit.

- Im speziellen "anderen" Fall

  können wir immerhin noch sagen, dass die Matrix M indefinit ist.

- Bei noch anderen Vorzeichenfolgen, also allen Mustern der Form

  liefert unser Satz 21.22 keine endgültige Beurteilung, kurz: "kB". Genauer: Wir wissen dann zwar, dass die Matrix M *nicht* positiv definit und *nicht* negativ definit ist; sie kann aber grundsätzlich noch positiv semidefinit, negativ semidefinit oder indefinit sein. Zwischen diesen Möglichkeiten unterscheidet der Satz nicht.

Beispiel 21.23. Wir nehmen an, gewisse symmetrische $(n, n)-$Matrizen seien gegeben und die Vorzeichenmuster ihrer Hesse-Determinanten seien bereits ermittelt worden. Wir brauchen diese lediglich zu beurteilen. Dies sind die Ergebnisse:

n	Muster	Urteil
2	$\oplus$ $\oplus$	$M \succ 0$
2	$\ominus$ $\oplus$	$M \prec 0$
2	⓪ $\ominus$	$M \asymp 0$
2	$\ominus$ ⓪	kB
3	$\oplus$ $\oplus$ $\oplus$	$M \succ 0$
3	$\oplus$ $\ominus$ $\oplus$	$M \asymp 0$
3	⓪ $\oplus$ $\oplus$	$M \asymp 0$
3	$\oplus$ $\oplus$ ⓪	kB
4	$\ominus$ $\oplus$ $\ominus$ $\oplus$	$M \prec 0$
4	$\ominus$ $\ominus$ $\ominus$ $\ominus$	$M \asymp 0$
4	$\ominus$ $\ominus$ $\ominus$ ⓪	kB
4	⓪ $\ominus$ $\ominus$ $\ominus$	$M \asymp 0$
5	$\ominus$ $\oplus$ $\ominus$ $\oplus$ $\ominus$	$M \prec 0$
5	$\oplus$ $\oplus$ $\oplus$ $\oplus$ $\oplus$	$M \succ 0$
5	$\ominus$ $\oplus$ ⓪ $\oplus$ $\ominus$	$M \asymp 0$
5	$\oplus$ ⓪ ⓪ ⓪ ⓪	kB
5	⓪ ⓪ ⓪ ⓪ $\oplus$	$M \asymp 0$

$\triangle$

Hierzu sind zwei Anmerkungen unverzichtbar:

Erstens heißt "kB" nicht, dass wir überhaupt nicht weiter wüssten, sondern lediglich, dass wir unter *alleiniger* Ausnutzung des Hesse-Determinanten-Satzes keine Aussage treffen können. Um weiter zu kommen, müssen wir dann zusätzliche Überlegungen anstellen, auf die wir weiter unten eingehen.

Zweitens ist hier vor "scheinheiliger" Symmetrie zu warnen. So suggerieren die letzten beiden Zeilen zu Nr. 5, dass in beiden Fällen eigentlich dieselbe Situation vorliegen müsste – und das wiederum ist ein Fehlschluss!

Beispiel 21.24. Wir vergleichen die folgenden beiden Matrizen (A) bezüglich ihrer Hesse-Determinanten und (B) bezüglich ihres Spektrums:

$$M = \begin{bmatrix} 0 & 2^{\frac{1}{2}} \\ 2^{\frac{1}{2}} & 1 \end{bmatrix} \qquad \text{und} \qquad N = \begin{bmatrix} -1 & 0 \\ 0 & 0 \end{bmatrix}.$$

(A)		
H_1/H_2	$0/-2$	$-1/0$
Muster:	0 —	— 0
Bewertung:	*indefinit*	k.B.

(B)		
Spektrum:	$\{-1, +2\}$	$\{-1, 0\}$
Art:	*indefinit*	*negativ semidefinit*

Trotz aller Symmetrie haben die beiden Muster wirklich verschiedene Bedeutungen! △

Eine sichere Klassifikation positiv oder negativ definiter Matrizen mit Hilfe des Hessedeterminantensatzes beruht weitestgehend auf dem sicheren Beherrschen der Bewertungsmuster. Daher ist es hier unnötig, eine große Anzahl von Rechenbeispielen anzufügen, bei denen lediglich die Berechnung der Hesse-Determinanten das Problem darstellt. Wir wollen jedoch darauf hinweisen, dass auch die Folge aufsteigender Hesse-Determinanten sehr effektiv mit dem Austauschverfahren berechnet werden kann.

Wir betrachten einige weitere Beispiele:

Beispiel 21.25. Für die Matrix

$$K = \begin{pmatrix} -5 & 3 \\ 3 & -5 \end{pmatrix} \qquad \text{gilt:} \qquad H_1 = -5 \quad H_2 = 16$$
$$\text{Vorzeichen:} \qquad \ominus \qquad \oplus$$

Aus Satz 21.22 (ii) folgt: $K \prec 0$. △

Beispiel 21.26. $M = \begin{pmatrix} 5 & 3 \\ 3 & 5 \end{pmatrix}$. Es gilt: $H_1 = 5 \quad H_2 = 16$
$$\text{Vorzeichen:} \qquad \oplus \qquad \oplus$$

Aus Satz 21.22 (i) folgt: $M \succ 0$. △

Beispiel 21.27. $C = \begin{pmatrix} 1 & 2 \\ 2 & 1 \end{pmatrix}$. Es gilt: $H_1 = 1 \quad H_2 = -3$
$$\text{Vorzeichen:} \qquad \oplus \qquad \ominus$$

Hier ist $\det C = H_2(C) \neq 0$, jedoch liegt weder die Situation von Satz 21.22 (i) (Vorzeichenfolge $\oplus \oplus$) noch die von Satz 21.22 (ii) (Vorzeichenfolge $\ominus \oplus$) vor. Nach Teil (iii) von Satz 21.22 ist C indefinit: $C \asymp 0$. △

Beispiel 21.28. $M = \begin{pmatrix} 2 & 1 & 1 & 1 & 1 \\ 1 & 2 & 1 & 1 & 1 \\ 1 & 1 & 2 & 1 & 1 \\ 1 & 1 & 1 & 2 & 1 \\ 1 & 1 & 1 & 1 & 2 \end{pmatrix}$.

Die Berechnung der Hesse-Determinanten erfolgt wegen der "Größe" von M zweckmäßig mit dem Austauschverfahren.

$T0$					$T1$				$T2$			$T3$		$T4$
$\boxed{2}$	1	1	1	1										
1	2	1	1	1	$\boxed{\frac{3}{2}}$	$\frac{1}{2}$	$\frac{1}{2}$	$\frac{1}{2}$						
1	1	2	1	1	$\frac{1}{2}$	$\frac{3}{2}$	$\frac{1}{2}$	$\frac{1}{2}$	$\boxed{\frac{4}{3}}$	$\frac{1}{3}$	$\frac{1}{3}$			
1	1	1	2	1	$\frac{1}{2}$	$\frac{1}{2}$	$\frac{3}{2}$	$\frac{1}{2}$	$\frac{1}{3}$	$\frac{4}{3}$	$\frac{1}{3}$	$\boxed{\frac{5}{4}}$	$\frac{1}{4}$	
1	1	1	1	2	$\frac{1}{2}$	$\frac{1}{2}$	$\frac{1}{2}$	$\frac{3}{2}$	$\frac{1}{3}$	$\frac{1}{3}$	$\frac{4}{3}$	$\frac{1}{4}$	$\frac{5}{4}$	$\boxed{\frac{6}{5}}$
$*$	$-\frac{1}{2}$	$-\frac{1}{2}$	$-\frac{1}{2}$	$-\frac{1}{2}$	$*$	$-\frac{1}{3}$	$-\frac{1}{3}$	$-\frac{1}{3}$	$*$	$-\frac{1}{4}$	$-\frac{1}{4}$	$*$	$-\frac{1}{5}$	$*$
$\oplus$					$\oplus$				$\oplus$			$\oplus$		$\oplus$

(Da "entlang der Hauptdiagonale" pivotisiert wurde, entstehen keine Vorzeichenkorrekturen.)

Es folgt

$$H_1 = 2$$
$$H_2 = 2 \cdot \frac{3}{2} = 3$$
$$H_3 = 2 \cdot \frac{3}{2} \cdot \frac{4}{3} = 4$$
$$H_4 = 2 \cdot \frac{3}{2} \cdot \frac{4}{3} \cdot \frac{5}{4} = 5$$
$$H_5 = 2 \cdot \frac{3}{2} \cdot \frac{4}{3} \cdot \frac{5}{4} \cdot \frac{6}{5} = 6$$

mit der Vorzeichenfolge $\oplus \; \oplus \; \oplus \; \oplus \; \oplus$, d.h. $\quad M \succ 0$. $\hspace{2cm}\triangle$

Beispiel 21.29. Gegeben sei die Matrix

$$B = \begin{pmatrix} 3 & 1 & 1 \\ 1 & 5 & 1 \\ 1 & 1 & 7 \end{pmatrix}.$$

Wir berechnen die Hesse-Determinanten und finden $H_1 = 3$, $H_2 = 14$, $H_3 = 92$ mit der Vorzeichenfolge $\oplus \; \oplus \; \oplus$. Mithin gilt $\quad B \succ 0$.

Ein Versuch, dasselbe Ergebnis über die Ermittlung der Eigenwerte zu erhalten, führt auf den Ansatz

$$P(\lambda) = -\lambda^3 + 15\lambda^2 - 68\lambda + 92 = 0\,.$$

Die Lösung dieser Gleichung ist auf exaktem Wege möglich, aber sehr schwierig. Auch einfache Abschätzungen der Lösungsmenge sind aufwendiger als die hier vorgestellte "Hesse-Determinanten-Methode".   △

Wir beschließen diesen Abschnitt mit einigen einfachen Beispielen, bei denen wir mit Hilfe der Hesse-Determinanten allein *nicht* zu einer Entscheidung kommen.

Beispiel 21.30. Für die Matrix Q gemäß

$$Q := \begin{bmatrix} 1 & 2 \\ 2 & 4 \end{bmatrix}$$

"finden" wir mittels Hessedeterminanten

$$H_1 / H_2 : \quad 1 \,/\, 0$$
$$\text{Muster:} \quad + \ 0$$
$$\text{Bewertung: k. B.}$$

Um Genaueres zu erfahren, müssten wir das Spektrum inspizieren. Hier gilt

$$\sigma(Q) = \{\, 0, 5 \,\},$$

also ist Q positiv-semidefinit.   △

Beispiel 21.31. Im Fall der Matrix

$$M = \begin{bmatrix} 1 & 0 & 0 \\ 0 & 0 & 0 \\ 0 & 0 & 0 \end{bmatrix}$$

finden wir die Hesse-Determinanten $H_1(M) = 1$, $H_2(M) = 0$ und $H_3(M) = 0$ mit dem Vorzeichenmuster

$$\oplus \quad \textcircled{0} \quad \textcircled{0}\,,$$
$$\text{lies:} \quad < \text{beliebig} > \textcircled{0}$$

Satz 21.22 liefert "kB". Wir können jedoch – dank der Einfachheit des Beispiels – direkt ablesen, dass M positiv semidefinit ist.   △

Beispiel 21.32. Bei der Matrix

$$N = \begin{bmatrix} 0 & 1 & 0 \\ 1 & 0 & 0 \\ 0 & 0 & 0 \end{bmatrix}$$

dagegen finden wir die Hesse-Determinanten $H_1(N) = 0$, $H_2(N) = -1$ und $H_3(N) = 0$ und somit das Vorzeichenmuster

$$\oplus \qquad \ominus \qquad \textcircled{0} \, ,$$

lies ebenfalls: $< \text{beliebig} > \textcircled{0}$

Auch hier liefert der Hessedeterminanten-Satz "kB". Mit Hilfe einer hier sehr einfachen Eigenwertberechnung wird jedoch sofort erkennbar, dass die Matrix N indefinit ist. $\triangle$

Unsere Beispiele zeigen, dass sich hinter dem Kürzel "kB" tatsächlich sehr Verschiedenes verbergen kann. Das letzte Beispiel zeigt überdies, dass die "wenn-dann"-Aussage (iii) des Hessedeterminanten-Satzes nicht umkehrbar ist. Anders formuliert, können wir mit der Hessedeterminanten-Methode "HDM" *nur einen Teil* aller indefiniten Matrizen sicher erkennen, nämlich diejenigen, deren Determinante nicht verschwindet. In der Grafik auf Seite 890 ist das die blau umrandete Teilmenge der Menge J.

21.4   Prüfung auf Semidefinitheit

Als ein Mangel der "Hesse-Determinanten-Methode" mag angesehen werden, dass sie in gewissen Fällen keine definitive Beurteilung erlaubt und die Definitheits-Klassifikation der symmetrischen Matrizen somit unvollständig bleibt. Immerhin können sich, wie soeben gezeigt wurde, hinter dem Kürzel "kB" ganz verschiedene Eigenschaften verbergen.

Wir wollen nun ein Resultat angeben, welches erlaubt, auch die unter "kB" zusammengefassten, bisher nicht trennbaren Fälle zu unterscheiden. Dazu benötigen wir zweckmäßige Bezeichnungen.

Definition 21.33. *Für jede beliebige $(n, n)-$Matrix M, $I := \{1, \dots, n\}$ und beliebige Indexmengen $Z = \{z_1, \dots, z_r\} \subset I$ sowie $S = \{s_1, \dots, s_l\} \subset I$ bezeichne*

$$M^{\backslash Z \backslash S} := M^{\backslash z_1, \dots, z_r \backslash s_1, \dots, s_l}$$

diejenige Untermatrix von M, die durch Streichung der Zeilen $z_1, \dots, z_r$ sowie der Spalten $s_1, \dots, s_l$ aus M hervorgeht. Eine Untermatrix, die durch Streichung von Zeilen und Spalten jeweils gleicher Indizes entsteht, nennen wir eine Haupt-Untermatrix *und bezeichnen sie kurz mit*

$$M^{\backslash Z} \quad := \quad M^{\backslash Z \backslash Z} \quad := \quad M^{\backslash z_1, \dots, z_r \backslash z_1, \dots, z_l} .$$

Jede Determinante einer $k-$reihigen Haupt-Untermatrix von M heißt Haupt-minor *von M der Ordnung k.*

Beispiel 21.34.

1. $R = \begin{pmatrix} 1 & 0 & 2 \\ 0 & 1 & 1 \\ 8 & 0 & 1 \end{pmatrix}$ $R^{\backslash 1,3 \backslash 2} = (0,1)$ $R^{\backslash 3} = \begin{pmatrix} 1 & 0 \\ 0 & 1 \end{pmatrix} = R^{2|}$

2. $S = \begin{pmatrix} 4 & -1 & 3 & 2 \\ 0 & 7 & 5 & 1 \\ 3 & 8 & 6 & 9 \\ -2 & -5 & 3 & 2 \end{pmatrix}$ $S^{\backslash 3,4 \backslash 1,4} = \begin{pmatrix} -1 & 3 \\ 7 & 5 \end{pmatrix}$ $S^{\backslash 3,4} = \begin{pmatrix} 4 & -1 \\ 0 & 7 \end{pmatrix} = S^{2|}$

$\triangle$

Wir betrachten im Weiteren wiederum durchweg symmetrische Matrizen. Das Hauptergebnis hierzu ist der

Satz 21.35 ("Hauptminorensatz"). *Für jedes $n \in N$ und jede symmetrische $(n,n)-$Matrix M gilt: Genau dann ist M positiv semidefinit, wenn sämtliche ihrer Hauptminoren nichtnegativ sind.*

Bevor wir diesen Satz eingehender kommentieren, zunächst zwei einfache Anwendungsbeispiele.

Beispiel 21.36 ($\nearrow$F 21.30). Für die Matrix

$$Q = \begin{bmatrix} 1 & 2 \\ 2 & 4 \end{bmatrix}$$

waren wir mit der Hesse-Determinanten-Methode zum "Ergebnis" "kB" gelangt. Wir betrachten nun *alle* Hauptminoren von Q. Außer den Hessedeterminanten

$$H_1 = \det Q^{\backslash 2} = 1$$
$$H_2 = \det Q^{\backslash \emptyset} = 0$$

berechnen wir nun auch den bisher unberücksichtigten Hauptminor 1. Ordnung

$$\det Q^{\backslash 1} = 4 > 0,$$

bei dem es sich *nicht* um eine Hesse-Determinante handelt. Die drei Hauptminoren sind also 1,0 und 4; keiner ist negativ. Also folgt aus dem Hauptminorensatz: Q ist positiv semidefinit; kurz: $Q \succeq 0$. Weil nun aber nicht alle Hesse-Determinanten positiv sind, können wir auf der Grundlage des Hesse-Determinatensatzes sogar ergänzen:

Q ist positiv semidefinit, aber nicht positiv definit;
kurz: $Q \succeq 0 \;\wedge\; Q \not\succ 0$. $\triangle$

Beispiel 21.37 (Fortsetzung von Beispiel 21.12).

$$M = \begin{pmatrix} 1 & 2 & 3 \\ 2 & 4 & 6 \\ 3 & 6 & 11 \end{pmatrix}.$$

Übersicht über alle Hauptminoren

$$H_1(M) = |M^{\setminus 2,3}| = 1$$

$$H_2(M) = |M^{\setminus 3}| = \begin{vmatrix} 1 & 2 \\ 2 & 4 \end{vmatrix} = 0$$

$$H_3(M) = |M^{\setminus \emptyset}| = |M| = 0$$

$\underbrace{}$
"Hesse-Determinanten"

$$|M^{\setminus 1,3}| = 4 \qquad\qquad |M^{\setminus 1,2}| = 11$$

$$|M^{\setminus 2}| = \begin{vmatrix} 1 & 3 \\ 3 & 11 \end{vmatrix} = 2 \qquad |M^{\setminus 1}| = \begin{vmatrix} 4 & 6 \\ 6 & 11 \end{vmatrix} = 8$$

$\underbrace{}$
"übrige Hauptminoren"

Da sämtliche Hauptminoren $\geqslant 0$ sind, liefert Satz 21.35: $M \succcurlyeq 0$
Gleichzeitig ist z.B. $H_3 = 0$, woraus nach Satz 21.22 folgt: $M \not\succ 0$.   △

Die "Reichweite" des Hauptminorensatzes

Die sparsame Formulierung des Hauptminorensatzes lässt einen expliziten Bezug auf negativ semidefinite bzw. indefinite Matrizen vermissen. Trotzdem erlaubt er es, für jede beliebige symmetrische Matrix M präzise zu sagen, ob sie positiv semidefinit, negativ semidefinit oder indefinit ist. Die Vorgehensweise ist folgende:

(1) *Es werden alle Hauptminoren der Matrix M untersucht.*
Sind sie sämtlich nichtnegativ, sind wir fertig: M ist positiv semidefinit. Andernfalls folgt Schritt

(2) *Es werden alle Hauptminoren der Matrix $-M = (-1)M$ untersucht.*
Sind diese sämtlich nichtnegativ, so ist $-M$ positiv semidefinit und somit M selbst negativ semidefinit. Andernfalls ist M indefinit.

Wie wir allerdings an unserem Beispiel 21.36 sahen, erlaubt es der Hauptminorensatz alleine nicht, zu unterscheiden, ob eine positiv- semidefinite symmetrische Matrix eventuell sogar positiv definit ist. Das gelingt erst durch Hinzunahme des Hessedeterminantensatzes. Es kommt also darauf an, beide Sätze geschickt miteinander zu kombinieren, um eine vollständige Klassifikation aller symmetrischen Matrizen zu erhalten.

Beispiel 21.38. Es sei

$$X = \begin{bmatrix} -4 & 2 \\ 2 & -1 \end{bmatrix}.$$

Bereits der erste Hauptminor von X, nämlich

$$\det X^{\backslash 2} = x_{11} = -4$$

ist negativ, also kann X nicht positiv semidefinit sein. Wir untersuchen also die Matrix

$$Y := -X = \begin{bmatrix} +4 & -2 \\ -2 & +1 \end{bmatrix}.$$

Hierfür finden wir

$$H_1(Y) = \det Y^{\backslash 2} = 4$$
$$\det Y^{\backslash 1} = 1$$
$$H_2(Y) = \det Y = 0.$$

Alle sind nichtnegativ, also ist Y positv semidefinit und X selbst *negativ semidefinit*. △

Beispiel 21.39. Wir sehen uns nochmals die Matrix

$$N = \begin{bmatrix} 0 & 1 & 0 \\ 1 & 0 & 0 \\ 0 & 0 & 0 \end{bmatrix}$$

an. Aus Beispiel 21.32 wissen wir, dass gilt $H_2(N) = -1 < 0$, also kann N nicht positiv semidefinit sein. Daher betrachten wir die vorzeichenverkehrte Matrix

$$L := -N = \begin{bmatrix} 0 & -1 & 0 \\ -1 & 0 & 0 \\ 0 & 0 & 0 \end{bmatrix}.$$

Der Vorzeichenwechsel wirkt sich jedoch auf H_2 nicht aus, es gilt $H_2(L) = -1 < 0$. Also kann auch L nicht positiv semidefinit sein, daher kann N selbst nicht negativ semidefinit sein.

Ergebnis: *N ist weder positiv noch negativ semidefinit, also indefinit.* △

Ein Tipp

Im Hauptminorensatz heißt es "... sämtliche ihrer Hauptminoren". Eine beliebige (n, n)−Matrix hat nun so viele Hauptminoren, wie es nichtleere Indexteilmengen von $\{1, ..., n\}$ gibt – also $2^n - 1$; dagegen hat dieselbe Matrix lediglich n Hesse- Determinanten. Für große n macht das einen erheblichen Unterschied aus. So hat eine 10−reihige Matrix genau 10 Hessedeterminanten, aber schon 1023 Hauptminoren. Heißt das nun, dass der Hauptminorensatz unpraktikabel ist?

Selbstverständlich nicht. Erstens wird uns der Hauptminorensatz oft in theoretischer Hinsicht von Nutzen sein. Dabei spielt die Größe der Matrix keine Rolle. Zweitens erlaubt er in gewissen Fällen, das Ergebnis mit Hilfe eines "Schnelltests", den wir im nächsten Abschnitt vorstellen werden, zu erkennen. Wenn es nun doch an praktische Berechnungen geht, empfiehlt sich deswegen folgende Vorgehensweise:

- *Zunächst wird ein Schnelltest probiert.*
- *Dann werden die Hesse-Determinanten betrachtet.*
- *Erst danach werden nacheinander die übrigen Hauptminoren betrachtet.*

Oft ist es nicht erforderlich, alle Schritte zu durchlaufen, um zu einer Entscheidung zu kommen. Und schließlich: Im Rahmen dieses Buches werden wir ohnehin nur "kleine" Matrizen betrachten.

Fehlerquellen

Wie schon mehrfach, treffen wir auch hier auf scheinbar sehr naheliegende Aussagen, die in die Irre führen:

Achtung. *Die folgende Aussage ist* **nicht** *allgemeingültig:*

$$\text{“}A \succeq 0 \iff H_1 \geq 0, H_2 \geq 0, \dots, H_n \geq 0.\text{”}$$

Korrekt ist lediglich eine der beiden Implikationen, nämlich diese:

$$A \succeq 0 \implies H_1 \geq 0, H_2 \geq 0, \dots, H_n \geq 0.$$

Nicht allgemein ist dagegen die Pfeilrichtung $\impliedby$, sie wird durch unser Beispiel 21.39 widerlegt: Für die Matrix

$$A = \begin{bmatrix} 0 & 0 \\ 0 & -1 \end{bmatrix}$$

haben wir $H_1 = H_2 = 0 \geq 0$, und dennoch ist A negativ semidefinit (und nicht positiv semidefinit, wie fälschlich behauptet).

Achtung. *Die folgende Aussage ist* **nicht** *allgemeingültig:*

$$\text{“}A \preceq 0 \iff \text{alle Hauptminoren sind nichtpositiv.”}$$

Diesmal stimmt *keine* der beiden Richtungen, wie die beiden folgenden Beispiele zeigen.

Beispiel 21.40. Es sei $X = \begin{pmatrix} -4 & 2 \\ 2 & -3 \end{pmatrix}$ und $Y := -X = \begin{pmatrix} 4 & -2 \\ -2 & 3 \end{pmatrix}$.

Für die Matrix Y finden wir:

$H_1(Y) = \det Y^{\backslash 2} = 4$ und $\det Y^{\backslash 1} = 3$

$H_2(Y) = \det Y \quad = 8$;

nach Satz 21.35 ist Y positiv semidefinit. Also ist X negativ semidefinit. Die Hauptminoren von X sind jedoch

$H_1(X) = \det X^{\backslash 2} = -4$ und $\det X^{\backslash 1} = -3$

$H_2(X) = \det X \quad = 8$,

d.h.

$$X \preceq 0 \quad \not\Rightarrow \quad \text{alle Hauptminoren sind } \leqslant 0 .$$

$\triangle$

Beispiel 21.41. Es sei $Z := \begin{pmatrix} -1 & 5 \\ 5 & -3 \end{pmatrix}$, dann gilt

$H_1(Z) = \det Z^{\backslash 2} = -1$ und $\det Z^{\backslash 1} = -3$ sowie

$H_2(Z) = \det Z \quad = -22$.

D.h., sämtliche Hauptminoren sind negativ, jedoch ist Z indefinit (nach Satz 21.22 (iii)). Wir finden

$$Z \preceq 0 \quad \not\Leftarrow \quad \text{alle Hauptminoren sind } \leqslant 0 .$$

$\triangle$

Es stellt sich die Frage, ob sich denn nicht auch die negative Semidefinitheit - ähnlich zur positiven Semidefinitheit - durch eine äquivalente Bedingung charakterisieren ließe. Das ist in der Tat der Fall, die korrekte Aussage würde lauten

$A \preceq 0 \Longleftrightarrow$ *alle Hauptminoren ungerader Ordnung sind nichtpositiv und alle Hauptminoren gerader Ordnung sind nichtnegativ.*

21.5   Nützliche Ergänzungen und "Schnelltests"

Bei nochmaliger Durchsicht aller bisherigen Beispiele wird dem aufmerksamen Leser auffallen:

Die (Semi-)definitheit einer symmetrischen Matrix vererbt sich auf all ihre Haupt-Untermatrizen.

Die genaue Formulierung hierzu lautet:

Satz 21.42 ("Vererbungssatz"). *Für jede symmetrische $(n,n)-$Matrix M und jede Indexteilmenge $Z \subset \{1,...,n\}$ gilt*

(i) $\quad M \succ 0 \Longrightarrow M^{\setminus Z} \succ 0 \qquad$ *(ii)* $\quad M \succeq 0 \Longrightarrow M^{\setminus Z} \succeq 0$

$\qquad\quad M \prec 0 \Longrightarrow M^{\setminus Z} \prec 0 \qquad\qquad\qquad M \preceq 0 \Longrightarrow M^{\setminus Z} \preceq 0$

Die Begründung ist nicht schwierig und dem Begründungsteil beigefügt.

Hier ist schon einmal eine nützliche Konsequenz:

Satz 21.43. *Für jedes $n \in \mathbb{N}$ und jede symmetrische $(n,n)-$Matrix M gilt:*

$$\text{Im Fall } \begin{rcases} M \succ 0 \\ M \succcurlyeq 0 \\ M \preccurlyeq 0 \\ M \prec 0 \end{rcases} \text{ sind sämtliche Hauptdiagonalelemente } \begin{rcases} \text{positiv} \\ \text{nichtnegativ} \\ \text{nichtpositiv} \\ \text{negativ} \end{rcases}.$$

Enthält die Hauptdiagonale von M von Null verschiedene Elemente mit gegensätzlichen Vorzeichen, so ist M indefinit.

Die Hauptdiagonalelemente sind ja zugleich spezielle Haupt-Untermatrizen, und wegen ihres Formates $(1,1)$ ist ihre "Definitheit" direkt am Vorzeichen abzulesen. Dieser Satz liefert notwendige Bedingungen, die sich sehr schnell überprüfen lassen. Wir haben damit folgenden

Definitheits-Schnelltest: Gegeben sei eine beliebige symmetrische Matrix M.

- *Gibt es ein negatives Hauptdiagonalelement, ist M nicht positiv semidefinit (und erst recht nicht positiv definit).*
- *Ist Null ein Hauptdiagonalelement, ist M weder positiv noch negativ definit.*
- *Gibt es ein positives Hauptdiagonalelement, ist M nicht negativ semidefinit (und erst recht nicht negativ definit).*
- *Gibt es von Null verschiedene Hauptdiagonalelemente gegensätzlicher Vorzeichen, so ist M indefinit.*

Beispiel 21.44. $M = \begin{pmatrix} 1 & 0 & -2 \\ 0 & -1 & 3 \\ -2 & 3 & 5 \end{pmatrix}$.

Da die Hauptdiagonalelemente wechselnde Vorzeichen haben, kann weder $M \succcurlyeq 0$ noch $M \preccurlyeq 0$ gelten; es bleibt nur $M \asymp 0$.

$\triangle$

Zu beachten ist, dass dieser Schnelltest nicht immer zum Erfolg führt, weil er auf hinlänglichen Bedingungen beruht, die allgemein nicht notwendig sind. So ist z.B. die Matrix

$$A := \begin{pmatrix} 1 & 2 \\ 2 & 1 \end{pmatrix}$$

nicht positiv definit, aber der Schnelltest erkennt diese nicht sofort, weil kein negatives Hauptdiagonalelement vorhanden ist. Wegen $det A = -3$ handelt es sich hierbei vielmehr um eine indefinite Matrix, aber der Schnelltest erkennt auch dieses nicht, weil es an Hauptdiagonalelementen gegensätzlicher Vorzeichen fehlt!

Bemerkung 21.45. Eine zu Satz 21.42 sinngemäße "Vererbungs-Aussage" gilt übrigens *nicht für die Indefinitheit*. So ist die Diagonalmatrix

$$N = \begin{bmatrix} 1 & 0 & 0 \\ 0 & 1 & 0 \\ 0 & 0 & -1 \end{bmatrix}$$

indefinit, weil ihre Eigenwerte = Diagonalelemente verschiedene Vorzeichen haben. Ihre obere Fenstermatrix

$$N^{\backslash 3} = \begin{bmatrix} 1 & 0 \\ 0 & -1 \end{bmatrix}$$

ist jedoch positiv definit und nicht indefinit.

21.6 Aufgaben

Aufgabe 21.46. Untersuchen Sie die folgenden Matrizen mit Hilfe der Hesse-Determinanten auf Definitheit:

$$A := \begin{pmatrix} 4 & 13 \\ 13 & -2 \end{pmatrix}, \qquad B := \begin{pmatrix} -3 & 6 \\ 6 & -16 \end{pmatrix}, \qquad C := \begin{pmatrix} 16 & 8 \\ 8 & 4 \end{pmatrix},$$

$$D := \begin{pmatrix} -16 & 4 \\ 4 & -1 \end{pmatrix} \qquad M := \begin{pmatrix} 10 & 2 & -1 \\ 2 & 1 & 0 \\ -1 & 0 & 1 \end{pmatrix}, \qquad N := \begin{pmatrix} 0 & 2 & 3 \\ 2 & 0 & 3 \\ 7 & 3 & 0 \end{pmatrix},$$

$$P := \begin{pmatrix} 8 & 4 & 2 \\ 4 & 2 & 0 \\ 2 & 0 & 0 \end{pmatrix}, \qquad Q := \begin{pmatrix} 8 & 2 & 10 \\ 2 & 1 & 3 \\ 10 & 3 & 13 \end{pmatrix}, \qquad R := \begin{pmatrix} -4 & 2 & -2 \\ 2 & -2 & 0 \\ -2 & 0 & -2 \end{pmatrix},$$

$$S := \begin{pmatrix} 0 & 1 & 1 \\ 1 & 0 & 1 \\ 1 & 1 & 0 \end{pmatrix}, \qquad T := \begin{pmatrix} 1 & 2 & 3 \\ 2 & 2 & 4 \\ 3 & 4 & 7 \end{pmatrix}, \qquad U := \begin{pmatrix} 1 & 1 & 1 \\ 1 & -1 & 1 \\ 1 & 1 & 1 \end{pmatrix},$$

$$V := \begin{pmatrix} -3 & 1 & 1 \\ 1 & -3 & 1 \\ 1 & 1 & -3 \end{pmatrix}$$

Aufgabe 21.47. Die folgenden Matrizen enthalten einen reellen Parameter a. Untersuchen Sie ihr Definitheitsverhalten in Abhängigkeit von diesem Parameter.

(i) $\quad A := \begin{pmatrix} 1 & 5 \\ 5 & a \end{pmatrix},$ (ii) $\quad B := \begin{pmatrix} a & 5 \\ 5 & a \end{pmatrix}$

(iii) $\quad C := \begin{pmatrix} 1 & 2 & 3 \\ 2 & 4 & 6 \\ 3 & 6 & a \end{pmatrix}$ (iv) $\quad D := \begin{pmatrix} a & a & a \\ a & 0 & a \\ a & a & a \end{pmatrix}$

Aufgabe 21.48. Entscheiden Sie, welche der folgenden Aussagen über beliebige typgleiche symmetrische Matrizen A, B allgemeingültig sind und welche nicht.

(i) $A \leq B \Longrightarrow A \preceq B$

(ii) $A \gg O \Longrightarrow A \succ O$

(iii) $A \succeq O \Longrightarrow 3A^2 + A + IA \succeq O$

(iv) Wenn $H_1(A) > 0$ gilt, kann A nicht positiv definit sein.

(v) Die Matrix A^2 kann nicht indefinit sein.

(vi) Die Matrizen $A - B$ und $A + B$ können nicht gleichzeitig indefinit sein.

(Hierbei bezeichnen I und O die Einheits- bzw. Nullmatrix passenden Formats.)

Aufgabe 21.49. Es seien A und B beliebige typgleiche, symmetrische Matrizen. Welche der folgenden Aussagen sind richtig, welche falsch?

(1) $A \asymp 0 \Leftrightarrow -A \asymp 0$

(2) $A \succ 0 \Rightarrow A^2 \succ 0$

(3) $B \neq 0 \wedge A = B^2 \Rightarrow A \succ 0$

(4) $A \succ 0 \wedge B \succ 0 \Rightarrow A + B \succ 0$

Konvexe Mengen und lineare Ungleichungen

22.1 Motivation

Wir betrachten einmal folgende Teilmengen des $\mathbb{R}^2$:

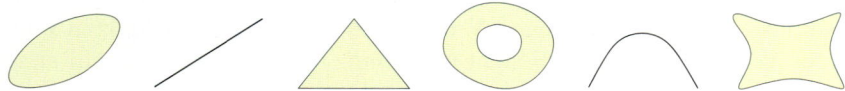

Diese können hinsichtlich ihrer äußeren Form in zwei Gruppen eingeteilt werden: Solche, die durchweg "nach außen gewölbt" (genauer: "nirgends nach innen gewölbt") sind, und andere, die über "Einwölbungen nach innen" verfügen. Die ersteren wollen wir – in Anlehnung an die im Bild dargestellte Linse – konvex nennen, die übrigen nicht konvex.

Bevor wir daran gehen, diese zunächst intuitive Begriffsbestimmung mathematisch präzise zu fassen, beantworten wir die Frage nach ihrem ökonomischen Gehalt so:

> *Konvexe Mengen sind das mathematische Abbild ökonomischer Handlungsspielräume.*

Fast jedes ökonomische Problem hat mit einer konvexen Menge zu tun. Wir erinnern an verschiedene einfache Beispiele, in denen die Menge zulässiger Produktions- oder Absatzpläne bzw. Preisvektoren die Form einer Strecke, eines Dreiecks o.ä. hatte. All diese Mengen sind konvex. In den folgenden Abschnitten werden wir weitere, auch kompliziertere Beispiele treffen, in denen die ökonomisch relevanten Mengen durchweg konvex sind.

22.2   Konvexe Mengen und verwandte Begriffe

22.2.1   Konvexe Mengen

Um zu einer präzisen Formulierung des Begriffes "konvexe Menge" zu gelangen, betrachten wir den Unterschied zwischen einer "konvexen" Menge K (linkes Bild) und einer "nicht konvexen" Menge N (rechtes Bild) etwas genauer.

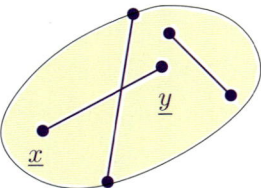 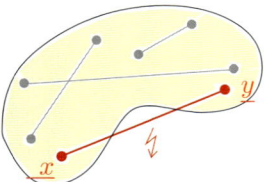

Wir sehen, dass mit je zwei beliebigen Punkten $\underline{x}$ und $\underline{y}$ aus der Menge K auch deren Verbindungsstrecke S vollständig in K enthalten ist. Im Unterschied dazu gibt es in der Menge N *mindestens* ein Paar von Punkten $\underline{x}$ und $\underline{y}$, deren Verbindungsstrecke S *nicht vollständig* in der Menge N enthalten ist.

Unsere beiden Bilder zeigen Teilmengen des $\mathbb{R}^2$, wo Strecken gut zeichenbar sind. Folglich lassen sich "konvexe" und "nicht konvexe" Mengen – wenn man sie einmal gezeichnet hat – sehr einfach visuell unterscheiden. Es gibt jedoch auch lineare Räume, in denen unsere Anschauung versagt - z.B. die Räume $\mathbb{R}^n$ mit $n > 3$. Deswegen benötigen wir Bedingungen, die die "Konvexität" einer Menge auf nachrechenbare Weise ausdrücken.

Wie sieht es damit bei unseren Skizzen aus? Wir bemerken, dass die Strecken, um die es hier geht, sich auch wie in Beobachtung 17.18 durch Parameterdarstellungen beschreiben lassen: Die Verbindungsstrecke S der Punkte $\underline{x}$ und $\underline{y}$ ist genau

$$S = \{\lambda\underline{x} + (1 - \lambda)\underline{y} \mid \lambda \in [0,1]\}.$$

Auf diese Weise gelangen wir zur

Definition 22.1. *Eine Teilmenge M eines linearen Raumes $\mathcal{M}$ heißt* konvex, *wenn gilt:*

$$\underline{x}, \underline{y} \in M \wedge \lambda \in [0,1] \Longrightarrow \lambda\underline{x} + (1 - \lambda)\underline{y} \in M.$$

Wir bemerken, dass die *leere* Menge $\emptyset$ definitionsgemäß konvex ist, denn mangels darin enthaltener Elemente $\underline{x}, \underline{y}$ ist die genannte Bedingung automatisch erfüllt. Die "nächsteinfachen" Mengen sind solche, die genau einen Punkt enthalten – auch diese sind konvex (denn die angegebene Bedingung ist nur für $\underline{x} = \underline{y}$ wirksam und in diesem Fall offensichtlich erfüllt).

Eine Besonderheit unserer Definition ist es, dass wir die darin enthaltene Bedingung tatsächlich rechnerisch überprüfen können, was, wie gesagt, dann ein Vorteil ist, wenn wir es mit beliebigen Dimensionen zu tun haben und die Anschauung versagt.

Dazu einige einfache Beispiele:

Satz 22.2. *Es sei* $\mathcal{M}$ *ein linearer Raum. Dann ist jeder lineare Teilraum* T *von* $\mathcal{M}$ *konvex.*

Denn: Wenn T linearer Teilraum ist, enthält T nach Satz 18.63(b) mit beliebigen Punkten $\underline{x}, \underline{y}$ auch jede Linearkombination $\lambda \underline{x} + \mu \underline{y}$, also erst recht solche mit $\lambda \in [0, 1]$ und $\mu = 1 - \lambda$.

Satz 22.3 ("konvexe Strecke"). *Jede Strecke* $\{\underline{x} = \underline{p} + \lambda \underline{r} \mid \lambda \in [u, v]\}$ ($\underline{r} \neq 0, u < v$) *ist eine konvexe Teilmenge des sie umgebenden linearen Raumes.*

Denn: Wir entnehmen dieser Strecke zwei beliebige Punkte $\underline{x}$ und $\underline{y}$, die sich dann (mit passenden Konstanten $\lambda, \mu \in [u, v]$) so darstellen lassen:

$$\underline{x} = \underline{p} + \lambda \underline{r}, \quad \underline{y} = \underline{p} + \mu \underline{r}.$$

Nun wollen wir zeigen, dass jeder Punkt $\underline{z} := \gamma \underline{x} + (1 - \gamma) \underline{y}$, $\gamma \in [0, 1]$, ebenfalls zu dieser Strecke gehört. Dazu rechnen wir

$$
\begin{aligned}
\underline{z} &= \gamma \underline{x} + (1 - \gamma) \underline{y} \\
&= \gamma (\underline{p} + \lambda \underline{r}) + (1 - \gamma)(\underline{p} + \mu \underline{r}) \\
&= \underline{p} + \underbrace{(\gamma \lambda + (1 - \gamma) \mu)}_{=: \, \alpha} \underline{r}.
\end{aligned}
$$

Der Punkt $\underline{z}$ gehört also genau dann der gegebenen Strecke an, wenn gilt $\alpha \in [u, v]$, ausführlich $u \leq \alpha$ und $\alpha \leq v$. Die zweite Ungleichung gilt schon einmal:

$$\alpha = \gamma \lambda + (1 - \gamma) \mu \leq \gamma v + (1 - \gamma) v = v \,,$$

denn die Faktoren γ und $1 - \gamma$ sind nichtnegativ. Analog folgt die erste Ungleichung.

Beispiel 22.4. In jedem Raum $\mathbb{R}^n$ ist die "Einheitskugel" $\mathcal{S} := \{\underline{x} \in M \mid \|\underline{x}\| \leq 1\}$ konvex.

Denn: Bei dieser "Einheitskugel" handelt es sich im $\mathbb{R}^1$ um ein Intervall, im $\mathbb{R}^2$ um einen Kreis, erst im $\mathbb{R}^3$ tatsächlich um eine Kugel; dagegen kann man sich im $\mathbb{R}^4$ und in Räumen noch höherer Dimension diese Menge nicht vorstellen. Wir müssen also *nachrechnen*, dass $\mathcal{S}$ konvex ist. Dazu wählen wir beliebige Punkte $\underline{x}, \underline{y}$ aus $\mathcal{S}$ und zeigen, dass jede Linearkombination $\lambda \underline{x} + (1 - \lambda) \underline{y}$ mit $\lambda \in [0, 1]$ wiederum zu $\mathcal{S}$ gehört, m.a.W., dass $\|\lambda \underline{x} + (1 - \lambda) \underline{y}\| \leq 1$ gilt. Dies folgt so: Es gilt

$$
\begin{aligned}
\|\lambda\underline{x} + (1-\lambda)\underline{y}\| \;&\leq\; \|\lambda\underline{x}\| + \|(1-\lambda)\underline{y}\| &&\text{(nach Dreiecksungleichung (N3))}\\
&\leq\; \lambda\|\underline{x}\| + (1-\lambda)\,\|\underline{y}\| &&\text{(nach Normeigenschaft (N2))}\\
&\leq\; \lambda\cdot 1 + (1-\lambda)\cdot 1 &&\text{(denn }\|\underline{x}\|\leq 1, \|\underline{y}\|\leq 1\text{)}\\
&=\; 1 &&\text{(``Rechnung''),}
\end{aligned}
$$

wie gefordert.

Nichtbeispiele 22.5 ($\nearrow$ Ü). Nicht konvex sind folgende Teilmengen von $\mathcal{M} := \mathbb{R}^n$ ($n \in \mathbb{N}$ beliebig):

(i) Jede *endliche* Teilmenge $M \subseteq \mathcal{M}$ mit mehr als einem Punkt.

(ii) Die Einheitssphäre $M = \{\underline{x} \in \mathcal{M} \,|\, \|\underline{x}\| = 1\}$ (d.h., die Oberfläche der Einheitskugel).

Wir interessieren uns besonders für *ökonomische* Anwendungen. Typischerweise hat man es dort mit Vektoren zu tun, deren Komponenten sämtlich nichtnegativ sind. Diese entstammen im $\mathbb{R}^1$ dem nichtnegativen Zahlenstrahl, im $\mathbb{R}^2$ dem ersten Quadranten, im $\mathbb{R}^3$ dem ersten Oktanden, für beliebiges $n \in \mathbb{N}$ allgemein dem *ersten Orthanten*:

Beispiel 22.6 ($\nearrow$Ü). Für jedes $n \in N$ sind sowohl der erste Orthant

$$
\mathbb{R}^n_+ := \{\underline{x} \in \mathbb{R}^n \,|\, \underline{x} \geq 0\}
$$

als auch sein Inneres

$$
\overset{\circ}{\mathbb{R}}{}^n_+ := \{\underline{x} \in \mathbb{R}^n \,|\, \underline{x} \gg 0\}
$$

konvexe Mengen. $\triangle$

Grob formuliert zeigt uns dieses Beispiel, dass "größtmögliche" ökonomische Handlungsspielräume konvexe Mengen sind. Das folgende Beispiel zeigt, dass dies auch für weniger große Handlungsspielräume zutrifft.

Beispiel 22.7. Zur Beantwortung der Frage, mittels welcher Produktionspläne $\underline{x}$ ein Unternehmen gegebene Maschinenzeitfonds aufbrauchen könne, hatten wir uns bereits für die nichtnegativen Lösungen des GLS

$$
\begin{pmatrix} 7\;1\;2 \\ 12\;2\;3 \\ 8\;0\;4 \end{pmatrix} \cdot \begin{pmatrix} x_1 \\ x_2 \\ x_3 \end{pmatrix} = \begin{pmatrix} 46 \\ 78 \\ 56 \end{pmatrix} \tag{22.1}
$$

interessiert, wobei unterstellt wurde, dass die entstehenden Produkte in beliebig teilbaren Mengen herstellbar seien. Als Lösungsmenge war dann in dem Beispiel 19.52 ermittelt worden

$$
\mathbb{L}_{oec} = \left\{ \begin{pmatrix} x_1 \\ x_2 \\ x_3 \end{pmatrix} = \begin{pmatrix} 0 \\ 18 \\ 14 \end{pmatrix} + x_1 \begin{pmatrix} 1 \\ -3 \\ -2 \end{pmatrix} \;\Big|\; x_1 \in [\,0, 6\,] \right\}. \tag{22.2}
$$

Wir behaupten hier: Diese Menge ist konvex!

Denn: Es handelt sich hierbei um eine Strecke im $\mathbb{R}^3$, die nach Behauptung 22.3 konvex ist. △

Bemerkung 22.8. Unser Konvexitätsnachweis beruht auf der Ergebnisdarstellung (22.2). Wir könnten jedoch sogar nachweisen, dass $\mathbb{L}_{oec}$ konvex ist, ohne diese Darstellung überhaupt zu kennen (und insbesondere ohne das lineare GLS (22.1) zu lösen)! Der Trick dabei: Die Konvexität wird schon aus der Problemstellung "herausgeholt".

Wir werden diese Methode in 2 Schritten demonstrieren, wobei wir im Interesse maximaler Bequemlichkeit auf Zahlenwerte völlig verzichten. Im ersten Schritt betrachten wir beliebige Gleichungssysteme:

Satz 22.9. *Die Lösungsmenge $\mathbb{L}$ jedes beliebigen linearen Gleichungssystems $A\underline{x} = \underline{b}$ ist konvex.*

Denn: Falls das GLS unlösbar sein sollte, gilt $\mathbb{L} = \emptyset$ – diese Menge ist konvex. Falls es dagegen lösbar ist, wählen wir zwei (nicht notwendig verschiedene!) beliebige Lösungen $\underline{x}$ und $\underline{y}$ und zeigen, dass jede Linearkombination $\underline{z} := \lambda\underline{x} + (1-\lambda)\underline{y}$ (mit $\lambda \in [0,1]$) ebenfalls eine Lösung des GLS ist. In der Tat gilt $A\underline{z} = A(\lambda\underline{x} + (1-\lambda)\underline{y}) = \lambda A\underline{x} + (1-\lambda)A\underline{y} = \lambda\underline{b} + (1-\lambda)\underline{b} = \underline{b}$.

Die folgende Aussage, die sich auf Teilmengen eines beliebigen linearen Raumes bezieht, wird uns noch oft helfen:

Satz 22.10. *Der mengentheoretische Durchschnitt beliebig vieler konvexer Mengen ist konvex.*

Denn: Wir betrachten den Fall zweier konvexer Mengen A, B (in dem gegebenen linearen Raum $\mathcal{M}$). Wir wählen zwei beliebige Punkte $\underline{x}$ und $\underline{y}$ aus dem Durchschnitt $A \cap B$ sowie ein beliebiges $\lambda \in [0,1]$. Weil $\underline{x}$ und $\underline{y}$ beide in A liegen und A konvex ist, liegt $\underline{z} := \lambda\underline{x} + (1-\lambda)\underline{y}$ ebenfalls in A. Analog gilt $\underline{z} \in B$. Also gilt auch $\underline{z} \in A \cap B$. – Die Argumentation im Fall beliebig vieler Mengen verläuft (bei höherem Schreibaufwand) analog.

Beispiel 22.11 (↗F 22.7). $\mathbb{L}_{oec}$ ist die Menge aller nichtnegativen Lösungen des GLS (22.1). Wir können also in abstrakter Form schreiben

$$\mathbb{L}_{oec} = \{\underline{x} \in \mathbb{R}^n \mid A\underline{x} = \underline{b} \wedge \underline{x} \geq 0\} = \mathbb{L} \cap \mathbb{R}_+^n, \qquad (22.3)$$

wobei $n = 3$ sowie A und $\underline{b}$ wie in (22.1) zu wählen sind. Beide Mengen auf der rechten Seite sind konvex – $\mathbb{L}$ als Lösungsmenge eines linearen GLS (Satz 22.9) und $\mathbb{R}_+^n$ nach S als erster Orthant (Beispiel 22.6). Nach unserem vorigen Satz ist auch $\mathbb{L}_{oec}$ als ihr Durchschnitt konvex. △

Beispiel 22.12 (↗Erweiterung von Beispiel 22.7). Wir wollen unser Beispiel nun etwas erweitern: Nach wie vor produziert unser Unternehmen gemäß der spezifischen Verbrauchsmatrix A und verfügt über die Vorräte $\underline{b}$ mit

$$A = \begin{pmatrix} 7 & 1 & 2 \\ 12 & 2 & 3 \\ 8 & 0 & 4 \end{pmatrix} \quad \text{und} \quad \underline{b} = \begin{pmatrix} 46 \\ 78 \\ 56 \end{pmatrix}.$$

Diesmal interessiert sich die Unternehmensleitung – etwas realistischer – nicht nur für diejenigen Produktionspläne, mit denen sich die Vorräte aufbrauchen lassen, sondern vielmehr für diejenigen Produktionspläne, die mit den gegebenen Vorräten *auskommen*. Weil der Rohstoffbedarf bei der Produktion des Programms $\underline{x}$ durch den Vektor $A\underline{x}$ beschrieben wird, handelt sich dabei bei den gesuchten um diejenigen Vektoren $\underline{x}$ in $\mathbb{R}^3$, die *nichtnegativ* sind ($\underline{x} \geq 0$) und gleichzeitig der Verbrauchs*ungleichung* $A\underline{x} \leq \underline{b}$ genügen. Wir haben also ein Motiv uns mit der Lösung linearer Ungleichungen zu beschäftigen, was in den Abschnitten 22.3 und 22.4 geschehen wird. Im Vorgriff stellen wir bereits hier fest: Die Lösung unseres Problems wird wiederum eine konvexe Menge sein!   △

22.2.2 Konvexe Linearkombinationen

Im Zusammenhang mit konvexen Mengen trafen wir auf Linearkombinationen der folgenden Form:

$$\begin{array}{ccccll} \lambda & \underline{x} & + & (1-\lambda) & \underline{y}, & \text{anders bezeichnet} \\ \lambda_1 & \underline{x}_1 & + & \lambda_2 & \underline{x}_2 & (\text{mit } \lambda_1, \lambda_2 \geq 0,\ \lambda_1 + \lambda_2 = 1). \end{array}$$

Es handelt sich um spezielle konvexe Linearkombinationen im Sinne der folgenden Definition:

Definition 22.13. *Es sei $\mathcal{M}$ ein linearer Raum. Eine Linearkombination $\lambda_1 \underline{x}_1 + ... + \lambda_n \underline{x}_n$ von n ($\in \mathbb{N}$) Elementen $\underline{x}_1, ..., \underline{x}_n \in \mathcal{M}$ heißt* konvex *bzw.* konvexe Linearkombination *der Vektoren $\underline{x}_1, ..., \underline{x}_n$, wenn gilt*

(1) $\lambda_1, ..., \lambda_n \geq 0$ und

(2) $\lambda_1 + ... + \lambda_n = 1$.

Beispiel 22.14.

(i) $\frac{1}{2} \begin{pmatrix} 1 \\ 1 \end{pmatrix} + \frac{1}{5} \begin{pmatrix} 1 \\ 2 \end{pmatrix} + \frac{3}{10} \begin{pmatrix} 4 \\ 6 \end{pmatrix}$ ist eine konvexe LK der Vektoren

$\begin{pmatrix} 1 \\ 1 \end{pmatrix}, \begin{pmatrix} 1 \\ 2 \end{pmatrix}$ und $\begin{pmatrix} 4 \\ 6 \end{pmatrix}$

(ii) $\frac{1}{31}\underline{a} + \frac{2}{31}\underline{b} + \frac{3}{31}\underline{c}$ ist eine konvexe LK der Vektoren $\underline{a}, \underline{b}, \underline{c}$ und **0** – man kann sie nämlich umschreiben zu $\frac{1}{31}\underline{a} + \frac{2}{31}\underline{b} + \frac{3}{31}\underline{c} + \frac{25}{31}0$.

(iii) $\begin{pmatrix} 1 \\ 1 \end{pmatrix}$ (ist eine konvexe LK des Vektors $\begin{pmatrix} 1 \\ 1 \end{pmatrix}$, nämlich $1 \cdot \begin{pmatrix} 1 \\ 1 \end{pmatrix}$). $\triangle$

Nichtbeispiele 22.15. (i) $\frac{1}{2} \begin{pmatrix} 1 \\ 1 \end{pmatrix} + \frac{1}{5} \begin{pmatrix} 1 \\ 2 \end{pmatrix} + \frac{4}{10} \begin{pmatrix} 4 \\ 6 \end{pmatrix}$
(die Koeffizientensumme ist $11/10 > 1$)

(ii) $\frac{1}{2} \begin{pmatrix} 1 \\ 1 \end{pmatrix} + \frac{3}{5} \begin{pmatrix} 1 \\ 2 \end{pmatrix} - \frac{1}{10} \begin{pmatrix} 4 \\ 6 \end{pmatrix}$
(die Koeffizienten sind nicht nichtnegativ)

(iii) $\frac{1}{31}\underline{a} + \frac{2}{3}\underline{b} + \frac{3}{31}\underline{c}$ ist keine konvexe LK der Vektoren $\underline{a}, \underline{b}$ und $\underline{c}$!

Die bisherigen Beispiele hatten einen etwas formalen Charakter, sie zeigen uns, wie man auf schematische Weise überprüfen kann, ob eine gegebene Linearkombination eine konvexe ist oder nicht. Was aber bedeuten konvexe LK inhaltlich? Betrachten wir folgende spezielle konvexe LK von reellen Zahlen $x_1, \ldots, x_n$, nämlich: $\frac{1}{n}x_1 + \ldots + \frac{1}{n}x_n$, sehen wir klarer: Es handelt sich um das geläufige arithmetische Mittel von $x_1, \ldots, x_n$. Eine beliebige konvexe Linearkombination $\lambda_1 \cdot \underline{x}_1 + \ldots + \lambda_n \cdot \underline{x}_n$ kann also als *gewichtetes* Mittel der Vektoren $\underline{x}_1, \ldots, \underline{x}_n$ aufgefasst werden.Gewichtete Mittel treten überall dort auf, wo etwas gemischt oder etwas aufgeteilt wird. Sie sind deswegen so wichtig für die Ökonomie, weil es hier im Grunde ständig darum geht, etwas aufzuteilen.

Beispiel 22.16. Eine Tischlereiwerkstatt kann Stühle, Tische oder Kommoden herstellen, wobei stets immer nur eine Art Produkt bearbeitet werden kann. Auf diese Weise können in einem Quartal entweder 420 Stühle oder 180 Tische oder 168 Kommoden oder eben entsprechende anteilige "Mischungen" hergestellt werden. Die Tischlerei bekommt den Auftrag, am Ende des Quartals 105 Stühle, 75 Tische und 168 Kommoden zu liefern. Wird sie diesen Auftrag mit ihren Kapazitäten erfüllen können?

Hierbei geht es darum, die in einem Quartal zur Verfügung stehende Zeit "1" auf die Produktion von Tischen, Stühlen bzw. Kommoden aufzuteilen, wobei λ_1, λ_2 und λ_3 die entsprechenden prozentualen Anteile bezeichnen mögen. Es ist vollkommen natürlich, dass diese nichtnegativ sein müssen und sich zu $1 = 100\%$ summieren müssen. Wenn die Tischlerei ausschließlich Stühle, Tische bzw. Kommoden herstellt, handelt es sich um die "reinen" Produktionsprogramme

$$\underline{x}^1 = \begin{pmatrix} 420 \\ 0 \\ 0 \end{pmatrix}, \quad \underline{x}^2 = \begin{pmatrix} 0 \\ 180 \\ 0 \end{pmatrix}, \quad \underline{x}^3 = \begin{pmatrix} 0 \\ 0 \\ 168 \end{pmatrix}.$$

Das Produktionsziel ist dagegen das gemischte Programm

$$\underline{y} = (105, 75, 168)^T .$$

Es geht also darum, die prozentualen Zeitanteile zur Produktion der "reinen" Programme so zu bestimmen, dass gilt

$$\lambda_1 (420, 0, 0)^T + \lambda_2 (0, 180, 0)^T + \lambda_3 (0, 0, 168)^T = (105, 75, 168)^T$$

bzw. symbolisch

$$\lambda_1 \underline{x}^1 + \lambda_2 \underline{x}^2 + \lambda_3 \underline{x}^3 = \underline{y}$$

bei

$$\lambda_1 + \lambda_2 + \lambda_3 = 1 \quad \text{und} \quad \lambda_1, \lambda_2, \lambda_3 \geq 0.$$

$\triangle$

Beispiel 22.17. Zwei konkurrierende Investmentfonds "Classic" und "Risky" mögen ausschließlich in Aktien der Commerzbank sowie der Automarken BMW und VW investieren. Zu einem gegebenen Zeitpunkt kann ein Investor für 1000 € im Fonds "Risky" ein Portefeuille aus 12 Commerzbank-, 10 BMW - und 5 VW-Aktien erwerben; im Fonds "Classic" werden entsprechend die Stückzahlen 8, 5 und 10 geboten, wobei die (für beide Fonds gleichen) unerfreulichen Gebühren vernachlässigt werden mögen.
Ein Investor interessiert sich für die Struktur aller möglichen Portefeuilles zum Wert von 1 Mio. €.

Lösung: Jedes denkbare Portefeuille ist von der Struktur

$$\lambda \begin{pmatrix} 12000 \\ 10000 \\ 5000 \end{pmatrix} + (1 - \lambda) \begin{pmatrix} 8000 \\ 5000 \\ 10000 \end{pmatrix} \text{(in Stück} \begin{pmatrix} \text{Commerzbank} \\ \text{BMW} \\ \text{VW} \end{pmatrix} \text{- Aktien),}$$

wobei $\lambda \in [0, 1]$ zu wählen ist und denjenigen Anteil der Investitionssumme angibt, der im Fonds "Risky" angelegt wird. $\triangle$

Weitere Beispiele dieser Art findet der Leser in den Übungsaufgaben.

Wir wollen nun auf eine Eigenschaft von konvexen Linearkombinationen hinweisen, die uns später nützlich sein wird. Grob formuliert:

(KuK) Konvexe Linearkombinationen von konvexen Linearkombinationen sind konvexe Linearkombinationen.

Die scheinbare Banalität dieser Merkhilfe beruht darauf, dass sie so sehr verkürzt wurde:

Beispiel 22.18. In einem linearen Raum $\mathcal{M}$ seien die konvexen Linearkombinationen

$$\underline{a} := \frac{1}{3}\underline{b} + \frac{1}{6}\underline{c} + \frac{1}{2}\underline{d} \quad \text{und} \quad \underline{f} := \frac{1}{7}\underline{g} + \frac{6}{7}\underline{h} \tag{22.4}$$

gegeben. Nun werde z.B. die konvexe Linearkombination

$$\underline{l} := \frac{6}{13}\underline{a} + \frac{7}{13}\underline{f} \tag{22.5}$$

betrachtet. Eine kleine Rechnung zeigt nun Folgendes:

$$\underline{l} = \frac{6}{13}\left(\frac{1}{3}\underline{b} + \frac{1}{6}\underline{c} + \frac{1}{2}\underline{d}\right) + \frac{7}{13}\left(\frac{1}{7}\underline{g} + \frac{6}{7}\underline{h}\right)$$

also

$$\underline{l} = \frac{2}{13}\underline{b} + \frac{1}{13}\underline{c} + \frac{3}{13}\underline{d} + \frac{1}{13}\underline{g} + \frac{6}{13}\underline{h}. \tag{22.6}$$

Wir sehen, dass sich der Vektor $\underline{l}$ nicht allein als konvexe LK der Vektoren $\underline{a}$ und $\underline{f}$ schreiben lässt, sondern ebenso als konvexe LK all jener Vektoren, aus denen bereits $\underline{a}$ und $\underline{b}$ konvex kombiniert wurden. $\triangle$

Wir verzichten an dieser Stelle auf eine Formalisierung von (KuK), weil diese weniger neue Erkenntnisse als vielmehr Schreibaufwand produzieren würde. Eine von mehreren nützliche Konsequenz ist z.B. der folgende

Satz 22.19. *Eine Teilmenge M eines linearen Raumes $\mathcal{M}$ ist genau dann konvex, wenn sie mit je endlich vielen Elementen auch sämtliche konvexen Linearkombinationen derselben enthält; formal: M ist genau dann konvex, wenn gilt*

$$\forall n \in \mathbb{N}, \ \forall \underline{x}_1, \ldots, \underline{x}_n \in M, \ \forall \lambda_1, \ldots, \lambda_n \geq 0 \tag{22.7}$$

$$\text{mit} \quad \sum_{i=0}^{n} \lambda_i = 1: \quad \lambda_1 \underline{x}_1 + \ldots + \lambda_n \underline{x}_n \in M.$$

Wenn eine Menge konvex ist, kann man also nach Herzenslust konvexe Linearkombinationen aus ihren Elementen bilden, ohne diese Menge zu verlassen.

22.2.3 Konvexe Hülle

22.2.3.1 Zum Begriff

In verschiedenen Beispielen interessieren wir uns für alle konvexen Linearkombinationen, die sich aus gegebenen Vektoren bilden lassen. Dies führt uns zum Begriff der konvexen Hülle:

Definition 22.20. *Es seien $\mathcal{M}$ ein linearer Raum und M eine nichtleere Teilmenge von $\mathcal{M}$. Die Menge aller Vektoren, die sich als konvexe Linearkombinationen aus je endlich vielen Elementen aus M darstellen lassen, heißt* konvexe Hülle *von M, symbolisch conv(M).*

Was bedeutet diese Formulierung? Für eine beliebige, aber feste Zahl $n \in \mathbb{N}$ und eine beliebige, aber feste Auswahl von n Punkten $\underline{x}_1, \ldots, \underline{x}_n$ aus M können wir alle denkbaren konvexen Linearkombinationen $\lambda_1 \cdot \underline{x}_1 + ... + \lambda_n \cdot \underline{x}_n$ bilden. Anschließend stellen wir uns diesen Vorgang für jeden möglichen Wert von $n \in \mathbb{N}$ und jede denkbare Auswahl von Punkten $\underline{x}_1, ..., \underline{x}_n$ aus M wiederholt vor. Die Menge aller auf diese Weise entstehenden konvexen Linearkombinationen ist $conv(M)$.

Formaler können wir diese Definition so ausdrücken:

$$conv(M) = \{\Sigma_1^n \lambda_i \cdot \underline{x}_i \mid n \in \mathbb{N}, \underline{x}_1, ..., \underline{x}_n \in M, \lambda_1, ..., \lambda_n \geq 0, \Sigma_1^n \lambda_i = 1\}. \quad (22.8)$$

Diese Formulierung wirkt deswegen ewas kompliziert, weil nicht nur die Koeffizienten $\lambda_1, ..., \lambda_n$ variieren können, sondern auch deren Anzahl n, sowie die ausgewählten Punkte $\underline{x}_1, ..., \underline{x}_n$ (grün hervorgehoben). Sie wurde bewusst so gewählt, weil es möglich ist, dass es sich bei M um eine unendliche Menge handelt, wo unendlich viele derartige Auswahlen möglich sind. Ähnlich wie beim Thema "lineare Hülle" werden wir sehen, dass das Ergebnis zum Glück oft bereits mit viel geringerem Aufwand explizit beschrieben werden kann und überdies eine geometrische Bedeutung hat.

Wir beginnen mit dem einfachsten Fall, in dem die Menge M endlich – also von der Form $M = \{\underline{x}_1, ..., \underline{x}_n\}$ – ist. In diesem Fall schreiben wir auch $conv(x_1, ..., x_k)$ für $conv(M)$. Der Ausdruck (22.8) vereinfacht sich hier erheblich:

Satz 22.21. *Für jede endliche Teilmenge $M = \{\underline{x}_1, ..., \underline{x}_k\}$ eines linearen Raumes $\mathcal{M}$ gilt*

$$conv(M) = \{\lambda_1 \cdot \underline{x}_1 + ... + \lambda_k \cdot \underline{x}_k \mid \lambda_1, ..., \lambda_k \geq 0, \Sigma_1^k \lambda_i = 1\}. \quad (22.9)$$

Weil wir die mit M vorgegebenen Punkte $\underline{x}_1, ..., \underline{x}_k$ kennen, haben wir so eine praktikable explizite Beschreibung von $conv(M)$ zur Hand. Sie hat gegenüber (22.8) den Vorteil, dass die grün hervorgehobenen Bestandteile entfallen. Die Begründung der Behauptung ist einfach: Wählen wir die Anzahl n größtmöglich – nämlich $n = k$ – erfassen wir bereits alle konvexen Linearkombinationen mit, die sich aus "weniger" ausgewählten Punkten bilden ließen – wir brauchen lediglich die Koeffizienten der nicht benötigten Punkte auf Null zu setzen.

22.2.3.2 Beispiele und geometrische Interpretation

Betrachten wir nun konkretere Beispiele und ihre geometrische Interpretation. Dabei gehen wir von Teilmengen M eines gegebenen linearen Raumes $\mathcal{M}$ aus.

Beispiel 22.22. Im Falle einer einelementigen Menge $M = \{\underline{x}\}$ gilt $conv(M) = M = \{\underline{x}\}$ (geometrisch handelt es sich um einen Punkt).
(*Denn:* In (22.9) ist $k = 1$ und daher $\lambda_1 = 1$.) $\triangle$

Beispiel 22.23. Im Falle einer zweielementigen Menge[1] $M = \{\underline{x}_1, \underline{x}_2\}$ ist

---

[1]"zweielementig" impliziert $\underline{x}_1 \neq \underline{x}_2$.

$conv(M)$ eine Strecke:

$$conv(\underline{x}_1, \underline{x}_2) = \{\lambda_1 \underline{x}_1 + \lambda_2 \underline{x}_2 \mid \lambda \in [0, 1]\}$$

(es handelt sich um die Strecke mit den Endpunkten $\underline{x}_1$ und $\underline{x}_2$). △

Beispiel 22.24. Im Falle einer dreielementigen Menge[2] $M = \underline{a}, \underline{b}, \underline{c}$ ist $conv(M)$ das volle "Dreieck" mit den Eckpunkten $\underline{a}, \underline{b}$ und $\underline{c}$.

(*Denn:* Wir skizzieren einmal unsere drei Punkte $\underline{a}, \underline{b}$ und $\underline{c}$ und fragen uns, wo der durch eine beliebige konvexe Linearkombination aus diesen dargestellte Punkt $\underline{z} := \alpha\underline{a} + \beta\underline{b} + \gamma\underline{c}$ (mit $\alpha, \beta, \gamma \geq 0$, $\alpha + \beta + \gamma = 1$) liegt. Wir betrachten zwei Fälle:

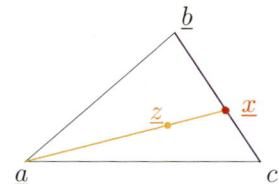

(1) Wenn der Koeffizient α Eins ist, handelt es sich in Wirklichkeit um eine konvexe Kombination aus den beiden Eckpunkten $\underline{b}$ und $\underline{c}$, also um einen Punkt auf deren Verbindungsstrecke.

(2) Wenn der Koeffizient α von Eins verschieden ist, können wir schreiben

$$\underline{z} = \alpha\underline{a} + (1-\alpha)\left[\underbrace{\frac{\beta}{1-\alpha}}_{=:\mu}\underline{b} + \underbrace{\frac{\gamma}{1-\alpha}}_{=:\nu}\underline{c}\right] \qquad (22.10)$$

$$\underbrace{\phantom{\frac{\beta}{1-\alpha}\underline{b} + \frac{\gamma}{1-\alpha}\underline{c}}}_{=:\underline{x}}$$

also
$$\underline{z} = \alpha\underline{a} + (1-\alpha)\underline{x} \qquad (22.11)$$

mit
$$\underline{x} = \mu\underline{b} + \nu\underline{c} \qquad (22.12)$$

Hierbei gilt $\mu \geq 0, \nu \geq 0$ und

$$\mu + \nu = \frac{\beta}{1-\alpha} + \frac{\gamma}{1-\alpha} = \frac{\beta+\gamma}{1-\alpha} = \frac{1-\alpha}{1-\alpha} = 1,$$

also handelt es sich bei $\underline{x}$ um eine konvexe Linearkombination aus $\underline{b}$ und $\underline{c}$ – mithin liegt der (rot hervorgehobene) Punkt $\underline{x}$ auf der Verbindungsstrecke von $\underline{b}$ und $\underline{c}$ (rot). (22.11) besagt nun, dass $\underline{z}$ als konvexe Kombination von $\underline{a}$ und $\underline{x}$ auf der Verbindungsstrecke (orange) von $\underline{a}$ und $\underline{x}$ und damit innerhalb des Dreiecks $\underline{a}, \underline{b}, \underline{c}$ liegt. Da wir durch passende Variation von α, β und γ jeden Punkt $\underline{x}$ auf der Verbindungsstrecke $\underline{b} - \underline{c}$ und jeden Punkt $\underline{z}$ der Verbindungsstrecke $\underline{a} - \underline{x}$ erreichen können, ist klar, dass wir auf diese Weise

---

[2]"dreielementig" bedeutet insbesondere $\underline{a} \neq \underline{b}$, $\underline{a} \neq \underline{c}$ und $\underline{b} \neq \underline{c}$.

das volle Dreieck $\underline{abc}$ ausschöpfen.

Wir können uns diese Variation vereinfacht so vorstellen, dass wir die orangefarbene, von $\underline{a}$ ausgehende Strecke
durch das gesamte Dreieck laufen las-
sen.

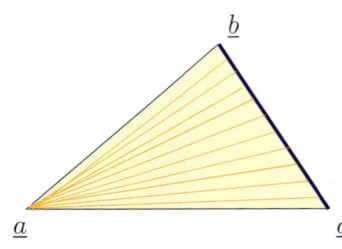

$\triangle$

Beispiel 22.25. Wir nehmen an, das letzte Beispiel bezöge sich auf den
Raum $\mathcal{M} = \mathbb{R}^2$, und nehmen zu unserer Menge $M = \underline{a}, \underline{b}, \underline{c}$ einen weiteren
Punkt $\underline{d}$ hinzu – allerdings einen, der bereits im Inneren des Dreiecks $\underline{a}, \underline{b}, \underline{c}$
liegt. Es ist intuitiv plausibel, dass nunmehr gilt $conv(\underline{a}, \underline{b}, \underline{c}, \underline{d}) = conv(\underline{a}, \underline{b}, \underline{c})$
– die gesuchte konvexe Hülle ist dieselbe wie im vorigen Beispiel, und durch
Hinzunahme des zusätzlichen Punktes $\underline{d}$ in die konvexen Linearkombinationen
lassen sich keine neuen Punkte darstellen. $\triangle$

Beispiel 22.26. Wenn nun weiterhin ein Punkt $\underline{e}$ außerhalb des Dreiecks
$\underline{a}, \underline{b}, \underline{c}$ zu M hinzugenommen wird, entsteht mit $conv(\underline{a}, \underline{b}, \underline{c}, \underline{e})$ etwas Neues –
nämlich ein Viereck.
Beide Mengen im Vergleich:

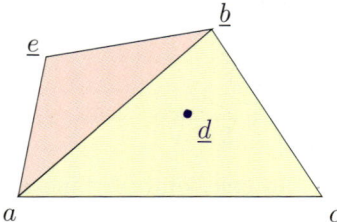

Das folgende Bild zeigt die konvexe Hülle von vier *nicht* in einer Ebene lie-
genden Punkten $\underline{a}, \underline{b}, \underline{c}, \underline{e}$ des $\mathbb{R}^3$. Es handelt sich um ein unregelmäßiges Te-
traeder.

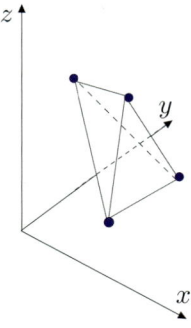

$\triangle$

Beispiel 22.27. Wir betrachten nun die Menge

$$M := S_1 = \{\underline{x} \in \mathbb{R}^2 \,|\, \|\underline{x}\| = 1\},$$

d.h., die Einheitskreislinie (rot im Bild) – dies ist eine unendliche Menge. Dennoch ist es nicht schwer zu erkennen, was die konvexe Hülle ist: Es handelt sich um $S_2 := \{\underline{x} \in \mathbb{R}^2 \,|\, \|\underline{x}\| \leq 1\}$, d.h., die volle Einheitskreisscheibe (pastellgelb).

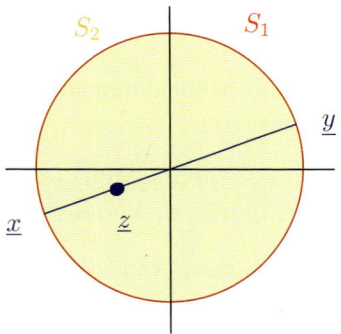

Die Begründung: Jeder Punkt $\underline{z}$ der Kreisscheibe liegt auf einem (eindeutig bestimmten) Durchmesser (blau) und lässt sich als konvexe Linearkombination von dessen Endpunkten $\underline{x}$ und $\underline{y}$ darstellen. Deswegen gilt $S_2 \subseteq conv(S_1)$. Umgekehrt liegt jede konvexe Kombination zweier Punkte $\underline{u}, \underline{v}$ der Kreislinie auf deren Verbindungsstrecke und damit in der vollen Kreisscheibe; es folgt $conv(S_1) \subseteq S_2$. Daher müssen beide Mengen gleich sein: $conv(S_1) = S_2$. $\triangle$

22.2.3.3   Einige einfache Eigenschaften

Behauptung 22.28. *Es seien $\mathcal{M}$ ein linearer Raum und M eine nichtleere Teilmenge von $\mathcal{M}$. Dann gilt:*

(i) $conv(M)$ ist eine konvexe Menge.

(ii) $M \subseteq conv(M)$.

(iii) $M \subseteq N \Longrightarrow conv(M) \subseteq conv(N)$.

(iv) M *konvex* $\Longrightarrow conv(M) = M$.

(v) $conv(conv(M)) = conv(M)$.

Begründungen und Erläuterungen:

(i) Diese Aussage folgt unmittelbar aus der Eigenschaft (KuK) und rechtfertigt die Bezeichnung "konvexe Hülle".

(ii) folgt selbstverständlich aus der Definition und besagt, dass die konvexe Hülle von M die Menge tatsächlich "einhüllt" – im Sinne einer Obermenge.

(iii) besagt, dass die Bildung der konvexen Hülle eine monotone Operation ist; dies ist intuitiv plausibel, denn aus "mehr Vektoren" lassen sich auch "mehr konvexe Linearkombinationen" bilden.

(iv) drückt aus: Eine konvexe Menge lässt sich durch konvexe Hüllenbildung nicht mehr verändern. (Dies war bereits im Beispiel 22.27 zu sehen.) In der Tat: $conv(M)$ besteht aus allen konvexen LK, die sich aus je endlich vielen Elementen von M bilden lassen. Nach Satz 22.19 liegen aber all diese LK bereits in M. Dies bedeutet: $conv(M) \subseteq M$, und wegen (ii) muss gelten $conv(M) = M$.

(v) besagt, dass eine doppelte Hüllenbildung nichts Neues mehr erbringt; dies folgt unmittelbar aus (iv).

Wir wissen bereits, warum $conv(M)$ eine Hülle von M und konvex ist – aber noch nicht, inwiefern es gerechtfertigt ist, von *der* konvexen Hülle zu sprechen.

Satz 22.29. *Es seien $\mathcal{M}$ ein linearer Raum und M eine nichtleere Teilmenge von $\mathcal{M}$. Die konvexe Hülle $conv(M)$ von M ist der mengentheoretische Durchschnitt aller konvexen Obermengen von M.*

Dieser Satz hat einen sehr anschaulichen Gehalt, wie das nebenstehende Bild zeigt: Gegeben sei die Menge M (die selbst nicht konvex sein muss). Wir begeben uns auf die Suche nach Obermengen von M, die konvex sind.

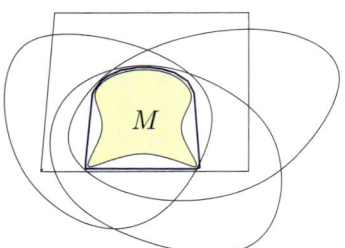

Im Bild sind 4 dieser Mengen eingezeichnet; es ist jedoch einsichtig, dass es unendlich viele weitere derartige Mengen gibt. Nach Satz 22.29 ist der Durchschnitt all dieser Mengen eindeutig bestimmt und wiederum konvex. Bei $conv(M)$ handelt es sich also um die kleinste konvexe Obermenge von M.

22.2.3.4   Analogien zur linearen Hülle

Ganz analog kann man die lineare Hülle $\mathcal{L}(M)$ von M bilden – dabei werden allerdings nicht solche Obermengen von M betrachtet, die konvex sind, sondern solche, die selbst lineare Teilräume von $\mathcal{M}$ sind (also Geraden durch 0, Ebenen durch 0 usw.). (Bildlich gesprochen, wird die Menge M durch sperrigere Objekte "eingehüllt" als im Fall der konvexen Hülle.) Weil nun jeder lineare Teilraum von $\mathcal{M}$ auch konvex ist (Satz 22.2), werden bei der Bildung der konvexen Hülle "mehr" Mengen in die Durchschnittsbildung einbezogen als bei der Bildung der linearen Hülle, was den Durchschnitt "kleiner" macht. Eine unmittelbare Konsequenz hiervon ist: Die konvexe Hülle ist Teil der linearen Hülle: $conv(M) \subseteq \mathcal{L}(M)$.

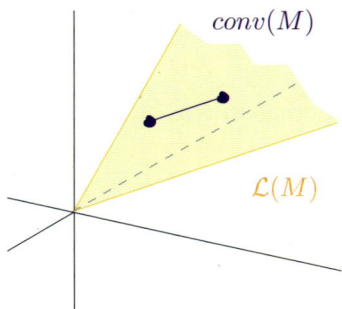

Die Übersicht auf Seite 938 stellt die vielfältigen Analogien zwischen linearen und konvexen Hüllen zusammen.

22.2.3.5   Das "Zugehörigkeitsproblem"

Ein typisches Problem ist es, zu entscheiden, ob ein bestimmter Vektor $\underline{y}$ zur konvexen Hülle einer gegebenen Menge E gehört oder nicht (wir werden sehen, dass es sich hierbei um ein durchaus *ökonomisches* Problem handelt). Nehmen wir an, es handele sich bei E um eine endliche Teilmenge des $\mathbb{R}^m$, etwa $E = \{\underline{x}_1, \dots, \underline{x}_n\}$. Nach Satz 22.21 gehört der Vektor $\underline{y}$ genau dann zur Menge $M := conv(E) = conv(\underline{x}^1, \dots, \underline{x}^n)$, wenn er sich als konvexe Linearkombination der Vektoren $E = \{\underline{x}^1, \dots, \underline{x}^n\}$ darstellen lässt. In dieser Formulierung stecken drei Bedingungen:

- Erstens muss $\underline{y}$ als *Linearkombination* von $\underline{x}_1, \dots, \underline{x}_n$ darstellbar sein, d.h., das lineare Gleichungssystem

$$\lambda_1 \underline{x}^1 + \dots + \lambda_n \underline{x}^n = \underline{y} \tag{22.13}$$

mit den Unbekannten $\lambda_1, \dots, \lambda_n$ muss lösbar sein.

- Zweitens muss die Summe dieser Unbekannten Eins ergeben. Wir suchen also eine Lösung von (22.13), die der zusätzlichen Gleichung

$$\lambda_1 \cdot 1 + \dots + \lambda_n \cdot 1 = 1 \tag{22.14}$$

genügt.

- Drittens muss gelten $\lambda_1, \ldots, \lambda_n \geq 0$.

Um diese zu überprüfen, kann man so vorgehen: Zunächst stellt man das aus (22.13) und (22.14) simultan bestehende Gleichungssystem auf und ermittelt seine Lösungsmenge. Sofern es überhaupt lösbar ist, stellt man fest, ob es einen oder mehrere Lösungsvektoren $\underline{\lambda}$ gibt, für die gilt $\underline{\lambda} \geq 0$.

Beispiel 22.30. Im $\mathbb{R}^2$ seien die Punkte

$$\underline{a} := \begin{pmatrix} 2 \\ 3 \end{pmatrix}, \underline{b} := \begin{pmatrix} 10 \\ 1 \end{pmatrix}, \underline{c} := \begin{pmatrix} 13 \\ 9 \end{pmatrix} \quad \text{und} \quad \underline{e} := \begin{pmatrix} 4 \\ 4 \end{pmatrix} \text{gegeben.}$$

Es soll festgestellt werden, ob $\underline{e} \in conv(\underline{a}, \underline{b}, \underline{c})$ gilt.

Lösung: Wir stellen das Gleichungssystem (22.13) auf und ergänzen es um die Gleichung (22.14); so erhalten wir (mit passend abgewandelten Bezeichnungen) das GLS

$$\begin{array}{ccccccc} \alpha\underline{a} & + & \beta\underline{b} & + & \gamma\underline{c} & = & \underline{e} \\ \alpha 1 & + & \beta 1 & + & \gamma 1 & = & 1 \end{array}$$

bzw.

$$\begin{array}{ccccccc} \alpha\begin{pmatrix} 2 \\ 3 \end{pmatrix} & + & \beta\begin{pmatrix} 10 \\ 1 \end{pmatrix} & + & \gamma\begin{pmatrix} 13 \\ 9 \end{pmatrix} & = & \begin{pmatrix} 4 \\ 4 \end{pmatrix} \\ \alpha 1 & + & \beta 1 & + & \gamma 1 & = & 1. \end{array}$$

Die Lösung mit Hilfe des ATV könnte so verlaufen:

T0	α	β	γ	1	T1	β	γ	1
·	2	10	13	-4	·	8	11	-2
·	3	1	9	-4	·	(-2)	6	-1
·	(1)	1	1	-1	α	-1	-1	1
	$*$	-1	-1	1		$*$	3	$-1/2$

T2	γ	1	T3	1
·	(35)	-6	γ	$12/70$
β	3	$-1/2$	β	$1/70$
α	-4	$3/2$	α	$57/70$
	$*$	$6/35$		

Wir sehen, dass dieses GLS lösbar ist, und zwar eindeutig:

$$[\alpha, \beta, \gamma] = \left[\frac{57}{70}, \frac{1}{70}, \frac{12}{70}\right]^T.$$

Diese Lösung ist nichtnegativ.

Ergebnis: Der Vektor $\underline{e}$ ist als konvexe LK der Vektoren $\underline{a}, \underline{b}$ und $\underline{c}$ darstellbar (und zwar eindeutig). △

(Die in dieser Rechnung auftretenden Brüche mögen nicht jedermanns Geschmack treffen, sind jedoch ihrer Natur nach unvermeidlich, weil die Zahlen α, β und γ in einer konvexen LK nur Werte zwischen Null und Eins annehmen dürfen.)

Beispiel 22.31. Diesmal sei neben den Punkten $\underline{a}, \underline{b}$ und $\underline{c}$ des vorigen Beispiels noch der Punkt $\underline{f} := \begin{pmatrix} 11 \\ 8 \end{pmatrix}$ gegeben. Auch für diesen Punkt ist zu entscheiden, ob er der konvexen Hülle $conv(\underline{a}, \underline{b}, \underline{c})$ angehört.

Lösung: Wie im vorigen Beispiel setzen wir durch Kombination von (22.13) und (22.14) ein lineares GLS an. Die Rechnung könnte z.B. so ablaufen:

T0	α	β	γ	1	T1	β	γ	1
·	2	10	13	−11	·	8	11	−9
·	3	1	9	−8	·	(-2)	6	−5
·	(1)	1	1	−1	α	−1	−1	1
	*-	−1	−1	1		*	3	−5/2

T2	γ	1	T3	1
·	(35)	−29	γ	58/70
β	3	−5/2	β	−1/70
α	−4	7/2	α	13/70
	*	29/35		

Auch dieses GLS ist eindeutig lösbar, allerdings ist die Lösung $[\alpha, \beta, \gamma]^T = \left[\frac{58}{70}, -\frac{1}{70}, \frac{13}{70}\right]^T$ *nicht* nichtnegativ. Es gibt also keine Möglichkeit, den Punkt $\underline{f}$ als konvexe LK der Punkte $\underline{a}, \underline{b}$ und $\underline{c}$ darzustellen. △

Bemerkung 22.32. Man könnte versucht sein, Probleme dieser Art grafisch zu lösen. Unser Bild zeigt die konvexe Hülle $conv(\underline{a}, \underline{b}, \underline{c})$ – also das von den Punkten $\underline{a}, \underline{b}$ und $\underline{c}$ aufgespannte Dreieck. Der Punkt $\underline{e}$ gehört diesem Dreieck an, der Punkt $\underline{f}$ hingegen nicht.

Das Problem hierbei: Selbst für das geübte Auge ist diese Unterscheidung schwierig. Zur Vermeidung von Irrtümern ist die Rechnung das geeignete Mittel – erst recht natürlich zur Lösung vergleichbarer Probleme in höherdimensionalen Räumen.

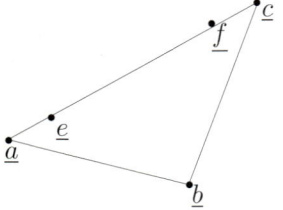

Beispiel 22.33. Wir betrachten wiederum die Punkte $\underline{a}, \underline{b}, \underline{c}$ und $\underline{e}$ aus Beispiel 22.30, nehmen jedoch noch den Punkt $\underline{d} := \begin{pmatrix} 5 \\ 10 \end{pmatrix}$ hinzu und fragen, ob der Punkt $\underline{f}$ der konvexen Hülle $conv(\underline{a}, \underline{b}, \underline{c}, \underline{d})$ angehört.

Lösung: Diesmal handelt es sich bei der konvexen Hülle um ein Viereck, und unser Bild lässt keine Zweifel: Die Antwort auf die gestellte Frage lautet ja. Trotzdem mag es interessant sein, einmal die zugehörige Rechnung zu inspizieren. Sie könnte etwa so verlaufen:

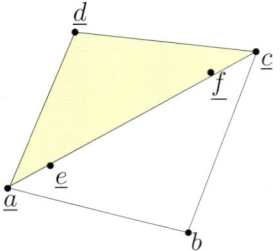

T0	α	β	γ	δ	1	T1	β	γ	δ	1
·	2	10	13	5	-11	·	8	11	3	-9
·	3	1	9	10	-8	·	⊙-2	6	7	-5
·	①1	1	1	1	-1	α	-1	-1	-1	1
	*	-1	-1	-1	1		*	3	$7/2$	$-5/2$

T2	γ	δ	1	T3	δ	1
·	㉟35	31	-29	γ	$-62/70$	$29/35$
β	3	$7/2$	$-5/2$	β	$59/70$	$-1/70$
α	-4	$-9/2$	$7/2$	α	$-67/70$	$13/70$
	*	$-31/35$	$29/35$			

Wir sehen, dass das GLS lösbar ist und gleichzeitig bei diesem Problem zwei Besonderheiten auftreten

- Erstens ist die Lösung *mehrdeutig*. Die Ursache ist plausibel: Wir sahen bereits etwas früher, wie ein Punkt innerhalb eines Dreiecks eindeutig als konvexe LK der Ecken dargestellt werden kann. Nun haben wir es hier mit einem Viereck zu tun, welches insgesamt vier Dreiecke enthält, die aus je drei Eckpunkten des Vierecks gebildet werden. Unser Punkt gehört zwei von diesen Dreiecken an, besitzt also zwei verschiedene konvexe LK-Darstellungen – und mit diesen auch alle "Mischungen" davon.

- Zweitens ist nicht sofort zu erkennen, ob nichtnegative Lösungen dieses GLS existieren. In der Tat, jeder Lösungsvektor hat die Form

$$
\begin{pmatrix} \alpha \\ \beta \\ \gamma \\ \delta \end{pmatrix} = \begin{pmatrix} 13/70 \\ -1/70 \\ 58/70 \\ 0 \end{pmatrix} + \delta \begin{pmatrix} -67/70 \\ 59/70 \\ -31/35 \\ 1 \end{pmatrix} \quad \text{mit einem passenden } \delta \in \mathbb{R}.
$$

Damit dieser Vektor nichtnegativ sein kann, müssen folgende vier Ungleichungen simultan erfüllt sein: $\delta \leq \frac{13}{67}, \frac{1}{59} \leq \delta, \delta \leq \frac{58}{62}$ und $0 \leq \delta$. Es ist leicht zu sehen, dass die linken beiden Ungleichungen maßgeblich sind: Nimmt δ einen Wert im Intervall $\left[\frac{1}{59}, \frac{13}{67}\right]$ an, sind alle vier Koeffizienten nichtnegativ. Da ihre Summe wegen (22.14) Eins ergibt, ist der Punkt $\underline{f}$ als konvexe Kombination von $\underline{a}, \underline{b}, \underline{c}$ und $\underline{d}$ darstellbar.

Zusammengefasst bestätigt diese Rechnung unsere aus der Skizze abgelesene Vermutung.   △

Um den ökonomischen Nutzen unserer Überlegungen zu zeigen, betrachten wir das folgende

Beispiel 22.34. Eine Tischlerei kann in einem Quartal entweder 420 Stühle oder 180 Tische oder 168 Kommoden herstellen. Ist es möglich, in einem Quartal 105 Stühle, 75 Tische und 56 Kommoden herzustellen? (Umrüstzeiten mögen vernachlässigbar sein.)

Lösung: Wir haben drei "reine" Produktionsprogramme gegeben: $[420, 0, 0]^T$, $[0, 180, 0]^T$ und $[0, 0, 168]^T$ (jeweils in Stühlen/ Tischen/ Kommoden). Die Frage lautet, ob sich das gewünschte Produktionsprogramm $[105, 75, 56]^T$ als konvexe Linearkombination derselben darstellen lässt. Eine leichte Rechnung zeigt: Ja, und zwar eindeutig wie folgt:

$$
\frac{1}{4} \begin{pmatrix} 420 \\ 0 \\ 0 \end{pmatrix} + \frac{5}{12} \begin{pmatrix} 0 \\ 180 \\ 0 \end{pmatrix} + \frac{1}{3} \begin{pmatrix} 0 \\ 0 \\ 168 \end{pmatrix} = \begin{pmatrix} 105 \\ 75 \\ 56 \end{pmatrix}
$$

Ergebnis: Die gewünschte Produktion ist möglich. Die Mischungskoeffizienten $1/4, 5/12$ und $1/3$ geben dabei die Zeitanteile (des jeweiligen) Quartals an, die auf die Herstellung von Stühlen, Tischen bzw. Kommoden zu verwenden sind.   △

Beispiel 22.35 (↗F 22.17)**.** Wir erinnern uns, dass die konkurrierenden Investmentfonds "Classic" und "Risky" ausschließlich in Aktien der Commerzbank sowie der Automarken BMW und VW investieren. Heute kann ein Investor für 1000 € im Fonds "Risky" ein Portefeuille aus 12 Commerzbank-, 10 BMW – und 5 VW-Aktien erwerben; im Fonds "Classic" sind entsprechend die

Stückzahlen 8, 5 und 10 geboten (Gebühren mögen vernachlässigt werden). Ein Investor hätte für sein eingesetztes Kapital in Höhe von 700000 € gern genauso viele Aktien der Commerzbank wie von VW. Lässt sich dieses Ziel durch gesplittete Investition in beide Fonds erreichen? Wenn ja: Wie ist das investierte Kapital auf die beiden Fonds aufzuteilen, und wieviele Aktien der drei Unternehmen wird der Investor erhalten?

Lösung: Es genügt für den Anfang anzunehmen, es wäre lediglich ein Kapital von 1000 € aufzuteilen – wenn die Aufteilung gelingt, kann der höhere Betrag von 700000 € im selben Verhältnis aufgeteilt werden. Bei Investition von $\lambda \cdot 1000$ € in "Classic" und $(1 - \lambda) \cdot 1000$ € in "Risky" erhält der Investor ein Portefeuille, das einerseits aus "Classic" und "Risky" gemischt ist, andererseits aber gleich viele Aktien der Commerzbank und von VW enthalten soll. Wir gelangen so auf die Forderung

$$\lambda \begin{pmatrix} 12 \\ 10 \\ 5 \end{pmatrix} + \mu \begin{pmatrix} 8 \\ 5 \\ 10 \end{pmatrix} = \begin{pmatrix} x \\ y \\ x \end{pmatrix}, \tag{22.15}$$

wobei die zunächst unbekannten Stückzahlen x und y an Commerzbank- und VW- bzw. an BMW-Aktien ermittelt werden können, sobald zulässige Werte für λ und $\mu(= 1 - \lambda)$ – sofern existent – gefunden sind. Wir versuchen daher, den unbekannten Vektor auf der rechten Seite von (22.15) als konvexe LK der beiden Vektoren links darzustellen. Die Rechnung dazu:

T0	λ	μ	1	T1	μ	1	T2	1
z_1	12	8	$-x$	z_1	(-4)	$12 - x$	μ	$3 - \frac{x}{4}$
z_2	10	5	$-y$	z_2	-5	$10 - y$	z_2	$\frac{5x}{4} - y - 5$
z_3	5	10	$-x$	z_3	5	$5 - x$	z_3	$20 - \frac{9x}{4}$
z_a	(1)	1	-1	λ	-1	1	λ	$\frac{x}{4} - 2$
	$*$	-1	1		$*$	$3 - \frac{x}{4}$		

Das GLS (22.15) ist dann und nur dann lösbar (und zwar eindeutig), wenn die Größen z_2 und z_3 im Ergebnistableau den Wert Null annehmen:

$$z_3 = 20 - 9\frac{x}{4} = 0 \quad \text{und} \quad z_2 = 5\frac{x}{4} - y - 5 = 0.$$

Dies trifft zu für $x = 80/9$ und $y = 55/9$. Es ist leicht, sich davon zu überzeugen, dass die Konstanten λ und μ nichtnegativ sind: Es gilt $\lambda = 2/9$ und $\mu = 7/9$. Also ist unser erstes Problem gelöst: Das investierte Kapital ist im Verhältnis 2:7 auf die beiden Fonds "Classic" und "Risky" aufzuteilen. Bei einer Investition von 1000 € erhält der Investor je 80/9 Aktien der Commerzbank und von VW sowie 55/9 Aktien von BMW. Damit finden wir das

Ergebnis: Von den zu investierenden 700 T€ werden 1400/9 T€ in den Fonds "Classic" und 4900/9 T€ in den Fonds "Risky" investiert, und der Investor erhält je 56000/9 Commerzbank- bzw. VW-Aktien sowie 40500/9 Aktien der Commerzbank.   △

22.2.4 Extrempunkte konvexer Mengen

Unsere Bilder zeigten verschiedene konvexe Mengen M mit "Spitzen", "Ecken" oder anderweitig "extrem weit außen" liegenden Punkten. Die Besonderheit derartiger Punkte ist es, dass sie auf keiner *ganz* in M liegenden Strecke liegen können, ohne zugleich deren Endpunkt zu sein. Anders formuliert:

Jede ganz in M liegende Strecke, die einen derartigen Punkt $\underline{e}$ enthält, endet in diesem Punkt (in unserem Bild blau).

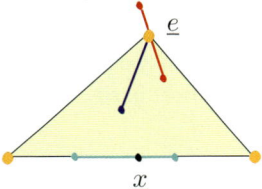

Noch anders formuliert: Keine Strecke, die einen solchen Punkt in ihrem "Inneren" enthält (z.B. die rote Strecke in unserem Bild), liegt *ganz* innerhalb von M.

Definition 22.36. *Es sei M eine nichtleere konvexe Menge. Ein Punkt $\underline{x} \in M$ heißt* extremal *oder* Extrempunkt, *wenn gilt: $\underline{y}, \underline{z} \in M$ und $\underline{y} \neq \underline{z}, \underline{y} \neq \underline{x}, \underline{z} \neq \underline{x} \Longrightarrow \underline{x} \notin conv(\underline{y}, \underline{z})$. Die Menge aller extremalen Punkte von M bezeichnen wir mit Extr(M).*

Es gibt konvexe Mengen, die keinen einzigen extremalen Punkt besitzen (z.B. ist $\mathbb{R}^2$ eine solche Menge), und solche, die unendlich viele extremale Punkte besitzen (z.B. ist jeder Punkt auf der Einheitskreislinie im $\mathbb{R}^2$ ein extremaler Punkt des vollen Einheitskreises). Jede mindestens zweielementige konvexe Menge besitzt Punkte, die nicht extremal sind.

In allen bisher betrachteten Beispielen war die jeweils betrachtete konvexe Menge zugleich konvexe Hülle ihrer extremalen Punkte. (Dies ist ein erster Grund für unser Interesse an extremalen Punkten: Kennt man diese, so kennt man oft bereits die gesamte Menge.) Allerdings ist dies nicht immer so:

Beispiel 22.37. Die Menge $\mathbb{R}^2_+ = [0, \infty) \times [0, \infty)$ ist eine konvexe Teilmenge des $\mathbb{R}^2$. Sie besitzt genau einen extremalen Punkt, nämlich den Koordinatenursprung $0 : Extr(\mathbb{R}^2_+) = 0$. Es ist offensichtlich, dass sie nicht allein von diesem Punkt erzeugt werden kann.   △

Wenn eine Menge nur endlich viele extremale Punkte besitzt, nennt man diese auch isolierte "Ecken".

22.2.5   Spezielle konvexe Mengen

22.2.5.1   Polyeder und Polytope

Wir sahen in mehreren Beispielen, wie die konvexen Hüllen endlicher Teilmengen des $\mathbb{R}^n$ beschaffen sind: Es handelt sich um konvexe Mengen, deren Oberfläche sich aus Punkten, Strecken, Ebenen, Vielecken etc. zusammensetzt. Man bezeichnet diese als "Polytope":

Definition 22.38. *Eine nichtleere Teilmenge M eines linearen Raumes $\mathcal{M}$ heißt (konvexes)* Polytop*, wenn M als konvexe Hülle endlich vieler Punkte $\underline{x}_1, \dots, \underline{x}_n \in \mathcal{M}$ darstellbar ist: $M = conv(\underline{x}_1, \dots, \underline{x}_n)$.*

Die Menge $E := \underline{x}_1, \dots, \underline{x}_n$ könnte in diesem Zusammenhang als "Erzeugendensystem" des Polytops angesehen werden. Das Beispiel 22.33 zeigt, dass ein solches Erzeugendensystem unter Umständen insofern zu groß gewählt werden kann, indem es überflüssige Punkte enthält. Lässt man diese weg, bleiben die Ecken übrig:

Satz 22.39. *Jedes konvexe Polytop ist konvexe Hülle seiner Ecken.*

Satz 22.40. *Jedes konvexe Polytop ist beschränkt und abgeschlossen.*

Jedes Polytop lässt sich nicht nur mit Hilfe seiner Ecken genau beschreiben, sondern auch mit Hilfe der es berandenden Seitenflächen. Damit kommen wir zu einem etwas allgemeineren Begriff:

Definition 22.41. *Es sei $\mathcal{M}$ ein linearer Raum $\neq \{0\}$. Der Durchschnitt endlich vieler abgeschlossener Halbräume von $\mathcal{M}$ heißt (konvexes)* Polyeder*.*

Jedes Polytop ist ein Polyeder, aber nicht umgekehrt. Z. B. ist der erste Quadrant im $\mathbb{R}^2$ Durchschnitt der "oberen" und der "rechten" Halbebene; als solcher aber *nicht* beschränkt und auch nicht konvexe Hülle seiner Ecken.

22.2.5.2   Konvexe Konusse

Definition 22.42. *Eine Teilmenge M eines linearen Raumes $\mathcal{M}$ heißt* Konus[3]*, wenn gilt:*

$$\underline{x} \in M, \lambda > 0 \Longrightarrow \lambda\underline{x} \in M.$$

Ein Konus enthält mit jedem Vektor also auch sämtliche positiven Vielfachen davon, geometrisch deutbar als der von 0 ausgehende Strahl[4] durch $\underline{x}$. Ökonomisch bedeutet die Vervielfachung eines Vektors die simultane Vervielfachung aller Komponenten (z.B. Faktoreinsatzmengen) um denselben Betrag. Daher sind viele "ökonomische" Definitionsbereiche konusförmig. Insbesondere sind

---

[3]Plural: Konus oder Konusse
[4]0 selbst braucht nicht in M enthalten zu sein

die sogenannten *homogenen* Funktionen, die ein wichtiges Thema der Mikro-
ökonomie bilden, generell auf einen Konus definiert.

Unser Bild zeigt einige Konusse im $\mathbb{R}^2$:
Ganz $\mathbb{R}^2$, den eindimensionalen Zahlenstrahl (rot), die Menge $\mathbb{R}^2_+$ (pastell-
rot), und eine Menge M (pastellgelb).
Die letzgenannte Menge ist nicht konvex, die erstgenannten beiden sind es.
Ökonomisch interessant sind insbesondere konvexe Konusse wie diese.

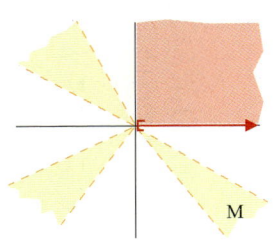

Definition 22.43. *Es sei M eine nichtleere Teilmenge eines linearen Raumes*
$\mathcal{M}$*. Dann nennt man* $cone(M) := \{\lambda \underline{x} \mid \underline{x} \in M, \lambda > 0\}$ *die* Konushülle *von*
M.

Es ist leicht zu sehen, dass $cone(M)$ ein Konus ist; daher nennt man $cone(M)$
auch den von M erzeugten Konus. Umgekehrt ist M als eine ("konusoidales")
Erzeugendensystem von $K := cone(M)$ anzusehen.
Die Konushüllenbildung weist viele Analogien zur Bildung linearer oder konvexer Hüllen auf, die in der nachfolgenden Übersicht dargestellt und dem Leser
zur Überprüfung überlassen werden.

VERGLEICHENDE ÜBERSICHT: HÜLLEN EIGENSCHAFTEN

	Lineare Hülle	Konvexe Hülle	Konushülle
0. Umschließung	$E \subseteq \mathscr{L}(E)$	$E \subseteq conv(E)$	$E \subseteq cone(E)$
1. Monotonie $E \subseteq F \Rightarrow$	$\mathscr{L}(E) \subseteq \mathscr{L}(F)$	$conv(E) \subseteq conv(F)$	$cone(E) \subseteq cone(F)$
2. Idempotenz	$\mathscr{L}(\mathscr{L}(E)) = \mathscr{L}(E)$	$conv(conv(E)) = conv(E)$	$cone(cone(E)) = cone(E)$
3. Art	$\mathscr{L}(E)$ ist LTR	$conv(E)$ ist konvex	$cone(E)$ ist Konus
4. "Unwirksamkeit"	E LTR $\Rightarrow \mathscr{L}(E) = E$	E konvex $\Rightarrow conv(E) = E$	E Konus $\Rightarrow cone(E) = E$
5. Hülleneigenschaft	$\mathscr{L}(E) = \bigcap_{\substack{F \supseteq E \\ F \text{ LTR}}} F$	$conv(E) = \bigcap_{\substack{F \supseteq E \\ F \text{ konvex}}} F$	$cone(E) = \bigcap_{\substack{F \supseteq E \\ F \text{ Konus}}} F$

Satz 22.44. *Es seien $\mathcal{M}$ ein linearer Raum und E, F nichtleere Teilmengen. Dann gilt*

(i) $E \subseteq cone(E)$.

(ii) $E \subseteq F \Longrightarrow cone(E) \subseteq cone(F)$.

(iii) $cone(E)$ *ist Konus* $\Longrightarrow E = cone(E)$.

(iv) $cone(cone(E)) = cone(E \bigcap F)$.

$$F \supseteq E$$

$$F \text{ Konus}$$

Interessanter ist diese Eigenschaft: Die Konushüllenbildung erhält die Konvexität.

Behauptung 22.45 ($\nearrow$Ü). *Es sei M eine nichtleere konvexe Teilmenge eines linearen Raumes $\mathcal{M}$. Dann ist $cone(M)$ konvex.*

22.2.6 Operationen mit konvexen Mengen

Wir sahen bereits, dass Durchschnitte beliebig vieler konvexer Mengen konvex sind. Leicht einzusehen ist, dass bereits die Vereinigung zweier konvexer Mengen nicht konvex zu sein braucht. Es gibt jedoch andere Operationen, gegen die konvexe Mengen "unempfindlich" sind.

22.2.7 Vielfache

Es sei A eine beliebige Teilmenge eines linearen Raumes $\mathcal{M}$ und $\lambda \in \mathbb{R}$. Dann bezeichnen wir mit

$$\lambda A := \{\lambda \underline{x} \,|\, \underline{x} \in A\}$$

die "λ-fache" (Menge) von A. Es gilt

Behauptung 22.46 ($\nearrow$Ü). *Vielfache konvexer Mengen sind konvex; formal: A konvex, $\lambda \in \mathbb{R} \Longrightarrow \lambda A$ konvex.*

Ökonomisch treten Vielfache in Erscheinung, wenn Maßeinheiten aller betrachteten Größen simultan um denselben Faktor erhöht und erniedrigt werden.

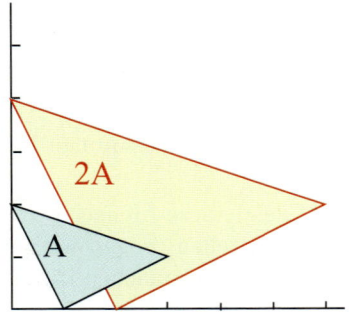

22.2.8   Summen

Es seien A und B beliebige Teilmengen eines linearen Raumes. Dann bezeichnen wir

$$A + B := \{\underline{x} + \underline{y} \mid \underline{x} \in A,\, \underline{y} \in B\}$$

als die (Mengen-) Summe von A und B.

Mengensummen sind in der Ökonomie häufig präsent, wenn auch nicht immer mit explizitem Bezug. Sie lösen das Rätsel um die menschliche Arbeitsteilung.

Beispiel 22.47. Wir betrachten die beiden Stämme der Neandertaler und der benachbarten Mühltaler. Im Jahre 29436 v.Chr. konnten die Neandertaler unter Aufbietung all ihrer Kräfte entweder 6t Mammutfett oder 4 kg Honig erjagen – anteilige Mischungen waren ebenso möglich. Bei den benachbarten Mühltalern (schlechteren Jägern, aber besseren Sammlern) waren dies entsprechend 4t Mammutfett bzw. 8 kg Honig.

Unser Bild rechts zeigt ein pastellblaues Dreieck N. Jeder Punkt $\underline{n}$ darin stellt eine Kombination von n_1 t Mammutfett und n_2 kg Honig dar, die die Neandertaler in 29436 v.Chr. erreichen konnten. (Eine solche Menge ist, ökonomisch gesprochen, eine *Produktionsmöglichkeitenmenge*.)

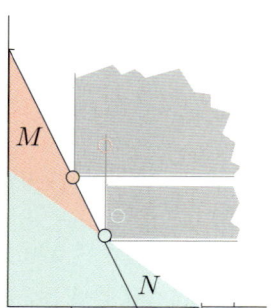

Bei Ausnutzung all ihrer Kräfte hätten die Neandertaler die Kombinationen erreichen können, die auf dem rechten oberen Rand dieser Menge liegen (ökonomisch gesprochen: eine *Produktionsmöglichkeitenkurve* – eine "effiziente Technologie" unterstellend). Die pastellrote, nur teilweise sichtbare Menge M bezieht sich bei gleicher Bedeutung auf die Mühltaler.

Welche Gütermengenkombinationen konnten die Neandertaler und die Mühltaler zusammen erreichen? Nun – mit jeder Kombination $\underline{n} = (n_1, n_2)$ der Neandertaler und jeder Kombination $\underline{m} = (m_1, m_2)$ der Mühltaler sind insgesamt $n_1 + m_1$ t Mammutfett und $n_2 + m_2$ kg Honig vorhanden. Die Antwort lautet daher:

Neandertaler und Mühltaler verfügten zusammen über die Produktionsmöglichkeitenmenge $M + N$.

Das nachfolgende linke Bild zeigt diese Menge. Da es etwas knifflig ist, sich diese Menge "auf Anhieb" vorzustellen, zeigen wir im rechten Bild, wie man sich die Entstehung unseres Bildes klarmachen kann.

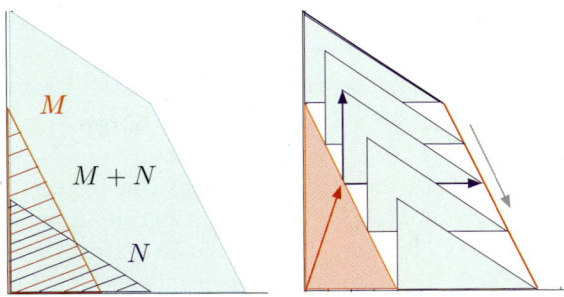

Wir beobachten: Auch die Menge $M + N$ ist wiederum konvex!   △

Satz 22.48. *Es seien A und B nichtleere konvexe Teilmengen eines linearen Raumes M. Dann ist auch die Summe A+B konvex.*

Beispiel 22.49 (↗F 22.47). Ohne die Mühltaler zu fragen, entschieden sich die Neandertaler dafür, 3t Mammutfett und 2kg Honig zusammenzutragen. Bei den Mühltalern waren es – ebenso unabgestimmt – 2t Mammutfett und 4 kg Honig. Hätten beide Stämme kooperiert, wäre folgende Arbeitsteilung möglich gewesen: Die Neandertaler hätten 6 t Mammutfett (aber keinen Honig) "besorgt", die Mühltaler hätten unter Verzicht auf die Mammutjagd vielmehr 8 kg Honig erbeutet. Anschließend hätte man den gesamten Reichtum neu aufteilen können, beispielsweise so:

	Neandertaler	Mühltaler	(Summe)
Mammutfett	3,5 t	2,5 t	(6 t)
Honig	3 kg	5 kg	(8 kg)

Beide Stämme hätten so über einen Reichtum verfügt, den sie allein zu erjagen und -sammeln nicht imstande waren. Aber herrjeh - ohne Kooperation sind beide ausgestorben!   △

22.3 Lineare Ungleichungen

22.3.1 Motivation und Begriffe

Viele ökonomische Aktivitäten werden durch Budget-, Material- oder andere Restriktionen geprägt.

Beispiel 22.50. Ein junges Paar verfügt an einem Abend noch über ein Budget von 55 €. In der Bar "Fat Cat" werden die Cocktails "Bloody Mary", "Manhattan" und "Cuba Libre" zum Preis von 7, 6 bzw. 8 € angeboten; ein Wasser hingegen kostet 4 €. Wieviele Cocktails der genannten Sorten und wieviele Wasser kann das Paar bestellen?
Ohne dieses Problem zahlenmäßig zu Ende lösen zu wollen, stellen wir fest: Die unbekannten Anzahlen b, m, c und w von Cocktails bzw. Wassern müssen

offenbar der Beziehung

$$7b + 6m + 8c + 4w \leq 55 \qquad (22.16)$$

genügen. △

Bei der Ungleichung (22.16) handelt es sich um eine sogenannte *lineare* Ungleichung, weil die unbekannten Größen b, c, m und w in ihr nur *linear*, d. h. in erster (oder nullter) Potenz erscheinen. Sie ist natürlich nicht die einzige Bedingung, denen diese vier Größen genügen müssen. Vielmehr müssen außerdem die vier Nichtnegativitätsbedingungen $b \geq 0, m \geq 0, c \geq 0$ und $w \geq 0$ erfüllt sein – jede von diesen für sich genommen ist ebenfalls eine lineare Ungleichung. Zudem müssen b, m, c und w ganzzahlig sein. Etwas allgemeiner formulieren wir

Definition 22.51. *Eine* lineare Ungleichung *ist ein Ausdruck der Form*

$$a_1 x_1 + ... + a_n x_n \; \square \; b \qquad (22.17)$$

worin die Konstanten $n, a_1, ... , a_n$ *sowie* b *bekannt, die Zahlen* $x_1, ... , x_n$ *hingegen unbekannt sind und an der Stelle* $\square$ *ein beliebiges der Zeichen* $<, \leq, \geq, >$ *steht.*

Wie schon bei linearen Gleichungen bezeichnet man die Zahlen $a_1, ... , a_n$ als Koeffizienten und die Zahl b als rechte Seite der Ungleichung. Diese können zahlenmäßig konkret oder in abstrakter Form bekannt sein und selbstverständlich auch "völlig anders" bezeichnet werden. Um hervorzuheben, welches die Unbekannten sind, nennt man (22.17) auch eine lineare Ungleichung "*in* $x_1, ... , x_n$" oder "*bezüglich* $x_1, ... , x_n$".

Beispiel 22.52. Lineare Ungleichungen sind
  (i) $5x_1 + 3x_2 \leq 45$
  (ii) $3\alpha - 7\beta + 15\gamma > 0$
  (iii) $22\Theta < -408$
  (iv) $\omega \leq 0$
  (v) 4 Warsteiner - 3 Krombacher ≥ 1 △

Nichtbeispiele 22.53. Die folgenden Ungleichungen sind *keine* linearen Ungleichungen in x und y bzw. in α und β:
  (i) $2x^2 + 3y > 4$ (denn x tritt in 2. Potenz auf)
  (ii) $\ln \alpha + 14e^\beta < 25$ (denn α tritt in der *ln*-Funktion, β in der *e*-Funktion auf). △

Bei den folgenden Betrachtungen über lineare Ungleichungen beschränken wir uns durchweg auf Ungleichungen mit den Zeichen "$\leq$" oder "$<$". Wenn nämlich einmal eine Ungleichung mit einem anderen Ungleichungszeichen gegeben sein sollte, lässt diese sich durch Multiplikation mit dem Faktor (-1) auf die gewünschte Form bringen.

Beispiel 22.54 (↗F 22.52). Die Ungleichungen (ii) und (v) hatten "die falsche Richtung". Multiplikation mit (-1) löst dieses Problem:

(ii) $-3\alpha + 7\beta - 15\gamma < 0$

(v) -4 Warsteiner $+3$ Krombacher ≤ -1.   △

Jede lineare Ungleichung lässt sich zudem bequem vektoriell schreiben. Setzt man in 22.17 $\underline{x} := (x_1, \ldots, x_n)^T$ und $\underline{a} := (a_1, \ldots, a_n)^T$ ein, so nimmt 22.17 die vektorielle Form $(\underline{a}\,|\,\underline{x}) \square \underline{b}$ bzw. $\underline{a}^T \underline{x} \square \underline{b}$ an. Wir bevorzugen die linke Notation, weil sie unabhängig davon ist, ob die Vektoren als Spalten- oder Zeilenvektoren notiert werden.

Definition 22.55. *Die Menge* $\mathbb{L}_\square := \{\underline{x} \in \mathbb{R}^n \mid (\underline{a}|\underline{x}) \square \underline{b}\}$ *heißt* Lösungsmenge *bzw.* allgemeine Lösung *der Ungleichung* $(\underline{a}\,|\,\underline{x}) \square \underline{b}$, *und jedes Element* $\underline{x} \in \mathbb{L}_\square$ *heißt eine* (spezielle) Lösung *dieser Ungleichung.(Dabei steht* $\square$ *für jedes der Zeichen* $<, \leq, \geq, >$.)

22.3.2   Lösungssituationen

Um ein Gefühl für die möglichen Lösungssituationen zu bekommen, betrachten wir nochmals unser

Beispiel 22.56 (↗F 22.52 (i)). Wir wollen die Ungleichung (i) lösen:

$$5x_1 + 3x_2 \leq 45. \tag{22.18}$$

Dazu betrachten wir zunächst die assoziierte Gleichung:

$$5x_1 + 3x_2 = 45. \tag{22.19}$$

Die Lösungsmenge ist eine Gerade (im Bild blau eingezeichnet).

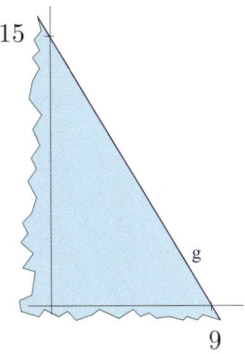

Intuitiv würde man nun vermuten, dass alle Punkte $\underline{x}$, die der strengen Ungleichung

$$5x_1 + 3x_2 < 45 \tag{22.20}$$

genügen, auf ein- und derselben Seite dieser Geraden liegen. Um festzustellen, auf welcher, wählen wir einen beliebigen Testpunkt und überprüfen, ob er der

Ungleichung (22.20) genügt oder nicht. Der denkbar einfachste Testpunkt ist der Nullpunkt $\underline{x} = 0$: dieser Punkt liegt unterhalb der Geraden g und erfüllt die Ungleichung (22.20). Also vermuten wir: Alle Lösungen von (22.20) liegen echt unterhalb von g, bilden also die im Bild pastellblau eingezeichnete offene Halbebene (wobei "offen" meint: ohne die dunkelblau eingezeichnete Randgerade g). Nehmen wir diese Randgerade hinzu, erhalten wir die Lösungsmenge der Ausgangsungleichung (22.18) – geometrisch handelt es sich diesmal um eine abgeschlossene Halbebene. (Hierbei bedeutet "abgeschlossen" einschließlich der Randgeraden g.)

Um unsere Vermutung formal zu rechtfertigen, bringen wir die Gleichung (22.19) auf die (ausgerechnete) Hessesche Normalform, indem wir sie durch die Länge $\sqrt{34}$ des Normalenvektors dividieren und alle Terme auf eine Seite bringen:

$$\left(\frac{5}{\sqrt{34}}, \frac{3}{\sqrt{34}} \right) \begin{pmatrix} x_1 \\ x_2 \end{pmatrix} - \frac{45}{\sqrt{34}} = 0.$$

Wir erinnern an 17.45: Der Term linkerhand des Gleichheitszeichens gibt den (vorzeichenbehafteten) Abstand des Punktes $\underline{x}$ von der Geraden g an. Formen wir die Ungleichung (22.20) in analoger Weise um, nimmt diese die Form

$$\left(\frac{5}{\sqrt{34}}, \frac{3}{\sqrt{34}} \right) \begin{pmatrix} x_1 \\ x_2 \end{pmatrix} - \frac{45}{\sqrt{34}} < 0$$

an, und wir erkennen: Lösungen dieser Ungleichung sind genau diejenigen Punkte, die einen negativen Abstand zur Geraden g besitzen. Diese Punkte liegen alle auf ein- und derselben Seite von g, und zwar auf derjenigen, von der der Normalenvektor $n = (5,3)^T$ wegzeigt. Dies ist in unserem Bild die untere Seite, wie bereits zutreffend vermutet. $\triangle$

Wichtig: Unsere Argumentation in diesem Beispiel hängt nicht von der Dimension des zugrundeliegenden Raumes ab. Lediglich der Begriff "Gerade" wäre im Fall anderer Dimensionen zu ersetzen durch "Punkt", "Ebene" bzw. allgemein "Hyperebene". Wesentlich dagegen ist, dass eine Hessesche Normalform existiert, also $\underline{n} \neq 0$ gilt.

Der Anschauung folgend, bezeichnen wir in diesem Fall die Lösungsmenge der linearen Ungleichung

$$(\underline{n} \mid \underline{x}) \leq b \quad \text{bzw.} \quad (\underline{n} \mid \underline{x}) \geq b \tag{22.21}$$

als einen *abgeschlossenen* Halbraum, die Lösungsmenge der strengen Ungleichung

$$(\underline{n} \mid \underline{x}) < b \quad \text{bzw.} \quad (\underline{n} \mid \underline{x}) > b \tag{22.22}$$

als einen *offenen* Halbraum. In der Tat handelt es sich hierbei um eine abgeschlossene bzw. offene Menge im Sinne von Definition 4.15.

Satz 22.57. *Die Lösungsmengen von (22.21) bzw. (22.22) sind nichtleer und konvex.*

Bisher haben wir vorausgesetzt, dass in den linearen Ungleichungen (22.21) oder (22.22) gilt $\underline{n} \neq 0$. Dies ist vernünftig, denn im gegenteiligen Fall haben wir es de facto mit den (praktisch völlig uninteressanten) Ungleichungen

$$0 \leq b \quad (\text{bzw.} \quad 0 \geq b) \tag{22.23}$$

bzw.

$$0 < b \quad (\text{bzw.} \quad 0 > b) \tag{22.24}$$

zu tun, die wir als Ungleichungen für die Unbekannte $\underline{x} \in \mathbb{R}^n$ aufzufassen haben. Es ist offensichtlich, dass diese Gleichungen unabhängig von $\underline{x} \in \mathbb{R}^n$ gelten oder nicht gelten; ihre Lösungsmenge ist also entweder ganz $\mathbb{R}^n$ oder leer. Wir bemerken, dass es sich auch hier in beiden Fällen um eine konvexe Menge handelt.

Zusammenfassung:
Die Lösungsmenge einer linearen Ungleichung $(\underline{n} \,|\, \underline{x}) \leq \underline{b} \quad bzw. \, (\underline{n} \,|\, \underline{x}) < \underline{b}$ ist

- im Fall $\underline{n} \neq 0$ ein abgeschlossener (bzw. offener) Halbraum, insbesondere nichtleer und konvex,
- im Fall $\underline{n} = 0$ entweder leer oder ganz $\mathbb{R}^n$ (und auch in diesem Fall konvex).

22.4 Systeme linearer Ungleichungen

22.4.1 Motivation und Begriffe

Betrachtet man mehrere lineare Ungleichungen simultan, erhält man ein *System* linearer Ungleichungen (kürzer und weniger genau: "lineares Ungleichungssystem" LUS). Charakteristisch hierbei ist, dass die Unbekannten allen Ungleichungen gleichzeitig genügen müssen. In der Ökonomie trifft man derartige Systeme sehr häufig an, z.B. dann, wenn Restriktionen unterschiedlichen Charakters zusammenwirken.

Beispiel 22.58. Ein Unternehmen stellt aus Glasfasern unterschiedlicher Stärken zwei Sorten Glaseidentapete her. Der spezifische Faserverbrauch und die zu Beginn eines Produktionzyklus vorhandenen Lagerbestände sind folgender Tabelle zu entnehmen:

Verbrauch	für Tapeten		Vorrat
$[t/m^2]$ an	Sorte 1	Sorte 2	[t]
Fasern grob	1/4	1/2	2
fein	3/4	1/2	3

Von Interesse ist nun, welche Mengenkombinationen $\underline{x} = (x_1, x_2)^T$ beider Tapeten aus diesen Vorräten herstellbar sind. Im Unterschied zur Situation bei linearen Gleichungssystemen wird hier nicht gefordert, die Materialvorräte aufzubrauchen.

Aus der Tabelle ergeben sich die beiden Verbrauchsungleichungen

$$1/4x_1 + 1/2x_2 \leq 2 \qquad (22.25)$$

$$3/4x_1 + 1/2x_2 \leq 3 \qquad (22.26)$$

deren linke Seiten den durch $\overline{p}$ verursachten Verbrauch an groben bzw. feinen Fasern ausdrücken, während die rechten Seiten den Vorrat an der jeweiligen Faserart beschreiben. Diese beiden Ungleichungen, die auch als *Restriktionen* bezeichnet werden, sind gleichzeitig zu erfüllen und ergeben so ein lineares Ungleichungssystem LUS.

Wir bemerken, dass hier wie in fast allen vergleichbaren Problemen außerdem die Nichtnegativitätsbedingungen

$$x_1 \geq 0 \quad (N1)$$

$$x_2 \geq 0 \quad (N2)$$

erfüllt sein müssen, die sich ganz natürlich daraus ergeben, dass Produktionsmengen nun einmal nicht negativ sein können. Betrachten wir diese zusammen mit den Ungleichungen (22.25) und (22.26), so entsteht ein "neues" LUS.   △

Definition 22.59. *Ein* System linearer Ungleichungen *(LUS) mit den Unbekannten* $x_1, \ldots, x_n$ *ist ein System von Ungleichungen der Form*

$$
\begin{array}{ccccccc}
a_{11}x_1 & + & \ldots & + & a_{1n}x_n & \square_1 & b_1 \\
\vdots & & & & \vdots & & \vdots \\
a_{m1}x_1 & + & \ldots & + & a_{mn}x_n & \square_m & b_m,
\end{array}
\qquad (22.27)
$$

mit gegebenen Konstanten $m, n \in \mathbb{N}, a_{11}, \ldots, a_{mn}$ *sowie* $b_1, \ldots, b_m \in \mathbb{R}$ *, wobei jedes der Zeichen* $\square_1, \ldots, \square_m$ *stellvertretend für ein beliebiges Zeichen aus der Menge* $\{<, \leq, \geq, >\}$ *steht.*

Beispiel 22.60. Hier werden lediglich die Unbekannten etwas "bequemer" bezeichnet:

$$
\begin{array}{rcrcrcr}
2x & - & 3y & + & 2z & > & 11 \\
-x & & & + & z & \leq & 5 \\
22x & + & 2y & - & 4z & < & 300 \\
11x & - & y & & & \geq & 5.
\end{array}
$$

△

Kurz gesagt: Man nehme ein beliebiges lineares Gleichungssystem, ersetze alle Gleichheitszeichen einzeln durch ein beliebiges Ungleichungszeichen – schon ensteht ein LUS. Umgekehrt kann man sich jedes denkbare LUS als auf diese Weise aus einem GLS enstanden vorstellen:

Definition 22.61. *Das GLS*

$$
\begin{array}{ccccc}
a_{11}x_1 + & \ldots & + a_{1n}x_n & = & b_1 \\
\vdots & & \vdots & & \vdots \\
a_{m1}x_1 + & \ldots & + a_{mn}x_n & = & b_m
\end{array}
\tag{22.28}
$$

heißt das zum LUS (22.27) *assoziierte* lineare Gleichungssystem.

Wie schon bei Gleichungssystemen heißen die Zahlen $a_{11}, \ldots, a_{mn} \in \mathbb{R}$ *Koef-fizienten* des LUS, und die Zahlen $b_1, \ldots, b_m \in \mathbb{R}$ bilden die *rechte Seite* des LUS. Beide gelten als bekannt.

22.4.2 Vereinheitlichte Formen

Einheitliche Richtungen

Bisher hatten wir zugelassen, dass die in einem LUS vorkommenden Unglei-chungszeichen beliebig aus der Menge $\{<, \le, \ge, >\}$ zu wählen sind. Tatsäch-lich bedeutet es überhaupt keine Einschränkung anzunehmen, dass nur die beiden Zeichen $<$ oder $\le$ vorkommen dürfen – dies ist nämlich bei anders-lautenden Ungleichungen stets durch Multiplikation mit dem Faktor (-1) zu erreichen.

Beispiel 22.62 ($\nearrow$F 22.60)**.** Das uns schon bekannte LUS lässt sich so um-formen:

$$
\begin{array}{rcrcrcr}
-2x & + & 3y & - & 2z & < & -11 \\
-x & & & + & z & \le & 5 \\
22x & + & 2y & - & 4z & < & 300 \\
-11x & + & y & & & \le & -5.
\end{array}
$$

$\triangle$

Einbeziehung von Gleichungen

Gelegentlich müssen lineare Ungleichungen zusammen mit linearen Gleichun-gen betrachtet werden:

Beispiel 22.63. Wir betrachten folgende Ausdrücke:

$$
\begin{array}{rcrcrcr}
5u & + & 10v & & & \le & 2000 \\
2u & - & v & - & w & = & 150 \\
3u & + & v & + & 10w & > & 10
\end{array}
\tag{22.29}
$$

Hierbei handelt es sich zunächst nicht um ein LUS im Sinne von Definition 22.59, denn dort waren Gleichheitszeichen nicht zugelassen. Offensichtlich gilt aber

$$2u - v - w = 150 \quad \Longleftrightarrow \quad \begin{cases} 2u - v - w \le 150 & und \\ 2u - v - w \ge 150, \end{cases}$$

also ist das System (22.29) äquivalent zu dem LUS

$$
\begin{array}{rcrcrclr}
5u & + & 10v & & & \le & 2000 & \\
2u & - & v & - & w & \le & 150 & \\
2u & - & v & - & w & \ge & 150 & \\
3u & + & v & + & 10w & > & 10 &
\end{array}
\tag{22.30}
$$

Vereinheitlichen wir noch die Richtungen der Ungleichungen, erhalten wir das zu (22.30) äquivalente System

$$
\begin{array}{rcrcrclr}
5u & + & 10v & & & \le & 2000 & \\
2u & - & v & - & w & \le & 150 & \\
-2u & + & v & + & w & \le & -150 & \\
-3u & - & v & - & 10w & < & -10. &
\end{array}
\tag{22.31}
$$

$\triangle$

Strenge vs. nicht-strenge Ungleichungen

Wir sahen in Beispiel 22.56, dass die Lösungsmenge einer einzelnen (nichtausgearteten) linearen Ungleichung ein offener oder abgeschlossener Halbraum ist – je nachdem, ob es sich um eine strenge Ungleichung ($<, >$) oder eine nicht-strenge Ungleichung ($\le, \ge$) handelt. In ökonomischen Zusammenhängen sind sehr oft nur die nicht-strengen Ungleichungen von Interesse, die den Gleichheitsfall ausdrücklich zulassen. Im Falle von Rohstoffrestriktionen soll ja gerade erlaubt sein, einen Rohstoff vollständig aufzubrauchen; für Budget- und andere Restriktionen gilt sinngemäß das Gleiche. Aber auch die Nicht-negativitätbedingungen lassen den Fall "gleich Null" zu, weil die betreffenden ökonomischen Variablen durchaus auch den Wert Null annehmen dürfen.

Aus diesen Gründen beschränken wir uns im Weiteren auf LUS, die durchweg nicht-strenge Ungleichungen enthalten. Durch "Gleichrichtung" können wir annehmen, dass sämtliche Ungleichungen die Form "$\le$" haben. Unter dieser Annahme kann das LUS (22.27) wesentlich kürzer matrizisch notiert werden:

$$A\underline{x} \le \underline{b} \tag{22.32}$$

Wir werden dieses als ein *Standard-LUS* bezeichnen.

22.4.3 Die Lösungsmenge

Wir betrachten nun das LUS (22.32)

$$A\underline{x} \le \underline{b}$$

worin A eine beliebige (m, n)–Matrix und $\underline{b}$ einen beliebigen m-Vektor bezeichnen.

Definition 22.64. *Die Menge*

$$\mathbb{L}_{\leq} := \{\underline{x} \in \mathbb{R}^n \mid A\underline{x} \leq \underline{b}\}$$

heißt Lösungsmenge von (22.32).

Den Schlüssel zur Bestimmung der Lösungsmenge $\mathbb{L}_{\leq}$ liefert uns die zeilenweise Betrachtung des LUS (22.32), denn jede Zeile von (22.32) bildet eine einzelne lineare Ungleichung. Da diese einzelnen Ungleichungen simultan zu lösen sind, ist die Lösungsmenge von (22.32) gerade der mengentheoretische Durchschnitt der Lösungsmengen der zeilenweisen linearen Ungleichungen. Wir können also sofort folgern:

Satz 22.65. *Die Lösungsmenge $\mathbb{L}_{\leq}$ von (22.32) ist ganz $\mathbb{R}^n$ oder leer oder der Durchschnitt endlich vieler Halbräume des $\mathbb{R}^n$.*

Da die Anschauung in Dimensionen höher als drei versagt, betrachten wir zunächst die Situation im Fall $n = 2$, in dem – zumindest im Prinzip – eine grafische Lösung möglich ist.

22.4.4 Grafische Lösung von LUS mit zwei Unbekannten

Eine nicht-strenge lineare Ungleichung mit zwei Unbekannten kennt als Lösungsalternativen nur eine Halbebene, ganz $\mathbb{R}^2$ oder die leere Menge. Interessant ist nur der erste Fall, in dem man die Lösungs-Halbebene dadurch bestimmt, indem man zunächst die assoziierte Gerade skizziert und anschließend entscheidet, auf welcher Seite derselben sich der zulässige Teil von $\mathbb{R}^2$ befindet. Hat man mehrere derartige Ungleichungen vor sich, ergibt sich als Lösungsmenge des LUS der mengentheoretische Schnitt aller Einzellösungen.

Beispiel 22.66 ($\nearrow$F 22.58). Wir haben die beiden Restriktionen

$$\frac{1}{4}x_1 + \frac{1}{2}x_2 \leq 2 \tag{22.33}$$

$$\frac{3}{4}x_1 + \frac{1}{2}x_2 \leq 3, \tag{22.34}$$

zusammen mit den Nichtnegativitätsbedingungen

$$x_1 \geq 0 \tag{22.35}$$

$$x_2 \geq 0 \tag{22.36}$$

zu betrachten und stellen ihnen die assoziierten Gleichungen zur Seite:

$$\frac{1}{4}x_1 \;+\; \frac{1}{2}x_2 \;=\; 2 \quad \text{bzw.} \quad \frac{x_1}{8} \;+\; \frac{x_2}{4} \;=\; 1 \quad (g_1)$$

$$\frac{3}{4}x_1 \;+\; \frac{1}{2}x_2 \;=\; 3 \quad \text{bzw.} \quad \frac{x_1}{4} \;+\; \frac{x_2}{6} \;=\; 1 \quad (g_2)$$

$$x_1 \;=\; 0 \qquad\qquad (x_2\text{ - Achse}) \qquad (g_3)$$

$$x_2 \;=\; 0 \qquad\qquad (x_1\text{ - Achse}) \qquad (g_4).$$

Aufgrund der rechts stehenden Angaben sind die Lösungsgeraden leicht in eine Skizze einzuzeichnen. Im nächsten Schritt ermitteln wir für jede dieser Geraden, auf welcher Seite von ihr sich die Lösungshalbebene der Ausgangs-Ungleichung befindet, und kennzeichnen diese durch ein angedeutetes Schraffur-"Fähnchen".

Als Durchschnitt aller zulässigen Halb-ebenen ergibt sich die pastellgelbe Flä-che (einschließlich der Ränder) – ge-nau dies ist die gesuchte Lösungsmenge $\mathbb{L}_\le =: \mathcal{K}$.

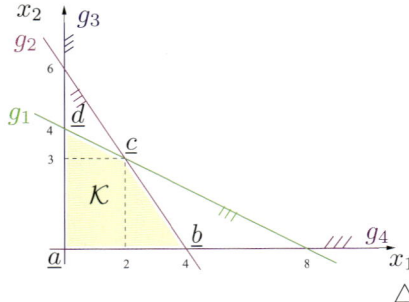

Bemerkung 22.67. In diesem Beispiel ist die Lösungsmenge nicht nur kon-vex, sondern zugleich konvexe Hülle ihrer vier Ecken; wir können kurz und bündig schreiben

$$\mathbb{L}_\le = conv(\underline{a},\underline{b},\underline{c},\underline{d}).$$

Naturgemäß entsteht hieraus die Frage nach zahlenmäßiger Konkretisierung der Punkte $\underline{a},\underline{b},\underline{c}$ und $\underline{d}$. Grundsätzlich ist jeder von ihnen Schnittpunkt von zwei oder auch mehr Geraden und kann daher durch die simultane Lösung der zu diesen Geraden gehörenden Geradengleichungen ermittelt werden. (Bei gu-ter Zeichengenauigkeit können diese Punkte auch aus der Zeichnung abgelesen oder zumindest "gut vermutet" werden; es empfiehlt sich jedoch grundsätzlich, eine Probe zu machen.) Besonders einfach ist dies bei den auf den Achsen lie-genden Ecken, da deren Koordinaten entweder Null oder Achsenabschnitte sind.

Beispiel 22.68 ($\nearrow$F 22.58). Die auf den Achsen liegenden Punkte sind hier

$$\underline{a} = \begin{pmatrix} 0 \\ 0 \end{pmatrix},\; \underline{b} = \begin{pmatrix} 4 \\ 0 \end{pmatrix} \;\text{und}\; \underline{d} = \begin{pmatrix} 0 \\ 4 \end{pmatrix}.$$

Weiterhin vermutet man

$$\underline{c} = \begin{pmatrix} 2 \\ 3 \end{pmatrix}.$$

Um diese Vermutung zu überprüfen, ist festzustellen, ob $\underline{c}$ auf jeder der beiden Geraden g_1 und g_2 liegt. Wir setzen ein:

$$\underline{c} \in g_1 \quad ? \quad \text{Probe:} \quad 2/8 + 3/4 = 1 \quad \checkmark$$
$$\underline{c} \in g_2 \quad ? \quad \text{Probe:} \quad 2/4 + 3/6 = 1 \quad \checkmark$$

Somit ist $\underline{c}$ tatsächlich die gesuchte Ecke. Also können wir schreiben

$$\mathbb{L}_{\leq} = conv\left(\begin{pmatrix} 0 \\ 0 \end{pmatrix}, \begin{pmatrix} 4 \\ 0 \end{pmatrix}, \begin{pmatrix} 0 \\ 4 \end{pmatrix}, \begin{pmatrix} 2 \\ 3 \end{pmatrix} \right).$$

$\triangle$

Beispiel 22.69. Das lineare Ungleichungssystem

$$\begin{aligned} -2x &+ & y &\leq & 1 \\ x &- & 2y &\leq & 1 \end{aligned}$$

besitzt die assoziierten Geraden-Gleichungen

$$\begin{aligned} -2x &+ & y &\leq & 1 & \quad\text{bzw.}\quad & x/(-1/2) &+ & y/1 &= & 1 & \quad(g_1) \\ x &- & 2y &\leq & 1 & \quad\text{bzw.}\quad & x/1 &+ & y/(-1/2) &= & 1 & \quad(g_2). \end{aligned}$$

Zur Ermittlung der zulässigen Seiten beider Geraden wählen wir als Testpunkt den Koordinatenursprung 0. Dieser genügt offensichtlich beiden Ungleichungen, also sind beide zulässigen Halbebenen gefunden. Deren Schnitt ist $\mathbb{L}_{\leq}$ (in unserem Bild pastellgelb eingezeichnet).

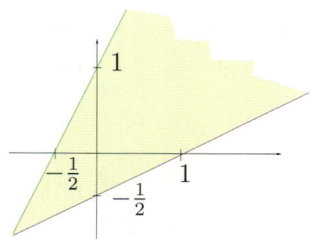

$\triangle$

Bemerkung 22.70. In diesem Beispiel ist die Lösungsmenge des LUS zwar immer noch konvex, aber nicht mehr als konvexe Hülle endlich vieler Eckpunkte darstellbar. Die Ursache: Die Menge enthält Punkte, die beliebig weit vom Ursprung entfernt sein können, ist also unbeschränkt in folgendem Sinne:

Definition 22.71. *Eine Teilmenge $M \subseteq \mathbb{R}^n, n \in \mathbb{N}$, heißt beschränkt, wenn eine Konstante K derart existiert, dass gilt $\|\underline{x}\| \leq K \; \forall \underline{x} \in M$.*

Eine beschränkte Menge ist also in einer Kugel geeigneten Radius um den Koordinatenursprung enthalten; eine unbeschränkte Menge "passt" in keine einzige derartige Kugel.

22.4.5   Grafische Interpretation von LUS mit drei Unbekannten

LUS mit drei Unbekannten lassen sich ganz analog interpretieren wie solche mit zwei Unbekannten, wobei jede nichtausgeartete Zeile nun einen Halb*raum* (statt einer Halbebene) definiert, dessen Rand durch die assoziierte Ebenengleichung beschrieben wird. Auf diese Weise lassen sich solche LUS – zumindest im Prinzip – auch grafisch lösen.

Beispiel 22.72. Wir stellen einem LUS sofort die assoziierten Ebenengleichungen zur Seite:

$$
\begin{array}{rclcrcll}
8x - 8y + 3z & \leq & 24 & \qquad & x/3 - y/3 + z/8 & = & 1 & \text{(E1)} \\
4x + 3y + 6z & \leq & 24 & & x/6 + y/8 + z/4 & = & 1 & \text{(E2)} \\
4x + 9y + 3z & \leq & 36 & & x/9 + y/4 + z/12 & = & 1 & \text{(E3)} \\
x & \geq & 0 & & (y-z\text{-Ebene}) & & & \text{(E4)} \\
y & \geq & 0 & & (x-z\text{-Ebene}) & & & \text{(E5)} \\
z & \geq & 0 & & (x-y\text{-Ebene}) & & & \text{(E6).}
\end{array}
$$

Die letzten drei Ungleichungen sind Nichtnegativitätsbedingungen und werden durch Koordinatenebenen berandet; die ersten drei Ungleichungen besitzen Randebenen, deren Schnitte mit den Koordinatenebenen in unserem Bild farbig hervorgehoben sind.

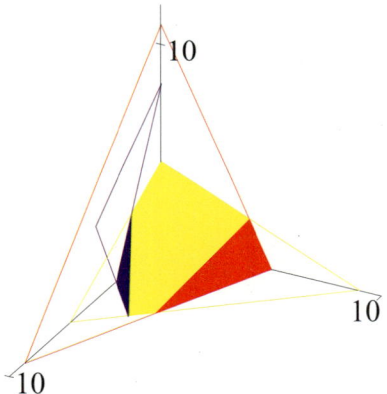

Wir sehen, dass der Nullpunkt allen Ungleichungen genügt, woraus die Lage aller zulässigen Halbräume klar wird. Der mengentheoretische Schnitt $\mathbb{L}_{\leq}$ dieser Halbräume ist in unserem Bild zu sehen – es handelt sich um ein unregelmäßiges Vieleck, welches an einen Edelstein erinnert; mathematisch gesprochen handelt es sich um ein konvexes Polyeder. Die Außenseiten sind jeweils in derselben Farbe eingefärbt wie die Gleichung der berandenden Ebene.   △

Bemerkung 22.73. Auch in diesem Beispiel kann die konvexe Menge $\mathbb{L}_{\leq}$ als konvexe Hülle ihrer Ecken geschrieben werden. (Aus Bequemlichkeitsgründen verzichten wir hier darauf, die Ecken explizit zu berechnen.) Vergleichen wir dieses Beispiel mit den Beispielen 22.66 und 22.68 gelangen wir zu der Vermutung, dass dies für jede Lösung eines LUS $A\underline{x} \leq \underline{b}$ zutrifft, sobald diese beschränkt ist.

22.4.6 Eine Strukturaussage

Satz 22.74. *Wenn die Lösungsmenge eines $(m, n)-LUS$ $A\underline{x} \leq \underline{b}$ nichtleer und beschränkt ist, handelt es sich dabei um ein konvexes Polytop.*

(Für einen formalen Nachweis sei auf die einschlägige Spezialliteratur verwiesen.) M.a.W.: Beschränkte (und nichtleere) Lösungsmengen können als konvexe Hüllen ihrer Ecken geschrieben werden, was die große Bedeutung der Ecken erklärt.

22.5 Aufgaben

Aufgabe 22.75. Welche der folgenden Mengen sind konvex, welche nicht (Begründung)?
  (i) $A := \{\underline{x} \in \mathbb{R}^2 \mid \underline{x} \curlywedge (3, 3)^T\}$
  (ii) $B := \{\underline{x} \in \mathbb{R}^2 \mid (x_1)^2 - 4x_1 + 3 \Leftarrow x_2 \Leftarrow 6 + 4x_1 - 2(x_1)^2\}$
  (iii) $C := \{\underline{x} \in \mathbb{R}^2 \mid x_2 \neq 0, x_1/x_2 > 2\}$
  (iv) $D := \{\underline{x} \in \mathbb{R}^2 \mid x_1 \cdot x_2 < 1\}$

Erarbeiten Sie sich zunächst anhand einer Skizze eine Vermutung und begründen Sie diese dann auf rechnerischem Weg.

Aufgabe 22.76. Bilden Sie die konvexen Hüllen folgender Mengen (Skizze + Formel):

  (i) $A := B \cup C$ mit
$$B := conv\{\begin{pmatrix} 3 & 3 \end{pmatrix}, \begin{pmatrix} 5 & 1 \end{pmatrix}, \begin{pmatrix} 1 & 1 \end{pmatrix}\} \quad C := conv\{\begin{pmatrix} 1 & 4 \end{pmatrix}, \begin{pmatrix} 2 & 2 \end{pmatrix}, \begin{pmatrix} 4 & 4 \end{pmatrix}\}$$

  (ii) $D := \{\underline{x} \in \mathbb{R}^2 \mid (\underline{x} \mid \underline{x}) > \|\underline{x}\|\}$

  (iii) $E := \{\underline{x} = (1/n, 1/n) \mid \underline{n} \in \mathbb{N}\}$

  (iv) $S := \{\underline{x} \in \mathbb{R}^2 \mid \|\underline{x}\| = 1\}$

  (v) $T := \{\underline{x} \in \mathbb{R}^2 \mid (2, 1) \ll \underline{x} \leq (4, 3) \mid\} \cup V := \{\underline{x} \in \mathbb{R}^2 \mid (3, 1) < \underline{x} < (5, 4) \mid\}$

  (vi) $W := \{\underline{x} \in \mathbb{R}^2 \mid \|\underline{x}\| < 1 \vee x_2 = 0\}$

Aufgabe 22.77. Ein Partygrossist liefert die beiden Liköre *"blauer Engel"* (*BE*) und *"roter Teufel"* (*RT*) zu Vorzugskonditionen zum Preis von 4000 EUR je Hektoliter *"blauer Engel"* und 6000 EUR je Hektoliter *"roter Teufel"*. Bei näherem Nachdenken über seine Produktions- und Lieferkapazitäten stellt er fest, dass er im Höchstfall einen Erlös von 24 Mio EUR erzielen kann. Stellen sie die Menge $\mathscr{M}$ aller möglichen Lieferpläne

$$\underline{x} = \begin{pmatrix} x_1 \\ x_2 \end{pmatrix} \quad \text{in} \quad \begin{bmatrix} ME_{BE} \\ ME_{RT} \end{bmatrix}$$

graphisch dar. Schreiben Sie die Menge $\mathscr{M}$ als konvexe Hülle gewisser Punkte (und zwar welcher?)!

Aufgabe 22.78. Bestimmen Sie die extremalen Punkte der Mengen A, D, E, S, T und W aus der Aufgabe 22.76.

Aufgabe 22.79. Welche der folgenden konvexen Mengen sind als konvexe Hülle ihrer extremalen Punkte darstellbar? (Geben Sie eine solche Darstellung an, falls möglich.)

$$
\begin{aligned}
H \quad &:= \{(3,1)\} \\
I \quad &:= conv\{(3,3),\ (5,1),\ (1,1)\} \\
K \quad &:= \{\underline{x} \in \mathbb{R}^2 \mid \|\underline{x}\| \Leftarrow 4\} \\
L \quad &:= [0,\infty)\underline{x}[0,\infty) \\
M \quad &:= \{\underline{x} \in \mathbb{R}^2 \mid (2,0) < \underline{x} < (4,4)\}.
\end{aligned}
$$

Aufgabe 22.80. Im $\mathbb{R}^2$ seien die Punkte

$$\underline{a} := \begin{pmatrix} 2 \\ 3 \end{pmatrix},\ \underline{b} := \begin{pmatrix} 10 \\ 1 \end{pmatrix},\ \underline{c} := \begin{pmatrix} 13 \\ 9 \end{pmatrix},\ \underline{d} := \begin{pmatrix} 14 \\ 5 \end{pmatrix},\ \text{sowie}\ \underline{e} := \begin{pmatrix} 11 \\ 8 \end{pmatrix}\ \text{gegeben.}$$

Stellen Sie fest, ob $\underline{e} \in conv(\underline{a}, \underline{b}, \underline{c}, \underline{d})$ gilt.

Aufgabe 22.81. Gegeben seien die Vektoren

$$\underline{a} = \begin{bmatrix} 1 \\ 1 \end{bmatrix},\ \underline{b} = \begin{bmatrix} 4 \\ 4 \end{bmatrix},\ \underline{c} = \begin{bmatrix} 6 \\ 2 \end{bmatrix}.$$

(i) Stellen Sie fest, ob die Vektoren
$$\underline{d} = \begin{bmatrix} 3 \\ \frac{3}{2} \end{bmatrix} \quad \text{und} \quad \underline{e} = \begin{bmatrix} 4 \\ \frac{3}{2} \end{bmatrix}$$
der konvexen Hülle $conv(\underline{a}, \underline{b}, \underline{c})$ angehören.

(ii) Skizzieren Sie $conv(\underline{a}, \underline{b}, \underline{c}, \underline{d}, \underline{e})$.

Aufgabe 22.82. Die Firma MedAlk hat sich verpflichtet, für medizinische Zwecke eine Mischung aus Äthyl- und Methylalkohol zu liefern, die 91.6% Äthylalkohol, 6.7% Methylalkohol sowie 1.7% Verunreinigungen (Blei, Nitrate etc.) enthält. Sie selbst bezieht teure Zulieferungen der Firma ReinRein, deren Gemisch aus 98% Äthylalkohol, 1.5% Methyalkohol und nur 0.5% Verunreinigungen besteht, sowie wesentlich günstigere Zulieferungen der Firma Sorgenfrei, deren Gemisch nur 90% Äthylalkohol, dafür 8% Methylalkohol und 2% Verunreinigungen enthält. Kann die Firma MedAlk ihr Produkt aus den Zulieferungen von ReinRein und Sorgenfrei zusammenmischen? Falls ja, in welchem Mischungsverhältnis?

Aufgabe 22.83. Ein Gewürzhändler bietet zwei verschiedene Gewürzmischungen an, die er in 10g-Päckchen verkauft. Ein Päckchen der Mischung A enthält 2g Gewürz 1, 3g Gewürz 2 und 5g Gewürz 3. Ein Päckchen der Mischung B enthält 4g Gewürz 1 und je 3g Gewürz 2 und 3.

Ein Kunde benötigt eine Gewürzmischung, die zu je 3 Teilen Gewürz 1 und 2 enthält und zu 4 Teilen aus Gewürz 3 besteht. Von dieser Mischung benötigt er 200g. Kann er die angebotenen Gewürzmischungen so kombinieren, dass er exakt die benötigte Menge seiner eigenen Mischung erhält?

Aufgabe 22.84. Skizzieren Sie im $\mathbb{R}^2$ mit

$$\underline{a} = \begin{bmatrix} 1 \\ 1 \end{bmatrix}, \ \underline{b} = \begin{bmatrix} 2 \\ 2 \end{bmatrix}, \ \underline{c} = \begin{bmatrix} 3 \\ 4 \end{bmatrix}, \ \underline{d} = \begin{bmatrix} 6 \\ 6 \end{bmatrix}, \ \underline{e} = \begin{bmatrix} 1 \\ 1 \end{bmatrix}$$

(i) $U := \left\{ \underline{x} \in \mathbb{R}^2 : \underline{a} \leq \underline{x} \leq \underline{b} \right\}$

(ii) $V := \left\{ \underline{x} \in \mathbb{R}^2 : \underline{a} \leq \underline{x} - \underline{e} \leq \underline{b} \right\}$

(iii) $Z := conv(U \cup V)$

(iv) $conv(0, \underline{a})$

(v) $\mathscr{L}(0, \underline{c})$

(vi) $K := conv\left(\left\{ \underline{x} \in \mathbb{R}^2 : \|\underline{x}\| \leq 1 \right\} \cup \left\{ \begin{bmatrix} 0 \\ 2 \end{bmatrix} \right\} \right)$

Aufgabe 22.85. Wir betrachten das lineare Ungleichungssystem

$$\left. \begin{aligned} x + y &\leq b \\ 2x + 2y &\leq c \\ x + 2y &\leq d \\ x &\geq 0 \\ y &\geq 0 \end{aligned} \right\} \tag{22.37}$$

unter der Voraussetzung $b > 0, c > 0$ und $d > 0$. Was läßt sich dann über die Lösungsmenge

$$K = \{ \underline{x} = (x, y)^T \in I\!\!R^2 \mid \underline{x} \text{ genügt } (22.37) \}$$

aussagen?

Kreuzen Sie das zutreffende Kästchen an ($\boxed{\text{R}}$ für "richtig", $\boxed{\text{F}}$ für "falsch").

Die Lösungsmenge K

$\boxed{\text{R}}$ $\boxed{\text{F}}$ kann leer sein

$\boxed{\text{R}}$ $\boxed{\text{F}}$ ist konvex, aber nicht beschränkt

R	F	ist die konvexe Hülle endlich vieler Eckpunkte (und damit insbesondere nicht leer)
R	F	hat mindestens 3 Ecken
R	F	hat mindestens 4 Ecken
R	F	hat höchstens 4 Ecken

Aufgabe 22.86. Im $\mathbb{R}^2$ seien die Punkte $\underline{a}$, $\underline{b}$, $\underline{c}$, $\underline{d}$ gegeben. Welche der nachfolgenden Fortsetzungen des beginnenden, kursiv gedruckten Satzes ergeben eine richtige (d.h., allgemeingültige) Aussage, welche nicht?

Dafür, dass der Punkt $\underline{d}$ in der konvexen Hülle $\mathscr{C}$ der Menge $\{\underline{a},\ \underline{b},\ \underline{c}\}$ liegt,...

(i) ... ist notwendig, dass $conv\{\underline{a}, \underline{b}, \underline{c}, \underline{d}\}$ ein Viereck ist.

(ii) ... ist notwendig, dass das Gleichungssystem $\lambda\,\underline{a} + \beta\,\underline{b} + \gamma\,\underline{c} = \underline{d}$ mindestens eine Lösung hat.

(iii) ... ist hinreichend, dass $\frac{1}{4}\underline{a} + \frac{1}{2}\underline{b} + \frac{1}{4}\underline{c} = \underline{d}$ gilt.

(iv) ... ist hinreichend, dass $conv\{\underline{a}, \underline{b}, \underline{c}\} = conv\{\underline{a}, \underline{b}, \underline{c}, \underline{d}\}$ gilt.

(v) ... ist hinreichend, dass das Gleichungssystem $\lambda\,\underline{a} + \beta\,\underline{b} + \gamma\,\underline{c} = \underline{d}$ mindestens eine Lösung besitzt.

Aufgabe 22.87. Welchen Bedingungen muss die Konstante a notwendigerweise genügen, damit gilt

$$\begin{bmatrix} a \\ 2 \end{bmatrix} \in conv \left\{ \begin{bmatrix} 1 \\ 1 \end{bmatrix},\ \begin{bmatrix} 5 \\ 2 \end{bmatrix},\ \begin{bmatrix} 4 \\ 4 \end{bmatrix} \right\}?$$

Aufgabe 22.88. Es seien $\mathcal{M}$ und $\mathcal{N}$ lineare Räume und $L\colon \mathcal{M} \to \mathcal{N}$ eine lineare Abbildung. Zeigen Sie:

(i) Ist M eine konvexe Teilmenge von $\mathcal{M}$, so ist ihr Bild $L(M)$ eine konvexe Teilmenge von $\mathcal{N}$.

(ii) Ist N eine konvexe Teilmenge von $\mathcal{N}$, so ist ihr Urbild $L^{-1}(N)$ eine konvexe Teilmenge von $\mathcal{N}$.

Aufgabe 22.89. Welche der folgenden Teilmengen des $\mathbb{R}^2$ sind Konusse, welche nicht?

(i) $A := \left\{ \begin{bmatrix} 0 \\ 0 \end{bmatrix} \right\}$

(ii) $B := \left\{ \begin{bmatrix} 1 \\ 1 \end{bmatrix} \right\}$

(iii) $C := \{ \underline{x} \in \mathbb{R}^2 : x_2 > x_1 \}$

(iv) $D := \left\{ \underline{x} \in \mathbb{R}^2 : \begin{bmatrix} 0 \\ 0 \end{bmatrix} \ll \underline{x} \right\}$

(v) $E := \left\{ \underline{x} \in \mathbb{R}^2 : \begin{bmatrix} 1, & 1 \end{bmatrix} \begin{bmatrix} x_1 \\ x_2 \end{bmatrix} = 1 \right\}$

(vi) $F := \left\{ \underline{x} \in \mathbb{R}^2 : \|\underline{x}\| = 1 \right\}$

Bestimmen Sie die Konushüllen $cone A, \ldots, cone F$.

23

Einfache lineare Optimierung

23.1 Vorbemerkung

Von "linearer Optimierung" spricht man, vereinfacht gesagt, immer dann, wenn die Lösung eines linearen Ungleichungssystems mit der Aufgabe verbunden wird, eine lineare Funktion zu maximieren oder zu minimieren. Probleme dieser Art treten in der Praxis, vor allem in der Wirtschaft, in nahezu unendlicher Vielfalt auf. Deswegen hat sich seit etwa Mitte des 20. Jahrhunderts eine eigene mathematische Theorie dafür etabliert. Ihre Darstellung würde den Rahmen dieses Buches bei weitem sprengen; wir wollen aber zumindest einige grundlegende Ideen und Lösungstechniken vermitteln.

23.2 Grafisch lösbare Probleme

Vorbemerkung

Der Einstieg in die lineare Optimierung gelingt am besten bei solchen Problemen, die eine Lösung nicht allein auf rechnerischem, sondern auch auf grafischem Wege erlauben. Das Wesentliche kann man hierbei bereits anhand einiger Beispiele erkennen.

Das "Tapetenproblem"

Wir erinnern an das Unternehmen aus Beispiel 22.58, welches aus Glasfasern zweier unterschiedlicher Stärken zwei Sorten Glasseidentapete herstellt. Die zu Beginn vorhandenen Bestände an Glasfasern sowie der spezifische Faserverbrauch waren bereits bekannt und in Form einer Tabelle gegeben. Zusätzlich werde nun der Gewinn betrachtet, den das Unternehmen beim Verkauf der Glasfasertapeten erzielen kann. Er betrage 3 bzw. 4 T€ je verkaufter Tonne Tapete der Sorte 1 bzw. der Sorte 2. Mit diesen Angaben können wir unsere Datentabelle wie folgt ergänzen:

Verbrauch	für Tapeten		Vorrat
$[t/m^2]$ an	Sorte 1	Sorte 2	$[t]$
Fasern grob	1/4	1/2	2
fein	3/4	1/2	3
Gewinn T€/t	3	4	

Aufgabe:

Es soll festgestellt werden, welche Mengen der beiden Tapetensorten *aus den bestehenden Vorräten* herzustellen sind, damit der bei ihrem Verkauf erzielte Gewinn größtmöglich ausfällt – und wie hoch dieser größtmögliche Gewinn ist.

Modellierung

Wir benötigen eine Variable, die den Produktionsplan beschreibt – mathematisch gesehen ist das ein Vektor $\underline{x} \in \mathbb{R}^2$, dessen Komponenten x_1 und x_2 die herzustellenden Mengen der beiden Tapetensorten 1 und 2 angeben. Es kommen selbstverständlich nur solche Produktionspläne in Betracht, die

    (R) *mit den vorhandenen Materialvorräten auskommen und*

  (NN) *nichtnegativ sind.*

Solche Produktionspläne werden wir als *zulässig* bezeichnen.

Aus Beispiel 22.58 wissen wir bereits, wie die Menge $\mathcal{K}$ aller zulässigen Produktionspläne beschaffen ist; zur Erinnerung hier noch einmal die Skizze:

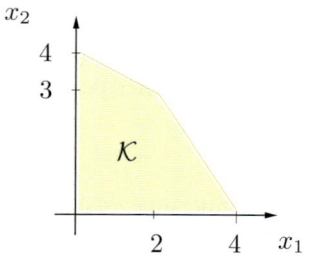

Es handelt sich um die Lösungsmenge des LUS

$$\left.\begin{array}{ll} R\underline{x} \le \underline{v} & (R) \\ \underline{x} \ge 0 & (NN) \end{array}\right\} \tag{23.1}$$

mit

$$R := \begin{bmatrix} \frac{1}{4} & \frac{1}{2} \\ \frac{3}{4} & \frac{1}{2} \end{bmatrix} \quad \text{und} \quad \underline{v} = \begin{bmatrix} 2 \\ 3 \end{bmatrix}.$$

Neu ist der in Abhängigkeit von $\underline{x} = [x_1, x_2]^T$ stehende Gewinn, der zum Maximum geführt werden soll:

$$G(\underline{x}) = G(x_1, x_2) := 3x_1 + 4x_2 \Longrightarrow \max \qquad \text{(ZF)}$$

Die Zuordnung $\underline{x} \longrightarrow G(\underline{x})$ definiert die *Gewinnfunktion* $G : \mathcal{K} \longrightarrow \mathbb{R}$. Man nennt sie verallgemeinernd auch die *Zielfunktion* unseres Problems. Setzen wir $\underline{c} := [3, 4]^T$, können wir sie in der Form

$$G(\underline{x}) = (\underline{c} \,|\, \underline{x}) \Longrightarrow \max$$

notieren.

> *Das Tripel aus*
>
> - *Restriktionen* (R)
> - *Nichtnegativitätsbedingungen* (NN)
> - *Zielfunktion (ZF)*
>
> *bezeichnet man als ein* lineares Optimierungsproblem *oder auch als ein* lineares Programm.

Zur Natur des Problems

Unsere Zielfunktion ist eine Funktion von *zwei reellen* Variablen x_1 und x_2. Wir merken an, dass wir diese Zielfunktion in einem dreidimensionalen x_1-x_2-x_3−Koordinatensystem grafisch darstellen können. Das wird uns helfen, die Natur des Problems besser zu verstehen und so einen Weg zu seiner grafischen Lösung zu finden. Dazu wird über jedem in $\mathcal{K}$ gelegenen Punkt $\underline{x} = (x_1, x_2)^T$ der x_1-x_2−Ebene der zugehörige Zielfunktionswert $x_3 := G(x_1, x_2)$ als "Höhe" abgetragen und so im $\mathbb{R}^3$ der Punkt $\underline{z} := (x_1, x_2, x_3)^T = (x_1, x_2, G(x_1, x_2))^T$ bestimmt. Die Menge $\mathcal{G}$ aller solchen Punkte $\underline{z}$ nennen wir den *Graphen* von G. Nun ist die Gleichung

$$G(x_1, x_2) = x_3 = 3x_1 + 4x_2 \qquad (23.2)$$

nichts anderes als die Funktionsgleichung einer Ebene $\mathcal{E}$ im $\mathbb{R}^3$, folglich ist unser gesuchter Graph $\mathcal{G}$ ein Teil dieser Ebene.

Wie entsprechen sich $\mathcal{G}$ und $\mathcal{K}$? Anders formuliert: Wo verläuft $\mathcal{G}$ räumlich? Wir überlegen uns, dass wir jeden Punkt $\underline{x} = (x_1, x_2)^T$ aus $\mathcal{K}$ um die "Höhen"koordinate x_3 ergänzen müssen, um zu dem zu $\underline{x}$ gehörenden Punkt $\underline{z} = [x_1, x_2, x_3]^T$ aus $\mathcal{G}$ zu gelangen. x_3 berechnet sich aus

$$x_3 = 3 \underbrace{x_1}_{\geq 0} + 4 \underbrace{x_2}_{\geq 0}$$

und ist daher *positiv*, sobald nur gilt $x_1 \neq 0$ oder $x_2 \neq 0$. Mit anderen Worten: Die Punkte aus $\mathcal{G}$ liegen lotrecht *über* denen aus $\mathcal{K}$.

Das nebenstehende Bild visualisiert die
beiden Mengen $\mathcal{G}$ und $\mathcal{K}$.

Wir suchen nun den höchsten Punkt
der Gewinnebene $\mathcal{G}$. Dessen Höhe über
der (x_1, x_2)–Ebene gibt nämlich den
größtmöglichen Gewinn an, und das
von ihm in die (x_1, x_2)–Ebene gefäll-
te Lot zeigt auf den zugehörigen gewinnmaximalen Produktionsplan, den
wir mit $(x_1, x_2)_{opt}$ bezeichnen wollen.

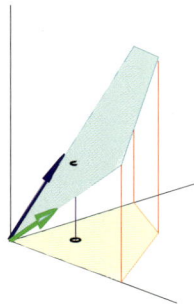

Isoquanten

Dieser Punkt wäre schnell gefunden, wenn man jedem Punkt auf der Gewinnebene in unserer räumlichen Skizze seine "Höhe" sofort ansehen könnte.
Das ist aber nicht der Fall, denn unsere Grafik dreidimensionaler Objekte ist
selbst in Wirklichkeit nur zweidimensional. Daher fragen wir uns, ob wir nicht
auch schon in der *zweidimensionalen* Skizze des *zweidimensionalen* zulässigen
Bereiches $\mathcal{K}$ erkennen können, welche Punkte jeweils ein- und denselben Gewinn x_3 besitzen. Wir geben uns dazu zunächst einen beliebigen Wert x_3 vor
und suchen *alle* zulässigen Produktionspläne, die den Gewinn x_3 besitzen. Die
Antwort: Es handelt sich hierbei genau um diejenigen Punkte in $\mathcal{K}$, die der
Gleichung

$$x_3 = 3x_1 + 4x_2 \tag{23.3}$$

genügen. Dies ist die Normalengleichung einer Geraden im $\mathbb{R}^2$. Wir fassen
zusammen:

> *Alle zulässigen Produktionspläne, die zu ein- und demselben*
> *Gewinn x_3 führen, liegen auf ein- und derselben Geraden g mit*
> *der Gleichung (23.3).*

Wollen wir eine solche Gerade beispielhaft in das Diagramm mit dem zulässigen Bereich $\mathcal{K}$ einzeichnen, brauchen wir uns lediglich einen passenden
x_3–Wert zu suchen. Dafür gibt es mehrere Möglichkeiten. Oft können wir x_3
einfach als das *Produkt der Zielfunktionskoeffizienten* ansetzen: Wegen

$$G(x_1, x_2) = 3x_1 + 4x_2$$

bedeutet das in unserem Fall die Wahl $x_3 = 3 \cdot 4 = 12$. Dann lautet die
Gleichung (23.3)

$$12 = 3x_1 + 4x_2 \quad \text{bzw.} \quad \frac{x_1}{4} + \frac{x_2}{3} = 1.$$

Dies ist die Gleichung einer Geraden im $\mathbb{R}^2$, die im folgenden Bild als dünne
rote Linie eingezeichnet ist. Dank unserer geschickten Wahl der Konstanten
x_3 gilt:

Achsenabschnitte $\widehat{=}$ *vertauschte Zielfunktionskoeffizienten.*

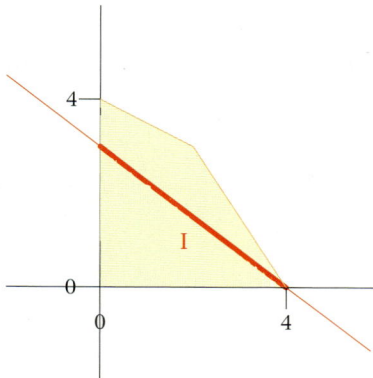

Ein Teil dieser Linie ist dick ausgezogen und markiert all diejenigen Punkte, die für unser Problem *zulässig* sind (also in $\mathcal{K}$ liegen). Man bezeichnet diese Strecke als *Iso-Gewinnlinie* oder *Gewinn-Isoquante* (zum Gewinn $x_3 = 12$). Formal handelt es sich um die Menge

$$I := \{G = 12\} := \{(x_1, x_2) \in \mathcal{K} \mid G(x_1, x_2) = 12\}.$$

Bestimmung des Maximalgewinns

Nachdem wir eine Möglichkeit aufgezeigt haben, *eine* – zunächst weitgehend beliebige – Isoquante einzuzeichnen, wollen wir nun *diejenige* Isoquante bestimmen, die den höchsten Gewinn ergibt. Dazu sind zwei Feststellungen hilfreich:

(1) *Isoquanten, die anderen möglichen Gewinnen als 12 entsprechen, sind zu der Isoquante $\{G = 12\}$ parallel.*

Das liegt daran, dass sämtliche Normalengleichungen (23.3), aus denen die Isoquanten zu bestimmen sind, ein- und denselben Normalenvektor verwenden. Die nächste Skizze zeigt beispielhaft eine Schar solcher Isoquanten (links).

(2) *Der Gewinn entlang einer Isoquante ist umso höher, je weiter "rechts oben" die Isoquante verläuft.*

Hierfür können wir gleich zwei Begründungen liefern:

- *Ökonomisch* betrachtet finden sich, von einem beliebigen Punkt $\underline{x}$ auf der Isoquante ausgehend, "rechts oben" Produktionspläne mit einem höheren Output an Tapeten der Sorte 1 oder 2 (oder beides). Es sind also zusätzliche Mengen an diesen Tapeten absetzbar, die dann auch zusätzlichen Gewinn bringen.

- Das *mathematische* Argument hingegen ist dieses: Wir betrachten die Isoquantengleichung

$$3x_1 + 4x_2 = 12. \tag{23.4}$$

Die rechte Seite beschreibt das momentan erreichte Niveau des Gewinns, also $G = 12$. Es handelt sich hierbei um eine Normalendarstellung einer Geraden mit dem Normalenvektor $\underline{n} := [3, 4]^T$. Unterzieht man diese Gerade einer Parallelverschiebung nach "oben rechts", genauer: in Richtung des Normalvektors, so erhöht sich, wie in Beobachtung 17.42 ausgeführt, der Wert der rechten Seite. Somit wird ein höherer Gewinn erreicht.

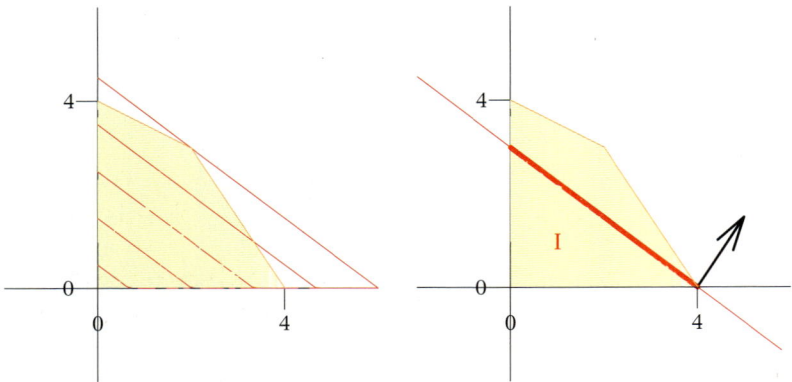

Wir können also sukzessive immer bessere Produktionspläne finden, indem wir die gegebene Isoquante parallel nach oben rechts verschieben, bis wir den "letzten" Punkt in $\mathcal{K}$ erreicht haben. Dieses ist die Isoquante mit dem höchstmöglichen Gewinn G_{max}, der durch Anwendung des Produktionsplanes $\underline{x}_{opt}$ realisiert wird (Bild links):

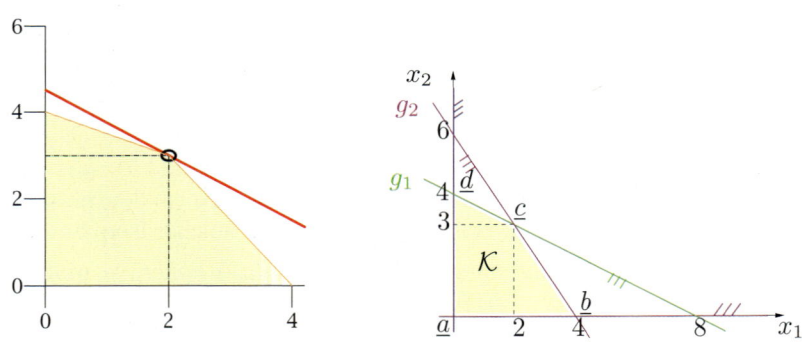

Es gibt nun zwei Möglichkeiten, die Koordinaten von $\underline{x}_{opt}$ zu ermitteln:

- Wir beobachten, dass $\underline{x}_{opt}$ genau der Schnittpunkt der beiden Restriktionsgeraden g_1 und g_2 ist. Daher muss $\underline{x}_{opt}$ den Geradengleichungen von g_1 und g_2 simultan genügen und kann so als Lösung eines linearen Gleichungssytems bestimmt werden.

- Arbeit lässt sich sparen, indem man versucht, die Koordinaten von $\underline{x}_{opt}$ aus der Zeichnung abzulesen. Da jede noch so gute Zeichnung Ungenauigkeiten enthalten kann, erhält man so in der Regel zunächst nur eine Lösungs*vermutung*. Diese ist in jedem Fall durch eine *rechnerische Probe* zu überprüfen. In unserem Beispiel müsste man prüfen, ob der vermutete Punkt den beiden Geradengleichungen von g_1 und g_2 genügt. Das ist einfacher, als ein Gleichungssystem zu lösen.

Wir können ablesen – und hatten im Beispiel 22.58 bereits errechnet – das gilt $\underline{x}_{opt} = [2,3]^T$. Der zugehörige (und maximale) Wert von G ist $G_{max} = G(2,3) = 3 \cdot 2 + 4 \cdot 3 = 18$.

Ökonomisches Fazit

Das Unternehmen erzielt bei einer Produktion von $2t$ Tapete der Sorte 1 und $3t$ Tapete der Sorte 2 den höchstmöglichen Gewinn, und zwar in Höhe von 18 T€.

Aus ökonomischer Sicht ist nicht allein der optimale Produktionsplan interessant, sondern auch die Frage, inwieweit die vorhandenen Rohstoffe aufgebraucht werden. Da in unserem Beispiel der Punkt $\underline{x}_{opt}$ beiden (also *allen*) Restriktionsgeraden g_1 und g_2 gleichzeitig angehört, werden bei gewinnoptimaler Produktion die Vorräte an beiden Faserarten – sowohl feinen als auch groben – aufgebraucht.

Einige Ergänzungen

1. Ökonomisch gesehen überrascht uns nicht, dass ein optimaler Produktionsplan existiert. Dies würden wir ohnehin für die meisten (sinnvoll gestellten) ökonomischen Probleme erwarten. Wir sollten uns jedoch auch aus mathematischer Sicht davon vergewissern. Darauf gehen wir im Abschnitt 23.3.2 ein.

2. Folgende Beobachtung ist ganz wesentlich: Der optimale Produktionsplan $\underline{x}_{opt}$ ist eine *Ecke* des zulässigen Bereiches $\mathcal{K}$, liegt also auf dessen Rand. Es liegt nun – wegen der Linearität der Ränder und aller Isoquanten – nahe anzunehmen, dass dies immer so ist. Diese Vermutung wird sich später bestätigen. Dann aber brauchen wir uns künftig eigentlich *nur noch die Ecken* des zulässigen Bereiches anzusehen!

3. Die beschriebene Vorgehensweise ist grundsätzlich geeignet, LO- Probleme mit zwei Variablen grafisch zu lösen. Die dabei auftretende Parallelverschiebung der Isoquanten lässt sich sehr gut mit Hilfe von Lineal und Zeichendreieck bewerkstelligen. Wie schon gesagt, stellt die Zeichengenauigkeit ein generelles Problem dar. Deswegen genügt es in der Regel nicht, die Koordinaten des Optimalpunktes aus der Zeichnung abzulesen. Vielmehr bedarf es zumindest einer Probe.

4. Eine weitere grundsätzliche Lösungsstrategie könnte darin bestehen, die Koordinaten *aller* Ecken rein rechnerisch zu bestimmen – z.B. mit dem Austauschverfahren. Die so gefundenen Ecken sind dann zunächst Optimalpunkt

–Kandidaten, und ein Kandidatenvergleich, wie in Abschnitt 12.4.5 beschrieben, liefert dann das Ergebnis.

5. Wir wollen unsere Vorgehensweise nun noch kurz im dreidimensionalen Raum deuten. Das folgende Bild links zeigt unsere Gewinnfläche $\mathcal{G}$ (blau) zusammen mit einer "Höhenebene" H (blaues Gitter). Es handelt sich hierbei um eine zur (x_1, x_2)−Ebene parallele Ebene, die die räumliche "Höhe" 12 besitzt (d.h., es gilt $x_3 = 12$ – dies ist eine Normalengleichung von H). Beide Ebenen schneiden sich in einer roten Linie, die wir als *räumliche Höhenlinie* zum Niveau $G = 12$ ansehen können. Deren Projektion in die (x_1, x_2)−Ebene ist die uns wohlbekannte Isoquante $\{G = 12\}$. Verschieben wir die Höhenebenen weiter nach oben bis zum Niveau $G = 18$, erreichen wir den höchstgelegenen Punkt der Gewinnfläche (Bild rechts).

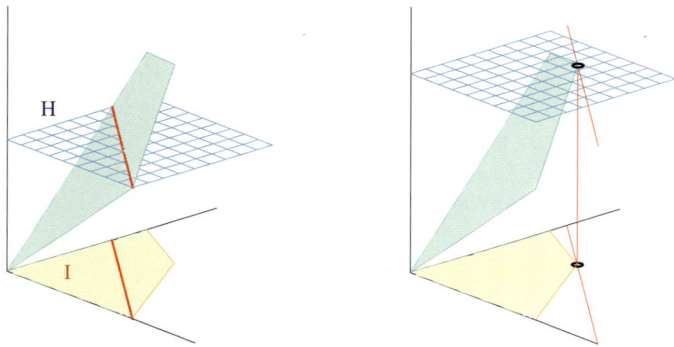

Die während der Verschiebung von Isoquanten durchlaufenen Höhenniveaus zeigt das folgende Bild.

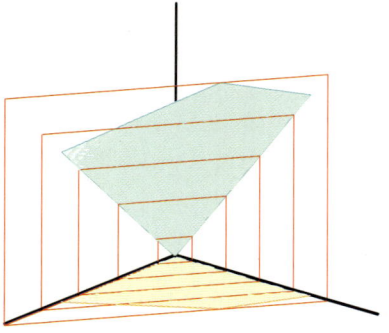

6. Die letzte Bemerkung unterstreicht, dass die grafische Lösung von LO-Problemen, von seltenen Ausnahmefällen abgesehen, nur dann gelingt, wenn höchstens zwei Variable im Spiel sind. Bei einer höheren Anzahl von Variablen müssen wir also einen rein rechnerischen Weg einschlagen, der durch die Bemerkung (4) vorgezeichnet ist und auf den wir im Punkt 23.4 näher eingehen.

Grafische Lösung: Allgemeine Vorgehensweise

Unser erstes Beispiel erlaubt bereits, die wichtigsten Schritte einer Strategie zur grafischen Lösung von LO-Problemen mit zwei Variablen zusammenzufassen:

Zusammenfassung der grafischen Lösungsstrategie

(1) **Problemformulierung:**

− *Variablen einführen und benennen:*

     (R)   Restriktionen
     (NN) Nichtnegativitätsbedingungen
     (ZB) eventuelle zusätzliche Bedingungen
     (ZF) Zielfunktion

− *ökonomische Bedeutung notieren*
− *Maßeinheiten beachten und kennzeichnen*

(2) **Skizze des zulässigen Bereichs $\mathcal{K}$**

− *Randgeraden benennen*
− *"Flaggen"*
− *$\mathcal{K}$ schraffieren/schattieren*

(3) **Skizze einer beliebigen Isoquante I**

− *Bestimmungsgleichung notieren*
− *Isoquante bezeichnen*

(4) **Parallelverschiebung**

− *I in die optimale(n) Ecke(n) $\underline{x}_{opt}$ verschieben*

(5) **Optimalpunktbestimmung**

− *Koordinaten(vermutung) von $\underline{x}_{opt}$ ablesen*
− *Probe!*
− *erforderlichenfalls ausrechnen*

(6) **Optimalwertbestimmung**

− *$\underline{x}_{opt}$ in die Zielfunktion einsetzen*

Wichtig: In den bisherigen Beispielen sind uns noch nicht alle Bedingungen begegnet, die in der Praxis auftreten können. In der Ökonomie z.B. geht es oft um die Produktion von sogenannten "Stückgütern" (wie z.B. Pkw, Maschinen etc.), die offensichtlich nur in ganzzahligen Mengen hergestellt bzw. eingesetzt werden können. Auf diese Weise ist es nicht selten, dass die Problemvariablen zusätzlichen Ganzzahligkeitsbedingungen unterliegen. Diese wurden hier unter dem Titel (ZB) zusammengefasst. Im Abschnitt 23.2.1 zeigen wir beispielhaft, wie ganzzahlige Probleme gelöst werden können.

Das "Vitaminproblem"

Wir betrachten nun ein etwas andersartiges Problem. Beginnen wir mit der Aufgabenstellung: Für eine Schiffsbesatzung werden zwei Vitaminpräparate V_1 und V_2 bereitgestellt, durch die der tägliche Vitaminbedarf des Personals gedeckt werden soll. Der Mindestbedarf an Vitaminen B_1, C und K je Tag, der Gehalt der Präparate an den Vitaminen je Gramm, sowie die Kosten der Präparate in Euro je Gramm sind in der nachfolgenden Tabelle angegeben:

Vitamin	Gehalt [je g] V_1	V_2	Mindestbedarf	
B_1	0.25	0.5	3	[mg]
C	25	20	200	[mg]
K	10	1	20	[μg]
Kosten	1.25	1		[€/g]

Das Ziel besteht darin, den täglichen Mindest-Vitaminbedarf jedes Besatzungsmitgliedes zu minimalen Kosten zu decken. (Die Vitaminpräparate werden in Pulverform verabreicht und können daher beliebig dosiert werden.) Bei der grafischen Lösung folgen wir dem Programm, wie wir es im letzten Punkt aufgestellt haben:

(1) Problemformulierung

Wir führen eine Variable $\underline{d} = [d_1, d_2]^T$ ein mit folgender Bedeutung:

$$d_1 : \text{Tagesdosis an Präparat } V_1[g]$$
$$d_2 : \text{Tagesdosis an Präparat } V_2[g].$$

Damit lassen sich der Tabelle folgende Restriktionen (R) entnehmen:

(R1)	$1/4\, d_1$	+	$1/2\, d_2$	$\geq$	3	(Mindestdosis an Vitamin $B_1[mg]$)
(R2)	$25\, d_1$	+	$20\, d_2$	$\geq$	200	(Mindestdosis an Vitamin C $[mg]$)
(R3)	$10\, d_1$	+	d_2	$\geq$	20	(Mindestdosis an Vitamin K $[\mu g]$).

Hinzu kommen zwei selbstverständliche Nichtnegativitätsbedingungen (NN):

(NN1) $d_1 \geq 0$ (Tagesdosis an V_1 (in $[g]$) ist nichtnegativ)

(NN2) $d_2 \geq 0$ (Tagesdosis an V_2 (in $[g]$) ist nichtnegativ).

Das Ziel ist es, die Kosten zu minimieren:

(ZF) $K(d_1, d_2) := 5/4 d_1 + d_2 \implies \min$

(Auch hier notierten wir Angaben, die rein mathematisch entbehrlich sind, in Grau.)

Bevor wir zum nächsten Schritt übergehen, wollen wir auf folgende Punkte hinweisen:

- *Erstens* hat man sich grundsätzlich zu vergewissern, ob nicht etwa zusätzliche Bedingungen (ZB) in der Aufgabe "versteckt" sind. Am häufigsten treten solche in Gestalt von *Ganzzahligkeitsbedingungen* an die Problemvariablen auf.

  In unserem Beispiel hätten wir derartige Bedingungen zu respektieren, wenn die Vitaminpräparate in Form von unteilbaren Tabletten oder Dragees verabreicht würden. In der Aufgabe hieß es jedoch, die *"... Vitaminpräparate werden in Pulverform verabreicht und können daher beliebig dosiert werden."* Daher bestehen Ganzzahligkeitsforderungen in unserem Beispiel *nicht*.

- *Zweitens* sind die Maßeinheiten sorgfältig zu beachten. Deswegen haben wir diese hier in Grau vermerkt. Übrigens können in verschiedenen Restriktionen durchaus *verschiedene* Maßeinheiten auftreten, wie etwa hier in (R2) und (R3) – weil sich die Restriktionen auf *verschiedene* Ressourcen beziehen.

- *Drittens* können Restriktionen schadlos mit positiven Faktoren vervielfacht bzw. durch diese dividiert werden. So könnte die Restriktion (R3) auch so lauten:

  $$0.010d_1 + 0.001d_2 \geq 0.020 \quad \text{(Mindestdosis an Vitamin } K\,[mg])$$

  Man beachte: Diese Ungleichung ist zur bisherigen Form von (R3) vollkommen äquivalent. Zur korrekten Interpretation ihrer Aussage ist in jedem Fall die verwendete Maßeinheit mit zu berücksichtigen: Die ursprüngliche Mindestdosis von 20 $[\mu g]$ ist dieselbe wie die von 0.020 $[mg]$.

- *Viertens* können wir unser Problem unter Verwendung der Matrizenschreibweise erheblich kürzer notieren: Mit den Bezeichnungen

$$R := \begin{bmatrix} 0.25 & 0.5 \\ 25 & 20 \\ 10 & 1 \end{bmatrix}, \quad \underline{v} := \begin{bmatrix} 3 \\ 200 \\ 20 \end{bmatrix} \text{ und } \underline{k} := \begin{bmatrix} 1.25 \\ 1 \end{bmatrix}$$

lautet es

$$(\text{R}) \quad R\underline{d} \geq \underline{v}$$

$$(\text{NN}) \quad \underline{d} \geq 0$$

$$(\text{ZF}) \quad K(\underline{d}) := (\underline{k}|\underline{d}) \Longrightarrow \min.$$

(2) Skizze des zulässigen Bereichs

Wie schon im Abschnitt über LUS ausgeführt, ist es sinnvoll, zunächst die zu den Restriktionen und Nichtnegativitätsbedingungen assoziierten Gleichungen aufzustellen. Notieren wir diese der Bequemlichkeit halber gleich in Abschnittsform, erhalten wir folgende Geradengleichungen:

$$
\begin{aligned}
d_1/12 \;+\; & d_2/6 \;=\; 1 \quad (g_1) \\
d_1/8 \;+\; & d_2/10 \;=\; 1 \quad (g_2) \\
d_1/2 \;+\; & d_2/20 \;=\; 1 \quad (g_3) \\
& d_2 \;=\; 0 \quad (g_4;\, d_1\text{–Achse}) \\
& d_1 \;=\; 0 \quad (g_5;\, d_2\text{–Achse })
\end{aligned}
$$

Diese Geraden tragen wir in ein (d_1, d_2)–Koordinatensystem ein. Um von den Gleichungen auf die Ungleichungen zu schließen, müssen wir bei jeder Gerade die bezüglich der zugehörigen Ungleichung "zulässige Seite" markieren. Dies geschieht am einfachsten, indem ein möglichst einfacher Testpunkt $\underline{x}_{test}$ gewählt und anschließend für jede Restriktion einzeln geprüft wird, ob er diese erfüllt: Falls JA, liegt er auf der zulässigen, falls NEIN, auf der unzulässigen Seite. Als Testpunkt wählen wir den einfachstmöglichen, nämlich den Koordinatenursprung 0. Es ist offensichtlich, dass dieser den drei Restriktionen (R1) bis (R3) *nicht* genügt (diesbezüglich also unzulässig ist).

Die beiden Nichtnegativitätsbedingungen schränken unsere Betrachtung auf den ersten Quadranten (also "rechts oben") ein.

Wir können nun die zulässigen Seiten aller fünf Geraden durch Fähnchen markieren. Der Durchschnitt der fünf markierten Halbebenen ist in folgendem Bild in Pastellgelb hervorgehoben:

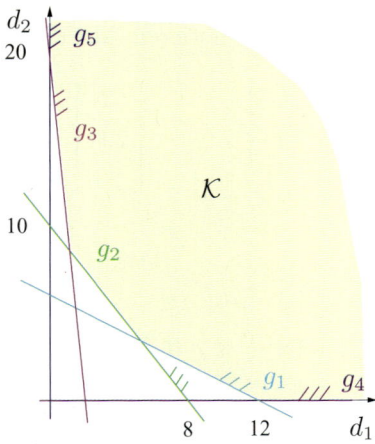

Gegenüber unserem vorhergehenden "Tapeten-" Beispiel beobachten wir eine erste *Besonderheit*: Der zulässige Bereich ist zwar auch hier konvex, jedoch nicht länger beschränkt (und damit auch nicht mehr als konvexe Hülle *endlich* vieler (Eck-) Punkte darstellbar). Es handelt sich um ein Polyeder, jedoch nicht um ein Polytop.

(3) Bestimmung einer Isoquante

Wir wollen nun eine beliebige, passende Isoquante einzeichnen.
"Passend" heißt hier: durch den skizzierten Bereich verlaufend, möglichst leicht berechen- und möglichst gut einzeichenbar. Eine recht einfache Möglichkeit dazu ist diese: Man wähle einen beliebigen Punkt aus der Skizze aus und bestimme diejenige Isoquantengerade, die durch diesen Punkt verläuft. Wir erinnern: Dort liegen alle Punkte, die zu denselben Kosten führen! Wählen wir also z.B. den gut ablesbaren Punkt $[12, 0]^T$ aus, so bestimmen wir zunächst die zugehörigen Kosten:

$$K(12, 0) = 5/4 \cdot 12 + 1 \cdot 0 = 15.$$

Die gesuchte Isoquante ist daher $\{K = 15\}$, diese gehört der Geraden mit der Gleichung

$$5/4 \cdot d_1 + 1 \cdot d_2 = 15 \quad \text{bzw.} \quad d_1/12 + d_2/15 = 1$$

an. Sie ist leicht in die Skizze eingetragen:

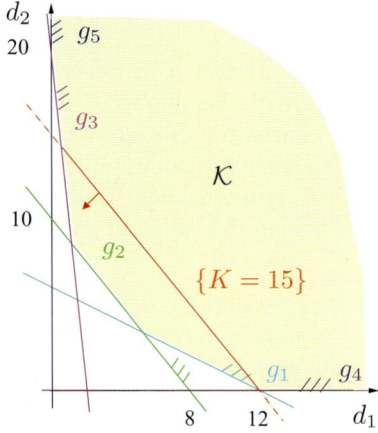

(4) Parallelverschiebung

Diesmal ist intuitiv klar, dass wir die Isoquante nach "links unten" verschieben müssen, um die Kosten zu senken (dies ist durch den roten Pfeil an der Isoquante angedeutet). In der Tat: "Links unten" liegen Dosierungspläne, die zulässig sind – also die tägliche Mindestdosis an Viaminen garantieren –, aber dennoch mit einem echt geringeren Einsatz von V_1 und/oder V_2 auskommen.

Deren Kosten müssen notwendigerweise geringer sein als die momentanen Kosten in Höhe von 15 €. (Mathematisch argumentiert: Der rote Pfeil hat die dem Normalenvektor $[5/4, 1]^T$ entgegengesetzte Richtung, weist also in die Richtung des größtmöglichen Kostenabstieges.)

Diese Verschiebung endet dann, wenn wir den oder die "letzten" Punkte in $\mathcal{K}$ erreicht haben, d.h., wenn wir nicht weiter verschieben können, ohne den zulässigen Bereich vollständig zu verlassen. Im Ergebnis erhalten wir folgendes Bild:

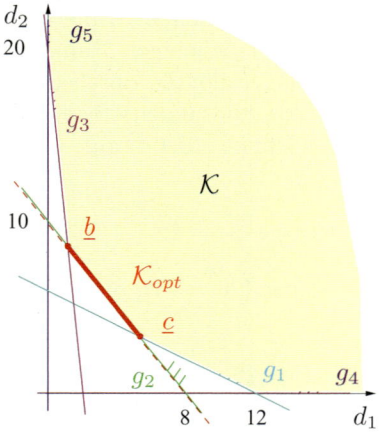

(5) Optimalpunktbestimmung

Hier beobachten wir nun eine zweite, von unserem Tapetenbeispiel abweichende Besonderheit: Die optimale Isoquante ist in einer Restriktionsgeraden (nämlich in der Geraden g_2) enthalten. Sie weist also nicht auf einen einzigen, sondern sogar auf unendlich viele Optimalpunkte hin. Die Menge aller solcher Punkte wollen wir mit $\mathcal{K}_{opt}$ bezeichnen. Hier ist $\mathcal{K}_{opt}$ präzise die Verbindungsstrecke zwischen den beiden Ecken $\underline{b}$ und $\underline{c}$ von $\mathcal{K}$. Wir können schreiben $\mathcal{K}_{opt} = conv(\underline{b}, \underline{c})$.

Diesmal ist es schwierig, die Koordinaten dieser beiden Eckpunkte direkt aus der Skizze abzulesen. Wir beobachten, dass der Punkt $\underline{b}$ gleichzeitig auf den Restriktionsgeraden g_2 und g_3 liegt, während $\underline{c}$ gleichzeitig auf g_1 und g_2 liegt. Dementsprechend können wir zur Bestimmung von $\underline{b}$ und $\underline{c}$ folgende Gleichungssysteme ansetzen:

$$
\begin{array}{rcrclr}
25\,b_1 & + & 20\,b_2 & = & 200 & (g_2) \\
10\,b_1 & + & b_2 & = & 20 & (g_3) \\
\text{bzw.} & & & & & \\
1/4\,c_1 & + & 1/2\,c_2 & = & 3 & (g_1) \\
25\,c_1 & + & 20\,c_2 & = & 200 & (g_2)
\end{array}
$$

Hieraus finden wir

$$\underline{b} = \begin{pmatrix} 8/7 \\ 60/7 \end{pmatrix} \quad \text{und} \quad \underline{c} = \begin{pmatrix} 16/3 \\ 10/3 \end{pmatrix}$$

und präzisieren

$$\mathcal{K}_{opt} = conv \left(\begin{pmatrix} 8/7 \\ 60/7 \end{pmatrix}, \begin{pmatrix} 16/3 \\ 10/3 \end{pmatrix} \right)$$

(6) Optimalwertbestimmung

Der optimale Zielfunktionswert gibt hier die minimalen Kosten wieder. Diese sind in jedem Punkt von $\mathcal{K}_{opt}$ dieselben. Wir finden z.B.

$$K_{\min} := K(\underline{b}) = K(8/7, 60/7) = 5/4 \cdot 8/7 + 1 \cdot 60/7 = 70/7 = 10.$$

Eine zweite Berechnung (z.B. mit dem anderen Endpunkt $\underline{c}$) könnte als Probe dienen:

$$K(16/3, 10/3) = 5/4 \cdot 16/3 + 1 \cdot 10/3 = 30/3 = 10.$$

Ökonomisches Fazit

Wir könnten dieses Ergebnis so ausdrücken: Die gewünschte Tagesvitamindosis kostet in jedem Fall mindestens 10 € pro Person und kann zu diesen minimalen Kosten erreicht werden, indem man $8/7\,g\,V_1$ und $60/7\,g\,V_2$ oder $16/3\,g\,V_1$ und $10/3\,g\,V_2$ (oder eine beliebige Mischung beider Dosierungen) pro Person verabreicht.

Hier sehen wir zugleich eine dritte *Besonderheit* dieses Problems (im Unterschied zum "Tapetenproblem"): Die Koordinaten der optimalen Ecken sind, anders als bisher, *nicht ganzzahlig*. Zum Glück lassen sich die pulverförmigen Präparate V_1 und V_2 auch in Gramm-Bruchteilen dosieren!

Einige Ergänzungen

(1) Bereits beim Tapetenproblem hatten wir die Bedeutung des Randes und der Ecken von $\mathcal{K}$ hervorgehoben. Auch diesmal liegen sämtliche Optimallösungen auf dem Rand von $\mathcal{K}$, und auch diesmal gibt es (mindestens) eine optimale Ecke (streng genommen sogar zwei!).

(2) Diesmal können wir eine zusätzliche Beobachtung machen: Nicht allein der zulässige Bereich $\mathcal{K}$ ist konvex, sondern auch die Menge $\mathcal{K}_{opt}$ der darin enthaltenen Optimalpunkte. Wir werden später sehen, dass dies *immer* so ist. Worin besteht der Vorteil dieser Beobachtung? Dem Ökonomen sagt sie, dass sich optimale Produktionsentscheidungen beliebig konvex kombinieren (vereinfacht: "mischen") lassen.

(3) Schließlich wollen wir unsere Vorgehensweise kurz im dreidimensionalen Raum deuten. Unser Bild links zeigt als Graph unserer Zielfunktion die

Kostenfläche zusammen mit einer "Höhenebene" H (blau). Diesmal geht es darum, eine Höhenebene möglichst *geringer* Höhe zu finden, die die Kostenfläche gerade noch berührt. Dies ist im nachfolgenden Bild zu sehen.

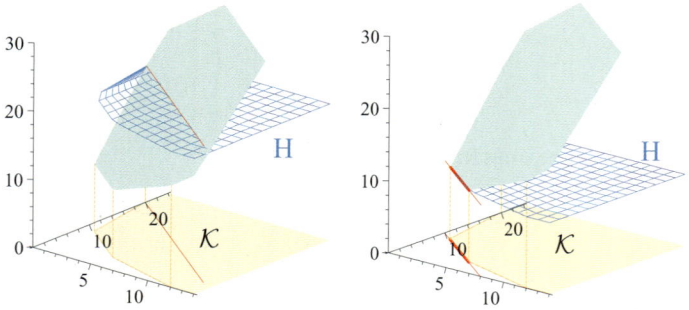

23.2.1 Ganzzahligkeitsbedingungen

Das letzte Beispiel machte bereits deutlich, dass in vielen Anwendungen nicht allein Restriktionen und Nichtnegativitätsbedingungen, sondern zudem auch noch *Ganzzahligkeitsforderungen* zu beachten sind. Den Umgang mit solchen Forderungen demonstrieren wir anhand des Vitaminproblems. Wir nehmen diesmal an, die beiden Präparate V_1 und V_2 mögen in Form von Dragees von je $1g$ Gewicht verabreicht werden. Die bisher gefundene Lösung ist dann weitgehend unbrauchbar, denn es lassen sich nur schwer etwa "8/7 Dragee" verabreichen. Um zu einer brauchbaren Lösung zu gelangen, beginnen wir wieder mit der Problemformulierung:

(1) Problemformulierung

Mit denselben Bezeichnungen wie auf Seite 968 erhalten wir diesmal einen erweiterten Satz von Bedingungen, in dem als neues Element die Ganzzahligkeitsbedingungen auftreten:

Restriktionen:

(R1)	$1/4\,d_1$	$+$	$1/2\,d_2$	$\geq$	3	(Mindestdosis an Vitamin $B_1\,[mg]$)
(R2)	$25\,d_1$	$+$	$20\,d_2$	$\geq$	200	(Mindestdosis an Vitamin C $[mg]$)
(R3)	$10\,d_1$	$+$	d_2	$\geq$	20	(Mindestdosis an Vitamin K $[\mu g]$)

Nichtnegativitätsbedingungen:

(NN 1)	d_1	≥ 0	(Tagesdosis an V_1 (in $[g]$) ist nichtnegativ)
(NN 2)	d_2	≥ 0	(Tagesdosis an V_2 (in $[g]$) ist nichtnegativ)

Ganzzahligkeitsbedingungen:

(G1) $d_1 \in \mathbb{Z}$ (Tagesdosis an V_1 (in $[g]$) ist ganzzahlig)

(G2) $d_2 \in \mathbb{Z}$ (Tagesdosis an V_2 (in $[g]$) ist ganzzahlig)

Zielfunktion:

(ZF) $K(d_1, d_2) := \frac{5}{4}d_1 + d_2 \implies \min$

(2-4) Zulässiger Bereich und optimale Isoquante

Unter Berücksichtigung der Ganzzahligkeitsbedingungen erhalten wir einen neuen zulässigen Bereich, den wir mit $\mathcal{K}_{ganz}$ bezeichnen wollen. Behalten wir die frühere Bezeichnung $\mathcal{K}$ für den früheren (nichtganzzahligen) zulässigen Bereich bei, so enthält $\mathcal{K}_{ganz}$ genau diejenigen Punkte aus $\mathcal{K}$, deren beide Koordinaten ganzzahlig sind. Diese Punkte sind in folgendem Bild links in Blau eingezeichnet:

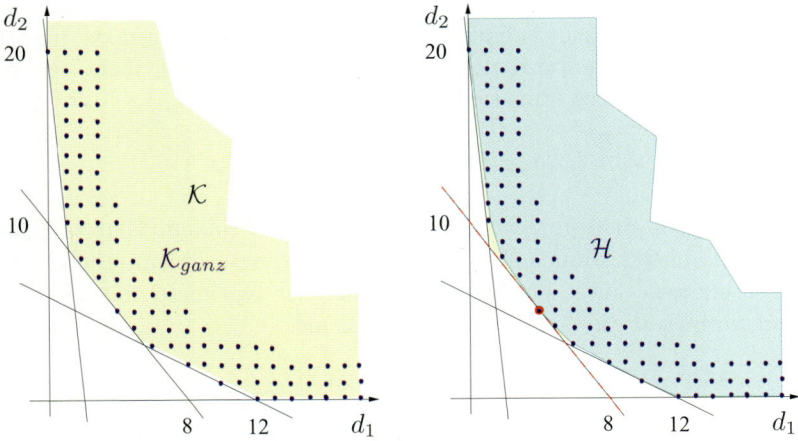

Wir suchen jetzt *nur unter diesen* Punkten einen mit minimalen Kosten. Im Prinzip können wir so vorgehen wie im nichtganzzahligen Fall: Eine beliebige Isoquante einzeichnen und auf der aus den blauen Punkten bestehenden Menge nach "links unten" verschieben, bis der letzte blaue Punkt erreicht ist. Leider ist es hierbei leicht möglich, gewisse Punkte zu übersehen und sich am Ende zu irren. Deswegen empfiehlt es sich, zunächst die *konvexe Hülle* $\mathcal{H}$ von $\mathcal{K}_{ganz}$ zu bilden. Wir erinnern: Es handelt sich um die kleinste konvexe Teilmenge von $\mathbb{R}^2$, die die Menge $\mathcal{K}_{ganz}$ umfasst. Im Bild rechts ist die Menge $\mathcal{H}$ hellblau hervorgehoben.

Nun können wir so wie auch schon im nichtganzzahligen Fall fortfahren, indem wir eine Isoquante verschieben – diesmal jedoch nur auf der hellblauen Menge, die in $\mathcal{H}$ enthalten, jedoch etwas kleiner ist. Der Vorteil hierbei: Die Menge

$\mathcal{H}$ ist besser wahrnehmbar als nur einzelne Punkte aus ihr, und wichtiger noch: Alle Eckpunkte von $\mathcal{H}$ sind ganzzahlig. Auf diese Weise können wir davon ausgehen, dass mindestens eine ganzzahlige optimale Ecke gefunden wird.

(5-6) Bestimmung von Optimalpunkt und Optimalwert

In unserer Grafik müssen wir schon etwas genauer hinsehen, können aber dennoch das Ergebnis gut ablesen: Einziger ganzzahliger Optimalpunkt ist der Punkt $\underline{x}_{opt,ganz} = (4,5)^T$, der Kosten in Höhe von

$$K_{min,ganz} = K(4,5) = \tfrac{5}{4} \cdot 4 + 1 \cdot 5 = 10 \; €$$

verursacht.

Fazit und Anmerkungen

Die kostenminimale Vitamingabe wird mit täglich zwei Dragees V_1 und 8 Dragees V_2 pro Person erreicht. Die Kosten pro Person betragen 10 €.

Wir beobachten, dass der Optimalpunkt $\underline{x}_{opt,ganz} = (4,5)^T$ immerhin noch zur Menge $\mathcal{K}_{opt}$ der Optimalpunkte des nicht-ganzzahligen Ausgangsproblems gehört. Dadurch hat sich lediglich die Menge der Optimalpunkte (deutlich) verkleinert, der Optimalwert des Problems hat sich jedoch nicht verändert. Das braucht keineswegs immer der Fall zu sein.

Auswirkungen von Ganzzahligkeitsbedingungen

Treten zu einem ursprünglich nicht-ganzzahligen Problem Ganzzahligkeitsbedingungen hinzu, können sich gegenüber Ausgangsproblem erhebliche Änderungen ergeben. Diese betreffen die Menge der Optimalpunkte, den Optimalwert und sogar die Lösbarkeit des Problems.

Beispiel 23.1. Wir betrachten das Problem

(ZF) $\qquad\qquad Z(x_1, x_2) := \; x_1 + x_2 \implies \max$

zunächst unter den nicht-ganzzzahligen Bedingungen

(R1)	$2\,x_1$	$+$	$7\,x_2$	$\geq$	35
(R2)	$10\,x_1$	$+$	x_2	$\geq$	50
(NN1)	x_1			$\geq$	0
(NN2)			x_2	$\geq$	$0.$

Es wird der LeserIn keine Mühe bereiten, den zulässigen Bereich zu skizzieren und die folgende Lösung des Problems zu ermitteln:

$$\underline{x}_{opt} = \left(\frac{315}{68}, \frac{250}{68}\right)^T \; \text{und} \; Z_{max} = \frac{565}{68} = 8\frac{21}{68}.$$

Zum Vergleich nehmen wir jetzt noch die beiden Ganzzahligkeitsbedingungen

(G1) $x_1 \in \mathbb{Z}$
(G2) $x_2 \in \mathbb{Z}$

hinzu. Die Auswirkungen lassen sich durch den Vergleich der folgenden beiden Bilder klar erkennen:

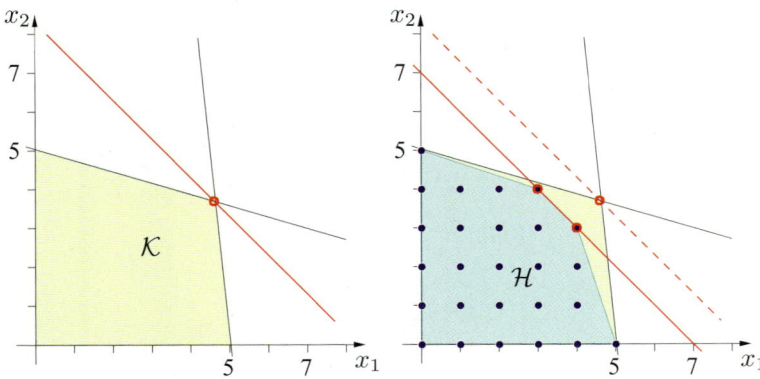

Der zulässige Bereich des Ausgangsproblems $\mathcal{K}$ (pastellgelb im Bild links) reduziert sich nunmehr auf die hellblau im Bild rechts eingetragene, deutlich kleinere konvexe Hülle $\mathcal{H}$ des in $\mathcal{K}$ enthaltenen ganzzahligen Gitters. Dadurch kommt es zu einer Verschiebung der optimalen Isoquante; wir können leicht ablesen

$$\mathcal{K}_{opt,ganz} = \{(3,4)^T, (4,3)^T\}.$$

Auch der Optimalwert hat sich dadurch deutlich verringert

$$Z_{max,ganz} = 7 \ ! \qquad\qquad \triangle$$

Wir bemerken noch, dass sich durch die Hinzunahme von Ganzzahligkeitsforderungen auch die Lage der Optimalpunkte erheblich verschieben kann. Nicht zuletzt kann man sich Probleme vorstellen, die gar keine ganzzahlige Lösung besitzen, obwohl eine nicht-ganzzahlige Lösung existiert.

23.2.2 Weitere Beispiele für "ökonomische" Restriktionen

Mitunter finden sich in praktischen Aufgabenstellungen Restriktionen, deren sprachliche Verpackung gern zu Schwierigkeiten führt. Wir sehen uns einige Beispiele an.

Beispiel 23.2. "Ein Abraumbagger in einem Tagebau kann pro Stunde $60t$ Sand oder $40t$ Lehm oder eine entsprechende Kombination abbaggern...".

Unter "einer entsprechenden Kombination" ist hier ein Paar $\underline{x} = (x_1, x_2)^T$ zu verstehen, in dem x_1 und x_2 die Mengen an Sand bzw. Lehm angeben, die innerhalb ein- und derselben Stunde abgebaggert werden können; beide Angaben erfolgen in Tonnen $[t]$ und können auch nicht-ganzzahlig sein.

Worin besteht hier nun das Problem? Wir hätten gern eine Restriktion der Form

$$a_{11}x_1 + a_{12}x_2 \leq v_1, \tag{23.5}$$

die hier jedoch noch nicht direkt erkennbar ist.

Wir wissen jedoch Folgendes: Solange der Bagger ausschließlich Sand oder ausschließlich Lehm bewegt, lauten die entsprechenden Angaben $\underline{x}^1 = (60,0)$ bzw. $\underline{x}^2 = (0,40)$. Damit haben wir schon zwei Punkte der zu (23.5) gehörenden Restriktionsgeraden, und zwar genau diejenige, die deren Achsenabschnitte markieren. Sie sind in der Skizze dick hervorgehoben:

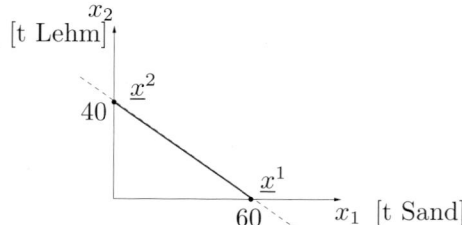

Mit "… entsprechende Kombinationen" sind natürlich *lineare* Kombinationen gemeint, so dass alle in Betracht kommenden Punkte auf der Verbindungsgeraden von $\underline{x}^1$ und $\underline{x}^2$ liegen. Deren Abschnittsform lautet

$$\frac{x_1}{60} + \frac{x_2}{40} = 1,$$

die zugehörige Restriktion

$$\frac{1}{60}x_1 + \frac{1}{40}x_2 \leq 1$$

bzw.

$$40x_1 + 60x_2 \leq 2400 = 40 \cdot 60$$

$\triangle$

Beispiel 23.3. Ein Baustofflieferant hat die Aufgabe, x_1 t groben und x_2 t feinen Sand in vermischter Form zu liefern. Zu den Angaben, die die Mengen x_1 und x_2 letztendlich festlegen, zählt die Bedingung, dass der Anteil des feinen Sandes in der Mischung mindestens 30 % und höchstens 40 % betragen soll. Auch hier lautet die Frage: Können aus diesen Angaben Restriktionen der Art $A\underline{x} \leq \underline{v}$ formuliert werden?

Sie können. "Die Mischung" hat das Gesamtgewicht von $x_1 + x_2$ [t], der Anteil des feinen Sandes beträgt also $\frac{x_1}{x_1+x_2}$. Die beiden Bedingungen lauten daher

$$0,3 \leq \frac{x_1}{x_1 + x_2} \leq 0,4$$

bzw.

$$0,3(x_1 + x_2) \leq x_1 \leq 0,4(x_1 + x_2).$$

Substrahieren wir durchweg x_1, folgt

$$-0,7x_1 + 0,3x_2 \leq 0 \leq -0,6x_1 + 0,4x_2;$$

untereinander notiert und "richtig bereinigt" haben wir

$$-0,7x_1 + 0,3x_2 \leq 0$$
$$0,6x_1 - 0,4x_2 \leq 0.$$

Dies sind Restriktionen, wie sie für Standardmaximumprobleme typisch sind, und der Punkt $\underline{x} = (0,0)^T$ ist zulässig. $\triangle$

23.2.3   Ein Beispiel im $\mathbb{R}^3$

Wir sehen uns nun einmal an, wie die zeichnerische Lösung eines LO-Problems mit drei Variablen aussehen könnte. Klar ist zunächst, dass der zulässige Bereich nunmehr statt eines ebenen Gebildes im $\mathbb{R}^2$ eine räumliche Teilmenge des $\mathbb{R}^3$ bilden muss. Mit einem passenden Beispiel-System aus 9 linearen Restriktionen und den üblichen Nichtnegativitätsbedingungen ergibt sich ein zulässiger Bereich, wie er im folgenden Bild links türkisfarben dargestellt ist. Es handelt sich dabei um ein konvexes Polytop, auch als Simplex bezeichnet. Zur besseren Orientierung wurde die $x_1 - x_2$-Ebene als blaues Gitter hinzugefügt.

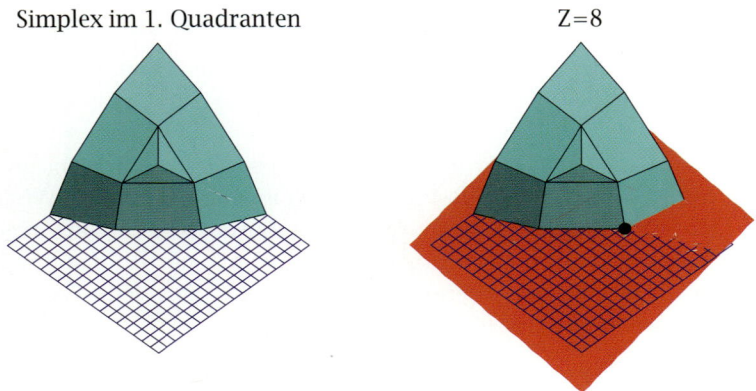

Wie schon im zweidimensionalen Fall wird nunmehr eine Isoquante benötigt. Diese ist lediglich "von höherer Dimension" als bisher, genauer: sie ist Teil einer Ebene. Bei passender Wahl einer Zielfunktion Z, z.B. in der Form

$$Z = 2x_1 + x_2 + 6x_3$$

ist die Isoquante $\{Z = 8\}$ ein Teil der Ebene, die im Bild rechts oben in Rot dargestellt ist. Genauer: Die Isoquante $\{Z = 8\}$ ist derjenige Teil der roten Ebene, der innerhalb des türkisfarbenen Simplex verläuft.

Es ist offensichtlich, das der Normalenvektor der Ebene in etwa "auf den Betrachter zeigt" und dass es somit möglich ist, die rote Ebene noch innerhalb des türkisfarbenen Simplex weiter in Normalenrichtung – also "nach oben" – zu verschieben. Aus demselben Grunde wie beim Tapetenproblem, Formel (23.4), erhöht sich dabei der Zielfunktionswert, wie z.B. im nächsten Bild links auf $Z = 270/13$. Der höchstmögliche Zielfunktionswert wird erreicht, wenn die rote Ebene "den in Verschiebungsrichtung letzten Eckpunkt" trifft (Bild rechts):

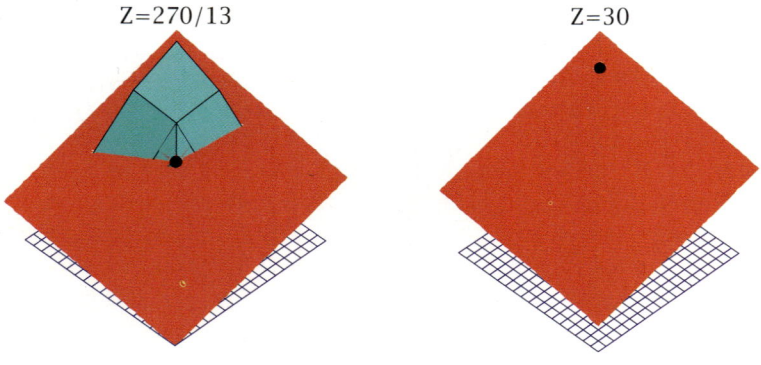

In diesem Beispiel ist 30 der Maximalwert des Problems, und die als schwarzer Punkt hervorgehobene Ecke $[0, 0, 5]^T$ ist optimal.

Fazit: Das Beispiel lässt sehr gut erkennen, dass das Prinzip einer grafischen Lösung von LO-Problemen selbstverständlich auch im $\mathbb{R}^3$ wirkt. Wir merken jedoch an, dass alle Zeichnungen hier mit Computerunterstützung angefertigt wurden. Eine echt zeichnerische Parallelverschiebung der Isoquanten dagegen dürfte erhebliche Probleme bereiten. Deswegen ist die zeichnerische Lösung von 3D-Problemen praktisch ohne Bedeutung.

23.3   Allgemeines über LO-Probleme

23.3.1   Eine vergleichende Betrachtung

In diesem Abschnitt versuchen wir, die bisher betrachteten Beispiele zum Thema "*nichtganzzahlige* lineare Optimierung" in einen gemeinsamen Rahmen einzufügen und einige allgemeine Erkenntnisse darüber zusammenzufassen. Ganzzahligkeitsforderungen oder weitere zusätzliche Bedingungen, die

die Natur sowohl der Probleme als auch der Lösungsmethoden grundlegend
verändern, werden wir dagegen *nicht* berücksichtigen. Sie sind Thema der einschlägigen Spezialliteratur.

Zunächst erinnern wir an unsere beiden Grundbeispiele "Tapeten" und "Vitamine", die uns mathematisch gesehen einmal auf ein *Maximumproblem* und
zum anderen auf ein *Minimumproblem* führten:

	Maximumproblem	Minimumproblem
(R)	$R\underline{x} \le \underline{v}$	$R\underline{x} \ge \underline{v}$
(NN)	$\underline{x} \ge 0$	$\underline{x} \ge 0$
(ZF)	$(\underline{c}\,|\,\underline{x}) \Rightarrow \max$	$(\underline{c}\,|\,\underline{x}) \Rightarrow \min$

Bei dieser Notation ist darauf hinzuweisen, dass dieselben Bezeichnungen R, $\underline{v}$
und $\underline{c}$ "links" und "rechts" verschiedene Bedeutungen haben können (z.B. links
passend zum Tapetenproblem, rechts passend zum Vitaminproblem). Auf eine
Unterscheidung haben wir hier verzichtet, denn an dieser Stelle geht es uns
hauptsächlich um die generelle *Struktur* dieser Probleme.

Bei beiden Problemen betrachten wir die $(m, n)-$Restriktionsmatrix R, den
$m-$Vektor $\underline{v}$ auf der "rechten Seite" und den $n-$Vektor $\underline{c}$ als gegebene "Koeffizienten".

Folgende Beobachtungen liegen auf der Hand:

(1) *Solange den Koeffizienten R, $\underline{v}$ und $\underline{c}$ keine zusätzlichen Bedingungen
auferlegt werden, unterscheiden sich Minimum- und Maximumprobleme
formal nicht wirklich.*

Der Grund: Jedes Maximumproblem lässt sich als Minimumproblem schreiben
und umgekehrt. Wir erinnern an den Abschnitt über die Max-Min-Dualität
auf Seite 360: Für jede Funktion $f : D \longrightarrow R$ gilt nach Satz 12.4 im Falle der
Existenz des Maximums bzw. Minimums

$$\max f = -\min(-f).$$

Unter Ausnutzung dieser Beziehung können wir z.B. ein Maximumproblem
mit den Koeffizienten R, $\underline{v}$ und $\underline{c}$ nach folgendem Muster in ein Minimumproblem mit den Koeffizienten $-R$, $-\underline{v}$ und $-\underline{c}$ verwandeln:

	Maximumproblem		Minimumproblem
(R)	$R\underline{x} \le \underline{v}$	$\Longleftrightarrow$	$(-R)\underline{x} \ge -\underline{v}$
(NN)	$\underline{x} \ge 0$	$\Longleftrightarrow$	$\underline{x} \ge 0$
(ZF)	$(\underline{c}|\underline{x}) \Rightarrow \max$	$\Longleftrightarrow$	$(-\underline{c}|\underline{x}) \Rightarrow \min$
lies:	$f(x) \Rightarrow \max$	$\Longleftrightarrow$	$-f(x) \Rightarrow \min$

Ganz analog können wir umgekehrt auch ein Minimumproblem in ein Maximumproblem verwandeln. Dies ist natürlich nur so lange möglich, wie keine zusätzlichen Bedingungen an die Vorzeichen von R, $\underline{v}$ und $\underline{c}$ gestellt werden. Dieses unterstellt, ist es dann hauptsächlich Geschmackssache, wie man eine gegebene Aufgabe notiert – als Maximumproblem oder Minimumproblem.

(2) *Nichtnegativitätsbedingungen und Restriktionen lassen sich zusammenfassen.*

Beim Maximumproblem lauten sie

$$
\begin{array}{rrcl}
\text{(R)} & [R]\,\underline{x} & \leq & [\underline{v}] \\
\text{(NN)} & [-I]\,\underline{x} & \leq & [0] \\
\hline
\text{lies: (NB)} & A\,\underline{x} & \leq & \underline{r}
\end{array}
$$

Vorteil Nr.1: Wir erkennen, dass es sich bei der "unter dem Strich" zusammengefassten Nebenbedingung (NB) um *ein* einheitliches LUS handelt, wie wir es im Abschnitt 21.4.2 betrachteten.

Vorteil Nr.2: Es gibt Probleme, die nicht in das Raster des bisherigen Maximumbzw. Minimumproblems passen. Dabei handelt es sich um Probleme mit sogenannten "freien" Variablen, für die keine Nichtnegativitätsbedingung besteht. Mit der Formulierung

$$A\underline{x} \leq \underline{r}$$

werden auch diese erfasst.

Beispiel 23.4. Für das Problem

$$Z(\underline{x}) = x_1 - x_2 \quad \rightarrow \max$$

mögen die Nebenbedingungen lauten

$$
\begin{array}{rcll}
x_1 + x_2 & \leq & 10 & \text{(R)} \\
x_1 & \geq & 0 & \text{(NN)} \\
x_2 & & \text{"frei"} & \text{(F)}.
\end{array}
$$

Dieselben Nebenbedingungen können wir unter ausschließlicher Verwendung von "$\leq$" zunächst so schreiben:

$$
\begin{array}{rcll}
x_1 + x_2 & \leq & 10 & \text{(R)} \\
(-1)x_1 & \leq & 0 & \text{(NN)} \\
0 \cdot x_2 & \leq & 0 & \text{(F)}.
\end{array}
$$

Wir können diese in Matrixform so ausdrücken:

$$\begin{bmatrix} 1 & 1 \\ -1 & 0 \end{bmatrix} \begin{bmatrix} x_1 \\ x_2 \end{bmatrix} \leq \begin{bmatrix} 10 \\ 0 \end{bmatrix}$$

lies

$$A \quad \underline{x} \ \leq \ \underline{r}.$$

$\triangle$

"Freie" Variable könnten z.B. Vermögen bezeichnen, die in Gestalt von Schulden auch negativ werden können.

Fazit: Unsere bisher betrachteten Probleme lassen sich auf *mehrere verschiedene* Arten schreiben. Deswegen schlagen wir die folgende von ihnen als gemeinsame Grundform vor:

Definition 23.5. *Unter einem (allgemeinen) LO-Problem (LOP) verstehen wir die Maximierungsaufgabe*

(ZF) $(\underline{c}|\underline{x}) + c_0 \Rightarrow \max$

unter der Nebenbedingung

(NB) $A\underline{x} \leq \underline{r}$,

wobei die Koeffizienten $A \in \mathbb{R}^{l,n}$, $\underline{r} \in \mathbb{R}^l$, $\underline{c} \in \mathbb{R}^n$ *sowie* $c_0 \in \mathbb{R}$ *beliebig vorgegeben sind.*

In die Zielfunktion haben wir hier die bisher noch nicht vorhandene Konstante c_0 aufgenommen, um noch etwas realitätsnäher zu sein und z.B. Anfangsverluste, produktionsunabhängige Rüstkosten etc. berücksichtigen zu können. Dadurch ändert sich an der Menge von Optimalpunkten gar nichts, und der Optimalwert der Zielfunktion verändert sich lediglich um c_0.

23.3.2 Lösbarkeitsaussagen

Um einige allgemeine Lösbarkeitsaussagen zu formulieren, schlagen wir eine Brücke zur Theorie der Extremwertaufgaben, wie wir sie im Kapitel 11 entwickelt haben. Zu Beginn erinnern wir daran, dass wir, wie im vorigen Abschnitt definiert, allgemeine LOP stets als *Maximumprobleme* schreiben. Am Ende des Abschnitts gehen wir kurz auf den Fall ein, dass das Ausgangsproblem eigentlich ein Minimumproblem war und nur in ein Maximumproblem umgeschrieben wurde.

Wir schreiben wie in Definition 22.64 $\mathcal{K} := \mathbb{L}_\leq$ für die Lösungsmenge von (NB) und setzen

$$Z(\underline{x}) := (\underline{c}|\underline{x}) + c_0, \quad \underline{x} \in \mathcal{K}.$$

Die dadurch definierte Funktion $Z : \mathcal{K} \to R$ ist nichts anderes als unsere Zielfunktion. Das allgemeine lineare Optimierungsproblem besteht darin, das Maximum

$$\max_{\mathcal{K}} Z$$

von Z und die Menge der zugehörigen Maximumpunkte

$$\arg\max_{\mathcal{K}} Z$$

zu bestimmen, soweit diese überhaupt existieren. Deswegen die folgende

Definition 23.6. *Das (LOP) heißt lösbar, wenn $\mathcal{K} \neq \emptyset$ gilt und das Maximum* $\max_{\mathcal{K}} Z$ *existiert.*

Die Definition suggeriert, dass das Problem (LOP) *unlösbar* sein könnte. Die erste und offensichtliche Möglichkeit dafür besteht darin, dass der zulässige Bereich $\mathcal{K}$ *leer* ist. Der Grund dafür besteht typischerweise in widersprüchlichen ökonomischen Anforderungen, die sich in Restriktionen niederschlagen, die nicht gleichzeitig erfüllbar sind – oder auch einfach in fehlerhaften Daten. Bei ökonomisch sinnvoll gestellten Aufgabenstellungen wird dieser Fall nicht auftreten.

Weitere "Unlösbarkeitsmöglichkeiten" charakterisiert der folgende

Satz 23.7. *Es gelte $\mathcal{K} \neq \emptyset$. Das (LOP) ist genau dann unlösbar, wenn gilt*

$$\sup_{\mathcal{K}} Z = \infty;$$

dies ist genau dann der Fall, wenn
- *sowohl der zulässige Bereich $\mathcal{K}$ unbeschränkt als auch*
- *die Funktion $Z : \mathcal{K} \to R$ nach oben unbeschränkt ist.*

Beispiel 23.8. Gegeben sei das lineare Programm
$$(ZF) \; Z(\underline{x}) = x_1 + x_2 \quad \Rightarrow \max$$
unter den Nebenbedingungen
$$(NB1) \; x_1 - 2x_2 \leq 0$$
$$(NB2) \; -2x_1 + x_2 \leq 0.$$

Es ist leicht zu sehen, dass der zulässige Bereich $\mathcal{K}$ hier die folgende konusförmige Gestalt hat:

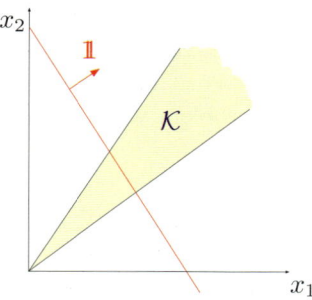

In Rot eingezeichnet ist eine beliebige Zielfunktionsisoquante zusammen mit ihrem Normalenvektor $\underline{n} = \mathbb{1}$ – dieser ist nichts anderes als der Vektor $\underline{c}$ der Zielfunktionskoeffizienten. Wir sehen bereits an der Skizze, dass die Isoquante beliebig weit nach oben rechts verschoben werden kann, ohne jemals einen "letzten" Punkt des zulässigen Bereiches $\mathcal{K}$ zu erreichen.

Dasselbe kann auch rein rechnerisch gesehen werden. Dazu verweisen wir auf die Übungsaufgabe 23.54. $\triangle$

Bemerkung 23.9. Es gibt noch eine weitere Möglichkeit, die Problematik zu beschreiben. In unserem Beispiel ist der Koordinatenursprung 0 eine Ecke des zulässigen Bereiches. Als solche gehört er (mindestens) zwei Restriktionsgeraden an. Betrachten wir z.B. die untere: Auf dieser liegt keine weitere Ecke; man könnte auch sagen, die dem Koordinatenursprung "benachbarte Ecke auf dieser Restriktionsgeraden liegt im Unendlichen", und zwar in der für das Wachstum der Zielfunktion günstigen Richtung. Deswegen gibt es keine Optimallösung des Problems.

Wir werden später sehen, dass die Eigenschaft einer Ecke, eine "unendlich weit entfernte Nachbarecke" zu besitzen, in einem Austauschtableau abgelesen werden kann.

Der hier beobachtete Unlösbarkeitsfall tritt in ökonomischen Anwendungen eigentlich nur dann auf, wenn wichtige Restriktionen vergessen wurden oder die Zielfunktion falsch formuliert ist. Bei sinnvollen Aufgabenstellungen wird er nicht eintreten. Damit können wir uns dem eigentlich Interessanten zuwenden, nämlich *lösbaren* Problemen:

Satz 23.10. *Es gelte $\mathcal{K} \neq \emptyset$. Das (LOP) ist genau dann lösbar, wenn*

- *der zulässige Bereich $\mathcal{K}$ beschränkt ist oder*
- *die Funktion $Z : \mathcal{K} \to R$ nach oben beschränkt ist.*

Dieser Satz ist im Grunde nur eine andere Formulierung von Satz 23.7. Es stellt sich die Frage, wie man rechnerisch feststellen kann, *ob Z nach oben beschränkt ist*. Die Antwort werden wir im nächsten Abschnitt geben. – Das zentrale theoretische Ergebnis jedoch ist dieses:

Satz 23.11 ("Eckpunktsatz"). *Das (LOP) sei lösbar. Dann gilt:*

(i) *$\mathcal{K}_{opt} := \arg\max_{\mathcal{K}} Z$ ist eine nichtleere konvexe Menge.*

(ii) *Wenn $\mathcal{K}$ Ecken besitzt, so enthält $\mathcal{K}_{opt}$ mindestens eine davon.*

(iii) *Wenn $\mathcal{K}$ beschränkt ist, ist $\mathcal{K}_{opt}$ die konvexe Hülle gewisser Ecken des zulässigen Bereiches $\mathcal{K}$.*

Wir bemerken, dass der zulässige Bereich $\mathcal{K}$ stets Ecken besitzt, wenn es sich bei dem LOP um ein **Maximumproblem** (im Sinne von 23.3.1) handelt. Damit haben wir die gewünschte Rechtfertigung dafür, bei solchen (LOP) die

Lösung ausschließlich in den Ecken von $\mathcal{K}$ zu suchen. Dazu brauchen wir ein möglichst mechanisches Verfahren, welches nebenbei möglichst auch noch eine Lösbarkeitsentscheidung auswirft. Dieses Verfahren besprechen wir für die Klasse sogenannter Standardprobleme, auf die wir jetzt eingehen.

Falls das ursprüngliche Problem ein Minimumproblem ist, formuliert man es wie im vorigen Abschnitt beschrieben als ein Maximumproblem und wendet darauf die Aussagen dieses Abschnitts an. Noch einfacher: Die Lösbarkeitsaussagen sind direkt erhältlich, wenn die in diesem Abschnitt blau gedruckten Textteile

Maximum, max, sup, oben bzw. ∞ simultan durch
Minimum, min, inf, unten bzw. $-\infty$

ersetzt werden.

23.3.3   Standardprobleme

Wir kommen nochmals auf unsere beiden Ausgangsprobleme "Tapeten" und "Vitamine" zurück. Wir hatten sie so als ein Maximum- bzw. Minimumproblem charakterisiert:

	Maximumproblem	Minimumproblem
(R)	$R\underline{x} \leq \underline{v}$	$R\underline{x} \geq \underline{v}$
(NN)	$\underline{x} \geq 0$	$\underline{x} \geq 0$
(ZF)	$(\underline{c}\,|\,\underline{x}) \Rightarrow \max$	$(\underline{c}\,|\,\underline{x}) \Rightarrow \min$
lies:	$f(x) \Rightarrow \max$	$f(x) \Rightarrow \min$

$$(23.6)$$

Unsere erste Beobachtung lautete

(1) *Solange den Koeffizienten R, $\underline{v}$ und $\underline{c}$ keine weiteren Bedingungen auferlegt werden, unterscheiden sich Minimum- und Maximumprobleme formal nicht wirklich.*

In unseren beiden Beispielen hat die "rechte Seite" $\underline{v}$ jeweils eine inhaltliche ökonomische Bedeutung: Einmal sind es Materialvorräte, die nicht *über*schritten werden durften, zum anderen Dosierungen, die nicht *unter*schritten werden durften. In beiden Fällen handelt es sich um materielle Größen. Daher ist in beiden Fällen die folgende zusätzliche Bedingung an die "rechte Seite" $\underline{v}$ automatisch erfüllt: $\underline{v} \geq 0$.

Definition 23.12. *Ein Maximum- bzw. Minimumproblem der Form* (23.6) *heißt* Standardmaximumproblem *bzw.* Standardminimumproblem*, wenn der Vektor $\underline{v}$ der Bedingung $\underline{v} \geq 0$ genügt.*

Auf diese Weise sind Standardmaximum- bzw- Standardminimumprobleme nichts anderes als *spezielle* Maximum- bzw. Minimumprobleme. Hervorzuheben ist jedoch, dass es nun nicht mehr ohne weiteres möglich ist, ein Standardmaximumproblem in ein Standardminimumproblem zu verwandeln bzw. umgekehrt. Um die Ungleichungsrichtung beispielsweise der "Maximumnotation" $R\underline{x} \leq \underline{v}$ zu ändern, müssten wir nämlich die Ungleichung mit (-1) multiplizieren und schreiben $(-R)\underline{x} \geq (-\underline{v})$. Nun folgt aus $\underline{v} \geq 0$ allgemein *nicht*, dass auch $(-\underline{v}) \geq 0$ gilt. Mit anderen Worten: Ein Standardmaximumproblem kann zwar *immer als Minimum*problem geschrieben werden, aber *nicht immer als Standardminimum*problem. Hier haben wir es ganz genau:

Satz 23.13. *Ein Standardmaximumproblem ist genau dann zugleich ein Standardminimumproblem (und umgekehrt), wenn gilt $\underline{v} = 0$.*

Wir bemerken, dass Standardprobleme für die Ökonomie typisch sind, denn hier ist es in den allermeisten Fällen nicht sinnvoll, für die Problemvariablen negative Werte zuzulassen – etwa "negative" Produktionsmengen o.ä. Die Bedingung $\underline{v} \geq 0$ ist somit "so automatisch" erfüllt, dass in Aufgabenstellungen oft nicht einmal explizit darauf hingewiesen wird.

Standardmaximumprobleme bieten im Vergleich zu allgemeinen Maximumproblemem und speziell Standardminimumproblemen einen wesentlichen Vorteil: Wir kennen stets zumindest *eine* Ecke des zulässigen Bereiches – nämlich den Koordinatenursprung 0. (Das können wir in der Tat nicht einmal von jedem allgemeinen Maximumproblem behaupten. Denken wir etwa an das Vitaminproblem: In seiner ursprünglichen Formulierung ist es ein Standardminimumproblem, und der Koordinatenursprung ist nicht zulässig. Dennoch kann dieses Problem als ein (allgemeines) Maximumproblem formuliert werden – aber nicht als ein Standardmaximumproblem.)

23.4 Das Simplexverfahren für Standardprobleme

23.4.1 Vorbemerkung

Wie wir sahen, sind im Grunde nur LO-Probleme mit höchstens zwei Variablen einer grafischen Lösung zugänglich (und selbst diese kann – je nach Konstellation der Koeffizienten – schwierig zu ermitteln sein). Demzufolge ist man bei Problemen mit drei oder noch mehr Variablen auf eine rechnerische Lösung des Problems angewiesen.

Die Idee dazu liefert der Eckpunktsatz:

> *Wenn ein gegebenes Standardproblem lösbar ist, so besitzt der zulässige Bereich mindestens eine optimale Ecke.*

Diese Formulierung enthält zwei Teilaufgaben:
(1) Wir benötigen ein rechnerisches Kriterium dafür, *ob* das LO-Problem lösbar ist.

(2) Wenn ja, muss unter allen Ecken nach (mindestens) einer optimalen Ecke gesucht werden.

Die zweite Teilaufgabe können wir im Grunde bereits dadurch lösen, dass wir für *jede* Ecke des zulässigen Bereiches $\mathcal{K}$ den Zielfunktionswert berechnen, anschließend alle Zielfunktionswerte miteinander vergleichen und so den größten ermitteln. Da der zulässige Bereich nur endlich viele Ecken hat, sind hierfür nur endlich viele Berechnungsschritte nötig.

Prinzipiell kann dafür das Austauschverfahren bereits in seiner bisherigen Form verwendet werden. Mit seiner Hilfe ist es möglich, sämtliche Ecken eines zulässigen Bereiches zu "ertauschen" und dabei auch die interessierenden Zielfunktionswerte gleich mit zu berechnen. Dabei wird ganz erheblich an Rechenaufwand gespart, wenn *Start*, *Pivotwahl* und *Stopp* der Berechnungen gewissen Regeln unterworfen werden. Zugleich wird eine Entscheidung über die Lösbarkeit des Problems ermöglicht. Wir gelangen so zum sogenannten *Simplex-Verfahren*, dem wohl bekanntesten rechnerischen Verfahren zur Lösung nicht-ganzzahliger LO-Probleme. Vereinfachend gilt also

$$Simplexverfahren = Austauschverfahren + Ergänzungen.$$

Wir werden das Verfahren hier in einer einfachen Version vorstellen, mit der die meisten Standard-Probleme behandelt werden können. Dabei geht es uns vor allem um die Vermittlung der zentralen Ideen. Für kompliziertere Fälle wird auf die weiterführende Literatur verwiesen.

23.4.2   Ausgangspunkt: Eckentausch mittels ATV

Wir hatten erwähnt, dass es möglich ist, alle Ecken eines zulässigen Bereiches mit Hilfe des Austauschverfahrens zu "ertauschen". Hier zeigen wir das an einem Beispiel. Sind die Ecken sämtlich bestimmt, braucht man nur noch die Zielfunktionswerte dieser Ecken zu bestimmen und findet so die Optimallösung, sofern sie existiert.

Beispiel 23.14. In unserem Tapetenproblem (959) hatte der zulässige Bereich folgende Gestalt:

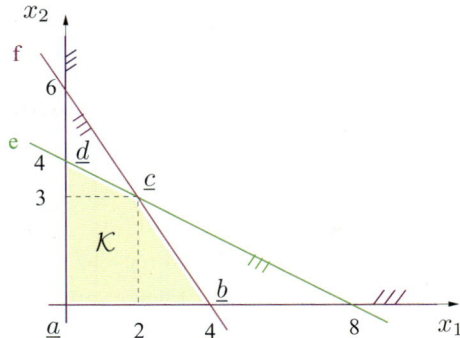

Jede der vier Ecken des zulässigen Bereiches ist ein Schnittpunkt je zweier Restriktionsgeraden (die Nichtnegativitätsbedingungen eingeschlossen). Es gibt nun sogar insgesamt 6 solcher Schnittpunkte, von denen zwei – das sind die Punkte $(8,0)^T$ und $(0,6)^T$ – nicht im zulässigen Bereich liegen. Alle sechs Punkte, die wir vereinfachend sämtlich als "Ecken" bezeichnen wollen, lassen sich jeweils als Lösung eines linearen Gleichungssystems mit Hilfe des Austauschverfahrens errechnen.

Wir nehmen nun an, wir müssten das Problem *ohne* unsere Skizze lösen. Da wir dann nicht von vorneherein sehen können, welche der Ecken unzulässig sind und nicht wirklich benötigt werden, werden wir vorsorglich *alle* Ecken berechnen. Statt hierfür 6 verschiedene Ausgangstableaus anzusetzen und dann jeweils zwei – also insgesamt 12 Austauschschritte – auszuführen, benötigen wir lediglich 6 Austauschschritte, wenn wir geschickt jeweils "von einer Ecke zur nächsten" tauschen.

Dazu bringen wir unsere Restriktionen

$$
\begin{array}{rcrcl}
1/4\,x_1 & + & 1/2\,x_2 & \leq 2 & \text{(R1)} \\
3/4\,x_1 & + & 1/2\,x_2 & \leq 3 & \text{(R2)}
\end{array}
$$

künstlich auf Gleichungsform, indem wir zwei "Schlupfvariablen" x_3 und x_4 einführen:

$$
\begin{array}{rcrcrcrcl}
1/4\,x_1 & + & 1/2\,x_2 & + & x_3 & & & = 2 & \text{(RG1)} \\
3/4\,x_1 & + & 1/2\,x_2 & & & + & x_4 & = 3 & \text{(RG2)}
\end{array}
$$

Dabei gibt x_3 die unverbrauchte Menge grober, x_4 die unverbrauchte Menge feiner Fasern an. Beide Größen sind genau dann nichtnegativ, wenn die Restriktionen (R1) und (R2) erfüllt sind.

Lösen wir (RG1) und (RG2) nach x_3 und x_4 auf, gelangen wir zu nachfolgendem Ausgangstableau T0. Da dort x_1 und x_2 "oben stehen", also den Wert Null verkörpern, beschreibt dieses den Koordinatenursprung als Ausgangsecke.

Die Rechnung zeigt nun die Ergebnisse von fünf aufeinanderfolgenden Austauschschritten.

T0	x_1	x_2	1	T1	x_1	x_3	1	T2	x_1	x_4	1
x_3	$-\frac{1}{4}$	$\left(-\frac{1}{2}\right)$	2	x_2	$-\frac{1}{2}$	-2	4	x_2	$-\frac{3}{2}$	-2	6
x_4	$-\frac{3}{4}$	$-\frac{1}{2}$	3	x_4	$-\frac{1}{2}$	(1)	1	x_3	$\left(\frac{1}{2}\right)$	1	-1
	$-\frac{1}{2}$	*	4		$\frac{1}{2}$	*	-1		*	-2	2

T3	x_3	x_4	1	T4	x_3	x_2	1	T5	x_4	x_2	1	T0
x_2	-3	(1)	3	x_4	(3)	1	-3	x_3	$\frac{1}{3}$	$-\frac{1}{3}$	1	x_3
x_1	2	-2	2	x_1	-4	-2	8	x_1	$\left(-\frac{4}{3}\right)$	$-\frac{2}{3}$	4	x_4
	3	*	-3		*	$-\frac{1}{3}$	1		*	$-\frac{1}{2}$	3	

Welche Ecke jeweils vorliegt, kann durch Ablesen der Werte von x_1 und x_2 schnell erkannt werden. Die nachfolgende Skizze zeigt, in welcher Reihenfolge die Ecken nacheinander durchlaufen werden:

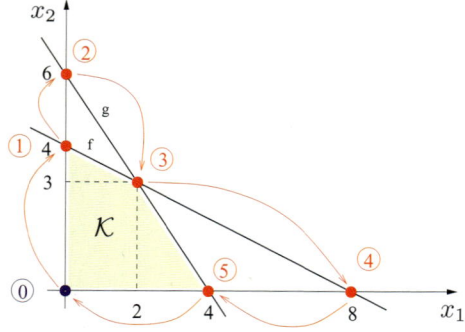

Aus dem Vergleich mit der Skizze entnehmen wir, dass vier der durchlaufenen Ecken "zulässig" sind, d.h. dem zulässigen Bereich $\mathcal{K}$ angehören; die zugehörigen Tableaus sind pastellgelb unterlegt. Zwei Ecken sind "unzulässig"; sie sind den weiß unterlegten Tableaus zu entnehmen. Für unser Problem eigentlich uninteressant, ist ihr Vorhandensein lediglich dem speziellen Tauschablauf geschuldet.

Da wir eigentlich ohne Skizze auskommen wollen, fragen wir uns, was denn *rechnerisch* den Unterschied zwischen den zulässigen und den unzulässigen Ecken ausmacht. Er ist leicht zu erkennen:

In den zulässigen Tableaus ist die Spalte unterhalb der Eins durchgehend nichtnegativ besetzt, während sich in den unzulässigen Tableaus dort jeweils mindestens ein negatives Element befindet.

Das ist auch inhaltlich plausibel, denn eine Ecke ist genau dann unzulässig, wenn mindestens eine Restriktion verletzt wird, wobei mindestens eine Variable einen negativen Wert annimmt.

Wir berechnen nun noch die Zielfunktionswerte in den zulässigen Ecken:

Ecken:	$\underline{a} = (0,0)^T$	,	$\underline{b} = (4,0)^T$	,	$\underline{c} = (2,3)^T$	,	$\underline{d} = (0,4)^T$
Gewinne:	0		12		18		16

Offensichtlich ist $\underline{c}$ die (einzige) optimale Ecke.   △

23.4.3 Vom Austausch- zum Simplexverfahren

In unserem letzten Beispiel sind zwei Besonderheiten zu beachten:

Erstens wussten wir schon aufgrund unserer Kenntnis der Skizze, dass das Problem eine Optimallösung besitzt. Wenn jedoch keine Skizze vorhanden ist, sind wir darauf angewiesen, die Lösbarkeit oder Unlösbarkeit des LOP im Verlauf der Tauschprozedur an einem Tableau erkennen zu können.

Zweitens ist die Zahl unzulässiger Ecken mit zwei (von insgesamt 6) sehr gering. Bei 10 Restriktionen sind jedoch insgesamt schon bis zu $12 \cdot 11/2 = 66$ Ecken, bei 20 Restriktionen sogar schon bis zu $22 \cdot 21/2 = 231$ Ecken möglich. Entsprechend schnell kann auch die Anzahl unnötiger Ecken anwachsen.

Daher wären folgende Verbesserungen im Tauschablauf wünschenswert:

(Z) (Zulässigkeit)
Auf die (unnötige) Berechnung unzulässiger Ecken sollte von vornherein verzichtet werden.

(ZF) (Zielfunktionsberechnung)
Mit jedem Eckpunkt sollte auch der zugehörige Zielfunktionswert berechnet werden.

(V) (Verbesserung)
Ein Eckentausch sollte nur dann erfolgen, wenn sich der Zielfunktionswert dadurch verbessern, zumindest jedoch nicht verschlechtern lässt.

Der Forderung (ZF) allein ist leicht Genüge getan, wenn in das Ausgangstableau eine Zielfunktionszeile (türkis) mit aufgenommen wird. Der einer Ecke entsprechende Zielfunktionswert kann dann in dieser Zeile unterhalb der Eins mit abgelesen werden. In dieser Zielfunktionszeile wird nicht pivotisiert, gleichwohl wird diese Zeile jeweils mit ausgetauscht und verändert sich somit von Tableau zu Tableau. Wir deuten dies hier nur an:

T0	x_1	x_2	1	T1	x_1	x_3	1	T2	x_1	x_4	1
x_3	$-\frac{1}{4}$	$\left(-\frac{1}{2}\right)$	2	x_2	$-\frac{1}{2}$	-2	4	x_2	$-\frac{3}{2}$	-2	6
x_4	$-\frac{3}{4}$	$-\frac{1}{2}$	3	x_4	$-\frac{1}{2}$	(1)	1	x_3	$\left(\frac{1}{2}\right)$	1	-1
Z	3	4	0	Z	1	-8	16	Z	-3	-8	24
K	$-\frac{1}{2}$	*	4		$\frac{1}{2}$	*	-1		*	-2	2

Die weiteren Forderungen (Z) und (V) führen dann auf den erwähnten *Simplex-Algorithmus*. Ausgangspunkt und Ziel jedes Tauschschrittes ist hierbei stets ein zulässiges Tableau, welches in diesem Kontext auch als *Simplextableau* bezeichnet wird. Ein Tauschschritt wird – unter Beachtung spezieller Regeln für die Pivotwahl – nur dann ausgeführt, wenn dabei der Forderung (V) genügt werden kann. Andernfalls ist entweder bereits eine optimale Ecke erreicht oder aber das Problem ist unlösbar; welcher der beiden Fälle vorliegt, kann an dem Tableau abgelesen werden.

Damit der Algorithmus überhaupt anlaufen kann, wird zunächst ein erstes Simplextableau benötigt. Bei Standardmaximumproblemen ergibt sich dieses direkt aus der Aufgabenstellung. Bei anderen Problemen werden zusätzliche Überlegungen benötigt. Auf diese Weise wird dem eigentlichen Simplex-Algorithmus als "Phase 0" die Erstellung eines ersten Simplextableaus vorgeschaltet.

23.4.4   Das Simplexverfahren – generelles Ablaufschema

Wir stellen hier nun das grundsätzliche Ablaufschema für das Simplexverfahren vor, dessen Entstehung durch die vorangehenden Überlegungen motiviert ist. In den Abschnitten 23.4.5 - 23.4.7 folgen dann Erläuterungen zu den einzelnen Verfahrensschritten, im Abschnitt 23.4.8 erste Beispiele. Die Begründung einzelner Schritte wird anhand weiterer Beispiele im Abschnitt 23.4.10 sichtbar.

Simplexverfahren

Phase 0: Erzeugung eines ersten Simplextableaus

Phase I: Simplex-Algorithmus

(0) Test auf Zulässigkeit
　　N ▷ Rechenfehler beheben
　　J ▷ weiter

(1) Test auf Optimalität
　　J ▷ Optimalwert und -Ecke auslesen
　　　　▷ bei Bedarf und Möglichkeit weiter mit (3)
　　　　▷ sonst: **Stopp**
　　N ▷ weiter

(2) Test auf Unlösbarkeit
　　J ▷ **Stopp**
　　N ▷ weiter

(3) Tausch zu einem neuen Tableau
　　nach speziellen Pivotisierungsregeln, weiter mit (0).

Das Verfahren wird also *beendet*, wenn

- (mindestens) eine optimale Ecke erreicht oder

- die Unlösbarkeit des Problems erkannt wurde.

Falls sogar mehrere optimale Ecken existieren, können diese, wenn gewünscht, in mehreren Schritten nacheinander ertauscht werden. Interessanterweise können aber auch dann, wenn das Problem unlösbar ist, mehrere Tauschschritte erforderlich sein, um dies zu erkennen.

Wir merken an, dass der in Grau notierte Test (0) auf Zulässigkeit lediglich den Charakter einer Probe hat, mit deren Hilfe bei Rechnungen von Hand mögliche Rechenfehler entdeckt werden können, denn bei korrekter Ausführung des Verfahrens werden zulässige Tableaus stets wieder in zulässige Tableaus überführt.

23.4.5　Phase 0 bei Standardmaximumproblemen

Wie bereits ausgeführt, ist bei einem Standardmaximumproblem stets mindestens eine Ecke des zulässigen Bereiches von Anfang an bekannt, nämlich der Koordinatenursprung $\underline{x} = 0$. Die allgemeine mathematische Form eines Standard-Maximumproblems ist

$$\begin{array}{rcl}
A\underline{x} & \leq & \underline{r} \qquad\qquad\qquad (R) \\
\underline{x} & \geq & 0 \qquad\qquad\qquad (NN) \\
Z(\underline{x}) = \underline{c}^T\underline{x} + c_0 & \Longrightarrow & \max \qquad (ZF)
\end{array}\left.\rule{0pt}{3.5em}\right\}(SM)$$

wobei die Koeffizienten $A \in \mathbb{R}^{(m,n)}$, $\underline{r} \in \mathbb{R}^m$, $\underline{c} \in \mathbb{R}^n$ sowie $c_0 \in \mathbb{R}$, gegeben sind und die Bedingung $\underline{r} \geq 0$ erfüllt ist.

Um das Problem mit dem Austauschverfahren behandeln zu können, bringen wir zunächst die Restriktionen (R) auf Gleichungsform. Diese sind ja genau dann erfüllt, wenn die Differenz zwischen rechter und linker Seite nichtnegativ ist:

$$\underline{s} := \underline{r} - A\underline{x} \geq 0.$$

(Bei einer Gewinnmaximierung gibt der hier eingeführte Vektor $\underline{s}$ den "Schlupf" zwischen dem tatsächlichen Rohstoffverbrauch $A\underline{x}$ und den Vorräten $\underline{r}$ an, mit anderen Worten: $\underline{s}$ ist der Vektor der unverbrauchten Rohstoffvorräte. Deswegen werden die Koordinaten von $\underline{s}$ auch als *Schlupfvariable* bezeichnet.)

Unter Verwendung von $\underline{s}$ können wir dann das System (SM) wie folgt äquivalent umschreiben:

$$\begin{array}{rclclcl}
\underline{s} & = & -A\,\underline{x} & + & 1\,\underline{r} & \quad & (1) \\
Z & = & \underline{c}^T\underline{x} & + & 1\,\underline{c}_0 & \quad & (2)
\end{array}$$

mit den Ungleichungsnebenbedingungen

$$\begin{array}{rcll}
\underline{x} & \geq & 0 & \qquad (3) \\
\underline{s} & \geq & 0 & \qquad (4)
\end{array}$$

und der Zielfunktion

$$Z \quad \Longrightarrow \quad \max \qquad (5)$$

Die ersten beiden Zeilen lassen sich unmittelbar in Form eines Austauschtableaus schreiben:

T0	$\underline{x}^T$	1	
$\underline{s}$	$-A$	$\underline{r}$	(1')
Z	$\underline{c}^T$	$\underline{c}_0$	(2')

Dieses Tableau ist das Ausgangstableau unseres Verfahrens. **Achtung:** Es gibt einen kleinen, aber wichtigen Unterschied zwischen diesem Ausgangstableau und dem Ausgangstableau zur Lösung linearer Gleichungssysteme. Im Tableauteil (1') finden wir hier

$$-A \text{ und } \underline{y},$$

während wir aus Kapitel 20 gewöhnt sind,

$$A \text{ und } -\underline{y}$$

in das Ausgangstableau zu schreiben (vergl. Seite 779).

Beispiel 23.15. Wir betrachten das LO-Problem

$$x_1 \quad + \quad x_2 \quad \Longrightarrow \text{ max}$$

mit den Restriktionen

$$
\begin{array}{rcrcl}
- x_1 & + & x_2 & \leq & 1 \\
x_1 & - & x_2 & \leq & 3 \\
x_1 & - & 2x_2 & \leq & 2 \\
& & x_2 & \leq & 6
\end{array}
$$

und den Nichtnegativitätsbedingungen

$$
\begin{array}{rcl}
x_1 & \geq & 0 \\
x_2 & \geq & 0.
\end{array}
$$

Das zugehörige Anfangstableau lautet dann:

T0	x_1	x_2	1
s_1	1	-1	1
s_2	-1	1	3
s_3	-1	2	2
s_4	0	-1	6
G	1	1	0

Die Null rechts unten ist nichts anderes als die Konstante c_0, denn unsere Zielfunktion lautet ja, ausführlichst notiert,

$$Z(x) = 1 \cdot x_1 + 1 \cdot x_2 + 0.$$

$\triangle$

Wir sehen, dass das Ausgangstableau T0 sich in regelrecht mechanischer Weise aufstellen lässt, wenn das Ausgangsproblem (SM) gegeben ist. Die Nichtnegativitätsbedingungen wurden zwar bisher nicht explizit berücksichtigt, sind jedoch trotzdem "im Tableau" enthalten, wie wir sogleich sehen werden.

23.4.6 "Lesen" von Simplextableaus

An die Erstellung des ersten Ausgangstableaus schließt sich nun der Simplex-Algorithmus an. Er verläuft schrittweise und erzeugt in jedem Schritt aus einem gegebenen Simplextableau ein neues Simplextableau, und zwar im Regelfall solange, bis entweder die Optimallösung erreicht oder aber die Unlösbarkeit des Problems erkannt wurde. Deswegen ist es von größter Bedeutung, dass wir das zu Beginn jedes Schrittes gegebene Simplex-Tableau beurteilen können.

Wir nehmen nun an, es sei ein solches Simplex-Tableau gegeben. Dabei kann es sich um das im vorhergehenden Abschnitt entwickelte Anfangstableau T0 handeln oder aber um ein Tableau, das bereits aus einem oder mehreren, allgemein also aus k Schritten des Simplexalgorithmus hervorging. Weil sich nun im Zuge der vorangehenden Tauschschritte die Zeilen- und Spaltenbeschriftung gegenüber dem Ausgangstableau stark verändert haben kann, versehen wir das momentan erreichte Tableau mit neuen Bezeichnungen:

Es hat sich eingebürgert, die Zeilenvariablen als _Basis_variablen, die Spaltenvariablen als _Nicht- Basis_variablen zu bezeichnen, was die verwendeten Superskripte B bzw. NB erklären soll. Äußerst wichtig: Bei jedem bereits erfolgten und auch bei jedem künftigen Tausch wird nur in dem gelb hinterlegten Teil des Tableaus pivotisiert, denn weder die $1-$Spalte noch die Zielfunktionszeile dienen der Pivotwahl. Dabei werden weder Zeilen noch Spalten gestrichen. Daher ist klar, dass sich hinter den neuen Bezeichnungen $y_1^{NB}, \ldots, y_n^{NB}$ und $y_1^B, \ldots, y_m^B$ die ursprünglichen Problemvariablen $x_1, \ldots, x_n$ sowie die Schlupfvariablen $s_1, \ldots, s_m$ in einer durch die bisherigen Tauschabläufe bestimmten Reihenfolge verbergen.

Für das Weitere ist folgende Beobachtung wesentlich: Unabhängig von der ursprünglichen Aufgabenstellung können wir den oberen Teil des Tableaus T_k als das Lösungstableau eines linearen Gleichungssystems mit den Unbekannten $x_1, \ldots, x_n$ und $s_1, \ldots, s_m$ auffassen (die hier mit den neuen Bezeichnungen $y_1^B, \ldots, y_m^B, y_1^{NB}, \ldots, y_n^{NB}$ versehen wurden). Wie im Abschnitt 19.7 ausgeführt, erhalten sämtliche bereits erfolgten oder ggf. noch erfolgenden Austauschschritte die Lösungsmenge und überführen lediglich die jeweilige Lösungsdarstellung in eine andere, wobei insbesondere zwischen verschiedenen Pinpunkten gewechselt wird (siehe Seiten 807 und 809). Diese entsprechen aber gerade den Ecken in unserem Problem. Auf diese Weise ist klar, dass der Teil des Tableaus T_k oberhalb der Zielfunktionszeile eine Ecke des zulässigen Bereichs verkörpert.

Wir wenden uns nun der Frage zu, wie wir einem solchen Tableau ansehen können, woran – im Sinne einer Probe – seine *Zulässigkeit* zu erkennen ist, *welche* Ecke es verkörpert und welcher *Zielfunktionswert* dort erreicht wird.

Zulässigkeit: Wir erinnern daran, dass eine Ecke genau dann zulässig ist, wenn sämtliche Nebenbedingungsungleichungen erfüllt sind. Diese lauten $\underline{x} \geq 0$ und $\underline{s} \geq 0$ bzw. in neuen Bezeichnungen $\underline{y}^{NB} \geq 0$ und $\underline{y}^B \geq 0$. Mit der Interpretation $\underline{y}^{NB} = 0$ ist die blaue Ungleichung automatisch erfüllt, wegen $\underline{y}^B = \underline{d}$ ist auch die grüne erfüllt, wenn gilt $\underline{d} \geq 0$. Wir fassen zusammen:

> *(Z) Die Zulässigkeit des Tableaus T_k ist an der Bedingung $\underline{d} \geq 0$ zu erkennen.*

Diese Bedingung ist in dem grünen Fenster zu prüfen. Wichtig: Das Vorzeichen innerhalb des roten Fensters spielt *keine* Rolle!

Beispiel 23.16. Wir demonstrieren das Gesagte an dem *fiktiven* Tableau

T2	s_3	s_2	1
s_1	0	-1	4
x_2	1	-1	1
x_1	1	-2	0
s_4	-1	1	5
Z	2	-3	-5

In unserem Beispiel gilt $\underline{d} = (4, 1, 0, 5)^T$, also ist das Tableau zulässig bzw. ein Simplextableau. Die Zahl -5 ganz unten rechts wird hierbei *nicht beachtet*! $\triangle$

Auslesen der erreichten Ecke: Die Koordinaten der erreichten Ecke – also des Pinpunktes – werden wie im Abschnitt 19.7 ausgelesen. Wir erinnern:

Die Nichtbasisvariablen (oben) werden dabei als Null interpretiert: $\underline{y}^{NB} = 0$; für die Basisvariablen ergibt sich dann die spezielle Belegung $\underline{y}^B = \underline{d}$.

Beispiel 23.17. Wiederum betrachten wir das fiktive Tableau

T2	s_3	s_2	1
s_1	0	-1	4
x_2	1	-1	1
x_1	1	-2	0
s_4	-1	1	5
Z	2	-3	-5

Die oben stehenden Nichtbasisvariablen werden mit dem Wert Null belegt: $s_3 = s_2 = 0$. Die Basisvariablen werden unter der "1" abgelesen: $s_1 = 4$, $x_2 = 1$, $x_1 = 0$, $s_4 = 5$. In vektorieller Form notiert: Der momentane Eckpunkt (im x_1-x_2-System) hat die Koordinaten $\underline{x} = (0, 1)^T$, der Schlupfvektor ist $\underline{s} = (4, 0, 0, 5)^T$. $\triangle$

Auslesen des Zielfunktionswertes: Den aktuellen Zielfunktionswert können wir als den Wert z_0 unterhalb der "1" in der Zielfunktionszeile, d.h. im roten Fenster, ablesen.

Es gilt ja allgemein bzw. in unserem Beispiel

$$
\begin{aligned}
Z &= v_1 y_1^{NB} + \quad \cdots \quad + v_n y_n^{NB} + z_0 \cdot 1 \\
&= v_1 0 + \quad \cdots \quad + v_n 0 + z_0 \cdot 1 \\
Z &= z_0
\end{aligned}
$$

bzw.

$$
\begin{aligned}
Z &= 2 \cdot s_3 + (-3) \cdot s_2 + -5 \cdot 1 \\
&= 2 \cdot 0 + (-3) \cdot 0 + -5 \cdot 1 \\
Z &= -5.
\end{aligned}
$$

23.4.7 Die Schritte des Simplexalgorithmus

23.4.7.1 (0) Test auf Zulässigkeit

Wir wenden uns nun dem eigentlichen Simplexalgorithmus zu und nehmen dazu an, als Ausgangspunkt sei ein beliebiges Simplextableau gegeben, welches allgemein aus k Schritten des Simplexalgorithmus hervorgegangen ist:

T_k	$\underline{y}^{NB}$	1
$\underline{y}^B$	C	$\underline{d}$
Z	$\underline{z}^T$	z_0

schematisch:

T_k	$\underline{y}^{NB}$	1
$\underline{y}^B$	▭	▮
Z	▭	▯

Im Sinne einer Probe können wir an dieser Stelle nochmals überprüfen, ob das Tableau zulässig ist, also der Bedingung $\underline{d} \geq 0$ genügt. Wenn das nicht der Fall ist, spricht das für einen Fehler in den vorangehenden Rechnungen bzw. in der Aufgabenstellung, den wir vor dem Weiterrechnen korrigieren, um dann mit Schritt (1) fortzufahren.

23.4.7.2 (1) Test auf Optimalität

Optimalitätskriterium

Wir bezeichnen ein Tableau als *optimal*, wenn es eine optimale Ecke des zulässigen Bereiches darstellt. Da wir es hier mit einem Maximierungsproblem zu tun haben, ist dies gleichbedeutend damit, dass in der vorliegenden Ecke das Maximum der Zielfunktion angenommen wird. Dafür haben wir folgendes Kriterium:

> *(O) Das Tableau ist genau dann optimal, wenn gilt $\underline{z} \leq 0$.*

In Worten: Das Tableau ist genau dann optimal, wenn alle Zielfunktionskoeffizienten kleiner als oder gleich Null sind (man sagt auch, die Zielfunktionskoeffizienten seien *nichtpositiv*). Diese Bedingung ist in dem dunkelgrauen Fenster abzulesen:

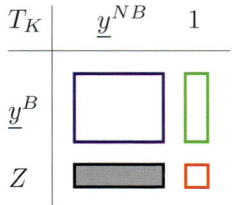

Anders formuliert: Genau wenn innerhalb des dunkelgrauen Fensters *mindestens eine positive* Zahl auftaucht, ist das Tableau *nicht* optimal.

Beispiel 23.18. Für die folgenden fiktiven Tableaus können wir folgende Aussage treffen:

T_a	x_2	s_2	1
x_1	·	·	·
s_1	·	·	·
Z	0	3	0
	$\checkmark$	⚡	

nicht optimal

T_b	x_2	s_2	1
x_1	·	·	·
s_1	·	·	·
Z	3	2	−5
	⚡	⚡	

nicht optimal

T_c	x_2	s_2	1
x_1	·	·	·
s_1	·	·	·
Z	−3	0	2
	$\checkmark$	$\checkmark$	

optimal

T_d	x_2	s_2	1
x_1	·	·	·
s_1	·	·	·
Z	0	0	2
	$\checkmark$	$\checkmark$	

optimal

Hervorzuheben ist hierbei T_d: Es gibt keinen einzigen negativen Zielfunktionskoeffizienten; aber das wird für die Optimalität auch nicht verlangt! $\triangle$

Vorgehen bei Nicht-Optimalität
Falls das vorliegende Tableau *nicht* optimal ist, fahren wir mit Schritt (2) fort (Test auf Unlösbarkeit).

Vorgehen bei Optimalität
Wenn das vorliegende Tableau optimal ist, lesen wir die Koordinaten der erreichten Ecke, die Schlupfvariablen und den erreichten (optimalen) Zielfunktionswert ab.

Weil das Tableau optimal ist, kann kein weiterer Tausch nun noch eine Verbesserung des Zielfunktionswertes erbringen. Zudem gilt folgender

Satz 23.19. *Wenn $\underline{z} \ll 0$ gilt, also alle Zielfunktionskoeffizienten negativ sind, gibt es nur einen einzigen Optimalpunkt.*

Ist diese Bedingung erfüllt, haben wir den einzigen Optimalpunkt in Gestalt der optimalen Ecke gefunden und damit das Problem vollständig gelöst. Wir können das Verfahren somit *beenden*.

Ist die Bedingung des Satzes nicht erfüllt, d.h., finden wir unter den ZF-Koeffizienten mindestens eine Null, so ist das zunächst einmal nur ein Hinweis darauf, dass es noch weitere optimale Ecken geben könnte. Falls diese allerdings nicht von Interesse sein sollten – weil uns nur der Optimalwert interessiert oder die Kenntnis einer optimalen Ecke genügt – können wir das Verfahren ebenfalls *beenden*.

Schließlich *beenden* wir das Verfahren auch dann, wenn sich in *jeder* Spalte, die über einem Zielfunktionskoeffizienten vom Wert Null steht, keinerlei negatives Element finden lässt. Ohne ausführliche Begründung sei angemerkt, dass dann nämlich kein Tausch in eine andere optimale Ecke möglich ist.

In allen anderen Fällen – sozusagen "bei Bedarf und Möglichkeit" – fahren wir mit Schritt (3) fort.

23.4.7.3 (2) Test auf Unlösbarkeit

Nach dem (erfolglosen) Test auf Optimalität prüfen wir, ob wir eventuell die Unlösbarkeit des Problems erkennen können. Grundlage dafür ist folgende Aussage:

(U)   *Wenn es oberhalb eines* positiven *Zielfunktionskoeffizienten eine* nichtnegative *Spalte der Matrix C gibt, ist das LO-Problem unlösbar.*

Auf die Begründung dieser Aussage gehen wir weiter unten ein. Bei ihrer Formulierung ist zu beachten: "positiv" heißt wie immer "größer als Null", und "nichtnegativ" bedeutet im Sinne einer vektoriellen Ungleichung, dass alle Elemente der betreffenden Spalte von C größer *als oder gleich* Null sind.

Beispiel 23.20. Wir betrachten die folgenden fiktiven Tableaus:

T_a	x_2	s_2	1	T_b	x_2	s_2	1	T_c	x_2	s_2	1
x_1	2	1	3	x_1	0	4	8	x_1	0	4	22
s_1	−1	0	5	s_1	0	−2	11	s_1	−1	7	24
Z	0	3	0	Z	8	2	−5	Z	3	0	2

unlösbar   unlösbar   k.A.

Bei T_a ist die Bedingung (U) erfüllt, denn oberhalb des **positiven** Zielfunktionskoeffizienten 3 findet sich eine nichtnegative Spalte von C. Dasselbe trifft auf T_b zu. Dort enthält die betreffende Spalte von C nur Nullen, was jedoch bei der Ungleichung ≤ 0 ausdrücklich zugelassen ist. In beiden Fällen schließen wir: das Problem ist unlösbar.

Bei T_c dagegen ist die Bedingung(U) *nicht* erfüllt. Zwar ist die markierte Spalte von C nichtnegativ (sogar strikt positiv), aber der darunter stehende Zielfunktionskoeffizient ist Null (und damit *nicht* positiv). Wir können deswegen keine Angabe über die eventuelle Unlösbarkeit machen.   △

Vorgehen

Wenn die Bedingung (U) beim vorliegenden Tableau erfüllt und das LO-Problem somit unlösbar ist, wird das Simplexverfahren mit dieser "Negativ-Erkenntnis" abgebrochen. Ist die Bedingung (U) dagegen *nicht* erfüllt, fahren wir mit dem nächsten Punkt fort.

Anmerkung: Auch wenn die Bedingung (U) nicht erfüllt ist, kann das LO-Problem unlösbar sein, wobei das vorliegende Tableau diesen Umstand lediglich (noch) nicht erkennen lässt. Ein Beispiel dafür, welches auch die Ursachen dieses Phänomens zeigt, geben wir weiter unten.

23.4.7.4   (3) Simplex-Tauschschritt

Unser Ziel ist nun, einen Austauschschritt auszuführen, bei dem

- (Z) das gegebene in ein neues Simplextableau überführt und
- (V) der Zielfunktionswert möglichst verbessert, zumindest jedoch nicht verschlechtert wird.

Um dies zu erreichen, verwenden wir nicht irgendein x-beliebiges, sondern ein Pivotelement mit speziellen Eigenschaften. Zunächst erinnern wir noch einmal daran, dass generell nur innerhalb der Matrix C – also innerhalb der gelben Zone des vorgegebenen Tableaus – pivotisiert wird. Potentielle Pivotelemente sind somit zunächst alle von Null verschiedenen Elemente der Matrix C. Für die weitere Auswahl benötigen wir den Begriff "Gewicht":

Definition 23.21. *Für ein beliebiges, von Null verschiedenes Element c_{ij} des Tableauteils C bezeichnen wir*

$$q_{ij} := q(c_{ij}) := \left| \frac{d_i}{c_{ij}} \right|$$

als sein Gewicht.

Wir suchen nun nach einem Pivotelement im Sinne der folgenden

Definition 23.22. *Ein Element der Matrix C ist ein* Simplex-Pivot, *wenn es*

- *(i) über einem* nichtnegativen *Zielfunktionskoeffizienten steht,*
- *(ii) negativ ist, sowie*
- *(iii) unter allen* negativen *Elementen derselben Spalte das minimale Gewicht hat.*

Weil die bisher durchlaufenen Tests auf Optimalität bzw. Unlösbarkeit nicht zum Abbruch des Verfahrens führten, ist sichergestellt, dass wir mindestens ein solches Simplex-Pivot finden können. Wir können diesbezüglich sogar noch weiter unterscheiden:

Definition 23.23. *Ein Simplex-Pivot heißt von 1. Art, wenn es über einem positiven Zielfunktionskoeffizienten steht und ein positives Gewicht hat. Jedes Simplex-Pivot, welches nicht von 1. Art ist, heißt von 2. Art.*

Ein Simplex-Pivot 1. Art bietet den Vorteil, dass sich der Zielfunktionswert nach einem Tausch *echt verbessert*. Wir werden jedoch an Beispielen sehen, dass ein solches Pivot selbst dann nicht zu existieren braucht, wenn der Zielfunktionswert noch verbessert werden kann. Wir müssen dann mit einem Simplex-Pivot 2. Art vorliebnehmen, welches daran zu erkennen ist, dass es das Gewicht Null hat oder über einem Zielfunktionskoeffizienten vom Wert Null steht.

Tauschregel:

> *Für den Tauschschritt verwenden wir ein beliebiges Simplex-Pivot 1. Art, soweit vorhanden, andernfalls ein beliebiges Simplex-Pivot 2. Art.*

Die Formulierung "beliebiges" weist darauf hin, dass es u.U. mehrere Simplex-Pivots von jeder Art geben kann. Mehr noch: Aufgrund der Stellung im Verfahrensablauf wissen wir sogar, dass *jede* Spalte oberhalb eines nichtnegativen ZF-Koeffizienten mindestens ein Simplex-Pivot enthalten muss.

Um dieses schnell zu finden, empfiehlt es sich, bei Rechnungen "von Hand" so vorzugehen:

> (1) *Wir markieren die "Kandidaten-Spalte" unserer Wahl mit dem Zeichen ⌐⌐.*
>
> (2) *Dann bestimmen wir die Gewichte aller negativen Elemente dieser Spalte und markieren das bzw. die Elemente mit dem kleinstmöglichen Gewicht q_{min}.*

Praktisch genügt es oft, in einer beliebigen Spalte über einem *positiven* ZF-Koeffizienten nachzuschauen. Erst wenn dort kein SP 1. Art gefunden wird, ist in einer oder allen anderen geeigneten Spalten weiterzusuchen.

Wir demonstrieren dies nun an einigen einfachen Beispielen. Dabei geht es zunächst nur um die *Auswahl* eines Simplex-Pivots und *nicht* um den zugehörigen Austauschschritt.

Beispiel 23.24. Gegeben sei das folgende, rein fiktive Tableau

T_k	s_4	s_2	x_3	s_5	1	q		
s_7	·	·	$\boxed{-2}$	·	4	$\lvert 4/(-2)\rvert =$	2	◁
x_2	·	·	0	·	8	$*$		
s_1	·	·	-1	·	3	$\lvert 3/(-1)\rvert =$	3	
s_8	·	·	2	·	0	$*$		
s_6	·	·	-5	·	15	$\lvert 15/(-5)\rvert =$	3	
x_4	·	·	0	·	1	$*$		
x_1	·	·	3	·	1	$*$		
Z	0	-1	$\boxed{3}$	0	100			

(1) Wir markieren die dritte Spalte, denn nur diese steht über einem positiven Zielfunktionskoeffizienten – der Zahl 3.

(2) Nun bestimmen wir die zugehörigen Gewichte. Die markierte Spalte enthält Nullen und Einträge beiderlei Vorzeichen, deswegen heben wir nochmals hervor, dass nur die negativen Elemente dieser Spalte bei der Gewichtsbildung berücksichtigt werden. Die interessierenden Gewichte weisen wir in einer Hilfsspalte q aus. Das Sternchen $*$ weist jeweils darauf hin, dass die betreffende Zeile kein Gewicht hat. Das minimale aller Gewichte $q_{min} = 2$ findet sich nun in Zeile 1. Deswegen markieren wir diese Zeile mit dem Zeichen ◁.

Weil das Minimalgewicht $q_{min} = 2$ positiv ist, haben wir mit der eingekreisten Zahl -2 das gesuchte Simplexpivot gefunden. Wir bemerken, dass es von 1. Art ist, können nach dem Tausch also einen höheren Zielfunktionswert erwarten. △

Natürlich ist es durchaus möglich, in mehreren oder sogar allen Spalten simultan nach Pivots zu suchen.

Beispiel 23.25. Für unser vertrautes Tapetenproblem finden wir das Ausgangstableau $T0$, welches uns bereits auf Seite 990 begegnet ist. Hier heben wir einmal in Pastellgelb den gesamten Bereich hervor, in dem pivotisiert werden kann; er entspricht der Matrix C.

T0	x_1	x_2	1	$\underline{q}^1$	$\underline{q}^2$	
x_3	$-\frac{1}{4}$	$\left(-\frac{1}{2}\right)$	2	$\left|\frac{2}{-1/4}\right| = 8$	$\left|\frac{2}{-1/2}\right| = 4$	◁
x_4	$\left(-\frac{3}{4}\right)$	$-\frac{1}{2}$	3	$\left|\frac{3}{-3/4}\right| = 4$ ◁	$\left|\frac{3}{-1/2}\right| = 6$	
Z	3	4	0			

Beide Spalten dieser Matrix stehen über positiven ZF-Koeffizienten; wir markieren sie mit ⌐⌐ bzw. ⌐⌐ . Die zugehörigen Gewichte tragen wir in zwei neuen, mit $\underline{q}_1$ bzw. $\underline{q}_2$ überschriebenen Hilfsspalten (rechts) ab und markieren die beiden Spaltenminima mit ◁ bzw. ◁. Auf diese Weise erhalten wir die beiden eingekreisten Simplex-Pivots, die beide 1. Art sind. Jedes der beiden ist gleichermaßen für den nächsten Tauschschritt geeignet.   △

Beispiel 23.26. Wir betrachten das folgende Tableau

	x_1	s_2	s_4	1	$\underline{q}^1$	$\underline{q}^3$	
s_1	1	5	-11	33	$*$	3	
x_2	0	5	$\left(-10\right)$	20	$*$	2	◁
s_3	-12	5	7	14	$7/6$	$*$	
s_5	$\boxed{-11}$	-8	0	0	0 ◁	$*$	
x_3	8	3	-9	27	$*$	3	
Z	2	-2	10	20			

Auch hier können wir gleich in *zwei* Spalten des Tableaus nach Simplexpivots suchen. Dies sind die erste und die dritte Spalte, in denen in Gestalt von 2 bzw. 10 jeweils positive Zielfunktionskoeffizienten stehen. Der Einfachheit halber "bewichten" wir sie sogleich beide. Dazu tragen wir in den beiden Hilfsspalten $\underline{q}^1$ bzw. $\underline{q}^3$ die Gewichte ein, die den Tableauspalten 1 und 3 entsprechen. Die Minimalgewichte markieren wir wiederum jeweils mit dem Zeichen ◁.

Für die erste Spalte lautet das Minimalgewicht Null, während das Minimalgewicht der dritten Spalte den positiven Wert 2 hat. Daher wählen wir die eingekreiste Zahl – 10 als Simplexpivot, denn dieses ist 1. Art, während die umrandete Zahl −11 als Simplex-Pivot lediglich von 2. Art ist.   △

In den bisherigen Beispielen fanden wir Simplex-Pivots erster Art. Wie sieht es dagegen hier aus?

Beispiel 23.27.

T_k	$\cdot$	$\cdot$	1	$\underline{q}^1$	$\underline{q}^2$	
$\cdot$	0	$\boxed{-1}$	0	$*$	0	$\triangleleft$
$\cdot$	$\boxed{-2}$	-3	6	3	$\triangleleft$ 2	
$\cdot$	1	-2	10	$*$	5	
$\cdot$	-5	0	20	4	$*$	
Z	0	2	15			

Wir beginnen die Suche nach einem Simplex-Pivot in der zweiten Spalte ⌐,
denn nur diese steht über einem positiven ZF-Koeffizienten. Da die eingerahmte Zahl -1 das Minimalgewicht Null hat, handelt es sich leider nur um ein
SP 2. Art. Interessehalber setzen wir die Suche in der ersten Spalte ⌐ fort,
die über dem ZF-Koeffizienten Null steht. Dort hat die Zahl -2 das kleinste
Gewicht und könnte somit ebenfalls als Pivot gewählt werden (und zwar von
2. Art).   △

In diesem Beispiel konnten wir kein SP 1. Art finden. Nach dem Tausch wird
sich also der Zielfunktionswert nicht ändern, gleich welches der beiden eingerahmten Pivotelemente wir verwenden. Übrigens: Das Pivot -2 hat ein positives Gewicht, so dass ein Tauschschritt mit diesem Pivotelement bei gleichbleibendem ZF-Wert zumindest einen Wechsel der Ecke bewirken wird.

Es sind sogar Situationen denkbar, in denen sämtliche Simplexpivots vom
Minimalgewicht Null sind:

Beispiel 23.28.

T_k	$\cdot$	$\cdot$	1	$\underline{q}^1$	$\underline{q}^2$	
$\cdot$	0	$\boxed{-1}$	0	$*$	0	$\triangleleft$
$\cdot$	-2	-3	6	3	2	
$\cdot$	1	-2	10	$*$	5	
$\cdot$	$\boxed{-5}$	0	0	0	$\triangleleft$ $*$	
Z	0	2	15			

Dieses Tableau unterscheidet sich von dem vorhergehenden nur an einer Stelle
(in der vierten Zeile und dritten Spalte). Deswegen finden diesmal in *beiden*

Spalten nur Kandidaten mit dem Minimalgewicht Null. Jeder der beiden Kandidaten kann zum Tausch verwendet werden.   △

Das Tableau des letzten Beispiels war rein fiktiv in dem Sinne, als es frei erfunden und nicht aus einem zugehörigen Ausgangstableau heraus entwickelt wurde. Ein "komplettes" Problem dieser Art geben wir im Beispiel 23.35 weiter unten an.

Ergänzende Anmerkungen

Wenn kein SP 1. Art gefunden werden kann, kommt ein SP 2. Art zur Anwendung. Da sich der Zielfunktionswert nach dem Tausch mit einem SP 2. Art nicht verbessert, besteht prinzipiell die Möglichkeit einer Zyklenbildung, d.h. der Rückkehr zu einer bereits erreichten Ecke nach einem oder mehreren Tauschschritten (siehe Beispiel 23.30). Um dies zu vermeiden, empfiehlt es sich, sich die bereits ertauschten Ecken mit demselben Zielfunktionswert zu merken bzw. gegebenenfalls zu tabellieren.

23.4.8   Lösungsbeispiele für Standardmaximumprobleme

Beispiel 23.29 (↗F 23.2). In unserem Tapetenproblem hatten wir das Ausgangstableau T0 bereits ermittelt und festgestellt, dass sich darin zwei gleichermaßen brauchbare Simplex-Pivots 1. Art finden. Je nach gewähltem Pivotelement ergeben sich zwei unterschiedliche Lösungsverläufe, die wir uns hier einmal vergleichend gegenüberstellen (siehe folgende Seite).

1. Tauschablauf

T0	x_1	x_2	1	$\underline{q}$	T1	s_2	x_2	1	$\underline{q}$	T2$_1$	s_2	s_1	1
s_1	$-\frac{1}{4}$	$-\frac{1}{2}$	2	8	s_1	$\frac{1}{3}$	$\left(-\frac{1}{3}\right)$	1	3	x_2	·	·	3
s_2	$\left(-\frac{3}{4}\right)$	$-\frac{1}{2}$	3	4	x_1	$-\frac{4}{3}$	$-\frac{2}{3}$	4	6	x_1	·	·	2
Z	3	4	0		Z	-4	2	12		Z	-2	-6	18
K	*	$-\frac{2}{3}$	4			1	*	3					

2. Tauschablauf

T0	x_1	x_2	1	$\underline{q}$	T1	x_1	s_1	1	$\underline{q}$	T2$_2$	s_2	s_1	1
s_1	$-\frac{1}{4}$	$\left(-\frac{1}{2}\right)$	2	4	x_2	$-\frac{1}{2}$	-2	4	8	x_2	·	·	3
s_2	$-\frac{3}{4}$	$-\frac{1}{2}$	3	6	s_2	$\left(-\frac{1}{2}\right)$	1	1	2	x_1	·	·	2
Z	3	4	0		Z	1	-8	16		Z	-2	-6	18
K	$-\frac{1}{2}$	*	4			*	2	2					

Bei beiden Abläufen endet das Verfahren nach jeweils zwei Schritten, weil dann ein optimales Tableau erreicht wird. Die beiden Ergebnistableaus T2$_1$ bzw. T2$_2$ sind sogar identisch. Die Optimallösung lautet in beiden Tableaus $(x_1^*, x_2^*) = (2, 3)$ bei $Z_{max} = 18$. Der Optimalwert beider Schlupfvariablen ist Null: $s_1^* = s_2^* = 0$. Ökonomisch bedeutet dies, dass beide Faserarten aufgebraucht werden.

Welches Pivot stellt sich denn im Nachhinein als "das bessere" heraus? Solange die Rechnung im Kopf oder mit Zettel und Bleistift erfolgt, würde man wohl das Pivot $-1/2$ aus der zweiten Spalte bevorzugen, denn es erzeugt die kleineren Brüche. Und dies ist sicherlich Geschmackssache.   △

Bemerkung: Unser Beispiel zeigt, dass es sich bei einem Austauschschritt stets empfiehlt, zunächst die Zielfunktionskoeffizienten zu berechnen. Wir erinnern: Sind diese sämtlich kleiner als oder gleich Null, so ist das Tableau optimal. Auf diese Weise sehen wir bereits vor einer vollständigen Berechnung von T2, dass dieses Tableau optimal ist. Dann aber interessieren uns weiterhin nur noch die Einträge in der Spalte "1", während alle als Punkt dargestellten Einträge gar nicht erst berechnet werden müssen. Wenn das Tableau dagegen nicht optimal ist, empfiehlt sich zunächst die Berechnung aller Spalten über positiven ZF-Koeffizienten. Finden wir nämlich eine nichtnegative

Spalte, kann die Rechnung wegen Unlösbarkeit sofort abgebrochen werden.

Beispiel 23.30 (Ein Problem im $\mathbb{R}^3$). Wir lösen das Problem

$$5x_1 \quad + \quad 2x_2 \quad + \quad 4x_3 \quad \Longrightarrow \max$$

unter den Restriktionen

$$
\begin{array}{rcrcrcl}
x_1 & + & x_2 & + & 2x_3 & \leq & 28 \\
2x_1 & + & 3x_2 & + & x_3 & \leq & 50 \\
x_1 & & & & & \leq & 12 \\
& & x_2 & + & x_3 & \leq & 13
\end{array}
$$

und den üblichen Nichtnegativitätsbedingungen

$$x_1, \quad x_2, \quad x_3 \quad \geq \quad 0$$

Ein möglicher Simplex-Tauschablauf könnte so aussehen:

T0	x_1	x_2	x_3	1	$\underline{q}$		T1	s_3	x_2	x_3	1	$\underline{q}$
s_1	-1	-1	-2	28	28		s_1	1	-1	-2	16	$8 \triangleleft$
s_2	-2	-3	-1	50	25		s_2	2	-3	-1	26	26
s_3	-1	0	0	12	12 $\triangleleft$		x_1	-1	0	0	12	$*$
s_4	0	-1	-1	13	$*$		s_4	0	-1	-1	13	13
Z	5	2	4	0			Z	-5	2	4	60	
K	$*$	0	0	12				$\frac{1}{2}$	$-\frac{1}{2}$	$*$	8	

T2	s_3	x_2	s_1	1	$\underline{q}$
x_3	$\frac{1}{2}$	$-\frac{1}{2}$	$-\frac{1}{2}$	8	16
s_2	$\frac{3}{2}$	$-\frac{5}{2}$	$\frac{1}{2}$	18	$\frac{36}{5} \triangleleft$
x_1	-1	0	0	12	$*$
s_4	$-\frac{1}{2}$	$-\frac{1}{2}$	$\frac{1}{2}$	5	10
Z	-3	0	-2	92	
K	$\frac{3}{5}$	$*$	$\frac{1}{5}$	$\frac{36}{5}$	

Wie wir sehen, sind im Tableau T2 sämtliche Zielfunktionskoeffizienten kleiner als oder gleich Null, deswegen ist das Tableau T2 optimal. Die in Grau dargestellten Zahlen hätten also zunächst nicht unbedingt berechnet werden müssen, die in der Spalte "1" enthaltenen dagegen schon, denn mit ihrer Hilfe lesen wir die erreichte optimale Ecke $(\underline{x}^*, \underline{s}^*)$ und den erreichten optimalen Zielfunktionswert Z^* wie unter 23.4.6 beschrieben aus:

$$\underline{x}^* = (12, 0, 8), \ \underline{s}^* = (0, 18, 0, 5), \ Z^* = 92.$$

Nun enthält die Zielfunktionszeile in der x_2-Spalte den Koeffizienten Null, was zunächst erst einmal ein Hinweis darauf ist, dass noch eine weitere optimale Ecke existieren könnte. Oberhalb dieser Null gibt es als potentielle Pivotelemente drei negative Einträge, also ermitteln wir deren Gewichte. Das Minimalgewicht in Höhe von $36/5$ hat die Zahl $-5/2$ in der zweiten Zeile; sie wird so zum nächsten Simplexpivot. Weil dieses von positivem Gewicht ist, können wir bei einem Austauschschritt in der Tat eine weitere optimale Ecke erreichen. Deswegen führen wir diesen Schritt aus und finden schließlich noch das Tableau T3:

T3	s_3	s_2	s_1	1
x_3	$\frac{1}{5}$	$\frac{1}{5}$	$-\frac{3}{5}$	$\frac{22}{5}$
x_2	$\frac{3}{5}{}^*$	$\left(-\frac{2}{5}\right)$	$\frac{1}{5}$	$\frac{36}{5}$
x_1	-1	0	0	12
s_4	$-\frac{4}{5}$	$\frac{1}{5}$	$\frac{2}{5}$	$\frac{7}{5}$
Z	-3	0	-2	92

Wie vorhergesehen, ist auch dieses Tableau optimal. Die mit diesem Tableau erreichte Ecke bezeichnen wir mit $(\underline{x}^{**}, \underline{s}^{**})$ und finden dafür

$$\underline{x}^{**} = (12, \frac{36}{5}, \frac{22}{5}), \ \underline{s}^{**} = (0, 0, 0, \frac{7}{5}), \ Z^* = 92.$$

Auf diese Weise haben wir bereits zwei optimale Ecken ermittelt. Gibt es eventuell noch eine dritte? Eine Inspektion des letzten Tableaus zeigt, dass hierin wiederum genau ein Simplex-Pivot enthalten ist (siehe Kreis). Da es an gleicher Stelle steht wie das im vorigen Schritt verwendete Pivotelement, würde ein weiterer Tauschschritt lediglich bewirken, dass der soeben vorgenommene Tausch von s_2 gegen x_2 rückgängig gemacht würde, und uns so zu der im vorigen Schritt schon erreichten Ecke zurückbringen. Deswegen können wir das Verfahren hier beenden.

Im Ergebnis ziehen wir folgende Schlüsse:

- Die Menge der Optimalpunkte für dieses Problem ist
$$\mathcal{K}_{opt} = conv(\underline{x}^*, \underline{x}^{**})$$
mit den oben angegebenen Zahlenwerten; der Optimalwert ist $Z_{opt} = 92$.

- Es ist in der Tat möglich, in der Menge von Optimalpunkten sozusagen "im Kreis" zu tauschen. Das lässt sich verhindern, indem – sozusagen *zusätzlich* zum Simplex-Algorithmus – eine Liste der bereits erreichten Ecken geführt wird.   △

Beispiel 23.31 (Ein unlösbares Problem). Bei dem Problem

$$5x_1 \quad + \quad x_2 \quad \Longrightarrow \max$$

bei

$$x_1 \quad - \quad 2x_2 \quad \leq \quad 2$$
$$x_1 \quad - \quad x_2 \quad \leq \quad 3$$
$$-x_1 \quad + \quad x_2 \quad \leq \quad 4$$

und

$$x_1, \quad x_2 \quad \geq \quad 0$$

gelangen wir nach zwei Tauschschritten zu folgendem Tableau T2:

T0	x_1	x_2	1	q	T1	s_1	x_2	1	q	T2	s_1	s_2	1
s_1	-1	2	2	2 ◁	x_1	-1	2	2	*	x_1	1	-2	4
s_2	-1	1	3	3	s_2	1	-1	1	1 ◁	x_2	1	-1	1
s_3	1	-1	4	*	s_3	-1	1	6	*	s_3	0	-1	7
Z	5	1	0		Z	-5	11	10		Z	6	-11	21
	*	2	2			1	*	1					

Wir testen das Tableau T2 wie üblich zunächst gemäß auf Optimalität (1): Wegen des positiven ZF-Koeffizienten 6 in der ersten Spalte ist das Tableau T2 jedoch *nicht* optimal. Also testen wir (2) auf Unlösbarkeit. In der Tat findet sich in der pastellgelb hervorgehobenen Spalte oberhalb dieser 6 kein einziges negatives Element. Wir schließen: Das Problem ist unlösbar!   △

Die Begründung unserer Schlußweise liefern wir im übernächsten Abschnitt nach. Auf einen interessanten Aspekt dieses Beispiels ist jedoch hier schon hinzuweisen: Selbstverständlich war das beschriebene Problem von Anbeginn an unlösbar, aber erst nach zwei Tauschschritten konnten wir das auch erkennen. Hierin äußert sich sozusagen der "mangelnde Weitblick" des Simplexverfahrens.

23.4.9   Grafische Interpretation des Simplexalgorithmus

Nachdem wir – zumindest im 2D-Fall – sowohl über die grafische als auch über die Lösungsmöglichkeit mit Hilfe des Simplexverfahrens verfügen, mag es interessant sein, einmal beide Verfahren gegenüberzustellen:

Beispiel 23.32. Wir erinnern an unseren Erbsenbauern aus der Übungsaufgabe Nr. 23.48, der seinen Erlös aus dem Anbau von x_1 Morgen Erbsen und x_2 Morgen Bohnen maximieren will. Das Maximierungsproblem lautet

$$\text{(ZF)} \qquad Z(\underline{x}) = (2,\, 3) \begin{pmatrix} x_1 \\ x_2 \end{pmatrix} \to \max$$

bei

$$\text{(R)} \qquad \begin{pmatrix} 1 & 2 \\ 2 & 1 \\ 1 & 1 \end{pmatrix} \begin{pmatrix} x_1 \\ x_2 \end{pmatrix} \leq \begin{pmatrix} 50 \\ 50 \\ 30 \end{pmatrix}$$

und

$$\text{(NN)} \qquad \begin{pmatrix} x_1 \\ x_2 \end{pmatrix} \geq \begin{pmatrix} 0 \\ 0 \end{pmatrix}$$

In der Übungsaufgabe 23.48 wurde dieses Standardmaximumproblem bereits auf grafischem Weg gelöst. Die nebenstehende Übersicht zeigt einen der möglichen Lösungsverläufe bei der Lösung mit dem Simplexverfahren. Dem Leser wird empfohlen, den Lösungsablauf im Interesse ausreichender Übung sorgfältig nachzuvollziehen.

Jedes der sukzessive erreichten Simplextableaus entspricht einer Ecke des zulässigen Bereichs. Wir sehen, dass wir mit Hilfe eines Tauschschrittes aus einer momentan erreichten Ecke jeweils nur in eine direkt benachbarte Ecke gelangen können. Der *rechnerische* Tableauwechsel findet sein *grafisches* Gegenstück darin, dass wir die Erlösisoquante (rot) in die jeweils ertauschte Ecke verschieben. Wir sehen anhand dieser Isoquantenverschiebung, dass es dabei in jedem Schritt zu einer Erhöhung des Zielfunktionswertes kommt. Dies ist natürlich auch in den Tableaus ablesbar und hat seine Ursache darin, dass wir in diesem Beispiel durchweg auf Simplex-Pivots 1. Art zurückgreifen können.

Erbsenbauer

T0

	x_1	x_2	1	G
s_1	-1	-2	50	50
s_2	$\boxed{-2}$	-1	50	25 ▽
s_3	-1	-1	30	30
Z	2	3	0	
	*	$-\frac{1}{2}$	25	

T1

	s_2	x_2	1	G
s_1	$\frac{1}{2}$	$-\frac{3}{2}$	25	$\frac{50}{3}$
x_1	$-\frac{1}{2}$	$-\frac{1}{2}$	25	50
s_3	$\frac{1}{2}$	$\boxed{-\frac{1}{2}}$	5	10 ▽
Z	-1	2	50	
	1	*	10	

T2

	s_2	s_3	1	G
s_1	$\boxed{-1}$	3	10	10 ▽
x_1	-1	1	20	20
x_2	1	-2	10	
Z	1	-4	70	
	*	3	10	

T3

	s_1	s_3	1
s_2	$\cdot$	$\cdot$	10
x_1	$\cdot$	$\cdot$	10
x_2	$\cdot$	$\cdot$	20
Z	-1	-1	80

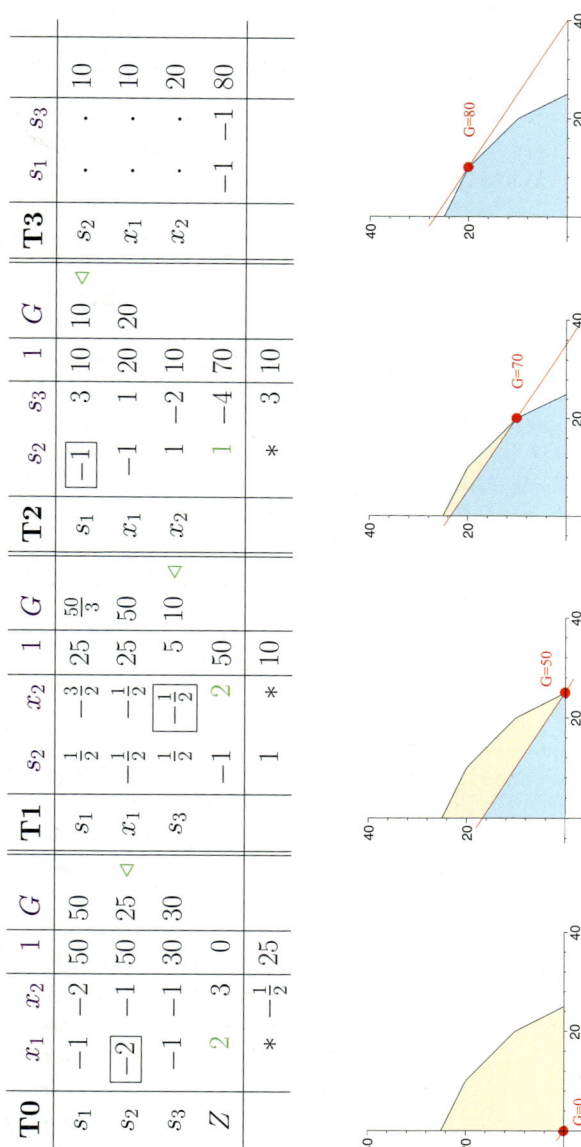

Eine Bemerkung zum Tauschverlauf: In diesem Beispiel haben wir – ausgehend vom Koordinatenursprung – sozusagen "gegen den Uhrzeigersinn" auf dem Rand des zulässigen Bereiches entlang getauscht und auf diese Weise die optimale Ecke erst nach drei Tauschschritten erreicht. Hätten wir in T0 das erste Simplexpivot nicht in der x_1-Spalte, sondern in der x_2-Spalte gewählt, wären wir "im Uhrzeigersinn" durch jeweils benachbarte Ecken gegangen und in diesem Fall bereits nach 2 Tauschschritten ans Ziel gekommen.   △

Wir erkennen auch hier wiederum sehr schön, dass das Simplexverfahren "keine Weitsicht hat", d.h., ausgehend von einem gegebenen Tableau können wir bestenfalls die Wirkung des nächsten Schrittes abschätzen. Jedoch ist weder die Anzahl künftig weiterhin notwendiger Schritte noch die Größe der in zukünftigen Schritten erzielbaren Verbesserungen momentan sichtbar.

Das ist auch der Grund dafür, dass auch die Unlösbarkeit eines Problems u.U. erst nach mehreren Schritten sichtbar wird:

Beispiel 23.33 ($\nearrow$F 23.31). Wir greifen das schon auf Seite 1011 behandelte unlösbare Problem nochmals auf und fragen nach der *geometrischen* Ursache sowohl der Unlösbarkeit als auch der Tatsache, dass diese Unlösbarkeit erst nach zwei Tauschschritten erkannt wird. Dazu stellen wir dem rechnerischen Ablauf nun die zugehörigen Grafiken zur Seite:

T0	x_1	x_2	1	q		T1	s_1	x_2	1	q		T2	s_1	s_2	1
s_1	(-1)	2	2	2 ◁		x_1	-1	2	2	*		x_1	1	-2	4
s_2	-1	1	3	3		s_2	1	(-1)	1	1 ◁		x_2	1	-1	1
s_3	1	-1	4	*		s_3	-1	1	6	*		s_3	0	-1	7
Z	5	1	0			Z	-5	11	10			Z	6	-11	21
	*	2	2				1	*	1						

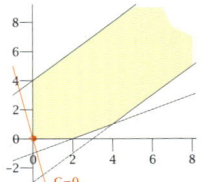
G=0

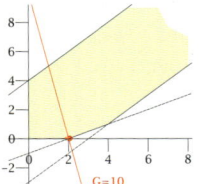
G=10

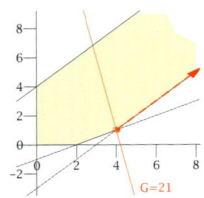
G=21

Der Grund für die mangelnde Weitsicht ist nun klar erkennbar. Ausgehend von Koordinatenursprung konnten wir zunächst immer nur "in die nächste Ecke" schauen und gelangten erst über zwei echte Verbesserungsschritte in den Eckpunkt $(4,1)^T$. Von hier aus gesehen liegt die (fiktive) "nächste Ecke" unendlich weit in Pfeilrichtung entfernt. Verschieben wir die Isoquante in diese Richtung, wächst der Zielfunktionswert über alle Grenzen. Weil die Zielfunktion somit nicht beschränkt ist, ist das LO-Problem unlösbar.

$\triangle$

Beispiel 23.34. Wir hatten anhand eines Beispiels im Abschnitt 23.2 gesehen, dass bei LO-Problemen mit drei Variablen die grafische Lösung schon schwierig wird, sich aber sehr schön mit Hilfe eines Computers visualisieren lässt. Hier einige der Bilder nochmals aus einer anderen Perspektive:

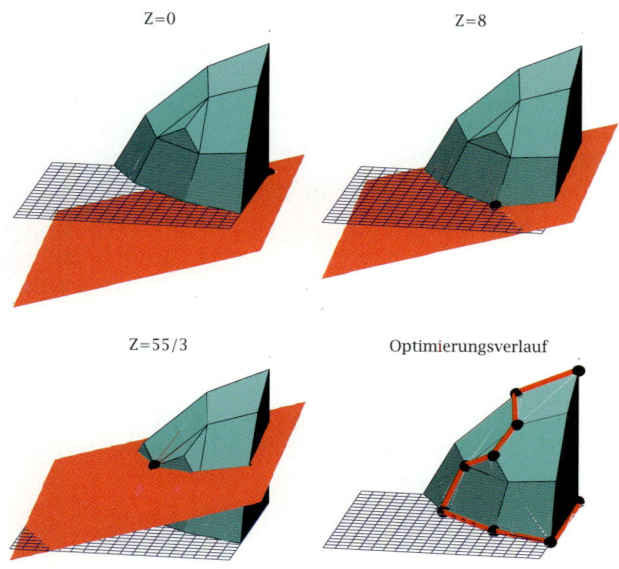

Was zeigen uns diese Bilder? Ohne auf Details der Rechnung einzugehen, merken wir an, dass sich das zugehörige LO-Problem auch mit dem Simplexverfahren lösen lässt. Die ersten drei Bilder entsprechen drei Simplextablaus, die im Verlaufe einer bestimmten Tauschabfolge erreicht werden. Das vierte Bild zeichnet nach, auf welchem Wege wir uns durch jeweils benachbarte Ecken bis hin zum Optimum tauschen.

$\triangle$

23.4.10   Etwas Begründung

Beginnen wir mit der Begründung für "etwas Begründung". Aus den bisherigen Beispielen sahen wir, dass der Simplex-Algorithmus im Grunde recht einfach ist, immerhin jedoch die Beachtung einiger gegenüber dem Austauschverfahren *zusätzlicher* Regeln verlangt. Das wird wesentlich einfacher, wenn diese Regeln nicht allein auswendig erlernt, sondern besser noch auch inhaltlich verstanden werden.

(1) Optimalität

Wir betrachten einmal das folgende frei erfundene Tableau mit ganz einfachen Zahlenwerten:

T	y_2	y_3	y_4	1
y_1	·	·	·	10
Z	-1	0	1	33

Der aktuell erreichte Zielfunktionswert ist 33, und wir fragen uns, ob er wohl durch einen Austauschschritt erhöht werden könnte.

Die momentane erreichte Ecke ist $\underline{y} = (y_1, ..., y_4) = (10, 0, 0, 0)$. Bei einem Austauschschritt müsste y_1 "von links" gegen eine der Spaltenvariablen y_2, y_3 oder y_4 "nach oben" getauscht werden. Nach dem Tausch würde y_1 oben stehen, also den Wert Null erhalten. Die als Tauschpartner fungierende Spaltenvariable dagegen würde nach links wandern und dadurch denjenigen "neuen" Wert erhalten, der nach dem Tausch in der Spalte "1" steht. Da wir nur "zulässig tauschen", ist dieser neue Wert wiederum größer oder gleich Null. Man kann also sagen: Ein Tauschschritt bewirkt, dass die zugehörige Spaltenvariable sich tendenziell vergrößert (d.h., vergrößert oder aber gleich bleibt).

Weiterhin zeigt unser Tableau gemäß der Regel "Links = Inhalt · Oben", dass für den Zielfunktionswert Z die Darstellung

$$Z = -1 \cdot y_2 + 0 \cdot y_3 + 1 \cdot y_4 + 33 \quad (*)$$

gilt. Wir können nun beliebige zwei der drei Variablen y_2, y_3 und y_4 festhalten und den Zielfunktionswert Z als Funktion der dritten Variablen allein interpretieren. Es handelt sich dann jeweils um eine affin-lineare Funktion, wie wir sie aus dem Kapitel 6.2 als "einfachste Katalogfunktion" bestens kennen. Insbesondere sehen wir: Z ist

- streng fallend bezüglich y_2
- konstant bezüglich y_3 und
- streng wachsend bezüglich y_4.

Die Ursache besteht in den Koeffizienten, die in der Darstellung $(*)$ vor y_2, y_3 bzw. y_4 stehen und die negativ, gleich Null bzw. positiv sind. Daraus folgt: Erhöhen wir

- y_2, wird sich der Zielfunktionswert Z vermindern
- y_3, wird er gleich bleiben
- y_4, wird sich Z erhöhen.

Dieses Prinzip lässt sich nun offensichtlich auf beliebige Simplex-Tableaus übertragen, und es folgt, wie in der Bedingung (O) behauptet:

> *Enthält die Zielfunktionszeile keinen einzigen positven Koeffizienten, kann der Zielfunktionswert nicht mehr erhöht werden, das Tableau ist optimal.*

(2) Unlösbarkeit

Um das Gewünschte zu sehen, machen wir einen kleinen Exkurs zum Gegenteil und ergänzen unser vorhergehendes, nicht optimales Tableau um eine einzige Zahl – hier beispielsweise die negative Zahl -2:

T	y_2	y_3	y_4	1
y_1	$\cdot$	$\cdot$	-2	10
Z	-1	0	1	33

Wir streben eine größtmögliche Steigerung von y_4 an, denn wegen des positven Zielfunktionskoeffizienten 1 wird der Zielfunktionswert umso größer, je größer wir den Wert y_4 wählen:

$$Z = \underbrace{-1 \cdot y_2 + 0 \cdot y_3}_{0} + 1 \cdot y_4 + 33 \qquad (23.7)$$

Was aber könnte uns daran hindern, für y_4 beliebig große Werte zu verwenden? Nun, wir sehen aus der y_1-Zeile des Tableaus, dass gilt

$$y_1 = \underbrace{\ldots}_{0} - 2 \cdot y_4 + 10 \qquad (23.8)$$

Zugleich müssen alle Problemvariablen, insbesondere auch y_1, nichtnegativ sein. Wegen 23.4.10 heißt das

$$y_1 = -2 \cdot y_4 + 10 \geq 0$$

und daher

$$y_4 \leq (-10)/(-2) = 5!$$

Der größtmögliche zulässige Wert von y_4 ist also 5. Allgemein gesprochen ist y_4 – und mit y_4 auch Z – nach oben beschränkt; es existiert ein endliches Maximum von Z, und das Problem ist lösbar.

Umgekehrt schließen wir aus dieser kleinen Exkursion:

> *Unlösbarkeit ist dann gegeben, wenn jeglicher negative Eintrag über einem positiven ZF-Koeffizienten fehlt!*

Wir illustrieren diesen gegenteiligen Fall an einem Beispiel:

T	y_2	y_3	y_4	1
y_1	$\cdot$	$\cdot$	2	10
Z	-1	0	1	33

Die y_1-Zeile verrät hier

$$y_1 = \underbrace{\ldots}_{0} + \underbrace{2 \cdot y_4}_{\geq 0} + 10 \geq 0,$$

also können wir y_4 beliebig groß wählen, ohne die für y_1 geltende Restriktion zu verletzen, und dabei den Zielfunktionswert ins Unendliche wachsen lassen.

Pivotwahl

Bei unserer Pivotwahl für einen beabsichtigten Tauschschritt lassen wir uns davon leiten, dass dieser Tauschschritt eine echte Verbesserung, zumindest aber keine Verschlechterung des Zielfunktionswertes ergeben soll. Soweit möglich, ist uns der erste Fall lieber, deswegen betrachten wir diesen zuerst. Zunächst überlegen wir, in welchen Spalten und Zeilen des Tableaus sich ein solches "Verbesserungspivot" *höchstens* finden kann.

(a) Aus dem Punkt (1) "Optimalität" wissen wir bereits, dass eine Verbesserung *höchstens* dann erreicht werden kann, wenn über einem positiven ZF-Koeffizienten pivotisiert wird. Allerdings ist dies allein noch nicht hinreichend.

(b) Wir behaupten nun:

> *Wird ein Pivot mit dem Gewicht Null verwendet, so ändert sich nach dem Tausch weder die erreichte Ecke noch der erreichte Zielfunktionswert.*

Wir illustrieren dies an dem folgenden fiktiven Tableau (links) und nehmen an, wir wählten uns irgendein Pivot in der y_5-Zeile, etwa das blau markierte. Ein Austauschschritt ergäbe dann das rechte Tableau:

T_k	y_2	y_3	y_4	1	q	T_{k+1}	y_2	y_3	y_5	1
y_1	·	·	·	10	*	y_1	·	·	·	10
y_5	·	·	(·)	0	0 ◁	y_4	·	·	·	0
Z	·	·	·	5		Z	·	·	·	5
K	·	·	*	0						

Das Gewicht 0 unseres Pivotelements taucht nun gleichermaßen in der Keller-zeile des Ausgangstableaus auf und sorgt dafür, dass sich kein einziges Element der Spalte "1" verändert. Auf diese Weise bleibt nicht nur der Zielfunktions-wert gleich, sondern trotz des Tausches von y_4 gegen y_5 behalten sämtliche Problemvariablen ihre ursprünglichen Werte, und insbesondere gilt

$$\text{alt:} \quad y_4 = 0 \quad \text{(weil ``oben''),} \quad y_5 = 0 \quad \text{(Gewicht)}$$
$$\text{neu:} \quad y_4 = 0 \quad \text{(Gewicht),} \quad y_5 = 0 \quad \text{(weil ``oben'').}$$

Wir haben also nicht die Ecke gewechselt, sondern lediglich ihre konkrete Darstellung durch ein Tableau. Was lernen wir hieraus? Ein- und dieselbe Ecke kann durch unterschiedliche Tableaus – genauer: durch Tableaus mit unterschiedlichen Basisvariablen – repräsentiert werden. In unserem Beispiel verwendet T_k die Basisvariablen y_1 und y_5, das Tableau T_{k+1} dagegen die Basisvariablen y_1 und y_4. Entsprechend unterscheiden sich natürlich auch die jeweiligen Nichtbasisvariablen. Und es ist klar, dass der Übergang von einem Satz von Basisvariablen zu einem anderen (mindestens) einen Tauschschritt erfordert. Ganz allgemein können auf diese Weise Tauschschritte erforderlich werden, die zwar einen Wechsel des Tableaus, nicht aber der dadurch verkör-perten Ecke bewirken.

Im Ergebnis dieser Überlegung folgern wir

> *Ein Verbesserungspivot hat notwendigerweise positives Gewicht.*

(c) Von den verbliebenen potentiellen Verbesserungspivots entfallen nun wei-terhin diejenigen, die das falsche Vorzeichen haben. Wir betrachten ein Bei-spiel (Tableau links):

T_k	y_2	y_3	y_4	1	q	T_{k+1}	y_2	y_3	y_1	1
y_1	·	·	3	12	4	y_4	·	·	·	−4
Z	·	·	1	·	·	Z	·	·	·	·
K	·	·	*	−4						

Die unter (a) und (b) formulierten notwendigen Bedingungen sind erfüllt, denn das Pivotelement 3 steht über dem positven ZF-Koeffizienten 1 und hat das positive Gewicht 4. Trotzdem hat es wieder nicht geklappt: Weil das gewählte Pivot positiv war, erscheint in der "1"-Spalte des neuen Tableaus plötzlich ein negatives Element. Dadurch wird das neue Tableau unzulässig! Auch hier wirkt ein allgemeines Prinzip, und wir schließen:

> *Ein Verbesserungspivot ist notwendigerweise negativ!*

(d) Als Kandidaten für Verbesserungspivots sind nun nur noch solche Elemente der Matrix C verblieben, die

> *über positiven ZF-Koeffizienten stehen, positives Gewicht haben und selbst negativ sind.*

Spätestens an dieser Stelle verstehen wir, dass ein Simplextableau nicht einmal einen einzigen Kandidaten dieser Art zu enthalten braucht. Als Beispiel verweisen wir auf das Tableau aus Beispiel 23.27. Aus diesem Grunde erweitern wir nun den Kreis von Kandidaten noch um solche negativen Elemente der Matrix C, die über einem ZF-Koeffizienten Null stehen oder das Gewicht Null haben und somit den Zielfunktionswert eventuell unverändert lassen.

Bisher hatten wir lediglich die Veränderung des Zielfunktionswertes bei einem Tauschschritt im Blick. Es gibt jedoch eine zweite wesentliche Bedingung, der das verwendete Pivot genügen muss: Das nach dem Tausch erreichte Tableau soll wiederum *zulässig* sein. Wir zeigen nun: *Gibt es mehrere entsprechende Kandidaten in ein- und derselben Spalte, dann ist das Folgetableau zulässig, wenn wir einen Pivot-Kandidaten mit minimalem Gewicht verwenden.*

Wir wählen eine solche Spalte (etwa mit dem Index j, den wir nunmehr fixieren), in der zumindest ein solcher Pivot-Kandiat gefunden werden kann. Weiterhin wählen wir eine beliebige, aber weiterhin feste "Bezugs-"Zeile i des oberen Tableauteils aus (rot hervorgehoben):

Pivotspalte

T_k	y_1^{NB}	$\cdots$	y_j^{NB}	$\cdots$	y_n^{NB}	$\cdots$	1
y_1^B	c_{11}	$\cdots$	c_{1j}	$\cdots$	c_{1n}	$\cdots$	d_1
$\vdots$	$\vdots$		$\vdots$		$\vdots$		$\vdots$
y_i^B	c_{i1}	$\cdots$	c_{ij}	$\cdots$	c_{in}	$\cdots$	d_i
$\vdots$	$\vdots$		$\vdots$		$\vdots$		$\vdots$
y_k^B	c_{k1}	$\cdots$	c_{kj}	$\cdots$	c_{kn}	$\cdots$	d_k
$\vdots$	$\vdots$		$\vdots$		$\vdots$		$\vdots$
y_m^B	c_{m1}	$\cdots$	c_{mj}	$\cdots$	c_{mn}	$\cdots$	d_m
Z	v_1	$\cdots$	v_j	$\cdots$	v_n	$\cdots$	v_0
"Keller"		$\cdots$	$*$	$\cdots$		$\cdots$	$-d_k/c_{kj}$

Pivotzeile (bezeichnet die Zeile y_k^B)

$$\underbrace{-d_k/c_{kj}}_{q_k}$$

Der momentane "Schlupf" dieser Zeile hat den zulässigen Wert $d_i \geq 0$. Wir haben sicherzustellen, dass der nach einem möglichen Tauschschritt dort auftretende neue Wert $d_{i,neu}$ ebenfalls zulässig – also nichtnegativ – ist. Deswegen interessiert uns, wie sich d_i nach einem Tausch mit einem beliebigen (negativen) Pivotelement der Spalte j verändert.

Nehmen wir an, in Zeile k sei ein solches Pivotelement enthalten. Nach einem Tausch mit c_{kj} als Pivot wird der neue Wert von d_i gemäß

$$\begin{aligned} d_{i,neu} &= d_i + c_{ij} \cdot (-d_k/c_{kj}) \\ &= d_i + c_{ij} \cdot q_k \end{aligned}$$

gebildet. Den hier auftretenden Wert

$$q_k := \left| \frac{d_k}{c_{kj}} \right| = -\frac{d_k}{c_{kj}}$$

kennen wir bereits; er ist das *Gewicht der Zeile k*. Da dieser Wert nichtnegativ ist, kann sich $d_{i,neu}$ gegenüber d_i höchstens dann *vermindern*, wenn c_{ij} negativ ist (also c_{ij} selbst als ein Pivot dienen kann). Wir nehmen einmal an, dies sei der Fall (denn andernfalls besteht kein Risiko für die Zulässigkeit). Damit auch der neue Schlupf $d_{i,neu}$ zulässig ist, muss gelten

$$d_{i,neu} = d_i + c_{ij}\, q_k \geq 0 \tag{23.9}$$

Unter Beachtung unserer Annahme $c_{ij} < 0$ lässt sich die Ungleichung (23.9) auf die folgende äquivalente Form bringen:

$$q_k \leq (-d_i/c_{ij}),$$

das heißt:

$$q_k \leq q_i.$$

Mit anderen Worten: Der "neue Schlupf" in Zeile i ist automatisch wiederum zulässig, wenn das Gewicht q_k der Pivotzeile höchstens so groß ist wie das Gewicht q_i der Zeile i. Das ist sicherlich der Fall, wenn die erwählte Pivotzeile das *kleinstmögliche* Gewicht aller potentiellen Pivotzeilen besitzt.

Wichtig: Die Kandidatenwahl und damit auch die Bildung der Gewichte erstreckt sich nur auf diejenigen Zeilen i, in denen der Wert c_{ij} *negativ* ist!

(e) Fazit: "Verbesserungspivots" sind genau die Simplexpivots 1.Art laut Definition 23.23, sie brauchen jedoch nicht immer zu existieren. In diesem Fall verwenden wir ein Simplexpivot 2. Art.

23.4.11   Kleine Ergänzungen

Wir kommen kurz noch einmal auf die Frage zurück, warum denn im Verlauf des Simplex-Algorithmus gegebenenfalls auf Simplex-Pivots 2. Art zurückgegriffen werden sollte. Wie schon erwähnt, ist das nur dann der Fall, wenn kein Simplex-Pivot 1. Art gefunden werden kann. Das trifft zum einen immer dann zu, wenn bereits eine Optimallösung gefunden wurde und lediglich noch nach eventuellen weiteren Optimallösungen gesucht wird. Das folgende Beispiel zeigt jedoch, dass auch schon vor Erreichen einer Optimallösung Simplex-Pivots 2. Art benötigt werden können:

Beispiel 23.35 ("Ausartung").
Das Problem wird durch die nebenstehende Übersicht verdeutlicht:

Ausartung

T0	x	y	1	q
s_1	-2	-1	18	9
s_2	-1	-1	12	12
s_3	-1	-2	18	18
Z	1	6	0	
K	$*$	$-\frac{1}{2}$	9	

T1	s_1	y	1	q
x	$-\frac{1}{2}$	$-\frac{1}{2}$	9	18
s_2	$\frac{1}{2}$	$-\frac{1}{2}$	3	6
s_3	$\frac{1}{2}$	$-\frac{3}{2}$	9	6
Z	$-\frac{1}{2}$	$\frac{11}{2}$	9	
K	1	$*$	6	

T2	s_1	s_2	1	q
x	-1	1	6	6
y	1	-2	6	6
s_3	-1	3	0	0
Z	5	-11	42	
K	$*$	3	3	

T3	s_3	s_2	1	
x	1	-2	6	
y	-1	1	6	
s_1	-1	3	0	
Z	-5	4	42	
K	$\frac{1}{2}$	$*$	3	

T4	s_3	x	1
s_2	$\cdot$	$\cdot$	3
y	$\cdot$	$\cdot$	9
s_1	$\cdot$	$\cdot$	9
Z	-3	-2	54

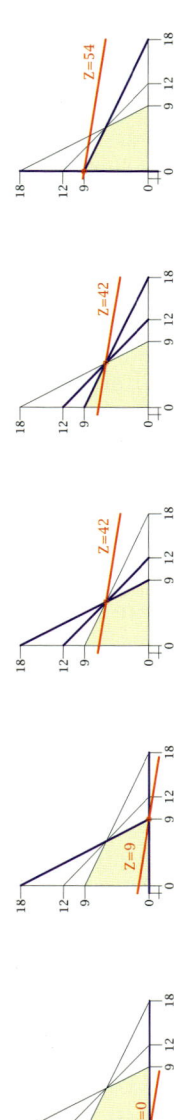

Wir sehen, dass das Tableau T2 nur ein einziges Simplex-Pivot enthält, welches aber nur von 2. Art ist. Mangels anderer Möglichkeiten tauschen wir damit zu T3, wobei sich der ZF-Wert nicht verändert. In T3 finden wir dann wieder ein SP 1. Art und gelangen so mit T4 in die (einzige) optimale Ecke. Was hierbei geschehen ist, visualisieren die Grafiken unter den Tableaus.

In den Skizzen wurden jeweils diejenigen 2 Geraden blau hervorgehoben, als deren Schnittpunkt der Algorithmus die jeweils erreichte Ecke interpretiert. Die in T2 beschriebene Ecke lässt sich aber auf mehrere verschiedene Arten als Schnittpunkt zweier Geraden interpretieren und damit durch unterschiedliche Tableaus darstellen. Der Wechsel von T2 nach T3 bewirkt also weder einen Wechsel der Ecke noch des ZF-Wertes, sondern lediglich der Repräsentation desselben Eckpunktes durch das Tableau. Klar ist, dass wir von T3 aus dann entlang der blauen Geraden g_3 in die optimale Ecke tauschen können. $\triangle$

Eine Ecke, die durch "unnötig viele" Restriktionen beschrieben wird, nennt man auch "ausgeartet". In unserem Beispiel hat sie die Lösung des Problems lediglich verzögert. Nichtsdestoweniger kann es wünschenswert sein, solche Ecken zu eliminieren, z.B. durch den Verzicht auf unnötige Restriktionen, was jedoch über den Rahmen dieses Textes hinausgeht.

Das Tableau 1 des Beispiels zeigt auch, dass mehrere Elemente derselben Spalte als Simplexpivot wählbar sein können – nämlich dann, wenn diese dasselbe (minimale) Gewicht besitzen. Welches tatsächlich gewählt wird, überlassen wir dem Geschmack des Anwenders.

23.4.12   Behandlung von Standardminimumproblemen

Selbstverständlich können auch Minimumprobleme mit Hilfe des Simplexverfahrens gelöst werden. Gegeben sei etwa das Problem

$$
\begin{array}{lll}
\text{(ZF)} & Z(\underline{x}) = (\underline{c}|\underline{x}) \longrightarrow \min \\
\text{(R)} & A\underline{x} \geq \underline{b} \\
\text{(NN)} & \underline{x} \geq 0.
\end{array}
$$

Wir können es (a) in ein Maximumproblem umschreiben und dann sinngemäß so verfahren wie in Abschnitt 23.4.5 wobei lediglich (b) das Problem zu lösen bleibt, eine erste zulässige Ecke zu finden.
Den Teil (a) können wir erledigen, indem wir unser Problem äquivalent so notieren:

$$
\begin{array}{lll}
\text{(ZF')} & Z'(\underline{x}) = (-\underline{c}|\underline{x}) \longrightarrow \max \\
\text{(R')} & \underline{s} = A\underline{x} - \underline{b} \\
\text{(NN')} & \underline{x} \geq 0 \\
& \underline{s} \geq 0.
\end{array}
$$

Die so modifizierten Restriktionen ergeben zusammen mit der veränderten Zielfunktion folgendes Anfangstableau:

T0	$\underline{x}^T$	1
$\underline{s}$	A	$-\underline{b}$
Z'	$-\underline{c}^T$	0

Dieses Tableau ist – außer im Fall $\underline{b} \leq 0$ – *kein* zulässiges Simplextableau! Diese Situation ist leider für Standardminimumprobleme typisch, bei denen ja $\underline{b} \geq 0$ gilt.

Beispiel 23.36. Es soll das Problem

$$Z(\underline{y}) = 50y_1 + 50y_2 + 30y_3 \longrightarrow \min$$

unter den Nebenbedingungen

$$A\underline{y} = \begin{bmatrix} 1 & 2 & 1 \\ 2 & 1 & 1 \end{bmatrix} \begin{bmatrix} y_1 \\ y_2 \\ y_3 \end{bmatrix} \geq \begin{bmatrix} 2 \\ 3 \end{bmatrix} = \underline{b}$$

und

$$\underline{y} = [y_1, y_2, y_3]^T \geq 0$$

gelöst werden. Hierbei lautet das erste Austauschtableau

T0	y_1	y_2	y_3	1
s_1	1	2	1	-2
s_2	2	1	1	-3
Z'	-50	-50	-30	0

Die beiden negativen Zahlen unterhalb der 1 signalisieren, dass das Tableau nicht zulässig und somit *kein* Simplextableau ist.   △

Um auch in einem Fall wie diesem den Simplexalgorithmus anwenden zu können, führt man einen oder mehrere Hilfs-Tauschschritte durch, mit denen zumindest eine Ecke des zulässigen Bereiches "ertauscht" werden soll. Ist das Ziel erreicht, kann dann die Phase II des Simplexverfahrens anlaufen.

Natürlich ist es wünschenswert, auch diesen Hilfs-Tauschschritte eine sinnvolle Strategie zu unterlegen, um den zulässigen Bereich und damit die Phase II des Verfahrens möglichst schnell zu erreichen. Das kann z. B. durch die Einführung einer *Hilfszielfunktion* erreicht werden (siehe Bronstein, I.N. et. al.

(1995)). In vielen Fällen geht es jedoch auch einfacher, nämlich dann, wenn von mindestens einer Koordinatenachse "die Spitze" im zulässigen Bereich liegt.

Beispiel 23.37 ($\nearrow$F 23.36). Hier gehört sogar "die Spitze" *jeder* Achse zum zulässigen Bereich. Nehmen wir die x_1−Achse: sie enthält alle Punkte der Form $\underline{x} = (x_1, 0, 0)$. Für diese Punkte lautet die Restriktion

$$A\underline{x} = \begin{bmatrix} 1 & 2 & 1 \\ 2 & 1 & 1 \end{bmatrix} \begin{bmatrix} x_1 \\ 0 \\ 0 \end{bmatrix} = x_1 \begin{bmatrix} 1 \\ 2 \end{bmatrix} \overset{!}{\geq} \begin{bmatrix} 2 \\ 3 \end{bmatrix}.$$

Es handelt sich hierbei um die beiden Ungleichungen

$$x_1 \cdot 1 \geq 2 \quad \text{bzw.} \quad x_1 \geq 2/1 = 2 \quad \lhd$$
$$x_1 \cdot 2 \geq 3 \quad \text{bzw.} \quad x_1 \geq 3/2 = 1,5$$

Die "schärfere" von beiden wurde markiert und zeigt, dass *beide* Ungleichungen erfüllt sind, sobald nur $x_1 \geq 2$ gilt. Also ist die Menge

$$\{\underline{x} = (x_1, 0, 0)^T \mid x_1 \geq 2\} \tag{23.10}$$

eine Teilmenge des zulässigen Bereichs. Es handelt sich hierbei geometrisch um einen Strahl als Teil der x_1−Achse, den wir als "Spitze" dieser Achse deuten können. Wir bemerken, dass der Anfangspunkt $(2, 0, 0)^T$ dieses Strahls zugleich eine Ecke des zulässigen Bereichs ist! – Eine sinngemäße Argumentation trifft für die beiden anderen Achsen zu. $\triangle$

Im Kern unserer Argumentation ging es um folgende Bedingung:

> **(SV)** Für mindestens eine Spalte $\underline{a}^{i_0}$ der Matrix A und alle hinreichend großen $x_{i_0} > 0$ gilt
>
> $$x_{i_0} \underline{a}^{i_0} \geq \underline{b}$$

Wie unser Beispiel zeigt, ist diese Bedingung insbesondere schon dann erfüllt, wenn der Vektor $\underline{b}$ strikt positiv ist und die Matrix A eine strikt positive Spalte i_0 besitzt, was in der Basis oft der Fall ist.

Wenn, wie durch (SV) garantiert, die Spitze der x_{i_0}−Achse im zulässigen Bereich liegt, gibt es auf dieser Achse auch eine zulässige Ecke.

Die Idee ist nun: Ausgehend vom unzulässigen Anfangstableau $T0$ ertausche man sich diese zulässige Ecke. Dazu ist nur ein einziger Austauschschritt erforderlich! Dabei wird im Tableau $T0$ die Variable x_{i_0} "von oben nach links" getauscht. Die x_{i_0}–Spalte fungiert hierbei als Pivot-*Spalte*.

Leider können auf der x_{i_0}–Achse außer der gewünschten zulässigen im allgemeinen auch noch weitere – und zwar unzulässige – Ecken liegen, die natürlich nicht erreicht werden sollen. Deswegen ist es erforderlich sicherzustellen, dass wirklich die richtige Ecke ertauscht wird. Mit anderen Worten: Es muss die richtige Pivot*zeile* bestimmt werden.

In unserem Beispiel sahen wir, dass die richtige Ecke durch diejenige Restriktion – also diejenige Zeile von A – bestimmt ist, die auf die "schärfste Ungleichung" führt. Diese ist daran zu erkennen, dass sie den größten der auf Seite 1026 rot markierten Werte liefert. Näheres Hinsehen zeigt nun, dass diese markierten Werte nichts anderes sind als die uns wohlvertrauten Gewichte!

Fazit:

> **Als Pivotzeile für den Hilfs-Tauschschritt fungiert diejenige mit dem *Maximal*gewicht.**

Beispiel 23.38 ($\nearrow$F 23.36). Wir hatten festgestellt, dass die Spitze der y_1–Achse zulässig ist, also markieren wir im Ausgangstableau $T0$ die y_1–Spalte als Pivot*spalte*. Als Pivot*zeile* bestimmen wir diejenige mit *maximalem* Gewicht:

T0	y_1	y_2	y_3	1	$\underline{q}$		T1	s_1	y_2	y_3	1	$\underline{q}$	
s_1	①	2	1	-2	2/1	◁	y_1	1	-2	-1	2	2	
s_2	2	1	1	-3	3/2		s_2	2	-3	⨀-1	1	1	◁
Z'	-50	-50	-30	0			Z'	-50	50	20	-100		
	*	-2	-1	2				2	-3	*	1		

Nach dem Tausch $s_1 \leftrightarrow y_1$ erreichen wir das Tableau T1. Wie vorausgesagt, ist dieses *zulässig* und wir können in die Phase II des Simplexalgorithmus eintreten. In Grau sind schon einmal eine mögliche Pivotspalte (hier: die dritte), sowie die benötigten Hilftsgrößen, notiert.

Der Rest des Verfahrens könnte so ablaufen:

T2	s_1	y_2	s_2	1
y_1	·	·	·	1
y_3	·	·	·	1
Z'	-10	-10	-20	-80

An der negativen Zielfunktionszeile können wir ablesen: Dieses Tableau ist bereits optimal! Die Ergebnisse lauten:

$$\underline{y}^* = \underline{y}^{opt} = (1,\ 0,\ 1)^T \qquad \underline{s}^* = \underline{s}^{opt} = (0,\ 0)^T.$$

Achtung: Bei dem Wert

$$K_{opt} = -80$$

ist zu beachten, dass dieser zur "negativierten" Zielfunktion gehört. Der Optimalwert für die Ausgangszielfunktion lautet daher

$$K_{opt} = 80.$$

$\triangle$

Beachte: *Innerhalb* des Simplexalgorithmus wählen wir als Pivotzeile diejenige mit *minimalem* Gewicht. Lediglich bei unserem Hilfsschritt der Phase I wird auf das *maximale* Gewicht orientiert!

Da die hier praktizierte Vorgehensweise einsichtig ist, verzichten wir an dieser Stelle auf eine ausführliche formale "Theorie" und beschränken uns auf diese Hinweise:

Hilfspivotwahl in Phase I

- Voraussetzung: $\underline{b} \geq 0$
- Wähle eine Spalte i_0 mit $\underline{a}^{i_0} \geq 0$
- Bilde Gewichte $\left|\dfrac{v_i}{a_{i,i_o}}\right| = q_i$ mit der Konvention $\left|\dfrac{0}{0}\right| = 0$, $\left|\dfrac{v_i}{0}\right| = \infty$ für $v_i \neq 0$
- Wähle Pivotzeile mit *Maximalgewicht*, wenn $\max q_i < \infty$
- Anderenfalls wähle andere Spalte j_0
- Wenn nicht möglich: Abbruch

Simplex-Verfahren

Phase 1
Erzeugung eines ersten Simplextableaus: $d \geq 0$
Phase 2
Gegebenes Simplextableau ($\underline{d} \geq 0$):

T_k	$\underline{y}^{NB}$	1
$\underline{y}^{B}$	C	$\underline{d}$
Z	$\underline{z}^{T}$	z_0

(1) Test:

Ist das Tableau optimal?

(S1) $\underline{z} \leq 0$?

Ja $(\to$ optimale Ecke[1]$)$

Nein

(2) Test:

Zeigt das Tableau Unlösbarkeit?

(S2) $\exists$ Spalte $j : z_j > 0, \underline{c}^j \geq 0$?

Ja $(\to$ Problem unlösbar$)$

STOPP

Nein

(3) Simplex-Tauschschritt

- Pivotspalte j_0 mit $z_{j_0} > 0$, hilfsweise $z_{j_0} \geq 0$, wählen
- Gewichte bilden:

$$\forall i \text{ mit } c_{ij_0} < 0 : q_{ij_0} := \frac{d_i}{|c_{ij_0}|}$$

- Pivotzeile mit Minimalgewicht wählen:

$$q^*_{j_0} := \min_{\{i:\, c_{ij_0} < 0\}} q_{ij_0}$$

$$i_0 \in \arg\ \min_{\{i:\, c_{ij_0} < 0\}} q_{ij_0}$$

- Falls $q^*_{j_0} = 0$: möglichst bessere P-Spalte wählen.

---

[1] oder weiter bei (3), wenn alle optimalen Lösungen gefunden werden sollen

23.4.13   Formalisiertes Ablaufschema

Wir kommen nun nochmals auf das Ablaufschema für das Simplexverfahren zurück. Im Abschnitt 3 hatten wir dieses zunächst nur verbal beschrieben. Nachdem das Wesentliche mittlerweile durch viele Beispiele verständlich gemacht wurde, ergänzen wir das Ablaufschema nun noch durch die benötigten Formeln (vorige Seite).

23.5   Dualität

Motivation

Wir sahen, dass viele ökonomische Probleme auf eine Maximierungsaufgabe der Form

$$Z(\underline{x}) = (\underline{c} \mid \underline{x}) \to \max \tag{ZF}$$

unter den Nebenbedingungen

$$A\underline{x} \leq \underline{v} \tag{R}$$

$$\underline{x} \geq 0 \tag{NN}$$

führen. Eine typische Interpretation ist diese: Ausgehend von gegebenen "Material"vorräten $\underline{v}$ sollen solche Mengen $\underline{x}$ bestimmter Güter nach der "Technologie" A hergestellt werden, die den Verkaufserlös $Z(\underline{x}) = (\underline{c} \mid \underline{x})$ bei gegebenen Verkaufspreisen $\underline{c}$ maximieren. Wenn sinnvoll gestellt, ist die Aufgabe lösbar und führt auf den Maximalerlös Z^* und mindestens einen erlösmaximalen Produktionsplan $\underline{x}^*$. Die Menge aller erlösmaximalen Produktionspläne hatten wir mit $\mathcal{K}_{opt}$ bezeichnet.

Wir bemerken, dass "gegebene 'Material'vorräte" $\underline{v}$ in der Praxis nicht zum Nulltarif erhältlich sind, sondern zu – hier lediglich nicht näher bezeichneten – Preisen $\underline{y} = (y_1, \ldots, y_m)^T$, so dass sich die Materialkosten auf insgesamt $(\underline{y} \mid \underline{v})$ Geldeinheiten belaufen. Solange diese als unveränderbar vorgegeben aufgefasst werden, zeigt uns die Gleichung

$$\text{`` Gewinn = Erlös – Kosten ''}$$

lies

$$G := (\underline{c} \mid \underline{x}) - (\underline{y} \mid \underline{v}),$$

dass unsere Erlösmaximierung in Wirklichkeit Gewinnmaximierung bedeutet, was auch im primären Interesse vieler Unternehmen liegen dürfte.

Wenn die Materialkosten dagegen nicht unveränderlich sind und z.B. Einfluss auf die Einkaufspreise genommen werden kann, kann der Gewinn auch dadurch maximiert werden, indem die Materialkosten zu einem Minimum geführt werden; im einfachsten Fall bei konstanten Verkaufspreisen $\underline{c}$. Auf diese

Weise gelangen wir zu dem zum Ausgangsproblem *dualen* Problem:

$$K(\underline{y}) = (\underline{y}|\underline{v}) \to \min \qquad\qquad (\text{ZF}_D)$$

bei

$$A^T \underline{y} \geq \underline{c} \qquad\qquad (\text{R}_D)$$

$$\underline{y} \geq 0 \qquad\qquad (\text{NN}_D)$$

Minimiert werden hierbei die "Materialkosten" $K(\underline{y})$ in Abhängigkeit von den Materialpreisen $\underline{y}$, woraus sich die duale Zielfunktion (ZF_D) ergibt. Die Materialpreise werden wiederum als nichtnegativ angenommen; deswegen die Bedingung (NN_D). Die dualen Restriktionen (R_D) bedürfen einer näheren Erläuterung: Die $j-$te Zeile dieser Ungleichung lautet

$$[A^T \underline{y}]_j \geq c_j$$

bzw. unter Beachtung der Transposition ausführlich

$$\sum_k y_k a_{kj} \geq c_j.$$

Auf der linken Seite dieser Ungleichung stehen die Beschaffungskosten einer Einheit des $j-$ten Gutes bei den Einkaufspreisen $\underline{y}$. Auf der rechten Seite steht der Verkaufspreis einer Einheit dieses Gutes. Warum sollte der Einkaufs- über dem Verkaufspreis liegen? Ökonomisch verbirgt sich dahinter eine idealisierende Gleichgewichtsbedingung: im Idealfall sind nämlich beide Seiten gleich.

Dualisierung

Wir wollen den Weg von unserem Ausgangsproblem, welches in diesem Zusammenhang auch als *primales* Problem bezeichnet wird, zum dualen Problem nun noch einmal formal nachvollziehen und stellen zu diesem Zweck einmal beide Probleme gegenüber:

	Primales Problem (I)		Duales Problem (II)
(Z)	$Z(\underline{x}) = (\underline{c}\,|\,\underline{x})$	(Z$_D$)	$K(\underline{y}) = (\underline{v}\,|\,\underline{y})$
(R)	$A\underline{x} \leq \underline{v}$	(R$_D$)	$A^T \underline{y} \geq \underline{c}$
(NN)	$\underline{x} \geq 0$	(NN$_D$)	$\underline{y} \geq 0.$

Der Wechsel von (I) nach (II) erfolgt offensichtlich nach diesen Regeln:
- die Restriktionsmatrix wird transponiert $A \to A^T$
- Restriktions- und Zielfunktionskoeffizienten tauschen ihre Rolle $\underline{c} \leftrightarrow \underline{v}$
- die Restriktionsungleichung kehrt sich um $\leq\ \to\ \geq$

Wir sehen, dass sich durch diese formale Prozedur als duales Problem zu einem Maximumprimale ein Minimumproblem ergibt. Definieren wir das zu (II) duale Problem dadurch, dass wir dieselben Regeln erneut anwenden, gelangen wir ganz offensichtlich wieder zum Ausgangsproblem. Wir fassen zusammen:

> *Dual zu einem Maximumproblem ist ein*
> *Minimumproblem und umgekehrt.*

Beispiel 23.39. Wir erinnern an unseren "Erbsenbauer" aus Beispiel 23.32, der seinen Erlös aus dem Anbau von x_1 Morgen Erbsen und x_2 Morgen Bohnen maximieren will. Das Maximierungsproblem lautete

$$Z(\underline{x}) = (2,3) \begin{pmatrix} x_1 \\ x_2 \end{pmatrix} \longrightarrow \max \qquad \text{(ZF)}$$

bei

$$\begin{pmatrix} 1 & 2 \\ 2 & 1 \\ 1 & 1 \end{pmatrix} \begin{pmatrix} x_1 \\ x_2 \end{pmatrix} \leq \begin{pmatrix} 50 \\ 50 \\ 30 \end{pmatrix} \qquad \text{(R)}$$

und

$$\begin{pmatrix} x_1 \\ x_2 \end{pmatrix} \geq 0. \qquad \text{(NN)}$$

Das hierzu duale Problem lautet

$$K(\underline{y}) = (50,50,30) \begin{pmatrix} y_1 \\ y_2 \\ y_3 \end{pmatrix} \longrightarrow \min \qquad \text{(ZF}_D\text{)}$$

bei

$$\begin{pmatrix} 1 & 2 & 1 \\ 2 & 1 & 1 \end{pmatrix} \begin{pmatrix} y_1 \\ y_2 \\ y_3 \end{pmatrix} \geq \begin{pmatrix} 2 \\ 3 \end{pmatrix} \qquad \text{(R}_D\text{)}$$

und

$$\begin{pmatrix} y_1 \\ y_2 \\ y_3 \end{pmatrix} \geq 0. \qquad \text{(NN}_D\text{)}$$

Es handelt sich um ein Standard-Minimumproblem.   △

Bemerkung 23.40. Wir hatten bereits darauf hingewiesen, dass es LO-Probleme gibt, die sich *nicht* als Maximum- oder Minimumprobleme in unserem Sinne darstellen lassen. Auch für derartige Probleme lassen sich duale Probleme formulieren. Auf diese Problematik wollen wir hier jedoch nicht eingehen und verweisen Interessenten auf die weiterführende Literatur in diesem

Gebiet.

Nützliche Aussagen

Wir wollen nun der Frage nachgehen, welche nützlichen Konsequenzen sich aus der Dualität ergeben.

Gegenben seien dazu ein Maximierungsproblem (I) als primales und das Minimierungsproblem (II) als dazu duales Problem. Die zugehörigen zulässigen Bereiche bezeichen wir mit $\mathcal{K}$ bzw. $\mathcal{K}_D$.

Satz 23.41. *Für alle $\underline{x} \in \mathcal{K}$ und alle $\underline{y} \in \mathcal{K}_D$ gilt*

$$Z(\underline{x}) \leq K(\underline{y}). \tag{23.11}$$

Hervorzuheben ist hierbei die prinzipielle Möglichkeit, dass $\mathcal{K}$ oder $\mathcal{K}_D$ *leer* sein könnten. In diesem Fall ist die Ungleichung (23.11) natürlich wertlos. Ihren eigentlichen Wert erhält sie dann, wenn die beide Bereiche *nicht* leer sind. Sehen wir uns für diesen Fall zunächst ihre einfache *Begründung* an:

Die Restriktion (R_D) des dualen Problems lautet

$$A^T \underline{y} \geq \underline{c} \quad \text{bzw.} \quad \underline{c}^T \leq \underline{y}^T A.$$

Hieraus folgt durch Multiplikation mit $\underline{x} \geq 0$ von rechts

$$\underline{c}^T \underline{x} \quad \leq \quad \underline{y}^T A \underline{x}. \tag{23.12}$$

Im primalen Problem haben wir die Restriktion $A\underline{x} \leq \underline{v}$. Aus ihr folgt durch Multiplikation mit $\underline{y}^T \geq 0$ von links

$$\underline{y}^T A \underline{x} \quad \leq \quad \underline{y}^T \underline{v}. \tag{23.13}$$

(23.12) und (23.13) zusammen ergeben

$$Z(\underline{x}) = \underline{c}^T \underline{x} \quad \leq \quad \underline{y}^T \underline{v} = \mathcal{K}(\underline{y}). \tag{23.14}$$

Worin besteht der Nutzen dieses Satzes? Er erlaubt uns die Lösbarkeit jedes der beiden Probleme mit Hilfe des jeweils anderen zu beurteilen:

Folgerung 23.42. *Sobald es sowohl im primalen als auch im dualen Problem jeweils auch nur einen einzigen zulässigen Punkt gibt, sind beide Probleme lösbar.*

In der Tat: Sind $\underline{x} \in \mathcal{K}$ und $\underline{y} \in \mathcal{K}_D$ die betreffenden Punkte, so können wir (23.11) anwenden, und es folgt

$$Z(\underline{x}) \leq K(\underline{y}).$$

Also ist die Zielfunktion Z durch $K(\underline{y})$ nach oben beschränkt; die Zielfunktion K ist durch $Z(\underline{x})$ nach unten beschränkt. Der Rest ergibt sich aus Satz 23.41.

Für diesen "angenehmen" Fall gibt es eine sogar noch viel weiter reichende Aussage, die wir hier einmal ohne ausführliche Begründung aus Bronstein, I.N. et. al. (1995) zitieren wollen:

Satz 23.43. *Genau dann sind* $\underline{x}^* \in \mathcal{K}$ *und* $\underline{y}^* \in \mathcal{K}_D$ *Optimalpunkte des primalen bzw. dualen Problems, wenn gilt*

$$Z_{\max} = Z(\underline{x}^*) = K(\underline{y}^*) = K_{\min}. \qquad (23.15)$$

Hieraus ist unmittelbar klar, dass sich die Optimalwerte beider Probleme gleichermaßen aus dem primalen wie dualen Problem ermitteln lassen, sobald nur beide lösbar sind.

Beispiel 23.44 (↗ F 23.39). Die Lösung des primalen "Erbsenbauerproblems" wurde in Beispiel 23.32 ermittelt; wir fanden

$$Z_{\max} = 80 \quad [\text{GE}]$$

$$\underline{x}^* = \begin{bmatrix} 10 \\ 20 \end{bmatrix} \, [\text{Morgen}]$$

$$\underline{s}^* = \begin{bmatrix} 0 \\ 10 \\ 0 \end{bmatrix} \begin{bmatrix} \text{d} \\ \text{HDM} \\ \text{Mg} \end{bmatrix}.$$

Auch das duale Problem wurde bereits gelöst – und zwar als Standardminimumproblem, bei dem dem Simplexalgorithmus noch ein Hilfs-Tauschschritt vorangestellt werden musste (Beispiel 23.38). Wir fanden in aktuellen Bezeichnungen

$$K_{\min} = 80 \quad [\text{GE}]$$

$$\underline{y}^* = \begin{bmatrix} 1 \\ 0 \\ 1 \end{bmatrix} \begin{bmatrix} \text{GE/d} \\ \text{GE/HDM} \\ \text{GE/Mg} \end{bmatrix}$$

$$\underline{t}^* = \begin{bmatrix} 0 \\ 0 \end{bmatrix} \begin{bmatrix} \text{mg} \\ \text{mg} \end{bmatrix}.$$

Wie behauptet, stimmen die Optimalwerte beider Probleme überein:

$$Z_{\max} = 80 = K_{\min}.$$

△

Auf die übrigen Größen gehen wir weiter unten ein.

Ob primales und duales Problem lösbar sind, kann leicht durch einen Test im Sinne von Folgerung 23.42 festgestellt werden. Wenn es nur um den Optimal*wert* geht, wird man natürlich versuchen das leichtere der beiden Probleme zu lösen. Wir werden später sehen, dass sich auch die Optimalpunkte auf *beiden* Wegen ermitteln lassen.

Satz 23.41 liefert auch noch folgende Negativaussage:

Folgerung 23.45. *Ist die Zielfunktion Z des primalen Problems nach oben unbeschränkt, so ist der zulässige Bereich $\mathcal{K}_D$ des dualen Problems leer.*

Eine sinngemäße Aussage gilt natürlich für das duale Problem. Beide ergeben sich direkt aus (23.11): Wenn $Z(\underline{x})$ beliebig groß werden kann, kann es kein $\underline{y} \in \mathcal{K}_D$ geben, welches die obere Schranke $K(\underline{y})$ liefert.

Komplementäre Bindungswirkung

Bei der grafischen Analyse von LO-Problemen hatten wir gesehen, dass im Optimum nicht notwendig alle Restriktionen im Sinne von Gleichheit ausgeschöpft werden. Interessanterweise lassen sich hierzu im Lichte der Dualität neue Erkenntnisse gewinnen. Dazu führen wir in beiden Problemen – dem primalen wie dualen – Schlupfvariablen $\underline{s}$ bzw. $\underline{t}$ ein:

	Primales Problem (I):		Duales Problem (II):
(ZF)	$Z(\underline{x}) = (\underline{c} \mid \underline{x}) \longrightarrow \max$	(ZF$_D$)	$K(\underline{y}) = (\underline{v} \mid \underline{y}) \longrightarrow \min$
(R')	$A\underline{x} + \underline{s} = \underline{v}$	(R'$_D$)	$A^T \underline{y} - \underline{t} = \underline{c}$
(NN')	$\underline{x} \geq 0$	(NN'$_D$)	$\underline{y} \geq 0$
	$\underline{s} \geq 0$		$\underline{t} \geq 0$

Wir nennen die i−te Restriktion des jeweiligen Problems *bindend* (englisch "slack") für einen Punkt $\underline{x}$ bzw. $\underline{y}$, wenn gilt $s_i = 0$ bzw. $t_i = 0$. Ökonomisch bedeutet das im primalen Problem, dass der i−te Materialvorrat ausgeschöpft wird; im dualen Problem dagegen, dass für das i−te Gut der Einkaufspreis der benötigten Materialien gleich dem Verkaufspreis ist.

Satz 23.46. *Sind $\underline{x}^*$ und $\underline{y}^*$ Optimalpunkte des primalen bzw. dualen Problems und $\underline{s}^*$ bzw. $\underline{t}^*$ die zugehörigen Schlupfvariablen, so gilt*

$$(\underline{s}^* \mid \underline{y}^*) = 0 \quad \text{und} \quad (\underline{x}^* \mid \underline{t}^*) = 0. \tag{23.16}$$

Man kann sich diese beiden Gleichungen leicht einprägen, wenn man sich vergegenwärtigt, dass sie die Variablen beider Probleme sozusagen "über Kreuz" in eine wechselseitige Beziehung setzen:

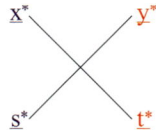

Ihre Gültigkeit ist leicht einzusehen: Aus Satz 23.43 folgt für die beiden Optimalpunkte $\underline{x}^*$ und $\underline{y}^*$

$$Z(\underline{x}^*) = \underline{c}^T \underline{x}^* = \underline{y}^{*T} A \underline{x}^* = \underline{y}^{*T} \underline{v} = K(\underline{y}^*)$$

also

$$\underbrace{(\underline{c}^T - \underline{y}^{*T} A)}_{\underline{t}^{*T}} \underline{x}^* = 0 \quad \text{und} \quad \underline{y}^{*T} \underbrace{(A\underline{x}^* - \underline{v})}_{\underline{s}^*} = 0.$$

Was aber ist die Konsequenz? Betrachten wir zunächst die linke der beiden Gleichungen in (23.16):

$$(\underline{s}^* \mid \underline{y}^*) = 0,$$

ausführlich

$$\sum_{i=1}^{m} s_i^* y_i^* = 0.$$

In dieser Summe sind alle Summanden nichtnegativ, denn es gilt $\underline{s}^* \geq 0$ und $\underline{y}^* \geq 0$. Da die Summe Null ergibt, heißt das für jeden der m Summanden

$$s_i^* \, y_i^* = 0.$$

Das bedeutet: Ist der optimale Schlupf s_i^* positiv, so muss $y_i^* = 0$ ergeben. Das ist auch ökonomisch völlig einsichtig, denn: $s_i^* > 0$ bedeutet, dass der Vorrat des i−ten Materials nicht ausgeschöpft werden kann. Dazu aber ist die Beschaffung jeder zusätzlichen Einheit sinnlos und kann ausschließlich zum "Schatten-"Preis $y_i^* = 0$ erfolgen.

Gilt umgekehrt $y_i^* > 0$, haben wir einen positiven Schattenpreis für das Material i. Konsequenterweise werden dessen Vorräte ausgeschöpft.

Für die rechte der beiden Gleichungen (23.16) gilt eine sinngemäße Argumentation.

Beispiel 23.47 ($\nearrow$ F 23.39)**.** Hier haben wir

$$\underline{x}^* = \begin{bmatrix} 10 \\ 20 \end{bmatrix} \quad \text{und} \quad \underline{t}^* = \begin{bmatrix} 0 \\ 0 \end{bmatrix}, \quad \text{also} \quad (\underline{x}^* \mid \underline{t}^*) = 0$$

und

$$\underline{s}^* = \begin{bmatrix} 0 \\ 10 \\ 0 \end{bmatrix} \quad \text{und} \quad \underline{y}^* = \begin{bmatrix} 1 \\ 0 \\ 1 \end{bmatrix}, \quad \text{also} \quad (\underline{s}^* \mid \underline{y}^* = 0).$$

$\triangle$

Ökonomische Interpretation der Dualität

Betrachten wir das primale Problem (I)

$$Z(\underline{x}) = (\underline{c} \,|\, \underline{x}) \longrightarrow \max$$

bei
$$A\underline{x} \;\leq\; \underline{v}$$
$$\underline{x} \;\geq\; 0$$

und unterstellen, dass es eindeutig lösbar ist und den "Maximalerlös" $Z_{\max}$ samt zugehörigem Produktionsplan $\underline{x}^*$ ergibt, so muss klar sein, dass sowohl $Z_{\max} = Z(\underline{x}^*)$ als auch $\underline{x}^*$ von den Parametern des Problems abhängen – das sind $\underline{c}$, $\underline{A}$ und $\underline{v}$. Ökonomisch sind oft die Vorräte von besonderem Interesse, deswegen schreiben wir einmal

$$Z_{\max} = Z_{\max}(\underline{v})$$
$$x^* \;=\; x^*(\underline{v}).$$

Intuitiv ist klar, dass eine Erhöhung der bestehenden Vorräte *tendenziell* zu einer Erhöhung des Maximalerlöses führt. Sie wird das *de facto* für jede Materialart tun, die für $\underline{x}^*$ eine bindende Restriktion liefert. Angenommen, dies trifft für die i–te Materialart zu, d.h. es gilt $\underline{s}_i^* = 0$, dann gilt

$$\frac{d}{dv_i} Z_{\max}(\underline{v}) = y_i^* \tag{23.17}$$

vorausgesetzt, auch das duale Problem ist lösbar. Die Begründung dieser Aussage findet sich in der einschlägigen Literatur. An dieser Stelle wollen wir lediglich auf die Interpretation von (23.17) eingehen. Sie besagt folgendes: Wird der momentane Vorratsbestand v_i des Materials i um eine (marginale) Einheit erhöht, so *erhöht* sich der *Maximalerlös* um y_i^* (marginale) Einheiten.

Es ist daher vernünftig, genau y_i^* als Preis des Materials i zu zahlen. Deswegen nennt man y_i^* den "Schattenpreis" des Materials i.

23.6 Aufgaben

Aufgabe 23.48. Ein Gemüsebauer hat 30 Morgen Land zum Anbau von Erbsen und Stangenbohnen zur Verfügung.

Für einen Morgen Erbsen muss der Betrieb im Durchschnitt einen Arbeitstag, für einen Morgen Stangenbohnen zwei Arbeitstage aufwenden. Insgesamt stehen 50 Arbeitstage zur Verfügung.

Die Ausgaben für Saatgut betragen für einen Morgen Erbsen 200,– €, für einen Morgen Stangenbohnen 100,– €. Der Bauer kann höchstens 5.000 € für das Saatgut ausgeben.

  a) Welches ist die größtmögliche Anbaumenge von Erbsen bzw. von Stangenbohnen?

b) Welche Anbaumengen ergeben sich, wenn die zur Verfügung stehenden Arbeitstage und das Geld voll verbraucht werden sollen?

c) Wieviel Morgen Erbsen und Stangenbohnen muss der Bauer anbauen, damit sein Gewinn möglichst groß ist, wobei der Gewinn bei einem Morgen 200,– € und bei einem Morgen Stangenbohnen 300,– € beträgt?

Lösen Sie das Problem auf grafischem Wege.

Aufgabe 23.49. Ein Imker möchte seinen diesjährigen Honigertrag von 60 kg einer Supermarktkette verkaufen. Er verfügt noch über 125 Gläser mit einem Fassungsvermögen von je 400 g Honig und über 47 Gläser, die je 1 kg Honig fassen. Die Supermarktkette nimmt den Honig unter der Bedingung ab, dass die Lieferung höchstens fünfmal soviel kleine wie große Gläser enthält; umgekehrt soll die Zahl der 1 kg-Gläser 60% der Anzahl von 400 g-Gläsern nicht übersteigen. Bei dem verabredeten Preis erzielt der Imker einen Gewinn von 1,20 € je 400 g-Glas und von 2,60 € je 1000g-Glas.
Auf wieviele Gläser jeder Sorte muss der Imker den Honig aufteilen, um einen maximalen Gewinn zu erzielen? Wie groß ist der Maximalgewinn?
Formulieren Sie das zugehörige lineare Optimierungsproblem mathematisch und lösen Sie es auf graphischem Wege.

Aufgabe 23.50. Aus dem Fernkurs "Wie werde ich Bestseller-Autor" erfährt der geneigte Leser, dass ein Kriminalroman nur dann eine Chance habe, im Jahre 2005 Bestseller-Würden zu erzielen, wenn er mindestens 9 Gewaltverbrechen, 12 wilde Verfolgungsjagden, 30 Schießereien sowie 6 oder mehr erotische Affären enthalte. Außerdem gelte es in heutigen Zeiten nicht mehr als anrüchig, gebrauchte Ideen vormaliger Erfolgsautoren - leicht aufpoliert - wiederzuverwenden.

Mit dieser Erfolgsrezeptur ausgerüstet, beschließt der Sonleitner Sepp, auf Bewährtes zurückzugreifen und aus hinreichend vielen hochstandardisierten Erfolgskrimis von Lilamunde Knilcher und Ronsalik seinen eigenen Bestseller zu verfertigen (gedacht ist an den Titel "Stirb an einem ganz anderen Tag" unter dem Pseudonym "006"). Der Überlegung, wie dieses Werk möglichst billig zu verfertigen sei, legt der Sonleitner Sepp folgende Übersicht zugrunde:

jeder Roman von	Lilamunde Knilcher	Ronsalik
enthält:		
Gewaltverbrechen	3	1
Verfolgungsjagden	6	1
Schießereien	3	10
erotische Affären	1	1
kostet:	4 €	9 €

Wieviele Bücher von Lilamunde Knilcher bzw. Ronsalik werden benötigt, um das ambitionierte Vorhaben zu minimalen Kosten zu realisieren?

Aufgabe 23.51. Zur Deckung des Vitaminbedarfs von Leistungssportlern stehen in einem Trainingscamp 2 Multivitaminpräparate "MultiVit" und "Fit & Power" - jeweils in Tablettenform - zur Verfügung. Der Gehalt dieser Präparate an wichtigen Inhaltsstoffen sowie die jeweilige Mindesttagesdosis je Sportler sind folgender Tabelle zu entnehmen:

	"MultiVit" je Tablette	"Fit & Power" je Tablette	"Tagesbedarf" pro Person
Vitamin C	180 mg	40 mg	360 mg
Vitamin B_{12}	12 μg	15 μg	60 μg
Folsäure	9 mg	21 mg	63 mg
Preis:	0,60 €	0,90 €	

Die Multivitamintabletten sind so zu dosieren, dass der Tagesbedarf jedes Sportlers an den Vitaminen C und B_{12} sowie an Folsäure zu minimalen Kosten gedeckt werden kann.

Ermitteln Sie:

- die optimalen Tagesdosen von "MultiVit" und "Fit & Power"

- die zugehörigen Minimalkosten.

Lösen Sie das Problem auf grafischem Wege.

Aufgabe 23.52. Ein Delikatessengeschäft verdankt seinen guten Ruf unter anderem den exzellenten Feinschmeckerplatten "Nautilus" und "Poseidon", die stets in größter Frische mit folgender Zusammenstellung ausgeliefert werden:

	Nautilus	Poseidon
Meeresfrüchte:		
Krabben	7 Stück	12 Stück
Muscheln	8 Stück	9 Stück
Kaviar	150g	100g
Dekoration:		
Zitronenscheiben	8 Stück	10 Stück
Salatblätter	6 Stück	8 Stück
Tomaten	8/4	8/4

Am heutigen Dienstag stehen noch 84 Krabben, 72 Muscheln und 1,2 kg Kaviar frisch zur Verfügung; während Zitronen, Salat und Tomaten im Überfluss vorhanden sind. Die Kalkulation sieht einen Gewinn von 3 € je Platte "Nautilus" und 4 € je Platte "Poseidon" vor. Wieviele Platten jeder Sorte sind anzurichten, um – vollständigen Absatz vorausgesetzt – einen maximalen Gewinn zu erzielen?

Hinweis: *Lösen Sie das Problem auf grafischem Wege.*

Aufgabe 23.53. Ein Unternehmen produziert zwei Güter P_1 und P_2 nach folgender Technologie aus drei Rohstoffen R_1, R_2 und R_3:

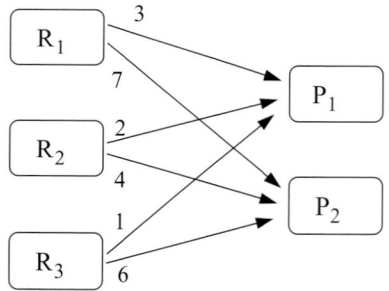

Die Güter P_1 und P_2 könne zu Preisen von 13 bzw. 17 GE/ME in beliebigen Mengen am Markt abgesetzt werden. Die Rohstoffe R_1 bis R_3 mögen zu den Preisen r_1 bis r_3 beschafft werden können. Wir nennen einen Preisvektor $\underline{r} = (r_1, r_2, r_3)^T$ zulässig, wenn die Herstellungskosten je einer ME von P_1 und P_2 deren Marktpreise nicht übersteigen.
Formulieren Sie ein LO-Problem, mit deren Hilfe die Menge $\mathcal{R}$ aller zulässigen Preisvektoren bestimmt werden kann. (Rechnungen sind nicht gefordert.)

Aufgabe 23.54. Zeigen Sie auf rechnerischem Wege, dass das lineare Programm aus dem Beispiel 23.8 keine Optimallösung besitzt.

Aufgabe 23.55. Gegeben sei das folgende lineare Programm:

$$G(x, y, z) = 8x + y + 2z + 4 \Longrightarrow \max$$

unter den Bedingungen

$$
\begin{array}{rcrcrcr}
4x & + & 7y & + & z & \leq & 4 \\
3x & + & 12y & + & 8z & \leq & 34 \\
11x & + & 5y & + & z & \leq & 10
\end{array}
$$

und $x \geq 0, y \geq 0, z \geq 0$.

Stellen Sie ein erstes Simplextableau auf und erzeugen Sie mit Hilfe eines Simplex-Verbesserungsschrittes ein neues Simplextableau. Das neue Simplex-Tableau repräsentiert einen Eckpunkt $\underline{x} = (x, y, z)^T$ des zulässigen Bereiches. Geben Sie die Koordinaten dieses Eckpunktes und den dabei erreichten Zielfunktionswert an. Beurteilen Sie anschließend das Tableau. Ist das Tableau optimal? Existiert eine Optimallösung? Lässt sich der Zielfunktionswert durch einen weiteren Simplex-Schritt erhöhen?

Aufgabe 23.56. Gegeben sei das folgende zulässige Simplextableau, für welches (mindestens) ein Verbesserungsschritt möglich ist. Führen Sie diesen aus und beurteilen Sie anschließend das enstandene Simplextableau hinsichtlich der Optimalität.

	x_1	x_2	x_3	1
s_1	0	$1/2$	$-5/2$	5
s_2	-1	0	-3	50
s_3	-2	$-1/2$	$-1/2$	25
Ziel	-4	$-3/2$	$3/2$	75

Aufgabe 23.57. Die Aufgabe

$$
\text{(ZF)} \qquad x \;+\; y \;\Longrightarrow\; \max
$$

soll einmal unter den Restriktionen

$$
\begin{array}{rcrcrcr}
\text{(R1)} & -x & + & y & \leq & 1 \\
\text{(R2)} & x & - & y & \leq & 3 \\
\text{(R3)} & x & - & 2y & \leq & 2
\end{array}
$$

und zum anderen unter der zusätzlichen Restriktion

$$
\text{(R4)} \qquad\qquad y \;\leq\; 6
$$

gelöst werden, wobei x und y beide als nichtnegativ vorausgesetzt werden.

Aufgabe 23.58. Ein Standard-Maximumproblem für einen Unternehmensgewinn soll mit dem Simplexverfahren gelöst werden. Nach einigen Verbesserungsschritten wird folgendes Tableau erreicht:

T_n	x_2	s_1	x_3	1	Gewichte
s_2	1	0	-4	20	
x_1	0	2	-6	18	
s_3	3	3	0	5	
G	0	a	b	44	
Keller					

Ergänzen Sie:

- Wenn gilt ① .... ist das LO-Problem unlösbar.
- Wenn gilt ② .... ist das Tableau optimal. Die Optimallösung lautet

$$\underline{x}^{opt} \;=\; (\qquad , \qquad , \qquad)^T \;\;,\;\; G_{max} = \ldots\ldots$$

$$\underline{s}^{opt} \;=\; (\qquad , \qquad , \qquad)^T.$$

- Wenn ① nicht zutrifft und weiterhin gilt ③ ....
ist ein Verbesserungsschritt möglich.
(Markieren Sie die Pivotspalte im Keller, tragen Sie die Gewichte in das Tableau ein und kreisen Sie das Pivotelement ein.)

Anhang I: Begründungen

Kapitel 0

Begründung von Satz 0.102: Wie wir in Abschnitt 0.7.2, Punkt Polynomdivision, sahen, ergibt jede Division von $P(x)$ durch $(x-z)$ eine Darstellung der Form

$$P(x) = Q(x)(x-z) + R(x), \qquad \text{(AI.1)}$$

wobei der "Divisionsrest" $R(x)$ entweder Null oder aber ein nichtverschwindendes Polynom von geringerem Grad als der Divisor $(x-z)$, in jedem Fall also eine Konstante ist. Nun folgt aus (AI.1) unmittelbar

$$P(z) = R(z),$$

mithin

$$P(z) = 0 \iff R(z) = 0.$$

Also ist $P(x)$ genau dann restlos durch $(x-z)$ teilbar, wenn gilt $P(z) = 0$. □

Kapitel 1

Beweis von Satz 4 der Mini-Vorlesung *auf Seite 114:*

Wir erinnern zunächst an das Prinzip zum Beweis einer Implikation $V \Rightarrow F$, wie es auf Seite 24 erläutert wurde: Man nimmt an, die Voraussetzung V sei erfüllt ($=$ wahr) und zeigt, dass unter dieser Annahme auch die Folgerung F wahr ist. Dieses Prinzip wird hier *zweimal* angewendet. *Erstens* lautet die Behauptung des Satzes

$$M \subseteq N \Rightarrow \mathcal{P}(M) \subseteq \mathcal{P}(N).$$

Um sie zu beweisen, nehmen wir an, die Voraussetzung (V1): $M \subseteq N$ sei erfüllt. Wir haben dann zu zeigen, dass auch die Folgerung $\mathcal{P}(M) \subseteq \mathcal{P}(N)$ wahr ist. Nun ist diese Folgerung nach Definition der Inklusion "$\subseteq$" äquivalent zu der Aussage $A \in \mathcal{P}(M) \Rightarrow A \in \mathcal{P}(N)$. Also genügt es, die Gültigkeit dieser letzteren Aussage zu zeigen. *Zweitens:* Weil auch diese vom Typ Implikation ist –diesmal mit der "neuen" Voraussetzung (V2) $A \in \mathcal{P}(M)$ –, nehmen wir diese als erfüllt an und müssen letztlich zeigen, dass dann auch die Folgerung $A \in \mathcal{P}(N)$ gilt. Das folgt nun so: Nach Definition der Potenzmenge gilt für die Voraussetzung (V2) $A \in \mathcal{P}(M) \iff A \subseteq M$. Weiterhin besagt die Voraussetzung (V1) $M \subseteq N$. Da beide Voraussetzungen erfüllt sind, haben wir $A \subseteq M \wedge M \subseteq N$, folglich $A \subseteq N$ gemäß Aussage (a) der Konzeptbasis auf Seite 124. Die letzte Beziehung ist nach Definition der Potenzmenge äquivalent zu $A \in \mathcal{P}(N)$.   □

Kapitel 4

Begründung von Bemerkung 4.2 (1): Dass M beschränkt ist, bedeutet nach Definition 4.1, dass für passende Schranken U und O sowie alle $x \in M$ gilt $U \leqslant x \leqslant O$. Diese Ungleichung gilt "erst recht", wenn man "weitere" Schranken wählt; genauer: für alle U' und O' mit $U' \leqslant U$ und $O \leqslant O'$ gilt ebenfalls $U' \leqslant x \leqslant O'$ für alle $x \in M$. Man kann nun insbesondere für O' den größeren der beiden Werte $|U|$, $|O|$ wählen und $U' := -O'$ setzen. Damit gilt $-O' \leqslant x \leqslant O'$, kürzer formuliert: $|x| \leqslant O' =: K$ für alle $x \in M$.

Wenn umgekehrt (4.1) gilt, folgt sofort $U := -K \leqslant x \leqslant K =: O$ für alle $x \in M$.   □

Kapitel 5

Begründung von Satz 5.58: Wir setzen $a_n = \frac{1}{n}$ und $s_n := a_1 + ... + a_n$, $n \in \mathbb{N}$. Nun betrachten wir für ein beliebiges $m \in \mathbb{N}$ die Partialsummendifferenz

$$s_{2^{m+1}} - s_{2^m} = a_{2^m+1} + ... + a_{2^{m+1}}.$$

Rechts stehen 2^m Summanden, und der kleinste von ihnen ist $\frac{1}{2^{m+1}}$. Also ist die Summe rechts größer als

$$\frac{1}{2^{m+1}} + ... + \frac{1}{2^{m+1}} = \frac{2^m}{2^{m+1}} = \frac{1}{2}.$$

Daraus folgt

$$s_{2^{m+1}} > s_{2^m} + \frac{1}{2} > s_{2^{m-1}} + \frac{1}{2} + \frac{1}{2} > .... > s_{2^0} + \frac{m}{2} = 1 + \frac{m}{2}$$

und folglich

$$\lim_{n \to \infty} s_n = \lim_{n \to \infty} s_{2^{n+1}} \geq \lim_{n \to \infty} \left(1 + \frac{n}{2}\right) = \infty.$$

□

Kapitel 9

"Satz von Rolle" (Satz 9.52): *Die Funktion $f : [a,b] \to \mathbb{R}$ sei stetig und auf (a,b) differenzierbar. Gilt dann $f(a) = f(b)$, so existiert eine Stelle $\xi \in (a,b)$ mit $f'(\xi) = 0$.*

Begründung des Satzes von Rolle: Als stetige Funktion nimmt die Funktion f auf dem kompakten Intervall $[a,b]$ ihr Maximum und ihr Minimum an (Fermatsches Maximumprinzip). Wir unterscheiden zwei Fälle:

1) Minimum und Maximum stimmen überein: $\min_{[a,b]} f = \max_{[a,b]} f$. Dies ist nur möglich, wenn f auf ganz $[a,b]$ konstant ist. Dann aber verschwindet die Ableitung f' auf ganz (a,b) (Satz 9.16).

2) Minimum und Maximum stimmen nicht überein: $\min_{[a,b]} f < \max_{[a,b]} f$. Mindestens eine der beiden Größen muss von $f(a) = f(b)$ verschieden sein; wir nehmen an, es handele sich um das Maximum (andernfalls finden alle folgenden Überlegungen sinngemäße Anwendung auf das Minimum). Wir wählen eine beliebige Maximumstelle ξ aus. Für diese muss gelten $\xi \in (a, b)$, folglich existiert an der Stelle ξ die Ableitung $f'(\xi)$. Diese ist gleichzeitig Rechts- und Linksableitung. Für die erstere gilt

$$f'(\xi) = \lim_{h \to 0, h > 0} \frac{f(\xi + h) - f(\xi)}{h} \leq 0, \tag{AI.2}$$

denn der Zähler des Differentialquotienten ist wegen der Maximalität von $f(\xi)$ stets kleiner oder gleich 0, der Nenner h jedoch positiv. Für die Linksableitung hingegen folgt

$$f'(\xi) = \lim_{h \to 0, h < 0} \frac{f(\xi + h) - f(\xi)}{h} \geq 0, \tag{AI.3}$$

weil der nichtpositive Zähler hier durch den negativen Nenner h dividiert wird. Weil (AI.2) und (AI.3) gleichzeitig gelten, muss $f'(\xi) = 0$ sein. $\square$

Beweis des Mittelwertsatzes (Satz 9.53): Unter den Voraussetzungen des Mittelwertsatzes existiert eine eindeutig bestimmte affine Funktion g mit $g(a) = f(a)$, $g(b) = f(b)$. (Diese ist, wie man leicht nachrechnen kann, durch die Formel

$$g(x) = f(a) + \frac{f(b) - f(a)}{b - a}(x - a), x \in [a, b]$$

gegeben und überall auf $[a, b]$ differenzierbar mit der Ableitung $\frac{f(b)-f(a)}{b-a}$.) Wir definieren nun eine Funktion h durch $h := f - g$. Diese Funktion ist wiederum stetig auf $[a, b]$ und differenzierbar auf (a, b). Weiterhin gilt offenbar $h(a) = h(b) = 0$. Nach dem Satz von Rolle existiert eine Stelle $\xi \in (a, b)$ mit $h'(\xi) = 0$. Wegen $h' = f' - g'$ bedeutet das nun $f'(\xi) = g'(\xi) = \frac{f(b)-f(a)}{b-a}$.   □

Kapitel 10

Begründung von Satz 10.6: Offenbar ist nur etwas zu zeigen, wenn sich D° und D unterscheiden, also die untere oder die obere Intervallgrenze in D liegt. Wir nehmen an, der erste Fall läge vor, wobei D von der Form $[a, b)$ mit $a \in R$ und $b \leq \infty$ sei. Nach Voraussetzung gilt im Fall (ii) für alle $x, y \in D^\circ$: $x < y \Rightarrow f(x) < f(y)$. Wir haben zu zeigen, dass dies auch noch gilt, wenn x den Wert a annimmt. Dazu sei y aus D° beliebig gewählt und x_n eine streng fallende Folge aus D° mit $x_n \to a$ für $n \to \infty$. Wir können dabei annehmen, dass für alle n gilt $x_n < y$ und folglich $f(x_n) < f(y)$. Es folgt wegen der vorausgesetzten Stetigkeit und der Monotonie $f(a) = \lim_{n\to\infty} f(x_n) < f(x_1) < f(y)$, also $f(a) < f(y)$, wie gewünscht. Ganz analog geht man vor, wenn die obere Intervallgrenze in D liegt.   □

Begründung von Satz 10.12: *Zu (i):* Wir nehmen an, f und h seien beide monoton fallend. Sind x, y aus D gegeben und gilt $x < y$, so folgt

$$
\begin{array}{lllll}
x < y & \Rightarrow & f(x) & \geqslant & f(y) & \text{(denn } f \text{ ist fallend)} \\
& \Rightarrow & f(y) & \leqslant & f(x) & \text{(Tausch der Seiten)} \\
& \Rightarrow & h(f(y)) & \geqslant & h(f(x)) & \text{(denn } h \text{ ist fallend)} \\
& \Rightarrow & h(f(x)) & \leqslant & h(f(y)) & \text{(Tausch der Seiten)}
\end{array}
$$

Zu (ii): Liegt strenge Monotonie beider Funktionen vor, können alle ">" - bzw. "≤" -Zeichen in den vorangehenden Betrachtungen durch ">" bzw. "<" ersetzt werden, woraus sich im Ergebnis strenge Monotonie für $h \circ f$ ergibt.

Zu (iii): Sind f und g beide wachsend, ersetzt man " ≥" und "fallend" durch "≤" bzw. "wachsend" und erhält das Gewünschte (auf den Seitentausch kann man verzichten).   □

Kapitel 11

Begründung von Satz 11.6: Wir beginnen mit folgender Vorbemerkung: Es seien $u < w$ aus D beliebig gegeben. Dann wird durch $\lambda \to v := \lambda u + (1-\lambda)w$ eine injektive Abbildung von $(0,1)$ auf (u,w) definiert.

Für $v = \lambda u + (1-\lambda)w$ gilt nun

$$\frac{f(w) - f(u)}{w - u} = \frac{(1-\lambda)f(w) - (1-\lambda)f(u)}{(1-\lambda)w - (1-\lambda)u} = \frac{[\lambda f(u) + (1-\lambda)f(w)] - f(u)}{[\lambda u + (1-\lambda)w] - u}$$

$$= \frac{[\lambda f(u) + (1-\lambda)f(w)] - f(u)}{v - u}.$$

Daher sind die beiden Ungleichungen

$$\frac{f(w) - f(u)}{w - u} \ [>] \geqslant \frac{f(v) - f(u)}{v - u}$$

und

$$[\lambda f(u) + (1-\lambda)f(w)] \ [>] \geqslant f(v)$$

zueinander äquivalent. Hieraus ergeben sich alle Aussagen des Satzes ganz unmittelbar. $\qquad\square$

Begründung von Satz 11.15: Zu (ii):

a) f sei strikt konvex. Um nachzuweisen, dass f' streng monoton wächst, wählen wir x und y mit $x < y$ beliebig aus D. Wir wollen zeigen $f'(x) < f'(y)$. Aufgrund von Satz 11.6 und Folgerung 11.8 gilt nun für alle betragsmäßig hinreichend kleinen $h > 0$ und $k < 0$

$$\frac{f(x+h) - f(x)}{h} \ < \ \frac{f(y) - f(x)}{y - x} \ < \ \frac{f(y+k) - f(y)}{k} \qquad (\text{AI.4})$$

(siehe die Ableitungen auf S. 333). Dabei wird der Bruch auf der linken Seite mit abnehmendem $h > 0$ immer kleiner, der auf der rechten Seite mit zunehmendem $k < 0$ immer größer.

Dadurch bleiben die beiden Ungleichungen in (AI.4) auch beim Grenzübergang $h \to 0$ und $k \to 0$ in strenger Form erhalten und liefern dann die gewünschte Ungleichung:

$$f'(x) = D^+ f(x) \ < \ \frac{f(y) - f(x)}{y - x}$$

$$< D^- f(y) = f'(y). \quad (\text{AI.5})$$

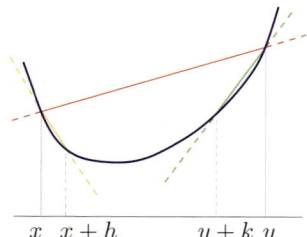

$$x \quad x+h \qquad y+k \ y$$

b) Umgekehrt nehmen wir nun an, f' wachse streng monoton. Zu zeigen ist, dass f strikt konvex ist. Nach Folgerung 11.8 genügt es zu zeigen, dass für beliebige $u < v < w$ in D gilt

$$\frac{f(v) - f(u)}{v - u} \ < \ \frac{f(w) - f(v)}{w - v}. \qquad (\text{AI.6})$$

Wir nehmen an, dies wäre nicht der Fall, es gelte also für gewisse Zahlen $u < v < w$

$$\frac{f(v) - f(u)}{v - u} \;\geqslant\; \frac{f(w) - f(v)}{w - v}. \tag{AI.7}$$

Weil f auf D als differenzierbar vorausgesetzt wurde, ist f auch stetig, und der Mittelwertsatz ist auf die beiden abgeschlossenen Intervalle $[u, v]$ und $[v, w]$ einzeln anwendbar. Ihm zufolge gibt es Zahlen $\xi \in (u, v)$ und $\eta \in (v, w)$ derart, dass gilt

$$f'(\xi) = \frac{f(v) - f(u)}{v - u} \quad \text{und} \quad \frac{f(w) - f(v)}{w - v} = f'(\eta),$$

also

$$f'(\xi) \;\geqslant\; f'(\eta). \tag{AI.8}$$

Gleichzeitig gilt jedoch

$$\xi \;<\; \eta,$$

also kann die Funktion f' nicht streng monoton wachsen – ein Widerspruch.

Zu (i):
Hier ist zu zeigen, dass aus (einfacher) Konvexität von f die (nicht notwendig strenge) Monotonie von f' folgt und umgekehrt. Dabei kann die bisher benutzte Argumentation im wesentlichen wiederholt werden; zu beachten ist lediglich, dass alle bisher strikten Ungleichungen nun nicht mehr strikt zu interpretieren sind.   □

Kapitel 12

Begründung von Satz 12.24: Hier wird vorausgesetzt $f'''(x^\circ) \neq 0$. Nehmen wir z.B. an, es gelte $f'''(x) > 0$. Wiederum können wir schließen, dass innerhalb einer ganzen Umgebung $\mathcal{U}$ von x° gilt $f''' > 0$. Dann aber ist f'' auf $\mathcal{U}$ streng wachsend, es gilt $f''(x) < 0$ für $x \in \mathcal{U}$ mit $x < x^\circ$, es gilt $f''(x^\circ) = 0$ und es gilt $f''(x) > 0$ für $x > x^\circ$. Also ist f auf $(-\infty, x^\circ) \cap \mathcal{U}$ strikt konkav ("links von x°"), auf $\mathcal{U} \cap (x^\circ, \infty)$ strikt konvex ("rechts von x°") – wir haben die Situation des Bildes 12.6, S. 372 . □

Kapitel 14

Begründung von Satz 14.54: Wir betrachten zunächst den Fall, in dem K stetig differenzierbar ist. Für $x \to 0$ hat der Quotient $k(x) = \frac{K(x)}{x}$ die unbestimmte Form "$\frac{0}{0}$". Wir betrachten daher stattdessen den Quotienten der Ableitungen von Zähler und Nenner

$$\frac{K'(x)}{x'} = K'(x),$$

dieser strebt für $x \to 0$ nach der Regel von Bernoulli/L'Hospital gegen $K'(0)$. Es gilt also $k(0+) = K'(0) = D^+ K(0)$. – Wenn K hingegen neoklassisch ist, ist K innerhalb einer Nullumgebung strikt konvex. Daher existiert die (endliche) rechtsseitige Ableitung an der Stelle Null:

$$D^+ K(0) = \lim \frac{K(x) - K(0)}{x - 0} = \lim k(x).$$

Der lineare Fall ist offensichtlich.   □

Begründung von Satz 14.75: Wenn K ertragsgesetzlich ist, existiert voraussetzungsgemäß eine Konstante $a > 0$ derart, dass K auf $[0, a]$ strikt konkav und auf

$[a, \infty)$ strikt konvex ist. Wenn K dagegen neoklassisch ist, setzen wir $a := 0$. Auf diese Weise können wir in jedem Fall sagen, dass K auf $[a, \infty)$ strikt konvex ist.

Schritt 1: Wenn k ein lokales Minimum besitzt, ist es global und strikt.

Denn: Angenommen, k besitze an (mindestens) einer Stelle x^* ein lokales Minimum. Dieses ist dann global in einer Umgebung $\mathcal{U}(x^*)$. Wir unterscheiden zwei Fälle:

(1) $x^* = 0$ ist eine solche Stelle. Dies ist nur möglich, wenn der Definitionsbereich von k um die 0 erweitert wurde, also $k(0+)$ endlich ist, und insbesondere $K(0) = 0$ gilt.

Wir können $k(0+)$ durch einen von $(0, 0)$ ausgehenden Grenzstrahl G mit dem Anstieg $k(0+)$ visualisieren.

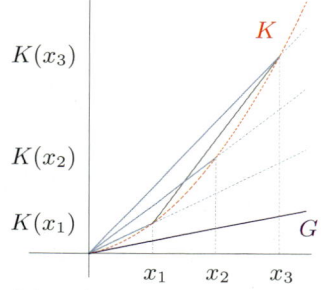

Da es sich bei $k(0+)$ um einen Grenzwert handelt, gibt es eine streng monoton fallende Nullfolge (x_n) in $\mathcal{U}$ derart, dass die Folge $k(x_n)$ gegen $k(0+)$ konvergiert. Wegen der Minimalität von $k(0+)$ in $\mathcal{U}$ können wir sogar annehmen, dass auch die Folge $(k(x_n))$ streng monoton fällt. Dann kann K aber in $\mathcal{U}$ nicht konkav sein. (Wir zeigen das anhand der ersten drei Folgenglieder x_1, x_2, x_3 im Bild 1: Der Punkt $(x_2, K(x_2))$ liegt unterhalb der Verbindungsstrecke von $(x_1, K(x_1))$ und $(x_3, K(x_3))$ im Widerspruch zu einer vermeintlichen Konkavität.) Also ist K neoklassisch. Als lokale Stützgerade einer strikt konvexen Funktion ist F sogar globale Stützgerade und enthält nur einen einzigen Punkt von graph(K), nämlich $(0, 0)$. Also ist das Stückkostenminimum sogar global, und zwar strikt.

(2) An der Stelle Null liegt kein lokales Minimum von K. Also gilt $x^* > 0$. Offensichtlich kann x^* auch nicht im Inneren $(0, a)$ des Konkavitätsbereichs von K liegen[1]. Folglich muss $x^* \in [a, \infty)$ gelten. ern: dies ist der Bereich strikter Konvexität von K.

Dieses Bild zeigt nun Folgendes: Aufgrund der Minimalität von $k(x^*)$ in $\mathcal{U}(x^*)$ muss graph(K) durch die türkis schraffierte Zone verlaufen. Der Fahrstrahl enthält den Punkt $(x^*, K(x^*))$ und ist somit eine lokale Stützgerade g von K.

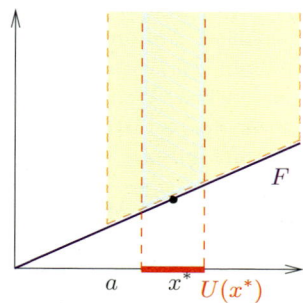

Nach Satz 11.4 ist diese automatisch global auf dem Konvexitätsbereich $[a, \infty)$. graph(K) muss also in der pastellgelben Zone verlaufen und darf nur einen einzigen

---

[1] Diese Feststellung ist nur für den ertragsgesetzlichen Fall relevant, in dem $a > 0$ ist.

Punkt des gestrichelten unteren Randes enthalten, nämlich $(x^*, K(x^*))$. Damit ist x^* bezüglich $[a, \infty)$ ein strikter globaler Minimumpunkt, und er ist es sogar bezüglich ganz D^*, weil k stetig und auf $(0,a)$ nach Satz 14.79 streng monoton fallend ist. Wir haben nunmehr gezeigt, dass x^* in beiden Fällen automatisch einziger globaler Minimumpunkt von k ist.

Schritt 2: Wenn k ein lokales Minimum besitzt, ist dies identisch mit dem Betriebsoptimum.

Denn: Nach Schritt 1 ist jeder lokale Minimumpunkt x^* automatisch global. Als solcher ist er identisch mit dem betriebsoptimalen Output x_{BO}, und das Betriebsoptimum ist gegeben durch $k_{BO} = k(x_{BO})$.

Schritt 3: k besitzt höchstens einen lokalen Minimumpunkt.

Denn: Wären x^* und x^{**} zwei lokale Minimumpunkte, so folgte für jeden von ihnen nach Schritt 1, dass er der einzige globale Minimumpunkt von k ist. x^* und x^{**} können also nicht verschieden sein.

Schritt 4: k besitzt keinen lokalen Minimumpunkt, wenn K kein Betriebsoptimum besitzt.

Denn: Anderes wäre ein Widerspruch zu Schritt 2.

Schritt 5: Wenn K ein Betriebsoptimum besitzt, ist k streng fallend auf $(0, x_{BO}]$ (sofern diese Menge nichtleer ist) und streng wachsend auf $[x_{BO}, \infty)$.

Denn: Wir hatten in Schritt 1 bereits gesehen, dass k auf $(0, a]$ streng fallend ist (vorausgesetzt, diese Menge ist nichtleer). Wir betrachten daher nun das Verhalten auf $[a, \infty)$ und zeigen zunächst, dass zwischen je zwei Punkten $x_1 < x_2$ aus (a, ∞) mit $k(x_1) = k(x_2)$ die Stelle x_{BO} liegen muss. In der Tat, es seien x_1 und x_2 zwei derartige Punkte. Wir betrachten nun statt der Stückkosten die Gesamtkosten und stellen fest, dass die Punkte $(x_1, K(x_1))$ und $(x_2, K(x_2))$ wegen gleicher Stückkosten auf demselben Fahrstrahl F liegen. Da die Gesamtkostenfunktion K auf $[a, \infty)$ strikt konvex ist, muss ihr Graph zwischen diesen Punkten strikt unterhalb ihrer Verbindungsstrecke verlaufen. Also muss es einen Fahrstrahl mit noch geringerer Neigung als F geben, und mithin nehmen die Stückkosten zwischen x_1 und x_2 einen Wert an, der echt kleiner ist als $k(x_1) = k(x_2)$. Wegen der Stetigkeit von k besagt dies aber, dass k innerhalb (x_1, x_2) ein lokales Minimum annimmt, welches kleiner ist als $k(x_1) = k(x_2)$. Aus den Schritten 1 und 2 folgt: $x_1 < x_{BO} < x_2$. Was ist dadurch gewonnen? Auf jeweils "einer Seite von x_{BO}", genauer: auf (a, x_{BO}) (falls nichtleer) und auf $[x_{BO}, \infty)$ nimmt die Funktion k keinen Funktionswert zweimal an und ist damit injektiv! Weil k stetig ist, so jeweils auch streng monoton. Wegen der Minimalität von $k(x_{BO})$ ist dies nur möglich, wenn k auf $(a, x_{BO}]$ (sofern nichtleer) streng fallend und auf $[x_{BO}, \infty)$ streng wachsend ist.   □

Begründung von Satz 14.76: *Schritt 1*: Für jede Stelle $x \geq 0$ mit $K'(x) = k(x)$ gilt $x = 0$ oder $x \geq a$.

Denn: Diese Aussage ist offensichtlich stets richtig, wenn K neoklassisch und $a = 0$ ist; wir können also annehmen, K sei ertragsgesetzlich (und daher $a > 0$). Wir nehmen an, die Behauptung wäre falsch. Dann gäbe es ein x in $(0, a)$ mit $K'(x) = k(x)$.

Das Bild zeigt den zu dem Punkt $(x, K(x))$ gehörigen Fahrstrahl F. Er verläuft mindestens so steil wie der Fahrstrahl F_v, der von $(0, K(0))$ zu $(x, K(x))$ führt.

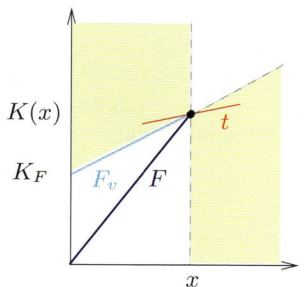

Wegen der strikten Konkavität von K in diesem Bereich muss graph(K) in dem pastellgelben Feld strikt oberhalb von F_v verlaufen und die Tangente t an graph(K) im Punkt $(x, K(x))$ eine echt geringere Steigung aufweisen als der Fahrstrahl F_v (vgl. Satz 11.6). Dann kann ihre Steigung aber nicht, wie angenommen, mit der von F übereinstimmen.

Schritt 2: Es sei $x \geq a$ ein Punkt mit $K'(x) = k(x)$. Für jeden Punkt $y > x$ gilt dann $K'(y) > k(y)$.

Denn: Dieses Bild liefert die Begründung:

Es seien $x < y$ zwei Punkte aus dem (strikten) Konvexitätsbereich von K. Die Voraussetzung $K'(x) = k(x)$ besagt, dass der vom Ursprung zum Punkt $(x, K(x))$ führende Fahrstrahl F_x zugleich Teil der Tangente an graph(K) im Punkt $(x, K(x))$ ist.

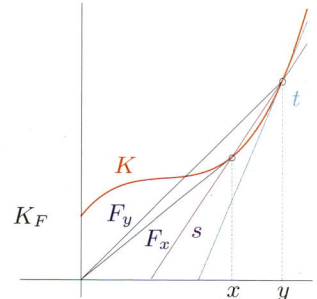

Der Punkt y liegt rechts von x, also muss – wegen strikter Konvexität von K in diesem Bereich – der Punkt $(y, K(y))$ oberhalb des verlängerten Fahrstrahls F_x liegen. Wir betrachten nun die Gerade s, die die beiden Punkte $(x, K(x))$ und $(y, K(y))$ verbindet, und die Tangente t an graph(K) im Punkt $(y, K(y))$. Letztere hat den Anstieg $K'(y)$, und wegen der strikten Konvexität von K ist dieser größer als der von s (Satz 11.6). Andererseits ist der Anstieg $k(y)$ des Fahrstrahls F_y offensichtlich geringer als der von s. Also gilt $K'(y) > k(y)$.

Schritt 3: Es kann höchstens ein Punkt $x \geq 0$ mit $K'(x) = k(x)$ existieren.

Denn: Gäbe es zwei verschiedene, könnte man den größeren mit y bezeichnen und würde nach Schritt 2 sofort finden $K'(y) > k(y)$ – Widerspruch!

Schritt 4: Wenn K ein Betriebsoptimum besitzt, gibt es eine Stelle $x \geq 0$ mit $K'(x) = k(x)$.

Denn: Wir unterscheiden zwei Fälle:

(1) $x_{BO} > 0$. Da hier das globale Minimum von k im Inneren von D^* angenommen wird, liegt dort notwendigerweise ein stationär Punkt von k (Satz 12.14). Mit

Hilfe der Quotientenregel folgt zunächst

$$k'(x) = \left(\frac{K(x)}{x}\right)' = \left(\frac{K'(x)x - K(x) \cdot 1}{x^2}\right), \tag{AI.9}$$

für den stationären Punkt x ist dieser Bruch und damit sein Zähler Null:

$$K'(x)x = K(x).$$

Division durch x liefert $K'(x) = k(x)$, wie behauptet.

(2) $x_{BO} = 0$. In diesem Fall muss K neoklassisch sein (denn in Schritt 1 der Begründung von Satz 1 wurde gezeigt, dass die Stelle $x_{BO} \in [a, \infty)$ liegt, im ertragsgesetzlichen Fall also von Null verschieden ist). Weiterhin muss $K(0) = 0$ gelten (andernfalls wäre $k(0+) = \infty$ im Widerspruch zur Minimalität von $k(0+)$). Es handelt sich also bei unserem Betriebsoptimum zugleich um das Betriebsminimum. Für jede (streng monotone) Nullfolge (x_n) gilt nun einerseits nach Definition von $k(0+)$

$$k_{BO} = k(0) = k(0+) = \lim_{n \to \infty} k(x_n).$$

Andererseits können wir wegen $K(0) = 0$ schreiben

$$\lim_{n \to \infty} k(x_n) = \lim_{n \to \infty} \frac{(K(x_n) - K(0))}{x_n} = K'(0).$$

Wir haben also den Limes einer Folge von Differenzenquotienten vor uns – wie wir wissen, nichts anderes als die Ableitung an der betrachteten Stelle: $k_{BO} = K'(0)$.

Schritt 5: Wenn K ein Betriebsoptimum besitzt, gilt

$$k(x) > K'(x) \quad \text{für} \quad x \in (0, x_{BO}) \text{ (soweit nichtleer)}$$
$$k(x) < K'(x) \quad \text{für} \quad x \in (x_{BO}, \infty).$$

Denn: Wir wissen aus Satz 14.75, dass k auf $(0, x_{BO})$ (soweit nichtleer) streng fallend, auf (x_{BO}, ∞) streng wachsend ist. Mithin gilt $k'(x) \leq 0$ auf der ersten und $k'(x) \geq 0$ auf der zweiten Menge; aus (AI.9) folgern wir $K'(x) \leq k(x)$ auf der ersten und $K'(x) \geq k(x)$ auf der zweiten Menge. Wegen Schritt 3 sind die Gleichheitszeichen jedoch ausgeschlossen.

Schritt 6: Wenn K kein Betriebsoptimum besitzt, ist die Gleichung $K'(x) = k(x)$ für kein $x \geq 0$ lösbar.

Denn: Angenommen, die Gleichung wäre doch lösbar. Wir unterscheiden zwei Fälle:

(1) $x = 0$ ist eine Lösung. Wie im zweiten Teil von Schritt 4 folgern wir: K ist neoklassisch mit $K(0) = 0$. Dann liegt aber an der Stelle 0 das Betriebsoptimum (= Betriebsminimum) vor – ein Widerspruch!

(2) Jede Lösung ist positiv. Es sei x eine solche Lösung. Diese muss, wie in Schritt 1 gezeigt, in $[a, \infty)$ liegen. Dann ist der zu $(x, K(x))$ führende Fahrstrahl F zugleich Tangente an den Graphen von K und somit auch Stützgerade auf $[a, \infty)$; der Graph von K verläuft – ausgenommen die Stelle $(x, K(x))$ – strikt oberhalb dieser Stützgerade. Daher hat der Fahrstrahl F die geringstmögliche Neigung aller Fahrstrahlen mit einem Endpunkt $(y, K(y)), y \geq a$. Diese stimmt mit dem Betriebsoptimum überein – ein Widerpruch. $\square$

Kapitel 15

Begründung von Satz 15.38:
Obwohl das Assoziativgesetz plausibel erscheint – und damit für den Anfang geglaubt werden mag, soll hier gezeigt werden, wie es sich formal beweisen ließe. Wir betrachten daher drei verkettete Matrizen A, B, C wie oben. Um zu zeigen, dass $A(BC)$ und $(AB)C$ gleich sind, macht man sich zunächst klar, dass der erste Ausdruck als AU, der zweite als VC gelesen werden kann, wobei $U := BC$ und $V := AB$ zu setzen sind. Das Element in Zeile i, Spalte j des ersten (linken) Dreifachproduktes ist also

$$[\,A(BC)\,]_{ij} = [\,AU\,]_{ij} = \sum_{s=1}^{l} a_{is} u_{sj} \quad \text{mit } u_{sj} = \sum_{t=1}^{m} b_{st} c_{tj} \,,$$

d.h.

$$\sum_{s=1}^{l} a_{is} \left(\sum_{t=1}^{m} b_{st} c_{tj} \right) = \sum_{s=1}^{l} \left(\sum_{t=1}^{m} a_{is} b_{st} c_{tj} \right) . \tag{AI.1}$$

Das Element auf demselben Platz des zweiten (rechten) Dreifachproduktes ist hingegen

$$[\,(AB)C\,]_{ij} = [\,VC\,]_{ij} = \sum_{t=1}^{m} v_{it} c_{tj} \quad \text{mit } v_{it} = \sum_{s=1}^{l} a_{is} b_{st} \,,$$

somit

$$\sum_{t=1}^{m} \left(\sum_{s=1}^{l} a_{is} b_{st} \right) c_{tj} = \sum_{t=1}^{m} \left(\sum_{s=1}^{l} a_{is} b_{st} c_{tj} \right) . \tag{23.18}$$

Wir sehen, dass die beiden endlichen Summen (AI.1) und (23.18) gleich sind, da die unterschiedliche Summationsreihenfolge sich nicht auf das Ergebnis auswirkt. Dies gilt für beliebige Zeilen- bzw. Spaltenindizes i bzw. j, mithin stimmen $A(BC)$ und $(AB)C$ überein. $\qquad\square$

Kapitel 18

Begründung von Satz 18.55:

(1) Wir nehmen an, dass n Austauschschritte ausführbar seien, so dass im Ergebnistableau alle Zeilensymbole $\underline{y}^1, \dots, \underline{y}^n$ oben und alle Spaltensymbole $\underline{x}^1, \dots, \underline{x}^n$ links stehen. Nachdem die Zeilen bzw. Spalten erforderlichenfalls umsortiert wurden, erhält man folgendes Tableau Tn (die darin enthaltene Matrix werde mit B bezeichnet):

$$
\begin{array}{c|ccc}
\mathrm{T}n & y^1 & \cdots & y^n \\
\hline
\underline{x}^1 & b_{11} & \cdots & b_{1n} \\
\vdots & \vdots & & \vdots \\
\underline{x}^n & b_{n1} & \cdots & b_{nn}
\end{array}
\tag{23.19}
$$

Fassen wir die Bezeichnungen in vektorieller Form zusammen:

$$\underline{x} := (\underline{x}^1, \dots, \underline{x}^n)^T, \quad \underline{y} := (\underline{y}^1, \dots, \underline{y}^n)^T,$$

so drückt das Tableau Tn folgende Beziehung aus:

$$\underline{\underline{x}} = B\underline{\underline{y}},$$
(23.20)

(während das Ausgangstableau T0 als

$$\underline{\underline{y}} = A\underline{\underline{x}}$$
(23.21)

zu lesen ist). Einsetzen von (23.21) in (23.20) ergibt

$$\underline{\underline{x}} = B(A\underline{\underline{x}}) = (BA)\underline{\underline{x}}.$$
(23.22)

Bisher wurden die $\underline{x}^1, \dots, \underline{x}^n$ lediglich als Spaltensymbole angesehen. Wir können ihnen aber auch eine konkrete Interpretation unserer Wahl geben. Hier wollen wir annehmen, dass es sich um Basisvektoren eines geeigneten n-dimensionalen linearen Raumes $\mathcal{M}$ handele. Dann besagt (23.22), dass (und wie) sich die Vektoren $\underline{x}^1, \dots, \underline{x}^n$ - als "beliebige" Vektoren aus $\mathcal{M}$ - durch sich selbst (in ihrer Eigenschaft als Basisvektoren) ausdrücken lassen. Andererseits ist dies offensichtlich in der Form

$$\underline{\underline{x}} = I\underline{\underline{x}}$$

möglich, und da nach dem Adressensatz nur eine solche Darstellung existiert, folgt

$$I = BA.$$

Wir bemerken nun noch - vergl. Beobachtung (2) auf Seite 717 -, dass jeder der ausgeführten Tauschschritte umkehrbar ist. Daher kann man das Ergebnistableau Tn als Ausgangstableau benutzen, um von dort in n Tauschschritten wieder zu T0 zu gelangen. Wir wiederholen nun die soeben benutzte Argumentation komplett, wobei T0 und Tn einfach ihre Rollen tauschen. Diesmal finden wir $\underline{\underline{y}} = (AB)\underline{\underline{y}}$ und daher $AB = I$. Insgesamt gilt also $AB = BA = I$, und A ist invertierbar.

(2) Wir setzen nun voraus, die Matrix A sei invertierbar. Zu zeigen ist, dass dann sämtliche Zeilensymbole $y^1, \dots, y^n$ in insgesamt n Austauschschritten gegen sämtliche Spaltensymbole $\underline{x}^1, \dots, \underline{x}^n$ ausgetauscht werden können. Eine wichtige Konsequenz der Invertierbarkeitsannahme ist zunächst folgende: Das Ausgangstableau liest sich - wie schon im Abschnitt 6.4.1 - kompakter notiert als $\underline{\underline{y}} = A\underline{\underline{x}}$. Wenn wir nun die Spaltensymbole als Basisvektoren eines geeigneten n-dimensionalen linearen Raumes $\mathcal{M}$ interpretieren, so folgt aus Satz 6.4, dass auch die Vektoren $y^1, \dots, y^n$ eine Basis von $\mathcal{M}$ bilden.
Wir nehmen nun indirekt an, bei irgendeinem Tauschablauf seien lediglich r (mit $r < n$) Tauschschritte möglich. Das nach diesen r Schritten erreichte

Tableau Tr hätte dann folgendes prinzipielles Aussehen:

Tr	$\underline{y}^{j_1}$ $\cdots$ $\underline{y}^{j_r}$	$\underline{x}^{i_{r+1}}$ $\cdots$ $\underline{x}^{i_n}$
$\underline{x}^{i_1}$	c_{11} $\cdots$ c_{1r}	g_{11} $\cdots$ g_{1d}
$\vdots$	$\vdots$ $\quad$ $\vdots$	$\vdots$ $\quad$ $\vdots$
$\underline{x}^{i_r}$	c_{r1} $\cdots$ c_{rr}	g_{r1} $\cdots$ g_{rd}
$\underline{y}^{j_{r+1}}$	h_{11} $\cdots$ h_{1r}	0 $\cdots$ 0
$\vdots$	$\vdots$ $\quad$ $\vdots$	$\vdots$ $\quad$ $\vdots$
$\underline{y}^{j_n}$	h_{d1} $\cdots$ h_{dr}	0 $\cdots$ 0

(Wenn nicht, so lässt sich diese Form durch Umsortieren der Zeilen bzw. Spalten erreichen.) Hierbei bezeichnen $i_1, \ldots, i_r$ die Indizes der bereits getauschten Spalten- und $j_1, \ldots, j_r$ die der bereits getauschten Zeilensymbole, und mit $i_{r+1}, \ldots, i_n$ bzw. $j_{r+1}, \ldots, j_n$ werden die Indizes der noch nicht getauschten Spalten- und Zeilensymbole bezeichnet.[2] $c_{11}, \ldots, h_{dr}$ sind willkürlich gewählte Bezeichnungen für die an den entsprechenden Stellen des Tableaus stehenden Werte, wobei $d := n - r$ geschrieben wurde. Die Tatsache, dass nach r erfolgten Austauschschritten nun kein weiterer mehr möglich ist, äußert sich darin, dass die gelb unterlegte Zone der potentiellen Pivotplätze ausschließlich Nullen enthält.

Wegen dieser Nullen liest sich die letzte Zeile des Tableaus so:

$$\underline{y}^{j_n} = h_{d1}\underline{y}^{j_1} + \ldots + h_{dr}\underline{y}^{j_r}.$$

Dies bedeutet, dass der Vektor $\underline{y}^{j_n}$ durch die übrigen $\underline{y}$–Vektoren $\underline{y}^{j_1}, \ldots,$ $\underline{y}^{j_{n-1}}$ dargestellt werden kann - im Widerspruch zu der Tatsache, dass die Vektoren $\underline{y}^{j_1}, \ldots, \underline{y}^{j_n}$ linear unabhängig sind. Die indirekte Annahme kann also nicht richtig sein. $\quad\square$

Begründung von Satz 18.56: Wir nehmen an, A sei vom Typ (m, n), und der Austausch werde über die Pivotzeile p und Pivotspalte q vollzogen (insbesondere gelte $a_{pq} \neq 0$). Zu zeigen ist, dass für jedes $k = 1, \ldots, m$ die k-te Ergebniszeile die Summe Eins besitzt:

$$\sum_{j=1}^{n} a'_{kj} = 1.$$

Wählt man ein solches k beliebig, gibt es zwei Möglichkeiten: Entweder gilt

(1) $k = p$ oder

(2) $k \neq p$.

---

[2] Dabei gilt $\{1, \ldots, n\} = \{i_1, \ldots, i_n\} = \{j_1, \ldots, j_n\}$.

Fall (1): Die Rede ist hier von der Pivotzeile, die selbst die Zeilensumme 1 besitzt. Definitionsgemäß gilt für die "neue" Pivotzeile

$$a'_{pq} = \frac{1}{a_{pq}} \qquad \text{(neues Pivotelement)}$$

und

$$a'_{pj} = -\frac{a_{pj}}{a_{pq}} \qquad \text{(neues Element der restlichen Pivotzeile)}.$$

Daher gilt

$$\sum_{j=1}^{n} a'_{kj} = \sum_{\substack{j=1 \\ j \neq q}}^{n} \left(-\frac{a_{pj}}{a_{pq}} \right) + \frac{1}{a_{pq}}$$

$$= \sum_{j=1}^{n} \left(-\frac{a_{pj}}{a_{pq}} \right) + \frac{a_{pq}}{a_{pq}} + \frac{1}{a_{pq}}$$

$$= \frac{1}{a_{pq}} \left(\underbrace{\sum_{j=1}^{n} (-a_{pj}) + a_{pq} + 1}_{=-1 \text{ n.V.}} \right)$$

$$= 1 \, .$$

Fall (2): Diesmal handelt es sich bei der Zeile k *nicht* um die Pivotzeile; die "neue" Zeile bestimmt sich nun durch die Regeln

$$a'_{kq} = \frac{a_{kq}}{a_{pq}} \qquad \text{(neues Element der Pivotspalte)}$$

und

$$a'_{kj} = a_{kj} + \left(-\frac{a_{pj}}{a_{pq}} \right) a_{kq} \qquad \text{(neues "restliches Element")}.$$

Die Summation dieser Elemente liefert

$$\sum_{j=1}^{n} a'_{kj} = \sum_{\substack{j=1 \\ j \neq q}}^{n} \left[a_{kj} + \left(-\frac{a_{pj}}{a_{pq}} \right) a_{kq} \right] + \frac{a_{kq}}{a_{pq}} \, .$$

Die Summe kann naheliegend in zwei Teilsummen zerlegt und gleichzeitig künstlich um den zuvor gesperrten Index $j = q$ ergänzt werden:

$$\sum_{j=1}^{n} a'_{kj} = \underbrace{\sum_{j=1}^{n} a_{kj}}_{=1} \boxed{-a_{kq}} + \sum_{j=1}^{n} \left(-\frac{a_{pj}}{a_{pq}} \right) a_{kq} + \boxed{\left(\frac{a_{pq}}{a_{pq}} \right) a_{kq}} + \frac{a_{kq}}{a_{pq}}$$

Die türkis hervorgehobenen Summanden heben sich weg, der unterstrichene ist nach Voraussetzung Eins. Also haben wir, nachdem gemeinsame Faktoren aus dem Rest ausgeklammert wurden,

$$\sum_{j=1}^{n} a'_{kj} = 1 + \frac{a_{kq}}{a_{pq}} \left[\sum_{j=1}^{n} (-a_{pj}) + 1 \right] \, .$$

Die Behauptung ergibt sich aus dem Umstand, dass der Ausdruck in eckigen Klammern Null sein muss, denn die p-te Zeile von A hat die Summe Eins.   □

Begründung von Satz 18.64: Es sei $(U_i)_{i \in I}$ eine beliebige Familie von linearen Teilräumen von $\mathscr{M}$. Wir setzen

$$D := \bigcap_{i \in I} U_i$$

und behaupten, D sei linearer Unterraum von $\mathscr{M}$. Es seien nun $\underline{x}, \underline{y} \in D$ und $\lambda, \mu \in \mathbb{R}$ beliebig gewählt. Nach Satz 18.63 genügt es zu zeigen, dass gilt $\lambda \underline{x} + \mu \underline{y} \in D$. "$\underline{x}, \underline{y} \in D$" heißt, dass gilt $\underline{x}, \underline{y} \in U_i$ für jedes $i \in I$. Da nach Voraussetzung jede der Mengen U_i ein linearer Teilraum von $\mathscr{M}$ ist, folgt zunächst $\lambda \underline{x} + \mu \underline{y} \in U_i$ für jedes $i \in I$. Also muss auch $\lambda \underline{x} + \mu \underline{y} \in D = \bigcap_{i \in I} U_i$ gelten – wie verlangt.   □

Begründung von Satz 18.66: Es seien $\underline{x}$ und $\underline{y}$ beliebige Elemente der Menge $D := U + V$ sowie λ und μ beliebige reelle Zahlen. Nach Satz 18.63 genügt es nachzuweisen, dass $\underline{z} := \lambda \underline{x} + \mu \underline{y}$ ebenfalls in D liegt. Man mache sich zunächst noch einmal klar, was es heißt, dass $\underline{x}$ und $\underline{y}$ aus der Menge $U + V$ stammen: Beide sind Summen von Elementen aus U bzw. V; genauer: es existieren gewisse Elemente $\underline{u}_x$ und $\underline{u}_y$ aus U, sowie $\underline{v}_x$ und $\underline{v}_y$ aus V, derart, dass gilt

$$\underline{x} = \underline{u}_x + \underline{v}_x \quad \text{und} \quad \underline{y} = \underline{u}_y + \underline{v}_y.$$

Daher gilt für $\underline{z}$

$$
\begin{aligned}
\underline{z} &= \lambda \cdot \underline{x} + \mu \cdot \underline{y} \\
&= \lambda(\underline{u}_x + \underline{v}_x) + \mu(\underline{u}_y + \underline{v}_y) \\
&= \underbrace{(\lambda \underline{u}_x + \mu \underline{u}_y)}_{} + \underbrace{(\lambda \underline{v}_x + \mu \underline{v}_y)}_{} \\
&= \quad\quad \underline{u}_z \quad\quad + \quad\quad \underline{v}_z\,.
\end{aligned}
\tag{23.23}
$$

Weil voraussetzungsgemäß U linearer Teilraum von $\mathscr{M}$ ist, muss $\underline{u}_z = \lambda \underline{u}_x + \mu \underline{u}_y$ in U liegen (wiederum nach Satz 18.63); aus analogem Grunde muss $\underline{v}_z := \lambda \underline{v}_x + \mu \underline{v}_y$ in V liegen. (23.23) bedeutet daher, dass sich $\underline{z}$ als Summe je eines Elementes aus U und V schreiben lässt und somit der Menge $U + V$ angehört.   □

Begründung von Satz 18.79: Sei T ein beliebiger, E enthaltender linearer Teilraum von $\mathscr{M}$:

$$E \subseteq T\,.$$

Aus Satz 18.78 (ii) und (iii) folgt sofort

$$\mathscr{L}(E) \subseteq \mathscr{L}(T) = T\,,$$

also ist $\mathscr{L}(E)$ in jedem E enthaltenden Teilraum enthalten, mithin also auch im Durchschnitt all jener. Da $\mathscr{L}(E)$ selbst linearer Teilraum und an der Durchschnittsbildung beteiligt ist, folgt die Behauptung des Satzes.   □

Begründung von Satz 18.80:

(i) Angenommen, der Satz wäre unrichtig; dann müsste gelten $r > n$ und es gäbe in $\mathscr{L}$ mindestens $n + 1$ linear unabhängige Vektoren - etwa $\underline{y}^1, \dots, \underline{y}^{n+1}$.

Jeder dieser Vektoren ist als Linearkombination der $\underline{x}^1, \dots, \underline{x}^n$ darstellbar. Also existieren Koeffizienten(zeilen)vektoren $\underline{c}^1, \dots, \underline{c}^{n+1} \in \mathbb{R}^n$ mit

$$\underline{y}^i = c_1^i \underline{x}^1 + \dots + c_n^i \underline{x}^n = \underline{c}^i \underline{\underline{x}} \quad \text{für } i = 1, \dots, n+1 \,. \tag{23.24}$$

Da im $\mathbb{R}^n$ höchstens n Vektoren unabhängig sein können, sind die $\underline{c}^1, \dots, \underline{c}^{n+1}$ linear abhängig; mindestens einer von ihnen lässt sich durch die übrigen darstellen. Wir können annehmen, es sei der letzte (andernfalls werden die $\underline{y}^r$ passend umnummeriert). Mit passenden Koeffizienten $\alpha_1, \dots, \alpha_n \in \mathbb{R}$ gilt daher

$$\underline{c}^{n+1} = \alpha_1 \underline{c}^1 + \dots + \alpha_n \underline{c}^n \tag{23.25}$$

und somit

$$\begin{aligned}
\underline{y}^{n+1} &= \underline{c}^{n+1} \underline{\underline{x}} \\
&= (\alpha_1 \underline{c}^1 + \dots + \alpha_n \underline{c}^n) \underline{\underline{x}} \\
&= \alpha_1 \underline{c}^1 \underline{\underline{x}} + \dots + \alpha_n \underline{c}^n \underline{\underline{x}} \\
&= \alpha_1 \underline{y}^1 + \dots + \alpha_n \underline{y}^n \,.
\end{aligned}$$

Dies ist ein Widerspruch zur Annahme, $\underline{y}^1, \dots, \underline{y}^{n+1}$ wären linear unabhängig.

(ii) Die Vektoren $\underline{x}^1, \dots, \underline{x}^n$ sind Elemente von $\mathscr{L}$. Sind sie unabhängig, muss $\dim \mathscr{L} \geqslant n$ gelten. Wegen (i) ist aber nur $\dim \mathscr{L} = n$ möglich. Umgekehrt zeigen wir nun: $\dim \mathscr{L} = n \Rightarrow \underline{x}^1, \dots, \underline{x}^n$ sind unabhängig. Wären diese Vektoren nämlich abhängig, könnte man einen von ihnen – o.B.d.A. $\underline{x}^n$ – durch die übrigen darstellen: $\underline{x}^n = \lambda_1 \underline{x}^1 + \dots + \lambda_{n-1} \underline{x}^{n-1}$ mit passenden $\lambda_1, \dots, \lambda_{n-1} \in \mathbb{R}$. Man sieht dann, dass jeder aus $\underline{x}^1, \dots, \underline{x}^n$ linear kombinierbare Vektor $\underline{x}$ – etwa

$$\underline{x} = \alpha_1 \underline{x}^1 + \dots + \alpha_n \underline{x}^n$$

– bereits aus $\underline{x}^1, \dots, \underline{x}^{n-1}$ kombinierbar ist:

$$\begin{aligned}
\underline{x} &= \alpha_1 \underline{x}^1 + \dots + \alpha_{n-1} \underline{x}^{n-1} + \alpha_n (\lambda_1 \underline{x}^1 + \dots + \lambda_{n-1} \underline{x}^{n-1}) \\
&= (\alpha_1 + \lambda_1 \alpha_n) \underline{x}^1 + \dots + (\alpha_{n-1} + \lambda_{n-1} \alpha_n) \underline{x}^{n-1} \,.
\end{aligned}$$

Wir können daher $\underline{x}^n$ aus dem Erzeugendensystem weglassen, ohne dass das Erzeugnis sich ändert:

$$\mathscr{L} = \mathscr{L}(\underline{x}^1, \dots, \underline{x}^n) = \mathscr{L}(\underline{x}^1, \dots, \underline{x}^{n-1}) \,.$$

Hieraus aber folgt nach (i) $\dim \mathscr{L} \leqslant n - 1$ im Widerspruch zur Annahme.

(iii) Wir nehmen an, es gelte $0 < r < n$. Dann sind $\underline{x}^1, \dots, \underline{x}^n$ abhängig, und wir können zunächst einen dieser Vektoren – o.B.d.A. $\underline{x}^n$ – aus dem Erzeugendensystem weglassen, wie soeben vorgeführt:

$$\mathscr{L} = \mathscr{L}(\underline{x}^1, \dots, \underline{x}^n) = \mathscr{L}(\underline{x}^1, \dots, \underline{x}^{n-1}) \,.$$

Gilt nun auch $r < n - 1$, wird diese Schlussweise wiederholt, ggf. mehrfach. Man erhält

$$\mathscr{L} = \mathscr{L}(\underline{x}^1, \dots, \underline{x}^r) \,. \tag{23.26}$$

Nun müssen $\underline{x}^1, \dots, \underline{x}^r$ unabhängig sein, sonst könnte wegen (i) nicht $\dim \mathscr{L} = r$ gelten. Die aus dem Erzeugendensystem entfernten Vektoren $\underline{x}^{r+1}, \dots, \underline{x}^n$ gehören zu $\mathscr{L}$ und sind daher als Linearkombination der Basisvektoren $\underline{x}^1, \dots, \underline{x}^r$ von $\mathscr{L}$ darstellbar. (Verzichtet man auf die ggf. erforderliche Umnumerierung der $\underline{x}^1, \dots, \underline{x}^n$, nimmt (23.26) die Form

$$\mathscr{L} = \mathscr{L}(\underline{x}^{i_1}, \dots, \underline{x}^{i_r})$$

an, wie behauptet.)

$\square$

Begründung von Satz 18.84: Es bezeichne $\sigma := \mathrm{rgs}\, A$ und $\zeta := \mathrm{rgz}\, A$. Aufgrund der vorangehenden Bemerkung 18.83 können wir annehmen, dass gerade die ersten σ Spalten und ebenso die ersten ζ Zeilen von A linear unabhängig sind. Die übrigen $n - \sigma$ Spalten (soweit vorhanden) lassen sich aus den ersten σ Spalten linear kombinieren. (Sinngemäßes gilt für die Zeilen.) Die Spalten einer Matrix werden linear kombiniert, indem man die Matrix von rechts mit einem Spaltenvektor geeigneter Koeffizienten multipliziert. Wir können daher schreiben

$$A = \begin{pmatrix} | & & | \\ \underline{s}^1 & \cdots & \underline{s}^n \\ | & & | \end{pmatrix} = \underbrace{\begin{pmatrix} | & & | \\ \underline{s}^1 & \cdots & \underline{s}^\sigma \\ | & & | \end{pmatrix}}_{=:\, S} \underbrace{\begin{pmatrix} 1 & \cdots & 0 & c_{1,\sigma+1} & \cdots & c_{1,n} \\ \vdots & \ddots & \vdots & \vdots & & \vdots \\ 0 & \cdots & 1 & c_{\sigma,\sigma+1} & \cdots & c_{\sigma,n} \end{pmatrix}}_{=:\, C}, \qquad (23.27)$$

worin die Matrizen S und C vom Typ (m, σ) bzw. (σ, n) sind und die Matrix C genau diejenigen Koeffizientenvektoren als Spalten enthält, die benötigt werden, um jede der Spalten von A aus denen von S zu kombinieren. (Ein Zahlenbeispiel für eine solche Darstellung wird auf Seite 744 gegeben.) Das Produkt $A = S \cdot C$ lässt sich nun jedoch auch "zeilenweise" interpretieren: Jede Zeile von A ist Linearkombination der Zeilen von C (wobei die benötigten Koeffizienten gerade in der entsprechenden Zeile von S stehen). Da die Matrix C nur σ Zeilen hat, können aus ihnen höchstens σ linear unabhängige Zeilen kombiniert werden. Mithin muss gelten

$$\mathrm{rgz} \leqslant \sigma \leqslant \mathrm{rgs}.$$

Aus Symmetriegründen folgt nun auch $\mathrm{rgz} \geqslant \mathrm{rgs}$, also stimmen beide Ränge überein.

$\square$

Kapitel 19

Begründung von Satz 19.22: Als erstes bemerken wir, dass $\mathcal{N}$ nicht leer ist, denn der Nullvektor 0 (im $\mathbb{R}^n$) ist selbstverständlich eine Lösung von (19.1) h. Es sei nun $\underline{x} \in \mathcal{N}$ beliebig gewählt, d.h., es gilt $A\underline{x} = 0$. Dann gilt für jedes $\lambda \in \mathbb{R}: A(\lambda \underline{x}) = \lambda(A\underline{x}) = 0$, und daher ist auch $\lambda \underline{x}$ eine Lösung von (19.1) h: Es gilt $\lambda \underline{x} \in \mathcal{N}$. - Wenn $\underline{x}^1$ und $\underline{x}^2$ zwei beliebige (nicht zwingend verschiedene) Lösungen von (19.1) h sind, so folgt durch eine einfache Addition aus $A\underline{x}^1 = 0$ und $A\underline{x}^2 = 0$ sofort $0 = A\underline{x}^1 + A\underline{x}^2 = A(\underline{x}^1 + \underline{x}^2) = 0$. Somit gilt $\underline{x}^1 + \underline{x}^2 \in \mathcal{N}$. $\square$

Begründung von Satz 19.29 (Rangsatz): Wenn $r = n$ gilt, ist das Gleichungssystem stets lösbar, und zwar eindeutig (Satz 19.9). Nach Satz 19.22 kann der Nullraum nur null-dimensional sein; es wird also $d = 0$. Die Behauptung ist in diesem Fall also richtig. Wir nehmen nun an, es gelte $r < n$. In diesem Fall geben wir einfach $r + d$ Vektoren im $\mathbb{R}^n$ an, die linear unabhängig sind und daher eine Basis von $\mathbb{R}^n$ bilden; da $\mathbb{R}^n$ n-dimensional ist, muss ebenfalls $n = r + d$ gelten, was die Behauptung beweist.

Die Zahl r ist definitionsgemäß die maximale Anzahl linear unabhängiger Spalten von A. Wir können o.B.d.A. annehmen, dass die ersten r Spalten $\underline{a}^1, ..., \underline{a}^r$ linear unabhängig sind (andernfalls sortieren wir die Spalten von A um und betrachten die dadurch enststehende Matrix). Jede der $\Delta := n - r$ nachfolgenden Spalten $\underline{a}^i$ $(i = r + 1, ..., n)$ lässt sich aus den ersteren linear kombinieren, und zwar eindeutig. Es gibt also eindeutig bestimmte Zahlen c_{ji} $(i = r + 1, ..., n; j = 1, ..., r)$ derart, dass folgende Gleichungen gelten:

$$\underline{a}^i = \sum_{j=1}^{r} c_{ji} \underline{a}^j$$

bzw. gleichbedeutend

$$\underline{a}^i - \sum_{j=1}^{r} c_{ji} \underline{a}^j = 0. \tag{23.28}$$

Wir bilden nun die gewünschten Basisvektoren $\underline{b}^1, ..., \underline{b}^n$ von $\mathbb{R}^n$ wie folgt: Für die ersten r Vektoren $(i = 1, ..., r)$ sei

$$b_j^i := \begin{cases} 1 \text{ für } i = j \\ 0 \text{ sonst} \end{cases} \tag{23.29}$$

für die übrigen Δ Vektoren $(i = r + 1, ..., n)$ sei

$$b_j^i := \begin{cases} 1 & \text{für } i = j \\ -c_{ji} & \text{für } j = 1, ..., r \\ 0 & \text{sonst} \end{cases} \tag{23.30}$$

Wenn wir diese Vektoren spaltenweise in eine Matrix B eintragen, entsteht folgendes Bild:

$$B = B_{(n,n)} = \begin{bmatrix} 1 & \cdots & 0 & -c_{1,r+1} & \cdots & -c_{1,n} \\ \vdots & & \vdots & \vdots & & \vdots \\ 0 & \cdots & 1 & -c_{r,r+1} & \cdots & -c_{r,n} \\ 0 & \cdots & 0 & 1 & \cdots & 0 \\ \vdots & & \vdots & \vdots & & \vdots \\ 0 & \cdots & 0 & 0 & \cdots & 1 \end{bmatrix}$$

$$\underbrace{\underbrace{}_{r\,Spalten} \underbrace{}_{\Delta\,Spalten}}_{n\,Spalten}$$

Wegen der auf der Diagonalen stehenden Einsen ist leicht zu sehen, dass sich die Spaltenvektoren von B nur trivial zum Nullvektor kombinieren lassen. Es handelt sich somit um n linear unabhängige Vektoren, die eine Basis von $D = \mathbb{R}^n$ bilden. Es bleibt zu zeigen, dass $\Delta = d$ gilt bzw. gleichbedeutend, dass die rechterhand aufgeführten Δ Spaltenvektoren eine Basis des Nullraums $\mathcal{N}$ bilden. In der Tat gilt wegen (23.28) für jeden der Vektoren $\underline{b}^i$ mit $i = r+1, \dots, n$ $A\underline{b}^i = 0$; somit gehören diese Vektoren zu $\mathcal{N}$; es folgt $\mathcal{L}(\underline{b}^{r+1}, \dots, \underline{b}^n) \subseteq \mathcal{N}$ und somit auch $\Delta \leq d$ (Satz 18.76). Wir überlegen uns noch, dass der Fall $\Delta < d$ nicht möglich ist. Wäre dies nämlich so, könnten wir einen von $\underline{b}^{r+1}, \dots, \underline{b}^n$ unabhängigen Vektor $\underline{x} \in \mathcal{N}$ finden. Diesen stellen wir mit Hilfe der Basis $\underline{b}^1, \dots, \underline{b}^n$ dar:

$$\underline{x} = \beta_1 \underline{b}^1 + \dots + \beta_n \underline{b}^n, \tag{23.31}$$

wobei die Koeffizienten eindeutig bestimmt sind. "$\underline{x} \in \mathcal{N}$" heißt gerade $A\underline{x} = \underline{0}$; andererseits sehen wir

$$
\begin{aligned}
A\underline{x} \;=\;& \beta_1 \underbrace{A\underline{b}^1} + \cdots + \beta^r \underbrace{A\underline{b}^r} + \beta^{r+1} \underbrace{A\underline{b}^{r+1}} + \cdots + \beta^n \underbrace{A\underline{b}^n} \\
=\;& \underbrace{\beta_1 \underline{a}^1 + \cdots + \beta^r \underline{a}^r}_{(I)} + \underbrace{\beta^{r+1}\underline{0} + \cdots + \beta^n \underline{0}}_{(II)}
\end{aligned}
$$

Weil der Summand (II) der Nullvektor ist, muss auch der Summand (I) den Nullvektor ergeben. Da die Vektoren $\underline{a}^1, \dots, \underline{a}^r$ linear unabhägig sind, ist dies nur auf triviale Weise möglich: Es muss also gelten $\beta^1 = \dots = \beta^r = 0$. Dann aber zeigt (23.31), dass $\underline{x}$ in Wirklichkeit lediglich aus $\underline{b}^{r+1}, \dots, \underline{b}^n$ linear kombiniert wird und daher nicht von diesen Vektoren unabhängig sein kann. $\square$

Kapitel 20

Begründung von Satz 20.21 (i)(a):

Wir nehmen zunächst an, die Spalten von A seien linear abhängig, und wollen zeigen $\det A = 0$. Nach Satz 18.15 lässt sich mindestens eine der Spalten von A als Linearkombination der übrigen schreiben. Wir können annehmen, dass es sich um die erste Spalte handelt (wenn nicht, tauschen wir die erste Spalte gegen eine passende andere, was höchstens einen Vorzeichenwechsel bei $\det A$ auslösen kann, aber keinen Einfluss darauf hat, ob $\det A$ Null ist oder nicht). Also haben wir mit passenden Koeffizienten

$$\underline{a}^1 = \sum_{k=2}^{n} \lambda_k \underline{a}^k$$

und somit

$$
\begin{aligned}
\det A &= \det(\underline{a}^1, \dots, \underline{a}^n) \\
&= \det(\textstyle\sum_{k=2}^{n} \lambda_k \underline{a}^k; \underline{a}^2, \dots, \underline{a}^n) \\
&= \textstyle\sum_{k=2}^{n} \lambda_k \det(\underline{a}^k; \underline{a}^2, \dots, \underline{a}^n).
\end{aligned}
$$

Unter den Argumenten der Terme in Grün kommt $\underline{a}^k$ stets doppelt vor, so dass jeder dieser Terme gemäß der Beobachtung 20.5 den Wert Null liefert. Folglich ist auch

$\det A = 0$.

Nun nehmen wir umgekehrt an, die Spalten von A seien linear unabhängig, und wollen zeigen $\det A \neq 0$. Nach Folgerung 19.15 ist A invertierbar, und es gilt

$$AA^{-1} = I.$$

Daher gilt auch

$$\det(AA^{-1}) = \det(I) = 1,$$

letzteres wegen (D3). Andererseits ist nach Satz 20.26, die Determinante eines Produktes gleich dem Produkt der Determinanten, folglich gilt

$$1 = \det(AA^{-1}) = (\det A)(\det A^{-1}).$$

Diese Gleichung kann nur gelten, wenn $\det A \neq 0$ gilt. □

Begründung von Satz 20.26 (ii): Wir wollen zeigen, dass gilt

$$\det(AB) = (\det A)(\det B).$$

Dazu setzen wir $C := AB$. Im Abschnitt 18.6, Seite 743 sahen wir, dass jede der Spalten $\underline{c}^1, \ldots, \underline{c}^n$ von C eine Linearkombination der Spalten von A ist, deren Koeffizienten den Spalten 1 bis n der Matrix B entnommen werden. Insbesondere gilt

$$\underline{c}^1 = \sum_{i=1}^{n} b_{i1} \underline{a}^i$$

also folgt

$$\begin{aligned} \det(AB) = \det C &= \det(\underline{c}^1, \ldots, \underline{c}^n) \\ &= \det(\textstyle\sum_{i=1}^{n} b_{i1}\underline{a}^i, \underline{c}^2, \ldots, \underline{c}^n) \\ &= \textstyle\sum_{i=1}^{n} b_{i1} \det(\underline{a}^1, \underline{c}^2, \ldots, \underline{c}^n). \end{aligned}$$

Wiederholen wir diese Schlussweise auch für die übrigen Spalten von C, so folgt schließlich

$$\det(AB) = \sum_{i_1,\ldots,i_n=1}^{n} b_{i_1,1} \cdots b_{i_n,n} \cdot \det(\underline{a}^{i_1}, \ldots, \underline{a}^{i_n}). \tag{23.32}$$

Wiederum werden die Ausdrücke

$$\det(\underline{a}^{i_1}, \ldots, \underline{a}^{i_n})$$

nur dann nicht zu Null, wenn $(i_1, \ldots, i_n)$ durch irgendeine Permutation π aus $(1, \ldots, n)$ hervorgeht. Ist das der Fall, d.h. gilt $(i_1, \ldots, i_n) = (\pi(1), \ldots, \pi(n))$, für eine Permutation π, so gilt weiter

$$\begin{aligned} \det(\underline{a}^{i_1}, \ldots, \underline{a}^{i_n}) &= \det(\underline{a}^1, \ldots, \underline{a}^n)\chi(\pi), \\ &= (\det A)\chi(\pi), \end{aligned}$$

denn der "blaue" Satz von Argumenten geht genau durch so viele Vertauschungen aus dem "türkisfarbenen" hervor, wie π Vertauschungen enthält.

Also können wir (23.32) umschreiben zu

$$\det(AB) = \sum_{\pi \in S_n} b_{\pi(1),1} \cdots b_{\pi(n),n} \cdot (\det A)\chi(\pi)$$
$$= (\det A)\sum_{\pi \in S_n} b_{\pi(1),1} \cdots b_{\pi(n),n} \cdot \chi(\pi)$$
$$= (\det A)(\det B).$$

□

Begründung von Satz 20.51:

(i) Aufgrund der bekannten Rechenregeln für Determinanten und die Transposition gilt

$$\det(A - \lambda I) = \det(A - \lambda I)^T = \det(A^T - \lambda I).$$

Es folgt

$$\lambda \in \sigma(A) \;\Leftrightarrow\; \det(A - \lambda I) = 0 \;\Leftrightarrow\; \det(A^T - \lambda I) = 0 \;\Leftrightarrow\; \lambda \in \sigma(A^T).$$

(ii) Es sei $\lambda \in \sigma(A)$, d.h., $\det(A - \lambda I) = 0$. Für beliebige $a \in \mathbb{R}$ gilt dann

$$\det(aA - a\lambda I) = \det\big(a(A - \lambda I)\big) = a^n \det(A - \lambda I) = 0,$$

also $a\lambda \in \sigma(aA)$.

(iii) Wir wissen: A ist genau dann invertierbar, wenn gilt $\det(A) \neq 0$. Es ist jedoch $\det(A) = \det(A - 0 \cdot I)$, daher gilt $0 \notin \sigma(A)$ dann und nur dann, wenn A invertierbar ist.

In diesem Fall sei nun $\lambda \in \sigma(A)$, also $\lambda \neq 0$. Dann kann man schreiben

$$
\begin{aligned}
0 &= \det(A - \lambda I) && \text{(weil } \lambda \text{ Eigenwert ist)}\\
&= \det\big(A(I - \lambda A^{-1})\big) && \text{(``Ausklammern'' von } A)\\
&= (-\lambda)^n \det\big(A(A^{-1} - \tfrac{1}{\lambda}I)\big) && \text{(``Ausklammern'' von } -\lambda)\\
&= (-\lambda)^n \det(A) \det(A^{-1} - \tfrac{1}{\lambda}I) && \text{(``Produktregel für} \\
&&& \text{Determinanten'').}
\end{aligned}
$$

Wegen $\lambda \neq 0$ und $\det(A) \neq 0$ muss $\det(A^{-1} - \tfrac{1}{\lambda}I) = 0$ gelten, d.h. $\tfrac{1}{\lambda} \in \sigma(A^{-1})$.

□

Kapitel 21

Begründung von Satz 21.42: Es ist nicht schwer zu sehen, warum das so ist. Nach Satz 21.6 ist M genau dann positiv definit, wenn das auf die zugehörige quadratische Form zutrifft, d.h., wenn für beliebige $\underline{x} = (x_1, \dots, x_n)^T \neq 0 \in \mathbb{R}^n$ gilt

$$\sum_{i,j=1}^n x_i m_{ij} x_j > 0.$$

Wählen wir hierbei das beliebige $\underline{x}$ so, dass $x_{k+1} = \ldots = x_n = 0$ gilt, so folgt erst recht

$$\sum_{i,j=1}^{k} x_i m_{ij} x_j > 0$$

für alle $(x_1, \ldots, x_k)^T \neq 0 \in \mathbb{R}^k$. Das aber bedeutet, dass die von der Fenstermatrix $M^{\underline{k}|}$ erzeugte quadratische Form positiv definit ist. Wir haben somit schon einmal dieses gezeigt: Für alle $k = 1, \ldots, n$ gilt

(i) $M \succ 0 \Longrightarrow M^{\underline{k}|} \succ 0.$

Sinngemäß können wir auch in allen anderen Fällen ($\succeq$, ...) argumentieren.

Also "vererbt sich" die Definitheit einer Matrix schon einmal auf all ihre Fenstermatrizen. Nun können wir die Zeilen und Spalten von M jedoch simultan umordnen, ohne dass sich die Definitheit ändert – siehe Satz 20.55. Auf diese Weise vererbt sich Definitheit sogar auf alle diejenigen Submatrizen, die ggf. nach derartigen Umordnungen in den Fenstern sichtbar werden. Das sind natürlich gerade alle Haupt-Untermatrizen.   □

Kapitel 22

Begründung von Satz 22.57: Obwohl diese Aussage anschaulich plausibel ist, mag die formale Begründung interessant sein. Wir zeigen dies für die linke Ungleichung in (22.22).

Konvexität: Es seien $\underline{x}$ und $\underline{y}$ beliebige Lösungen von (22.22) (links), d.h. es gilt $(\underline{n} \mid \underline{x}) < b$ und $(\underline{n} \mid \underline{y}) < b$. Weiterhin sei $\lambda \in (0,1)$ beliebig. Dann gilt für $\underline{z} := \lambda \underline{x} + (1 - \lambda) \underline{y}$

$$
\begin{aligned}
(\underline{n} \mid \underline{z}) &= \big(\underline{n} \mid \lambda \underline{x} + (1 - \lambda)\,\underline{y}\big) \\
&= \underbrace{\lambda}_{>0}\,\underbrace{(\underline{n} \mid \underline{x})}_{<b} + \underbrace{(1 - \lambda)}_{>0}\,\underbrace{(\underline{n} \mid \underline{y})}_{<b} \\
&< \underbrace{(\lambda + (1 - \lambda))b}_{<b}
\end{aligned}
$$

wie gefordert.

Nichtleer: Wir betrachten den Nullvektor 0. Es gibt drei Möglichkeiten. Erstens: Es gilt $0 = (\underline{n} \mid 0) < b$, dann ist der Nullvektor eine Lösung von (22.22), die Lösungsmenge also nichtleer. Zweitens: Es gilt $0 = (\underline{n} \mid 0) > b$. Wir betrachten den Vektor $\underline{x} := \frac{2b}{(\underline{n} \mid \underline{n})} \underline{n}$; für diesen gilt

$$(\underline{n} \mid \underline{x}) = \left(\underline{n} \,\middle|\, \frac{2b}{(\underline{n} \mid \underline{n})} \underline{n}\right) = \frac{2b}{(\underline{n} \mid \underline{n})}\,(\underline{n} \mid \underline{n}) = 2b < b$$

(denn b ist negativ!); also ist $\underline{x}$ eine Lösung von (22.22). Drittens: Es gilt $0 = (\underline{n} \mid 0) = b$. Diesmal ist $\underline{n}$ eine Lösung von (22.22), denn $(\underline{n} \mid -\underline{n}) < 0 = b$. Also ist die Lösungsmenge in jedem der drei Fälle nichtleer. □

Anhang II: Lösungen ausgewählter Übungsaufgaben

Kapitel 0

Teil-Lösung zu Aufgabe 0.13:

- a) falsch
- b) falsch
- c) richtig △

Teilergebnisse zu Aufgabe 0.14:

- (i) $U = N \wedge S$, $\quad V = N \wedge \overline{S}$, $\quad W = N \wedge (P \vee S)$, $\quad X = (N \wedge B) \to P$,
  $Y = P \to \overline{B}$, $\quad Z = (S \wedge P) \to B$

- (iii) a) $B \wedge P \wedge \overline{S}$ b) $S \to B$ c) $(\overline{B} \wedge \overline{S}) \vee \overline{N}$ △

Teil-Lösung zu Aufgabe 0.15:

- (i) Dafür, dass es Nudeln gibt, ist notwendig, dass der Student P. Asta in der Mensa isst. (*Alternativ:* Dass es Nudeln gibt, ist hinreichend dafür, dass der Student P. Asta in der Mensa isst.) △

Teil-Lösung zu Aufgabe 0.16: Steht s für "Student", $H(s)$ für "s entscheidet sich für ein Hauptgericht" sowie $D(s)$ für "s wählt ein Dessert", können wir die Aussage C formal so schreiben:

$$C = \underbrace{(\forall s : H(s))}_{A} \quad \longrightarrow \quad \underbrace{(\exists s : D(s))}_{B}$$

kurz: $\qquad\qquad\qquad\qquad A \qquad \longrightarrow \qquad B$

Nach (12) Seite 20, folgt

$$\overline{C} \;=\; A \wedge \overline{B} \;=\; (\forall s : H(s)) \wedge \overline{(\exists s : D(s))} \qquad\qquad \text{(AII.1)}$$

Die wörtliche Übersetzung lautet:

`Jeder Student wählt ein Hauptgericht, aber keiner wählt ein Dessert.`

Mit Satz 0.4 können wir (AII.1) weiter umschreiben

$$\overline{C} = (\forall s : H(s)) \;\wedge\; (\forall s : \overline{D(s)})$$
$$= \forall s : (H(s) \;\wedge\; \overline{D(s)})$$

und erhalten diese leicht nuancierte Formulierung:

  `Jeder Student wählt ein Hauptgericht, aber kein Dessert.`   △

Lösung zu Aufgabe 0.42:

  $D = B\backslash A$
  $E = (B\backslash A)\triangle C$
  $F = A \cup \overline{B} \cup \overline{C}$
  $G = \overline{B} \cup ((B\backslash A) \cap \overline{C})$ △

Ergebnis zu Aufgabe 0.43:

 (i) $A \cap B$
 (ii) $A \cup B$ △

Ergebnis zu Aufgabe 0.44:

- (i) Identität ist korrekt
- (ii), (iii) Identität ist nicht korrekt   △

Lösung zu Aufgabe 0.46: Es gibt sehr viele korrekte Darstellungsmöglichkeiten. Hier einige Beispiele:

 a) $M\backslash(N \cup P)$
 b) $M \backslash N$
 c) $M \cup (O \cap P)$
 d) $(M \cap P) \backslash N$
 e) $(N \cup P) \backslash (M \cup O)$
 f) $(Q \backslash(N \cup P)) \cup (M \cap P)$

Lösung zu Aufgabe 0.47:

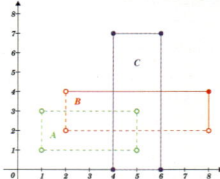

Bild 23.1: A, B und C

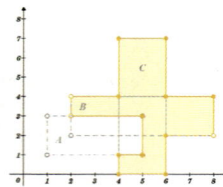

Bild 23.2: (B∪C)\A

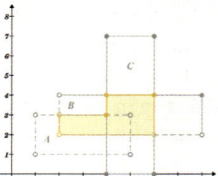

Bild 23.3: (A∩B)∪(B∩C)

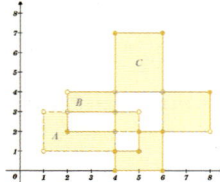

Bild 23.4: (A △ B) △ C   △

Ergebnis von Aufgabe 0.51:

$$\frac{2}{3}, \quad -\frac{1}{25}, \quad -\frac{33}{50}, \quad \frac{28}{33}, \quad \frac{6}{7}, \quad \frac{1}{3} \qquad \qquad \triangle$$

Teil-Lösung zu Aufgabe 0.52:

a) nicht sinnvoll

b) ∞ (sinnvoll)

c) $-\infty$ (sinnvoll); Ausmultiplizieren führt jedoch auf den Ausdruck $1 - \infty + \infty - \infty^2$, der nicht sinnvoll ist. $\qquad \triangle$

Lösung zu Aufgabe 0.72:

a) $x \in (\frac{3}{2}, \frac{21}{13})$

b) $x \in (-\infty, -1) \cup (3, 4] \cup [6, \infty)$

c) $x \in (-\infty, 0) \cup (1, 3)$ $\qquad \qquad \triangle$

Lösung zu Aufgabe 0.75: Wir stellen hier einen Lösungsweg vor, der sozusagen "mechanisch" abgearbeitet werden kann. Dazu lesen wir die Ungleichung so:

$$|L| < \frac{1}{2} \qquad \qquad \text{(AII.2)}$$

mit

$$L := |x - 1| - |x - 2|.$$

Um die Betragsstriche in den beiden farbigen Ausdrücken zu eliminieren, sind jeweils zwei Fälle zu betrachten. Es entstehen so vier unterscheidbare Fälle, in denen L, die linke Seite von (AII.2), jeweils eine andere Form annimmt. Wir können diese dann z.B. tabellieren:

$|L|$	$x \geq 2$	$x < 2$
$x \geq 1$	$|(x-1) - (x-2)|$	$|(x-1) - (2-x)|$
$x < 1$	$|(1-x) - (x-2)|$	$|(1-x) - (2-x)|$

Nach Vereinfachung der vier Ausdrücke in der Tabelle erhalten wir eine Übersicht über die Ungleichungen, die in diesen vier Fällen *tatsächlich* zu betrachten sind:

$|L| < \frac{1}{2}$	$x \geq 2$	$x < 2$
$x \geq 1$	$1 < \frac{1}{2}$	$|2x - 3| < \frac{1}{2}$
$x < 1$	$|3 - 2x| < \frac{1}{2}$	$1 < \frac{1}{2}$

Hierbei ist jede schwarz gedruckte Ungleichung zusammen mit den zugehörigen Rand-Ungleichungen in Blau und Rot zu lösen. Auf diese Weise entfallen alle Fälle außer dem rechts oben. (Im Feld links unten sind die beiden Randbedingungen $x < 1$ und $x \geq 2$ nicht gleichzeitig erfüllbar. Die Ungleichung $1 < \frac{1}{2}$ ist für sich allein schon niemals erfüllt.) Die verbleibende Ungleichung rechts oben lässt sich so umformen:

$$|2x - 3| < \frac{1}{2} \quad \Longleftrightarrow \quad |x - \frac{3}{2}| < \frac{1}{4} \quad \Longleftrightarrow \quad \frac{5}{4} < x < \frac{7}{4}$$

Wir fassen die in den vier Fällen maßgebenden Bedingungen zusammen:

L	$x \geq 2$	$x < 2$
$x \geq 1$	(unmöglich)	$\frac{5}{4} < x < \frac{7}{4}$
$x < 1$	(unmöglich)	(unmöglich)

Ergebnis: $M = \left(\dfrac{5}{4}, \dfrac{7}{4} \right)$.   △

Ergebnisse zu Aufgabe 0.87:

(a) $x = 25$

(b) $x \in \mathbb{R}$

(c) $x = \log_{40} 500$

(d) $x = \log_5 100$

(e) $x = 100/97$

(f) $x \in (0, 10)$ △

Ergebnisse zu Aufgabe 0.88:

(i) $a = 7^{3/2}$ $b = 3/4$

(ii) $a = 45$ $b = 2$

(iii) $a = 64$ $b = 2$

(iv) $a = 5/64$ $b = -6$ △

Ergebnisse zu Aufgabe 0.89:

(i) $a = 64$ $b = -\ln 8$

(ii) $a = 2$ $b = -1$ △

Lösung zu Aufgabe 0.120:

(i) $(x - 2)^2 (x + 3)$

(ii) $(x - 1)^2 (x - 0)^2 (x + 1)^2$

(iii) $(x^2 + 2x + 2)(x - 3)$ △

Lösung zu Aufgabe 0.121:

(i) teilbar; Quotient: $x^3 + x^2 + x + 1$

(ii) nicht teilbar; "Quotient" $x^2 + x + 1$; Divisionsrest 2

(iii) Teilbarkeit liegt genau im Fall $n = 1$ vor (Quotient: $x + 1$), für $n > 1$ ist der "Quotient" x und der Divisionsrest $x - 1$

(iv) teilbar; Quotient: $2x^5 - x^3 - x + 10$.   △

Lösung zu Aufgabe 0.122:

(i) $a + b = 2$, $3c - 4d = 15 - 46i$

(ii) $ab = ba = 2$

(iii) $(ab)d = a(bd) = 20i$

(iv) $a^* = 1 - i$, $b^* = 1 + i$, $(ab)^* = (ba)^* = 2$

(v) $a/b = i$, $c/d = -1/5 - i/2$ △

Kapitel 1

Lösung von Übungsaufgabe 5 der Mini-Vorlesung auf Seite 1043: (i) falsch, (ii) richtig.

Kapitel 2

Teillösung von Aufgabe 2.20(i):

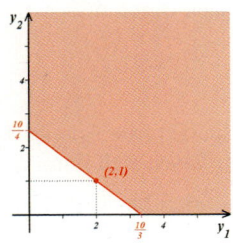

$\triangle$

Lösung von Aufgabe 2.22: Da die Güterbündel nichtnegative Koordinaten haben, gilt

$$\underline{x} \le \underline{x}' \implies 3x + 4y \le 3x' + 4y' \implies \underline{x} \trianglelefteq \underline{x}'.$$

Etwas übertrieben formuliert besagt (2.1) "mehr ist besser". $\triangle$

Lösung von Aufgabe 2.23:

(i) Für "$<$" sind nur (A) und (T) erfüllt, (R), (S) und (V) dagegen nicht. (Hinweis: Dass (A) erfüllt ist, mag verwundern, denn (A) besagt:

$$x < y \wedge y < x \quad \Rightarrow \quad y = x,$$

wobei die Voraussetzung $x < y \wedge y < x$ niemals erfüllt ist. Als logische Aussage ist die Voraussetzung also stets falsch und die Implikation (A) somit wahr. Auch dass (V) verletzt ist, mag zunächst verwundern:

$$(V)\forall x, y \in \mathbb{N} : \quad x < y \vee y < x.$$

Beachtet man, dass "$\forall x, y$" auch den Fall $x = y$ zulässt, wird verständlich, warum (V) verletzt ist.)

(ii) Für "$\mid$" gelten (R), (A) und (T), dagegen sind (S) und (V) nicht erfüllt.

(iii) Für "$\bowtie$" gelten (R), (S) ,(T), degegen gelten (A) und (V) nicht. $\triangle$

Kapitel 3

Teil-Lösung zu Aufgabe 3.20:

(i) Im Fall $M := \{1, 2, 3, 4, 5\}$ gibt es keine injektive Abbildung $f : M \to M$, die nicht surjektiv ist. (Ist f nicht surjektiv, so wird eine der Zahlen $1, \ldots, 5$ nicht als Bild angenommen – es stehen also nur vier verschiedene Zahlen als

Funktionswerte zur Verfügung. Somit müssen mindestens zwei verschiedene Argumente denselben Funktionswert haben – was der Injektivität von f widerspricht.)

(ii) Hier gibt es eine Abbildung der geforderten Art, z.B. die Abbildung $q : \mathbb{N} \to \mathbb{N} : n \to 2n$. Sie ist offensichtlich injektiv, aber nicht surjektiv (keine ungerade Zahl wird als Bild angenommen).

Der Unterschied der Ergebnisse von (i) und (ii) beruht darauf, dass M im Fall (i) endlich, im Fall (ii) unendlich viele Elemente enthält. "Endlich" und "unendlich" als *Mächtigkeit* von Mengen lassen sich durch diesen Unterschied charakterisieren. $\triangle$

Kapitel 4

Lösung zu Aufgabe 4.21: Es genügt, die Aussagen über das *Maximum* zu zeigen; die Aussagen über das Minimum lassen sich dann sinngemäß nachweisen.

(1) Wir nehmen an, M besitze *zwei* Maxima. Nach Definition 4.3 handelt es sich um Elemente x° bzw. $x^{\circ\circ}$ von M, die die folgende in Satz 4.4 beschriebene Eigenschaft haben:

(a) $x \leq x^\circ$ für alle $x \in M$,

(b) $x \leq x^{\circ\circ}$ für alle $x \in M$.

Wählen wir in (a) $x = x^{\circ\circ}$ und in (b) $x = x^\circ$, so folgt

aus (a): $x^{\circ\circ} \leq x^\circ$,

aus (b): $x^\circ \leq x^{\circ\circ}$.

Beide Ungleichungen können nur dann gleichzeitig erfüllt sein, wenn gilt $x^\circ = x^{\circ\circ}$. Die "zwei" Maxima sind also in Wirklichkeit nur eins.

(2) Wenn M ein Maximum x° besitzt, gilt wie eben gesehen die Ungleichung (a); also ist x° eine obere Schranke im Sinne von Definition 4.1. $\triangle$

Lösung zu Aufgabe 4.22:

a) $\inf M = 0$, $\min M$ existiert nicht; $\sup M = \max M = 1$

b) $\inf M = \min M = 1$, $\sup M = \infty$, $\max M$ existiert nicht

c) $\inf M = 0$, $\min M$ existiert nicht, $\sup M = \max M = 1$ $\triangle$

Lösung zu Aufgabe 4.23:

- Inneres:
  $A^\circ = E^\circ = F^\circ = \emptyset$ $B^\circ = C^\circ = (0,1)$
  $D^\circ = (-4, 11) \cup (12, 20)$ $G^\circ = \mathbb{R}$

- Rand:
  $\partial A = A = \{1\}$ $\partial B = \partial B = \{0,1\}$ $\partial D = \{-4, 11\} \cup \{12, 20\}$
  $\partial E = E = \mathbb{N}$ $\partial F = F = \mathbb{Q}$ $\partial G = \emptyset$

- Abschluss:
  $A^c = A = \{1\}$ $B^c = C^c = [0,1]$ $D^c = [-4, 11] \cup [12, 20]$
  $E^c = E = \mathbb{N}$ $F^c = \mathbb{R}$ $G^c = \mathbb{R}$ $\triangle$

Kapitel 5

Lösung zu Beispiel 5.21: Wäre nämlich irgendeine Konstante $m \in \mathbb{R}$ doch Grenzwert der Folge (m_n), die Folge $(m_n - m)$ also Nullfolge, so müsste für jedes beliebige $\varepsilon > 0$ und dazu passende $n_0(\varepsilon)$ gelten

$$|m_n - m| < \varepsilon \tag{AII.3}$$

für alle $n \geq n_0$. Für $\varepsilon = \frac{1}{4}$ heißt (AII.3) für gerade $n \geq n_0$

$$|1 - m| < \frac{1}{4} \quad \left(\text{also } m \in \left(\frac{3}{4}, \frac{5}{4}\right)\right) \tag{AII.4}$$

und für ungerade $n \geq n_0$

$$|-1 - m| < \frac{1}{4} \quad \left(\text{also } m \in \left(-\frac{5}{4}, -\frac{3}{4}\right)\right), \tag{AII.5}$$

was unmöglich ist, denn (AII.4) und (AII.5) widersprechen sich. Daher ist (m_n) nicht konvergent.   △

Lösung zu Aufgabe 5.65.: Wenn $\beta = 1$ gilt, haben wir

$$\lim_{n \to \infty} s_n = \lim(n + 1) = \infty.$$

Wenn $\beta > 1$ gilt, folgt aus Beispiel 5.42

$$\lim_{n \to \infty} \beta^n = \infty$$

und hieraus nach (5.11)

$$s_n = \frac{1 - \beta^n}{1 - \beta} \to \infty$$

. Wenn $\beta = -1$ gilt, sieht die Folge (s_n) so aus:

$$1, 0, 1, 0, 1, 0, \dots$$

Diese divergiert unbestimmt. Im verbleibenden Fall $\beta < -1$ schließlich gilt $|\beta|^n \to \infty$, wobei die Vorzeichen von β^n alternieren; deswegen gilt auch $|s_n| \to \infty$, wobei auch hier die Vorzeichen alternieren – mit dem Ergebnis unbestimmter Divergenz.
                                                                    △

Lösung zu Aufgabe 5.67:

a) 0   b) ∞ c) 0   d) 0   e) -10 △

Lösung zu Aufgabe 5.69: Wir berechnen in den ersten beiden Fällen die Quotienten $q_n := \left|\frac{a_{n+1}}{a_n}\right|$:

a) $q_n = \frac{e^{-n-1}}{e^{-n}} = \frac{1}{e} < 1$

b) $q_n = \left(\frac{1 + e^{-n-1}}{(1 + e^{-n})}\right) \cdot \frac{1}{\alpha} < 1 \cdot \frac{1}{\alpha} < 1,$

also sind beide Reihen nach dem Kriterium von d'Alembert konvergent.
Im Fall c) bemerken wir, dass für $n \in \mathbb{N}$ gilt $n \leq n^2$ und somit

$$0 \leq e^{-n^2} \leq e^{-n},$$

also ist die Reihe a) eine konvergente Maorante für die Reihe c), die somit ebenfalls konvergieren muss.   △

Kapitel 7

Lösung zu Aufgabe 7.10:
1. f_0 ist unbeschränkt (aber nach unten beschränkt); D_0 ist unbeschränkt
2. f_1 und D_1 sind beschränkt
3. f_2 ist beschränkt, D_2 ist unbeschränkt
4. f_4 ist unbeschränkt (aber nach unten beschränkt); D_4 ist unbeschränkt   △

Lösung zu Aufgabe 7.12:
(i) f ist beschränkt $\Leftrightarrow a \leq 0$
(ii) g ist beschränkt $\Leftrightarrow a < 0$ △

Kapitel 8

Lösung zu Aufgabe 8.16:
stetig: (a) – (e), (h)
unstetig: (f) (Unstetigkeitsstellen: alle $x \in \mathbb{R}$)
        (g) (Unstetigkeitsstellen: alle $x \in \mathbb{Z}$)   △

Kapitel 9

Lösung von Aufgabe 9.12:
(a) sgn ist differenzierbar an jeder Stelle $x \neq 0$; die Ableitung ist konstant Null.
(b) g ist überall auf $(0, \infty)$ differenzierbar mit $g'(x) = -\frac{1}{x^2}$.   △

Teil-Lösung von Aufgabe 9.86:
$h(x) = \sqrt{\ln(e^x + \sin x \cos x + 2)}, \quad (x \in \mathbb{R})$
$$h'(x) = \frac{1}{2\sqrt{\ln(e^x + \sin x \cos x + 2)}} \frac{1}{e^x + \sin x \cos x + 2} \left\{ e^x + \cos^2 x - \sin^2 x \right\},$$
$x \in \mathbb{R}$
Verwendet wurden die Kettenregel, die Summenregel und die Produktregel.   △

Teil-Lösung von Aufgabe 9.87:
$k(x) = (x+1)\ln(x+1), \quad (x > -1)$
$k'(x) = \ln(x+1) + 1, \quad (x > -1)$
$\varepsilon_k(x) = \dfrac{x\,k'(x)}{k'(x)} = \dfrac{x\,(1 + \ln(x+1))}{(x+1)\ln(x+1)}, \quad x \in (-1, 0) \cup (0, \infty)$
$\varepsilon_k(2) = \dfrac{2(1 + \ln 3)}{3\ln 3}$.   △

Teil-Lösung von Aufgabe 9.90:
(i) $\varepsilon_{x_A}(p) = \dfrac{p(2p+6)}{p^2 + 6p + 9} = \dfrac{2p(p+3)}{(p+3)^2} = \dfrac{2p}{p+3}; \quad 2 \leq p \leq 10$
(ii) $\varepsilon_{x_A}(7) = \dfrac{14}{10} = \dfrac{7}{5};$
Interpretation: Steigert man den Preis p – ausgehend vom derzeitigen Niveau $p = 7$ – um 1%, wird sich das Angebot ca. um 1,4% erhöhen.

(iii) x_A ist definitionsgemäß unelastisch an jeder Stelle p mit $|E_A(p)| < 1$. Unter Beachtung der Bedingung $2 \leq p \leq 10$ gilt hier

$$|\varepsilon_{x_A}(p)| < 1 \quad \Longleftrightarrow \quad \frac{2p}{p+3} < 1 \quad \Longleftrightarrow \quad p < 3,$$

also ist x_A für $p \in [2, 3)$ unelastisch. $\qquad \triangle$

Kapitel 10

Lösung zu Beispiel 10.3(B): Man wähle z.B. zunächst x, y beliebig aus dem Intervall $(-\infty, 0)$ aus, so dass gilt

$$x \quad < \quad y.$$

Durch Multiplikation mit dem *negativen* Faktor x folgt hieraus

$$x \cdot x > x \cdot y,$$

durch Multiplikation mit dem *negativen* Faktor y hingegen

$$x \cdot y > y \cdot y.$$

Auch hier sind die beiden letzten Zeilen zusammenzufassen und ergeben das Gewünschte:

$$x^2 \quad > \quad y^2.$$

Nimmt man $y = 0$ hinzu, ergibt sich nichts Neues. $\qquad \triangle$

Lösung zu Beispiel 10.4: Wir wählen beliebige Werte x, y aus $\mathbb{R}$ mit $x < y$ und unterscheiden der guten Sorgsamkeit halber folgende Fälle:

(i) x und y liegen "auf derselben Seite" der 0, genauer: es gilt entweder $x < y < 0$ oder $0 < x < y$.

(ii) x und y liegen "auf verschiedenen Seiten" der 0, genauer: es gilt $x < 0 < y$.

(iii) die Grenzfälle $x < y = 0$ oder $0 = x < y$.

Zu Fall (i): Es gelte etwa $x < y < 0$. Nun folgt aus

$$x < y$$

zunächst, weil die Quadratfunktion q auf $(-\infty, 0)$ streng fallend ist,

$$x^2 > y^2,$$

hieraus nun nach Multiplikation mit dem *negativen* Faktor x

$$x^3 < x \cdot y^2.$$

Andererseits folgt aus $x < y$ durch Multiplikation mit dem positiven Faktor y^2 auch

$$x \cdot y^2 < y^3.$$

Die letzten beiden Ungleichungen zusammen bewirken das Gewünschte:

$$x < y \Rightarrow x^3 < y^3;$$

(Sind x und y beide positiv, d.h. gilt $0 < x < y$, so geht man analog vor.)

Der Fall (ii) ist verblüffend einfach: Aufgrund der Voraussetzung $x < 0 < y$ ist x^3 negativ, y^3 hingegen positiv, also muss $x^3 < y^3$ gelten!

Im Fall (iii) ist entweder x^3 negativ und $y^3 = 0$, oder $x^3 = 0$ und y^3 positiv. Auch hier muss $x^3 < y^3$ gelten. △

Lösung zu Beispiel 10.5: Angenommen, für gewisse $0 < x < y$ wäre die Aussage $\frac{1}{y} < \frac{1}{x}$ nicht richtig; es gelte vielmehr $\frac{1}{x} \leqslant \frac{1}{y}$. Wir multiplizieren die vorausgesetzte Ungleichung $x < y$ mit dem *positiven* Faktor $\frac{1}{x}$ und erhalten

$$1 = x \cdot \frac{1}{x} < y \cdot \frac{1}{x}. \tag{AII.6}$$

Weiterhin multiplizieren wie die angenommene Ungleichung $\frac{1}{x} \leqslant \frac{1}{y}$ mit dem *positiven* Faktor y und erhalten

$$y \cdot \frac{1}{x} \leqslant y \cdot \frac{1}{x} = 1. \tag{AII.7}$$

Setzt man (AII.6) und (AII.7) zusammen, so folgt

$$1 = x \cdot \frac{1}{x} < y \cdot \frac{1}{x} \leqslant y \cdot \frac{1}{x} = 1$$

also müsste gelten

$$1 < 1 \qquad (\text{– ein Widerspruch}). \quad △$$

Lösung zum Beispiel 10.17: Um die Aussagen von Satz 10.12 über mittelbare Funktionen verwenden zu können, stellen wir die Funktion $\frac{1}{f}$ als mittelbare Funktion dar. Wir können schreiben $\frac{1}{f(x)} = h(f(x))$ mit $h(y) := \frac{1}{y}$, wobei entweder $y \in (-\infty, 0)$ oder $y \in (0, \infty)$ zu wählen ist – je nachdem, ob f nur positive oder nur negative Werte annimmt. In beiden Fällen ist die äußere Funktion h eine streng fallende Grundfunktion. Das Verhalten der Gesamtfunktion $h \circ f$ hängt nun noch von der Monotonie der inneren Funktion f ab:

In der Teilaussage *(i)* ist f wachsend, also sind f und h *gegenläufig* monoton, mithin ist $\frac{1}{f}$ fallend.

In der Teilaussage *(ii)* ist f fallend, also sind f und h *gleichläufig* monoton, daher wird $\frac{1}{f}$ wachsend.

(Bei *strenger* Monotonie von f ist dann auch $\frac{1}{f}$ *streng* monoton.) △

Ergebnisse zu 10.39:

a) $s \searrow$ auf $D_f = \mathbb{R}$

b) $s \searrow$ auf $(-\infty, -\frac{55}{38}]$, $s \nearrow$ auf $[-\frac{55}{38}, \infty)$

c) $s \nearrow$ auf $(-\infty, -2]$, $s \searrow$ auf $[-2, 6]$, $s \nearrow$ auf $[6, \infty)$

d) $s \searrow$ auf $(-\infty, 0]$, $s \nearrow$ auf $[0, \infty)$

e) $s \nearrow$ für $x > 0$

f) $s \nearrow$ für $x \geq 1$. △

Lösung zu 10.41: Es gelte $x < y$ für $x, y \in D$. Voraussetzungsgemäß gilt dann $f_n(x) \leq f_n(y)$ für alle $n \in N$. Durch den Grenzübergang $n \to \infty$ geht diese Ungleichung über in $f(x) = \lim f_n(x) \leq \lim f_n(y) = f(y)$. Sind alle Funktionen f_n sogar streng monoton, können wir *nicht* schließen: $f(x) \quad < \quad f(y)$.

Gegenbeispiel: $D = [0, 1)$, $f_n(x) := x^n$, $x \in D$,. Es gilt: f_n ist streng wachsend für jedes n, jedoch

$$\lim_{n \to \infty} f_n(x) = \lim_{n \to \infty} x^n = 0 = f(x).$$

Die Grenzfunktion $x \to 0$ ist *nicht* streng monoton.   △

Kapitel 11

Lösung zu Aufgabe 11.57: Die "Reziprokfunktion" $r : x \to \frac{1}{x}$ ist auf $(0, \infty)$ strikt konvex.

Denn: Wir wählen $x, y > 0$ mit $x \neq y$ und λ aus $(0, 1)$ beliebig aus und schreiben der Bequemlichkeit halber $\mu := 1 - \lambda$. Zu prüfen ist, ob gilt $r(\lambda x + \mu y) < \lambda r(x) + \mu r(y)$, d.h. ob gilt

$$\frac{1}{\lambda x + \mu y} < \frac{\lambda}{x} + \frac{\mu}{y}$$

bzw. (nach Addition der Brüche rechts)

$$\frac{1}{\lambda x + \mu y} < \frac{\lambda y + \mu x}{xy}. \tag{AII.8}$$

Natürlich ist kaum unmittelbar zu sehen, ob diese Ungleichung gilt. Wir versuchen daher zunächst, sie durch Äquivalenzumformung auf eine etwas einfachere Gestalt zu bringen. Multiplikation mit den beiden positiven Nennern ergibt

$$xy < (\lambda x + \mu y)(\lambda y + \mu x);$$

Ausmultiplizieren der rechten Seite

$$xy < \lambda\mu(x^2 + y^2) + (\lambda^2 + \mu^2)xy. \tag{AII.9}$$

Nach Wahl von λ und μ gilt jedoch $1^2 = (\lambda + \mu)^2 = \lambda^2 + 2\lambda\mu + \mu^2$ und folglich $\lambda^2 + \mu^2 = 1 - 2\lambda\mu$, daher geht (AII.9) über in

$$xy < \lambda\mu(x^2 + y^2) + (1 - 2\lambda\mu)xy.$$

Abzug von xy auf beiden Seiten liefert

$$0 < \lambda\mu(x^2 + y^2) - 2\lambda\mu xy = \lambda\mu(x^2 - 2xy + y^2),$$

mithin ist (AII.8) äquivalent zu

$$0 < \lambda\mu(x - y)^2. \tag{AII.10}$$

Diese Ungleichung jedoch ist mit Sicherheit erfüllt, denn nach Wahl von λ, μ, x und y sind alle drei Faktoren auf der rechten Seite von (AII.10) positiv.   △

Lösung zu Aufgabe 11.69:

(ia) Man wähle auf $D := [0, \infty)$ die Funktionen a und b gemäß $f(x) := e^{2x}$, $g(x) := x^2$. Die Differenz beider Funktionen c, gegeben durch
$c(x) := a(x) - b(x)$, $x \in D$, ist eine strikt konvexe Funktion (Nachweis mit Hilfe der zweiten Ableitung).

(ib) Man vertausche einfach die Rollen von f und g in (i) (a).

(iia) $f(x) := x^{\frac{3}{2}}$ $(x \geq 0)$ ist strikt konvex, $g(x) := x$ $(x \geq 0)$ ist konvex (beide nach Katalog). Die Produktfunktion $f \cdot g$ berechnet sich gemäß $f \cdot g(x) = x^{\frac{5}{2}}$, $x \geq 0$, und ist strikt konvex ($\nearrow$ Katalog).

(iiia) $f(x) := x^2$ $(x > 0)$ ist strikt konvex, der Reziprokwert ist
$(\frac{1}{f})(x) = x^{-2}$, $x > 0$ – ebenfalls strikt konvex $\qquad\triangle$

Lösung zu Aufgabe 11.71:
Zu (i): Wir betrachten das Maximum $V := \max\{f, g\}$ aus beiden Funktionen. Wir zeigen, dass V konvex ist, wenn f und g konvex sind. Es seien dazu $x < y$ aus D und $\lambda \in (0, 1)$ beliebig gewählt. Zu zeigen ist, dass gilt

$$V(\lambda x + (1 - \lambda)y) \leqslant \lambda V(x) + (1 - \lambda)V(y)$$

bzw., unter Verwendung der Abkürzung $z := \lambda x + (1 - \lambda)y$,

$$V(z) \leqslant \lambda V(x) + (1 - \lambda)V(y). \tag{AII.11}$$

Nun gilt per definitionem $V(z) = f(z)$ oder $V(z) = g(z)$. Im ersten Fall folgt aus der Konvexität von f und der Ungleichung $f \leqslant V$

$$V(z) = f(z) \leqslant \lambda f(x) + (1 - \lambda)f(y) \leqslant \lambda V(x) + (1 - \lambda)V(y), \tag{AII.12}$$

d.h., es gilt (AII.11). Im zweiten Fall folgt aus der Konvexität von g und der Ungleichung $g \leqslant V$

$$V(z) = g(z) \leqslant \lambda g(x) + (1 - \lambda)g(y) \leqslant \lambda V(x) + (1 - \lambda)V(y), \tag{AII.13}$$

also gilt auch in diesem – und damit in jedem – Fall (AII.11).

Sind f und g beide strikt konvex, so können die linken Ungleichungen "$\leqslant$" in (AII.12) und (AII.13) durch "$<$" ersetzt werden – mit der Folge, dass auch in (AII.11) die echte Ungleichung "$<$" besteht, mithin V strikt konvex ist.

Zu (ii): Diese Behauptung wird ganz analog gezeigt – es ist lediglich die Richtung sämtlicher auftretenden Ungleichungen umzukehren. $\qquad\triangle$

Lösung zu Aufgabe 11.72: Wir wählen x, y aus D mit $x < y$ und $\lambda \in (0, 1)$ beliebig. Voraussetzungsgemäß gilt dann $f_n(\lambda x + (1 - \lambda)y) \leqslant \lambda f_n(x) + (1 - \lambda)f_n(y)$ für alle $n \in \mathbb{N}$. Durch Grenzübergang $n \to \infty$ auf beiden Seiten geht diese Ungleichung über in $f(\lambda x + (1 - \lambda)y) \leqslant \lambda f(x) + (1 - \lambda)f(y)$, was zu zeigen war. $\qquad\triangle$

Kapitel 12

Lösung von Aufgabe 12.71:

$$x_{opt} = 62 \quad G_{max} = G(x_{opt}) = 2 \cdot 62^2 \cdot e^{-2} (\approx 1040, 46)$$

(Die Gewinnfunktion G besitzt die Ableitung $G'(x) = (4x - \frac{2}{31}x^2)e^{-x/31}$ und im Inneren des Definitionsbereiches $[0, \infty)$ nur bei $x = 62$ einen stationären Punkt. An den Rändern gilt $G(0) = 0$ sowie $G(\infty-) = 0$ (letzteres ist dem Aufgabentext zu entnehmen). Deswegen kann das Ergebnis durch Kandidatenvergleich gefunden werden.) △

Kapitel 13

Lösung zu Aufgabe 13.44:

a) $-\frac{1}{3}$ b) $\frac{1}{2}e^{2x-5}(x - \frac{1}{2}) + c$ c) $\frac{1}{3}\ln^3 x + c$ d) $\frac{5}{6}$ e) $f(g(x)) + c$ △

Kapitel 14

Lösung von Aufgabe 14.7: Die Aussage ergibt sich aus einem Schnelltest, denn J ist Summe gleichsinniger Katalogfunktionen mit entsprechenden Eigenschaften. △

Lösung von Aufgabe 14.8: Es gilt für $x \geq 0$

$$K'(x) = 9x^2 - 60x + 106 = 9\left(x^2 - \frac{20}{3}x + \frac{106}{9}\right) \quad > 0,$$

(denn der quadratische Term hat keine reellen Nullstellen), also ist K s↗. Weiterhin gilt

$$K'' = 18x - 60 \quad \begin{cases} > 0 & x > 10/3 \\ = 0 & x = 10/3 \\ < 0 & x \in [0, 10/3) \end{cases}$$

also ist K s∩ auf $[0, 10/3]$, s∪ auf $[10/3, \infty)$. Insgesamt ist K ertragsgesetzlich. △

Lösung von Aufgabe 14.9: Für $x > 0$ gilt

$$L'(x) = \frac{1}{2}x^{-1/2} + \frac{3}{2}x^{1/2} \quad > 0$$

$$L''(x) = -\frac{1}{4}x^{-3/2} + \frac{3}{4}x^{-1/2} = \frac{1}{4}x^{-3/2}(3x - 1) \quad \begin{cases} > 0 & x > 1/3 \\ = 0 & x = 1/3 \\ < 0 & x \in (0, 1/3) \end{cases}$$

also ist L s↗, s∩ auf $[0, 1/3]$ und s∪ auf $[1/3, \infty)$; insgesamt ertragsgesetzlich. Die Stückkostenfunktion ist für $x > 0$ gegeben durch

$$l(x) = x^{-1/2} + x^{1/2}.$$

Es folgt

$$l'(x) = -\frac{1}{2}x^{-3/2} + \frac{1}{2}x^{-1/2}$$

$$l''(x) = \frac{3}{4}x^{-5/2} - \frac{1}{4}x^{-3/2} = \frac{1}{4}x^{-5/2}(3-x) \quad \begin{cases} > 0 & x \in (0,3) \\ < 0 & x > 3 \end{cases}$$

also hat L an der Stelle $x = 3$ einen Wendepunkt und ist *nicht* konvex. $\triangle$

Lösung von Aufgabe 14.10: Wir zeigen zunächst, dass M streng wächst. Für $x \geq 0$ gilt

$$M'(x) = 1 - 2xe^{-x^2} =: 1 - \varphi(x)$$

mit

$$\varphi(x) = 2xe^{-x^2}, \quad x \geq 0.$$

Wir wollen zeigen

$$M'(x) = 1 - \varphi(x) \quad > 0 \qquad \forall\, x \geq 0,$$

was gleichbedeutend ist mit

$$\varphi(x) \quad < \quad 1 \qquad \forall\, x \geq 0.$$

Hinreichend dafür ist

$$\max \varphi \quad < \quad 1.$$

Weil nicht offensichtlich ist, ob das gilt, untersuchen wir

$$\varphi : [0, \infty) \quad \to \mathbb{R} : \quad x \to 2xe^{-x^2}$$

auf Extremwerte: Es gilt für $x \geq 0$

$$\varphi'(x) = (2xe^{-x^2})' \quad = \quad 2(1 - 2x^2)e^{-x^2},$$

$$\varphi'(x) = 0 \quad \Leftrightarrow \quad x^2 = \frac{1}{2} \quad \Leftrightarrow \quad x = \sqrt{\frac{1}{2}},$$

also ist $x^\circ := \sqrt{\frac{1}{2}}$ einziger stationärer Punkt. Weiterhin gilt

$$\varphi(x) = 0, \quad \varphi \geq 0 \quad \text{und}$$

$$\varphi(\infty-) = \lim_{x \to \infty} \frac{2x}{e^{x^2}} = \lim_{x \to \infty} \frac{2}{2xe^{x^2}} = 0,$$

letzteres nach Bernoulli-L´Hospital. Deswegen ist der einzige stationäre Punkt $x^\circ = \sqrt{\frac{1}{2}}$ *globaler* Maximumpunkt von φ, und es folgt, wie gewünscht

$$\max \varphi = \varphi\left(\sqrt{\frac{1}{2}}\right) = 2\sqrt{\frac{1}{2}}\, e^{-\left(\sqrt{\frac{1}{2}}\right)^2} = \sqrt{\frac{2}{e}} \quad < 1.$$

Im zweiten Schritt untersuchen wir M auf Krümmungsverhalten. Es gilt

$$M'' = (4x^2 - 2)\, e^{-x^2} \begin{cases} > 0 & x > \sqrt{\frac{1}{2}} \\ = 0 & x = \sqrt{\frac{1}{2}} \\ < 0 & x \in [0,\, \sqrt{\frac{1}{2}}). \end{cases}$$

also ist M s$\cap$ auf $[0, \sqrt{\frac{1}{2}}]$ und s$\cup$ auf $[\sqrt{\frac{1}{2}}, \infty)$. Insgesamt ist M ertragsgesetzlich. △

Ergebnisse von Aufgabe 14.15:

a) keine NF (nicht fallend, nicht ≥ 0)

b) NF, $p_{\max} = \pi/2$, $x_{\max} = 1$, ZE : (1), (2), (3) bei $W = [0,\, 1]$

c) NF, $p_{\max} = x_{\max} = \infty$, ZE : (3); nicht umkehrbar

d) NF, $p_{\max} = \infty$, $x_{\max} = 20/3$, ZE : (1), (2), (3)

e) NF, $p_{\max} = \infty$, $x_{\max} = 4$, ZE : (1)

(Legende: NF: Nachfragefunktion, W: Wertevorrat, ZE: Zusatzeigenschaften)   △

Lösung von Aufgabe 14.25: Setzen wir $Q(x) := C(x)/x$, so gilt nach Quotientenregel $Q'(x) = \{C'(x)x - C(x)\}x^2$, $x > 0$. Wir haben dann die folgenden beiden Äquivalenzen:

$$\varepsilon_C \geq 0 \quad \Leftrightarrow \quad xC'(x)/C(x) \geq 0 \quad \forall x > 0 \quad \Leftrightarrow \quad C'(x) \geq 0 \quad \forall x > 0 \quad \Leftrightarrow \quad C$$

ist wachsend und

$$\varepsilon_C \leq 1 \quad \Leftrightarrow \quad xC'(x)/C(x) \leq 1 \quad \forall x > 0 \quad \Leftrightarrow \quad C'(x)x \leq C(x) \quad \forall x > 0$$

$$\Leftrightarrow \quad C'(x)x - C(x) \leq 0 \quad \forall x > 0 \quad \Leftrightarrow \quad Q'(x) \leq 0 \quad \forall x > 0 \quad \Leftrightarrow \quad Q$$

ist fallend; zusammen

$$0 \leq \varepsilon_C \leq 1 \quad \Leftrightarrow \quad C$$

ist wachsend, Q ist fallend wie gefordert.   △

Lösung von Beispiel 14.26: Für jede der Funktionen $x \to C_i(x)$ tabellieren wir die Ableitung sowie die Quotientenfunktion $x \to Q_i(x) := C_i(x)/x$ und deren Ableitung:

Ausgangsfunktion	Ableitung auf $(0, \infty)$
$C_7 = \ln(e + Y)$	$C_7' = \frac{1}{e+Y} > 0$
$C_8 = a(\rho + \frac{1}{1+\rho})$	$C_8' = a(1 - \frac{1}{(1+\rho)^2}) > 0$
$C_9 = a(x + e^{-x^2})$	$C_9' = a(1 - 2xe^{-x^2}) > 0$ (*)

Ergebnis: $C_7 - C_9$ sind streng wachsend.

Quotientenfunktion	Ableitung auf $(0, \infty)$
$Q_7 = \frac{\ln(e+Y)}{Y}$	$Q_7' = \left(\frac{Y}{e+Y} - \ln(e+Y) \right)/Y^2 < 0$ (**)
$Q_8 = a(1 + \frac{1}{\rho} \cdot \frac{1}{1+\rho})$	s$\searrow$ (***)
$Q_9 = a(1 + \frac{1}{x}e^{-x^2})$	s$\searrow$ (***)

Ergebnis: $Q_7 - Q_9$ sind streng fallend, wie gefordert.

Hinweise:

(*) folgt wie in Übung 14.10

(**) ergibt sich aus $\frac{Y}{e+Y} < 1$ in Verbindung mit $\ln(e+Y) > \ln e = 1$

(***) Das Produkt $\frac{1}{\rho} \cdot \frac{1}{1+\rho}$ hat positive, streng fallende Faktoren und ist damit streng fallend (vgl. Aufgabe 10.37)   △

Lösung von Beispiel 14.27:

1) $C_{10}(\tau)/\tau = \ln(3+\tau)$ ist wachsend (statt fallend)

2) $Q_{11}(x) = C_{11}(x)/x = \frac{x^2+1}{x^2+x}$, $x > 0$, hat die Ableitung

$$Q'_{11}(x) = \frac{2x^2 - 2x}{(x^2+x)^2} \quad \begin{cases} \geq 0 & x \geq 1 \\ < 0 & x \in (0,1) \end{cases}$$

und ist also **nicht** fallend.

3) $Q_{12}(u) = \sqrt{u} - 1$, $u > 0$, ist wachsend (statt fallend).   △

Lösung von Aufgabe 14.40:

a) Kostenfunktion, ertragsgesetzlich

b) keine Kostenfunktion, da nicht wachsend

c) keine Kostenfunktion, da nicht wachsend

d) keine Kostenfunktion, da negative "Fixkosten"

e) Kostenfunktion, neoklassisch   △

Lösung von Aufgabe 14.47: Weil N nicht konstant ist, gibt es einen Preis p in D_N, zu dem die Nachfrage geringer ausfällt als die maximale; formal: $N(p) < N(0)$.

Da N konkav ist, gibt es eine (obere) Stützgerade g mit $g(p) = N(p)$, und $g(q) \geq N(q)$ für alle q. Diese kann nicht konstant sein, weil ansonsten $N(0) \leq g(0) = g(p) = N(p)$ gelten müsste im Widerspruch zur Annahme. Also leistet $Q := g$ das Verlangte.

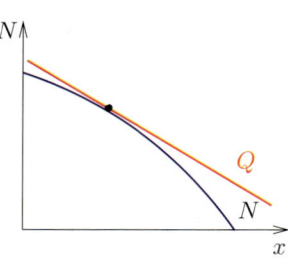

△

Lösung von Aufgabe 14.73: Die Fixkosten betragen 224000 Euro.

Denn: Aus den durchschnittlichen variablen Kosten ergeben sich die variablen Kosten $K_v(x) = 7x^{\frac{3}{2}} + 5x$, $x \geq 0$, daraus die Gesamtkosten $K(x) = 7x^{\frac{3}{2}} + 5x + C$, $x \geq 0$ (wobei C die noch unbekannten Fixkosten bezeichnet). Der betriebsoptimale Output ist stationärer Punkt der Stückkostenfunktion $k(x) = 7x^{\frac{1}{2}} + 5 + \frac{C}{x}$, $x > 0$, mit $k'(x) = \frac{7}{2}x^{-\frac{1}{2}} - Cx^{-2} = x^{-2}(\frac{7}{2}x^{\frac{3}{2}} - C)$. Da $k'(16) = 0$ gelten muss, ergibt sich $C = 224$.   △

Ergänzung zu Beipiel 14.98 (Seite 479): Die stationären Punkte werden über den Ansatz

$$G'(x) = p - (9x^2 - 60x + 106) = 0$$

bzw. äquivalent

$$x^2 - \frac{20}{3}x + \frac{(106 - p)}{9} = 0$$

bestimmt. Die potentiellen Nullstellen dieser Gleichung sind

$$x_{1,2} = \frac{10}{3} \overset{+}{-} \sqrt{\frac{100}{9} - \frac{(106 - p)}{9}} = \frac{(10 \overset{+}{-} \sqrt{(p - 6)})}{3}. \qquad \text{(AII.14)}$$

Wir haben folgende Fälle zu unterscheiden:

(a) Es gilt $p < 6$: Dann besitzt (AII.14) keine reellen Lösungen. Welches Vorzeichen hat die Funktion G'? Weil G' stetig ist, ändert es sich auf ganz $[0, \infty)$ nicht und ist dasselbe wie dasjenige von $G'(0) = -106$. Mithin ist die Funktion G streng fallend.

(b) Es gilt $p \geq 6$; dann ist (AII.14) reellwertig lösbar. Die kleinere der beiden Nullstellen ist

$$x_1 = \frac{(10 - \sqrt{p - 6})}{3};$$

(diese kann im Fall $p > 106$ negativ und damit für uns uninteressant werden), die größere ist

$$x_2 = \frac{(10 + \sqrt{p - 6})}{3};$$

und beträgt in jedem Fall mindestens $\frac{10}{3}$. Der Charakter dieser Nullstellen ist schnell anhand der zweiten Ableitung G'' von G geklärt: Es gilt

$$G''(x) = 60 - 18x = 18(\frac{10}{3} - x);$$

also

$$G''(x_1) = 6\sqrt{p - 6} \quad \text{und} \quad G''(x_2) = -6\sqrt{p - 6};$$

bei x_2 liegt also ein lokales Maximum, bei x_1 ein lokales Minimum vor. $\qquad \triangle$

Lösung von Aufgabe 14.99: Es gilt hier $G(x) = -(x^2 - 20x + 25), x \geq 0$. Die Nullstellen dieser Funktion werden bestimmt und ergeben Gewinnschwelle und -grenze:

$$x_{GS} = 10 - \sqrt{75} \quad \text{und} \quad x_{GG} = 10 + \sqrt{75}.$$

Der maximale Gewinn wird "genau in der Mitte", also bei $x = 10$ erreicht (die Gewinnfunktion ist parabolisch!); es gilt $G_{max} = G(10) = 70$ [GE]. $\qquad \triangle$

Lösung von Aufgabe 14.101:
(i) 504 [GE] $\quad$ (ii) 22 [ME] $\quad$ (iii) $x_{GS} = 2$, $x_{GG} = 42$ [ME] $\qquad \triangle$

Lösung von Aufgabe 14.102: Output: 2/3 [ME]; Monopolgewinn: 3 [GE]. $\qquad \triangle$

Lösung von Aufgabe 14.104: $K(x) = \frac{x^2}{7} + 115x + 28, x \geq 0$. $\qquad \triangle$

Lösung von Aufgabe 14.105: Die Gewinnfunktion G hat die Form

$$G(x) = E(x) - K(x) = 1920x - (x^4 - 32x^3 + 376x^2 + 500), \quad x \geq 0.$$

Gesucht werden zunächst Nullstellen der Ableitung

$$G'(x) = 1920 - 4x^3 + 96x^2 - 752x, \quad x \geq 0.$$

Wir schreiben:

$$G'(x) = 4H(x)$$

mit $H(x) = -x^3 + 24x^2 - 188x + 480$. Da es sich um ein Polynom dritten Grades handelt, versuchen wir uns die Anwendung einer komplizierten Formel zu ersparen und stattdessen eine ganzzahlige Nullstelle zu finden, die ein Teiler von 480 sein muss. Die Primfaktorzerlegung lautet: $480 = 2^5 \cdot 3 \cdot 5$; unsere Kandidaten lauten also $2, 3, 4, 6, 8...$ usw. Der kleinste, der das Gewünschte leistet, ist $x_1 = 6$. Eine Polynomdivision ergibt:

$$(-x^3 + 24x^2 - 188x + 480) : (x - 6) = -x^2 + 18x - 80$$

und es folgt $H(x) = -(x-6)(x^2 - 18x + 80)$. Der rechtsstehende quadratische Term liefert nun die beiden weiteren Nullstellen $x_{2,3} = 9 \pm 1$ von H. Extrempunktkandidaten sind also die 3 stationären Punkte $6, 8, 10$, sowie der Randpunkt 0. Es gilt $G(0) = -500$, $G(6) = G(10) = 3100$, $G(8) = 3084$. Mithin wird das globale Gewinnmaximum für die beiden Outputwerte $x = 6$ und $x = 10$ angenommen. $\triangle$

Lösung von Aufgabe 14.106: Wäre E nicht konkav, könnte man Punkte $x < y$ im Definitionsbereich und ein $\lambda \in (0,1)$ derart finden, dass gilt

$$E(\lambda x + \mu y) < \lambda E(x) + \mu E(y), \tag{AII.15}$$

wobei $\mu := 1 - \lambda$ bedeutet. Wir setzen nun p in die Definition von E ein; dann geht (AII.15) über in

$$(\lambda x + \mu y)p(\lambda x + \mu y) < \lambda x p(x) + \mu y p(y). \tag{AII.16}$$

Nun ist p voraussetzungsgemäß konkav, also gilt

$$\lambda p(x) + \mu p(y) \leq p(\lambda x + \mu y). \tag{AII.17}$$

Setzen wir (AII.17) in (AII.16) ein, so folgt erst recht

$$(\lambda x + \mu y)(\lambda p(x) + \mu p(y)) < \lambda x p(x) + \mu y p(y). \tag{AII.18}$$

Wir multiplizieren das links stehenden Produkt aus und bringen zwei Summanden auf die rechte Seite; es bleibt

$$\lambda x \mu p(y) + \mu y \lambda p(x) < (\lambda - \lambda^2)x p(x) + (\mu - \mu^2)y p(y).$$

Wegen $\mu = 1 - \lambda$ gilt $\lambda - \lambda^2 = \mu - \mu^2 = \lambda\mu$, und (AII.18) geht über in

$$\lambda\mu(xp(y) + yp(x)) < \lambda\mu(xp(x) + yp(y)),$$

also

$$y(p(x) - p(y)) < x(p(x) - p(y)). \tag{AII.19}$$

Weil p fallend ist, gilt $p(x) - p(y) > 0$ oder $p(x) - p(y) = 0$. Im zweiten Fall geht (AII.19) in die Ungleichung $0 < 0$ über – ein Widerspruch. Im ersten Fall könnten wir (AII.19) durch Divison in die Ungleichung $y < x$ überführen – diese widerspricht unserer Voraussetzung $x < y$. Also ist die Annahme, E sei nicht konkav, nicht haltbar. $\triangle$

Ergebnis von Aufgabe 14.119: Das Angebot x ergibt sich aus dem Marktpreis p gemäß

$$x_{AV}(p) = \begin{cases} 0 & p \le 50 \\ (p-8)/6 & 50 < p \le 218 \\ 35 & 218 < p. \end{cases}$$

$\triangle$

Ergebnis von Aufgabe 14.122:

$$x(p) = \begin{cases} (p - 50/2)^{3/4} & p > 290 \\ 0 & \text{sonst.} \end{cases}$$

$\triangle$

Lösung von Aufgabe 14.125: (i) $a = 72$ (ii) $a = 16$ (iii) $a = 36$ (iv) $a = 1$
(v) $a = 12$ $\triangle$

Lösung von Aufgabe 14.130:

   (i) $p_{\max} = 13\frac{11}{25} = 13,44$ [GE/ME]

   (ii) $x_{\max} = 36$ [ME]

   (iii) Gleichgewichtspreis 7 [GE/ME]

   (iv) Gleichgewichtsnachfrage 21 [ME] $\triangle$

Lösung von Aufgabe 14.135:
a) $p_M = 5$ b) $x_M = 15$ c) $R_K = 41\frac{2}{3}$ d) $R_P = 22\frac{1}{2}$ $\triangle$

Lösung von Aufgabe 14.140: Wir erinnern zunächst an die Bedingungen, denen eine ertragsgesetzliche Kostenfunktion genügen muss:

(1) K hat nichtnegative Fixkosten: $K_F \ge 0$,

(2) K ist streng monoton wachsend,

(3) K wechselt die Krümmung von konkav nach konvex.

(1) ist hier offensichtlich erfüllt, denn es gilt $K_F = 10$. (2) und (3) können mit Hilfe der ersten beiden Ableitungen von K überprüft werden. Diese sind

$$K'(x) = 3x^2 - 2bx + 1 \qquad K''(x) = 6x - 2b.$$

Die zweite Ableitung ist "einfacher", also sehen wir uns erst einmal den Krümmungswechsel an: Es gilt[3]

$$\{K''(x) > 0 // K''(x) = 0 // K''(x) \le 0\} \Longleftrightarrow \{x > \frac{b}{3} // x = \frac{b}{3} // 0 \le x < \frac{b}{3}\}.$$

---

[3]Diese Notation ist als eine "Weiche" zu interpretieren.

Mithin hat K den geforderten Krümmungswechsel genau dann, wenn gilt $b > 0$. Es verbleibt K auf strenges Wachstum zu untersuchen. Notwendig hierfür ist zunächst, dass gilt

$$K'(x) = 3x^2 - 2bx + 1 \geq 0$$

für alle $x \geq 0$ bzw. gleichbedeutend

$$x^2 - \frac{2}{3}bx + \frac{1}{3} \geq 0. \tag{AII.20}$$

Der links stehende Ausdruck für sich genommen ist die Gleichung einer Parabel, deren Scheitelpunkt die positive Abszisse $\frac{b}{3}$ besitzt. Die Ungleichung (AII.20) ist genau dann erfüllt, wenn diese Parabel "oberhalb der x-Achse" verläuft, genauer: wenn die zu (AII.20) gehörige *Gleichung* keine oder höchstens eine reelle Nullstelle besitzt. Dies ist gemäß $p - q$-Formel für die potentiellen Nullstellen

$$x_{1,2} = \frac{b}{3} \overset{+}{-} \sqrt{\frac{b^2}{9} - \frac{1}{3}}$$

genau dann der Fall, wenn der Radikand nichtpositiv ist

$$\frac{b^2}{9} - \frac{1}{3} \leq 0 \iff b^2 \leq 3.$$

Da b positiv ist, schließen wir auf die notwendige Wachstumsbedingung $0 < b \leq \sqrt{3}$. Ist sie erfüllt, gilt andererseits die Ungleichung (AII.20) sogar überall im strengen Sinne (mit Ausnahme des Punktes $x = \frac{b}{3}$), also ist diese Bedingung hinlänglich für strenges Wachstum von K. Zusammengefasst ist K genau dann ertragsgesetzlich, wenn gilt $0 < b \leq \sqrt{3}$. $\triangle$

Lösung von Beispiel 14.141: Wir erinnern: Die Ableitungen von f sind $f'(x) = 3ax^2 + 2bx + c$ sowie $f''(x) = 6ax + 2b$, $x \geq 0$.
Zunächst setzen wir voraus, f sei eine ertragsgesetzliche Kostenfunktion. Dann ist f schon einmal nichtnegativ, es muss $f(0) = d \geq 0$ sowie $a > 0$ gelten (sonst wäre $\lim_{x\to\infty} f(x) = -\infty$). Weiterhin besitzt f an einer Stelle $x_W > 0$ einen Krümmungswechsel von strikt konkav auf strikt konvex. Notwendigerweise folgt $f''(x_W) = 6ax_W + 2b = 0$ und daher $b = -3ax_W < 0$. Außerdem ist f streng wachsend. Wir schließen wie im Beispiel 14.139 daraus $f' \geq 0$, wobei f' in keinem offenen Intervall verschwindet (Satz 10.31); was wiederum $3ax^2 + 2bx + c \geq 0$ ($x^2 + \frac{2b}{3a}x + \frac{c}{3a} \geq 0$) für alle $x \geq 0$ (mit eventueller Ausnahme einzelner Punkte) bedeutet. Dies trifft immer zu, wenn das angegebene quadratische Polynom keine oder genau eine reelle Nullstelle besitzt; sollte es zwei verschiedene Nullstellen besitzen, müsste die größere Nullstelle nichtpositiv sein (ansonsten würde f auf einem Intervall links davon streng fallen). Der letzte Fall aber ist unmöglich, denn wenn eine größere Nullstelle existiert, ist dies nach $p - q$-Formel

$$-\frac{b}{3a} + \sqrt{\frac{b^2}{9a^2} - \frac{c}{3a}}. \tag{AII.21}$$

Dieser Ausdruck ist stets positiv, weil $b < 0$ gilt. Also darf höchstens eine Nullstelle existieren, und der Radikand in (AII.21) muss nichtpositiv sein: $b^2 \leq 3ac$. Damit haben wir gezeigt, dass die angegebenen Bedingungen *notwendig* sind.
Sie sind jedoch auch *hinlänglich*, denn wie soeben gesehen, folgt $f'(x) > 0$ für alle

$x \geq 0$ (mit eventueller Ausnahme eines Punktes); also ist f streng wachsend und wegen $f(0) = d \geq 0$ auch nichtnegativ. Die Inspektion der zweiten Ableitung zeigt nun $f''(x) = 6ax + 2b < / = / > 0$ für $x < / = / > x_W = -\frac{b}{3a}$, womit der gewünschte Krümmungswechsel gegeben ist. $\triangle$

Lösung von Aufgabe 14.147: (i) $0 < p < 1$, $q > 1$

(ii) $x_W = \left\{ \frac{(1-p)p}{(q-1)q} \right\}^{\frac{1}{q-p}}$ $x_{BO} = x_{BM} = \left\{ \frac{1-p}{q-1} \right\}^{\frac{1}{q-p}}$ $\triangle$

Kapitel 15

Lösung von Aufgabe 15.81:

Ergänzt man den Lösungsablauf dahingehend, dass wirklich jeweils nur eine einzelne Umformung vorgenommen wird, die ihrerseits auf einer einzelnen Regel beruht, gelangt man z.B. zu folgendem Ablauf:

$$[3X^{-1} + 4\underline{(XU)^{-1}}]^{-1} \qquad\qquad (1)\quad (I_\bullet)$$

$$= [3\underline{X^{-1}} + 4(U^{-1}X^{-1})]^{-1} \qquad\qquad (1b)\ (A1.)$$

$$= [3\underline{(UU^{-1})X^{-1}} + 4(U^{-1}X^{-1})]^{-1} \qquad\qquad (2)\quad \text{Definition "Inverse"}$$

$$= [3U(U^{-1})X^{-1}) + \underline{4(U^{-1}X^{-1})}]^{-1} \qquad\qquad (2b)\ \text{Definition "I"}$$

$$= [\underline{3U}(U^{-1})X^{-1}) + \underline{4I}(U^{-1}X^{-1})]^{-1} \qquad\qquad (2b)\ (D'1)$$

$$= [\underline{(3U + 4I)(U^{-1}X^{-1})}]^{-1} \qquad\qquad (3)\quad (I_\bullet)$$

$$= \underline{(U^{-1}X^{-1})}^{-1}(3U + 4I)^{-1} \qquad\qquad (3b)\ (I_\bullet)$$

$$= XU(3U + 4I)^{-1} \qquad\qquad (4)$$

(In jeder Zeile ist derjenige Teilterm unterstrichen, durch dessen Umformung man zur nächsten Zeile gelangt. Die verwendeten Regeln sind angemerkt.) $\triangle$

Lösung von Aufgabe 15.82:

Wegen $A^T = A$ können wir abkürzend schreiben

$$A = \begin{bmatrix} a & b \\ b & d \end{bmatrix}, \text{ und es folgt } A^2 = \begin{bmatrix} a^2 + b^2 & ab + bd \\ ab + bd & b^2 + d^2 \end{bmatrix}.$$

Die Matrixgleichung $A^2 = A$ ist daher äquivalent zu folgenden "4" gewöhnlichen Gleichungen:

(1.11) $a = a^2 + b^2$ (1.12) $b = ab + bd$
(1.21) $b = ab + bd$ (1.22) $d = b^2 + d^2$,

wobei sich eine Gleichung wiederholt.

Wegen $A \gg 0$ muss nun gelten $b > 0$. Deswegen liefert (1.21) $a + d = 1$ bzw. $d = 1 - a$. Die 4 Gleichungen nehmen damit folgende Form an:

(2.11) $a = a^2 + b^2$ (2.12) $b = b$

(2.21) $b = b$ (2.22) $1 - a = b^2 + (1 - a)^2.$

Hiervon brauchen wir nur noch die erste Gleichung (2.11) zu betrachten (denn die vierte Gleichung (2.22) ist dazu äquivalent, und die übrigen Gleichungen enthalten keine Information). Da $b > 0$ gilt, folgt aus (2.11) $b = \sqrt{a(1-a)}$ und $a \in (0,1)$. Also gilt notwendigerweise mit $a \in (0,1)$

$$A = \begin{bmatrix} a & \sqrt{a(1-a)} \\ \sqrt{a(1-a)} & 1-a \end{bmatrix}$$

Eine Probe zeigt, dass alle geforderten Eigenschaften vorliegen.   △

Lösung von Aufgabe 15.83:

(i) $a = 1$,   (ii) $a = -1$,   (iii) $a = 2$.   △

Lösung von Aufgabe 15.84

(i) Diese Inverse existiert nicht.
(Würde sie existieren, hätte man $(AC)^{-1} = C^{-1}A^{-1}$; wegen $\det C = 0$ existiert bereits C^{-1} nicht.)

(ii) $(1/34 A)^{-1} = 34 A^{-1} = \begin{bmatrix} 3 & -2 \\ 1 & 5 \end{bmatrix}.$

(iii) Es lohnt, den Ausdruck zunächst zu vereinfachen, etwa so:

$$\begin{aligned}
& ((A^{-1}(A^{-1})^T)^T)^{-1} && (I_T) \\
&= ((A^{-1}(A^T)^{-1})^{-1})^T && (I_\bullet),\, (I_I) \\
&= (A^T A)^T && (T_\bullet) \\
&= (A^T)^T A^T && (T_T) \\
&= A A^T \\
&= \begin{bmatrix} 5 & 2 \\ -1 & 3 \end{bmatrix} \begin{bmatrix} 5 & -1 \\ 2 & 3 \end{bmatrix} = \begin{bmatrix} 29 & 1 \\ 1 & 10 \end{bmatrix}.
\end{aligned}$$

△

Lösung von Aufgabe 15.85:

$$A^{-1} = \begin{pmatrix} -3 & -5 \\ -1 & -2 \end{pmatrix}, \quad B^{-1} = \begin{pmatrix} -2 & 1 \\ 3/2 & -1/2 \end{pmatrix}$$

I) Umformung: $X = A^{-1} B^{-1}$

$$X = \begin{pmatrix} -3/2 & -1/2 \\ -1 & 0 \end{pmatrix}.$$

II) Umformung: $X = (A^T + B)^{-1} A C^T$

$$(A^T + B)^{-1} = \begin{pmatrix} -1/25 & 3/25 \\ 8/25 & 1/25 \end{pmatrix}$$

$$A C^T = \begin{pmatrix} 8 & -2 \\ -6 & 1 \end{pmatrix}$$

$$X = \begin{pmatrix} -26/25 & 5/25 \\ 58/25 & -3/5 \end{pmatrix}.$$

III) Umformung: $X = (AB^T)^{-1}(A + B + I)$

   ($X = O$ ist keine Lösung, da O nicht invertierbar ist.)

$$(AB^T)^{-1} = \begin{pmatrix} 36/8 & 7 \\ -5/2 & -4 \end{pmatrix}$$

$$A + B + I = \begin{pmatrix} 0 & 7 \\ 4 & 2 \end{pmatrix}$$

$$(AB^T)^{-1}(A + B + I) = \begin{pmatrix} 28 & 91/2 \\ -16 & -51/2 \end{pmatrix}.$$

$\triangle$

Lösung von Aufgabe 15.86:

zu a) falsch.

   Gegenbeispiel: Man wählt z. B.

$$A = I = \begin{pmatrix} 1 & 0 \\ 0 & 1 \end{pmatrix}, B = -I = \begin{pmatrix} -1 & 0 \\ 0 & -1 \end{pmatrix}, A + B = O = \begin{pmatrix} 0 & 0 \\ 0 & 0 \end{pmatrix}$$

zu b) richtig.

   Nach Satz 15.54(iii) ist das Produkt UV zweier quadratischer Matrizen U, V genau dann invertierbar, wenn sowohl U als auch V invertierbar sind. Also:

   A, B, C invertierbar $\overset{(\star)}{\Rightarrow} AB =: U$ invertierbar $\overset{(\star)}{\Rightarrow} ABC = UC$ invertierbar.

zu c) richtig.

   Voraussetzungsgemäß gilt

$$A = \begin{pmatrix} a_{11} & a_{12} \\ 0 & a_{22} \end{pmatrix}, \quad B = \begin{pmatrix} b_{11} & b_{12} \\ 0 & b_{22} \end{pmatrix}.$$

   Sei $C := AB$. Um zu zeigen, dass C obere Dreiecksmatrix ist, genügt es, $c_{21} = 0$ nachzuweisen. Nach den Regeln der Matrixmultiplikation gilt:

$$c_{21} = \underbrace{a_{21}}_{=0 \ n.V.} b_{11} + a_{22} \underbrace{b_{21}}_{=0 \ n.V.} = 0$$

$\triangle$

Lösung von Aufgabe 15.87:

Alle drei Aussagen treffen ohne weitere Voraussetzungen nicht zu. Solange lediglich vorausgesetzt wird, dass A, B und X typgleich sind, braucht keines der in den Teilaufgaben (i), (ii) bzw. (iii) genannten Matrixprodukte zu existieren.

Man kann sich fragen, ob sich die drei Aussagen "retten" lassen, wenn zusätzliche Bedingungen vorausgesetzt werden. Setzen wir z.B. voraus, dass die Matrizen A, B und X nicht nur typgleich, sondern zusätzlich quadratisch und invertierbar sind, können alle in den Aussagen (i) bis (iii) auftretenden Terme gebildet werden. Dann gilt:

(i) ist richtig (Satz 15.54).

(ii) ist richtig.

Denn: Setze $U := A^{-1}B^{-1}$. Wir haben zu zeigen, dass $(AB)U = U(AB) = I$ ist. Nun gilt voraussetzungsgemäß

$$(AB)U = (BA)U = (BA)A^{-1}B^{-1} = B(AA^{-1})B^{-1} = BIB^{-1} = I.$$

Die zweite Gleichung folgt analog.

(iii) ist falsch.

Gegenbeispiel: beliebige verschiedene Diagonalmatrizen A, B mit mindestens 2 Reihen.   △

Lösung von Aufgabe 15.88:

(i) FALSCH

Gegenbeispiel: Wähle $A = B$. Dann ist die Voraussetzung $A \not\ll B \wedge B \not\ll A$ erfüllt. Es folgt hieraus aber nicht $A \curlywedge B$ (denn A und B sind ja gleich und somit insbesondere vergleichbar).

(ii) RICHTIG

Begründung: Es gelte $A < B$ und $B < C$.

$A < B$ bedeutet $A \le B$ (1) und gleichzeitig $A \ne B$ (1').

$B < C$ bedeutet $B \le C$ (2) und gleichzeitig $B \ne C$ (2').

Aus (1) und (2) erhalten wir $A \le B \le C$ (3), also insgesamt $A \le C$ (4).

Nun müssen wir nur noch $A = C$ ausschließen:

Angenommen A wäre gleich C. Dann folgt aus (3) $A \le B \le A$. Das heißt aber, dass $B = A$ sein muss, was ein Widerspruch zu unserer Annahme (1') ist. A kann also nicht gleich C sein, anders ausgedrückt: $A \ne C$ (4').

Schließlich ergeben (4) und (4') zusammengenommen $A < C$.

(iii) RICHTIG

Begründung: Es sei also $A \le B$ und $B \le A$. D.h. $A \le B \le A$, also $A = B$.

(iv) FALSCH

Gegenbeispiel: Wähle $A = \begin{pmatrix} -1 & 0 \\ 0 & -1 \end{pmatrix}$ und $B = \begin{pmatrix} 0 & 0 \\ 0 & 0 \end{pmatrix}$.

Dann ist die Voraussetzung $A < B$ erfüllt, aber es gilt

$$\begin{pmatrix} 1 & 0 \\ 0 & 1 \end{pmatrix} = A^2 \not\le B^2 = \begin{pmatrix} 0 & 0 \\ 0 & 0 \end{pmatrix}.$$ △

Lösung von Aufgabe 15.89:

Es gilt $(I - A)(\sum_{k=0}^{n} A^k) = \sum_{k=0}^{n} A^k - \sum_{k=0}^{n} A^{k+1} = \sum_{k=0}^{n} A^k - \sum_{k=1}^{n+1} A^{k+1} = I - A^{n+1}$, denn die Glieder mit den Indizes $k = 2, \dots, n$ beider Summen heben sich weg. Multipliziert man beide Seiten von links mit $(I - A)^{-1}$, folgt die Behauptung.   △

Lösung von Aufgabe 15.90:

Es gilt für alle $i, j = 1, \dots, n$

$$[A^T A]_{ij} = \sum_{k=1}^{n} [A^T]_{ik}[A]_{kj} = \sum_{k=1}^{n} a_{ki}a_{kj}$$

und somit speziell für $i = j = 1, \ldots, n$

$$\sum_{k=1}^{n} a_{ki}^2 = 0,$$

was nur bei $a_{ki} = 0$ für $i, k = 1, \ldots, n$ möglich ist.　　　△

Lösung von Aufgabe 15.91:
Annahme, $A \in \mathbb{R}^{n,n}$ sei nilpotent und symmetrisch, es gelte also mit einem kleinstmöglich gewählten $p \in \mathbb{N}$

$$A^p = 0 \text{ sowie } A = A^T.$$

Wir setzen $q := \begin{cases} p & \text{wenn } p \text{ gerade ist} \\ p+1 & \text{sonst.} \end{cases}$

Die Zahl q ist gerade und es gilt stets $A^q = 0$. (Im zweiten Fall der Weiche folgt das aus der einfachen Rechnung

$$A^q = A(A^p) = A \cdot O = O.)$$

Weil q gerade ist, können wir schreiben $q = 2r$ mit $r = q/2 \in \mathbb{N}$. Es folgt weiterhin

$$O = A^q = A^{2r} = (A^r)(A^r) = ((A^T)^r)(A^r) = (A^r)^T (A^r)$$

lies

$$O = B^T B$$

mit $B := A^r$. Aus Aufgabe 15.90 folgt nun

$$A^r = 0. \tag{23.33}$$

Nun gilt $r = \begin{cases} p/2 < p & \text{falls } p \text{ gerade ist} \\ (p+1)/2 < p & \text{falls } p \text{ ungerade ist,} \end{cases}$

also ist (23.33) ein Widerspruch zu der Auswahl von p als *kleinste* natürliche Zahl p mit $A^p = 0$.　　　△

Kapitel 16

Lösung von Aufgabe 16.11:
Es gilt allgemein: $\underline{r} = V^{0,1} \cdot \underline{z}$ und $\underline{z} = V^{1,2} \cdot \underline{p}$ (solange genau soviele Rohstoffe bzw. Zwischenprodukte benötigt werden, wie in die Zwischenprodukte bzw. Endprodukte eingehen), also: $\underline{r} = V^{0,1} V^{1,2} \cdot \underline{p}$

a) $V^{0,1} = \begin{pmatrix} 3 & 2 \\ 7 & 1 \end{pmatrix} \quad V^{1,2} = \begin{pmatrix} 2 & 3 \\ 1 & 5 \end{pmatrix}$

b) $\underline{z} = V^{1,2} \cdot \underline{p} = \begin{pmatrix} 56 \\ 70 \end{pmatrix} \quad \underline{r} = V^{0,1} \cdot \underline{z} = \begin{pmatrix} 308 \\ 462 \end{pmatrix}.$

△

Lösung von Aufgabe 16.13:

a) Da keine Rückflüsse existieren, können wir folgende Matrizen einführen:

- Verflechtungen von einer Stufe zur jeweils nächsten

$$V^{01} = \begin{pmatrix} 3 & 7 \\ 4 & 4 \end{pmatrix} \quad V^{12} = \begin{pmatrix} 5 & 2 \\ 2 & 1 \end{pmatrix} \quad V^{23} = \begin{pmatrix} 2 & 1 \\ 2 & 3 \end{pmatrix}$$

- Verflechtungen von einer Stufe zur jeweils übernächsten:

$$V^{02} = \begin{pmatrix} 0 & 0 \\ 0 & 2 \end{pmatrix} \quad V^{13} = \begin{pmatrix} 3 & 0 \\ 0 & 0 \end{pmatrix}$$

b) Es seien – den Angaben aus der Aufgabe folgend –

- $\underline{p} := \begin{bmatrix} 10 \\ 20 \end{bmatrix}$ (absetzbare Endproduktion)

- $\underline{z}^a := \begin{bmatrix} 5 \\ 15 \end{bmatrix}$ (absetzbare Zwischenproduktion).

- Gesucht sind $\underline{r}^{ges}, \underline{h}^{ges}$ und $\underline{z}^{ges}$ als Vektoren der *gesamten* Rohstoffbereitstellung bzw. der *gesamten* Hilfs- und Zwischenproduktion. Dann gilt:

$$\underline{z}^{ges} = \underline{z}^a + V^{23}\underline{p}$$
$$= \begin{bmatrix} 5 \\ 15 \end{bmatrix} + \begin{bmatrix} 2 & 1 \\ 2 & 3 \end{bmatrix} \begin{bmatrix} 10 \\ 20 \end{bmatrix} = \begin{bmatrix} 5 \\ 15 \end{bmatrix} + \begin{bmatrix} 40 \\ 80 \end{bmatrix} = \begin{bmatrix} 45 \\ 95 \end{bmatrix}$$

$$\underline{h}^{ges} = V^{12}\underline{z}^{ges} + V^{13}\underline{p}$$
$$= \begin{bmatrix} 5 & 2 \\ 2 & 1 \end{bmatrix} \begin{bmatrix} 45 \\ 95 \end{bmatrix} + \begin{bmatrix} 3 & 0 \\ 0 & 0 \end{bmatrix} \begin{bmatrix} 10 \\ 20 \end{bmatrix} = \begin{bmatrix} 415 \\ 185 \end{bmatrix} + \begin{bmatrix} 30 \\ 0 \end{bmatrix} = \begin{bmatrix} 445 \\ 185 \end{bmatrix}$$

$$\underline{r}^{ges} = V^{01}\underline{h}^{ges} + V^{02}\underline{z}^{ges}$$
$$= \begin{bmatrix} 3 & 7 \\ 4 & 4 \end{bmatrix} \begin{bmatrix} 445 \\ 185 \end{bmatrix} + \begin{bmatrix} 0 & 0 \\ 0 & 2 \end{bmatrix} \begin{bmatrix} 45 \\ 95 \end{bmatrix} = \begin{bmatrix} 2630 \\ 2520 \end{bmatrix} + \begin{bmatrix} 0 \\ 190 \end{bmatrix} = \begin{bmatrix} 2630 \\ 2710 \end{bmatrix}$$

c) Die Beschriftung der Pfeile ergibt sich aus der Matrix G, wie folgt:

$$G = V^{01}V^{12}V^{23} + V^{01}V^{13} + V^{02}V^{23}$$

$$= V^{01} \begin{bmatrix} 5 & 2 \\ 2 & 1 \end{bmatrix} \begin{bmatrix} 2 & 1 \\ 2 & 3 \end{bmatrix} + \begin{bmatrix} 3 & 7 \\ 4 & 4 \end{bmatrix} \begin{bmatrix} 3 & 0 \\ 0 & 0 \end{bmatrix} + \begin{bmatrix} 0 & 0 \\ 0 & 2 \end{bmatrix} \begin{bmatrix} 2 & 1 \\ 2 & 3 \end{bmatrix}$$

$$= \begin{bmatrix} 3 & 7 \\ 4 & 4 \end{bmatrix} \begin{bmatrix} 14 & 11 \\ 6 & 5 \end{bmatrix} + \begin{bmatrix} 9 & 0 \\ 12 & 0 \end{bmatrix} + \begin{bmatrix} 0 & 0 \\ 4 & 6 \end{bmatrix} = \begin{bmatrix} 93 & 68 \\ 96 & 70 \end{bmatrix} \quad \text{bzw.}$$

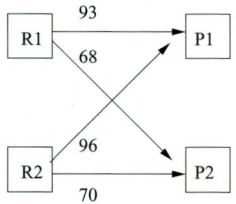

d) Tabelle für E:

		R_1	R_2	H_1	H_2	Z_1	Z_2	P_1	P_2
		X_1	X_2	X_3	X_4	X_5	X_6	X_7	X_8
R_1	X_1			3	7	0	0		
R_2	X_2			4	4	0	2		
H_1	X_3					5	2	3	0
H_2	X_4					2	1	0	0
Z_1	X_5	0	0,01					2	1
Z_2	X_6	0	0					2	3
P_1	X_7			0	0,1				
P_2	X_8			0	0				

$\triangle$

Lösung von Aufgabe 16.14:

- Technologie- bzw. Eigenverbrauchsmatrix nach (1):

$$V = \begin{pmatrix} 0 & \frac{1}{2} \\ \frac{1}{5} & 0 \end{pmatrix} \quad (I-V)^{-1} = \begin{pmatrix} 1 & -\frac{1}{2} \\ -\frac{1}{5} & 1 \end{pmatrix}^{-1} = \frac{1}{9} \begin{pmatrix} 10 & 5 \\ 2 & 10 \end{pmatrix}$$

- Neue Bruttoproduktion:

$$\underline{x}^{neu} = \frac{1}{9} \begin{pmatrix} 10 & 5 \\ 2 & 10 \end{pmatrix} \begin{pmatrix} 90.9 \\ 108 \end{pmatrix} = \begin{pmatrix} 10 & 5 \\ 2 & 10 \end{pmatrix} \begin{pmatrix} 10,1 \\ 12 \end{pmatrix} = \begin{pmatrix} 161 \\ 140.2 \end{pmatrix}$$

- Absolute Verbrauchsmatrix:

$$A^{neu} = \begin{pmatrix} 0 & 70.1 \\ 32.2 & 0 \end{pmatrix} \quad \begin{bmatrix} 1000 \text{ GWh} \\ \text{Mrd. } \text{€} \end{bmatrix}.$$

$\triangle$

Lösung von Aufgabe 16.15:

	C	P	Ü	$\sum$
C	92.$\overline{6}$	199.$\overline{3}$	264	556
P	208.5	149.5	240	598

$\triangle$

Lösung von Aufgabe 16.17(ii):

Sei A eine obere Dreiecksmatrix, deren Diagonale nur Nullen enthält. Dann ist A nach (i) nilpotent; es gibt also eine Zahl $N \in \mathbb{N}$ derart, dass gilt $A^n = O$ für alle $n \geq N$. Die Formel (15.63) geht dann über in

$$\sum_{k=0}^{n} A^k = (I - A)^{-1}(I - A^{n+1}) = (I - A)^{-1} =: L \qquad (23.34)$$

für alle $n \geq N - 1$. Dies bedeutet insbesondere, dass die Inverse auf der rechten Seite existiert.

In einem (komplexen) Verflechtungsmodell handelt es sich bei L gerade um die Leontief-Inverse, und die Bedeutung der Formel (23.34) besteht darin, dass sie die Existenz (und obendrein leichte Berechenbarkeit) dieser Leontief-Inversen gewährleistet. Überdies folgt aus $A \geq 0$ sofort $L \geq 0$, d.h., jede gewünschte Nettoproduktion ist realisierbar. Das ist auch nicht überraschend, denn die Voraussetzungen über A besagen, dass es sich um ein Modell ohne Rückflüsse handelt. $\triangle$

Kapitel 17

Lösung von Aufgabe 17.46:

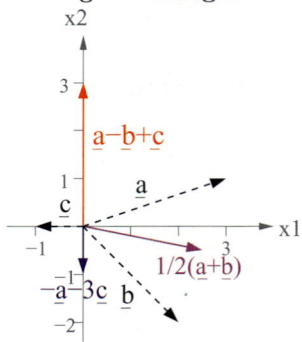

$\triangle$

Lösung von Aufgabe 17.50:

(i) Für $a = 3, b = -5$ sind die beiden Geraden identisch.

(ii) Für $a \neq 3, b = -5$ sind die beiden Geraden echt parallel.

(iii) In allen anderen Fällen schneiden sich beide Graden in einem Punkt.

$\triangle$

Lösung von Aufgabe 17.51: Nein. Man zeigt dies z.B. dadurch, dass man erstens den Pinpunkt von F als in E liegend nachweist:

$$
\begin{bmatrix} 6 \\ 2 \\ 5 \end{bmatrix} = \begin{bmatrix} 2 \\ 1 \\ 4 \end{bmatrix} + 1 \begin{bmatrix} 3 \\ 2 \\ 0 \end{bmatrix} + 1 \begin{bmatrix} 1 \\ -1 \\ 1 \end{bmatrix},
$$

und zweitens zeigt, dass die für F verwendeten Richtungsvektoren Linearkombinationen der Richtungsvektoren von E sind:

$$
\begin{bmatrix} 5 \\ 0 \\ 2 \end{bmatrix} = 1 \begin{bmatrix} 3 \\ 2 \\ 0 \end{bmatrix} + 2 \begin{bmatrix} 1 \\ -1 \\ 1 \end{bmatrix}
$$

$$
\begin{bmatrix} 4 \\ 6 \\ -2 \end{bmatrix} = 2 \begin{bmatrix} 3 \\ 2 \\ 0 \end{bmatrix} + (-2) \begin{bmatrix} 1 \\ -1 \\ 1 \end{bmatrix}
$$

$\triangle$

Lösung von Aufgabe 17.57:

$m = \frac{1}{n} \sum_{i=1}^{n} x_i$ (mit $n = 10$); Zahlenwert: $m = 0.335$ $\triangle$

Lösung von Aufgabe 17.59:

(i) Man wählt als Pinpunkt einen beliebigen der drei Schnittpunkte

$$
\underline{s} := \begin{bmatrix} 4 \\ 0 \\ 0 \end{bmatrix}, \ \underline{t} := \begin{bmatrix} 0 \\ 5 \\ 0 \end{bmatrix} \text{ und } \underline{u} := \begin{bmatrix} 0 \\ 0 \\ 3 \end{bmatrix}
$$

$$
E = \{\underline{x} = \underline{s} + \lambda(\underline{t} - \underline{s}) + \mu(\underline{u} - \underline{s}) \mid \lambda, \mu \in \mathbb{R}\}
$$

$$
= \left\{ \begin{bmatrix} 4 \\ 0 \\ 0 \end{bmatrix} + \lambda \begin{bmatrix} -4 \\ 5 \\ 0 \end{bmatrix} + \mu \begin{bmatrix} -4 \\ 0 \\ 3 \end{bmatrix} \ \middle| \ \lambda, \mu \in \mathbb{R} \right\} \qquad (\star)
$$

alternativ:

$$
= \left\{ \begin{bmatrix} 0 \\ 5 \\ 0 \end{bmatrix} + \lambda \begin{bmatrix} 4 \\ -5 \\ 0 \end{bmatrix} + \mu \begin{bmatrix} 0 \\ -5 \\ 3 \end{bmatrix} \ \middle| \ \lambda, \mu \in \mathbb{R} \right\}
$$

$$
= \left\{ \begin{bmatrix} 0 \\ 0 \\ 3 \end{bmatrix} + \lambda \begin{bmatrix} 4 \\ 0 \\ -3 \end{bmatrix} + \mu \begin{bmatrix} 0 \\ 5 \\ -3 \end{bmatrix} \ \middle| \ \lambda, \mu \in \mathbb{R} \right\}.
$$

(iii) Direkt aus der Skizze liest man die Abschnittsgleichung ab:

$$\frac{x_1}{4} + \frac{x_2}{5} + \frac{x_3}{3} = 1 \text{ Auflösung nach } x_3 \text{ gibt}$$

$$x_3 = -\frac{3}{4}x_1 - \frac{3}{5}x_2 + 3 \text{ (also } a = -\frac{3}{4}, \ b = -\frac{3}{5}, \ c = 3).$$

(ii) Ja, wie am einfachsten durch Einsetzen der Koordinaten von $\underline{x}$ in eine der Gleichungen aus (iii) überprüft wird.

(iv) $\mathcal{P} = \left\{ \begin{bmatrix} 4 \\ 0 \\ 0 \end{bmatrix} + \lambda \begin{bmatrix} -4 \\ 5 \\ 0 \end{bmatrix} + (1 - \lambda) \begin{bmatrix} -4 \\ 0 \\ 3 \end{bmatrix} \ \middle| \ \lambda \in [0; 1] \right\}$

(v) $p_1 = 45, \quad p_2 = 36, \quad p_3 = 60.$

$\triangle$

Kapitel 18

Lösung von Aufgabe 18.118:

a) z.B. $\begin{pmatrix} 2 \\ -3 \end{pmatrix} = (-4) \begin{pmatrix} -\frac{1}{2} \\ \frac{3}{4} \end{pmatrix} \quad \Rightarrow \quad$ LA.

b) z.B. "da der Nullvektor unter diesen Vektoren vorkommt" $\Rightarrow$ LA.

c) z.B. "4 Vektoren im $\mathbb{R}^3$ können nicht LU sein" $\Rightarrow$ LA.

d) Ansatz: $\alpha \begin{pmatrix} 1 \\ 4 \end{pmatrix} + \beta \begin{pmatrix} 2 \\ 4 \end{pmatrix} = \begin{pmatrix} 0 \\ 0 \end{pmatrix} \quad \Rightarrow \quad \alpha = \beta = 0, \quad$ LU.

e) wie c) ... $\Rightarrow$ LA.

f) wie d), Rechnung $\Rightarrow$ LU.

$\triangle$

Lösung von Aufgabe 18.121:
Angenommen, für einen Vektor $\alpha = (\alpha_1, \dots, \alpha_n)^T$ gelte

$$\alpha_1 \underline{a}^1 + \dots + \alpha_n \underline{a}^n = 0. \tag{23.35}$$

Wir bilden das Skalarprodukt beider Seiten mit einem beliebigen der gegebenen Vektoren, etwa mit $\underline{a}^i$. Die Gleichung (23.35) geht somit wegen der Linearität des Skalarproduktes über in

$$\alpha_1 (\underline{a}^1 \,|\, \underline{a}^i) + \dots + \alpha_n (\underline{a}^n \,|\, \underline{a}^i) = (0 \,|\, \underline{a}^i)$$

Die rechte Seite ergibt Null, und aufgrund der Voraussetzung (ii) sind alle auf der linken Seite aufgeführten Skalarprodukte mit Ausnahme des i-ten gleich Null; wir erhalten so die Gleichung

$$\alpha_i (\underline{a}^i \,|\, \underline{a}^i) = 0.$$

Hieraus folgt $\alpha_i = 0$, weil $\underline{a}^i \neq 0$ vorausgesetzt wurde und somit auch $(\underline{a}^i \mid \underline{a}^i) \neq 0$ gilt. Da i beliebig gewählt wurde, schließen wir aus (23.35):

$$\alpha_1 = ... = \alpha_n = 0,$$

d.h., $\underline{a}^1, ... , \underline{a}^n$ sind linear unabhängig.   △

Lösung von Aufgabe 18.122:

$R \,\widehat{=}\,$ richtig, $F \,\widehat{=}\,$ falsch:

(i)	R	(v)	F	(ix)	R	(xiii)	F
(ii)	F	(vi)	F	(x)	R	(xiv)	R
(iii)	F	(vii)	F	(xi)	F		
(iv)	R	(viii)	R	(xii)	R		

△

Lösung von Aufgabe 18.126:

$T0$	x_1	x_2	x_3	x_4
z_1	1	a	a^2	a^3
z_2	0	1	a	a^2
z_3	0	0	1	a
z_4	0	0	0	1
	$*$	$-a$	$-a^2$	$-a^3$

$T1$	z_1	x_2	x_3	x_4
x_1	1	$-a$	$-a^2$	$-a^3$
z_2	0	1	a	a^2
z_3	0	0	1	a
z_4	0	0	0	1
	0	$*$	$-a$	$-a^2$

$T2$	z_1	z_2	x_3	x_4
x_1	1	$-a$	0	0
x_2	0	1	$-a$	$-a^2$
z_3	0	0	1	a
z_4	0	0	0	1
	0	0	$*$	$-a$

$T3$	z_1	z_2	z_3	x_4
x_1	1	$-a$	0	0
x_2	0	1	$-a$	0
x_3	0	0	1	$-a$
z_4	0	0	0	1
	0	0	0	$*$

$T4$	z_1	z_2	z_3	z_4
x_1	1	$-a$	0	0
x_2	0	1	$-a$	0
x_3	0	0	1	$-a$
x_4	0	0	0	1

$$A^{-1} = \begin{pmatrix} 1 & -a & 0 & 0 \\ 0 & 1 & -a & 0 \\ 0 & 0 & 1 & -a \\ 0 & 0 & 0 & 1 \end{pmatrix} \quad (a \in \mathbb{R})$$

△

Lösung von Aufgabe 18.128:

(i) Man wählt zwei beliebige Punkte $\underline{x}, \underline{y} \in M$:

$$\underline{x} = \begin{bmatrix} 4 \\ 7 \end{bmatrix} + \lambda_x \begin{bmatrix} 5 \\ -1 \end{bmatrix} \quad , \quad \underline{y} = \begin{bmatrix} 4 \\ 7 \end{bmatrix} + \lambda_y \begin{bmatrix} 5 \\ -1 \end{bmatrix}$$

und fragt, ob deren Summe zu M gehört:

$$\underline{x} + \underline{y} = \begin{bmatrix} 8 \\ 14 \end{bmatrix} + (\lambda_x + \lambda_y) \begin{bmatrix} 5 \\ -1 \end{bmatrix} \overset{?}{=} \begin{bmatrix} 4 \\ 7 \end{bmatrix} + \lambda_Z \begin{bmatrix} 5 \\ -1 \end{bmatrix}$$

bzw. äquivalent

$$\begin{bmatrix} 4 \\ 7 \end{bmatrix} \overset{?}{=} (\lambda_Z - \lambda_x - \lambda_y) \begin{bmatrix} 5 \\ -1 \end{bmatrix}$$

kürzer:

$$\begin{bmatrix} 4 \\ 7 \end{bmatrix} \stackrel{?}{=} \alpha \begin{bmatrix} 5 \\ -1 \end{bmatrix} \tag{*}$$

mit $\alpha = \lambda_z - \lambda_x - \lambda_y$. Die Gleichung (*) ist jedoch unlösbar.
Ergebnis: M ist kein linearer Teilraum (LTR).

(ii) N ist kein LTR, weil allgemein folgender Satz gilt:
  Satz: Eine *endliche* Teilmenge M ist genau dann LTR, wenn $M = \{0\}$ gilt.

(iii) S ist kein LTR, Begründung: $0 \notin S$ (alternativ: es handelt sich um eine Strecke).

(iv) T ist LTR, weil allgemein folgender Satz gilt:
  Satz: Eine Gerade $g = \{\, \underline{p} + \lambda \underline{r} \mid \lambda \in \mathbb{R} \,\}$ mit $\underline{p}, \underline{r} \in \mathbb{R}^d$ ($d \geq 1$), $\underline{r} \neq 0$, ist genau dann linearer Teilraum, wenn gilt $\underline{p} = \alpha \, \underline{r}$ (mit passendem $\alpha \in \mathbb{R}$).

(v) E ist kein LTR, (weil z.B. $\underline{e}^1 = (1, 0)^T$ und $\underline{e}^2 = (0, 1)^T$ in E liegen, nicht jedoch $\underline{e}^1 + \underline{e}^2 = (1, 1)^T$).

$\triangle$

Kapitel 19

Lösung von Aufgabe 19.55:

$$\mathbb{L} = \left\{ \begin{pmatrix} 0 \\ 2 \\ 0 \end{pmatrix} + x_3 \begin{pmatrix} -2 \\ -1 \\ 1 \end{pmatrix} \,\middle|\, x_3 \in \mathbb{R} \right\}, \quad \mathcal{N} = \left\{ x_3 \begin{pmatrix} -2 \\ -1 \\ 1 \end{pmatrix} \,\middle|\, x_3 \in \mathbb{R} \right\}.$$

Die Matrix A hat den Rang 2 und den Defekt 1. $\hfill \triangle$

Lösung von Aufgabe 19.56:

a) Wegen $rg(A) = 2$ ist das Gleichungssystem nicht eindeutig lösbar, sondern besitzt einen eindimensionalen Lösungsraum, der zum Beispiel die folgenden Parameterdarstellungen besitzt :

$$\mathbb{L} = \left\{ \underline{x} = \begin{pmatrix} 2 \\ 0 \\ 4 \end{pmatrix} + \lambda \begin{pmatrix} -\frac{1}{2} \\ 1 \\ -\frac{1}{2} \end{pmatrix} \,\middle|\, \lambda \in \mathbb{R} \right\}$$

$$= \left\{ \underline{x} = \begin{pmatrix} -2 \\ 8 \\ 0 \end{pmatrix} + \mu \begin{pmatrix} 1 \\ -2 \\ 1 \end{pmatrix} \,\middle|\, \lambda \in \mathbb{R} \right\}.$$

b) Analog zu a) folgt wegen $rg(A) = 1$:

$$\mathbb{L} = \left\{ \underline{x} = \begin{pmatrix} 21 \\ 0 \\ 0 \end{pmatrix} + \lambda \begin{pmatrix} -5 \\ 0 \\ 1 \end{pmatrix} + \mu \begin{pmatrix} -2 \\ 1 \\ 0 \end{pmatrix} \;\middle|\; \lambda,\, \mu \in \mathbb{R} \right\}.$$

$\triangle$

Lösung von Aufgabe 19.57: Man findet z.B. die Tableaus

$T0$	x_1	x_2	1_1	1_2	1_3	$T1$	x_1	1_1	1_2	1_3
z_1	3	2	-8	-2	-6	x_2	$-\frac{3}{2}$	4	1	3
z_2	7	5	-19	0	-13	z_2	$-\frac{1}{2}$	1	5	2
z_3	4	3	-11	-2	-7	z_3	$-\frac{1}{2}$	1	1	2

$T2$	1_1	1_2	1_3
x_2	1	-14	-3
x_1	2	10	4
z_3	0	-4	0.

Wir können die Lösungen der drei Gleichungssysteme ablesen:

$$\mathbb{L}_1 = \left\{ \begin{bmatrix} 2 \\ 1 \end{bmatrix} \right\}, \quad \mathbb{L}_2 = \emptyset, \quad \mathbb{L}_3 = \left\{ \begin{bmatrix} 4 \\ -3 \end{bmatrix} \right\}.$$

$\triangle$

Lösung von Aufgabe 19.58: Das Gleichungssystem ist genau dann lösbar, wenn $U = 0$ ist. In diesem Fall ist die Lösung eindeutig, wenn gilt $V \neq 0$. Die Lösungsmenge ist dabei

$$\mathbb{L} = \left\{ \begin{pmatrix} 1 \\ 2 \\ 0 \end{pmatrix} \right\}.$$

Wenn $v = 0$ gilt und daher das Gleichungssystem mehrdeutig lösbar ist, hat die Koeffizientenmatrix den Rang 2 und den Defekt 1. Die Lösungsmenge ist

$$\mathbb{L} = \left\{ \begin{pmatrix} 1 \\ 2 \\ 0 \end{pmatrix} + x_3 \begin{pmatrix} -3 \\ 2 \\ 1 \end{pmatrix} \;\middle|\; x_3 \in \mathbb{R} \right\}.$$

$\triangle$

Lösung von Aufgabe 19.61: Rohstoffpreise und Produktionskosten sind durch das GLS $V^T \underline{\rho} = \underline{c}$ verbunden. "Möglichst viele" Lösungen werden bei einem möglichst niedrigen Rang von V^T erzielt. Man löst das GLS mit Hilfe des ATV und stellt fest, dass bei $\alpha = 3$ zwei, ansonsten drei Tauschschritte möglich sind. Ein Muster-Tauschablauf könnte so aussehen:

T0	ρ_1	ρ_2	ρ_3	1	T1	ρ_1	ρ_2	1	T2	ρ_1	1
	4	3	1	-20	ρ_3	-4	-3	20	ρ_3	$\frac{1}{2}$	$\frac{1}{2}$
	α	5	9	-37		$\alpha - 36$	-22	143		$\alpha - 3$	0
	7	6	4	-41		-9	-6	39	ρ_1	$-\frac{3}{2}$	$\frac{13}{2}$
	-4	-3	$\star$	20		$-\frac{3}{2}$	$\star$	$\frac{13}{2}$			

Ergebnis: $\alpha = 3$, ökonomisch sinnvolle Lösungsmenge unter Betrachtung der Nichtnegativitätsbedingung

$$\mathbb{L}_{oec} = \left\{ \begin{bmatrix} 0 \\ \frac{13}{2} \\ \frac{1}{2} \end{bmatrix} + \rho_1 \begin{bmatrix} 1 \\ -\frac{3}{2} \\ \frac{1}{2} \end{bmatrix} \middle| \rho_1 \in [0, \frac{13}{2}] \right\}.$$

$\triangle$

Lösung von Aufgabe 19.62:
Lösungstableau und Lösungsmenge:

	x_2	1
x_3	3	22
z_2	0	0
x_1	-2	12
z_4	0	0

$$\mathbb{L} = \left\{ \begin{bmatrix} 12 \\ 0 \\ 22 \end{bmatrix} + x_2 \begin{bmatrix} -2 \\ 1 \\ 3 \end{bmatrix} \middle| x_2 \in \mathbb{R} \right\}.$$

$\triangle$

Lösung von Aufgabe 19.63: richtig sind $(i), (ii), (iii), (v), (vii)$; die übrigen Aussagen sind falsch. $\triangle$

Kapitel 20

Lösung von Aufgabe 20.71:

$\det A = 1$, $\det B = 1/100$, $\det C = 32$, $\det H = 12$ $\triangle$

Lösung von Aufgabe 20.75:

(1) 1, (2) 16, (3) 0 (4) -2 $\triangle$

Lösung von Aufgabe 20.76:

(i) $\underline{x} = (4, -1)^T$

(ii) $\underline{x} = (3, 2, -2)^T$

$\triangle$

Lösung von Aufgabe 20.78:

Für jeden Vektor

$$\underline{x} \in \mathcal{E}(\lambda_1) \cap \mathcal{E}(\lambda_2)$$

gilt erstens

$$\underline{x} \in \mathcal{E}(\lambda_1), \text{d.h.}, A\underline{x} = \lambda_1 \underline{x} \tag{23.36}$$

und zweitens

$$\underline{x} \in \mathcal{E}(\lambda_2), \text{d.h.}, A\underline{x} = \lambda_2 \underline{x}. \tag{23.37}$$

Subtraktion (23.37)−(23.36) liefert

$$0 = (\lambda_2 - \lambda_1)\underline{x}. \tag{23.38}$$

Da $\lambda_1 \neq \lambda_2$ vorausgesetzt wurde, muss $\underline{x} = 0$ gelten. Wir fanden somit

$$\mathcal{E}(\lambda_1) \cap \mathcal{E}(\lambda_2) \subseteq \{0\}. \tag{23.39}$$

Da andererseits der Nullvektor in jedem linearen Teilraum, speziell auch in $\mathcal{E}(\lambda_1)$ und $\mathcal{E}(\lambda_2)$ enthalten ist, gilt in (23.39) sogar Gleichheit. $\triangle$

Lösung von Aufgabe 20.81:

Wird die gegebene Technologie durch die Matrix $V = \begin{pmatrix} 1 & 3 \\ 3 & 9 \end{pmatrix}$

beschrieben, so wird nunmehr eine Matrix $M = \begin{pmatrix} u & v \\ w & x \end{pmatrix}$ mit der Eigenschaft

$M^2 = V$ gesucht. Da V symmetrisch und erkennbar postitiv semidefinit ist, handelt es sich bei M um die "Wurzel" aus V. Wir haben hier $\sigma(V) = \{0, 10\}$, Eigenvektoren

als Spalten der Matrix $U := \begin{pmatrix} -3 & 1 \\ 1 & 3 \end{pmatrix}$

und somit

$$V = \begin{pmatrix} -3 & 1 \\ 1 & 3 \end{pmatrix} \begin{pmatrix} 0 & 0 \\ 0 & 10 \end{pmatrix} \cdot \tfrac{1}{10} \begin{pmatrix} -3 & 1 \\ 1 & 3 \end{pmatrix}$$

sowie

$$M = V^{\frac{1}{2}} = \begin{pmatrix} -3 & 1 \\ 1 & 3 \end{pmatrix} \begin{pmatrix} 0 & 0 \\ 0 & \sqrt{10} \end{pmatrix} \cdot \tfrac{1}{10} \begin{pmatrix} -3 & 1 \\ 1 & 3 \end{pmatrix}$$

also

$$M = \tfrac{1}{\sqrt{10}} \begin{pmatrix} 1 & 3 \\ 3 & 9 \end{pmatrix}.$$

$\triangle$

Lösung von Aufgabe 20.82:

Angenommen, A sei diagonalisierbar. Wir können schreiben

$$A = UDU^{-1}, \tag{23.40}$$

wobei D eine Diagonalmatrix ist, deren Diagonale die (mit ihrer Vielfachheit gezählten) Eigenwerte von A enthält und die Spalten von U gerade die diesen Eigenwerten entsprechende Eigenvektoren von A sind. Dass A weiterhin nilpotent ist, bedeutet, dass für ein passendes k in $\mathbb{N}$ gilt

$$A^k = O. \tag{23.41}$$

Wegen (23.40) gilt aber

$$A^k = UD^kU^{-1}$$

und somit

$$UD^kU^{-1} = O,$$

also

$$D^k = U^{-1}OU = O$$

was wegen der Diagonalgestalt von D nur möglich ist bei

$$D = O.$$

Aus (23.40) folgt dann sofort $A = O$.   △

Lösung von Aufgabe 20.83:
Es gilt $\det(A - \lambda I) = (a - \lambda)^4$, somit ist a der einzige, zugleich vierfache, Eigenwert von A. Es gilt nun

$$A - aI = \begin{pmatrix} 0 & 1 & 0 & 0 \\ 0 & 0 & 1 & 0 \\ 0 & 0 & 0 & 1 \\ 0 & 0 & 0 & 0 \end{pmatrix}$$

also hat das Eigenvektor-Gleichungssystem $(A - aI)\underline{x} = 0$ den Rang 3 und somit nur einen eindimensionalen Lösungsraum. Die algebraische Vielfachheit des Eigenwerts a ist 4, die geometrische Vielfachheit dagegen 1. Also ist A nicht diagonalisierbar.   △

Kapitel 21

Lösung von Aufgabe 21.46: (Es werden jeweils die einfachsten Lösungswege genannt.)

Mit Hilfe des Diagonalen-Schnelltests findet man
$A \asymp 0$, $U \asymp 0$.

Mit Hilfe des Hessedeterminantensatzes entscheidet man:
$B \prec 0$, $M \succ 0$, $N \asymp 0$, $P \asymp 0$, $S \asymp 0$, $V \prec 0$.

Die bisher ungenannten Matrizen sind weder positiv noch negativ definit. Mit Hilfe des Hauptminorensatzes folgt:
$C \succeq 0$, $D \preceq 0$, $Q \succeq 0$, $R \preceq 0$, $T \asymp 0$.   △

Lösung von Aufgabe 21.47:

(i) $A \succ O \Longleftrightarrow a > 25$
$A \succeq O \wedge A \not\succ O \Longleftrightarrow a = 25$
$A \asymp O \Longleftrightarrow a < 25$

(ii) $B \succ O \Longleftrightarrow a > 5$
$B \succeq O \wedge B \not\succ O \Longleftrightarrow a = 5$
$B \asymp O \Longleftrightarrow a \in (-5, 5)$
$B \preceq O \wedge B \not\prec O \Longleftrightarrow a = -5$
$B \prec O \Longleftrightarrow a < -5$

(iii) $C \succeq O \wedge C \not\succ O \Longleftrightarrow a \geq 9$
$C \asymp O \Longleftrightarrow a < 9$

(iv) $D \succeq O \wedge D \preceq O (\Longleftrightarrow D = O) \Longleftrightarrow a = 0$
$D \asymp O \Longleftrightarrow a \neq 0$

$\triangle$

Lösung von Aufgabe 21.49:

(1) R (denn $\sigma(A) = -\sigma(-A)$)

(2) R (denn $\sigma(A^2) \leq \sigma(A)^2$)

(3) F (Gegenbeispiel: $B := \begin{pmatrix} 1 & 0 \\ 0 & 0 \end{pmatrix} = B^2 \not\succeq 0$)

(4) R ($A, B \succeq 0$ heißt $\forall \underline{x} \neq 0 : \underline{x}^T A \underline{x} > 0 \wedge \underline{x}^T B \underline{x} > 0$, also auch $\underline{x}^T (A + D) \underline{x} > 0$.)

$\triangle$

Kapitel 22

Lösung von Aufgabe 22.6:
Wir zeigen, dass die erste Aussage richtig ist. Wenn $\underline{x}$ und $\underline{y}$ beliebig aus $\mathbb{R}_+^n$ gewählt werden, bedeutet dies nichts anderes als $\underline{x} \geq 0$ und $\underline{y} \geq \underline{0}$. Hieraus folgt sofort für jedes $\lambda \in [0, 1]$

$$\underline{z} := \underbrace{\lambda}_{\geq 0} \underbrace{\underline{x}}_{\geq 0} + \underbrace{(1 - \lambda)}_{\geq 0} \underbrace{\underline{y}}_{\geq 0} \geq 0 ,$$

also $\underline{z} \in \mathbb{R}_+^n$. Der Nachweis der zweiten Teilaussage verläuft analog. $\triangle$

Lösung von Aufgabe 22.83.
Man schreibt die Mischungen als

$$M_1 = \begin{pmatrix} 2 \\ 3 \\ 5 \end{pmatrix}, M_2 = \begin{pmatrix} 4 \\ 3 \\ 3 \end{pmatrix}$$

und die Forderungen des Kunden als

$$K = 200 \begin{pmatrix} 3 \\ 3 \\ 4 \end{pmatrix}.$$

Der Ansatz $\lambda M_1 + \mu M_2 = K$ liefert dann $\lambda = \mu = 100$.

△

Lösung von Aufgabe 22.84:

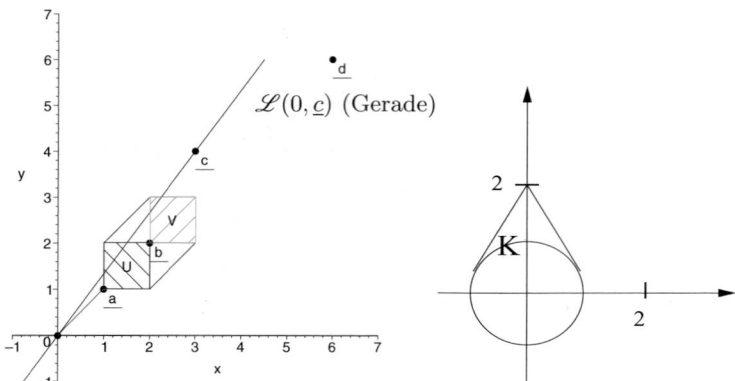

Skizze zu (i)-(v):   Skizze zu (vi)

$conv(0, \underline{a})$ ist eine Strecke (lila), $\mathcal{L}(0, \underline{c})$ eine Gerade.

△

Lösung von Aufgabe 22.86:
(i) F   (ii) R   (iii) R   (iv) R   (v) F.

△

Lösung von Aufgabe 22.87:
$a \in \left[2, \ 5 \right]$

△

Kapitel 23

Lösung von Aufgabe 23.48: zu c) Es bezeichne x die Anzahl der mit Erbsen bebauten Morgen und y die Anzahl der mit Stangenbohnen bebauten Morgen. Es ergeben sich nun folgende Einschränkungen:

$$
\begin{aligned}
g_1 : & & x + y & \leq & 30 \\
g_2 : & & x + 2y & \leq & 50 \\
g_3 : & & 200x + 100y & \leq & 5000
\end{aligned}
$$

Zielsetzung ist es, den Gewinn zu maximieren, also $Z(x, y) = 200x + 300y \to max$ zu lösen. Aus der graphischen Lösung der Aufgabe:

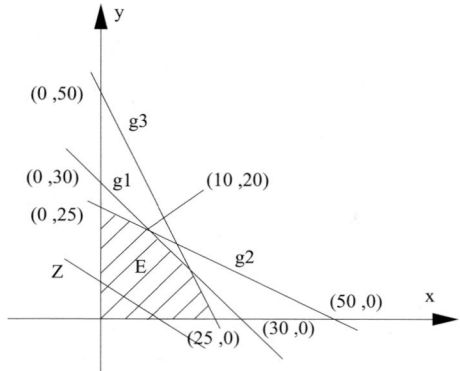

erhält man ein Maximum bei $x = 10$ und $y = 20$. Der Wert der Zielfunktion ist dort $Z_{max} = 8000$.

Der Gemüsebauer erhält also einen Gewinn von 8000 €, wenn er 10 Morgen Erbsen und 20 Morgen Stangenbohnen anbaut.

a) Es können maximal 25 Morgen Erbsen bzw. Bohnen angebaut werden.

b) Es existiert keine Lösung. $\triangle$

Lösung von Aufgabe 23.49: Der Imker muss 100 Gläser mit je 400g und 20 Gläser mit je 1000 g liefern. Der Maximalgewinn beträgt 172 €. $\triangle$

Lösung von Aufgabe 23.50: Es werden 4 Bücher von Lilamunde Knilcher und 2 Bücher von Ronsalik benötigt. Die Minimalkosten betragen 34 €. $\triangle$

Lösung von Aufgabe 23.51: Variablen:

x: Anzahl Tabletten MultiVit pro Tag

y: Anzahl Tabletten Fit & Power pro Tag

Restriktionen und Zielfunktion:

1) $\qquad 180x + 40y \geqslant 360$

2) $\qquad 12x + 15y \geqslant 60$

3) $\qquad 9x + 21y \geqslant 63$

4) $\quad x, y \geqslant 0 \,, x, y$ ganzzahlig

$$Z(x, y) = 0,60x + 0,90y \qquad \longrightarrow \qquad \min$$

Kostenisoquante bestimmen:

$$Z = 5, 40: \qquad 5, 40 = 0, 60x + 0, 90y \Leftrightarrow 1 = \frac{x}{9} + \frac{y}{6}$$

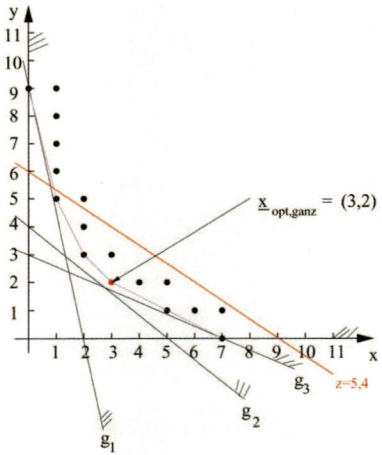

Zielfunktionswert bestimmen: (mit $\underline{x}_{opt,ganz} = (3,2)$)

$$Z(\underline{x}_{opt,ganz}) = 0,60 \cdot 3 + 0,90 \cdot 2 = 3,60 \, € \qquad \triangle$$

Lösung von Aufgabe 23.54: Für jeden Punkt $\underline{x}$ auf der Winkelhalbierenden des ersten Quadranten gilt $x_1 = x_2$. Die beiden Nebenbedingungen sind erfüllt:

$$(\text{NB1}) \quad x_1 - 2x_1 \overset{?}{\leq} 0 \quad \Longleftrightarrow \quad -x_1 \leq 0 \quad \checkmark$$

$$(\text{NB2}) \; -2x_1 + x_1 \overset{?}{\leq} 0 \quad \Longleftrightarrow \quad -x_1 \leq 0 \quad \checkmark.$$

Für die Zielfunktion gilt dabei

$$Z(\underline{x}) = x_1 + x_1 = 2x_1.$$

Da wir x_1 beliebig groß wählen können, kann Z kein Maximum besitzen. $\qquad \triangle$

Lösung zu Aufgabe 23.57: Hierbei handelt es sich im Grunde genommen um *zwei* Aufgabenstellungen, die aber geschickt mit einem Sammeltableau gemeinsam erfasst werden können. Zuerst wird nur der Teil "in Weiß" bearbeitet, dann der Teil "in Blau".

T0	x_1	x_2	1	G	T1	s_3	x_2	1	G
s_1	1	−1	1	*	s_1	−1	1	3	*
s_2	−1	1	3	3	s_2	1	(−1)	1	1
s_3	(−1)	2	2	2	x_1	−1	2	2	*
s_4	0	−1	6	*	s_4	0	−1	6	6
Z	1	1	0		Z	−1	3	2	
K	*	2	2		K	1	*	1	

T2	s_3	s_2	1	G	T3	s_4	s_2	1
s_1	0	−1	4		s_1	0	−1	4
x_2	1	−1	1		x_2	−1	0	6
x_1	1	−2	4		x_1	−1	−1	9
s_4	⓪−1	1	5	5	s_3	−1	1	5
Z	2	−3	5		Z	−2	−1	15
K	*	1	5					

Das Ergebnis "in Weiß" ist im Tableau T2 enthalten: Die s_3-Spalte über dem positiven Zielfunktionskoeffizienten 2 enthält kein negatives Element, also ist das Problem *unlösbar*. Erst die Hinzunahme der Restriktion (R4) ändert das Bild, diesmal erhalten wir ein optimales Tableau mit $\underline{x}_{opt} = (9, 6)^T$ und $Z_{max} = 15$.   △

Literaturverzeichnis

Bronstein, I.N. et. al. (1995). *Taschenbuch der Mathematik.* Verlag Harri Deutsch, Frankfurt am Main.

Chiang, A. and Wainwright, K. (2005). *Fundamental Methods of Mathematical Economics.* McGraw-Hill, Boston u.a.

De la Fuente, A. (2000). *Mathematical Methods and Models for Economists.* Cambridge University Press, Cambridge.

Dietz, H.M. (2009). *ECOMath 1 Mathematik für Wirtschaftswissenschaftler.* Springer Verlag, Heidelberg u.a.

Dietz, H.M. (2010). *ECOMath 2 Mathematik für Wirtschaftswissenschaftler.* Springer Verlag, Heidelberg u.a.

Dietz, H.M. und Rohde, J. (2012a). *Adventures in Reading Maths. Proceedings of the International Scientific Conference "Philosophy, Mathematics, Linguistics: Aspects of Interaction", May 22-25, 2012.* Steklov Institute of Mathematics and Euler International Mathematical Institute, St. Petersburg.

Dietz, H.M. und Rohde, J. (2012b). *Studienmethodische Unterstützung von Erstsemestern im Mathematikservice. Vortrag auf der Jahrestagung 2012 der Gesellschaft für Didaktik der Mathematik, März 5-9, 2012, Weingarten, In: Beiträge zum Mathematikunterricht, 2012, S.201-204.*

Gantmacher, F. (1998). *Matrizentheorie.* Springer Verlag, Berlin u.a.

Geigant, F. et.al. (2000). *Lexikon der Volkswirtschaft.* Verlag Moderne Industrie, Landsberg.

Luderer, B., Nollau, V. und Vetters, K. (2005). *Mathematische Formeln für Wirtschaftswissenschaftler.* Teubner, Stuttgart u.a.

McKenna, C. and Rees, R. (1992). *A Mathematical Introduction.* Oxford University Press, Oxford, 4. Edition.

Nollau, V. (2003). *Mathematik für Wirtschaftswissenschaftler.* Teubner, Stuttgart u.a.

Reiß, W. (1998). *Mikroökonomische Theorie.* R. Oldenbourg Verlag, München, 5. Edition.

Sydsaeter, K. and Hammond, P. (2002). *Essential Mathematics for Economic Analysis.* Prentice Hall, Harlow u.a.

Sydsaeter, K. and Hammond, P. (2005). *Mathematik für Wirtschaftswissenschaftler. Basiswissen mit Praxisbezug.* Pearson-Studium, München.

Tiel, J. (1984). *Convex Analysis.* Wiley, Chichester u.a.

Symbolverzeichnis

Abkürzungsverzeichnis

Allgemeine Abkürzungen:

Thesen:

Lineare Algebra

Stichwortverzeichnis

Printing: Ten Brink, Meppel, The Netherlands
Binding: Stürtz, Würzburg, Germany

Monotone Funktionen

Monotonieerhaltungssätze:

Wachstum und Addition

f	g	$f+g$
↗	s↗	s↗
↘	s↘	s↘

Wachstum und Multiplikation

f	λ	λf
s↗	>0	s↗
s↘	>0	s↘
s↗	<0	s↘
s↘	<0	s↗
beliebig	$=0$	↗ und ↘

Komposition und Wachstum

h	f	$h \circ f$
s↗	s↗	s↗
s↘	s↘	s↗
s↗	s↘	s↘
s↘	s↗	s↘

Hinweis: s durchgehend weglassbar

Konvexe Funktionen

Konvexitätserhaltungssätze:

Konvexität und Addition

f	g	$f+g$
$\cup$	$s\cup$	$s\cup$
$\cap$	$s\cap$	$s\cap$

Konvexität und Multiplikation

f	λ	λf
$s\cup$	>0	$s\cup$
$s\cap$	>0	$s\cap$
$s\cup$	<0	$s\cap$
$s\cap$	<0	$s\cup$
beliebig	$=0$	$\cup$ und $\cap$

Komposition und Konvexität

h	f	$h \circ f$
s↗ $s\cup$	$s\cup$	$s\cup$
s↗ $s\cap$	$s\cap$	$s\cap$
s↘ $s\cup$	$s\cap$	$s\cup$
s↘ $s\cap$	$s\cup$	$s\cap$

Hinweis: s durchgehend weglassbar

Austauschverfahren

Tableaustruktur:

T0	
PE	PZ
PS	R

Bedeutung: Pivot-
-element, -zeile, -spalte, "Rest"

Tauschregeln:

$$PE_{neu} = \frac{1}{PE_{alt}}$$

$$PZ_{neu} = -\frac{PZ_{alt}}{PE_{alt}}$$

$$PS_{neu} = \frac{PS_{alt}}{PE_{alt}}$$

$$R_{neu} = R_{alt} + PS_{alt}\, PZ_{neu}$$